Moderne optische Spektroskopie

William W. Parson · Clemens Burda

Moderne optische Spektroskopie

Von den Grundlagen bis zu Anwendungen in Chemie, Biochemie und Biophysik

William W. Parson
Department of Biochemistry
University of Washington
Seattle, WA, USA

Clemens Burda
Department of Chemistry
Case Western Reserve University
Cleveland, OH, USA

ISBN 978-3-031-52099-0 ISBN 978-3-031-52100-3 (eBook)
https://doi.org/10.1007/978-3-031-52100-3

Die Deutsche Nationalbibliothek verzeichnet diese Publikation in der Deutschen Nationalbibliografie; detaillierte bibliografische Daten sind im Internet über http://dnb.d-nb.de abrufbar.

Übersetzung der englischen Ausgabe: „Modern Optical Spectroscopy" von William W. Parson und Clemens Burda, © The Editor(s) (if applicable) and The Author(s), under exclusive license to Springer Nature Switzerland AG 2023. Veröffentlicht durch Springer International Publishing. Alle Rechte vorbehalten.

Dieses Buch ist eine Übersetzung des Originals in Englisch „Modern Optical Spectroscopy", 3. Auflage, von William W. Parson und Clemens Burda, publiziert durch Springer Nature Switzerland AG im Jahr 2023. Die Übersetzung erfolgte mit Hilfe von künstlicher Intelligenz (maschinelle Übersetzung). Eine anschließende Überarbeitung im Satzbetrieb erfolgte vor allem in inhaltlicher Hinsicht, so dass sich das Buch stilistisch anders lesen wird als eine herkömmliche Übersetzung. Springer Nature arbeitet kontinuierlich an der Weiterentwicklung von Werkzeugen für die Produktion von Büchern und an den damit verbundenen Technologien zur Unterstützung der Autoren.

Planung/Lektorat: Stefanie Wolf
Springer ist ein Imprint der eingetragenen Gesellschaft Springer Nature Switzerland AG und ist ein Teil von Springer Nature.
Die Anschrift der Gesellschaft ist: Gewerbestrasse 11, 6330 Cham, Switzerland

Das Papier dieses Produkts ist recycelbar.

Inhaltsverzeichnis

Liste der Kasten

Einführung

1

1.1 Überblick

Ihre außergewöhnliche Sensibilität und Geschwindigkeit machen optische spektroskopische Techniken gut geeignet, um eine breite Palette von Fragen in der molekularen und zellulären Biophysik zu beantworten. Photodetektoren, die empfindlich genug sind, um ein einzelnes Photon zu detektieren, ermöglichen es, die Fluoreszenz von einzelnen Molekülen zu messen, und Laser, die Lichtimpulse mit Breiten von weniger als 10^{-14} s liefern, können zur Untersuchung des molekularen Verhaltens auf der Zeitskala von Kernbewegungen verwendet werden. Spektroskopische Eigenschaften wie Absorption, Fluoreszenz, Streuung und linearer und zirkularer Dichroismus können Aufschluss über die Identitäten, Konzentrationen, Wechselwirkungen, Konformationen oder Dynamik von Molekülen geben und können empfindlich auf kleine Veränderungen in der molekularen Struktur oder Umgebung reagieren. Resonanzenergieübertragung bietet eine Möglichkeit, intermolekulare Abstände zu untersuchen. Da sie in der Regel nicht zerstörerisch sind, können spektrophotometrische Techniken bei Proben verwendet werden, die nach einem Experiment wiederhergestellt werden müssen. Sie können auch analytische Methoden bereitstellen, die den Bedarf an Radioisotopen oder gefährlichen Reagenzien vermeiden. In Kombination mit Gentechnik und Mikroskopie bieten sie Einblicke in die Standorte, Dynamik und den Umsatz bestimmter Moleküle in lebenden Zellen.

Obwohl dieses Buch viele Arten von optischen Spektroskopien und ihre Anwendungen in Chemie, Biochemie und Biophysik beschreibt, ist der Geist des Buches breiter. Es geht um Licht, wie Licht mit Materie interagiert und was wir aus diesen Interaktionen lernen können. Dies sind Themen, die die Menschen seit Tausenden von Jahren fasziniert und inspiriert haben und dies auch heute noch tun. Um zu verstehen, wie Moleküle auf Licht reagieren, müssen wir zunächst fragen, warum Moleküle in wohldefinierten Zuständen existieren und wie sie von einem Zustand in einen anderen wechseln. Das Nachdenken über diese Fragen durchlief

W. Parson und C. Burda, *Moderne Optische Spektroskopie*,
https://doi.org/10.1007/978-3-031-52100-3_1

eine Reihe von Revolutionen mit der Entwicklung der Quantenmechanik, und heute bildet die Quantenmechanik das Gerüst für fast jede Untersuchung von molekularen Eigenschaften. Obwohl die meisten Moleküle, die Biophysiker interessieren, viel zu groß und komplex sind, um genau durch quantenmechanische Techniken behandelt zu werden, können ihre Eigenschaften oft durch quantenmechanische Prinzipien rationalisiert werden, die an einfacheren Systemen verfeinert wurden. Wir werden diese Prinzipien in Kap. 2 diskutieren. Für den Moment sind die wichtigsten Punkte nur, dass ein Molekül in einer Vielzahl von Zuständen existieren kann, abhängig davon, wie dessen Elektronen auf eine Reihe von molekularen Orbitalen verteilt sind, und dass jeder dieser Quantenzustände mit einer bestimmten Energie verbunden ist. Für ein Molekül mit $2n$ Elektronen wird der elektronische Zustand mit der niedrigsten Gesamtenergie in der Regel erreicht, wenn es zwei Elektronen mit antiparallelen Spins in jedem der n niedrigsten Orbitale gibt und alle höheren Orbitale leer sind. Dies ist der *Grundzustand.* In Abwesenheit von externen Störungen bleibt ein Molekül, das in den Grundzustand versetzt wird, dort auf unbestimmte Zeit.

Kap. 3 wird die Natur des Lichts diskutieren, beginnend mit einer klassischen Beschreibung eines oszillierenden elektromagnetischen Feldes. Die Exposition eines Moleküls gegenüber einem solchen Feld führt dazu, dass die potenziellen Energien der Elektronen mit der Zeit schwanken, so dass die ursprünglichen molekularen Orbitale nicht mehr die Möglichkeiten begrenzen. Das Ergebnis davon kann sein, dass ein Elektron von einem der besetzten molekularen Orbitale zu einem unbesetzten Orbital mit höherer Energie wechselt. Zwei Hauptanforderungen müssen erfüllt sein, damit ein solcher Übergang stattfinden kann. Erstens muss das elektromagnetische Feld mit der richtigen Frequenz oszillieren. Die erforderliche Frequenz (ν) ist

$$\nu = \Delta E/h, \tag{1.1}$$

wo ΔE der Unterschied zwischen den Energien des Grund- und des angeregten Zustands ist und h die Plancksche Konstante ($6{,}63 \times 10^{-34}$ Joule $\cdot$ s, $4{,}12 \times 10^{-15}$ eV $\cdot$ s oder $3{,}34 \times 10^{-11}$ cm^{-1} $\cdot$ s) ist. Dieser Ausdruck stimmt mit unserer Erfahrung überein, dass eine bestimmte Art von Molekül, oder ein Molekül in einer bestimmten Umgebung, Licht einiger Farben absorbiert und nicht von anderen. In Kap. 4 werden wir sehen, dass die Frequenzregel direkt aus der klassischen elektromagnetischen Theorie des Lichts hervorgeht, solange wir das absorbierende Molekül quantenmechanisch behandeln. Es ist nicht notwendig, an dieser Stelle ein quantenmechanisches Bild von Licht zu verwenden.

Die zweite Anforderung ist vielleicht weniger bekannt als die erste und hat mit den Formen der beiden molekularen Orbitale und der Anordnung der Orbitale im Raum in Bezug auf die Polarisation des oszillierenden elektrischen Feldes zu tun. Die beiden Orbitale müssen unterschiedliche geometrische Symmetrien haben und müssen in Bezug auf das Feld angemessen ausgerichtet sein. Diese Anforderung rationalisiert die Beobachtung, dass Absorptionsbanden verschiedener Moleküle sehr in Stärke variieren. Sie erklärt auch, warum die Absorption einer anisotropen Probe von der Polarisation des Lichtstrahls abhängt.

Die molekulare Eigenschaft, die sowohl die Stärke einer Absorptionsbande als auch die optimale Polarisation des Lichts bestimmt, ist ein Vektor namens *Übergangsdipol,* der aus den molekularen Orbitalen des Grund- und angeregten Zustands berechnet werden kann. Das Quadrat der Größe des Übergangsdipols wird als *Dipolstärke* bezeichnet und ist proportional zur Stärke der Absorption. Kap. 4 entwickelt diese Vorstellungen weiter und untersucht, wie sie aus den Prinzipien der Quantenmechanik hervorgehen. Dies bildet die theoretische Grundlage für die Diskussion, wie Messungen der Wellenlänge, Stärke oder Polarisation von elektronischen Absorptionsbanden Informationen über molekulare Struktur und Dynamik liefern können. In den Kap. 10 und 11 erweitern wir die quantenmechanische Behandlung der Absorption auf große Ensembles von Molekülen, die auf vielfältige Weise mit ihrer Umgebung interagieren. Verschiedene Arten von vibrationaler Spektroskopie werden in den Kap. 6, 11, und 12 besprochen.

Ein Atom oder Molekül, das durch Licht angeregt wurde, kann auf mehrere mögliche Wege in den Grundzustand zurückkehren. Eine Möglichkeit besteht darin, Energie als Fluoreszenz wieder abzugeben. Obwohl spontane Fluoreszenz nicht einfach das Umkehrspiel von Absorption ist, teilt sie die gleichen Anforderungen an Energieübereinstimmung und geeignete Orbital-Symmetrie. Auch hier ist die Frequenz der emittierten Strahlung proportional zur Energiedifferenz zwischen dem angeregten und dem Grundzustand und die Polarisation der Strahlung hängt von der Orientierung des angeregten Moleküls ab, obwohl sich sowohl die Orientierung als auch die Energie des angeregten Moleküls in der Zeit zwischen Absorption und Emission normalerweise ändern. Wie wir in Kap. 7 sehen werden, liegen die gleichen Anforderungen einem weiteren Mechanismus zugrunde, durch den ein angeregtes Molekül zerfallen kann, der Energieübertragung auf ein benachbartes Molekül. Die Beziehung zwischen Fluoreszenz und Absorption wird in Kap. 5 entwickelt, wo die Notwendigkeit einer Quantentheorie des Lichts endlich in den Vordergrund tritt.

1.2 Das Beer-Lambert-Gesetz

Ein Lichtstrahl, der durch eine Lösung absorbierender Moleküle geht, überträgt Energie auf die Moleküle, während er voranschreitet, und nimmt daher progressiv an Intensität ab. Die Abnahme der Intensität oder Bestrahlungsstärke (I) im Verlauf eines kleinen Volumenelements ist proportional zur Bestrahlungsstärke des in das Element eintretenden Lichts, der Konzentration der Absorber (C) und der Länge des Weges durch das Element (dx):

$$\frac{dI}{dx} = -\varepsilon' \, I \, C. \tag{1.2}$$

Die Proportionalitätskonstante (ε') hängt von der Wellenlänge des Lichts und der Struktur, Orientierung und Umgebung des Absorbers ab. Die Integration von Gl. (1.2) zeigt, dass wenn Licht mit einer Bestrahlungsstärke I_o auf eine Zelle der Länge l trifft, die Bestrahlungsstärke des durchgelassenen Lichts sein wird:

$$I = I_o \exp(-\varepsilon' C l) = I_o 10^{-\varepsilon C l} \equiv I_o 10^{-A}. \tag{1.3}$$

Hier ist A die *Absorption* oder die *optische Dichte* der Probe ($A = \varepsilon\ C\ l$) und ε wird als *molarer Extinktionskoeffizient* oder *molarer Absorptionskoeffizient* bezeichnet ($\varepsilon = \varepsilon'/\ln(10) = \varepsilon'/2{,}303$). Die Absorption ist eine dimensionslose Größe, daher muss, wenn C in Einheiten der Molarität (1 M = 1 mol/l) und l in cm angegeben ist, muß ε die Dimensionen $M^{-1} \cdot cm^{-1}$ haben.

Die Gl. (1.2) und (1.3) sind Aussagen des *Beer'schen Gesetzes,* oder genauer gesagt, des *Lambert-Beer-Gesetzes.* Johann Lambert, ein Physiker, Mathematiker und Astronom, geboren 1728, stellte fest, dass der Anteil des Lichts, der übertragen wird (I/I_o), unabhängig von I_o ist. Wilhelm Beer, ein Bankier und Astronom, der von 1797 bis 1850 lebte, bemerkte die exponentielle Abhängigkeit von C. Das Beer-Lambert-Gesetz geht davon aus, dass die Konzentration des Chromophors niedrig genug ist, so dass intermolekulare Wechselwirkungen vernachlässigbar sind.

In der klassischen elektromagnetischen Theorie des Lichts ist die Schwingungsfrequenz ν mit der Wellenlänge (λ), der Geschwindigkeit des Lichts im Vakuum (c) und dem Brechungsindex des Mediums (n) durch den Ausdruck verbunden

$$\nu = c/n\lambda. \tag{1.4}$$

Licht mit einer einzigen Wellenlänge, oder realistischer, mit einer schmalen Bandbreite von Wellenlängen, wird als *monochromatisch* bezeichnet.

Die Lichtintensität oder *Bestrahlungsstärke* (I) in den Gl. (1.2) und (1.3) repräsentiert den Fluss der Strahlungsenergie pro Flächeneinheit des Strahls (Joule pro Sekunde pro Quadratzentimeter oder Watt pro Quadratzentimeter). Wir sind in der Regel an der Strahlung in einem bestimmten Frequenzintervall ($\Delta\nu$) interessiert, daher hat I Einheiten von Joule pro Frequenzintervall pro Sekunde pro Quadratzentimeter. Für einen Lichtstrahl mit einer Querschnittsfläche von 1 cm^2 ist die Amplitude des Signals, das möglicherweise von einem Photomultiplier oder einem anderen Detektor aufgezeichnet wird, proportional zu $I(\nu)\Delta\nu$. In der Quantentheorie des Lichts, die wir kurz in Abschn. 1.6 und ausführlicher in Kap. 3 besprechen werden, werden Intensitäten oft in Bezug auf den Fluss von Photonen anstatt von Energie ausgedrückt [Photonen pro Frequenzintervall pro Sekunde pro Quadratzentimeter]. Ein Strahl mit einer Bestrahlungsstärke von 1 Watt cm^{-2} hat einen Photonenfluss von $5{,}05x(\lambda/nm) \times 10^{15}$ Photonen $\cdot$ cm^{-2}.

Die Abhängigkeit der Absorption von der Frequenz des Lichts kann dargestellt werden, indem A oder ε als Funktion der Frequenz (ν), der Wellenlänge (λ) oder der *Wellenzahl* ($\overline{\nu}$) aufgetragen wird. Die Wellenzahl ist einfach das Reziprok der Wellenlänge im Vakuum: $\overline{\nu} = 1/\lambda = \nu/c$ und hat die Einheiten cm^{-1}. Manchmal wird der Prozentsatz des einfallenden Lichts, der absorbiert oder übertragen wird, aufgetragen. Der absorbierte Prozentsatz beträgt $100 \times (I_o - I)/I_o = 100 \times (1 - 10^{-A})$, was proportional zu A ist, wenn $A << 1$ ist.

1.3 Bereiche des elektromagnetischen Spektrums

Dass Glasprismen Sonnenlicht in ein Regenbogenfarbenspektrum zerlegen können, ist seit mindestens der Zeit des antiken Roms bekannt. Es war jedoch der große englische Mathematiker, Physiker und Astronom Isaac Newton (1642–1726), der erstmals erkannte, dass Farbe eine intrinsische Eigenschaft des Lichts ist und nicht etwas, das durch das Glas erzeugt wird. Newton zeigte, dass ein Lichtstrahl seine Farbe behält, wenn er reflektiert, übertragen oder gestreut wird, dass sein Brechungswinkel von der Farbe abhängt und dass eine Linse und ein zweites Prisma das weiße Licht aus dem von einem Prisma zerstreuten Spektrum rekonstruieren können. Newton präsentierte diese Arbeit erstmals in einer Sammlung von Labornotizen mit dem Titel „Of Colours" und erweiterte sie zu einer korpuskularen Theorie des Lichts in einem einflussreichen Buch „Optiks", das 1704 veröffentlicht wurde.

Quantitative Messungen der Absorption und Emissionsspektren wurden im neunzehnten Jahrhundert möglich, als der deutsche Physiker Joseph von Frauenhofer (1787–1826) und der englische Chemiker W. H. Wollaston (1766–1828) Instrumente entwickelten, die Beugungsgitter anstelle von Prismen zur Dispersion verwendeten. Frauenhofer entdeckte, dass das Licht von Flammen eine helle orangefarbene Linie mit einer konstanten Frequenz enthält. Er und Wollaston fanden unabhängig voneinander heraus, dass die Spektren des Lichts von Sternen Hunderte von dunklen Merkmalen mit konstanten Frequenzen, aber variablen Stärken aufweisen. Gustav Kirchoff (1824–1887) und Robert Bunsen (1811–1899) erkannten später, dass diese dunklen Merkmale (noch immer als *Frauenhofer-Linien* bezeichnet) auf die Absorption durch bestimmte atomare Elemente im interstellaren Medium oder in einigen Fällen durch O_2 oder andere Moleküle in der Erdatmosphäre zurückzuführen sind. Die starke orangefarbene Linie im Licht von Flammen, die den beiden „D"-Absorptionslinien von Frauenhofer bei 588,9950 und 589,5924 nm entspricht, wird emittiert, wenn angeregte Na-Atome von 3p-Niveaus auf 3s fallen.

Die Bereiche des elektromagnetischen Spektrums, die für unsere Diskussion am wichtigsten sein werden, betreffen Wellenlängen zwischen 10^{-9} und 10^{-2} cm. Sichtbares Licht füllt nur den kleinen Teil dieses Bereichs zwischen 3×10^{-5} und 8×10^{-5} cm (Abb. 1.1). Übergänge von Bindungselektronen treten hauptsächlich in diesem Bereich und dem benachbarten Ultraviolett (UV)-Bereich auf; Vibrationsübergänge treten im Infrarot (IR) auf. Rotationsübergänge sind im Fern-IR-Bereich in kleinen Molekülen messbar, aber in Makromolekülen sind diese Übergänge zu dicht, um sie aufzulösen. Strahlung im Röntgenbereich kann Übergänge verursachen, bei denen 1*s* oder andere Kernelektronen zu atomaren 3*d* oder 4*f* Schalen angeregt werden oder vollständig aus einem Molekül entfernt werden. Diese Übergänge können über die Oxidations- und Koordinationszustände von Metallatomen in Metalloproteinen berichten.

Die inhärente Empfindlichkeit von Absorptionsmessungen in verschiedenen Bereichen des elektromagnetischen Spektrums hängt teilweise von dem Unter-

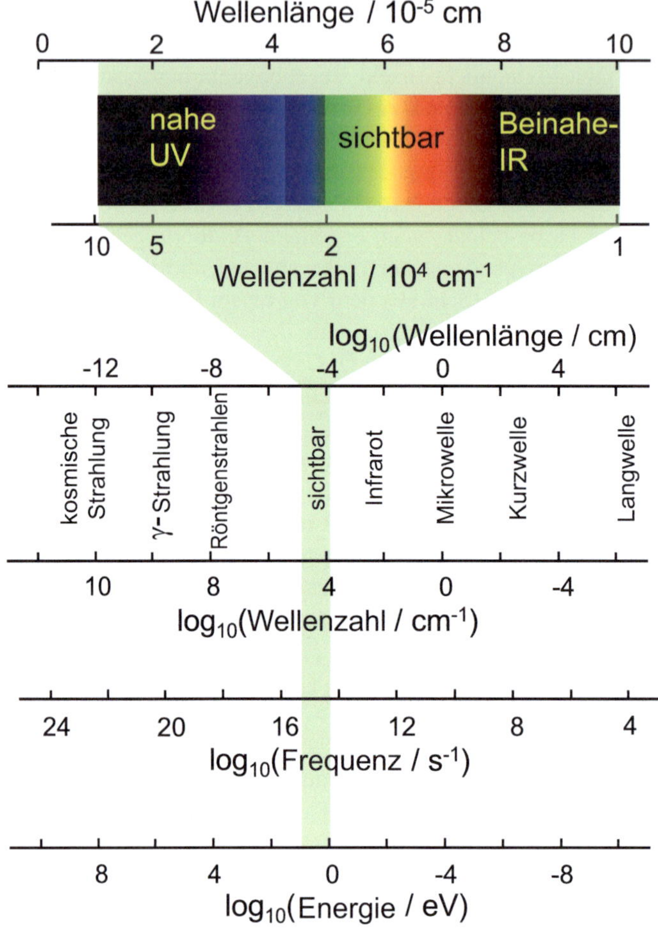

Abb. 1.1 Bereiche des elektromagnetischen Spektrums. Das obere Spektrum zeigt die sichtbaren, UV- und nahen IR-Bereiche auf einer linearen Wellenlängenskala. Weiter ausgedehnte Spektren sind unten auf logarithmischen Wellenlängen-, Wellenzahl, Frequenz- und Energieskalen dargestellt

schied zwischen den Populationen von Molekülen im Grund- und angeregten Zustand ($N_g - N_e$) ab. Wenn die beiden Populationen gleich sind, verursacht Strahlung bei der Resonanzfrequenz eines Moleküls (ν) Auf- und Abwärtsübergänge mit der gleichen Rate, was zu einer Netto-Absorption von null führt. Im thermischen Gleichgewicht wird der Bruchteilunterschied in den Populationen durch

$$\frac{(N_g - N_e)}{(N_g + N_e)} = \frac{\{1 - (S_e/S_g)\exp(-\Delta E/k_B T)\}}{\{1 + (S_e/S_g)\exp(-\Delta E/k_B T)\}} \approx \frac{\{1 - \exp(-h\nu/k_B T)\}}{\{1 + \exp(-h\nu/k_B T)\}}, \tag{1.5}$$

gegeben, wo S_e/S_g ein Entartungsfaktor ist (1 für ein System mit nur zwei Zuständen), k_B ist die Boltzmann-Konstante (0,69502 cm^{-1}/K) und T ist die Temperatur. Aus diesem Ausdruck sehen wir, dass die Empfindlichkeit mit ν zunimmt. Bei Raumtemperatur ($k_BT \approx 200$ cm^{-1}), ist $(N_g - N_e)/(N_g + N_e)$ im Wesentlichen 1 für einen elektronischen Übergang mit $\lambda = 500$ nm [$h\nu = \overline{\nu} = 2 \times 10^4$ cm^{-1}, $\exp(-h\nu/k_BT) \approx \exp(-100) \approx 10^{-43}$], verglichen mit nur 1 Teil von 10^4 für einen Protonen-Kernspinübergang in einem 600 MHz Spektrometer [$\lambda = 50$ cm, $\overline{\nu} = 0{,}02$ cm^{-1}, $\exp(-h\nu/k_BT) \approx e^{-0{,}00010} \approx 0{,}99990$]. Optische Spektroskopie ist daher viel empfindlicher als ^{1}H-NMR-Spektroskopie. Andererseits kompensiert die größere Spezifität der NMR oft ihre geringere Empfindlichkeit.

1.4 Absorptionsspektren von Proteinen und Nukleinsäuren

Der größte Teil der Absorption von Proteinen im nahen UV-Bereich zwischen 250 und 300 nm ist auf die aromatischen Aminosäuren, insbesondere Tyrosin [1, 2], zurückzuführen. Abb. 1.2 zeigt die Absorptionsspektren von Tyrosin, Phenylalanin und Tryptophan in Lösung, und Tab. 1.1 gibt die Absorptionsmaxima (λ_{max}) und die maximalen molaren Extinktionskoeffizienten (ε_{max}) an. Obwohl Tryptophan einen größeren Extinktions-Koeffizienten hat als Phenylalanin oder Tyrosin, trägt es nur geringfügig zur Absorption der meisten Proteine aufgrund ihrer geringeren Häufigkeit. Cystin Disulfidgruppen haben eine schwache Absorptionsbande im Bereich von 260 nm, was zu längeren Wellenlängen verschoben wird, wenn der C-S-S-C-Diederwinkel von 90° abweicht [3]. Bei kürzeren Wellenlängen stammt der Großteil der Absorption von Proteinen aus dem Peptidrückgrat. Die –C(O)—N(H)– Gruppe hat Absorptionsbanden nahe 190 und 215 nm mit maximalen

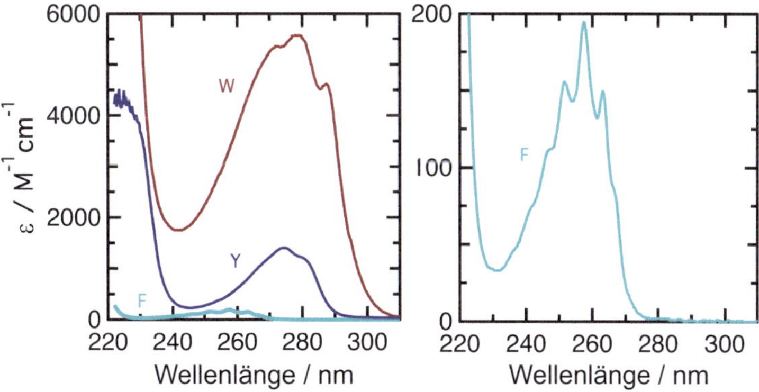

Abb. 1.2 Absorptionspektren von Phenylalanin (*F,* Cyan Z), Tyrosin (*Y, Blau*), und Tryptophan (*W, Rot*) in 0,1 M Phosphatpuffer, pH 7. Das Spektrum von Phenylalanin wird auf einer erweiterten Skala auf der rechten Seite gezeigt (Die Daten stammen aus einer Sammlung von Spektren, die von Lindsey et al. gemessen wurden [4, 5])

Tab. 1.1 Absorptionsmaxima und maximale molare Extinktionskoeffizienten von Aminosäuren, Purinen und Pyrimidinen in wässriger Lösung

Absorber	λ_{max} (nm)[a]	ε_{max} (M^{-1} cm^{-1})[a]	ε_{280} (M^{-1} cm^{-1})[b]
Tryptophan	278	5580	5500
Tyrosin	274	1405	1490
Cystin	248	317	125
Phenylalanin	258	195	
Adenin	261	13.400	
Guanin	273	13.150	
Uracil	258	8200	
Thymin	264	7900	
Cytosin	265	4480	

[a] 0,1 M Phosphatpuffer, pH 7,0. Von Fasman [6] und https://webbook.nist.gov
[b] Beste Anpassung der Werte für 80 gefaltete Proteine in Wasser. Von Pace et al. [2]

Extinktionskoeffizienten von jeweils etwa 7000 und 100 M^{-1} cm^{-1}. Die stärkere Bande stellt einen π-π^* Übergang dar, bei dem ein Elektron von einem molekularen π Orbital (bindend) zu einem π^* Orbital (antibindend) angeregt wird; die schwächere Bande stammt von einem n-π^* Übergang, bei dem ein nicht-bindendes Elektron des Sauerstoffatoms zu einem π^* Orbital befördert wird.

Viele Proteine, zusätzlich zur Enthaltung von Phenylalanin, Tyrosin und Tryptophan, binden kleine Moleküle, die im UV- oder sichtbaren Bereich des Spektrums absorbieren. NADH, zum Beispiel, absorbiert bei 340 nm; Flavine und Retinal, im Bereich von 400 nm. Häme haben starke Absorptionsbanden zwischen 410 und 450 und schwächere Banden zwischen 550 und 600 nm.

In Nukleinsäuren absorbieren die üblichen Purin und Pyrimidin Basen im Bereich von 260 nm, und die Absorptionsspektren der Nukleoside und Nukleotide ähneln denen der freien Basen (Abb. 1.3A und Tab. 1.1). Die Absorption von doppelsträngiger DNA im Bereich von 260 nm ist jedoch 30–40 % kleiner als die Summe der Absorptionen der einzelnen Basen (Abb. 1.3B). Einzelsträngige DNA zeigt eine mittlere Absorption. Wie wir in Kap. 8 diskutieren werden, resultiert dieser *Hypochromismus* aus der elektronischen Kopplung der einzelnen Nukleotide in der Nukleinsäure. Die angeregten Zustände des Oligomers beinhalten Beiträge von mehreren Nukleotiden, mit dem Ergebnis, dass ein Teil der Absorptionsstärke vom nahen UV-Bereich zu kürzeren Wellenlängen verschoben wird. Polypeptide zeigen ähnliche Effekte: die elektronische Kopplung der Übergänge der einzelnen Aminosäuren verringert die Absorption einer α-Helix nahe 200 nm im Vergleich zu einer zufälligen Anordnung oder einem β-Blatt.

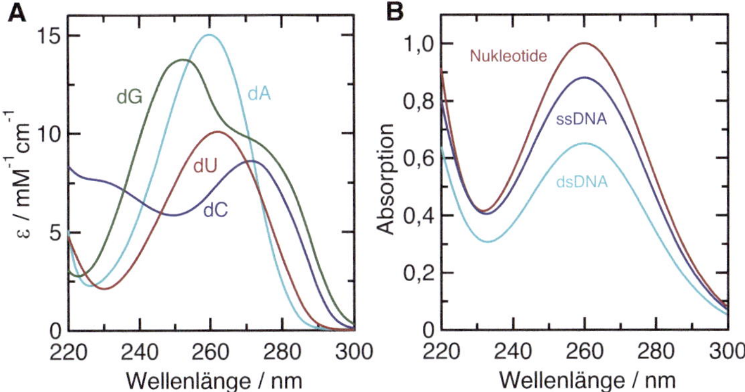

Abb. 1.3 (**A**) Absorptionsspektren von 2′-Desoxyadenosin (dA, *cyan*), 2′-Desoxyguanosin (dG, *grün*), 2′-Desoxyuridin (dU, *rot*) und 2′-Desoxycytidin (dC, *blau*) bei pH 7,1. (**B**) Absorptionsspektren von *Escherichia coli* DNA bei 25° (doppelsträngige DNA, *ds-DNA. cyan*) und 82° (einzelsträngige DNA, *ss-DNA, blau*), und bei 25° nach enzymatischer Verdauung *(Nukleotide, rot)*. *E. coli* DNA ist doppelsträngig bei 25° und einzelsträngig bei 82°; enzymatische Verdauung liefert die Komponentennukleotide. Die Daten in **B** stammen von Voet et al. [7]

1.5 Absorptionsspektren von Gemischen

Ein wichtiger Nebenaspekt des Lambert-Beer-Gesetzes (Gl. (1.3)) ist, dass die Absorption einer Mischung nicht interagierender Moleküle einfach die Summe der Absorptionen der einzelnen Komponenten ist. Dies bedeutet, dass die Änderung der Absorption infolge einer Änderung der Konzentration einer der Komponenten unabhängig von der Absorption der anderen Komponenten ist. Im Prinzip können wir die Konzentrationen aller Komponenten bestimmen, indem wir die Absorption der Lösung bei einer Reihe von Wellenlängen messen, bei denen die molaren Extinktionskoeffizienten der Komponenten unterschiedlich sind. Die Konzentrationen (C_i) werden durch Lösen der simultanen Gleichungen ermittelt

$$\begin{aligned} \varepsilon_{1(\lambda 1)}C_1 + \varepsilon_{2(\lambda 1)}C_2 + \varepsilon_{3(\lambda 1)}C_3 + \cdots &= A_{\lambda 1}/l \\ \varepsilon_{1(\lambda 2)}C_1 + \varepsilon_{2(\lambda 2)}C_2 + \varepsilon_{3(\lambda 2)}C_3 + \cdots &= A_{\lambda 2}/l \\ \varepsilon_{1(\lambda 3)}C_1 + \varepsilon_{2(\lambda 3)}C_2 + \varepsilon_{3(\lambda 3)}C_3 + \cdots &= A_{\lambda 3}/l \\ \cdots, \end{aligned} \tag{1.6}$$

wo $\varepsilon_{i(\lambda a)}$ und $A_{\lambda a}$ der molare Extinktionskoeffizient der Komponente i und A_{la} die Absorption der Lösung bei Wellenlänge λ_a sind, und l ist wieder die optische Weglänge. Eine Methode zur Lösung eines solchen Gleichungssystems wird in Kasten 8.1 gegeben. Die Konzentrationen sind vollständig bestimmt, wenn die Anzahl der Messwellenlängen gleich der Anzahl der Komponenten ist, solange die Extinktionskoeffizienten der Komponenten bei jeder Wellenlänge erheblich voneinander abweichen. Messungen bei zusätzlichen Wellenlängen können zur Erhöhung der Zuverlässigkeit der Ergebnisse verwendet werden. Der beste Weg, die Konzentrationen zu berechnen, ist wahrscheinlich durch die Verwendung der Singulärwertzerlegung [8].

Obwohl zwei chemisch unterschiedliche Moleküle normalerweise charakteristisch unterschiedliche Absorptionsspektren aufweisen, können ihre Extinktionskoeffizienten bei einer oder mehreren Wellenlängen identisch sein. In der oben verwendeten Notation könnten $\varepsilon_{i(\lambda a)}$ und $\varepsilon_{j(\lambda a)}$ (die Extinktionskoeffizienten der Komponenten *i* und *j* bei Wellenlänge *a*) gleich sein (Abb. 1.4A). Eine solche Wellenlänge wird als *Isosbestischer Punkt* bezeichnet. Wenn wir das Verhältnis der Konzentrationen C_i und C_j in einer Lösung ändern, bleibt die Absorption an einem isosbestischen Punkt konstant (Abb. 1.4B). Wenn die Lösung eine dritte Komponente (*k*) enthält, könnten wir $\varepsilon_{i(\lambda b)} = \varepsilon_{k(\lambda b)}$ und $\varepsilon_{j(\lambda c)} = \varepsilon_{k(\lambda c)}$ bei zwei anderen Wellenlängen (*b* und *c*) haben, aber es wäre unwahrscheinlich, dass alle drei Komponenten bei irgendeiner Wellenlänge identische Extinktionskoeffizienten haben. Wenn wir also eine Lösung mit einer unbekannten Anzahl von Komponenten haben und das Absorptionsspektrum der Lösung sich als Funktion eines Parameters wie pH, Temperatur oder Zeit ändert, deutet das Auftreten eines isosbestischen Punktes darauf hin, dass die Absorptionsänderungen wahrscheinlich Änderungen im Verhältnis von nur zwei Komponenten widerspiegeln. Die Zuverlässigkeit dieser Schlussfolgerung erhöht sich, wenn es mehr als einen isosbestischen Punkt gibt.

Proteinkonzentrationen werden oft aus der Absorption bei 280 nm geschätzt, wo die einzigen Aminosäuren, die signifikant absorbieren, Tryptophan, Tyrosin und Cystin sind (Tab. 1.1). Der molare Extinktions-Koeffizient eines Proteins bei dieser Wellenlänge wird gegeben durch $\varepsilon_{280} \approx 5500 \times W + 1490 \times Y + 125 \times CC$ $\mathrm{M}^{-1}\ \mathrm{cm}^{-1}{}_{\mathrm{gegeben}}$, wobei *W, Y* und *CC* die Anzahl der Tryptophan-, Tyrosin- und Cystinreste im Protein sind [2].

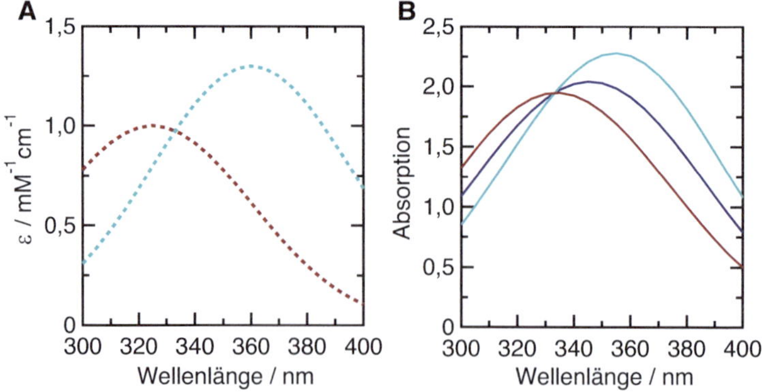

Abb. 1.4 (**A**) Absorptionsspektren von zwei Komponenten, die den gleichen Extinktionskoeffizienten bei 333 nm haben. (**B**) Absorptionsspektren von Mischungen der gleichen zwei Komponenten in molaren Verhältnissen von 1:3, 1:1 und 3:1 und identischer Totalkonzentration. Die gesamte Absorption am isosbestischen Punkt (333 nm) ist dann konstant

1.6 Der Photoelektrische Effekt

Die Ausstoßung von Elektronen aus einer festen Oberfläche, die einer Strahlung ausgesetzt ist, wird als *photoelektrischer Effekt* bezeichnet. Die freigesetzten Elektronen werden *Photoelektronen* genannt. In einer bahnbrechenden Arbeit von 1905 wies Einstein [9] auf drei Schlüsseleigenschaften des Effekts hin: (1) Photoelektronen werden nur freigesetzt, wenn die Frequenz der Strahlung (ν) ein bestimmtes Minimum (die *Arbeitsfunktion,* ν_o) überschreitet, die charakteristisch für das Material ist (Abb. 1.5); (2) die kinetische Energie der abgehenden Photoelektronen ist proportional zu ($\nu - \nu_o$); und (3) der Prozess scheint sofort zu erfolgen, auch bei geringen Lichtintensitäten. Diese Beobachtungen legen nahe, dass elektromagnetische Strahlung eine partikuläre Natur hat und dass jedes Teilchen eine bestimmte Energiemenge trägt, die proportional zu ν ist (Gl. (1.1)). G.N. Lewis [10] prägte den Begriff *Photon* für ein solches Teilchen aus dem griechischen Wort „phos“, was „Licht“ bedeutet. Die ersten beiden oben genannten Beobachtungen können erklärt werden, indem man feststellt, dass das Ablösen eines Elektrons von einem Festkörper eine bestimmte Mindestenergiemenge erfordert, die von der Zusammensetzung des Festkörpers abhängt und analog zur Ionisierungsenergie eines Moleküls ist. Wenn die Energie des Photons diese Schwelle überschreitet, wird das Photon absorbiert und all seine Energie wird auf den Festkörper und das abgehende Elektron übertragen. Die sofortige Natur der Photoausstoßung (Beobachtung 3) zeigt, dass der Prozess eine alles-oder-nichts-*Absorption* von einem einzelnen Photon beinhaltet, anstatt eine allmäh-

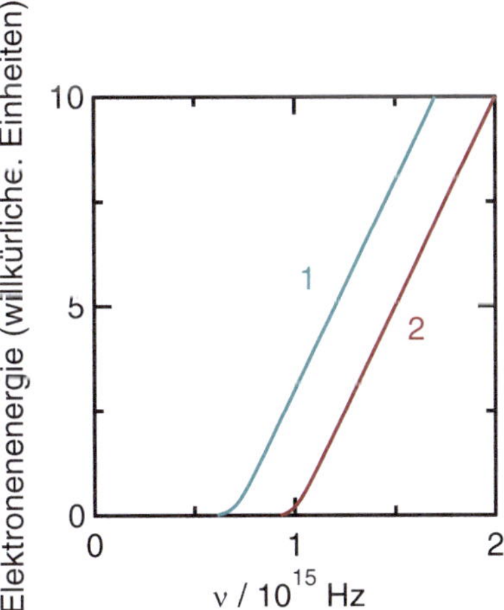

Abb. 1.5 Einige Materialien geben Elektronen frei, wenn sie von elektromagnetischer Strahlung mit einer Frequenz (ν) getroffen werden, die größer ist als ein Schwellenwert, der vom Material abhängt, wie hier schematisch für zwei verschiedene Materialien *(Kurven 1 und 2)* dargestellt. Über der Schwelle nimmt die kinetische Energie der Photoelektronen linear mit ν zu. Inhomogenitäten im Material können eine leichte Krümmung der Kurven nahe der Schwelle verursachen

liche Anhäufung von Energie über einige Zeit. Die All-oder-Nichts-Natur des Effekts wäre durch die klassische elektromagnetische Theorie des Lichts schwer zu erklären, in der die Energie vom Quadrat des elektromagnetischen Feldes abhängt und kontinuierlich als Funktion der Entfernung von der Lichtquelle variiert. In dem von Einstein vorgeschlagenen Quantenbild des Lichts ist das Quadrat der elektromagnetischen Feldstärke ein Maß für die Anzahl der Photonen pro Volumeneinheit. Die Photonendichte erscheint bei hohen Lichtintensitäten wie eine kontinuierliche Variable, variiert jedoch bei sehr niedrigen Intensitäten diskontinuierlich.

Einstein, der damals 25 Jahre alt war, führte im selben Jahr die Theorien der speziellen Relativität und der Brownschen Bewegung ein. Er erhielt den Nobelpreis für Physik für seine Erklärung des photoelektrischen Effekts, äußerte aber später ernsthafte Zweifel daran, dass Photonen diskrete Teilchen sind. Das zentrale Problem war, dass der photoelektrische Effekt, da er die Wechselwirkung von Licht mit einem festen Material beinhaltet, nur zeigt, dass die Energieniveaus des Materials quantisiert sind. Überzeugende Beweise dafür, dass auch das Licht den Gesetzen der Quantenmechanik gehorcht, kamen erst etwa 80 Jahre später aus Experimenten über die Wechselwirkungen von zwei Photonen in kurzen Lichtpulsen [11–13]. Wir werden diese Experimente in Abschn. 3.5 diskutieren.

1.7 Techniken zur Messung der Absorption

Lichtintensitäten können mit einem *Photomultiplier* gemessen werden, der eine Vakuumröhre mit einer negativ geladenen Oberfläche (der *Kathode* oder *Photokathode*) ist, die Photoelektronen freisetzt, wenn sie Photonen absorbiert (Abb. 1.6A). Die Kathode ist mit einem Material beschichtet, das auf Licht über einen breiten Frequenzbereich reagiert, und wie im vorherigen Abschnitt erklärt, erhält das abgehende Photoelektron kinetische Energie gleich der Differenz zwischen der Photonenenergie bei einer bestimmten Frequenz ($h\nu$) und der minimalen Energie, die benötigt wird, um das Elektron zu lösen ($h\nu_o$). Das Photoelektron wird durch ein elektrisches Feld in der Röhre beschleunigt und zu einer zweiten beschichteten Platte (einer *Dynode*) gezogen. Hier löst die beim Aufprall freigesetzte kinetische Energie mehrere neue Elektronen. Diese Elektronen werden zu einer zweiten Dynode beschleunigt, wo sie zusätzliche Elektronen lösen. Wiederholte Verstärkungsschritte über eine Reihe von 6–14 Stufen können eine Gesamtstromverstärkung von 10^6–10^8 ergeben, abhängig vom Design der Röhre und der an die Kette der Dynoden angelegten Spannung. An der letzten Dynode (der *Anode*) wird der Strom zu einem Verstärker geleitet und entweder als kontinuierliches Signal oder als Puls digital registriert.

Photomultiplier sind bemerkenswert linear über viele Größenordnungen der Lichtintensität. Sie eignen sich jedoch am besten für sehr niedrige Lichtintensitäten. Sie haben typischerweise *Quanteneffizienzen* in der Größenordnung von 0,25, was bedeutet, dass 25 % der auf die Kathode auftreffenden Photonen zu Stromimpulsen an den Anoden führen. Die Reaktion sättigt bei hohen

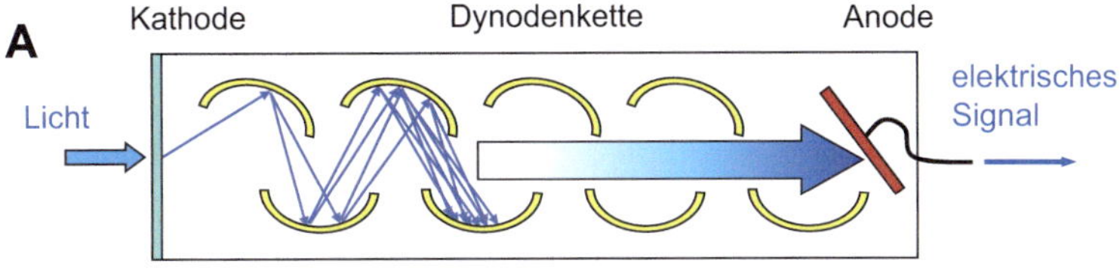

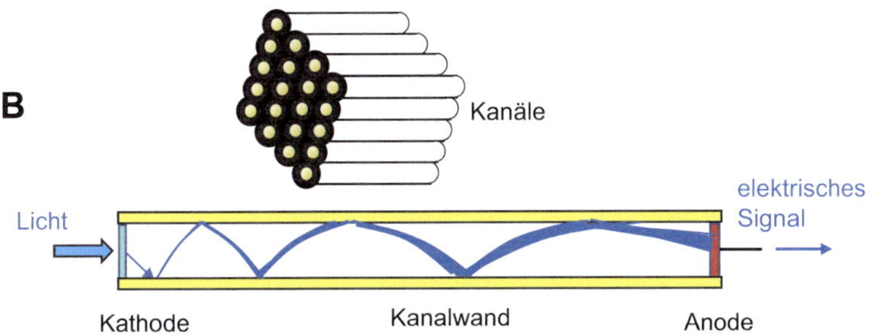

Abb. 1.6 (**A**) Schematisches Design einer *Photomultiplierröhre* Röhre. Pins an der Basis der Röhre liefern ein negatives elektrisches *Potenzial* an der Kathode *(cyan)* relativ zur Anode *(rot)*, und Zwischenpotentiale entlang der Kette der Dynoden *(gelb)*. Zusätzliche Elektronen *(blaue Pfeile)* werden an jeder Dynode freigesetzt und zur nächsten Dynode beschleunigt. (**B**) In einem *Mikrokanalplatten-Photomultiplier* bieten zylindrische Kanäle Pfade für Elektronen, um von der negativ geladenen Photokathode zur Anode zu gelangen. Elektronen, die die Kanalwände treffen, lösen zusätzliche Elektronen los

Lichtintensitäten, weil die Verarmung von Elektronen das elektrische *Potenzial* auf der Kathode erhöht. Kathoden, die mit GaAs und verwandten Materialien beschichtet sind, haben höhere Quanteneffizienzen und decken außergewöhnlich breite spektrale Bereiche ab, sind aber weniger robust als die meisten anderen üblicherweise verwendeten Materialien.

Die Zeitauflösung eines Photomultipliers wird hauptsächlich durch die Variationen in den Wegen begrenzt, die Elektronen nehmen, um die Anode zu erreichen. Aufgrund der Streuung der Transitzeiten hat der Anodenimpuls, der aus der Absorption eines einzelnen Photons resultiert, typischerweise eine Breite in der Größenordnung von 10^{-9}–10^{-8} s. Die Streuung der Transitzeiten ist kleiner in *Mikrokanalplatten*, die nach denselben Prinzipien wie gewöhnliche Photomultiplier arbeiten, außer dass die elektronischen Verstärkungsschritte entlang der Wände kleiner Kapillaren erfolgen (Abb. 1.6B). Die Anodenimpulsbreite in einem Mikrokanalplatten-Detektor kann so kurz wie 2×10^{-11} s sein.

Lichtintensitäten können auch mit *Photodioden* aus Silizium, Germanium oder anderen Halbleitern gemessen werden. Diese Geräte haben Übergänge zwischen Regionen (*N* und *P*), die mit anderen Elementen dotiert sind, um einen Überschuss an entweder Elektronen oder Löchern zu erzeugen. Im Dunkeln diffundieren Elektronen von der *N* zur *P* Region, und Löcher diffundieren in die entgegengesetzte

Richtung, wodurch ein elektrisches Feld über den Übergang entsteht. Absorption von Licht trennt zusätzliche Elektronen-Loch-Paare, die in die Richtungen diffundieren, die durch das elektrische Feld vorgegeben sind, und erzeugen einen Stromfluss durch das Gerät. Siliziumphotodioden haben Quanteneffizienzen von etwa 80 % und funktionieren gut bei vergleichsweise hohen Lichtintensitäten. Ihre Zeitauflösung liegt in der Regel in der Größenordnung von 10^{-9}–10^{-8} s, kann aber bei Dioden mit sehr kleinen aktiven Bereichen etwa 10^{-11} s betragen.

Ein Spektrophotometer zur Messung von Absorptionspektren enthält typischerweise eine kontinuierliche Lichtquelle, einen Monochromator zur Zerlegung des weißen Lichts und Auswahl einer schmalen Bande von Wellenlängen und einen Chopper zur Trennung des Lichts in zwei Strahlen (Abb. 1.7). Ein Strahl durchläuft das Probenmaterial; der andere durchläuft eine Referenz- (entweder „leer oder mit reinem Lösungsmittel gefüllt) Küvette. Die Intensitäten der beiden Strahlen werden mit einem Photomultiplier oder einem anderen Detektor gemessen und zur Berechnung der Absorption der Probe als Funktion der Wellenlänge verwendet ($\Delta A = \log_{10}(I_o/I_s) - \log_{10}(I_o/I_r) = \log_{10}(I_r/I_s)$, wobei I_o, I_s und I_r die einfallende Lichtintensität und die Intensitäten des durch das Probenmaterial und die Referenz gegangenen Lichts sind. Die Messung des Referenzsignals ermöglicht es dem Instrument, die Absorption und Reflexion aufgrund des Lösungsmittels und der Wände der Küvette zu vernachlässigen. Eine kluge Wahl der Referenz kann auch Fehler minimieren, die durch den Lichtverlust durch Streuung von trüben Proben entstehen.

Das konventionelle Spektrophotometer, skizziert in Abb. 1.7, hat mehrere Einschränkungen. Erstens deckt das Licht, das zu einem gegebenen Zeitpunkt den Detektor erreicht, nur ein schmales Band von Wellenlängen ab. Da ein Gitter, Prisma oder Spiegel im Monochromator gedreht werden muss, um dieses Fenster über den spektralen Bereich von Interesse zu bewegen, dauert die Erfassung eines Absorptionsspektrums typischerweise mehrere Minuten, während denen sich die

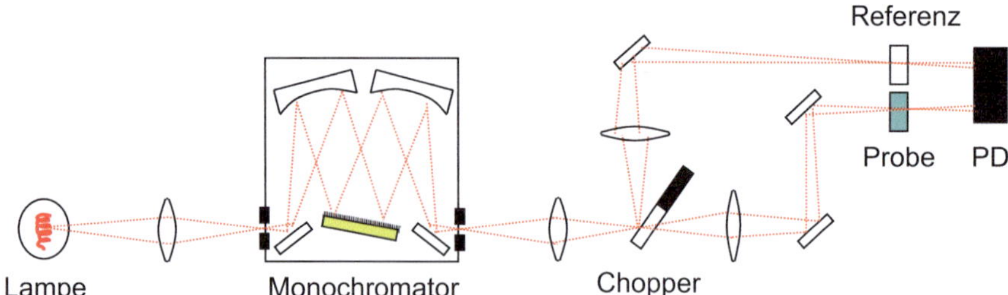

Abb. 1.7 Elemente eines Zweistrahl-Spektrophotometers. Der Lichtchopper ist typischerweise ein drehbarer Spiegel mit Sektoren, die den Strahl abwechselnd übertragen und reflektieren, so dass der Photodetektor abwechselnd die Intensitäten der Lichtstrahlen registriert, die durch die Probe oder die Referenzküvette gehen. Der hier skizzierte Monochromator besteht aus einem drehbaren Beugungsgitter *(gelb)*, zwei gekrümmten Spiegeln, zwei ebenen Spiegeln und Ein- und Ausgangsschlitzen zur Einstellung der spektralen Auflösung. Die *gepunkteten orangefarbenen Linien* stellen Lichtwege dar. *PD* Photodetektor (Photomultiplier oder Photodiode)

Probc ändern könnte. Darüber hinaus verringert die Verengung der Ein- und Ausgangsschlitze des Monochromators zur Verbesserung der spektralen Auflösung die Menge des Lichts, das den Photomultiplier erreicht, was das Signal verrauschter macht. Obwohl das Signal/Rausch-Verhältnis durch Mittelung des Signals über längere Zeiträume verbessert werden kann, verlangsamt dies die Erfassung des Spektrums weiter. Diese Einschränkungen werden in gewissem Maße in Instrumenten überwunden, die Photodioden-Arrays verwenden, um Licht bei vielen verschiedenen Wellenlängen gleichzeitig zu detektieren (Abb. 1.8).

Die oben genannten Schwierigkeiten können auch durch eine Fourier-*Transformationstechnik* überwunden werden, die besonders nützlich für IR-Spektroskopie ist. In einem Fourier-Transformations-IR (FTIR) Spektrometer wird Strahlung von einer IR-Quelle in zwei Strahlen aufgeteilt, die letztendlich wieder vereinigt und auf den Detektor fokussiert werden (Abb. 1.9). Der Detektor erfasst Licht, das ein breites Band von Wellenlängen abdeckt. Wenn die beiden Strahlen unterschiedliche optische Weglängen durchlaufen, werden ihre Beiträge zum Strahlungsfeld am Detektor je nach Wellenlänge und Wegunterschied, ΔL, konstruktiv oder destruktiv interferieren. Die Länge eines der Pfade im Spektrometer wird moduliert, indem ein Spiegel über eine Strecke von mehreren cm vor- und zurückbewegt wird, was dazu führt, dass das vom Detektor registrierte Signal oszilliert. Wenn die Strahlung monochromatisch wäre, wäre ein Diagramm der Signalintensität *gegen* ΔL (ein *Interferogramm*) eine sinusförmige Funktion mit einer Periode, die durch die Wellenlänge des Lichts bestimmt wird; bei Breitbandstrahlung enthält das Interferogramm überlagerte Oszillationen mit vielen ver-

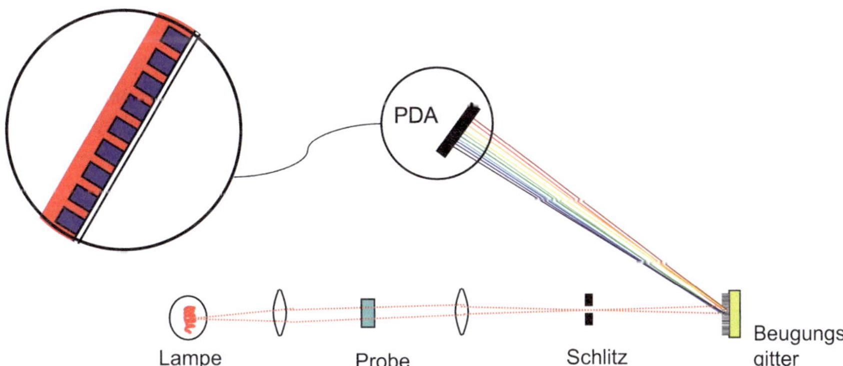

Abb. 1.8 Elemente eines Dioden-Array-Spektrophotometers. Im hier dargestellten Einstrahl-Instrument wird das durch die Probe transmittierte Licht *(cyan)* durch ein Beugungsgitter *(gelb)* auf einen Photodioden-Array-Detektor *(PDA)* gestreut. Ein PDA ist eine integrierte Schaltung, die typischerweise aus Silizium oder Indium-Gallium-Arsenid mit 1024 wechselnden *N* und *P* Regionen (*blaue und rote Regionen* im erweiterten Kreis) besteht. Ladungsgekoppelte Detektoren *(CCD)* sind ähnlich, unterscheiden sich jedoch dadurch, dass Signale von den einzelnen Pixeln nicht parallel abgefragt werden, sondern sequenziell entlang des Arrays zu einzelnen Schnittstellen zur Auslesung verschoben werden

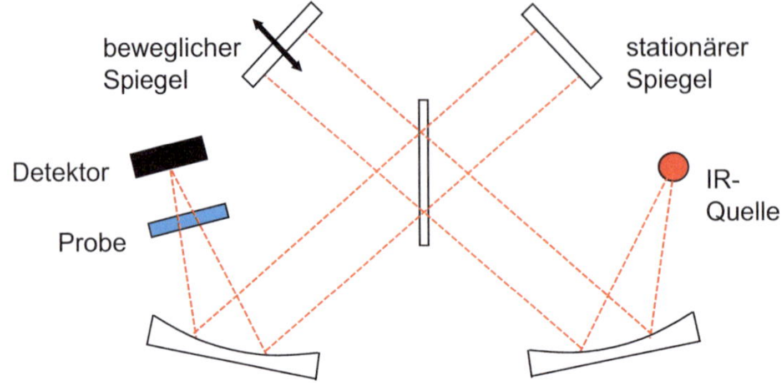

Abb. 1.9 Komponenten eines FTIR Spektrometers. Das zentrale Element ist ein Michelson Interferometer, in dem Strahlung von der IR-Quelle durch einen sphärischen Spiegel kollimiert und dann durch einen teilweise versilberten Spiegel in zwei Strahlen aufgeteilt wird *(Mitte)*. Die Strahlen werden von planaren Spiegeln reflektiert und am Detektor wieder vereinigt. Die *gepunkteten orangefarbenen Linien* stellen Lichtwege dar. Das Hin- und Herbewegen eines der planaren Spiegel entlang der Achse, die durch den *Doppelpfeil* angezeigt wird, ändert die Länge eines der optischen Pfade. Die Probe kann entweder zwischen dem Interferometer und dem Detektor, wie hier gezeigt, oder zwischen der Lichtquelle und dem Interferometer platziert werden

schiedenen Perioden. Das Spektrum der Strahlung kann berechnet werden, indem man eine Fourier Transformation des Interferogramms durchführt. (Siehe Anhang A3 für eine Einführung in Fourier-Transformationen.) Wenn eine Probe, das Strahlung bei einer bestimmten Wellenlänge absorbiert, in den Strahl gebracht wird, werden die entsprechenden Oszillationen im Interferogramm abgeschwächt. Das Absorptionsspektrum wird als $A(\overline{\nu}) = \log_{10}(S_r(\overline{\nu})/S_s(\overline{\nu}))$ berechnet, wobei $S_s(\overline{\nu})$ und $S_r(\overline{\nu})$ die Amplituden der Fourier-Transformationen von Interferogrammen sind, die mit und ohne die Probe im Strahl erhalten wurden.

FTIR-Spektrometer haben neben einer schnelleren Datenerfassung und einem verbesserten Signal/Rausch-Verhältnis einen weiteren Vorteil: Die Wellenlängenskalierung kann sehr genau kalibriert werden, indem die IR Quelle durch einen Laser mit einer scharfen Emissionslinie ersetzt wird. Ein He-Ne Laser, der bei 6328 Å emittiert, wird oft für diesen Zweck verwendet. Die genaue Kalibrierung ermöglicht es, kleine Verschiebungen in Spektren zu messen, die mit verschiedenen Proben gemessen wurden, wie Materialien, die in ^{13}C, ^{15}N oder ^{18}O angereichert sind. Darüber hinaus verursacht Streulicht, das den Detektor erreicht, ohne durch das Interferometer zu gehen, relativ wenig Fehler in einem FTIR Spektrometer, weil das Signal, das aus diesem Licht resultiert, nicht mit ΔL korreliert ist. Diese Eigenschaft macht FTIR-Spektrometer gut geeignet für die Messung von Absorptionsspektren von Proben, die nur einen kleinen Bruchteil des einfallenden Lichts durchlassen. Die gleichen Prinzipien gelten für Messungen von sehr schwachen Signalen von Raman-Streuung (Abschn. 1.12).

Abschn. 1.8, 1.10 und 11.5 beschreiben mehrere andere Methoden zur Messung von Absorptionsspektren, wenn herkömmliche Ansätze unzureichend sind. Absorptionsspektren können auch indirekt durch Messung der Fluoreszenz

(Abschn. 1.11 und Kap. 5) oder anderer Prozesse, die aus der Anregung resultieren, ermittelt werden. In einem klassischen Beispiel für diesen Ansatz entdeckte Otto Warburg, dass Cytochrom-*c* Oxidase ein Hämprotein ist, indem er die Atmung mit Kohlenmonoxid hemmte und die photochemische Umkehrung der Hemmung durch Licht verschiedener Wellenlängen maß. Das resultierende „Wirkungsspektrum" ergab das Absorptionsspektrum des an das Protein gebundenen Häms.

1.8 Pump-Probe und Photon-Echo Experimente

Optische Verzögerungs-Techniken können verwendet werden, um Absorptionsänderungen mit sehr hoher Zeitauflösung in Systemen zu untersuchen, die chemisch reagieren oder strukturell entspannen, wenn sie mit Licht angeregt werden. Biophysikalische Beispiele sind die strukturellen Veränderungen, die in Myoglobin oder Cytochrom-*c* Oxidase nach der Photodissoziation von gebundenem CO, die durch Beleuchtung von Rhodopsin, Bakteriorhodopsin oder Phytochrom induzierte Isomerisierung und nachfolgende strukturelle Veränderungen, und die lichtinduzierten Elektronenübertragungsreaktionen der Photosynthese auftreten. Ein kurzer „Pump"-Puls regt das reaktive System an, und die Absorption wird als Funktion der Zeit untersucht, indem die übertragene Intensität eines zweiten („Probe") Pulses gemessen wird. Um das Timing der beiden Pulse zu steuern, wird einer der Pulse über einen Pfad gesendet, dessen Länge durch Verschieben eines Spiegels auf einer Übersetzungsbühne (Abb. 1.10) eingestellt wird. Da Licht sich mit 3×10^{10} cm · s^{-1} durch die Luft bewegt, ändert eine Pfadlängenänderung um 1 cm die Verzögerungszeit um $0{,}33 \times 10^{-10}$ s. Die Zeitauflösung in dieser Technik wird hauptsächlich durch die Breiten der Anregungs- und Probepulse bestimmt, die weniger als 10^{-14} s betragen können. Wenn der Probelichtpuls einen breiten Frequenzbereich einschließt und ein Beugungsgitter verwendet wird, um den übertragenen Probepuls auf einen Photodioden-Array-Detektor (Abb. 1.8) zu streuen, kann ein vollständiges Spektrum der Absorptionsänderungen nach jeder Anregung erfasst werden. Allerdings werden solche Messungen in der Regel über viele Paare von Pump- und Probepulsen gemittelt, um das Signal/Rausch-Verhältnis zu verbessern.

Ähnliche experimentelle Techniken ermöglichen es, die zeitliche Kohärenz (Synchronisation) von Mitgliedern eines Ensembles von Molekülen zu untersuchen. Wenn viele der Moleküle während des gleichen kurzen Zeitintervalls mit einem Lichtpuls interagieren, wird das Ensemble zunächst eine gewisse „Erinnerung" an dieses Ereignis haben, aber diese Erinnerung wird mit der Zeit aufgrund zufälliger thermischer Wechselwirkungen der Moleküle mit ihrer Umgebung verblassen. Die Moleküle könnten beispielsweise kurz nach dem Puls bestimmte Schwingungsbewegungen im Einklang durchführen, aber zu späteren Zeiten mit zufälligen Phasen schwingen. Die Rate, mit der das Ensemble solche Kohärenz verliert, liefert Informationen über die Dynamik und Stärke der Wechselwirkungen mit der Umgebung. In Kap. 11 werden wir *Photonen-Echo*-Experimente diskutieren, bei denen eine Reihe von kurzen Pulsen verwendet wird,

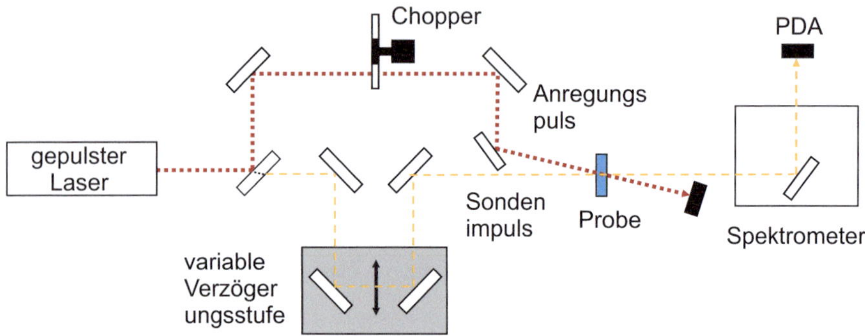

Abb. 1.10 Absorptionsänderungen können mit hoher Zeitauflösung gemessen werden, indem eine Probe mit einem kurzen Anregungs („Pump")-Puls von einem Laser *(gestrichelte rote Linien)* angeregt und die Transmission eines viel schwächeren „Probe"-Pulses *(gestrichelte orangefarbene Linien)* gemessen wird, der nach einer einstellbaren Verzögerung durch die Probe geht. Ein Beugungsgitter oder Prisma im Spektrometer *streut* das Probe-Licht auf ein Photodioden-Array *(PDA)* oder einen ladungsgekoppelten Detektor *(CCD)*. Der Pumpstrahl wird in der Regel periodisch durch einen Chopper unterbrochen, und der Unterschied zwischen den Amplituden des übertragenen Probe-Strahls mit und ohne Pumplicht wird über viele Pulse gemittelt. Die Apparatur enthält oft zusätzliche Laser oder optische Geräte zur Erzeugung von Probe-Strahlen mit verschiedenen Wellenlängen oder Polarisationen

um Kohärenz zu erzeugen und sie dann zu späteren Zeiten teilweise wiederherzustellen.

1.9 Linearer und zirkularer Dichroismus

Wir haben oben erwähnt, dass die Absorption von Licht durch ein Molekül erfordert, dass das oszillierende elektromagnetische Feld in einer bestimmten Weise relativ zu den molekularen Achsen orientiert ist. Die Absorption ist proportional zu $\cos^2\theta$. wobei θ der Winkel zwischen dem elektrischen Feld und dem Übergangsdipol des Moleküls ist. *Linearer Dichroismus* ist die Abhängigkeit der Absorptionsstärke von der linearen Polarisation des Lichtstrahls relativ zu einer makroskopischen „Labor" Achse. Moleküle in Lösung zeigen normalerweise keinen linearen Dichroismus, da die einzelnen Moleküle zufällig relativ zu den Laborachsen orientiert sind. Allerdings können Proteine und andere Makromoleküle oft durch Fließen durch eine Kapillare oder durch Kompression oder Dehnung von in Gelen, wie Polyacrylamid oder Polyvinylalkohol, eingebetteten Proben orientiert werden. Membranen können durch magnetische Felder oder durch Trocknen in mehreren Schichten auf einem Glasobjektträger orientiert werden. Der lineare Dichroismus solcher Proben kann mit einem herkömmlichen Spektrophotometer gemessen werden, das mit einem polarisierenden Filter ausgestattet ist, der abwechselnd parallel und senkrecht zur Orientierungsachse der Probe ausgerichtet ist.

Isotrope (ungeordnete) Proben können oft dazu gebracht werden, einen transienten linearen Dichroismus *(induzierten Dichroismus)* durch Anregung mit einem polarisierten Lichtpuls zu zeigen, da der Puls selektiv die Moleküle anregt, die zufällig in einer bestimmten Weise zum Zeitpunkt des Anregungspulses orientiert sind. Die Zerfallskinetik des induzierten Dichroismus liefert Informationen über die Rotationsdynamik des Moleküls. Solche Messungen sind nützlich für die Untersuchung der Anordnung und Rotationsmobilität kleiner Chromophore (lichtabsorbierende Moleküle oder Gruppen), die an Makromoleküle gebunden oder in Membranen eingebettet sind, und für die Zerlegung von Absorptionsspektren komplexer Systeme, die mehrere interagierende Pigmente enthalten. Wir werden den linearen Dichroismus weiter in Kap. 4 diskutieren.

Ein Lichtstrahl kann auch zirkular polarisiert sein, was bedeutet, dass die Orientierung des elektrischen Feldes an einer gegebenen Position entlang des Strahls mit der Zeit rotiert. Die Rotationsfrequenz ist die gleiche wie die klassische Oszillationsfrequenz des Feldes (ν), aber die Richtung der Rotation kann entweder im Uhrzeigersinn oder gegen den Uhrzeigersinn aus der Perspektive eines Beobachters, der in den entgegenkommenden Strahl schaut, sein. Diese Richtungen entsprechen linken und rechten Schrauben und werden „links" und „rechts" zirkulare Polarisation genannt. Viele natürliche Materialien zeigen Unterschiede in ihrer Absorption von links und rechts zirkular polarisiertem Licht. Dies ist *zirkularer Dichroismus* (CD). Der Effekt ist typischerweise klein (etwa 1 Teil in 10^4), kann aber gemessen werden, indem ein elektrooptischer Modulator verwendet wird, um den Messstrahl schnell zwischen rechter und linker zirkularer Polarisation hin und her zu schalten. Ein phasen- und frequenzempfindlicher Verstärker wird verwendet, um die kleine oszillatorische Komponente des durch die Probe übertragenen Lichtstrahls zu extrahieren.

Da es den Unterschied zwischen zwei Absorptionsstärken darstellt, kann CD entweder positiv oder negativ sein. In dieser Hinsicht unterscheidet es sich von der gewöhnlichen Absorption einer Probe, die immer positiv ist. Seine Größe wird am direktesten durch den Unterschied zwischen den molaren Extinktionskoeffizienten für links und rechts zirkular polarisiertes Licht ausgedrückt ($\Delta\varepsilon = \varepsilon_{links} - \varepsilon_{rechts}$ in Einheiten von M^{-1} cm^{-1}). Aus historischen Gründen wird der zirkulare Dichroismus jedoch oft in Winkelmaßen ausgedrückt (*Elliptizität* oder *molarer Elliptizität*), die sich auf die elliptische Polarisation beziehen, die erzeugt wird, wenn ein Strahl linear polarisierten Lichts teilweise absorbiert wird.

Um CD zu zeigen, muss das absorbierende Molekül von seinem Spiegelbild unterscheidbar sein. Proteine und Nukleinsäuren erfüllen in der Regel dieses Kriterium. Wie oben in Verbindung mit Hypochromie erwähnt, stellen ihre UV-Absorptionsbande gekoppelte Übergänge mehrerer Chromophore dar (Peptid-Bindungen oder Purin- und Pyrimidinbasen), die stereospezifisch zueinander angeordnet sind. Die Anordnung der Peptid-Bindungen in einer rechtshändigen α-Helix ist beispielsweise von der in einer linkshändigen α-Helix unterscheidbar. Solche Oligomere können relativ starken CD aufweisen, auch wenn die einzelnen Einheiten wenig oder kein CD aufweisen [14]. Zirkulärer Dichroismus bietet daher eine bequeme und empfindliche Methode zur Untersuchung der Sekundärstruktur in Proteinen, Nukleinsäuren und anderen multimolekularen Komplexen an [15–17]. Abb. 1.11 zeigt typische CD-Spektren von Polypeptiden in α-helikalen und β-Konformationen. Die α-Helix hat eine positive Bande nahe 195 nm und ein charakteristisches Paar von negativen Banden nahe 210 und 220 nm; das β-Faltblatt hat eine schwächere positive Bande nahe 200 nm und eine einzelne negative Bande um 215 nm. In Kap. 9 werden wir sehen, dass CD aus Wechselwirkungen des Absorbers mit dem magnetischen und dem elektrischen Feld der einfallenden Strahlung entsteht und werden diskutieren, wie dessen Größe von der Geometrie des Systems abhängt.

1.10 Verzerrungen von Absorptionsspektren durch Lichtstreuung oder ungleichmäßige Verteilungen der absorbierenden Moleküle

Absorptionsspektren von Suspensionen von Zellen, Organellen, oder großen molekularen Komplexen können stark durch Lichtstreuung verzerrt werden. Streuung resultiert aus der Interferenz zwischen optischen Strahlen, die unterschiedliche Wege durch oder an den suspendierten Partikeln entlang folgen, und sie wird zunehmend wichtig, wenn die physischen Dimensionen der Partikel die Wellenlänge des Lichts erreichen. Ihr Kennzeichen ist eine Basislinie, die außerhalb der wahren Absorptionsbanden des Materials von null abweicht und mit abnehmender Wellenlänge ansteigt. Licht, das um mehr als einen bestimmten Winkel in Bezug auf den einfallenden Strahl gestreut wird, verfehlt den Detektor vollständig und registriert sich als scheinbare Absorption. Der Effekt ist am größten, wenn das Spektrophotometer eine lange Distanz zwischen der Probe und dem Detektor hat. Es gibt mehrere Möglichkeiten, diese Verzerrung zu minimieren. Eine Möglichkeit besteht darin, eine *Integrationskugel* zu verwenden, ein Gerät, das darauf ausgelegt ist, die

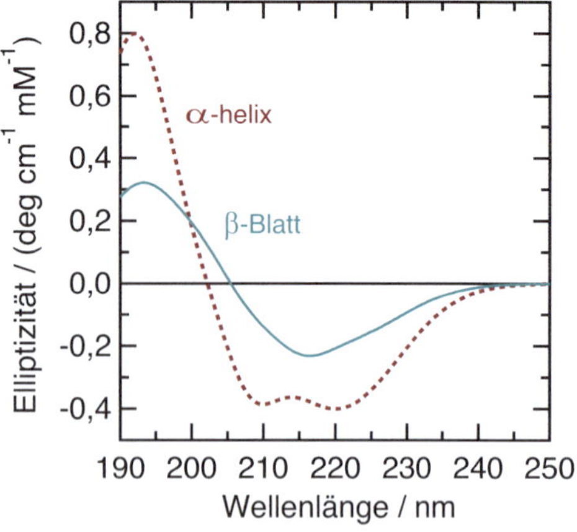

Abb. 1.11 Typische zirkuläre Dichroismus-Spektren eines Polypeptids in α-helikaler *(rote Kurve)* und antiparalleler β-Faltblatt *(cyan)* Konformation

Wahrscheinlichkeit, dass der Detektor erreicht wird, relativ unabhängig vom Winkel zu machen, unter dem das Licht die Probe verlässt. Dies kann erreicht werden, indem man die Probe in eine Kammer mit weißen Wänden stellt und den Detektor hinter einer Blende positioniert, so dass das Licht den Detektor erst erreicht, nachdem es viele Male von den Wänden reflektiert wird (Abb. 1.12).

Eine integrierende Kugel kann auch hergestellt werden, indem die Wände mit einer großen Anzahl von Photodioden ausgekleidet werden. In einigen Fällen kann die Lichtstreuung durch Zertrümmerung der störenden Partikel oder durch Erhöhung des Brechungsindex des Lösungsmittels, zum Beispiel durch Zugabe von Albumin, verringert werden. Mathematische Korrekturen für Streuungen können vorgenommen werden, wenn das Absorptionsspektrum mit der Probe gemessen wird, die an mehreren verschiedenen Abständen vom Detektor platziert ist [19, 20].

Die Absorptionsspektren von stark streuenden Materialien und sogar von undurchsichtigen Feststoffen wie Blättern, Hummerschalen und Knochen können mit *photoakustischer Spektroskopie* gemessen werden. Ein photoakustisches Spektrometer misst die Wärme, die abgegeben wird, wenn eine Probe durch Licht angeregt wird und dann nicht strahlend in den Grundzustand oder in einigen Fällen in einen metastabilen Zwischenzustand zurückkehrt. Die Freisetzung von Wärme verursacht eine Ausdehnung des Gases oder der Flüssigkeit um die Probe herum und ein Mikrofon erfasst den daraus resultierenden Druckanstieg. Zur Bestimmung der Konzentration eines Absorbers wird die Probe typischerweise mit moduliertem monochromatischem Licht beleuchtet und ein Lock-in-Verstärker wird verwendet, um die elektrischen Signale des Mikrofons zu messen, die mit der Modulationsfrequenz schwingen [21–23]. Zeitlich aufgelöste photoakustische Signale nach Anregung mit einzelnen Lichtpulsen können auch Informationen über die Enthalpien und Lebensdauern von metastabilen Zuständen und über andere Prozesse liefern, die auf die Absorption von Licht folgen. Photochemische

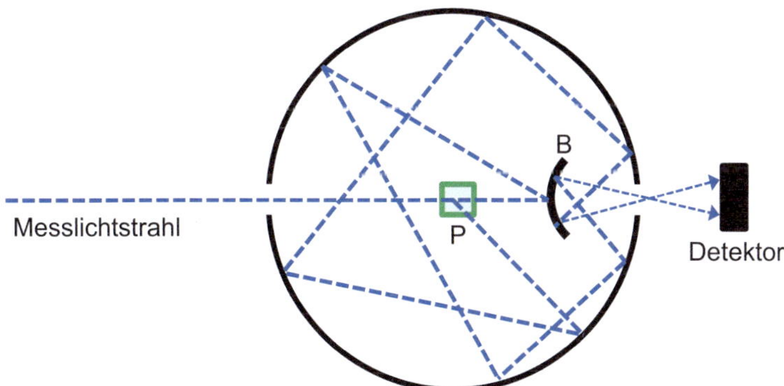

Abb. 1.12 Eine Integrationskugel. Das *Quadrat in der Mitte* stellt eine Küvette mit einer trüben Probe (*P*) dar. Übertragenes und gestreutes Licht erreichen den Detektor nach vielen Reflexionen von den weißen Wänden der Kammer. Eine Blende (*B*) blockiert den direkten Weg zum Detektor. In einem Design [18] durchläuft das Licht vor und nach der Probe separate Integrationskugeln

Elektronentransferreaktionen erzeugen beispielsweise oft geladene Spezies, die zu einer Elektrostriktion des umgebenden Lösungsmittels führen [24–29]. Solche Volumenänderungen in wässrigen Lösungen können bei der Temperatur der maximalen Dichte des Lösungsmittels (4° C in reinem Wasser) gemessen werden, wo photoakustische Signale von der Freisetzung von Wärme vernachlässigbar werden.

Eine andere Art von Verzerrung tritt auf, wenn die absorbierenden Moleküle nicht gleichmäßig in der Lösung verteilt sind, sondern in mikroskopischen Bereichen wie Zellen oder Organellen eingelagert sind. Abb. 1.13 veranschaulicht das Problem. Da die Lichtintensität abnimmt, wenn ein Lichtstrahl einen Bereich durchquert, der Absorber enthält, werden Moleküle am hinteren Ende des Bereichs durch Moleküle an der Vorderseite abgeschirmt und haben weniger Gelegenheit, zur gesamten Absorption beizutragen. Wenn Lichtstrahlen, die durch verschiedene Bereiche der Probe gehen, signifikant unterschiedliche Mengen an Absorbern treffen, werden die gemessenen Absorptionsbanden im Vergleich zu der Bande, das für eine gleichmäßige Lösung beobachtet würde, abgeflacht. Mathematische Korrekturen für diesen Effekt können angewendet werden, wenn die Größe und Form der mikroskopischen Bereiche bekannt sind [19, 20, 30, 31]. Alternativ kann ein Vergleich der Spektren vor und nach der Verteilung der absorbierenden Moleküle mit Detergenzien verwendet werden, um die Größe der Bereiche abzuschätzen. Das letztere Verfahren setzt jedoch voraus, dass die Verteilung der Moleküle ihre intrinsische Absorption nicht beeinflusst. In Kap. 8 werden wir zeigen, dass molekulare Wechselwirkungen die spektroskopischen Eigenschaften eines Oligomers intrinsisch sehr unterschiedlich von den Eigenschaften der einzelnen Untereinheiten machen können.

Es ist interessant zu bemerken, dass Frösche, Kraken und einige andere Tiere den Effekt der spektralen Abflachung nutzen, um ihre Erscheinung zu verändern.

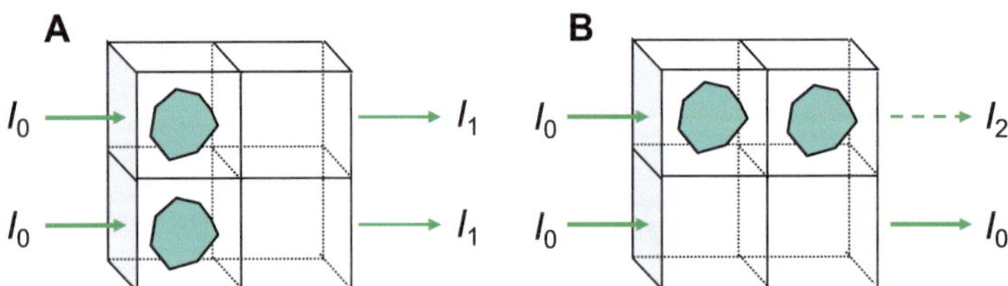

Abb. 1.13 Die Absorption einer makroskopischen Probe hängt davon ab, wie die absorbierenden Materialien verteilt sind. Die Kästchen in dieser Abbildung stellen kleine Volumenelemente dar; die grünen *Objekte* repräsentieren absorbierende Moleküle. Die Gesamtkonzentration der Absorber beträgt 0,5 pro Einheitsvolumen in beiden Proben. Wenn die auf ein Volumenelement auftreffende Lichtintensität I_o ist, kann die von dem Element übertragene Intensität als $I_1 = \kappa I_o$, geschrieben werden, wobei $0 < \kappa < 1$, wenn das Element einen Absorber enthält und $\kappa = 1$, wenn es keinen enthält. In der in **A** gezeigten Anordnung treffen Lichtstrahlen, die an verschiedenen Stellen durch das Präparat gehen, auf die gleiche Anzahl von Absorbern. Das pro Flächeneinheit übertragene Licht ist $I_1 = \kappa I_o$. In **B** treffen die beiden Strahlen auf eine unterschiedliche Anzahl von Absorbern. Hier ist das pro Flächeneinheit übertragene Licht $(I_2 + I_o)/2 = (\kappa^2 I_o + I_o)/2$. Der Unterschied $(B - A)$ ist $(\kappa^2 I_o + I_o - 2\kappa I_o)/2 = I_o(\kappa - 1)^2/2$, was größer als null ist

Sie erscheinen dunkel, wenn sich pigmentierte Zellen in ihrer Haut ausbreiten, um die Oberfläche mehr oder weniger gleichmäßig zu bedecken, und blass, wenn die Zellen zusammenklumpen.

Abweichungen vom Beer'schen Gesetz können auch aus einem konzentrationsabhängigen Gleichgewicht zwischen verschiedenen chemischen Spezies entstehen, oder aus Änderungen im Brechungsindex der Lösung mit der Konzentration. Instrumentelle Nichtlinearitäten oder Rauschen können signifikant sein, wenn die Konzentration des Absorbers zu hoch oder zu niedrig ist.

1.11 Fluoreszenz

Die Erkenntnis, dass Fluoreszenz nützliche Anwendungen in der Chemie hat, kann Beobachtungen zugeschrieben werden, die der spanische Arzt und Botaniker Nicolás Monardes 1565 beschrieb. Monardes wollte zwischen authentischen und gefälschten Infusionen einer seltenen mexikanischen Pflanze unterscheiden, die aztekische Heiler zur Behandlung von Harnwegserkrankungen verwendet hatten. Er stellte fest, dass Extrakte aus der Pflanze dem Wasser eine intensive blaue Farbe verliehen, während Suspensionen des Fälschungsmittels gelb waren. Die blaue Fluoreszenz stammte von einem Flavonoid, das in dem Extrakt spontan oxidierte [32].

Wenn sie im nahen UV-Bereich angeregt werden, fluoreszieren die Tryptophan-Reste vieler Proteine im Bereich von 340 nm. Der Emissionspeak variiert von etwa 308–355 nm, abhängig von der Umgebung im Protein. Typische Fluoreszenz-Emissionsspektren von Tryptophan, Tyrosin und Phenylalanin in Lösung sind in Abb. 1.14 dargestellt. Obwohl Tyrosin in Lösung stark fluoresziert, ist die Fluoreszenz von Tyrosin und Phenylalanin in Proteinen normalerweise sehr schwach, teilweise weil die Anregungsenergie auf Tryptophane übertragen werden kann. Die meisten Purine und Pyrimidine fluoreszieren ebenfalls nicht stark, aber die ungewöhnliche Nukleotid-„Y“-Base, die in Hefe-*t*-RNA^{PHE} gefunden wird, ist hochfluoreszierend. Flavine und Pyridinnukleotide haben eine charakteristische Fluoreszenz, die empfindliche Assays ihrer Oxidationszustände liefert: Die reduzierten Pyridinnukleotide (NADH und NADPH) fluoreszieren um 450 nm, während die oxidierten Formen nicht fluoreszieren; die oxidierten Flavin-Coenzyme (FMN und FAD) fluoreszieren, während ihre reduzierten Formen nicht fluoreszieren. Eine große Vielfalt von fluoreszierenden Farbstoffen wurde verwendet, um Proteine oder Nukleinsäuren zu markieren. Dazu gehören Fluorescein, Rhodamin, Dansylchlorid, Naphthylamin und EthenoATP. Proteine können auch durch genetische Fusion mit *grünem fluoreszierendem Protein,* einem Protein mit einem bemerkenswerten, eingebauten Chromophor, der durch spontane Cyclisierung und Oxidation einer Ser-Tyr-Gly-Sequenz gebildet wird, markiert werden.

Fluoreszenz Anregungs- und Emissionsspektren wie in Abb. 1.14 dargestellt werden in der Regel mit zwei Monochromatoren gemessen, einem zwischen der Anregungslichtquelle und der Probe und einem anderen zwischen der Probe und

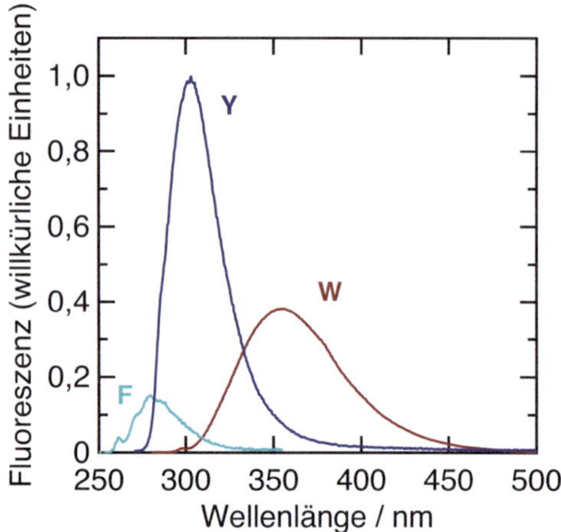

Abb. 1.14 Fluoreszenz-Emissionsspektren von Tryptophan (*W, rote Kurve*), Tyrosin (*Y, blau*) und Phenylalanin (*F, cyan*) in wässriger Lösung. Tryptophan wurde bei 270 nm, Tyrosin bei 260 nm und Phenylalanin bei 240 nm angeregt. Die Spektren stammen von Du et al. [4] und Dixon et al. [5] und sind so skaliert, dass die Flächen unter den Kurven proportional zu den Fluoreszenzquantenausbeuten sind. Die gemessenen Fluoreszenzausbeuten betragen 0,12 für Tryptophan, 0,13 für Tyrosin und 0,022 für Phenylalanin [33, 34]

dem Photodetektor (Abb. 1.15). Für ein Molekül mit einem einzigen Chromophor ist das Anregungsspektrum in der Regel ähnlich einem Spektrum von $(1 - T)$, wobei T der Anteil des einfallenden Lichts ist, der durchgelassen wird ($T = I/I_0 = 10^{-A}$). Das Emissions-Spektrum ist zu längeren Wellenlängen verschoben, weil das angeregte Molekül einen Teil seiner Energie in Form von Wärme an die Umgebung abgibt, bevor es fluoresziert. Wir werden diese Relaxation in den Kap. 5 und 10 diskutieren. Genaue Messungen eines Fluoreszenzanregungs- oder Emissionsspektrums erfordern, dass die Probe ausreichend verdünnt ist, so dass nur ein vernachlässigbarer Anteil des einfallenden oder emittierten Lichts wieder absorbiert wird. Ein Emissionsspektrum erfordert auch Korrekturen für die Wellenlängenabhängigkeit der Empfindlichkeit des Photomultipliers und anderer Komponenten des Fluorometers; diese Korrekturen können durch Messung des scheinbaren Emissionsspektrums einer Lampe mit bekannter Temperatur (Kap. 3) vorgenommen werden.

Die *Fluoreszenzausbeute*, oder Fluoreszenzquantenausbeute. wie sie oft genannt wird, ist der Anteil der angeregten Moleküle, die durch Emission von Fluoreszenz zerfallen. Dies wird am einfachsten gemessen, indem die integrierte Intensität des Emissionsspektrums mit derjenigen verglichen wird, die von einer Probe mit bekannter Fluoreszenzausbeute erhalten wurde. Standards mit Ausbeuten nahe 100 % sind für solche Messungen verfügbar [33]. Fluoreszenzausbeuten können auch bestimmt werden, indem die Fluoreszenz mit der Intensität des Lichts verglichen wird, das von einer trüben Probe gestreut wird [35, 36].

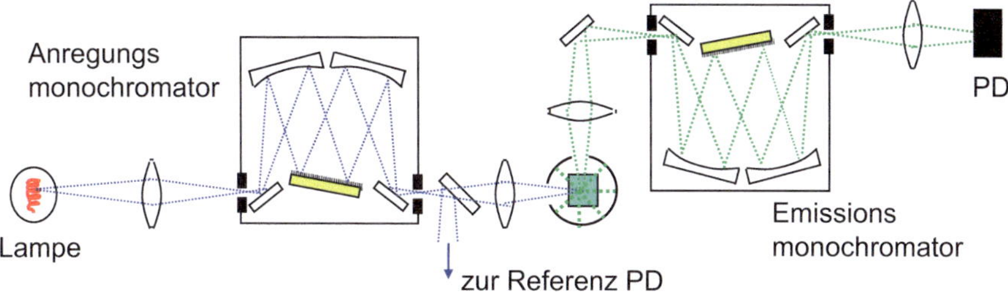

Abb. 1.15 Komponenten eines Fluorometers. Die Probe *(grün)* emittiert Fluoreszenz *(gepunktete grüne Linien)* in alle Richtungen in Bezug auf den Anregungslichtstrahl *(gepunktete blaue Linien)*, aber das Instrument hat in der Regel eine Blende, die den größten Teil der Fluoreszenz blockiert, mit Ausnahme des Anteils, der durch einen Schlitz bei 90° *(oberer Spalt im schwarzen Kreis) geht.* Die Blende minimiert Störsignale von durchgelassenem und gestreutem Anregungslicht. Ein Teil des Anregungsstrahls wird abgespalten und von einem Referenzphotodetektor gemessen, so dass die Anregungsintensität konstant gehalten werden kann, während die Wellenlänge variiert wird. *PD,* Photodetektor

Fluoreszenzausbeuten sind oft viel kleiner als eins, weil Kollisionen mit O_2 oder anderen *Löschern* das angeregte Molekül schnell über nichtstrahlende Wege in den Grundzustand zurückführen. Messungen von Fluoreszenzausbeuten können daher Informationen darüber liefern, ob ein an ein Makromolekül gebundener Chromophor zugänglich ist für Löscher, die in der umgebenden Lösung gelöst oder an einer anderen Stelle auf dem Molekül angebracht sind. Fluoreszenz kann auch durch intramolekularen Elektronentransfer und durch *Intersystemübergang* des angeregten Moleküls von einem *Singulett* zu einem *Triplett-Zustand* gelöscht werden. Intersystemübergang beinhaltet eine Änderung in der Beziehung zwischen den Spins der Elektronen in den teilweise besetzten molekularen Orbitalen.

Wenn eine Probe mit einem kurzen Lichtimpuls angeregt wird, kann der zeitliche Verlauf der Fluoreszenzintensität oft durch eine Exponentialfunktion beschrieben werden:

$$F(t) = k_r \left[M^*(t)\right] = k_r \left[M^*(0)\right] \exp(-t/\tau) = F(0) \exp(-t/\tau). \qquad (1.7)$$

Hier ist $F(t)$ die relative Wahrscheinlichkeit, dass die Probe in dem kurzen Zeitintervall zwischen t und $t + dt$ nach der Anregung ein Photon emittiert; $[M^*(t)]$ ist die Konzentration der Moleküle, die zur Zeit *t, noch angeregt sind, und* k_r ist eine Geschwindigkeitskonstante erster Ordnung für die Emission von Licht. Die Zeitkonstante τ wird als Fluoreszenzlebensdauer bezeichnet und ist die durchschnittliche des Moleküls im angeregten Zustand. Tryptophan, zum Beispiel, hat typischerweise eine Fluoreszenzlebensdauer von etwa 5×10^{-9} s. Der Kehrwert der Fluoreszenzlebensdauer ($1/\tau$) ist die Gesamtgeschwindigkeitskonstante für den Zerfall des angeregten Moleküls zurück in den Grundzustand durch alle Mechanismen, einschließlich der Löschungsprozesse, die oben zusätzlich zur Fluoreszenz erwähnt wurden. Abb. 1.16 veranschaulicht den zeitlichen Verlauf der Fluoreszenz einer Probe mit einer Fluoreszenzlebensdauer von 20 ns.

Im Allgemeinen interagieren die angeregten Moleküle in einer inhomogenen Probe auf unterschiedliche Weise mit ihrer Umgebung und die gemessene Fluoreszenz wird genauer durch eine Summe von Exponentialausdrücken gegeben:

$$F(t) = \sum_i F_i(0)\exp(-t/\tau_i), \tag{1.8}$$

wo $F_i(0)$ die Anfangsamplitude und τ_i die Zerfallszeitkonstante der Komponente i sind. Es können mehrere Verfahren verwendet werden, um solche Ausdrücke an experimentelle Daten, unter Berücksichtigung der Breite des Anregungslichtpulses und der endlichen Reaktionszeit der Detektionsinstrumentierung anzupassen. [37–39]

In einer homogenen Probe ist die Fluoreszenzlebensdauer proportional zur Fluoreszenzausbeute. Löschungsprozesse, die dazu führen, dass das angeregte Molekül schnell in den Grundzustand zurückkehrt, verringern parallel die Lebensdauer und die Ausbeute. Messungen der Fluoreszenzlebensdauern können daher ähnliche Informationen liefern wie Fluoreszenzausbeuten, können aber auch zur Untersuchung der Dynamik komplexerer, heterogener Systeme verwendet werden.

Mehrere Techniken werden verwendet, um Lebensdauern der Fluoreszenz zu messen. Ein Ansatz besteht darin, eine Probe wiederholt mit kurzen Lichtpulsen anzuregen und die Zeiten zu messen, zu denen einzelne emittierte Photonen nach den Anregungspulsen erfasst werden. Dies wird als Einzelphotonen-*Zählung*

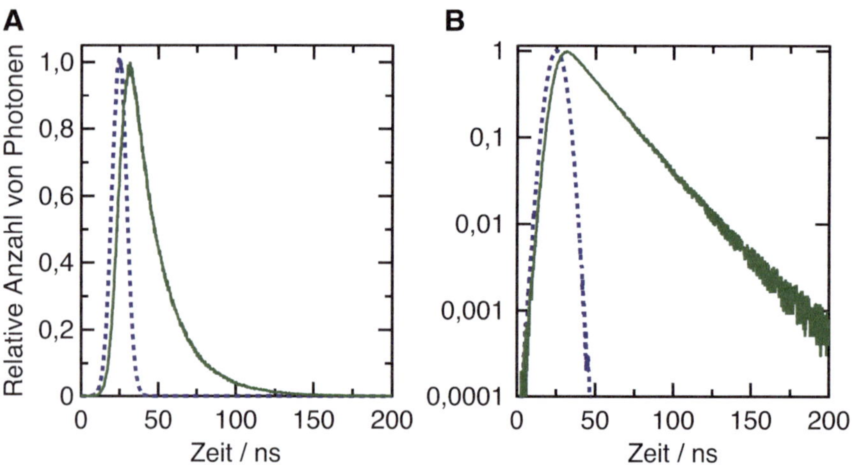

Abb. 1.16 (**A**) Der zeitliche Verlauf der Fluoreszenz *(durchgezogene grüne Kurve)* einer Probe mit einer Fluoreszenzlebensdauer von 20 ns, dargestellt auf einer beliebigen linearen Skala. Die *gepunktete blaue Kurve* repräsentiert den Anregungspuls. Das Fluoreszenzsignal ist eine Faltung des Anregungspulses mit der exponentiellen Zerfallsfunktion. (Das Signal zu einer gegebenen Zeit beinhaltet Fluoreszenz von Molekülen, die zu verschiedenen früheren Zeiten angeregt wurden.) (**B**) Die gleichen Signale sind auf logarithmischen Skalen dargestellt. Das Signal/Rausch-Verhältnis, das mit statistischen Schwankungen in der Anzahl (N) der in einem bestimmten Zeitintervall detektierten Photonen verbunden ist, ist proportional zu $\sqrt{N}$

oder *zeitkorrelierte Photonenzählung* bezeichnet. Das emittierte Licht wird so abgeschwächt, dass im Durchschnitt eine relativ geringe Wahrscheinlichkeit besteht, dass ein Photon nach einem bestimmten Anregungslichtpuls erfasst wird, wodurch die Chance, zwei Photonen zu erfassen, vernachlässigbar wird. Die Ergebnisse von 10^5 oder mehr Anregungen werden verwendet, um ein Histogramm der Anzahl der Photonen zu erstellen, die zu verschiedenen Zeiten nach der Anregung erfasst wurden. Diese Darstellung spiegelt die zeitliche Abhängigkeit der Wahrscheinlichkeit einer Emission aus den angeregten Molekülen wider. Das Signal-Rausch-Verhältnis in einem bestimmten Bin des Histogramms hängt in der Regel hauptsächlich vom „Schuss"-Rauschen durch statistische Schwankungen in der Anzahl der in dem Bin gezählten Photonen (N) ab und ist proportional zu $\sqrt{N}$ (Abb. 1.16). Wenn eine ausreichend große Anzahl von Photonen gezählt wird, wird die Zeitauflösung durch den Photomultiplier und die zugehörige Elektronik begrenzt und kann in der Größenordnung von 5×10^{-11} s liegen.

Die Fluoreszenz-Zerfallskinetik kann auch gemessen werden, indem die Probe mit kontinuierlichem Licht angeregt wird, dessen Intensität sinusförmig mit einer Frequenz (ω) moduliert wird, die in der Größenordnung von $1/\tau$ liegt, wobei τ wiederum die Fluoreszenz-Lebensdauer ist. Die Fluoreszenz schwingt sinusförmig mit der gleichen Frequenz, aber die Amplitude und Phase ihrer Oszillationen im Verhältnis zu den Oszillationen des Anregungslichts hängen vom Produkt aus ω und τ ab (Abb. 1.17 und Anhang A4). Wenn $\omega\tau$ viel kleiner als 1 ist, folgt die Fluoreszenzamplitude genau der Anregungsintensität; wenn $\omega\tau$ größer ist, sind die Oszillationen in der Phase verzögert und gedämpft (demoduliert) im Verhältnis zur Anregung [39–41]. Fluoreszenz mit multiexponentieller Zerfallskinetik kann analysiert werden, indem die Fluoreszenzmodulationsamplitude oder Phasenverschiebung mit mehreren verschiedenen Frequenzen der modulierten Anregung gemessen wird.

Eine dritte Technik, *Fluoreszenz-Upconversion*, besteht darin, das emittierte Licht auf ein Material mit nichtlinearen optischen Eigenschaften zu fokussieren, wie zum Beispiel ein Kristall aus KH_2PO_4. Wenn ein separater kurzer Lichtpuls in denselben Kristall fokussiert wird, so dass die beiden Lichtstrahlen zeitlich und räumlich überlappen, emittiert der Kristall Licht mit einer neuen Frequenz, die die Summe der Frequenzen der Fluoreszenz und des Sondenpulses ist. Die zeitliche Abhängigkeit der Fluoreszenzintensität wird ermittelt, indem der Zeitpunkt des Sondenpulses relativ zum Puls, der die Fluoreszenz anregt, variiert wird, wie oben für Pump-Probe Absorptions messungen beschrieben. Wie bei Absorptions messungen kann die Zeitauflösung von Fluoreszenz-Upconversion in der Größenordnung von 10^{-14} s liegen. Diese Technik eignet sich gut für die Untersuchung von Relaxationen, die dazu führen, dass das Emissionsspektrum eines angeregten Moleküls schnell mit der Zeit variiert.

Um *Fluoreszenzpolarisation* oder *Anisotropie* zu messen, wird eine Probe mit polarisiertem Licht angeregt und die Emission wird durch einen Polarisator gemessen, der entweder parallel oder senkrecht zur Anregungspolarisation

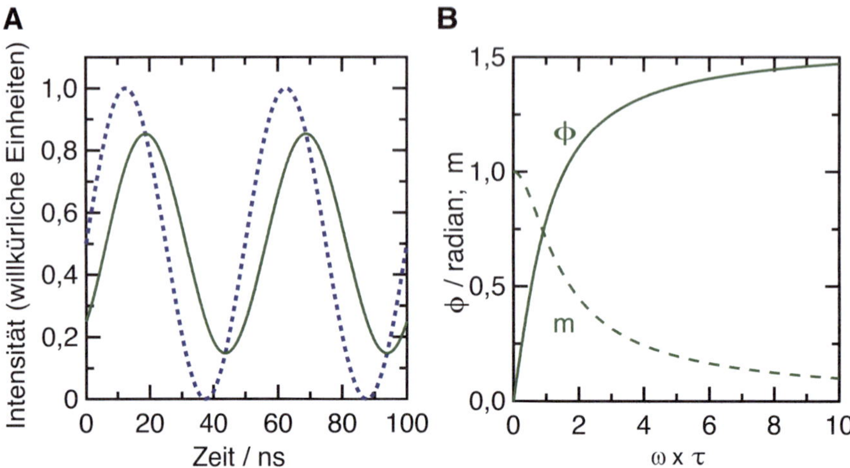

Abb. 1.17 (**A**) Fluoreszenz *(durchgezogene grüne Kurve)* von einem Molekül, das mit sinusförmig moduliertem Licht angeregt wird *(gepunktete blaue Kurve)*. Wenn die Fluoreszenz mit einer einzigen Zeitkonstante τ exponentiell abklingt, sind die Phasenverschiebung (ϕ) und die relative Modulation der Fluoreszenzamplitude (m) in Beziehung zu τ und der Winkelfrequenz der Modulation (ω) durch $\phi = \arctan(\omega\tau)$ und $m = (1 + \omega^2\tau^2)^{-1/2}$ (Anhang A4). Die hier gezeigten Kurven sind berechnet für $\tau = 8$ ns, $\omega = 1{,}257 \times 10^8$ Rad/s (20 MHz) und 100 % Modulation des Anregungslichts ($\phi = 0{,}788$ Rad, $m = 0{,}705$). (**B**) Phasenverschiebung *((ϕ,) durchgezogene Kurve)* und relative Modulation (*m, gestrichelte Kurve*) der Fluoreszenz eines Moleküls, das mit einer einzigen exponentiellen Zeitkonstante abklingt, dargestellt als Funktion des Produkts $\omega\tau$. Die Beziehungen zwischen ϕ, m, τ und ω werden komplizierter, wenn die Fluoreszenz mit multiexponentieller Kinetik abklingt (Anhang A4)

ausgerichtet ist (Abb. 1.18). Wenn die Emission aus demselben Zustand erfolgt, der durch die Anregung erzeugt wird, und das angeregte Molekül zwischen diesen beiden Ereignissen nicht rotiert, dann wird die Fluoreszenz, die parallel zur Anregung polarisiert ist, etwa dreimal stärker sein als die mit senkrechter Polarisation. Dieser Unterschied verschwindet, wenn das Molekül rotiert.

Fluoreszenz-Anisotropie kann Informationen über die Dynamik und das Ausmaß von molekularen Bewegungen liefern, die auf der Zeitskala von 10^{-9}–10^{-7} s auftreten. Langsamere Bewegungen können durch Messung der Anisotropie von *Phosphoreszenz,* der viel länger anhaltenden Emission von Licht aus Molekülen in angeregten Triplettzuständen, untersucht werden. In einigen Fällen können *Nahfeld* oder *konfokale Fluoreszenzmikroskopie* verwendet werden, um die Positionen einzelner fluoreszierender Moleküle im Laufe der Zeit zu verfolgen. Diese letzten Techniken können auch mit Messungen der Resonanz-Energie Energieübertragung kombiniert werden, um die Entfernung zwischen dem Energiedonor und dem Akzeptor in einem einzelnen Donor-Akzeptor-Komplex zu untersuchen.

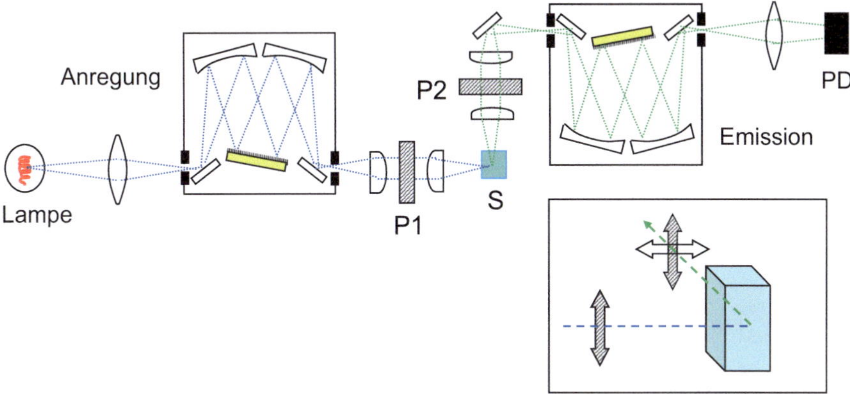

Abb. 1.18 Apparatur zur Messung der Fluoreszenz-Anisotropie. In der Hauptzeichnung (eine Draufsicht) polarisiert ein Polarisierungsfilter oder Prisma (*P*1) das Anregungslicht *(gepunktete blaue Linien),* so dass der elektrische Vektor normal zur Ebene des Papiers ist. Die Fluoreszenzintensität *(gepunktete grüne Linien)* wird durch einen zweiten Polarisierungsfilter (*P*2) gemessen, der entweder parallel oder senkrecht zu *P*1 ausgerichtet ist. Eine Blende mit Schlitzen (nicht gezeigt) wählt Fluoreszenz aus, die bei 90° relativ zum Anregungsstrahl emittiert wird, wie in Abb. 1.15. Die Zeichnung rechts unten zeigt eine perspektivische Ansicht der Probe und der Polarisierungsfilter. Um eine Voreingenommenheit des Detektionsmonochromator Monochromators zugunsten einer bestimmten Polarisation zu überprüfen, werden auch Messungen durchgeführt, bei denen *P*1 um 90° um die Achse des Anregungsstrahls gedreht wird. Das Fluoreszenzsignal sollte dann bei beiden Ausrichtungen von *P*2 gleich sein, da beide Ausrichtungen senkrecht zu *P*1 sind. *S*. Probe; *PD*. Photodetektor

1.12 IR- und Raman-Spektroskopie

Infrarot ist die unsichtbare elektromagnetische Strahlung die sich von gerade jenseits des sichtbaren roten Lichts bis zum Mikrowellenbereich erstreckt. Sie wurde vom britischen Astronomen William Herschel entdeckt, der 1800 berichtete, dass Strahlung in diesem Bereich die Temperatur von Objekten erhöhen kann. Herschel stellte fest, dass die Sonne Wärme in einem glatten und kontinuierlichen Spektrum abstrahlt, das dem Spektrum des sichtbaren Lichts ähnelt, aber bei viel längeren Wellenlängen seinen Höhepunkt erreicht [42]. Er zeigte weiter, dass „Strahlungswärme" denselben Gesetzen der Dispersion und Brechung folgt. Seine Arbeit lieferte starke Beweise dafür, dass Wärme und Licht dieselbe Physik repräsentieren und auf ähnliche Weise mit Materie interagieren. Sie führte letztendlich zur vollständigen Vereinigung des elektromagnetischen Spektrums durch Maxwell, die wir in Kap. 3 diskutieren.

Resonanz zwischen Infrarot Strahlung und Molekülen induziert vibronische Übergänge. In einem semi-klassischen Bild schwingt die Bindung in einem heteronuklearen zweiatomigen Molekül wie CO mit einer charakteristischen Frequenz, die mit der Ordnung der Bindung zunimmt und mit der reduzierten Masse der beiden Atome abnimmt. Quantenmechanisch hat das Molekül eine Reihe von erlaubten Kernwellenfunktionen mit einer Leiter von ungefähr gleichmäßig beabstandeten Energien. Elektromagnetische Strahlung mit einer geeigneten Frequenz im *IR-Bereich* kann das Molekül von einem dieser Zustände zum nächsten anregen. Die Situation ist in einem polyatomaren Molekül etwas komplizierter. Wie wir in Kap. 6 diskutieren, haben polyatomare Moleküle auch diskrete vibronische Modi, genannt *Normalmoden,* aber diese beinhalten im Allgemeinen mehr als nur zwei Atome und können daher nicht eindeutig einzelnen Bindungen zugeordnet werden. Allerdings können Gruppen von Atomen, die zu einem bestimmten normalen Modus beitragen, oft aus den Auswirkungen spezifischer chemischer Modifikationen oder isotopischer Substitutionen auf die IR-Absorptionsfrequenz identifiziert werden. Das IR-Absorptionsspektrum ist daher eine grundlegende molekulare Eigenschaft, die zur Charakterisierung molekularer Strukturen sowie zur Gewinnung quantitativer Informationen über Reinheit und Konzentration verwendet werden kann. IR-Spektren werden üblicherweise mit einem FTIR-Instrument gemessen (Abb. 1.9), und die Frequenzen der Absorptionsbanden werden in Wellenzahlen (cm^{-1}) angegeben. Tab. 1.2 gibt die Frequenzbereiche für die Normalmoden einiger gängiger funktioneller Gruppen an.

Die IR-Spektren von Proteinen enthalten drei charakteristische Absorptions*banden* der *Peptidgruppen*. Die „N-H-Streckbande" Band im Bereich von 3280–3300 cm^{-1} stammt hauptsächlich von der Streckung der Peptid N-H-Bindung; die „Amid I" Bande (1620–1660 cm^{-1}), von der Streckung der C=O-Bindung; und die „Amid II" Bande (1520–1550 cm^{-1}), von der In-Plane-Biegung des C-N-H-Winkels. Die Frequenzen und lineare Dichroismus dieser Banden sind für α-Helices und β-Faltblätter unterschiedlich und liefern daher nützliche Maßnahmen für die Protein Konformation. Darüber hinaus haben Aminosäure-Seitenketten IR-Banden, die verwendet werden können, um Ereignisse wie Protonenaufnahme oder -freisetzung an spezifischen Stellen zu untersuchen. Die IR-Absorptionsbanden von gebundenen Liganden wie CO können Informationen über die Lage und Orientierung des Liganden liefern und können mit hoher Zeitauflösung durch Pump-Probe Techniken gemessen werden.

Wie bei der IR-Spektroskopie, reflektiert die *Raman*-Spektroskopie Übergänge zwischen verschiedenen vibrationalen Zuständen eines Moleküls. Jedoch han-

Tab. 1.2 Typische IR-Bindungsstreckfrequenzen

Gruppe	Wellenzahlbereich (cm^{-1})
Allyl (C=C)	1600–1680
Amid C=O	1650–1690
Karbonyl (C=O)	1705–1780
Nitril (C≡N)	2220–2260
Methyl ($-CH_3$)	2800–2900
Amin ($-NH_2$)	3300–3500
Hydroxyl (–OH)	3580–3700

delt es sich bei der Raman-Streuung um einen Zwei-Photonen Prozess, bei dem ein Photon absorbiert wird und fast gleichzeitig ein Photon mit unterschiedlicher Energie emittiert wird, was das Molekül in einen anderen Vibrationszustand versetzt. Es ähnelt der Raleigh-Lichtstreuung, die die Absorption und Emission von Photonen mit identischen Energien beinhaltet. Ein Raman-Emissionsspektrum unterscheidet sich von der Fluoreszenz durch scharfe Linien bei Frequenzen, die sich von der Anregungsfrequenz (ν_{ex}) um $\pm\upsilon_i$ unterscheiden, wobei die υ_i die Vibrationsfrequenzen des Moleküls sind. Die Linien bei $\nu_{ex} - \upsilon_i$ repräsentieren die Aufnahme von *Vibrationsenergie* ($h\upsilon_i$) durch das Molekül (Stokes-Streuung), während die bei $\nu_{ex} + \upsilon_i$ die Freisetzung von Vibrationsenergie darstellen *(anti-Stokes-Streuung)*. Anti-Stokes-Streuung ist in der Regel viel schwächer, da sie nur von Molekülen auftritt, die sich vor der Anregung in angeregten Vibrationszuständen befinden.

Raman-Spektrometer (Abb. 1.19) ähneln Fluorometern oder FTIR-Spektrometern, verwenden jedoch in der Regel einen Laser, um eine scharf definierte Anregungsfrequenz zu erzeugen. Laser, die im nahen IR-Bereich arbeiten, sind besonders nützlich, da viele Moleküle von Interesse hier wenig gewöhnliche Absorption oder Fluoreszenz aufweisen. Oft werden mehrere dielektrische Filter in Serie im Emissionsarm des Instruments verwendet, um eine Kontamination des Raman-Signals durch gestreutes Anregungslicht und Fluoreszenz zu vermeiden.

Vielleicht die nützlichste Form der Raman-Spektroskopie in der molekularen Biophysik ist die *Resonanz Raman*-Spektroskopie, bei der die Frequenz des Anregungslichts so eingestellt wird, dass sie innerhalb einer elektronischen Absorptionsbande liegt. Die elektronische Resonanz hat zwei Vorteile: Sie erhöht die Stärke der Raman-Streuung erheblich und kann die Messung spezifisch für einen Chromophor mit einem bestimmten elektronischen Absorptionsspektrum machen. Resonanz Raman-Streuung eignet sich daher besonders zur Untersuchung der

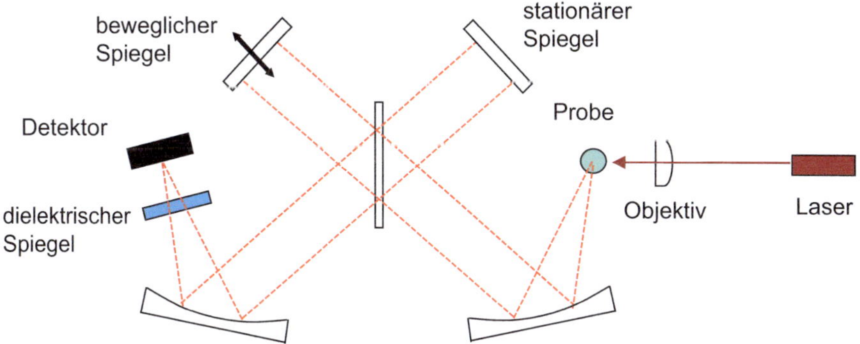

Abb. 1.19 Komponenten eines Raman-Spektrometers. In diesem Design wird die Probe *(cyan Kreis)* durch einen fokussierten Strahl von einem nahen IR-Laser (*rotes Rechteck* und *Pfeil*) angeregt. Das Raman-Streuungsspektrum wird mit einem FTIR-Spektrometer gemessen, das mit einem oder mehreren dichroitischen Spiegeln *(blaues Rechteck)* ergänzt wird, um unverschobenes Laserlicht zu blockieren

Zustände eines Liganden wie Retinal oder Häm, der an ein Protein gebunden ist, mit wenig Störung durch die Proteinatome. Wir betrachten Raman-Streuung zusammen mit anderen Zwei-Photonen Prozessen in Kap. 12.

1.13 Laser

Moderne spektroskopische Techniken sind stark von Lasern als Lichtquellen abhängig [43–45]. Der Hauptgrund dafür ist, dass Laser Strahlung aussenden, die stark *kohärent* ist, was bedeutet, dass im Wesentlichen alle Wellen zu einem gut definierten Zeitpunkt oder Ort in Phase kommen. Diese Kohärenz ermöglicht es einigen Lasertypen, sehr kurze Lichtpulse über breite Frequenzbänder zu liefern, während andere kontinuierliche Strahlen mit extrem schmalen Bandbreiten liefern. Sie ermöglicht auch, dass Laserstrahlen auf extrem kleine Punkte fokussiert werden können. Anwendungen dieser Fähigkeiten werden wir an vielen Stellen unten sehen, aber besonders in den Kap. 5, 10 und 11.

Abb. 1.20 zeigt die Hauptkomponenten eines Lasers, der darauf ausgelegt ist, ultrakurze Pulse zu liefern. In diesem System wird ein kontinuierlicher Strahl grünen Lichts von einer anderen Quelle, wie einem Ar^+ Gaslaser, auf einen dünnen Kristall aus Saphir (Al_2O_3) fokussiert, der mit Titan Ti^{3+} Ionen dotiert ist. Das Pumplicht hebt Ti-Ionen im Kristall in einen angeregten Zustand, aus dem sie schnell in einen metastabilen Zustand mit niedrigerer Energie relaxieren. (In einigen Lasern ist der metastabile Zustand einfach eine schwingungsrelaxierte Ebene des durch das Pumplicht erzeugten angeregten elektronischen Zustands; in anderen ist es ein anderer elektronischer oder schwingungsfähiger Zustand. Die Hauptanforderungen sind, dass die Ionen, Atome oder Moleküle im metastabilen Zustand das Licht bei der Pumpfrequenz nicht stark absorbieren, dass sie bei einer längeren Wellenlänge fluoreszieren und dass ihr Zerfall durch strahlungslose Prozesse vergleichsweise langsam ist.) Mit fortgesetztem Pumpen wächst die Population des metastabilen Zustands, bis sie die Population des Grundzustands übersteigt. Eine solche *Besetzungsinversion* wäre in Abwesenheit des Pumplichts höchst unwahrscheinlich und zerfällt spontan, wenn das Pumpen beendet wird. Übergänge vom stark besetzten metastabilen Zustand zum Grundzustand können jedoch durch Licht mit der Frequenz $\nu = \Delta E/h$, wobei ΔE die Energiedifferenz zwischen diesen beiden Zuständen ist, angeregt werden. Diese *angeregte Emission* ist gerade das Gegenteil von Absorption. Das angeregte Atom oder Molekül emittiert Licht mit der gleichen Frequenz, Richtung, Polarisation und Phase wie die anregende Strahlung. Im Laser werden Photonen, die entlang einer bestimmten Achse emittiert werden, von Spiegeln reflektiert und zurück zum Kristall geleitet, wo sie andere Atome anregen, um auf die gleiche Weise zu zerfallen. Eine spontan beginnende Emission kann daher zu einem explosiven Zusammenbruch der Besetzungsinversion und zur Freisetzung eines Lichtpulses führen. Der Puls tritt durch den Spiegel am einen Ende des optischen Resonators (M1 in Abb. 1.20) aus, der beschichtet ist, um etwa 10 % des Lichts zu übertragen und etwa 90 % zu

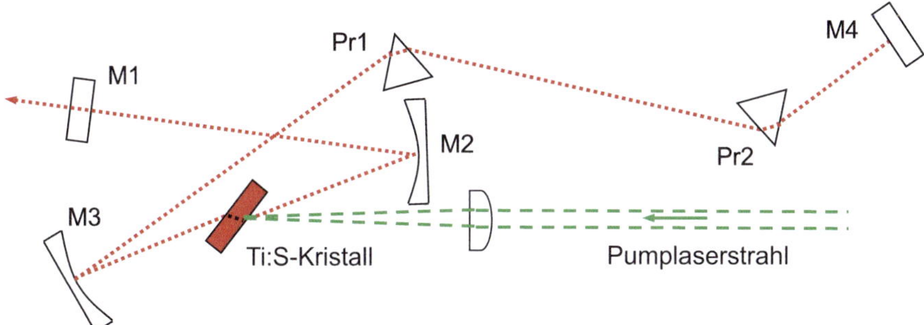

Abb. 1.20 Die Hauptkomponenten eines gepulsten Ti:Saphir-Lasers. Licht von einem kontinuierlichen „Pump"-Laser (typischerweise 532 nm, *gestrichelte grüne Linie*) wird auf einen Ti:Saphir-Kristall fokussiert. Der Kristall fluoresziert im Bereich von 800 nm. Licht, das entlang einer bestimmten Achse emittiert wird *(gepunktete rote Linie),* wird durch gekrümmte Spiegel *M*2 und *M*3 kollimiert und von den Spiegeln *M*1 und *M*4 zurück zum Kristall reflektiert. Prismen *Pr*1 und *Pr*2 kompensieren die Wellenlängenabhängigkeit des Brechungsindex des Kristalls. Der Pumpstrahl tritt normalerweise durch *M*2 in den Laser ein; er ist hier zur Klarheit versetzt dargestellt

reflektieren. Das übertragene Licht verlässt den Laser, während der Rest im Laserresonator verbleibt, um zusätzliche Abwärtsübergänge anzuregen.

Der erste Laser wurde 1953 von Charles Townes und seinen Studenten nach theoretischen Arbeiten zur Besetzungsinversion von Nikolay Basov und Aleksandr Prokhorov gebaut. Da ihr Laser Strahlung im Mikrowellenbereich emittierte, prägte Townes das Akronym MASER für Mikrowellenverstärkung durch angeregte Emission von Strahlung. Townes und Arthur Schawlow beschrieben 1958 ein praktisches Design für die Verstärkung von sichtbarer oder IR-Strahlung, und kurz darauf baute Theodore Maiman den ersten funktionierenden Laser für sichtbares Licht mit Chrom Cr^{3+} Ionen in einem synthetischen Rubin-Kristall (ebenfalls Al_2O_3) als aktives Medium. Rubin-Laser, die bei 694 nm emittieren, wurden schnell gefolgt von Lasern, die Neodym Nd^{3+} Ionen in Glas oder Yttrium-Aluminium-Granat (YAG) Kristallen verwenden und im Bereich von 1064 nm emittieren, sowie von Gaslasern, die Ionen von Argon, Krypton oder Mischungen von Helium und Neon (He-Ne) verwenden und sichtbares Licht mit einer Vielzahl von Wellenlängen emittieren. Anwendungen von Nd und Ar^+ Gaslasern blühten auf, als die Entwicklung von Techniken zur *Frequenzverdopplung (Erzeugung der zweiten Harmonischen)* voranschritt, weil die resultierenden Pulse grünen Lichts zum Pumpen von Lasern verwendet werden konnten, die eine große Vielfalt von organischen Farbstoffen oder andere Festkörpermaterialien wie Ti:Saphir verwenden.

Die vielen verschiedenen Arten von Lasern, die heute bekannt sind, können nach der Art des Materials klassifiziert werden, das die stimulierte Emission hervorruft. Neben den oben genannten Edelgasen können *Gaslaser* mit N_2, CO_2 oder „Excimeren" (*Exciplexe*) hergestellt werden, die aus elektrisch angeregten

Dimeren eines Edelgases und eines Halogens (Fluor oder Chlor) bestehen. *Festkörperlaser* können mit Nd in Yttrium-Lithium-Fluorid (YLF) sowie in YAG und Gläsern hergestellt werden. Bei *Halbleiterlasern* bildet eine p-n-Verbindung eines Halbleiters wie Galliumnitrid, Indiumgalliumnitrid oder Indiumgalliumarsenid das aktive Medium. Während die Rubin- und Nd-Festkörperlaser in der Regel von einer Xe-Blitzlampe gepumpt werden, können Halbleiter-, Gas- und Exciplex-Laser einfach mit Elektrizität gepumpt werden, was ihr Design vereinfacht. Der „Freie-Elektronen-Laser" beinhaltet einen ähnlichen Aufbau von kohärenten Pulsen in einem optischen Resonator, verwendet jedoch Strahlung von Elektronen, die sich mit relativistischen Geschwindigkeiten bewegen, anstatt stimulierter Emission. Die heute in der Spektroskopie am häufigsten verwendeten Laser sind jedoch die Ti:Saphir-, Nd:YAG- und Dioden Laser, hauptsächlich weil ihre Vermeidung von Gasen und Flüssigkeiten sie vergleichsweise zuverlässig und sicher in der Anwendung macht.

Wenn Laser eine zusätzliche Komponente enthalten, die die Strahlung nur für eine kurze Zeit im Laserresonator ausbreiten lässt, liefern Rubin- oder Nd-Laser typischerweise Pulse, die 10–20 ns dauern. Abschn. 3.9 beschreibt elektrooptische Komponenten für diese Aufgabe, die als *Q-Schalter* bezeichnet werden. Die Breite der Pulse, die von einem Laser wie dem in Abb. 1.19 gezeigten, hängt von der spektralen Bandbreite des Lasermediums ab: Um ultrakurze Pulse zu liefern, muss das Medium in der Lage sein, Licht über eine breite Bandbreite von Frequenzen auszusenden. Ti:Saphir und organische Farbstoffe der Rhodamin oder Cumarin-Familie sind in dieser Hinsicht ideal, weil ihre Fluoreszenz Emissionsspektren mehrere hundert Nanometer abdecken. (Ti:Saphir emittiert im Bereich von 800 nm und Rhodamine im Bereich von 500–700 nm, abhängig von der molekularen Struktur.) Allerdings erleiden Photonen mit unterschiedlichen Wellenlängen unterschiedliche optische Verzögerungen, wenn sie durch das lasierende Medium gehen, weil der Brechungsindex von der Wellenlänge abhängt. Im in Abb. 1.19 dargestellten Ti:Saphir-Laser korrigiert ein Paar von Prismen diese Dispersion, indem es die Länge des optischen Resonators für Licht mit längeren Wellenlängen verlängert. Pulse mit Breiten von weniger als 10 fs können durch eine kluge Wahl des Prismenmaterials und eine Anpassung des Abstands der Prismen und der Menge des Prismenmaterials im Lichtpfad [46, 47] erzielt werden. Um einen kontinuierlichen Laserstrahl mit hoher räumlicher Kohärenz zu erhalten, kann das Paar von Prismen durch ein einzelnes, drehbares Prisma oder ein anderes optisches Element ersetzt werden, das Licht einer bestimmten Wellenlänge auswählt.

1.14 Nomenklatur

In den folgenden Kapiteln wird unser Ziel oft darin bestehen, mathematische Ausdrücke zu entwickeln, die zeigen, wie eine spektroskopische Eigenschaft von der molekularen Struktur oder Umgebungsvariablen abhängt. Solche Ausdrücke können oft am prägnantesten in Form von Vektoren und Matrizen formuliert werden.

Erläuterungen zu diesen mathematischen Werkzeugen finden Sie in den Anhängen A1 und A2. Wir werden einen Vektor durch einen kursiven Buchstaben in Fettschrift ($\boldsymbol{R}$) oder für Vektoren im dreidimensionalen physischen Raum manchmal als (R_x, R_y, R_z) angeben, wobei R_x, R_y und R_z die Komponenten parallel zu den *x*-. *y*- und *z*-Achsen eines kartesischen Koordinatensystems sind. Ein Vektor mit Einheitslänge parallel zu einer der Achsen des Koordinatensystems wird durch einen Buchstaben mit einem Dach (^) bezeichnet. Insbesondere bezeichnen $\hat{x}$, $\hat{y}$ und $\hat{z}$ Einheitsvektoren parallel zu den *x*-. *y*-. und *z*- Achsen eines kartesischen Koordinatensystems. Matrizen werden durch nicht-kursive Buchstaben in Fettschrift dargestellt.

Wir werden auch häufig *Operatoren* verwenden. Ein Operator ist einfach ein Rezept für ein mathematisches Verfahren, das eine gegebene Variable oder Funktion als Eingabe verwendet. Wir werden einen Operator durch einen Buchstaben mit einem Tilde (~) bezeichnen und die Eingabe durch einen Buchstaben oder ein anderes Symbol unmittelbar nach dem Operator angeben. Zum Beispiel, wenn der Operator $\tilde{\mathrm{A}}$ „addiere 3, quadriere und teile durch 2" ist, dann ist $\tilde{\mathrm{A}}x = (x + 3)^2/2$. Die Eingabe und Ausgabe kann ein Skalar, Vektor oder eine Matrix sein, abhängig von der Art des Operators. Einige der Operatoren, die auf Matrizen wirken, sind in Anhang A2 definiert.

1.15 Fragen

1. Vervollständigen Sie die folgende Tabelle der Schwingungsfrequenzen, Wellenzahlen und Photonenergien von monochromatischem Licht mit Wellenlängen von 300 und 700 nm und den molaren Anregungsenergien von Molekülen, die bei diesen Wellenlängen absorbieren.

Wellenlänge (nm)	Frequenz (s^{-1})	Wellenzahl (cm^{-1})	Photonenenergie (J Photon^{-1})	Anregungsenergie (kJ mol^{-1})
300				
700				

2. Welche Bruchteile des einfallenden Lichts bei einer gegebenen Wellenlänge werden von Proben absorbiert, die Absorbanzen von (*a*) 0,1, (*b*) 0,5 und (*c*) 2,0 haben?
3. Der ideale Bereich der Absorbanz einer Probe für eine Absorptionsmessung liegt zwischen 0,3 und 1, während der ideale Bereich der Absorbanz einer Probe für eine Fluoreszenzmessung < 0,3 beträgt. Warum sollte man für Fluoreszenzmessungen viel niedrigere Konzentrationen als für Absorptionsmessungen verwenden?

4. Molekül A hat molare Extinktionskoeffizienten von 10.000 M^{-1} cm^{-1} bei 300 nm und 20.000 M^{-1} cm^{-1} bei 400 nm. Die molaren Extinktionskoeffizienten des Moleküls B bei diesen Wellenlängen betragen jeweils 15.000 und 12.000 M^{-1} cm^{-1}. Wenn eine Lösung, die nur eine Mischung aus A und B ist, Absorbanzen von 0,5 bei 300 nm und 0,8 bei 400 nm aufweist, was sind die Konzentrationen von A und B?
5. Die minimale Energie, die ein Photon auf ein Elektron übertragen muss, um das Elektron von der Oberfläche eines bestimmten Metalls zu befreien, wird als „photoelektrische Arbeitsfunktion" bezeichnet. Die Arbeitsfunktion für Cs beträgt etwa 2,1 eV. Was ist die maximale Wellenlänge des Lichts, die ein Elektron von einer Cs-Oberfläche befreien würde?
6. Wie funktionieren Lichtdetektoren im Allgemeinen und wie unterscheidet sich ein Detektor für weit entfernte IR-Strahlung von einem UV-Lichtdetektor?
7. Die Fluoreszenz einer Probe von Interesse zerfällt mit mehrphasiger Kinetik über mehrere Zeitdomänen. Was wären die relativen Vorzüge und Einschränkungen der Messung dieser Kinetik durch (*a*) zeitkorrelierte Photonenzählung, (*b*) Fluoreszenzphasenverschiebung und Amplitudenmodulation und (*c*) Fluoreszenzupkonversion?
8. Löschung der Proteinfluoreszenz durch ein wasserlösliches Mittel wie I^- kann verwendet werden, um die Position eines Tryptophan Rests gegenüber dem Lösungsmittel zu untersuchen. Wenn ein solcher Löscher die Ausbeute der Fluoreszenz aus einer homogenen Probe um 90 % verringert, wie würde sich die Fluoreszenzlebensdauer ändern?
9. (*a*) Was sind die technischen Vorteile und Einschränkungen eines Fourier-Transformspektrometers im Vergleich zu einem herkömmlichen Spektrophotometer? (*b*) In welchen Spektroskopien wird die Fourier-Transform Technik heute routinemäßig eingesetzt und warum?

Literatur

1. Wetlaufer, D.B.: Ultraviolet spectra of proteins and amino acids. Adv. Prot. Chem. **17.** 303–391 (1962)
2. Pace, C.N., Vajdos, F., Lee, L., Grimsley, G., Gray, T.: How to measure and predict the molar absorption coefficient of a protein. Protein Sci. **4.** 2411–2423 (1995)
3. Boyd, D.B.: Conformational dependence of electronic energy levels in disulfides. J. Am. Chem. Soc. **94.** 8799–8804 (1972)
4. Du, H., Fuh, R.A., Li, J., Corkan, A., Lindsey, J.S.: PhotochemCAD: A computer-aided design and research tool in photochemistry. Photochem. Photobiol. **68.** 141–142 (1998)
5. Dixon, J.M., Taniguchi, M., Lindsey, J.S.: PhotochemCAD 2: a refined program with accompanying spectral databases for photochemical calculations. Photochem. Photobiol. **81.** 212–213 (2005)
6. Fasman, G.D.: Handbook of Biochemistry and Molecular Biology. Proteins I, 3rd edn. CRC, Cleveland (1976)
7. Voet, D., Gratzer, W.B., Cox, R.A., Doty, P.: Absorption spectra of nucleotides, polynucleotides, and nucleic acids in the far ultraviolet. Biopolymers. **1.** 193–205 (1963)

8. Press, W.H., Flannery, B.P., Teukolsky, S.A., Vetterling, W.T.: Numerical Recipes: The Art of Scientific Computing, 3rd edn. Cambridge University Press, Cambridge (2007)
9. Einstein, A.: Über einen die Erzeugung und Verwandlung des Lichtes betreffenden heuristischen Gesichtspunkt. Ann. der Phys. **17.** 132–146 (1905)
10. Lewis, G.N.: The conservation of photons. Nature. **118.** 874–875 (1926)
11. Hong, C.K., Ou, Z.Y., Mandel, L.: Measurement of subpicosecond time intervals between two photons by interference. Phys. Rev. Lett. **59.** 2044–2046 (1987)
12. Kwiat, P.G., Steinberg, A.M., Chiao, R.Y.: Observation of a „quantum eraser": a revival of coherence in a two-photon interference experiment. Phys. Rev. A. **45.** 7729–7739 (1992)
13. Pittman, T.B., Strekalov, D.V., Migdall, A., Rubin, M.H., Sergienko, A.V., Shih, Y.H.: Can two-photon interference be considered the interference of two photons? Phys. Rev. Lett. **77.** 1917–1920 (1996)
14. Tinoco Jr., I.: Hypochromism in polynucleotides. J. Am. Chem. Soc. **82.** 4785–4790 (1961) (Erratum J. Am. Chem. Soc. 84:5047 (1961))
15. Greenfield, N., Fasman, G.D.: Computed circular dichroism spectra for the evaluation of protein conformation. Biochemistry. **8.** 4108–4116 (1969)
16. Johnson, W.C., Tinoco, I.: Circular dichroism of polypeptide solutions in vacuum ultraviolet. J. Am. Chem. Soc. **94.** 4389–4390 (1972)
17. Brahms, S., Spach, G., Brack, A.: Identification of β,β-turns and unordered conformations in polypeptide chains by vacuum UV circular dichroism. Proc. Natl. Acad. Sci. USA. **74.** 3208–3212 (1977)
18. Kramer, D.M., Sacksteder, C.A.: A diffused-optics flash kinetic spectrophotometer (DOFS) for measurements of absorbance changes in intact plants in the steady-state. Photosynth. Res. **56.** 103–112 (1998)
19. Latimer, P., Eubanks, C.A.H.: Absorption spectrophotometry of turbid suspensions: a method of correcting for large systematic distortions. Arch. Biochem. Biophys. **98.** 274–285 (1962)
20. Naqvi, K.R., Melo, T.B., Raju, B.B., Javorfi, T., Garab, G.: Comparison of the absorption spectra of trimers and aggregates of chlorophyll a/b light-harvesting complex LHC II. Spectrochim. Acta A. **53.** 1925–1936 (1997)
21. Sigrist, M.W.: Trace gas monitoring by laser photoacoustic spectroscopy and related techniques. Rev. Sci. Instrum. **74.** 486–490 (2003)
22. Zhao, Y., Cao, M., McClelland, J.F., Lu, M.: A photoacoustic immunoassay for biomarker detection. Biosens. Bioelectron. **85.** 261–266 (2016)
23. Dumitras, D.C., Petrus, M., Bratu, A.-M., Popa, C.: Applications of near infrared photoacoustic spectroscopy for analysis of human respiration: a review. Molecules. **25,** 1728/1–25 (2020)
24. Callis, J.B., Parson, W.W., Gouterman, M.: Fast changes of enthalpy and volume on flash excitation of *Chromatium* chromatophores. Biochim. Biophys. Acta. **267,** 348–362 (1972)
25. Ort, D.R., Parson, W.W.: Flash-induced volume changes of bacteriorhodopsin-containing membrane fragments and their relationship to proton movements and absorbance transients. J. Biol. Chem. **253,** 6158–6164 (1978)
26. Arata, H., Parson, W.W.: Enthalpy and volume changes accompanying electron transfer from P-870 to quinones in *Rhodopseudomonas sphaeroides* reaction centers. Biochim. Biophys. Acta. **636,** 70–81 (1981)
27. Braslavsky, S.E., Heibel, G.E.: Time-resolved photothermal and photoacoustic methods applied to photoinduced processes in solution. Chem. Rev. **92,** 1381–1410 (1992)
28. Feitelson, J., Mauzerall, D.: Photoacoustic evaluation of volume and entropy changes in energy and electron transfer. Triplet state porphyrin with oxygen and naphthoquinone-2-sulfonate. J. Phys. Chem. **100,** 7698–7703 (1996)
29. Sun, K., Mauzerall, D.: Fast photoinduced electron transfer from polyalkyl- to polyfluorometalloporphyrins in lipid bilayer membranes. J. Phys. Chem. B. **102,** 6440–6447 (1998)
30. Duysens, L.N.M.: The flattening of the absorption spectrum of suspensions, as compared to that of solutions. Biochim. Biophys. Acta. **19,** 1–12 (1956)

31. Pulles, M.P.J., Van Gorkom, H.J., Verschoor, G.A.M.: Primary reactions of photosystem II at low pH. 2. Light-induced changes of absorbance and electron spin resonance in spinach chloroplasts. Biochim. Biophys. Acta. **440,** 98–106 (1976)
32. Acuna, A.U., Amat-Guerri, F., Morcillo, P., Liras, M., Rodriguez, B.: Structure and formation of the fluorescent compound of *Lignum nephriticum*. Org. Lett. **11,** 3020–3023 (2009)
33. Chen, R.F.: Measurements of absolute values in biochemical fluorescence spectroscopy. J. Res. Natl. Bur. Stand. **76A,** 593–606 (1972)
34. Chen, R.F.: Fluorescence quantum yields of tryptophan and tyrosine. Anal. Lett. **1,** 35–42 (1967)
35. Weber, G., Teale, F.W.J.: Determination of the absolute quantum yield of fluorescent solutions. Trans. Farad. Soc. **53,** 646–655 (1957)
36. Wang, R.T., Clayton, R.K.: Absolute yield of bacteriochlorophyll fluorescence in vivo. Photochem. Photobiol. **13,** 215–224 (1971)
37. Beechem, J.M.: Global analysis of biochemical and biophysical data. Methods Enzymol. **210,** 37–54 (1992)
38. Brochon, J.C.: Maximum entropy method of data analysis in time-resolved spectroscopy. Methods Enzymol. **240,** 262–311 (1994)
39. Lakowicz, J.R.: Principles of Fluorescence Spectroscopy, 3rd edn. Springer, New York (2006)
40. Birks, J.B., Dyson, D.J.: The relationship between absorption intensity and fluorescence lifetime of a molecule. Proc. Roy. Soc. Lond. Ser. A. **275.** 135–148 (1963)
41. Gratton, E., Jameson, D.M., Hall, R.D.: Multifrequency phase and modulation fluorometry. Ann. Rev. Biophys. Bioeng. **13,** 105–124 (1984)
42. White, J.R.: Herschel and the puzzle of infrared. Am. Sci. **100,** 218–225 (2012)
43. Fleming, G.R.: Chemical Applications of Ultrafast Spectroscopy. Oxford University Press, New York (1986)
44. Demtröder, W.: Laser Spectroscopy 1: Basic Principles, 5th edn. Springer, New York (2014)
45. Demtröder, W.: Laser Spectroscopy 2: Experimental Techniques, 5th edn. Springer, New York (2015)
46. Christov, I.P., Stoev, V.D., Murnane, M.M., Kapteyn, H.C.: Sub-10-fs operation of Kerr-lens mode-locked lasers. Opt. Lett. **21,** 1493–1495 (1996)
47. Rundquist, A., Durfee, C., Chang, Z., Taft, G., et al.: Ultrafast laser and amplifier sources. Appl. Phys. B. Lasers Opt. **65,** 161–174 (1997)

Grundkonzepte der Quantenmechanik 2

2.1 Wellenfunktionen, Operatoren und Erwartungswerte

2.1.1 Wellenfunktionen

In diesem Kapitel diskutieren wir die grundlegenden Prinzipien der Quantenmechanik, die der optischen Spektroskopie zugrunde liegen. Umfassendere Behandlungen sind in den klassischen Texten von Dirac [1] und Pauling und Wilson [2], einer Sammlung von historischen Arbeiten, herausgegeben von van der Waerden [3], und zahlreichen neueren Texten [4–10] zu finden. Atkins [11] ist eine nützliche Quelle für führende Referenzen und prägnante Diskussionen der Hauptideen.

Die grundlegendste Vorstellung der Quantenmechanik ist, dass alle Eigenschaften eines Systems, die von Position und Zeit abhängen, auf einer mathematischen Funktion beruhen, die als *Wellenfunktion* des Systems bezeichnet wird. Die Wellenfunktion eines Elektrons enthält beispielsweise alle Informationen, die benötigt werden, um die Wahrscheinlichkeit zu bestimmen, dass das Elektron zu einem bestimmten Zeitpunkt in einem bestimmten Raumgebiet lokalisiert ist. Wenn wir eine Position durch den Vektor $\boldsymbol{r}$ bezeichnen, ist die Wahrscheinlichkeit P, dass ein System mit der Wellenfunktion $\Psi(\boldsymbol{r},t)$ in einem kleinen Volumenelement $d\sigma$ um $\boldsymbol{r}$ zur Zeit t lokalisiert ist.

$$P(\boldsymbol{r},t)d\sigma = \Psi^*(\boldsymbol{r},t)\Psi(\boldsymbol{r},t)d\sigma = |\Psi(\boldsymbol{r},t)|^2 d\sigma. \tag{2.1}$$

Hier ist $\Psi^*(\boldsymbol{r}, t)$ das komplexe Konjugat von $\Psi(\boldsymbol{r}, t)$, was bedeutet, dass, wenn die Wellenfunktion imaginären Zahlen enthält (wie sie es in der Regel tut), i überall durch $-i$ ersetzt wird. Das Produkt $\Psi^*\Psi$ ist immer eine reale Zahl, wie wir es für eine messbare Eigenschaft wie die Wahrscheinlichkeit, ein Elektron an einem bestimmten Ort zu finden, erwarten würden.

W. Parson und C. Burda, *Moderne Optische Spektroskopie*,
https://doi.org/10.1007/978-3-031-52100-3_2

Die Interpretation von $\Psi^*\Psi$ als Wahrscheinlichkeit pro Volumeneinheit, oder Wahrscheinlichkeitsdichte, wurde von Max Born [12] entwickelt. Obwohl sie heute allgemein akzeptiert ist, war Borns Interpretation zur damaligen Zeit umstritten. Einige der wichtigsten Beiträger zum Feld waren der Ansicht, dass die Wellenfunktion eines Systems das System in einem direkteren Sinne *ist,* während andere die Idee bestritten, dass Wahrscheinlichkeiten die kausalen Gesetze der klassischen Physik ersetzen mussten. Reichenbach [13], Pais [14] und Jammer [15] geben interessante Berichte darüber, wie sich diese Ansichten entwickelten, als die tiefgreifenden Implikationen der Quantenmechanik in den Fokus rückten.

Wenn wir Borns Interpretation akzeptieren, wird die Gesamtwahrscheinlichkeit, dass das System irgendwo existiert, durch Integration von Gl. (2.1) über den gesamten Raum ermittelt. In der weit verbreiteten *Bra-Ket-Notation*, die von Paul Dirac [1] eingeführt wurde, wird dieses Integral durch $\langle\Psi|\Psi\rangle$ bezeichnet:

$$\langle\Psi|\Psi\rangle \equiv \int \Psi^*\Psi d\sigma = \int P(\boldsymbol{r},t)d\sigma. \tag{2.2}$$

Wenn das System existiert, muss $\langle\Psi|\Psi\rangle = 1$ sein; wenn es nicht existiert, ist $\langle\Psi|\Psi\rangle = 0$. Beachten Sie, dass der Asterisk, der das komplexe Konjugat der Wellenfunktion auf der linken Seite bezeichnet, in dem Symbol $\langle\Psi|$ zur Vereinfachung der Nomenklatur weggelassen wird, aber impliziert ist.

In einem kartesischen Koordinatensystem können die Volumenelemente in den Gl. (2.1) und (2.2) als $d\sigma = dxdydz$ geschrieben werden. Für ein eindimensionales System reduziert sich der Positionsvektor $\boldsymbol{r}$ auf eine einzige Koordinate (x) und Gl. (2.2) wird einfach zu

$$\int P(x,t)d\sigma = \langle\Psi(x,t)|\Psi(x,t)\rangle = \int_{-\infty}^{\infty} \Psi^*(x,t)\Psi(x,t)\, dx. \tag{2.3}$$

Wenn das System mehr als ein Teilchen enthält, müssen wir über die Koordinaten aller Teilchen integrieren.

Die Interpretation der Wellenfunktion durch Born legt Einschränkungen für die mathematischen Funktionen fest, die physikalisch sinnvolle Wellenfunktionen sein können. Erstens muss Ψ eine einwertige Funktion der Position sein. Es sollte nur einen Wert für die Wahrscheinlichkeit geben, ein System an einem bestimmten Punkt zu finden. Zweitens muss das Integral von $\Psi^*\Psi d\sigma$ über einen beliebigen Raumabschnitt endlich sein; die Wahrscheinlichkeit, das System in einem bestimmten Volumenelement zu finden, sollte nicht gegen Unendlich gehen. Drittens muss das Integral $\langle\Psi|\Psi\rangle$ existieren und es muss ebenfalls endlich sein. Darüber hinaus scheint es vernünftig anzunehmen, dass Ψ eine stetige Funktion der räumlichen Koordinaten ist und dass die ersten Ableitungen von Ψ in Bezug auf diese Koordinaten ebenfalls stetig sind, außer möglicherweise an den Grenzen des Systems. Diese letzten Einschränkungen garantieren, dass zweite Ableitungen in Bezug auf die räumlichen Koordinaten existieren.

2.1.2 Operatoren und Erwartungswerte

Die zweite grundlegende Idee der Quantenmechanik ist, dass für jede messbare physikalische Eigenschaft A eines Systems ein bestimmter mathematischer *Operator*, $\tilde{A}$, existiert, der mit der Wellenfunktion verwendet werden kann, um einen Ausdruck für A als Funktion der Zeit zu erhalten, oder zumindest für das wahrscheinlichste Ergebnis der Messung dieser Eigenschaft. Ein Operator ist einfach eine Anweisung, etwas zu tun, wie zum Beispiel die Amplitude von Ψ mit einer Konstanten zu multiplizieren. Der Ausdruck für A wird auf folgende Weise erhalten: (1) Führen Sie die Operation $\tilde{A}$ auf die Wellenfunktion Ψ an einer bestimmten Position und Zeit aus, (2) multiplizieren Sie mit dem Wert von Ψ^* an derselben Position und Zeit, und (3) integrieren Sie das Ergebnis dieser ersten beiden Schritte über alle möglichen Positionen. In Bra-Ket-Notation wird dieses dreistufige Verfahren durch $\langle\Psi|\tilde{A}|\Psi\rangle$ dargestellt:

$$A = \left\langle \Psi \middle| \tilde{A} \middle| \Psi \right\rangle \equiv \int \Psi^* \tilde{A} \Psi d\sigma. \tag{2.4}$$

Der berechnete Wert der Eigenschaft (A) wird als *Erwartungswert* bezeichnet. Wenn die Wellenfunktion von den Positionen mehrerer Teilchen abhängt, stellt das räumliche Integral, das durch $\langle\Psi|\tilde{A}|\Psi\rangle$ dargestellt wird, ein Mehrfachintegral über alle möglichen Positionen aller Teilchen dar.

Gl. (2.4) ist eine bemerkenswert allgemeine Aussage, wenn man bedenkt, dass sie behauptet, auf jede messbare Eigenschaft eines beliebigen Systems anwendbar zu sein. Beachten Sie jedoch, dass wir über ein einzelnes System sprechen. Wenn wir die Eigenschaft A in einem Ensemble von vielen Systemen messen, jedes mit seiner eigenen Wellenfunktion, ist das Ergebnis nicht unbedingt ein einfacher Durchschnitt der Erwartungswerte für die einzelnen Systeme. Wir werden auf diesen Punkt in Kap. 10 zurückkommen.

Neben der Frage, wie man mit Ensembles von vielen Systemen umgeht, gibt es zwei offensichtliche Probleme bei dem Versuch, Gl. (2.4) zu verwenden. Wir müssen die Wellenfunktion Ψ kennen und wir müssen wissen, welcher Operator der interessierenden Eigenschaft entspricht. Lassen Sie uns zunächst überlegen, wie wir den Operator auswählen.

In der Beschreibung, die wir verwenden werden, ist der Operator für Position ($\tilde{r}$) einfach eine Multiplikation mit dem Positionsvektor, $\overrightarrow{r}$ Um also die erwarteten x, y, und z Koordinaten eines Elektrons mit der Wellenfunktion Ψ zu finden, berechnen wir einfach die Integrale $\langle\Psi|x|\Psi\rangle$, $\langle\Psi|y|\Psi\rangle$ und $\langle\Psi|z|\Psi\rangle$. Dies entspricht der Integration über alle Positionen, an denen das Elektron gefunden werden könnte, wobei der Beitrag jeder Position durch die Wahrscheinlichkeitsfunktion $\Psi^*\Psi$ gewichtet wird.

Der Operator für Impuls ist komplizierter. In der klassischen Mechanik hat der lineare Impuls eines Teilchens, das sich entlang der x-Achse bewegt, eine Größe von $p = mw$, wobei m und w die Masse und Geschwindigkeit des Teilchens sind. Der quantenmechanische Operator für den Impuls in x-Richtung ist $\tilde{p}_x = (\hbar/i)\partial/\partial x$, wobei $\hbar$ („h-Strich") die Plancksche Konstante (h) geteilt durch 2π ist. Das Rezept zur Bestimmung des Impulses gemäß Gl. (2.4) besteht daher darin, Ψ in Bezug auf x zu differenzieren, mit $\hbar/i$ zu multiplizieren, mit Ψ^* zu multiplizieren und das Ergebnis über den gesamten Raum zu integrieren: $p_x = \langle\Psi|\tilde{p}_x|\Psi\rangle = \langle\Psi|(\hbar/i)\partial\Psi/\partial x\rangle$. Da $\hbar/i$, obwohl eine imaginäre Zahl, nur eine Konstante ist, entspricht dies $p_x = (\hbar/i)\langle\Psi|\partial\Psi/\partial x\rangle$.

In drei Dimensionen ist Impuls ein Vektor ($\boldsymbol{p}$) mit x, y, und z Komponenten p_x, p_y und p_z. Wir können dies angeben, indem wir $\tilde{p}$ als $(\hbar/i)\tilde{\nabla}$ schreiben, wo $\tilde{\nabla}$ der *Gradientenoperator* ist. Der Gradientenoperator wirkt auf eine skalare Funktion wie Ψ, um einen Vektor zu erzeugen, dessen x, y, und z Komponenten die Ableitungen von Ψ bezüglich x, y, und z sind, jeweils:

$$\tilde{p}\Psi = (\hbar/i)\tilde{\nabla}\Psi = (\hbar/i)(\partial\Psi/\partial x, \partial\Psi/\partial y, \partial\Psi/\partial z) \tag{2.5}$$

(siehe Anhang A2). Der Impuls Operator $(\hbar/i)\tilde{\nabla}$ kann auch als $-i\hbar\tilde{\nabla}$ geschrieben werden, weil $i^{-1} = -i$. Um diese Gleichheit zu sehen, multiplizieren Sie i^{-1} mit der Einheit in Form von i/i.

Es mag beunruhigend erscheinen, dass $\tilde{p}$ imaginäre Zahlen beinhaltet, weil der Impuls eines freien Teilchens eine reale, messbare Größe ist. Der quantenmechanische Impuls, der durch $\langle\Psi|\tilde{p}|\Psi\rangle$ gegeben ist, erweist sich jedoch auch als reale Zahl (Kasten 2.1). Die Formel für $\tilde{p}$ entstand aus der Erkenntnis von Max Born, Werner Heisenberg, Paul Dirac und anderen in der Zeit von 1925–1927, dass der Impuls eines gebundenen Teilchens wie eines Elektrons in einem Atom nicht genau als Funktion der Position des Teilchens angegeben werden kann.

Wenn der Effekt des Operators $\tilde{A}$ auf eine bestimmte Wellenfunktion Ψ lediglich darin besteht, Ψ mit einer Konstanten zu multiplizieren, wird die Wellenfunktion als eine *Eigenfunktion* des Operators bezeichnet und der Wert der Konstanten wird als ein *Eigenwert* von $\tilde{A}$ bezeichnet. Wir werden zu Eigenfunktionen und Eigenwerten in Abschn. 2.2 zurückkehren, nachdem wir einige Eigenschaften der Position und Impuls Operatoren detaillierter besprochen und Operatoren für kinetische und potenzielle Energie eingeführt haben.

Kasten 2.1 Operatoren für beobachtbare Eigenschaften müssen Hermitesch sein

Ein Operator $\tilde{A}$ für eine messbare physikalische Größe muss die Eigenschaft haben, dass für jedes Paar von Wellenfunktionen Ψ_a und Ψ_b, die Eigenfunktionen des Operators sind, gilt:

$$\left\langle \Psi_b \middle| \tilde{A} \middle| \Psi_a \right\rangle = \left\langle \Psi_a \middle| \tilde{A} \middle| \Psi_b \right\rangle^* \tag{B2.1.1}$$

Operatoren mit dieser Eigenschaft werden nach dem französischen Mathematiker Charles Hermite als *Hermitesche* bezeichnet. Wenn $\tilde{A}$ hermitesch ist, dann gilt

$$\left\langle \Psi_a \middle| \tilde{A} \middle| \Psi_a \right\rangle = \left\langle \Psi_a \middle| \tilde{A} \middle| \Psi_a \right\rangle^*. \tag{B2.1.2}$$

für jede Eigenfunktion Ψ_a von $\tilde{A}$. Dies impliziert, dass $\langle \Psi_a | \tilde{A} | \Psi_a \rangle$ reell ist, weil die komplexe Konjugation einer Zahl nur dann gleich der Zahl selbst sein kann, wenn die Zahl keinen imaginären Teil hat. Die Operatoren für Position, Impuls und Energie sind alle Hermitesche. (Siehe [4] für den Beweis.) Wenn jedoch $\Psi_a \neq \Psi_b$, kann das Integral $\langle \Psi_b | \tilde{A} | \Psi_a \rangle$ je nach Art des Operators real sein oder nicht. Wir werden auf imaginäre Integrale dieser Art in Kap. 9 stoßen, wenn wir uns mit zirkularem Dichroismus befassen.

Die klassische Physik setzt keine theoretischen Einschränkungen für die Präzision, mit der wir die Position und den Impuls eines Teilchens angeben können. Für ein Teilchen, das sich mit einer gegebenen Geschwindigkeit entlang eines bekannten Pfades bewegt, schien es möglich, den Impuls genau als Funktion von Position und Zeit auszudrücken. Auf den sehr kleinen Skalen von Entfernung und Energie, die für einzelne Elektronen gelten, erweisen sich jedoch Impuls und Position als voneinander abhängig, so dass die Angabe des Wertes des einen automatisch eine Unsicherheit in den Wert des anderen einführt. Dies kommt daher, dass das Ergebnis der Kombination der Position- und Impulsoperatoren von der Reihenfolge abhängt, in der die beiden Operationen ausgeführt werden: $(\tilde{r}\,\tilde{p}\psi - \tilde{p}\,\tilde{r}\psi)$ ist nicht null, wie $(\boldsymbol{rp} - \boldsymbol{pr})$ in der klassischen Mechanik, sondern eher $i\hbar\psi$. Die Tatsache, dass die Position- und Impulsoperatoren nicht das Vertauschungsgesetz befolgen, das für die Multiplikation reiner Zahlen gilt, wird dadurch ausgedrückt, dass die beiden Operatoren *nicht vertauschen* (siehe Kasten 2.2). Es war die Erkenntnis dieses grundlegenden Zusammenbruchs der klassischen Mechanik, die Heisenberg dazu veranlasste, Position und Impuls nicht einfach als Zahlen, sondern eher als Operatoren oder Matrizen zu behandeln.

In einer alternativen Formulierung, die als „Impuls Darstellung“ bezeichnet wird, wird der Impulsoperator einfach als Multiplikation durch den klassischen Impuls angenommen und der Positionsoperator ist $i\hbar$ mal die Ableitung nach dem Impuls. Die oben beschriebene „Positionsrepräsentation“ wird häufiger verwendet, aber alle Vorhersagen über beobachtbare Größen sind gleich.

Kasten 2.2 Kommutatoren und Formulierungen der Position, Impuls und Hamilton Operatoren

Heisenbergs Vertauschungsbeziehung für die Position- und Impulsoperatoren,

$$\tilde{r}\tilde{p} - \tilde{p}\tilde{r} = i\hbar, \tag{B2.2.1}$$

kann prägnant geschrieben werden *als Kommutator* von zwei Operatoren Ã und B̃

$$\left[\tilde{\mathrm{A}}, \tilde{\mathrm{B}}\right] = \tilde{\mathrm{A}}\tilde{\mathrm{B}}\text{-}\tilde{\mathrm{B}}\tilde{\mathrm{A}}. \qquad \text{(B2.2.2)}$$

Für die meisten der Operatoren, die wir in der alltäglichen Mathematik verwenden, gilt $[\tilde{\mathrm{A}},\tilde{\mathrm{B}}] = 0$, was bedeutet, dass das Ergebnis der Durchführung der beiden Operationen nicht von der Reihenfolge abhängt, in der wir sie durchführen. Zum Beispiel $(a + b) = (b + a)$ und $(a \times b) = (b \times a)$. Dies wird formal dadurch ausgedrückt, dass Operatoren für aufeinanderfolgende Summation oder Multiplikation *vertauschen*.

Unter Verwendung der Kommutator-Notation lautet Heisenbergs Ausdruck (Gl. (B2.2.1))

$$\left[\tilde{r}, \tilde{\mathrm{p}}\right] = i\hbar. \qquad \text{(B2.2.3)}$$

Die Position- und Impulsoperatoren, mit anderen Worten ausgedrückt, *kommutieren* nicht: Ihre Ausführung in einer anderen Reihenfolge führt zu unterschiedlichen Ergebnissen. Diese Behauptung kam wahrscheinlich für viele Wissenschaftler überraschend, als Heisenberg sie vorbrachte, und sie lässt uns immer noch innehalten und nachdenken.

Heisenberg argumentierte, dass für die Observablen, die zwei quantenmechanischen Operatoren Ã und B̃ entsprechen, um gleichzeitig genau definierte Werte zu haben, ist es notwendig und ausreichend, dass die Operatoren kommutieren. Die Operatoren für die x, y, und z Komponenten der Position zum Beispiel, kommutieren miteinander, so dass die drei Komponenten eines Positionsvektors gleichzeitig mit beliebiger Genauigkeit angegeben werden können. Die x-Komponente der Position kann auch gleichzeitig mit der y oder z-Komponente des Impulses (p_y oder p_z) angegeben werden, aber laut Heisenberg *nicht* mit p_x.

Gl. (B2.2.3) ist mehr als nur überraschend: Sie wird oft als die grundlegendste Gleichung der Quantenmechanik bezeichnet. Das Rezept für den Impulsoperator, Gl. (2.5), ist eine Lösung dieser Gleichung, wenn wir die x-Komponente des Positionoperators als Multiplikation mit x betrachten. Um dies zu sehen, ersetzen Sie einfach $\tilde{\mathrm{r}}_x = x$ und $\tilde{\mathrm{p}}_x = (\hbar/i)\partial/\partial x$ in Gl. (B2.2.3) und bewerten Sie die Ergebnisse, wenn der Kommutator auf eine beliebige Funktion ψ wirkt:

$$\begin{aligned}\left[x, \tilde{\mathrm{p}}_x\right]\psi &= x\tilde{\mathrm{p}}_x\psi - \tilde{\mathrm{p}}_x(x\psi) = x\frac{\hbar}{i}\frac{\partial\psi}{\partial x} - \frac{\hbar}{i}\frac{\partial(x\psi)}{\partial x} \\ &= x\frac{\hbar}{i}\frac{\partial\psi}{\partial x} - \frac{\hbar}{i}\left(\frac{x\partial\psi}{\partial x} + \psi\right) = -\frac{\hbar}{i}\psi = i\hbar\psi. \qquad \text{(B2.2.4)}\end{aligned}$$

Obwohl wir sowohl die Energie als auch die genaue Position eines Teilchens nicht gleichzeitig angeben können, können wir die *Erwartungswerte* beider Eigenschaften mit beliebiger Genauigkeit bestimmen. Dies liegt daran, dass der Erwartungswert des Kommutators der Hamilton und Positionoperatoren null ist, obwohl der Kommutator selbst nicht null ist. Wir können dies wie folgt sehen. Wenn ein System sich in einem Zustand mit der Wellenfunktion ψ_n befindet, ist der Erwartungswert des Kommutators $[\tilde{\mathrm{H}},\tilde{\mathrm{r}}]$:

$$\left\langle \psi_n \middle| \left[\tilde{\mathrm{H}},\tilde{\mathrm{r}}\right] \middle| \psi_n \right\rangle = \left\langle \psi_n \middle| \tilde{\mathrm{H}}\tilde{\mathrm{r}} \middle| \psi_n \right\rangle - \left\langle \psi_n \middle| \tilde{\mathrm{r}}\tilde{\mathrm{H}} \middle| \psi_n \right\rangle. \tag{B2.2.5}$$

Um die Integrale auf der rechten Seite dieses Ausdrucks zu bewerten, erweitern Sie zuerst ψ_n formal in Bezug auf einen Satz von normalisierten, orthogonalen Eigenfunktionen von $\tilde{\mathrm{H}}$ für das System:

$$\psi_n = \sum_i C_i \psi_i, \tag{B2.2.6}$$

mit $C_i = 1$ für $i = n$ und sonst null. Hier erwarten wir einige der Ergebnisse aus Abschn. 2.2. Wenn wir sagen, dass ψ_i eine Eigenfunktion von ist, meinen wir, dass $\tilde{\mathrm{H}}$, wo E_i die Energie der Wellenfunktion $\psi_i$und eine Konstante ist, unabhängig von Position und Zeit. Die Angabe, dass die Eigenfunktionen normalisiert und orthogonal sind, bedeutet, dass $\langle\psi_i|\psi_i\rangle = 1$ und $\langle\psi_i|\psi_j\rangle = 0$ wenn $j \neq i$.

Verwenden Sie nun die Matrixdarstellung

$$\left\langle \psi_i \middle| \tilde{\mathrm{A}} \middle| \psi_j \right\rangle = A_{ij}, \tag{B2.2.7}$$

und das Verfahren zur Matrixmultiplikation,

$$\left\langle \psi_i \middle| \tilde{\mathrm{A}}\tilde{\mathrm{B}} \middle| \psi_j \right\rangle = \sum_k A_{ik} B_{ki} \tag{B2.2.8}$$

(siehe Anhang A2). Das Ergebnis ist, dass die Integrale auf der rechten Seite von Gl. (B2.2.5) lediglich Produkte der Erwartungswerte der Energie und der Position sind:

$$\begin{aligned} \left\langle \psi_n \middle| \tilde{\mathrm{r}}\tilde{\mathrm{H}} \middle| \psi_n \right\rangle &= \sum_k \langle\psi_n|\tilde{r}|\psi_k\rangle \left\langle \psi_k \middle| \tilde{\mathrm{H}} \middle| \psi_n \right\rangle \\ &= \sum_k \{(r_k\langle\psi_n|\psi_k\rangle)\ (E_n\langle\psi_k|\psi_n\rangle)\} = r_n E_n, \end{aligned} \tag{B2.2.9a}$$

und

$$\left\langle \psi_n \middle| \tilde{\mathrm{H}}\tilde{\mathrm{r}} \middle| \psi_n \right\rangle = \sum_k \left\langle \psi_n \middle| \tilde{\mathrm{H}} \middle| \psi_k \right\rangle \langle \psi_k | \tilde{\mathrm{r}} | \psi_n \rangle$$
$$= \sum_k \{ (E_n \langle \psi_k | \psi_n \rangle)(r_k \langle \psi_n | \psi_k \rangle)\} = E_n r_n. \quad \text{(B2.2.9b)}$$

Alle Ausdrücke mit $k \neq n$ fallen heraus, weil die Eigenfunktionen orthogonal sind. Da $r_n E_n = E_n r_n$, muss $\langle \psi_n | [\tilde{\mathrm{H}}, \tilde{\mathrm{r}}] | \psi_n \rangle$ null sein.

Ein weiterer grundlegender Punkt, der bei Kommutatoren zu beachten ist, ist dass

$$\left[\tilde{\mathrm{B}}, \tilde{\mathrm{A}}\right] = -\left[\tilde{\mathrm{A}}, \tilde{\mathrm{B}}\right]. \quad \text{(B2.2.10)}$$

Angesichts der Operatoren für Position und Impuls ist es relativ einfach, den geeigneten Operator für jede andere dynamische Eigenschaft eines Systems zu finden, das heißt, für jede Eigenschaft, die von Position und Zeit abhängt. Der Operator wird erhalten, indem man mit der klassischen Gleichung für die Eigenschaft beginnt und die klassischen Variablen für Position und Impuls durch die entsprechenden quantenmechanischen Operatoren ersetzt.

Der Operator für die Gesamtenergie eines Systems wird als *Hamiltonian* Operator ($\tilde{\mathrm{H}}$) nach dem neunzehnten Jahrhundert anglo-irischen Physiker und Mathematiker W. R. Hamilton benannt, der ein allgemeines Schema zur Formulierung der Bewegungsgleichungen eines dynamischen Systems in Bezug auf Koordinaten und Impulse entwickelte. Hamilton schrieb die klassische Energie eines Systems als Summe der kinetischen Energie (T) und der potentiellen Energie (V), und der Hamiltonian Operator $\tilde{\mathrm{H}}$ wird als die analoge Summe der Operatoren für kinetische ($\tilde{\mathrm{T}}$) und potentielle Energie ($\tilde{\mathrm{V}}$) geschrieben:

$$\tilde{\mathrm{H}} = \tilde{\mathrm{T}} + \tilde{\mathrm{V}}. \quad \text{(2.6a)}$$

Der Erwartungs-Wert von $\tilde{\mathrm{H}}$ für ein System ist somit die Gesamtenergie (E):

$$\mathrm{E} = \left\langle \Psi \middle| \tilde{\mathrm{H}} \middle| \Psi \right\rangle. \quad \text{(2.6b)}$$

Gemäß der oben gegebenen Vorschrift wird der kinetische-Energie Operator aus dem klassischen Ausdruck für die kinetische Energie ($T = |\boldsymbol{p}|^2/2\,m$) durch Substitution von $\tilde{\mathrm{p}}$ für $\boldsymbol{p}$ erhalten. Der quantenmechanische Operator, der zu $|\boldsymbol{p}|^2$ korrespondiert, erfordert die Durchführung der durch $\tilde{\mathrm{p}}$ bezeichneten Operation ein zweites Mal, anstatt einfach das Ergebnis einer einzigen Operation zu quadrieren. In einer Dimension erzeugt die Durchführung von $\tilde{\mathrm{p}}$ zweimal $(\hbar/i)^2$ mal die zweite Ableitung in Bezug auf die Position. In drei Dimensionen kann das Ergebnis als $(\hbar/i)^2\tilde{\nabla}^2$, oder $-\hbar^2\tilde{\nabla}^2$ geschrieben werden, wo

$$\tilde{\nabla}^2\Psi = \left(\partial^2\Psi/\partial x^2 + \partial^2\Psi/\partial y^2 + \partial^2\Psi/\partial z^2\right). \tag{2.7}$$

Der kinetische Energie Operator ist daher

$$\tilde{\mathrm{T}} = \tilde{\mathrm{p}}^2/2m = -\left(\hbar^2/2m\right)\tilde{\nabla}^2 \tag{2.8a}$$

$$= -\left(\hbar^2/2m\right)\left(\partial^2/\partial x^2 + \partial^2/\partial y^2 + \partial^2/\partial z^2\right). \tag{2.8b}$$

Der Operator $\tilde{\nabla}^2$ wird als *Laplace*-Operator bezeichnet und als „del-quadrat" gelesen.

Der potentielle Energieoperator $\tilde{\mathrm{V}}$ wird ähnlich aus dem klassischen Ausdruck für die potentielle Energie des Systems erhalten, indem die quantenmechanischen Operatoren für Position und Impuls wo nötig substituiert werden. Der Ausgangsausdruck hängt vom System ab. In einem Atom oder Molekül hängt die potentielle Energie eines Elektrons hauptsächlich von den Wechselwirkungen mit den Kernen und anderen Elektronen ab. Wenn ein Molekül in ein elektrisches oder magnetisches Feld gebracht wird, hängt die potentielle Energie auch von den Wechselwirkungen der Elektronen und Kerne mit dem Feld ab.

2.2 Die zeitabhängige und zeitunabhängige Schrödinger-Gleichungen

Unser nächstes Problem besteht darin, die Wellenfunktion $\Psi(\boldsymbol{r},t)$ zu finden. 1926 schlug Erwin Schrödinger vor, dass die Wellenfunktion die Differentialgleichung erfüllt

$$\tilde{\mathrm{H}}\Psi = i\hbar\partial\Psi/\partial t. \tag{2.9}$$

Dies ist die *zeitabhängige Schrödinger-Gleichung.* Schrödinger, der von 1887 bis 1961 lebte und als Mathematiker ausgebildet wurde, entwickelte diesen elegant einfachen Ausdruck, indem er den Übergang von der geometrischen zur Wellenoptik betrachtete und einen parallelen Übergang in der Mechanik suchte. Er wurde von Louis de Broglies Vorschlag angeregt, dass ein Teilchen wie ein Elektron eine damit verbundene Wellenlänge hat, die umgekehrt proportional zum Impuls des Teilchens ist (Kasten 2.3). Die Einsicht, die zur Schrödinger-Gleichung führte, stellt jedoch keinen Beweis aus ersten Prinzipien dar, und die meisten Theoretiker nehmen heute Gl. (2.9) als grundlegendes Postulat im Sinne der Gl. (2.1) und (2.3) an. Ihre letztendliche Rechtfertigung beruht auf der Tatsache, dass die Schrödinger-Gleichung eine außerordentlich breite Palette von experimentellen Beobachtungen erklärt und zu Vorhersagen führt, die sich bisher immer als korrekt erwiesen haben.

Kasten 2.3 Die Herkunft der zeitabhängigen Schrödinger-Gleichung
In seiner bahnbrechenden Arbeit über den photoelektrischen Effect (Abschn. 1.6), stellte Einstein [16] fest, dass wenn Licht aus diskreten Teilchen („Photonen" in der heutigen Umgangssprache) besteht, dann sollte jedes solche Teilchen einen Impuls haben, der umgekehrt proportional zur Wellenlänge (λ) ist. Diese Beziehung folgt aus der Relativitätstheorie, die verlangt, dass ein Teilchen ohne Ruhemasse, aber mit Energie E und Geschwindigkeit w einen Impuls Ew/c^2 in Bewegungsrichtung haben muss. Ein Photon mit Energie $h\nu$ und Geschwindigkeit c sollte daher einen Impuls mit Betrag

$$p = h\nu c/c^2 = h\nu/c = h/\lambda = h\overline{\nu}, \tag{B2.3.1}$$

haben, wo $\overline{\nu}$ die Wellenzahl ($1/\lambda$) ist. Überzeugende experimentelle Unterstützung für diese Überlegung kam 1923, als A. Compton die Streuung von Röntgenphotonen durch kristalline Materialien maß.

Louis de Broglie [17] kam auf den Gedanken, dass dieselbe Überlegung möglicherweise umgekehrt gelten könnte. Wenn Licht mit Wellenlänge λ einen Impuls p hat, dann hat vielleicht ein Teilchen mit Impuls p eine damit verbundene Welle mit Wellenlänge.

$$\lambda = h/p. \tag{B2.3.2}$$

Die wellenartigen Eigenschaften von Elektronen wurden vier Jahre später durch Davisson und Germers Messungen der Elektronenbeugung an Kristallen und P.G. Thompsons Messungen der Beugung an Goldfolie bestätigt.

Betrachten Sie ein eindimensionales, nicht-relativistisches Teilchen mit Masse m, das sich in einem Potentialfeld V bewegt. Nehmen Sie weiterhin an, und dies ist entscheidend für das Argument, dass V unabhängig von der Position ist. Die Beziehung zwischen der Energie und dem Impuls des Teilchens ist dann

$$E = \frac{1}{2m}p^2 + V. \tag{B2.3.3}$$

Die Beziehungen $E = h\nu$ und $p = h\overline{\nu}$ in diesen Ausdruck einsetzend ergibt

$$h\nu = \frac{h^2}{2m}\overline{\nu}^2 + V. \tag{B2.3.4}$$

Eine Beziehung zwischen der Energie und dem Impuls eines Teilchens (B2.3.3) kann somit in eine Beziehung zwischen der Frequenz und der Wellenzahl einer Welle (B2.3.4) umgewandelt werden.

Nehmen wir nun an, wir schreiben die Welle als

$$\Psi = A\exp\{2\pi\ i\ (\overline{\nu}x - \nu t)\}, \tag{B2.3.5}$$

wo A eine Konstante ist. Dies ist ein allgemeiner Ausdruck für eine monochromatische ebene Welle, die sich in x-Richtung mit der Geschwindigkeit $\nu/\overline{\nu}$ bewegt. Die Ableitungen von Ψ bezüglich Position und Zeit sind dann:

$$\frac{1}{2\pi i}\frac{\partial\Psi}{\partial x} = \overline{\nu}\Psi, \quad \frac{1}{(2\pi i)^2}\frac{\partial^2\Psi}{\partial x^2} = \overline{\nu}^2\Psi \quad \text{und} \quad -\frac{1}{2\pi i}\frac{\partial\Psi}{\partial t} = \nu\Psi. \qquad \text{(B2.3.6)}$$

Diese Ausdrücke können verwendet werden, um die Gl. (B2.3.4) in eine Differentialgleichung zu ändern. Multipliziert man jeden Ausdruck von (B2.3.4) mit Ψ und setzt die Ableitungen ein, erhält man:

$$-\frac{h}{2\pi i}\frac{\partial\Psi}{\partial t} = \frac{h^2}{2m(2\pi i)^2}\frac{\partial^2\Psi}{\partial x^2} + V\Psi,$$

oder

$$i\hbar\frac{\partial\Psi}{\partial t} = -\frac{\hbar^2}{2m}\frac{\partial^2\Psi}{\partial x^2} + V\Psi. \qquad \text{(B2.3.7)}$$

Dies ist die zeitabhängige Schrödinger-Gleichung für ein eindimensionales System in einem konstanten Potenzial.

Diese Argumente auf drei Dimensionen zu erweitern, ist unkompliziert. Es gibt jedoch keine *a priori* Rechtfertigung dafür, die Gl. (B2.3.7) auf die allgemeinere Situation zu erweitern, in der die *Potentialenergie* mit der Position variiert, da in diesem Fall der einfache Wellenausdruck (B2.3.5) nicht mehr gilt. Schrödinger sah jedoch, dass die allgemeine Gleichung

$$i\hbar\frac{\partial\Psi}{\partial t} = -\frac{\hbar^2}{2m}\frac{\partial^2\Psi}{\partial x^2} + V(x,y,z)\Psi \qquad \text{(B2.3.8)}$$

Lösungen der Form

$$\Psi = \psi(x,y,z)\exp(-2\pi\ i\ E\ t/\hbar), \qquad \text{(B2.3.9)}$$

hat und dass diese Lösungen genau die Eigenschaften haben, die benötigt werden, um die quantisierten Energieniveaus des Wasserstoffatoms zu erklären [18, 19].

Weitere Diskussionen über den Ursprung der Schrödinger-Gleichung und philosophische Interpretationen der Quantenmechanik finden Sie in [13], [15] und [20].

Um zu sehen, wie die Schrödinger-Gleichung verwendet werden kann, um Ψ zu finden, betrachten wir zunächst die Situation, dass $\tilde{\mathrm{H}}$ von der Position eines Teilchens abhängt, aber unabhängig von der Zeit ist: $\tilde{\mathrm{H}} = \tilde{\mathrm{H}}_o(\boldsymbol{r})$. Die Wellenfunktion kann dann als Produkt von zwei Funktionen geschrieben werden, eine Funktion (ψ), die nur von der Position abhängt, und eine (ϕ), die nur von der Zeit abhängt:

$$\Psi(r,t) = \psi(r)\phi(t). \qquad (2.10)$$

Um diese Behauptung zu beweisen, müssen wir nur zeigen, dass alle durch Gl. (2.10) gegebenen Wellenfunktionen die Schrödinger-Gleichung erfüllen, solange $\tilde{\mathrm{H}}$ unabhängig von der Zeit bleibt. Ersetzen von $\tilde{\mathrm{H}}$ durch $\tilde{\mathrm{H}}_0$ und Ψ durch $\psi(\boldsymbol{r})\phi(t)$ auf der linken Seite von Gl. (2.9) ergibt:

$$\tilde{\mathrm{H}}\Psi \rightarrow \tilde{\mathrm{H}}_0\{\psi(\boldsymbol{r})\phi(t)\} = \phi(t)\tilde{\mathrm{H}}_0\psi(\boldsymbol{r}). \tag{2.11}$$

(Die Multiplikation mit $\phi(t)$ kann durchgeführt werden, nachdem $\tilde{\mathrm{H}}_0$ auf $\psi(\boldsymbol{r})$ wirkt, weil $\phi(t)$ für den zeitunabhängigen Operator $\tilde{\mathrm{H}}_0$ nur eine Konstante ist.) Die gleiche Substitution für Ψ auf der rechten Seite ergibt

$$i\hbar\partial\Psi/\partial t \rightarrow i\hbar\psi\left(\vec{r}\right)\partial\phi(t)/\partial t. \tag{2.12}$$

Die durch Gl. (2.10) gegebene Wellenfunktion wird daher die Schrödinger-Gleichung erfüllen, wenn

$$\phi(t)\tilde{\mathrm{H}}_0\psi(\boldsymbol{r}) = i\hbar\psi(\boldsymbol{r})\partial\phi(t)/\partial t, \tag{2.13a}$$

oder

$$\frac{1}{\psi(\boldsymbol{r})}\tilde{\mathrm{H}}_0\psi(\boldsymbol{r}) = i\hbar\frac{1}{\phi(t)}\partial\phi(t)/\partial t. \tag{2.13b}$$

Beachten Sie, dass die linke Seite der Gl. (2.13b) nur eine Funktion der Position ist, während die rechte Seite nur eine Funktion der Zeit ist. Die beiden Seiten können nur dann gleich sein, wenn beide Seiten gleich einer Konstanten sind, die weder von der Zeit noch von der Position abhängt. Dies ermöglicht es uns, die beiden Seiten der Gleichung unabhängig voneinander zu lösen. Nehmen wir zuerst die linke Seite. Wenn wir die Konstante E nennen, dann haben wir $[1/\psi(\boldsymbol{r})]\tilde{\mathrm{H}}_0\psi(\boldsymbol{r})=E$. Multiplizieren wir mit $\psi(\boldsymbol{r})$, erhalten wir die *zeitunabhängige Schrödinger-Gleichung*:

$$\tilde{\mathrm{H}}_0\psi(\boldsymbol{r}) = E\psi(\boldsymbol{r}). \tag{2.14}$$

Dieser Ausdruck besagt, dass wenn der Operator $\tilde{\mathrm{H}}_0$ auf die Funktion ψ wirkt, das Ergebnis einfach eine Konstante (E) mal die ursprüngliche Funktion ist. Eine Gleichung dieser Art wird als *Eigenfunktionsgleichung* oder *Eigenwertgleichung* bezeichnet, und im Allgemeinen hat sie eine Reihe von Lösungen, $\psi_k(\boldsymbol{r})$. Diese Lösungen sind die Eigenfunktionen des Operators. Wenn die $\psi_k(\boldsymbol{r})$ Borns Einschränkungen für physikalisch sinnvolle Wellenfunktionen erfüllen, können wir sie als Darstellung verschiedener möglicher Zustände des Systems interpretieren, von denen jeder einer bestimmten Verteilung des Systems im Raum entspricht. Für ein Elektron in einem Atom oder Molekül sind die akzeptablen Eigenfunktionen die Menge der atomaren oder molekularen *Orbitale*. Jede Eigenfunktion stellt einen *Eigenzustand* des Systems dar und ist mit einem bestimmten Wert der Konstanten E (E_k) verbunden, dem entsprechenden Eigenwert.

Betrachten Sie nun die rechte Seite der Gl. (2.13), die ebenfalls gleich E sein muss: $i\hbar[1/\phi(t)]\partial\phi(t)/\partial t = E$. Dieser Ausdruck hat eine Lösung (ϕ_k) für jeden zulässigen Wert von E (E_k):

$$\phi_k(t) = \exp\{-i(E_k t/\hbar + \zeta)\}, \tag{2.15}$$

wo ζ eine beliebige Konstante ist. Da $\exp(i\alpha) = \cos(\alpha) + i\ \sin(\alpha)$, stellt Gl. (2.15) eine Funktion mit realen und imaginären Teilen dar, die beide mit einer Frequenz von $E_k/2\pi\hbar$, oder E_k/h in der Zeit schwingen. Der konstante Ausdruck ζ in der Exponentialfunktion ist eine Phasenverschiebung, die von unserer Wahl der Nullzeit abhängt. Solange wir nur ein einzelnes Teilchen betrachten, wird ζ keine messbaren Eigenschaften des Systems beeinflussen und wir können es einfach gleich null setzen. (Wir werden auf diesen Punkt für Systeme mit vielen Teilchen in Kap. 10 zurückkommen.)

Die Kombination von Gl. (2.10) und (2.15) und das Setzen von $\zeta = 0$ ergibt eine vollständige Wellenfunktion für den Zustand k:

$$\Psi_k(\boldsymbol{r}, t) = \psi_k(\boldsymbol{r}) \exp(-iE_k t/\hbar). \tag{2.16}$$

Das komplexe Konjugat von Ψ_k ist $\psi_k{}^*\exp(iE_k t/h)$, so ist die Wahrscheinlichkeitsfunktion P (Gln. 2.1 und 2.2) $\psi_k{}^*\exp(iE_k t/\hbar)\psi_k\exp(-iE_k t/\hbar) = \psi_k{}^*\psi_k = |\psi_k|^2$. Die Zeitabhängigkeit von Ψ erscheint somit nicht in der Wahrscheinlichkeitsdichte. Die Zeitabhängigkeit kann jedoch kritisch sein, wenn Wellenfunktionen von Systemen mit unterschiedlichen Energien kombiniert werden und wenn wir Übergänge eines Systems von einem Zustand zu einem anderen betrachten.

Die Bedeutung der Eigenwerte der Schrödinger-Gleichung wird deutlich, wenn wir Gl. (2.4) verwenden, um den Erwartungswert der Energie für einen bestimmten Zustand, Ψ_k, zu finden:

$$\left\langle \Psi_k \middle| \tilde{\mathrm{H}} \middle| \Psi_k \right\rangle = \langle \psi_k | E_k \psi_k \rangle \{\exp(iE_k t/\hbar) \exp(-iE_k t/\hbar)\} = E_k \langle \psi_k | \psi_k \rangle = E_k. \tag{2.17}$$

Der Eigenwert E_k des Hamiltonschen Operators ist somit die Energie des Systems im Zustand k. Beachten Sie, dass die Energie unabhängig von der Zeit ist; das muss sie sein, weil wir angenommen haben, dass $\tilde{\mathrm{H}}$ zeitunabhängig ist.

Gl. (2.17) gibt Aufschluss über unser grundlegendes Postulat bezüglich des Erwartungswerts einer beobachtbaren Eigenschaft (Gl. (2.4)). Wenn wir wissen, dass ein System die Wellenfunktion Ψ_k hat und dass diese Wellenfunktion eine Eigenfunktion des Operators $\tilde{\mathrm{A}}$ mit dem Eigenwert A_k ist (d. h., dass $\langle\Psi_k|\Psi_k\rangle = 1$ und $\tilde{\mathrm{A}}\,\Psi_k = A_k\Psi_k$ wo A_k eine Konstante ist), dann muss jede Messung der Eigenschaft, abgesehen von experimentellen Fehlern, den Wert A_k ergeben. Dies ist genau das, was Gl. (2.4) für eine solche Situation aussagt:

$$\left\langle \Psi_k \middle| \tilde{\mathrm{A}} \middle| \Psi_k \right\rangle = \langle \Psi_k | A_k \Psi_k \rangle = A_k \langle \Psi_k | \Psi_k \rangle = A_k. \tag{2.18}$$

Andererseits, wenn Ψ_k keine Eigenfunktion des Operators $\tilde{A}$ ist (*d. h.,* $\tilde{A}\Psi_k \neq A_k\Psi_k$ für einen beliebigen Wert von A_k), dann können wir das Ergebnis einer einzelnen Messung der Eigenschaft nicht vorhersagen. Wir können jedoch immer noch das durchschnittliche Ergebnis vieler Messungen vorhersagen, und Gl. (2.4) behauptet, dass dieser statistische Durchschnitt durch $\langle\Psi_k|\tilde{A}|\Psi_k\rangle$ gegeben ist.

Die zeitunabhängige Schrödinger-Gleichung wird mindestens eine Lösung für jeden endlichen Wert von E haben. Wenn jedoch die *Potenzialenergiefunktion* $V(\boldsymbol{r})$ ein Teilchen auf eine bestimmte Raumregion beschränkt, sind nur bestimmte Werte von E mit Borns Einschränkungen für physikalisch sinnvolle Wellenfunktionen vereinbar. Alle anderen Werte von E lassen entweder ψ irgendwo gegen Unendlich gehen oder haben eine andere inakzeptable Eigenschaft wie eine unstetige erste Ableitung in Bezug auf die Position. Das bedeutet, dass die möglichen Energien für ein gebundenes Teilchen *quantisiert* sind, wie in Abb. 2.1 dargestellt. Die Lösungen der Schrödinger-Gleichung für ein freies Teilchen sind nicht auf diese Weise quantisiert; ein solches Teilchen kann jede Energie über der Schwelle haben, die benötigt wird, um es freizusetzen (Abb. 2.1).

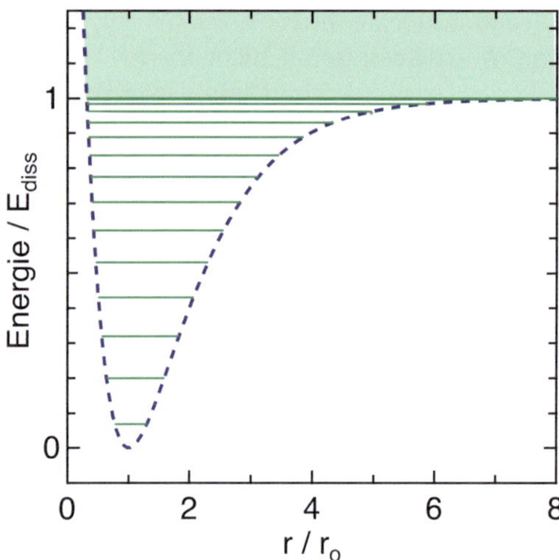

Abb. 2.1 Die Energie eines gebundenen Teilchens ist quantisiert. Die *horizontalen grünen Linien* zeigen die Eigenwerte der Gesamtenergie eines Systems, dessen Potentialenergie von der Position (r) abhängt, wie durch die *gestrichelte blaue Kurve* angezeigt. Die gezeigte Potentialfunktion ist das Morse-*Potenzial*, $V = E_{diss}[1{,}0 - \exp(-a(r - r_0))]^2$, wobei r_0 der Gleichgewichts Wert der Koordinate und a ein Faktor ist, der die Asymmetrie (Anharmonizität) des Potentials bestimmt. Hier ist $a = 0{,}035/r_0$. Für Energien kleiner oder gleich E_{diss} sind die Eigenwerte zu einer sehr guten Näherung $E_n = h\upsilon_o[(n + 1/2) - (h\upsilon_o/4E_{diss})(n + 1/2)^2]$, wobei n eine ganze Zahl und υ_o abhängig von a, E_{diss} und der reduzierten Masse des Systems ist [21, 22]. Wenn die Gesamtenergie E_{diss} übersteigt *(hellgrüner Bereich),* ist die Energie nicht quantisiert. Das Teilchen kann dann aus dem *Potenzial* auf der rechten Seite entkommen, wobei seine überschüssige Energie in kinetische Energie umgewandelt wird. Einige der Eigenfunktionen des Morse-*Potentials* sind in Abb. 6.5 dargestellt.

2.2.1 Überlagerungszustände

Es kann gezeigt werden, dass die Eigenfunktionen des Hamiltonschen Operators eine *vollständige Menge von orthogonalen Funktionen* bilden. Mit „orthogonal" meinen wir, dass das Produkt von zwei verschiedenen Mitgliedern einer solchen Menge (Ψ_i und Ψ_k), wenn es über den gesamten Raum integriert wird, null ist:

$$\langle \Psi_i | \Psi_k \rangle = 0. \tag{2.19}$$

Die Funktionen sin(x) und sin($2x$), zum Beispiel, sind orthogonal.

Eine allgemeine Eigenschaft von Eigenwert Gleichungen wie der zeitunabhängigen Schrödinger-Gleichung ist, dass wenn ψ_i eine Lösung ist, dann ist auch das Produkt von ψ_i mit einer beliebigen Konstanten eine Lösung. Das bedeutet, dass wir jede Eigenfunktion ungleich null mit einem geeigneten Faktor multiplizieren können, so dass

$$\langle \Psi_i | \Psi_i \rangle = 1. \tag{2.20}$$

Eine solche Eigenfunktion wird als *normalisiert* bezeichnet, und Eigenfunktionen, die sowohl Gl. (2.19) als auch Gl. (2.20) erfüllen, werden als *orthonormal* bezeichnet.

Eine vollständige Menge von Funktionen einer gegebenen Variablen hat die Eigenschaft, dass eine lineare Kombination ihrer Mitglieder verwendet werden kann, um jede wohlverhaltene Funktion dieser Variablen zu konstruieren, auch wenn die Ziel-Funktion kein Mitglied der Menge ist. „Wohlverhalten" in diesem Kontext bedeutet eine Funktion, die überall in einem definierten Intervall endlich ist und überall in dieser Region endliche erste und zweite Ableitungen hat. Die Fourier-Analyse nutzt diese Eigenschaft der Menge der Sinus- und Kosinusfunktionen (Anhang A3). In der Quantenmechanik werden Wellenfunktionen komplexer Systeme oft durch Kombinationen der Wellenfunktionen einfacherer oder idealisierter Systeme approximiert. Wellenfunktionen zeitabhängiger Systeme können ähnlich durch Kombination von Wellenfunktionen stationärer Systeme in Anteilen beschrieben werden, die mit der Zeit variieren. Wir werden auf diesen Punkt in den Abschn. 2.3.6 und 2.5 zurückkommen.

Wenn Ψ_i und Ψ_j Eigenfunktionen eines Operators sind, dann ist jede lineare Kombination $C_i\Psi_i + C_j\Psi_j$ ebenfalls eine Eigenfunktion dieses Operators. Ein Zustand, der durch eine solche kombinierte Wellenfunktion dargestellt wird, wird als *Superpositionszustand* bezeichnet. Eines der grundlegenden Prinzipien der Quantenmechanik ist, dass wir eine lineare Kombination dieser Art verwenden müssen, um ein System zu beschreiben, wann immer wir nicht wissen, in welchem seiner Eigenzustände das System sich befindet.

Die Idee eines Überlagerungszustands geht auf den Kern des Unterschieds zwischen klassischer und Quantenmechanik ein. Nehmen wir an, dass ein bestimmtes Experiment immer das Ergebnis x_1 liefert, wenn es an Systemen durchgeführt wird, die bekanntermaßen im Zustand 1 sind, und ein anderes Ergebnis,

x_2, für Systeme im Zustand 2. Dann haben wir $\langle \Psi_1|\tilde{x}|\Psi_1\rangle = x_1$ und $\langle \Psi_2|\tilde{x}|\Psi_2\rangle = x_2$, wobei Ψ_1 und Ψ_2 die Wellenfunktionen der beiden Zustände sind und $\tilde{x}$ der Operator für die im Experiment untersuchte Eigenschaft ist. Nehmen wir nun weiter an, dass ein gegebenes System die Wahrscheinlichkeit $|C_1|^2$ hat, sich im Zustand 1 zu befinden, und die Wahrscheinlichkeit $|C_2|^2$, sich im Zustand 2 zu befinden. Dann wäre nach der klassischen Mechanik das durchschnittliche Ergebnis einer großen Anzahl von Messungen am System die gewichtete Summe $|C_1|^2x_1 + |C_2|^2x_2$. Die individuellen Wahrscheinlichkeiten addieren sich jedoch nicht auf diese Weise für ein System in einem quantenmechanischen Überlagerungszustand. Stattdessen ist der Erwartungswert $\langle C_1\Psi_1 + C_2\Psi_2|\tilde{x}|C_1\Psi_1 + C_2\Psi_2\rangle$. Die Vorhersagen der klassischen und der Quantenmechanik können sehr unterschiedlich sein, denn zusätzlich zu $|C_1|^2x_1 + |C_2|^2x_2$ enthält die letztere einen „Interferenz"-Ausdruck, $C_1{}^*C_2\langle\Psi_1|\tilde{x}|\Psi_2\rangle + C_2{}^*C_1\langle\Psi_2|\tilde{x}|\Psi_1\rangle$.

Eine bekannte Veranschaulichung der Quanteninterferenz ist das Muster aus hellen und dunklen Streifen, das von Licht erzeugt wird, das an einem Paar von Spalten gebeugt wird. Als Thomas Young diese Interferenz „Streifen" 1804 erstmals beschrieb, schienen sie gut zur Wellentheorie des Lichts zu passen und mit der Vorstellung, dass Licht aus Teilchen besteht, unvereinbar zu sein. Sie sind jedoch mit dem Teilchenbild vereinbar, wenn wir die Vorstellung akzeptieren, dass ein Photon, das durch die Spalten geht, sich in einem Superpositionszustand befindet, der beide Spalten einbezieht, bis es auf den Bildschirm trifft, wo es erfasst wird. Da das gleiche Streifenmuster auch dann zu sehen ist, wenn die Lichtintensität so reduziert wird, dass sich zu jedem gegebenen Zeitpunkt nicht mehr als ein Photon durch das Experiment bewegt, spiegelt die Interferenz offensichtlich eine Eigenschaft der Wellenfunktion eines einzelnen Photons wider und nicht Interaktionen zwischen Photonen. Ähnliche Manifestationen der Interferenz wurden für Elektronen, Neutronen, He-Atome und sogar $^9Be^+$ Ionen beschrieben [23–25]. Weitere Beobachtungen dieser Art über Photonen werden in Abschn. 3.5 diskutiert.

In den meisten Experimenten haben wir es nicht mit einzelnen Photonen oder anderen kleinen Teilchen zu tun, sondern mit einem Ensemble, das eine sehr große Anzahl von Teilchen enthält. Ein solches Ensemble kann in der Regel nicht durch eine einzige Wellenfunktion beschrieben werden, da die Wellenfunktionen der einzelnen Systeme im Ensemble typischerweise zufällige Phasen zueinander haben. Ein Ensemble von Systemen, deren individuelle Wellenfunktionen zufällige, unkorrelierte Phasen haben, wird als *gemischter Zustand* bezeichnet. Young beobachtete, dass Beugungsstreifen nicht zu sehen waren, wenn das Licht, das durch die beiden Spalten ging, von getrennten Quellen kam. Wir können diese Beobachtung nun verallgemeinern und sagen, dass der Interferenz Begriff im Erwartungswert Wert für eine beobachtbare Größe verschwindet, wenn er über eine große Anzahl von unkorrelierten Systemen gemittelt wird. Wir werden die Quantenmechanik von gemischten Zuständen in Kap. 10 genauer diskutieren.

2.3 Räumliche Wellenfunktionen

Die Schrödinger-Gleichung kann für die Elektronenwellenfunktionen des Wasserstoffatoms und einiger anderer relativ einfacher Systeme genau gelöst werden. Wir werden nun einige der wichtigsten Ergebnisse diskutieren. Detailliertere Ableitungen finden Sie in den in Abschn. 2.1 zitierten Texten zur Quantenmechanik.

2.3.1 Ein freies Teilchen

Für ein freies Teilchen ist die Potenzialenergie konstant und wir können sie willkürlich gleich null setzen. Die zeitunabhängige Schrödinger-Gleichung in einer Dimension wird dann einfach

$$-\left(\hbar^2/2m\right)\partial^2\psi/\partial x^2 = E\psi, \tag{2.21}$$

wo m und E die Masse und die Gesamtenergie des Teilchens und x die dimensionsbezogene Koordinate sind (Gl. (2.8) und (2.14)). Gl. (2.21) hat eine Lösung für jeden positiven Wert von E:

$$\psi(x) = A\exp\left(i\sqrt{2mE}\,x/\hbar\right), \tag{2.22}$$

wo A eine beliebige Amplitude mit der Dimension $\text{cm}^{-1/2}$ ist. Die Energie eines freien Teilchens ist also nicht quantisiert.

2.3.2 Ein Teilchen in einem Potentialkasten

Betrachten wir nun ein Teilchen, das in einem eindimensionalen rechteckigen Kasten mit unendlich hohen Wänden eingeschlossen ist. Lassen Sie den Kasten von $x = 0$ bis $x = l$ reichen und nehmen Sie an, dass die potenzielle Energie ($V(x)$) innerhalb des Kastens null ist. Der Hamilton Operator ist

$$\tilde{\text{H}} = -\left(\hbar^2/2m\right)\partial^2/\partial x^2 + V(x), \tag{2.23}$$

wo $V(x) = 0$ für x zwischen 0 und l, $V(x) = \infty$ außerhalb dieses Bereichs und m die Masse des Teilchens ist. Die zeitunabhängige Schrödinger-Gleichung für diesen Hamiltonian hat eine Reihe von Lösungen:

$$\psi_n(x) = (2/l)^{1/2}\sin(n\pi x/l) \tag{2.24}$$

für $0 \leq x \leq l$, und $\psi_n(x) = 0$ für $x < 0$ oder $x > l$, wo n eine beliebige Ganzzahl ist. Die Energien, die mit diesen Wellenfunktionen verbunden sind, sind

$$E_n = n^2h^2/8ml^2. \tag{2.25}$$

Jede Eigenfunktion (ψ_n) wird also durch einen bestimmten Wert einer ganzzahligen *Quantenzahl* (n) bestimmt, und die Energien (E_n) steigen quadratisch mit dieser Zahl. Abb. 2.2 zeigt die ersten fünf Eigenfunktionen, ihre Energien und die entsprechenden Wahrscheinlichkeitsdichte-Funktionen ($|\psi_n|^2$). Außerhalb des Kastens müssen die Wellenfunktionen null sein, da es keine Möglichkeit gibt, das Teilchen in einer Region zu finden, in der dessen *Potentialenergie* unendlich wäre. Um Diskontinuitäten zu vermeiden, müssen die Wellenfunktionen an beiden Enden des Kastens gegen null gehen, und es ist diese Randbedingung, die n eine Ganzzahl macht.

Es gibt mehrere wichtige Punkte zu beachten. Erstens sind die Energien quantisiert. Zweitens, abgesehen von der trivialen Lösung $n = 0$, die einem leeren Kasten entspricht, ist die niedrigste mögliche Energie nicht null, wie es für ein klassisches Teilchen im Ruhezustand in einem Kasten der Fall wäre, sondern vielmehr $h^2/8ml^2$. Je kleiner der Kasten, desto höher die Energie. Schließlich nimmt die Anzahl der *Knoten* (Punkte, an denen die Wellenfunktion null überquert, oder in einem mehrdimensionalen System, Flächen, an denen dies geschieht) linear mit n zu, so dass die Wahrscheinlichkeitsverteilung mit zunehmendem n gleichmäßiger wird (Abb. 2.2). Der Impuls des Teilchens wird im Kasten 2.4 diskutiert.

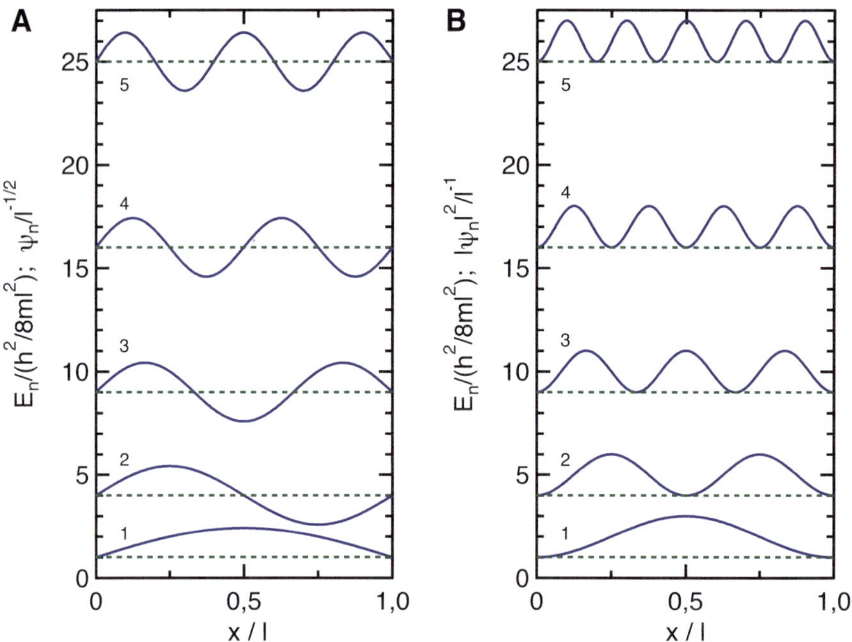

Abb. 2.2 (**A**) Eigenwerte (*gepunktete horizontale grüne Linien*) und Eigenfunktionen (*durchgezogene blaue Kurven*) für die ersten fünf Eigenzustände ($n = 1, 2, \ldots 5$) eines Teilchens in einem eindimensionalen rechteckigen Kasten mit Länge l und unendlich hohen Wänden. Die Eigenfunktionen sind vertikal verschoben, um sie mit den entsprechenden Energien auszurichten. (**B**) Wahrscheinlichkeitsdichte (*durchgezogene blaue Kurven*) für die gleichen fünf Eigenzustände, vertikal verschoben zur Ausrichtung mit den Energien (*gepunktete grüne Linien*) wie in (**A**)

Kasten 2.4 Linearer Impuls

Da wir die potenzielle Energie innerhalb des Kastens in Abb. 2.2 als null angenommen haben, sind die Energien gegeben durch Gleichung (2.25) vollständig kinetische Energie. Aus der klassischen Physik sollte ein Teilchen mit kinetischer Energie E_n und Masse m einen linearen Impuls $\boldsymbol{p}$ wie folgt haben.

$$p = |\boldsymbol{p}| = \sqrt{2mE_n} = nh/2l. \qquad \text{(B2.4.1)}$$

Bezugnehmend auf Abb. 2.2A sehen wir, dass die Wellenfunktion ψ_n einer *stehenden Welle* mit einer Wellenlänge λ_n von 2 l/n entspricht. Daher könnten wir den Impuls ($nh/2\,l$) auch als h/λ_n oder $h\overline{\nu}$ schreiben, wo $\overline{\nu}$ die Wellenzahl ($1/\lambda$) ist. Dies ist konsistent mit dem Ausdruck von deBroglie, der den Impuls eines freien Teilchens mit der Wellenzahl einer zugehörigen Welle verknüpft (Gl. (B2.3.1)). Aber der Erwartungswert Wert des Impulses des Teilchens in einem Kasten mit unendlich hohen Wänden ist nicht $h\overline{\nu}$; es ist null. Dies können wir sehen, indem wir die Gl. (2.4) und (2.5) verwenden:

$$\begin{aligned}\langle\psi_n|\tilde{\mathrm{p}}|\psi_n\rangle &= \langle\psi_n|(\hbar/i)\partial\psi_n/\partial x\rangle \\ &= (\hbar/i)\left\langle(2/l)^{1/2}\sin(n\pi x/l)\middle|(2/l)^{1/2}\partial\sin(n\pi x/l)/\partial x\right\rangle \\ &= (\hbar/i)(2/l)(n\pi/l)\int_0^l \sin(n\pi x/l)\cos(n\pi x/l)dx = 0. \qquad \text{(B2.4.2)}\end{aligned}$$

Dieses Ergebnis macht Sinn, wenn wir jede der stehenden Wellen, die durch Gl. (2.22) beschrieben werden, als Überlagerung von zwei Wellen betrachten, die sich in entgegengesetzte Richtungen bewegen. Einzelne Messungen des Impulses könnten dann positive oder negative Werte ergeben, würden aber im Durchschnitt null ergeben.

Aus einer formelleren Perspektive können wir das Ergebnis einer einzelnen Messung des Impulses nicht vorhersagen, weil die Wellenfunktionen, die durch Gl. (2.22) gegeben sind, keine Eigenfunktionen des Impulsoperators sind. Dies wird deutlich, denn die Wirkung des Impulsoperators auf die Wellenfunktion ψ_n ergibt

$$\tilde{\mathrm{p}}\psi_n = (\hbar/i)\partial\psi_n/\partial x = (\hbar/i)\left(2^{1/2}n\pi/l^{3/2}\right)\cos(n\pi x/l), \qquad \text{(B2.4.3)}$$

was nicht gleich ein Vielfaches von ψ_n ist. Der Erwartungswert der durch Gl. (B2.4.2) erhalten wird, liefert jedoch das korrekte Ergebnis für den Impuls einer stehenden Welle (null).

Die Schrödinger-Gleichung hat jedoch Lösungen, die Eigenfunktionen des Impuls Operators für ein Elektron sind, das sich durch eine ungebundene Region konstanten Potentials bewegt. Diese können geschrieben werden

$$\psi_\pm = A\exp\{2\pi\ i\ (\overline{\nu}x \mp \nu t)\}, \qquad \text{(B2.4.4)}$$

wo A eine Konstante ist und die Plus- und Minuszeichen für Teilchen stehen, die sich in entgegengesetzte Richtungen bewegen. Die Anwendung des Impulsoperators auf diese Wellenfunktionen ergibt

$$\tilde{p}\psi_\pm = (\hbar/i)\partial\psi_\pm/\partial x = (\hbar/i)A(2\pi\overline{\nu})\exp\{2\pi i(\overline{\nu}x \mp \nu t)\} = h\overline{\nu}\psi_\pm \tag{B2.4.5}$$

was zu dem korrekten Erwartungswert des Impulses eines freien Teilchens führt ($h\overline{\nu}$).

Obwohl die Wahrscheinlichkeit, das Teilchen an einer bestimmten Position zu finden, mit der Position variiert, erstrecken sich die durch Gl. (2.24) gegebenen Eigenfunktionen über die gesamte Länge des Kastens. Wellenfunktionen für ein Teilchen, das stärker im Raum lokalisiert ist, können aus linearen Kombinationen dieser Eigenfunktionen konstruiert werden. Ein auf diese Weise aus Schwingungswellenfunktionen gebildeter Superpositionszustand wird als *Wellenpaket* bezeichnet. Die Kombination ψ_1 - ψ_3 + ψ_5 - ψ_7, zum Beispiel, ergibt ein Wellenpaket, dessen Amplitude stark in der Mitte des Kastens ($x = l/2$) ansteigt, wo die einzelnen räumlichen Wellenfunktionen konstruktiv überlappen. An Positionen weit vom Zentrum entfernt, interferieren die Wellenfunktionen destruktiv und die summierte Amplitude ist klein. Da die zeitabhängigen Faktoren in den vollständigen Wellenfunktionen [$\exp(-iE_n t/\hbar)$] mit unterschiedlichen Frequenzen schwingen, bleibt das Wellenpaket nicht fest an einer Position, sondern bewegt sich und ändert seine Form mit der Zeit. Wellenpakete bieten eine Möglichkeit, ein Atom oder makroskopisches Teilchen darzustellen, dessen Energie-Eigenwerte unsicher sind im Verhältnis zur Trennung zwischen den Eigenwerten. Der Abstand zwischen den Energien für ein Teilchen in einem eindimensionalen Kasten ist umgekehrt proportional sowohl zur Masse des Teilchens als auch zu l^2 (Gl. (2.25)), und wird für jedes makroskopische Teilchen mit einer erheblichen Masse oder Größe sehr klein sein.

Wenn die potentielle Energie außerhalb des im Abschn. 2.3.2 beschriebenen quadratischen Kasten nicht unendlich ist, besteht eine gewisse Wahrscheinlichkeit, das Teilchen hier zu finden, auch wenn die potentielle Energie größer ist als die Gesamtenergie des Systems. Für einen eindimensionalen quadratische Kasten mit unendlich dicken Wänden der Höhe V werden die Wellenfunktionen im Bereich $x > l$ gegeben durch

$$\psi_n = A_n \exp\{-(x-l)\zeta\}, \tag{2.26}$$

wo $\zeta = [2\,m(V - E_n)]^{1/2}\hbar^{-1}$ und A_n ist eine durch die Randbedingungen festgelegte Konstante. Innerhalb des Kastens hat ψ_n eine sinusförmige Form ähnlich der einer Wellenfunktion für einen Kasten mit unendlich hohen Wänden (Gl. (2.24a)), aber ihre Amplitude geht an der Grenze ($x = l$) auf A_n statt auf null. Sowohl die Amplituden als auch die Steigungen der Wellenfunktionen sind über die Grenze hinweg kontinuierlich.

Ein quantenmechanisches Teilchen kann also in eine potentielle Energiebarriere *tunneln,* obwohl die Wahrscheinlichkeit, es hier zu finden, exponentiell mit der Entfernung in die Wand abnimmt. Ein klassisches Teilchen könnte die Wand nicht durchdringen, weil die Bedingung $V > E_n$ erfordert, dass die kinetische Energie negativ ist, was in der klassischen Physik nicht möglich ist.

2.3.3 Der harmonische Oszillator

Das potentielle *Potenzial*, das eine chemische Bindung nahe ihrer mittleren Länge einschränkt, wird durch den folgenden quadratischen Ausdruck recht gut beschrieben

$$V(x) = \frac{1}{2}kx^2, \tag{2.27}$$

wo x der Unterschied zwischen der Länge der Bindung und der mittleren Länge ist, und k eine Kraftkonstante ist. Wenn die Bindung gedehnt oder komprimiert wird, wirkt eine zur Verzerrung proportionale Rückstellkraft ($F = -kx$), um die Bindung auf ihre mittlere Länge zurückzuführen, vorausgesetzt, die Verzerrung ist nicht zu groß. Ein solches parabolisches *Potenzial* wird als *harmonisch* bezeichnet. Bei größeren Abweichungen von der Gleichgewichtslänge wird das *Potenzial* zunehmend unsymmetrisch steigt bei Kompression steiler an als bei Dehnung, wie in Abb. 2.1 dargestellt.

Ein klassisches Teilchen der Masse m in einem harmonischen Potential schwingt um seine Gleichgewichtsposition mit einer Frequenz

$$\upsilon = \frac{1}{2\pi}\left(\frac{k}{m}\right)^{1/2}. \tag{2.28}$$

Ein solches System wird als *harmonischer Oszillator* bezeichnet. Gl. (2.28) gilt auch für die Frequenz der klassischen Schwingungen eines Paares von gebundenen Atomen, wenn wir m durch die reduzierte Masse des Paares ($m_r = m_1 m_2/(m_1 + m_2)$), wo m_1 und m_2 die Massen der einzelnen Atome sind. Die Winkelfrequenz ω ist $2\pi\upsilon = (k/m)^{1/2}$.

Die Summe der kinetischen und potentiellen Energien eines klassischen harmonischen Oszillators ist

$$E_{klassisch} = \frac{1}{2m_r}|\boldsymbol{p}|^2 + \frac{1}{2}kx^2, \tag{2.29}$$

die jeden nicht-negativen Wert einschließlich Null haben kann. Das quantenmechanische Bild ist wiederum deutlich anders. Die Eigenwerte des Hamilton-schen Operators für einen eindimensionalen harmonischen Oszillator sind eine gleichmäßig beabstandete Leiter von Energien, die nicht bei Null, sondern bei $(1/2)h\upsilon$ beginnt:

$$E_n = (n + 1/2)h\upsilon, \tag{2.30}$$

mit $n = 0, 1, 2, \ldots$. Die entsprechenden Wellenfunktionen sind

$$\chi_n(x) = N_n H_n(u) \exp\left(-u^2/2\right). \tag{2.31}$$

Hier ist N_n ein Normalisierungsfaktor, $H_n(u)$ ist ein *Hermite-Polynom,* und u ist eine dimensionslose Positions-Koordinate, die durch Division der kartesischen Koordinate x durch $(\hbar/2\pi m_r \upsilon)^{1/2}$ erhalten wird:

$$u = x/(\hbar/2\pi\, m_r \upsilon)^{1/2}. \tag{2.32}$$

Die Hermite-Polynome und ihre Normalisierungsfaktoren N_n sind in Kasten 2.5 gegeben und die ersten sechs Wellenfunktionen sind in Abb. 2.3 dargestellt.

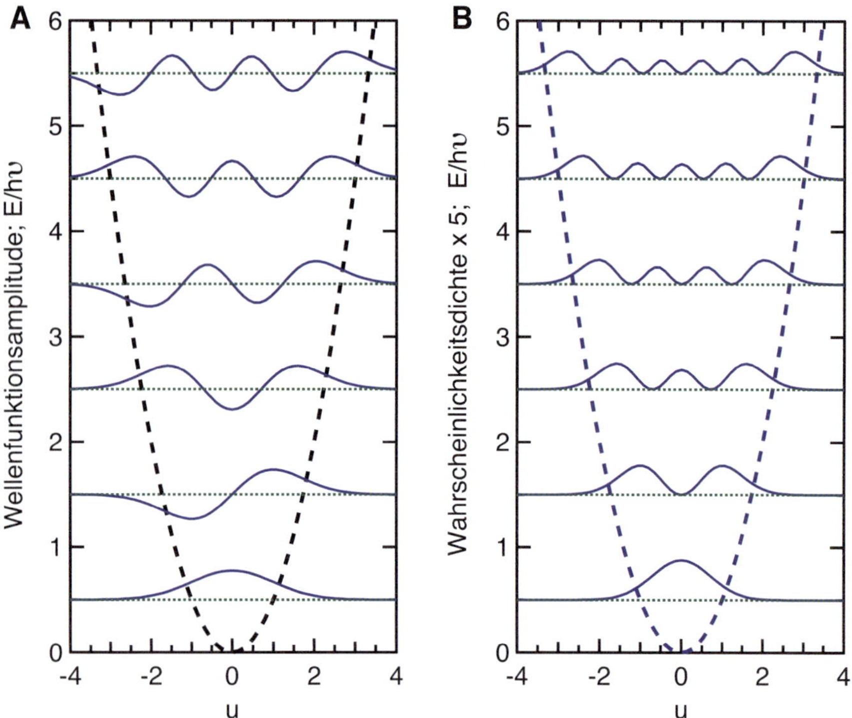

Abb. 2.3 (**A**) Die ersten 5 Wellenfunktionen *(blaue Kurven)* und Eigenwerte der Gesamtenergie (E_n, *gepunktete grüne horizontale Linien*) eines harmonischen Oszillators. Die dimensionslose Größe, die auf der Abszisse (u) aufgetragen ist, ist der Abstand des Teilchens von seiner Gleichgewichtsposition geteilt durch $(\hbar/2\pi m_r \upsilon)^{1/2}$, wobei m_r die reduzierte Masse und υ die klassische Oszillationsfrequenz ist. Die *gestrichelte schwarze Kurve* stellt die potentielle Energie dar. Energien sind in Einheiten von $h\upsilon$ ausgedrückt. Die Wellenfunktionen sind vertikal verschoben, um sie mit den entsprechenden Eigenwerten auszurichten. (**B**) Wahrscheinlichkeitsdichten für die gleichen fünf Eigenzustände, vertikal verschoben zur Ausrichtung mit den Eigenwerten wie in (**A**)

Kasten 2.5 Hermite-Polynome

Die Hermite-Polynome sind durch den Ausdruck definiert

$$H_n(u) = (-1)^n \exp\left(u^2\right) \frac{d^n}{du^n} \exp\left(-u^2\right). \tag{B2.5.1}$$

Sie können erzeugt werden, indem man mit Gl. (B2.5.1) beginnt, um $H_0 = 1$ und $H_1 = 2u$ zu finden, und dann die Rekursionsformel verwendet

$$H_{n+1}(u) = 2uH_n(u) - 2nH_{n-1}(u). \tag{B2.5.2}$$

Die ersten sechs Hermite-Polynome sind:

$$\begin{aligned} H_0 &= 1, & H_3 &= 8u^3 - 12u, \\ H_1 &= 2u, & H_4 &= 16u^4 - 48u^2 + 12, \\ H_2 &= 4u^2 - 2, & H_5 &= 32u^5 - 160u^3 + 120u. \end{aligned} \tag{B2.5.3}$$

Der Normalisierungsfaktor N_n in (Gl. 2.31) ist

$$N_n = \left[(2\pi\upsilon/\hbar)^{1/2}/\left(2^n n!\right)\right]^{1/2}. \tag{B2.5.4}$$

Beachten Sie, dass eine Änderung des Vorzeichens der Positions-Koordinate u keinen Einfluss auf die geradzahligen Hermite-Polynome ($H_{2n}(-u) = H_{2n}(u)$) hat, aber die ungeradzahligen Polynome invertiert (($H_{2n+1}(-u) = -H_{2n+1}(u)$). Die geradzahligen Hermite-Polynome haben daher eine *gerade* Symmetrie, während die ungeradzahligen Polynome eine *ungerade* Symmetrie haben. Die Multiplikation eines Hermite-Polynoms mit u ändert seine Symmetrie von gerade zu ungerade und umgekehrt. Diese Symmetrien sind wichtig, wenn Produkte von Schwingungswellenfunktionen über die Positionskoordinate integriert werden. Integrale der Formen $\langle\chi_m|\chi_n\rangle$ und $\langle\chi_m|u|\chi_n\rangle$ spielen wichtige Rollen in den Auswahlregeln für elektronische und vibrationale Absorption, Fluoreszenz und Raman-Streuung und werden häufig in den Kap. 4 –6 und 12 auftauchen. Wenn χ_m und χ_n Schwingungs-Eigenfunktionen des gleichen elektronischen Zustands sind (oder allgemeiner, von Zuständen, die kongruente harmonische *Potenzial* energiekurven mit Minima beim gleichen Wert von u haben), ist $\langle\chi_m|\chi_n\rangle$ nur dann ungleich Null, wenn $m = n$, da die Wellenfunktionen normalisiert und orthogonal sind. Das Integral $\langle\chi_m|u|\chi_n\rangle$ kann hingegen nur dann ungleich Null sein, wenn $m = n \pm 1$. Dies können Sie sehen, indem Sie die *Rekursionsbeziehung* für Hermite-Polynome (Gl. B2.5.2) umschreiben als

$$uH_n = \frac{1}{2}H_{n+1} + nH_{n-1}, \tag{B2.5.5}$$

was impliziert, dass

$$\langle \chi_m | u | \chi_n \rangle = \frac{1}{2} \langle \chi_m | u | \chi_{n+1} \rangle + n \langle \chi_m | u | \chi_{n-1} \rangle. \tag{B2.5.6}$$

Beide Integrale auf der rechten Seite der Gl. (B2.5.6) sind Null, es sei denn, $m = n \pm 1$. Repräsentative Funktionen von $\chi_m\chi_n$, $\chi_m u \chi_n$ und ihren Integralen sind in Anhang A6 dargestellt.

Die Eigenwerte des harmonischen Oszillators werden normalerweise in Bezug auf die Wellenzahl ($\omega = \upsilon/c$) in Einheiten von cm^{-1} beschrieben. Die minimale Energie, $(1/2)h\upsilon$ oder $(1/2)\hbar\omega$, wird als *Nullpunktenergie* bezeichnet.

Obwohl die Eigenwerte eines harmonischen Oszillators linear statt quadratisch mit n zunehmen und die Formen der Wellenfunktionen komplexer sind als die eines Teilchens in einem quadratischen Brunnen, haben die Lösungen der Schrödinger-Gleichung für diese beiden Potentiale mehrere gemeinsame Merkmale. Jeder Eigenwert entspricht einem bestimmten ganzzahligen Wert der Quantenzahl n, die die Anzahl der Knoten in der Wellenfunktion bestimmt, und die räumliche Verteilung der Wellenfunktion wird gleichmäßiger, wenn n zunimmt. Wie im Fall eines Kastens mit endlichen Wänden hat ein quantenmechanischer harmonischer Oszillator eine bestimmte Wahrscheinlichkeit, sich außerhalb des Bereichs zu befinden, der durch die Potentialenergiekurve (Abb. 2.3B) begrenzt ist. Schließlich kann, wie oben erwähnt und in Kap. 11 detaillierter besprochen, ein Wellenpaket für ein Teilchen an einer bestimmten Position aus einer linearen Kombination von harmonischen Oszillator Wellenfunktionen konstruiert werden. Die Position eines solchen Wellenpakets oszilliert in der Potentialmulde mit der klassischen Oszillationsfrequenz υ.

2.3.4 Atomare Orbitale

Räumliche Wellenfunktionen für das Elektron in einem Wasserstoffatom, oder allgemeiner, für ein einzelnes Elektron mit der Ladung $-e$, gebunden an einen Kern mit der Ladung $+Ze$, können als Produkte von zwei Funktionen, $R_{n,l}(r)$ und $Y_{l,m}(\theta,\phi)$, geschrieben werden, wobei die Variablen r, θ und ϕ Positionen in Polarkoordinaten relativ zum Kern und einer beliebigen z-Achse angeben:

$$\psi_{nlm} = R_{n,l}(r) Y_{l,m}(\theta, \phi). \tag{2.33}$$

(Siehe Abb. 4.4 für eine Erklärung der Polarkoordinaten.) Die Indizes n, l und m in diesen Funktionen bezeichnen ganzzahlige Quantenzahlen mit den folgenden möglichen Werten:

Hauptquantenzahl: $n = 1, 2, 3, \ldots,$
Drehimpuls (Azimutal) Quantenzahl: $l = 0, 1, 2, \ldots, n\text{-}1,$
magnetische Quantenzahl: $m = -l, \ldots, 0, \ldots, l.$

Die Energie des Orbitals hängt hauptsächlich von der Hauptquantenzahl (n) ab und wird gegeben durch

$$E_n = -16\pi^2 Z^2 m_r e^4 / n^2 h^2, \tag{2.34}$$

wo m_r die reduzierte Masse des Elektrons und des Kerns ist. (Dieser Ausdruck verwendet das cgs-Einheitensystem, das in Abschn. 3.1.1 diskutiert wird.) Der Drehimpuls oder die Azimutalquantenzahl (l) bestimmt den Drehimpuls des Elektrons, während die magnetische Quantenzahl (m) die Komponente des Drehimpulses entlang einer festgelegten Achse bestimmt und sich auf eine Aufspaltung der Energieniveaus in einem magnetischen Feld bezieht (Abschn. 9.5).

Die Wellenfunktionen für die ersten Wasserstoffatom Orbitale sind in Tab. 2.1 gegeben, und Abb. 2.4, 2.5 und 2.6 zeigen ihre Formen. Atomare Orbitale mit $l = 0$, 1, 2 und 3 werden konventionell als *s, p, d* und *f* bezeichnet. Die *s* Wellenfunktionen erreichen ihren Höhepunkt am Kern und sind kugelsymmetrisch (Abb. 2.4 und 2.5). Die 1 *s* Wellenfunktion hat überall das gleiche Vorzeichen, während 2 *s* bei $r = 2\hbar^2/m_r e^2 Z$, oder $2a_0/Z$, wo a_0 (der *Bohr-Radius*) ist $\hbar^2/m_r e^2$ (0,5292 Å). Da das Volumenelement ($d\sigma$) zwischen kugelförmigen Schalen mit Radien r und $r + dr$ (für kleine Werte von dr) $4\pi r^2 dr$ ist, hängt die Wahrscheinlichkeit, ein *s* Elektron in der Entfernung r vom Kern zu finden (die *radiale Verteilungsfunktion*) von $4\pi r^2 \psi(r)^2 dr$ ab. Die radiale Verteilungsfunktion für die 1*s* Wellenfunktion erreicht ihren Höhepunkt bei $r = a_0$ (Abb. 2.4E, F).

Die *p* Orbitale haben Knotenebenen, die durch den Kern gehen (Abb. 2.5 und 2.6). Die Wahl eines Koordinatensystems zur Beschreibung der Orientierungen der Orbitale ist willkürlich, es sei denn, das Atom befindet sich in einem magnetischen Feld, in welchem Fall die *z*-Achse als Richtung des Feldes genommen wird. Das 2*p* Orbital mit $m = 0$ ist entlang dieser Achse ausgerichtet und wird $2p_z$ genannt. Die 2*p* Orbitale mit $m = \pm 1$ ($2p_+$ und $2p_-$) sind komplexe Funktionen, die in der Ebene normal zur *z*-Achse maximal sind und sich in entgegengesetzten Rich-

Tab. 2.1 Wellenfunktionen des Wasserstoffatoms

Orbital	n	l	m	$R_{n,l}(r)$[a]	$Y_{l,m}(\theta,\phi)$[b]
1*s*	1	0	0	$(Z/a_o)^{3/2} 2 \exp(-\rho)$	$(2\sqrt{\pi})^{-1}$
2*s*	2	0	0	$\frac{(Z/a_o)^{3/2}}{2\sqrt{2}}(2-\rho)\exp(-\rho/2)$	$(2\sqrt{\pi})^{-1}$
$2p_z$	2	1	0	$\frac{(Za_o)^{3/2}}{2\sqrt{6}}\rho\exp(-\rho/2)$	$(3/4\pi)^{1/2}\cos\theta$
$2p_-$	2	1	−1	$\frac{(Za_o)^{3/2}}{2\sqrt{6}}\rho\exp(-\rho/2)$	$(3/8\pi)^{1/2}\sin\theta\{\cos\phi - i\sin\phi)$ $= (3/8\pi)^{1/2}\sin\theta\exp(-i\phi)$
$2p_+$	2	1	1	$\frac{(Za_o)^{3/2}}{2\sqrt{6}}\rho\exp(-\rho/2)$	$(3/8\pi)^{1/2}\sin\theta\{\cos\phi + i\sin\phi)$ $= (3/8\pi)^{1/2}\sin\theta\exp(i\phi)$

[a] $\rho = Zr/a_o$, wo Z die Kernladung ist, r ist der Abstand vom Kern und a_0 ist der Bohr-Radius (0.529 Å)

[b] θ und ϕ sind die Winkel in Bezug auf die *z*- und *x*- Achsen in Polarkoordinaten (Abb. 4.4)

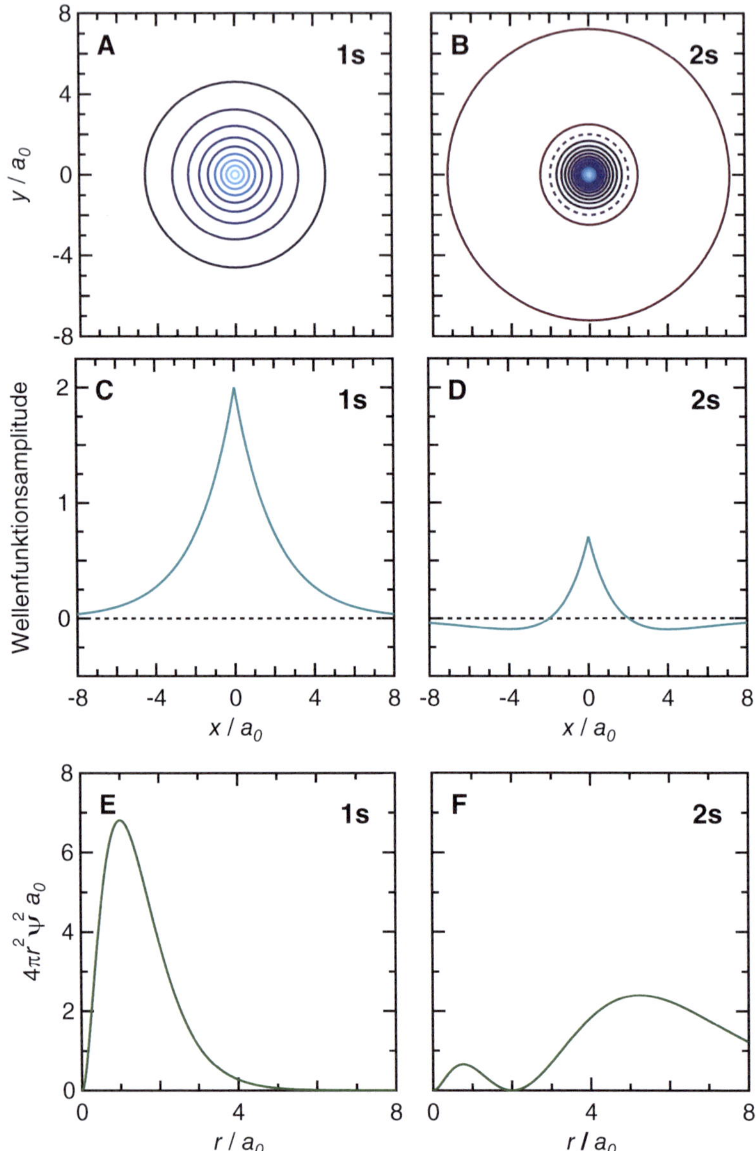

Abb. 2.4 (**A**) Konturdiagramme (Linien konstanter Amplitude in der Ebene des Kerns) der Wellenfunktionen des Wasserstoffatoms. Die kartesischen Koordinaten x und y werden als dimensionslose Vielfache des Bohr Radius ($a_o = 0{,}529$ Å) ausgedrückt. Die Konturintervalle für die Amplitude betragen $0{,}2a_o^{3/2}$. (**B**) Gleich wie **A,** aber für die 2 s Wellenfunktionen mit Konturintervallen von $0{,}05a_o^{3/2}$. Positive Amplituden werden als *blaue Linien* dargestellt, die heller werden, je größer die Amplitude ist, negative Amplituden als *rote Linien,* und Null als *gepunktete lila Linie.* (**C**), (**D**) Amplituden der 1s und 2s Wellenfunktionen als Funktionen der x Koordinate mit y fixiert bei 0. (**E**), (**F**) Radiale Verteilungsfunktionen der 1s und 2s Wellenfunktionen

tungen um die z-Achse drehen. Sie können jedoch kombiniert werden, um zwei reale Funktionen zu erzeugen, die entlang definierter x- und y-Achsen ausgerichtet sind und keine Netto-Rotationsbewegung haben ($2p_x$ und $2p_y$). Die $2p_x$ und $2p_y$ Wellenfunktionen sind dann identisch zu $2p_z$, abgesehen von ihren Orientierungen im Raum. Dies entspricht im Wesentlichen dem Aufbau von stehenden Wellen aus Wellenfunktionen für Elektronen, die sich in entgegengesetzte Richtungen bewegen, wie in Kasten 2.4 beschrieben. Wenn wir die skalierten Koordinaten $z = \rho\cos\theta$, $x = \rho\sin\theta\cos\phi$ und $y = \rho\sin\theta\sin\phi$ verwenden, wobei $\rho = Zr/a_0$, können die drei $2p$ Wellenfunktionen geschrieben werden:

$$2p_z = (Z/a_o)^{5/2}(32\pi)^{-1/2}z\exp(-\rho/2), \tag{2.35a}$$

$$2p_x = \frac{1}{\sqrt{2}}\{2p_- + 2p_+\} = (Z/a_o)^{5/2}(32\pi)^{-1/2}x\exp(-\rho/2), \tag{2.35b}$$

und

$$2p_y = \frac{i}{\sqrt{2}}\{2p_- + 2p_+\} = (Z/a_o)^{5/2}(32\pi)^{-1/2}y\exp(-\rho/2). \tag{2.35c}$$

Die $3d$ Orbitale mit $m = \pm 1$ oder $\pm\ 2$ sind ebenfalls komplexe Funktionen, die kombiniert werden können, um eine Reihe von realen Wellenfunktionen zu erzeugen. Die Grenzflächen der realen Wellenfunktionen sind in Abb. 2.5 dargestellt.

2.3.5 Molekülorbitale

Die Schrödinger-Gleichung wurde für Elektronen in Molekülen, die größer als das H_2^+-Ion sind, nicht exakt gelöst; die Wechselwirkungen mehrerer Elektronen werden zu komplex. Die Eigenfunktionen des Hamilton Operators liefern jedoch einen vollständigen Funktionssatz und wie in Abschn. 2.2.1 erwähnt, kann eine Linearkombination solcher Funktionen verwendet werden, um jede wohlverhaltene Funktion der gleichen Koordinaten zu konstruieren. Dies legt die Möglichkeit nahe, eine molekulare elektronische Wellenfunktion durch eine Linearkombination von Wasserstoff-Atomorbitalen zu repräsentieren, die auf den nuklearen Positionen zentriert sind. Im Prinzip sollten wir den gesamten Satz von Atomorbitalen für jeden Kern einbeziehen, aber kleinere Sätze liefern oft nützliche Näherungen. Zum Beispiel können die π-Orbitale eines Moleküls mit N konjugierten Atomen wie folgt geschrieben werden

$$\psi_k \approx \sum_{n=1}^{N} C_n^k \psi_{2z(n)}, \tag{2.36}$$

wo $\psi_{2z(n)}$ ein atomares $2p_z$-Orbital ist, das auf Atom n zentriert ist, und der Koeffizient C_n^k den Beitrag angibt, den $\psi_{2z(n)}$ zum molekularen Orbital k leistet. Wenn die atomaren Wellenfunktionen orthogonal und normalisiert sind ($\langle\psi_{2z(n)}|\psi_{2z(n)}\rangle = 1$

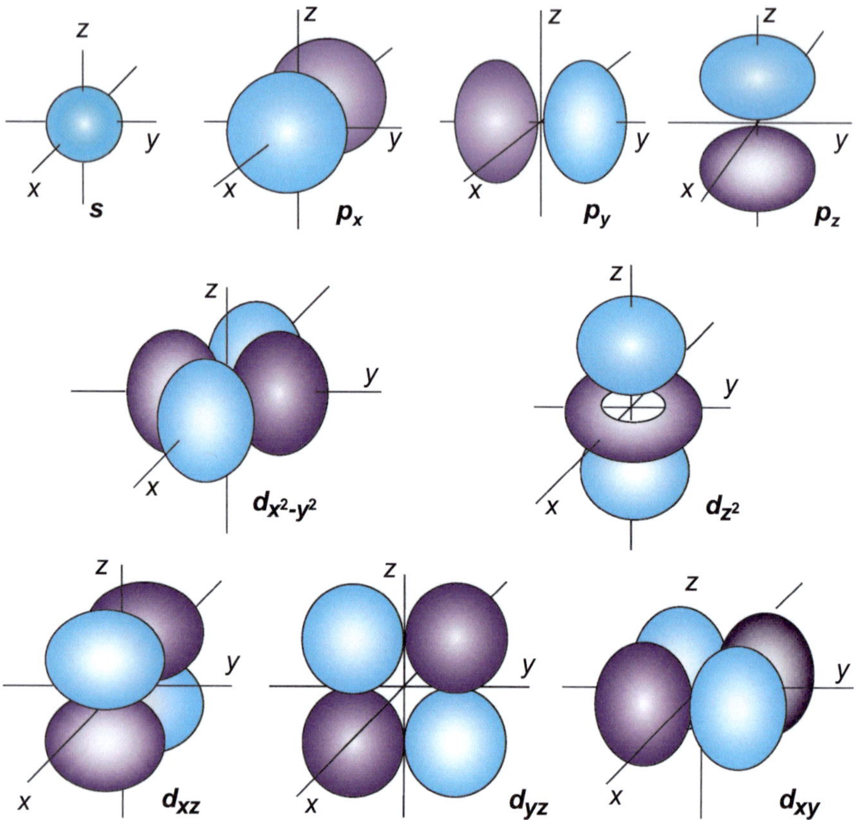

Abb. 2.5 Perspektivische Zeichnungen der „Grenzflächen" (Regionen, in denen ein Elektron am wahrscheinlichsten zu finden ist) der $1s$, $2p$, und $3d$ Wellenfunktionen des Wasserstoffatoms. Die Wellenfunktionen haben ein konstantes Zeichen in den Regionen mit *hellblauer Schattierung* und das entgegengesetzte Zeichen in den Regionen mit *lila Schattierung*. Diese Zeichnungen sind nur ungefähr maßstabsgetreu. Abb. 4.30 zeigt ähnliche Zeichnungen der $4d$ Wellenfunktionen

für alle n, und $\langle \psi_{2z(n)} | \psi_{2z(m)} \rangle = 0$ für $m \neq n$) können die molekularen Wellenfunktionen durch Skalierung der Koeffizienten normalisiert werden, so dass

$$\sum_{n=1}^{N} \left| C_n^k \right|^2 = 1. \tag{2.37}$$

Das höchstbesetzte molekulare Orbital (HOMO) von Ethylen, ein bindendes π-Orbital, kann recht gut durch eine symmetrische Kombination von Kohlenstoff-$2p_z$-Orbitalen approximiert werden, die auf den Kohlenstoffatomen 1 und 2 zentriert und so ausgerichtet sind, dass ihre z-Achsen parallel sind:

$$\psi_\pi(\vec{r}) \approx 2^{-1/2}\psi_{2pz(1)} + 2^{-1/2}\psi_{2pz(2)} = 2^{-1/2}\psi_{2pz}(\vec{r} - \vec{r}_1) + 2^{-1/2}\psi_{2pz}(\vec{r} - \vec{r}_2), \tag{2.38}$$

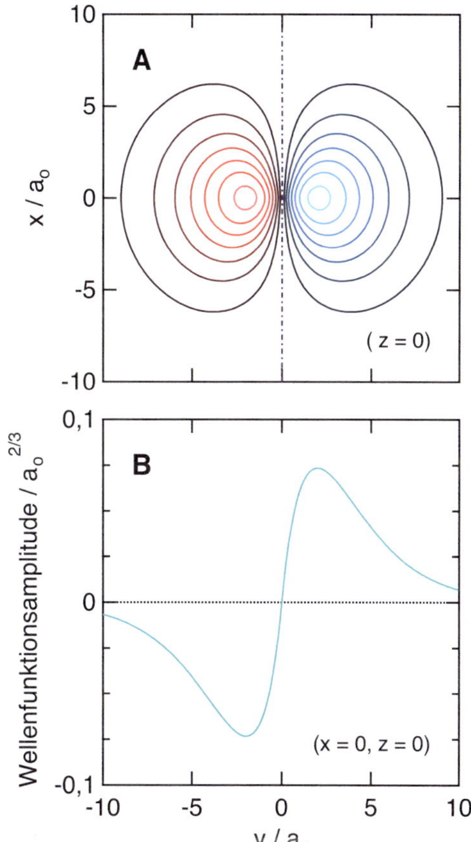

Abb. 2.6 (**A**) Konturdiagramm der Amplitude der Wasserstoffatom $2p_y$ Wellenfunktion in der xy Ebene, mit *blauen Linien* für positive Amplituden, *roten Linien* für negative Amplituden und einer lila gestrichelten Linie für eine Amplitude von null. Hellere Farben repräsentieren größere absolute Amplituden. Die Abstände sind als dimensionslose Vielfache des Bohr Radius angegeben. Die Konturintervalle für die Amplitude betragen $0{,}01 a_o^{3/2}$. (**B**) Die Amplitude der $2p_y$ Wellenfunktion in der xy Ebene als Funktion der Position entlang der y-Achse

wo $\vec{r}_1$ und $\vec{r}_2$ die Positionen der beiden Kohlenstoffatome bezeichnen (Abb. 2.7). Die Beiträge von $\psi_{2z(1)}$ und $\psi_{2z(2)}$ kombinieren sich konstruktiv im Bereich zwischen den beiden Atomen, was zu einer Anhäufung von Elektronendichte in diesem Bereich führt. Das molekulare Orbital ähnelt den $2p_z$ atomaren Orbitalen darin, dass es einen Knoten in der xy-Ebene aufweist.

Das niedrigste unbesetzte Molekülorbital (LUMO) von Ethylen, ein antibindendes (π^*) Orbital, kann als ähnliche lineare Kombination, aber mit entgegengesetztem Vorzeichen dargestellt werden:

$$\psi_\pi(\vec{r}) \approx 2^{-1/2}\psi_{2pz(1)} - 2^{-1/2}\psi_{2pz(2)} = 2^{-1/2}\psi_{2pz}(\vec{r} - \vec{r}_1) - 2^{-1/2}\psi_{2pz}(\vec{r} - \vec{r}_2). \tag{2.39}$$

In diesem Fall interferieren $\psi_{2z(1)}$ und $\psi_{2z(2)}$ destruktiv im Bereich zwischen den beiden Kohlenstoffatomen, und die molekulare Wellenfunktion hat einen Knoten in der xz-Ebene sowie in der xy-Ebene (Abb. 2.7C). Die Kombinationen, die durch die Gl. (2.38) und (2.39) beschrieben werden, werden *symmetrisch* und *antisymmetrisch* genannt.

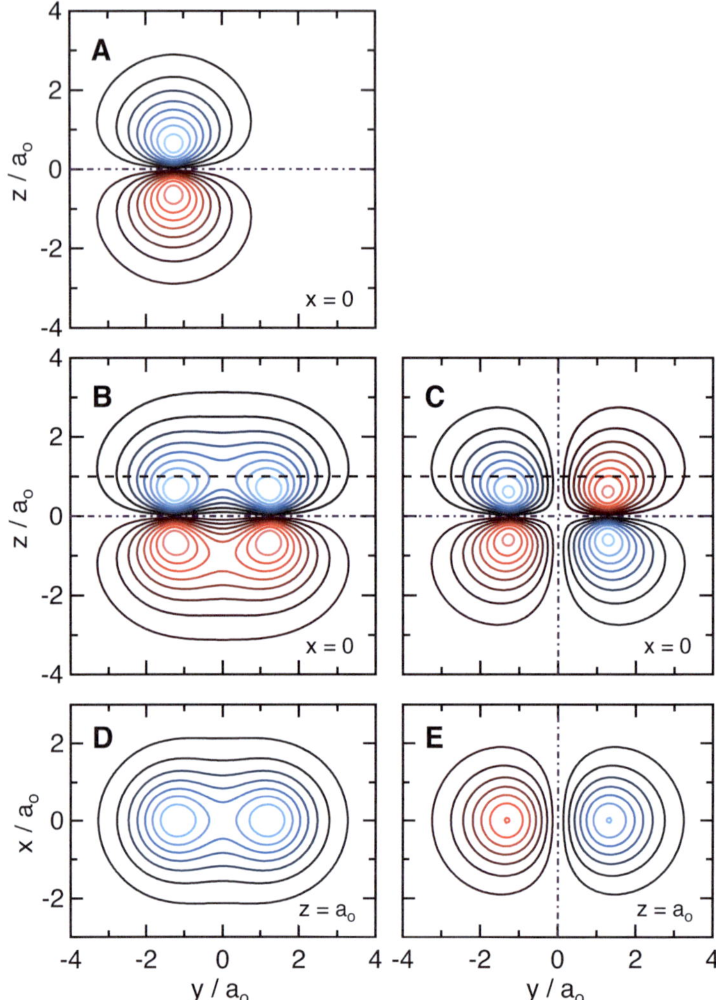

Abb. 2.7 Kombination von atomaren 2*p*-Wellenfunktionen zur Bildung von π und π^* molekularen Orbitalen. (**A**) Konturdiagramm einer $2p_z$-Wellenfunktion eines einzelnen Kohlenstoffatoms. Die Koordinaten sind als Vielfache des Bohr-Radius (a_0) angegeben, und die Kohlenstoff-$2p_z$-Wellenfunktion wird als Slater-Typ $2p_z$-Orbital (Gl. (2.40)) mit $\zeta = 3{,}071/\text{Å}$ ($1{,}625/a_0$) dargestellt. Das Diagramm zeigt Linien konstanter Amplitude in der *yz*-Ebene, mit *blauen Linien* für positive Amplituden, *roten Linien* für negative Amplituden und einer *gestrichelten lila Linie* für Null. (**B**) Konturdiagramm der Amplitude in der *yz*-Ebene für das bindende (π) Molekülorbital, das durch eine symmetrische Kombination von $2p_z$-Wellenfunktionen zweier Kohlenstoffatome, die in der y-Richtung durch $2{,}51a_0$ (1,33 Å) getrennt sind, gebildet wird. Die Farben und Stile der Linien sind die gleichen wie in **A.** (**C**) Gleich wie (**B**), aber für das antibindende (π^*) Molekülorbital, das durch eine antisymmetrische Kombination der atomaren Wellenfunktionen entsteht. (**D**), (**E**) Gleich wie (**B**) und (**C**), aber mit Darstellung der Amplituden der Wellenfunktionen in der Ebene parallel zur *xy*-Ebene und a_0 über *xy* (horizontale *gestrichelte Linien* bei $z = a_0$ in **B, C**). Eine Repräsentation der Amplituden a_0 unterhalb der Ebene des Rings wäre die gleiche, außer dass positive und negative Zeichen vertauscht wären. Die Konturintervalle für die Amplitude betragen $0{,}1a_o^{3/2}$ in allen fünf Panels

Diese Behandlung der π molekularen Orbitale von Ethylen ist bekannt als *lineare Kombination von atomaren Orbitalen* (LCAO). Ein allgemeines mathematisches Verfahren zur Bestimmung der Orbitalenergien und Koeffizienten C_i^k für Moleküle mit delokalisierten π-Systemen wurde 1930 vom deutschen Physikochemiker Eric Hückel eingeführt [26, 27]. Obwohl es nur ungefähre Energien liefert, wird die *Hückel-Molekülorbitalmethode* immer noch weit verbreitet verwendet, um erste Schätzungen der Orbitale für genauere Behandlungen zu erhalten. Die Methode beinhaltet den Aufbau einer Hamiltonschen Matrix, in der jedes der Diagonalelemente die Energie eines einzelnen Kohlenstoff-2p-Orbitals im Verhältnis zur Energie eines ungebundenen Elektrons in einem Vakuum ist. Diese Energie (α) beträgt etwa $-11{,}4$ eV. Das nicht-diagonale Matrixelement für die Wechselwirkung benachbarter Kohlenstoffatome, die eine kovalente Bindung bilden, repräsentiert die weitere Abnahme der Energie, die sich aus der Delokalisierung eines Elektrons über benachbarte π-Atome ergibt. Diese Resonanzenergie (β) hängt von der Entfernung zwischen den beiden Atomen ab, beträgt aber typischerweise etwa -1 eV. Nicht-diagonale Elemente für Wechselwirkungen von nicht gebundenen Kohlenstoffatomen werden als null angenommen. Durch Diagonalisierung der Hückel-Matrix erhält man die Energien und atomaren Koeffizienten der π-Orbitale. Wir werden das Diagonalisierungs Verfahren im folgenden Abschnitt genauer erläutern.

C. A. Coulson und G. S. Rushbrook wiesen darauf hin, dass besonders einfache Beziehungen zwischen den Orbitalenergien und Koeffizienten bestehen, die die Hückel-Methode für eine große Familie von aromatischen Kohlenwasserstoffen liefert, die als *alternierende* Kohlenwasserstoffe bezeichnet werden [28, 29]. Bei einem alternierenden Kohlenwasserstoff können die π-Atome in zwei gleich große Gruppen eingeteilt werden, so dass es nur kovalente Bindungen zwischen Atomen unterschiedlicher Gruppen gibt. Die Atome von Ethylen, Benzol, Naphthalin und Pyren können auf diese Weise sortiert werden (Abb. 2.8). Das Gleiche kann nicht mit Azulen gemacht werden, das 5- und 7-gliedrige Ringe von konjugierten Atomen hat; es ist daher ein *nicht alternierender* Kohlenwasserstoff. Das aromatische heterozyklische Molekül Indol, das einen 5-gliedrigen Ring hat, ist ebenfalls nicht alternierend. Allgemeiner gesagt, ist jeder konjugierte Kohlenwasserstoff, der keinen ungeradzahligen Ring von konjugierten Atomen hat, ein alternierender Kohlenwasserstoff.

Das *Coulson-Rushbrook-Theorem* [28, 29] macht mehrere Beobachtungen über alternierende Kohlenwasserstoffe. Erstens liegen die Energien der Hückel π-Orbitale für diese Moleküle in regelmäßigen Abständen über und unter einem Mittelwert, der sich als diagonale Energie der Hückel-Matrix (α) herausstellt. Orbitale mit Energien unterhalb von α sind im Grundzustand des Moleküls mit zwei Elektronen besetzt, während diejenigen mit Energien über α unbesetzt sind. Darüber hinaus sind die benachbarten besetzten (oder unbesetzten) Orbitale durch die Resonanz Stabilisierungsenergie β getrennt. Die Energien können daher als $E_j = \alpha \pm k\beta$ geschrieben werden, wobei $k = 1, 2, \ldots$. Für jedes besetzte Orbital mit Energie $\alpha - k|\beta|$ gibt es ein entsprechendes unbesetztes Orbital mit Energie $\alpha + k|\beta|$ (Abb. 2.9). Zweitens sind die atomaren Expansionskoeffizienten C_i^k für

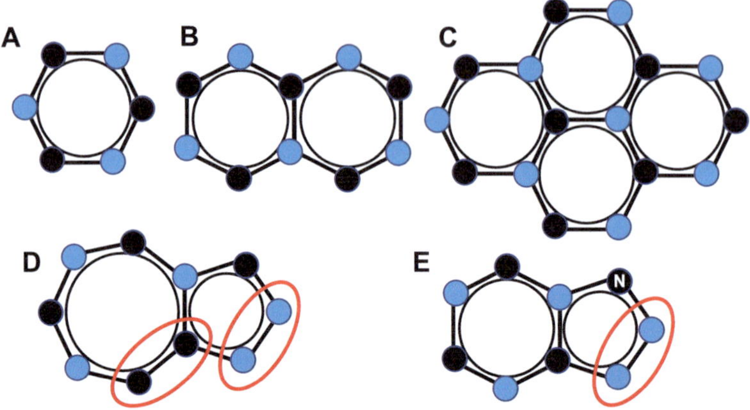

Abb. 2.8 Alternierende und nicht-alternierende aromatische Moleküle. Benzol (**A**), Naphthalin (**B**) und Pyren (**C**) sind alternierend; Azurin (**D**) und Indol (**E**) sind nicht-alternierend. Die Kohlenstoffatome in jedem Molekül wurden in die beiden durch *schwarze oder blau gefüllte Kugeln* angezeigten Gruppen sortiert. Bei alternierenden Molekülen kann dies so erfolgen, dass jedes Atom nur kovalente Bindungen mit Atomen der anderen Gruppe bildet. Bei nicht-alternierenden Molekülen bilden einige Atome unweigerlich Bindungen zu einem oder mehreren anderen Atomen der gleichen Gruppe. Die *roten Ovale* in **D** und **E** zeigen solche Bindungen für die hier gezeigten Gruppen an; verschiedene Gruppierungen für Azurin oder Indol würden Bindungen zwischen anderen Paaren von Atomen innerhalb einer Gruppe ergeben

ein gegebenes unbesetztes Orbital identisch mit denen für das entsprechende besetzte Orbital, außer dass die Vorzeichen der Koeffizienten für alle Atome in einer der beiden Gruppen umgekehrt sind (Abb. 2.9). Und schließlich summieren sich die Quadrate der Koeffizienten für alle Atome in jedem Orbital gemäß Gl. (2.37) zu eins. Die Elektronen in jedem π-Orbital tragen daher eine Gesamtelektronenladung von -1 zum Molekül bei. Sie können überprüfen, dass diese Aussagen für Ethylen zutreffen, indem Sie die Gl. (2.38) und (2.39) oben betrachten. Abb. 2.9 gibt die Hückel-Koeffizienten und ungefähren Orbitalenergien für Benzol an, so dass Sie überprüfen können, dass die Beziehungen von Coulson und Rushbrook auch dort gelten.

Die Coulson-Rushbrook-Beziehungen liefern erhebliche Einblicke in die spektroskopischen Eigenschaften von alternierenden Kohlenwasserstoffen und sind nützlich für die Verfolgung von Orbitalenergien entlang photochemischer Reaktionspfade [31]. Die Protonierung von Azulen an seinem 5-gliedrigen Ring entfernt eines der Kohlenstoffatome aus dem π-System, wandelt das Molekül in einen alternierenden Kohlenwasserstoff um und verändert seine Absorptions- und Fluoreszenzeigenschaften erheblich [32].

Weitere Arbeiten von D. R. Hartree, J. C. Slater und V. A. Fock in der Zeit um 1930 führten zu verbesserten Behandlungen, die elektronischen Spin einbezogen und jede Wellenfunktion antisymmetrisch machten. Wir werden auf die Notwendigkeit von antisymmetrischen Wellenfunktionen in Abschn. 2.4 zurückkommen. R. Hoffman erweiterte später die Hückel-Behandlung um σ-Bindungen,

LUMO+2	$\frac{1}{\sqrt{6}}(\psi_1 - \psi_2 + \psi_3 - \psi_4 + \psi_5 - \psi_6)$	-9,0 eV
LUMO+1	$\frac{1}{2}(-\psi_2 + \psi_3 - \psi_5 + \psi_6)$	-9,8 eV
LUMO	$\frac{1}{2\sqrt{3}}(2\psi_1 - \psi_2 - \psi_3 + 2\psi_4 - \psi_5 - \psi_6)$	-10,6 eV
HOMO	$\frac{1}{2\sqrt{3}}(2\psi_1 + \psi_2 - \psi_3 - 2\psi_4 - \psi_5 + \psi_6)$	-12,2 eV
HOMO-1	$\frac{1}{2}(\psi_2 + \psi_3 - \psi_5 - \psi_6)$	-13,0 eV
HOMO-2	$\frac{1}{\sqrt{6}}(\psi_1 + \psi_2 + \psi_3 + \psi_4 + \psi_5 + \psi_6)$	-13,8 eV

Abb. 2.9 Hückel-Koeffizienten und Energien für Benzol π-Orbitale [28, 30]. Die *gestrichelte grüne Linie* zeigt die mittlere Energie ($\alpha \approx -11{,}4$ eV). Die drei Orbitale mit niedrigeren Energien sind im Grundzustand besetzt, und diejenigen mit höheren Energien sind unbesetzt. Ungefähre Energien wurden mit $\beta = -0{,}8$ eV berechnet. Koeffizienten, die in den unbesetzten Orbitalen unterschiedliche Vorzeichen haben, sind in *blau* angegeben

und Dichtefunktionalmethoden, die Elektronenaustausch- und Korrelationswechselwirkungen berücksichtigten, wurden in den 1990er Jahren in die Quantenchemie eingeführt. Diese Methoden wurden durch den Vergleich berechneter Molekülenergien, Dipol-Momente, vibrationalen Frequenzen und anderer Eigenschaften mit experimentellen Messungen umfangreich verfeinert. Zahlreiche Softwarepakete für solche Berechnungen sind jetzt verfügbar [5, 6, 10, 33–44]. Die *Basis Wellenfunktionen,* die in diesen Beschreibungen verwendet werden, sind in der Regel nicht die Atomorbitale, die durch Lösung der Schrödinger-Gleichung für das Wasserstoff-Atom erhalten werden, sondern idealisierte Wellenfunktionen mit mathematischen Formen, die einfacher zu berechnen sind. Sie enthalten Parameter, die semiempirisch angepasst werden, um einen bestimmten Atomtyp zu modellieren und die Überlappung mit benachbarten Atomen zu berücksichtigen. Eine Standardform ist das *Slater-Typ-Orbital,*

$$\psi_{nlm} = N r^{n^*-1} \exp\{-\zeta r\} Y_{l,m} \tag{2.40}$$

wo N ein Normalisierungsfaktor ist, n^* und ζ Parameter sind, die mit der Hauptquantenzahl (n) und der effektiven Kernladung zusammenhängen, und $Y_{l,m}$ eine sphärische harmonische Funktion der Polarkoordinaten θ und ϕ ist. Die Slater-2p_z-Orbitale von Kohlenstoff, Stickstoff und Sauerstoff nehmen beispielsweise die Form $(\zeta^5/\pi)^{1/2} r \cdot \cos(\theta) \exp(-\zeta r)$ an, wobei $\zeta = 3{,}071$, 3,685 und 4,299 Å^{-1} beträgt. Gaußfunktion werden ebenfalls häufig verwendet, da sie, obwohl sie sich erheblich in der Form von Wasserstoffatom-Wellenfunktionen unterscheiden, besonders günstige mathematische Eigenschaften haben. Zum Beispiel ist das Produkt von zwei Gaußschen Funktionen, die an den Positionen $\vec{r}_1$ und $\vec{r}_2$ zentriert sind, eine weitere Gaußfunktion, die genau zwischen diesen Punkten zentriert ist. Aktuelle Programme verwenden lineare Kombinationen von drei oder mehr Gaußschen Funktionen, um jedes Slater-Typ-Orbital zu ersetzen. Siehe [37] für weitere Informationen zu diesen und anderen semiempirischen Orbitalen.

Abb. 2.10 zeigt Konturdiagramme der berechneten Amplituden der Wellenfunktionen für das HOMO und LUMO von 3-Methylindol, das ein gutes Modell für die Seitenkette von Tryptophan ist. Beachten Sie, dass das HOMO zwei Knotenlinien in der Ebene der Zeichnung hat, während das LUMO drei hat; das LUMO hat daher weniger Bindungscharakter.

Die Wellenfunktion für ein System, das aus mehreren *unabhängigen* Komponenten besteht, kann oft als ein *Produkt* der Wellenfunktionen der Komponenten angenähert werden. So kann eine Wellenfunktion für ein Molekül, als erste Näherung, als Produkt von elektronischen und nuklearen Wellenfunktionen geschrieben werden:

$$\Psi(\boldsymbol{r}, \boldsymbol{R}) \approx \psi(\boldsymbol{r})\chi(\boldsymbol{R}), \tag{2.41}$$

wo $\boldsymbol{r}$ und $\boldsymbol{R}$ jeweils die elektronischen und nuklearen Koordinaten sind. In dieser Näherung ist die Gesamtenergie des Systems einfach die Summe der Energien der elektronischen und nuklearen Wellenfunktionen. Ebenso kann eine Wellenfunktion

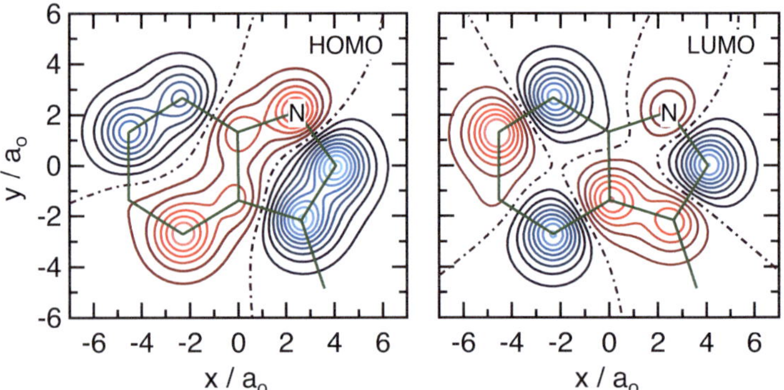

Abb. 2.10 Konturdiagramme der Wellenfunktions-Amplituden für das höchste besetzte Molekülorbital (*HOMO*) und das niedrigste unbesetzte Molekülorbital (*LUMO*) von 3-Methylindol. Positive Amplituden werden durch *blaue Linien* angezeigt, negative Amplituden durch *rote Linien* und Null durch *punktgestrichene lila Linien.* Die Ebene der Karte ist parallel zur Ebene des Indolrings und liegt a_0 über dem Ring wie in Abb. 2.7, Panels D und E. Die Konturintervalle für die Amplitude betragen $0{,}05a_0^{3/2}$. Kleine Beiträge von den Kohlenstoff- und Wasserstoffatomen der Methylgruppe werden vernachlässigt. Die *dunkelgrünen Linien* stellen das Kohlenstoff- und Stickstoffgerüst des Moleküls dar. Die atomaren Koeffizienten für die Molekülorbitale wurden nach Callis [45–47] ermittelt. Slater-Typ Atomorbitale (Gl. (2.40)) mit $\zeta = 3{,}071$/Å ($1{,}625/a_0$) und 3,685/Å ($1{,}949/a_0$) wurden verwendet, um C und N darzustellen

für ein Molekül mit N Elektronen als Produkt von N Ein-Elektron-Wellenfunktionen angenähert werden.

2.3.6 Wellenfunktionen für große Systeme

Die in dem vorherigen Abschnitt beschriebenen Ideen erweiternd, können lineare Kombinationen von molekularen Wellenfunktionen verwendet werden, um ungefähre Wellenfunktionen für Systeme zu erzeugen, die mehr als ein Molekül enthalten. Zum Beispiel kann eine Wellenfunktion, die einen angeregten Zustand eines Oligonukleotids repräsentiert, als lineare Kombination von Wellenfunktionen für die angeregten Zustände der einzelnen Nukleotide beschrieben werden.

Die Basiswellenfunktionen, die in solchen Konstruktionen verwendet werden, werden als *diabatisch* bezeichnet, was bedeutet, dass sie keine Eigenfunktionen des vollständigen Hamilton-Operators sind; sie berücksichtigen nicht alle intermolekularen Wechselwirkungen, die zur Energie des tatsächlichen Systems beitragen. Eine Messung der Energie muss einen der Eigenwerte liefern, die mit den *adiabatischen* Wellenfunktionen des vollen Hamilton-Operators assoziiert sind, der normalerweise kein Eigenwert des Hamilton-Operators für eine der Basisfunktionen sein wird. Die Energien des vollen Systems werden jedoch ungefähr durch

$$E_k \approx \sum_{n=1}^{N} \left| C_n^k \right|^2 E_n, \tag{2.42}$$

gegeben, wo E_n die Energie der Basisfunktion ψ_n darstellt, die das Molekül n repräsentiert, C_n^k ist der Koeffizient für ψ_n im Zustand k des größeren Systems (Gl. (2.36)), und die Summe läuft über alle N Moleküle. Die Genauigkeit dieser Annäherung hängt von der Wahl der Basisfunktionen, der Anzahl der in der Summe enthaltenen Ausdrücke und der Zuverlässigkeit der Koeffizienten ab.

Obwohl die einzelnen Basiswellenfunktionen keine Eigenfunktionen des vollständigen Hamilton-Operators sind, ist es prinzipiell möglich, lineare Kombinationen dieser Wellenfunktionen zu finden, die solche Eigenfunktionen liefern, zumindest in dem Maße, dass die Basisfunktionen ein vollständiges, orthonormales Set bilden. Gl. (2.42) wird dann exakt. Die Koeffizienten und Eigenwerte werden durch Lösen der simultanen linearen Gleichungen

$$\begin{aligned}
C_1^k H_{11} + C_2^k H_{12} + C_3^k H_{13} + \cdots + C_n^k H_{1n} &= C_1^k E_k \\
C_1^k H_{21} + C_2^k H_{22} + C_3^k H_{23} + \cdots + C_n^k H_{2n} &= C_2^k E_k \\
C_1^k H_{31} + C_2^k H_{32} + C_3^k H_{33} + \cdots + C_n^k H_{3n} &= C_3^k E_k \\
&\vdots \\
C_1^k H_{n1} + C_2^k H_{n2} + C_3^k H_{n3} + \cdots + C_n^k H_{nn} &= C_n^k E_k
\end{aligned} \tag{2.43}$$

Hier ist $H_{jk} = \left\langle \psi_j \middle| \tilde{\mathrm{H}} \middle| \psi_k \right\rangle$, und $\tilde{\mathrm{H}}$ ist der vollständige Hamilton-Operator des Systems, einschließlich der Ausdrücke, die auf die Basisfunktionen für die einzelnen Moleküle ($\tilde{\mathrm{H}}_{kk}$) und solche, die zwei Basisfunktionen ($\tilde{\mathrm{H}}_{jk}$ mit $j \neq k$) „koppeln" oder „mischen". Wir werden die Herleitung der Gl. (2.43) für ein System aus zwei Molekülen in Kap. 8 durchgehen.

Die Gl. (2.43) können kompakt als Matrixgleichung geschrieben werden, indem die Regeln für die Matrixmultiplikation (Anhang A2) verwendet werden:

$$\mathbf{H} \cdot C_k = E_k \mathbf{C}_k, \tag{2.44}$$

wo $\mathbf{H}$ eine Matrix der Hamilton-Integrale (H_{jk}) bezeichnet,

$$\mathbf{H} = \begin{bmatrix} H_{11} & H_{12} & \cdots & H_{1n} \\ H_{21} & H_{22} & \cdots & H_{2n} \\ & \vdots & & \\ H_{n1} & H_{n2} & \cdots & H_{nn} \end{bmatrix}, \tag{2.45a}$$

und $\boldsymbol{C}_k$ ist ein Spaltenvektor der Koeffizienten:

$$C_k = \begin{bmatrix} C_1^k \\ C_2^k \\ \vdots \\ C_n^k \end{bmatrix}. \tag{2.45b}$$

Im Allgemeinen wird es n Eigenwerte der Energie (E_k) geben, die Gl. (2.44) erfüllen, jeder mit seinem eigenen Eigenvektor $\boldsymbol{C}_k$. Die Eigenvektoren können in einer quadratischen Matrix $\mathbf{C}$ angeordnet werden, in der jede Spalte einem bestimmten Eigenwert entspricht:

$$\mathbf{C} = \begin{bmatrix} C_1^1 & C_1^2 & \cdots & C_1^n \\ C_2^1 & C_2^2 & \cdots & C_2^n \\ & \vdots & & \\ C_n^1 & C_n^2 & \cdots & C_n^n \end{bmatrix}. \tag{2.46a}$$

Wenn wir dann $\mathbf{C}^{-1}$ (das Inverse von $\mathbf{C}$) finden, stellt sich heraus, dass das Produkt $\mathbf{C}^{-1}\cdot\mathbf{H}\cdot\mathbf{C}$ eine Diagonalmatrix ist, mit den Eigenwerten auf der Diagonalen (siehe Anhang A.2):

$$\mathbf{C}^{-1} \cdot \mathbf{H} \cdot \mathbf{C} = \begin{bmatrix} E_1 & 0 & \cdots & 0 \\ 0 & E_2 & \cdots & 0 \\ & \vdots & & \\ 0 & 0 & \cdots & E_n \end{bmatrix}. \tag{2.46b}$$

Das Problem, die Eigenwerte und Eigenfunktionen zu finden, besteht darin, die Hamiltonsche Matrix **H** zu diagonalisieren, indem man eine andere Matrix **C** und ihr Inverses findet, so dass das Produkt $\mathbf{C}^{-1}\cdot\mathbf{H}\cdot\mathbf{C}$ diagonal ist. Die Diagonalelemente von $\mathbf{C}^{-1}\cdot\mathbf{H}\cdot\mathbf{C}$ sind die Eigenwerte der adiabatischen Zustände, und die Spalte k von **C** ist die Menge der Koeffizienten, die dem Eigenwert E_k entsprechen. Computerprogramme zur Diagonalisierung selbst großer Matrizen sind verfügbar [48] und sind Bestandteil aller zeitgenössischen quantenmechanischen Pakete. Vor dem Aufkommen von Digitalcomputern wurde das Problem oft durch Auswertung einer Determinante gelöst, die aus der Hamiltonschen Matrix gebildet wurde, wie wir in Kap. 8 beschreiben.

Die Hamiltonsche Matrix ist immer hermitesch, und in allen Fällen, die uns betreffen werden, ist sie symmetrisch (Anhang A.2). Ihre Eigenvektoren ($\boldsymbol{C}_k$) sind daher immer real. Darüber hinaus gibt es immer einen orthonormalen Satz von Eigenvektoren ($\boldsymbol{C}_i\cdot\boldsymbol{C}_j = 0$ für $i \neq j$, und $\boldsymbol{C}_i\cdot\boldsymbol{C}_i = 1$) [48].

Dichtefunktionaltheorie bietet eine alternative Methode zur Behandlung von Mehr-Elektronen-Systemen. In diesem Ansatz wird das Problem von n wechselwirkenden Elektronen, die sich in einem statischen Potentialfeld von vielen Kernen bewegen, ersetzt durch n Ausdrücke ähnlich der Ein-Elektronen-Schrödinger-Gleichung für ein effektives *Potenzial*, das Coulomb-, Austausch- und Korrelationswechselwirkungen zwischen den Elektronen zusätzlich zum externen *Potenzial* berücksichtigt. Ein iteratives Verfahren zur Findung eines selbstkonsistenten effektiven Potentials wurde 1965 von Walter Kohn und Leu Ju Sham entwickelt [49] und ist beeindruckend genau und effizient geworden [35, 41, 42].

2.4 Spin-Wellenfunktionen und Singulett- und Triplett-Zustände

Elektronen, Protonen und andere Kerne haben einen intrinsischen Drehimpuls oder „Spin", der durch zwei *Spin-Quantenzahlen,* s und m_s gekennzeichnet ist. Die Größe des Drehimpulses beträgt $[s\,(s + 1)]^{1/2}\hbar$. Für ein einzelnes Elektron ist $s = 1/2$, so dass der Drehimpuls eine Größe von $(3^{1/2}/2)\hbar$ hat. Die Komponente des Drehimpulses parallel zu einer einzelnen vorgegebenen Achse (z) ist ebenfalls quantisiert und wird durch $m_s\hbar$ gegeben, wobei $m_s = s, s - 1, \ldots, -s$. Für $s = 1/2$ ist m_s auf $\pm 1/2$ begrenzt, was den Impuls entlang der z-Achse $\pm\hbar/2$ macht. Die Größe des Spins und die Komponente des Spins in dieser Richtung vertauschen nicht mit den Komponenten des Impulses in orthogonalen Richtungen, so dass diese Komponenten unbestimmt sind. Der Drehimpulsvektor für ein Elektron kann daher irgendwo auf einem Kegel liegen, dessen halber Winkel (θ) in Bezug auf die z-Achse durch $\cos(\theta) = m_s/(s(s + 1))^{1/2}$ gegeben ist ($\theta \approx 54{,}7°$; Abb. 2.11).

Die beiden möglichen Werte von m_s für ein Elektron können formal durch zwei *Spin-Wellenfunktionen,* α und β*,* beschrieben werden, die wir als „Spin up" ($m_s = +1/2$) und „Spin down" ($m_s = -1/2$) betrachten können. Diese Funktionen sind orthogonal und normalisiert, so dass $\langle\alpha|\alpha\rangle = \langle\beta|\beta\rangle = 1$ und

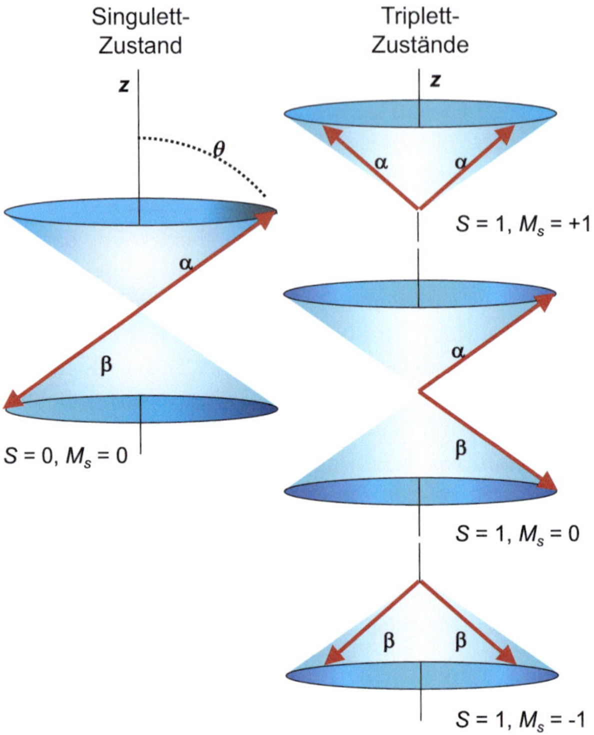

Abb. 2.11 Eine vektorielle Darstellung der elektronischen Spins in den vier möglichen Spin Zuständen eines Systems mit zwei gekoppelten Elektronen. Jeder *rote Pfeil* stellt einen Spin mit Drehimpuls $3^{1/2}\hbar/2$ dar, der auf die Oberfläche eines Kegels mit halbem Winkel $\theta = \cos^{-1}(\pm 3^{-1/2})$ in Bezug auf die z-Achse (54,7° für Spin α und 125,3° für β) beschränkt ist. Im Singulett-Zustand *(links)* sind die beiden Vektoren antiparallel, was eine Gesamtspin-Quantenzahl Zahl (S) von null ergibt. In den Triplett-Zuständen *(rechts)* ist $S = 1$ und $M_s = 1$, 0 oder -1. Dies erfordert, dass die beiden einzelnen Spinvektoren so angeordnet sind, dass ihr resultierender Drehimpuls (nicht gezeigt) eine Größe von $2^{1/2}\hbar$ hat und auf einem Kegel mit halbem Winkel 45°, 90°, oder 135° von z für $M_s = 1$, 0 oder -1 liegt

$\langle\alpha|\beta\rangle = \langle\beta|\alpha\rangle = 0$. Die Integrationsvariable hier ist keine räumliche Koordinate, sondern eine Spinvariable, die die Orientierung des Elektrons repräsentiert.

Der Begriff des elektronischen Spins wurde erstmals 1925 von Uhlenbeck und Goudsmit vorgeschlagen, um die Aufspaltung einiger der in atomaren Spektren gesehenen Linien zu erklären. Sie und andere zeigten, dass der elektronische Spin auch die anomalen Effekte von magnetischen Feldern (Zeeman-Effekte) auf die Spektren vieler Atome erklärt. Es war jedoch notwendig zu postulieren, dass das mit dem elektronischen Spin verbundene magnetische Moment nicht einfach das Produkt des Winkelimpulses und $e/2mc$ ist, wie es bei *orbital-magnetischen* Momenten der Fall ist, sondern vielmehr das Doppelte dieses Wertes. Der zusätzliche Faktor von 2 wird als *Landé g-Faktor* bezeichnet. Als Dirac [50] die Quantenmechanik reformulierte, um sie mit der speziellen Relativitätstheorie in Einklang zu bringen, ergaben sich sowohl der intrinsische Drehimpuls als auch der anomale Faktor von 2 automatisch ohne jegliche *ad hoc* Postulate. Dirac teilte sich den Physik-Nobelpreis 1933 mit Schrödinger.

In einem System von zwei wechselwirkenden Elektronen ist der gesamte Spin (S) quantisiert und kann entweder 1 oder 0 sein, abhängig davon, ob die einzelnen Spins gleich (*z. B.*, beide β) oder unterschiedlich (eines α, das andere β) sind. Die Komponente des Gesamtspins entlang einer vorgegebenen Achse ist $M_s\hbar$ mit $M_s = S, S-1, \ldots, -S$, *d. h.*, 0 wenn $S = 0$ und entweder 1, 0 oder -1 wenn $S = 1$. Für die meisten organischen Moleküle in ihrem Grundzustand enthält das HOMO zwei Elektronen mit unterschiedlichen antiparallelen Spins, wodurch sowohl S als auch M_s null sind. Da wir jedoch nicht sagen können, welches Elektron Spin α und welches β hat, muss die elektronische Wellenfunktion für den Grundzustand als Kombination von Ausdrücken geschrieben werden, die die beiden möglichen Zuordnungen darstellen:

$$\Psi_a = [\psi_h(1)\psi_h(2)]\left[2^{-1/2}\alpha(1)\beta(2) - 2^{-1/2}\alpha(2)\beta(1)\right]. \tag{2.47}$$

Hier bezeichnet ψ_h eine räumliche Wellenfunktion, die unabhängig vom Spin ist, und die Zahlen in Klammern sind Labels für die beiden Elektronen; $\alpha(j)\beta(k)$ bedeutet, dass Elektron j die Spin-Wellenfunktion α und Elektron k β hat.

Beachten Sie, dass die vollständige Wellenfunktion Ψ_a wie in Gl. (2.47) geschrieben das Vorzeichen ändert, wenn die Labels der Elektronen (1 und 2) vertauscht werden. W. Pauli wies darauf hin, dass die Wellenfunktionen aller multielektronischen Systeme diese Eigenschaft haben. Die Gesamtwellenfunktion ist unweigerlich *antisymmetrisch* bei einer Vertauschung der Koordinaten (sowohl Position als auch Spin) von zwei beliebigen Elektronen. Diese Behauptung stützt sich auf experimentelle Messungen von atomaren und molekularen Absorptionsspektren: Absorptionsbanden, die auf der Basis von antisymmetrischen elektronischen Wellenfunktionen vorhergesagt werden, sind experimentell zu sehen, während Banden, die auf der Basis von symmetrischen elektronischen Wellenfunktionen vorhergesagt werden, nicht beobachtet werden. Die wichtigste Implikation ist das *Pauli Ausschließungsprinzip*, das besagt, dass eine gegebene räumliche Wellenfunktion nicht mehr als zwei Elektronen aufnehmen kann. Dies folgt, wenn ein Elektron vollständig beschrieben werden kann, indem seine räumliche und Spin-Wellenfunktion spezifiziert wird und Elektronen nur zwei mögliche Spin-Wellenfunktionen haben (α und β).

Betrachten Sie nun einen angeregten Zustand, in dem entweder Elektron 1 oder Elektron 2 vom HOMO zum LUMO (ψ_l) befördert wird. Die vollständige Wellenfunktion für den angeregten Zustand muss die verschiedenen möglichen Zuweisungen von Spin α oder β zu den Elektronen zusätzlich zu den zwei möglichen Wegen der Zuweisung der Elektronen zu den zwei Orbitalen berücksichtigen, und wiederum muss die Wellenfunktion das Vorzeichen ändern, wenn wir die Koordinaten der Elektronen vertauschen. Wenn es während der Anregung keine Änderung im Netto-Spin des Systems gibt, was normalerweise der Fall ist, bleibt der Spin-Teil der Wellenfunktion der gleiche wie für den Grundzustand, so dass sowohl S als auch M_s null bleiben. Der räumliche Teil ist komplizierter:

$$^1\Psi_b = \left[2^{-1/2}\psi_h(1)\psi_l(2) + 2^{-1/2}\psi_h(2)\psi_l(1)\right]\left[2^{-1/2}\alpha(1)\beta(2) - 2^{-1/2}\alpha(2)\beta(1)\right]. \tag{2.48}$$

Die Wahl eines + Zeichens für die Kombination der räumlichen Wellenfunktionen in den ersten Klammern erfüllt die Anforderung, dass die Gesamtwellenfunktion antisymmetrisch für einen Austausch der beiden Elektronen sein muss. Würden antisymmetrische Kombinationen in beiden Klammern verwendet, wäre das Gesamtprodukt der räumlichen und Spin-Wellenfunktionen symmetrisch, was im Widerspruch zum Experiment steht. Der Zustand, der durch eine solche Wellenfunktion beschrieben wird, wird als *Singulett* Zustand bezeichnet, weil es bei einer symmetrischen räumlichen Wellenfunktion nur eine mögliche Kombination von Spin-Wellenfunktionen gibt (die in Gl. (2.48) geschriebene). Der Grundzustand (Gl. (2.47)) ist ebenfalls ein Singulett-Zustand. Singulett-Zustände werden oft durch ein hochgestelltes „1" angezeigt, wie in Gl. (2.48).

Wenn wir stattdessen die antisymmetrische Kombination für den räumlichen Teil der Wellenfunktion im angeregten Zustand wählen, gibt es drei mögliche symmetrische Kombinationen von Spin-Wellenfunktionen, die die Gesamtwellenfunktion antisymmetrisch machen:

$$^3\Psi_b^{+1} = \left[2^{-1/2}\psi_h(1)\psi_l(2) - 2^{-1/2}\psi_h(2)\psi_l(1)\right][\alpha(1)\alpha(2)] \tag{2.49a}$$

$$^3\Psi_b^{0} = \left[2^{-1/2}\psi_h(1)\psi_l(2) - 2^{-1/2}\psi_h(2)\psi_l(1)\right]\left[2^{-1/2}\alpha(1)\beta(2) + 2^{-1/2}\alpha(2)\beta(1)\right] \tag{2.49b}$$

$$^3\Psi_b^{-1} = \left[2^{-1/2}\psi_h(1)\psi_l(2) - 2^{-1/2}\psi_h(2)\psi_l(1)\right][\beta(1)\beta(2)]. \tag{2.49c}$$

Dies sind die drei angeregten *Triplett* Zustände, die zu $S = 1$ und $M_s = 1$, 0 und $-$ 1 gehören, jeweils.

Abb. 2.11 zeigt eine vektorielle Darstellung der Drehimpulse der beiden Elektronen in den Singulett- und Triplett-Zuständen, wenn die vertikale (z) Achse durch ein magnetisches Feld definiert ist. Die Vektoren sind so gezeichnet, dass sie die Quantisierung des Spins und die z-Komponente des Spins gleichzeitig für die einzelnen Elektronen und das kombinierte System erfüllen. Obwohl die x und y Komponenten der einzelnen Spins noch unbestimmt sind, ist der Winkel zwischen den beiden Spins festgelegt. Im Triplett-Zustand mit $M_s = 0$ liegt der resultierende Vektor, der den Gesamtspin darstellt, in der xy Ebene; in den Zuständen mit $M_s = \pm 1$ liegt er auf einem Kegel mit einem halben Winkel von 45° oder 135° bezüglich der z-Achse.

Der Triplett-Zustand $^3\Psi_b^0$ hat fast immer eine geringere Energie als der entsprechende Singulett-Zustand, $^1\Psi_b$. Diese Aussage, die oft als *Hundsche Regel* bezeichnet wird, ist eine Folge der unterschiedlichen räumlichen Wellenfunktionen, nicht der Spin-Wellenfunktionen. Die Bewegungen der beiden Elektronen sind auf eine Weise korreliert, die dazu neigt, die Elektronen in der Triplett-Wellenfunktion weiter auseinander zu halten, wodurch ihre abstoßenden Wechselwirkungen verringert werden. Der Unterschied zwischen den beiden Energien, der als *Singulett-Triplett-Spaltung* bezeichnet wird, wird durch $2K_{hl}$ gegeben, wobei K_{hl} das *Austauschintegral* ist:

$$K_{hl} = \left\langle \psi_l(1)\psi_h(2) \left| \frac{e^2}{r_{12}} \right| \psi_h(1)\psi_l(2) \right\rangle. \tag{2.50}$$

K_{hl} ist immer positiv [51].

Eine besondere Situation entsteht, wenn die beiden Orbitale in dem Sinne äquivalent sind, dass sie die gleiche Energie haben und durch eine Symmetrieoperation wie eine Drehung ineinander umgewandelt werden können. Der Triplett Zustand kann dann eine geringere Energie haben als ein Singulett Zustand, in dem beide Elektronen in einem der Orbitale residieren. Dies ist der Fall für O_2, dessen Grundzustand ein Triplett ist und der niedrigste angeregte Zustand ein Singulett ist.

Die z-Achse, die die Orientierung eines elektronischen Spins definiert, wird oft eindeutig durch ein externes magnetisches Feld bestimmt. Aufgrund ihrer unterschiedlichen magnetischen Momente spalten sich die drei Triplett-Zustände in Anwesenheit eines magnetischen Feldes in Energie auf, wobei ${}^3\Psi_b^{+1}$ in Energie ansteigt und ${}^3\Psi_b^{-1}$ abfällt; ${}^3\Psi_b^{0}$ wird nicht beeinflusst. Obwohl die Triplett-Zustände in Abwesenheit eines magnetischen Feldes entartet sind, können Orbitalbewegungen der Elektronen lokale magnetische Felder erzeugen, die diese Entartung aufheben. Diese *Nullfeld-Spaltung* kann gemessen werden, indem ein oszillierendes Mikrowellenfeld aufgebracht wird, um Übergänge zwischen den Triplett-Zuständen zu induzieren. Die magnetischen Dipole der drei Nullfeld-Triplett-Zustände können im Allgemeinen mit den x, y und z Strukturachsen des Moleküls in Verbindung gebracht werden.

Wellenfunktionen für mehr als zwei Elektronen können als lineare Kombinationen aller zulässigen Produkte von elektronischen und Spin-Wellenfunktionen für die einzelnen Elektronen angenähert werden. Kombinationen, die das Pauli-Ausschließungsprinzip erfüllen, können bequem als Determinanten geschrieben werden:

$$\Psi = (1/N!)^{1/2} \begin{vmatrix} \psi_a(1)\alpha(1) & \psi_a(2)\alpha(2) & \psi_a(3)\alpha(3) & \cdots & \psi_a(N)\alpha(N) \\ \psi_a(1)\beta(1) & \psi_a(2)\beta(2) & \psi_a(3)\beta(3) & \cdots & \psi_a(N)\beta(N) \\ \psi_b(1)\alpha(1) & \psi_b(2)\alpha(2) & \psi_b(3)\alpha(3) & \cdots & \psi_b(N)\alpha(N) \\ \psi_b(1)\beta(1) & \psi_b(2)\beta(2) & \psi_b(3)\beta(3) & \cdots & \psi_b(N)\beta(N) \\ \vdots & \vdots & \vdots & & \vdots \\ \psi_N(1)\beta(1) & \psi_N(2)\beta(2) & \psi_N(3)\beta(3) & \cdots & \psi_N(N)\beta(N) \end{vmatrix}, \tag{2.51}$$

wo die ψ_i die individuellen Ein-Elektronen-räumlichen Wellenfunktionen sind und N die Gesamtzahl der Elektronen ist. Gl. (2.47), für zwei Elektronen und eine einzelne räumliche Wellenfunktion, besteht aus dem 2×2-Block in der oberen linken Ecke von Gl. (2.51). Diese Formulierung garantiert, dass die Gesamtwellenfunktion antisymmetrisch für den Austausch von zwei beliebigen Elektronen ist, da der Wert einer Determinante immer das Vorzeichen ändert, wenn zwei beliebige Spalten oder Zeilen vertauscht werden. Solche Determinanten werden nach J. C. Slater, der das Verfahren entwickelt hat, *Slater-Determinanten* genannt. Sie werden oft kompakt dargestellt, indem der Normalisierungsfaktor $(1/N!)^{1/2}$ weggelassen wird, nur die Diagonalelemente der Determinante aufgelistet werden, die Kombinationen $\psi_j(k)\alpha(k)$ und $\psi_j(k)\beta(k)$ durch $\psi_j(k)$ und $\overline{\psi_j}\ (k)$ dargestellt werden und die Indizes für die Elektronen weggelassen werden:

$$\Psi = \left|\psi_a\overline{\psi_a}\psi_b\overline{\psi_b}\cdots\overline{\psi_N}\right|. \tag{2.52}$$

In der Nomenklatur von Gl. (2.48) würden die Slater-Determinanten für die HOMO und LUMO „Spin-Orbital"-Wellenfunktionen der Grund-, angeregten Singulett- und angeregten Triplettzustände (Gl. (2.47–2.49)) geschrieben werden:

$$\Psi_a = \left|\psi_h\overline{\psi_h}\right|, \tag{2.53a}$$

$$^1\Psi_b = 2^{-1/2}\left(\left|\psi_h\overline{\psi_l}\right| + \left|\psi_l\overline{\psi_h}\right|\right), \tag{2.53b}$$

$$^3\Psi_b^{+1} = 2^{-1/2}(|\psi_h\psi_l| - |\psi_l\psi_h|), \tag{2.53c}$$

$$^3\Psi_b^0 = 2^{-1/2}\left(\left|\psi_h\overline{\psi_l}\right| - \left|\psi_l\overline{\psi_h}\right|\right), \tag{2.53d}$$

und

$$^3\Psi_b^{-1} = 2^{-1/2}\left(\left|\overline{\psi_h}\ \overline{\psi_l}\right| - \left|\overline{\psi_l}\ \overline{\psi_h}\right|\right). \tag{2.53e}$$

Übergänge zwischen Singulett- und Triplettzuständen werden in Abschn. 4.9 besprochen.

Protonen ähneln Elektronen insofern, als sie Spin-Quantenzahlen $s = 1/2$ und $m_s = \pm 1/2$ haben. Wellenfunktionen von Systemen, die mehrere Protonen oder andere Teilchen mit halbzahligem Spin *(Fermionen)* enthalten, ähneln ebenfalls elektronischen Wellenfunktionen, da sie antisymmetrisch für den Austausch von zwei identischen Teilchen sind. Wellenfunktionen für Systeme, die mehrere Teilchen mit ganzzahligem oder null Spin *(Bosonen)* enthalten, müssen hingegen symmetrisch für den Austausch von zwei identischen Teilchen sein. Deuteronen, die Spin-Quantenzahlen $s = 1$ und $m_s = -1$, 0 oder 1 haben, fallen in diese zweite

Gruppe. Da der Austausch von Bosonen ihre kombinierte Wellenfunktion unverändert lässt, können beliebig viele Bosonen die gleiche Wellenfunktion besetzen. Fermionen und Bosonen gehorchen unterschiedlichen Statistiken, die bei niedrigen Temperaturen zunehmend unterschiedlich werden (Kasten 2.6).

Kasten 2.6 Boltzmann, Fermi-Dirac und Bose-Einstein Statistik
Wie die Gl. (2.47–2.52) zeigen, können Wellenfunktionen eines Systems, das aus mehreren nicht wechselwirkenden Komponenten besteht, als lineare Kombinationen von Produkten der Form geschrieben werden

$$\Psi = \Psi_a(1)\Psi_b(2)\Psi_c(3)\cdots . \tag{B2.6.1}$$

Das *Boltzmann Verteilungsgesetz* besagt, dass, wenn die einzelnen Komponenten unterscheidbar sind und die Anzahl der Komponenten sehr groß ist, die Wahrscheinlichkeit, eine gegebene Komponente in einem Zustand mit Wellenfunktion Ψ_m bei Temperatur T zu finden, ist

$$P_m = Z^{-1}\, g_m \exp[-E_m/k_B T]. \tag{B2.6.2}$$

Hier ist E_m die Energie des Zustands m, g_m ist die *Entartung,* oder *Vielfachheit,* des Zustands (die Anzahl der Unterzustände mit der gleichen Energie), k_B ist die Boltzmann Konstante ($1{,}3806 \times 10^{-23}$ m^2·kg·s^{-2}·K^{-1} = $1{,}3806 \times 10^{-16}$ erg·K^{-1} = $8{,}617 \times 10^{-5}$ eV·K^{-1}), und Z (die *Zustandssumme*) ist ein temperaturabhängiger Faktor, der die Summe der Wahrscheinlichkeiten über alle Zustände normalisiert:

$$Z = \sum_m g_m \exp[-E_m/k_B T]. \tag{B2.6.3}$$

Elektronische Zustände mit der gleichen räumlichen Wellenfunktion, aber unterschiedlichen Spins (α oder β) können als Zustände mit einer Vielfachheit (g_m) von 2 beschrieben werden, wenn der Energieunterschied zwischen den beiden Spin Unterzuständen vernachlässigbar ist. Alternativ können die Spin-Zustände einzeln aufgeführt werden, jeweils mit $g_m = 1$.

Das Schreiben kombinierter Wellenfunktionen der Form von Gl. (B2.6.1) wird problematisch, wenn die einzelnen Komponenten des Systems nicht unterscheidbar sind. Wie wir diskutiert haben, sind Wellenfunktionen, die symmetrisch für den Austausch von zwei identischen Partikeln sind, nicht für Fermionen verfügbar, während Wellenfunktionen, die antisymmetrisch für solche Austausche sind, nicht für Bosonen verfügbar sind. Eine Konsequenz davon ist, dass Systeme von Fermionen oder Bosonen unterschiedlichen Verteilungsgesetzen folgen. Fermionen gehorchen der *Fermi-Dirac Verteilung,*

$$P_m = \{A_F g_m \exp[E_m/k_B T] + N\}^{-1}, \tag{B2.6.4}$$

wo N die Anzahl der Partikel ist und A_F definiert ist, um die Gesamtwahrscheinlichkeit 1 zu machen. Bosonen folgen der *Bose-Einstein Verteilung,*

$$P_m = \{A_B g_m \exp[E_m/k_B T] - N\}^{-1}, \tag{B2.6.5}$$

mit A_B wieder definiert, um eine Gesamtwahrscheinlichkeit von 1 zu geben. Die Boltzmann, Fermi-Dirac und Bose-Einstein Verteilungsgesetze können abgeleitet werden, indem die Entropie einer Verteilung als $S = k_B \ln\Omega$ definiert wird, wobei Ω die Anzahl der verschiedenen Möglichkeiten ist, wie die Partikel verschiedenen Zuständen zugewiesen werden könnten, und dann die Entropie maximiert wird, während die gesamte Energie des Systems konstant gehalten wird. Die Formeln für Ω hängen davon ab, ob die Partikel unterscheidbar sind und ob mehr als ein Partikel den gleichen Zustand besetzen kann (Abschn. 4.15 und Abb. 4.31).

Abb. 2.12 veranschaulicht die Boltzmann, Fermi-Dirac und Bose-Einstein Verteilungen von vier Teilchen unter fünf Zuständen mit gleichmäßig verteilten Energien. Jeder Zustand wird angenommen, eine Vielfachheit von 2 zu haben. Die Populationen der fünf Zustände werden als Funktionen von $k_B T/E$ dargestellt, wobei E der Energie Unterschied zwischen benachbarten Zuständen ist. Die Populationen konvergieren alle auf 0,2 bei hohen Temperaturen, wo ein gegebenes Teilchen fast gleiche Wahrscheinlichkeiten hat, in einem der fünf Zustände zu sein. Allerdings unterscheiden sich die drei Verteilungen bemerkenswert bei niedrigen Temperaturen. Hier setzt die Fermi-Dirac Verteilung zwei Teilchen in jeden der Zustände mit den zwei niedrigsten Energien, was die Wahrscheinlichkeit, ein gegebenes Teilchen in einem dieser Zustände zu finden, 0,5 macht (Abb. 2.12B). Dies entspricht dem Pauli Ausschließungsprinzip, dass eine räumliche Wellenfunktion nicht mehr als zwei Elektronen halten kann, die unterschiedliche Spins haben müssen. Die Boltzmann- und Bose-Einstein-Verteilungen setzen dagegen alle vier Teilchen in den Zustand mit der niedrigsten Energie (Abb. 2.12A, C). Die Bose-Einstein-Verteilung unterscheidet sich von der Boltzmann-Verteilung darin, dass sie sich langsamer mit der Temperatur ändert.

Das Bose-Einstein Verteilungsgesetz wurde 1924 von S. N. Bose abgeleitet, um ein Photonengas zu beschreiben. Einstein erweiterte es auf materielle Gase. Fermi entwickelte das Fermi-Dirac Verteilungsgesetz 1926 durch Erforschung des Pauli Ausschließungsprinzips, und Dirac erhielt es unabhängig im selben Jahr durch Betrachtung von antisymmetrischen Wellenfunktionen.

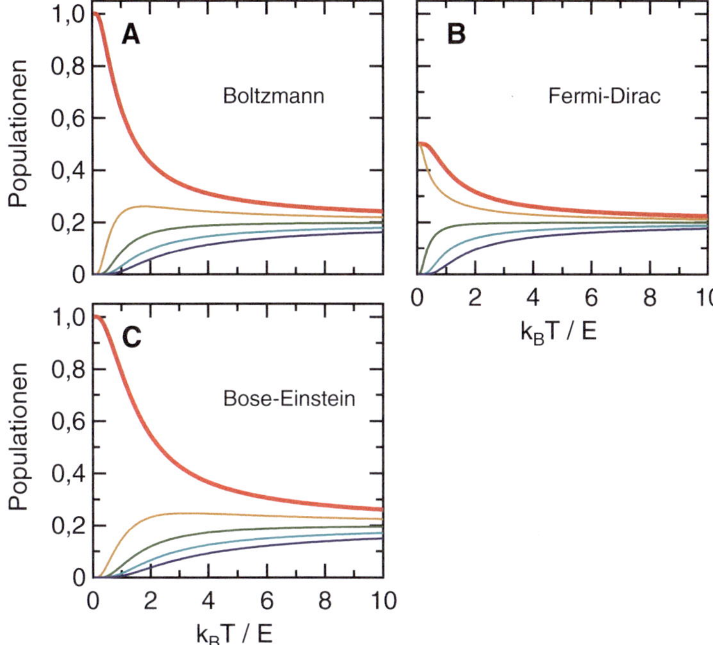

Abb. 2.12 Temperaturabhängigkeit der Boltzmann (**A**), Fermi-Dirac (**B**) und Bose-Einstein (**C**) Verteilungen von vier Teilchen unter fünf Zuständen mit Energien von 0, E, $2E$, $3E$ und $4E$ in beliebigen Energieeinheiten. Jeder Zustand wird angenommen, eine Vielfachheit von 2 zu haben. Die Populationen der fünf Zustände werden als Funktionen von k_BT/E dargestellt. In jedem Panel ist die *oberste (schwere rote) Kurve* die Population im Zustand mit der niedrigsten Energie, und die *unterste (dunkelblaue) Kurve* ist die im Zustand mit der höchsten Energie

2.5 Übergänge zwischen Zuständen: Zeitabhängige Störungstheorie

Die Wellenfunktionen, die durch Lösung der zeitunabhängigen Schrödinger-Gleichung (Gl. (2.14)) erhalten werden, beschreiben *stationäre Zustände*. Ein System, das in einen dieser Zustände gebracht wird, wird offensichtlich dort bleiben, solange $\tilde{\mathrm{H}} = \tilde{\mathrm{H}}_o$, weil die Energie des Systems unabhängig von der Zeit ist. Aber angenommen, $\tilde{\mathrm{H}}$ ändert sich mit der Zeit. Wir könnten zum Beispiel ein elektrisches Feld einschalten oder zwei Moleküle zusammenbringen, so dass sie interagieren. Dies wird das System stören, so dass die ursprünglichen Lösungen der Schrödinger-Gleichung nicht mehr vollständig gültig sind.

Wenn die Änderung in $\tilde{\mathrm{H}}$ relativ klein ist, können wir den gesamten Hamiltonian des gestörten Systems als Summe des zeitunabhängigen $\tilde{\mathrm{H}}_o$ und eines kleineren, zeitabhängigen Ausdrucks, $\tilde{\mathrm{H}}'(t)$:

$$\tilde{\mathrm{H}} = \tilde{\mathrm{H}}_o + \tilde{\mathrm{H}}'(t). \tag{2.54}$$

Um die Wellenfunktion des gestörten Systems zu finden, drücken wir sie als lineare Kombination der Eigenfunktionen des ungestörten Systems aus:

$$\Psi = C_a\Psi_a + C_b\Psi_b + \cdots . \tag{2.55}$$

wo die Koeffizienten C_k Funktionen der Zeit sind. Der Wert von $|C_k|^2$ zu einem gegebenen Zeitpunkt repräsentiert das Ausmaß, in dem Ψ der Wellenfunktion des Basis Zustands k (Ψ_k) ähnelt. Dieser Ansatz nutzt die Tatsache, dass die ursprünglichen Eigenfunktionen einen vollständigen Funktionensatz bilden, wie in Abschn. 2.2.1 diskutiert.

Angenommen, wir wissen, dass das Molekül im Zustand Ψ_a ist, bevor wir die Störung $\tilde{\mathrm{H}}'$ einführen. Wie schnell beginnt die Wellenfunktion, der eines anderen Basis Zustands, sagen wir Ψ_b, zu ähneln? Die Antwort sollte in der zeitabhängigen Schrödinger-Gleichung (Gl. (2.9)) liegen. Unter Verwendung der Gl. (2.54) und (2.55) können wir die linke Seite der Schrödinger-Gleichung erweitern zu:

$$\begin{aligned}&\left[\tilde{\mathrm{H}}_o + \tilde{\mathrm{H}}'(t)\right][C_a(t)\Psi_a + C_b(t)\Psi_b + \cdots]\\&= \tilde{\mathrm{H}}_o[C_a\Psi_a + C_b\Psi_b + \cdots] + \tilde{\mathrm{H}}'[C_a\Psi_a + C_b\Psi_b + \cdots]\\&= C_a\tilde{\mathrm{H}}_o\Psi_a + C_b\tilde{\mathrm{H}}_o\Psi_b + \cdots + C_a\tilde{\mathrm{H}}'\ \Psi_a + C_b\tilde{\mathrm{H}}'\ \Psi_b + \cdots .\end{aligned} \tag{2.56}$$

Die rechte Seite der Schrödinger-Gleichung kann ähnlich erweitert werden zu

$$i\hbar[\Psi_a\partial C_a/\partial t + \Psi_b\partial C_b/\partial t + \cdots + C_a\partial\Psi_a/\partial t + C_b\partial\Psi_b/\partial t + \cdots]. \tag{2.57}$$

Wir haben angenommen, dass $\tilde{\mathrm{H}}C_k\Psi = C_k\tilde{\mathrm{H}}\Psi$, was bedeutet, dass der Operator $\tilde{\mathrm{H}}$ und die Multiplikation mit C_k vertauschen; das Ergebnis der Durchführung der beiden Operationen ist unabhängig von der Reihenfolge, in der sie durchgeführt werden. Wie in Kasten 2.2 diskutiert, muss diese Annahme gültig sein, wenn die Energie des Systems und die Werte der Koeffizienten gleichzeitig bekannt sein können.

Für das ungestörte System wissen wir, dass $\tilde{\mathrm{H}}_o\Psi_a = i\hbar\partial\Psi_a/\partial t$ und $\tilde{\mathrm{H}}_o\Psi_b = i\hbar\partial\Psi_b/\partial t$, weil jede Eigenfunktion die Schrödinger-Gleichung erfüllte, bevor wir $\tilde{\mathrm{H}}$ geändert haben. Durch das Aufheben der entsprechenden Ausdrücke auf gegenüberliegenden Seiten der Schrödinger-Gleichung (*z. B.*, Subtrahieren von $C_a\tilde{\mathrm{H}}_o\Psi_a$ aus Gl. (2.56) und $C_a i\hbar\partial\Psi_a/\partial t$ aus Gl. (2.57)) ergibt:

$$C_a\tilde{\mathrm{H}}'\ \Psi_a + C_b\mathrm{H}'\ \Psi_b + \cdots = i\hbar[\Psi_a\partial C_a/\partial t + \Psi_b\partial C_b/\partial t + \cdots]. \tag{2.58}$$

Diese Gleichung können wir vereinfachen, indem wir jeden Ausdruck mit Ψ_b^* multiplizieren und über den gesamten Raum integrieren, da dies uns ermöglicht, die Orthogonalitätsbeziehungen (Gl. (2.19 und 2.20)) zu verwenden, um viele der Integrale gleich 0 oder 1 zu setzen:

$$\begin{aligned}C_a\left\langle\Psi_b|\tilde{\mathrm{H}}'|\Psi_a\right\rangle + C_b\left\langle\Psi_b|\tilde{\mathrm{H}}'|\Psi_b\right\rangle + \cdots &= i\hbar[\langle\Psi_b|\Psi_a\rangle\partial C_a/\partial t + \langle\Psi_b|\Psi_b\rangle\partial C_b/\partial t + \cdots]\\&= i\hbar\partial C_b/\partial t.\end{aligned} \tag{2.59}$$

Wenn wir wissen, dass das System zu einem bestimmten Zeitpunkt im Zustand a ist, dann muss $C_a = 1$ sein, und C_b und alle anderen Koeffizienten müssen null sein. Daher fallen alle bis auf einen der Ausdrücke auf der linken Seite von Gl. (2.59) weg. Dies lässt uns mit $\langle \Psi_b|\tilde{\mathrm{H}}'|\Psi_a\rangle = i\hbar\partial C_b/\partial t$, oder

$$\partial C_b/\partial t = (1/i\hbar)\left\langle \Psi_b|\tilde{\mathrm{H}}'|\Psi_a \right\rangle = (-i/\hbar)\left\langle \Psi_b|\tilde{\mathrm{H}}'|\Psi_a \right\rangle. \tag{2.60}$$

Gl. (2.60) zeigt uns, wie der Koeffizient C_b anfänglich mit der Zeit zunimmt, wenn noch eine hohe Wahrscheinlichkeit besteht, dass das System noch im Zustand a ist. Aber die Wellenfunktionen Ψ_a und $\Psi_b{}^*$ in der Gleichung sind selbst Funktionen der Zeit. Aus der allgemeinen Lösung der zeitabhängigen Schrödinger-Gleichung (Gl. (2.16)) können wir die räumlichen und zeitabhängigen Teile dieser Wellenfunktionen wie folgt trennen:

$$\Psi_a = \psi_a\left(\vec{r}\right)\exp(-iE_a t/\hbar) \tag{2.61a}$$

und

$$\Psi_b{}^* = \psi_b{}^*\left(\vec{r}\right)\exp(iE_b t/\hbar). \tag{2.61b}$$

Die Einfügung dieser Beziehungen in Gl. (2.60) ergibt das folgende Ergebnis für das Wachstum von C_b mit der Zeit:

$$\begin{aligned}\partial C_b/\partial t &= -(i/\hbar)\exp(iE_b t/\hbar)\exp(-iE_a t/\hbar)\left\langle \psi_b\middle|\tilde{\mathrm{H}}'\middle|\psi_a\right\rangle \\ &= -(i/\hbar)\exp\left[i(E_b - E_a)t/\hbar\right]\left\langle \psi_b\middle|\tilde{\mathrm{H}}'\middle|\psi_a\right\rangle \\ &= -(i/\hbar)\exp\left[i(E_b - E_a)t/\hbar\right]H'_{ba}.\end{aligned} \tag{2.62}$$

Die Gl. (2.62) zerlegt $\partial C_b/\partial t$ in eine oszillatorische Komponente, die von der Differenz zwischen den Energien der Zustände a und b abhängt ($\exp[i(E_b\ \ E_a)t/\hbar]$) und ein Integral, das von der zeitabhängigen Störung ($\tilde{\mathrm{H}}'$) und den räumlichen Wellenfunktionen ψ_a und ψ_b abhängt. Das Integral $\langle\psi_b|\tilde{\mathrm{H}}'|\psi_a\rangle$, oder H'_{ba}, wird als *Matrixelement* von $\tilde{\mathrm{H}}'$ bezeichnet. Die Terminologie ist die gleiche wie bei Gl. (2.45a), außer dass hier $\tilde{\mathrm{H}}'$ nur der Störungsausdruck im Hamiltonian und nicht der vollständige Hamiltonian ist. Ein ähnliches Matrixelement, $H'_{kj} = \left\langle \psi_k\middle|\tilde{\mathrm{H}}'\middle|\psi_j\right\rangle$, könnte geschrieben werden, um den Aufbau des Koeffizienten C_k für jeden anderen Zustand des Systems zu beschreiben.

Um den Wert von C_b nach einem kurzen Zeitintervall, τ, zu erhalten, müssen wir Gl. (2.62) von 0 bis τ integrieren:

$$C_b(\tau) = \int_0^\tau (\partial C_b/\partial t)dt. \tag{2.63}$$

Während der Zeit, in der die Störung angewendet wird, kann nicht gesagt werden, dass das System sich in Zustand a oder Zustand b befindet, da diese nicht länger Eigenzustände des Hamiltonian sind. Welche physikalische Interpretation sollten wir also den Koeffizienten C_a und C_b für diese Zustände in Gl. (2.56) beimessen? Angenommen, wir führen zu Zeit τ eine Messung durch, die unterschiedliche Erwartungswerte für die Zustände a und b im ungestörten System hat. Wenn der Operator, der der Messung entspricht, $\tilde{A}$ ist, wird der Erwartungswert für Beobachtungen am gestörten System sein

$$A = \left\langle \Psi \middle| \tilde{A} \middle| \Psi \right\rangle = \left\langle \sum_j C_j \psi_j \middle| \tilde{A} \middle| \sum_k C_k \psi_k \right\rangle = \sum_j \sum_k C_j C_k \left\langle \psi_j \middle| \tilde{A} \middle| \psi_k \right\rangle$$

$$= \sum_j \sum_k C_j C_k \langle \psi_j | A_k \psi_k \rangle = \sum_j \sum_k C_j C_k A_k \langle \psi_j | \psi_k \rangle = \sum_k |C_k|^2 A_k, \tag{2.64}$$

wo A_k der Erwartungswert für Beobachtungen an einem ungestörten System im Zustand k ist. Gl. (2.64) ist eine Verallgemeinerung von Gl. (2.42), die den Erwartungswert der Energie gibt. Die Größe von $|C_b(\tau)|^2$ sagt uns also, inwieweit eine beliebige Messung am gestörten System zur Zeit τ A_b ähneln wird, dem Ergebnis derselben Messung an einem System, von dem bekannt ist, dass es sich im Zustand b befindet.

Nehmen wir nun an, wir schalten die Störung abrupt aus, nachdem wir eine Messung am gestörten System durchgeführt haben. Mit der entfernten Störung werden die Basiszustände wieder zu Eigenzuständen des Systems, und die Entwicklung der Koeffizienten C_a und C_b kommt zum Stillstand. Es scheint daher vernünftig, $|C_b(\tau)|^2$ als die statistische Wahrscheinlichkeit zu betrachten, dass das System zur Zeit τ in den Zustand b übergegangen ist. Wenn diese Wahrscheinlichkeit für kleine Werte von τ linear mit der Zeit zunimmt, so dass $|C_b(\tau)|^2 = \kappa\tau$, wobei κ eine Konstante ist, können wir κ als die *Geschwindigkeitskonstante* für den Übergang identifizieren.

Um $\partial C_b/\partial t$ für einen bestimmten Fall zu bewerten, müssen wir die Zeitabhängigkeit von $\tilde{H}'$ genauer angeben. Wir werden dies in Kap. 4 für ein oszillierendes elektromagnetisches Feld tun. In den Kap. 5 –8 werden wir verschiedene Arten von Störungen betrachten, die durch das Zusammenbringen von zwei Molekülen eingeführt werden, so dass sie interagieren, und in den Kap. 10 und 11 werden wir die Auswirkungen von zufällig fluktuierenden Wechselwirkungen zwischen einem System und seiner Umgebung betrachten. Aber selbst ohne auf die Natur von $\tilde{H}'$ einzugehen, können wir sehen, dass wenn die Energien der Reaktant- und Produktzustände (E_a und E_b) sehr unterschiedlich sind, der Faktor exp$[i(E_b - E_a)t/\hbar]$ in Gl. (2.62) schnell mit der Zeit oszillieren und im Durchschnitt null sein wird. Andererseits, wenn die beiden Energien gleich sind, so dass das Argument des Exponenten null ist, und wenn H'_{ba} konstant ist, wird C_b linear mit der Zeit zunehmen. Übergänge vom Zustand a zum Zustand b treten daher nur bei einer signifikanten Rate auf, wenn E_b gleich oder nahe an E_a ist. Dies ist die Bedingung für Resonanz zwischen den beiden Zuständen und ist der quantenmechanische Ausdruck des klassischen Prinzips, dass der Übergang Energie erhalten muss. Für Übergänge, die die Absorption oder Emission von Licht beinhalten, beinhaltet die Energie eines der Zustände die Energie des absorbierten oder emittierten Photons.

Die allgemeine Schlussfolgerung, dass Übergänge vom Zustand a zum Zustand b von dem Matrixelement $\left\langle \psi_b \middle| \tilde{\mathrm{H}}' \middle| \psi_a \right\rangle$ abhängen, verdient einige zusätzliche Kommentare. Beachten Sie, dass H'_{ba} ein nicht-diagonales Matrixelement der zeitabhängigen Störung zum Hamiltonian ist. In Abschn. 2.3.6 haben wir diskutiert, wie lineare Kombinationen von Basiswellenfunktionen verwendet werden können, um Wellenfunktionen für komplexere Systeme zu konstruieren. Die Suche nach den Mengen von Koeffizienten, die Eigenfunktionen des vollständigen Hamiltonians liefern und so stationäre Zustände des Systems ergeben, erfordert das Diagonalisieren des Hamiltonians. Eine zeitabhängige Störung kann daher Übergänge zwischen diabatischen Zuständen a und b antreiben, die in Anwesenheit der Störung nicht stationär sind, aber sie kann keine Übergänge zwischen den linearen Kombinationen dieser Zustände antreiben, die den Hamiltonian *diagonalisieren.*

2.6 Lebensdauern von Zuständen und das Unschärfeprinzip

Wie in Abschn. 2.1.2 diskutiert, kommutieren die Positions- und Impulsoperatoren nicht; die kombinierte Wirkung der beiden Operatoren ergibt unterschiedliche Ergebnisse, abhängig davon, welcher Operator zuerst verwendet wird:

$$[\tilde{r}, \tilde{\mathrm{p}}]\psi = \tilde{\mathrm{r}}\tilde{\mathrm{p}}\psi - \tilde{\mathrm{p}}\tilde{\mathrm{r}}\psi = i\hbar\psi. \tag{2.65}$$

Mit etwas Algebra folgt aus Gl. (2.65), dass das Produkt der Unsicherheiten (Quadratmittelabweichungen) in den Erwartungswerten für Position und Impuls $\geq\hbar/2$ sein muss [4]. Dies ist eine Aussage der Heisenbergschen *Unschärferelation.*

Die potenzielle Energie eines Partikels kann genau als Funktion der Position angegeben werden. Der Hamiltonsche Operator $\tilde{\mathrm{H}}$ enthält jedoch auch einen Ausdruck für die kinetische Energie. Da die kinetische Energie vom Impuls abhängt, vertauscht $\tilde{\mathrm{H}}$ nicht mit $\tilde{\mathrm{r}}$. Daher können wir sowohl die Energie als auch die Position eines Partikels nicht gleichzeitig mit beliebiger Genauigkeit angeben. Ähnlich, weil das Dipolmoment eines Moleküls von den Positionen aller Elektronen und Kerne abhängt, können wir das Dipolmoment zusammen mit der Energie nicht mit beliebiger Genauigkeit angeben. Wenn wir wissen, dass ein System in einem Zustand mit einer bestimmten Energie ist, wird eine Messung des Dipolmoments ein reales Ergebnis liefern, aber wir können nicht sicher sein, welches Ergebnis bei einer bestimmten Messung erzielt wird. Der Durchschnitt vieler solcher Messungen wird jedoch durch den Erwartungswert gegeben, der ein Integral über alle möglichen Positionen ist. Die Erwartungswerte sowohl der Energie als auch des Dipolmoments können daher zumindest im Prinzip genau angegeben werden (Kasten 2.2).

Es gibt *keine Unschärferelation* vergleichbar mit dem für Impuls und Position, das die Energie eines Zustands mit der Lebensdauer des Zustands verknüpft. Tatsächlich gibt es keinen quantenmechanischen Operator für die Lebensdauer eines Zustands. Es besteht jedoch eine Beziehung zwischen der Lebensdauer und unserer Fähigkeit, dem Zustand eine bestimmte Energie zuzuweisen. Eine Möglichkeit, diese Beziehung zu betrachten, besteht darin, sich daran zu erinnern, dass die vollständige Wellenfunktion für ein System mit Energie E_a eine oszillierende Funktion der Zeit ist und dass die Oszillationsfrequenz proportional zur Energie ist (Gl. (2.16)):

$$\Psi(\boldsymbol{r}, t) = \psi(\boldsymbol{r}) \exp(-iE_a t/\hbar). \tag{2.66}$$

Nach diesem Ausdruck, wenn E_a konstant ist, ist die Wahrscheinlichkeit, das System im Zustand zu finden, unabhängig von der Zeit ($P = \Psi^*\Psi = \psi^*\psi$). Umgekehrt, wenn ein System unendlich lange in einem Zustand verbleibt, können wir dessen Oszillationsfrequenz (E_a/h) und damit seine Energie mit beliebig hoher Genauigkeit angeben. Aber wenn das Partikel zu einem anderen Zustand übergehen kann, muss die Wahrscheinlichkeitsdichte für den Anfangszustand offensichtlich mit der Zeit abnehmen.

Angenommen, die Wahrscheinlichkeit, das System im Anfangszustand zu finden, zerfällt nach erster Ordnung mit einer Zeitkonstante T:

$$P(t) = \langle \Psi(\boldsymbol{r}, t) | \Psi(\boldsymbol{r}, t) \rangle = \langle \Psi(\boldsymbol{r}, 0) | \Psi(\boldsymbol{r}, 0) \rangle \exp(-t/T), \tag{2.67}$$

wo $\Psi(\boldsymbol{r},0)$ die Amplitude der Wellenfunktion zur Zeit null ist. Gl. (2.66) und (2.67) erfordern dann, dass die Wellenfunktion eine oszillierende Funktion ist, die mit einer Zeitkonstante von 2 T in der Amplitude abnimmt:

$$\begin{aligned} \Psi(\boldsymbol{r}, t) &= \psi(\boldsymbol{r}) \exp(-iE_a t/\hbar) \exp(-t/2T) \\ &= \psi(\boldsymbol{r}) \exp\{-[(iE_a/\hbar) + (1/2T)]t\}. \end{aligned} \tag{2.68}$$

Die Zeitabhängigkeit einer solchen Funktion wird in Abb. 2.13 veranschaulicht.

Wir können die zeitabhängige Funktion in Gl. (2.68) einer Überlagerung vieler oszillierender Funktionen gleichsetzen, alle von der Form $\exp(-Et/\hbar)$, aber mit einer Reihe von Energien:

$$\exp\{-[(iE_a/\hbar) + (1/2T)]\, t\} = \int_{-\infty}^{\infty} G(E) \exp(-iE\, t/\hbar)\; dE. \tag{2.69}$$

Die Untersuchung von Gl. (2.69) zeigt, dass die Verteilungsfunktion $G(E)$ die Fourier Transformation des zeitabhängigen Teils von Ψ ist (siehe Anhang A3). Im Allgemeinen muss für eine solche Gleichheit $G(E)$ eine komplexe Größe sein. Der Realteil von $G(E)dE$, $\mathrm{Re}[G(E)]dE$, kann als die Wahrscheinlichkeit interpretiert werden, dass die Energie des Systems im Intervall zwischen $E - dE/2$ und $E + dE/2$ liegt, was so normalisiert werden kann, dass

$$\int_{-\infty}^{\infty} \mathrm{Re}\,[G(E)]\; dE = 1. \tag{2.70}$$

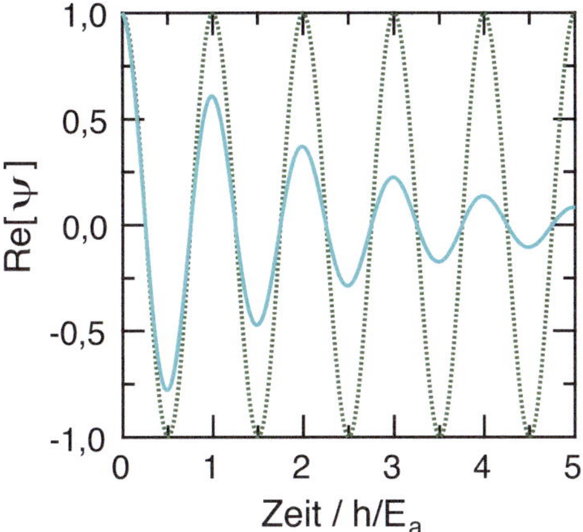

Abb. 2.13 Wellenfunktionen für Teilchen mit unterschiedlichen Lebensdauern. Die *grün gepunktete Kurve* ist der Realteil einer ungedämpften Wellenfunktion $\psi_o \exp(-iE_a t/\hbar)$ mit $\psi_o = 1$; dies stellt ein Teilchen mit einer unendlichen Lebensdauer dar. Die Energie (E_a) ist genau definiert. Die *cyanfarbene durchgezogene Kurve* ist der Realteil der Wellenfunktion $\psi_o \exp(-iE_a t/\hbar)$ $\exp(-t/2\,T)$ mit einer Dämpfungszeitkonstante $2\,T$, die hier gleich $2\,h/E_a$ gesetzt ist; dies stellt ein Teilchen mit einer Energie von E_a, aber einer endlichen Lebensdauer von $T = h/E_a$ dar.

Der imaginäre Teil der Fourier-Transformation, $\mathrm{Im}[G(E)]$, bezieht sich auf die Phasen der verschiedenen Oszillationsfrequenzen. Die Phasen müssen so sein, dass die Oszillationen bei $t = 0$ konstruktiv interferieren, wo $|\Psi|$ maximal ist. Mit zunehmender Zeit muss die Interferenz überwiegend destruktiv werden, so dass $|\Psi|$ auf null abfällt.

Die Lösung zu Gl. (2.69) ist, dass $\mathrm{Re}[G(E)]$ eine *Lorentz-Funktion* ist:

$$\mathrm{Re}\,[G(E)] = \left(\frac{1}{\pi}\right)\frac{\hbar/2T}{(E - E_a)^2 + (\hbar/2T)^2}. \tag{2.71}$$

Diese Funktion erreicht ihren Höhepunkt bei $E = E_a$, hat aber breite Flügel, die sich auf beiden Seiten erstrecken (Abb. 2.14A). Sie fällt auf die Hälfte ihrer maximalen Amplitude ab, wenn $E = E_a \pm \hbar/2T$, und ihre volle Breite an den Halbmaximalpunkten (FWHM) beträgt $\hbar/T$. ($\hbar$ ist $5{,}308 \times 10^{-12}\,\mathrm{cm}^{-1}\,\mathrm{s}$, wobei $1\,\mathrm{cm}^{-1} = 1{,}240 \times 10^{-4}\,\mathrm{eV} = 2{,}844\,\mathrm{cal/mol}$.) Eine Lorentz-Funktion hat breitere Flügel als eine Gauß-Funktion *bei gleicher integrierter* Fläche und FWHM (Abb. 2.14B).

Wenn wir die FWHM der Lorentz-Funktion als eine Unsicherheit δE in der Energie interpretieren, die durch die endliche Lebensdauer des Zustands verursacht wird, sehen wir, dass

$$\delta E \approx \hbar/T. \tag{2.72}$$

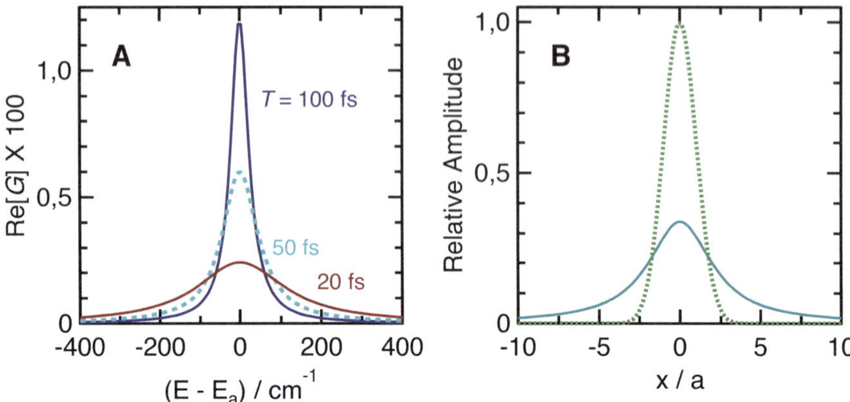

Abb. 2.14 (**A**) Verteilung der Energien um die mittlere Energie (E_a) eines Systems, das mit einer Zeitkonstante (T) von 100, 50 oder 20 fs (*blau, cyan,* und *rote Kurven*) exponentiell abfällt. Die Lorentz-Verteilungsfunktion (Gl. (2.71)) ist normalisiert, um die Fläche unter der Kurve konstant zu halten. (**B**) Vergleich von Lorentz- (cyan *durchgezogene Kurve*) und Gauß *(grüne gepunktete Kurve)* Funktionen mit der gleichen integrierten Fläche und der gleichen vollen Breite bei halbmaximaler Amplitude (FWHM). Die Gauß-Funktion $a^{-1}(2\pi)^{-1/2}\exp(-x^2/2a^2)$ hat eine maximale Höhe von $a^{-1}(2\pi)^{-1/2}$ und eine FWHM von $(8\cdot\ln 2)^{1/2}a$. Die Lorentz-Funktion $\pi^{-1}a/(x^2 + a^2)$ hat eine maximale Höhe von $a^{-1}\pi^{-1}$ und eine FWHM von $2a$

Diese Unschärfe oder *Lebensdauer-Verbreiterung*, setzt eine untere Grenze für die Breite einer Absorptionslinie, die mit der Anregung eines Moleküls in einen transienten Zustand verbunden ist.

Gl. (2.71) wird verwendet, um die Formen von Kernspinresonanz Absorptionslinien in Bezug auf die „transversale" Relaxationszeitkonstante (T_2) zu beschreiben. Wir werden sie ähnlich in Kap. 4 und 10 verwenden, um die Formen von optischen Absorptionsbanden zu beschreiben

2.7 Fragen

1. (*a*) Was hat das Doppelspalt-Experiment von Thomas Young im Jahr 1802 gezeigt? (*b*) Wie steht Youngs Experiment in Beziehung zu den Experimenten von Davisson und Germer in den Jahren 1923–27? (*c*) Was haben diese Experimente gemeinsam und was war zunächst überraschend?
2. Betrachten wir einen Baseball mit der Denkweise von Louis de Broglie und weisen ihm einige Welleneigenschaften zu. Angenommen, ein Baseball hat ein Gewicht von 150 g und eine Wurfgeschwindigkeit von 80 mph, wie groß ist die Wellenlänge seiner Teilchenwelle?
3. Ein Diagramm der radialen Ladungsdichteverteilung, $4\pi r^2(R_{n,l})^2$, gegen die Entfernung von dem atomaren Kern beschreibt die Wahrscheinlichkeit, ein Elektron in einer dünnen sphärischen Schale mit Radius r und Dicke dr,

die das Volumen $4\pi r^2 dr$ hat, zu finden. Verwenden Sie die Informationen in Tab. 2.1, um den Höhepunkt der Wahrscheinlichkeitsverteilung für das 1 *s* Atomorbital eines Be^{3+} Ions zu berechnen. Bestimmen Sie auch den Eigenwert dieses Orbitals.

4. (*a*) Lassen Sie ψ_1 die vollständige, normalisierte Wellenfunktion eines Enzyms sein, und ψ_2 die vollständige, normalisierte Wellenfunktion des Substrats. Welche Wellenfunktion würden Sie als erste Näherung für den Enzym-Substrat-Komplex verwenden? Ihre Wellenfunktion sollte konsistent damit sein, dass das Enzym und das Substrat sowohl gleichzeitig als auch einzeln existieren, und sollte normalisiert sein. (*b*) Warum ist Ihre Wellenfunktion für das kombinierte System nur eine Näherung?
5. Gegeben sei eine vollständige Menge von orthonormalisierten Eigenfunktionen des Hamiltonschen Operators, ψ_1, ψ_2, …, ψ_n, könnten Sie jede beliebige Wellenfunktion als lineare Kombination der Form $\Psi = \sum C_i \psi_i$ beschreiben. (*a*) Zeigen Sie, dass Ψ normalisiert ist, wenn $\sum C_i{}^* C_i = 1$. (*b*) Wann könnte es angebracht sein, ein System durch eine solche lineare Kombination zu beschreiben? (*c*) Warum wäre dies eine schlechte Wahl für den in Problem 1 betrachteten Enzym-Substrat-Komplex?
6. Mit der in Frage 5 beschriebenen Behandlung stellen Sie fest, dass nur zwei Eigenfunktionen (ψ_1 und ψ_2) signifikante Beiträge zu Ψ leisten. Nehmen Sie an, das System befindet sich doppelt so wahrscheinlich im Zustand ψ_1 wie im Zustand ψ_2. (*a*) Finden Sie die Werte von C_1 und C_2, unter der Annahme, dass beide Werte real sind. (*b*) Wenn die Energien von ψ_1 und ψ_2 E_1 und E_2 sind, was ist die Energie von Ψ?
7. (*a*) Betrachten Sie zwei räumliche Wellenfunktionen für ein freies, eindimensionales Teilchen der Masse *m*, $\psi_1 = A\exp\left(i\sqrt{2mE_1}x/\hbar\right)$ und $\psi_2 = A\exp\left(i\sqrt{2mE_2}x/\hbar\right)$. Zeigen Sie, dass der Impuls Operator ($\tilde{p} = -i\hbar\partial/\partial x$) der Beziehung $\langle\psi_2|\tilde{p}|\psi_1\rangle = \langle\psi_1|\tilde{p}|\psi_2\rangle^*$ für diese Wellenfunktionen entspricht. (*b*) Die Beziehung $\left[\tilde{B},\tilde{A}\right] = -\left[\tilde{A},\tilde{B}\right]$ für zwei beliebige Operatoren $\tilde{A}$ und $\tilde{B}$ folgt einfach aus der Definition des Kommutators $\left[\tilde{A},\tilde{B}\right]$ (Kasten 2.2). Zeigen Sie, dass dies insbesondere für die eindimensionalen Position und Impulsoperatoren gilt, indem Sie $\left[\tilde{x},\tilde{p}\right]\psi$ und $\left[\tilde{p},\tilde{x}\right]\psi$ explizit für eine beliebige Wellenfunktion ψ auswerten.
8. Angenommen, die Energien der atomaren Orbitale von Kohlenstoff steigen in der gleichen Reihenfolge wie die von Wasserstoff und dass Hunds Regel gilt, was sind die Elektronenkonfigurationen von (*a*) dem Grundzustand und (*b*) dem ersten angeregten Zustand von atomarem Kohlenstoff?
9. Finden Sie die Erwartungswerte der Position eines Elektrons in den ersten beiden nicht-trivialen Eigenzuständen ($n = 1$ und 2) eines Teilchens in einem eindimensionalen rechteckigen Kasten mit unendlich hohen Wänden.
10. (*a*) Schreiben Sie eine Slater-Determinante für eine Singulett-Zustand Wellenfunktion eines Systems von vier Elektronen. (*b*) Erweitern Sie die Determinante, um die Kombination von räumlichen und Spin-Wellenfunktionen darzustellen, die sie repräsentiert. (*c*) Zeigen Sie mit der Darstellung, die Sie

bevorzugen, dass die Wellenfunktion antisymmetrisch für den Austausch von zwei Elektronen ist.

11. Betrachten Sie zwei Eigenzustände eines eindimensionalen Systems, mit Singulett-Wellenfunktionen $\psi_a(x,t)$ und $\psi_b(x,t)$. Zeigen Sie, dass laut Störungstheorie erster Ordnung eine Störung $\tilde{H}'$ des Hamiltonians nur dann Übergänge zwischen den beiden Zuständen verursachen kann, wenn $\tilde{H}'$ eine Funktion der Position (x) ist.
12. Die Absorptionsspektren des Radikal-Anions und des Radikal-Kations von Naphthalin sind fast identisch. Warum ist das so? Würde dieselbe Situation für Pentacen gelten?

Literatur

1. Dirac, P.M.: The Principles of Quantum Mechanics. Oxford University Press, Oxford (1930)
2. Pauling, L., Wilson, E.B.: Introduction to quantum mechanics. McGraw-Hill, New York (1935)
3. van der Waerden, B.L. (ed.): Sources of Quantum Mechanics. Dover, New York (1968)
4. Atkins, P.W.: Molecular Quantum Mechanics, 2nd edn. Oxford Univ. Press, Oxford (1983)
5. Levine, I.N.: Quantum Chemistry. Prentice-Hall, Englewood Cliffs, NJ (2000)
6. Szabo, A., Ostlund, N.S.: Modern Quantum Chemistry: Introduction to Advanced Electronic Structure Theory. Macmillan, New York (1982)
7. Jensen, F.: Introduction to Computational Chemistry. Wiley, New York (1999)
8. Simons, J., Nichols, J.: Quantum Mechanics in Chemistry. Oxford University Press, New York (1997)
9. Engel, T.: Quantum Chemistry and Spectroscopy. Benjamin Cummings, San Francisco (2006)
10. McQuarrie, D.A.: Quantum Chemistry. University Science Books, Sausalito, CA (2008)
11. Atkins, P.W.: Quanta: a Handbook of Concepts, p. 434. Oxford University Press, Oxford (1991)
12. Born, M.: The quantum mechanics of the impact process. Z. Phys. **37,** 863–867 (1926)
13. Reichenbach, H.: Philosophic foundations of quantum mechanics, p. 182. University of California Press, Berkeley & Los Angeles (1944)
14. Pais, A.: Max Born's statistical interpretation of quantum mechanics. Science. **218,** 1193–1198 (1982)
15. Jammer, M.: The Philosophy of Quantum Mechanics: the Interpretation of Quantum Mechanics in Historical Perspective. Wiley, New York (1974)
16. Einstein, A.: Uber einen die Erzeugung und Verwandlung des Lichtes betreffenden heuristischen Gesichtspunkt. Ann. der Phys. **17,** 132–146 (1905)
17. de Broglie, L.: Radiations - ondes et quanta. Comptes rendus. **177,** 507–510 (1923)
18. Schrödinger, E.: Quantisierung als eigenwertproblem. Ann. der Phys. **79,** 489–527 (1926)
19. Schrödinger, E.: Collected Papers on Wave Mechanics. Blackie & Son, London (1928)
20. Jammer, M.: The Conceptual Development of Quantum Mechanics. McGraw-Hill, New York (1966)
21. Morse, P.M.: Diatomic molecules according to the wave mechanics. II. Vibrational levels. Phys. Rev. **34,** 57–64 (1929)
22. ter Haar, D.: The vibrational levels of an anharmonic oscillator. Phys. Rev. **70,** 222–223 (1946)
23. Marton, L., Simpson, J.A., Suddeth, J.A.: Electron beam interferometer. Phys. Rev. **90,** 490–491 (1953)

24. Carnal, O., Mlynek, J.: Young's double-slit experiment with atoms: a simple atom interferometer. Phys. Rev. Lett. **66,** 2689–2692 (1991)
25. Monroe, C., Meekhof, D.M., King, B.E., Wineland, D.J.: A „Schrödinger cat" superposition state of an atom. Science. **272,** 1131–1136 (1996)
26. Hückel, E.: Quantentheoretische Beiträge zum Benzolproblem. Z. Phys. **70,** 204–286 (1931)
27. Coulson, C.A., O'Leary, B., Mallion, R.B.: Hückel Theory for Organic Chemists. Academic Press, New York (1978)
28. Coulson, C.A., Rushbrook, G.S.: Note on the method of molecular orbitals. Proc. Cambridge Phil. Soc. **36,** 193–200 (1940)
29. Mallion, R.B., Rouvray, D.H.: The golden jubilee of the Coulson-Rushbrooke pairing theorem. J. Math. Chem. **5,** 1–21 (1990)
30. Coulson, C.A.: The electronic structure of some polyenes and aromatic molecules. VII. Bonds of fractional order by the molecular orbital method. Proc. Roy. Soc. Lond. Ser. A. **169,** 413–428 (1939)
31. Dougherty, R.C.: A perturbation molecular orbital treatment of photochemical reactivity. The nonconservation of orbital symmetry in photochemical pericyclic reactions. J. Am. Chem. Soc. **93,** 7187–7201 (1971)
32. Murfin, L.C., Lewis, S.E.: Azulene - a bright core for sensing and imaging. Molecules. **26,** 253/1-19 (2021)
33. Pople, J.A., Beveridge, D.L.: Approximate Molecular Orbital Theory. McGraw-Hill, New York (1970)
34. Pople, J.A.: Nobel lecture: quantum chemical models. Rev. Mod. Phys. **71,** 1267–1274 (1999)
35. Parr, R.G., Yang, W.: Density-functional Theory of Atoms and Molecules. Oxford Univ. Press, New York (1989)
36. Ayscough, P.B.: Library of physical chemistry software, vol. 2. Oxford University Press & W. H. Freeman, New York (1990)
37. McGlynn, S.P., Vanquickenborne, L.C., Kinoshita, M., Carroll, D.G.: Introduction to Applied Quantum Chemistry. Holt, Reinhardt & Winston, New York (1972)
38. Kong, J., White, C.A., Krylov, A., Sherrill, D., et al.: Q-chem 2.0: A high-performance ab initio electronic structure program package. J. Comput. Chem. **21,** 1532–1548 (2000)
39. Angeli, C.: DALTON, a molecular electronic structure program, Release 2.0 (2005). See http://www.kjemi.uio.no/software/dalton/dalton.html . (2005)
40. Barca, G.M.J., Bertoni, C., Carrington, L., Datta, D., et al.: Recent developments in the general atomic and molecular electronic structure system. J. Chem. Phys. **152,** 154102 (2020)
41. Becke, A.D.: Perspective: fifty years of density-functional theory in chemical physics. J. Chem. Phys. **140,** 18A301–18A318 (2014)
42. Burke, K., Werschnik, J., Gross, E.K.U.: Time-dependent density functional theory: past, present, and future. J. Chem. Phys. **123,** 062206 (2005)
43. Kühne, T.D., Iannuzzi, M., Del Ben, M., Rybkin, V.V., et al.: CP2K: an electronic structure and molecular dynamics software package - Quickstep: efficient and accurate electronic structure calculations. J. Chem. Phys. **152,** 194,103/1–47 (2020)
44. Frisch, M.J., Trucks, G.W., Schlegel, H.B., Scuseria, G.E., et al.: *Gaussian 16*. 2016. Gaussian, Inc., Wallingford CT (2016)
45. Callis, P.R.: Molecular orbital theory of the ^1L_b and ^1L_a states of indole. J. Chem. Phys. **95,** 4230–4240 (1991)
46. Slater, L.S., Callis, P.R.: Molecular orbital theory of the ^1L_a and ^1L_b states of indole. 2. An ab initio study. J. Phys. Chem. **99,** 4230–4240 (1995)
47. Callis, P.R.:^1L_a and ^1L_b transitions of tryptophan: applications of theory and experimental observations to fluorescence of proteins. Meth. Enzymol. **278,** 113–150 (1997)
48. Press, W.H., Flannery, B.P., Teukolsky, S.A., Vetterling, W.T.: Numerical Recipes: the Art of Scientific Computing, 3rd edn. Cambridge University Press, Cambridge (2007)

49. Kohn, W., Sham, L.J.: Self-consistent equations including exchange and correlation effects. Phys Rev. A. **140,** A1133–A1138 (1965)
50. Dirac, P.M.: The quantum theory of the electron. Part II. Proc. Roy. Soc. **A118,** 351–361 (1928)
51. Roothaan, C.C.J.: New developments in molecular orbital theory. Rev. Mod. Phys. **23,** 69–89 (1951)

Licht

3

3.1 Elektromagnetische Felder

In diesem Kapitel betrachten wir klassische und quantenmechanische Beschreibungen von elektromagnetischer Strahlung. Wir entwickeln Ausdrücke für die Energiedichte und Bestrahlungsstärke von Licht, das durch ein homogenes Medium strömt, und wir diskutieren das Plancksche Schwarzkörperstrahlung Gesetz und lineare und zirkulare Polarisation. Leser, die darauf brennen, die Wechselwirkungen von Licht mit Materie zu behandeln, können zu Kap. 4 vorspringen und bei Bedarf zum gegenwärtigen Kapitel zurückkehren.

3.1.1 Elektrostatische Kräfte und Felder

Das klassische Bild von Licht als ein oszillierendes elektromagnetisches Feld bietet eine ziemlich zufriedenstellende Grundlage für die Diskussion der spektroskopischen Eigenschaften von Molekülen, vorausgesetzt, wir berücksichtigen die quantenmechanische Natur der Materie. Um dieses Bild zu entwickeln, beginnen wir mit einer Überprüfung einiger Prinzipien der klassischen Elektrostatik.

Geladene Teilchen üben Kräfte aus, die üblicherweise in Form von elektrischen und magnetischen Feldern beschrieben werden. Betrachten wir zwei Teilchen mit den Ladungen q_1 und q_2, die sich an den Positionen r_1 und r_2 in einem Vakuum befinden. Nach dem Coulombschen Gesetz ist die *elektrostatische Kraft*, die auf das Teilchen 1 wirkt,

$$\boldsymbol{F} = \frac{q_1 q_2}{|\boldsymbol{r}_{12}|^2}\hat{r}_{12}, \tag{3.1}$$

wo $r_{12} = r_1 - r_2$ und $\hat{r}_{12}$ ist ein Einheitsvektor parallel zu $\vec{r}_{12}$. $\vec{F}$ entlang $\boldsymbol{r}_{12}$ gerichtet, wenn die beiden Ladungen das gleiche Zeichen haben, und in die entgegengesetzte Richtung, wenn die Ladungen unterschiedlich sind. Das *elektrische*

W. Parson und C. Burda, *Moderne Optische Spektroskopie*,
https://doi.org/10.1007/978-3-031-52100-3_3

Feld $\boldsymbol{E}$ an einer gegebenen Position ist als die elektrostatische Kraft auf eine infinitesimal kleine, positive „Test"-Ladung an dieser Position definiert. Für zwei Teilchen in einem Vakuum ist das Feld bei $\boldsymbol{r}_1$ einfach die Ableitung von $\boldsymbol{F}$ nach q_1:

$$\boldsymbol{E}(\boldsymbol{r}_1) = \lim_{q_1 \to 0} \frac{\partial \boldsymbol{F}(\boldsymbol{r}_1)}{\partial q_1} = \frac{q_2}{|\boldsymbol{r}_{12}|^2} \hat{r}_{12}. \tag{3.2}$$

Felder sind additiv: Wenn das System zusätzliche geladene Teilchen enthält, ist das Feld bei $\boldsymbol{r}_1$ die Summe der Felder aller anderen Teilchen.

Das *magnetische Feld* ($\boldsymbol{B}$) an der Position $\boldsymbol{r}_1$ wird ähnlich als die magnetische Kraft auf einen infinitesimal kleinen magnetischen Pol m_1 definiert. Magnetische Felder werden von bewegten elektrischen Ladungen erzeugt, und umgekehrt erzeugt ein sich änderndes magnetisches Feld ein elektrisches Feld, das eine elektrische Ladung in Bewegung setzen kann.

Gl. (3.1) und (3.2) sind im *elektrostatischen* oder *cgs* Einheitensystem geschrieben, in dem die Ladung in elektrostatischen Einheiten (esu), die Entfernung in cm und die Kraft in Dyn angegeben wird. Die Elektronenladung e beträgt $-4{,}803 \times 10^{-10}$ esu. Die elektrostatische Einheit der Ladung wird auch als *Statcoulomb* oder *Franklin* bezeichnet. Im vom System International übernommenen *MKS* Einheitensystem wird die Entfernung in Metern, die Ladung in Coulomb (1 Coulomb $= 3 \times 10^9$esu; $e = -1{,}602 \times 10^{-19}$C) und die Kraft in Newton (1 Newton $= 10^5$ Dyn) ausgedrückt. In MKS-Einheiten ist die Kraft zwischen zwei geladenen Teilchen

$$\boldsymbol{F} = \frac{1}{4\pi \varepsilon_o} \frac{q_1 q_2}{|\boldsymbol{r}_{12}|^2} \hat{r}_{12}, \tag{3.3}$$

wo ε_o eine Konstante ist, die als *Permittivität des freien Raums* ($8{,}854 \times 10^{-12} C^2 N^{-1} m^{-2}$) bezeichnet wird. Im cgs-System ist E_o gleich $1/4\pi$, so dass die Proportionalitätskonstanten in den Gl. (3.1 und 3.2) eins sind. Weil dies die Gleichungen des Elektromagnetismus vereinfacht, wird das cgs-System weiterhin weit verbreitet verwendet. Anhang A4 gibt eine Tabelle der äquivalenten Einheiten in den beiden Systemen.

3.1.2 Elektrostatische Potentiale

Was ist der Energiegehalt der elektrostatischen Wechselwirkung zwischen zwei Ladungen im Vakuum? Nehmen wir an, wir setzen Teilchen 2 an den Ursprung des Koordinatensystems und halten es dort fest, während wir Teilchen 1 aus der Unendlichkeit heranbringen. Um Teilchen 1 mit konstanter Geschwindigkeit zu bewegen (*d. h.*, ohne zusätzliche Kraft zur Beschleunigung zu verwenden), müssen wir eine Kraft $\boldsymbol{F}_{app}$ aufwenden, die immer gleich und entgegengesetzt zur elektrostatischen Kraft auf das Teilchen ist. Die elektrostatische Energie (E_{elec}) wird durch Integration des Skalarprodukts $\boldsymbol{F}_{app}(\boldsymbol{r}) \times d\boldsymbol{r}$ ermittelt, wobei $\boldsymbol{r}$ die variable Position von Teilchen 1 und $d\boldsymbol{r}$ eine inkrementelle Positionsänderung während der Annäherung darstellt. Da die Endenergie unabhängig vom Pfad sein muss, können wir zur

Vereinfachung annehmen, dass sich Teilchen 1 in einer geraden Linie direkt auf Teilchen 2 zubewegt, so dass $\boldsymbol{dr}$ und $\boldsymbol{F}_{app}$ immer parallel zu $\boldsymbol{r}$ sind. Wir haben dann (unter Verwendung von cgs-Einheiten):

$$E_{elec} = \int_{\infty}^{r_{12}} \boldsymbol{F}_{app} \cdot d\boldsymbol{r} = -\int_{\infty}^{r_{12}} \boldsymbol{F}(\boldsymbol{r}) \cdot d\boldsymbol{r} = -\int_{\infty}^{r_{12}} \frac{q_1 q_2}{|\boldsymbol{r}|^2} \hat{r} \cdot d\boldsymbol{r} = \frac{q_1 q_2}{|\boldsymbol{r}_{12}|}. \tag{3.4}$$

Das skalare *elektrostatische Potenzial* V_{elec} an $\boldsymbol{r}_1$ ist als die elektrostatische Energie einer positiven Testladung an dieser Position definiert. Dies ist gerade die Ableitung von E_{elec} bezüglich der Ladung an $\boldsymbol{r}_1$. In einem Vakuum ist das Potential an $\boldsymbol{r}_1$, das durch eine Ladung an $\boldsymbol{r}_2$ erzeugt wird,

$$V_{elec}(\boldsymbol{r}_1) = \frac{\partial E_{elec}(\boldsymbol{r}_1)}{\partial q_1} = \frac{q_2}{|\boldsymbol{r}_{12}|}. \tag{3.5}$$

Die elektrostatische Energie eines Ladungspaares im Vakuum ist einfach das Produkt der Ladung q_1 und dem *Potenzial* bei $\boldsymbol{r}_1$:

$$E_{elec} = q_1 V_{elec}(\boldsymbol{r}_1). \tag{3.6}$$

In einem System mit mehr als zwei Ladungen wird die gesamte elektrostatische Energie ähnlich ausgedrückt

$$E_{elec} = \frac{1}{2} \sum_i q_i V_{elec}(\boldsymbol{r}_i) = \frac{1}{2} \sum_i q_i \sum_{j \neq i} \frac{q_j}{|\boldsymbol{r}_{ij}|}, \tag{3.7}$$

wo $V_{elec}(\boldsymbol{r}_i)$ das elektrostatische *Potenzial* bei $\boldsymbol{r}_i$ ist, das aus den Feldern aller anderen Ladungen resultiert; der Faktor 1/2 verhindert die doppelte Zählung der paarweisen Interaktionen. Abb. 3.1 zeigt eine Konturdarstellung des elektrostatischen Potentials, das aus einem Paar von positiven und negativen Ladungen resultiert.

Beachten Sie, dass Gl. (3.7) immer noch auf eine Gruppe von stationären Ladungen verweist. Die Einführung einer Ladung bei $\boldsymbol{r}_i$ wird das *Potenzial* an diesem Punkt verändern, da das Feld von der neuen Ladung andere geladene Partikel *zur Bewegung* veranlasst.

Im cgs-System haben Potentiale Einheiten von Statvolt (Ergs pro esu Ladung). Im MKS-System beträgt der Potentialunterschied zwischen zwei Punkten ein Volt, wenn eine Joule Arbeit erforderlich ist, um eine Coulomb Ladung zwischen den Punkten zu bewegen. 1 Volt = 1 J/C = $(10^7$ergs$)/(3 \times 10^9$esu$) = 3 \times 10^{-2}$erg/esu = 3×10^{-2}(dyne − cm)/esu.

Das elektrische Feld an einem gegebenen Punkt, das wir oben in Bezug auf Kräfte definiert haben (Gl. (3.2)), kann auch wie folgt definiert werden als

$$\boldsymbol{E}(\boldsymbol{r}) = -\tilde{\nabla} V_{elec}(\boldsymbol{r}), \tag{3.8}$$

wo $\tilde{\nabla} V_{elec}$ der *Gradient* des elektrostatischen Potentials an diesem Punkt ist. Der Gradient einer skalaren Funktion V ist ein Vektor, dessen Komponenten die Ableitungen von V bezüglich der Koordinaten sind:

$$\tilde{\nabla} V = (\partial V/\partial x, \partial V/\partial y, \partial V/\partial z) = \hat{x}\partial V/\partial x + \hat{y}\partial V/\partial y + \hat{z}\partial V/\partial z \tag{3.9}$$

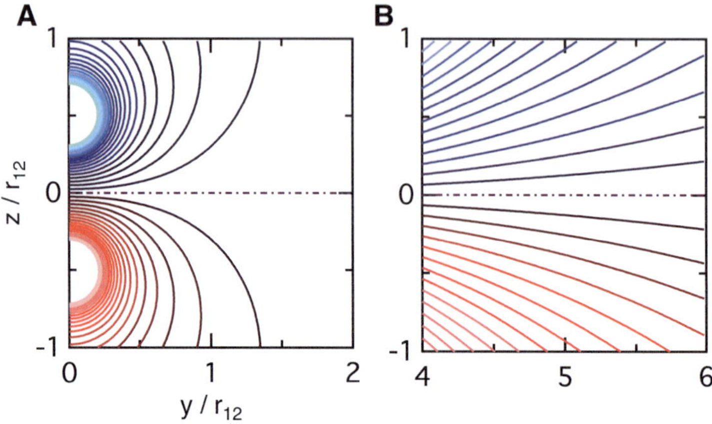

Abb. 3.1 Konturdiagramme des elektrischen Potentials (V_{elec}) erzeugt durch einen elektrischen Dipol entlang der z-Achse, als Funktionen der Position in der *yz* Ebene. Das Dipol besteht aus einer Einheitspositivladung bei $(y, z) = (0, r_{12}/2)$ und einer Einheitsnegativladung bei $(0 - r_{12}/2)$. *Blaue Linien* repräsentieren positive Potentiale, die heller werden, wenn das Potenzial steigt; *rote Linien* repräsentieren negative Potentiale. Die lila gestrichelte Linie repräsentiert das Nullpotential. Die Konturintervalle sind $0{,}2e/r_{12}$ in **A** und $0{,}001\ e/d_{12}$ in **B**; Linien für $|V_{elec}| > 4e/r_{12}$ sind zur Klarheit weggelassen. Die elektrischen Feld Vektoren (nicht gezeigt) sind normal zu den Konturlinien des Potentials ausgerichtet und zeigen in Richtung des positiveren Potentials. Ihre Größen sind umgekehrt proportional zu den Abständen zwischen den Konturlinien

(Gl. (2.5)). Daher ist das elektrische Feld an $\vec{r}_1$, erzeugt durch ein geladenes Teilchen an $\vec{r}_2$,

$$\boldsymbol{E}(\boldsymbol{r}) = -\tilde{\nabla} V_{elec}(\boldsymbol{r}) = -\tilde{\nabla}\left(\frac{q_2}{|\boldsymbol{r}_{12}|}\right) = -q_2\left(\frac{\partial\left(|\boldsymbol{r}_{12}|^{-1}\right)}{\partial x_1}, \frac{\partial\left(|\boldsymbol{r}_{12}|^{-1}\right)}{\partial y_1}, \frac{\partial\left(|\boldsymbol{r}_{12}|^{-1}\right)}{\partial z_1}\right)$$

$$= q_2 \frac{(x_1 - x_2, y_1 - y_2, z_1 - z_2)}{\left[(x_1 - x_2)^2 + (y_1 - y_2)^2 + (z_1 - z_2)^2\right]^{3/2}} = \frac{q_2}{|\boldsymbol{r}_{12}|^2}\hat{r}_{12}, \qquad (3.10)$$

wo $|\boldsymbol{r}_{12}| = [(x_1 - x_2)^2 + (y_1 - y_2)^2 + (z_1 - z_2)^2]^{1/2}$ und $\hat{r}_{12} = (x_1 - x_2, y_1 - y_2, z_1 - z_2)/|\vec{r}_{12}|$. Dies ist das Gleiche wie Gl. (3.2).

Gl. (3.8) impliziert, dass das Integral des Feldes über einen beliebigen Pfad zwischen zwei Punkten $\boldsymbol{r}_1$ und $\boldsymbol{r}_2$ gerade die Differenz zwischen den Potentialen an den beiden Punkten ist:

$$\int_{r_1}^{r_2} \boldsymbol{E} \cdot d\boldsymbol{r} = -[V(\boldsymbol{r}_2) - V(\boldsymbol{r}_1)] = V(\boldsymbol{r}_1) - V(\boldsymbol{r}_2). \qquad (3.11)$$

Dieser Ausdruck ähnelt Gl. (3.4), in der wir die elektrostatische Kraft integriert haben, die auf ein geladenes Teilchen wirkt, während ein anderes Teilchen aus großer Entfernung herankommt. Hier integrieren wir die Komponente des Feldes, die parallel zum Pfadelement $\boldsymbol{dr}$ an jedem Punkt entlang des Pfades ist. Wiederum ist das Ergebnis unabhängig vom Pfad. Wenn wir Gl. (3.11) einen Schritt weiter nehmen, sehen wir, dass das Integral des Feldes über einen geschlossenen Pfad null sein muss:

$$\oint \boldsymbol{E} \cdot \boldsymbol{dr} = 0. \tag{3.12}$$

Wir werden dieses Ergebnis später in diesem Kapitel verwenden, um zu untersuchen, was mit dem elektrischen Feld passiert, wenn Licht in ein lichtbrechendes Medium eintritt.

3.1.3 Elektromagnetische Strahlung

Die elektrischen und magnetischen Felder ($\boldsymbol{E}$ und $\boldsymbol{B}$), die von einem Paar positiver und negativer Ladungen (ein *elektrischer Dipol*) erzeugt werden, sind einfach die Summe der Felder von den einzelnen Ladungen. Wenn die Ausrichtung des Dipols mit der Zeit oszilliert, werden die Felder in der Nähe mit der gleichen Frequenz oszillieren. Experimentell wird jedoch festgestellt, dass die Felder an verschiedenen Positionen nicht alle gleichzeitig in Phase wechseln: Die Oszillationen in größeren Entfernungen vom Dipol hinken denen in kürzeren Entfernungen hinterher, mit dem Ergebnis, dass die oszillierenden Felder sich in Wellen ausbreiten. Die oszillierenden Komponenten von $\boldsymbol{E}$ und $\boldsymbol{B}$ an einer gegebenen Position sind senkrecht zueinander, und in großen Entfernungen vom Dipol sind sie auch senkrecht zum Positionsvektor ($\boldsymbol{r}$) relativ zum Zentrum des Dipols (Abb. 3.1). Ihre Intensität nimmt mit $1/\boldsymbol{r}$ ab und proportional zum Sinus des Winkels (θ) zwischen $\boldsymbol{r}$ und der Dipolachse. Ein solches gekoppeltes Set von oszillierenden elektrischen und magnetischen Feldern bildet zusammen das *elektromagnetische Strahlungsfeld*.

Die Stärke der elektromagnetischen Strahlung wird oft als die *Bestrahlungsstärke* ausgedrückt, die ein Maß für die Menge an Energie ist, die pro Flächen- und Zeiteinheit durch eine bestimmte Ebene fließt. Die Bestrahlungsstärke an einer gegebenen Position ist proportional zum Quadrat der Größe der elektrischen Feldstärke, $|\boldsymbol{E}|^2$ (Abschn. 3.1.4). In großen Entfernungen nimmt die Bestrahlungsstärke von einem oszillierenden Dipol daher mit dem Quadrat der Entfernung von der Quelle ab und ist proportional zu $\sin^2(\theta)$, wie in Abb. 3.2 gezeigt. Die Bestrahlungsstärke ist symmetrisch um die Achse der Oszillationen.

Ein sich ausbreitendes Strahlungsfeld, wie es in den Abb. 3.1 und 3.2 dargestellt ist, kann durch eine Linse oder einen Spiegel kollimiert werden, um eine *ebene Welle* zu erzeugen, die sich in eine einzige Richtung mit konstanter Bestrahlungsstärke ausbreitet. Die elektrischen und magnetischen Felder in einer solchen Welle schwingen sinusförmig entlang der Ausbreitungsachse, wie in Abb. 3.3

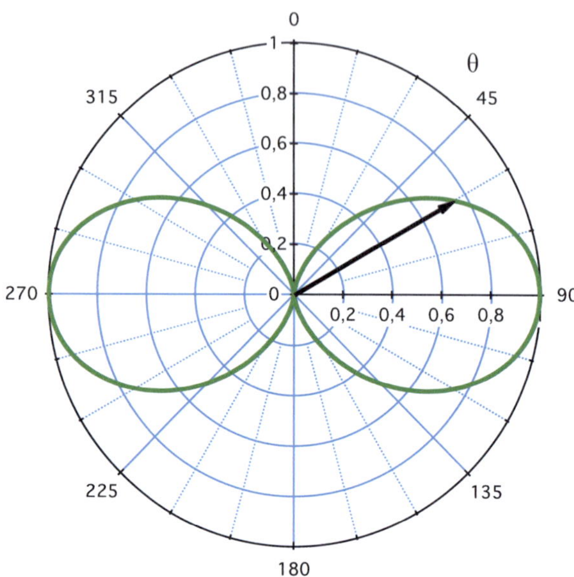

Abb. 3.2 Bestrahlungsstärke der elektromagnetischen Strahlung von einer elektrischen Ladung, die in ihrer Position entlang der vertikalen Achse oszilliert. In diesem Polardiagramm ist die Winkelkoordinate der Strahlungswinkel (θ) in Grad relativ zur Oszillationsachse. Der radiale Abstand der *grünen Kurve* vom Ursprung gibt die relative Bestrahlungsstärke der Welle an, die sich in die entsprechende Richtung ausbreitet und proportional zu $\sin^2(\theta)$ ist. Zum Beispiel ist die Bestrahlungsstärke der Welle, die sich bei 60° *(schwarzer Pfeil)* ausbreitet, 75 % derjenigen der Welle, die sich bei 90° ausbreitet

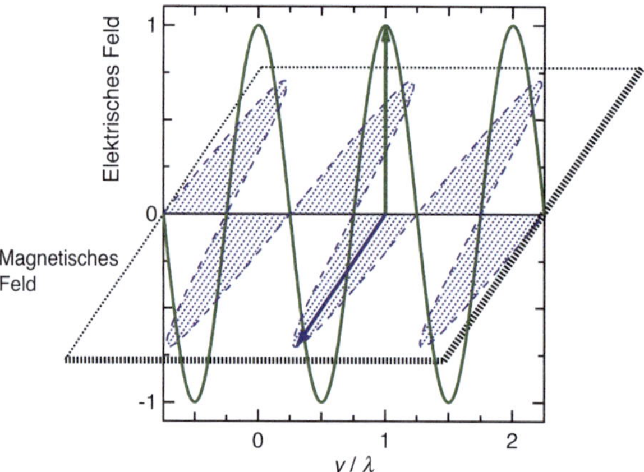

Abb. 3.3 Elektrische und magnetische Felder zu einem gegebenen Zeitpunkt in einer linear polarisierten Ebene Welle, die sich in y-Richtung ausbreitet, als Funktionen der Position entlang der Ausbreitungsachse. Die *durchgezogene grüne Kurve* ist die Komponente des elektrischen Feldes parallel zur Polarisationsachse, relativ zur maximalen Amplitude ($2|\boldsymbol{E}_0|$); λ ist die Wellenlänge. Die *gestrichelte blaue Kurve mit Schattierung zur Ausbreitungsachse* ist eine perspektivische Ansicht des magnetischen Feldes, das senkrecht zum elektrischen Feld steht. Die grünen und blauen *Pfeile* zeigen die Richtungen und relativen Amplituden der Felder bei $y/\lambda = 1$

dargestellt, sind aber unabhängig von der Position normal zu dieser Achse. Polarisierungsvorrichtungen können verwendet werden, um die Ausrichtung der elektrischen und magnetischen Felder auf eine bestimmte Achse in der Ebene zu beschränken. Die in Abb. 3.3 dargestellte ebene Welle wird als *linear polarisiert* bezeichnet, weil der elektrische Feldvektor immer parallel zu einer festen Achse ist. Da $\boldsymbol{E}$ auf die Ebene normal zur Ausbreitungsachse beschränkt ist, kann die Welle auch als *eben polarisiert* beschrieben werden. Ein *unpolarisierter* Lichtstrahl, der sich in y-Richtung ausbreitet, besteht aus elektrischen und magnetischen Feldern, die in der xz-Ebene in allen Winkeln zur z-Achse schwingen.

Die Eigenschaften elektromagnetischer Felder werden empirisch durch vier gekoppelte Gleichungen beschrieben, die von J.C. Maxwell im Jahr 1865 aufgestellt wurden (Kasten 3.1). Diese sehr allgemeinen Gleichungen gelten sowohl für statische als auch für oszillierende Felder, und sie fassen die wesentlichen Merkmale elektromagnetischer Strahlung zusammen. In Worten ausgedrückt, besagen sie, dass:

1. Sowohl $\boldsymbol{E}$ als auch $\boldsymbol{B}$ stehen immer senkrecht zur Ausbreitungsrichtung der Strahlung (d. h., die Wellen sind *transversal*).
2. $\boldsymbol{E}$ und $\boldsymbol{B}$ sind senkrecht zueinander.
3. $\boldsymbol{E}$ und $\boldsymbol{B}$ schwingen in Phase.
4. Wenn wir in die Ausbreitungsrichtung schauen, ist eine Drehung von der Richtung von $\boldsymbol{E}$ zur Richtung von $\boldsymbol{B}$ im Uhrzeigersinn.

Kasten 3.1 Maxwells Gleichungen und das Vektorpotential

Maxwells Gleichungen beschreiben experimentell beobachtete Beziehungen zwischen den elektrischen und magnetischen Feldern ($\boldsymbol{E}$ und $\boldsymbol{B}$) und den Dichten von Ladung und Strom im Medium. Die Ladungsdichte (ρ_q) an einem gegebenen Punkt ist so definiert, dass die Gesamtladung in einem kleinen Volumenelement $d\sigma$, das den Punkt einschließt, $q = \rho_q d\sigma$ ist. Wenn die Ladung mit einer Geschwindigkeit $\boldsymbol{v}$ bewegt wird, ist die Stromdichte ($\boldsymbol{J}$) an dem Punkt $\boldsymbol{J} = q\boldsymbol{v}$. In cgs-Einheiten lauten Maxwells Gleichungen

$$\mathrm{div}\boldsymbol{E} = \frac{4\pi\rho_q}{\varepsilon}, \tag{B3.1.1}$$

$$\mathrm{div}\boldsymbol{B} = 0, \tag{B3.1.2}$$

$$\mathrm{curl}\boldsymbol{E} = -\frac{1}{c}\frac{\partial \boldsymbol{B}}{\partial t}, \tag{B3.1.3}$$

und

$$\mathrm{curl}\boldsymbol{B} = \frac{4\pi}{c}\boldsymbol{J} + \frac{\varepsilon}{c}\frac{\partial \boldsymbol{E}}{\partial t}, \tag{B3.1.4}$$

wo c und ε Konstanten sind, und die Vektoroperatoren div und curl wie folgt definiert sind:

$$\mathrm{div}\boldsymbol{A} = \tilde{\nabla} \cdot \boldsymbol{A} = \frac{\partial A_x}{\partial x} + \frac{\partial A_y}{\partial y} + \frac{\partial A_z}{\partial z}$$

und

$$\mathrm{curl}\boldsymbol{A} = \tilde{\nabla} \times \boldsymbol{A} = \left(\frac{\partial A_z}{\partial y} - \frac{\partial A_y}{\partial z}\right)\hat{x} + \left(\frac{\partial A_x}{\partial z} - \frac{\partial A_z}{\partial x}\right)\hat{y} + \left(\frac{\partial A_y}{\partial x} - \frac{\partial A_x}{\partial y}\right)\hat{z} \tag{B3.1.5}$$

$$= \begin{vmatrix} \hat{x} & \hat{y} & \hat{z} \\ \partial/\partial x & \partial/\partial y & \partial/\partial z \\ A_x & A_y & A_z \end{vmatrix}. \tag{B3.1.6}$$

(Anhang A1.)

Die Konstante ε in den Gl. (B3.1.1 und B3.1.4) ist die *Dielektrizitätskonstante* des Mediums, die als das Verhältnis der Energiedichte (Energie pro Volumeneinheit) eines elektrischen Feldes in einem Medium relativ zum gleichen Feld in einem Vakuum definiert ist. Wie wir später in diesem Kapitel diskutieren werden, spiegelt der Unterschied zwischen den Energiedichten in einem kondensierten Medium und einem Vakuum die Polarisation des Mediums durch das Feld wider.

Im freien Raum oder allgemeiner in einem einheitlichen, isotropen, nichtleitenden Medium ohne freie Ladungen sind ρ_q und $\boldsymbol{J}$ null und ε ist unabhängig von Position und Ausrichtung, und die Gl. (B3.1.1 und B3.1.4) vereinfachen sich zu $\mathrm{div}\boldsymbol{E} = 0$ und $\mathrm{curl}\boldsymbol{B} = (\varepsilon/c)\partial\boldsymbol{E}/\partial t$. $\boldsymbol{E}$ und $\boldsymbol{B}$ können dann aus zwei von Maxwells Gleichungen eliminiert werden, und geben:

$$\tilde{\nabla}^2\boldsymbol{E} = \frac{\varepsilon}{c^2}\frac{\partial^2\boldsymbol{E}}{\partial t^2} \tag{B3.1.7}$$

und

$$\tilde{\nabla}^2\boldsymbol{B} = \frac{\varepsilon}{c^2}\frac{\partial^2\boldsymbol{B}}{\partial t^2}, \tag{B3.1.8}$$

wo die Wirkung des Laplace Operators $\tilde{\nabla}^2$ auf einen Vektor $\boldsymbol{A}$ definiert ist als

$$\tilde{\nabla}^2\boldsymbol{A} = \left(\frac{\partial^2 A_x}{\partial x^2} + \frac{\partial^2 A_x}{\partial y^2} + \frac{\partial^2 A_x}{\partial z^2}\right)\hat{x} + \left(\frac{\partial^2 A_y}{\partial x^2} + \frac{\partial^2 A_y}{\partial y^2} + \frac{\partial^2 A_y}{\partial z^2}\right)\hat{y} + \left(\frac{\partial^2 A_z}{\partial x^2} + \frac{\partial^2 A_z}{\partial y^2} + \frac{\partial^2 A_z}{\partial z^2}\right)\hat{z}. \tag{B3.1.9}$$

Die Gl. (B3.1.7 und B3.1.8) sind klassische, dreidimensionale Wellengleichungen für Wellen, die sich mit der Geschwindigkeit u durch den Raum bewegen

$$u = c/\sqrt{\varepsilon}. \tag{B3.1.10}$$

Da $\varepsilon = 1$ in einem Vakuum ist, muss die Konstante c, die in den Gl. (B3.1.7–B3.1.8) erscheint, die Geschwindigkeit sein, mit der elektromagnetische Wellen in einem Vakuum reisen. Dies war ein unerwartetes Ergebnis, als Maxwell es entdeckte. Er hatte den Wert der Konstanten aus experimentellen Daten über das magnetische Feld erhalten, das von einem konstanten Strom erzeugt wurde, und es gab keinen Grund zu der Annahme, dass es etwas mit Licht zu tun hatte. Die Erkenntnis, dass c , innerhalb eines sehr kleinen experimentellen Fehlers, das Gleiche wie die gemessene Lichtgeschwindigkeit war, führte Maxwell [1] dazu zu vermuten, dass Licht aus elektromagnetischen Wellen besteht.

Für eine ebene Welle, die sich in y-Richtung ausbreitet, mit $\boldsymbol{E}$ parallel zur z-Achse polarisiert, reduziert sich Gl. (B3.1.7) auf

$$\frac{\partial^2 E_z}{\partial y^2} = \frac{\varepsilon}{c^2}\frac{\partial^2 E_z}{\partial^2}. \tag{B3.1.11}$$

Lösungen für Maxwells Gleichungen können auch in Bezug auf ein *Vektor Potenzial* $\boldsymbol{V}$ und ein *skalares Potenzial* ϕ erhalten werden, die mit den elektrischen und magnetischen Feldern durch die folgenden Ausdrücke verbunden sind

$$\boldsymbol{E} = -\frac{1}{c}\frac{\partial \boldsymbol{V}}{\partial t} - \tilde{\nabla}\phi \tag{B3.1.12}$$

und

$$\boldsymbol{B} = \mathrm{curl}\,\boldsymbol{V}. \tag{B3.1.13}$$

Diese Beschreibung hat den Vorteil, dass nur vier Parameter benötigt werden, um die elektromagnetischen Felder zu spezifizieren (die Größe von ϕ und die drei Komponenten von $\boldsymbol{V}$), anstatt der sechs Komponenten von $\boldsymbol{E}$ und $\boldsymbol{B}$. Die Beschreibung ist nicht eindeutig, da das Hinzufügen einer beliebigen Funktion der Zeit zu ϕ die Werte der physikalischen Beobachtungen $\boldsymbol{E}$ und $\boldsymbol{B}$ nicht beeinflusst, was es ermöglicht, die Beschreibung weiter zu vereinfachen. Wenn ϕ so gewählt wird, dass

$$\mathrm{div}\,\boldsymbol{V} + \frac{1}{c}\frac{\partial \phi}{\partial t} = 0, \tag{B3.1.14}$$

das skalare Potenzial fällt weg und ein elektromagnetisches Strahlungsfeld kann allein durch das Vektor Potential dargestellt werden [2]. Diese Wahl von ϕ wird als *Lorenz-Eichung* bezeichnet. Eine alternative Wahl, die oft für statische Systeme verwendet wird, wird als *Coulomb-Eichung* bezeichnet.

Mit der Lorenz-Eichung wird $\boldsymbol{V}$ für ein einheitliches, isotropes, nichtleitendes Medium ohne freie Ladungen durch die Gleichungen bestimmt

$$\tilde{\nabla}^2 \boldsymbol{V} = \frac{\varepsilon}{c^2}\frac{\partial^2 \boldsymbol{V}}{\partial t^2} \qquad \text{(B3.1.15)}$$

und

$$\operatorname{div} \boldsymbol{V} = 0, \qquad \text{(B3.1.16)}$$

während $\boldsymbol{E}$ parallel zu $\boldsymbol{V}$ ist und durch $\boldsymbol{E}$ gegeben ist

$$\boldsymbol{E} = -\frac{1}{c}\frac{\partial \boldsymbol{V}}{\partial t}. \qquad \text{(B3.1.17)}$$

Gl. (B3.1.13) gilt weiterhin für $\boldsymbol{B}$.

Siehe [1, 3] für Maxwells Beschreibung des Elektromagnetismus und [2, 4–6] für zusätzliche Diskussionen.

Für unsere Zwecke müssen wir nicht die Maxwellschen Gleichungen selbst verwenden; wir können uns auf eine Lösung dieser Gleichungen für eine bestimmte Situation konzentrieren, wie die ebene Welle von monochromatischem, polarisiertem Licht, die in Abb. 3.3 dargestellt ist. In einem einheitlichen, homogenen, nichtleitenden Medium ohne freie Ladungen reduzieren sich die Maxwellschen Gleichungen für $\boldsymbol{E}$ auf eine eindimensionale Welle

$$\frac{\partial^2 \boldsymbol{E}}{\partial y^2} = \frac{\varepsilon}{c^2}\frac{\partial^2 \boldsymbol{E}}{\partial t^2}, \qquad (3.13)$$

wo c die Geschwindigkeit des Lichts in einem Vakuum und ε die Dielektrizitätskonstante des Mediums ist (Kasten 3.1). Ein identischer Ausdruck gilt für das magnetische Feld. Gl. (3.13) ist eine klassische Wellengleichung für eine Welle, die sich mit einer Geschwindigkeit u durch das Medium bewegt, wobei u gegeben ist durch

$$u = c/\sqrt{\varepsilon}. \qquad (3.14)$$

Lösungen für Gl. (3.13) können in Exponentialnotation geschrieben werden als

$$\boldsymbol{E} = \boldsymbol{E}_o\left\{\exp\left[2\pi i(\nu t - y/\lambda + \delta)\right] + \exp\left[-2\pi i(\nu t - y/\lambda + \delta)\right]\right\}, \qquad (3.15\text{a})$$

oder, indem die Identität $\exp(i\theta) = \cos(\theta) + i\sin(\theta)$ und die Beziehungen $\cos(-\theta) = \cos(\theta)$ und $\sin(-\theta) = -\sin(\theta)$ verwendet werden, als

$$\boldsymbol{E} = 2\boldsymbol{E}_o\cos\left[2\pi(\nu t - y/\lambda + \delta)\right]. \qquad (3.15\text{b})$$

In den Gl. (3.15a, b), $\boldsymbol{E}_o$ ist ein konstanter Vektor, der die Größe und Polarisation des Feldes ausdrückt (parallel zur z-Achse für die in Abb. 3.3 gezeigte Welle), ν ist die Frequenz der Schwingungen, λ ist die Wellenlänge und δ ist eine Phasenverschiebung, die von einer willkürlichen Wahl der Nullzeit abhängt. Die Frequenz und Wellenlänge sind durch den Ausdruck (3.16) verbunden

$$\lambda = u/v \tag{3.16}$$

Allgemeiner können wir das elektrische Feld am Punkt $\boldsymbol{r}$ in einer ebenen Welle von monochromatischem, linear polarisiertem Licht, das sich in einer beliebigen Richtung ausbreitet ($\hat{k}$), beschreiben durch

$$\boldsymbol{E}(\boldsymbol{r},t) = \boldsymbol{E}_o\{\exp[2\pi i(\nu t - \boldsymbol{k}\cdot\boldsymbol{r} + \delta)] + \exp[-2\pi i(\nu t - \boldsymbol{k}\cdot\boldsymbol{r} + \delta)]\}, \tag{3.17}$$

wo $\boldsymbol{k}$, der *Wellenvektor*, ist ein Vektor mit der Größe $1/\lambda$ in Richtung $\hat{k}$. Beachten Sie, dass jeder der Exponentialausdrücke in Gl. (3.17) als Produkt eines Faktors geschrieben werden könnte, der nur von der Zeit abhängt, ein anderer Faktor, der nur von der Position abhängt, und ein dritter Faktor, der nur von der Phasenverschiebung abhängt. Wir werden auf diesen Punkt in Abschn. 3.4 zurückkommen.

Wie in Kasten 3.1 diskutiert, können auch bequeme Lösungen für die Maxwell-Gleichungen in Bezug auf ein *Vektor Potenzial* $\boldsymbol{V}$ anstelle von elektrischem und magnetischen Feldern erzielt werden. Unter Verwendung des gleichen Formalismus wie in Gl. (3.17) aber unter Weglassung der Phase Phasenverschiebung zur Vereinfachung, kann das Vektorpotential für eine ebene Welle von monochromatischem, linear polarisiertem Licht geschrieben werden

$$\boldsymbol{V}(\boldsymbol{r},t) = \boldsymbol{V}_o\{\exp[2\pi i(\nu t - \boldsymbol{k}\cdot\boldsymbol{r})] + \exp[-2\pi i(\nu t - \boldsymbol{k}\cdot\boldsymbol{r})]\}. \tag{3.18}$$

Wir werden diesen Ausdruck in Abschn. 3.4 verwenden, wenn wir die quantenmechanische Theorie der elektromagnetischen Strahlung betrachten.

Die Geschwindigkeit des Lichts in einem Vakuum, $2{,}9979 \times 10^{10}$cm/s, wird seit den frühen 1900er Jahren fast universell mit c bezeichnet, wahrscheinlich für *celeritas*, das lateinische Wort für Geschwindigkeit. Die ersten genauen Messungen der Lichtgeschwindigkeit in der Luft wurden 1849 von A. Fizeau und 1850 von L. Foucault durchgeführt. Fizeau ließ einen Lichtstrahl durch eine Lücke zwischen den Zähnen am Rand einer rotierenden Scheibe passieren, reflektierte das Licht mit einem entfernten Spiegel zurück zur Scheibe und erhöhte die Geschwindigkeit der Scheibe, bis das zurückkehrende Licht durch die nächste Lücke passierte. Foucault verwendete ein System rotierender Spiegel. Heute wird c als genau definierte Zahl anstelle einer gemessenen Größe genommen und wird verwendet, um die Länge des Meters zu definieren.

Wenn monochromatisches Licht von einem Vakuum in ein nicht absorbierendes Medium mit einem Brechungsindex n übergeht, bleibt die Frequenz ν gleich, aber die Geschwindigkeit und die Wellenlänge verringern sich auf c/n bzw. λ/n. Gl. (3.14) zeigt, dass der Brechungsindex, definiert als c/u, gleichgesetzt werden kann mit $\varepsilon^{1/2}$:

$$n \equiv c/u = \sqrt{\varepsilon}. \tag{3.19}$$

Die meisten Lösungsmittel haben Werte von n zwischen 1,2 und 1,6 für sichtbares Licht. Der Brechungsindex der meisten Materialien steigt mit ν, und solche

Medien werden als positiv *dispers* bezeichnet. Wie wir in den Abschn. 3.1.4 und 3.5 diskutieren werden, gelten die Gl. (3.14 und 3.19) nicht notwendigerweise in Bereichen des Spektrums, in denen n signifikant mit der Wellenlänge variiert. Bei Frequenzen, bei denen das Medium Licht absorbiert, kann der Brechungsindex stark mit ν variieren und die Geschwindigkeit, mit der Energie durch das Medium bewegt wird, ist nicht unbedingt einfach durch c/n gegeben, insbesondere wenn das Licht eine breite Bandbreite von Frequenzen umfasst.

Wir werden hauptsächlich an den zeitabhängigen Schwingungen der elektrischen und magnetischen Felder in kleinen Bereichen des Raums interessiert sein. Da die molekularen Dimensionen typischerweise viel kleiner sind als die Wellenlänge des sichtbaren Lichts, wird die Amplitude des elektrischen Feldes zu einem bestimmten Zeitpunkt nahezu überall im Molekül gleich sein. Wir werden uns zunächst auf Phänomene beschränken, die sich auf Durchschnittswerte des Feldes über viele Zyklen der Schwingung beziehen und nicht von kohärenten Überlagerungen von Lichtstrahlen mit festen Phasen-Beziehungen abhängen. Mit diesen Einschränkungen können wir die Abhängigkeit von $\boldsymbol{E}$ von der Position und der Phasenverschiebung vernachlässigen und schreiben

$$\boldsymbol{E}(t) = \boldsymbol{E}_o\left[\exp(2\pi i\nu t) + \exp(-2\pi i\nu t)\right] = 2\boldsymbol{E}_o\cos(2\pi\nu t). \tag{3.20}$$

Wir werden eine vollständigere Ausdrucksweise verwenden müssen, die Änderungen der Felder mit der Position in einem Molekül einschließt, wenn wir über zirkularen Dichroismus sprechen. Wir müssen Phasenverschiebungen berücksichtigen, wenn wir das von Ensembles vieler Moleküle emittierte Licht betrachten.

3.1.4 Energiedichte und Bestrahlungsstärke

Da elektromagnetische Strahlungsfelder geladene Teilchen in Bewegung setzen, können sie offensichtlich Energie übertragen. Um die Rate zu bewerten, mit der absorbierende Moleküle Energie aus einem Lichtstrahl aufnehmen, müssen wir wissen, wie viel Energie das Strahlungsfeld enthält und wie schnell diese Energie von einem Ort zum anderen fließt. Wir werden in der Regel an der Energie der Felder in einem bestimmten spektralen Bereich mit Frequenzen zwischen ν und $\nu + d\nu$ interessiert sein. Die Menge an Energie pro Volumeneinheit in einem solchen spektralen Intervall kann als $\rho(\nu)d\nu$ ausgedrückt werden, wobei $\rho(\nu)$ die *Energiedichte* des Feldes ist. Die *Bestrahlungsstärke*, $I(\nu)d\nu$, ist die Menge an Energie in einem bestimmten spektralen Intervall, die eine gegebene Fläche pro Zeiteinheit überquert. In einem homogenen, nicht absorbierenden Medium ist die Bestrahlungsstärke

$$I(\nu)d\nu = u(\nu)\rho(\nu)d\nu, \tag{3.21}$$

wo u, wie zuvor, die Geschwindigkeit des Lichts im Medium ist.

Verschiedene Maße werden verwendet, um die Stärken von Lichtquellen zu beschreiben. Die *Strahlungsintensität* ist die Energie pro Zeiteinheit, die eine Quelle in einen festen Winkel in eine bestimmte Richtung abstrahlt. Sie wird normalerweise in Einheiten von Watt pro Steradiant ausgedrückt. *Leuchtdichte,* ein Maß für die Menge an sichtbarem Licht, das eine Fläche verlässt oder durchläuft, erfordert die Korrektur der Bestrahlungsstärke für das Spektrum der Empfindlichkeit des menschlichen Auges, die bei etwa 555 nm ihren Höhepunkt erreicht. Leuchtdichte wird in Einheiten von *Candela* (cd) pro Quadratmeter oder *Nits* angegeben. Aus historischen Gründen, die mit der scheinbaren Helligkeit einer heißen Platinbarre zu tun haben, wird eine Candela als die Leuchtdichte einer Quelle definiert, die monochromatisches Licht mit 555 nm und einer Strahlungsintensität von 1/683 (0,001464) Watt pro Steradiant abgibt. Der gesamte Lichtstrom aus einer Quelle in einen gegebenen festen Winkel, das Produkt aus Leuchtdichte und festem Winkel, wird in *Lumen* ausgedrückt. Ein *Lux* ist ein Lumen pro Quadratmeter. Helles Sonnenlicht hat eine Beleuchtungsstärke in der Größenordnung von 5×10^4 bis 1×10^5 Lux und eine Leuchtdichte von 3×10^3 bis 6×10^3 cd $\cdot$ m^{-2}.

Aus den Maxwell-Gleichungen kann man zeigen, dass die Energiedichte der elektromagnetischen Strahlung vom Quadrat der elektrischen und magnetischen Feldstärken abhängt [4–6]. Für Strahlung in einem Vakuum lautet die Beziehung

$$\rho(\nu) = \left[\overline{|E(\nu)|^2 + |B(\nu)|^2}\right] \rho_\nu(\nu)/8\pi, \tag{3.22}$$

wo der Balken über der Menge in Klammern ein Durchschnitt über den räumlichen Bereich von Interesse bedeutet und $\rho_\nu(\nu)d\nu$ ist die Anzahl der *Modi* (Frequenzen) der Schwingung im kleinen Intervall zwischen ν und $\nu + d\nu$. Ein Schwingungsmodus für elektromagnetische Strahlung ist analog zu einer stehenden Welle für ein Elektron in einem Kasten (Gl. (2.23a)). Aber die Zeichnung in Abb. 3.3, die das elektrische Feld für einen solchen individuellen Modus (monochromatisches Licht) darstellt, ist eine Idealisierung. In der Praxis ist elektromagnetische Strahlung nie streng monochromatisch: Sie umfasst immer Felder, die über einen Bereich von Frequenzen schwingen. Wir werden die Natur dieser Verteilung in Abschn. 3.6 diskutieren.

Gl. (3.22) ist in cgs-Einheiten geschrieben, die hier besonders praktisch sind, weil die elektrischen und magnetischen Felder in einem Vakuum die gleiche Größe haben:

$$|\boldsymbol{B}| = |\boldsymbol{E}|. \tag{3.23}$$

(In MKS-Einheiten, $|\boldsymbol{B}| = |\boldsymbol{E}|/c$.) Die Energiedichte eines Strahlungsfeldes in einem Vakuum ist daher,

$$\rho(\nu) = \overline{|E(\nu)|^2} \rho_\nu(\nu)/4\pi. \tag{3.24}$$

Wenn wir nun Gl. (3.15b) verwenden, um die Abhängigkeit von $\boldsymbol{E}$ von Zeit und Position auszudrücken, erhalten wir

$$\begin{aligned}\overline{|\boldsymbol{E}|^2} &= \overline{\left[2\boldsymbol{E}_o\cos(2\pi\nu t - 2\pi y/\lambda + \delta)\right]^2} \\ &= 4|\boldsymbol{E}_o|^2\overline{\cos^2(2\pi\nu t - 2\pi y/\lambda + \delta)}.\end{aligned} \tag{3.25}$$

Da die Felder in einer ebenen Welle per Definition unabhängig von der Position senkrecht zur Ausbreitungsachse (y) sind, erfordert der Durchschnitt, der durch den Balken in Gl. (3.25) angegeben ist, nur eine Mittelung über eine Strecke in der y-Richtung. Wenn diese Strecke viel länger als λ ist (oder ein ganzzahliges Vielfaches von λ), beträgt der Durchschnitt von $\cos^2(2\pi\nu t - 2\pi y/\lambda + \delta)$ 1/2, und Gl. (3.25) vereinfacht sich zu

$$\overline{|\boldsymbol{E}|^2} = 2|\boldsymbol{E}_o|^2. \tag{3.26}$$

Darum gilt für eine ebene Welle von Licht in einem Vakuum:

$$\rho(\nu) = |\boldsymbol{E}_o|^2\rho_\nu(\nu)/2\pi \tag{3.27}$$

und

$$I(\nu) = c|\boldsymbol{E}_o|^2\rho_\nu(\nu)/2\pi. \tag{3.28}$$

Wenn ein Lichtstrahl in einem Vakuum auf die Oberfläche eines lichtbrechenden Mediums trifft, wird ein Teil des Strahls reflektiert, während ein anderer Teil in das Medium eintritt. Wir können Gl. (3.28) verwenden, um die Bestrahlungsstärken des einfallenden und reflektierten Lichts mit den Amplituden der entsprechenden Felder in Beziehung zu setzen, da die Felder auf dieser Seite der Grenzfläche in einem Vakuum sind. Aber wir benötigen einen vergleichbaren Ausdruck, der die übertragene Bestrahlungsstärke mit der Amplitude des Feldes im Medium in Beziehung setzt, und dafür müssen wir die Wirkung des Feldes auf das Medium berücksichtigen.

Wenn das Licht durch das Medium geht, verursacht das elektrische Feld, dass sich Elektronen in dem Material bewegen, wodurch elektrische Dipole entstehen, die ein oszillierendes *Polarisationsfeld* ($\boldsymbol{P}$) erzeugen. In einem isotropen, nicht absorbierenden und nicht leitenden Medium ist $\boldsymbol{P}$ proportional zu $\boldsymbol{E}$ und kann geschrieben werden

$$\boldsymbol{P} = \chi_e\boldsymbol{E}. \tag{3.29}$$

Die Proportionalitätskonstante χ_e wird als *elektrische Suszeptibilität* des Mediums bezeichnet, und Materialien, in denen $\boldsymbol{P}$ und $\boldsymbol{E}$ auf diese Weise linear zusammenhängen, werden als *lineare* optische Materialien bezeichnet. Das Feld im Medium zu einer gegebenen Zeit und Position ($\boldsymbol{E}$) kann als Resultierende des Polarisationfeldes und der *elektrischen Verschiebung* ($\boldsymbol{D}$) betrachtet werden, das ist das Feld, das hypothetisch in Abwesenheit der Polarisation vorhanden wäre. In einem Vakuum ist $\boldsymbol{P}$ null und $\boldsymbol{E} = \boldsymbol{D}$. In cgs-Einheiten wird das Feld in einem linearen Medium gegeben durch

$$\boldsymbol{E} = \boldsymbol{D} - 4\pi\boldsymbol{P} = \boldsymbol{D} - 4\pi\chi_e\boldsymbol{E}$$

$$= \boldsymbol{D}/\left(1 + 4\pi \chi_e\right) = \boldsymbol{D}/\varepsilon \tag{3.30}$$

wo, wie in den Maxwell-Gleichungen (Kasten 3.1), ε die Dielektrizitätskonstante des Mediums ist. Durch Umstellen dieser Beziehungen ergibt sich $\varepsilon = 1 + 4\pi\chi_e$.

Unser Hauptinteresse gilt elektromagnetischen Feldern, die mit Frequenzen in der Größenordnung von 10^{15} Hz schwingen, was schnell für Kernbewegungen ist, um, um folgen zu können. Die durch $\boldsymbol{P}$ beschriebene Polarisation spiegelt daher nur die schnell oszillierenden induzierten Dipole wider, die durch elektronische Bewegungen erzeugt werden, und die entsprechende dielektrische Konstante in Gl. (3.30) wird als *Hochfrequenz-* oder *optische Dielektrizitätskonstante bezeichnet.* Für ein nicht absorbierendes Medium ist die elektrische Suszeptibilität unabhängig von der Oszillations-Frequenz, und die Hochfrequenz-Dielektrizitätskonstante entspricht dem Quadrat des Brechungsindex. Das magnetische Feld von Licht, das durch ein brechendes Medium dringt, wird analog durch induzierte magnetische Dipole beeinflusst, aber bei nicht leitenden Materialien ist dies ein viel kleinerer Effekt und normalerweise vernachlässigbar.

In einem linearen, nicht absorbierenden Medium wird die Beziehung zwischen den Amplituden der magnetischen und elektrischen Felder in cgs-Einheiten wie folgt dargestellt [4–6].

$$|\boldsymbol{B}| = \sqrt{\varepsilon}|\boldsymbol{E}|, \tag{3.31}$$

und die Energiedichte der elektromagnetischen Strahlung ist

$$\rho(\nu) = \overline{\left[\boldsymbol{E}(\nu)\cdot\boldsymbol{D}(\nu) + |\boldsymbol{B}(\nu)|^2\right]}\rho_\nu(\nu)/8\pi = \overline{\left[\boldsymbol{E}(\nu)\cdot\varepsilon\boldsymbol{E}(\nu) + \left|\sqrt{\varepsilon}\boldsymbol{E}(\nu)\right|^2\right]}\rho_\nu(\nu)/8\pi$$

$$= \varepsilon\overline{|\boldsymbol{E}(\nu)|^2}\rho_\nu(\nu)/4\pi = \varepsilon|\boldsymbol{E}_o|^2\rho_\nu(\nu)/2\pi \tag{3.32}$$

Wir haben wieder angenommen, dass wir an der durchschnittlichen Energie über einen Bereich interessiert sind, der im Verhältnis zur Wellenlänge der Strahlung groß ist.

Gl. (3.32) zeigt, dass bei gleichen Feldstärken die Energiedichte in einem brechenden Medium ε mal so groß ist wie in einem Vakuum. Die zusätzliche Energie befindet sich in der Polarisation des Mediums. Aber wir sind noch nicht ganz fertig. Um die Bestrahlungsstärke im Medium zu finden, müssen wir auch die Geschwindigkeit kennen, mit der die Energie durch das Medium fließt. Diese *Energiegeschwindigkeit* oder *Gruppengeschwindigkeit* (u) ist nicht unbedingt einfach c/n, weil Wellen mit unterschiedlichen Frequenzen unterschiedliche Geschwindigkeiten haben, wenn n mit ν variiert. Die Gruppengeschwindigkeit beschreibt die Geschwindigkeit, mit der ein Paket von Wellen mit ähnlichen Frequenzen als Ganzes reist (Abschn. 3.5). Sie steht im Allgemeinen in Beziehung zu c, n und ε nach [7, 8].

$$u = cn/\varepsilon, \tag{3.33}$$

was sich auf $u = c/n$ (Gl. (3.19)) reduziert wenn $\varepsilon = n^2$, wie es der Fall ist, wenn n unabhängig von ν ist.

Die Kombination von Gl. (3.33) mit (3.21) und (3.32) ergibt die Bestrahlungsstärke im Medium:

$$I(\nu) = \frac{c}{n}\rho(\nu) = cn|\boldsymbol{E}_o|^2\rho_\nu(\nu)/2\pi. \tag{3.34}$$

Dies ist ein wichtiges Ergebnis für unsere Zwecke, da es die Bestrahlungsstärke eines Lichtstrahls in einem kondensierten Medium mit dem Brechungsindex und die Amplitude des elektrischen Feldes in Beziehung setzt. Wir werden diese Beziehung in Kap. 4 benötigen, um die Stärke einer elektronischen Absorptionsbande mit der elektronischen Struktur eines Moleküls zu verbinden. Wie in Abschn. 3.6 besprochen, kann Gl. (3.34) auch verwendet werden, um die Anteile eines Lichtstrahls zu finden, die an einer Oberfläche reflektiert und übertragen werden.

3.1.5 Elektromagnetischer Impuls

Der Fluss elektromagnetischer Energie durch ein Medium wird durch einen Vektor beschrieben, der nach J. H. Poynting, der ihn 1884 ableitete, als *Poynting-Vektor* bezeichnet wird. Der Poynting-Vektor, $\boldsymbol{S}$, ergibt sich aus dem Kreuzprodukt der elektrischen und magnetischen *Feldvektoren*:

$$\boldsymbol{S} = \boldsymbol{E} \times \boldsymbol{B}. \tag{3.35}$$

Dieses Ergebnis stimmt mit den Maxwellschen Gleichungen überein, die besagen, dass die elektrischen und magnetischen Felder senkrecht zueinander und zur Richtung stehen, in der sich die Felder bewegen. Es passt auch zu Einsteins Schlussfolgerung, dass Photonen Energie und Impuls übertragen (Kasten 2.3). Poyntings Ableitung basierte auf der Energieerhaltung, die verlangt, dass die elektromagnetische Energie, die in eine Raumregion eintritt, der Summe der elektromagnetischen Energie, die die Region verlässt, und der Energie, die dort in Wärme oder andere Formen umgewandelt wird, entspricht.

Der Impuls eines Lichtstrahls ändert seine Richtung, wenn das Licht an einer Grenzfläche zwischen Medien mit unterschiedlichen Brechungsindizes gebrochen wird. Da der Gesamtimpuls des Systems erhalten bleiben muss, müssen Änderungen im Impuls eines anderen Teils des Systems die Änderungen im Impuls der Photonen ausgleichen. Licht muss daher auch dann Kräfte ausüben können, wenn es nicht absorbiert wird. In der ersten klaren Demonstration dieses bemerkenswerten Effekts zeigte Arthur Ashkin [9], dass ein Laserstrahl einer transparenten, mikrometergroßen Latexkugel, die in Wasser suspendiert ist, Bewegung verleihen kann (Abb. 3.4). Ashkin zeigte weiter, dass zwei Laserstrahlen, die durch eine solche Kugel in entgegengesetzte Richtungen fokussiert werden, die Kugel in einer festen Position halten können, sowohl die Brownsche Bewegung als auch die Schwerkraft überwindend [9]. Instrumente, die Laserstrahlen auf diese Weise ver-

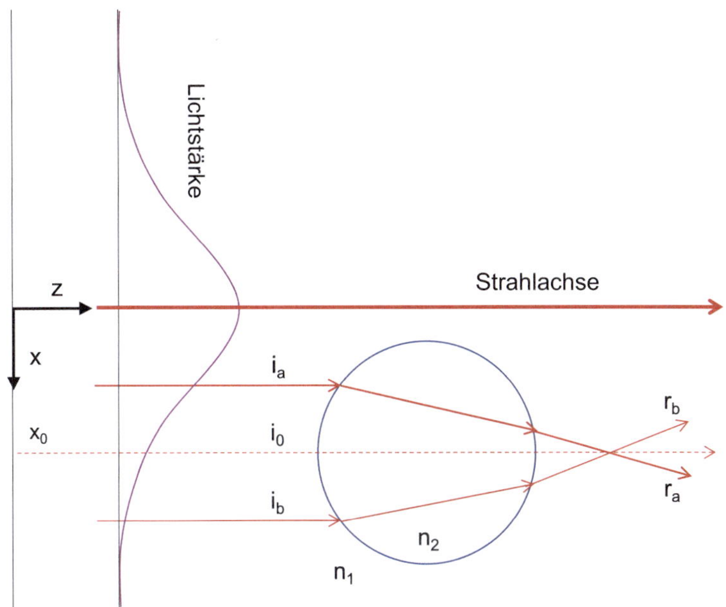

Abb. 3.4 Fokussierte Laserstrahlen können als „optische Pinzetten" zur Manipulation kleiner Objekte wirken. In dieser Darstellung trifft ein kollimierter Laserstrahl, der entlang der Labor-z-Achse propagiert, auf ein transparentes, sphärisches Objekt, dessen Brechungsindex (n_2) größer ist als der der Umgebung (n_1). Das Zentrum der Kugel befindet sich in der xz-Ebene in der Entfernung x_0 vom Zentrum des Strahls. Lichtstrahlen *(rote Pfeile)*, die die Kugel entlang zweier Achsen parallel zu z in gleichen Abständen auf beiden Seiten von x_0 erreichen, sind als i_a und i_b gekennzeichnet, und die gebrochenen Strahlen, die die Kugel verlassen, sind als r_a und r_b gekennzeichnet. Licht, das auf x_0 propagiert *(gestrichelter roter Pfeil)*, durchläuft die Kugel gerade. Licht, das auf i_a propagiert, wird in die $+x$-Richtung gebeugt, gewinnt Impuls in dieser Richtung und muss der Kugel einen gleich großen Impuls in die $-x$ Richtung verleihen. Licht auf i_b gewinnt Impuls in die $-x$-Richtung und muss der Kugel Impuls in die $+x$-Richtung verleihen. Da die Bestrahlungsstärke *(lila Kurve)* entlang i_a und r_a größer ist als entlang i_b und i_b, ist die Nettoauswirkung, die Kugel in die $-x$-Richtung, zum Zentrum des Strahls, zu bewegen. Eine ähnliche Analyse zeigt, dass ein konvergierender Lichtstrahl, der durch eine lichtbrechende Kugel hindurchgeht, die Kugel zum Brennpunkt hinbewegt

wenden (*optische Pinzetten* oder *optische Fallen*), haben zahlreiche Anwendungen in Studien von einzelnen Molekülen, Viren und Zellen gefunden [10, 11]. Ashkin erhielt 2018 den Nobelpreis für Physik für die Entwicklung von optischen Pinzetten und ihre Anwendung auf biologische Systeme. Donna Strickland und Gérard Mourou teilten sich den Preis für Methoden zur Erzeugung ultrakurzer optischer Pulse. Woodside et al. haben optische Pinzetten verwendet, um das Entfalten einzelner Protein Moleküle und Übergänge zwischen ein- und doppelsträngiger DNA zu untersuchen [12–14].

3.2 Das Strahlungsgesetz des Schwarzen Körpers

Es ist seit langem bekannt, dass die von einem erhitzten Objekt abgegebene Strahlung zu höheren Frequenzen verschoben wird, wenn die Temperatur erhöht wird. Wenn wir in Kap. 5 über Fluoreszenz sprechen, müssen wir die elektromagnetischen Strahlungsfelder in einem geschlossenen Kasten berücksichtigen, deren Wände eine bestimmte Temperatur haben. J. W. Strutt, der dritte Baron Rayleigh (Lord Rayleigh), leitete 1900 einen Ausdruck für die Energie Verteilung dieser *Schwarzkörperstrahlung* ab, indem er die Anzahl der möglichen Modi der Schwingung (stehende Wellen) mit Frequenzen zwischen ν und $\nu + d\nu$ in einem Würfel mit dem Volumen V betrachtete. Unter Berücksichtigung der zwei möglichen Polarisationen der Strahlung (Abschn. 3.3), unter Berücksichtigung des Brechungsindex (n) des Mediums innerhalb des Würfels und unter Einbeziehung einer von Jeans aufgezeigten Korrektur, ist die Anzahl der Schwingungsmoden im Frequenzintervall $d\nu$

$$\rho_\nu(\nu)Vd\nu = \left(8\pi n^3\nu^2V/c^3\right)d\nu \tag{3.36}$$

[15]. Nach der klassischen statistischen Mechanik ging Rayleigh davon aus, dass jeder Modus eine durchschnittliche Energie von k_BT hätte, unabhängig von der Frequenz. Da ρ_ν quadratisch mit ν zunimmt (Gl. (3.36)), führte diese Analyse zu dem alarmierenden Schluss, dass die *Energiedichte* (das Produkt aus ρ_ν und der durchschnittlichen Energie pro Modus) bei hohen Frequenzen gegen unendlich geht. Experimentell wurde festgestellt, dass die Energiedichte in Übereinstimmung mit Rayleighs Vorhersage bei niedrigen Frequenzen mit der Frequenz zunimmt, dann jedoch ein Maximum durchläuft und auf null abfällt.

Max Planck sah, dass die beobachtete Abhängigkeit der Energiedichte von der Frequenz durch die *ad hoc* Hypothese reproduziert werden konnte, dass das Material in den Wänden der Kasten Energie nur in ganzzahligen Vielfachen von $h\nu$ emittiert oder absorbiert, wobei h eine Konstante ist. Er ging weiter davon aus, dass, wenn das Material bei einer Temperatur T im thermischen Gleichgewicht ist, die Wahrscheinlichkeit, eine Energiemenge, E_j, zu emittieren, proportional zu $\exp(-E_j/k_BT)$ ist, wobei k_B die Boltzmann-Konstante ist (Kasten 2.6). Mit diesen Annahmen wird die durchschnittliche Energie eines *Schwingungsmodus* mit der Frequenz ν

$$\overline{E} = \left(\sum_j E_j \exp(-E_j/k_BT)\right) \Big/ \left(\sum_j \exp(-E_j/k_BT)\right) \tag{3.37a}$$

$$= \left(\sum_j jh\nu \exp(-jh\nu/k_BT)\right) \Big/ \left(\sum_j \exp(-jh\nu/k_BT)\right). \tag{3.37b}$$

Die Summen können ausgewertet werden, indem man $x = \exp(-h\nu/k_BT)$ setzt, die Expansion $(1-x)^{-1} = 1 + x + x^2 + \cdots = \sum_j x^j$ verwendet und beachtet, dass $\sum_j jx^j = xd\left(\sum_j x^j\right)/dx$. Dies ergibt

$$\overline{E} = \frac{h\nu}{\exp(h\nu/k_BT) - 1}. \tag{3.37c}$$

(Beachten Sie, dass $\overline{E}$ ein thermisches Mittel der Energie, eine skalare Größe, nicht den elektrischen Feldvektor $\boldsymbol{E}$ bezeichnet.) Schließlich ergibt die Multiplikation von Plancks Ausdruck für $\overline{E}$ (Gl. (3.37c)) mit ρ_ν (Gl. (3.36))

$$\rho(\nu) = \overline{E}(\nu)\rho_\nu(\nu) = \left(8\pi hn^3\nu^3/c^3\right)/\left[\exp(h\nu/k_BT) - 1\right], \tag{3.38a}$$

oder ausgedrückt als Bestrahlungsstärke,

$$I(\nu) = \rho(\nu)c/n = \left(8\pi hn^2\nu^3/c^2\right)/\left[\exp(h\nu/k_BT) - 1\right]. \tag{3.38b}$$

Abb. 3.5 zeigt Diagramme von $\rho(\nu)$ als Funktionen der Wellenlänge und Photonenenergie (Wellenzahl) der Strahlung. Die Vorhersagen stimmen mit den gemessenen Energiedichten der Schwarzkörperstrahlung bei allen zugänglichen Frequenzen und Temperaturen überein. Insbesondere erklärt Gl. (3.38a) die Beobachtungen, dass die Energiedichte der Schwarzkörperstrahlung mit der vierten Potenz von T zunimmt (das *Stefan-Boltzmann-Gesetz*) und dass die Wellenlänge

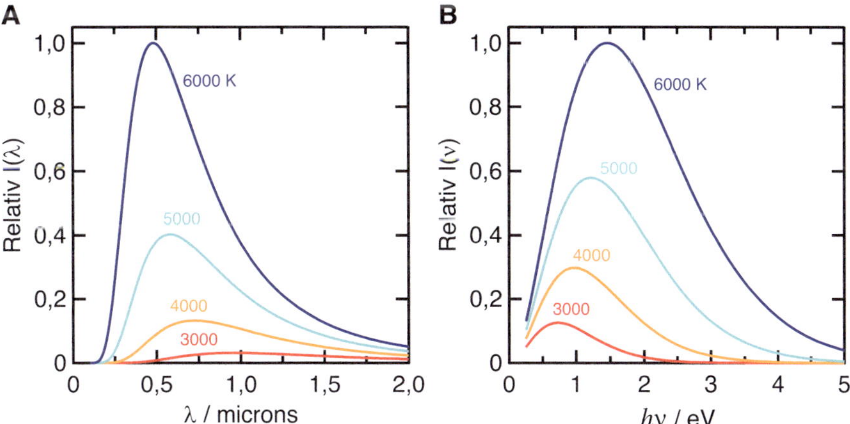

Abb. 3.5 Die Intensität (I) der Schwarzkörperstrahlung emittiert von einem Objekt bei einer Temperatur von 3000 *(rote Kurven),* 4000 *(orange),* 5000 *(cyan),* oder 6000 K *(blau),* dargestellt als Funktion der Wellenlänge (λ, A) oder Photonenergie ($h\nu$, B). Die Oberflächentemperatur der Sonne beträgt etwa 6600 K, und ein Wolfram-Halogenlampenfilament hat typischerweise eine effektive Temperatur von etwa 3000 K

der maximale Energiedichte umgekehrt proportional zu T ist (*Wiensches Verschiebungsgesetz*). Obwohl die oben skizzierte Ableitung eine Boltzmannverteilung verwendet, kann das gleiche Ergebnis durch Verwendung der Bose-Einstein Verteilung für ein Photonengas im thermischen Gleichgewicht erzielt werden [16].

Plancks Theorie erforderte nicht, dass das *Strahlungsfeld* selbst quantisiert ist, und Planck kam nicht zu dem Schluss, dass es so ist [17]. Da die Strahlung innerhalb eines Schwarzkörper Kastens von den Wänden des Kastens emittiert und absorbiert wird, müssen nur die Energieniveaus des Materials, aus dem die Wände bestehen, quantisiert sein. Die Theorie ist konsistent mit der Quantisierung des Strahlungsfeldes, verlangt dies aber nicht.

Neben seinem zentralen Beitrag zur Entwicklung der Quantentheorie hat das *Schwarzkörperstrahlungsgesetz* praktische Anwendungen in der Spektroskopie. Da es das Spektrum des Lichts beschreibt, das von einer Glühlampe mit einem Filament bei bekannter Temperatur emittiert wird, kann Gl. (3.38b) zur Kalibrierung der Frequenzabhängigkeit eines Photodetektors oder Monochromators verwendet werden. Allerdings kann das tatsächliche Emissionsspektrum einer Lampe etwas von Gl. (3.38b) abweichen, abhängig vom Material, das für das Filament verwendet wird [18].

3.3 Lineare und zirkulare Polarisation

In der im folgenden Abschnitt beschriebenen Quantentheorie haben die Eigenfunktionen der Schrödinger Gleichung für ein Strahlungsfeld Drehimpuls Quantenzahlen $s = 1$ und $m_s = \pm 1$. Die beiden möglichen Werte von m_s entsprechen links ($m_s = +1$) und rechts ($m_s = -1$) *zirkular polarisiertem Licht.* Abb. 3.6 veranschaulicht diese Eigenschaft. In dieser Darstellung hat der elektrische Feldvektor $\boldsymbol{E}$ eine konstante Größe, aber seine Ausrichtung rotiert mit der Zeit bei der Frequenz ν. Die Komponente von $\boldsymbol{E}$ parallel zu einer gegebenen Achse normal zur Ausbreitungsachse oszilliert mit der gleichen Frequenz und oszilliert entlang der Ausbreitungsachse mit der Wellenlänge λ.

Für Strahlung, die sich in y-Richtung ausbreitet, kann die Zeitabhängigkeit des rotierenden Feldes (unter Vernachlässigung einer beliebigen Phasenverschiebung) geschrieben werden:

$$\boldsymbol{E}_{\pm} = 2E_o\left[\cos(2\pi\nu t)\hat{z} \pm \sin(2\pi\nu t)\hat{x}\right]\left[\cos(2\pi y/\lambda)\hat{z} \pm \sin(2\pi y/\lambda)\hat{x}\right], \quad (3.39a)$$

$$\boldsymbol{B}_{\pm} = 2E_o\left[\cos(2\pi\nu t)\hat{x} \mp \sin(2\pi\nu t)\hat{z}\right]\left[\cos(2\pi y/\lambda)\hat{x} \mp \sin(2\pi y/\lambda)\hat{z}\right], \quad (3.39b)$$

wo E_o eine skalare Amplitude ist und die + und - Subskripte sich jeweils auf linke und rechte zirkulare Polarisation beziehen. Diese Ausdrücke sind Lösungen der allgemeinen Wellen Gleichung, die Maxwells Gleichungen für ein nichtleitendes Medium ohne freie Ladungen erfüllt (Gl. (B3.1.7a, b) in Kasten 3.1). Die verschiedenen algebraischen Kombinationen der z und x Komponenten in den Gl. (3.39a, b) halten das magnetische Feld senkrecht zum elektrischen Feld für beide Polarisationen.

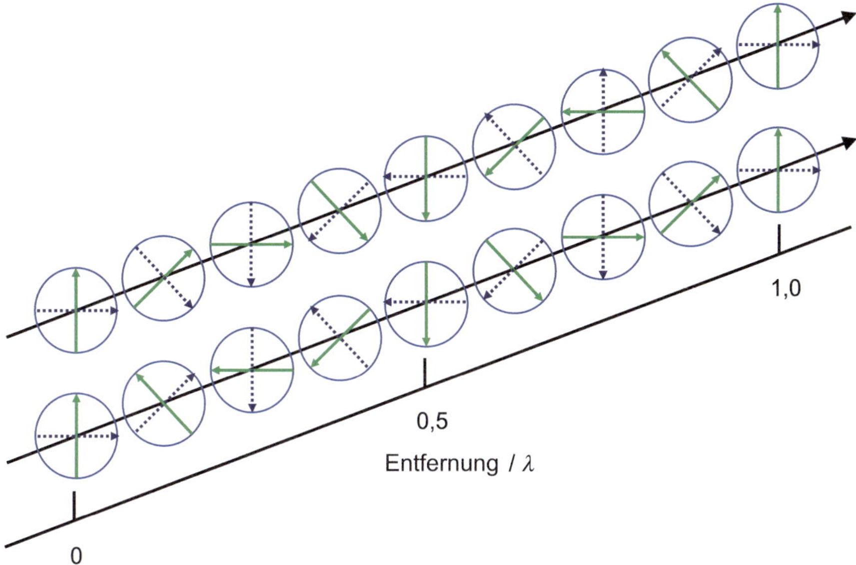

Abb. 3.6 Elektrische und magnetische Felder in rechts *(oben)* und links *(unten)* zirkular polarisiertem Licht. In dieser Darstellung breiten sich beide Strahlen diagonal von links nach rechts aus. Die *durchgezogenen grünen Pfeile* in den Scheiben zeigen die Ausrichtungen des elektrischen Feldes (***E***) zu einem bestimmten Zeitpunkt als Funktion der Position entlang der Ausbreitungsachse; die *gepunkteten blauen Pfeile* zeigen die Ausrichtungen des magnetischen Feldes (***B***). Die Feldvektoren drehen beide so, dass ihre Spitzen Rechts- oder Linkshänder-Korkenzieher beschreiben, die in einer Entfernung eine volle Umdrehung machen, die der Wellenlänge des Lichts (λ) entspricht

Ein linear polarisierter Lichtstrahl kann als kohärente Überlagerung von links und rechts zirkular polarisiertem Licht behandelt werden, wie in Abb. 3.7 gezeigt. Durch Ändern der Phase einer der zirkular polarisierten Komponenten im Verhältnis zur anderen dreht sich die Ebene der linearen Polarisation. Unpolarisiertes Licht besteht aus einer Mischung von Photonen mit links und rechts zirkularer Polarisation und mit elektrischen Feldern, die sich in allen möglichen Phasen winkeln drehen, oder äquivalent, einer Mischung von linear polarisiertem Licht mit allen möglichen Orientierungswinkeln.

Wenn linear polarisiertes Licht durch eine Probe geht, die eine der zirkular polarisierten Komponenten bevorzugt absorbiert, wird der übertragene Strahl mit elliptischer Polarisation austreten. Die *Elliptizität* wird als Arkustangens des Verhältnisses I_{minor}/I_{major} definiert, wobei I_{minor} und I_{major} die Lichtintensitäten sind, die durch Polarisatoren parallel zur kürzeren und längeren Achse der Ellipse gemessen werden. Elliptizität kann auch gemessen werden, indem man eine Viertelwellenplatte verwendet, um das elliptisch polarisierte Licht wieder in einen linear polarisierten Strahl zurückzuwandeln, dessen Ausrichtung in Bezug auf den ursprünglichen Strahl gedreht ist, und (bestimmt) der Drehwinkel wird bestimmt. Dies ist eine Möglichkeit, zirkularen Dichroismus (CD) zu messen. (Wir werden später in diesem Kapitel auf Viertel- und Halbwellenplatten eingehen.) Allerdings

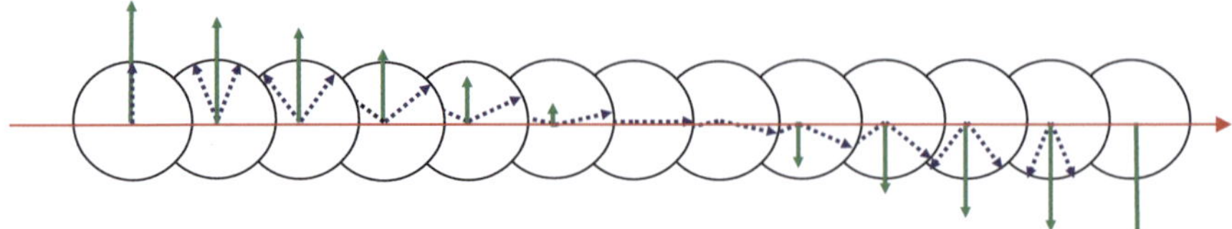

Abb. 3.7 Darstellung von linear polarisiertem Licht als Überlagerung von rechts und links zirkular polarisiertem Licht. Die *gepunkteten blauen Pfeile* zeigen die elektrischen Feldvektoren von rechts und links zirkular polarisierten Strahlen, die nach rechts propagieren. Etwa eine halbe Oszillationsperiode ist dargestellt. Die Vektorsumme der beiden zirkular polarisierten Felder *(durchgezogene grüne Pfeile)* oszilliert in der Amplitude parallel zu einer festen Achse

wird CD in der Regel durch elektronische Modulation der zirkularen Polarisation gemessen, wie in den Abschn. 1.9 und 3.6 beschrieben, da diese Technik weniger anfällig für Artefakte ist.

3.4 Quantentheorie der elektromagnetischen Strahlung

Die Schrödinger Gleichung wurde erstmals 1927 von Paul Dirac [19] auf elektromagnetische Strahlung angewendet. Die Vorstellung eines quantisierten Strahlungsfeldes, die aus dieser Arbeit hervorging, versöhnte einige der scheinbaren Widersprüche zwischen früheren Wellen- und Teilchen Theorien des Lichts, und wie wir in Kap. 5 sehen werden, führte zu einer konsistenten Erklärung der „spontanen" Fluoreszenz angeregter Moleküle.

Um die Quantentheorie der elektromagnetischen Strahlung zu entwickeln, ist es zweckmäßig, ein Strahlungsfeld in Bezug auf das Vektorpotential $\boldsymbol{V}$ zu beschreiben, das in Kasten 3.1 eingeführt wurde. Betrachten Sie das Vektorpotential, das mit einer Lichtwelle assoziiert ist, die sich in y-Richtung ausbreitet und in z-Richtung polarisiert ist, und nehmen Sie an, dass die Strahlung innerhalb eines Würfels mit der Kante L eingeschlossen ist. Wie in Abschn. 3.2 diskutiert, ist die Strahlung mit Frequenzen in einem bestimmten Intervall auf eine endliche Anzahl von Oszillationsmoden beschränkt, jede mit einer diskreten Wellenlänge $\lambda_j = L/2\pi n_j$, wobei n_j eine positive ganze Zahl ist. Die Gesamtenergie der Strahlung ist die Summe der Energien dieser einzelnen Modi, und das Gesamtvektorpotential ist offensichtlich eine ähnliche Summe der einzelnen Vektor Potentiale:

$$\boldsymbol{V} = \sum_j \boldsymbol{V}_j. \tag{3.40}$$

Gemäß Gl. (3.18) kann der Beitrag zu $\boldsymbol{V}$ vom Modus j geschrieben werden

$$\boldsymbol{V}_j = \left(\frac{4\pi c^2}{L^3}\right)^{1/2} \hat{z}\left[\exp(-i\omega_j t)\exp(iy/\lambda_j) + \exp(i\omega_j t)\exp(-iy/\lambda_j)\right] \tag{3.41a}$$

$$= q_j(t)\boldsymbol{A}_j(y) + q_j{}^*(t)\boldsymbol{A}_j{}^*(y), \tag{3.41b}$$

wo $\omega_j = 2\pi\nu_j = c/\lambda_j$,

$$q_j = \exp\bigl(-i\omega_j t\bigr), \tag{3.42a}$$

und

$$\boldsymbol{A}_j = \left(\frac{4\pi c^2}{L^3}\right)^{1/2} \hat{z}\exp\bigl(iy/\lambda_j\bigr). \tag{3.42b}$$

Die Vektorfelder $\boldsymbol{V}_j$, die reale Größen sind, werden hier in Bezug auf Produkte von zwei komplexen Funktionen und deren komplexen konjugierten Form geschrieben. Die erste Funktion (q_j) ist ein Skalar, der nur von der Zeit abhängt; die zweite ($\boldsymbol{A}_j$) ist eine Vektorfunktion der Position. Die positionsabhängigen Faktoren sind so normalisiert, dass $\langle \boldsymbol{A}_j \mid \boldsymbol{A}_j\rangle = 4\pi c^2$, während die Faktoren für verschiedene Moden orthogonal sind: $\langle \boldsymbol{A}_i \mid \boldsymbol{A}_j\rangle = 0$ für $i \neq j$. Gl. (3.41a–3.42b) gelten sowohl für fortschreitende Wellen als auch für stehende Wellen, obwohl die Einschränkung auf die Anzahl der möglichen Moden nur für stehende Wellen gilt.

Um die Energie des Strahlungsfeldes in der Hamiltonschen Form darzustellen, definieren wir nun zwei reale Variablen,

$$Q_j(t) = q_j(t) + q_j * (t), \tag{3.43}$$

und

$$P_j(t) = \frac{\partial Q_j}{\partial t} = -i\omega_j\Bigl\{q_j(t) - q_j^*(t)\Bigr\}. \tag{3.44}$$

Aus den Gl. (B3.1.17, 3.24, 3.41a, b, und 3.42a, b) ergibt sich der Beitrag des Modus j zur Energie des Feldes, integriert über das Volumen des Würfels, und nimmt dann die Form (3.45) an. [2, 4]

$$E_j = \frac{1}{2}\Bigl\{P_j{}^2 + \omega_j{}^2 Q_j{}^2\Bigr\}. \tag{3.45}$$

Ein wenig Algebra zeigt, dass Q_j einer klassischen Wellen-Gleichung gehorcht, die homolog zu den Gl. (3.13) und (3.17) ist, und dass Q_j und P_j die formalen Eigenschaften einer zeitabhängigen Position (Q_j) und ihres konjugierten Impulses (P_j) in Hamiltons klassischen Bewegungsgleichungen haben:

$$\frac{\partial E_j}{\partial P_j} = \frac{\partial Q_j}{\partial t}, \tag{3.46a}$$

und

$$\frac{\partial E_j}{\partial Q_j} = -\frac{\partial P_j}{\partial t}. \tag{3.46b}$$

Darüber hinaus stellte Dirac fest, dass Gl. (3.45) identisch ist mit dem klassischen Ausdruck für die Energie eines harmonischen Oszillators mit Einheitsmasse (Gl. (2.29)). Der erste Ausdruck in den Klammern entspricht formal der kinetischen Energie des Oszillators; der zweite, der potenziellen Energie. Daraus folgt, dass wenn wir P_j und Q_j durch Impuls und *Positionsoperatoren* $\tilde{\mathbf{P}}_j$ und $\tilde{\mathrm{Q}}_j$ ersetzen, werden die Eigenzustände der Schrödingergleichung für elektromagnetische Strahlung die gleichen sein wie die für harmonische Oszillatoren. Insbesondere wird jeder Oszillationsmodus eine Leiter von Zuständen mit Wellenfunktionen $\chi_{j(n_j)}$ und Energien haben

$$E_{j(n_j)} = \left(n_j + 1/2\right)h\nu_j, \tag{3.47}$$

wo $n_j = 0, 1, 2\ldots$

Die Umwandlung der zeitabhängigen Funktion P_j in einen Impulsoperator ist konsistent mit Einsteins Beschreibung von Licht in Form von Teilchen (Photonen), von denen jedes einen Impuls $h\overline{\nu}$ hat (Abschn. 1.6 und Kasten 2.3). Wir können die Quantenzahl n_j in Gl. (3.47) entweder als den speziellen angeregten Zustand, der vom Oszillator j besetzt ist, oder als die Anzahl der Photonen mit Frequenz V_j interpretieren. Die mit einem Photon verbundenen oszillierenden elektrischen und magnetischen Felder können immer noch durch die Gl. (3.41a, b) und (3.42a, b) beschrieben werden, wenn der Amplitudenfaktor E_o entsprechend skaliert wird. Wir werden uns jedoch weniger mit den räumlichen Eigenschaften der Photon-Wellenfunktionen selbst als mit den Matrixelementen des Position operators $\tilde{\mathrm{Q}}$ beschäftigen. Diese Matrixelemente spielen eine zentrale Rolle in der Quantentheorie der Absorption und Emission, wie wir in Kap. 5 diskutieren werden.

Die gesamte Energie eines *Strahlungfeldes* ist die Summe der Energien seiner einzelnen Modi, und nach Gl. (3.47) erhöht sich die Energie jedes Modus mit der Anzahl der Photonen im Modus. Aber wie der harmonische Oszillator hat ein elektromagnetisches Strahlungsfeld eine *Nullpunkt* oder *Vakuumenergie,* wenn jeder Oszillator auf seiner niedrigsten Stufe ist ($n_j = 0$). Da eine Strahlungswelle im freien Raum eine unendliche Anzahl von verschiedenen Oszillation Frequenzen haben könnte, scheint die gesamte Nullpunktenergie des Universums unendlich zu sein, was ein unsinniges Ergebnis zu sein scheint. Eine Möglichkeit, diesem Dilemma zu entkommen, wäre zu argumentieren, dass das Universum begrenzt ist, so dass es so etwas wie völlig freien Raum nicht gibt. In diesem Bild wird die Nullpunktenergie des Universums zu einer unbekannten, aber endlichen Konstanten. Wir können jedoch die Nullpunktenergie jedes Oszillationsmodus auf Null setzen, indem wir einfach eine Konstante ($h\nu_j/2$) vom Hamiltonian der Gl. (3.45) abziehen, wodurch die mit jedem Modus verbundene Energie wird

$$E_{j(n_j)} = n_j h\nu_j. \tag{3.48}$$

Dies ist eine gängige Praxis für andere Arten von Energie, die in Bezug auf einen beliebigen bequemen Bezug ausgedrückt werden können. Die relativistische Ruheenergie mc^2, zum Beispiel, wird in Diskussionen über die nichtrelativistische

Energie eines Teilchens normalerweise weggelassen. Siehe [2, 4, 20] für eine weitere Diskussion dieses Punktes.

Der Nullpunkt Eigenzustand ist ein kritisches Merkmal der Quantentheorie. Überraschenderweise deutet es darauf hin, dass ein Strahlungsfeld möglicherweise mit einem Molekül interagiert, selbst wenn die Anzahl der Photonen im Feld null ist! In Kap. 5 werden wir diskutieren, wie diese Wechselwirkung zur Fluoreszenz führt. Dort werden wir auch sehen, dass die meisten Übergänge zwischen verschiedenen Zuständen eines Strahlungsfeldes die Energie des Feldes um $\pm h\nu_j$ ändern und zur Entstehung oder zum Verschwinden eines einzelnen Photons führen. Die Identifizierung der Quantenzustände des Strahlungsfeldes mit denen von harmonischen Oszillatoren ermöglicht es, die Matrixelemente für solche Übergänge zu bewerten.

Experimentelle Belege für die Existenz des Vakuumstrahlungsfeldes stammen von Beobachtungen des *Casimir-Effekts*. Erstmals vorhergesagt vom niederländischen Physiker H. Casimir im Jahr 1948, handelt es sich dabei um eine anziehende Kraft zwischen reflektierenden Objekten in einem Vakuum. Betrachten Sie zwei polierte quadratische Platten mit parallelen Flächen, die durch die Entfernung L getrennt sind. Stehende Wellen in der Lücke zwischen den Platten müssen Wellenlängen von $L/2n$ haben, wobei n eine positive ganze Zahl ist. Da die Anzahl solcher möglichen Strahlungsmodi proportional zu L ist, verringert sich die Gesamtenergie des Vakuumfeldes, wenn die Platten näher zusammenrücken. Die anziehende Kraft wurde für Objekte verschiedener Formen gemessen und stimmt gut mit den Vorhersagen [21–23] überein.

Die Tatsache, dass sie ganzzahligen Spin haben ($m_s = \pm 1$), impliziert, dass Photonen der Bose-Einstein-Statistik (Kasten 2.6) gehorchen. Dies bedeutet, dass eine beliebige Anzahl von Photonen die gleiche Energie ($h\nu$) und räumliche Eigenschaften haben kann und umgekehrt, dass ein einzelner Strahlungsmodus eine beliebige Anzahl von Photonen haben kann. Die Ansammlung vieler Photonen in einem einzigen Strahlungsmodus ermöglicht die kohärente Strahlung, die von Lasern ausgesendet wird.

Neben der Erklärung für die Quantisierung der Strahlung führte Dirac eine relativistische Theorie der Elektronen ein. Aber selbst mit diesen Fortschritten ließ die Quantentheorie zu diesem Zeitpunkt grundlegende Fragen offen, einschließlich des Mechanismus, durch den geladene Teilchen auf Distanz in einem Vakuum interagieren. Was bedeutet es zu sagen, dass ein Elektron ein elektromagnetisches Feld erzeugt? Eine Antwort auf diese Frage kam aus der Arbeit von R. Feynman, J. Schwinger und S.-I.Tomonaga in den 1950er Jahren. In der Theorie der *Quantenelektrodynamik,* die aus diesen Studien hervorging, interagieren geladene Teilchen durch den Austausch von Photonen, und die Ladung eines Teilchens ist ein Maß für seine Tendenz, Photonen zu absorbieren oder auszusenden. Allerdings werden Photonen, die sich von einem Teilchen zu einem anderen bewegen, als „virtuelle" Photonen bezeichnet, weil sie nicht abgefangen und direkt gemessen werden können.

Im Gegensatz zu den Prinzipien der klassischen Optik behauptet die Theorie der Quantenelektrodynamik, dass Photonen nicht unbedingt in geraden Linien reisen. Um die Wahrscheinlichkeit zu finden, dass ein Photon von Punkt A zu Punkt B bewegt, müssen wir die Amplituden der Wellenfunktionen für alle möglichen Pfade zwischen den beiden Punkten summieren, einschließlich sogar umständlicher Routen über entfernte Galaxien und Pfade, in denen das Photon vorübergehend in ein Elektron-Positron-Paar aufspaltet. Obwohl es eine unendliche Anzahl von Pfaden zwischen zwei Punkten gibt, heben destruktive Interferenzen die meisten Beiträge von allen indirekten Pfaden auf, wobei nur kleine (aber manchmal signifikante) Korrekturen zu den Gesetzen der klassischen Optik und Elektrostatik übrig bleiben. Dies liegt daran, dass kleine Unterschiede zwischen den indirekten Routen große Auswirkungen auf die Gesamtlängen der Pfade haben, was Phasenverschiebungen der Oszillationen verursacht, die Photonen, die diese Routen nehmen, am Zielort beitragen. Feynman [24] hat eine verständliche Einführung in die Theorie der Quantenelektrodynamik gegeben. Für vollständigere Behandlungen siehe [25–27].

3.5 Überlagerungszustände und Interferenzeffekte in der Quantenoptik

Abschn. 2.2.1 und 2.3.2 führten die Idee eines Überlagerungszustandes ein, dessen Wellenfunktion eine lineare Kombination von zwei oder mehr Eigenfunktionen mit festen Phasen ist. Wir haben dort behauptet, dass ein System durch eine solche lineare Kombination beschrieben werden muss, wenn es nicht eindeutig einem individuellen Eigenzustand zugeordnet werden kann. Die Interferenz Begriffe in Erwartungswerten für Superpositionszustände führen zu einigen der faszinierendsten Aspekte der Quantenoptik, einschließlich der Streifen in Youngs klassischen Doppelspaltexperimenten. Abb. 3.8A zeigt ein Experiment, das den Punkt gut veranschaulicht [28–34]. Das Gerät wird als Mach-Zender Interferometer bezeichnet. Photonen treten in das Interferometer oben links ein und werden von einem Paar von Photonenzählern, D1 und D2, erfasst. Die Lichtintensität ist so gering, dass sich zu keinem Zeitpunkt mehr als ein Photon im Gerät befindet. BS1 ist ein Strahlteiler, der im Durchschnitt 50 % der Photonen überträgt und die anderen 50 % reflektiert. Die Spiegel M1 und M2 reflektieren alle Photonen, die sie erreichen, zu einem zweiten Strahlteiler (BS2), der wiederum 50 % überträgt und 50 % reflektiert. Wenn der Strahlteiler BS2 entfernt wird, wird ein Photon die Hälfte der Zeit von Detektor D1 und die andere Hälfte von D2 erfasst, genau wie wir es erwarten würden. Wenn einer der beiden Pfade zwischen BS1 und BS2 blockiert ist, kommen die Hälfte der Photonen durch, und wieder werden die Hälfte davon bei D1 und die andere Hälfte bei D2 erfasst. Das scheint auch erwartet. Aber wenn beide Pfade offen sind, werden alle Photonen bei D1 und keine bei D2 erfasst!

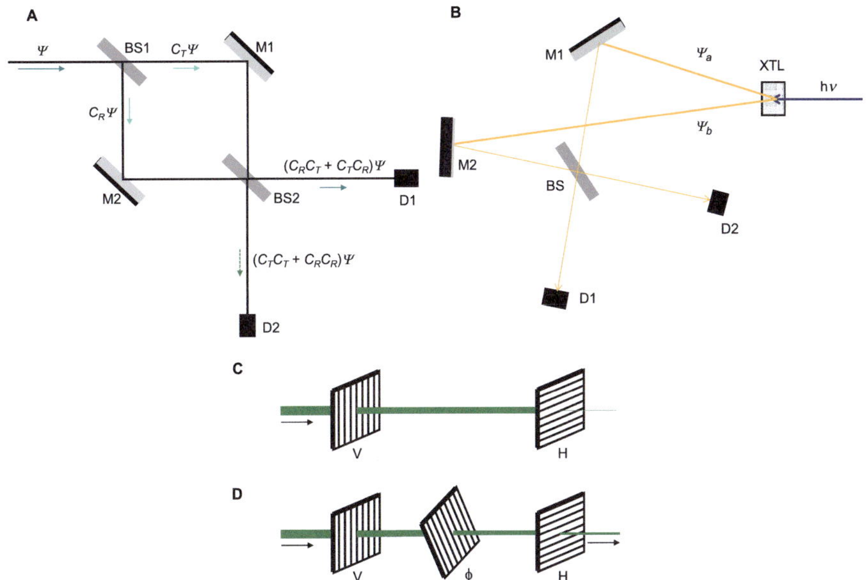

Abb. 3.8 (**A**) Einzelphotonen-Interferenz in einem Mach-Zender Interferometer mit gleichen Armen. Der Lichtstrahl, der in das Interferometer eintritt (*grüne Linie*), trifft auf zwei identische Strahlteiler (*BS*1 und *BS*2), die die Koeffizienten C_T und C_R für Transmission und Reflexion haben ($|C_T|^2 = |C_R|^2 = 1/2$); *M*1 und *M*2 sind Spiegel (100 % reflektierend); und *D*1 und *D*2 sind Photonenzähl-Detektoren. Die Abhängigkeit der Photon-Wellenfunktion Ψ von der Zeit und der Entfernung entlang des optischen Pfades ist nicht explizit angegeben. Wenn BS2 entfernt wird, oder wenn einer der Pfade vor BS2 blockiert wird, werden Photonen mit gleicher Wahrscheinlichkeit bei D1 und D2 erfasst; aber wenn BS2 vorhanden ist und beide Pfade offen sind, werden Photonen nur bei D1 erfasst. (**B**) Zwei-Photonen-Quanteninterferenz. Kurze Lichtpulse mit der Frequenz ν (*dunkelblauer Pfeil*) werden auf einen Kristall mit nichtlinearen optischen Eigenschaften (*XTL*) fokussiert, um Paare von Photonen mit der Frequenz $\nu/2$ (Wellenfunktionen Ψ_a und Ψ_b, *orangefarbene Pfeile*) zu erzeugen, die von Spiegeln (*M*1, *M*2) zu einem 50:50 Strahlteiler (*BS*) und zwei Photonenzähl-Detektoren (*D*1, *D*2) reflektiert werden. Die relativen Längen der Pfade vom Kristall zu D1 und D2 können über eine Verzögerungsbühne wie in Abb. 1.9 skizziert (hier nicht gezeigt) eingestellt werden. Wenn der Strahlteiler entweder beide Photonen reflektiert oder beide Photonen eines gegebenen Paares überträgt, würde man erwarten, dass D1 und D2 jeweils eines der Photonen bekommen; jedoch verhindert Quanteninterferenz dies, es sei denn, die Photonen sind durch ihre Ankunftszeiten oder Polarisationen unterscheidbar. (**C**), (**D**) Nachdem ein unpolarisierter Lichtstrahl durch einen vertikalen Polarisator (*V*) gegangen ist, wird er nicht durch einen horizontalen Polarisator (*H*) gehen. Aber wenn ein Polarisator mit einer Zwischenorientierung (ϕ) zwischen *V* und *H* platziert wird, geht ein Teil des Lichts sowohl durch diesen Polarisator als auch durch *H*

Um dieses überraschende Ergebnis zu erklären, beachten Sie, dass wir, wenn es zwei mögliche Wege gleicher Länge zwischen B1 und B2 gibt, keine Möglichkeit haben zu wissen, welchen Weg ein bestimmtes Photon nimmt. Nach den Vorschriften der Quantenelektrodynamik (Abschn. 3.4) müssen wir daher die Wellenfunktion für ein Photon, das D1 oder D2 erreicht, als Summe der beiden Möglichkeiten schreiben. Nehmen wir an, dass jeder der Strahlteiler Photonen mit einer Wahrscheinlichkeit von $|C_T|^2$ überträgt und Photonen mit einer Wahrscheinlichkeit von $|C_R|^2$ reflektiert. Die Wellenfunktion für Photonen, die D1 erreichen, ist dann die gewichtete Summe:

$$\Psi_{D1} = C_R C_T \Psi + C_T C_R \Psi = (C_R C_T + C_T C_R)\Psi, \tag{3.50a}$$

wo $\Psi(r,t)$ die Wellenfunktion für ein einzelnes Photon ist (Abb. 3.8a). Die Wellenfunktion für Photonen, die D2 erreichen, ist ähnlich,

$$\Psi_{D2} = C_T C_T \Psi + C_R C_R \Psi = (C_T C_T + C_R C_R)\Psi. \tag{3.50b}$$

Wir haben den Koeffizienten für die Reflexion an den Spiegeln M1 und M2 weggelassen, da dieser eine Größe von 1,0 hat und sich in jedem Weg ein Spiegel befindet. Aus den Gl. (3.50a, b) ergibt sich, die Wahrscheinlichkeit, dass ein bestimmtes Photon von D1 gemessen wird,

$$P_{D1} = \langle (C_R C_T + C_T C_R)\,\Psi |\, (C_R C_T + C_T C_R)\Psi \rangle = 4|C_R|^2 |C_T|^2, \tag{3.51a}$$

während die Wahrscheinlichkeit, dass das Photon bei D2 gefunden wird, ist

$$\begin{aligned} P_{D2} &= \langle\, (C_T C_T + C_R C_R)\Psi | (C_T C_T + C_R C_R)\Psi \rangle \\ &= |C_T|^2 |C_T|^2 + |C_R|^2 |C_R|^2 + (C_T * C_R)^2 + (C_R * C_T)^2. \end{aligned} \tag{3.51b}$$

Betrachten Sie nun die Koeffizienten C_T und C_R. Da die Wahrscheinlichkeiten für Reflexion und Transmission an einem 50:50-Strahlteiler gleich sind, wissen wir, dass $|C_T|^2 = |C_R|^2 = 1/2$. Dies lässt jedoch die Möglichkeit offen, dass einer der Koeffizienten imaginär ist, was sich tatsächlich als notwendig erweist. Wären beide Koeffizienten real, hätten wir $C_T = \pm\, C_R = \pm\, 2^{-1/2}$, was bei Einsetzen in die Gl. (3.51a, b) $P_{D1} = P_{D2} = 1$ ergibt. Das kann nicht korrekt sein, da dies bedeutet, dass ein einzelnes Photon mit 100 %iger Sicherheit sowohl bei D1 als auch bei D2 erkannt würde, was den Energieerhaltungssatz verletzt. Der Versuch, $C_T = \pm\, C_R = \pm\, i2^{-1/2}$ (d. h., beide Koeffizienten imaginär zu machen) ergibt das gleiche inakzeptable Ergebnis. Entweder C_T oder C_R, aber nicht beide, müssen daher imaginär sein. Wenn wir wählen, dass C_R imaginär ist, haben wir $C_T = \pm\, 2^{-1/2}$ und $C_R = \pm\, i2^{-1/2}$. Setzen wir diese Werte in die Gl. (3.51a, b) ein, erhalten wir $P_{D1} = 1$ und $P_{D2} = 0$, was mit dem Experiment übereinstimmt.

Das gerade diskutierte Experiment veranschaulicht destruktive quantenmechanische Interferenz in der Wellenfunktion eines einzelnen Photons. Kann ähnliche Interferenz zwischen verschiedenen Photonen auftreten? Um diese Frage zu untersuchen, erzeugten Hong et al. [35] Paare von Photonen, indem sie kurze Lichtpulse aus einem Laser in einen Kristall mit nichtlinearen optischen Eigenschaften fokussierten. Wenn bestimmte Bedingungen für die Übereinstimmung der Phasen des einfallenden und übertragenen Lichts erfüllt sind, kann ein solcher Kristall Photonen mit der einfallenden Frequenz ν in zwei Photonen mit der Frequenz $\nu/2$ „spalten". (Wir werden diese Frequenzverdopplung weiter in Abschn. 3.8 diskutieren.) Hong et al. schickten die beiden Photonen auf getrennte Wege zu einem 50:50-Strahlteiler und weiter zu einem Paar von Detektoren (D1 und

D2), wie in Abb. 3.8B gezeigt. Am Strahlteiler gibt es vier Möglichkeiten. Beide Photonen könnten übertragen werden; beide könnten reflektiert werden; Photon *a* könnte übertragen und Photon *b* reflektiert werden; oder Photon *a* könnte reflektiert und *b* übertragen werden. In den ersten beiden Fällen würden die Detektoren D1 und D2 jeweils ein Photon empfangen; in den dritten und vierten Fällen würde ein Detektor zwei Photonen und der andere keines bekommen. Wenn die Wege vom Kristall zu D1 und D2 unterschiedlich lang sind, haben die vier möglichen Ergebnisse gleiche Wahrscheinlichkeiten. Aber wenn die Wege so eingestellt sind, dass sie gleich sind, passiert etwas Überraschendes: Die beiden Photonen jedes Paares gehen immer zum selben Detektor. Um zu sehen, wie dies geschieht, beachten Sie, dass in den Fällen 3 und 4 (ein Photon übertragen und das andere reflektiert), die Gesamtwellenfunktion, die auf die Detektoren wirkt, als Produkt der einzelnen Wellenformen ($\Psi_a$und Ψ_b) mit den zutreffenden Koeffizienten für Übertragung und Reflexion ($C_R\Psi_a \cdot C_T\Psi_b$ oder $C_T\Psi_a \cdot C_R\Psi_b$) geschrieben werden kann. Das Einsetzen der Werte von C_T und C_R ergibt eine nicht-null Amplitude. Andererseits, wenn die Detektoren die beiden Photonen nicht anhand ihrer Ankunftszeiten, Frequenzen oder Polarisationen unterscheiden können, haben wir keine Möglichkeit, zwischen den Fällen 1 und 2 (beide Photonen übertragen oder beide Photonen reflektiert) zu unterscheiden. Wir müssen daher die Gesamtwellenform für diese Fälle als Summe von $C_T\Psi_a \cdot C_T\Psi_b$ und $C_R\Psi_a \cdot C_R\Psi_b$ schreiben. Die Amplitude dieser Summe ergibt null:

$$\begin{aligned}\Psi &= 2^{-1/2}(C_T\Psi_a C_T\Psi_b \pm C_R\Psi_a C_R\Psi_b) \\ &= 2^{-1/2}\left(2^{-1/2}2^{-1/2} \pm i2^{-1/2}i2^{-1/2}\right)\Psi_a\Psi_b.\end{aligned} \tag{3.52}$$

Zweiphotonen-Quanteninterferenz wird manchmal auf lokale Interferenz der Photonen am Strahlteiler zurückgeführt. Kwiat et al. [36] und Pittman et al. [37] haben jedoch experimentell gezeigt, dass die entscheidende Frage ist, ob die Wellenfunktionen an den Detektoren unterscheidbar sind. Die Photonen müssen nicht gleichzeitig am Strahlteiler sein.

Linear polarisiertes Licht bietet eine weitere anschauliche Darstellung von Überlagerungszuständen in der Quantenoptik. Wie in Abschn. 3.3 diskutiert, kann unpolarisiertes Licht als Mischung von Photonen mit allen möglichen linearen Polarisationen betrachtet werden. Licht, das unter einem Winkel θ zu einer willkürlichen „vertikalen" Achse polarisiert ist, kann als kohärente Überlagerung von vertikal und horizontal polarisiertem Licht mit den Koeffizienten $C_V = \cos(\theta)$ und $C_H = \sin(\theta)$ betrachtet werden:

$$\Psi_\theta = C_V\Psi_V + C_H\Psi_H = \cos(\theta)\Psi_V + \sin(\theta)\Psi_H. \tag{3.53}$$

Die Wahrscheinlichkeit, dass ein Photon mit dieser Polarisation durch einen vertikalen Polarisator hindurchgeht, beträgt $\cos^2(\theta)$. Nach dem Durchgang durch einen solchen Polarisator ist das Licht vollständig in der vertikalen Richtung polarisiert, und die Wahrscheinlichkeit, dass es durch einen horizontalen Polarisator hindurchgeht, ist null (Abb. 3.8C). Wenn jedoch ein Polarisator mit einer anderen

Ausrichtung, ϕ, zwischen den vertikalen und horizontalen Polarisatoren platziert wird, werden Photonen mit der Wahrscheinlichkeit $\cos^2(\phi)$ durch diesen zweiten Polarisator hindurchgehen, und (unter der Annahme, dass $0 < \cos^2(\phi) < 1$) werden einige dieser Photonen nun durch den horizontalen Polarisator hindurchgehen (Abb. 3.8D). Die Interpretation ist, dass das vertikal polarisierte Licht aus einer kohärenten Überlagerung von Licht besteht, das parallel und senkrecht zum zweiten Polarisator polarisiert ist, beide haben eine von null verschiedene Projektion auf die horizontale Achse. Die Intensität des Lichts, das den horizontalen Polarisator passiert, erreicht bei $\phi = 45^\circ$ ihren Höhepunkt, wo sie relativ zur Intensität, die den zweiten Polarisator erreicht, 1/8 beträgt.

Photonen und andere Teilchen können sich in quantenmechanischen Überlagerungszuständen befinden, selbst wenn sie sich auf weit auseinanderlaufenden Pfaden bewegen. Dies geschieht, wenn ein Ca-Atom aus einem hoch angeregten Zustand durch die Emission von zwei Photonen mit paralleler Polarisation zerfällt. Obwohl der Winkel der Polarisation völlig zufällig ist, wenn er für jedes Photon allein gemessen wird, macht eine Messung der Polarisation für eines der Photonen die für das andere Photon vorhersagbar. Paare von Photonen mit ähnlich „verschränkter„ Polarisation können durch Frequenzunterkonversion in nichtlinearen optischen Kristallen erzeugt werden [38, 39]. Die Polarisationen der beiden Photonen sind korreliert, selbst wenn unabhängige Beobachter sie an Orten messen, die so weit auseinander liegen, dass Informationen über das Ergebnis eines Beobachters nicht rechtzeitig den anderen Beobachter erreichen könnten, um das Ergebnis dort zu beeinflussen. Sie bestehen auch dann noch, wenn die Beobachter die Achsen für ihre Messungen ändern, während die Photonen unterwegs sind. Einstein beschrieb eine solche Verschränkung berühmt als „spukhafte Fernwirkung“. In einer Arbeit mit B. Podolsky und N. Rosen [40] illustrierte er das Paradoxon, das die Verschränkung für Eigenschaften darstellt, die durch nichtkommutierende Operatoren wie Position und Impuls bestimmt werden. Nach dem Unschärfeprinzip schließt eine Messung eines der beobachtbaren Größen die genaue Kenntnis der anderen aus. Aber für zwei Teilchen in einem quantenmechanischen Überlagerungszustand bestimmt das Messen einer Eigenschaft für Teilchen 1 offensichtlich auch ihren Wert für Teilchen 2. Indem wir dann die andere Eigenschaft für Teilchen 2 messen, können wir anscheinend die Werte beider beobachtbaren Größen für dieses Teilchen erfahren, was im Widerspruch zum Unschärfeprinzip steht. Einstein, Podolsky und Rosen (EPR) kamen zu dem Schluss, dass Eigenschaften von Teilchen in einem verschränkten Zustand durch „verborgene Variablen“ vorbestimmt sein müssen, die die Quantenmechanik nicht erklärt. Dieser Vorschlag führte zu lebhaften Debatten mit Niels Bohr darüber, ob die Quantenmechanik solche verborgenen Variablen hat, ob eine physikalische Eigenschaft nur dann „real“ wird, wenn sie gemessen wird, und ob die physikalische Realität rein „lokal“ ist oder auch auf Eigenschaften von weit voneinander entfernten Objekten zutreffen kann.

Der nordirische Physiker John S. Bell lieferte 1964 eine Antwort auf das EPR-Paradoxon, als er entdeckte, dass Theorien der lokalen Realität grundsätzlich unvereinbar mit verborgenen Variablen sind [41, 42]. Bell zeigte, dass alle Theorien der streng lokalen Realität mit einer verborgenen Variable Grenzen für statistische Korrelationen zwischen Beobachtungen für ein Paar von Teilchen setzen, aber dass Teilchen in einem quantenmechanischen Überlagerungszustand diese Grenzen überschreiten können. Sein Beweis beinhaltet die Wahrscheinlichkeit, dass, wenn ein Photon durch einen Polarisator mit dem Winkel ϕ hindurchgeht, das andere durch einen Polarisator mit dem Winkel $(\phi+\theta)$ geht. Für eine quantenmechanische Überlagerung hängt diese kombinierte Wahrscheinlichkeit von $\cos^2\theta$ ab. Theorien mit verborgenen Variablen prognostizieren eine lineare Abhängigkeit von θ, was für einige Werte von θ unterschiedliche Ergebnisse liefert. Clauser et al. [43, 44] formulierten Bells Theorem in Bezug auf Korrelationsfunktionen um, die für experimentelle Tests geeignet waren, und John Clauser, Alain Aspect und Anton Zeilinger erhielten den Nobelpreis für Physik 2022 für den Nachweis, dass Photonen in Überlagerungszuständen tatsächlich die von Bells Theorem beschriebenen Grenzen überschreiten [45–47]. In einem Experiment [47] lieferte die Frequenzkonversion von Licht aus einem Argon-Ionen-Laser Paare von Photonen, die über optische Fasern zu Beobachtungsstellen 400 m voneinander entfernt geschickt wurden. Photonen, die die Beobachtungsstellen erreichten, wurden zufällig zwischen zwei Polarisatoren in verschiedenen Ausrichtungen umgewandelt, was vier Korrelationsfunktionen für die Analyse ergab. Obwohl die Ansichten über ihre philosophischen Implikationen immer noch variieren, ist die Quantenverschränkung zu einer Grundlage für Informationsübertragung, Kryptographie und Quantencomputing geworden. Sie wurde auch in Versuchen herangezogen, eine quantenmechanische Theorie der Zeit zu entwickeln [48].

3.6 Brechung, evaneszente Strahlung und Oberflächenplasmonen

Wir betrachten nun im Detail, was mit dem elektrischen Feld und der Bestrahlungsstärke geschieht, wenn ein Lichtstrahl von einem Vakuum in ein brechendes, aber nicht absorbierendes Medium übergeht. Dies führt uns zurück zum Thema Polarisation des Mediums, das wir in Abschn. 3.1.4 eingeführt haben. Von dort aus führt es zu Doppelbrechung und nichtlinearen optischen Effekten, die für die Erzeugung von Laserstrahlung bei neuen Frequenzen wichtig sind.

Zunächst einmal nehmen wir an, dass ein Lichtstrahl mit einer Bestrahlungsstärke I_{inc} auf ein dielektrisches Medium trifft. An der Grenzfläche wird ein Teil der Strahlung übertragen, was zu einer Bestrahlungsstärke I_{trans} führt, die im Medium weiter voranschreitet, während ein Teil mit einer Bestrahlungsstärke I_{refl} reflektiert wird. I_{trans} muss gleich $I_{inc} - I_{refl}$ sein, um den Energiefluss über die Schnittstelle auszugleichen (Abb. 3.9A):

$$I_{\mathrm{trans}} = I_{inc} - I_{refl}. \tag{3.53}$$

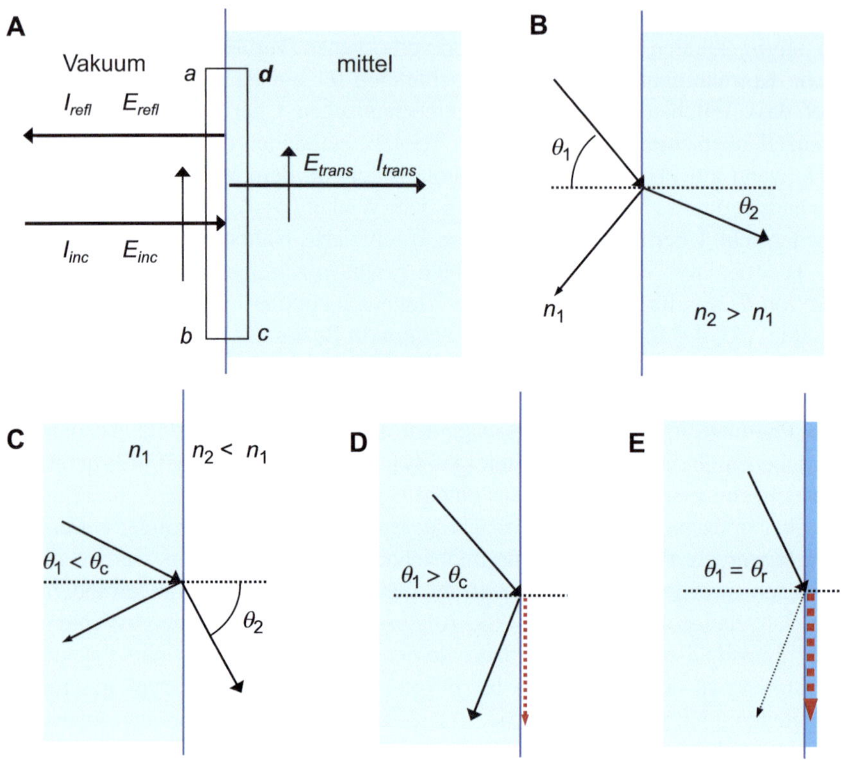

Abb. 3.9 (**A**) Wenn ein Lichtstrahl, der sich in einem Vakuum ausbreitet, in ein brechendes Medium eintritt (*cyanfarbene Schattierung*), muss die einfallende Bestrahlungsstärke (I_{in}) gleich der Summe der übertragenen und reflektierten Bestrahlungsstärken (I_{trans} und I_{refl}) sein. Darüber hinaus muss das elektrische Feld des übertragenen (gebrochenen) Strahls in der Ebene der Schnittstelle ($\boldsymbol{E}_{\text{trans}}$) gleich der Summe der elektrischen Felder der einfallenden und reflektierten Strahlen ($\boldsymbol{E}_{inc} + \boldsymbol{E}_{refl}$) sein, weil das Wegintegral des Feldes über jede geschlossene Schleife null sein muss (Gl. (3.12)). Hier ist der Einfallswinkel normal zur Oberfläche und das Licht ist linear polarisiert, so dass das elektrische Feld parallel zu den Kanten *ab* und *cd* des Rechtecks *abcd* (Vektoren $\boldsymbol{b} - \boldsymbol{a}$ und $\boldsymbol{d} - \boldsymbol{c}$) und senkrecht zu den Kanten *bc* und *ad* ist. Das Wegintegral des Feldes über die Schleife $a \rightarrow b \rightarrow c \rightarrow d \rightarrow a$ ist $(\mathbf{E}_{inc} + \mathbf{E}_{refl}) \cdot (\mathbf{b} - \mathbf{a}) + \mathbf{E}_{\text{trans}} \cdot (\mathbf{d} - \mathbf{c}) = (\mathbf{E}_{inc} + \mathbf{E}_{refl} - \mathbf{E}_{\text{trans}}) \cdot (\mathbf{b} - \mathbf{a}) \cdot$ (B) – (D) Wenn ein Strahl, der sich in einem Medium mit *Brechungsindex* n_1 (*cyanfarbene Schattierung*) ausbreitet, auf eine Grenzfläche mit einem Medium mit Brechungs-Index n_2 (*keine Schattierung*) trifft, ist der Winkel des gebeugten Strahls relativ zur Normalen (θ_2) in Beziehung zum Einfallswinkel (θ_1) durch $n_2 \sin(\theta_2) = n_1 \sin(\theta_1)$ bestimmt. Der Strahl wird zur Normalen hin gebeugt, wenn $n_2 > n_1$ (**B**) und von der Normalen weg, wenn $n_2 < n_1$ (**C**). Totale interne Reflexion tritt auf, wenn $n_2 < n_1$ und $\theta_1 \geq \theta_c$, wobei $\theta_c = \arcsin(n_2/n_1)$ (**D**). In dieser Situation breitet sich eine evaneszente Welle *(gepunkteter roter Pfeil)* entlang der Grenzfläche aus und dringt eine kurze Strecke in das zweite Medium ein. (**E**) Wenn die Oberfläche des Mediums mit dem höheren *Brechungsindex* mit einer halbtransparenten Silberschicht *(dunklere blaue Schattierung)* beschichtet ist und der Einfallswinkel an der Grenzfläche mit dem zweiten Medium einem *Resonanzwinkel* θ_r (θq_r) von etwa 60° entspricht, erzeugt die totale interne Reflexion Oberflächenplasmonen in der Metallbeschichtung, was das evaneszente Feld sehr verstärkt *(stärker gepunkteter roter Pfeil)*

Der Anteil der einfallenden Bestrahlungsstärke, der übertragen wird, hängt vom Einfallswinkel und dem Brechungsindex des Mediums (n) ab. Nehmen wir an, der einfallende Strahl steht senkrecht zur Oberfläche, sodass die elektrischen und magnetischen Felder in der Ebene der Oberfläche liegen. Für Felder in der Ebene der Grenzfläche muss das momentane elektrische Feld auf der Materialseite der Grenzfläche ($\boldsymbol{E}_{trans}$) gleich dem Feld auf der Vakuumseite sein, was die Summe der Felder der einfallenden und reflektierten Strahlen ist ($\boldsymbol{E}_{inc}$ und $\boldsymbol{E}_{refl}$):

$$\boldsymbol{E}_{trans} = \boldsymbol{E}_{inc} + \boldsymbol{E}_{refl} \tag{3.54}$$

Dies folgt aus der Tatsache, dass das Wegintegral des Feldes um jeden geschlossenen Pfad null sein muss (Gl. (3.12) und Abb. 3.9A).

Indem wir Gl. (3.32) verwenden, können wir Gl. (3.53) durch eine zweite Beziehung zwischen den Feldern ersetzen:

$$n|\boldsymbol{E}_{trans}|^2 = |\boldsymbol{E}_{inc}|^2 - \left|\boldsymbol{E}_{refl}\right|^2. \tag{3.54}$$

Durch Eliminieren von $\boldsymbol{E}_{refl}$ aus den Gl. (3.53) und (3.54) erhalten wir

$$\boldsymbol{E}_{trans} = \frac{2}{n+1}\boldsymbol{E}_{inc}. \tag{3.55}$$

Und schließlich, unter erneuter Verwendung von Gl. (3.32),

$$I_{trans} = cn|\boldsymbol{E}_{trans}|^2 \rho_\nu(\nu)/2\pi = \frac{4n}{(n+1)^2} I_{inc}. \tag{3.56}$$

Für einen typischen Brechungsindex von 1,5 für Glas geben die Gl. (3.55–3.56) $|\boldsymbol{E}_{trans}| = 0{,}8|\boldsymbol{E}_{vac}|$ und $I_{trans} = 0{,}96 I_{vac}$.

Der gleiche Ansatz kann für andere Einfallswinkel verwendet werden, um das Snell'sche Gesetz zu erzeugen, das den Winkel des gebrochenen Strahls mit dem Brechungsindex in Beziehung setzt [6]. Im Allgemeinen, wenn Licht von einem nicht absorbierenden Medium mit Brechungsindex n_1 zu einem zweiten nicht absorbierenden Medium mit Brechungsindex n_2 übergeht,

$$n_2 \sin\theta_2 = n_1 \sin\theta_1, \tag{3.57}$$

wo θ_1 und θ_2 die Winkel der einfallenden und gebrochenen Strahlen relativ zu einer Achse senkrecht zur Oberfläche sind. Wenn $n_2 > n_1$, wird der gebrochene Strahl zur Normalen hingebogen (Abb. 3.5B); wenn $n_2 < n_1$, wird er weggebogen (Abb. 3.5C). Für $n_2 < n_1$ wird der Strahl parallel zur Grenzfläche ($\theta_2 = 90°$) gebeugt, wenn der Einfallswinkel den „kritischen Winkel" θ_c erreicht, der durch $\sin\theta_c = n_2/n_1$ definiert ist. Werte von $\theta_1 > \theta_c$ führen zu *totaler interner Reflexion*: Die gesamte einfallende Strahlung wird an der Grenzfläche reflektiert und kein Strahl setzt sich durch das zweite Medium fort (Abb. 3.5D). Der kritische Winkel beträgt etwa 61,1° an einer Glas/Wasser Grenzfläche ($n_1 = 1{,}52$ und $n_2 = 1{,}33$) und 41,1° an einer Glas/Luft Grenzfläche.

Da die elektrischen und magnetischen Felder über die Grenzfläche hinweg kontinuierlich sein müssen, muss die Strahlung auch im Falle der totalen internen Reflexion eine endliche Strecke in das zweite Medium eindringen. Konstruktive Interferenz der einfallenden und reflektierten Felder in dieser Situation erzeugt eine Welle von *evaneszenter* („verschwindender") *Strahlung,* die parallel zur Grenzfläche propagiert, aber schnell in der Amplitude jenseits der Grenzfläche abfällt. Der Abfall des Feldes mit der Entfernung (z) im zweiten Medium wird durch $\boldsymbol{E} = \boldsymbol{E}_0 \exp(-z/d)$ mit $d = \left(n_1^2 \sin^2\theta_1 - n_2^2\right)^{-1/2} \lambda_1/4\pi$ gegeben, was typischerweise eine Eindringtiefe von etwa 500 bis 1000 nm ergibt [49, 50]. Für Einfallswinkel, die etwas größer als θ_c sind, gilt $\boldsymbol{E}_o \approx \boldsymbol{E}_{inc} + \boldsymbol{E}_{refl} \approx 2\boldsymbol{E}_{inc.}$. Die Intensität der evaneszenten Strahlung bei $z = 0$ ist daher etwa viermal so hoch wie die der einfallenden Strahlung. Die Intensität nimmt allmählich ab, wenn der Einfallswinkel über θ_c erhöht wird.

Die Existenz von flüchtiger Strahlung kann durch die Auswirkungen von Objekten in dem zweiten Medium nahe der Grenzfläche nachgewiesen werden. Wenn beispielsweise ein drittes Medium mit einem höheren Brechungsindex nahe der Grenzfläche zwischen den ersten und zweiten Materialien platziert wird, kann die Strahlung durch die Barriere, die das zweite Medium darstellt, hindurchtunneln. Dieser Prozess, genannt *abgeschwächte Totalreflexion*, ist im Wesentlichen das gleiche wie das Tunneln eines Elektrons zwischen zwei Potentialtöpfen, die durch eine Region höheren Potentials getrennt sind (Abschn. 2.3.2). Es wird gesagt, dass Isaac Newton das Phänomen entdeckte, als er eine konvexe Linse gegen die innen reflektierende Fläche eines Prismas legte: Der Lichtfleck, der in die Linse eintrat, war größer als der Punkt, an dem sich die beiden Glasflächen berührten. Wie wir in Kap. 5 diskutieren werden, kann evaneszente Strahlung auch Fluoreszenz von Molekülen anregen, die nahe an der Grenzfläche liegen. Ein absorbierendes Medium befolgt jedoch nicht das Snell'sche Gesetz, da für ebene Wellen, die das Medium unter einem anderen als dem normalen Einfallswinkel betreten, die Amplitude des eingedrungenen Lichts nicht konstant über einer Wellenfront konstanter Phase ist.

Ein auffälliges Phänomen, genannt *Oberflächenplasmonresonanz,* kann an einer Grenzfläche zwischen Glas und einem Medium wie Luft oder Wasser auftreten, wenn das Glas mit einer teilweise transparenten Schicht aus Gold oder Silber beschichtet ist (Abb. 3.5E). Wenn der Einfallswinkel über θ_c erhöht wird, tritt die Totalreflexion des Lichts zurück in das Glas zuerst auf, genau wie an einer unbeschichteten Oberfläche. Aber bei einem Winkel von etwa 56° (der genaue Wert hängt von der Wellenlänge, der Metallbeschichtung und den Brechungsindizes der beiden Medien ab), fällt die Intensität des reflektierten Strahls fast auf null und evaneszente Strahlung mit einer Intensität, die bis zu 50 Mal höher ist als die der einfallenden Strahlung, kann im Wasser oder in der Luft auf der anderen Seite der Grenzfläche nachgewiesen werden [51–54]. Die starke evaneszente Strahlung spiegelt Bewegungen von Elektronenwolken („Plasmon Oberflächenpolaritonen" oder kurz „Oberflächenplasmonen") im Leitungsband des Metalls wider, und der Verlust des reflektierten Strahls am Resonanzwinkel resultiert aus destruktiver Interferenz der reflektierten und Oberflächenwellen [55]. In Analogie zu den gemeinsamen Schwingungsbewegungen, die ein Phonon bilden, bezieht sich der Begriff „Plasmon" auf eine kohärente Schwingung der Elektronenwolke bei einer bestimmten Frequenz. Plasmonen ähneln Photonen und Phononen darin, dass sie Schwingungsmoden mit quantisierten Frequenzen haben, und auch darin, dass sie Bosonen sind, in dem Sinne, dass eine metallische Oberfläche oder ein Partikel mehrere Plasmonen gleichzeitig unterstützen kann. Strahlung mit einer bestimmten Frequenz kann Oberflächen-Plasmonmoden in Resonanz mit dieser Frequenz anregen. Die Querschnitte für solche Anregungen sind besonders groß in metallischen *Nanopartikeln* mit Durchmessern kleiner als die Wellenlänge der Strahlung [56, 57].

Wechselwirkungen von Oberflächenplasmonen mit Molekülen nahe einer metallischen Oberfläche können durch ihre Fluoreszenz, ihre stark verstärkte Raman-Streuung oder ihre Auswirkungen auf den Resonanzwinkel erkannt werden. Wenn ein Antigen oder ein anderes Protein an die beschichtete Oberfläche gebunden ist, können Änderungen in der Amplitude oder im Winkel der Oberflächen-Plasmonen Resonanz quantitativ analysiert werden, um schnelle Assays der Konzentration oder Bindungseigenschaften von Antikörpern oder anderen Makromolekülen in einer über die Oberfläche fließenden Test-Lösung durchzuführen [58]. Besonders intensive Felder von Oberflächenplasmonen können in kolloidalem Gold oder Silber, metallbeschichteten Nanopartikeln, die klein im Vergleich zur Wellenlänge der Strahlung sind, und auch in mikroskopisch strukturierten Oberflächen, die durch Lithographie hergestellt wurden, erzeugt werden [57, 59–61]. Plasmonen in metallischen Nanopartikeln, die viel kleiner als die Anregungswellenlänge sind, verteilen sich über das gesamte Partikel und werden, da sie sich nicht ausbreiten, als „lokalisierte Oberflächenplasmonen" (LSPs) bezeichnet. Die Resonanzbedingung eines LSP hängt von der Größe des Nanopartikels und der Dielektrizitätskonstante des umgebenden Mediums ab. Sphärische Gold-Nanopartikel haben eine starke LSP-Resonanzbande nahe 520 nm, die sich rotverschiebt, wenn entweder die Größe des Partikels oder die Dielektrizitätskonstante des Mediums zunimmt [61, 62]. Die verbesserte Empfindlichkeit von Assays auf nanostrukturierten metallischen Oberflächen resultiert aus der lokalen Feldverstärkung an Kanten und Spitzen auf der Oberfläche. Verstärkungen des Feldes um Faktoren bis zu 10^3 wurden zwischen Nanopartikeln beobachtet, die etwa 1 nm voneinander getrennt sind [63]. Die plasmonische Feldverstärkung nimmt mit der dritten Potenz des Abstands von der Oberfläche ab, wodurch Assays, die von dem Feld abhängen, hochselektiv für Moleküle sind, die direkt an das Nanopartikel binden oder innerhalb der ersten wenigen Solvatisierungsschichten über der Oberfläche liegen [64].

3.7 Die klassische Theorie der dielektrischen Dispersion

In der klassischen Physik werden dielektrische Medien modelliert, indem man Elektronen betrachtet, die durch eine Kraft (k) an ihre mittlere Position gebunden sind, die linear mit der Verschiebung (x) von dieser Position zunimmt. Die potenzielle Energie des Elektrons ist dann proportional zu x^2 (eine parabolische

Funktion von x) und die Schwingungen des Elektrons um das Energieminimum werden als *harmonisch* bezeichnet. Die klassische Bewegungsgleichung für ein solches Elektron lautet

$$m_e \frac{d^2x}{dt^2} + g\frac{dx}{dt} + kx = 0, \tag{3.58}$$

wo m_e die Elektronenmasse und g eine Dämpfungskonstante ist. Der Dämpfungsfaktor wird berücksichtigt, um den Energieverlust als Wärme zu berücksichtigen, der in der klassischen Theorie von der Geschwindigkeit des Elektrons abhängt. Die Lösung zu Gl. (3.58) ist $x = \exp(i\omega_0 t - \gamma t/2)$ mit $\gamma = g/m_e$ und $\omega_o = (k/m_e - \gamma^2/4)^{1/2}$, oder $\omega_o \approx (k/m_e)^{1/2}$ wenn γ klein ist. Die Verschiebung führt also gedämpfte Schwingungen bei der Frequenz ω_o aus, die bei langen Zeiten gegen null abklingen.

Ein externes elektromagnetisches Feld $\boldsymbol{E}(t)$ mit der Winkelfrequenz ω stört die Positionen der Elektronen und erzeugt ein oszillierendes Polarisationsfeld $\boldsymbol{P}(t)$, das zum Gesamtfeld beiträgt. Die Bewegungsgleichung für ein Elektron unter diesen Bedingungen wird dann

$$m_e \frac{d^2x}{dt^2} + g\frac{dx}{dt} + kx = e\boldsymbol{E}(t) + \frac{4\pi}{3}e\boldsymbol{P}(t), \tag{3.59}$$

wo e die Elektronenladung ist. Die Gesamtpolarisation für ein Einheitsvolumen homogenen Materials ist proportional zur Anzahl der Elektronen in diesem Volumen (N), der Elektronenladung und der zeitabhängigen Verschiebung:

$$\boldsymbol{P}(t) = x(t)eN \tag{3.60}$$

Die Kombination der Gl. (3.59) und (3.60) ergibt eine Differentialgleichung für $\boldsymbol{P}(t)$ mit der folgenden Lösung, wenn γ klein ist [4]:

$$\boldsymbol{P}(t) = \left(\frac{Ne^2}{3m_e}\right) \frac{\boldsymbol{E}(t)}{(\omega_o)^2 - \omega^2 - \left(4\pi Ne^2/3m_e\right) + i\gamma\omega}. \tag{3.61}$$

Nach diesem Ausdruck schwingt $\boldsymbol{P}$ mit der gleichen Frequenz wie $\boldsymbol{E}$, aber mit einer Amplitude, die eine komplexe Funktion der Frequenz ist. Die komplexe Suszeptibilität (χ_e) wird als Verhältnis der Polarisation zum Feld definiert:

$$\chi_e(\omega) = \boldsymbol{P}(t)/\boldsymbol{E}(t) = \left(\frac{Ne^2}{3m_e}\right) \frac{1}{(\omega_o)^2 - \omega^2 - \left(4\pi Ne^2/3m_e\right) + i\gamma\omega}. \tag{3.62}$$

Das oben beschriebene schwingende Elektron hat eine *Oszillatorstärke* gleich Eins, was bedeutet, dass es *genauso* auf das elektrische Lichtfeld reagiert, wie es die klassische Physik vorhersagt. Aus heutiger Sicht ist die Stärke des Oszillators das Verhältnis der tatsächlichen Reaktion eines Elektrons, wie sie durch die von uns in Kap. 4 entwickelte quantenmechanische Behandlung erklärt wird, relativ zur klassischen Vorhersage (siehe Gl. 4.18). Die klassische Theorie geht davon aus, dass jedes Molekül in einem dielektrischen Medium eine gewisse Anzahl von S Oszillationsfrequenzen (ω_s), Dämpfungsfaktoren (γ_s) und dimensionslosen Oszillatorstärken (O_s) haben könnte, wobei die möglichen Werte von O_s von 0 bis 1 reichen [4]. Um verschiedene Werte von O_s zu ermöglichen, kann eine charakteristische Reaktionsfrequenz Ω_s für jede Oszillationsfrequenz definiert werden, indem man schreibt

$$(\Omega_s)^2 = (\omega_s)^2 - \left(\frac{4\pi N_m e^2}{3m_e}\right) O_s, \tag{3.63}$$

wo N_m die Anzahl der Moleküle pro Einheitsvolumen ist. Die komplexe Suszeptibilität wird dann zu einer gewichteten Summe der S Oszillatorstärken:

$$\chi_e = \left(\frac{N_m e^2}{m_e}\right) \sum_{s=1}^{S} \frac{\boldsymbol{O}_s}{(\Omega_s)^2 - \omega^2 + i\gamma_s\omega}. \tag{3.64}$$

Die Gl. (3.64) ist die grundlegende Gleichung der klassischen Dispersionstheorie [4]. Da χ_e mit der Hochfrequenz-Dielektrizitätskonstante von Gl. (3.30) zusammenhängt und die Hochfrequenz-Dielektrizitätskonstante das Quadrat des Brechungsindex ist, scheint es, dass die Dielektrizitätskonstante und der Brechungsindex ebenfalls als komplexe Größen behandelt werden sollten. Um dies zu verdeutlichen, schreiben wir die Gl. (3.19) und (3.30) unter Verwendung von ε_c und n_c um, um die komplexe Dielektrizitätskonstante und den Brechungsindex von ε und n, den bekannteren, realen Größen, die für nicht absorbierende Medien gelten, zu unterscheiden:

$$(n_c)^2 = \varepsilon_c = 1 + 4\pi\chi_e. \tag{3.65}$$

Die Bedeutung des komplexen Brechungsindex wird klarer, wenn wir betrachten, was passiert, wenn eine ebene Welle monochromatischen Lichts von einem Vakuum in ein absorbierendes, aber nicht streuendes dielektrisches Medium eindringt. Wenn die Ausbreitungsachse (y) normal zur Oberfläche ist, kann das elektrische Feld an der Grenzfläche geschrieben werden als

$$\boldsymbol{E} = \boldsymbol{E}_o \exp\left[i(\omega t - \kappa y)\right] + \boldsymbol{E}_o \exp\left[-i(\omega t - \kappa y)\right], \tag{3.66}$$

wo ω die Winkelgeschwindigkeit, $\kappa = n\omega/c$ ist, und n der gewöhnliche Brechungsindex ist. Nach dem Lambert'schen Gesetz (Gl. (1.3)) wird die Intensität des Lichts exponentiell mit der Position abnehmen, während der Strahl durch das Medium bewegt. Wenn die Absorption A ist, fällt die Amplitude des elektrischen Feldes mit $\exp(-ay)$ ab, wobei $a = A\ln(10)/2$. Das Feld im Medium ist also

$$\boldsymbol{E} = \boldsymbol{E}_o \exp\left[i(\omega t - \kappa y) - ay\right] + \boldsymbol{E}_o \exp\left[-i(\omega t - \kappa y) - ay\right]$$

$$= \boldsymbol{E}_o \exp\left\{i\omega\left[t - \frac{n}{c}\left(1 - i\frac{a}{\kappa}\right)y\right]\right\} + \boldsymbol{E}_o \exp\left\{-i\omega\left[t - \frac{n}{c}\left(1 - i\frac{a}{\kappa}\right)y\right]\right\}$$

$$= \boldsymbol{E}_o \exp\left\{i\omega\left[t - \frac{n_c}{c}y\right]\right\} + \boldsymbol{E}_o \exp\left\{-i\omega\left[t - \frac{n_c{}^*}{c}y\right]\right\}, \tag{3.67}$$

wo

$$n_c = n - i(n/\kappa)a = n - i(c/\omega)a. \tag{3.68}$$

Die Gl. (3.68) zeigt, dass der imaginäre Teil von n_c proportional zu a und somit zur Absorption ist, während sich der reale Teil von n_c auf die Brechung bezieht. Der reale Teil von n_c kann jedoch nicht in Snells Gesetz verwendet werden, um den Brechungswinkel für Licht zu berechnen, das in ein absorbierendes Medium eintritt, weil Snells Gesetz in Anwesenheit von Absorption nicht gilt.

Untersuchen wir das Verhalten des komplexen Brechungsindex im Bereich einer Absorptionsbande, die einen einzelnen Oszillator mit natürlicher Frequenz ω_s und Dämpfungskonstante γ_s darstellt. Wenn ω_s weit von den Frequenzen der anderen Oszillatoren im Medium entfernt ist, können wir die Gl. (3.64) und (3.65) umschreiben als

$$(n_c)^2 = (n_o)^2 + 4\pi\left(\frac{Ne^2}{m_e}\right)\frac{\boldsymbol{O}_s}{(\Omega_s)^2 - \omega^2 + i\gamma_s\omega}, \tag{3.69}$$

wo n_o der Beitrag aller anderen Oszillatoren zum realen Teil von n_c ist. Es wird angenommen, dass die Absorption durch diese anderen Oszillatoren über den Frequenzbereich von Interesse vernachlässigbar ist. Wenn wir die Annäherungen $\omega \approx \Omega_s$ and $\Omega_s^2 - \omega^2 = (\Omega_s + \omega)(\Omega_s - \omega) \approx 2\Omega_s(\Omega_s - \omega)$ machen, erhalten wir

$$(n_c)^2 = (n_o)^2 + \left(\frac{4\pi Ne^2\boldsymbol{O}_s}{m_e\Omega_s}\right)\frac{1}{2(\Omega_s - \omega) + i\gamma_s\omega}$$

$$= (n_o)^2 + \left(\frac{4\pi Ne^2\boldsymbol{O}_s}{m_e\Omega_s}\right)\left[\frac{2(\Omega_s - \omega)}{4(\Omega_s - \omega)^2 + (\gamma_s)^2} - i\frac{\gamma_s}{4(\Omega_s - \omega)^2 + (\gamma_s)^2}\right]. \tag{3.70}$$

Aus Gl. (3.68) haben wir auch

$$(n_c)^2 = n^2 - (ca/\omega)^2 - 2i(ca/\omega). \tag{3.71}$$

Das Gleichsetzen der realen und imaginären Teile der Gl. (3.70) und (3.71) ergibt

$$n^2 - (ca/\omega)^2 - (n_o)^2 = \left(\frac{8\pi Ne^2\boldsymbol{O}_s}{m_e\Omega_s}\right)\left[\frac{\Omega_s - \omega}{4(\Omega_s - \omega)^2 + (\gamma_s)^2}\right] \tag{3.72}$$

und

$$ca/\omega = \left(\frac{2\pi Ne^2\boldsymbol{O}_s}{m_e\Omega_s}\right)\left[\frac{\gamma_s}{4(\Omega_s - \omega)^2 + (\gamma_s)^2}\right]. \tag{3.73}$$

Wenn $(n - n_o)$ und ca/ω klein im Vergleich zu n_o sind, ist die linke Seite der Gl. (3.72) ungefähr gleich $2n_o(n - n_o)$, und

$$n \approx n_o + \left(\frac{4\pi Ne^2\boldsymbol{O}_s}{n_o m_e \Omega_s}\right)\left[\frac{\Omega_s - \omega}{4(\Omega_s - \omega)^2 + (\gamma_s)^2}\right]. \tag{3.74}$$

Abb. 3.10A zeigt Diagramme von ca/ω und $n - n_o$ wie durch die Gl. (3.73) und (3.74) gegeben. In Übereinstimmung mit dem Experiment sagt die Theorie voraus, dass der Beitrag des Oszillators zum Brechungsindex mit der Frequenz unterhalb des Absorptionsmaximums bei Ω_s zunimmt, dann aber das Vorzeichen wechselt. Die Umkehrung der Steigung in der Nähe des Absorptionsmaximums ist als *anomale Dispersion* bekannt. Die klassische Dispersions-Theorie reproduziert auch die Lorentz-Form einer homogenen Absorptionslinie.

In spektralen Bereichen, die weit von jeglichen Absorptionsbande entfernt sind, fällt der Ausdruck $i\gamma_s\omega_s$ in Gl. (3.64) weg und der Brechungsindex wird rein real. Die vorhergesagte Frequenzabhängigkeit des Brechungsindex wird dann

$$n^2 - 1 = \left(\frac{4\pi N_m e^2}{m_e}\right)\sum_{s=1}^{S}\frac{\boldsymbol{O}_s}{(\Omega_s)^2 - \omega^2}. \tag{3.75}$$

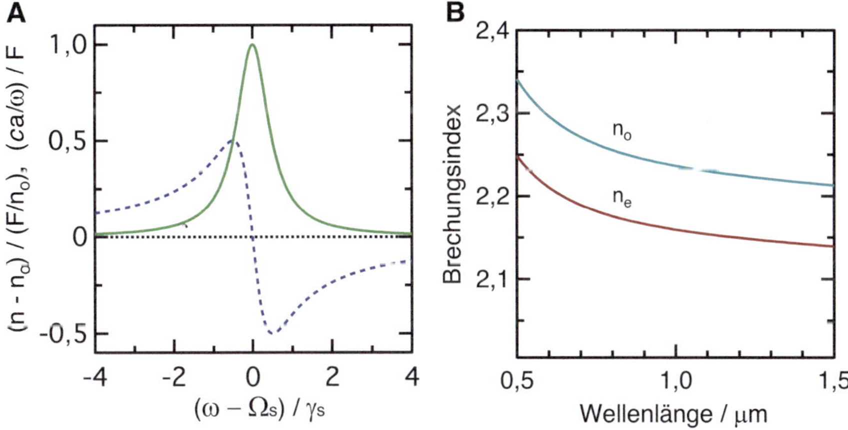

Abb. 3.10 (**A**) Diagramme der Absorption (*ca/ω, durchgezogene grüne Kurve*) und des Brechungsindex (*n – n$_o$, gestrichelte blaue Kurve*) als Funktionen der Winkelgeschwindigkeit (ω) im Bereich einer Absorptionsbande zentriert um die Frequenz Ω_s, wie von der klassischen Theorie der dielektrischen Dispersion (Gl. (3.73, 3.74)) vorhergesagt. Die Frequenzen sind relativ zur Dämpfungskonstante γ_s; ca/ω, relativ zum Faktor $F = 2\pi Ne2f_s/m_e\Omega_s$; und $(n - n_o)$, relativ zum Faktor F/n_o. (**B**) Brechungsindizes von kristallinem Lithiumniobat als Funktionen der Wellenlänge für Licht, das sich entlang der ordentlichen (n_o, *cyanfarbene Kurve*) oder außerordentlichen (n_e, *rot*) Achsen ausbreitet. Die Kurven wurden durch eine dreitermige Sellmeier Gleichung mit Koeffizienten erzeugt, die die gemessenen Brechungsindizes reproduzieren [82]

Brechungsindizes experimentell gemessen (wiederum, für Frequenzen fern von Absorptionsbanden) können gut angepasst werden, indem zwei oder drei Ausdrücke in die Summe einbezogen und die Werte von O_s und Ω_s phänomenologisch angepasst werden (Abb. 3.10B). Die empirische Beziehung $n^2 = 1 + \sum_{s=1}^{S} A_s / \left(B_s - \omega^2\right)$ mit einstellbaren Koeffizienten A_S und B_S ist bekannt als die *Sellmeier Gleichung* nach Wilhelm Sellmeier, der sie 1872 vorschlug. Die Quantentheorie der elektrischen Suszeptibilität wird in Kasten 12.1 diskutiert.

3.8 Nichtlineare Optik

Die klassische Theorie, die in den vorherigen Abschnitten beschrieben wird, betrachtet ein lineares Dielektrikum, in dem die Polarisation des Mediums (***P***) direkt proportional zum elektrischen Feld (***E***) ist (Gl. 3.29). Diese Linearität kann bei hohen Feldstärken zusammenbrechen und Komponenten offenbaren, die vom Quadrat oder höheren Potenzen von ***E*** abhängen. Die Polarisation wird dann eine Summe von Ausdrücken,

$$\boldsymbol{P} = \chi^{(1)}\boldsymbol{E} + \chi^{(2)}\boldsymbol{E}^2 + \chi^{(3)}\boldsymbol{E}^3 \cdots, \tag{3.76}$$

mit Koeffizienten $\chi^{(1)}$, $\chi^{(2)}$ und $\chi^{(3)}$ genannt die Suszeptibilitäten erster-, zweiter- und dritter Ordnung. Wenn die Feldstärke mit der Frequenz ω oszilliert, wird die Komponente zweiter Ordnung von $_{\boldsymbol{P}}$ als $\cos^2\omega t$ oszillieren, und weil $\cos^2\omega = [1 + \cos(2\omega)]/2$, führt dieser Ausdruck zu Oszillationen der Polarisation mit der doppelten Grundfrequenz. Weil $\cos^3\omega = [3\cos\omega + \cos(3\omega)]/4$, führt der Term dritter Ordnung zu Oszillationen mit 3ω. Weiterhin, wenn das Strahlungsfeld zwei Frequenzen, ω_1 und ω_2b, einschließt, kann der Term zweiter Ordnung zu Oszillationen von bei $\omega_1 \pm \omega_2$ führen. Studien über nichtlineare spektroskopische Phänomene erschienen mit der Entwicklung von gepulsten Lasern, die elektromagnetische Felder liefern können, die stark genug sind, um sogar Terme so hoch wie $\chi^{(5)}$ ins Spiel zu bringen [65–71].

Quantenmechanische Behandlungen, wie Strahlungsfelder mit Materie interagieren, werden in späteren Kapiteln vorgestellt. Obwohl diese Behandlungen die klassische Theorie weitgehend ersetzt haben, führt die klassische Behandlung zu mehreren Schlussfolgerungen, die für die Laseranwendungen der nichtlinearen Spektroskopie, die wir in den Abschn. 3.9 und 3.10 des vorliegenden Kapitels und in Kap. 4 diskutieren, relevant sind. Der wichtigste Punkt ist, dass die oszillierenden induzierten Dipole, die durch die Polarisation eines dielektrischen Mediums erzeugt werden, selbst als eine Strahlungsquelle dienen können. Induzierte elektrische Dipole, die mit Frequenzen oszillieren, die nicht der Grundfrequenz der Strahlung entsprechen, können daher Strahlung mit diesen Frequenzen emittieren. Nichtlineare optische Effekte wie Frequenzverdopplung und Dreiwellenmischung hängen von dieser Emission ab. In Kap. 4 diskutieren wir, wie das dielektrische Material und seine Ausrichtung in Bezug auf einen Lichtstrahl gewählt werden können, um die Übertragung von Strahlungsenergie auf eine bestimmte Frequenz zu optimieren.

Ein zweiter Punkt, den man beachten sollte, ist, dass die Wechselwirkung eines oszillierenden elektromagnetischen Feldes mit einem Material von den Positionen aller Atome abhängt. Betrachten Sie ein Molekül wie Nitrobenzol ($C_6H_5 - NO_2$). Ein oszillierendes Feld kann die Elektronendichte zwischen dem Phenylring und der NO_2-Gruppe hin und her bewegen und so einen induzierten Dipol erzeugen, der entlang der C···N Achse oszilliert. Je nach Ausrichtung könnte das Feld die Elektronendichte auch in einer Richtung, die ungefähr senkrecht zu dieser Achse liegt, innerhalb der NO_2-Gruppe hin und her verschieben. Die Größen der induzierten Dipole entlang dieser verschiedenen Achsen sind nicht unabhängig, da die Übertragung von Elektronendichte vom Phenylring die effektive Anzahl von Elektronen für induzierte Dipole innerhalb der NO_2-Gruppe erhöht und die Übertragung von Elektronendichte von der NO_2-Gruppe zum Phenylring die effektive Anzahl von Elektronen für induzierte Dipole im Ring erhöht. Diese Kopplung der Polarisation entlang verschiedener Achsen erzeugt eine quadratische Abhängigkeit der Gesamtpolarisation vom Feld, wodurch $\chi^{(2)}\boldsymbol{E}^2$ ungleich null wird.

Betrachten Sie nun ein Molekül wie *p*-Dinitrobenzol, das in dem Sinne zentrosymmetrisch ist, dass jedes Atom mit den Koordinaten $\boldsymbol{r}_i = (x, y, z)$ relativ zum Zentrum der Elektronendichte ein Gegenstück bei $\boldsymbol{r}_j = -\boldsymbol{r}_i = (-x, \text{-}y, \text{-}z)$ hat. Auch hier erzeugt ein oszillierendes elektrisches Feld $\boldsymbol{E}(t)$ entlang der $N\cdots C_6H_4\cdots N$ Achse einen induzierten Dipol, der entlang dieser Achse oszilliert, und ein Feld mit senkrechter Polarisation erzeugt induzierte Dipole mit dieser Ausrichtung in den NO_2-Gruppen. Aber in diesem Fall verstärken sich die Oszillationen der induzierten Dipole entlang der beiden Achsen nicht gegenseitig, weil die Übertragung von Elektronendichte vom Phenylring zu einer der NO_2-Gruppen durch eine gleichzeitige Übertragung *zum* Ring von der anderen NO_2-Gruppe ausgeglichen wird. Der quadratische Ausdruck $\chi^{(2)}\boldsymbol{E}^2$ in der Polarisierbarkeit ist daher für ein zentrosymmetrisches Molekül null. Überlegungen dieser Art erklären, warum nichtlineare spektroskopische Effekte bei Materialien mit unterschiedlicher Symmetrie stark variieren und zur Gestaltung von Materialien für nichtlineare Optik verwendet werden können. Radhakrishnan [72] gibt Beispiele für eine Vielzahl von organischen Materialien.

Die höheren Terme in Gl. (3.76) können auch mit klassischen Potentialenergieoberflächen für die Verschiebung von Elektronen von ihren mittleren Positionen in Beziehung gesetzt werden. Wenn die rückstellende Kraft für die Rückkehr zur mittleren Position direkt proportional zur Verschiebung ist, wird die potentielle Energie eine parabolische (*harmonische*) Funktion der Verschiebung sein, und die Größe des induzierten Dipols wird direkt proportional zu $\boldsymbol{E}(t)$ sein, wie in Gl. (3.60) beschrieben. Aber wenn das Feld groß genug ist, so dass die Abweichung der Potentialenergieoberfläche von einer Parabel *(Anharmonizität)* signifikant ist, werden höhere Terme der Polarisierbarkeit wichtig. Ungerade Potenzen der Verschiebung dominieren in dieser Hinsicht normalerweise über gerade Potenzen, weil sie eine Asymmetrie der Potentialenergiefunktion darstellen: Das Verschieben eines Elektrons in eine Richtung erhöht die Energie normalerweise etwas anders als das Verschieben um den gleichen Betrag in die entgegengesetzte Richtung. Anharmonizitäten neigen daher dazu, $\chi^{(3)}\boldsymbol{E}^3$ und andere ungerade Terme in der Polarisierbarkeit wichtiger zu machen als die geraden Terme.

3.9 Doppelbrechung und elektrooptische Effekte

Die klassische Theorie der dielektrischen Dispersion stellt einen Zusammenhang zwischen dem Brechungsindex eines Materials und den durch das oszillierende elektrische Feld des Lichts induzierten elektronischen Bewegungen her. In anisotropen Materialien hängen die Amplituden und Frequenzen dieser Bewegungen in der Regel von der Ausrichtung des Feldvektors (E) relativ zu einer oder mehreren molekularen Achsen ab. Materialien, die für Licht, das in verschiedenen Richtungen propagiert, oder für Lichtstrahlen die für unterschiedliche Polarisationen unterschiedliche Brechungsindizes aufweisen, werden als *doppelbrechend* bezeichnet und zeigen *Doppelbrechung*. Rasmus Bartholin, ein dänischer Arzt, wird die Entdeckung der Doppelbrechung von Calcit ($CaCO_3$) Kristallen im Jahr 1669 zugeschrieben, obwohl Wikinger Seeleute den Winkel der Sonne, durch Islandspar „Iceland spar" für die Navigation zu viel früheren Zeiten benutzten. Christiaan Huygens, Isaac Newton und andere ringten darum, das Phänomen zu erklären, aber erst 1822 lieferte der französische Physiker Augustin Fresnel eine zufriedenstellende Erklärung. Calcit ist ein einachsiger Kristall, was bedeutet, dass er eine einzige *optische Achse* hat (Abb. 3.11A). Der Brechungsindex für einen Lichtstrahl, der durch Calcit entlang dieser Achse geht, ist unabhängig von der Polarisation des Lichts, während ein Strahl, der sich normal zur optischen Achse ausbreitet, einen Brechungsindex von 1,602 für 590 nm Licht, das senkrecht zu dieser Achse polarisiert ist, und 1,486 für parallele Polarisation erfährt. Infolgedessen wird unpolarisiertes Licht, das normal zur Oberfläche, aber in einem Winkel zur optischen Achse in einen Calcit Kristall eintritt, in zwei Strahlen mit orthogonalen Polarisationen aufgeteilt. Ein Strahl, der *ordentliche Strahl,* geht gerade durch den Kristall, während der *außerordentliche Strahl* von diesem Pfad abweicht. Wenn diese Strahlen durch den Kristall zurückreflektiert werden, sieht ein Beobachter ein doppeltes Bild der reflektierenden Oberfläche. Gewöhnliches Eis ist auch ein einfachachsiger Kristall, mit Brechungsindizes von 1,3090 und 1,3104 für die beiden Polarisationen [73]. Abb. 3.10B zeigt die Wellenlänge Abhängigkeit der Brechungsindizes für Licht, das entlang der ordentlichen und außerordentlichen Achsen von kristallinem Lithiumniobat, einem weiteren einfachachsigen Material, das in der nichtlinearen Spektroskopie weit verbreitet ist, propagiert. Glimmer und Bleioxid sind Beispiele für *doppelachsige* Kristalle, die zwei optische Achsen und drei Brechungsindizes aufweisen.

Die Polarisation eines Lichtstrahls kann durch den Durchgang durch eine *Wellenplatte* gedreht werden, die durch Schneiden eines Kristalls aus Calcit, Quarz oder einem anderen einachsigen Material hergestellt werden kann, so dass dessen optische Achse auf der Vorderfläche der Platte liegt. Die ordentlichen und außerordentlichen Achsen liegen dann auch in der Ebene der Oberfläche, wobei die außerordentliche Achse parallel zur optischen Achse und die ordentliche Achse bei 90° liegt (siehe Abb. 3.12). Wellenplatten sind in der Regel so konzipiert, dass sie auf einen Lichtstrahl wirken, der normal auf die Oberfläche trifft und auf $\pm 45°$ in Bezug auf beide o und e polarisiert ist. Der elektrische Vektor des Strahls kann

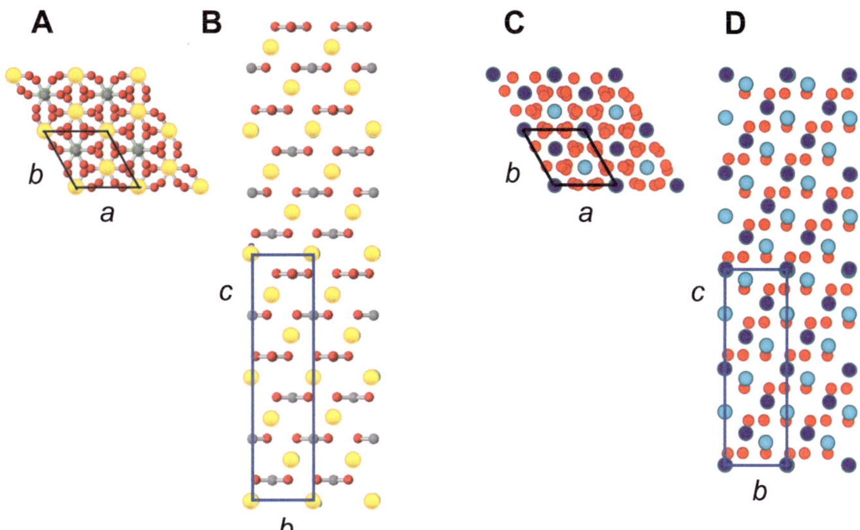

Abb. 3.11 (**A**, **B**) Calcit Kristalle bestehen aus wechselnden Schichten von Ca^{2+} *(gelb)* und CO_3^{2-} (Carbonat, *grau und rot*) Ionen. Die kristallographische Einheitszelle hat Kantenlängen $a = b = 4{,}990$ Å und c = 17.062Å und Interachsenwinkel $\alpha = \beta = 90{,}0°$ und $\gamma = 120{,}0°$. **A** zeigt ein 2 × 2 × 2 Gitter von Einheitszellen, betrachtet entlang der *c* Achse, und **B** zeigt das gleiche Gitter, betrachtet entlang der Achse normal zu *b* und *c*. Die kristallographischen Achsen in der Ebene jedes Bildes sind beschriftet und eine einzelne Einheitszelle ist in *schwarz* umrandet. Die optische Achse von Calcit ist parallel zu *c*. (**C**, **D**) Kristallstruktur von Lithiumniobat ($LiNbO_3$) mit Lithiumionen dargestellt in *lila*, Niob in *cyan*, und Sauerstoff in *rot*. Die Einheitszelle hat Kantenlängen $a = b = 5148$A und $c = 13.863$A und Winkel $\alpha = \beta = 90{,}0°$ und $\gamma = 120{,}0°$. Das Gitter, Perspektiven der Bilder, Beschriftungen und Umrisse von Einheitszellen in **C** und **D** sind ähnlich wie in **A** und **B.**

als Summe von Vektoren betrachtet werden, die parallel zu *o* und *e* schwingen und in Phase sind, wo der Strahl in die Platte eintritt, aber zunehmend aus der Phase geraten, während der Strahl fortschreitet. Der Durchgang durch eine Platte der Dicke L führt zu einer Phasendifferenz von $\Gamma = 2\pi \Delta nL/\lambda_0$, wobei Δn der Unterschied zwischen den Brechungsindizes für Lichtstrahlen parallel und senkrecht zur optischen Achse und λ_0 die Wellenlänge des Lichts im freien Raum ist. Eine *Halbwellenplatte* wird so geschnitten, dass sie eine Phasendifferenz von π zwischen den *o* und *e* Komponenten im aus der Platte austretenden Licht erzeugt, was den Effekt hat, dass die Resultierende um 90° in Bezug auf die Polarisation des einfallenden Lichts gedreht wird (Abb. 3.12). *Viertelwellenplatten*, die so geschnitten sind, dass $\Gamma = \pi/2$ ist, wandeln Licht von linearer in zirkulare Polarisation. um und umgekehrt.

Einige Materialien, die normalerweise isotrop sind, werden doppelbrechend, wenn sie in ein elektrisches Feld gebracht werden. John Kerr entdeckte 1875, dass Flüssigkeiten eine Doppelbrechung aufweisen, die quadratisch mit der Stärke des Feldes zunimmt, ein Phänomen, das heute als *Kerr Effekt* bezeichnet wird.

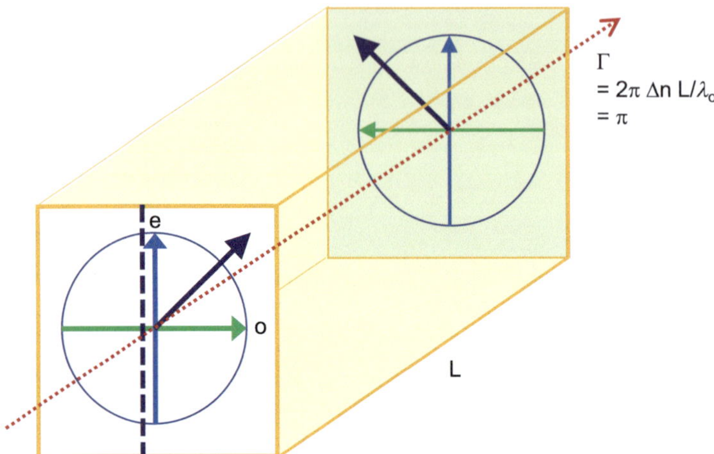

Abb. 3.12 Eine Halbwellenplatte wird aus einem einachsig doppelbrechenden Kristall hergestellt, der so geschnitten ist, dass seine optische Achse *(gestrichelte vertikale schwarze Linie)* in der Ebene der Vorderfläche der Platte *(weißes Quadrat)* liegt. Die Achse *e* ist parallel zur optischen Achse, und *o* ist eine orthogonale Achse in der gleichen Ebene. Ein Lichtstrahl *(gepunkteter roter Pfeil)* mit seinem elektrischen Feldvektor *(dunkelblauer Pfeil)* polarisiert auf ±45° relativ zu *e* und *o* trifft normal auf den Kristall auf. Die *hellblauen* und *grünen* Pfeile repräsentieren die Komponenten des elektrischen Feldvektors des Lichts parallel und senkrecht zur optischen Achse. Während der Strahl durch den Kristall *(gelber Block)* geht, geraten die *e* und *o* Komponenten um einen Betrag Γ aus der Phase. Wenn die Dicke der Platte (L) so gewählt wird, dass $\Gamma = \pi$ ist, wird die Resultierende der *e* und *o* Komponenten im austretenden Strahl *(dunkelblauer Pfeil im grauen Quadrat)* um 90° relativ zum einfallenden Licht gedreht

Der Kerr Effekt tritt in gewissem Maße in allen Flüssigkeiten auf, ist jedoch am stärksten in polaren Flüssigkeiten wie Nitrobenzol, die in einem elektrischen Feld zunehmend geordnet werden. Doppelbrechung, die linear mit der Stärke des Feldes zunimmt, ist als *Pockels Effekt* bekannt, nach Friedrich Pockels, der ihn 1893 entdeckte. Der Pockels Effekt ist in einigen Gläsern und Kristallen zu sehen, die keine Inversionssymmetrie aufweisen, wie Lithiumniobat (Abb. 3.11C, D), wo er stark über den Kerr Effekt dominiert. Laser Q-Switches können hergestellt werden, indem eine Pockels- oder Kerr Zelle zwischen gekreuzten Polarisatoren platziert wird, die den Lichtdurchgang durch den Laser in Abwesenheit eines elektrischen Feldes verhindern. Das schnelle Ein- und Ausschalten eines Hochspannungsfeldes erzeugt eine transiente Doppelbrechung, die die Polarisation des Lichts zwischen den Polarisatoren dreht und das Lasern für eine begrenzte Zeit ermöglicht. Elektrooptische Geräte, die nach dem gleichen Prinzip arbeiten, können zur Modulation der Amplitude, Polarisation oder Phase von Lichtstrahlen bei hohen Frequenzen verwendet werden.

Im *optischen Kerr Effekt* stammt das elektrische Feld, das die Doppelbrechung erzeugt, vom Licht selbst, mit dem Ergebnis, dass die Änderung des Brechungsindex proportional zur Bestrahlungsstärke des Lichtstrahls ist. Licht, das durch ein

Material reist, das auf die Bestrahlungsstärke auf diese Weise reagiert, kann eine Linse erzeugen, durch die sich der Strahl selbst fokussiert.

Die Doppelbrechung von Licht in einachsigen Materialien wie Lithiumniobat spielt eine wichtige Rolle bei der Verwendung von nichtlinearen optischen Techniken zur Erzeugung von zweiten Harmonischen und anderen Frequenzen. Damit diese Techniken effizient arbeiten können, sollte Strahlung mit zwei Frequenzen in Phase bleiben, während das Licht durch eine optische Komponente reist, in der eine zweite oder höhere Ordnung der Polarisation auftritt. Dies ist in einem nicht doppelbrechenden Material möglicherweise nicht möglich, da der Brechungsindex in der Regel mit der Frequenz variiert (Abb. 3.10). Es kann in doppelbrechenden Materialien erreicht werden, indem die Ausrichtung des nichtlinearen Geräts so angepasst wird, dass der Unterschied zwischen den Brechungsindizes für die ordentlichen und außerordentlichen Strahlen den Unterschied aufgrund der Dispersion aufhebt. Solche Anpassungen werden als *Phasenanpassung* bezeichnet. In einigen Materialien kann die Phasenanpassung durch Kontrolle der Temperatur des optischen Elements erreicht werden.

Doppelbrechung kann in anisotropen biologischen Makromolekülen wie Kollagen und in Materialien gesehen werden, die anisotrop werden, wenn sie mechanisch gedehnt oder komprimiert werden. Es hat wichtige Anwendungen in der Mikroskopie, wo doppelbrechende Objekte in mit polarisiertem Licht beleuchteten Feldern hervorstechen und durch einen gekreuzten Polarisator betrachtet werden können. Unterschiedliche Abhängigkeiten der Doppelbrechung von der Wellenlänge des Lichts können verwendet werden, um zwischen einigen oberflächlich ähnlichen Materialien zu unterscheiden. Zum Beispiel nehmen Kristalle von Mononatriumurat und Calcium-Pyrophosphat, die identifiziert werden müssen, um zwischen den Störungen Gicht und Pseudogicht zu unterscheiden, charakteristische Farben unter einem polarisierenden Mikroskop an.

3.10 Optische Wellenpakete und Mode-gekoppelte Laser

Die idealisierte Welle beschrieben durch Gleichung. (3.15a) oder (3.15b) setzt sich unendlich für alle Zeit und alle Werte von y fort. Jeder reale Lichtstrahl muss jedoch irgendwann starten und stoppen und kann daher nicht vollständig durch diesen Ausdruck beschrieben werden. Er kann jedoch durch eine lineare Kombination von idealisierten Wellen mit einer Verteilung von Frequenzen beschrieben werden. Eine solche Kombination von Wellen wird als *Wellengruppe* oder *Wellenpaket* bezeichnet. Die Details der Verteilungsfunktion bestimmen die Breite und Form des Pulses. Diese Beschreibung entspricht im Wesentlichen der Verwendung einer linearen Kombination von Wellenfunktionen für ein lokalisiertes Teilchen in einem Kasten (Abschn. 2.3.2) oder einem harmonischen Potenzial (Abschn. 2.3.3 und Kap. 11).

Die durch Q-Schaltung erzeugten Laserlichtpulse, wie in den Abschn. 1.13 und 3.6 beschrieben, umfassen ein Frequenzband, das teilweise vom Spektrum der stimulierten Emission des aktiven Mediums und teilweise von der Länge des Weges zwischen den Spiegeln abhängt, die das Licht durch das Medium hin und her reflektieren. Zwei flache Spiegel, die durch eine Entfernung L getrennt sind, bilden den sogenannten *Fabry-Pérot-Resonator* für Licht mit Wellenlängen $\lambda = 2L/n$, wobei n jede positive ganze Zahl ist. Schwingungen mit diesen Wellenlängen erzeugen stehende Wellen im Resonator, während destruktive Interferenz Schwingungen mit anderen Wellenlängen unterdrückt. Die Wellenlängen des Lichts, die die Bedingung $\lambda = 2L/n$ erfüllen und für die die stimulierte Emission Verluste durch Lichtstreuung und fehlgeleitete Reflexion oder Brechung überwiegt, bilden die Schwingungs-*Moden* des Lasers. Das 300-nm-Spektrum der stimulierten Emission aus einem Ti:Saphir-Kristall ist breit genug, um etwa 250.000 Moden zu unterstützen.

In einem Q-geschalteten Laser treten Schwingungen in zahlreichen Moden unabhängig mit zufälligen Phasen auf, was eine annähernd Gaußsche Frequenzverteilung um den Peak für stimulierte Emission ergibt. Die resultierenden Wellenpakete haben typischerweise Breiten in der Größenordnung von 20 ns. Um kürzere Pulse zu erhalten, ist es notwendig, Schwingungen mehrerer Moden in feste Phasenbeziehungen zu bringen, so dass sie zu regelmäßigen Intervallen konstruktiv und zu anderen Zeiten destruktiv interferieren. Dies wird als *Modenkopplung* bezeichnet und Laser mit solchen festen Phasenbeziehungen werden als *modengekoppelt* oder *phasengekoppelt* bezeichnet. Methoden der Modenkopplung werden entweder als „passiv“ oder „aktiv“ klassifiziert. Moden-Kopplung kann passiv auftreten, wenn der Laserresonator ein optisches Element enthält, das bei Anregung kurzzeitig bleicht (ein *sättigbarer Absorber*), oder das durch den optischen Kerr-Effekt beschrieben in Abschn. 3.6 eine Selbstfokussierung erfährt. Diese Elemente übertragen vorzugsweise die stärksten durch sie hindurchgehenden Pulse, wodurch ihre Wellenpakete eine weitere Verstärkung erfahren, während schwächeres Licht absorbiert oder gestreut wird. Aktive Modenkopplung kann erreicht werden, indem ein elektro-optischer Modulator eingebaut wird, der Pulse bevorzugt, die in Intervallen durch ihn hindurchgehen, die der Umlaufzeit des Resonators entsprechen, $2L/c$. Andere Möglichkeiten sind, den Laser synchron mit Licht von einem anderen gepulsten Laser zu pumpen oder ein akusto-optisches Gerät zu verwenden, bei dem ein piezoelektrischer Treiber die Beugung des Lichts durch einen Kristall im Resonator moduliert. Akusto-optische Modulatoren können auch verwendet werden, um Strahlung aus dem Laserresonator in Intervallen „auszustoßen“, was einen größeren Aufbau von Wellenpaketen im Resonator zwischen den Ausstößen ermöglicht. Weitere Details zu Techniken zur Erzeugung und Arbeit mit kurzen Laserpulsen finden sich in den Büchern von Fleming [74] und Demtröder [75, 76].

Die von modengekoppelten Ti:Saphir- oder Farbstoff Lasern erzeugten Wellenpakete haben typischerweise Gauß- oder $\text{sech}^2(t)$ Formen. Wenn alle Oszillationsmoden bei $t = 0$ in Phase sind, wenn das elektrische Feld des Lichts seinen Höhepunkt erreicht, kann die Abhängigkeit der Feldstärke von der Zeit in einem Gauß-Puls geschrieben werden

$$\boldsymbol{E}(t) = \left(2\pi\ \tau^2\right)^{-1/2} \exp\left(-t^2/2\tau^2\right) \cos(\omega_o t), \tag{3.77}$$

wo τ eine Zeitkonstante und ω_0 die zentrale Winkelgeschwindigkeit des Lichts (Radiant pro Sekunde oder 2π mal die Zentralfrequenz in Hertz) ist. Die Gaußfunktion $\exp(-t^2/2\tau^2)$ hat eine Breite bei halbmaximaler Amplitude (FWHM) von $(8 \cdot \ln 2)^{1/2}\tau$, oder $2{,}355\,\tau$. Der Faktor $(2\pi\tau^2)^{-1/2}$ normalisiert die Fläche unter der Kurve auf 1. Die gemessene Intensität des Pulses, proportional zu $|\boldsymbol{E}(t)|^2$ oder $\exp(-t^2/\tau^2)$, wäre schmäler um einen Faktor von $2^{1/2}$. Ihre FWHM ist daher $2(\ln 2)^{1/2}\tau$, oder $1{,}665\tau$.

Wir können die zeitabhängige Funktion auf der rechten Seite von Gl. (3.76) mit einer frequenzabhängigen Funktion gleichsetzen

$$|\boldsymbol{E}(t)| = \frac{1}{\sqrt{2\pi}} \int_{-\infty}^{\infty} G(\omega) \exp(i\omega t) d\omega, \tag{3.78}$$

wo $G(\omega)$ die Verteilung der Winkelgeschwindigkeiten im Puls ist. Das bedeutet, dass die zeitliche Form des Feldpulses, $|\boldsymbol{E}(t)|$, die Fourier Transformation der Frequenz Verteilung $G(\omega)$ ist und umgekehrt, dass $G(\omega)$ die Fourier Transformation von $|\boldsymbol{E}(t)|$ ist (Anhang A3). Für die Gaußsche Formfunktion $\exp(-t^2/2\tau^2)$, ist die Lösung für $G(\omega)$

$$G(\omega) = \left(\frac{\tau}{\sqrt{2\pi}}\right) \exp\left\{-(\omega - \omega_o)^2 \tau^2/2\right\}. \tag{3.79}$$

Das Feld enthält somit eine Gaußsche Verteilung von Winkelgeschwindigkeiten um ω_o, mit einer FWHM von $(8 \cdot \ln 2)^{1/2}\tau$, oder $2{,}35/\tau$ Radiant/s. In Frequenzeinheiten beträgt die FWHM $(8 \cdot \ln 2)^{1/2}/2\pi\tau$, oder $0{,}375/\tau$Hz. Je schärfer der Puls, desto breiter die Streuung der Frequenzen. Das gemessene Spektrum der Intensität ist wiederum schmäler um einen Faktor von $2^{1/2}$ und hat eine FWHM von $0{,}265/\tau$ Hz.

Ein Gaußscher Puls mit $\tau = 6$ fs (eine FWHM von 10 fs, die Größenordnung der kürzesten Pulse, die mit aktuellen modengekoppelten Ti:Saphir-Lasern erzeugt werden können) umfasst eine Spanne von etwa $6{,}25 \times 10^{13}$ Hz, was einem Energie ($h\nu$) band von $2{,}0 \times 10^3\ \text{cm}^{-1}$ entspricht. Wenn das Spektrum bei 800 nm (12, 500 cm^{-1}) zentriert ist, beträgt seine FWHM 274 nm. Abb. 3.13 zeigt die Energieverteilung für einen solchen Puls und für Pulse mit FWHMs von 20 und 50 fs.

Für einen Gaußschen Lichtpuls ist das Produkt aus der gemessenen zeitlichen Breite ($1{,}665/\tau$) und der Frequenzbreite ($0{,}265/\tau$) auf 0,441 festgelegt. Fleming [74] gibt entsprechende Ausdrücke für Pulse mit anderen Formen. Für einen quadratischen Puls beträgt das Produkt aus der gemessenen zeitlichen und Frequenzbreite 0.886; für einen Puls, bei dem die Intensität proportional zu $\text{sech}^2(t)$ ist, beträgt das Produkt 0,315. Diese Ausdrücke gehen davon aus, dass die Frequenzverteilung ausschließlich aus der endlichen Länge des Pulses resultiert. Ein solcher Puls wird als *transformationsbegrenzt* bezeichnet. Licht aus einer inkohärenten

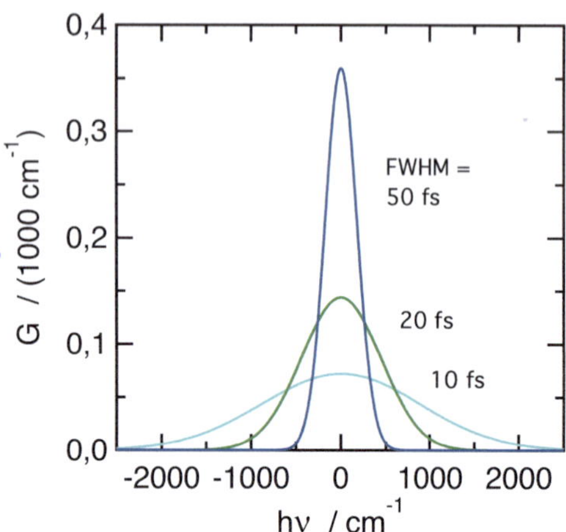

Abb. 3.13 Verteilungen der Energie ($G(h\nu)$ mit $h\nu$ in Einheiten von cm^{-1}) in den elektrischen Feldern der Strahlung für homogen verbreiterte Gaußsche Pulse mit Breiten (*FWHM*) von 10, 20 und 50 fs (Gaußsche Breitenparameter für jeweils $\tau = 6$, 12 und 30 fs; cyan, grün und dunkelblaue Kurven)

Quelle wie einer Xenon-Blitzlampe enthält eine Verteilung von Frequenzen, die nicht mit der Länge des Pulses zusammenhängen, weil Atome oder Ionen mit vielen verschiedenen Energien zur Emission beitragen.

Abb. 3.14 zeigt das elektrische Feld zu einem festen Zeitpunkt als Funktion der Position in Wellengruppen mit drei verschiedenen Verteilungen von Wellenlängen. Wenn die Verteilung im Verhältnis zur mittleren Wellenlänge (λ_0) sehr schmal ist, ähnelt die Wellengruppe über viele Perioden der Schwingung einer reinen

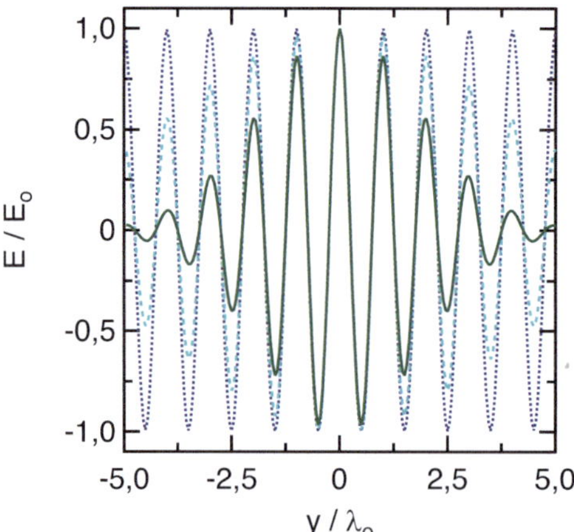

Abb. 3.14 Amplitude des elektrischen Feldes als Funktion der Position entlang der Ausbreitungsachse (y) in Wellengruppen mit drei verschiedenen Gaußverteilungen von Wellenlängen. Die Breiten (FWHM) der Verteilungen betragen 0,1 % *(gepunktete blaue Kurve)*, 2 % (*gestrichelte cyanfarbene Kurve*) oder 5 % *(durchgezogene grüne Kurve)* der mittleren Wellenlänge (λ_0). Die Amplituden sind bei $y = 0$ normalisiert

Sinuswelle. Bei breiteren Verteilungen ist die Hülle der Schwingungen stärker gebündelt, und die Hülle bewegt sich mit einer Gruppengeschwindigkeitsdispersion (*GVD*), die geschrieben werden kann als [4].

$$GVD(\lambda) = \frac{c}{n}\left\{1 + \frac{\lambda}{n}\frac{dn}{d\lambda}\right\}, \tag{3.80}$$

wo n der übliche Brechungsindex ist. Gruppengeschwindigkeitsdispersion verschmiert die Hülle mit der Zeit, da die einzelnen Schwingungen zunehmend aus der Phase geraten. Für die meisten Flüssigkeiten und die Wellenlängen des sichtbaren Lichts liegt die GVD innerhalb von 5 % von c/n.

3.11 Lokale-Feld-Korrekturfaktoren

Um dieses Kapitel abzuschließen, betrachten wir ein absorbierendes Molekül, das sich in einem Medium mit linearer Polarisierbarkeit befindet. Wenn die molekulare Polarisierbarkeit sich von der Polarisierbarkeit des Mediums unterscheidet, wird sich das lokale elektrische Feld "innerhalb„ des Moleküls ($\boldsymbol{E}_{loc}$) vom Feld im Medium ($\boldsymbol{E}_{med}$) unterscheiden. Das Verhältnis der beiden Felder ($|\boldsymbol{E}_{loc}|/|\boldsymbol{E}_{med}|$), oder *lokale-Feld-Korrektur* Faktor (f), hängt von der Form und Polarisierbarkeit des Moleküls und dem Brechungsindex des Mediums ab. Ein Modell für diesen Effekt ist ein leerer sphärischer Hohlraum eingebettet in ein homogenes Medium mit Dielektrizitätskonstante ε. Für Hochfrequenzfelder ($\varepsilon = n^2$), wird das elektrische Feld in einem solchen Hohlraum gegeben durch

$$\boldsymbol{E}_{cav} = \left(\frac{3n^2}{2n^2 + 1}\right)\boldsymbol{E}_{med} = f_{cav}\boldsymbol{E}_{med} \tag{3.81}$$

[77]. Obwohl ein sphärischer Hohlraum ein sehr einfaches Modell für ein Molekül ist, sind Modelle dieser Art nützlich in quantenmechanischen Theorien, die explizite Behandlungen der elektronischen Struktur eines Moleküls einschließen. Die makroskopische Dielektrizitätskonstante ε oder n^2 kann verwendet werden, um die elektronische Polarisation des umgebenden Mediums zu beschreiben, während die intramolekularen Elektronen mikroskopisch behandelt werden.

Gl. (3.81) vernachlässigt das *Reaktionsfeld* aufgrund der Polarisation des Mediums durch das Molekül selbst. Das Reaktionsfeld resultiert teilweise aus Wechselwirkungen des Mediums mit oszillierenden Dipolen, die in dem Molekül durch die elektromagnetische Strahlung (Abb. 3.15) induziert werden. (Wiederum sind wir nur mit elektronischen induzierten Dipolen beschäftigt, die der Hochfrequenzoszillation der elektromagnetischen Strahlung folgen können. Wenn das Medium Moleküle enthält, die sich drehen oder biegen können, um ihre permanenten Dipolmomente neu auszurichten, beinhaltet das Reaktionsfeld auch eine statische Komponente.) Das Hochfrequenzfeld, das auf ein sphärisches Molekül wirkt, kann als Summe des Reaktionsfeldes und des Hohlraumfeldes beschrieben

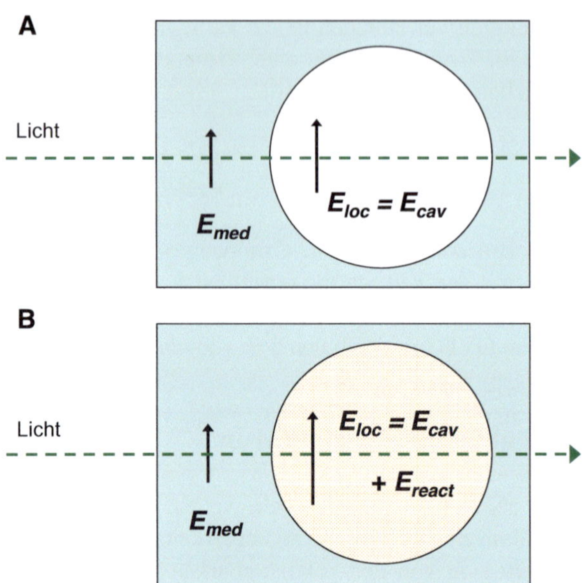

Abb. 3.15 Das effektive elektrische Feld, das auf ein Molekül *(leerer oder gepunkteter Kreis)* in einem polarisierbaren Medium *(hellblau Fläche)* wirkt, ist $\boldsymbol{E}_{loc} = f\boldsymbol{E}_{med}$, wobei $\boldsymbol{E}_{med}$ das Feld im Medium und f der Lokalfeld-Korrekturfaktor ist. Im Hohlraumfeld-Modell (**A**) ist $\boldsymbol{E}_{loc}$ das Feld, das vorhanden wäre, wenn das Molekül durch einen leeren Hohlraum ersetzt würde ($\boldsymbol{E}_{cav}$); im Lorentz-Modell (**B**) ist $\boldsymbol{E}_{loc}$ die Summe von $\boldsymbol{E}_{cav}$ und dem Reaktionsfeld ($\boldsymbol{E}_{react}$) resultierend aus der Polarisation des Mediums durch induzierte Dipole innerhalb des Moleküls

werden, das durch Gl. (3.36) beschrieben wird. Ein ungefährer Ausdruck für dieses Gesamtfeld, aufgrund von H. A. Lorentz [78], ist

$$\boldsymbol{E}_L = \left(\frac{n^2+2}{3}\right)\boldsymbol{E}_{med} = f_L \boldsymbol{E}_{med}. \tag{3.82}$$

Der Faktor $(n^2 + 2)/3$ ist die *Lorentz-Korrektur.* Liptay [79] gibt Ausdrücke an, die den Molekülradius, das Dipol-Moment und die Polarisierbarkeit explizit enthalten. Komplexere Ausdrücke für f wurden auch für zylindrische oder ellipsoide Hohlräume abgeleitet, die näher an tatsächlichen Molekülformen liegen [80, 81].

Abb. 3.16 zeigt die lokalen Feldkorrekturfaktoren, die durch die Gl. (3.81) und (3.82) gegeben sind. Die Lorentz-Korrektur ist etwas größer und könnte dazu neigen, den Beitrag des Reaktionsfeldes zu überschätzen, da der Ausdruck für das Hohlraumfeld in einigen Fällen besser mit dem Experiment übereinstimmt (Abb. 4.5).

Mit dem Lokalfeld-Korrekturfaktor werden die Beziehungen zwischen der Energiedichte und der Bestrahlungsstärke im Medium ($\rho(\nu)$ und $I(\nu)$) und der Amplitude des lokalen Feldes ($|\boldsymbol{E}_{loc(o)}|$) wie folgt beschrieben:

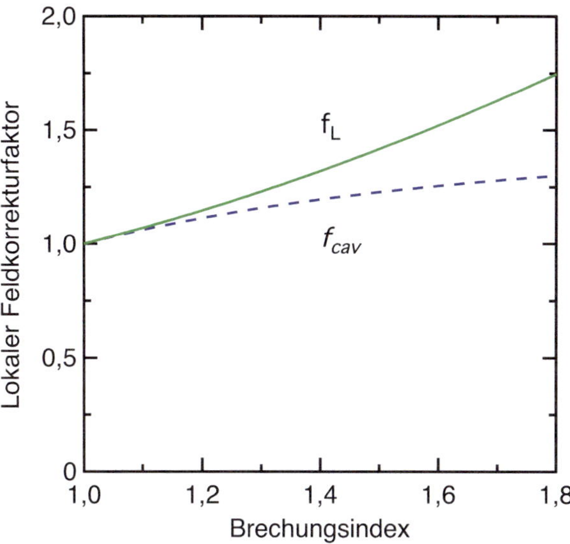

Abb. 3.16 Die dimensionslosen Hohlraumfeld- (f_{cav}, *gestrichelte blaue Kurve*) und Lorentz- (f_L, *durchgezogene grüne Kurve*) Korrekturfaktoren für das lokale elektrische Feld, das auf ein kugelförmiges Molekül in einem homogenen Medium wirkt, als Funktion des Brechungsindex des Mediums

$$\rho(\nu) = n^2 \left|\boldsymbol{E}_{loc(o)}\right|^2 \rho_\nu(\nu)/2\pi f^2 \tag{3.83}$$

und

$$I(\nu) = cn\left|\boldsymbol{E}_{loc(o)}\right|^2 \rho_\nu(\nu)/2\pi f^2. \tag{3.84}$$

Lokalfeld-Korrekturen sollten mit Vorsicht verwendet werden, unter Berücksichtigung, dass sie auf vereinfachten theoretischen Modellen basieren und nicht direkt gemessen werden können.

3.12 Fragen

1. Betrachten Sie drei Teilchen mit den folgenden Ladungen (esu) und Koordinaten (cm): $q_1 = 0{,}5$, $\mathbf{r}_1 = (1{,}0, 0{,}0, 0{,}5)$; $q_2 = -\,0{,}6$, $\mathbf{r}_2 = (-0{,}5, 0{,}5, 0{,}0)$; $q_3 = -\,0{,}4$, $\mathbf{r}_3 = (1{,}5, 1{,}0, -0{,}5)$. Berechnen Sie die folgenden elektrostatischen Größen und geben Sie die Ergebnisse sowohl in CGS- als auch in MKS-Einheiten an: (*a*) das elektrostatische Feld bei Teilchen 1 von Teilchen 2 und 3; (*b*) das Potenzial bei Teilchen 1; (*c*) die Energie der elektrostatischen Wechselwirkung von Teilchen 1 mit dem Feld; (*d*) die elektrostatische Kraft, die auf Teilchen 1 wirkt; und (*e*) die gesamte elektrostatische Energie des Systems.

2. (*a*) Wie lange dauert es für ein Photon, von der Sonne zur Erde zu reisen, vorausgesetzt, das Photon nimmt den direktesten Weg (mittlere Entfernung, $1{,}496 \times 10^{11}$m) und vernachlässigt die Auswirkungen der Erdatmosphäre? (*b*) Angenommen, ein 500-nm-Photon reist gleichzeitig auf zwei Wegen, die sich in der Länge unterscheiden. Welcher Längenunterschied würde dazu führen, dass die Strahlung 180° außer Phase ankommt, so dass die resultierende Feldstärke null ist?
3. Angenommen, ein Laser emittiert Licht bei 800 nm mit einer Leistung von 1 W. (*a*) Was ist der Photonen Fluss (Photonen/s) des Laserstrahls. (*b*) Wenn die Fläche des Strahlprofils 0,1 cm^2 beträgt, was ist der Energiefluss (W/cm^2)? (*c*) Wie groß wäre die Amplitude des elektrischen Feldes?
4. Betrachten Sie eine Lichtebene, die durch ein Medium mit einem Brechungsindex von 1,2 geht. (*a*) Vernachlässigt man lokale Feldkorrekturen, wie groß ist die Amplitude ($|\boldsymbol{E}_0|$) des oszillierenden elektrischen Feldes bei der Frequenz ν, wenn die Bestrahlungsstärke $I(\nu)d\nu$ 1 Watt cm^{-2} beträgt? (*b*) Wie groß ist die gesamte Energiedichte ($\rho(\nu)d\nu$) im Frequenzintervall $d\nu$? (*c*) Berechnen Sie unter Einbeziehung der Hohlraumfeldkorrektur die Amplitude des Feldes, das auf ein Molekül in einem sphärischen Hohlraum innerhalb eines Mediums wirkt. (*d*) Berechnen Sie die Amplitude des Feldes, das auf ein Molekül unter Verwendung der Lorentz-Korrektur wirkt. (*e*) Welcher Bestandteil des Feldes ist in der Lorentz-Korrektur enthalten (ungefähr), aber nicht in der Hohlraumfeldkorrektur.
5. Wie groß ist die Energiedichte der Strahlung bei 500 nm, die von einem Schwarzkörper bei der Oberflächentemperatur der Sonne (6600 K) emittiert wird?
6. (*a*) Was sind die Frequenzen (s^{-1}) der ersten sechs Modi eines Strahlungsfeldes in einem rechteckigen Kasten mit den Abmessungen $1000 \times 1500 \times 2000$ Å^3? (die Modi mit den sechs niedrigsten Energien.) (*b*) Was ist die Gesamtenergie dieser sechs Modi, wenn es keine Photonen in irgendeinem der Modi gibt. (Geben Sie die Konvention an, die Sie für Nullenergie verwenden.) (*c*) Unter Verwendung der gleichen Konvention für Nullenergie, was ist die Gesamtenergie der sechs Modi, wenn es ein Photon im ersten Modus, zwei im zweiten und keines in den höheren Modi gibt?
7. (*a*) Ein Lichtstrahl, der entlang der x-Achse eines kartesischen Koordinatensystems propagiert, wird durch einen Polarisator geleitet, der entweder in der *y*- oder in der z-Richtung ausgerichtet ist. Die Intensität des Lichts, gemessen mit der *y*-Orientierung des Polarisators, ist 1,3-mal so groß wie die mit *z* gemessene. Was ist die Elliptizität des Lichts? (*b*) Welche Elliptizität entspricht einer vollständigen zirkularen Polarisation?
8. Welche Größen bestimmen den Energiefluss (Energie pro cm^2 pro Sekunde) von quantisierter monochromatischer elektromagnetischer Strahlung?
9. Was sind die spektralen Bandbreiten (FWHM der Frequenzverteilungen) von Pulsen von 800-nm-Licht, die eine Gaußsche zeitliche Form mit Breiten von (*a*) 1 fs und (*b*) 1 ps haben? Zeigen Sie die Schritte, um zu Ihrer Antwort zu gelangen.

Literatur

1. Maxwell, J.C.: A dynamical theory of the electromagnetic field. Philos. Trans. Roy. Soc. **155**, 459–512 (1865)
2. Hameka, H.: Advanced Quantum Chemistry. Addison-Wesley, Reading, MA (1965)
3. Maxwell, J.C.: A Treatise on Electricity and Magnetism. Clarendon Press, Oxford (1873)
4. Ditchburn, R.W.: Light, 3rd edn. Academic, New York (1976)
5. Schatz, G.C., Ratner, M.A.: Quantum mechanics in chemistry. Prentice-Hall, Englewood Cliffs, NJ. 325 (1993)
6. Griffiths, D.J.: Introduction to Electrodynamics, 3rd edn. Prentice-Hall, Upper Saddle River, NJ (1999)
7. Brillouin, L.: Wave Propagation and Group Velocity. Academic, New York (1960)
8. Knox, R.S.: Refractive index dependence of the Förster resonance excitation transfer rate. J. Phys. Chem. B. **106**, 5289–5293 (2002)
9. Ashkin, A.: Acceleration and trapping of particles by radiation pressure. Phys. Rev. Lett. **24**, 156–159 (1970)
10. Ashkin, A., Dziedzic, J.M., Bjorkholm, J.E., Chu, S.: Observation of a single-beam gradient force optical trap for dielectric particles. Opt. Lett. **1**, 288–290 (1986)
11. Ashkin, A., Dziedzic, J.M.: Optical trapping and manipulation of viruses and bacteria. Science. **235**, 1517–1520 (1987)
12. Woodside, M.T., Block, S.M.: Reconstructing folding energy landscapes by single-molecule force spectroscopy. Annu. Rev. Biophys. **43**, 19–39 (2014)
13. Neupane, K., Foster, D.A.N., Dee, D.R., Yu, H.Z., Wang, F., Woodside, M.T.: Direct observation of transition paths during the folding of proteins and nucleic acids. Science. **352**, 239–242 (2016)
14. Hoffer, N.Q., Woodside, M.T.: Probing microscopic conformational dynamics in folding reactions by measuring transition paths. Curr. Opin. Chem. Biol. **53**, 68–74 (2019)
15. Atkins, P.W.: Molecular Quantum Mechanics, 2nd edn. Oxford Univ. Press, Oxford (1983)
16. Landau, L.D., Lifshitz, E.M.: Statistical Physics. Addison-Wesley, Reading, MA (1958)
17. Planck, M.: The Theory of Heat Radiation (2nd Ed, Engl transl by M. Masius). Dover, New York (1959)
18. Touloukian, Y.S., DeWitt, D.P.: Thermophysical Properties of Matter, vol. 7. Metallic Elements and Alloys. IFI/Plenum, New York, Thermal Radiative Properties (1970)
19. Dirac, P.M.: The Principles of Quantum Mechanics. Oxford University Press, Oxford (1930)
20. Heitler, W.: Quantum Theory of Radiation. Oxford University Press, Oxford (1954)
21. Bordag, M., Mohideen, U., Mostepanenko, V.M.: New developments in the Casimir effect. Phys. Rep. **353**, 1–205 (2001)
22. Bressi, G., Carugno, G., Onofrio, R., Ruoso, G.: Measurement of the Casimir force between parallel metallic surfaces. Phys. Rev. Lett. **88**, , Art. No. 041804 (2002)
23. Lamoreaux, S.K.: Demonstration of the Casimir force in the 0.6 to 6 mm range. Phys. Rev. Lett. **78**, 5–8 (1997)
24. Feynman, R.P.: QED: the Strange Theory of Light and Matter. Princeton University Press, Princeton, NJ (1985)
25. Feynman, R.P., Hibbs, A.R.: Quantum Mechanics and Path Integrals. McGraw-Hill, New York (1965)
26. Craig, D.P., Thirunamachandran, T.: Molecular Quantum Electrodynamics: an Introduction to Radiation-Molecule Interactions. Academic, London (1984)
27. Peskin, M.E., Schroeder, D.V.: An Introduction to Quantum Field Theory. Perseus Press, Reading, MA (1995)
28. Rioux, F.: Illustrating the superposition principle with single-photon interference. The Chem. Educator. **10**, 424–426 (2005)
29. Scarani, V., Suarez, A.: Introducing quantum mechanics: one-particle interferences. Am. J. Phys. **66**, 718–721 (1998)

30. Zeilinger, A.: General properties of lossless beam splitters in interferometry. A. J. Phys. **49**, 882–883 (1981)
31. Glauber, R.J.: Dirac's famous dictum on interference: one photon or two? Am. J. Phys. **63**, 12 (1995)
32. Monroe, C., Meekhof, D.M., King, B.E., Wineland, D.J.: A „Schrödinger cat" superposition state of an atom. Science. **272**, 1131–1136 (1996)
33. Marton, L., Simpson, J.A., Suddeth, J.A.: Electron beam interferometer. Phys. Rev. **90**, 490–491 (1953)
34. Carnal, O., Mlynek, J.: Young's double-slit experiment with atoms: a simple atom interferometer. Phys. Rev. Lett. **66**, 2689–2692 (1991)
35. Hong, C.K., Ou, Z.Y., Mandel, L.: Measurement of subpicosecond time intervals between two photons by interference. Phys. Rev. Lett. **59**, 2044–2046 (1987)
36. Kwiat, P.G., Steinberg, A.M., Chiao, R.Y.: Observation of a „quantum eraser": a revival of coherence in a two-photon interference experiment. Phys. Rev. A. **45**, 7729–7739 (1992)
37. Pittman, T.B., Strekalov, D.V., Migdall, A., Rubin, M.H., Sergienko, A.V., Shih, Y.H.: Can two-photon interference be considered the interference of two photons? Phys. Rev. Lett. **77**, 1917–1920 (1996)
38. Kwiat, P.G., Mattle, K., Weinfurter, H., Zeilinger, A., Sergienko, A.V., Shih, Y.: New high-intensity source of polarization-entangled photon pairs. Phys. Rev. Lett. **75**, 4337–4341 (1995)
39. Kwiat, P.G., White, A.G., Appelbaum, I., Eberhard, P.H.: Ultrabright source of polarization-entangled photons. Phys. Rev. A. **60**, R773–R776 (1999)
40. Einstein, A., Podolsky, B., Rosen, N.: Can quantum-mechanical description of physical reality be considered complete? Phys. Rev. **47**, 777–780 (1935)
41. Bell, J.S.: On the Einstein Podolsky Rosen paradox. Physics. **1**, 195–200 (1964)
42. Bell, J.S.: On the problem of hidden variables in quantum mechanics. Rev. Mod. Phys. **38**, 447–452 (1966)
43. Clauser, J.F., Horne, M.A., Shimony, A., Holt, R.A.: Proposed experiment to test local hidden-variable theories. Phys. Rev. Lett. **23**, 880–884 (1969)
44. Clauser, J.F., Shimony, A.: Bell's theorem: experimental tests and implications. Rep. Prog. Phys. **41**, 1881–1927 (1978)
45. Freedman, S.J., Clauser, J.F.: Experimental test of local hidden-variable theories. Phys. Rev. Lett. **28**, 938–941 (1972)
46. Aspect, A., Dalibard, J., Roger, G.: Experimental test of Bell inequalities using time-varying analyzers. Phys. Rev. Lett. **49**, 1804–1807 (1982)
47. Weihs, G., Jennewein, T., Simon, C., Weinfurter, H., Zeilinger, A.: Violation of Bell's inequality under strict Einstein locality conditions. Phys Rev. Lett. **23**, 5039–5043 (1998)
48. Moreva, E., Brida, G., Gramegna, M., Giovannetti, V., Maccone, L.: Time from quantum entanglement: an experimental illustration. Phys. Rev. A. **89**, 052122 (2014)
49. de Fornel, F.: Evanescent Waves: from Newtonian Optics to Atomic Optics. Springer, Berlin (2001)
50. Bekefi, G., Barrett, A.H.: Electromagnetic Vibrations, Waves, and Radiation. MIT Press, Cambridge, MA (1987)
51. Liebermann, T., Knoll, W.: Surface-plasmon field-enhanced fluorescence spectroscopy. Colloids Surfaces A: Physiochem. Eng. Aspects. **10**, 115–130 (2000)
52. Moscovits, M.: Surface-enhanced spectroscopy. Rev. Mod. Phys. **57**, 783–826 (1985)
53. Knoll, W.: Interfaces and thin films as seen by bound electromagnetic waves. Ann. Rev. Phys. Chem. **49**, 565–634 (1998)
54. Aslan, K., Lakowicz, J.R., Geddes, C.D.: Plasmon light scattering in biology and medicine: new sensing approaches, visions and perspectives. Curr. Opin. Chem. Biol. **9**, 538–544 (2005)
55. Maier, S.A.: Plasmonics: Fundamentals and Applications. Springer (2007)
56. Kelly, K.L., Coronado, E., Zhao, L.L., Schatz, G.C.: The optical properties of metal nanoparticles: the influence of size, shape, and dielectric environment. J. Phys. Chem. B. **107**, 668–677 (2002)

57. Amendola, V., Pilot, R., Fasconi, M., Marago, O.M., Lati, M.A.: Surface plasmon resonance in gold nanoparticles: a review. J. Phys - Condensed Matter. **29**, 203002/1-48 (2017)
58. Rich, R.L., Myszka, D.G.: Higher-throughput, label-free, real-time molecular interaction analysis. Anal. Biochem. **361**, 1–6 (2007)
59. Haynes, C.L., Van Duyne, R.P.: Plasmon-sampled surface-enhanced Raman excitation spectroscopy. J. Phys. Chem. B. **107**, 7426–7433 (2003)
60. Wang, Z.J., Pan, S.L., Krauss, T.D., Du, H., Rothberg, L.J.: The structural basis for giant enhancement enabling single-molecule Raman scattering. Proc. Natl. Acad. Sci. U. S. A. **100**, 8638–8643 (2003)
61. Kreibig, U., Vollmer, M.: Optical Properties of Metal Clusters, vol. 535. Springer, Berlin (1995)
62. Liao, J., Ji, L., Zhang, J., Gao, N., Li, P., Huang, K., Yu, E.T., Kang, J.: Influence of the substrate to the LSP coupling wavelength and strength. Nanoscale Res. Lett. **13**, 280/1-11 (2018)
63. Toscano, G., Raza, S., Xiao, S., Wubs, M., Jauho, A., Bozhevolnyi, S.I., Mortensen, N.A.: Surface-enhanced Raman spectroscopy: nonlocal limitations. Opt. Lett. **37**(13), 2538–2540 (2012)
64. Lati, M.A., Lidorikis, E., Saija, R.: Modeling of enhanced electromagnetic fields in plasmonic nanostructures. In: de la Chapelle, M.L., Lidgi-Guigui, N., Gucciardi, P.G. (eds.) Handbook of Enhanced Spectroscopy, pp. 101–140. Pan Stanford Publ, Singapore (2016)
65. Armstrong, J.A., Bloembergen, N., Ducuing, J., Pershan, P.S.: Interactions between light waves in a nonlinear dielectric. Phys. Rev. **127**, 1918–1939 (1962)
66. Bloembergen, N.: Nonlinear Optics. Benjamin, New York (1965)
67. Shen, Y.R.: The Principles of Nonlinear Optics. Wiley, New York (1984)
68. Butcher, P.N., Cotter, D.: The Elements of Nonlinear Optics. Cambridge Univ. Press, Cambridge (1990)
69. Mukamel, S.: Principles of Nonlinear Optical Spectroscopy. Oxford Univ. Press, Oxford (1995)
70. Byer, R.L.: Nonlinear optical phenomena and materials. Ann. Rev. Mater. Sci. **4**, 147–190 (1974)
71. Boyd, R.: Nonlinear Optics, 4th edn. Academic, London (2020)
72. Radhakrishnan, T.P.: Molecular structure, symmetry, and shape as design elements in the fabrication of molecular crystals for second harmonic generation and the role of molecules-in-materials. Acc. Chem. Res. **41**, 367–376 (2008)
73. Hobbs, P.V.: Ice Physics., pp. 202. Oxford Univ. Press, New York (2010)
74. Fleming, G.R.: Chemical Applications of Ultrafast Spectroscopy. Oxford University Press, New York (1986)
75. Demtröder, W.: Laser Spectroscopy 1: Basic Principles, 5th edn. Springer, New York (2014)
76. Demtröder, W.: Laser Spectroscopy 2: Experimental Techniques, 5th edn. Springer, New York (2015)
77. Böttcher, C.J.F.: Theory of Electric Polarization, 2nd edn. Elsevier, Amsterdam (1973)
78. Lorentz, H.A.: The Theory of Electrons. Dover, New York (1952)
79. Liptay, W.: Dipole moments of molecules in excited states and the effect of external electric fields on the optical absorption of molecules in solution. In: Sinanoglu, O. (ed.) Modern Quantum Chemistry Part III: Action of Light and Organic Crystals. Academic, New York (1965)
80. Chen, F.P., Hansom, D.M., Fox, D.: Origin of stark shifts and splittings in molecular crystal spectra. 1. Effective molecular polarizability and local electric field. Durene and naphthalene. J. Chem. Phys. **63**, 3878–3885 (1975)
81. Myers, A.B., Birge, R.R.: The effect of solvent environment on molecular electronic oscillator strengths. J. Chem. Phys. **73**, 5314–5321 (1980)
82. Zelmon, D.E., Small, D.L., Jundt, D.: Infrared corrected Sellmeier coefficients for congruently grown lithium niobate and 5 Mol. % magnesium oxide-doped lithium niobate. J. Opt. Soc. Am. B. **14**, 3319–3322 (1997)

Elektronische Absorption

4

4.1 Wechselwirkungen von Elektronen mit oszillierenden elektrischen Feldern

Dieses Kapitel beginnt mit einer Diskussion darüber, wie das oszillierende elektrische Feld des Lichts ein Molekül in einen angeregten elektronischen Zustand versetzen kann. Dann untersuchen wir die Faktoren, die Wellenlänge, Stärke, linearen Dichroismus und Formen von molekularen Absorptionsbanden bestimmen. Unser Ansatz ist es, das Molekül quantenmechanisch mit zeitabhängiger Störungstheorie (Kap. 2) zu behandeln, aber das Licht, die Störung, als rein klassisches oszillierendes elektrisches Feld zu betrachten. Da viele der Phänomene, die mit der Absorption von Licht verbunden sind, gut durch diesen halbklassischen Ansatz erklärt werden können, verschieben wir die Betrachtung der Quantennatur des Lichts auf Kap. 5. Wechselwirkungen mit dem magnetischen Feld des Lichts werden in Kap. 9 diskutiert.

Beginnen wir mit der Betrachtung der Wechselwirkung eines Elektrons mit dem oszillierenden elektrischen Feld ($\boldsymbol{E}$) von linear polarisiertem Licht, wie in Gl. (3.15a):

$$\boldsymbol{E}(t) = \boldsymbol{E}_o(t)\left[\exp(2\pi i\nu t) + \exp(-2\pi i\nu t)\right]. \tag{4.1}$$

Das oszillierende Feld fügt dem Hamilton Operator für das Elektron einen zeitabhängigen Ausdruck hinzu. In einer Annäherung, die oft akzeptabel ist, können wir die Störung als Skalarprodukt von $\boldsymbol{E}$ mit dem *Dipoloperator*, $\tilde{\mu}$ schreiben:

$$\tilde{\mathrm{H}}'(t) = -\boldsymbol{E}(t) \cdot \tilde{\mu}. \tag{4.2}$$

Der Dipoloperator für ein Elektron ist einfach

$$\tilde{\mu} = e\tilde{\mathrm{r}} = e\boldsymbol{r}, \tag{4.3}$$

W. Parson und C. Burda, *Moderne Optische Spektroskopie*,
https://doi.org/10.1007/978-3-031-52100-3_4

wo e die Elektronenladung ist ($-4{,}803 \times 10^{-10}$ esu im cgs-System oder $-1{,}602 \times 10^{-19}$ C in MKS-Einheiten), $\tilde{\mathrm{r}}$ ist der Positionsoperator und $\boldsymbol{r}$ ist die Position des Elektrons. Daher kann Gl. (4.2) auch geschrieben werden

$$\tilde{\mathrm{H}}'(t) = -e\boldsymbol{E}(t)\cdot\boldsymbol{r} = -e|\boldsymbol{E}_o|\left[\exp(2\pi i\nu t) + \exp(-2\pi i\nu t)\right]|\boldsymbol{r}|\cos\theta, \quad (4.4)$$

wo θ der Winkel zwischen $\boldsymbol{E}_o$ und $\boldsymbol{r}$ ist.

Das Bewegen eines klassischen Teilchens mit Ladung e um eine kleine Strecke $d\boldsymbol{r}$ in einem elektrischen Feld ändert die potentielle Energie des Teilchens um $dV = -e\boldsymbol{E}(\boldsymbol{r})\cdot d\mathbf{r}$ (Kasten 4.1). Wenn das Feld also unabhängig von der Position ist, ändert das Bewegen des Teilchens vom Ursprung des Koordinatensystems zur Position $\boldsymbol{r}$ die klassische Energie um $-e\boldsymbol{E}\cdot\boldsymbol{r}$. Quantenmechanisch ändert sich, wenn ein Elektron durch die Wellenfunktion Ψ beschrieben wird, die Wechselwirkung mit einem einheitlichen Feld die potentielle Energie des Elektrons um $-e\langle\Psi|\boldsymbol{E}\cdot\boldsymbol{r}|\Psi\rangle$, vorausgesetzt, das Feld ändert die Wellenfunktion selbst nicht.

Kasten 4.1 Energie eines Dipols in einem externen elektrischen Feld
In Abschn. 3.1 haben wir die Energie eines geladenen Teilchens im elektrischen Feld einer anderen Ladung diskutiert. Die gleichen Überlegungen gelten für eine Gruppe von geladenen Teilchen in einem externen elektrischen Feld, wie dem Feld zwischen den Platten eines Kondensators. Betrachten Sie ein Paar von parallelen, entgegengesetzt geladenen Platten, die durch eine kleine Lücke getrennt sind. Das Feld in der Region zwischen den Platten ($\boldsymbol{E}$) ist normal zu den Platten, zeigt von der positiven Platte zur negativen und ist (wenn wir ausreichend weit von den Rändern der Platten entfernt sind) unabhängig von der Position. Das elektrostatische Potenzial (V_{elec}) erhöht sich daher linear von der negativen Platte zur positiven. Lassen Sie uns den Ursprung unseres Koordinatensystems in die Mitte der negativen Platte setzen und $V_{elec}(\boldsymbol{r})$ relativ zum Potenzial hier ausdrücken. Das Feld von den Platten ändert dann die elektrostatische Energie des Teilchens i um

$$E_{q,field} = q_i V_{elec}(\boldsymbol{r}_i) = -q_i\int_0^{\mathrm{r}_i}\boldsymbol{E}\cdot d\boldsymbol{r} = -q_i\boldsymbol{E}\cdot\boldsymbol{r}_i, \quad (B4.1.1)$$

wo q_i und $\boldsymbol{r}_i$ die Ladung und Position des Teilchens sind.

Die Summierung über alle geladenen Teilchen zwischen den Platten ergibt die Gesamtenergie der Wechselwirkung der Teilchen mit dem externen Feld:

$$E_{Q,field} = -\sum_i q_i\boldsymbol{E}\cdot\boldsymbol{r}_i = -\boldsymbol{E}\cdot\left\{\boldsymbol{R}Q + \sum_i q_i\boldsymbol{r}_i^{\,o}\right\} = -\boldsymbol{E}\cdot\{\boldsymbol{R}Q + \boldsymbol{\mu}\}. \quad (B4.1.2)$$

Hier ist Q die Nettoladung des Systems (Σq_i); $\boldsymbol{R}$ ist das Zentrum der Ladung, definiert als

$$\boldsymbol{R} = \frac{1}{Q}\sum_i \boldsymbol{R}_i q_i; \tag{B4.1.3}$$

$\boldsymbol{r}_i^o$ ist die Position der Ladung i in Bezug auf das Zentrum der Ladung ($\boldsymbol{r}_i^o = \boldsymbol{r}_i - \boldsymbol{R}$), und $\boldsymbol{\mu}$ ist der *elektrische Dipol,* oder das elektrische *Dipolmoment* eines Systems von Ladungen:

$$\boldsymbol{\mu} = \sum_i q_i \boldsymbol{r}_i{}^o. \tag{B4.1.4}$$

In der hier verwendeten Konvention zeigt der Dipol eines Paares von Ladungen mit entgegengesetzten Zeichen von der negativen zur positiven Ladung.

Wir werden später in diesem Kapitel zeigen, dass der Ausdruck $\boldsymbol{R}Q$ in Gl. (B4.1.2) aus den Wechselwirkungen eines Moleküls mit dem oszillierenden Feld des Lichts herausfällt, so dass die Wahl des Koordinatensystems für diese Wechselwirkungen unwesentlich ist. $\boldsymbol{R}Q$ fällt auch für statische Felder aus, wenn wir das Zentrum der Ladung als Ursprung des Koordinatensystems verwenden, oder wenn die Nettoladung (Q) null ist. In diesen Situationen können wir $\boldsymbol{\mu}$ einfach schreiben als

$$\boldsymbol{\mu} = \sum_i q_i \boldsymbol{r}_i. \tag{B4.1.5}$$

Gleichung (4.4) macht mehrere Annäherungen. Zusätzlich zur klassischen Behandlung von Licht haben wir die magnetische Komponente des Strahlungsfeldes vernachlässigt. Dies ist oft eine akzeptable Annäherung, da die Auswirkungen des elektrischen Feldes normalerweise viel größer sind als die des magnetischen Feldes. Wir werden auf diesen Punkt in Kap. 5 zurückkommen, wenn wir die Quantentheorie der Absorption und Emission diskutieren, und erneut in Kap. 9 wenn wir uns mit zirkularem Dichroismus befassen. Wir haben auch angenommen, dass $\boldsymbol{E}_o$ unabhängig von der Position des Elektrons innerhalb des molekularen Orbitals ist. Dies ist auch eine vernünftige Annäherung für die meisten molekularen Chromophore, die im Vergleich zur Wellenlänge des sichtbaren Lichts (~5000Å) typischerweise klein sind. Wir könnten jedoch die Variation des Feldes mit der Position berücksichtigen, indem wir die Feldstärke in einer Taylor-Reihe um den Ursprung des Koordinatensystems erweitern. Für Licht, das in der z-Richtung polarisiert ist, ergibt dies

$$\tilde{\mathrm{H}}'(x,y,z,t) = -ez\left\{|\boldsymbol{E}(t)|_{x,y=0} + \left[x\left(\frac{\partial|\boldsymbol{E}(t)|}{\partial x}\right)_{x,y=0} + y\left(\frac{\partial|\boldsymbol{E}(t)|}{\partial y}\right)_{x,y=0}\right] + \cdots\right\} - \cdots. \tag{4.5}$$

Der führende Term in der Expansion repräsentiert die Dipol-Interaktion; die nachfolgenden Terme repräsentieren quadrupolare, oktupolare und Interaktionen höherer Ordnungen, die normalerweise viel kleiner im Betrag sind (Kasten 4.2 und Abb. 4.1).

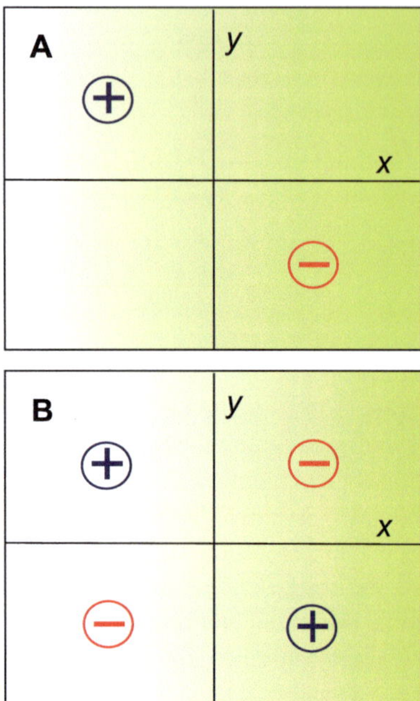

Abb. 4.1 Systeme von Ladungen ohne Netto-Ladung, aber mit entweder einem Dipolmoment (**A**) oder einem Quadrupolmoment, aber keinem Dipolmoment (**B**). Ein *blaues* „+“ repräsentiert eine positive Einheitsladung; ein *rotes* „–“, eine negative Einheitsladung. Die Energie der Wechselwirkung des Systems mit einem konstanten externen elektrischen Feld hängt vom Dipolmoment ab und ist daher in **B** null. Das Quadrupolmoment wird wichtig, wenn die Größe des externen elektrischen Feldes ($|\boldsymbol{E}|$) mit der Position variiert. Die schattierten *gelben* Hintergründe hier repräsentieren ein Feld, das mit der Position in der x-Richtung an Stärke zunimmt

Kasten 4.2 Multipol-Expansion der Energie eines Satzes von Ladungen in einem variablen externen Feld

Die Abb. 4.1A und B zeigen zwei Sätze von Ladungen in einem Feld ($\boldsymbol{E}$), das in die y-Richtung zeigt und mit der Position in x-Richtung an Stärke zunimmt. Nehmen wir der Einfachheit halber an, dass alle Ladungen in der xy-Ebene liegen und die Feldstärke unabhängig von der y-Koordinate ist. Die Energie der Wechselwirkungen der Teilchen mit dem Feld kann dann geschrieben werden

$$E_{Q,field} = -\sum_i q_i \int_0^{y_i} \boldsymbol{E}(x_i) \cdot dy, \tag{B4.2.1}$$

wo q_i und (x_i, y_i) die Ladung und Position des Teilchens i sind. Eine Möglichkeit, diese Summe zu bewerten, besteht darin, das Zentrum der Ladung als Ursprung des Koordinatensystems zu wählen und $\boldsymbol{E}$ als Taylor-

Reihe um diesen Punkt zu erweitern. Für die in Abb. 4.1 gezeigten Systeme ergibt dies:

$$E_{Q,field} = -\left(\hat{E} \cdot \hat{y}\right)\left\{|\boldsymbol{E}|\sum_i y_i q_i + \left(\frac{\partial|\boldsymbol{E}|}{\partial x}\right)\sum_i x_i y_i q_i + \cdots\right\}, \quad \text{(B4.2.2)}$$

wo $\hat{E}$ und $\hat{y}$ Einheitsvektoren parallel zum Feld und zur y-Achse sind, und $\boldsymbol{E}$ und seine Ableitungen werden im Zentrum der Ladung ausgewertet. Der Faktor $\boldsymbol{E} \cdot \hat{y}$ ist in dieser Darstellung einfach +1. Der erste Ausdruck in den Klammern in Gl. (B4.2.2) ist nicht null für die in Abb. 4.1A gezeigte Ladungsanordnung, die einen elektrischen Dipol mit einer Komponente in y-Richtung hat. Dieser Ausdruck verschwindet für die Ladungsanordnung in Abb. 4.1B, wo der Beitrag von einem Paar positiver und negativer Ladungen den Beitrag vom anderen aufhebt. Der zweite Ausdruck in den Klammern verschwindet, wenn das Feld konstant ist, aber nicht, wenn sich die Feldstärke mit x ändert.

Gl. (B4.2.2) kann auf eine allgemeinere Weise geschrieben werden, indem Matrizen und Matrixoperatoren verwendet werden:

$$E_{Q,field} = -\sum_i q_i \boldsymbol{E}(\boldsymbol{r}_i) \cdot \boldsymbol{r}_i = -\boldsymbol{E} \cdot \boldsymbol{R}Q - \boldsymbol{E} \cdot \boldsymbol{\mu} - Tr\left[\tilde{\nabla}\boldsymbol{E} \cdot \boldsymbol{\Theta}\right] + \cdots$$

$$= V_{elec}(\boldsymbol{R})Q - \boldsymbol{E} \cdot \boldsymbol{\mu} - Tr\left[\tilde{\nabla}\boldsymbol{E} \cdot \boldsymbol{\Theta}\right] + \cdots. \quad \text{(B4.2.3)}$$

Hier ist $\boldsymbol{R}$ wieder das Zentrum der Ladung, und $\boldsymbol{E}$ und dessen Ableitungen werden an diesem Punkt ausgewertet; Q ist die Gesamtladung des Systems; $V_{elec}(\boldsymbol{R})$ ist das elektrostatische Potenzial bei $\boldsymbol{R}$; $\boldsymbol{\mu}$ ist der elektrische Dipol, berechnet bezüglich $\boldsymbol{R}$ wie in Gl. (B4.1.4) (oder bezüglich irgendeines Koordinatensystems, wenn Q null ist); $\boldsymbol{\Theta}$ ist eine Matrix, die als *elektrisches Quadrupolmoment* des Ladungssystems bezeichnet wird (siehe unten); $\tilde{\nabla}\boldsymbol{E}$ ist der Gradient von $\boldsymbol{E}$; und $\mathrm{Tr}\left[\tilde{\nabla}\boldsymbol{E} \cdot \Theta\right]$ bedeutet die Spur des Matrixprodukts $\tilde{\nabla}\boldsymbol{E} \cdot \Theta$. (Siehe Anhang A2 für Definitionen des Gradienten eines Vektors, des Produkts von zwei Matrizen und der Spur einer Matrix.)

Gl. (B4.2.3) ist eine *Multipol-Expansion* der Wechselwirkung eines Satzes von Ladungen mit einem externen Feld. Der erste Term auf der rechten Seite ($V_{elec}(\boldsymbol{R})$Q) ist die Wechselwirkung der Nettoladung des Systems mit dem Potenzial im Zentrum der Ladung. Der zweite Term ($-\boldsymbol{E} \cdot \boldsymbol{\mu}$) beschreibt die Wechselwirkung des Dipolmoments mit dem externen Feld, und der dritte $\left(-\mathrm{Tr}\left[\tilde{\nabla}\boldsymbol{E} \cdot \Theta\right]\right)$ beschreibt die Wechselwirkung des Quadrupolmoments mit dem Gradienten des Feldes. Die Auslassungspunkte repräsentieren Ausdrücke für das elektrische Oktupol und höherwertige Momente, die mit progressiv höheren Ableitungen von $\boldsymbol{E}$ interagieren. In den meisten Situationen, die in der optischen Spektroskopie auftreten, sind diese höherwertigen Terme sehr klein im Vergleich zu den in Gl. (B4.2.3) gegebenen

Termen, und selbst der Quadrupolterm ist normalerweise vernachlässigbar im Vergleich zum Dipolterm.

Die Matrixelemente des Quadrupolmoments eines Systems von Ladungen sind definiert als

$$\Theta_{\alpha,\beta} = \sum_i q_i r_{\alpha(i)} r_{\beta(i)}, \tag{B4.2.4}$$

wo $r_{\alpha(i)}$ und $r_{\beta(i)}$ die x, y,, oder z Koordinate der Ladung i in Bezug auf das Zentrum der Ladung bezeichnen. Zum Beispiel, wenn α und β 1, 2 oder 3 für x, y oder z sind, dann ist $\Theta_{1,2} = \Sigma q_i x_i y_i$ und $\Theta_{3,1} = \Sigma q_i z_i x_i$. Beachten Sie, dass $\Theta_{\alpha,\beta} = \Theta_{\beta,\alpha}$, so ist $\boldsymbol{\Theta}$ symmetrisch.

Mit den Rezepten für Matrixoperationen, die in Anhang A2 gegeben sind, wird der Quadrupolterm in Gl. (B4.2.3) zu

$$Tr\left[\tilde{\nabla}\boldsymbol{E}\cdot\boldsymbol{\Theta}\right] = \sum_i\sum_\alpha\sum_\beta r_{\alpha(i)}\, r_{\beta(i)}\, \partial E_\alpha/\partial r_\beta$$

$$= \sum_i \left\{ x_i x_i \frac{\partial E_x}{\partial x} + y_i x_i \frac{\partial E_y}{\partial x} + z_i x_i \frac{\partial E_z}{\partial x} + x_i y_i \frac{\partial E_x}{\partial y} + y_i y_i \frac{\partial E_y}{\partial y} + z_i y_i \frac{\partial E_z}{\partial y} + \right.$$

$$\left. + x_i z_i \frac{\partial E_x}{\partial z} + y_i z_i \frac{\partial E_y}{\partial z} + z_i z_i \frac{\partial E_z}{\partial z} \right\}. \tag{B4.2.5}$$

Wenn das Feld entlang der y-Achse orientiert ist und seine Größe nur von x abhängt, wie in Abb. 4.1, reduziert sich dieser Ausdruck zu

$$Tr\left[\tilde{\nabla}\boldsymbol{E}\cdot\boldsymbol{\Theta}\right] = \sum_i q_i y_i x_i \partial|\boldsymbol{E}|/\partial x, \tag{B4.2.6}$$

was dem zweiten Term in den Klammern auf der rechten Seite von Gl. (B4.2.2) entspricht.

4.2 Die Raten von Absorption und angeregter Emission

Nehmen wir an, dass bevor vor wir das Licht einschalten, unser Elektron sich in einem Zustand befindet, der durch die Wellenfunktion Ψ_a beschrieben wird. In Anwesenheit des oszillierenden Strahlungsfeldes werden diese und die anderen Lösungen der Schrödinger-Gl. für das ungestörte System unbefriedigend; sie stellen keine *stationären* Zustände mehr dar. Wir können jedoch die Wellenfunktion des Elektrons in Anwesenheit des Feldes durch eine lineare Kombination der ursprünglichen Wellenfunktionen darstellen, $C_a\Psi_a + C_b\Psi_b + \ldots$, wobei die Koeffizienten C_k Funktionen der Zeit sind (Gl. (2.55)). Solange das System noch in Ψ_a ist, ist $C_a = 1$ und alle anderen Koeffizienten null; aber wenn die Störung ausreichend stark ist, wird C_a mit der Zeit abnehmen, während C_b oder einer oder mehrere der anderen Koeffizienten zunehmen. Wir können die erwartete Wachstumsrate von C_b ermitteln, indem wir die Gl. (4.1 und 4.2) in Gl. (2.62) einsetzen:

$$\partial C_b/\partial t = (i/\hbar)\exp[i(E_b - E_a)t/\hbar]\left[\exp(2\pi i\nu t) + \exp(-2\pi i\nu t)\right]\boldsymbol{E}_o \cdot \langle\psi_b|\tilde{\mu}|\psi_a\rangle \tag{4.6a}$$

$$= (i/\hbar)\{\exp[i(E_b - E_a + h\nu)t/\hbar] + \exp[i(E_b - E_a - h\nu)t/\hbar]\}\boldsymbol{E}_o \cdot \langle\psi_b|\tilde{\mu}|\psi_a\rangle, \tag{4.6b}$$

wo E_a und E_b die Energien der Zustände a und b sind.

Die Wahrscheinlichkeit, dass das Elektron zur Zeit τ einen Übergang von Ψ_a zu Ψ_b gemacht hat, erhält man durch Integration der Gl. (4.6b) von der Zeit $t = 0$ bis τ (Gl. (2.63)) und dann Auswertung von $|C_b(\tau)|^2$. Die Integration der Gl. (4.6b) ist unkompliziert und liefert das folgende Ergebnis:

$$C_b(\tau) = \left(\frac{\exp\left[i(E_b - E_a + h\nu)\tau/\hbar\right] - 1}{E_b - E_a + h\nu} + \frac{\exp\left[i(E_b - E_a - h\nu)\tau/\hbar\right] - 1}{E_b - E_a - h\nu}\right)E_0 \cdot \langle\psi_b|\tilde{\mu}|\psi_a\rangle. \tag{4.7}$$

Beachten Sie, dass die beiden Brüche in den großen Klammern in Gl. (4.7) sich nur im Vorzeichen des Ausdrucks $h\nu$ unterscheiden. Nehmen wir an, dass $E_b > E_a$, was bedeutet, dass Ψ_b über Ψ_a bezüglich der Energie liegt. Der Nenner im zweiten Term in den geschweiften Klammern wird dann null, wenn $E_b - E_a = h\nu$. Der Zähler dieses Ausdrucks ist eine komplexe Zahl, aber seine Größe geht auch auf null, wenn $E_b - E_a = h\nu$, und das Verhältnis von Zähler zu Nenner wird $i\tau/\hbar$ (Kasten 4.3). Andererseits, wenn $E_b < E_a$ (*d. h.*, wenn Ψ_b unter Ψ_a liegt), dann wird das Verhältnis von Zähler zu Nenner im ersten Term in den geschweiften Klammern $i\tau/\hbar$, wenn $E_b - E_a = h\nu$. Wenn $|E_b - E_a|$ sehr unterschiedlich von $h\nu$ ist, werden beide Terme sehr klein sein. (Die Amplituden der Zähler können für keine Werte von E_a, E_b, oder $h\nu$ 2 überschreiten, während die Nenner normalerweise groß sind.) Also passiert etwas Besonderes, wenn $h\nu$ nahe der Energiedifferenz zwischen den beiden Zuständen liegt. Wir werden gleich sehen, dass der zweite Term in den geschweiften Klammern in Gl. (4.7) für die *Absorption* von Licht verantwortlich ist, wenn $E_b - E_a = h\nu$, und dass der erste Term für die *induzierte* oder *stimulierte Emission* von Licht verantwortlich ist, wenn $E_a - E_b = h\nu$. Stimulierte Emission, ein energetisch abwärts gerichteter elektronischer Übergang, bei dem Licht abgegeben wird, ist gerade das Gegenteil von Absorption.

Kasten 4.3 Das Verhalten der Funktion [exp(*iy*)-1]/*y*, wenn *y* gegen 0 geht

Um das Verhalten von Gl. (4.7) zu untersuchen, wenn $h\nu \approx |E_b - E_a|$, setzen wir $y = (E_b - E_a - h\nu)\tau/\hbar$. Der Begriff für die Absorption ist dann

$$\frac{\exp\left[i(E_b - E_a - h\nu)\tau/\hbar\right] - 1}{E_b - E_a - h\nu} = \left(\frac{\exp(iy) - 1}{y}\right)\frac{\tau}{\hbar} = \left(\frac{1 + iy - y^2/2! + \cdots - 1}{y}\right)\frac{\tau}{\hbar}, \tag{B4.3.1}$$

der gegen $i\tau/\hbar$ strebt, wenn y gegen null geht. Alternativ könnten wir schreiben

$$\left(\frac{\exp(iy) - 1}{y}\right)\frac{\tau}{\hbar} = \left(\frac{\cos(y) + i\sin(y) - 1}{y}\right)\frac{\tau}{\hbar} \tag{B4.3.2}$$

der ebenfalls gegen $i\tau/\hbar$ strebt, wenn y gegen null geht. Die Tatsache, dass $i\tau/\hbar$ imaginär ist, hat hier keine besondere Bedeutung, da wir an $|C_b(\tau)|^2$ interessiert sind.

Gl. (4.7) beschreibt die Auswirkungen von Licht mit einer einzigen Frequenz (ν). Wie wir in Kap. 3 diskutiert haben, umfasst Licht immer mehrere Schwingungsmoden, die eine Reihe von Frequenzen abdecken. Die durch diese einzelnen Modi verursachten Anregungsraten sind additiv. Um die Gesamtanregungsrate zu ermitteln, müssen wir daher $|C_b(\tau)|^2$ über alle in der Strahlung enthaltenen Frequenzen integrieren. Das Integral wird sehr klein sein, es sei denn, der Integrationsbereich enthält eine Frequenz, für die $h\nu = |E_b - E_a|$ gilt. Das bedeutet, dass wir das Integral sicher von $\nu = 0$ bis ∞ nehmen können, was praktisch ist, weil das Ergebnis dann in Standardtabellen erscheint (Kasten 4.4). Wie oben erklärt, müssen wir nur entweder den Begriff für Absorption oder den für stimulierte Emission berücksichtigen, je nachdem, ob E_b größer oder kleiner als E_a ist. Die Integration des Absorptionsterms ergibt:

$$\int_0^\infty C_b{}^*(\tau,\nu)C_b(\tau,\nu)\rho_\nu d\nu$$

$$= \int_0^\infty \left[(\boldsymbol{E}_o \cdot \langle\psi_b|\tilde{\mu}|\psi_a\rangle)^2 \left(\frac{\{\exp[-i(E_b - E_a - h\nu)\tau/\hbar] - 1\}\{\exp[i(E_b - E_a - h\nu)\tau/\hbar] - 1\}}{(E_b - E_a - h\nu)^2}\right)\rho_\nu(\nu)\right] d\nu \tag{4.8a}$$

$$= (\boldsymbol{E}_o \cdot \langle\psi_b|\tilde{\mu}|\psi_a\rangle)^2 \rho_\nu(\nu_o) \ \ \tau/\hbar^2 \tag{4.8b}$$

$$= \left(\boldsymbol{E}_o \cdot \boldsymbol{\mu}_{ba}\right)^2 \rho_\nu(\nu_o) \ \ \tau/\hbar^2, \tag{4.8c}$$

wo $\rho_\nu(\nu)d\nu$ die Anzahl der Schwingungsmoden im Frequenzintervall zwischen ν und $\nu + d\nu$, $\nu_o = (E_b - E_a)/h$, und $\boldsymbol{\mu}_{ba} \equiv \langle\psi_b|\tilde{\mu}|\psi_a\rangle$ ist. Wir haben $(\boldsymbol{E}_o \cdot \boldsymbol{\mu}_{ba})^2\rho_\nu(\nu)$ aus dem Integral in Gl. (4.8a) herausgezogen, unter der Annahme, dass das Feld im Wesentlichen unabhängig von ν über das kleine Frequenzintervall ist, wo $h\nu$ nahe an $E_b - E_a$ ist. Der Faktor $\rho_\nu(\nu_o)$ in der endgültigen Ausdrucksweise bezieht sich daher auf dieses Intervall. Weitere Details der Ableitung finden sich im Kasten 4.4. Gl. (4.8c) ist ein Spezialfall eines allgemeinen Ausdrucks, der oft als *goldene Regel* der Quantenmechanik bezeichnet wird, die wir in Kap. 2 kennengelernt haben und in verschiedenen Kontexten wieder begegnen werden.

Kasten 4.4 Die Funktion $\sin^2 x/x^2$ und ihr Integral

Um die Gl. (4.8a) zu bewerten, ziehen Sie zuerst den Ausdruck $(\boldsymbol{E}_o \cdot \boldsymbol{\mu}_{ba})^2 \rho(\nu)$ aus dem Integral heraus und setzen $s = (E_b - E_a - h\nu)\tau\hbar$ wie in Kasten 4.3 ein. Mit dieser Substitution ist $ds = -\ 2\pi\tau d\nu$ und die Integrationsgrenzen sind von $s = \infty$ bis $s = -\ \infty$. Das Integral kann dann wie folgt ausgewertet werden:

$$\int_{\infty}^{-\infty} \left\{ \frac{[\exp(-is) - 1][\exp(is) - 1]}{s^2(\hbar/\tau)^2(-2\pi\tau)} \right\} ds = \left(\frac{-\tau}{\pi\hbar^2}\right) \int_{\infty}^{-\infty} \left\{ \frac{1 - \cos(s)}{s^2} \right\} ds$$

$$= \left(\frac{\tau}{\pi\hbar^2}\right) \int_{-\infty}^{\infty} \frac{2\sin^2(s/2)}{s^2} ds$$

$$= \left(\frac{\tau}{\pi\hbar^2}\right) \int_{-\infty}^{\infty} \left(\frac{\sin(s/2)}{(s/2)}\right)^2 d(s/2) \tag{B4.4.1}$$

$$= \left(\tau/\pi\hbar^2\right)\pi = \tau/\hbar^2. \tag{B4.4.2}$$

Abb. 4.2 zeigt die Funktion $\sin^2 x/x^2$, die in Gl. (B4.4.1) erscheint. Die Funktion, manchmal als $\text{sinc}^2 x$ bezeichnet, hat einen Wert von 1 bei $x = 0$ und fällt schnell auf beiden Seiten von Null ab. Aber könnte das Spektrum des Lichts so scharf sein, dass es nur einen kleinen Teil des Bereichs abdeckt, in dem $\sin^2(s/2)/(s/2)^2$ signifikant von Null abweicht? Beachten Sie, dass s ein Produkt aus einer Energiedifferenz $(E_b - E_a - h\nu)$ und Zeit (τ) enthält, und denken Sie daran, dass solche Produkte nach Kap. 2 und 3 einen Mindestbereich von etwa h abdecken müssen. Die Streuung von $s/2$ muss daher mindestens in der Größenordnung von $h/2\hbar$, oder π, liegen, was einen erheblichen Teil des Integrals einschließen würde.

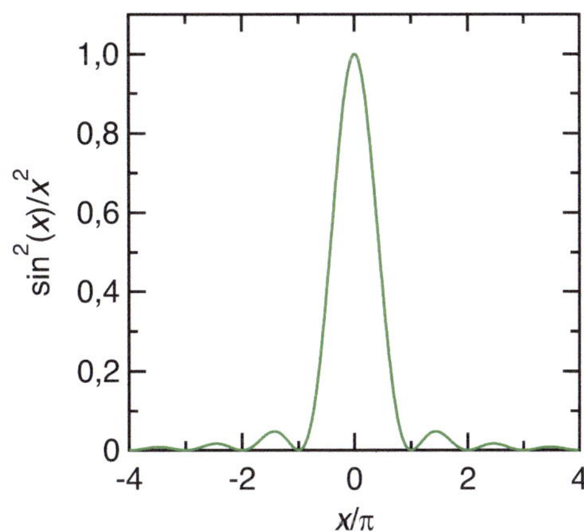

Abb. 4.2 Die Funktion $\sin^2(x)/x^2$. In Gl. (B4.4.1), $x = s/2 = (E_b - E_a - h\nu)\tau/2\hbar$

Diese Analyse hat uns zur Resonanzbedingung für die Absorption von Licht geführt: $h\nu = E_b - E_a$. Wir haben auch einen sehr allgemeinen Ausdruck für die Rate erhalten, mit der ein Molekül vom Zustand a in den Zustand b angeregt wird, wenn die Resonanzbedingung erfüllt ist (Gl. (4.8c)). Die Integration des Terms für die stimulierte Emission in Gl. (4.7) ergibt das gleiche Ergebnis, außer dass $\rho_\nu(\nu_o)$ sich auf die Frequenz bezieht, bei der $h\nu = E_a - E_b$. Sie könnten überrascht sein zu sehen, dass wir den Begriff der Photonen mit quantisierter Energie ($h\nu$) nicht einführen mussten, um die Resonanzbedingung zu erhalten. Unsere Beschreibung des Lichts war völlig klassisch. Obwohl die Anforderung, dass $h\nu$ mit $|E_b - E_a|$ übereinstimmt, ein quantenmechanisches Ergebnis ist, ergibt es sich in dieser Behandlung als Folge der Quantisierung der Zustände des Absorbers, nicht der Quantisierung des Lichts. Wir werden jedoch in Kap. 5 sehen, dass das gleiche Ergebnis durch eine vollständig quantenmechanische Behandlung erzielt wird, die ein quantisiertes Strahlungsfeld einschließt.

Gl. (4.7) hat die merkwürdige Eigenschaft, dass, wenn $|E_b - E_a| \approx h\nu$, $C_b(\tau)$ ist proportional zu $-i\tau/\hbar$ (Kasten 4.3). Das bedeutet, dass die Wahrscheinlichkeitsdichte $|C_b(\tau)|^2$ proportional zu τ^2 ist, zumindest für kurze Zeiten, wenn das System am wahrscheinlichsten noch im Zustand Ψ_a ist. Mit anderen Worten, die Wahrscheinlichkeit, dass das System einen Übergang zum Zustand Ψ_b gemacht hat, steigt quadratisch mit der Zeit! Im Gegensatz dazu sagen die Gl. (4.8b und c), dass die Wahrscheinlichkeit, dass das System den Übergang gemacht hat, linear mit der Zeit wächst, was eher unseren alltäglichen Beobachtungen entspricht. Die quadratische Zeitabhängigkeit, die von Gl. (4.7) vorhergesagt wird, resultiert aus der Betrachtung von Licht mit einer einzigen Frequenz oder äquivalent aus der Betrachtung eines Systems mit einem einzigen, scharf definierten Wert von $E_b - E_a$. Die Integration über eine Verteilung von Frequenzen ergibt Gl. (4.8). Wir hätten die gleiche lineare Abhängigkeit von τ erhalten können, indem wir eine sehr große Anzahl von Molekülen mit einer Verteilung von Energielücken um $h\nu$ betrachtet hätten, oder indem wir ein einzelnes Molekül betrachtet hätten, für das $E_b - E_a$ schnell mit der Zeit schwankt. In Kap. 11 werden wir sehen, dass die Dynamik der Absorption auf sehr kurzen Zeitskalen nichtlinear ist, obwohl das Ausmaß dieser Nichtlinearität von den fluktuierenden Wechselwirkungen des Systems mit der Umgebung abhängt.

4.3 Übergangsdipole und Dipolstärken

Das Matrixelement $\psi_b \mid \tilde{\mu} \mid \psi_a$, das wir als $\vec{\mu}_{ba}$ in Gl. (4.8c) bezeichnen, wird als *Übergangsdipol* bezeichnet. Übergangsdipole sind Vektoren, deren Größen Einheiten von Ladung mal Abstand haben. Beachten Sie, dass $\boldsymbol{\mu}_{ba}$ sich von $\langle\psi_a|\tilde{\mu}|\psi_a\rangle$, oder $\boldsymbol{\mu}_{aa}$, unterscheidet, welches den Beitrag darstellt, den ein Elektron in der Orbital ψ_a zum *permanenten* Dipol des Moleküls leistet. Der gesamte elektrische Dipol des Moleküls wird durch eine Summe von Termen gegeben, die $\boldsymbol{\mu}_{aa}$ für alle Wellenfunktionen aller geladenen Teilchen im Molekül entsprechen, einschließlich sowohl Elektronen als auch Kerne. Wie wir in Abschn. 4.10 diskutieren werden, hat die Änderung des permanenten Dipols, wenn das System von ψ_a zu ψ_b ($\boldsymbol{\mu}_{bb} - \boldsymbol{\mu}_{aa}$) angeregt wird, Auswirkungen darauf, wie Wechselwirkungen mit der Umgebung den Energieunterschied zwischen dem angeregten Zustand und dem Grundzustand beeinflussen. Der Übergangsdipol hingegen bestimmt die *Stärke* der Absorptionsbande, die mit der Anregung verbunden ist. Der Übergangsdipol kann mit der oszillierenden Komponente des Dipols in einer Überlagerung des Grund- und angeregten Zustands (Kasten 4.5) in Beziehung gesetzt werden.

Kasten 4.5 Das oszillierende elektrische Dipol eines Überlagerungszustands

Klassisch kann Energie nur dann zwischen einem Molekül und einem oszillierenden elektromagnetischen Feld übertragen werden, wenn das Molekül einen elektrischen oder magnetischen Dipol hat, das zeitlich mit einer Frequenz nahe der Oszillationsfrequenz des Feldes oszilliert; andernfalls werden die Wechselwirkungen des Moleküls mit dem Feld im Durchschnitt null sein. Ein Molekül in einem Zustand, der durch eine Überlagerung seiner Grund- und angeregten Zustände (ψ_a und ψ_b) beschrieben wird, kann einen solchen oszillierenden Dipol haben, obwohl die einzelnen Zustände dies nicht tun. Abb. 4.3 veranschaulicht diesen Punkt für die ersten beiden Eigenfunktionen eines Elektrons in einem eindimensionalen Kasten. Die gepunkteten und gestrichelten Kurven in Panel *A* zeigen die Amplituden von ψ_a und ψ_b zur Zeit $t = 0$ (Gl. (2.23) und Abb. 2.2). Die durchgezogene Kurve zeigt die Summe ($\Psi_a + \Psi_b$) multipliziert mit dem Normalisierungsfaktor $2^{-1/2}$. Da die zeitabhängigen Teile von ψ_a und ψ_b [$\exp(-iE_a t/\hbar)$ und $\exp(-iE_b t/\hbar)$, wo E_a und E_b die Energien der reinen Zustände sind] beide zur Nullzeit Eins sind, ist der Überlagerungszustand zu diesem Zeitpunkt einfach die Summe der räumlichen Teile der Wellenfunktionen ($\psi_a + \psi_b$). Die entsprechenden Wahrscheinlichkeitsfunktionen sind in Abb.4.3C illustriert. Die reinen Zustände haben kein Dipolmoment, weil die Elektronendichte ($e|\psi(x)|^2$) an jedem Punkt, an dem $x > 0$ ist, durch die Elektronendichte an einem entsprechenden Punkt mit $x < 0$ ausgeglichen wird, wodurch die Integrale $\int e|\psi(x)|^2 x dx$ null werden. Diese Symmetrie wird im Superpositionszustand gebrochen, der eine höhere Elektronendichte für negative Werte von x hat (Abb. 4.3C, durchgezogene Kurve).

Um zu sehen, dass das Dipolmoment des Superpositionszustands mit der Zeit oszilliert, betrachten Sie die gleichen Zustände zur Zeit $t = (1/2)h/(E_b - E_a)$. Für das Teilchen in einem Kasten ist die Energie des zweiten Eigenzustands viermal so groß wie die des ersten, $E_b = 4E_a$ (Gl. (2.24)), so $(1/2)h/(E_b - E_a) = (1/6)h/E_a$. Die einzelnen Wellenfunktionen zu dieser Zeit haben sowohl reale als auch imaginäre Teile. Für den Zustand mit der niedrigeren Energie finden wir durch Verwendung der Beziehung $\exp(-i\theta) = \cos(\theta) - i \sin(\theta)$ dass

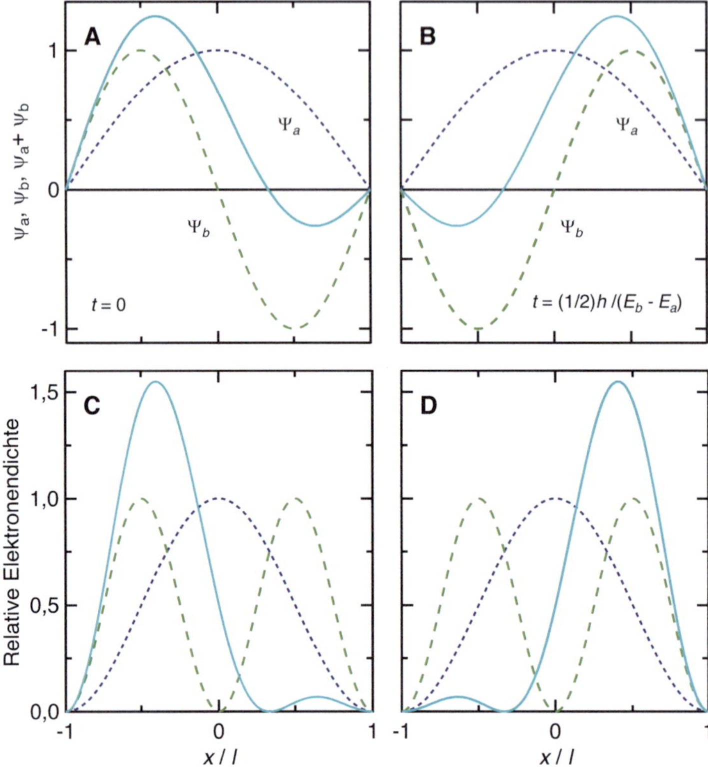

Abb. 4.3 Wellenfunktions-Amplituden (**A**, **B**) und Wahrscheinlichkeitsdichten (**C**, **D**) für zwei reine Zustände und einen Superpositionszustand. Die *blau gepunkteten und grün gestrichelten Kurven* stehen für die ersten beiden Eigenzustände eines Elektrons in einem eindimensionalen Kasten von Einheitslänge, wie sie durch Gl. (2.23) mit $n = 1$ (Ψ_a) oder 2 (Ψ_b) gegeben sind. Die *cyanfarbenen durchgezogenen Kurven* stehen für die Superposition $2^{-1/2}(\Psi_a + \Psi_b)$. **A**, **C** Die Wellenfunktionen und die Wahrscheinlichkeitsdichten zur Zeit $t = 0$, wenn alle Wellenfunktionen real sind. **B**, **D** Die entsprechenden Funktionen zur Zeit $t = (1/2)h/(E_b - E_a)$, wobei E_a und E_b die Energien der reinen Zustände sind

$$\Psi_a(x,t) = \psi_a(x)\exp(-iE_at/\hbar) = \psi_a(x)\exp(-iE_ah/6E_a\hbar)$$
$$= \psi_a(x)\exp(-i\pi/3)$$

$$= \psi_a(x)[\cos(\pi/3) - i\sin(\pi/3)]. \quad \text{(B4.5.1)}$$

Für den Zustand mit höherer Energie, der viermal schneller schwingt,

$$\Psi_b(x,t) = \psi_b(x)\exp(-iE_bt/\hbar) = \psi_b(x)\exp(-i4\pi/3)$$

$$= \psi_b(x)\{\cos(4\pi/3) - i\sin(4\pi/3)\} = -\psi_b(x)\{\cos(\pi/3) - i\sin(\pi/3)\}. \quad \text{(B4.5.2)}$$

Weil cos(4π/3) = − cos(π/3) und sin(4π/3) = − sin(π/3), hat ψ_b im Vergleich zu ψ_a das Vorzeichen gewechselt. Die Wellenfunktion des Überlagerungszustands bei $t = (1/2)h/(E_b - E_a)$ ist daher,

$$2^{-1/2}\left\{\Psi_a(x,t) + \Psi_b\left(x,t\right)\right\} = 2^{-1/2}\{\psi_a(x) - \psi_b(x)\}\{\cos(\pi/3) - i\sin(\pi/3)\}. \tag{B4.5.3}$$

Dies unterscheidet sich vom Überlagerungszustand zur Zeit Null darin, dass es von der Differenz zwischen $\psi_a(x)$ und $\psi_b(x)$ abhängt anstatt von der Summe (Abb. 4.3B). Die Untersuchung der Elektronendichtefunktion in Abb. 4.3D zeigt, dass der elektrische Dipol des Überlagerungszustands seine Richtung im Vergleich zur Ausrichtung bei $t = 0$ umgekehrt hat.

Die Wellenfunktion des Überlagerungszustands kehrt zu ihrer ursprünglichen Form bei $t = h/(E_b - E_a)$ zurück, wenn die Phasen der zeitabhängigen Teile von Ψ_a und Ψ_b jeweils 2π/3 und 8π/3 sind. Der räumliche Teil von $\Psi_a + \Psi_b$ schwingt daher zwischen symmetrischen und antisymmetrischen Kombinationen von ψ_a und $\psi_b(\psi_a + \psi_b$ und $\psi_a - \psi_b)$ mit einer Periode von $h/(E_b - E_a)$, und der elektrische Dipol schwingt im Einklang.

Wir können die Amplitude des oszillierenden Dipols des Überlagerungszustands mit dem Übergangsdipol ($\boldsymbol{\mu}_{ba}$) wie folgt in Beziehung setzen. Für einen Überlagerungszustand

$C_a\Psi_a + C_b\Psi_b$ mit $\Psi_k = \psi_k \exp(-iE_k t/\hbar)$, ist der Erwartungswert des Dipols

$$C_a\Psi_a + C_b\Psi_b \mid \tilde{\mu} \mid C_a\Psi_a + C_b\Psi_b$$

$$= |C_a|^2\Psi_a \mid \tilde{\mu} \mid \Psi_a + |C_b|^2\Psi_b \mid \tilde{\mu} \mid \Psi_b + C_a{}^*C_b\Psi_a \mid \tilde{\mu} \mid \Psi_b + C_b{}^*C_a\Psi_b \mid \tilde{\mu} \mid \Psi_a$$

$$= |C_a|^2\boldsymbol{\mu}_{aa} + |C_b|^2\boldsymbol{\mu}_{bb} + C_a{}^*C_b\boldsymbol{\mu}_{ab}\exp[i(E_a - E_b)t/\hbar] + C_b{}^*C_a\boldsymbol{\mu}_{ba}\exp[i(E_b - E_a)t/\hbar] \tag{B4.5.4a}$$

$$= |C_a|^2\boldsymbol{\mu}_{aa} + |C_b|^2\boldsymbol{\mu}_{bb} + 2\,\mathrm{Re}\left\{C_bC_a\boldsymbol{\mu}_{ba}\exp[i(E_b - E_a)t/\hbar]\right\}. \tag{B4.5.4b}$$

Wir haben die Gleichheit $\theta + \theta^* = 2\ \mathrm{Re}\ (\theta)$ verwendet, wobei $\mathrm{Re}(\theta)$ der Realteil der komplexen Zahl θ ist. Gl. (B4.5.4b) zeigt, dass das Dipolmoment des Superpositionszustands eine Komponente enthält, die sinusförmig mit einer Periode von $h/|E_b - E_a|$ schwingt, und dass die Amplitude dieser Komponente proportional zu $\boldsymbol{\mu}_{ba}$ ist.

Nehmen wir nun an, dass ein Molekül im Superpositionszustand dem oszillierenden elektrischen Feld des Lichts ($\boldsymbol{E}$) ausgesetzt ist. Wenn die Frequenz des Lichts sehr unterschiedlich von der des oszillierenden molekularen Dipols ist ($|E_b - E_a|/h$), werden die Wechselwirkungen des Moleküls mit dem Strahlungsfeld im Durchschnitt null sein. Andererseits, wenn die beiden Frequenzen übereinstimmen und in Phase sind, wird die Wechselwirkungsenergie proportional zu $\boldsymbol{\mu}_{ba} \cdot \boldsymbol{E}$ sein und im Allgemeinen nicht null sein. Der oszillierende Dipol des Superpositionszustands scheint also die Abhängigkeit der Absorption von Licht sowohl von der Resonanzbedingung als auch von $\boldsymbol{\mu}_{ba}$ zu erklären. Dieses Argument hat jedoch das Problem, dass der oszillierende Dipol des Superpositionszustands, zusätzlich zur Proportionalität zu $\boldsymbol{\mu}_{ba}$, von dem Produkt der Koeffizienten C_a und C_b abhängt (Gl. (B4.5.4b)). Wenn wir wissen, dass das System im Grundzustand ist, dann ist $C_b = 0$, und die Amplitude des oszillierenden Dipols ist null. Die Störungsbehandlung, die in Abschn. 4.2 vorgestellt wurde, begegnet diesem Dilemma nicht und sagt tatsächlich voraus, dass die Absorptionsrate maximal sein wird, wenn $C_a = 1$ und $C_b = 0$. Diesen scheinbaren Widerspruch werden wir in Kap. 10 klären, wenn wir die Polarisation eines Mediums durch ein elektromagnetisches Strahlungsfeld diskutieren.

Die Größen sowohl von permanenten als auch von Übergangsdipolmomenten werden üblicherweise in Einheiten von *Debyes* (D) ausgedrückt, benannt nach Peter Debye, der 1936 den Nobelpreis für Chemie erhielt, weil er gezeigt hat, wie Dipolmomente gemessen und auf die molekulare Struktur bezogen werden können. Ein Debye entspricht 10^{-18} esu·cm im cgs-System und $3{,}336 \times 10^{-30}$ C·m in MKS-Einheiten). Da die Ladung eines Elektrons $-4{,}803 \times 10^{-10}$ esu beträgt und $1\text{Å} = 10^{-8}$ cm, beträgt das Dipolmoment, das mit einem Paar von positiven und negativen elementaren Ladungen verbunden ist, die durch 1 Å getrennt sind, 4,803 Debyes.

Gemäß Gl. (4.8c) ist die Absorptionsstärke proportional zum Quadrat der Größe von $\boldsymbol{\mu}_{ba}$, was als *Dipolstärke* bezeichnet wird: (D_{ba}):

$$D_{ba} = \left|\boldsymbol{\mu}_{ba}\right|^2 = |\langle\psi_b|\tilde{\mu}|\psi_a\rangle|^2. \tag{4.9}$$

Die Dipolstärke ist ein Skalar mit den Einheiten Debye^2.

Angenommen, eine Probe wird mit einem Lichtstrahl der Bestrahlungsstärke I beleuchtet, wobei I wie in Kap. 3 definiert ist, so dass $I\Delta\nu$ der Energiefluss (*z. B.* in Joule s^{-1}) im Frequenzintervall $\Delta\nu$ ist, der eine Fläche von 1 cm^2 durchquert. Nach den Gl. (1.1 und 1.2) wird die Lichtintensität um $IC\varepsilon\ l\ \ln(10)$ abnehmen, wobei C die Konzentration der absorbierenden Moleküle (M) ist, l die Dicke der Probe (cm) und ε der molare Extinktionskoeffizient im durch $\Delta\nu$ repräsentierten Frequenzintervall ist (M^{-1}cm^{-1}). Die Rate, mit der eine Probe mit einer Fläche von 1 cm^2 Energie im Frequenzintervall $\Delta\nu$ absorbiert, ist daher,

$$dE/dt = I\Delta\nu C\varepsilon l\ln(10). \tag{4.10}$$

Nehmen wir vorerst an, dass ε über das Frequenzintervall $\Delta\nu$ einen konstanten Wert hat und überall sonst null ist. Dann muss Gl. (4.10) für die gesamte Absorption des Lichts durch die Probe verantwortlich sein. Gl. (4.8c) hingegen zeigt, dass die Rate, mit der Moleküle angeregt werden, $(\boldsymbol{E}_o \cdot \boldsymbol{\mu}_{ba})^2 N_g \rho_u(\nu)/\hbar 2$ Moleküle pro Sekunde ist, wobei N_g die Anzahl der Moleküle im Grundzustand im beleuchteten Bereich ist. Durch Kombination dieser beiden Ausdrücke können wir den molaren Extinktions-Koeffizienten, eine experimentell messbare Größe, mit dem Übergangsdipol ($\boldsymbol{\mu}_{ba}$) und der Dipolstärke ($|\boldsymbol{\mu}_{ba}|^2$) in Beziehung setzen.

Wenn der Lichtstrahl eine Querschnittsfläche von 1 cm^2 hat, ist das Volumen des beleuchteten Bereichs von Interesse l cm^3 und die Gesamtzahl der Moleküle in diesem Volumen ist $N = 10^{-3} lCN_A$, wobei N_A die Avogadro-Zahl ist. Wir können normalerweise N anstelle der Anzahl der Moleküle im Grundzustand (N_g) verwenden, da bei den meisten Messungen mit kontinuierlichen Lichtquellen die Lichtintensität niedrig genug ist und der Zerfall des angeregten Zustands schnell genug ist, so dass die Erschöpfung der Grundzustandspopulation vernachlässigbar ist. Gl. (4.10) kann daher umgeschrieben werden als $dE/dt = I\Delta\nu 10^3 \ln(10)\varepsilon N/N_A$.

Das Skalarprodukt $\boldsymbol{E}_o \cdot \boldsymbol{\mu}_{ba}$ in Gl. (4.8c) hängt vom Kosinus des Winkels zwischen dem elektrischen Feldvektor des Lichts ($\boldsymbol{E}_o$) und dem molekularen Übergangsdipolvektor ($\boldsymbol{\mu}_{ba}$) ab, und dieser Winkel variiert normalerweise von Molekül zu Molekül in der Probe. Um den Durchschnittswert von $(\boldsymbol{E}_o \cdot \boldsymbol{\mu}_{ba})^2$ zu finden, stellen Sie sich ein kartesisches Koordinatensystem vor, in dem die z-Achse parallel zu $\boldsymbol{E}_o$ ist. Die x und y Achsen können beliebig gewählt werden, solange sie senkrecht zu z und zueinander sind. In diesem Koordinatensystem kann der Vektor $\boldsymbol{\mu}_{ba}$ für ein einzelnes Molekül als (μ_x, μ_y, μ_z) geschrieben werden, wobei $\mu_z = \boldsymbol{E}_o \cdot \boldsymbol{\mu}_{ba}/|\boldsymbol{E}_o|$ und $\mu_x^2 + \mu_y^2 + \mu_z^2 = |\boldsymbol{\mu}_{ba}|^2$. Wenn die Probe isotrop ist (*d. h.*, wenn die absorbierenden Moleküle keine bevorzugte Orientierung haben), dann müssen die Durchschnittswerte von μ_x^2, μ_y^2 und μ_z^2 alle gleich sein, und so muss auch $|\boldsymbol{\mu}_{ba}|^2/3$ sein. Der Durchschnittswert von $(\boldsymbol{E}_o \cdot \boldsymbol{\mu}_{ba})^2$ für eine isotrope Probe ist daher

$$\overline{(E_o \cdot \mu_{ba})^2} = (1/3)|E_o|^2|\mu_{ba}|^2. \tag{4.11}$$

Kasten 4.6 beschreibt einen allgemeineren Ansatz, der zum gleichen Ergebnis führt.

Kasten 4.6 Die mittlere quadratische Energie der Wechselwirkung eines externen Feldes mit Dipolen in einem isotropen System

Der Durchschnittswert von $(\boldsymbol{E}_o \cdot \boldsymbol{\mu}_{ba})^2$ ist $|\boldsymbol{E}_o|^2 |\boldsymbol{\mu}_{ba}|^2 \overline{\cos^2\theta}$, wobei θ der Winkel zwischen $\boldsymbol{E}_o$ und $\boldsymbol{\mu}_{ba}$ für ein einzelnes absorbierendes Molekül ist und $\overline{\cos^2\theta}$ den Durchschnitt von $\cos^2\theta$ über alle Moleküle im System bedeutet. Der Durchschnittswert von $\cos^2\theta$ in einem isotropen System kann ermittelt werden, indem θ als Winkel eines Vektors $\boldsymbol{r}$ in Bezug auf die z-Achse in Polarkoordinaten dargestellt und $\cos^2\theta$ über die Oberfläche einer Kugel integriert wird (Abb. 4.4).

Wenn wir r als die Länge von $\boldsymbol{r}$ setzen, ergibt die Auswertung des Integrals:

$$\overline{\cos^2\theta} = \left(r^2\int_0^{2\pi} d\phi \int_0^{\pi} \cos^2\theta \sin\theta d\theta\right) / \left(r^2\int_0^{2\pi} d\phi \int_0^{\pi} \sin\theta d\theta\right) = (4\pi/3)/4\pi = 1/3. \tag{B4.6.1}$$

Der Nenner in diesem Ausdruck ist einfach das Integral über die gleiche Oberfläche ohne die Gewichtung des Integranden durch $\cos^2\theta$. Obwohl umständlicher als die Rechtfertigung von Gl. (4.11) im Text, veranschaulicht diese Analyse eine allgemeinere Methode zur Behandlung verwandter Probleme, die im Zusammenhang mit Fluoreszenzpolarisation auftreten (Kap. 5 und 10).

Wenn wir nun Gl. (3.34) verwenden, um $|\boldsymbol{E}_o|^2$ mit der Bestrahlungsstärke (I) in Beziehung zu setzen, und dabei immer noch eine isotrope Probe betrachten, wird Gl. (4.11) zu:

$$\overline{(E_o \cdot \mu_{ba})^2}\rho_\nu(\nu) = \left(2\pi f^2/3cn\right)|\mu_{ba}|^2 I = \left(2\pi f^2/3cn\right)D_{ba}I, \tag{4.12}$$

wo c die Geschwindigkeit des Lichts im Vakuum, n der Brechungsindex der Lösung und f der Lokalfeldkorrekturfaktor ist. Daher ist die Anregungsrate:

$$-dN_g/dt = 10^{-3}lCN_A\left(2\pi f^2/3cn\hbar^2\right)D_{ba}I \text{ molecules s}^{-1}\text{cm}^{-2}. \tag{4.13}$$

Weil jede Anregung die Energie eines Moleküls um E_b -E_a oder $h\nu$ erhöht, muss die Rate, mit der Energie vom Strahlungsfeld auf die Probe übertragen wird, sein

$$dE/dt = 10^{-3}h\nu lCN_A\left(2\pi f^2/3cn\hbar^2\right)D_{ba}I. \tag{4.14}$$

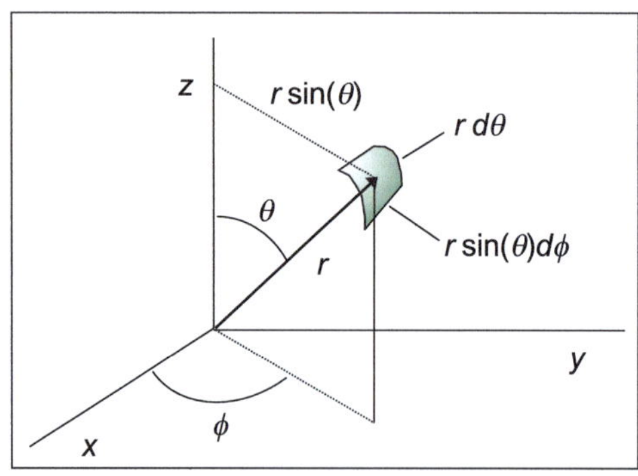

Abb. 4.4 Der Durchschnittswert von $\cos^2\theta$ kann durch Integration über die Oberfläche einer Kugel ermittelt werden. Der Pfeil stellt einen Vektor mit der Länge r parallel zum Übergangsdipol eines bestimmten Moleküls dar; die z-Achse ist die Polarisationsebene des Lichts. Die Fläche eines kleinen Elements auf der Oberfläche der Kugel ist r^2 sin $\theta d\phi d\theta$. Die hier verwendeten Polarkoordinaten können durch die Transformation $z = r\cos(\theta)$, $x = r\sin(\theta)\cos(\phi)$, $y = r\sin(\theta)\sin(\phi)$ in kartesische Koordinaten umgewandelt werden

Schließlich erhalten wir durch Gleichsetzen der beiden Ausdrücke für *dE*/*dt* (Gl. (4.10 und 4.14))

$$D_{ba} = \left(\frac{3000\ln(10)nhc}{8\pi^3 f^2 N_A}\right)\frac{\varepsilon}{\nu}\Delta\nu. \tag{4.15}$$

Bei der Ableitung von Gl. (4.15) haben wir angenommen, dass alle erwarteten Übergänge aufgrund der Dipolstärke D_{ba} innerhalb eines kleinen Frequenzintervalls $\Delta\nu$ auftreten, über das ε konstant ist. Dies ist für atomare Übergänge in Ordnung, aber nicht für Moleküle. Wie wir in Abschn. 4.10 diskutieren werden, sind molekulare Absorptionsbanden verbreitert, weil eine Vielzahl von Kernschwingungen die elektronische Anregung begleiten kann. Um all diese Übergänge einzubeziehen, müssen wir D_{ba} mit einem Integral über die Absorptionsbande in Beziehung setzen:

$$D_{ba} = \left(\frac{3000\ln(10)hc}{8\pi^3 N_A}\right)\int\frac{n\varepsilon}{f^2\nu}d\nu \approx 9{,}186\times10^{-3}\left(\frac{n}{f^2}\right)\int\frac{\varepsilon}{\nu}d\nu\frac{\mathrm{D}^2}{\mathrm{M}^{-1}\mathrm{cm}^{-1}}, \tag{4.16a}$$

oder

$$\int\frac{\varepsilon}{\nu}d\nu \approx \left(\frac{f^2}{n}\right)\left(\frac{4\pi^2 N_A}{3000\ln(10)\hbar c}\right)|\mu_{ba}|^2 = 108{,}86\left(\frac{f^2}{n}\right)|\mu_{ba}|^2\frac{\mathrm{M}^{-1}\mathrm{cm}^{-1}}{\mathrm{D}^2}, \tag{4.16b}$$

wo ε der molare Extinktionskoeffizient ($\mathrm{M}^{-1}\mathrm{cm}^{-1}$ pro Einheit $d\nu$) bei der Frequenz ν ist. Die Werte der physikalischen Konstanten und Umrechnungsfaktoren in den Gl. (4.16a, 4.16b) sind in Kasten 4.7 angegeben.

Kasten 4.7 Physikalische Konstanten und Umrechnungsfaktoren für die Absorption von Licht

Die Werte der physikalischen Konstanten in den Gl. (4.16a, 4.16b) sind:

$N_A = 6{,}0222\times10^{23}$ Moleküle·mol^{-1}

$$\hbar = 1{,}0546\times10^{-27}\mathrm{erg}\cdot\mathrm{s} = 6{,}5821\times10^{-27}\mathrm{eV}\cdot\mathrm{s}$$

$$c = 2{,}9979\times10^{10}\mathrm{cm}\cdot\mathrm{s}^{-1}$$

$\ln 10 = 2{,}30259$

$$1\mathrm{D} = 10^{-18}\ \mathrm{esu}\cdot\mathrm{cm}$$

$$1\mathrm{dyn} = 1\mathrm{esu}^2\cdot\mathrm{cm}^{-2}$$

$$4\pi^2 = 39{,}4784$$

$$1\text{erg} = 1\text{dyn} \cdot \text{cm} = 1\text{esu}^2 \cdot \text{cm}^{-1}.$$

Wenn $\boldsymbol{\mu}_{ba}$ in Debyes angegeben ist, dann

$$\left(\frac{4\pi^2 N_A}{3000 \ln(10)\hbar c}\right)|\mu_{ba}|^2$$

$$= \frac{39,4784 \times \left(6,0222 \times 10^{23}\,\frac{\text{Moleküle}}{\text{mol}}\right) \times \left(|\mu_{ba}|^2\,\frac{\text{D}^2}{\text{Molekül}}\right) \times \left(10^{-36}\,\frac{\text{esu}^2\text{cm}^2}{\text{D}^2}\right)}{3 \times \left(10^3\,\frac{\text{cm}^3}{\text{l}}\right) \times 2,30259 \times \left(1,0546 \times 10^{-27}\text{erg s}\right) \times \left(2,9979 \times 10^{10}\,\frac{\text{cm}}{\text{s}}\right) \times \left(1\,\frac{\text{esu}^2}{\text{erg}}\,\text{cm}\right)}$$

$$= 108{,}86\,\text{mol}^{-1} \cdot \text{cm}^{-1} \cdot 1 = 108{,}86\,\text{M}^{-1} \cdot \text{cm}^{-1}.$$

Wenn wir den Hohlraumfeldausdruck für f (Gl. (3.35)) und $n = 1{,}33$ (der Brechungsindex von Wasser) verwenden, dann ist der Faktor $(f^2/n)\ 9n^3/(2n^2 + 1)^2 = 1{,}028$.

Wir haben angenommen, dass der Brechungsindex (n) und der Lokalfeldkorrekturfaktor (f) im Wesentlichen konstant über den spektralen Bereich der Absorptionsbande sind, so dass das Verhältnis n/f^2 aus dem Integral in Gl. (4.16a) extrahiert werden kann. Wie in Kap. 3 diskutiert, hängt f von der Form und Polarisierbarkeit des Moleküls ab und kann normalerweise nicht unabhängig gemessen werden. Wenn der Lorentz-Ausdruck (Gl. (3.82)) für f verwendet wird, wie einige Autoren empfehlen [1, 2], wird Gl. (4.16a)

$$D_{ba} = 9{,}186 \times 10^{-3} \frac{9n}{\left(n^2+2\right)^2} \int \frac{\varepsilon}{\nu} d\nu\ \text{D}^2. \tag{4.17a}$$

Die Verwendung des Hohlraumfeldausdrucks (Gl. (3.81)) ergibt

$$D_{ba} = 9{,}186 \times 10^{-3} \frac{\left(2n^2+1\right)^2}{9n^3} \int \frac{\varepsilon}{\nu} d\nu\ \text{D}^2. \tag{4.17b}$$

Myers und Birge [3] geben zusätzliche Ausdrücke für n/f^2 an, die von der Form des Chromophors abhängen.

Abb. 4.5 veranschaulicht, wie die Behandlung des Lokalfeldkorrekturfaktors in Gl. (4.16a) die für Bakteriochlorophyll-*a* berechnete Dipolstärke aus dem gemessenen Absorptionsspektrum [4] beeinflusst. Für dieses Molekül führen die Verwendung der Lorentz-Korrektur oder einfach das Setzen von $f = 1$ zu Werten für D_{ba}, die systematisch mit n variieren, während der Hohlraumfeldausdruck Werte liefert, die fast unabhängig von n sind. Spezifische Wechselwirkungen wie Wasserstoffbrückenbindungen, die die Molekülorbitale beeinflussen könnten, ausgenommen, sollte D_{ba} eine intrinsische Moleküleigenschaft sein, die relativ un-

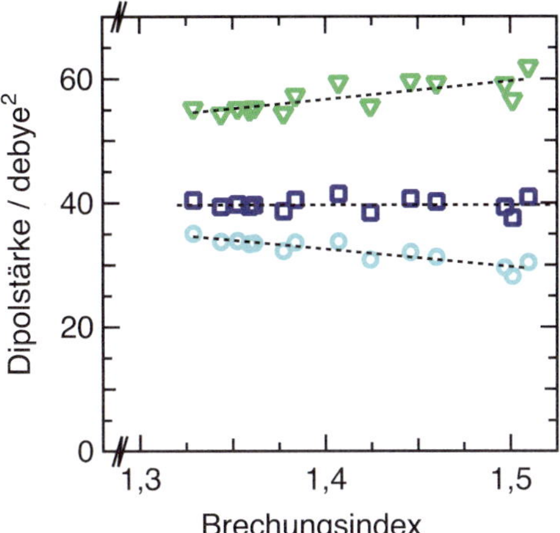

Abb. 4.5 Dipolstärke der langwelligen Absorptionsbande von Bakteriochlorophyll-*a*, berechnet nach Gl. (4.16a) aus Absorptionsspektren, die in Lösungsmitteln mit verschiedenen Brechungsindizes gemessen wurden. Drei Behandlungen des Lokalfeldkorrekturfaktors (*f*) wurden verwendet: *grüne Dreiecke*, $f = 1{,}0$ (keine Korrektur); *cyanfarbene Kreise*, $f =$ Lorentz-Faktor (Gl. 4.17a); *blaue Quadrate*, $f =$ Hohlraumfeldfaktor (Gl. 4.17b). Die *gestrichelten Linien* sind kleinste Quadrate Anpassungen an die Daten. Spektren, die von Connolly *et al.* [182] gemessen wurden, wurden in Dipolstärken umgerechnet, wie von Alden *et al.* [4] und Knox und Spring [5] beschrieben

empfindlich gegenüber dem Lösungsmittel ist. Der Hohlraumfeldausdruck funktioniert daher für Bakteriochlorophyll recht gut, obwohl die tatsächliche Form des Moleküls kaum sphärisch ist. Die Abhängigkeit von D_{ba} von n für Chlorophyll-*a* ist im Wesentlichen die gleiche wie für Bakteriochlorophyll-*a* [5].

Die Stärke einer Absorptionsbande wird manchmal in Bezug auf die *Oszillatorstärke* ausgedrückt, eine dimensionslose Größe, die definiert ist als

$$\boldsymbol{O}_{ba} = \frac{8\pi^2 m_e \nu}{3e^2 h} D_{ba} = \frac{2{,}303 \times 10^3 m_e c}{\pi e^2 N_A} \int \left(\frac{n}{f^2}\right) \varepsilon \, d\nu \approx 1{,}44 \times 10^{-19} \int \left(\frac{n}{f^2}\right) \varepsilon \, d\nu, \tag{4.18}$$

wo m_e die Elektronenmasse ist (Kasten 3.3). Hier sind die Einheiten von ν wichtig; die in Gl. (4.18) gegebenen numerischen Faktoren gelten für ν in s^{-1}. Die *Oszillatorstärke* bezieht die Rate der Absorption von Energie auf die für einen klassischen elektrischen Dipol, der mit der gleichen Frequenz (ν) schwingt. Sie liegt in der Größenordnung von 1 für die stärkste mögliche elektronische Absorptionsbande eines einzelnen Chromophors. Nach der *Thomas-Reiche-Kuhn* oder *Kuhn-Thomas-Summenregel* [6–8], ist die Summe der Oszillatorstärken für alle Absorptionsbanden eines Moleküls im Grundzustand gleich der Gesamtzahl der Elektronen im Molekül; jedoch ist diese Regel in der Praxis meist von geringem Nutzen, da viele der Absorptionsbanden bei hohen Energien nicht messbar sind. Wir werden andere Summenregeln für spektroskopische Übergänge in den Kap. 8 und 9 sehen.

Die Stärke einer Absorptionsbande kann auch als *Absorptionsquerschnitt* (σ) ausgedrückt werden, die (für ε in Einheiten von $M^{-1}cm^{-1}$) gegeben ist durch 10^{-3} ln $(10)\varepsilon/N_a$, oder $3{,}82 \times 10^{-21}\varepsilon$ in Einheiten von cm^2. Wenn die einfallende Lichtintensität I Photonen $cm^{-2}s^{-1}$ beträgt und die angeregten Moleküle schnell im Vergleich zur Anregungsrate in den Grundzustand zurückkehren, wird ein Molekül mit Absorptionsquerschnitt $I\sigma$ Mal pro Sekunde angeregt. Dieses Ergebnis ist unabhängig von der Konzentration der absorbierenden Moleküle in der Probe, obwohl I schneller mit der Tiefe in der Probe abfällt, wenn die Konzentration erhöht wird.

4.4 Berechnung von Übergangsdipolen für π Molekülorbitale

Theoretische Dipolstärken für molekulare Übergänge können berechnet werden, indem lineare Kombinationen von Atomorbitalen verwendet werden, um die molekularen Wellenfunktionen des angeregten und des unangeregten Systems darzustellen. Die Diskussion eines solchen Beispiels wird helfen, den vektoriellen Charakter von Übergangsdipolen zu verdeutlichen. Betrachten Sie ein Molekül, in dem das höchste normalerweise besetzte Molekülorbital (HOMO) und das niedrigste normalerweise unbesetzte Orbital (LUMO) beide π Orbitale sind. Wir können diese Orbitale beschreiben, indem wir schreiben, wie in Gl. (2.35),

$$\psi_h \approx \sum_t C_t^h p_t \quad \text{and} \quad \psi_l \approx \sum_t C_t^l p_t, \tag{4.19}$$

wo die Hochzahlen h und l für HOMO und LUMO stehen, die Summen über die konjugierten Atome des π-Systems laufen und p_t ein atomares $2p_z$ Orbital auf Atom t darstellt. Im Grundzustand enthält ψ_h normalerweise zwei Elektronen. Wenn wir die Notation $\psi_k(j)$ verwenden, um anzugeben, dass Elektron j in Orbital ψ_k ist, können wir die Wellenfunktion für den Grundzustand als Produkt ausdrücken:

$$\Psi_a = \psi_h(1)\psi_h(2). \tag{4.20}$$

Wir haben alle gefüllten Orbitale unterhalb des HOMO herausgezogen und sie in Gl. (4.20) weggelassen, unter der vereinfachenden Annahme, dass die Elektronen in diesen Orbitalen nicht von der Bewegung eines der äußeren Elektronen vom HOMO zum LUMO betroffen sind. Dies stellt nur eine erste Annäherung an die tatsächliche Umordnung der Elektronen dar, die die Anregung begleitet.

Im angeregten Zustand könnte entweder Elektron 1 oder Elektron 2 vom HOMO zum LUMO befördert werden. Da wir die einzelnen Elektronen nicht unterscheiden können, muss die Wellenfunktion für den angeregten Zustand die verschiedenen möglichen Wege kombinieren, wie die Elektronen den beiden Orbitalen zugewiesen werden könnten:

$$\Psi_b = 2^{-1/2}\psi_h(1)\psi_l(2) + 2^{-1/2}\psi_h(2)\psi_l(1). \tag{4.21}$$

Wieder haben wir alle Orbitale unterhalb des HOMO herausfaktorisiert. Für den Moment vernachlässigen wir auch die Spins der beiden Elektronen und nehmen an, dass während der Anregung keine Spinänderung auftritt. Die für den Grund- und den angeregten Zustand geschriebenen Wellenfunktionen beziehen sich auf *Singulett*-Zustände, in denen die Spins der Elektronen 1 und 2 antiparallel sind (Abschn. 2.4). Wir werden auf diesen Punkt in Abschn. 4.9 zurückkommen.

Durch die Verwendung von Gl. (4.20 und 4.21) für Ψ_a und Ψ_b kann das Übergangsdipol auf eine Summe von Termen reduziert werden, die die atomaren Koordinaten und die Molekülorbital-Koeffizienten C_t^h und C_t^l für das HOMO und LUMO beinhalten:

$$\overrightarrow{\mu}_{ba} \equiv \langle\Psi_b|\tilde{\mu}|\Psi_a\rangle = \langle\Psi_b|\tilde{\mu}(1) + \tilde{\mu}(2)|\Psi_a\rangle \tag{4.22a}$$

$$= \left\langle 2^{-1/2}(\psi_h(1)\psi_l(2) + \psi_h(2)\psi_l(1)|\tilde{\mu}(1) + \tilde{\mu}(2)|\psi_h(1)\psi_h(2) \right\rangle \tag{4.22b}$$

$$= 2^{-1/2}\langle\psi_l(1)|\tilde{\mu}(1)|\psi_h(1)\rangle\langle\psi_h(2) \mid \psi_h(2)\rangle + 2^{-1/2}\langle\psi_l(2)|\tilde{\mu}(2)|\psi_h(2)\rangle\langle\psi_h(1) \mid \psi_h(1)\rangle \tag{4.22c}$$

$$= \sqrt{2}\langle\psi_l(k)|\tilde{\mu}(k)|\psi_h(k)\rangle \approx \sqrt{2}\left\langle \sum_s C_s^l p_s|\tilde{\mu}| \sum_t C_t^h p_t \right\rangle \tag{4.22d}$$

$$= \sqrt{2}\ e\sum_s\sum_t C_s^l C_t^h \langle p_s|\tilde{r}|p_t\rangle \approx \sqrt{2}\ e\sum_t C_s^l C_t^h \boldsymbol{r}_t, \tag{4.22e}$$

wo $\boldsymbol{r}_i$ die Position des Atoms i ist. In dieser Ableitung haben wir den Dipoloperator $\tilde{\mu}$ in zwei Teile unterteilt, die identische Beiträge zum gesamten Übergangsdipol leisten. Ein Teil, $\tilde{\mu}(1)$, wirkt nur auf Elektron 1, während $\tilde{\mu}(2)$ nur auf Elektron 2 wirkt; $\langle\psi\pi(2)|\tilde{\mu}(1)|\psi_h(2)\rangle$ und $\langle\psi_l(1)|\tilde{\mu}(2)|\psi_h(1)\rangle$ sind null. Der letzte Schritt der Ableitung verwendet die Tatsache, dass $p_t \mid \tilde{\mathbf{r}} \mid p_t = \boldsymbol{r}_t$ und die Annäherung $\left|p_s|\tilde{\mathbf{r}}|p_t\right| \approx 0$ für $s \neq t$.

Als Beispiel betrachten wir Ethylen, für das das HOMO und LUMO ungefähr als symmetrische und antisymmetrische Kombinationen von Kohlenstoff-2p-Orbitalen beschrieben werden kann: $\Psi_a = 2^{-1/2}(p_1 + p_2)$ und $\Psi_b = 2^{-1/2}(p_1 - p_2)$, jeweils (Abb. 2.7). Die entsprechende Absorptionsbande tritt bei 175 nm auf. Gl. (4.22e) ergibt einen Übergangsdipol von $(2^{1/2}/2)e(\boldsymbol{r}_1 - \boldsymbol{r}_2) = (2^{1/2}/2)e\boldsymbol{r}_{12}$, wobei $\boldsymbol{r}_{12}$ der Vektor von Kohlenstoff 2 zu Kohlenstoff 1 ist. Der Übergangsdipolvektor ist somit entlang der C=C-Bindung ausgerichtet. Die berechnete Dipolstärke ist $D_{ba} = |\boldsymbol{\mu}_{ba}|^2 = (e^2/2)|\boldsymbol{r}_{12}|^2$, oder $11.53|\boldsymbol{r}_{12}|^2$ Debye^2, wenn $\boldsymbol{r}_{12}$ in Å gegeben ist. Aus diesem Ergebnis könnte es scheinen, dass die Dipolstärke unendlich mit dem Quadrat der C=C-Bindungslänge zunimmt. Aber wenn die Bindung weit über die Länge einer typischen C=C-Doppelbindung hinaus gestreckt wird, beginnt die Beschreibung des HOMO und LUMO als symmetrische und antisymmetrische

Kombinationen der beiden atomaren p_z-Orbitale zu versagen. Im Grenzfall einer großen interatomaren Entfernung werden die Orbitale nicht mehr von den beiden Kohlenstoffen geteilt, sondern sind vollständig an einer Stelle oder der anderen lokalisiert. Gl. (4.22e) ergibt dann eine Dipolstärke von null, weil entweder C_i^h oder C_i^l in jedem der Produkte, die in die Summe eingehen, null ist.

Beachten Sie, dass obwohl der Übergangsdipol, der durch Gl. (4.22e) berechnet wurde, eine bestimmte Richtung hat, würde es das Absorption-Spektrum nicht beeinflussen, wenn es um 180° umgekehrt würde, weil der Extinktions-Koeffizient von der Dipolstärke ($|\boldsymbol{\mu}_{ba}|^2$) abhängt und nicht von $\boldsymbol{\mu}_{ba}$ selbst. Dies ergibt Sinn, wenn man bedenkt, dass das elektrische Feld des Lichts schnell im Zeichen oszilliert. Wir werden jedoch später Übergänge betrachten, die am besten durch lineare Kombinationen von Anregungen beschrieben werden, bei denen ein Elektron zwischen beliebigen verschiedenen Paaren von Molekülorbitalen wechselt, anstatt einfach vom HOMO zum LUMO (Abschn. 4.7 und Kap. 8). Da der gesamte Übergangsdipol in dieser Situation eine Vektorkombination der gewichteten Übergangsdipole für die einzelnen Anregungen ist, sind die relativen Vorzeichen der einzelnen Beiträge wichtig.

4.5 Die Rolle der molekularen Symmetrie bei elektronischen Übergängen

Wir haben gesehen, dass der Übergangsdipol von Ethylen entlang der Bindung zwischen den beiden Kohlenstoffatomen ausgerichtet ist. Da die Stärke der Absorption vom Skalarprodukt von $\boldsymbol{\mu}_{ba}$ und dem elektrischen Feld des Lichts (Gl. (4.8c)) abhängt, wird gesagt, dass die Absorption von Licht, das parallel zur C=C-Bindung polarisiert ist, *erlaubt* ist, während die Absorption von Licht, das senkrecht zur Bindung polarisiert ist, *verboten* ist. Es ist oft einfach zu bestimmen, ob eine Absorptionsbande erlaubt ist oder nicht, und wenn ja, für welche Polarisation des Lichts, indem man die Symmetrien der Molekülorbitale untersucht, die am Übergang beteiligt sind.

Beachten Sie zunächst, dass der Übergangsdipol von dem Integral über den gesamten Raum eines Produkts des Positionsvektors und der Amplituden der beiden Wellenfunktionen abhängt:

$$\boldsymbol{\mu}_{ba} = \langle \Psi_b | \tilde{\mu} | \Psi_a \rangle = e \langle \Psi_b | \boldsymbol{r} | \Psi_a \rangle \equiv e \int \Psi_b{}^* \, \boldsymbol{r} \Psi_a d\sigma. \tag{4.23}$$

An einem gegebenen Punkt $\boldsymbol{r}$, könnten diese drei Größen je nach unserer Wahl des Ursprungs für das Koordinatensystem entweder ein positives oder ein negatives Vorzeichen haben. Die Größe eines molekularen Übergangsdipols hängt jedoch nicht von einer bestimmten Wahl des Koordinatensystems ab. Dies sollte im Fall von Ethylen klar sein, wo Gl. (4.22) zeigt, dass $|\boldsymbol{\mu}_{ba}|$ nur von der Länge der Kohlenstoff-Kohlenstoff-Bindung ($|\boldsymbol{r}_{12}|$) abhängt und entlang dieser Bindung ausgerichtet ist. Allgemeiner gesagt, wenn wir den Ursprung verschieben, indem wir einen konstanten Vektor $\boldsymbol{R}$ zu $\boldsymbol{r}$ hinzufügen, wird Gl. (4.23) zu

$$\boldsymbol{\mu}_{ba} = e\langle\Psi_b|\boldsymbol{r} + \boldsymbol{R}|\Psi_a\rangle = e\langle\Psi_b|\boldsymbol{r}|\Psi_a\rangle + e\langle\Psi_b|\boldsymbol{R}|\Psi_a\rangle \tag{4.24a}$$

$$= e\langle\Psi_b|\boldsymbol{r}|\Psi_a\rangle + e\boldsymbol{R}\langle\Psi_b|\Psi_a\rangle = e\langle\Psi_b|\boldsymbol{r}|\Psi_a\rangle, \tag{4.24b}$$

was das Gleiche wie zuvor ist. Der Term $e\boldsymbol{R}\langle\Psi_b|\Psi_a\rangle$ ist null, solange Ψ_a und Ψ_b orthogonal sind. Ebenso verändert die Drehung des Koordinatensystems die x, y und z Komponenten von $\boldsymbol{\mu}_{ba}$, ändert jedoch nicht die Größe oder Ausrichtung des Vektors.

Zurück zu Ethylen, setzen wir den Ursprung des Koordinatensystems in die Mitte zwischen den beiden Kohlenstoffatomen und richten die C=C-Bindung auf der y-Achse aus, wobei die z-Achsen der einzelnen Atome senkrecht zur Bindung verlaufen, wie in Abb. 4.6 dargestellt (siehe auch Abb. 2.7). Wie die atomaren p_z-

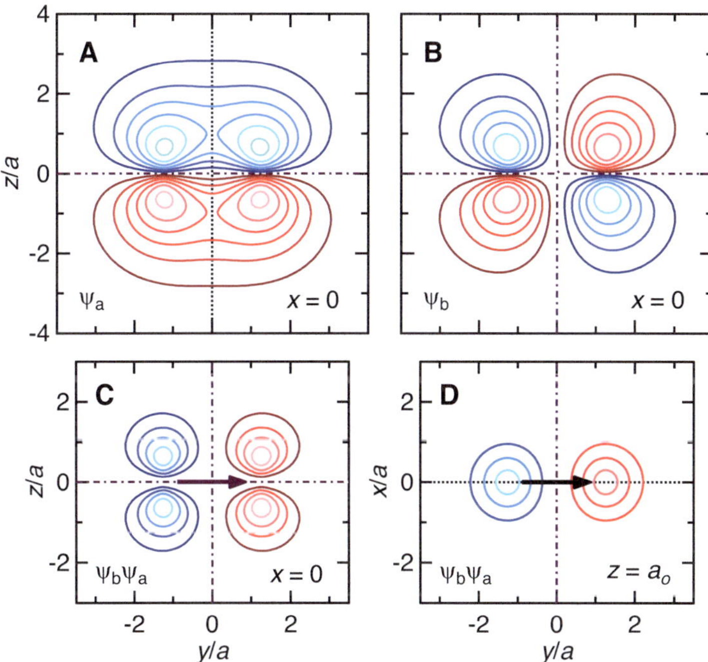

Abb. 4.6 Orbitalsymmetrie im ersten $\pi \rightarrow \pi^*$ elektronischen Übergang von Ethylen. Panels **A**, **B** Konturdiagramme der Amplituden der HOMO (π, **A**) und LUMO (π^*, B) Wellenfunktionen. **C**, **D** Konturdiagramme der Produkte der beiden Wellenfunktionen. Die C=C-Bindung ist mit der y-Achse ausgerichtet, und die atomaren z-Achsen sind parallel zur molekularen z-Achse. In **A**–**C** fällt die Ebene der Zeichnung mit der yz-Ebene zusammen; in **D** ist die Ebene der Zeichnung parallel zur molekularen xy-Ebene und liegt über dieser Ebene um den Bohr-Radius $\left(a_0 = 0{,}529\ \mathring{A}\right)$. Die Wellenfunktionen sind konstruiert wie in Abb. 2.7. *Blaue* Kurven repräsentieren positive Amplituden; *rote* Kurven, negative. Abstände sind als dimensionslose Vielfache von a_0 dargestellt, und die Konturintervalle sind $0{,}05a_0^{3/2}$ in **A** und **B** und $0{,}02a_0^{3/2}$ in **C** und **D**. Die *Pfeile* in **C** und **D** zeigen den Übergangsdipol in Einheiten von $e\text{A}/a_o$ wie durch Gl. (4.22e) berechnet

Orbitale (Abb. 2.6B), hat das HOMO (Ψ_a) dann gleiche Größen, aber entgegengesetzte Vorzeichen auf den beiden Seiten der *xy*-Ebene; es wird gesagt, dass es eine *ungerade* oder *antisymmetrische* Funktion der *z*-Koordinate ist (Abb. 4.6A). Mit anderen Worten, $\Psi_a(x, y, z) = -\Psi_a(x, y, -z)$ für beliebige feste Werte von x und y. Das Gleiche gilt für das LUMO: $\Psi_b(x, y, z) = -\Psi_b(x, y, -z)$ (Abb. 4.6B). Das Produkt aus HOMO und LUMO hat hingegen auf beiden Seiten der *xy*-Ebene das gleiche Vorzeichen und ist daher eine *gerade* oder *symmetrische* Funktion von z: $\Psi_b(x, y, z)\Psi < {}_a(x, y, -z)$ (Abb. 4.6C). Das Produkt $\Psi_b\Psi_a$ ist auch eine gerade Funktion von x, aber eine ungerade Funktion von y (Abb. 4.6D).

Um die x, y, oder z Komponente des Übergangsdipols zu bewerten, müssen wir $\Psi_b\Psi_a$ jeweils mit x, y, oder z multiplizieren und das Ergebnis über den gesamten Raum integrieren. Da z auf den beiden Seiten der *xy*-Ebene entgegengesetzte Vorzeichen hat, während $\Psi_b\Psi_a$ das gleiche Vorzeichen hat, ist die Größe $z\Psi_b\Psi_a$ eine ungerade Funktion von z und wird verschwinden, wenn wir sie entlang einer beliebigen Linie parallel zur *z*-Achse integrieren:

$$\int_{-\infty}^{\infty} z\Psi_b(x, y, z)\Psi_a(x, y, z)dz = 0 \tag{4.25}$$

Die *z*-Komponente von $\boldsymbol{\mu}_{ba}$ ist daher null. Das Gleiche gilt für die *x*-Komponente. Im Gegensatz dazu ist die Größe $y\ \Psi_b\Psi_a$ eine gerade Funktion von y und gibt entweder ein positives Ergebnis oder null, wenn sie entlang einer beliebigen Linie parallel zu y integriert wird (Abb. 4.6C, D). $y\ \Psi_b\Psi_a$ ist auch eine gerade Funktion von x und eine gerade Funktion von z, so dass ihr Integral über den gesamten Raum nicht null sein muss. Der Übergangsdipol $\langle\Psi_b|\tilde{\mu}|\Psi_a\rangle$ hat daher eine nicht-null *y*-Komponente.

Ein Teilchen in einem eindimensionalen Kasten bietet eine weitere einfache Veranschaulichung dieser Prinzipien. Die Inspektion von Abb. 2.2A zeigt, dass die Wellenfunktionen für $n = 1, 3, 5 \ldots$ alle symmetrische Funktionen des Abstands vom Zentrum des Kastens (Δx) sind, während diejenigen für gerade $n = 2, 4, \ldots$ alle antisymmetrisch sind. Das Produkt der Wellenfunktionen für $n = 1(\psi_1)$ und $n = 2(\psi_2)$ hat daher die gleiche Symmetrie wie Δx. Die Größe $\Delta x\,\psi_1\psi_2$ wird daher ein nicht null Ergebnis liefern, wenn wir es über alle Werte von Δx integrieren, was bedeutet, dass die Anregung von ψ_1 zu ψ_2 einen nicht null Übergangsdipol entlang x hat. Das Gleiche gilt für die Anregung von ψ_1 zu einem der höheren Zustände mit geraden Werten von n, aber nicht für Übergänge zu Zuständen mit ungeraden Werten von n. In diesem System ist die *Auswahlregel* für die Absorption einfach, dass n von ungerade zu gerade oder *umgekehrt* wechseln muss.

Um die vorhergehenden Ergebnisse zu verallgemeinern, können wir sagen, dass die *j*-Komponente ($j = x$, y, oder z) eines Übergangsdipols $\langle\Psi_b|\tilde{\mu}|\Psi_a\rangle$ null sein wird, wenn das Produkt $j\ \Psi_a\Psi_b$ eine ungerade Spiegelsymmetrie in Bezug auf irgendeine Ebene (*xy*, *xz*, oder *yz*) hat. Die Anregung von Ψ_a zu Ψ_b durch Licht, das in der *j*-Richtung polarisiert ist, wird dann als durch Symmetrie *verboten* bezeichnet. Einfache Überlegungen zur Molekülsymmetrie können oft bestimmen, ob ein solcher Übergang verboten oder erlaubt ist.

Die Auswahlregeln, die durch die Symmetrie der anfänglichen und endgültigen molekularen Orbitale auferlegt werden, können in noch allgemeineren Begriffen in der Sprache der Gruppentheorie (Abschn. 4.6) ausgedrückt werden. Damit $\langle\Psi_b|\tilde{\mu}|\Psi_a\rangle$ nicht null ist, muss das Produkt $\Psi_b \vec{r} \Psi_a$ eine Komponente haben, die *vollständig symmetrisch* in Bezug auf alle Symmetrieoperationen ist, die auf das Molekül anwendbar sind. Die anwendbaren Symmetrieoperationen hängen von der molekularen Geometrie ab, können aber Spiegelung in einer Ebene, Rotation um eine Achse, Inversion durch einen Punkt und eine Kombination aus Rotation und Spiegelung, die als „uneigentliche Drehung" bezeichnet wird, umfassen. Wenn wir sagen, dass eine Größe vollständig symmetri*sch* in Bezug auf eine Symmetrieoperation wie eine Rotation um 180° um eine gegebene Achse ist, meinen wir, dass die Größe sich nicht ändert, wenn das Molekül auf diese Weise gedreht wird. Wenn die Operation dazu führt, dass die Größe das Vorzeichen ändert, aber den absoluten Betrag gleich lässt, dann wird das Integral der Größe über den gesamten Raum null sein. Für den $\pi - \pi^*$ Übergang von Ethylen zum Beispiel ändert das Produkt $\Psi_b z \Psi_a$ das Vorzeichen bei Spiegelung in der *xy*-Ebene, die eine der Symmetrieoperationen ist, die auf das Molekül anwendbar sind, wenn die *x*, *y*, und *z*-Achsen wie in Abb. 2.7 definiert sind. Die *z*-Komponente des Übergangsdipols ist daher null. $\Psi_b x \Psi_a$ tut dasselbe bei Spiegelung in der *yz*-Ebene, so dass die *x*-Komponente des Übergangsdipols ebenfalls null ist. $\Psi_b y \Psi_a$ hingegen bleibt durch eine solche Spiegelung oder eine der anderen anwendbaren Symmetrieoperationen (Spiegelung in der *xz*- oder *yz*-Ebene, Rotation um 180° um die *x*, *y*, oder *z*-Achse, oder Inversion der Struktur durch den Ursprung) unverändert, so dass die *y*-Komponente des Übergangsdipols nicht null ist. Aber das ist alles, was wir einfach auf der Grundlage der Symmetrie des Moleküls sagen können. Um den tatsächlichen Betrag der *y*-Komponente von $\boldsymbol{\mu}_{ba}$ zu finden, müssen wir das Integral auswerten.

Um die vektorielle Natur von Übergangsdipolen für ein größeres Molekül zu veranschaulichen, zeigt Abb. 4.7 die zwei am höchsten besetzten und die zwei am niedrigsten unbesetzten Molekülorbitale von Bakteriochlorophyll-*a*. Diese vier Wellenfunktionen sind in aufsteigender Energieordnung als $\psi_1 - \psi_4$ gekennzeichnet. Die Produkte der Wellenfunktionen für die vier möglichen Anregungen ($\psi_1 \rightarrow \psi_3$, $\psi_1 \rightarrow \psi_4$, $\psi_2 \rightarrow \psi_3$ und $\psi_2 \rightarrow \psi_4$) sind in Abb. 4.8 dargestellt.

Die konjugierten Atome von Bakteriochlorophyll-*a* bilden ein annähernd planares π-System, und die Wellenfunktionen und ihre Produkte haben alle eine Spiegelebene, die mit der Ebene des makrozyklischen Rings übereinstimmt. Da die Wellenfunktionen auf den beiden Seiten dieser Ebene (*z*) entgegengesetzte Vorzeichen haben, sind ihre Produkte gerade Funktionen von *z*. Die *z*-Komponente des Übergangsdipols für die Anregung von ψ_1 oder ψ_2 zu ψ_3 oder ψ_4 wird daher null sein: Alle Übergangsdipole liegen in der Ebene des π-Systems. Eine Untersuchung von Abb. 4.8 zeigt weiter, dass die Produkte $\psi_1\psi_4$ und $\psi_2\psi_3$ beide ungerade Funktionen der *y*- (vertikalen) Koordinate in der Abb. sind und gerade Funktionen der *x*- (horizontalen) Koordinate. Die Übergangsdipole für $\psi_1 \rightarrow \psi_4$ und $\psi_2 \rightarrow \psi_3$ sind daher ungefähr parallel zur y-Achse ausgerichtet. Die anderen beiden Produkte, $\psi_1\psi_3$ und $\psi_2\psi_4$, sind ungefähr ungerade Funktionen von *x* und gerade Funktionen von *y*, so dass die Übergangsdipole für $\psi_1 \rightarrow \psi_3$ und $\psi_2 \rightarrow$

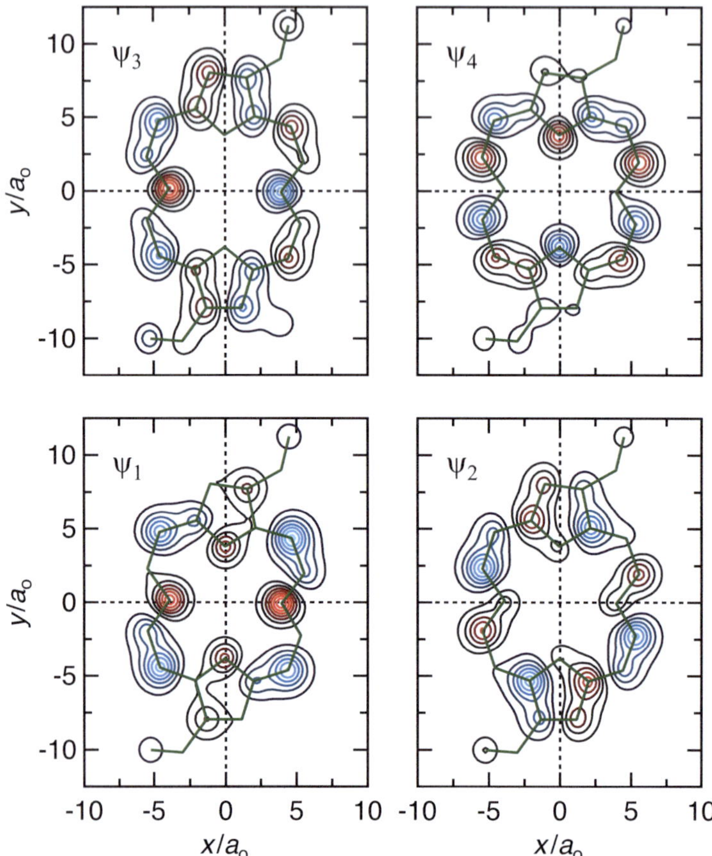

Abb. 4.7 Konturdiagramme der zwei höchsten besetzten Orbitale (ψ_1 und ψ_2) und der zwei niedrigsten unbesetzten molekularen Orbitale (ψ_3 und ψ_4) von Bakteriochlorophyll-*a*. Die Ebene jeder Zeichnung ist parallel zur Ebene des makrozyklischen Rings und liegt über dem Ring um den Bohr-Radius, a_0 (Abb. 2.7, Panels D, E). *Blaue Kurven* repräsentieren positive Amplituden; *rote Kurven,* negative Amplituden. Die Konturen für null Amplitude sind zur Klarheit weggelassen. Die Abstände sind als Vielfache von a_0 angegeben, und die Konturintervalle sind $0{,}02a_0^{3/2}$. Das Skelett des π-Systems wird mit *grünen Linien* dargestellt. Die Koeffizienten für die atomaren p_z Orbitale wurden mit dem Programm QCFF/PI [30, 183] ermittelt

ψ_4 ungefähr parallel zur x-Achse sein müssen. Die berechneten Übergangsdipole bestätigen diese qualitativen Vorhersagen (Abb. 4.8). Die Tatsache, dass die Übergangsdipole für die $\psi_1 \rightarrow \psi_3$ und $\psi_2 \rightarrow \psi_4$ Anregungen in entgegengesetzte Richtungen zeigen, spiegelt willkürliche Wahl der Vorzeichen der Wellenfunktionen wider und hat keine besondere Bedeutung.

Abb. 4.9 zeigt ähnliche Berechnungen der Übergangsdipole für die zwei höchst besetzten und niedrigsten leeren Molekülorbitale von 3-Methylindol, einem Mo-

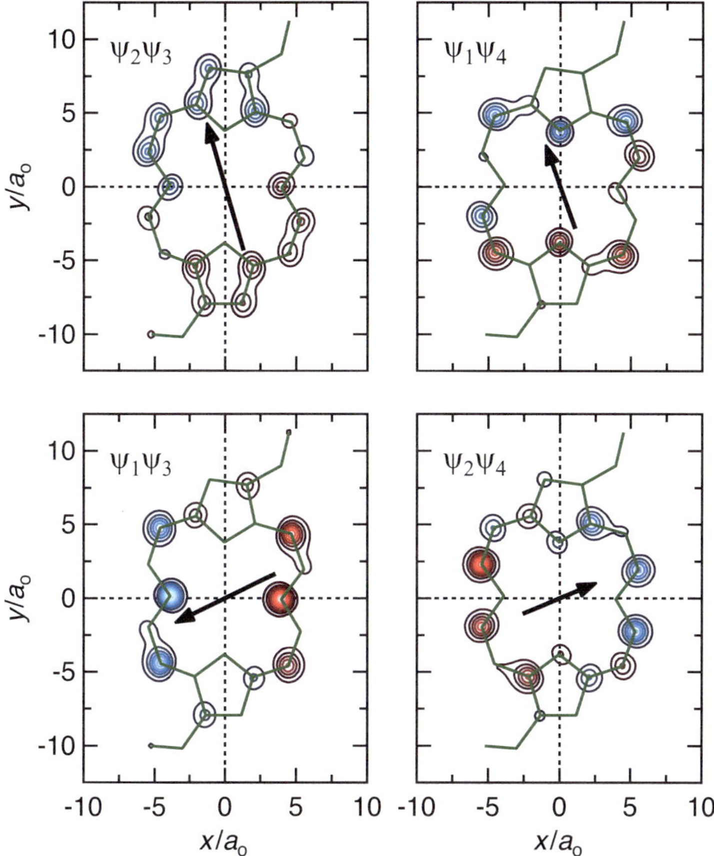

Abb. 4.8 Konturdiagramme der Produkte der vier Molekülwellenfunktionen von Bakteriochlorophyll-*a*, die in Abb. 4.7 gezeigt sind. Die Ebenen der Zeichnungen und die Farben der Linien entsprechen denen in Abb. 4.7. Die Konturintervalle sind $0{,}002a_0^3$. Die *Pfeile* zeigen die Übergangsdipole, die durch Gl. (4.22e) berechnet wurden, mit der Länge in Einheiten von $e\text{A}/5a_0$

dell der Seitenkette von Tryptophan. Auch hier müssen die Übergangsdipole für die Anregung von einem dieser Orbitale zu einem anderen in der Ebene des π-Systems liegen. Der für die $\psi_2 \rightarrow \psi_3$ und $\psi_1 \rightarrow \psi_4$ Anregungen berechnete Übergangsdipol ist etwa 30° von der x-Achse in der Abb. (Abb. 4.9E, F) orientiert. Der für die $\psi_1 \rightarrow \psi_3$ und $\psi_2 \rightarrow \psi_4$ Anregungen berechnete Übergangsdipol ist etwa 120° von der x-Achse (Abb. 4.9G, H) entfernt.

Übergänge, die formal durch Symmetrie mit dem Dipoloperator verboten sind, sind manchmal schwach durch die Quadrupol- oder Oktupolterme in Gl. (4.5) erlaubt. Verbotene Übergänge können auch durch Schwingungsbewegungen gefördert werden, die die Symmetrie stören oder die Mischung der elektronischen Konfigurationen verändern, die zum angeregten Zustand beitragen. Dies wird als

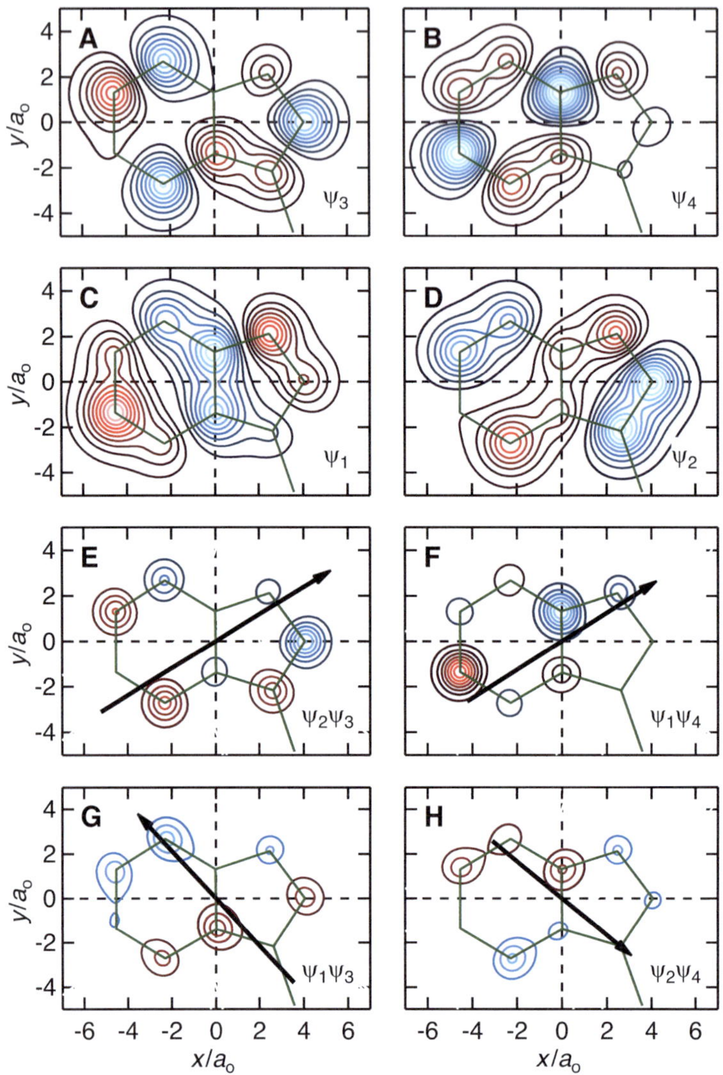

Abb. 4.9 Konturdiagramme der zwei niedrigsten unbesetzten Molekülorbitale (ψ_3 und ψ_4, **A**, **B**) und der zwei höchsten besetzten Orbitale (ψ_1 und ψ_2, **C**, **D**) von 3-Methylindol, und Produkte dieser Wellenfunktionen ($\psi_2\psi_3$, $\psi_1\psi_4$, $\psi_1\psi_3$ und $\psi_2\psi_4$, **E**–**H**). Positive Amplituden sind mit *blauen Linien* gekennzeichnet; negative Amplituden mit *rot*. Kleine Beiträge von der Methylgruppe werden vernachlässigt. Die Konturintervalle sind $0{,}02a_0^{3/2}$ in **A**–**D** und $0{,}005a_0^{3}$in **E**–**H**. Die *Pfeile* in **E**–**H** zeigen die durch Gl. (4.22e) berechneten Übergangsdipole, wobei die Länge in Einheiten von eÅ$/2{,}5a_0$ angegeben ist. Die atomaren Koeffizienten für die Orbitale wurden wie von Callis beschrieben ermittelt [42, 43, 184]

vibronische Kopplung bezeichnet. Schließlich können einige Übergänge mit kleinen elektrischen Übergangsdipolen durch das magnetische Feld des Lichts angetrieben werden. Wir werden auf diesen Punkt in Kap. 9 zurückkommen. Abb. 9.4 in diesem Kapitel illustriert auch, wie die elektrischen Übergangsdipole für die ersten vier Anregungen von *trans*-Butadien von den Symmetrien der Molekülorbitale abhängen.

Die Symmetrie der atomaren Orbitale erlaubt eine Anregung von einem *s* Orbital zu einem *p* Orbital, verbietet jedoch eine Anregung von *s* zu *f*. Allgemeiner gesagt, wenn wir den intrinsischen Spin der Elektronen vorerst vernachlässigen, ist eine *Auswahlregel* für atomare Absorption, dass die azimutale Quantenzahl l, die den Drehimpuls des Elektrons bestimmt, sich um ± 1 ändern muss. Bei der Absorption von zirkular polarisiertem Licht muss auch die magnetische Quantenzahl m, die die Projektion des Drehimpulses des Elektrons auf eine bestimmte Achse bestimmt, entweder um -1 oder $+1$ ändern, abhängig davon, ob das Photon links ($m_s = +1$) oder rechts ($m_s = -1$) zirkulär polarisiert ist (Abschn. 3.3). Diese Änderungen in l und m um ± 1 halten sowohl den Gesamtdrehimpuls als auch die Projektion des Drehimpulses auf eine beliebige Achse konstant. Keine Änderung in m ist für die Absorption von linear polarisiertem Licht erforderlich, da ein linear polarisiertes Photon eine Überlagerung von Zuständen mit linker und rechter zirkulärer Polarisation ist. Die magnetische Auswahl Regel für die atomare Absorption von linear polarisiertem Licht ist daher $\Delta m = 0$. Auswahlregeln, die von den elektronischen Spins der Grund- und angeregten Zustands Orbitale abhängen, werden in Abschn. 4.9 diskutiert.

4.6 Verwendung der Gruppentheorie zur Bestimmung, ob ein Übergang durch Symmetrie erlaubt ist

Molekulare Strukturen und Orbitale können nach den *Symmetrieelementen,* die sie enthalten, in verschiedene *Punktgruppen* eingeteilt werden. Symmetrieelemente sind Linien, Ebenen oder Punkte, bezüglich derer verschiedene *Symmetrieoperationen* wie Rotation durchgeführt werden können, ohne die Struktur zu verändern. Punktgruppen und ihre Symmetrieoperationen werden häufig mit einer Notation beschrieben, die nach dem deutschen Mathematiker Arthur Moritz Schönflies (1853–1926) als Schönflies-Notation bezeichnet wird. Die Symmetrieoperationen, die uns hier interessieren, sind folgende:

Rotation ($\tilde{C}_n$). Wenn eine Rotation um $2\pi/n$ Radiant ($1/n$ einer vollen Rotation) um eine bestimmte Achse eine Struktur erzeugt, die (abgesehen von isotopischer Markierung) von der ursprünglichen Struktur nicht zu unterscheiden ist, wird gesagt, dass das Molekül eine *C_n Rotationsachse der Symmetrie* hat.

Spiegelung ($\tilde{\sigma}$). Die *xy*-Ebene wird als *Spiegelebene der Symmetrie* oder *Spiegelebene* (σ) bezeichnet, wenn das Bewegen jedes Atoms von seiner ursprünglichen Position (x, y, z) zu (x, y,-z) eine identische Struktur ergibt. Eine Spiegelebene wird oft als σ_h bezeichnet, wenn sie normal zu einer Hauptrotationsachse ist, oder σ_v, wenn sie diese Achse enthält.

Inversion ($\tilde{\mathrm{i}}$). Ein Molekül hat einen *Inversionspunkt der Symmetrie* (i), wenn das Bewegen jedes Atoms in einer geraden Linie durch diesen Punkt auf die gegenüberliegende Seite des Moleküls die gleiche Struktur ergibt. Wenn wir den Inversionspunkt der Symmetrie als Ursprung des Koordinatensystems verwenden, verschiebt die Inversionsoperation jedes Atom von seiner ursprünglichen Position (x, y, z) zu ($-x$,$-y$,$-z$).

Uneigentliche Rotation ($\tilde{\mathrm{S}}_{\mathrm{n}}$). Uneigentliche Rotation ist eine Rotation um $2\pi/n$ gefolgt von einer Spiegelung durch eine Ebene senkrecht zur Rotationsachse. Eine *Achse der uneigentlichen Rotation* (S_n) ist eine Achse, um die diese Operation die Struktur eines Moleküls unverändert lässt.

Identität ($\tilde{\mathrm{E}}$). Der Identitätsoperator lässt alle Partikel in einem Molekül unverändert, das heißt, er tut nichts. Er ist jedoch für die Gruppentheorie unerlässlich. Alle Moleküle haben das Identitätssymmetrieelement (E).

Translation, obwohl eine wichtige Symmetrieoperation in der Kristallographie, ist hier nicht enthalten, weil wir uns mit der Symmetrie eines einzelnen Moleküls beschäftigen. Ein Molekül, dessen Schwerpunkt verschoben wurde, ist im Prinzip vom ursprünglichen Molekül unterscheidbar.

Punktgruppen sind Mengen von Symmetrie Elementen, die den vier allgemeinen Regeln der Gruppentheorie entsprechen:

1. Jede Gruppe muss den Identitätsoperator $\tilde{\mathrm{E}}$ enthalten.
2. Für jeden Operator $\tilde{\mathrm{A}}$ in der Gruppe muss die Gruppe einen *inversen* Operator $\tilde{\mathrm{A}}^{-1}$ mit den Eigenschaften, dass $\tilde{\mathrm{A}}^{-1} \cdot \tilde{\mathrm{A}} = \tilde{\mathrm{A}} \cdot \tilde{\mathrm{A}}^{-1} = \tilde{\mathrm{E}}$ enthalten.
3. Wenn die Operatoren $\tilde{\mathrm{A}}$ und $\tilde{\mathrm{B}}$ Mitglieder einer Gruppe sind, dann müssen auch die Produkte $\tilde{\mathrm{A}} \cdot \tilde{\mathrm{B}}$ und $\tilde{\mathrm{B}} \cdot \tilde{\mathrm{A}}$ in der Gruppe sein. (Wie in Kap. 2, wirkt der Operator, der in einem solchen Produkt rechts geschrieben steht, zuerst, gefolgt von dem auf der linken Seite. Die Reihenfolge kann je nach den Operatoren und der Punktgruppe wichtig sein oder auch nicht. Ein Symmetrieoperator vertauscht notwendigerweise mit seinem Inversen und mit $\tilde{\mathrm{E}}$, aber nicht notwendigerweise mit den anderen Operatoren.)
4. Die Multiplikation der Symmetrieoperatoren muss assoziativ sein. Das bedeutet, dass $\tilde{\mathrm{A}} \cdot \left(\tilde{\mathrm{B}} \cdot \tilde{\mathrm{C}}\right) = \left(\tilde{\mathrm{A}} \cdot \tilde{\mathrm{B}}\right) \cdot \tilde{\mathrm{C}}$ für jeden drei Operatoren in der Gruppe gilt.

Lassen Sie uns einige Beispiele betrachten.

Ethylen hat drei senkrechte Achsen der zweifachen Rotationssymmetrie [$C_2(x)$, $C_2(y)$ und $C_2(z)$], drei Ebenen der Spiegelsymmetrie [$\sigma(xz)$, $\sigma(yz)$ und $\sigma(xy)$], und ein Zentrum der Inversionssymmetrie (i) (Abb. 4.10A). Zusammen mit dem Identitätselement E folgen diese Symmetrieelemente den allgemeinen Regeln für eine Gruppe. Sie werden als D_{2h} Punktgruppe bezeichnet.

Die konjugierten Atome von Porphin haben eine C_4-Achse (z), vier C_2-Achsen in der xy-Ebene, vier Spiegelebenen, die die z-Achse enthalten (σ_v), ein Zentrum der Inversionssymmetrie und die Identität (Abb. 4.10B). Diese Elemente bilden die D_{4h} Punktgruppe.

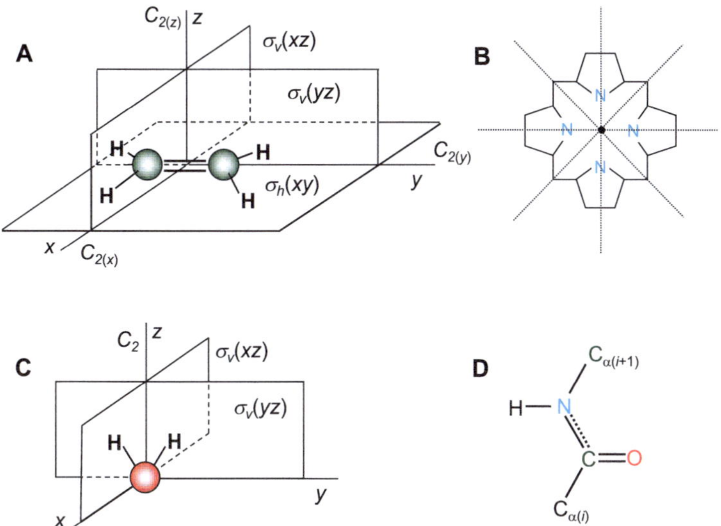

Abb. 4.10 Symmetrieelemente in Ethylen (**A**), Porphyrin (**B**), Wasser (**C**) und einem Peptid (**D**). In **A** ist Ethylen in der xy-Ebene dargestellt. Die x, y, und z-Achsen sind hier alle Achsen *mit zweifacher* Rotationssymmetrie (C_2), und die xy, xz und yz-Achsen sind Ebenen der Spiegelsymmetrie. Wenn wir z als die „Haupt"-Achse der Rotationssymmetrie betrachten, werden die Spiegelebenen, die diese Achse enthalten (xz und yz), als „vertikale" Spiegelebenen (σ_v) bezeichnet und die zur z-Achse normale Spiegelebene (xy) wird als „horizontale" Spiegelebene (σ_h) bezeichnet. In **B** wird Porphyrin entlang einer Achse (z, gefüllter Kreis) betrachtet, die normal zur Ebene des Makrozyklus liegt. Die z-Achse ist eine Achse der vierfachen Rotationssymmetrie (C_4) und ist die Hauptsymmetrieachse. Es gibt vier C_2-Achsen in der xy-Ebene (gestrichelte Linien), vier vertikale Spiegelebenen (σ_v), eine horizontale Spiegelebene (xy) und einen Punkt der Inversionssymmetrie im Zentrum. Wasser, dargestellt in der yz-Ebene in **C**, hat eine C_2-Achse (z) und zwei vertikale Spiegelebenen (xz und yz). Die Peptidbindung (**D**) weist eine Spiegelebene auf (die Ebene der Zeichnung), aber keine anderen Symmetrieelemente

Wasser hat eine C_2-Achse, die durch das Sauerstoffatom verläuft und den H-O-H-Winkel halbiert, und zwei senkrechte Spiegelebenen, die die C_2-Achse enthalten, und wieder Identität (Abb. 4.10C). Es befindet sich in der Punktgruppe C_{2v}.

Das Rückgrat eines Peptids hat nur ein Symmetrieelement außer der Identität, eine Spiegelebene, die die zentralen N, C, O und C_α-Atome einschließt (Abb. 4.10D). Dies ordnet es der Punktgruppe C_s zu.

Für allgemeine Verfahren zur algebraischen Behandlung von molekularen Punktgruppen und zur Bestimmung der Punktgruppe für ein Molekül siehe [9–11].

Wie in Tab. 4.1 für die D_{2h} Punktgruppe gezeigt, können die Produkte der Operationen in einer Punktgruppe in einer Multiplikationstabelle gesammelt werden. Die Einträge in einer solchen Tabelle sind die Ergebnisse der Durchführung der Symmetrieoperation für das in Zeile 1 gegebene Symmetrieelement, gefolgt von der Operation für das in Spalte 1 gegebene Element. In der D_{2h} Punktgruppe kommutieren alle Operatoren miteinander und jeder der Operatoren ist sein eige-

Tab. 4.1 Produkte von Symmetrieoperationen für die Punktgruppe D_{2h}

	E	$C_2(z)$	$C_2(y)$	$C_2(x)$	i	$\sigma_h(xy)$	$\sigma_v(xz)$	$\sigma_v(yz)$
E	E	$C_2(z)$	$C_2(y)$	$C_2(x)$	i	$\sigma_h(xy)$	$\sigma_v(xz)$	$\sigma_v(yz)$
$C_2(z)$	$C_2(z)$	E	$C_2(x)$	$C_2(y)$	$\sigma_h(xy)$	i	$\sigma_v(yz)$	$\sigma_v(xz)$
$C_2(y)$	$C_2(y)$	$C_2(x)$	E	$C_2(z)$	$\sigma_v(xz)$	$\sigma_v(yz)$	i	$\sigma_h(xy)$
$C_2(x)$	$C_2(x)$	$C_2(y)$	$C_2(z)$	E	$\sigma_v(yz)$	$\sigma_v(yz)$	$\sigma_h(xy)$	i
i	i	$\sigma_h(xy)$	$\sigma_v(xz)$	$\sigma_v(yz)$	E	$C_2(z)$	$C_2(y)$	$C_2(x)$
$\sigma_h(xy)$	$\sigma_h(xy)$	i	$\sigma_v(yz)$	$\sigma_v(xz)$	$C_2(z)$	E	$C_2(x)$	$C_2(y)$
$\sigma_v(xz)$	$\sigma_v(xz)$	$\sigma_v(yz)$	i	$\sigma_h(xy)$	$C_2(y)$	$C_2(x)$	E	$C_2(z)$
$\sigma_v(yz)$	$\sigma_v(yz)$	$\sigma_v(xz)$	$\sigma_h(xy)$	i	$C_2(x)$	$C_2(y)$	$C_2(z)$	E

nes Inverses. Zum Beispiel führt eine Rotation um eine C_2-Achse um $2\pi/2$ und dann eine zusätzliche Rotation um $2\pi/2$ um die gleiche Achse alle Atome an ihre ursprünglichen Positionen zurück, so $\tilde{\mathrm{C}}_2 \cdot \tilde{\mathrm{C}}_2 = \tilde{\mathrm{E}}$. Allgemeiner gesagt, ist das Inverse von $\tilde{\mathrm{C}}_n$ in jeder Punktgruppe $\left(\tilde{\mathrm{C}}_n\right)^{n-1}$. Um die anderen Produkte zu erarbeiten, ist es hilfreich, Projektionszeichnungen des in Abb. 4.11 gezeigten Typs zu erstellen, bei denen die kleinen gefüllten Kreise Punkte über der xy-Ebene und die leeren Kreise Punkte unter dieser Ebene darstellen.

Symmetrieoperatoren und ihre Produkte können bequem durch Matrizen dargestellt werden. Angenommen, ein Atom eines Moleküls in der D_{2h} Punktgruppe hat die Koordinaten $\boldsymbol{r} = (x, y, z)$ relativ zum Schwerpunkt des Moleküls. Wenn wir die Koordinaten durch einen Spaltenvektor darstellen und den Ausdruck für die Multiplikation eines Vektors mit einer Matrix verwenden (Gl. (A.20) in Anhang A2), können die Aktionen der Symmetrieoperatoren Operatoren auf die Position des Atoms geschrieben werden:

$$\tilde{\mathrm{E}} \cdot \boldsymbol{r} = \begin{bmatrix} 1 & 0 & 0 \\ 0 & 1 & 0 \\ 0 & 0 & 1 \end{bmatrix} \begin{pmatrix} x \\ y \\ z \end{pmatrix} = \begin{pmatrix} x \\ y \\ z \end{pmatrix} \tag{4.26a}$$

$$\tilde{\mathrm{I}} \cdot \boldsymbol{r} = \begin{bmatrix} -1 & 0 & 0 \\ 0 & -1 & 0 \\ 0 & 0 & -1 \end{bmatrix} \begin{pmatrix} x \\ y \\ z \end{pmatrix} = \begin{pmatrix} -x \\ -y \\ -z \end{pmatrix} \tag{4.26b}$$

$$\tilde{\mathrm{C}}_2(z) \cdot \boldsymbol{r} = \begin{bmatrix} \cos(2\pi/2) & \sin(2\pi/2) & 0 \\ -\sin(2\pi/2) & \cos(2\pi/2) & 0 \\ 0 & 0 & 1 \end{bmatrix} \begin{pmatrix} x \\ y \\ z \end{pmatrix} = \begin{bmatrix} -1 & 0 & 0 \\ 0 & -1 & 0 \\ 0 & 0 & 1 \end{bmatrix} \begin{pmatrix} x \\ y \\ z \end{pmatrix} = \begin{pmatrix} -x \\ -y \\ z \end{pmatrix} \tag{4.26c}$$

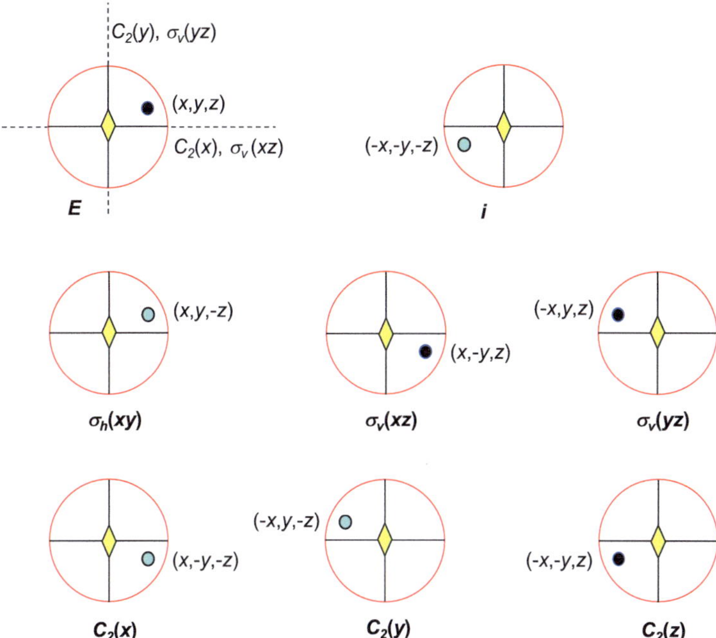

Abb. 4.11 Projektionszeichnungen der Auswirkungen von Symmetrieoperationen in der Punktgruppe D_{2h}. Die *roten Kreise* stellen Bereiche des Raums dar, in denen sich die Atome der Gruppe befinden; horizontale und vertikale Linien zeigen die x- und y-Achsen an; die z-Achse steht senkrecht zur Ebene des Papiers. Die *kleinen dunkelblauen Kreise* stellen Punkte über der xy-Ebene dar; die *kleinen cyanfarbenen Kreise*, Punkte unter der Ebene. Die Symmetrieoperationen in der Punktgruppe D_{2h} verschieben ein Atom von seiner Ausgangsposition (x, y, z) zu den angegebenen Positionen

$$\tilde{C}_2(x) \cdot \boldsymbol{r} = \begin{bmatrix} 1 & 0 & 0 \\ \cos(2\pi/2) & 0 & \sin(2\pi/2) \\ -\sin(2\pi/2) & 0 & \cos(2\pi/2) \end{bmatrix} \begin{pmatrix} x \\ y \\ z \end{pmatrix} = \begin{bmatrix} 1 & 0 & 0 \\ -1 & 0 & 0 \\ 0 & 0 & 1 \end{bmatrix} \begin{pmatrix} x \\ y \\ z \end{pmatrix} = \begin{pmatrix} x \\ -y \\ z \end{pmatrix} \tag{4.26d}$$

$$\tilde{C}_2(y) \cdot \mathbf{r} = \begin{bmatrix} \cos(2\pi/2) & 0 & \sin(2\pi/2) \\ 0 & 1 & 0 \\ -\sin(2\pi/2) & 0 & \cos(2\pi/2) \end{bmatrix} \begin{pmatrix} x \\ y \\ z \end{pmatrix} = \begin{bmatrix} -1 & 0 & 0 \\ 0 & 1 & 0 \\ 0 & 0 & -1 \end{bmatrix} \begin{pmatrix} y \\ z \end{pmatrix} = \begin{pmatrix} -x \\ y \\ -z \end{pmatrix} \tag{4.26e}$$

$$\tilde{\sigma}(xy) \cdot \boldsymbol{r} = \begin{bmatrix} 1 & 0 & 0 \\ 0 & 1 & 0 \\ 0 & 0 & -1 \end{bmatrix} \begin{pmatrix} x \\ y \\ z \end{pmatrix} = \begin{pmatrix} x \\ y \\ -z \end{pmatrix} \tag{4.26f}$$

$$\tilde{\sigma}(xz) \cdot \boldsymbol{r} = \begin{bmatrix} 1 & 0 & 0 \\ 0 & -1 & 0 \\ 0 & 0 & 1 \end{bmatrix} \begin{pmatrix} x \\ y \\ z \end{pmatrix} = \begin{pmatrix} x \\ -y \\ z \end{pmatrix} \tag{4.26g}$$

und

$$\tilde{\sigma}(yz) \cdot \boldsymbol{r} = \begin{bmatrix} -1 & 0 & 0 \\ 0 & 1 & 0 \\ 0 & 0 & 1 \end{bmatrix} \begin{pmatrix} x \\ y \\ z \end{pmatrix} = \begin{pmatrix} -x \\ y \\ z \end{pmatrix}. \tag{4.26h}$$

Indem man den Ausdruck für das Produkt zweier Matrizen (Gl. (A.2.6)) und die Tatsache, dass die Matrixmultiplikation assoziativ ist, verwendet, lässt sich leicht zeigen, dass diese Matrizen die gleiche Multiplikationstabelle wie die Operatoren haben. Die Produkte $\tilde{C}_2(z) \cdot \tilde{C}_2(z)$ und $\tilde{\mathbf{i}} \cdot \tilde{C}_2(z)$, zum Beispiel, sind

$$\tilde{C}_2(z) \cdot \tilde{C}_2(z) \cdot \boldsymbol{r} = \begin{bmatrix} -1 & 0 & 0 \\ 0 & -1 & 0 \\ 0 & 0 & 1 \end{bmatrix} \begin{bmatrix} -1 & 0 & 0 \\ 0 & -1 & 0 \\ 0 & 0 & 1 \end{bmatrix} \begin{pmatrix} x \\ y \\ z \end{pmatrix} = \begin{bmatrix} 1 & 0 & 0 \\ 0 & 1 & 0 \\ 0 & 0 & 1 \end{bmatrix} \begin{pmatrix} x \\ y \\ z \end{pmatrix} = \begin{pmatrix} x \\ y \\ z \end{pmatrix} \tag{4.27a}$$

und

$$\tilde{\mathrm{i}} \cdot \tilde{C}_2(z) \cdot \boldsymbol{r} = \begin{bmatrix} -1 & 0 & 0 \\ 0 & -1 & 0 \\ 0 & 0 & -1 \end{bmatrix} \begin{bmatrix} -1 & 0 & 0 \\ 0 & -1 & 0 \\ 0 & 0 & 1 \end{bmatrix} \begin{pmatrix} x \\ y \\ z \end{pmatrix} = \begin{bmatrix} 1 & 0 & 0 \\ 0 & 1 & 0 \\ 0 & 0 & -1 \end{bmatrix} \begin{pmatrix} x \\ y \\ z \end{pmatrix} = \begin{pmatrix} x \\ y \\ -z \end{pmatrix}. \tag{4.27b}$$

Sie können diese Ergebnisse überprüfen, indem Sie auf Abb. 4.11 verweisen. Die Multiplikation einer der Matrizen mit der Matrix, die $\tilde{\mathrm{E}}$ (die *Einheitsmatrix*) repräsentiert, lässt die erste Matrix unverändert, wie es sein sollte:

$$\tilde{\mathrm{E}} \cdot \tilde{C}_2(z) \cdot \mathbf{r} = \begin{bmatrix} 1 & 0 & 0 \\ 0 & 1 & 0 \\ 0 & 0 & 1 \end{bmatrix} \begin{bmatrix} -1 & 0 & 0 \\ 0 & -1 & 0 \\ 0 & 0 & 1 \end{bmatrix} \begin{pmatrix} x \\ y \\ z \end{pmatrix} = \begin{bmatrix} -1 & 0 & 0 \\ 0 & -1 & 0 \\ 0 & 0 & 1 \end{bmatrix} \begin{pmatrix} y \\ z \end{pmatrix} = \begin{pmatrix} -x \\ -y \\ z \end{pmatrix}. \tag{4.28}$$

Da (a) die Produkte der Matrizen die gleiche Multiplikationstabelle haben wie die Operatoren in der Punktgruppe, (b) Matrixmultiplikationen assoziativ sind, (c) jedes der Produkte das gleiche ist wie eine der ursprünglichen Matrizen, und (d) jede Matrix mit einer Determinante ungleich null eine Inverse hat (Anhang A2), erfüllt die Menge der Matrizen, die die Symmetrieoperatoren in einer Punktgruppe darstellen (Gl. 4.26a–4.26h), die oben genannten Kriterien für eine Gruppe. Die Matrixgruppe bietet somit eine *Darstellung* der Punktgruppe, genau wie die Matrizendarstellungen der einzelnen Symmetrieoperatoren bieten.

Der Vektor (x, y, z), den wir in diesem Beispiel verwendet haben, sagt man, bildet eine *Basis* für eine Darstellung der D_{2h} Punktgruppe bildet. Es gibt eine unendliche Anzahl von möglichen Wahlmöglichkeiten für eine solche Basis, und die Matrizen, die die Symmetrieoperatoren darstellen, hängen von unserer Wahl ab. Wir könnten zum Beispiel die Koordinaten der sechs Atome von Ethylen verwenden, in welchem Fall wir eine 18×18 Matrix benötigen würden, um jeden der

Operatoren darzustellen. Andere Möglichkeiten wären ein Satz von Bindungslängen und -winkeln, die molekularen Orbitale von Ethylen oder andere Funktionen der Koordinaten. Aber die Auswahl kann systematisch auf eine kleine Menge von Darstellungen reduziert werden, die mathematisch orthogonal zueinander sind. Die Anzahl dieser *unreduzierbaren Darstellungen* hängt davon ab, wie viele verschiedene Klassen von Symmetrieoperationen die Punktgruppen bilden. Wir werden hier nicht im Detail darauf eingehen, außer zu sagen, dass zwei Operatoren $\tilde{X}$ und $\tilde{E}$ in der gleichen Klasse sind und als *konjugierte* Operatoren bezeichnet werden, wenn und nur wenn $\tilde{E} = \tilde{Z}^{-1}\tilde{X}\,\tilde{Z}$ wo $\tilde{Z}$ ein anderer Operator ist. Das Verfahren der Umwandlung von $\tilde{X}$ zu $\tilde{E}$ durch Bildung des Produkts $\tilde{Z}^{-1}\tilde{X}\,\tilde{Z}$ wird als *Ähnlichkeitstransformation* bezeichnet. In der D_{2h} Punktgruppe ist jeder der acht Symmetrie Operatoren einer anderen Klasse, so dass es acht verschiedene irreduzierbare Darstellungen gibt. Jede kompliziertere *(reduzierbare)* Darstellung kann als lineare Kombination dieser acht irreduzierbaren Darstellungen geschrieben werden, genau wie ein Vektor aus kartesischen x, y, und z Komponenten konstruiert werden kann.

Informationen über die irreduziblen Darstellungen der verschiedenen Punktgruppen werden in Tabellen präsentiert, die als *Charaktertabellen* bezeichnet werden, weil sie die *Charaktere* der Symmetrieoperationen in der Punktgruppe angeben. Der Charakter einer Symmetrieoperation ist die Spur (die Summe der Diagonalelemente) der Matrix, die diese Operation darstellt. Beziehen wir uns auf die Gl. (4.26e–4.26h), sehen wir, dass die Matrizen, die die Operationen $\tilde{C}_2(x), \tilde{C}_2(y), \tilde{C}_2(z), \tilde{\sigma}(xy), \tilde{\sigma}(xz)$, und $\tilde{\sigma}(yz)$ in der Punktgruppe D_{2h} darstellen, alle Charaktere von entweder ± 1 haben. Diese Operationen sind eindimensional im Sinne, dass wir sie als Multiplikation durch eine eindimensionale Matrix darstellen können, was einer Multiplikation durch eine einzelne Zahl entspricht. Eine Multiplikation mit +1 bedeutet, dass die Operation die dargestellte Eigenschaft nicht ändert. Es könnte zum Beispiel bedeuten, dass das Vorzeichen einer Wellenfunktion oder die Richtung einer Schwingungsbewegung gleich bleibt. Ein Charakter von -1 würde bedeuten, dass die Symmetrieoperation das Vorzeichen der Wellenfunktion ändert oder die Bewegungsrichtung umkehrt. Ein Charakter von ± 2 zeigt eine Operation der Multiplikation durch eine 2-dimensionale Matrix an. Die Punktgruppe C_{3v} beinhaltet zum Beispiel die Operation der Rotation um $2\pi/3$ um die z-Achse, die als Multiplikation von (x, y) durch die 2×2 Matrix $\begin{pmatrix} \cos(2\pi/3) & -\sin(2\pi/3) \\ \sin(2\pi/3) & \cos(2\pi/3) \end{pmatrix}$ dargestellt werden kann. Ein Charakter von ± 3 signalisiert entsprechend eine Multiplikation durch eine 3-dimensionale Matrix.

Charaktertabellen für die Punktgruppen D_{2h}, C_{2v}, C_{3v} und C_{4v} sind in Tab. 4.2 dargestellt. Verschiedene Klassen der Symmetrieelemente der Punktgruppe werden in der obersten Zeile jeder Tabelle angezeigt, und die konventionellen Namen, die als *Mulliken-Symbole* bezeichnet werden, der irreduziblen Darstellungen, die die Punktgruppen bilden, sind in der ersten Spalte angegeben. Die Buchstaben A und B sind die Mulliken-Symbole für Darstellungen, die aus Operationen mit einem Charakter von ± 1 oder null bestehen. Die Operationen in den Punktgruppen D_{2h} und C_{2v} sind alle von diesem Typ. Mullikens E, das für den deutschen Begriff *entartet* steht, bezeichnet Darstellungen, die eine zweidimensionale Mat-

Tab. 4.2 Charaktertabellen für die Punktgruppen D_{2h}, C_{2v}, C_{3v} und C_{4v}

D_{2h}	E	$C_2(z)$	$C_2(y)$	$C_2(x)$	i	$\sigma_h(xy)$	$\sigma_v(xz)$	$\sigma_v(yz)$	Funktionen	
A_g	1	1	1	1	1	1	1	1		x^2, y^2, z^2
B_{1g}	1	1	−1	−1	1	1	−1	−1		xy
B_{2g}	1	−1	1	−1	1	−1	1	−1		xz
B_{3g}	1	−1	−1	1	1	−1	−1	1		yz
A_u	1	1	1	1	−1	−1	−1	−1		
B_{1u}	1	1	−1	−1	−1	−1	1	1	z	
B_{2u}	1	−1	1	−1	−1	1	−1	1	y	
B_{3u}	1	−1	−1	1	−1	1	1	−1	x	

C_{2v}	E	C_2	$\sigma_v(xz)$	$\sigma_v'(yz)$	Funktionen	
A_1	1	1	1	1	z	x^2, y^2, z^2
A_2	1	1	−1	−1		xy
B_1	1	−1	1	−1	x	xz
B_2	1	−1	−1	1	y	yz

C_{3v}	E	$2C_3$	$3\sigma_v$	Funktionen	
A_1	1	1	1	z	$x^2 + y^2, z^2$
A_2	1	1	−1	R_z	
E	2	−1	0	$[x, y][R_x, R_y]$	$[x^2 - y^2, xy][xz, yz]$

C_{4v}	E	$2C_4$	C_2	$2\sigma_v$	$2\sigma_d$	Funktionen	
A_1	1	1	1	1	1	z	$x^2 + y^2, z^2$
A_2	1	1	1	−1	−1		
B_1	1	−1	1	1	−1		$x^2 - y^2$
B_2	1	−1	1	−1	1		xy
E	2	0	−2	0	0	$[x, y][R_x, R_y]$	xz, yz

rix benötigen, um Paare von Basen zu handhaben, die identische Energien haben (zweifache Entartungen). T (manchmal ersetzt durch F) bezeichnet Darstellungen, die dreidimensionale Matrizen für dreifache Entartungen verwenden. Wir werden dazu in Kap. 6 mehr zu sagen haben, wenn wir Darstellungen von entarteten Schwingungsmoden betrachten. Darstellungen der Typen A und B unterscheiden sich darin, dass sie jeweils symmetrisch und antisymmetrisch bezüglich einer C_n Rotationsachse sind. Die Indizes g und u stehen für die deutschen Begriffe *gerade* und *ungerade* und zeigen an, ob die Darstellung bezüglich eines Inversionszentrums gerade (g) oder ungerade (u) ist. Die Zahlen 1, 2 und 3 in den Indizes unterscheiden verschiedene Darstellungen desselben allgemeinen Typs. Die drei Spalten auf der rechten Seite der Charaktertabelle geben einige lineare und quadratische Funktionen der Koordinaten an, die die gleiche Symmetrie wie die verschiedenen irreduziblen Darstellungen haben. Diese werden als *Basisfunktionen* für die irreduziblen Darstellungen bezeichnet.

Wenn wir uns die Zeichentabelle für die D_{2h} Punktgruppe ansehen, sehen wir erneut, dass jede Symmetrieoperation die Darstellung entweder unverändert lässt, in welchem Fall der Charakter +1 ist, oder das Vorzeichen der Darstellung ändert, wodurch der Charakter −1 wird. A_g ist die *vollständig symmetrische* Darstellung. Wie die quadratischen Funktionen x^2, y^2 und z^2 wird sie von keiner der Symmetrieoperationen der D_{2h} Punktgruppe beeinflusst. A_u wird ebenfalls nicht durch Rotation um die x, y, oder z-Achse beeinflusst, ändert aber das Vorzeichen bei Inversion oder Reflexion über die xy, xz, oder yz Ebene. Es hat somit die gleichen Symmetrieeigenschaften wie das Produkt xyz in dieser Punktgruppe.

B_{1u}, $B_{2u,}$ und B_{3u} haben die gleiche Symmetrie wie die Koordinaten z, y, und x, von denen jede bei Rotation um zwei der drei C_2 Achsen, Inversion oder Reflexion über eine Ebene das Vorzeichen ändert.

Die Verhaltensweisen der Basisfunktionen auf der rechten Seite der Zeichentabelle für die D_{2h} Punktgruppe werden beschrieben, indem gesagt wird, dass x^2, y^2 und z^2 als A_g in dieser Punktgruppe *transformieren*, xy transformiert als B_{1g}, z transformiert als B_{1u}, und so weiter. Wenn wir uns die C_{2v} und C_{4v} Punktgruppen ansehen, stellen wir fest, dass hier z als die vollständig symmetrische irreduzible Darstellung, A_1, transformiert. Eine Rotation um die C_2 Achse ändert die z Koordinate in dieser Punktgruppe nicht, da die einzelne C_2 Achse mit der z-Achse übereinstimmt (Abb. 4.7C). Eine Reflexion über die xz oder yz Ebene lässt die z Koordinate ebenfalls unverändert. In der C_{2v} oder C_{4v} Punktgruppe gibt es kein Inversionszentrum, daher hat keines der Mulliken-Symbole ein g oder u Subskript.

Die Einträge $2C_4$, $2\sigma_v$ und $2\sigma_d$ in der obersten Zeile der Zeichentabelle für die C_{4v} Punktgruppe bedeuten, dass diese Punktgruppe zwei unabhängige Symmetrieoperationen in jeder der C_4, σ_v und σ_d Klassen hat. Die C_4 Klasse umfasst sowohl die C_4 Operation selbst als auch das Inverse dieser Operation, C_4^{-1}, das dasselbe ist wie C_4^3. Die Basisfunktionen für die zweidimensionale irreduzible Darstellung (E) in der letzten Zeile sind Paare von Koordinatenwerten (x, y) oder Paare von Produkten dieser Werte. Charakter 2 bedeutet hier, dass die Identitätssymmetrie beide Werte erhält, wie es sein sollte, und Charakter −2 zeigt an, dass die C_2 Operation das Vorzeichen beider Werte ändert.

Zeichentabellen für praktisch alle Punktgruppen, die in der Chemie auftreten, sind verfügbar [9, 10]. Die vollständigen Tabellen enthalten auch Informationen darüber, wie die Symmetrieoperationen die Richtung der molekularen Rotation um die x, y oder z-Achse beeinflussen, was für die Rotationsspektroskopie kleiner Moleküle relevant ist.

Da molekulare Orbitale die Symmetrie eines Moleküls erkennen müssen, muss eine Symmetrieoperation entweder den Wert der Wellenfunktion beibehalten oder einfach das Vorzeichen der Wellenfunktion ändern. Die Wellenfunktion bietet daher eine Grundlage für eine Darstellung der Punktgruppe des Moleküls. Eine Untersuchung des HOMO und LUMO von Ethylen (Abb. 4.6) zeigt, dass das HOMO als die irreduzible Darstellung B_{1u} und z in der Punktgruppe D_{2h} (Tab. 4.2) transformiert wird, während das LUMO als B_{3g} und yz transformiert wird.

Vielleicht ist das wichtigste Merkmal von Charaktertabellen für unsere gegenwärtigen Zwecke, dass wir die Symmetrie eines Produkts von zwei irreduziblen Darstellungen einfach durch Betrachten der Produkte der Charaktere dieser Darstellungen in derselben Punktgruppe bestimmen können. Zum Beispiel transformiert das Produkt von HOMO und LUMO von Ethylen als B_{2u} in D_{2h}, wie man durch Vergleich der Produkte der Charaktere von B_{3g} und B_{1u} mit den entsprechenden Charakteren von B_{2u} sehen kann. Alternativ können wir einfach feststellen, dass das Produkt von B_{3g} und B_{1u} als das Produkt von z und yz, oder yz^2, das gleichwertig mit y ist, transformiert wird. Darüber hinaus transformiert das Produkt dieser beiden Wellenfunktionen und y als das Quadrat von B_{2u}, oder y^2, das dasselbe ist wie die vollständig symmetrische Darstellung, A_g. Der elektronische Übergang vom HOMO zum LUMO ist daher bei Anregung mit entlang der y-Achse polarisierter Strahlung erlaubt.

Im Allgemeinen ist die Anregung eines zentrosymmetrischen Systems verboten, wenn die Anfangs- und Endorbitale beide die gleiche Symmetrie für die Inversion haben (entweder beide g oder beide u). Dieses Prinzip ist bekannt als *Laportes Regel.*

Wie Moleküle und Wellenfunktionen können die sich wiederholenden strukturellen Einheiten (Einheitszellen) eines Kristalls durch Symmetrieoperationen charakterisiert werden. Nur bestimmte Symmetrieoperationen sind mit einer Packung der Zellen in ein 3-dimensionales Gitter vereinbar. Diese Einschränkung führt zu 32 möglichen Symmetrieoperationen, von denen jede nur mit einem von sieben verschiedenen Gittertypen vereinbar ist. In der Reihenfolge der zunehmenden Gesamtsymmetrie werden die kristallographischen Gittersysteme als *triklin, monoklin, orthorhombisch, tetragonal, trigonal, hexagonal,* und *kubisch* bezeichnet. Tab. 4.3 listet die Symmetrieoperationen auf, die in jedem Gittertyp möglich sind. In der Tabelle sind auch die Winkel und Kantenlängen angegeben, die angegeben werden müssen, um die Größe und Form einer Einheitszelle zu beschreiben. Diese Anforderung nimmt ab, wenn das Gesamtgitter symmetrischer wird. Die Einheitszelle einer triklinen Kristallstruktur, die keine Einschränkungen durch Symmetrie hat, erfordert die Angabe von sechs unabhängigen Parametern: drei Einheitszellkantenlängen (a, b, und c) und drei Winkel zwischen den Achsen (α, β und γ). Die Einheitszelle einer kubischen Struktur, mit der höchsten Symmetrie, kann durch eine einzige Länge ($a = b = c$) und einen Winkel ($\alpha = \beta = \gamma = 90°$) beschrieben werden.

Im Gegensatz zu Beschreibungen einzelner Moleküle oder Wellenfunktionen erfordert eine vollständige Beschreibung eines Kristallgitters Informationen über translationale Beziehungen zwischen den Einheitszellen zusätzlich zur Punktgruppensymmetrie der einzelnen Zellen. Die vollen Raumgruppen werden normalerweise mit der *Hermann-Mauguin-Notation* beschrieben, die auch als *internationale Notation* bekannt ist. Wir werden nicht auf translationale Aspekte von Kristallstrukturen eingehen, da sie für die Spektroskopie weniger relevant sind.

Tab. 4.3 gibt Beispiele für die vielen kristallinen Materialien, die praktische Anwendungen in der Spektroskopie haben. Die hochsymmetrischen Kristalle des kubischen Kristallsystems sind isotrop in Bezug auf ihre elektrooptischen Eigenschaften und daher nicht doppelbrechend. Zu dieser Gruppe gehören Steinsalz und Diamant, der die höchste Härte und Wärmeleitfähigkeit aller natürlichen Materialien hat. Diamant wird in Prismen und optischen Fenstern für UV- und Infrarotspektroskopie und Totalreflexionsspektroskopie verwendet, da es über einen breiten Wellenlängenbereich transparent ist. Da es die höchste Härte und Wärmeleitfähigkeit aller natürlichen Materialien hat, ist Diamant das bevorzugte Material für optische Ambosse, die zur Betrachtung der optischen Eigenschaften eines kleinen Materialstücks unter extremem Druck verwendet werden.

Yttrium-Aluminium-Granat (YAG, $Y_3Al_5O_2$) kristallisiert in einer komplexen kubischen Struktur, die Y^{3+}-Ionen in dodekaedrischen Positionen, Al^{3+}-Ionen in oktaedrischen und tetraedrischen Positionen und drei verschiedene Sauerstoffpolyeder enthält. Seit der Erfindung des Nd:YAG-Lasers im Jahr 1964 ist Nd:YAG das am häufigsten verwendete Medium für Festkörperlaser geworden, einschließlich

Tab. 4.3 Kristallsysteme

Kristallsystem	Symmetrie-operationen	Zellparameter	Beispiele	Doppel-brechung
Triklin	keine: C_1, C_i	$6 : a \neq b \neq c \alpha \neq \beta \neq \gamma$	Ulexit	Biaxial
Monoklin	1 2-fache Drehachse oder eine Spiegelebene: C_2, $C_{1\,h}$, $C_{2\,h}$	$4 : a \neq b \neq c; \alpha = \gamma$, $\beta \geq 90$°	Glimmer, Borax	Biaxial
Orthorhombisch	3 2-fache Drehachsen oder 1 2-fache Drehachse & 2 Spiegelebenen: C_{2v}, D_2, $D_{2\,h}$	$3 : a \neq b \neq c; \alpha = \beta = \gamma = 90°$	Olivin, Perowskit, Topas	Biaxial
Tetragonal	1 4-fache Drehachse: $C_4, C_{3v}, C_{4\,h}, D_4$ $D_{2\,h}, D_{4\,h}, S_4$	$2 : a = b \neq c; \alpha = \beta = \gamma = 90$°	Rutil, MgF_2, KH_2PO_4	Uniaxial
Trigonal	1 3-fache Drehachse: C_3, C_{3i}, C_{3v}, D_3, $D_{3\,d}$	$2 : a = b = c; \alpha = \beta = \gamma \neq 90°$	Kalkspat, Quarz, $LiNbO_3$ Proustit	Uniaxial
Hexagonal	1 6-fache Rotationsachse: C_6, $C_{3\,h}$, $C_{6\,h}$, $C_{6v}D_6$, $D_{3\,h}$, $D_{6\,h}$	$2 : a = b \neq c\ \alpha = \beta = 90$°$\gamma = 120°$	Eis, Beryll	Uniaxial
Kubisch	4 3-fache Rotationsachsen: T, T_h, T_d, O, O_h	$1 : a = b = c\ \alpha = \beta = \gamma = 90$°	Diamant, Steinsalz, $Y_3Al_5O_{12}$	Keine

sowohl niederleistungs Dauerstrichlaser als auch hochleistungs Q-switched (gepulste) Laser [12]. Nd:YAG-Laser erzeugen IR-Licht mit einer Wellenlänge von 1064 nm. Durch Frequenzverdopplung wird grünes Licht bei 532 nm erzeugt, und durch Frequenzverdreifachung wird UV-Licht bei 355 nm erzeugt.

Von den Kristallformen mit geringer Symmetrie haben die einachsig doppelbrechenden Minerale Calcit und Lithiumniobat trigonale Kristallstrukturen, ebenso wie Quarz und Rubin. Lithiumniobat ist ein synthetisches, ferromagnetisches Material mit breiten Anwendungen in Pockels-Zellen und anderen elektrooptischen Modulatoren. Kap. 1 und 3 diskutieren einige dieser Anwendungen, einschließlich der Verwendung von einachsig doppelbrechenden Kristallen zur Bildung von Viertel- und Halbwellenplatten. Quarz wird verwendet, um akusto-optische Modulatoren herzustellen, bei denen der Druck die kristallographische Einheitszelle verformt und so den Winkel moduliert, unter dem der Kristall Licht beugt. Seine Stärke und Transparenz bis in den UV-Bereich machen chen Quarz auch ein gutes Material für optische Fenster, Linsen und Prismen. Verschmolzenes Quarz, das nicht doppelbrechend ist, wird oft zum Material der Wahl für optische Fenster, wenn Doppelbrechung unerwünscht ist. Der erste funktionierende Laser, der 1960 von Theodore Maiman hergestellt wurde, war ein Rubinlaser. Q-switched Rubinlaser erzeugen Pulse bei 694,3 nm mit Pulsbreiten in der Größenordnung von 10 ns.

Proustit (Ag_3AsS_3), ein weiteres Mitglied der trigonalen Gruppe, ist bei IR-Wellenlängen über 13 μm transparent, was es zu einem idealen Material für IR-Laser macht. Sein außergewöhnlich großer Koeffizient für nichtlineare Suszeptibilität, etwa 300-mal größer als der von Kaliumdihydrogen Phosphat, ist nützlich für nichtlineare optische Effekte wie die Erzeugung von zweiten Harmonischen und Summenfrequenzen.

Mineralien, die zu den hexagonalen und tetragonalen Systemen gehören, können auch eine uniaxiale Doppelbrechung aufweisen, während eine biaxiale Doppelbrechung eine geringere Symmetrie erfordert. Rutil, die häufigste natürliche Form von TiO_2, hat eine tetragonale Elementarzelle. Es hat einen der höchsten Brechungsindizes aller bekannten Kristalle und zeigt eine starke Doppelbrechung ($n = 2{,}86$ und 2,58 bei 632,8 nm für außerordentliche und gewöhnliche Polarisationen). Diese Eigenschaften machen Rutil nützlich für die Kopplung von Licht in optische Fasern und Polarisationsoptiken bei Wellenlängen zwischen etwa 600 nm und 4,5 μm. Magnesiumfluorid (MgF_2), das ebenfalls tetragonale Elementarzellen hat, ist über einen außergewöhnlich breiten Bereich von Vakuum-UV bis 8 μm transparent und wird weit verbreitet für optische Fenster, Linsen und Prismen verwendet. Sein Brechungsindex von 1,37 ist niedriger als die von Flintgläsern (1,45 bis 2,00), was MgF_2 für preiswerte Antireflexbeschichtungen geeignet macht.

Kaliumdihydrogen phosphat (KH_2PO_4, oder oft KDP genannt) war eines der ersten Kristalle, die für nichtlineare optische Effekte wie die Verdopplung der Frequenz der Ausgabe von Nd-YAG-Lasern zur Erzeugung von 532-nm-Licht für Mikroskopie oder Spektroskopie verwendet wurden. KDP-Kristalle, die von 200 bis 1500 nm transparent sind, lassen sich leicht züchten. Ihre hohe Schwelle für optische Schäden macht diese Kristalle gut geeignet für Laseranwendungen.

Glimmer und Ulexit, die biaxial doppelbrechend sind, gehören zu den monoklinen bzw. triklinen Systemen. Glimmer umfasst eine breite Gruppe von Mineralien, die in dünne, elastische Platten gespalten werden können. Diese wurden für optische Fasern zur Lichtübertragung sowie für Wellenplatten und optoelektrische Anwendungen verwendet. Ulexit ($NaCaB_5O_6(OH)_6 \cdot 5H_2O$) ist ein strukturell komplexes Material, das ausgiebig in optischen Fasern verwendet wird. Sein Faseroptikeffekt beruht teilweise auf interner Reflexion, die aus seiner biaxialen Doppelbrechung resultiert.

Perowskite sind Materialien, die mit der Zusammensetzung ABX_3 kristallisieren. Das ursprüngliche Perowskit Mineral, das 1839 entdeckt und nach dem russischen Mineralogen Lev Perowski benannt wurde, bestand aus $CaTiO_3$. $CaTiO_3$ ist orthorhombisch und ist biaxial doppelbrechend. Allerdings werden Perowskite mit größeren Kationen an der *A*-Stelle, wie $SrTiO_3$ und die synthetischen Metallhalogenid-Perowskite, die in Solarzellen verwendet werden, kubisch und sind nicht doppelbrechend. Anwendungen von Perowskiten in Solarzellen werden in Kap. 5 besprochen.

4.7 Linearer Dichroismus

Wie oben diskutiert, ist die Menge $(\mathbf{E}_0 \cdot \boldsymbol{\mu}_{ba})^2$ in Gl. (4.8c) gleich $|\mathbf{E}_0|^2|\boldsymbol{\mu}_{ba}|^2\cos^2\theta$, wobei θ der Winkel zwischen dem molekularen Übergangsdipol ($\boldsymbol{\mu}_{ba}$) und der Polarisationsachse des Lichts ($\mathbf{E}_0$) ist. Da die Absorptionsstärke von $\cos^2\theta$ abhängt, hat eine Drehung eines Moleküls um 180° keinen Einfluss auf die Absorption. Wenn jedoch die Moleküle in einer Probe eine feste Orientierung haben, kann die Stärke der Absorption stark von dem Winkel zwischen der Orientierungsachse und der Achse der Polarisation des einfallenden Lichts abhängen. Eine solche Abhängigkeit der Absorbanz von der Polarisationsachse wird als *linearer Dichroismus* bezeichnet. Linearer Dichroismus wird nicht gesehen, wenn eine Probe isotrop ist, *d. h.*, aus zufällig orientierten Molekülen besteht, so dass θ alle möglichen Werte annimmt. In diesem Fall ist die Absorbanz einfach proportional zu (1/3) $|\mathbf{E}_0|^2|\boldsymbol{\mu}_{ba}|^2$ (Kasten 4.6). Aber anisotrope Materialien sind in der Biologie üblich, und gereinigte Makromoleküle können oft experimentell durch Ausnutzung ihrer molekularen Asymmetrie orientiert werden. Nukleinsäuren können durch Fließen durch eine enge Kapillare orientiert werden. Proteine können häufig durch Einbetten in ein Polymer wie Polyvinylalkohol oder Polyacrylamid und dann durch Dehnen oder Quetschen der Probe zur Ausrichtung der hoch asymmetrischen Polymermoleküle orientiert werden. Phospholipidmembranen können durch magnetische Felder oder durch Schichtung auf flachen Oberflächen ausgerichtet werden.

Eine Anwendung von Messungen des linearen Dichroismus besteht darin, die Strukturen von Komplexen zu untersuchen, die mehrere Chromophore enthalten. Ein Beispiel ist das „Reaktionszentrum" von lila photosynthetischen Bakterien, das vier Moleküle Bakteriochlorophyll, zwei Moleküle Bakteriopheophytin und mehrere zusätzliche Pigmente enthält, die an ein Protein gebunden sind. (Bacteriopheophytin ist identisch mit Bakteriochlorophyll, außer dass es zwei Wasserstoffatome anstelle von Mg im Zentrum des makrozyklischen Ringsystems hat.) Wenn Reaktionszentren in einem gestreckten Film oder einem gequetschten Polyacrylamidgel ausgerichtet sind, zeigen die Absorptionsbanden der verschiedenen Pigmente linearen Dichroismus relativ zur Orientierungsachse [13–18]. Abb. 4.12B zeigt das lineare Dichroismus-Spektrum einer solchen Probe, ausgedrückt als $A_{\perp} - A_{\parallel}$, wobei $A_{\perp}$ und $A_{\parallel}$ die Absorbanzen sind, die mit Licht gemessen wurden, das jeweils senkrecht und parallel zur Orientierungsachse polarisiert ist. Das Absorptionsspektrum, gemessen mit unpolarisiertem Licht, ist in Abb. 4.12A dargestellt. Die Banden zwischen 830 und 1000 nm repräsentieren Übergänge der Bakteriochlorophylle, während die Banden bei 790 und 805 nm den Bakteriopheophytinen zugeordnet sind. Beachten Sie, dass der lineare Dichroismus der Bakteriopheophytin Banden negativ ist, während der der Bakteriochlorophyll Bande um 1000 nm positiv ist, was darauf hinweist, dass die Bakteriochlorophylle, die zur langwelligen Bande beitragen, mit ihren Übergangsdipolen ungefähr senkrecht zu den Übergangsdipolen der Bakteriopheophytine orientiert sind. Wir werden zum Absorptionsspektrum der Reaktionszentren in Abschn. 4.8 und in mehreren späteren Kapiteln zurückkehren. Der zweiphasige lineare Dichroismus im 830-nm-Bereich in Abb. 4.12B wird durch die Effekte von Exziton-Wechselwirkungen kompliziert, die wir in Kap. 8 diskutieren.

Eine klassische Anwendung von linearem Dichroismus zur Untersuchung von molekularen Orientierungen und Bewegungen in einem komplexen biologischen System war R. Cones Studie über *induzierten Dichroismus* in äußeren Segmenten von Retina-Stäbchenzellen [19]. Rhodopsin, der lichtempfindliche Pigment-Protein-Komplex der Retina, enthält 11-*cis*-Retinal, das kovalent an ein Protein (Opsin) durch eine Schiff-Base-Verknüpfung gebunden ist (Abb. 4.13A, B). Sein Übergangsdipol ist ungefähr entlang der Längsachse des Retinyliden Chromophors ausgerichtet. Rhodopsin ist ein integrales Membranprotein und befindet sich in abgeflachten Membranvesikeln („Scheiben"), die in den äußeren Segmenten von Stäbchenzellen gestapelt sind. Frühere Forscher hatten gezeigt, dass, wenn Stäbchenzellen seitlich beleuchtet wurden, Licht, das parallel zu den Ebenen der Scheibenmembranen polarisiert war, viel stärker absorbiert wurde als Licht, das normal zu den Membranen polarisiert war. Wenn die Zellen jedoch von vorne beleuchtet wurden, gab es keine Präferenz für eine bestimmte Polarisation in der Ebene der Membrane. Diese Messungen zeigten, dass die Rhodopsin-Moleküle so ausgerichtet sind, dass der Übergangsdipol des Chromophors in jedem Molekül ungefähr parallel zur Ebene der Membrane liegt, aber dass die Übergangsdipole in dieser Ebene in zufällige Richtungen fallen (Abb. 4.13C).

Wenn Rhodopsin mit Licht angeregt wird, wird das 11-*cis*-Retinyl-Chromophor zu all-*trans* isomerisiert, was Konformationsänderungen im Protein einleitet, die letztendlich zur Sehkraft führen (Abb. 4.13B). Wenn Stäbchenzellen endständig mit einem schwachen Puls polarisierten Lichts beleuchtet werden, wird das Licht

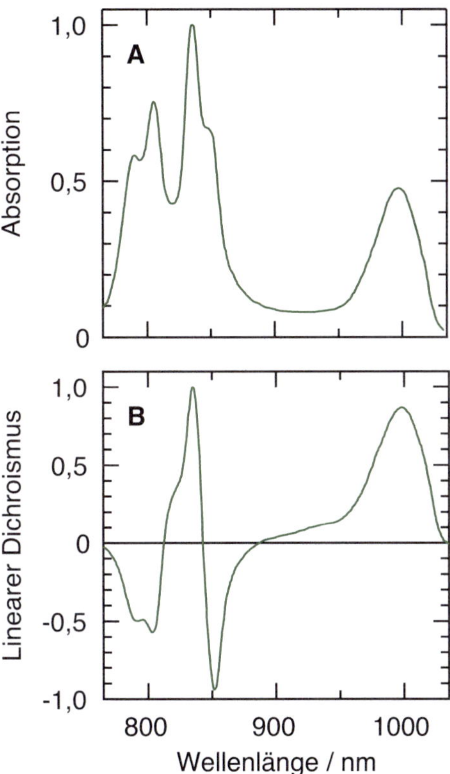

Abb. 4.12 Absorption (**A**) und linearer Dichroismus (**B**) Spektren von photosynthetischen Reaktionszentren von *Blastochloris* (früher genannt *Rhodopseudomonas*) *viridis* bei 10 K [17, 18]. Aggregate des Pigment-Protein-Komplexes wurden in ein Polyacrylamidgel eingebettet und durch einachsige Quetschung orientiert. Die Spektren sind relativ zum positiven Peak nahe 830 nm normalisiert. Linearer Dichroismus wird ausgedrückt als $A_{\perp} - A_{\parallel}$, wobei $A_{\perp}$ und $A_{\parallel}$ die Absorbanzen sind, die mit Licht gemessen wurden, das senkrecht und parallel zur Kompressionsachse polarisiert ist. Übergangsdipole, die innerhalb von etwa 35° in der Ebene des größten Querschnitts des Aggregats liegen, geben positiven linearen Dichroismus, während Übergangsdipole, die näher an der Normalen zu dieser Ebene liegen, negativen linearen Dichroismus geben. Die Absorptionsbanden in den hier gezeigten Spektren repräsentieren gemischte Q_y Übergänge der vier Moleküle Bakteriochlorophyll-*b* und zwei Moleküle Bakteriochlorophyll-*b* des Reaktionszentrums (Abschn. 4.7, Kap. 8). Siehe [17, 18] für Spektren, die bis zu kürzeren Wellenlängen reichen

selektiv von Rhodopsin-Molekülen absorbiert, die zufällig mit ihren Übergangsdipolen parallel zur Polarisationsachse ausgerichtet sind (Abb. 4.13C, D). Moleküle, deren Übergangsdipole unter einem Winkel θ zur Polarisationsachse ausgerichtet sind, werden mit einer Wahrscheinlichkeit angeregt, die mit $\cos^2\theta$ abnimmt. Etwa 2/3 der angeregten Moleküle durchlaufen eine Isomerisierung zu einer all-*trans*-Struktur und entwickeln sich dann durch eine Reihe von metastabilen Zuständen,

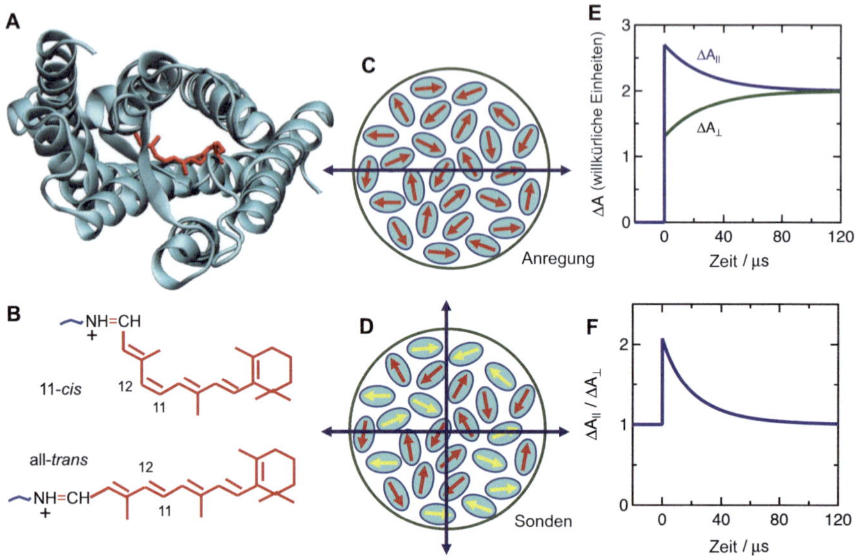

Abb. 4.13 (**A**) Kristallstruktur von bovinem Rhodopsin aus einer Perspektive, die ungefähr normal zur Membran ist. Das Polypeptid-Rückgrat wird durch ein *cyanfarbenes* Band und der Retinyliden Chromophor durch ein *rotes* Lakritz-Modell dargestellt. Die Koordinaten stammen aus der Protein Daten Bank Datei 1f88.pdb [86]. Einige Teile des Proteins, die aus der Phospholipid-Doppelschicht der Membran herausragen, sind zur Klarheit weggelassen. (**B**) Der 11-*cis*-Retinyliden Chromophor ist über eine protonierte Schiff-Base-Verknüpfung an ein Lysin-Residuum gebunden. Die Anregung führt zu einer Isomerisierung um die C11-C12-Bindung, um eine all-*trans* Struktur zu erzeugen. (**C** und **D**) Schematische Darstellungen eines Feldes von Rhodopsin-Molekülen in einer Stäbchenzellenscheibenmembran, senkrecht zur Membran betrachtet. Einzelne Rhodopsin-Moleküle sind als *cyanfarbene Ovale* und deren Übergangsdipole sind mit *roten Pfeilen* dargestellt. Jede Scheibe in einer menschlichen Retina enthält ungefähr 1000 Rhodopsine. Die Übergangsdipole liegen ungefähr in der Ebene der Membran, haben aber keine bevorzugte Orientierung in dieser Ebene. Ein polarisierter Anregungspuls (*horizontaler Doppelpfeil* in **C**) regt selektiv Moleküle an, die mit ihren Übergangsdipolen parallel zur Polarisationsachse orientiert sind. Dies führt dazu, dass einige dieser Moleküle isomerisieren und ihr Absorption Spektrum ändern (*gelbe Pfeile in den Ovalen* von **D**). (**E**) *Absorptionsänderungen* bei 580 nm, gemessen mit Licht das entweder parallel ($\Delta A_{\parallel}$, *blaue Kurve*) oder senkrecht ($\Delta A_{\perp}$, *grün*) zur Anregungspolarisation polarisiert ist. Die Abszisse ist die Zeit nach dem Anregungspuls [19]. Die Absorptionsänderung hängt zunächst von der Polarisation des Probenlichts ab, aber diese Abhängigkeit verschwindet, wenn Rhodopsin-Moleküle in der Membran rotieren. Die hier gezeigten glatten Kurven sind die Funktionen $\Delta A_{\parallel} = 2 + f_i exp\,(-t/\tau)$ und $\Delta A_{\perp} = 2 - f_i exp\,(-t/\tau)$ mit den Parametern f_i und τ an die gemessenen Spuren angepasst ($f_i = 0{,}7$, $\tau = 27{,}5\,\mu s$ [19]). (**F**) Zeitabhängigkeit des Verhältnisses der Absorptionsänderungen, gemessen mit Probenpolarisationen parallel und senkrecht zur Anregung ($\Delta A_{\parallel}/\Delta A_{\perp}$)

die durch Änderungen in ihrem optischen Absorptionsspektrum unterschieden werden können. Cone [19] maß die mit diesen Transformationen verbundenen Absorptionsänderungen, wiederum mit polarisiertem Licht, das endständig durch die Stäbchenzellen ging. In Abwesenheit des Anregungspulses war die mit dem Probenstrahl gemessene Absorption, wie oben angegeben, unabhängig von der

Polarisation. Die durch den Anregungspuls verursachten Absorptionsänderungen waren jedoch sehr unterschiedlich, je nachdem, ob das Messlicht parallel oder senkrecht zum Anregungslicht polarisiert war (Abb. 4.13E). Der polarisierte Anregungspuls, der bevorzugt Moleküle mit einer bestimmten Ausrichtung anregt, erzeugte somit einen linearen Dichroismus, der zu einem späteren Zeitpunkt untersucht werden konnte. Der Unterschied zwischen den mit paralleler und senkrechter Polarisation des Sondenstrahls gemessenen Signalen nahm mit einer Zeitkonstante von etwa $20\,\mu s$ ab. Cone interpretierte den Zerfall des induzierten Dichroismus als Reflexion von Rotationen von Rhodopsin in der Ebene der Membrane. Diese Experimente lieferten die ersten quantitativen Messungen der Fluidität einer biologischen Membrane. Die Rotationsdynamik ist jedoch nach wie vor von aktuellem Interesse, da Messungen mit der Rasterkraftmikroskopie darauf hindeuten, dass Rhodopsin unter bestimmten Bedingungen als Dimere und parakristalline Anordnung existieren kann [20].

In einer anderen Anwendung maßen Junge *et al.* [21, 22] die Rotationsgeschwindigkeit der γ-Untereinheit der Chloroplasten-ATP-Synthase, wenn das Enzym ATP hydrolysiert. Die Rotation der γ-Untereinheit im Verhältnis zu den α- und β-Untereinheiten scheint die transmembrane Bewegung von Protonen mit der Synthese oder dem Abbau von ATP zu koppeln.

Ein weiteres Beispiel ist die Verwendung von linearem Dichroismus zur Untersuchung der Ausrichtung von CO, das an Myoglobin gebunden ist. Im Vergleich zu freiem Häm bindet Myoglobin CO im Verhältnis zu O_2 stark diskriminierend. Diese Diskriminierung wurde ursprünglich auf sterische Faktoren zurückgeführt, die verhindern, dass die zweiatomigen Moleküle entlang einer Achse normal zum Häm sitzen; es wurde vorgeschlagen, dass die Molekülorbitale von O_2 besser für eine Ausrichtung abseits der Normalen geeignet sind als die von CO. Lim *et al.* [23] untersuchten die Ausrichtung des gebundenen CO, indem sie Carboxymyoglobin mit polarisierten Laserpulsen bei einer Wellenlänge anregten, die vom Häm absorbiert wird. Die Anregung des Häms führt zur Photodissoziation des gebundenen CO, das in einer Tasche nahe dem Häm mit dem Protein assoziiert bleibt. Dies führt zu einer Absorptionsabnahme in einer Infrarotbande, die CO widerspiegelt, das an das Fe gebunden ist, und zum Auftreten einer neuen Bande, die CO in der lockereren Tasche widerspiegelt. Polarisierte Infrarot-Messpulse können daher nach dem Anregungspuls verwendet werden, um die Ausrichtungen der CO-Moleküle in den beiden Stellen im Verhältnis zum Übergangsdipol des Häms zu bestimmen. Lim et al. fanden heraus, dass die C-O-Bindung von CO, das an das Fe gebunden ist, ungefähr normal zur Häm-Ebene ist, was darauf hindeutet, dass andere Faktoren für die Präferenz von Myoglobin für O_2 verantwortlich sein müssen.

4.8 Konfigurationswechselwirkungen

Obwohl viele molekulare Absorptionsbänder hauptsächlich Übergängen zwischen dem HOMO und dem LUMO zugeschrieben werden können, ist es oft notwendig, andere Übergänge zu berücksichtigen. Ein Grund dafür ist, dass die HOMO- und

LUMO-Wellenfunktionen sich auf ein unangeregtes Molekül beziehen, das zwei Elektronen in jeder der tiefer liegenden Orbitale hat, einschließlich des HOMO selbst. Die Wechselwirkungen zwischen den Elektronen sind etwas anders, wenn es ein ungepaartes Elektron in jedem der HOMO und LUMO gibt. Darüber hinaus sind die Wellenfunktionen selbst Annäherungen von unterschiedlicher Zuverlässigkeit. Bessere Beschreibungen des angeregten Zustands können oft durch Betrachtung der Anregung als lineare Kombination von Übergängen von mehreren der besetzten Orbitale zu mehreren unbesetzten Orbitalen erhalten werden. Jeder solche Orbitalübergang wird als *Konfiguration* bezeichnet, und das Mischen mehrerer Konfigurationen in einer Anregung wird als *Konfigurationswechselwirkung* bezeichnet. Im Allgemeinen werden zwei Übergänge am stärksten gemischt, wenn sie ähnliche Energien haben und ähnliche Änderungen in der Symmetrie der Molekülorbitale beinhalten.

Gl. (4.22e) kann unkompliziert erweitert werden, um eine Summe über die verschiedenen Konfigurationen, die zu einer Anregung beitragen, einzuschließen:

$$\boldsymbol{\mu}_{ba} \approx \sqrt{2}\; e \sum_{j,k} A_{j,k}^{a,b} \sum_{t} C_t^j C_t^k \boldsymbol{r}_t, \tag{4.29}$$

wo $A_{j,k}^{a,b}$ der Koeffizient für die Konfiguration $\psi_j \rightarrow \psi_k$ in der Gesamtanregung vom Zustand a zum Zustand b ist. Kasten 4.8 beschreibt ein Verfahren zur Ermittlung dieser Koeffizienten.

Kasten 4.8 Bewertung von Konfigurations-Interaktions Koeffizienten

Das Verfahren zur Ermittlung der Konfigurations-Interaktions (CI) Koeffizienten $A_{j,k}^{a,b}$ beinhaltet den Aufbau einer Matrix, in der die Diagonalelemente die Energien der einzelnen Übergänge nach Korrekturen für die veränderten Orbitalbesetzungen in den angeregten Zuständen sind [24–30]. Für angeregte Singulett-Zustände von π Molekülorbitalen nehmen die außerdiagonalen Matrixelemente, die zwei Konfigurationen, $\psi_{j1} \rightarrow \psi_{k1}$ und $\psi_{j2} \rightarrow \psi_{k2}$ mit $j1 \neq j2$ und $k1 \neq k2$, koppeln, die folgende Form an:

$$\begin{aligned}\left\langle \psi_{j1\rightarrow k1} | \tilde{\mathrm{H}} | \psi_{j2\rightarrow k2} \right\rangle &= \left\langle \psi_{j1\rightarrow k1} \left| \sum_s \sum_t e^2/r_{s,t} \right| \psi_{j2\rightarrow k2} \right\rangle \\ &\approx \sum_s \sum_t \left(2C_s^{j1} C_s^{k1} C_t^{j2} C_t^{k2} - C_s^{j1} C_s^{j2} C_t^{k1} C_t^{k2} \right) \gamma_{s,t}.\end{aligned} \tag{B4.8.1}$$

Hier stellt C_t^j den Beitrag des Atoms t zur Wellenfunktion ψ_j dar, wie in den Gl. (4.19–4.22 und 2.42), $\gamma_{s,\,t}$ ist der Abstand zwischen den Atomen s und t, und $\gamma_{s,\,t}$ ist eine semiempirische Funktion dieser Entfernung. Ein typischer Ausdruck für $\gamma_{s,\,t}$, der durch Maximierung der Übereinstimmung zwischen den berechneten und beobachteten spektroskopischen Eigenschaften einer großen Anzahl von Molekülen erzielt wird, ist

$$\gamma_{s,t} = A\exp(-Br_{s,t}) + C/(D + r_{s,t}), \tag{B4.8.2}$$

mit $A = 3{,}77 \times 10^4, B = 0{,}232/\text{A}, C = 1.17 \times 10^5\text{A}$, und $D = 2{,}82$ [30]. Die CI-Koeffizienten werden durch Diagonalisierung der Matrix erhalten, wie wir in Abschn. 2.3.6 beschrieben.

Die Einschränkungen, die die Orbitalsymmetrie auf Konfigurationswechselwirkungen auferlegt, können auf die gleiche Weise analysiert werden wie die Auswahlregeln für die einzelnen Übergangsdipole. Wie Gl. (B4.8.1) zeigt, hängt die Kopplung von zwei Übergängen, $\psi_{j1} \to \psi_{k1}$ und $\psi_{j2} \to \psi_{k2}$, vom Produkt der vier Wellenfunktionen (ψ_{j1}, ψ_{k1}, ψ_{j2} und ψ_{k2}) ab. In der Sprache der Gruppentheorie (Abschn. 4.6) können wir sagen, dass, wenn das Produkt von ψ_{j1} und ψ_{k1} und das Produkt von ψ_{j2} und ψ_{k2} beide als x transformieren, wird das Produkt aller vier Wellenfunktionen als x^2 transformieren und wird vollständig symmetrisch sein. Die Vermischung der beiden Übergänge wird dann durch Symmetrie erlaubt sein. Andererseits, wenn das Produkt von ψ_{j1} und ψ_{k1} als x transformiert, sagen wir, während das von ψ_{j2} und ψ_{k2} als y transformiert, wird das Gesamtprodukt als xy transformieren und wird zu null integrieren. Die Untersuchung der Abb. 4.10 und 4.11 zeigt, dass wenn wir die obersten zwei gefüllten Molekülorbitale und die ersten zwei leeren Orbitale von Bakteriochlorophyll oder 3-Methylindol als $\psi_1 - \psi_4$ in aufsteigender Energieordnung bezeichnen, hat das Produkt $\psi_1\psi_3$ die gleiche Symmetrie wie $\psi_2\psi_4$, während $\psi_2\psi_3$ die gleiche Symmetrie wie $\psi_1\psi_4$ hat. Der Übergang $\psi_1 \to \psi_3$ sollte sich daher mit $\psi_2 \to \psi_4$ und der Übergang $\psi_2 \to \psi_3$ sollte sich mit $\psi_1 \to \psi_4$ vermischen.

Porphyrine und ihre Chlorin- und Bakteriochlorinderivate liefern zahlreiche Beispiele für die Bedeutung von Konfigurationswechselwirkungen [31, 32]. Bei Porphin (Abb. 4.14, *links*), der hochsymmetrischen Ausgangsverbindung, sind die beiden höchsten gefüllten Molekülorbitale (ψ_1 und ψ_2 in aufsteigender Energieordnung) nahezu isoenergetisch, ebenso wie die beiden niedrigsten unbesetzten Orbitale (ψ_3 und ψ_4). Die Übergänge $\psi_1 \to \psi_4$ und $\psi_2 \to \psi_3$ haben die gleiche Symmetrie und Energie und mischen daher stark, wie in Kasten 4.8 erklärt; der Übergang $\psi_1 \to \psi_3$ mischt ähnlich mit $\psi_2 \to \psi_4$. Aufgrund der nahezu Entartung der Übergangsenergien sind die beiden CI-Koeffizienten ($A_{j,k}^{a,b}$) einfach $\pm 2^{-1/2}$, aber die Vorzeichen der Koeffizienten können entweder gleich oder entgegengesetzt sein. Die vier Orbitale führen somit zu vier verschiedenen angeregten Zuständen, die allgemein als die B_y, B_x, Q_x und Q_y Zustände bezeichnet werden. B_y und Q_y bestehen aus den Konfigurationen $2^{-1/2}(\psi_1 \to \psi_4) \pm 2^{-1/2}(\psi_2 \to \psi_3)$; B_x und Q_x, von $2^{-1/2}(\psi_1 \to \psi_3) \pm 2^{-1/2}(\psi_2 \to \psi_4)$. Allerdings heben sich die Übergangsdipole in zwei der Kombinationen fast genau auf und verstärken sich in den anderen beiden. Das Ergebnis ist, dass die beiden energieärmsten Absorptions-

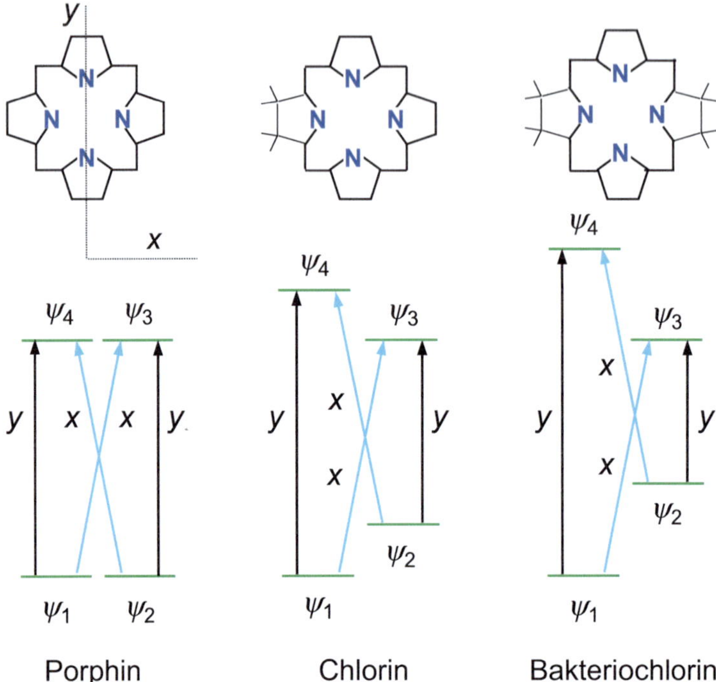

Abb. 4.14 Strukturen, Energiediagramme und Anregungen von Porphin, Chlorin und Bakteriochlorin. Die *horizontalen grünen Balken* repräsentieren die Energien der beiden höchsten besetzten Molekülorbitale (ψ_1 und ψ_2) und der ersten beiden unbesetzten Orbitale (ψ_3 und ψ_4), relativ zur Energie von ψ_1 in jedem Molekül. *Pfeile* zeigen Anregungen von einem der besetzten Orbitale zu einem leeren Orbital. x und y entsprechen den molekularen Achsen, die als *gestrichelte Linien* mit der Porphinstruktur dargestellt sind und die Symmetrie des Produkts der Anfangs- und Endwellenfunktionen für jede Konfiguration vermitteln. Konfigurationen mit der gleichen Symmetrie (z. B., $\psi_1 \rightarrow \psi_4$ und $\psi_2 \rightarrow \psi_3$) mischen sich in den angeregten Zuständen, und der Übergang Dipol für die gemischte Anregung ist ungefähr entlang der x oder y molekularen Achse ausgerichtet. Die Reduktion eines oder beider Tetrapyrrolringe in Chlorin und Bakteriochlorin verschiebt die energieärmste Anregung zu progressiv niedrigerer Energie und erhöht ihre Dipolstärke

banden (Q_x und Q_y) im Wesentlichen bei der gleichen Energie auftreten und sehr schwach im Vergleich zu den beiden energiereicheren Banden (B_x und B_y) sind.

In Chlorin (Abb. 4.14, *Mitte*), ist einer der vier Pyrrolringe teilweise reduziert, wodurch zwei Kohlenstoffe aus dem π-System entfernt werden. Dies stört die Symmetrie des Moleküls und verschiebt ψ_2 und ψ_4 relativ zu ψ_1 und ψ_3 nach oben in der Energie. Als Ergebnis verschiebt sich die niederenergetische Absorptionsbande zu einer niedrigeren Energie und gewinnt an Dipolstärke, während sich die energiereichste Bande zu höheren Energien verschiebt und an Dipolstärke verliert. Der Trend setzt sich in den Bakteriochlorinen fort, in denen zwei der Pyrrolringe reduziert sind (Abb. 4.14, *rechts*). Häme, die symmetrische Eisen Porphyrine sind, absorbieren stark blaues Licht und absorbieren gelbes oder rotes Licht nur schwach (Abb. 4.15A), während Bakteriochlorophylle intensiv im roten oder nahen IR absorbieren (Abb. 4.15B). Dieses Vier-Orbital-Modell rationalisiert eine große Menge an experimentellen Beobachtungen über die spektroskopischen Eigenschaften von Metalloporphyrinen, Chlorophyllen, Bakteriochlorophyllen und verwandten Molekülen [31, 33, 34], und wurde verwendet, um die spektroskopischen Eigenschaften von photosynthetischen bakteriellen Reaktionszentren und Antennenkomplexen zu analysieren [4, 35, 36]. Im Spektrum der *Bl. viridis* Reaktionszentren, die in Abb. 4.12A gezeigt werden, spiegeln die Absorptionsbanden zwischen 750 und 1050 nm Q_yÜbergänge der Bakteriopheophytine und Bakteriochlorophylle wider, die durch Exziton Wechselwirkungen gemischt werden, wie in Kap. 8 diskutiert. Die entsprechenden Q_x Banden (nicht in der Abb. gezeigt) liegen in den Bereichen von 530–545 und 600 nm.

Die Indol-Seitenkette von Tryptophan bietet ein weiteres Beispiel. Ihr Absorptionsspektrum beinhaltet wiederum signifikante Beiträge von den Orbitalen, die knapp unter dem HOMO und knapp über dem LUMO liegen (ψ_1 und ψ_4), zusätzlich zu den HOMO und LUMO selbst (ψ_2 und ψ_3).Übergänge zwischen den vier Orbitalen führen zu zwei überlappenden Absorptionsbanden im Bereich von 280 nm, die allgemein als ^1L_a und ^1L_b Banden bezeichnet werden, und zwei höherenergetischen Banden (^1B_a und ^1B_b) nahe 195 und 221 nm [37–43]. Die ^1L_a Anregung hat eine etwas höhere Energie und größere Dipolstärke als ^1L_b, und, wie wir in Abschn. 4.12 sehen werden, führt zu einer größeren Änderung im permanenten Dipolmoment. Vernachlässigt man kleine Beiträge von höherenergetischen Konfigurationen, können die angeregten Singulettzustände, die mit den ^1L_a und ^1L_b Anregungen verbunden sind, recht gut durch die Kombinationen $^1L_a \approx 0{,}917(\psi_2 \rightarrow \psi_3) - 0{,}340(\psi_1 \rightarrow \psi_4)$ und $^1L_b \approx 0{,}732(\psi_1 \rightarrow \psi_3) + 0{,}634(\psi_2 \rightarrow \psi_4)$ beschrieben werden. Abb. 4.16 zeigt die beiden Übergangsdipole, die durch Gl. (4.29) berechnet wurden.

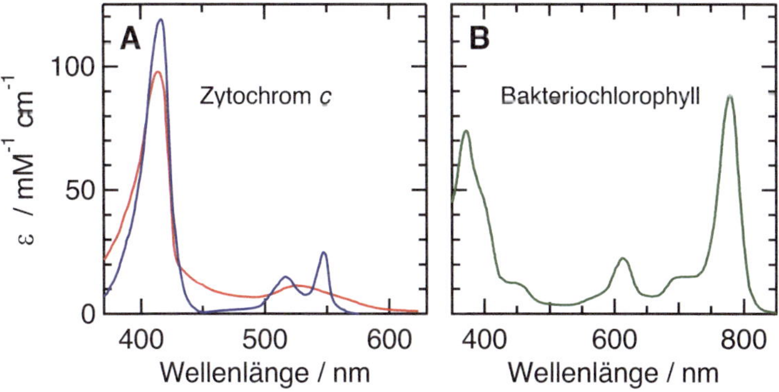

Abb. 4.15 (**A**) Absorptionsspektren von Zytochrom *c* mit dem gebundenen Häm in seiner reduzierten *(blaue Kurve)* und oxidierten *(rote Kurve)* Form. (**B**) Absorptionsspektrum von Bakteriochlorophyll *a* in Methanol

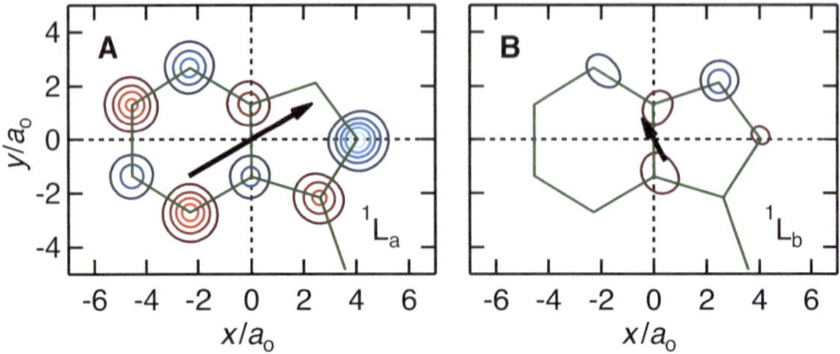

Abb. 4.16 Übergangsdipole für die ^1L_a (**A**) und ^1L_b (**B**) Anregungen von 3-Methylindol, berechnet aus linearen Kombinationen von Produkten der in Abb. 4.11 gezeigten molekularen Orbitale. Konturdiagramme der Funktionen $0{,}917\psi_2\psi_3 - 0{,}340\psi_1\psi_4$ (**A**) und $0{,}732\psi_1\psi_3 + 0{,}634\psi_2\psi_4$ (**B**) werden mit *roten Linien* für positive Amplituden, *blauen Linien* für negative Amplituden und Konturintervallen von $0{,}005a_0^3$ dargestellt. Die *Pfeile* zeigen die durch Gl. (4.29) berechneten Übergangsdipole, mit Längen in Einheiten von $e\text{Å}/5a_0$

Wenn eine verbesserte Beschreibung eines angeregten elektronischen Zustands für andere Zwecke wie Berechnungen von Exziton-Wechselwirkungen (Kap. 8) gewünscht ist, können die CI-Koeffizienten empirisch angepasst werden, um die Übereinstimmung zwischen der berechneten und beobachteten Übergangsenergie oder Dipolstärke zu maximieren. In einer Anwendung dieser Idee [36] wurden die CI-Koeffizienten für die Q_x und Q_y Absorptionsbanden von Bakteriochlorophyll und Bakteriopheophytin so angepasst, dass die mit dem Übergangsgradienten Operator (Abschn. 4.9) berechneten Dipolstärken den gemessenen Dipolstärken entsprachen. Die Diskrepanz zwischen diesen Dipolstärken und den mit dem Dipoloperator berechneten Werten wurde dann verwendet, um die berechneten Energien von Dipol-Dipol-Wechselwirkungen unter den Bakteriochlorophyllen und Bakteriopheophytinen in photosynthetischen bakteriellen Reaktionszentren zu korrigieren.

4.9 Berechnung von elektrischen Übergangsdipolen mit dem Gradientenoperator

Wenn Beiträge von Übergängen, die die obersten zwei oder drei gefüllten Orbitale und die ersten paar unbesetzten Orbitale betreffen, berücksichtigt werden, stimmen die mit den Gl. (4.22a–4.22e) berechneten Dipolstärken in der Regel bis auf einen Faktor von 2 oder 3 mit experimentell gemessenen Dipolstärken überein, was bedeutet, dass die Größe des Übergangsdipols auf etwa ±50% genau ist. Eine bessere Übereinstimmung kann manchmal durch Verwendung des Gradientenoperators, $\tilde{\nabla} = (\partial/\partial x, \partial/\partial y, \partial/\partial z)$, anstelle von $\tilde{\mu}$ erreicht werden. Matrixelemente des Gradienten- und Dipoloperators sind durch den Ausdruck verbunden

$$\left\langle \Psi_b \middle| \tilde{\nabla} \middle| \Psi_a \right\rangle = \frac{-(E_b - E_a)m_e}{\hbar^2 e} \langle \Psi_b | \tilde{\mu} | \Psi_a \rangle, \tag{4.30}$$

wo m_e die Elektronenmasse ist (Kasten 4.9). Wenn also der Energieunterschied $E_b - E_a$ bekannt ist, können wir $\langle\Psi_b|\tilde{\mu}|\Psi_a\rangle$ aus $\left\langle\Psi_b|\tilde{\nabla}|\Psi_a\right\rangle$ und *umgekehrt* erhalten. Übergangsdipole, die mit $\tilde{\mu}$ und $\tilde{\nabla}$ berechnet wurden, sollten identisch sein, wenn die molekularen Orbitale exakt sind, aber mit ungefähren Orbitalen geben die beiden Methoden in der Regel etwas unterschiedliche Ergebnisse. Die mit dem Dipoloperator berechneten Dipolstärken sind oft zu groß, während die mit dem Gradientenoperator erzielten besser mit dem Experiment übereinstimmen [34, 36, 44].

Kasten 4.9 Die Beziehung zwischen Matrixelementen des elektrischen Dipols und Gradientenoperatoren

Gl. (4.30) kann abgeleitet werden, indem der Gradientoperator $\tilde{\nabla}$ mit dem Kommutator des Hamilton-Operators und Dipoloperatoren $\left(\left[\tilde{\mathrm{H}},\tilde{\mu}\right]\right)$ in Beziehung gesetzt wird. (Siehe Kasten 2.2 für eine Einführung in Kommutatoren.) Der Hamilton-Operator $\tilde{\mathrm{H}}$ enthält sowohl Begriffe für potenzielle Energie ($\tilde{\mathrm{V}}$) und kinetische Energie ($\tilde{\mathrm{T}}$); jedoch müssen wir nur $\tilde{\mathrm{T}}$ berücksichtigen, weil $\tilde{\mathrm{V}}$ mit dem Positionsoperator kommutiert ($\left[\tilde{\mathrm{V}},\tilde{\mathrm{X}}\right] = 0$) und $\tilde{\mu}$ einfach $e\tilde{\mathrm{X}}$ ist. Für ein eindimensionales System, in dem $\tilde{\nabla}$ einfach $\partial/\partial x$ ist, ist der Kommutator von $\tilde{\mathrm{H}}$ und $\tilde{\mu}$

$$\left[\tilde{\mathrm{H}},\tilde{\mu}\right] = \left[\tilde{\mathrm{T}},e\tilde{\mathrm{X}}\right] = -\left(\hbar^2 e/2m\right)\left[\partial^2/\partial x^2, x\right] \quad \text{(B4.9.1a)}$$

$$= -\left(\hbar^2 e/2m\right)\left[\left(d^2/dx^2\right)x - x\left(d^2/dx^2\right)\right] \quad \text{(B4.9.1b)}$$

$$= -\left(\hbar^2 e/2m\right)\left[2(d/dx) + x\left(d^2/dx^2\right) - x\left(d^2/dx^2\right)\right] \quad \text{(B4.9.1c)}$$

$$= -\left(\hbar^2 e/m\right)d/dx = -\left(\hbar^2 e/m\right)\tilde{\nabla}. \quad \text{(B4.9.1d)}$$

Verallgemeinert auf drei Dimensionen und den Kommutator als Operator behandelt ergibt sich

$$\left\langle\Psi_b|\left[\tilde{\mathrm{H}},\tilde{\mu}\right]|\Psi_a\right\rangle = -\left(\hbar^2 e/m\right)\left\langle\Psi_b|\tilde{\nabla}|\Psi_a\right\rangle. \quad \text{(B4.9.2)}$$

Wir können das Matrixelement auf der linken Seite von Gl. (B4.9.2) mit dem Übergangdipol ($\vec{\mu}_{ba}$) in Verbindung bringen, indem wir ψ_b und ψ_a formal in der Basis aller Eigenfunktionen von $\tilde{\mathrm{H}}(\Psi_k)$ erweitern und das Verfahren zur Matrixmultiplikation (Anhang A2) verwenden. Dies ergibt

$$\left\langle\Psi_b|\left[\tilde{\mathrm{H}},\tilde{\mu}\right]|\Psi_a\right\rangle \equiv \left\langle\Psi_b|\tilde{\mathrm{H}}\tilde{\mu}|\Psi_a\right\rangle - \left\langle\Psi_b|\tilde{\mu}\tilde{H}|\Psi_a\right\rangle \quad \text{(B4.9.3a)}$$

$$= \sum_k \left\langle \Psi_b | \tilde{\mathrm{H}} \mid \Psi_k \right\rangle \langle \Psi_k | \tilde{\mu} | \Psi_a \rangle - \sum_k \langle \Psi_b | \tilde{\mu} | \Psi_k \rangle \left\langle \Psi_k | \tilde{\mathrm{H}} | \Psi_a \right\rangle \quad \text{(B4.9.3b)}$$

$$= E_b \langle \Psi_b \mid \tilde{\mu} \mid \Psi_a \rangle - \langle \Psi_b \mid \tilde{\mu} \mid \Psi_a \rangle E_a = (E_b - E_a) \vec{\mu}_{ba}, \quad \text{(B4.9.3c)}$$

wo E_b und E_a die Energien der Zustände a und b sind. Gl. (B4.9.3b) reduziert sich auf B4.9.3c, weil in Abwesenheit zusätzlicher Störungen die einzigen Hamiltonian Matrixelemente ungleich null, die Ψ_b oder Ψ_a betreffen, $\langle \Psi_b | \mathrm{H} | \Psi_b \rangle$ und $\langle \Psi_a | \mathrm{H} | \Psi_a \rangle$ sind. Gleichsetzen der rechten Seiten der Gl. (B4.9.2 und B4.9.3c) ergibt Gl. (4.30).

In der Quantentheorie der Absorption, die wir in Kap. 5 diskutieren, entsteht das Übergangsgradient-Matrixelement $\left(\left\langle \Psi_b | \tilde{\nabla} | \Psi_a \right\rangle\right)$ direkt, anstatt nur als alternative Berechnungsmethode zu $\langle \Psi_b | \tilde{\mu} | \Psi_a \rangle$. Matrixelemente von $\tilde{\nabla}$ spielen auch eine grundlegende Rolle in der Theorie des zirkularen Dichroismus (Kap. 9).

Abb. 4.17 veranschaulicht die Funktionen, die in das Übergangsgradient Matrixelement für die HOMO → LUMO Anregung von Ethylen eingehen. Konturdiagramme des HOMO und LUMO (ψ_a und ψ_b) sind aus Abb. 4.6B in den Panels A und B zur Referenz reproduziert. Wie zuvor ist die C=C-Bindung entlang der y-Achse ausgerichtet und ψ_a und ψ_b sind aus atomaren $2p_z$-Orbitalen konstruiert. Panel C zeigt ein Konturdiagramm der Ableitung $\partial\psi_a/\partial y$, und D zeigt das Ergebnis der Multiplikation dieser Ableitung mit ψ_b. Die Integration des Produkts $\psi_b \partial\psi_a/\partial y$ über den gesamten Raum ergibt die y-Komponente von $\left\langle \psi_b | \tilde{\nabla} | \psi_a \right\rangle$. Durch die Inspektion von Abb. 4.17D können Sie sehen, dass $\psi_b \partial\psi_a/\partial y$ eine gerade Funktion von y ist, so dass außer an Punkten in der xy-Ebene, wo ψ_a und ψ_b beide durch Null gehen, die Integration entlang einer beliebigen Linie parallel zur y-Achse ein Ergebnis ungleich Null liefern wird. (Obwohl die Konturdiagramme in der Abb. nur die Amplituden in der yz-Ebene zeigen, wären die entsprechenden Diagramme für jede andere Ebene parallel zu yz ähnlich, weil ψ_a und ψ_b beide gerade, monotone Funktionen von x sind.) Im Gegensatz dazu ist die Funktion $\psi_b \partial\psi_a/\partial z$ (Abb. 4.17F) eine ungerade Funktion sowohl von y als auch von z, was bedeutet, dass die Integration dieses Produkts über den gesamten Raum Null ergeben wird. Dies gilt auch für $\psi_b \partial\psi_a/\partial x$ (nicht gezeigt). Der Vektor $\left\langle \psi_b | \tilde{\nabla} | \psi_a \right\rangle$ist entlang der C=C-Bindung ausgerichtet, was genau das ist, was wir oben für$\langle \psi_b | \tilde{\mu} | \psi_a \rangle$.

Die Berechnung des Matrixelements $\left\langle \psi_b | \tilde{\nabla} | \psi_a \right\rangle$ für einen Übergang zwischen zwei π-Molekülorbitalen ist etwas umständlicher als die Berechnung von $\langle \psi_b | \tilde{\mu} | \psi_a \rangle$, ist aber immer noch relativ einfach, wenn die Molekülorbitale aus linearen Kombinationen von Slater-Typ-Atomorbitalen aufgebaut sind. Das Übergangsmatrixelement für die Anregung zu einem angeregten Singulett-Zustand nimmt dann die gleiche Form an wie Gl. (4.22e):

$$\left\langle \Psi_b|\tilde{\nabla}|\Psi_a \right\rangle = \sqrt{2}\sum_s \sum_t C_s^b C_t^a \left\langle p_s|\tilde{\nabla}|p_t \right\rangle, \tag{4.31}$$

wo C_s^b und C_t^a die Expansionskoeffizienten für atomare $2p_z$ Orbitale sind, die auf den Atomen s und t zentriert sind (p_s und p_t) in den molekularen Orbitalen Ψ_b und Ψ, und $\left\langle p_s \middle| \tilde{\nabla} \middle| p_t \right\rangle$ ist das Matrixelement von $\tilde{\nabla}$ für die beiden atomaren Orbitale. Kasten 4.10 skizziert ein allgemeines Verfahren zur Auswertung von $\left\langle p_s \middle| \tilde{\nabla} \middle| p_t \right\rangle$, das es den atomaren Orbitalen erlaubt, jede beliebige Orientierung zueinander zu haben. Gl. (4.31) kann leicht vereinfacht werden, indem man bemerkt, dass $\left\langle p_t \middle| \tilde{\nabla} \middle| p_t \right\rangle$ null ist und $\left\langle p_t \middle| \tilde{\nabla} \middle| p_s \right\rangle = -\left\langle p_s \middle| \tilde{\nabla} \middle| p_t \right\rangle$, wie Sie durch das Studium von Abb. 4.17 überprüfen können. Mit diesen Substitutionen wird die Summe über die Atome s und t zu

$$\left\langle \Psi_b|\tilde{\nabla}|\Psi_a \right\rangle = \sqrt{2}\sum_s \sum_t 2\left(C_s^a C_t^b - C_s^b C_t^a\right)\left\langle p_s|\tilde{\nabla}|p_t \right\rangle, \tag{4.32}$$

die manchmal gut durch eine Summe ausschließlich über die Paare von gebundenen Atomen approximiert werden kann [34, 36, 44–46].

Kasten 4.10 Matrixelemente des Gradientenoperator für atomare 2*p* Orbitale

Das Integral $\left\langle p_s \middle| \tilde{\nabla} \middle| p_t \right\rangle$ in den Gl. (4.31 und 4.32) ist das Matrixelement des Gradientenoperator' s ($\tilde{\nabla}$) für atomare 2*p* Orbitale auf den Atomen *s* und *t*. Um die lokale *z*-Achse des Atoms *s* eine beliebige Orientierung relativ zu der des Atoms *t* haben zu lassen, können die atomaren Matrixelemente geschrieben werden als

$$\left\langle p_s|\tilde{\nabla}|p_t \right\rangle \approx \left(\eta_{x',s}\eta_{y',t} + \eta_{y',s}\eta_{x',t}\right)\nabla_{xy}\hat{i} + \left[\eta_{y',s}\eta_{y',t}\nabla_\sigma + \left(\eta_{x',s}\eta_{x',t} + \eta_{z',s}\eta_{z',t}\right)\nabla_\pi\right]\hat{j}$$

$$+\left(\eta_{z',t}, \eta_{y',t} + \eta_{y',s}, \eta_{z',t}\right)\nabla_{zy}\hat{k}. \tag{B4.10.1}$$

Hier $\eta_{x',t}, \eta_{y',t}$, und $\eta_{z',t}$ sind Richtungskosinusse der atomaren *z*-Achse des Orbitals *t* in Bezug auf ein kartesisches Koordinatensystem (x', y', z') definiert, so dass Atom *t* am Ursprung ist und die y' Achse entlang der Linie von Atom *t* zu Atom *s* liegt (zum Beispiel, $\eta_{y',t}$ ist der Kosinus des Winkels zwischen y' und der lokalen *z*-Achse des Orbitals *t*); $\hat{i}, \hat{j}$ und $\hat{k}$ sind Einheitsvektoren parallel zu den x', y', und z' Achsen; und ∇_σ, ∇_π und ∇_{zy} sind die Matrixelemente von $\tilde{\nabla}$ für Paare von Slater 2*p* Orbitalen in drei kanonischen Orientierungen. ∇_σ ist für die End-on-Orientierung in Abb. 4.18A; ∇_π, für die Side-by-Side-Orientierung mit parallelen *z*-Achsen entlang z' oder x'

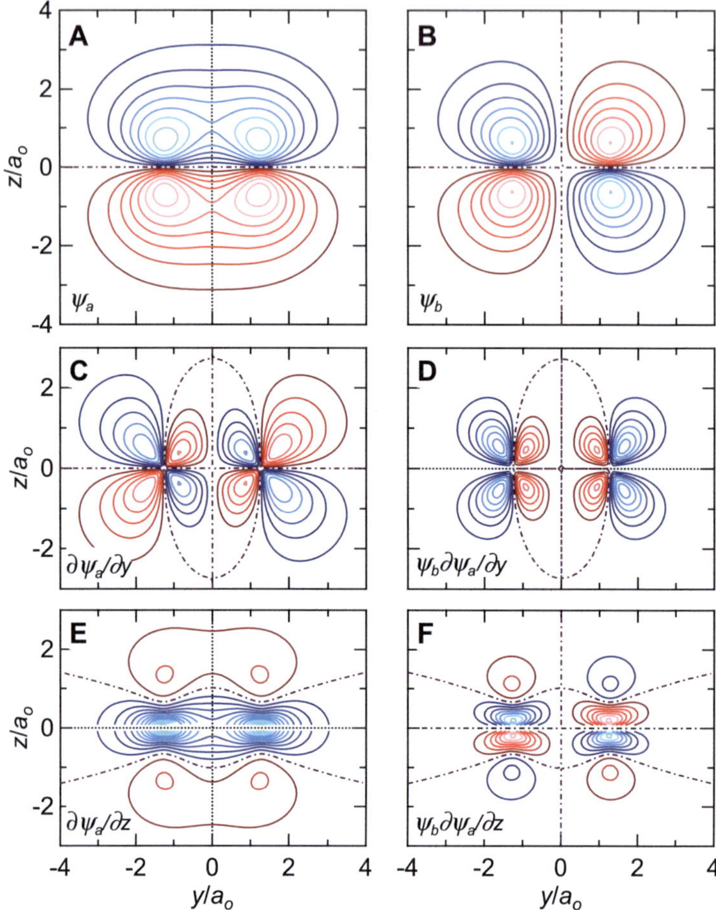

Abb. 4.17 Komponenten des Übergangsmatrixelements des Gradientenoperators zur Anregung von Ethylen. (**A**, **B**) Konturdiagramme der Amplituden der HOMO (ψ_a) und LUMO (ψ_b) Molekülorbitale in der *yz*-Ebene. Die C=C-Doppelbindung liegt auf der y-Achse. (**C**, **E**) Die Ableitungen von ψ_a bezüglich *y* und *z*, jeweils. (**D**, **F**) Die Produkte dieser Ableitungen mit ψ_b. Die *y* und *z* Komponenten von $\langle \psi_b|\tilde{\nabla}|\psi_a \rangle$ werden durch Integration von $\psi_b\partial\psi_a/\partial y$ und $\psi_b\partial\psi_a/\partial z$, jeweils, über den gesamten Raum erhalten. Die Symmetrie der Wellenfunktionen ist so, dass dieses Integral für $\psi_b\partial\psi_a/\partial z$ und (nicht gezeigt) $\psi_b\partial\psi_a/\partial x$ null, aber für $\psi_b\partial\psi_a/\partial y$ nicht null ist. Positive Amplituden werden mit *blauen Linien* dargestellt; negative mit *roten Linien;* und null mit *lila gestrichelten Linien*

(Abb. 4.18B); und ∇_{zy}, für eines Orbitals, das entlang y' verschoben und um 90° um eine Achse parallel zu x' gedreht ist (Abb. 4.18C). ∇_{xz} ist 0, und ∇_{xy} ist das gleiche wie ∇_{zy}. Die Inspektion von Gl. (B4.10.1) und Abb. 4.18 zeigt, dass wenn die *z* Achsen der Atome *t* und *s* parallel zueinander und senkrecht zu y' sind, wie es ungefähr der Fall für π-Elektronensysteme ist, $p_s \mid \tilde{\nabla} \mid p_t$ zeigt vom Atom *t* zum Atom*s* und hat den Betrag ∇_π.

Das Slater $2pz$ Orbital, in polaren Koordinaten und zentriert auf Atom s (r_s, θ_s, ϕ_s), ist

$$p_s = \left(\zeta_s^5/\pi\right)^{1/2} r_s \cos\theta_s \exp(-\zeta_s r_s/2), \tag{B4.10.2}$$

wo θ_s der Winkel zur z-Achse ist und $\zeta s = 3{,}071$, $3{,}685$ und $4{,}299$ Å^{-1} für jeweils C, N und O. Die Abhängigkeiten von ∇_σ, ∇_π und ∇_{zy} vom interatomaren Abstand (R) und die Slater-Orbitalparameter für die beiden Atome (ζ_s und ζ_t) können, unter Verwendung von Ausdrücken, die ursprünglich von Mulliken et al. [47] und Král [48] beschrieben wurden, wie folgt berechnet werden (siehe [4, 49]):

Zunächst definieren Sie die beiden Funktionen

$$A_k = \int_1^\infty w^k \exp(-Pw)dw \text{ and } B_k = \int_{-1}^1 w^k \exp(-Qw)dw, \tag{B4.10.3}$$

wo $P = (\zeta_s + \zeta_t)R/2$ und $Q = (\zeta_s - \zeta_t)R/2$ ist. Dann,

$$\begin{aligned}\nabla_\sigma &= (\zeta_s\zeta_t)^{5/2}\left(R^4/8\right)\{A_0B_2 - A_2B_0 + A_1B_3 - A_3B_1 \\ &+(\zeta_t R/2)[A_1(B_0 - B_2) + B_1(A_0 - A_2) + A_3(B_4 - B_2) + B_3(A_4 - A_2)]\},\end{aligned} \tag{B4.10.4}$$

$$\nabla_\pi = (\zeta_s\zeta_t)^{5/2}\left(\xi_t R^5/32\right) \times [(B_1 - B_3)(A_0 - 2A_2 + A_4) + (A_1 - A_3)(B_0 - 2B_2 + B_4)], \tag{B4.10.5}$$

und

$$\begin{aligned}\nabla_{zy} = (\zeta_s\zeta_t)^{5/2}\left(R^4/8\right)\{&A_0B_2 - A_2B_0 + A_1B_3 - A_3B_1 \\ &+(\zeta_t R/4)[(A_3 - A_1)(B_0 - B_4) + (B_3 - B_1)(A_0 - A_4)]\}.\end{aligned} \tag{B4.10.6}$$

A_k und B_k können mit den Formeln [50] berechnet werden:

$$A_k = \left[\exp(-s) + kA_{k-1}\right]/P, \tag{B4.10.7}$$

und

$$B_k = 2\sum_{i=0}^{3}\left[Q^{2i}/(2i)!(k + 2i + 1)\right] \textit{für k gerade}, \tag{B4.10.8}$$

$$B_k = -2\sum_{i=0}^{3}\left[Q^{2i+1}/(2i + 1)!(k + 2i + 2)\right] \textit{für k ungerade}. \tag{B4.10.9}$$

Siehe [34, 36, 45, 46] für andere semiempirische Ausdrücke für $\left\langle p_s \middle| \tilde{\nabla} \middle| p_t \right\rangle$.

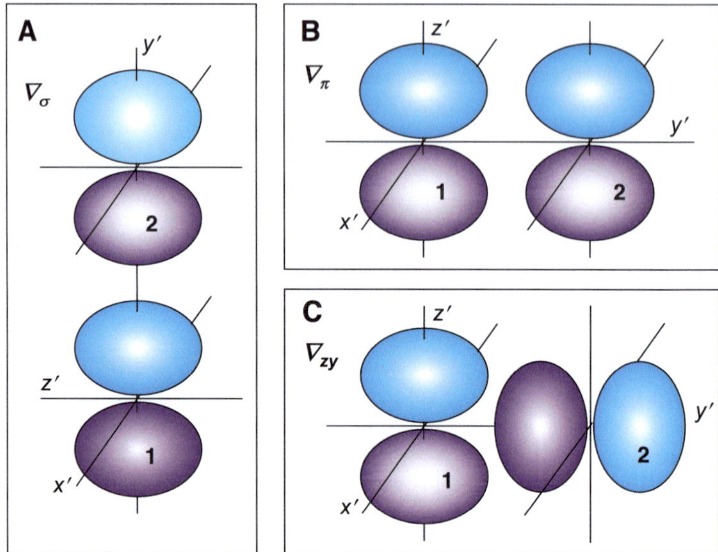

Abb. 4.18 Kanonische Ausrichtungen der $2p_z$ Orbitale von zwei Kohlenstoffatomen. Die *blauen und violetten* Bereiche repräsentieren Grenzflächen der Wellenfunktionen wie in Abb. 2.5. Das $x'y'z'$ kartesische Koordinatensystem ist auf Atom 1 zentriert, wobei die y' Achse entlang des interatomaren Vektors ausgerichtet ist. Die Übergangsgradientenmatrixelemente ∇_σ, ∇_π und ∇_{zy} gelten für die in (**A**, **B** und **C**) gezeigten Ausrichtungen. Matrixelemente für eine beliebige Ausrichtung können als lineare Kombinationen dieser kanonischen Matrixelemente ausgedrückt werden

Abb. 4.19 veranschaulicht die Verwendung dieses Ansatzes zur Berechnung von Übergangsdipol-Matrixelementen für *trans*-Butadien, das ein nützliches Modell für Carotinoide und Retinale liefert. Die Panels $A - D$ zeigen die zwei höchsten gefüllten Molekülorbitale und die zwei niedrigsten unbesetzten Orbitale (ψ_1 bis ψ_4 in aufsteigender Energieordnung). Das Vektordiagramm in Panel E zeigt die Richtung und relative Größe des Matrixelements von $\tilde{\nabla}$ für jedes Paar von gebundenen Atomen, $\left\langle p_s \middle| \tilde{\nabla} \middle| p_t \right\rangle$, gewichtet durch die Koeffizienten für dieses Paar von Atomen in den Wellenfunktionen ψ_2 und $\psi_3\left(C_s^b C_t^a\right)$. Die Kombination der Vektoren für jedes Atompaar ergibt ein gesamtes Übergangsgradienten-Matrixelement ($\sum_s \sum_t C_s^b C_t^a \left\langle p_s \middle| \tilde{\nabla} \middle| p_t \right\rangle$) ausgerichtet auf der langen Achse des Moleküls. (Beiträge von Paaren nicht gebundener Atome beeinflussen das gesamte Matrixelement nicht signifikant.) Die Anregung eines Elektrons von ψ_2 zu ψ_3, die die niedrigste Energiekonfiguration im angeregten Singulettzustand ist, hat daher einen endlichen Übergangsdipol in dieser Ausrichtung.

Abb. 4.19H ist ein ähnliches Vektordiagramm für die höchste Energiekonfiguration in einem angeregten Singulettzustand der vier Wellenfunktionen ($\psi_1 \rightarrow \psi_4$). Der Übergangsgradientendipol für diese Anregung ist kleiner und hat eine andere Ausrichtung als der für $\psi_2 \rightarrow \psi_3$, weil der $C_s^b C_t^a \left\langle p_s \middle| \tilde{\nabla} \middle| p_t \right\rangle$-Vektor für die zentralen zwei Atome mehr Beiträge von den äußeren Paaren von Atomen aufhebt.

Die elektrischen Übergangsdipole für Anregungen $\psi_2 \rightarrow \psi_4$ und $\psi_1 \rightarrow \psi_3$ von *trans*-Butadien sind null (Abb. 4.19F, G). In beiden Fällen ist $C_s^b C_t^a \left\langle p_s \middle| \tilde{\nabla} \middle| p_t \right\rangle$ für das zentrale Paar von Atomen null, weil die Anfangs- und Endwellenfunktionen die gleiche Symmetrie in Bezug auf ein Inversionszentrum haben (*gerade* für $\psi_1 \rightarrow \psi_3$ und *ungerade* für $\psi_2 \rightarrow \psi_4$). Die Beiträge von den anderen Paaren von Atomen sind nicht einzeln null, aber sie geben antiparallele Vektoren, die sich in der Summe aufheben. Diese beiden Anregungen sind daher verboten, wenn wir nur Wechselwirkungen mit dem elektrischen Feld des Lichts betrachten. Wie wir in Kap. 9 sehen werden, sind sie schwach erlaubt durch Wechselwirkungen mit dem magnetischen Feld, aber die zugehörige Dipolstärke ist viel geringer als die für $\psi_2 \rightarrow \psi_3$ und $\psi_1 \rightarrow \psi_4$. Kasten 4.11 wiederholt die Auswahlregeln für die Anregung von *trans*-Butadien und verwandten Verbindungen in der Sprache der Gruppentheorie und beschreibt die Nomenklatur, die für diese Anregungen verwendet wird.

Kasten 4.11 Auswahlregeln für elektrische Dipol-Anregungen von linearen Polyenen

Die grundlegenden Auswahlregeln für elektrische Dipolanregungen von *trans*-Butadien und anderen zentrosymmetrischen Polyenen können einfach in Bezug auf die Symmetrie der Molekülorbitale beschrieben werden. In aufsteigender Energieordnung haben die vier in Abb. 4.19A–D gezeigten Wellenfunktionen A_g, B_u, A_g und B_u Symmetrie. Wie in Abschn. 4.6 erklärt, beziehen sich die Mulliken-Symbole A und B auf Funktionen, die jeweils symmetrisch und antisymmetrisch bezüglich der Rotation um die C_2-Achse sind, die durch das Zentrum von *trans* Butadien verläuft und senkrecht zur Ebene des π-Systems liegt; die Indizes g und u bezeichnen gerade und ungerade Symmetrie bezüglich der Inversion durch das Molekülzentrum. Die Anregungen $\psi_2 \rightarrow \psi_3$, $\psi_2 \rightarrow \psi_4$, $\psi_1 \rightarrow \psi_3$ und $\psi_1 \rightarrow \psi_4$ sind durch die Symmetrien der direkten Produkte der Anfangs- und Endwellenfunktionen gekennzeichnet: $B_u \times A_g = B_u$ für $\psi_2 \rightarrow \psi_3$, $B_u \times B_u = A_g$ für $\psi_2 \rightarrow \psi_4$, $A_g \times A_g = A_g$ für $\psi_1 \rightarrow \psi_3$, und $A_g \times B_u = B_u$ für $\psi_1 \rightarrow \psi_4$. Da der Positionsvektor $(\vec{r})B_u$-Symmetrie hat, transformieren die Produkte $\vec{r}\,\psi_2\psi_3$, $\vec{r}\,\psi_2\psi_4$, $\vec{r}\,\psi_1\psi_3$ und $\vec{r}\,\psi_1\psi_4$ als A_g, B_u, B_u und A_g. Die Matrixelemente des elektrischen Dipol-Übergangs sind daher für die erste und vierte Anregung (die beiden Anregungen mit B_u-Symmetrie) ungleich null und für die zweite und dritte (die beiden mit A_g-Symmetrie) null. Ähnliche Überlegungen gelten für längere Polyene einschließlich Carotinoide, obwohl Verdrillungen und Biegungsverzerrungen diese Moleküle nur annähernd zentrosymmetrisch machen.

Beachten Sie, dass die Vektoren in Abb. 4.19E–H sich auf die reinen Konfigurationen $\psi_2 \rightarrow \psi_3$, $\psi_2 \rightarrow \psi_4$, $\psi_1 \rightarrow \psi_3$ und $\psi_1 \rightarrow \psi_4$ beziehen. Eine

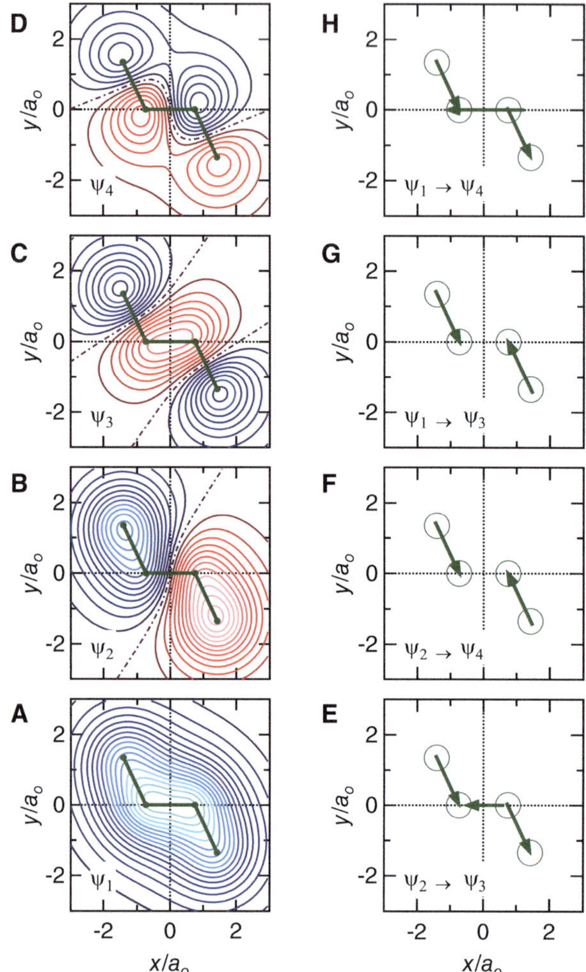

Abb. 4.19 (**A–D**) Konturdiagramme der zwei höchst besetzten und der zwei niedrigst unbesetzten Molekülorbitale im Grundzustand von *trans*-Butadien ($\psi_1 - \psi_4$ in aufsteigender Energieordnung). Die *grünen gefüllten Punkte, verbunden durch grüne Linien*, zeigen die Positionen der Atome an. Die Konturlinien geben die Amplituden der Wellenfunktionen in einer Ebene parallel zur Ebene des π-Systems in Bohr-Radien (a_o) an. *Blaue Linien* zeigen positive Amplituden an; *rote Linien*, negative; *lila gestrichelte Linien*, null. Die Wellenfunktionen wurden mit QCFF-PI [30, 183] berechnet. (**E–H**) Vektordiagramme der Richtungen und relativen Größen der Produkte $C_s^b C_t^a \left\langle p_s | \tilde{\nabla} | p_t \right\rangle$ *(grüne Pfeile)* für Paare von gebundenen Atomen in den ersten vier Anregungen von *trans*-Butadien. Die Anfangs- und Endmolekülorbitale sind in jedem Panel angegeben. C_s^b und C_t^a sind die Koeffizienten für atomare $2p_z$-Orbitale der Atome s und t in der End- und Anfangswellenfunktion; $\left\langle p_s | \tilde{\nabla} | p_t \right\rangle$ ist das Matrixelement des Gradienten Operator für die beiden atomaren Orbitale. Die *leeren grünen Kreise* zeigen die Positionen der Atome an. Das Übergangsgradienten-Matrixelement für jede Anregung wird ungefähr durch die Vektorsumme der Pfeile gegeben. (Die Beiträge von Paaren nicht-gebundener Atome ändern das gesamte Matrixelement nicht signifikant)

genaue Beschreibung der tatsächlichen angeregten Zustände von *trans*-Butadien und anderen solchen Polyenen erfordert umfangreiche Konfigurationsinteraktionen [51]. Die $\psi_2 \rightarrow \psi_4$ Anregung mischt stark mit $\psi_1 \rightarrow \psi_3$ und anderen höherenergetischen Konfigurationen, mit dem Ergebnis, dass ein angeregter Zustand mit dieser Symmetrie energetisch unter den ersten B_u Zustand fällt [51–53]. Die Absorptionsbande mit der niedrigsten Energie spiegelt daher die Anregung zum zweiten angeregten Zustand und nicht zum ersten wider, was erhebliche Auswirkungen auf die Funktionen von Carotinoiden als Energiegeber und -empfänger in der Photosynthese hat (Abschn. 7.4). Der „verbotene" erste angeregte Zustand mehrerer Polyene wurde durch Raman-Spektroskopie [52], Zwei-Photonen Spektroskopie (Kap. 12 und [54]), und zeitaufgelöste Messungen von Absorption und Fluoreszenz [53, 55–57] nachgewiesen.

In der üblicherweise verwendeten Nomenklatur wird der Grundzustand eines zentrosymmetrischen Polyens als 1^1A_g- bezeichnet; der erste angeregte Singulett-Zustand mit A_g Symmetrie ist 2^1A_g-, und der erste mit B_u Symmetrie (der zweite angeregte Singulett-Zustand in der Reihenfolge der Energie) ist $1^1B_u^+$. Die erste Zahl gibt die Position des Zustands in der Reihenfolge der zunehmenden Energie unter Zuständen mit der gleichen Symmetrie an. Das erste Superskript identifiziert die Spin-Multiplizität (Singulett oder Triplett), und das Superskript „+" oder „–" gibt an, ob der Zustand überwiegend kovalent (–) oder ionisch (+) ist. Da die gleichen Auswahlregeln auch als erste Näherung in größeren Polyenen gelten, die nicht streng zentrosymmetrisch sind, wird diese Nomenklatur auch für Retinale und komplexe Carotinoide verwendet.

4.10 Übergangsdipole für Anregungen zu Singulett- und Triplett-Zuständen

Wie wir in Kap. 2 (Abschn. 2.4) besprochen haben, haben Elektronen einen intrinsischen Drehimpuls oder „Spin", der durch Spin-Quantenzahlen $s = 1/2$ und $m_s = \pm 1/2$ charakterisiert ist. Die verschiedenen Werte von m_s können durch zwei Spin-Wellenfunktionen, α („Spin up") für $m_s = +1/2$ und β („Spin down") für $m_s = -1/2$, beschrieben werden. Für Systeme mit mehr als einem Elektron müssen Wellenfunktionen, die die elektronischen Spins einschließen, so geschrieben werden, dass die vollständige Wellenfunktion das Vorzeichen ändert, wenn wir zwei beliebige Elektronen vertauschen. Wir haben diesen Punkt übersprungen, als wir Ausdrücke für den Übergangdipol für die Bildung eines angeregten Singulett-Zustands abgeleitet haben (Gl. (4.22a–4.22e)), also überprüfen wir, ob wir die gleichen Ausdrücke erhalten, wenn wir die Spin-Wellenfunktionen explizit ausschreiben. Wir werden auch die Übergangsdipole für die Anregung zu Triplett-Zuständen untersuchen.

Unter Verwendung der Notation von Gl. (2.47), nimmt der Übergangsdipol für die Anregung von einem Singulett-Grundzustand zu einem angeregten Singulett-Zustand eines Systems mit zwei Elektronen die Form an

$$\begin{aligned}\vec{\mu}_{ba} &= \left\langle {}^1\Psi_b|\tilde{\mu}(1)+\tilde{\mu}(2)|\Psi_a\right\rangle \\ &= \langle\{2^{-1/2}[\psi_h(1)\psi_l(2)+\psi_h(2)\psi_l(1)]2^{-1/2}[\alpha(1)\beta(2)-\alpha(2)\beta(1)]\} \\ &\quad\times|\tilde{\mu}(1)+\tilde{\mu}(2)|\{\psi_h(1)\psi_h(2)2^{-1/2}[\alpha(1)\beta(2)-\alpha(2)\beta(1)]\}\rangle.\end{aligned} \tag{4.33}$$

Da der elektrische Dipoloperator nicht auf die Spin-Wellenfunktionen wirkt, können Integrale wie $\langle\alpha(1) \mid \alpha(1)\rangle$ und $\langle\alpha(1) \mid \beta(1)\rangle$ aus dem Gesamtintegral herausgezogen werden. Indem wir dies tun und die gleichen Annäherungen verwenden, die wir oben in den Gl. (4.22a–4.22c) gemacht haben, erhalten wir

$$\vec{\mu}_{ba} = \begin{aligned}&2^{-3/2}\Big[\langle\psi_l(1)|\tilde{\mu}(1)|\psi_h(1)\rangle\langle\psi_h(2)|\psi_h(2)\rangle \\ &+\langle\psi_l(2)|\tilde{\mu}(2)|\psi_h(2)\rangle\langle\psi_h(1)|\psi_h(1)\rangle]\times[\langle\alpha(1)|\alpha(1)\rangle\langle\beta(2)|\beta(2)\rangle \\ &-\langle\alpha(1)|\beta(1)\rangle\langle\beta(2)|\alpha(2)\rangle-\langle\alpha(2)|\beta(2)\rangle\langle\beta(1)|\alpha(1)\rangle \\ &+\langle\alpha(2)|\alpha(2)\rangle\langle\beta(1)|\beta(1)\rangle\Big].\end{aligned} \tag{4.34}$$

Die Faktoren $\langle\psi_h(1) \mid \psi_h(1)\rangle$ und $\langle\psi_h(2) \mid \psi_h(2)\rangle$ in Gl. (4.34) sind beide eins. Die Spin-Integrale können auch sofort ausgewertet werden, da die Spin-Wellenfunktionen orthogonal und normalisiert sind: $\langle\alpha(1) \mid \alpha(1)\rangle = \langle\beta(1) \mid \beta(1)\rangle = 1$, und $\langle\alpha(1) \mid \beta(1)\rangle = \langle\beta(1) \mid \alpha(1)\rangle = 0$. Die Terme in den zweiten eckigen Klammern sind daher $1 \times 1 - 0 \times 0 - 0 \times 0 + 1 \times 1 = 2$, so

$$\boldsymbol{\mu}_{ba} = \sqrt{2}\ \langle\psi_l(k)|\tilde{\mu}(k)|\psi_h(k)\rangle \approx \sqrt{2}\ e\sum_i C_i^l C_i^h \boldsymbol{r}_i. \tag{4.35}$$

Dies ist das gleiche Ergebnis wie Gl. (4.22e).

Die Übergangsdipole für Übergänge vom Singulett-Grundzustand zu den angeregten Triplett-Zuständen unterscheiden sich sehr von dem Übergangsdipol zur Bildung des angeregten Singulett-Zustands. Die Übergangsdipole zur Bildung der Triplett-Zustände werden alle null, weil sich die Ausdrücke mit entgegengesetzten Vorzeichenaufheben oder weil jeder Ausdruck ein Integral der Form $\langle\alpha(1) \mid \beta(1)\rangle$ enthält. Für ${}^3\Psi_b^0$ haben wir:

$$\begin{aligned}\left\langle {}^3\Psi_b^0|\tilde{\mu}(1)+\tilde{\mu}(2)|\Psi_a\right\rangle &= \left\langle\{2^{-1}[\psi_h(1)\psi_l(2)-\psi_h(2)\psi_l(1)][\alpha(1)\beta(2)+\alpha(2)\beta(1)]\}\right. \\ &\quad\left.\times|\tilde{\mu}(1)+\tilde{\mu}(2)|\{\psi_h(1)\psi_h(2)2^{-1/2}[\alpha(1)\beta(2)-\alpha(2)\beta(1)]\}\right\rangle\end{aligned} \tag{4.36a}$$

$$= 2^{-3/2}\left[\langle\psi_l(2)|\tilde{\mu}(2)|\psi_h(2)\psi_h(1) \mid \psi_h(1)\rangle - \langle\psi_l(1)|\tilde{\mu}(1)|\psi_h(1)\psi_h(2) \mid \psi_h(2)\rangle\right]\times$$

$$\Big[\langle\alpha(1)|\alpha(1)\rangle\langle\beta(2)|\beta(2)\rangle - \langle\alpha(1)|\alpha(2)\rangle\langle\beta(2)|\beta(1)\rangle + \langle\alpha(2)|\alpha(1)\rangle\langle\beta(1)|\beta(2)\rangle$$
$$- \langle\alpha(2)|\alpha(2)\rangle\langle\beta(1)|\beta(1)\rangle\Big]. \tag{4.36b}$$

Die Produkte in der ersten Zeile von Gl. (4.36b) reduzieren sich auf $\left[\langle\psi_l(2)|\tilde{\mu}(2)|\psi_h(2)\rangle - \langle\psi_l(1)|\tilde{\mu}(1)|\psi_h(1)\rangle\right]$, was null ist, weil der Übergangsdipol nicht davon abhängt, wie wir das Elektron bezeichnen. Die Summe der Produkte von Spin-Integralen in der zweiten Zeile ergibt $1 \times 1 - 0 \times 0 + 0 \times 0 - 1 \times 1$, was ebenfalls 0 ist.

Ebenso, für ${}^3\Psi_b^{+1}$:

$$\left\langle {}^3\Psi_b^{+1}|\tilde{\mu}(1) + \tilde{\mu}(2)|\Psi_a\right\rangle = \langle\{2^{-1/2}[\psi_h(1)\psi_l(2) - \psi_h(2)\psi_l(1)][\alpha(1)\alpha(2)]\}\times$$
$$\left\langle|\tilde{\mu}(1) + \tilde{\mu}(2)|\{\psi_h(1)\psi_h(2)2^{-1/2}[\alpha(1)\beta(2) - \alpha(2)\beta(1)]\}\right. \tag{4.37a}$$

$$= 2^{-1}\left[\langle\psi_l(2)|\tilde{\mu}(2)|\psi_h(2)\rangle\langle\psi_h(1)\mid\psi_h(1)\rangle - \langle\psi_l(1)|\tilde{\mu}(1)|\psi_h(1)\rangle\langle\psi_h(2)\mid\psi_h(2)\rangle\right]\times$$
$$[\langle\alpha(1)\mid\alpha(1)\rangle\langle\alpha(2)\mid\beta(2)\rangle - \langle\alpha(1)\mid\beta(1)\rangle\langle\alpha(2)\mid\alpha(2)\rangle]. \tag{4.37b}$$

Auch hier sind sowohl die erste als auch die zweite Zeile des endgültigen Ausdrucks null. Die Bewertung des Übergangsdipols für ${}^3\Psi_b^{-1}$ ergibt ähnlicherweise das gleiche Ergebnis.

Anregungen vom Grundzustand zu einem angeregten Triplett-Zustand sind daher formal verboten. In der Praxis sind schwache optische Übergänge zwischen Singulett- und Triplett-Zuständen manchmal beobachtbar. Triplett-Zustände können auch durch *Intersystemübergänge* aus angeregten Singulett-Zuständen erzeugt werden, wie wir in Kap. 5 diskutieren werden. Dieser Prozess resultiert hauptsächlich aus der Kopplung der magnetischen Dipole, die mit dem elektronischen Spin und der orbitalen elektronischen Bewegung verbunden sind.

4.11 Die Born-Oppenheimer-Näherung, Franck-Condon-Faktoren und die Formen von elektronischen Absorptionsbanden

Bis jetzt haben wir uns auf die Auswirkungen von Licht auf Elektronen konzentriert. Die vollständige Wellenfunktion für ein Molekül muss auch die Kerne beschreiben. Da Kerne jedoch im Vergleich zu Elektronen sehr große Massen haben, ist es für einige Zwecke sinnvoll, sie als mehr oder weniger fest positioniert zu betrachten. Der Hamilton Operator für die Elektronen wird dann langsam wechselnde Felder von den Kernen enthalten, während der Hamiltonian für die Kerne die nuklear- kinetischen Energien und gemittelten Felder von den umgebenden Wolken schnell bewegender Elektronen einschließt. Die Verwendung des elektronischen Hamiltonians in der Schrödinger-Gl. fuhrt zu einer Reihe von elektronischen Wellenfunktionen $\psi_i(\boldsymbol{r}, \boldsymbol{R})$ die sowohl von den Elektronenkoordinaten ($\boldsymbol{r}$) als auch von den Koordinaten der Kerne ($\boldsymbol{R}$) abhängen. Die Verwendung der nuklearen Wellenfunktion in der Schrödinger-Gl. liefert eine Reihe von Vibrations-Rotations-Kernwellenfunktionen $\chi_{n(i)}(\boldsymbol{R})$ für jeden elektronischen Zustand. Die Lösungen der Schrödinger-Gl. für den vollen Hamiltonian, der die Bewegungen sowohl der Kerne als auch der Elektronen einschließt, können als eine lineare Kombination von Produkten dieser partiellen Wellenfunktionen geschrieben werden:

$$\Psi(\boldsymbol{r},\boldsymbol{R}) = \sum_i \sum_n a_{i,n} \psi_i(\boldsymbol{r},\boldsymbol{R}) \chi_{n(i)}(\boldsymbol{R}). \tag{4.38}$$

Diese Beschreibung ist am nützlichsten, wenn die doppelte Summe auf der rechten Seite von Gl. (4.38) von einem einzigen Term dominiert wird, da wir dann die vollständige Wellenfunktion als einfaches Produkt einer elektronischen Wellenfunktion und einer Kernwellenfunktion ausdrücken können:

$$\Psi(\boldsymbol{r},\boldsymbol{R}) \approx \psi_i(\boldsymbol{r},\boldsymbol{R}) \chi_{n(i)}(\boldsymbol{R}). \tag{4.39}$$

Dies wird als *Born-Oppenheimer-Näherung* bezeichnet.

Die Born-Oppenheimer-Näherung erweist sich unter einer Vielzahl von Bedingungen als zufriedenstellend. Dies ist von grundlegender Bedeutung in der Molekülspektroskopie, da es uns ermöglicht, Übergänge hauptsächlich als entweder elektronisch, vibrational oder rotational in der Natur zuzuordnen. Darüber hinaus führt es zu ordentlichen Erklärungen, wie elektronische Übergänge von Kernwellenfunktionen und Temperatur abhängen. Eine ausführlichere Diskussion über die Grundlage der Born-Oppenheimer-Näherung und Situationen, in denen sie versagt, finden Sie in [58, 59].

Für ein zweiatomiges Molekül ist der Energie-Term im nuklearen Hamilton ungefähr eine quadratische Funktion der Entfernung zwischen den beiden Kernen, mit einem Minimum bei der mittleren Bindungslänge. Ein solcher Hamiltonian gibt einen Satz von vibrationalen Wellenfunktionen mit gleichmäßigen Energieabständen (Gl. 2.29 und Abb. 2.3). Die Energieniveaus sind $E_n = (n + 1/2)h\nu$, wobei $n = 0, 1, 2, 3 \ldots$, und υ ist die klassische Bindungsvibrationsfrequenz. Eine Kombination von vibrationalen und elektronischen Wellenfunktionen χ_n und ψ_i wird als *vibronischer* Zustand bezeichnet.

Betrachten Sie einen Übergang von einem bestimmten vibronischen Niveau des Grundzustands elektronisch, $\Psi_{a,n} = \psi_a(\boldsymbol{r}, \boldsymbol{R})\chi_n(\boldsymbol{R})$, zu einem vibronischen Niveau eines angeregten Zustands, $\Psi_{b,m} = \psi_b(\boldsymbol{r}, \boldsymbol{R})\chi_m(\boldsymbol{R})$. Der Übergang könnte eine Änderung der Vibrationswellenfunktion von χ_n zu χ_m zusätzlich zur Änderung der elektronischen Wellenfunktion von ψ_a zu ψ_b beinhalten. Wir können das Matrixelement für diesen Prozess analysieren, indem wir den Dipoloperator als Summe von separaten Operatoren für die Elektronen und die Kerne schreiben:

$$\tilde{\mu} = \tilde{\mu}_{el} + \tilde{\mu}_{nuc} = \sum_i e\boldsymbol{r}_i + \sum_j z\boldsymbol{R}_j, \tag{4.40}$$

wo $\boldsymbol{r}_i$ die Position des Elektrons i ist, und $\boldsymbol{R}_j$ und z_j die Position und Ladung des Kerns j sind. Für ein Elektron und einen Kern ist der Übergangdipol dann:

$$\boldsymbol{\mu}_{ba,mn} = \langle\psi_b(\boldsymbol{r},\boldsymbol{R})\chi_m(\boldsymbol{R})|\tilde{\mu}_{el}|\psi_a(\boldsymbol{r},\boldsymbol{R})\chi_n(\boldsymbol{R})\rangle + \langle\psi_b(\boldsymbol{r},\boldsymbol{R})\chi_m(\boldsymbol{R})|\tilde{\mu}_{nuc}|\psi_a(\boldsymbol{r},\boldsymbol{R})\chi_n(\boldsymbol{R})\rangle$$

$$= e\int \chi_m{}^*(\boldsymbol{R})\chi_n(\boldsymbol{R})d\boldsymbol{R}\int \psi_b{}^*(\boldsymbol{r},\boldsymbol{R})\ \ \psi_a(\boldsymbol{r},\boldsymbol{R})\boldsymbol{r}d\boldsymbol{r}$$

$$+\ z\int \chi_m{}^*(\boldsymbol{R})\chi_n(\boldsymbol{R})\boldsymbol{R}d\boldsymbol{R}\int \psi_b{}^*(\boldsymbol{r},\boldsymbol{R})\ \ \psi_a(\boldsymbol{r},\boldsymbol{R})d\boldsymbol{r}. \tag{4.41}$$

Das Integral $\int \psi_b^*(\boldsymbol{r},\boldsymbol{R})\psi_a(\boldsymbol{r},\boldsymbol{R})d\overrightarrow{r}$ auf der rechten Seite von Gl. (4.39) ist gerade $\langle\psi_b\ |\psi_a\rangle$ für einen bestimmten Wert von $\boldsymbol{R}$, der null ist, wenn die elektronischen Wellenfunktionen für alle $\boldsymbol{R}$ orthogonal sind. Daher,

$$\boldsymbol{\mu}_{ba,mn} = \langle\psi_b(\boldsymbol{r},\boldsymbol{R})\chi_m(\boldsymbol{R})|\tilde{\mu}_{el}|\psi_a(\boldsymbol{r},\boldsymbol{R})\chi_n(\boldsymbol{R})\rangle$$

$$= e\int \chi_m{}^*(\boldsymbol{R})\chi_n(\boldsymbol{R})d\boldsymbol{R}\int \psi_b{}^*(\boldsymbol{r},\boldsymbol{R})\ \ \psi_a(\boldsymbol{r},\boldsymbol{R})\boldsymbol{r}d\boldsymbol{r}. \tag{4.42}$$

Das Doppelintegral in Gl. (4.40) kann nicht streng in ein Produkt der Form $e\langle\chi_m(\boldsymbol{R})\ |\chi_n(\boldsymbol{R})\rangle\langle\psi_b(\boldsymbol{r})|\boldsymbol{r}|\psi_a(\boldsymbol{r})\rangle$ zerlegt werden, da die elektronischen Wellenfunktionen von $\boldsymbol{R}$ zusätzlich zu $\boldsymbol{r}$ abhängen. Wir können jedoch schreiben

$$\langle\psi_b(\boldsymbol{r},\boldsymbol{R})\chi_m(\boldsymbol{R})|\tilde{\mu}_{el}|\psi_a(\boldsymbol{r},\boldsymbol{R})\chi_n(\boldsymbol{R})\rangle = \langle\chi_m(\boldsymbol{R})|\chi_n(\boldsymbol{R})\,\rangle\langle\psi_b(\boldsymbol{r},\boldsymbol{R})|\tilde{\mu}_{el}|\psi_a(\boldsymbol{r},\boldsymbol{R})\rangle$$

$$= \langle\chi_m(\boldsymbol{R})|\chi_n(\boldsymbol{R})\boldsymbol{U}_{ba}(\boldsymbol{R})\,\rangle, \tag{4.43}$$

wo $\boldsymbol{U}_{ba}(\boldsymbol{R})$ ein elektronischer Übergangsdipol ist, der eine Funktion von $\boldsymbol{R}$ ist. Wenn $\boldsymbol{U}_{ba}(\boldsymbol{R})$ nicht stark über den Bereich von $\boldsymbol{R}$ variiert, in dem sowohl χ_m als auch χ_n erhebliche Amplituden haben, dann

$$\boldsymbol{\mu}_{ba,mn} \approx \langle\chi_m(\boldsymbol{R})|\chi_n(\boldsymbol{R})\,\rangle\overline{\boldsymbol{U}}_{ba}, \tag{4.44}$$

wo $\overline{\boldsymbol{U}}_{ba}$ ein Durchschnitt von $\boldsymbol{U}_{ba}(\boldsymbol{R})$ über die nuklearen Koordinaten der anfänglichen und schlussendlichen Schwingungszustände bezeichnet. In guter Näherung hängt der gesamte Übergangsdipol $\boldsymbol{\mu}_{ba,\ mn}$ somit vom Produkt eines *Kernüberlappungsintegrals*, $\langle\chi_m\ |\ \chi_n\rangle$, und eines elektronischen Übergangsdipols ($\boldsymbol{\mu}_{ba}$), der über die nuklearen Koordinaten gemittelt ist. Dies wird als *Condon-Näherung* [60] bezeichnet.

Der Beitrag, den ein bestimmter vibronischer Übergang zur Dipolstärke leistet, hängt von $|\boldsymbol{\mu}_{ba,\ mn}|^2$ ab und somit vom Quadrat des Kernüberlappungsintegrals, $|\langle\chi_m|\chi_n\rangle|^2$. Das Quadrat eines solchen Kernüberlappungsintegrals wird als *Franck-Condon-Faktor* bezeichnet. Franck-Condon-Faktoren liefern quantitative quantenmechanische Ausdrücke des klassischen Konzepts, dass Kerne, da sie viel schwerer als Elektronen sind, sich auf der kurzen Zeitskala elektronischer Übergänge [60] nicht signifikant bewegen. Damit ein bestimmter vibronischer Übergang stattfinden kann, muss der Franck-Condon-Faktor ungleich Null sein.

Die verschiedenen vibrationalen Wellenfunktionen für einen gegebenen elektronischen Zustand sind orthogonal zueinander. Wenn also der gleiche Satz von Vibrationswellenfunktionen für den Grund- und angeregten elektronischen Zustand gilt, ist das Kernüberlappungsintegral $\langle\chi_m|\chi_n\rangle = 1$ für $m = n$ und null für $m \neq n$. Wenn das Vibrationspotential harmonisch ist, werden die Energien der erlaubten vibronischen Übergänge ($\Psi_{a,n} \rightarrow \Psi_{b,n}$) für alle n gleich sein und das Absorptionsspektrum wird aus einer einzigen Linie bei der durch den elektronischen Energieunterschied, $E_a - E_b$, festgelegten Frequenz bestehen, wie in Abb. 4.20A gezeigt.

In den meisten Fällen unterscheiden sich die Schwingungs*wellenfunktionen* etwas in den Grund- und angeregten elektronischen Zuständen, weil die Elektronenverteilungen im Molekül unterschiedlich sind. Dies macht $\langle\chi_m|\chi_n\rangle$ ungleich null für $m \neq n$ und kleiner als 1 für $m = n$, was Übergänge zwischen verschiedenen Vibrationsniveaus in Verbindung mit dem elektronischen Übergang ermöglicht. Das Absorptionsspektrum enthält daher Linien bei mehreren Frequenzen, die verschiedenen vibronischen Übergängen entsprechen (Abb. 4.20B). Bei niedrigen Temperaturen werden die meisten Moleküle auf dem niedrigsten Vibrationsniveau des Grundzustands (dem Nullpunktniveau) sein und die Absorptionslinie mit der niedrigsten Energie wird der (0-0) Übergang sein. Bei erhöhten Temperaturen werden höhere Vibrationsniveaus besetzt sein, was zu Absorptionslinien bei Energien unterhalb der 0-0 Übergangsenergie führt.

Ungefähre Franck-Condon-Faktoren für vibronische Übergänge können durch Verwendung der Wellenfunktionen des harmonischen Oszillators (Gl. (2.30) und Abb. 2.3) ermittelt werden. Betrachten Sie die vibronischen Übergänge von Ethylen. Da das HOMO ein bindendes Orbital und das LUMO ein antibindendes ist, ist die Gleichgewichtslänge der C=C-Bindung etwas länger, wenn das Molekül im angeregten Zustand ist als im Grundzustand, aber die Änderung der Bindungsvibrationsfrequenz (υ) ist relativ klein. Die vibrationalen *Energiepotentialfunktionen* für die beiden Zustände haben ungefähr die gleiche Form, sind aber entlang der horizontalen Koordinate (Bindungslänge) verschoben, wie in Abb. 4.20B dargestellt. Es ist praktisch, die Änderung der Bindungslänge ($b_e - b_g$) in Bezug auf die dimensionslose Größe Δ auszudrücken, die durch den Ausdruck definiert wird

$$\Delta = 2\pi \sqrt{m_r v/h}\left(b_e - b_g\right), \tag{4.45}$$

wo m_r die reduzierte Masse der schwingenden Atome ist. Wenn wir die *Kopplungsstärke*

$$S = \frac{1}{2}\Delta^2, \tag{4.46}$$

dann kann der Franck-Condon-Faktor für einen Übergang vom niedrigsten Schwingungsniveau des Grundzustands (χ_0) zum Niveau m des angeregten Zustands (χ_m) wie folgt geschrieben werden:

$$|\langle\chi_m \mid \chi_0\rangle|^2 = \frac{S^m \exp(-S)}{m!}. \tag{4.47}$$

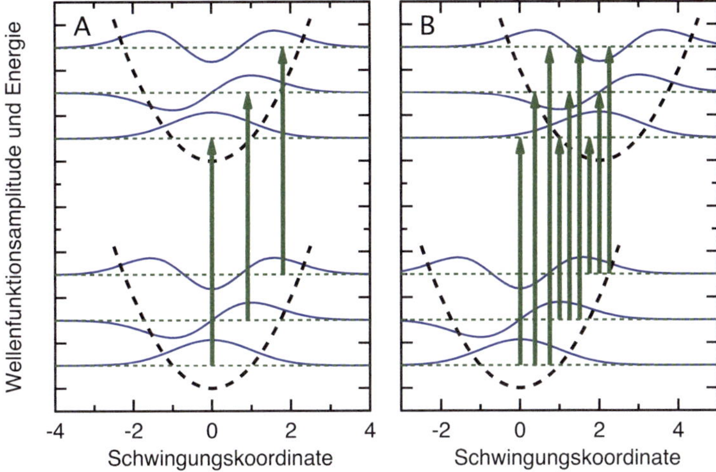

Abb. 4.20 Harmonische Schwingungs-Potenzialenergien *(gestrichelte schwarze Kurven)*, Eigenwerte *(grüne gepunktete Linien)* und Eigenfunktionen *(blaue Kurven)* für Grund- und angeregte elektronische Zustände. Wenn die Potenzialenergieoberflächen im Grund- und angeregten elektronischen Zustand gleich sind (**A**), sind die Franck-Condon-Faktoren nur für vibronische Übergänge zwischen entsprechenden Vibrationsniveaus ungleich null, und diese Übergänge *(vertikale grüne Pfeile)* haben alle die gleiche Energie; das Absorptionsspektrum besteht aus einer einzigen Linie bei dieser Energie. Wenn das Minimum der Potenzialenergieoberfläche im angeregten Zustand entlang der Kernkoordinate verschoben ist, wie in **B**, sind Franck-Condon-Faktoren für mehrere vibronische Übergänge ungleich null und das Spektrum enthält Linien bei mehreren Energien

Entsprechende Ausdrücke können für die Franck-Condon-Faktoren für Übergänge abgeleitet werden, die in höheren Schwingungsniveaus des Grundzustands beginnen (Kasten 4.12). Die Kopplungsstärke Stärke S wird manchmal als *Huang-Rhys-Faktor* bezeichnet.

Kasten 4.12 Rekursionsformeln für Vibrationsüberlappungsintegrale
Überlappungsintegrale für harmonische Oszillator Wellenfunktionen können mit Rekursionsformeln berechnet werden, die von Manneback [61] abgeleitet wurden. Manneback behandelte den allgemeinen Fall, dass die beiden vibrationalen Zustände unterschiedliche Schwingungsfrequenzen zusätzlich zu einer Verschiebung haben. Hier geben wir nur die Ergebnisse an, wenn die Frequenzen gleich sind. Lassen Sie die dimensionslose Verschiebung der Wellenfunktion χ_m in Bezug auf $\chi_n \Delta$ sein und definieren Sie den *Huang-Rhys-Faktor* oder *Kopplungsstärke*, S, als $\Delta^2/2$. Das Überlappungsintegral für die beiden Nullpunktwellenfunktionen ist dann:

$$\langle \chi_0 \mid \chi_0 \rangle = \exp(-S/2). \qquad \text{(B4.12.1)}$$

Beachten Sie, dass die Schwingungswellenfunktionen in den Bra- und Ket-Teilen dieses Ausdrucks implizit verschiedenen elektronischen Zuständen zugeordnet sind. Wir haben die Indizes a und b für die elektronischen Zustände weggelassen, um die Notation zu vereinfachen.

Überlappungsintegrale für andere Kombinationen von Schwingungsniveaus können aus $\langle\chi_0|\chi_0\rangle$ durch die Rekursionsformeln gebildet werden:

$$\langle\chi_{m+1} \mid \chi_n\rangle = (m+1)^{-1/2}\left\{n^{1/2}\langle\chi_m \mid \chi_{n-1}\rangle - S^{1/2}\langle\chi_m \mid \chi_n\rangle\right\} \quad \text{(B4.12.2a)}$$

und

$$\langle\chi_m \mid \chi_{n+1}\rangle = (n+1)^{-1/2}\left\{m^{1/2}\langle\chi_{m-1} \mid \chi_n\rangle + S^{1/2}\langle\chi_m \mid \chi_n\rangle\right\}, \quad \text{(B4.12.2b)}$$

mit $\langle\chi_m|\chi_{-1}\rangle = \langle\chi_{-1}|\chi_m\rangle = 0$. Für die Überlappung des niedrigsten Schwingungsniveaus des Grundzustands mit Niveau m des angeregten Zustands geben diese Formeln

$$\langle\chi_m \mid \chi_0\rangle = \exp(-S/2)(-1)^m S^{m/2}/(m!)^{1/2}. \quad \text{(B4.12.3)}$$

Die Franck-Condon-Faktoren sind die Quadrate der Überlappungsintegrale:

$$|\langle\chi_m \mid \chi_0\rangle|^2 = \exp(-S)S^m/m!. \quad \text{(B4.12.4)}$$

Borrelli und Peluso haben eine allgemeinere Behandlung von Frank-Condon-Faktoren beschrieben, die Änderungen in der Schwingungsfrequenz und andere Effekte berücksichtigt [62–64].

Abb. 4.21 zeigt, wie sich die Franck-Condon-Faktoren für Übergänge vom niedrigsten vibrationalen Niveau des Grundzustands (χ_0) zu verschiedenen Niveaus des angeregten Zustands als Funktion von Δ gemäß Gl. (4.47) ändern. Wenn $\Delta = 0$, ist nur $|\langle\chi_0 \mid \chi_0\rangle|^2$ ungleich Null. Wenn $|\Delta|$ zunimmt, schrumpft $|\langle\chi_0 \mid \chi_0\rangle|^2$, und die Franck-Condon-Faktoren für höherenergetische vibronische Übergänge wachsen, wobei die Summe aller Franck-Condon-Faktoren konstant bei 1,0 bleibt. Wenn $|\Delta| > 1$, erreicht das Absorptionsspektrum ein Maximum bei einer Energie, die ungefähr $Sh\nu$ über der 0-0-Energie liegt.

Wie wir in Kap. 6 diskutieren werden, hat ein nichtlineares Molekül mit N Atomen $3N - 6$ vibrationale Modi, die jeweils Bewegungen von mindestens zwei und manchmal vielen Atomen beinhalten. Die gesamte Vibrationswellenfunktion kann als Produkt der Wellenfunktionen für diese einzelnen Moden geschrieben werden, und der gesamte Franck-Condon-Faktor für einen gegebenen vibronischen Übergang ist das Produkt der Franck-Condon-Faktoren für alle Modi. Wenn das Molekül in einen angeregten elektronischen Zustand gehoben wird, werden einige

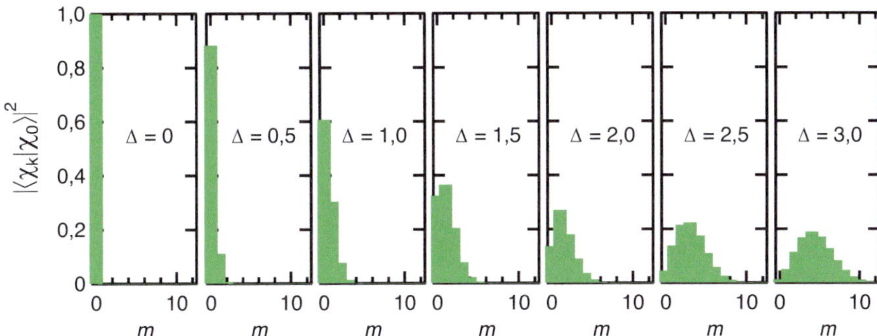

Abb. 4.21 Franck-Condon-Faktoren *(grüne vertikale Balken)* für vibronische Übergänge vom niedrigsten Schwingungsniveau ($n = 0$) eines elektronischen Grundzustands zu verschiedenen Vibrationsniveaus eines angeregten elektronischen Zustands, als Funktionen der dimensionslosen Verschiebung (Δ), für ein System mit einem einzigen, harmonischen Vibrationsmodus. Die Abszisse in jedem Kasten ist die Vibrationsquantenzahl (m) des angeregten Zustands

seiner Schwingungsmoden beeinflusst, andere jedoch möglicherweise nicht. Der Kopplungs-Faktor (S) liefert ein Maß für diese Effekte. Schwingungsmoden, für die S groß ist, sind stark *gekoppelt* an die Anregung, und Leitern von Linien, die vibronischen Übergängen jedes dieser Modi entsprechen, werden im Absorptionsspektrum am prominentesten hervortreten.

Im Grundzustand sind Moleküle je nach den Energien dieser Zustände auf die verschiedenen vibrationalen Zustände verteilt. Im thermischen Gleichgewicht wird die relative Population des Niveaus n_k des Vibrationsmodus k durch den Boltzmann-Ausdruck (Gl. B2.6.3) gegeben:

$$B_k = \frac{1}{Z_k} \exp(-n_k h\upsilon_k / k_B T), \tag{4.48}$$

wo k_B die Boltzmann-Konstante, T die Temperatur und Z_k die vibrationale Partitionsfunktion für den Modus ist:

$$Z_k = \sum_{n=0}^{\infty} \exp(-n_k h\upsilon_k / k_B T) = \left[1 - \exp(-h\upsilon_k / k_B T)\right]^{-1}. \tag{4.49}$$

Die Absorptionsstärke bei einer gegebenen Frequenz hängt von der Summe der Boltzmann-gewichteten Franck-Condon-Faktoren für alle vibronischen Übergänge ab, bei denen die Änderung der Gesamtenergie (elektronisch plus vibrational) mit der Photonenergie $h\upsilon$ übereinstimmt (Kasten 4.13).

Kasten 4.13 Thermisch gewichtete Franck-Condon-Faktoren

Vibronische räumliche Wellenfunktionen für den Grund- und angeregten Zustand eines Moleküls mit N harmonischen Schwingungsmoden können als Produkte von Wellenfunktionen der einzelnen Moden geschrieben werden:

$$\Psi_a = \psi_a \prod_{k=1}^{N} \chi_{k,n_k}^{a} \text{ and } \Psi_b = \psi_b \prod_{k=1}^{N} \chi_{k,m_k}^{b}, \tag{B4.13.1}$$

wo ψ_a und $\psi_b$elektronische Wellenfunktionen sind und χ_{k,n_k}^{a} bezeichnet die n_k^{th} Schwingungswellenfunktion des Modus k im elektronischen Zustand a. Wenn die Schwingungsfrequenzen (υ_k) sich nicht signifikant ändern, wenn das Molekül angeregt wird, kann die Absorptionsstärke bei Frequenz ν und Temperatur T mit einer Summe von gewichteten Franck-Condon-Faktoren in Beziehung gesetzt werden:

$$W(\nu,T) = \frac{1}{Z}\sum_{\boldsymbol{n}} \exp\left(-E_{a,\boldsymbol{n}}^{vib}/k_B T\right) \times \left\{\sum_{\boldsymbol{m}} \delta\left(h\nu - E_{\boldsymbol{m},\boldsymbol{n}}\right) \prod_{k=1}^{N} \left|\left\langle \chi_{k,m_k}^{b} \middle| \chi_{k,n_k}^{a} \right\rangle\right|^2 \right\}. \tag{B4.13.2}$$

Hier bezeichnen die fettgedruckten Indizes $\boldsymbol{m}$ und $\boldsymbol{n}$ vektorielle Darstellungen der Schwingungsniveaus aller Modi in den beiden elektronischen Zuständen: $\boldsymbol{m} = (m_1, m_2, \ldots, m_N)$ und $\boldsymbol{n} = (n_1, n_2, \ldots, n_N)$. Die anderen Begriffe sind wie folgt definiert:

$$E_{a,\boldsymbol{n}}^{vib} = \sum_{k=1}^{N} (n_k + 1/2)\ h\upsilon_k, \tag{B4.13.3a}$$

$$E_{b,\boldsymbol{m}}^{vib} = \sum_{k=1}^{N} (m_k + 1/2)\ h\upsilon_k, \tag{B4.13.3b}$$

$$E_{\boldsymbol{m},\boldsymbol{n}} = \left(E_b^{elec} + E_{b,\boldsymbol{m}}^{vib}\right) - \left(E_a^{elec} + E_{a,\boldsymbol{n}}^{vib}\right), \tag{B4.13.3c}$$

$$Z = \sum_{\boldsymbol{n}} \exp\left(-E_{a,\boldsymbol{n}}^{vib}/k_B T\right) \tag{B4.13.4a}$$

$$= \prod_{k} Z_k = \prod_{k} \left[1 - \exp(-h\upsilon_k/k_B T)\right]^{-1}, \tag{B4.13.4b}$$

und E_a^{elec} und E_b^{elec} sind die elektronischen Energien der beiden Zustände. Die Kronecker-Delta-Funktion $\delta(h\nu - E_{mn})$ ist 1, wenn die Anregungsenergie $h\nu$ gleich der Gesamtenergie Differenz gegeben durch Gl. (B4.13.3c) ist, und sonst null. In der Condon Näherung hängt die Absorptionsstärke bei Frequenz ν von $W(\nu, T)|\boldsymbol{\mu}_{ba}|^2$ ab, wo $\boldsymbol{\mu}_{ba}$ der elektronische Übergangsdipol gemittelt über die Kernkoordinaten wie in Gl. (4.44) ist.

Die Summe über $\mathbf{n}$ in Gl. (B4.13.2) läuft über alle möglichen Schwingungsniveaus des Grundzustands. Ein gegebenes Niveau repräsentiert eine bestimmte Verteilung der Energie unter den N Schwingungsmoden, und ihre Vibrationsenergie $\left(E_{a,\mathbf{n}}^{vib}\right)$ ist die Summe der Schwingungsenergien aller Modi (Gl. (B4.13.3a)). Jedes Niveau wird durch den Boltzmann-Faktor $\exp\left(-E_{a,\mathbf{n}}^{vib}/k_B T\right)/Z$, gewichtet, wobei Z die vollständige Vibrations-Zustandssumme für den Grundzustand ist. Die Vibrations-Zustandssumme für ein System mit mehreren Vibrationsmodi ist das Produkt der Zustandssumme aller einzelnen Modi (Z_k in Gl. (B4.14.4b)), wie Sie sehen können, wenn Sie die Summe in (Gl. (B4.13.4a)) für ein System mit zwei oder drei Modi ausdrücken. Die Summe über $\mathbf{m}$ in Gl. (B4.13.2) berücksichtigt alle möglichen Vibrationsniveaus des angeregten Zustands, aber die Delta-Funktion bewahrt nur diejenigen , für die $E_{\mathbf{mn}} = h\nu$. Wenn eine Ebene diese Resonanzbedingung erfüllt, ist der Franck-Condon-Faktor für den entsprechenden vibronischen Übergang das Produkt der Franck-Condon-Faktoren für alle einzelnen Vibrationsmodi.

Die Funktion $W(\nu, T)$ definiert durch Gl. (B4.13.2) gibt eine Reihe von Linien bei Frequenzen ($\nu_{\mathbf{mn}}$) an, wo $h\nu = E_{\mathbf{mn}}$. Wie wir unten und in den Kapiteln 10 und 11 diskutieren, hat jede dieser Absorptionslinien typischerweise eine Lorentz- oder Gauß-Form mit einer Breite, die von der Lebensdauer des angeregten vibronischen Zustands abhängt. Um diesen Effekt zu berücksichtigen, kann die Delta-Funktion in Gl. (B4.13.2) durch eine Linienformfunktion $w_{\mathbf{mn}}(\nu - \nu_{\mathbf{mn}})$ für jede Kombination von $\mathbf{m}$ und $\mathbf{n}$ Vektoren, die die Resonanzbedingung erfüllen, ersetzt werden.

Bei niedrigen Temperaturen sind Moleküle im elektronischen Grundzustand hauptsächlich auf die Nullpunktniveaus ihrer Vibrationsmodi beschränkt. Das Spektrum, das durch Gl. (B4.13.2) beschrieben wird, vereinfacht sich dann zu

$$W(\nu, T = 0) = \sum_{k=1}^{N} \sum_{\mathbf{m}} \delta\left(h\nu - E_{\mathbf{m},\mathbf{0}}\right) \prod_{k=1}^{N} \left| \left\langle \chi_{k,m_k}^{b} \middle| \chi_{k,0}^{a} \right\rangle \right|^2 . \qquad \text{(B4.13.5)}$$

Indem wir die Franck-Condon-Faktoren ausdrücken und die Linienformfunktionen $w_{\mathbf{m},\mathbf{0}}(\nu - \nu_{\mathbf{m0}})$ einführen, können wir diesen Ausdruck in die Form umwandeln

$$W(\nu, T = 0) = \exp(-S_t) \sum_{k=1}^{N} \sum_{m=0}^{\infty} \left((S_k)^m/m!\right) w_{\mathbf{m},\mathbf{0}}, \qquad \text{(B4.13.6)}$$

wo S_k der Huang-Rhys-Faktor (Kopplungsstärke) für den Modus k und S_t die Summe der Huang-Rhys-Faktoren für alle Modi ist, die an den elektronischen Übergang gekoppelt sind.

Moleküle, die sich in höheren Schwingungsebenen im elektronischen Grundzustand befinden, tragen zur roten (niedrigere Energie) Seite der *Absorptionsbande* bei. Die meisten Absorptionsbanden verschieben sich daher mit der Temperatur in Richtung Rot, da die Populationen dieser Ebenen wachsen. Eine Vermischung mit Ladungstransferübergängen kann jedoch dazu führen, dass sich ein Band in die entgegengesetzte Richtung mit der Temperatur verschiebt. Dies wird in Kap. 8 diskutiert.

Die vorstehenden Ausdrücke berücksichtigen nur das homogene Spektrum eines Systems, in dem alle Moleküle identische Werte von E_a^{elec} und E_b^{elec} haben. In einem inhomogenen System haben die Moleküle eine Verteilung von elektronischen Energieunterschieden und das Spektrum ist eine Faltung dieser *Ortsverteilungsfunktion* mit den Gl. (B4.13.2) oder (B4.13.6). Für eine weitere Diskussion der Franck-Condon-Faktoren, Linienformfunktionen und Ortsverteilungsfunktionen für Bakteriochlorophyll-*a* und verwandte Moleküle siehe [65, 66].

Da die Eigenfunktionen des harmonischen Oszillators ein vollständiges Set bilden, müssen die Franck-Condon-Faktoren für die Anregung von einer gegebenen Vibrationsstufe des Grundelektronenzustands zu allen Vibrationsstufen eines angeregten Elektronenzustands auf 1 summieren. $|\langle\chi_0|\chi_0\rangle|^2$ gibt daher das Verhältnis der Stärke des 0-0 Übergangs zur Gesamtdipolstärke an. Dieses Verhältnis wird als *Debye-Waller-Faktor* bezeichnet. Aus Gl. (4.47) ergibt sich, dass der Debye-Waller-Faktor $\exp(-S/2)$ ist.

Die Analyse der Franck-Condon-Faktoren, die in den Kasten 4.12 und 4.13 beschrieben wird, geht davon aus, dass des Chromophor's Schwingungsmoden im angeregten und im Grundzustand im Wesentlichen gleich sind und sich nur in der Lage des Energieminimums auf der Vibrationskoordinate und einer möglichen Verschiebung der Vibrationsfrequenz unterscheiden. Abweichungen von dieser Annahme werden als *Duschinsky-Effekte* bezeichnet. Sie können in einigen Fällen behandelt werden, indem die Vibrationsmodi für einen Zustand als lineare Kombination derjenigen für den anderen dargestellt werden [67–69].

Die Breite einer Absorptionsbande für einen einzelnen vibronischen Übergang hängt davon ab, wie lange das angeregte Molekül in dem durch die Anregung erzeugten Zustand verbleibt. Nach Gl. (2.70) sollte das Spektrum für die Anregung zu einem Zustand, der exponentiell mit der Zeit zerfällt, eine Lorentz-Funktion der Frequenz sein. Je kürzer die Lebensdauer des angeregten Zustands, desto breiter ist die Lorentz-Funktion (Abb. 2.12). Eine Vielzahl von Prozessen kann dazu führen, dass ein angeregtes Molekül sich mit der Zeit verändert und damit die Absorptionslinie verbreitert. Das Molekül könnte beispielsweise zu einem anderen

Schwingungszustand zerfallen, indem es Energie unter seiner internen Vibrationsmodi umverteilt oder an die Umgebung abgibt. Moleküle in höheren Vibrationsniveaus haben eine größere Anzahl von möglichen Relaxationspfaden, die thermodynamisch günstig sind und sich daher schneller entspannen als Moleküle in niedrigeren Niveaus. Darüber hinaus werden die Energien der einzelnen Moleküle in einer Probe aufgrund von zufälligen Wechselwirkungen mit der Umgebung schwanken. Diese Schwankungen führen dazu, dass die zeitabhängigen Teile der Wellenfunktionen der Moleküle aus der Phase geraten, ein Prozess, der als *reines Dephasieren* bezeichnet wird. In Kap. 10 werden wir sehen, dass die zusammengesetzte Zeitkonstante (T_2), die die Breite einer Lorentz'schen vibronischen Absorptionsbande bestimmt, sowohl von der t Zeitkonstante Konstante für echte Zerfallsprozesse (T_1) als auch von der Zeitkonstante für reines Dephasieren (T_2^*) abhängt. Die Breite der Lorentz-Funktion bei halbmaximaler Amplitude ist $\hbar/T_2$.

Wenn T_2 lang ist, wie es bei Molekülen in der Gasphase und bei einigen Molekülen, die auf niedrige Temperaturen in inerten Matrizen gekühlt sind, der Fall sein kann, kann die Absorptionslinie sehr scharf sein. Die Breite einer solchen Absorptionslinie für ein einzelnes Molekül in einer konstanten Umgebung oder eine Gruppe identischer Moleküle mit den gleichen Solvatisierungsenergien wird als *homogene* Linienbreite bezeichnet. Eine Absorptionsbande, die Moleküle darstellt, die auf verschiedene Weise mit ihrer Umgebung interagieren, wird als *inhomogen verbreitert* bezeichnet und ihre Breite wird als *inhomogene* Linienbreite bezeichnet. Das Spektrum, das von einer Familie von Lorentzian mit einer Gaußschen Verteilung von Übergangsenergien erzeugt wird, wird als *Voigt-Spektrum* bezeichnet.

4.12 Spektroskopisches Lochbrennen

Die homogenen Absorptionslinien, die einem inhomogenen Spektrum zugrunde liegen, können experimentell durch spektroskopisches *Lochbrennen* bei niedrigen Temperaturen [70–72] untersucht werden. Bei der *photochemischen* Lochbrennung entwickelt sich das angeregte Molekül in einen Triplett-Zustand oder wird photochemisch in ein anderes langlebiges Produkt umgewandelt, wodurch ein Loch im Absorptionsspektrum bei der Frequenz der ursprünglichen Anregung entsteht. Bei der *nicht-photochemischen* Lochbrennung zerfällt das angeregte Molekül zurück in den ursprünglichen Grundzustand mit Umwandlung der Anregungsenergie in Wärme. Die freigesetzte thermische Energie verursacht Umordnungen in der unmittelbaren Umgebung des Moleküls, verschiebt das Absorptionsspektrum und hinterlässt erneut ein Loch bei der Anregungsfrequenz.

Bei Raumtemperatur werden nicht-photochemische spektrale Löcher in der Regel schnell durch Fluktuationen der Umgebung im Pikosekunden-Zeitbereich gefüllt. Dieser Prozess, der als *spektrale Diffusion* bezeichnet wird, kann mit Pikosekunden-Pump-Probe-Techniken untersucht werden. Bei Temperaturen unter 4 K können nicht-photochemische spektrale Löcher fast unbegrenzt bestehen bleiben und können mit einem herkömmlichen Spektrophotometer gemessen werden. Die Form des Lochs hängt von der Lebensdauer des angeregten Zustands und der Kopplung der elektronischen Anregung an vibronische Modi des Lösungsmittels ab, die beide wiederum von der Anregungswellenlänge abhängen. Eine Anregung am weit roten Rand des Absorptionsbands bevölkert hauptsächlich das niedrigste vibronische Niveau des angeregten Zustands, das eine relativ lange Lebensdauer hat, und das resultierende *Zero-Phonon-Loch* ist entsprechend scharf (Abb. 4.22A). Das Zero-Phonon Loch wird typischerweise von einem oder mehreren *Phonon-Seitenbanden* begleitet, die die vibronische Anregung des Lösungsmittels in Verbindung mit der elektronischen Anregung des Chromophors widerspiegeln. Die Seitenbanden sind breiter als das Zero-Phonon Loch, weil die angeregten Lösungsmittelmoleküle schnell durch Übertragung der überschüssigen vibronischen Energie auf die Umgebung relaxieren. Darüber hinaus repräsentieren die Phonon-Seitenbanden manchmal eine Vielzahl von vibronischen Modi oder ein Quasi-Kontinuum von eng beieinander liegenden vibronischen Zuständen. Eine Anregung auf der blauen Seite des Absorptionsbands bevölkert höhere Energie vibronische Niveaus sowohl des Chromophors als auch des Lösungsmittels, die in der Regel schnell zerfallen und ein breites, unstrukturiertes Loch ergeben (Abb. 4.22B).

Studien an Antennenkomplexen aus photosynthetischen Bakterien von Small und Mitarbeitern [73–75] liefern eine gute Veranschaulichung von nicht-photo-

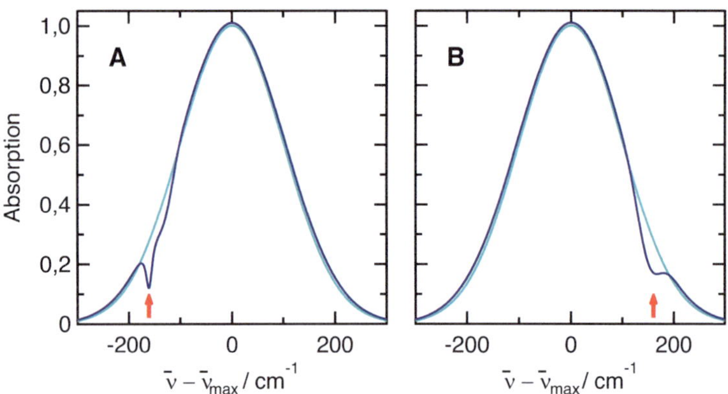

Abb. 4.22 Nicht-photochemisches Lochbrennen. Ein inhomogenes Absorptionsspektrum *(cyanfarbene Kurve)* ist in der Regel eine Hülle von Spektren für Chromophore in vielen verschiedenen lokalen Umgebungen. Wenn eine inhomogene Probe mit Licht bestrahlt wird, das eine schmale Bandbreite von Frequenzen abdeckt *(vertikaler roter Pfeil)*, können die Spektren von Molekülen, die hier absorbieren, auf höhere oder niedrigere Frequenzen verschoben werden, wodurch ein Loch im inhomogenen Spektrum entsteht *(blaue Kurve)*. Wenn die Probe auf der roten (niedrigenergetischen) Seite des Absorptionsbands angeregt wird, besteht das Loch oft aus einem scharfen Zero-Phonon Loch mit einem oder mehreren breiten Phonon-Seitenbanden bei etwas höheren Energien (**A**). Die Breite des Zero-Phonon Lochs liefert Informationen über die Lebensdauer des angeregten elektronischen Zustands, während die Phonon-Seitenbanden über Lösungsmittelvibrationen berichten, die an die elektronische Anregung gekoppelt sind. Eine Anregung auf der blauen Seite des Absorptionsbands ergibt in der Regel ein breiteres, unstrukturiertes Loch (**B**)

chemischem Lochbrennen. Diese Komplexe haben mehrere elektronisch angeregte elektronischen Zustände, die energetisch eng beieinander liegen. Anregung am langwelligen Rand der Hauptabsorptionsbande bevölkert hauptsächlich das niedrigste vibronische Niveau des niedrigsten angeregten elektronischen Zustands, der mit einer Zeitkonstante von etwa 10 ps zerfällt. Löcher, die in diesem Bereich des Spektrums gebrannt werden, haben entsprechend schmale Breiten von etwa 3 cm^{-1}. Anregung bei kürzeren Wellenlängen bevölkert höhere angeregte elektronische Zustände, die offensichtlich in 0,01 bis 0,1 ps auf den niedrigsten Zustand zerfallen. Löcher, die nahe der Mitte der Absorptionsbande gebrannt werden, haben daher Breiten von etwa 200 cm^{-1}.

In ähnlichen Studien an photosynthetischen Reaktionszentren wurde die Breite des zero-Phonon Lochs für das reaktive Bakteriochlorophyll Dimer mit der Zeitkonstante für den Elektronentransfer zu einem benachbarten Molekül in Beziehung gesetzt [65, 76, 77]. Abb. 4.23 zeigt ein typisches Lochspektrum (die Differenz zwischen Absorptionsspektren gemessen mit dem Anregungslaser ein- und ausgeschaltet) für eine Probe von Reaktionszentren, die mit 10.912 cm^{-1} bei 5 K angeregt wurde. Die Löcher in diesem Experiment resultierten aus der photochemischen Elektronentransferreaktion gefolgt von der Umwandlung des

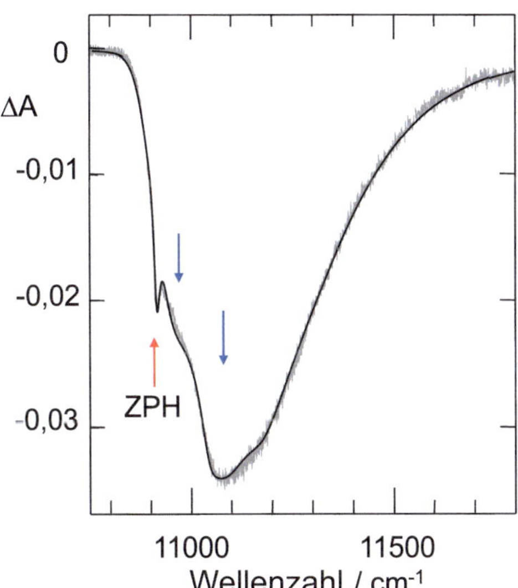

Abb. 4.23 Das Spektrum eines photochemischen Lochs, das in die langwellige Absorptionsbande einer Probe von photosynthetischen bakteriellen Reaktionszentren bei 5 K gebrannt wurde [77]. Die *graue Kurve* ist die Differenz zwischen Absorptionsspektren, die mit dem Anregungslaser ein- und ausgeschaltet gemessen wurden. Die Anregungsfrequenz betrug 10.912 cm^{-1}. Beachten Sie das scharfe Zero-Phonon Loch (ZPH, *roter Pfeil nach oben*) bei 10.980 cm^{-1}. Die *blauen Pfeile nach unten* zeigen die Zentren von zwei diskreten vibronischen (Phonon) Banden, die mit dem Null-Phonon-Übergang verbunden sind. Die *glatte schwarze Kurve* ist ein theoretisches Spektrum des Lochs, das wie im Text beschrieben berechnet wurde

Bakteriochlorophyll Dimers in einen angeregten Triplettzustand. Sie werden durch starke vibronische Kopplung zu Bewegungen des Proteins, das die Bakteriochlorophylle umgibt, verbreitert. Die durch Brennen am roten Rand des Spektrums erzeugten Löcher zeigen eine Zero-Phonon-Linie mit einer Breite von etwa 6 cm^{-1}, was einer Elektronentransfer-Zeitkonstante von etwa 1 ps entspricht. Sie haben auch mehrere diskrete Phonon-Seitenbanden, die zwei charakteristischen vibronischen Moden zugeordnet werden können. Im in Abb. 4.23 gezeigten Spektrum liegt das Null-Phonon Loch bei 10.980 cm^{-1}, und die prominenten vibronischen Moden haben Frequenzen von etwa 30 und 130 cm^{-1}. Sowohl das Lochspektrum als auch das ursprüngliche Absorptionsspektrum können gut mit Gl. (B4.13.6) angepasst werden, die diese beiden vibronischen Moden, eine Gaußsche Verteilung von Null-Phonon-Übergangsenergien und relativ einfache Lorentz- und Gauß-Funktionen für die Formen der Null-, Ein- und Zwei-Phonon-Absorptionslinien verwendet [65, 66, 77].

Jede der homogenen Linien in einem vibronischen Absorptionsspektrum besteht aus einer Familie von Übergängen zwischen verschiedenen Rotationszuständen des Moleküls. Die Rotationsfeinstruktur im Spektrum kann für kleine Moleküle in der Gasphase gesehen werden, aber die Rotationslinien für große Moleküle liegen zu eng beieinander, um aufgelöst zu werden.

4.13 Auswirkungen der Umgebung auf molekulare Übergangsenergien

Wechselwirkungen mit der Umgebung können die Energie einer Absorptionsbande entweder zu höheren oder niedrigeren Energien verschieben, abhängig von der Natur des Chromophors und des Lösungsmittels. Solche Verschiebungen werden als *solvatochrome Effekte* bezeichnet. Betrachten Sie zum Beispiel einen n-π^* Übergang, bei dem ein Elektron von einem nichtbindenden Orbital eines Sauerstoffatoms zu einem antibindenden Molekülorbital, das zwischen O und C Atomen verteilt ist (Abschn. 9.1), angeregt wird. Im Grundzustand können Elektronen im nichtbindenden Orbital durch Wasserstoffbrückenbildung oder dielektrische Effekte des Lösungsmittels stabilisiert werden. Im angeregten Zustand werden diese günstigen Wechselwirkungen gestört. Obwohl sich Lösungsmittelmoleküle tendenziell neu orientieren, um auf die neue Verteilung der Elektronen im Chromophor zu reagieren, ist diese Neuausrichtung zu langsam, um während der Anregung selbst aufzutreten. Ein n-π^* Übergang verschiebt sich daher in stärker polaren oder H-bindenden Lösungsmitteln zu höheren Energien im Vergleich zu weniger polaren Lösungsmitteln. Eine Verschiebung einer Absorptionsbande in diese Richtung wird als *hypsochrom* oder *Blauverschiebung* oder *negativer* solvatochromer Effekt bezeichnet. Die Energien von π-π^* Übergängen sind weniger empfindlich gegenüber der Polarität des Lösungsmittels, hängen aber immer noch von der Hochfrequenzpolarisierbarkeit des Lösungsmittels ab, die wir in Kap. 3 quadratisch mit dem Brechungsindex verglichen haben. Eine Erhöhung des Brechungsindex verringert in der Regel die Übergangs-Energie eines π-π^* Übergangs, was zu einer *bathochromen* oder *Rotverschiebung* der Absorptionsbande führt. Dies ist ein *positiver* solvatochromer Effekt. Die Begriffe „blau“ und „rot“ werden in diesem Zusammenhang oft verwendet, ohne Rücksicht auf die Position der Absorptionsbande im Verhältnis zum Spektrum des sichtbaren Lichts. Zum Beispiel wird eine Verschiebung einer IR-Bande zu niedrigeren Energien allgemein als Rotverschiebung bezeichnet, obwohl die Bande sich von dem Bereich des sichtbaren Spektrums entfernt, den wir als rot wahrnehmen.

Solvatochrome Effekte wurden verwendet, um Skalen zur Bewertung der effektiven Polaritäten von Lösungsmitteln und mikroheterogenen Systemen zu erstellen [78–84]. Die erste solche Skala, vorgeschlagen von E. M. Kosower im Jahr 1958 [78], verwendete 1-Ethyl-4-(methoxycarbonyl)pyridiniumiodid (Abb. 4.24A) als Chromophor. Dieses Molekül hat im Grundzustand ein Dipolmoment von etwa 14 Debyes. Die Anregung führt zur Übertragung von Elektronendichte vom Iodidion auf den Pyridiniumring, wodurch das Dipolmoment um etwa 5 D abnimmt. Das Absorptionsspektrum verschiebt sich daher in polaren Lösungsmitteln zum Blau. Das Zwitterionenmolekül 4-(2,4,6-Triphenyl-1-pyridinio)-2,6-diphenylphenolat (Abb. 4.24B), das auch als *Betain-30* oder *Reichardts Farbstoff* nach seinem Erfinder [79–81] bezeichnet wird, weist den bekanntesten negativen solvatochromen Effekt auf. Die Übertragung von Elektronendichte vom Phenolat auf den Pyridiniumring im angeregten Zustand verringert das Dipolmoment um etwa 7 D [85] und verschiebt das Absorptionsmaximum von 810 nm in Diphenylether auf 453

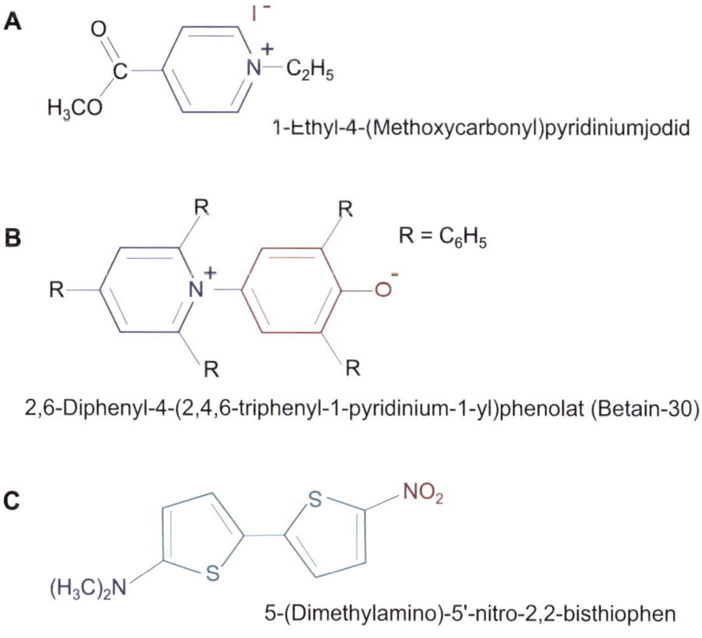

Abb. 4.24 Drei Moleküle mit großen solvatochromen Effekten

nm in Wasser. Das Molekül mit dem stärksten bekannten positiven solvatochromen Effekt ist 5-(Dimethylamino)-5'-Nitro-2,2-Bisthiophen (Abb. 4.24C), dessen Dipolmoment bei Anregung erheblich zunimmt [82]. Sein Absorptionsmaximum verschiebt sich von 466 nm in Hexan auf 577 nm in wässrigem Formamid.

Die visuellen Pigmente liefern eindrucksvolle Beispiele dafür, wie geringfügige Änderungen in der Proteinstruktur das Absorptionsspektrum eines gebundenen Chromophors verschieben können. Wie bei vielen anderen Wirbeltieren enthält die menschliche Netzhaut drei Arten von Zapfenzellen, deren Pigmente (Zapfen-Opsine) in verschiedenen Bereichen des sichtbaren Spektrums absorbieren. Das Zapfen-Opsin aus menschlichen „blauen" Zapfen absorbiert maximal nahe 414 nm, während die „grünen" und „roten" Zapfen Absorptionsmaxima nahe 530 und 560 nm haben (Abb. 4.25). Die visuellen Pigmente aus anderen Organismen haben Absorptionsmaxima im Bereich von 355 bis 575 nm. Greifvögel wie Falken verwenden ein ultraviolett-empfindliches Pigment, um Spuren von Urin zu verfolgen, die von den Nagetieren, die sie jagen, hinterlassen wurden. Dennoch ähneln all diese Pigmente dem Rhodopsin, dem Pigment aus retinalen Stäbchenzellen, da sie eine protonierte Schiff-Base von 11-*cis*-Retinal enthalten. (Die Chromophore in einigen anderen Organismen basieren auf Retinal A_2, das eine konjugierte Doppelbindung mehr hat als Retinal A_1 und das Absorptionsmaximum bis zu 620 nm in den roten Bereich verschieben kann.) Die Proteine aus Wirbeltierstäbchen und -zapfen haben homologe Aminosäuresequenzen und haben wahrscheinlich, obwohl derzeit nur eine Kristallstruktur für Rinder-Rhodopsin verfügbar ist [86], sehr ähnliche dreidimensionale Strukturen [87, 88]. Wenn die Proteine durch Säure denaturiert werden, verschieben sich alle Absorptionsbanden in den Bereich von 440 nm und ähneln dem Spektrum der protonierten Schiff-Base von 11-*cis*-Retinal in Methanol. Resonanz-Raman-Messungen haben gezeigt, dass sich die Schwingungsstruktur des Chromophors unter den verschiedenen Proteinen nicht stark ändert, was darauf hindeutet, dass die spektralen Verschiebungen

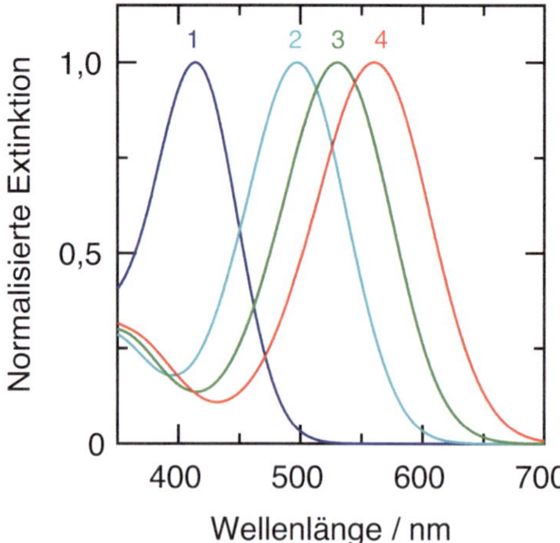

Abb. 4.25 Normalisierte Absorptionsspektren von Rhodopsin aus menschlichen retinalen Stäbchenzellen (*Zyan-Kurve* 2), und Zapfen-Opsine aus menschlichen „blauen" (*Kurve* 1), „grünen" (*Kurve* 3) und „roten" (*Kurve* 4) Zapfenzellen. Die Spektren sind gezeichnet wie von Stavenga *et al.* beschrieben [185]

wahrscheinlich hauptsächlich auf elektrostatische Wechselwirkungen mit dem umgebenden Protein zurückzuführen sind und nicht auf Änderungen in der Konformation des Chromophors [89, 90]. Studien an Proteinen, die konformationell eingeschränkte Analoga von 11-*cis*-Retinal enthalten, haben diese Ansicht ebenfalls unterstützt [91, 92].

Korrelationen der Absorptionsspektren mit den Aminosäuresequenzen der Proteine aus einer Vielzahl von Organismen, zusammen mit Studien über die Auswirkungen von ortsgerichteten Mutationen, zeigen, dass die Verschiebungen der Spektren der visuellen Pigmente Veränderungen in einer kleinen Anzahl von polaren oder polarisierbaren Aminosäureresten nahe dem Chromophor widerspiegeln [90, 93–96] (Abb. 4.26). Die 30-nm-Verschiebung des menschlichen roten Zapfenpigments im Vergleich zum grünen Pigment kann vollständig auf Veränderungen von sieben Resten zurückgeführt werden, einschließlich dem Austausch mehrerer Ala-Reste durch Ser und Thr. Die stärker polarisierbaren Seitenketten von Ser und Thr erleichtern wahrscheinlich die Delokalisierung der positiven Ladung vom N-Atom der Retinyl-Schiff-Basis hin zum β-Iononring im angeregten Zustand. Die roten und grünen Zapfenpigmente haben auch ein gebundenes Cl^--Ion, das zur Rotverschiebung des Spektrums im Vergleich zu Rhodopsin und dem blauen Zapfenpigment beiträgt. Variationen in der Position einer Glu-Carboxylatgruppe,

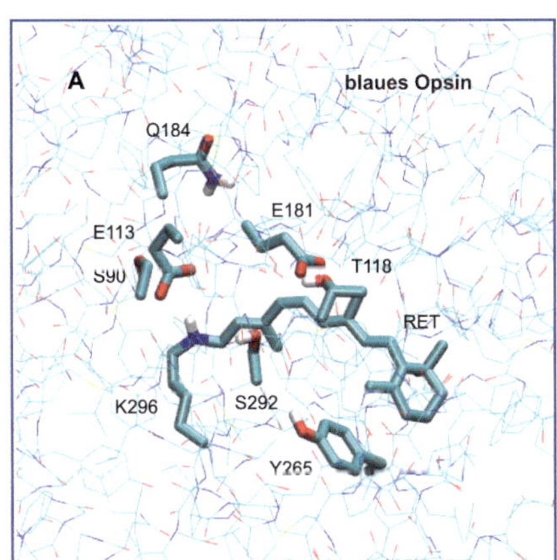

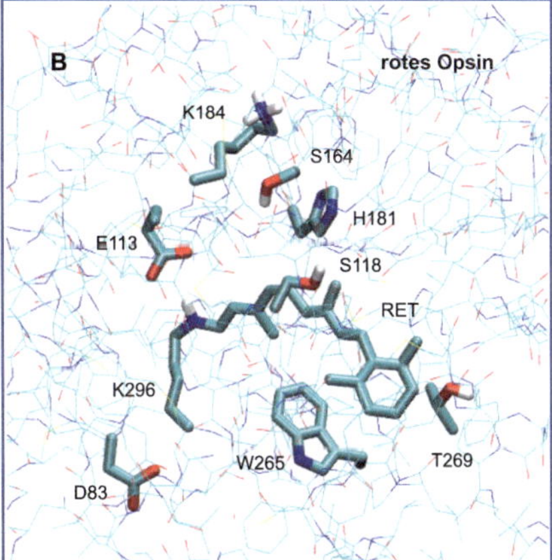

Abb. 4.26 Modelle der Region um den Retinylchromophor in den visuellen Pigmenten aus menschlichen „blauen" (**A**) und „roten" (**B**) Zapfenzellen. Die Hauptabsorptionsbande wird im roten Pigment um fast 150 nm zu längeren Wellenlängen verschoben. Kohlenstoff-, Sauerstoff-, Stickstoff- und einige Wasserstoffatome des Chromophors (RET) und die Seitenketten des Lysinrestes, der mit dem Retinal eine protonierte Schiff-Basis bildet (K296), das Glutamat, das als Gegenion wirkt (E113), und einige der anderen Reste, die wahrscheinlich zur Regulierung der Farbe der menschlichen Zapfenpigmente beitragen, sind mit Lakritzmodellen in CPK-Farben dargestellt. Die Reste sind mit der Rhodopsin-Nummerierung und dem Ein-Buchstaben-Aminosäurecode gekennzeichnet. Drahtmodelle werden für andere schwere Atome des Proteins verwendet. Die Modelle wurden nach Homologie mit Rinder-Rhodopsin konstruiert [87]. Das Cl^--Ion, das an das rote Opsin bindet, ist nicht dargestellt

die als Gegenion für die protonierte Schiff-Basis dient, können ebenfalls zu den spektralen Verschiebungen beitragen, obwohl die Veränderungen in der Entfernung vom Gegenion zum Proton wahrscheinlich relativ klein sind [89, 90, 97].

DNA-Photolyasen, die die Energie von blauem Licht nutzen, um Pyrimidindimere zu spalten, die durch UV-Bestrahlung von DNA gebildet wurden, bieten weitere Beispiele für große und variable Verschiebungen im Absorption-Spektrum eines gebundenen Chromophors. Diese Enzyme enthalten ein gebundenes Pterin, (Methylentetrahydrofolat, MTHF) oder Deazaflavin, das dazu dient, Licht zu absorbieren und Energie auf ein Flavinradikal im aktiven Zentrum zu übertragen [98]. Das Absorptionsmaximum von MTHF liegt in Lösung bei 360 nm, reicht aber in den Enzymen aus verschiedenen Organismen von 377 bis 415 nm [99].

Solvatochrome Effekte auf die Übergangs-Energien von Molekülen in Lösung können oft phänomenologisch mit der Dielektrizitätskonstante und dem Brechungsindex des Lösungsmittels in Beziehung gesetzt werden. Die Analyse ähnelt der, die für lokale Feldkorrekturfaktoren verwendet wird (Abschn. 3.1.5). Polare Lösungsmittelmoleküle um den Chromophor werden in Reaktion auf das Grundzustand-Dipolmoment des Chromophors ($\boldsymbol{\mu}_{aa}$) geordnet, und die orientierten Lösungsmittelmoleküle erzeugen ein Reaktionsfeld, das auf den Chromophor zurückwirkt. Ein einfaches Modell des Systems ist ein Dipol im Zentrum einer Kugel mit dem Radius R, eingebettet in ein homogenes Medium mit der Dielektrizitätskonstante ε_s. Das von einem solchen Dipol gefühlte Reaktionsfeld wird ungefähr durch [28] gegeben:

$$\boldsymbol{E} = \frac{2\boldsymbol{\mu}_{aa}}{R^3}\left(\frac{\varepsilon_s - 1}{\varepsilon_s + 2}\right). \tag{4.50}$$

Nehmen wir nun an, dass die Anregung des Chromophors dessen Dipolmoment auf $\boldsymbol{\mu}_{bb}$ ändert. Obwohl die Lösungsmittelmoleküle sich nicht sofort darauf ausrichten können, beinhaltet die Dielektrizitätskonstante ε_s die elektronische Polarisation des Lösungsmittels zusätzlich zur Orientierungspolarisation, und Änderungen in der elektronischen Polarisation können im Grunde sofort auf sich ändernde elektrische Felder reagieren. Die Hochfrequenzkomponente der Dielektrizitätskonstante ist das Quadrat des Brechungsindex (n) (Abschn. 3.1.4–3.1.5). Wenn wir den Teil des Reaktionsfeldes abziehen, der auf die elektronische Polarisation zurückzuführen ist, kann der Teil, der auf die Ausrichtung des Lösungsmittels ($\boldsymbol{E}_{or}$) zurückzuführen ist, geschrieben werden

$$\boldsymbol{E}_{or} = \frac{2\boldsymbol{\mu}_{aa}}{R^3}\left[\left(\frac{\varepsilon_s - 1}{\varepsilon_s + 2}\right) - \left(\frac{n^2 - 1}{n^2 + 2}\right)\right]. \tag{4.51}$$

Die Solvatisierungsenergien, die mit den Wechselwirkungen der Dipole des Chromophors mit den ausgerichteten Lösungsmittelmolekülen verbunden sind, betragen – (1/2) $\boldsymbol{\mu}_{aa} \cdot \boldsymbol{E}_{or}$ im Grundzustand und –(1/2) $\boldsymbol{\mu}_{bb} \cdot \boldsymbol{E}_{or}$ im angeregten Zustand. Der Faktor 1/2 hier spiegelt die Tatsache wider, dass zur Ausrichtung des Lösungsmittels etwa die Hälfte der günstigen Wechselwirkungsenergie zwischen dem Chromophor und $\boldsymbol{E}_{or}$. verwendet werden muss, um ungünstige Wechselwirkungen der Lösungsmitteldipole miteinander zu überwinden. Die Änderung der Anregungsenergie, die sich aus der Ausrichtung des Lösungsmittels im Grundzustand ergibt, ist daher,

$$\Delta E_{or} = (1/2)\left(\boldsymbol{\mu}_{aa} - \boldsymbol{\mu}_{bb}\right) \cdot \boldsymbol{E}_{or} = \frac{\left(\boldsymbol{\mu}_{aa} - \boldsymbol{\mu}_{bb}\right) \cdot \boldsymbol{\mu}_{aa}}{R^3} \times \left[\left(\frac{\varepsilon_s - 1}{\varepsilon_s + 2}\right) - \left(\frac{n^2 - 1}{n^2 + 2}\right)\right]. \tag{4.52}$$

Dieser Ausdruck zeigt, dass Wechselwirkungen mit einem polaren Lösungsmittel die Übergangsenergie entweder erhöhen oder verringern können, abhängig vom Vorzeichen von $(\boldsymbol{\mu}_{aa} - \boldsymbol{\mu}_{bb}) \cdot \boldsymbol{\mu}_{aa}$. Die Änderung der Energie (ΔE_{or}) wird erwartet, klein zu sein, wenn die Anregung nur eine geringe Änderung des Dipolmoments beinhaltet ($\boldsymbol{\mu}_{aa} \approx \boldsymbol{\mu}_{bb}$), wenn der Chromophor im Grundzustand unpolar ist ($\boldsymbol{\mu}_{aa} \approx 0$), oder wenn das Lösungsmittel unpolar ist ($\varepsilon_s \approx n^2$).

Gl. (4.51 und 4.52) beinhalten nicht die Effekte der elektronischen Polarisierbarkeit. Das Lösungsmittel kann elektronisch sowohl durch die permanenten als auch durch die Übergangsdipole des Chromophors polarisiert werden. Quantenmechanisch kann diese *induktive Polarisation* als Mischung der angeregten und Grundzustände des Lösungsmittels unter der Störung durch elektrische Felder aus dem gelösten Stoff (Kasten 12.1) betrachtet werden. Der Chromophor erfährt eine ähnliche induktive Polarisation durch Felder aus dem Lösungsmittel. In nichtpolaren Lösungsmitteln sinken die π-π^* Absorptionsbanden von nichtpolaren Molekülen typischerweise mit steigendem Brechungsindex, und der Rückgang ist ungefähr linear in der Funktion $(n^2 - 1)/(n^2 + 2)$. Einige Autoren verwenden die Funktion $(n^2 - 1)/(2n^2 + 1)$, die sehr ähnliche Ergebnisse liefert (siehe [28] für eine Übersicht über frühere Arbeiten und [100] für eine neuere Studie). Abb. 4.27 veranschaulicht diese Verschiebung für das langwellige Absorptionsband von Bakteriochlorophyll-*a*. Eine Extrapolation zu $n = 1$ ergibt eine „Vakuum"-Übergangsenergie in der Größenordnung von 1000 cm^{-1} über der für Bakteriochlorophyll in Lösung gemessenen Energie.

Die Energie der Wechselwirkungen eines Moleküls mit seiner Umgebung kann mikroskopischer behandelt werden, indem man die Gl. (4.19–4.22) verwendet, um die Grund- und angeregten Zustände-Wellenfunktionen, ψ_a und ψ_b, zu beschreiben. Die Solvatisierungsenergie des Moleküls im Grundzustand ist

$$E_a^{solv} \approx -2e \sum_{i=1}^{N} \left(C_i^a\right)^2 V_i + E_{core}^{solv}, \tag{4.53}$$

wo e die elektronische Ladung ist, V_i das elektrische *Potenzial* an der Position des Atoms i ist, C_i^a ist der atomare Expansionskoeffizient für Atom i in ψ_a, N ist die Gesamtzahl der Atome, die an der Wellenfunktion teilnehmen und E_{core}^{solv} repräsentiert die Auswirkungen der Umgebung auf die Kerne und Elektronen in den Orbi-

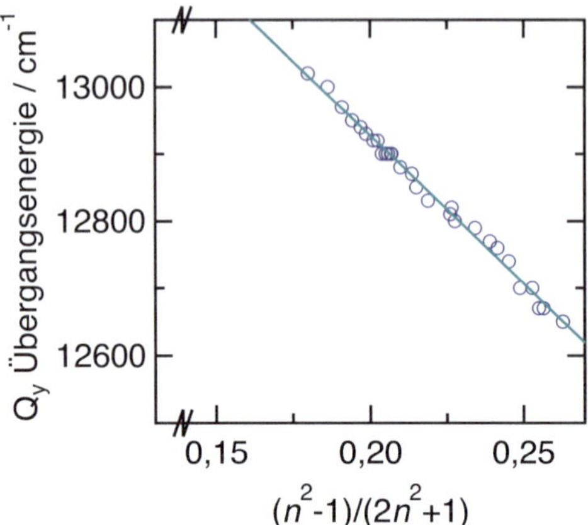

Abb. 4.27 Abhängigkeit der Übergangsenergie des langwelligen (Q_y) Absorptionsbandes von Bakteriochlorophyll-*a* vom Brechungsindex (n) in unpolaren Lösungsmitteln. Experimentelle Daten von Limantara *et al.* [100] sind als Funktion von $(n^2 - 1)/(2n^2 + 1)$ neu geplottet. Die Extrapolation der cyanfarbenen Linie zu $n = 1$ (0 auf der Abszisse) ergibt 13.810 cm^{-1} für die Übergangsenergie im Vakuum. Ein ähnlicher Plot der Daten gegen $(n^2 - 1)/(n^2 + 2)$ ergibt 13.600 cm^{-1}

talen außer ψ_a. Der Beitrag von ψ_a zur elektronischen Ladung auf Atom i ist proportional zu $\left(C_i^a\right)^2$ und der Faktor 2 vor der Summe spiegelt die Annahme wider, dass es zwei Elektronen in ψ_a im Grundzustand gibt. Ebenso ist die Solvatisierungsenergie im angeregten Zustand:

$$E_b^{solv} \approx -e\sum_{i=1}^{N}\left[\left(C_i^a\right)^2 + \left(C_i^b\right)^2\right]V_i + E_{core}^{solv}, \tag{4.54}$$

wo C_i^b der Koeffizient für Atom i in $\psi_{b\,ist}$.ist. Die Änderung der Solvatisierungsenergie bei Anregung ist die Differenz zwischen den beiden Solvatisierungsenergien:

$$E_b^{solv} - E_a^{solv} \approx -e\sum_{i=1}^{N}\left[\left(C_i^b\right)^2 + \left(C_i^a\right)^2\right]V_i. \tag{4.55}$$

Beachten Sie, dass diese Ausdrücke nur eine einzige Konfiguration berücksichtigen, die Anregung von ψ_a zu ψ_b. Wenn mehrere Konfigurationen zur Absorptionsbande beitragen, ist der relative Beitrag einer gegebenen Konfiguration zu den Änderungen in der elektronischen Ladung proportional zum Quadrat des Koeffizienten für diese Konfiguration in der Gesamtanregung (Gl. (4.23)).

Wenn die Struktur der Umgebung gut definiert ist, wie es bei einem Chromophor in einem Protein der Fall sein kann (siehe zum Beispiel die Sehpigmente in Abb. 4.26), kann das elektrische *Potenzial* an jedem Punkt im Chromophor abgeschätzt werden, indem die Beiträge von den Ladungen und Dipolen der umgebenden Atome summiert werden:

$$V_i \approx \sum_{k \neq i} \left(\frac{Q_k}{|\boldsymbol{r}_{ik}|} + \frac{\boldsymbol{\mu}_k \cdot \boldsymbol{r}_{ik}}{|\boldsymbol{r}_{ik}|^3} \right). \tag{4.56}$$

Hier ist Q_k die Ladung auf Atom k der Umgebung, $\boldsymbol{r}_{ik}$ ist der Vektor vom Atom k zum Atom i, und $\boldsymbol{\mu}_k$ ist der auf Atom k durch die elektrischen Felder aller Ladungen und anderen induzierten Dipole im System induzierte elektrische Dipol. Die Summen in diesem Ausdruck schließen alle Atome aus, deren Wechselwirkungen mit Atom i quantenmechanisch behandelt werden müssen. Zusätzlich zu Atom i selbst erfordern typischerweise auch andere Atome, die Teil des Chromophors sind oder über drei oder weniger Bindungen mit Atom i verbunden sind, eine solche spezielle Behandlung. Die in Gl. (4.54) enthaltenen induzierten Dipole können aus den atomaren Ladungen und Polarisierbarkeiten durch ein iteratives Verfahren [101] berechnet werden. Verschiebungen im Absorptionsspektrum können daher zur Messung der Bindung von prosthetischen Gruppen an Proteine oder zur Untersuchung von Protein-Konformationsänderungen im Bereich eines gebundenen Chromophors verwendet werden. Die Gl. (4.53 und 4.54) beinhalten jedoch erhebliche Annäherungen, da Wechselwirkungen mit der Umgebung idealerweise bereits bei der Bestimmung der Molekülorbitale und Eigenwerte berücksichtigt werden sollten.

Abb. 4.28 veranschaulicht die berechneten Umverteilungen der Ladung, die die Anregung der Indol-Seitenkette von Tryptophan begleiten. Wie oben diskutiert, besteht die ^1L_a Absorptionsbande hauptsächlich aus der Konfiguration $\psi_2 \rightarrow \psi_3$ und einem kleineren Beitrag von $\psi_1 \rightarrow \psi_4$, wobei ψ_1 und ψ_2 die zweithöchsten und höchsten besetzten Molekülorbitale und ψ_3 und ψ_4 die zweitniedrigsten und niedrigsten unbesetzten Orbitale sind. Beide Konfigurationen führen zu einer Übertragung der Elektronendichte vom Pyrrolring zum Benzylteil der Indol-Seitenkette. Die Energie des ^1L_aÜbergangs sollte daher durch positiv geladene Spezies in der Nähe des Benzolrings rotverschoben und durch negativ geladene Spezies in diesem Bereich blauverschoben werden. Ein elektronenziehender Substituent wie eine Cyan-, Formyl- oder Nitrogruppe, die an den Benzylring angehängt ist, verschiebt ebenfalls die Absorption in Richtung Rot und erhöht ihre Empfindlichkeit gegenüber der Polarität der Umgebung [102–105]. Das ^1L_b Absorptionsband besteht hauptsächlich aus den Konfigurationen $\psi_2 \rightarrow \psi_4$ und $\psi_1 \rightarrow \psi_3$, wobei die erste zu einer großen Verschiebung der Elektronendichte zum Benzylring führt. Allerdings bewegt der Übergang $\psi_1 \rightarrow \psi_3$ die Elektronendichte in die entgegengesetzte Richtung, wodurch die gesamte Änderung des Dipolmoments, die mit dem ^1L_b Band verbunden ist, kleiner ist als die mit ^1L_a verbundene (Abb. 4.28E, F). Für eine genauere Analyse dieser Effekte müssen auch Beiträge von höherenergetischen Konfigurationen berücksichtigt werden [42, 43, 106]. Der Gradientoperator könnte hier auch dem Dipoloperator vorzuziehen sein, aber dies wurde nicht ausführlich untersucht.

Die Situation gewinnt eine zusätzliche Dimension, wenn die Positionen der geladenen oder polaren Gruppen in der Nähe des Chromophors schnell mit der Zeit schwanken. Eine Möglichkeit, die Auswirkungen solcher Schwankungen zu beschreiben, besteht darin, die Energien des Grund- und des angeregten elektro-

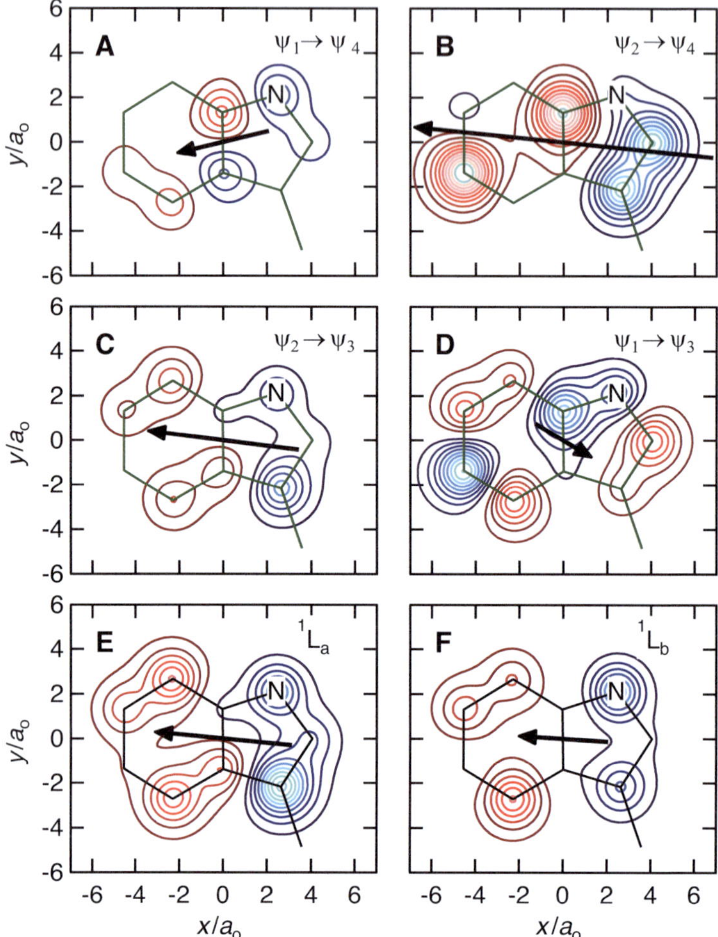

Abb. 4.28 Umverteilung der Ladung bei Anregung von 3-Methylindol. (**A–D**) Konturdiagramme zeigen die Änderungen in der Elektronendichte (Zunahme der negativen Ladung), wenn ein Elektron von einem der beiden höchsten besetzten Molekülorbitale (ψ_1 oder ψ_2) zu einem der ersten beiden unbesetzten Orbitale (ψ_3 oder ψ_4) angeregt wird. *Rote Linien* kennzeichnen Zunahmen der Elektronendichte; *blaue Linien*, Abnahmen. Die Konturintervalle sind 0,01 ea_0^3. Die Ebenen der Zeichnungen und die Linientypen für positive und negative Amplituden sind wie in Abb. 4.11. (**E**, **F**) Ähnliche Diagramme für die Kombinationen $0.841(\psi_2 \rightarrow \psi_3) + 0{,}116(\psi_1 \rightarrow \psi_4)$ und $0{,}536(\psi_1 \rightarrow \psi_3) + 0{,}402(\psi_2 \rightarrow \psi_4)$, die jeweils ungefähr die Beiträge dieser vier Orbitale in den ^1L_a und ^1L_b Anregungen darstellen. (Beachten Sie, dass der Koeffizient für eine gegebene Konfiguration hier das Quadrat des entsprechenden Koeffizienten für den Übergangdipol ist.) Die Konturintervalle sind $0.005\,ea_0{}^3$. Die *schwarzen Pfeile* zeigen die Änderungen im permanenten Dipol ($\boldsymbol{\mu}_{bb} - \boldsymbol{\mu}_{aa}$, Gl. (4.58)) in Einheiten von $e\text{A}/5a_0$ an.

nischen Zustands (E_a und E_b) als harmonische Funktionen einer generalisierten Lösungsmittel-Koordinate (X) zu schreiben:

$$E_a = E_a^o + (K/2)X^2, \tag{4.57a}$$

und

$$E_b = E_b^o + (K/2)(X - \Delta)^2, \tag{4.57b}$$

wo E_a^o und E_b^o sind die minimalen Energien der beiden elektronischen Zustände, Δ ist die Verschiebung der Energieminima entlang der Lösungsmittel Koordinate, und K ist eine Kraftkonstante. Wir verwenden den Begriff „Lösungsmittel" hier im allgemeinen Sinne, um auf die Umgebung eines Chromophors in einem Protein oder in freier Lösung zu verweisen. Aufgrund der Verschiebung Δ erzeugt ein vertikaler Übergang, der bei $X = 0$ im Grundzustand beginnt, einen angeregten Zustand mit überschüssiger Solvationsenergie, die abgegeben werden muss, während sich das System im angeregten Zustand entspannt (Abb. 4.29). Die zusätzliche Energie wird als *Lösungsmittel-Reorganisationsenergie* bezeichnet und ist gegeben durch $\Lambda_s = K\Delta^2/2$. Der Energieunterschied zwischen dem angeregten und dem Grundzustand bei einem gegebenen Wert der Lösungsmittel-Koordinate ist somit

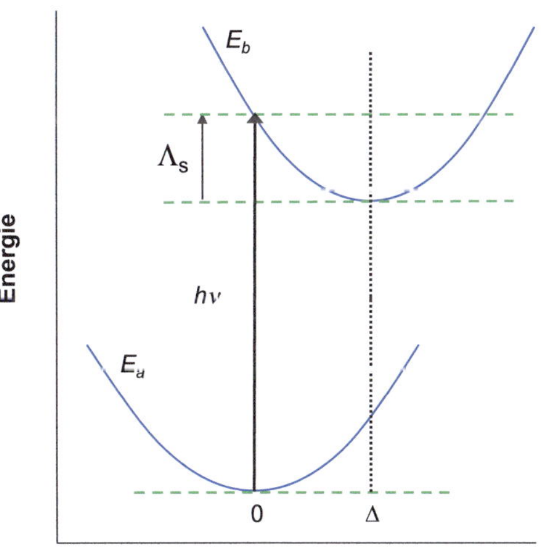

Abb. 4.29 Klassische harmonische Energiekurven für ein System mit einem Chromophor in seinem Grund- und angeregten elektronischen Zustand, als Funktionen einer verallgemeinerten, dimensionslosen Lösungsmittel-Koordinate. Die Kurve für den angeregten Zustand ist um einen Betrag Δ entlang dieser Koordinate verschoben. Wenn der Chromophor vom Grundzustand in den angeregten elektronischen Zustand gehoben wird, ohne dass sich die Kernkoordinaten ändern, bleibt er mit überschüssiger Solvationsenergie im Vergleich zum Energieminimum für den angeregten Zustand zurück. Dies ist die Reorganisationsenergie (Λ_S)

$$E_b - E_a = E_b^o + (K/2)(X - \Delta)^2 - E_a^o - (K/2)X^2 = E_o - KX\Delta + \Lambda_s, \quad (4.58)$$

wo $E_o = E_b^o - E_a^o$.

Wenn wir Potenzialenergien ungefähr mit Freien Energien gleichsetzen, können wir auch sagen, dass die relative Wahrscheinlichkeit, einen bestimmten Wert von X zu finden, wenn der Chromophor im Grundzustand ist, ist $P(X) = \exp(-KX^2/2k_BT)$. Wenn wir diesen Ausdruck mit Gl. (4.58) kombinieren und die Beziehungen $\Lambda_s = K\Delta^2/2$ und $h\nu = E_b - E_a$ verwenden, erhalten wir einen Ausdruck für die relative Stärke der Absorption bei Energie $h\nu$:

$$P(h\nu) = \exp\left\{-K(E_o + \Lambda_s - h\nu)^2/2(K\Delta)^2 k_B T\right\}$$

$$= \exp\left\{-(E_o + \Lambda_s - h\nu)^2/4\Lambda_s k_B T\right\}. \quad (4.59)$$

Diese Gaußfunktion von $h\nu$ erreicht bei einer Energie Λ_s über E_o ihren Höhepunkt und hat eine Breite bei halber maximaler Amplitude (FWHM) von $2(2\Lambda_s k_B T \cdot \ln 2)^{1/2}/\pi$, oder $2(Kk_B T \cdot \ln 2)^{1/2}\Delta/\pi$. Fluktuierende Wechselwirkungen mit dem Lösungsmittel erweitern somit die vibronischen Absorptionslinien des Chromophors und verschieben sie zu höheren Energien im Vergleich zu E_o. Wie oben diskutiert, kann jedoch die mittlere Energie der Wechselwirkung E_o entweder nach oben oder nach unten verschieben, abhängig vom Chromophor und dem Lösungsmittel. Wir werden verallgemeinerte Lösungsmittelkoordinaten weiter in Kap. 5 diskutieren.

Fluktuierende elektrostatische Wechselwirkungen können mikroskopisch behandelt werden, indem man die Gl. (4.51–4.54) in Molekulardynamik-Simulationen (Kasten 6.1) einbezieht. Die Ergebnisse können verwendet werden, um Potenzialenergieoberflächen ähnlich denen der Gl. (4.57a, 4.57b) zu konstruieren, oder sie können in quantenmechanischen Berechnungen der Eigenwerte des Chromophors im elektrischen Feld des Lösungsmittels verwendet werden. Mercer et al. [107] konnten die Breite der langwelligen Absorptionsbande von Bakteriochlorophyll in Methanol gut mit diesem Ansatz reproduzieren.

4.14 Der elektronische Stark-Effekt

Wenn ein externes elektrisches Feld über eine absorbierende Probe angelegt wird, können die Absorptionsbanden je nach Orientierung der Chromophore im Verhältnis zum Feld entweder zu höheren oder niedrigeren Energien verschoben werden. Dies ist der *Stark-* oder *elektrochrome Effekt*. Der Effekt wurde 1913 vom Physiker Johannes Stark entdeckt, der feststellte, dass elektrische Felder in der Größenordnung von 10^5 V/cm eine Aufspaltung der Spektrallinien von Wasserstoff in symmetrisch platzierte Komponenten mit unterschiedlichen Polarisationen verursachen. Die grundlegenden theoretischen Werkzeuge zur Extraktion von Informationen über das Dipolmoment und die Polarisierbarkeit eines Moleküls durch

Stark-Spektroskopie wurden von Liptay [108–110] ausgearbeitet. Sie wurden erweitert und auf eine Vielzahl von Systemen von den Gruppen von Boxer [111–114], Nagae [115] und anderen angewendet. In einer Anwendung fanden Premvardhan *et al.* heraus, dass die Anregung von photoaktivem gelbem Protein oder seinem Chromophor (ein Thioester von *p*-Cumarsäure) in Lösung bemerkenswert große Änderungen im Dipolmoment und in der Polarisierbarkeit des Chromophors verursacht [116–118]. Die Änderung im Dipolmoment ($|\Delta\boldsymbol{\mu}| = 26$ Debyes) entspricht der Bewegung einer elektrischen Ladung um 5,4 Å und scheint wahrscheinlich zu den strukturellen Änderungen beizutragen, die auf die Anregung folgen.

In der einfachsten Situation für einen molekularen Chromophor hängen die Größe und Richtung der Verschiebung vom Skalarprodukt des lokalen elektrischen Feldvektors ($\boldsymbol{E}_{ext} = f\boldsymbol{E}_{app}$, wobei $\boldsymbol{E}_{app}$ das angelegte Feld und f der lokale-Feld-Korrekturfaktor ist) mit dem Vektordifferenz zwischen den permanenten Dipolmomenten des Chromophors im angeregten und Grundzustand ($\Delta\boldsymbol{\mu}$):

$$\Delta E = -\boldsymbol{E}_{ext} \cdot \Delta\boldsymbol{\mu} = -f\boldsymbol{E}_{app} \cdot \Delta\boldsymbol{\mu}. \tag{4.60}$$

Der Unterschied zwischen den Dipolmomenten in den beiden Zuständen kann durch den folgenden Ausdruck auf die molekularen Orbitale bezogen werden

$$\Delta\boldsymbol{\mu} = \boldsymbol{\mu}_{bb} - \boldsymbol{\mu}_{aa} \approx e\sum_{i}^{N} \boldsymbol{r}_i \left[\left(C_i^b\right)^2 - \left(C_i^a\right)^2\right], \tag{4.61}$$

wo $\boldsymbol{r}_i$ die Position des Atoms i ist und C_i^a und C_i^b sind die Koeffizienten für dieses Atom in den Grund- und angeregten Zustands-Wellenfunktionen (Gl. (4.22d–4.22e) und (4.53–4.55)). Wenn die Probe isotrop ist, werden einige Moleküle so orientiert sein, dass das externe Feld ihre Übergangsenergien zu höheren Werten verschiebt, während andere Verschiebungen zu niedrigeren Energien erfahren. Das Ergebnis wird eine Verbreiterung des gesamten Absorptionsspektrums sein. Wenn das System hingegen anisotrop ist, kann das externe Feld das Spektrum systematisch zu höheren oder niedrigeren Frequenzen verschieben.

Gl. (4.61) geht davon aus, dass das elektrische Feld die Moleküle nicht neu ausrichtet, sondern einfach den Energieunterschied zwischen dem Grund- und angeregten Zustand verschiebt, ohne $\boldsymbol{\mu}_{aa}$ oder $\boldsymbol{\mu}_{bb}$ zu ändern. Die Gültigkeit dieser Annahme hängt vom Molekül und der experimentellen Apparatur ab. Obwohl kleine polare Moleküle in Lösung durch externe elektrische Felder ausgerichtet werden können, ist dies bei Proteinen weniger wahrscheinlich, insbesondere wenn die Richtung des Feldes schnell moduliert wird. Dies kann durch Immobilisierung des Proteins in einem Polyvinylalkoholfilm verhindert werden. Aber in dem Maße, in dem das Chromophor polarisierbar ist, wird das Feld einen zusätzlichen *induzierten elektrischen Dipol* erzeugen, der von der Stärke des Feldes abhängt, und dieser Dipol kann sich ändern, wenn das Molekül angeregt wird, wenn die Polarisierbarkeit im angeregten Zustand von der im Grundzustand abweicht. Im Allgemeinen sollte die molekulare Polarisierbarkeit als Matrix oder formeller als Tensor zweiter Ordnung behandelt werden, weil sie von der Orientierung des

Moleküls relativ zum Feld abhängt und der induzierte Dipol Komponenten haben kann, die nicht parallel zum Feld sind (Kasten 4.14 und 12.1); wir gehen jedoch jetzt davon aus, dass die Polarisierbarkeit ausreichend durch eine skalare Größe mit den Dimensionen von cm^{-3} beschrieben werden kann. Der induzierte Dipol ($\boldsymbol{\mu}_{aa}^{ind}$ oder $\boldsymbol{\mu}_{bb}^{ind}$ für den Grund- oder angeregten Zustand) wird dann einfach das Produkt der Polarisierbarkeit (α_{aa} oder α_{bb}) und des Gesamtfeldes sein, einschließlich sowohl des externen Feldes ($\boldsymbol{E}_{ext}$) das durch das angelegte Feld eingeführt wird, als auch des „internen" Feldes aus der Umgebung des Moleküls ($\boldsymbol{E}_{int}$). Wechselwirkungen von $\boldsymbol{E}_{ext}$ mit den induzierten Dipolen werden die Übergangsenergie ändern durch

$$\Delta E_{ind} = -\boldsymbol{E}_{ext} \cdot \left(\boldsymbol{\mu}_{bb}^{ind} - \boldsymbol{\mu}_{aa}^{ind}\right) = -\boldsymbol{E}_{ext} \cdot (\alpha_{bb} - \alpha_{aa})(\boldsymbol{E}_{ext} + \boldsymbol{E}_{\text{int}}) \quad (4.62a)$$

$$= -\Delta\alpha\left(|\boldsymbol{E}_{ext}|^2 + \boldsymbol{E}_{ext} \cdot \boldsymbol{E}_{\text{int}}\right), \quad (4.62b)$$

wo $\Delta\alpha = \alpha_{bb} - \alpha_{aa}$.

Das interne Feld $\boldsymbol{E}_{int}$ kann eine beliebige Ausrichtung relativ zum externen Feld haben und hat normalerweise eine erheblich größere Größe (typischerweise in der Größenordnung von 10^6 V/cm oder mehr). Wenn jedoch das Chromophor an ein hochstrukturiertes System wie ein Protein gebunden ist, wird $\boldsymbol{E}_{int}$ für alle Moleküle in einer Probe ungefähr die gleiche Größe haben und seine Ausrichtung wird relativ gut in Bezug auf die individuellen molekularen Achsen festgelegt sein. Wir können dann den Faktor $\Delta\alpha\boldsymbol{E}_{int}$ als Teil der Dipoländerung $\Delta\boldsymbol{\mu}$ in Gl. (4.61) betrachten, anstatt ihn separat in Gl. (4.62a, b) einzubeziehen. Der zusätzliche Beitrag zur Übergangsenergie von durch das externe Feld induzierten Dipolen ist dann einfach

$$\Delta E_{ind} = -\Delta\alpha|\boldsymbol{E}_{ext}|^2. \quad (4.63)$$

Nach Gl. (4.63) verschieben Wechselwirkungen des externen Feldes mit induzierten Dipolen die Übergangsenergien für alle Moleküle einer Probe in die gleiche Richtung, abhängig davon, ob $\Delta\alpha$ positiv oder negativ ist. Die Änderung der Übergangsenergie steigt quadratisch mit der Stärke des externen Feldes. Der Beitrag zu ΔE von induzierten Dipolen wird oft als „quadratischer" Stark-Effekt bezeichnet, um ihn von dem „linearen" Beitrag von $\Delta\boldsymbol{\mu}$ zu unterscheiden, der linear von $|\boldsymbol{E}_{ext}|$ abhängt, wie durch Gl. (4.60) beschrieben. Wie wir jedoch gleich sehen werden, hängen die Änderungen im Absorptionsspektrum, die auf $\Delta\alpha$ und $\Delta\boldsymbol{\mu}$ zurückzuführen sind, beide quadratisch von $|\boldsymbol{E}_{ext}|$ ab.

Nehmen wir an, dass das interne Feld $\boldsymbol{E}_{int}$ eine feste Größe und Ausrichtung in Bezug auf die molekularen Achsen hat, so dass Gl. (4.63) gültig ist. Wenn $\Delta\alpha$ und

$\Delta\boldsymbol{\mu}$ beide nicht null sind, wird die gesamte Änderung der Übergangsfrequenz für ein einzelnes Molekül dann sein

$$\Delta\nu = -\left(\boldsymbol{E}_{ext} \cdot \Delta\boldsymbol{\mu} + |\boldsymbol{E}_{ext}|^2 \Delta\alpha\right)/h. \tag{4.64}$$

Die Auswirkung auf das gesamte Absorptionsspektrum einer isotropen Probe kann durch Erweiterung des Absorptionsspektrums als Taylor-Reihe in Potenzen von $\Delta\nu$ bewertet werden:

$$\varepsilon(\nu, \boldsymbol{E}) = \varepsilon(\nu, 0) + \frac{\partial\varepsilon(\nu, 0)}{\partial\nu}\Delta\nu + \frac{1}{2}\frac{\partial^2\varepsilon(\nu, 0)}{\partial\nu^2}|\Delta\nu|^2 + \cdots$$

$$= \varepsilon(\nu, 0) - \frac{\partial\varepsilon(\nu, 0)}{\partial\nu}\left(\boldsymbol{E}_{ext} \cdot \Delta\boldsymbol{\mu} + |\boldsymbol{E}_{ext}|^2 \Delta\alpha\right)h^{-1} + \frac{1}{2}\frac{\partial^2\varepsilon(\nu, 0)}{\partial\nu^2}\left(\boldsymbol{E}_{ext} \cdot \Delta\boldsymbol{\mu} + |\boldsymbol{E}_{ext}|^2 \Delta\alpha\right)^2 h^{-2} + \cdots, \tag{4.65}$$

wo $\varepsilon(\nu,0)$ das Absorptionsspektrum in Abwesenheit des externen Feldes darstellt. Als nächstes müssen wir diesen Ausdruck über alle Orientierungen der Moleküle bezüglich des Feldes mitteln. Wenn die Lösung isotrop ist, mitteln sich Begriffe, die von der ersten, dritten oder sonst einer ungeraden Potenz von $|\boldsymbol{E}_{ext}|$ abhängen, zu null, während Begriffe, die von geraden Potenzen von $|\boldsymbol{E}_{ext}|$ abhängen, erhalten bleiben, und der Durchschnittswert von $(\boldsymbol{E}_{ext} \cdot \Delta\boldsymbol{\mu})^2$ wird $(1/3)\ |\boldsymbol{E}_{ext}|^2|\Delta\boldsymbol{\mu}|^2$ (Kasten 4.6). Die Gesamtwirkung des externen Feldes auf den molaren Extinktionskoeffizienten bei der Frequenz ν wird dann:

$$\varepsilon(\nu, \boldsymbol{E}) - \varepsilon(\nu, 0) = -\left(\frac{\partial\varepsilon(\nu, 0)}{\partial\nu}\right)\frac{\Delta\alpha|\boldsymbol{E}_{ext}|^2}{h} + \frac{1}{2}\left(\frac{\partial^2\varepsilon(\nu, 0)}{\partial\nu^2}\right) \times \frac{|\boldsymbol{E}_{ext}|^2|\Delta\boldsymbol{\mu}|^2}{3h^2} + \cdots \tag{4.66}$$

Dieser Ausdruck zeigt, dass die Hauptbeiträge von $\Delta\alpha$ zu den Änderungen im Absorptionsspektrum von der ersten Ableitung des Spektrums in Bezug auf ν abhängen, während die Hauptbeiträge von $\Delta\boldsymbol{\mu}$ von der zweiten Ableitung abhängen. Wie oben erwähnt, hängen beide von der Quadratur von $|\boldsymbol{E}_{ext}|$ ab. Stark-Spektren enthalten oft Beiträge von sowohl induzierten als auch permanenten Dipolen, die experimentell durch Anpassung des gemessenen Differenzspektrums an eine Summe von ersten und zweiten Ableitungstermen getrennt werden können (Abb. 4.30). Wenn das Messlicht polarisiert ist, hängt das Spektrum auch vom Winkel zwischen der Polarisationsachse und dem angelegten Feld ab, und diese Abhängigkeit kann verwendet werden, um die Orientierung von $\Delta\boldsymbol{\mu}$ relativ zum Übergangsdipol zu bestimmen (Kasten 4.14).

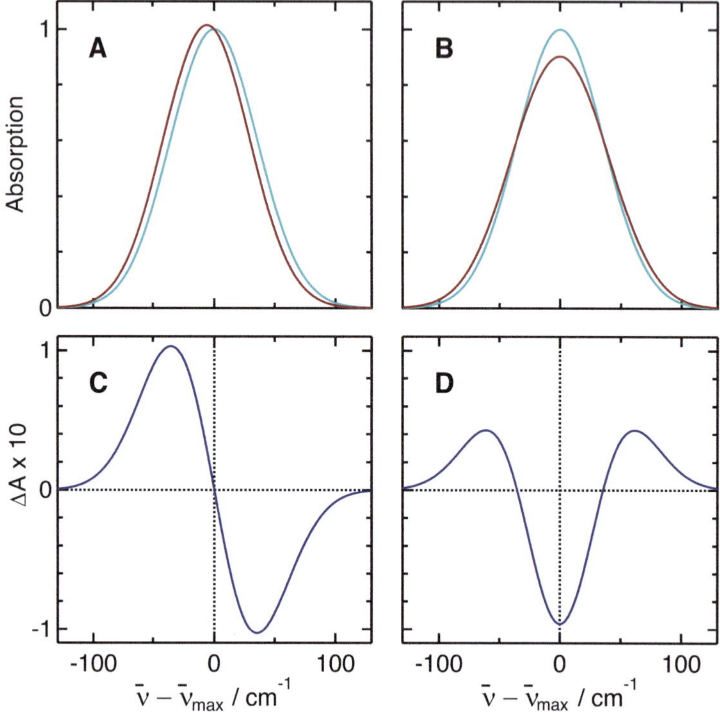

Abb. 4.30 Idealisierte Absorptionsspektren eines isotropen Systems in Abwesenheit *(cyan Kurven)* und Anwesenheit *(rote Kurven)* eines externen elektrischen Feldes (**A**, **B**), und die Änderungen in den Spektren, die durch das Feld verursacht werden (**C**, **D**, *blaue Kurven*). In (**A** und **C**) wird angenommen, dass der Chromophor den gleichen Dipolmoment, aber eine höhere Polarisierbarkeit im angeregten Zustand als im Grundzustand hat; das Feld verschiebt das Spektrum zu niedrigeren Energien. In (**B**) und (**D**) hat der Chromophor die gleiche Polarisierbarkeit, aber ein höheres Dipolmoment im angeregten Zustand als im Grundzustand; das Feld verbreitert das Spektrum und verringert die maximale Absorption. Stark-Spektren zeigen oft eine Kombination dieser beiden Effekte

Kasten 4.14 Elektronische Stark-Spektroskopie von immobilisierten Molekülen

In Liptays Behandlung [108–110] wie von Boxer und Mitarbeitern implementiert [113], ändert das Anlegen eines externen Feldes $\boldsymbol{E}$ an ein nicht ausgerichtetes, aber immobilisiertes System die Absorption (A) bei Wellenzahl $\overline{\nu}$ durch

$$\Delta A(\overline{\nu}) = |\boldsymbol{E}|^2 \left\{ A_\chi A(\overline{\nu}) + \frac{B_\chi}{15hc} \overline{\nu} \frac{\partial [A(\overline{\nu})/\overline{\nu}]}{\partial \overline{\nu}} + \frac{C_\chi}{30h^2c^2} \overline{\nu} \frac{\partial^2 [A(\overline{\nu})/\overline{\nu}]}{\partial \overline{\nu}^2} \right\}. \tag{B4.14.1}$$

mit

$$A_\chi = \frac{1}{30|\boldsymbol{\mu}_{ba}|^2}\sum_{i,j}\left\{10(a_{ij})^2 + \left(3\cos^2\chi - 1\right)\left[3a_{ii}a_{jj} + (a_{ij})^2\right]\right\}$$

$$+\frac{1}{15|\boldsymbol{\mu}_{ba}|^2}\sum_{i,j}\left\{10\mu_{ba(i)}b_{ijj} + \left(3\cos^2\chi - 1\right)\left[4\mu_{ba(i)}b_{ijj}\right]\right\}, \qquad \text{(B4.14.2)}$$

$$B_\chi = \frac{5}{2}\mathrm{Tr}(\Delta\alpha) + \left(3\cos^2\chi - 1\right)\left[\frac{3}{2}\Delta\alpha_\mu - \frac{1}{2}\mathrm{Tr}(\Delta\alpha)\right]$$

$$+\frac{1}{|\boldsymbol{\mu}_{ba}|^2}\sum_{i,j}\left\{10\mu_{ba(i)}a_{ij}\Delta\mu_j + \left(3\cos^2\chi - 1\right)\left[3\mu_{ba(i)}a_{jj}\Delta\mu_i + \mu_{ba(i)}a_{ij}\Delta\mu_j\right]\right\}, \qquad \text{(B4.14.3)}$$

und

$$C_\chi = |\boldsymbol{\mu}_{ba}|^2\left[5 + \left(3\cos^2\chi - 1\right)\left(3\cos^2\zeta - 1\right)\right]. \qquad \text{(B4.14.4)}$$

Diese Ausdrücke beinhalten eine Mittelwertbildung über alle Orientierungen des Chromophors bezüglich des Feldes und der Polarisation des Messlichts. Die Faktoren a_{ij} und b_{ijj} in den Gl. (B4.14.2 und B4.14.3) sind Elemente des *Übergangspolarisierbarkeitstensors* (**a**) und der *Übergangshyperpolarisierbarkeit* (**b**), welche die Effekte des externen Feldes auf die Dipolstärke der Absorptionsbande beschreiben. Diese Effekte sind wahrscheinlich in den meisten Fällen relativ gering und werden in Gl. (4.66) vernachlässigt. Der Übergangspolarisierbarkeitstensor **a** ist eine 3 × 3-Matrix, deren neun Elemente als $a_{ij} = (\partial\mu_{ba(i)}/\partial E_j)$ definiert sind, wobei $\mu_{ba(i)}$ die i-Komponente des Übergangsdipolsdipols ($\boldsymbol{\mu}_{ba}$) und E_j die j-Komponente des Feldes ist. Die Übergangshyherpolarisierbarkeit **b** ist ein 3 × 3 × 3 kubisches Array oder Tensor dritter Ordnung. Unter Berücksichtigung sowohl der Polarisierbarkeit als auch der Hyperpolarisierbarkeit ist die Änderung des Übergangsdipols ($\boldsymbol{\mu}_{ba}$) durch das Feld$\mathbf{a}\cdot\vec{E} + \vec{E}\cdot\mathbf{b}\cdot\vec{E}$. Die Änderung der x-Komponente von $\boldsymbol{\mu}_{ba}$, zum Beispiel, ist $a_{xx}E_x + a_{xy}E_y + a_{xz}E_z + b_{xxx}|E_x|^2 + b_{yx}|E_y|^2 + b_{zxz}|E_z|^2$. Die Hyperpolarisierbarkeits-Terme sind in Gl. (B4.14.2) enthalten, weil sie, obwohl sie im Vergleich zu $\boldsymbol{\mu}_{ba}$ klein sind, die Polarisierbarkeitsterme bei stark erlaubten Übergängen dominieren können. Dies liegt daran, dass, wie wir in Abschn. 4.5 diskutiert haben, ein elektronischer Übergang nur dann stark erlaubt sein kann, wenn die Anfangs- und Endzustände unterschiedliche Symmetrien haben. Die Übergangspolarisierbarkeit hingegen ist für Zustände mit unterschiedlichen Symmetrien tendenziell klein, da sie von der Vermischung dieser Zustände mit anderen Zuständen abhängt ([113] und Kasten 12.1). Wenn die Anfangs- und Endzustände unterschiedliche Symmetrien haben, können sie in der Regel nicht beide gut mit einem dritten Zustand mischen.

In den Gl. (B4.14.3 und B4.14.4) ist $\Delta\boldsymbol{\mu}$ die Differenz zwischen den permanenten Dipolmomenten des angeregten und des Grundzustands ($\boldsymbol{\mu}_{bb} - \boldsymbol{\mu}_{aa}$), und $\Delta\mu_x$, $\Delta\mu_y$, und $\Delta\mu_z$ sind seine Komponenten. $\Delta\boldsymbol{\alpha}$ ist die Differenz zwischen den Polarisierbarkeit des angeregten und des Grundzustands, wobei die Polarisierbarkeiten wieder als Tensoren zweiter Ordnung beschrieben werden. In erster Näherung ändert das Feld $\Delta\boldsymbol{\mu}$ um $\Delta\boldsymbol{\alpha} \cdot \boldsymbol{E}_{ext.}$T . Tr($\Delta\boldsymbol{\alpha}$) ist die Summe der drei Diagonalelemente von $\Delta\boldsymbol{\alpha}$, und $\Delta\boldsymbol{\alpha}_{\mu}$ ist die Komponente von $\Delta\boldsymbol{\alpha}$ in Richtung von $\boldsymbol{\mu}_{ba}(\boldsymbol{\mu}_{ba} \cdot \Delta\boldsymbol{\alpha} \cdot \boldsymbol{\mu}_{ba}/|\boldsymbol{\mu}_{ba}|^2)$.$\chi$ ist der Winkel zwischen $\boldsymbol{E}_{ext}$ und der Polarisation des Messlichts und ζ ist der Winkel zwischen $\boldsymbol{\mu}_{ba}$ und $\Delta\boldsymbol{\mu}$.

Stark-Effekte werden normalerweise gemessen, indem das externe Feld mit einer Frequenz von etwa 1 kHz moduliert und Lock-in-Detektionselektronik verwendet wird, um Oszillationen eines übertragenen Lichtstrahls mit der doppelten Modulationsfrequenz zu extrahieren. Die drei Terme in den Klammern auf der rechten Seite von Gl. (B4.14.1) können experimentell durch ihre Abhängigkeit von jeweils der nullten, ersten, und zweiten Ableitung von $A/\overline{\nu}$ in Bezug auf $\overline{\nu}$ getrennt werden. $|\Delta\boldsymbol{\mu}_{ba}|^2$ und $|\zeta|$ werden dann durch Messung der Abhängigkeit von C_χ vom experimentellen Winkel χ ermittelt. Das Experiment gibt somit den Betrag von $\Delta\boldsymbol{\mu}$ eindeutig an, beschränkt jedoch die Ausrichtung von $\Delta\boldsymbol{\mu}$ nur auf einen Kegel mit dem halben Winkel $\pm\zeta$ relativ zu $\Delta\boldsymbol{\mu}_{ba}$.

Der Faktor B_χ hängt sowohl von $\Delta\boldsymbol{\alpha}$ als auch von Kreuztermen ab, die $\Delta\boldsymbol{\mu}$ und die Übergangspolarisierbarkeit (Gl. (B4.14.3)) betreffen. Obwohl die Übergangspolarisierbarkeit (**a**) für stark erlaubte Übergänge klein sein dürfte, sind ihre Produkte mit $\Delta\boldsymbol{\mu}$ nicht unbedingt vernachlässigbar im Vergleich zu $\Delta\boldsymbol{\alpha}$. Herkömmliche Stark-Messungen liefern daher keine eindeutigen Werte für $\Delta\boldsymbol{\alpha}$. In einigen Fällen kann es möglich sein, zusätzliche Informationen zu erhalten, indem die Oszillationen des übertragenen Lichtstrahls bei höheren Harmonischen der Frequenz, bei der das Feld moduliert wird, gemessen und die Signale auf höhere Ableitungen des Absorption Spektrums [112, 113, 119, 120] bezogen werden. Diese Technik wird als *Stark-Spektroskopie* höherer Ordnung bezeichnet.

Gl. (4.66) geht davon aus, dass die Absorptionsbande homogen auf das externe Feld reagiert. Diese Annahme kann nicht zutreffen, wenn die Bande mehrere verschiedene Übergänge repräsentiert, insbesondere wenn diese nichtparallele Übergangsdipole haben, aber Informationen über die einzelnen Komponenten können manchmal durch Kombination von Stark-Spektroskopie mit Lochbrennen [121] erhalten werden. Ein Beispiel ist eine Studie von Gafert *et al.* [122] über Mesoporphyrin-IX in Meerrettichperoxidase. Die Autoren konnten den Beitrag des internen Feldes zu $\Delta\boldsymbol{\mu}$ bewerten und unterschiedliche lokale Felder auf verschiedene Konformationszustände des Proteins beziehen.

Pierce und Boxer [123] haben Stark-Effekte auf N-Acetyl-L-Tryptophanamid und das einzelne Tryptophan in dem Protein Melittin beschrieben. Sie trennten die Effekte auf die ^1L_a und ^1L_b Banden, indem sie die unterschiedlichen *Fluoreszenzanisotropien* der beiden Banden ausnutzten (Abschn. 5.6). In Übereinstimmung mit Abb. 4.28 zeigte die ^1L_a Bande ein relativ großes $\Delta\boldsymbol{\mu}$ von etwa $6/f$ Debye, wobei f der unbekannte Lokalfeldkorrekturfaktor ist. Das $\Delta\boldsymbol{\mu}$ für die ^1L_b Bande war viel kleiner.

Andere interessante Komplexitäten können auftreten, wenn der angeregte Chromophor eine schnelle photochemische Reaktion eingeht, die vom externen Feld beeinflusst wird. Dies ist die Situation in photosynthetischen bakteriellen Reaktionszentren, wo das angeregte Bakteriochlorophyll Dimer (P*) ein Elektron an ein benachbartes Molekül (B) mit einer Zeitkonstante von etwa 2 ps überträgt. Der Elektronenübertragungsprozess erzeugt einen Ionenpaar-Zustand (P^+B^-), dessen Dipolmoment viel größer ist als das von P* oder dem Grundzustand. Ein externes elektrisches Feld kann daher den Ionenpaar-Zustand je nach der Ausrichtung des Feldes relativ zu P und B auf eine wesentlich höhere oder niedrigere Energie verschieben, und diese Verschiebung kann die Rate der Elektronen Übertragung verändern. Die daraus resultierenden Änderungen im Absorptionsspektrum werden nicht gut durch eine einfache Summe von ersten und zweiten Ableitungstermen (Gl. (4.66)) beschrieben, können aber analysiert werden, indem höhere Ordnungsterme einbezogen werden [124–127].

Die Vibrations-Stark-Spektroskopie wird in Abschn. 6.4 besprochen.

4.15 Spektroskopie von Übergangsmetallkomplexen

Ionen von Übergangsmetallen haben typischerweise zwischen vier und sechs Liganden in einer tetraedrischen, quadratisch-planaren oder oktaedrischen Anordnung um das Metall. Die Valenzorbitale in diesen Komplexen können als lineare Kombinationen von s und p Atomorbitalen des Liganden mit einem oder einem anderen der fünf d Orbitale des Metalls (z. B., $3d_{z^2}$, $3d_{x^2-y^2}$, $3d_{xy}$, $3d_{xz}$ oder $3d_{yz}$ für die erste Reihe der Übergangsmetalle) und kleineren Beiträgen von den s und p Orbitalen des Metalls betrachtet werden. Negative elektrische Potentiale, die von den Liganden ausgehen, teilen die d Orbitale in Unterschalen mit unterschiedlichen Energien auf, während sie die Gesamtenergie erhalten [9, 128, 129], und einfache Überlegungen zur Symmetrie können eine nützliche qualitative Darstellung der relativen Energien der Unterschalen liefern (Abb. 4.31 und 4.32). Orbitale in den Unterschalen mit den niedrigsten Energien sind in der Regel bindend, während diejenigen mit den höchsten Energien antibindend und diejenigen mit mittleren Energien nicht bindend sind.

Nach der *Hund'schen Regel* wird jedes Orbital in einer Unterschale normalerweise von einem einzelnen Elektron besetzt, bevor irgendwelche Orbitale doppelt besetzt sind, und alle Elektronen in einzeln besetzten Orbitalen haben den

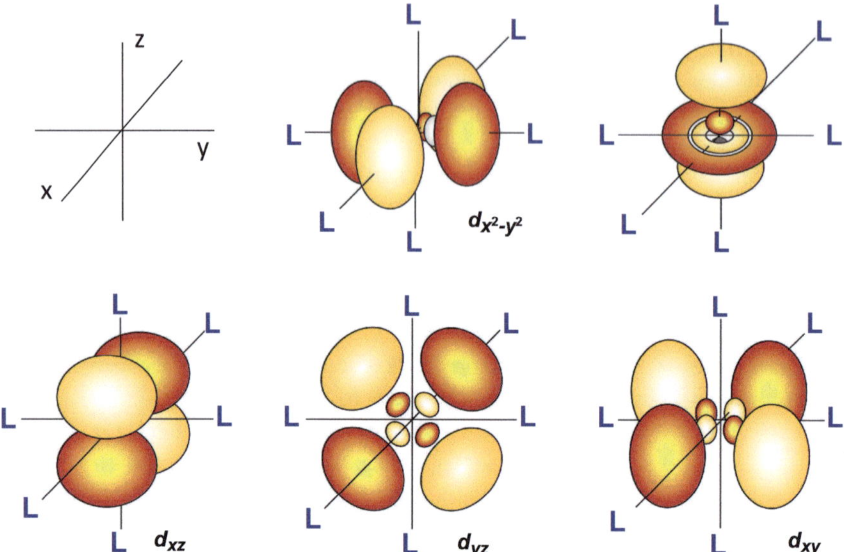

Abb. 4.31 Eine Darstellung der Grenzflächen der Übergangsmetall *d* Orbitale *(orange)* im Verhältnis zu den benachbarten Atomen der Liganden (*L*) in einem oktaedrischen Komplex. Teile der Wellenfunktionen mit negativem Vorzeichen sind dunkler schattiert als die mit positivem Vorzeichen. Das Koordinatensystem ist oben links dargestellt

gleichen Spin. Diese Verteilung maximiert günstige elektrostatische Wechselwirkungen der Elektronen mit dem positiv geladenen Metallkern und minimiert ungünstige Wechselwirkungen zwischen den Elektronen. Wenn ein zusätzliches Elektron hinzugefügt wird, nachdem alle *d* Orbitale in einer Unterschale einzeln besetzt sind, hängt seine Anordnung von der Differenz zwischen den Energien der Unterschalen ab. Wenn die Unterschalen energetisch relativ nahe beieinander liegen, neigt das neue Elektron dazu, zur nächsten Unterschale zu gehen, während eine große Lücke zwischen den Energien eine Paarung mit einem Elektron entgegengesetzten Spins in einem der besetzten Orbitale begünstigt. Liganden, die eine große Aufspaltung der *d* Orbitale verursachen, bilden daher in der Regel Komplexe mit geringem Elektronenspin. Diese Effekte werden als *Ligandenfeld-Effekte* bezeichnet. Die meisten tetraedrischen Komplexe von Übergangsmetallen haben eine relativ kleine *d*-Orbitalaufspaltung, was zu einem hohen elektronischen Spin führt, aber oktaedrische und quadratisch-planare Komplexe können je nach den Liganden und dem Ionisierungszustand des Metalls entweder „High Spin" oder „Low Spin" sein. Das Fe^{2+} Ion, zum Beispiel, hat sechs *d* Elektronen und bildet oktaedrische Komplexe mit allen *d* Elektronen in doppelt besetzten Orbitalen (Nettoelektronenspin $S = 0$), und auch sowohl oktaedrische als auch tetraedrische Komplexe mit vier ungepaarten Elektronen ($S = 2$). Fe^{3+}, mit fünf *d* Elektronen, bildet oktaedrische Komplexe mit einem ungepaarten Elektron ($S = 1/2$) und oktaedrische und tetraedrische Komplexe mit fünf ungepaarten Elektronen ($S = 5/2$).

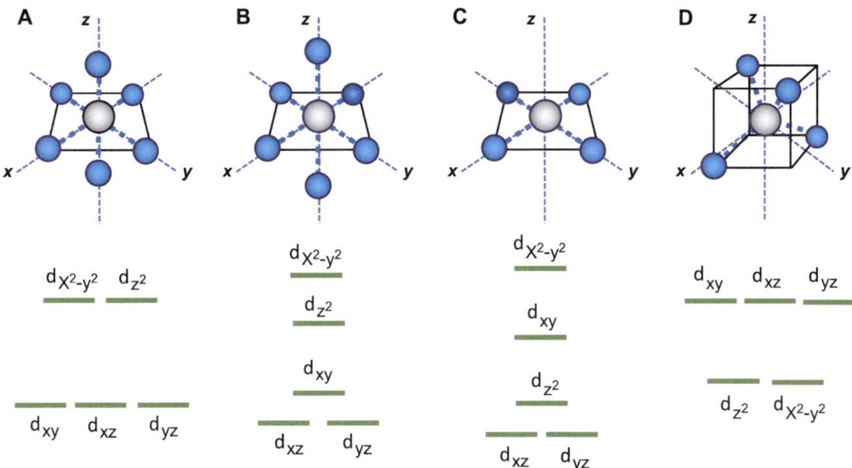

Abb. 4.32 Abstoßende elektrostatische Wechselwirkungen mit Elektronen der Liganden teilen die *d* Orbitale in Übergangsmetallkomplexen in Untergruppen mit unterschiedlichen Energien auf. In einem oktaedrischen Komplex (**A**) sind die Lappen der d_{z^2} und $d_{x^2-y^2}$ entlang der Achsen (*z*, *x* und *y*) konzentriert, die direkt auf die Liganden *(blaue Kugeln)* zeigen, während die d_{xy}, d_{xz} und d_{yz} Orbitale Knoten entlang dieser Achsen haben (siehe Abb. 2.5 und 4.31). Diese Orientierungen erhöhen die Energien von d_{z^2} und $d_{x^2-y^2}$ im Vergleich zu d_{xy}, d_{xz} und d_{yz} *(horizontale grüne Linien)*. (**B**) Verzerrungen, die einen oktaedrischen Komplex entlang der *z*-Achse strecken und ihn entlang *x* und *y* schrumpfen, erhöhen die Energie von $d_{x^2-y^2}$, senken die Energie von d_{z^2}, und verschieben d_{xy} nach oben im Vergleich zu d_{xz} und d_{yz}. (**C**) Die Orbitalenergien werden in quadratisch-planaren Komplexen weiter in die gleiche Richtung verschoben. (**D**) In tetraedrischen Komplexen haben d_{xy}, d_{xz} und d_{yz} Lappen, die direkt auf die Liganden zeigen und daher im Vergleich zu d_{z^2} und $d_{x^2-y^2}$ erhöht sind.

Gängige Liganden für Übergangsmetalle können ungefähr wie folgt in der Reihenfolge der zunehmenden *d*-Orbitalaufspaltungen und der zunehmenden Neigung zu Konfigurationen mit geringem Elektronenspin eingestuft werden: $I^- < Br^- < S^{2-} < SCN^- < Cl^- < NO_3^- < F^- < OH^- < H_2O < NCS^- < CH_3CN <$ Pyridin $< NH_3 <$ Ethylendiamin < 2,2′-Bipyridin < 1,10-Phenanthren $< NO^{2-} < CN^- < CO$. Diese sogenannte „spektrochemische Serie" basiert nicht auf der Elektronegativität der Liganden. Sie spiegelt stattdessen die Art der Bindungen zwischen dem Liganden und dem Metall wider [130, 131]. Ein Ligand mit hochenergetischen besetzten *p* Orbitalen kann Elektronen spenden, um eine π-Bindung mit dem Metall zu bilden. Da die höchste besetzte molekulare Wellenfunktion, die durch Kombination der *d* und *p* Orbitale entsteht, normalerweise über der ungemischten *d* Unterschale liegt, reduziert die Bildung der π-Bindung die Energielücke zwischen den besetzten und leeren molekularen Wellenfunktionen, was bedeutet, dass die resultierende *d-d* Aufspaltung im Komplex relativ klein ist [132]. Am anderen Ende des Spektrums kann ein Ligand mit zugänglichen unbesetzten *p* Orbitalen eine π-Bindung bilden, indem er *Elektronen vom Metall akzeptiert*. Die höchste besetzte molekulare Wellenfunktion, die durch Kombination von *d* und *p* Orbitalen in dieser Situation entsteht, liegt normalerweise unter der ungemischten *d* Unterschale, was bedeutet, dass die resultierende *d-d* Aufspaltung relativ groß ist. Liganden, die nur σ-Bindungen mit dem Metall bilden können, ergeben eine mittlere *d*-Orbitalaufspaltung. Wenn die Ligandenfeldaufspaltung kleiner ist als die Elektronenpaarungsenergie, sind die gebildeten Komplexe High Spin; wenn sie größer ist als die Elektronenpaarungsenergie, werden Low-Spin-Komplexe gebildet.

Die elektronische Spektroskopie von Übergangsmetallkomplexen spiegelt Übergänge von Elektronen zwischen molekularen Wellenfunktionen wider, die normalerweise aus *d* Unterschalen des Metalls gemischt mit *p* Orbitalen des Liganden bestehen, oder in einigen Fällen zwischen dem Metall und einer Wellenfunktion, die stärker auf einem der Liganden lokalisiert ist [133, 134]. Die *d-d* Übergänge treten normalerweise in den sichtbaren und UV-Bereichen der Spektren auf. Sie haben relativ schwache Extinktionskoeffizienten im Bereich von 1 bis 500 $M^{-1}cm^{-1}$ für Übergänge zwischen Zuständen mit dem gleichen Spin und weniger als 0,1 $M^{-1}cm^{-1}$ für Übergänge zwischen Zuständen mit unterschiedlichen Spins. Da oktaedrische Komplexe ein Zentrum der Inversionssymmetrie haben, sind ihre *d-d* Anregungen durch die Laporte-Regel verboten und werden nur erlaubt, wenn die Symmetrie gestört ist. Tetraedrische Komplexe, denen die Inversionssymmetrie fehlt, haben *d-d* Übergänge mit größeren Extinktionskoeffizienten. Komplexe von Co mit H_2O oder Cl^- veranschaulichen diesen Punkt. Der oktaedrische $[Co(H_2O)_6]^{2+}$ Komplex hat eine schwache Absorptionsbande um 500 nm mit einem Extinktionskoeffizienten von etwa 10 $M^{-1}cm^{-1}$, der dem Komplex eine blassrosa Farbe verleiht, während eine breite Absorptionsbande im Bereich von 700 nm mit $\varepsilon \approx 500$ $M^{-1}cm^{-1}$ den tetraedrischen $[Co(Cl)_4]^{2-}$ Komplex tiefblau macht. Verzerrungen, die eine Entartung der *d* Orbitale in einer Unterschale aufheben, sind als *Jahn-Teller* Verzerrungen bekannt und existieren häufig in Komplexen mit ungepaarten elektronischen Spins in entarteten Orbitalen [135]. Änderungen der Ligand-Metall-Bindungsabstände im angeregten Zustand können zu einem Intersystemübergang zu einer metastabilen Konfiguration mit höherem oder niedrigerem Spin führen [136].

Einige Übergangsmetallkomplexe mit Liganden, die niedrig liegende π-Akzeptororbitale haben, weisen starke Absorptionsbanden auf, die die Übertragung eines Elektrons vom Metall auf einen Liganden widerspiegeln. Diese werden als *Metall-zu-Ligand-Ladungstransfer* (MLCT) Banden bezeichnet. Der Komplex von Ru(II) mit drei Molekülen 2,2′-Bipyridin liefert ein wichtiges Beispiel (Abb. 4.33). In Wasser hat Tris(2,2′-Bipyridin)ruthenium(II)chlorid eine breite MLCT-Bande bei 452 nm mit einem Extinktionskoeffizienten von $1{,}4 \times 10^4$ $M^{-1}cm^{-1}$, zusätzlich zu einer schärferen Absorptionsbande der Bipyridin-Liganden bei 285 nm [137]. Die Energie der MLCT-Bande in diesem und anderen ähnlichen Komplexen hängt weitgehend von der Differenz zwischen dem Oxidationspotential des Metalls und dem Reduktionspotential des Liganden ab. Das durch den Ladungstransferübergang erzeugte Radikalpaar entsteht in einem Singulett-Zustand, entspannt sich aber schnell zu einem langlebigeren Triplett-Zustand. Resonanz-Raman-Studien und Messungen der linearen Dichroismus und

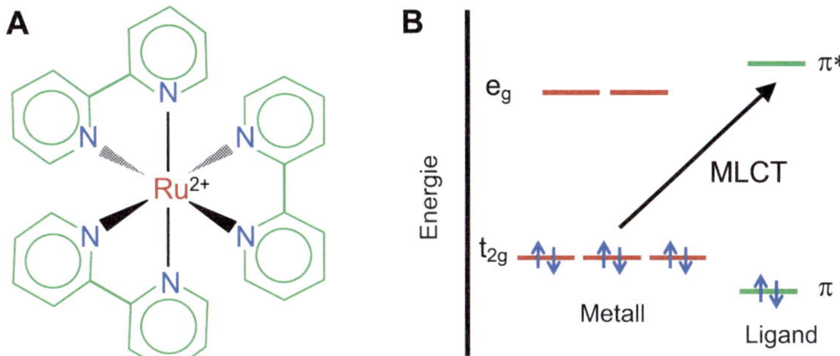

Abb. 4.33 (**A**) Struktur von Tris(2,2'-Bipyridin)ruthenium(II). (**B**) Die relativen Energien der 4*d*-Orbitale *(Metall)* und das HOMO (π) und LUMO (π*) von 2,2'-Bipyridin *(Ligand)*. Die Ru d_{z^2} und $d_{x^2-y^2}$ Orbitale (gemeinsam als e_g bezeichnet) sind nahe den elektronegativen Atomen der Liganden konzentriert und sind in der Energie relativ zu d_{xy}, d_{xz} und d_{yz} (gemeinsam als t_{2g} bezeichnet) verschoben. Ru(II) im Trisbipyridyl-Komplex hat sechs t_{2g}-Elektronen mit gepaarten Spins *(kleine blaue Pfeile)*, wobei die e_g-Orbitale leer bleiben. Da die *d*-Orbitale zentrosymmetrisch sind und gerade Inversionssymmetrie haben, sind Anregungen von t_{2g} zu e_g formal durch die Laporte-Regel verboten, obwohl sie zu einem schwachen Absorptionsband im nahen IR führen können (Kap. 9). Anregungen vom HOMO zum LUMO eines Liganden sind in der Regel erlaubt und ergeben ein Absorptionsband im nahen UV. Die Metall- und Ligandenorbitale überlappen ausreichend, so dass Anregungen von t_{2g} zu π* ebenfalls erlaubt sind und ein MLCT-Absorptionsband im sichtbaren Bereich des Spektrums ergeben

Emissions-Anisotropie zeigen, dass das übertragene Elektron auf der Zeitskala der molekularen Schwingungen auf einer einzelnen Bipyridylgruppe verbleibt und mit einer Zeitkonstanten von etwa 50 ps von einem Liganden zum anderen hüpft [138–145]. Wie für Anregungen zu erwarten, die erhebliche Bewegungen der elektrischen Ladung beinhalten, sind MLCT-Energien stark empfindlich gegenüber solvatochromen und Stark-Effekten [146–149].

Die durch MLCT-Anregungen von Ru(II)-Komplexen erzeugten Ladungstransferspezies können ein Elektron vom reduzierten Liganden zu einer Vielzahl von sekundären Akzeptoren übertragen [137, 145, 150–152]. Das oxidierte Ru-Atom kann auch ein Elektron von einem sekundären Donor extrahieren. Diese photochemischen Reaktionen werden intensiv untersucht wegen ihrer potenziellen Anwendungen in der Solarenergiegewinnung [145, 153–156]. Ähnliche Komplexe von Ir(III) mit 2-Phenylpyridyl-Liganden werden ausgiebig in Leuchtdioden verwendet [157, 158].

Absorptionsbanden, die eine Ladungsübertragung in die entgegengesetzte Richtung widerspiegeln (*Ligand-zu-Metall-Ladungsübertragung,* oder LMCT-Banden) sind in einigen Komplexen zu sehen, die Metalle in hohen Oxidationszuständen oder Liganden mit Elektronen in relativ hochenergetischen besetzten Orbitalen enthalten. Die violette Farbe von Permanganat (MnO_4^-) Ionen, zum Beispiel, resultiert aus einem LMCT-Übergang, bei dem ein Elektron von einem gefüllten *p*-Orbital eines Sauerstoffatoms zu einem *d*-Orbital des zentralen

Mn(VII) wechselt. Andere Arten von Ladungsübertragungsübergängen werden in den Kapiteln 5 und 8 diskutiert.

Die UV-Spektren einiger Übergangsmetallkomplexe enthalten Anregungen von Metall-d-Orbitalen zu Orbitalen, die atomaren Orbitalen von atomaren Fragmenten ähneln, die durch Dissoziation erzeugt werden [159, 160]. Diese werden nach dem schwedischen Physiker Johannes Rydberg, der 1890 bemerkte, dass die Wellenlängen der Spektrallinien von Wasserstoff empirisch durch den Ausdruck $1/\lambda = R\left(1/n_1^2 - 1/n_2^2\right)$ beschrieben werden können, bei dem n_1 und n_2 ganze Zahlen mit $n_2 > n_1$ sind und R eine Konstante mit dem Wert $1{,}09678 \times 10^5\ \text{cm}^{-1}$ ist. Die Serie mit $n_1 = 1$ sagte die Lyman-Linien voraus (die einzigen, die zu Rydbergs Zeit bekannt waren), die bei 121,6 nm für $n_2 = 2$, 102,6 nm für $n_2 = 3$ und 97,3 nm für $n_2 = 4$ auftreten. Zusätzliche Serien von Linien, die später entdeckt wurden, passten zu Rydbergs Ausdruck mit unterschiedlichen Werten von n_1. Die Serie mit $n_1 = 2$ sagt die Balmer-Linien voraus; die mit $n_1 = 3$ die Paschen-Linien und die mit $n_1 = 4$ die Brackett-Linien. Eine zufriedenstellende Rationalisierung von Rydbergs empirischem Ausdruck musste die Erkenntnis abwarten, dass die Energie eines spektralen Übergangs bei der Wellenlänge λ proportional zu $1/\lambda$ ist und Bohrs Vorschlag im Jahr 1913, dass die Energien von atomaren Orbitalen reziprok quadratisch von der Hauptquantenzahl (n in Gl. (2.34)) abhängen. Die Rydberg-Konstante R ist die Ionisierungsenergie eines Atoms im Bohrschen Modell der Atomstruktur. Für ein Atom mit Kernladung Z gibt Bohrs Theorie die Rydberg-Konstante als $R = \frac{Z^2 m_e e^4}{8\varepsilon_0 h^3 c}$ an, wobei m_e die Ruhemasse eines Elektrons, e die Elementarladung, ε_0 die Permittivität des freien Raums und h und c ihre üblichen Bedeutungen haben. Die Rydberg-Konstante ist eine der genauest-gemessenen physikalischen Konstanten.

Rydberg-Übergänge, Anregungen von molekularen Orbitalen zu Rydberg-Orbitalen, wurden in den Fern-UV-Absorptionsspektren einer Vielzahl von Systemen beobachtet. Anregungen von $Fe(CO)_5$-Komplexen von einem $3d$-Orbital zu Rydberg-Orbitalen, die $4s$, $4p$ und $4d$-atomaren Orbitalen ähneln, haben Energien im Bereich von 50.000 bis 62.000 cm^{-1} [160]. Aldehyde und Ketone haben Absorptionsbanden im Vakuum-UV, die Rydberg-Übergänge von einem nichtbindenden Orbital des Carbonyl-Sauerstoffatoms zu einem $3s$-Rydberg-Orbital widerspiegeln [161–164].

4.16 Thermodynamik der Photoanregung

Absorption von einem Photon mit der Energie $h\nu$ erhöht die innere Energie (E_a) des Absorbers um den gleichen Betrag. Da die Änderung des molekularen Volumens in der Regel relativ klein ist, erhöht sich auch die Enthalpie des Absorbers ($H_a = E_a + PV$) um etwa $h\nu$. Allerdings erhöht sich in der Regel auch die Entropie des Absorbers (S_a), wodurch die Zunahme der freien Energie ($\Delta G_a = \Delta H_a - T\Delta S_a$, die Menge an nützlicher Arbeit, die der Absorber für jedes absorbierte Photon leisten könnte) kleiner ist als $h\nu$ [165]. Betrachten wir die Entropie eines Absorbers unmittelbar nach der Anregung, bevor vibrationale Relaxationen irgendeine der Photonenenergie an die Umgebung abgegeben haben. Nehmen wir an, das System umfasst N identische absorbierende Moleküle, die auf eine Reihe von m vibronischen Zuständen verteilt sind, mit n_i Molekülen im Zustand i. Nehmen wir an, dass das System kontinuierlich und gleichmäßig beleuchtet wird, so dass alle Moleküle zur gleichen Zeit die gleiche *a priori* Wahrscheinlichkeit haben, sich in einem angeregten Zustand zu befinden. Solange wir Wechselwirkungen mit der Umgebung ausschließen, stellen die Absorber ein isoliertes System mit einer festen Anzahl von Teilchen dar, oder in der Sprache der statistischen Mechanik, ein mikrokanonisches Ensemble. Die Entropie eines solchen Ensembles wird durch den berühmten Ausdruck von Boltzmann gegeben:

$$S_a = k_B \ln(\Omega), \tag{4.67}$$

wo k_B die Boltzmann-Konstante ($1{,}3806 \times 10^{-23}$ J $\cdot$ K^{-1} oder $8{,}6173 \times 10^{-5}$eV $\cdot$ K^{-1}) und Ω, die Vielfachheit des Systems, ist die Anzahl der Möglichkeiten, wie die einzelnen Moleküle den verschiedenen Zuständen zugeordnet werden könnten [166–170].

Die Vielfachheit Ω in Gl. (4.67) ist das Produkt aus zwei Faktoren. Da die Moleküle anhand ihrer Positionen unterschieden werden können, ist ein Faktor die Anzahl der Möglichkeiten, N unterscheidbare Teilchen auf m Gruppen zu verteilen, so dass n_i Teilchen in Gruppe m_i sind. Dies ist $N!/\prod_{i=1}^{m} n_i!$ (Abb. 4.34A). Der andere Faktor ist $\prod_{i=1}^{m} \omega_i$, wobei ω_i die Entartung des Zustands i ist (die Anzahl der Unterzustände mit Energie $E_i \pm \delta E$, wobei δE ein beliebiger, kleiner Energiebereich ist). Kombiniert man die beiden Faktoren, erhält man

$$S_a = k_B \ln\left[\left(\prod_{i=1}^{m} \omega_i\right)\left(N!/\prod_{i=1}^{m} n_i!\right)\right] = k_B \sum_{i=1}^{m} \ln\omega_i + k_B \ln\left(N!/\prod_{i=1}^{m} n_i!\right). \tag{4.68}$$

Lassen Sie nun n_g die Population von Molekülen in einem Grundzustand mit der Energie E_g sein, lassen Sie n_e die Population von Molekülen in einem angeregten Zustand mit der Energie $E_e = E_g + h\nu$ sein, und nennen Sie die Entartungen dieser Zustände ω_g und ω_e. Wenn ein angeregtes Molekül in den Grundzustand zurückfällt und dabei ein Photon emittiert, verringert sich die Population des angeregten Zustands auf $n_e - 1$, während die des Grundzustands auf $n_g + 1$ ansteigt. Dies ändert die Entropie der Absorber zu

$$S_a' = k_B \sum_{i=1}^{m} \ln\omega_i + k_B \ln\left(\omega_g/\omega_e\right) + k_B \ln\left(N!/\left(\frac{n_g+1}{n_e}\right)\prod_{i=1}^{m} n_i!\right). \tag{4.69}$$

Die Anregung eines Moleküls muss daher die Entropie der Absorber erhöhen um

$$\Delta S_a = S_a - S_a' = \Delta S_a^0 + k_B \ln\left(\frac{n_g+1}{n_e}\right), \tag{4.70}$$

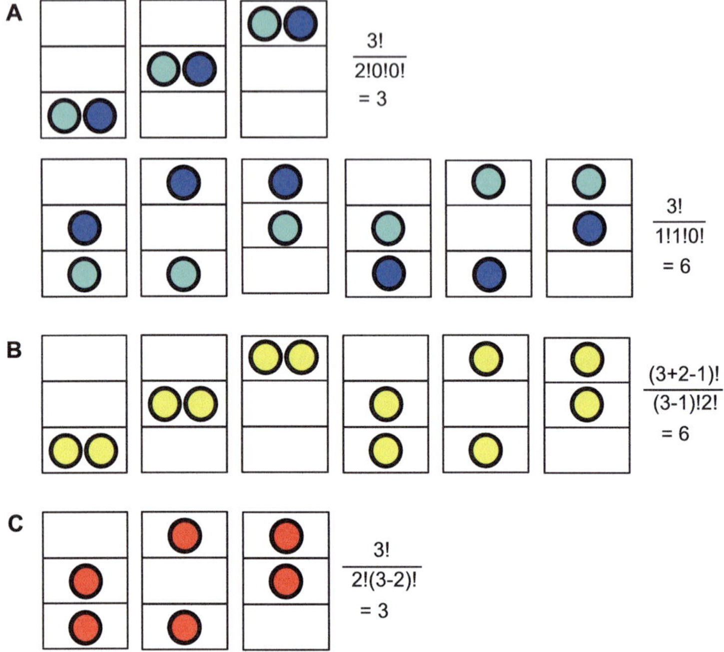

Abb. 4.34 Die Anzahl der Möglichkeiten, eine Menge von Objekten auf verschiedene Zustände zu verteilen, hängt davon ab, ob die Objekte unterscheidbar sind und wie viele Objekte gleichzeitig denselben Zustand einnehmen können. (**A**) Die *cyan- und blau gefüllten Kreise* stellen zwei unterscheidbare Moleküle dar und die Rechtecke repräsentieren drei Zustände. Die Anzahl der verschiedenen Möglichkeiten, N unterscheidbare Objekte auf m Zustände zu verteilen, so dass Zustand $m_i n_i$ Objekte hat ($\sum_i n_i = N$) ist $N!/\prod_{i=1}^{m} n_i!$. Es gibt 3 Möglichkeiten, beide Moleküle in denselben Zustand zu bringen ($3!/2!0!0! = 3$), und 6 Möglichkeiten, sie in verschiedene Zustände zu bringen ($3!/1!1!0! = 6$). (**B**) Die *gelben Kreise* stellen zwei Bosonen dar (ununterscheidbare Teilchen, von denen eine beliebige Anzahl im selben Zustand sein kann). Die Anzahl der Möglichkeiten, N solche Teilchen auf m Zustände zu verteilen, ist $(m + N - 1)!/(m - 1)!N!$, oder 6 in diesem Beispiel. (**C**) Die *roten Kreise* stellen zwei Fermionen dar (ununterscheidbare Teilchen, von denen höchstens eines im selben Zustand sein kann). Die Anzahl der Möglichkeiten, N Fermionen auf m Zustände zu verteilen, ist $m!/(N - \mathrm{m})!N!$, oder 3 in diesem Beispiel

mit $\Delta S_a^0 = k_B \ln \left(\omega_e/\omega_g\right)$. In der üblichen Situation, dass $n_g >> 1$ ist, reduziert sich Gl. (4.70) auf

$$\Delta S_a = \Delta S_a^0 + k_B \ln \left(n_g/n_e\right) = \Delta S_a^0 - k_B \ln \left(n_e/n_g\right). \quad (4.71)$$

Der Beitrag des Terms in n_e/n_g dominiert in der Regel stark über den von ΔS_a^0.

Beachten Sie erneut, dass die Absorber zu diesem Zeitpunkt der Analyse nicht im thermischen Gleichgewicht mit ihrer Umgebung sind. Das Absorberensemble ist jedoch im Sinne eines Gleichgewichts insofern, als alle Absorber die gleiche Wahrscheinlichkeit haben, angeregt zu werden, da wir angenommen haben, dass die Moleküle identisch sind und die Beleuchtung gleichmäßig ist. Eine Verschiebung einer Anregung von einer Stelle zu einer anderen würde die Energie des Ensembles nicht verändern oder die maximale Arbeit beeinflussen, die das System leisten könnte. Die Anregungsentropie hängt daher nicht von der Fähigkeit der Anregungen ab, sich über alle Stellen auf einer bestimmten Zeitskala zu verteilen.

Die Gl. (4.67–4.70) setzen auch keine Beschränkungen für die Größe des Absorberensembles. Sie gelten sowohl für ein großes Ensemble als auch für den idealisierten Fall eines einzelnen Moleküls mit zwei nichtentarteten Zuständen. Für ein einzelnes Molekül ist $\Omega = 1$, unabhängig davon, ob das Molekül angeregt ist oder nicht, so dass ΔS_a null ist. Gl. (4.71) erfordert ein größeres Ensemble, aber nach der ergodischen Hypothese der statistischen Mechanik gilt sie auch für ein einzelnes Molekül, wenn wir die Populationen n_e und n_g durch die zeitgemittelten Wahrscheinlichkeiten ersetzen, das Molekül in den angegebenen Zuständen zu finden, vorausgesetzt, die Mittelwerte werden über einen ausreichend langen Zeitraum bewertet.

Um zu sehen, wie ΔS_a von der Intensität der Strahlung abhängt, nehmen wir an, ein Ensemble von Absorbern wird kontinuierlichem Licht mit einer Bestrahlungsstärke von $I(\nu) = I_B(\nu) + I_r(\nu)$ ausgesetzt, wobei $I_B(\nu)$ die diffuse Schwarzkörperstrahlung aus der Umgebung bei der Umgebungstemperatur (T) und $I_r(\nu)$ ist die Strahlung aus jeder zusätzlichen Quelle. Moleküle, die bei der Frequenz ν absorbieren, werden mit einer Geschwindigkeitskonstante erster Ordnung $k_e = \int I(\nu)\sigma(\nu)d\nu$ angeregt und kehren mit der Geschwindigkeitskonstante $k_g = k_e + k_f + k_{nr}$ in den Grundzustand zurück, wobei $\sigma(\nu)$ der Absorptionsquerschnitt (Abschn. 4.3) ist, k_f ist die Geschwindigkeitskonstante für Fluoreszenz, und k_{nr} ist die Gesamtgeschwindigkeitskonstante für alle nicht-strahlenden Zerfallspfade. Der Beitrag von k_e zu k_g stellt die stimulierte Emission dar. Im stationären Zustand wird das Verhältnis n_e/n_g

$$\frac{n_e}{n_g} = \frac{k_e}{k_g} = \frac{\int I(\nu)\sigma(\nu)d\nu}{I(\nu)\sigma(\nu)d\nu + k_f + k_{nr}}. \tag{4.72}$$

Im Grenzfall sehr starker Beleuchtung, wenn die Raten von Anregung und stimulierter Emission viel größer sind als die Rate von Fluoreszenz und anderen Zerfallsprozessen ($k_e >> k_f + k_{nr}$), nähert sich n_e/n_g einer ins. Gl. (4.71) ergibt dann $\Delta S_a \approx \Delta S_a^0$, das normalerweise viel kleiner ist als $h\nu/T$. In dieser Grenze nähert sich die freie Energie der Anregung $(\Delta G_a)h\nu$. Im entgegengesetzten Grenzfall sehr schwacher Strahlung ($I \approx I_B$), wenn die Absorber sich ihrem thermischen Gleichgewicht mit ihrer Umgebung nähern, geht n_e/n_g auf das Verhältnis über, das durch die Boltzmannverteilung gegeben ist, $n_e/n_g = \exp(-h\nu/k_BT)$. Gl. (4.71) ergibt dann $\Delta S_a = \Delta S_a^0 + h\,\nu/T \approx h\,\nu/T$, und ΔG_a geht gegen null. Abb. 4.35 zeigt Ergebnisse für typische mittlere Lichtintensitäten, so dass $I >> I_B$ aber $k_e << k_f + k_{nr}$. In dieser Region liegt ΔS_a für die Absorption von sichtbarem Licht bei Raumtemperatur in der Größenordnung von 25% von $h\nu/T$, abhängig hauptsächlich von k_{nr}.

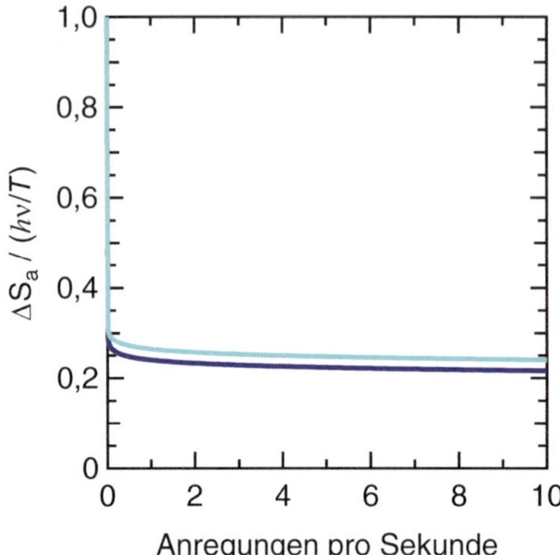

Abb. 4.35 Änderung der Entropie (ΔS_a) in Verbindung mit Anregung eines Absorbers als Funktion der Anregungsratekonstante ($k_e = \int I(\nu)\sigma(\nu)d\nu$), wobei die Gesamtzerfallsrate k_g entweder auf 10^{10} *(Zyan-Kurve)* oder 10^{11} s^{-1} *(dunkelblaue Kurve)* festgelegt ist. Die Entropie wird relativ zu $h\nu/T$ für die Absorption bei 500 nm ($h\nu = 2{,}48$ eV $= 3{,}98 \times 10^{-19}$ J) und $T = 300$ K ausgedrückt. Mögliche Beiträge von Entartungen des angeregten Zustands $\left(\Delta S_a^0\right)$ werden vernachlässigt. Die Werte von k_g wurden unter der Annahme gewählt, dass der angeregte Absorber in eine produktive nicht-strahlende Reaktion mit einer Geschwindigkeitskonstante (k_{nr}) eintritt, die etwa 100-mal größer ist als die Geschwindigkeitskonstante für Fluoreszenz (k_f). Ein hoher Wert von k_{nr} im Verhältnis zu k_f und den Geschwindigkeitskonstanten für konkurrierende unproduktive Prozesse ist für eine effiziente Photochemie notwendig. Um die Abszissen-Skala in Perspektive zu setzen, betrachten Sie eine Anregung in einem Absorptionsband bei 500 nm mit einem mittleren Extinktions-Koeffizienten von $10^5\,M^{-1}\cdot cm^{-1}$, was einem mittleren Absorptions-Querschnitt von $3{,}82 \times 10^{-16}$ cm^2 entspricht. Nehmen Sie an, der Absorber wird vollem Sonnenlicht ausgesetzt, das eine Bestrahlungsstärke bei 500 nm von etwa 1,35 $W \cdot m^{-2} . nm^{-1}$ an der Erdoberfläche hat, unter der Annahme einer klaren Atmosphäre und einem Sonnenzenitwinkel von 60°. Wenn die Absorptionsbande eine Breite von 10 nm hat, beträgt die gesamte Bestrahlungsstärke $1.35 \times 10^{-3} J \cdot cm^{-2} \cdot s^{-1}$ oder $3{,}40 \times 10^{15}$ Photonen $\cdot cm^{-2} \cdot s^{-1}$, was $k_e = 1{,}30$ Anregungen pro Sekunde, $\Delta S_a = 2{,}16 \times 10^{-3}$ $eV \cdot K^{-1}$, und $T\Delta S_a = 0{,}65$ eV ergibt.

Wir wenden uns nun der Änderung der Entropie zu, wenn ein Strahlungsfeld ein Photon verliert (ΔSr). Dieser Ausdruck ist im Allgemeinen negativ, aber kleiner im Betrag als ΔS_a. Die Gesamtänderung der Entropie ist daher größer oder gleich Null, in Übereinstimmung mit dem zweiten Hauptsatz der Thermodynamik. Die einfachste Situation ist der reversible Verlust eines Photons aus Schwarzkörperstrahlung bei der Temperatur T_r (Abschn. 3.2), für den die klassische thermodynamische Definition der Entropieänderung (die Menge der übertragenen Wärme, wenn ein Prozess auf einem reversiblen Pfad stattfindet, geteilt durch die Temperatur) ergibt

$$\Delta S_r = -h\nu / T_r. \tag{4.73}$$

Das Spektrum der Sonnenstrahlung, das die Oberseite der Erdatmosphäre erreicht, ähnelt der Schwarzkörperstrahlung eines Emitters bei 5520 K (siehe Abb. 5.23). Absorption und Streuung in der Atmosphäre verringern die scheinbare Temperatur auf etwa 5200 K auf Meereshöhe. Die Gesamtentropieänderung ($\Delta S_a + \Delta S_r$) in Verbindung mit der Photoanregung hier beträgt daher in der Größenordnung $0{,}25h\nu/(300\text{ K}) - h\nu/(5200\text{ K}) = 0{,}20h\nu/(300\text{ K})$. Diese Entropiezunahme setzt eine obere Grenze für die Effizienz der Umwandlung von Sonnenenergie in nutzbare Arbeit [165, 171–174]. Sie hindert jedoch nicht ein einzelnes angeregtes Molekül daran, zu reagieren und ein Produkt mit einer internen Energie von $h\nu$, oder sogar etwas höher, zu bilden.

Allgemeinere Ausdrücke für die Entropie der Strahlung können durch Überlegungen ähnlich denen für ein Ensemble von Absorbern erhalten werden, außer dass Bose-Einstein-Statistik verwendet werden muss, weil Photonen ununterscheidbar sind und eine beliebige Anzahl von Photonen im gleichen Zustand sein kann (Kasten 2.6) [175–178]. Betrachten Sie ein Ensemble von N Photonen mit einer schmalen Bandbreite von Frequenzen, die m verschiedene Schwingungsmodi darstellen. Die Anzahl der Möglichkeiten, die Photonen verschiedenen Schwingungsmodi zuzuordnen, ist $(N + m - 1)!/(m - 1)!N!$ (Abb. 4.34B). Die Verwendung dieses Ausdrucks für die Vielfalt Ω in Gl. (4.65) ergibt die Entropie der Photonen:

$$S_r = k_B \ln\left[\frac{(N+m-1)!}{(m-1)!N!}\right]. \tag{4.74}$$

Für Breitbandstrahlung bräuchten wir das Integral $\int S_r(\nu)d\nu$, in dem N und m Funktionen der Frequenz sind.

Gl. (4.74) kann in einer gängigen Situation, dass $m >> 1$, in eine bequemere Form gebracht werden, weil wir dann die Beiträge von -1 im Vergleich zu m in den Argumenten vernachlässigen können und Stirlings Näherung verwenden können, um $\ln(x!) \approx x \ln(x)$ zu setzen. Mit diesen Annäherungen führt eine Umordnung von Gl. (4.74) zu

$$S_r = k_B m\left[\left(1+\frac{N}{m}\right)\ln\left(1+\frac{N}{m}\right) - \left(\frac{N}{m}\right)\ln\left(\frac{N}{m}\right)\right]. \tag{4.75}$$

Aus Gl. (4.74) finden wir, dass der Verlust eines Photons die Entropie des Ensembles ändert um

$$\begin{aligned}\Delta S_r &= k_B \ln\left[\frac{N!}{(N-1)!}\right] - k_B \ln\left[\frac{(N+m-1)!}{(N+m-2)!}\right] = k_B \ln(N) - k_B \ln(N+m-1) \\ &= -k_B \ln\left(1+\frac{m}{N}-\frac{1}{N}\right).\end{aligned} \tag{4.76a}$$

Dieser Ausdruck gilt für beliebige Werte von m und N, vereinfacht sich jedoch zu

$$\Delta S_r = \quad k_B \ln(1 + m/N) \tag{4.76b}$$

wenn $N >> 1$. ΔS_r geht gegen Null, wenn $m = 1$.

Für Schwarzkörperstrahlung in einem Würfel mit Volumen V ist die Anzahl der Oszillationsmodi im Frequenzintervall $d\nu$ *gleich* $m(\nu) = 8\pi n^3\nu^2 V/c^3 d\nu$ (Gl. (3.39)), und bei Temperatur T_r ist die Anzahl der Photonen $N(\nu) = (8\pi n^3\nu^2 V/c^3 d\nu)/[\exp(h\nu/k_B T_r) - 1]$ (Gl. (3.41a)). Das Verhältnis m/N für Schwarzkörperstrahlung ist daher $[\exp(h\nu/k_B T_r) - 1]$. Setzt man diesen Ausdruck für m/N in Gl. (4.76b) ein, erhält man Gl. (4.71).

Nach der Absorption eines Photons durchläuft ein angeregtes Molekül in der Regel Relaxationen, die die vibronische Reorganisationsenergie auf die Familie der vibronischen Modi des Moleküls verteilen und einen Teil der Anregungsenergie als Wärme an die Umgebung abgeben. Intramolekulare vibronische Verteilungen erhöhen die Entropie des Absorbers, während die Wärmeabgabe die Entropie des Absorbers verringert, aber die Entropie der Umgebung erhöht. In der harmonischen Näherung kann die vibronische Entropie eines Moleküls im thermischen Gleichgewicht geschrieben werden

$$S_V = k_B \sum_j \left\{ \frac{\left(h\upsilon_j/k_B T\right)\exp\left(-h\upsilon_j/k_B T\right)}{1 - \exp\left(-h\upsilon_j/k_B T\right)} - \ln\left[1 - \exp\left(-h\upsilon_j/k_B T\right)\right] \right\}, \tag{4.77}$$

wo υ_j die Frequenz des vibronischen Modus j ist [179]. Abb. 4.36 zeigt die Abhängigkeit dieser Funktion von υ_j für einen einzelnen vibronischen Modus. Da der Beitrag zu S_V steil ansteigt, wenn υ_j gegen null geht, führt die Verteilung der vibronischen Energie von einem hochfrequenten vibronischen Modus eines Absorbers auf viele niederfrequente Modi der Umgebung zu einer insgesamt erhöhten Entropie. Es kann jedoch eine entgegengesetzte Entropieverminderung durch die Ordnung des Lösungsmittels auftreten, wenn der Absorber im angeregten Zustand polarer ist als im Grundzustand. In einigen Fällen kann sich auch das angeregte

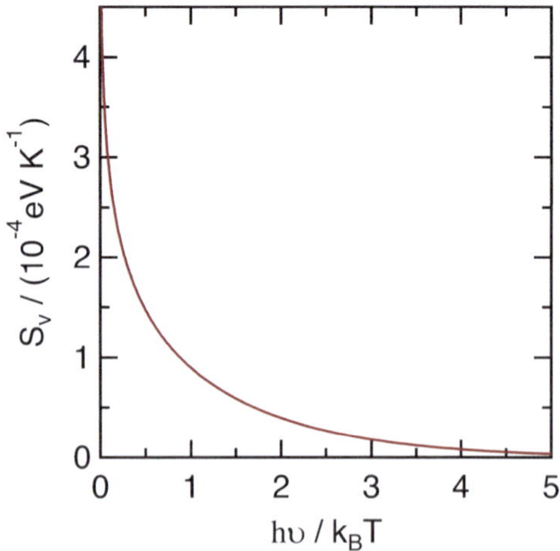

Abb. 4.36 Vibronische Entropie eines Systems mit einem einzigen harmonischen Modus mit Frequenz ν, berechnet nach Gl. (4.77). Es wird angenommen, dass das System sich im thermischen Gleichgewicht mit seiner Umgebung befindet

Molekül selbst in eine eingeschränktere Geometrie entspannen. 4-Methylbiphenyl und 4-Methylbenzophenon haben beispielsweise im Grundzustand flexible, verdrehte Geometrien und im angeregten Triplettzustand steifere, planare Strukturen. Entropieänderungen, die mit solchen strukturellen Änderungen verbunden sind, wurden aus der Temperaturabhängigkeit der Gleichgewichtskonstante für die Übertragung von Triplettanregungen auf oder von anderen Molekülen mit konstanteren Geometrien gemessen [180, 181].

4.17 Fragen

1. Das höchstbesetzte Molekülorbital (HOMO) und das niedrigst unbesetzte Molekülorbital (LUMO) von Ethylen können als symmetrische und antisymmetrische Kombinationen von atomaren p_z Orbitalen (ψ_{p1} und ψ_{p2}) dargestellt werden, die auf den beiden Kohlenstoffatomen zentriert sind: $\Psi_A = \frac{1}{\sqrt{2}}(\psi_{p1} + \psi_{p2})$ und $\Psi_b = \frac{1}{\sqrt{2}}(\psi_{p1} - \psi_{p2})$, jeweils. Ändert der Übergang $\Psi_a \rightarrow \Psi_b$ das permanente Dipolmoment von Ethylen? Erklären Sie.
2. Die untenstehende Grafik zeigt das Absorptionsspektrum eines Moleküls in Wasser (Brechungsindex Index = 1,33). Das Spektrum ist zur Vereinfachung der Integration vereinfacht. Berechnen Sie die Dipolstärke der Absorptionsbande und das Übergangsdipolmoment. Geben Sie die Einheiten beider Mengen an. Speichern Sie Ihre Ergebnisse für die Verwendung in den Fragen zu Kap. 5 und 6.

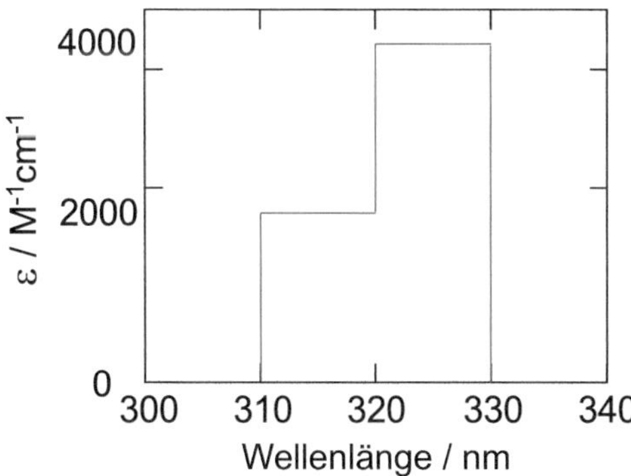

3. Beschreiben Sie die Born-Oppenheimer und Condon Näherungen, und erklären Sie, warum die Condon Näherung die restriktivere Annahme ist.
4. (*a*) Was ist ein Franck-Condon Faktor und welche Rolle spielen Franck-Condon Faktoren bei der molekularen Absorption? (*b*) Betrachten Sie ein Molekül, für das die Grund- und niedrigste angeregte elektronische Zustände identische harmonische Potenzialfunktionen haben. Wie würden die Franck-Condon Faktoren für verschiedene vibronische Anregungen aussehen und wie würde das Absorptionsspektrum aussehen?

5. Die zwei höchsten gefüllten molekularen Orbitale von *trans*-Butadien (ψ_1 und ψ_2) sind π-Orbitale, die durch lineare Kombination von atomaren p_z Orbitalen, die auf den vier Kohlenstoffatomen zentriert sind, beschrieben werden können. Die ersten beiden unbesetzten Orbitale (ψ_3 und ψ_4) können auf die gleiche Weise beschrieben werden. Die Tabelle unten gibt die atomaren Koordinaten der Kohlenstoffatome in *trans*-Butadien (x, y, z, in Å) und die Koeffizienten (C_i) für den Beitrag des p_z Orbitals des Atoms i zu jedem der vier molekularen Orbitale. (*a*) Die niedrigste Energieanregung von *trans*-Butadien besteht fast ausschließlich aus einer einzigen Konfiguration, $\psi_2 \rightarrow \psi_3$. Berechnen Sie den Übergangsdipolvektor und die Dipolstärke für diesen Übergang. (*b*) Jede der nächsten zwei Anregungen in aufsteigender Energieordnung beinhaltet zwei Konfigurationen. Die erste davon ist $0{,}6574(\psi_2 \rightarrow \psi_4) - 0{,}7535(\psi_1 \rightarrow \psi_3)$; die zweite ist $0{,}7535(\psi_2 \rightarrow \psi_4) + 0{,}6574(\psi_1 \rightarrow \psi_3)$. Zeigen Sie anhand der Symmetrie der molekularen Orbitale, dass beide dieser Übergänge verboten sind. (*c*) Die *nächsthöhere* Anregung besteht wieder fast ausschließlich aus der Konfiguration $\psi_1 \rightarrow \psi_4$. Erklären Sie qualitativ, warum die Dipolstärke für diesen Übergang erheblich kleiner sein wird als für $\psi_2 \rightarrow \psi_3$. (Sie müssen die Dipolstärke nicht berechnen, um dies qualitativ zu sehen; schauen Sie sich einfach die Symmetrie der Orbitale an.)

Atom	Koordinaten			Koeffizienten			
	x	y	z	ψ_1	ψ_2	ψ_3	ψ_4
1	−1,731	−0,634	0,000	0,4214	−0,5798	−0,5677	0,4050
2	−0,390	−0,626	0,000	0,5677	−0,4050	0,4214	−0,5798
3	0,389	0,626	0,000	0,5679	0,4049	0,4215	0,5796
4	1,731	0,634	0,000	0,4215	0,5796	−0,5679	−0,4049

6. In wässriger Lösung hat der reduzierte Nicotinamidring von NADH eine Absorptionsbande bei 340 nm. Die Anregung könnte ungefähr als Bewegung eines nichtbindenden Elektrons vom N-Atom des Pyridinrings zum Amid-O-Atom beschrieben werden, wie in den unten gezeigten Valenzstrichdiagrammen. Wenn NADH an Leberalkoholdehydrogenase (ADH) bindet, verschiebt sich die Bande auf 325 nm. Skizzieren Sie, wie Sie die Auswirkungen von Wasser und dem Protein auf (*a*) die Anregungsenergie und (*b*) die Reorganisationsenergie für diese Anregung berechnen könnten, basierend auf einer Kristallstruktur des Holoproteins. (*c*) Welche großen Annahmen würden die Zuverlässigkeit Ihrer Berechnung einschränken?

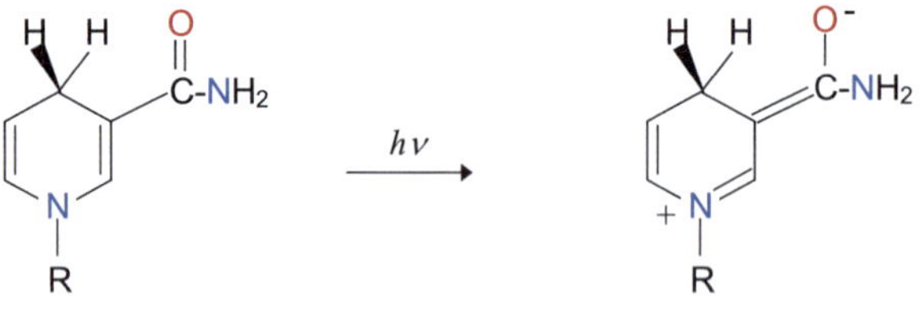

7. Röntgenstrahlen mit einer Energie von etwa $7{,}1 \times 10^6$ eV sind ausreichend energiereich, um ein Elektron aus der 1s-Schale von Fe zu lösen. Bei höheren Energien verlässt ein Elektron das Atom und trägt die überschüssige Energie als kinetische Energie. Knapp unterhalb dieser Kante hat Fe eine Absorptionsbande, die mit Übergängen von *1s* zur *3d*-Schale verbunden ist. Der *1s* → *3d*-Übergang ist sehr schwach, wenn das Fe-Atom sechs Liganden in einer oktaedrischen Anordnung bindet, vorausgesetzt, dass die Liganden auf gegenüberliegenden Seiten des Fe ähnlich sind. Es wird viel stärker, wenn Fe vier Liganden in einer tetraedrischen Anordnung hat, wie es bei einigen Metalloproteinen wie Rubredoxin der Fall ist. Wie könnten Sie diese Ergebnisse erklären? Hinweis: Atomare *s* und *d*-Orbitale haben beide die gleiche (gerade) Inversionssymmetrie in Bezug auf jede Achse, die durch das Zentrum des Atoms verläuft. Machen Sie sich für diese Frage keine Sorgen um den Spin eines Photons.
8. Die C=C-Bindung von Ethylen hat eine mittlere Länge von 1,33Å, wenn ein Molekül im Grundzustand ist. Die Bindungslänge erhöht sich um etwa 0,05Å im ersten angeregten Singulett $\pi - \pi^*$-Zustand. (*a*) Angenommen, die Streckung der Bindung ist ein harmonischer Schwingungsmodus mit einer Frequenz von 1623 cm^{-1} sowohl im Grund- als auch im angeregten Zustand, berechnen Sie die vibronische Kopplungsstärke (Huang-Rhys Faktor) und den Debye-Waller Faktor für diesen Modus. Unter den gleichen Annahmen berechnen Sie (*b*) die Franck-Condon-Faktoren für die Anregung vom niedrigsten Schwingungsniveau ($m = 0$) des Grundelektronenzustands zu den ersten drei Schwingungsniveaus ($m = 0$, 1 und 2) des angeregten Elektronenzustands und (*c*) die Franck-Condon-Faktoren für die Anregung vom $m = 1$-Niveau des Grundzustands zu den $m = 1$, 2 und 3-Niveaus des angeregten Zustands.
9. (*a*) Was besagt die Laporte'sche Auswahlregel? Regel (*b*) Wie wendet sie sich auf oktaedrische Übergangsmetallkomplexe an?
10. Wie beeinflussen die Liganden die Energien der *d*-Orbitale in (*a*) tetraedrischen, (*b*) oktaedrischen und (*c*) quadratisch-planaren Übergangsmetallkomplexen? (d) Was sind die *d*-Elektronenkonfigurationen (die Anzahl der *d*-Elektronen) in Fe^{3+}, Zn^{2+}, Ti^{3+}, Au^{1+} und Au^{3+}?
11. Wenn photosynthetische bakterielle Reaktionszentren bei 5 K mit Licht angeregt werden, überträgt ein Bakteriochlorophyll-Dimer ein Elektron auf ein benachbartes Molekül mit einer Zeitkonstante von etwa 1 ps. Es wurde vorgeschlagen, dass die Reaktion von einem Übergang des angeregten Dimers von seinem niedrigsten $\pi - \pi^*$-Zustand zu einem internen Ladungstransferzustand vorangegangen ist. Beobachtungen, die für diesen Vorschlag relevant waren, stammten aus Lochbrennstudien, die ebenfalls bei 5 K durchgeführt wurden und ein Zero-Phonon Loch mit einer Breite von etwa 6 cm^{-1} in der langwelligen Absorptionsbande des Dimers verursachten. Die Breite änderte sich nicht signifikant, als der für das Brennen des Lochs verwendete Laser über einen breiten Bereich abgestimmt wurde. Angenommen, die Anregung in der langwelligen Bande erzeugt den $\pi - \pi^*$-Zustand, was impliziert die Breite des Zero-Phonon Lochs über den Reaktionsmechanismus?

Literatur

1. Bakshiev, N.G., Girin, O.P., Libov, V.S.: Relation between the observed and true absorption spectra of molecules in a condensed medium III. Determination of the influence of an effective (internal) field according to the models of Lorentz and Onsager-Bötcher. Optics. Spectrosc. **14**, 395–398 (1963)
2. Shipman, L.: Oscillator and dipole strengths for chlorophyll and related molecules. Photochem. Photobiol. **26**, 287–292 (1977)
3. Myers, A.B., Birge, R.R.: The effect of solvent environment on molecular electronic oscillator strengths. J. Chem. Phys. **73**, 5314–5321 (1980)
4. Alden, R.G., Johnson, E., Nagarajan, V., Parson, W.W.: Calculations of spectroscopic properties of the LH2 bacteriochlorophyll-protein antenna complex from *Rhodopseudomonas sphaeroides*. J. Phys. Chem. B. **101**, 4667–4680 (1997)
5. Knox, R.S., Spring, B.Q.: Dipole strengths in the chlorophylls. Photochem. Photobiol. **77**, 497–501 (2003)
6. Thomas, W.: Über die Zahl der Dispersionselektronen, die einem stationären Zustande zugeordnet sind. Naturwissenschaften. **13**, 627–627 (1925)
7. Kühn, W.: Über die Gasamtstärke der von einem Zustand ausgehenden Absorptionslinien. Z. Phys. **33**, 408–412 (1925)
8. Reiche, F., Thomas, W.: Über die Zahl der Dispersionselektronen, die einem stationren Zustand zugeordnet sind. Z. Phys. **34**, 510–525 (1925)
9. Cotton, F.A.: Chemical Applications of Group Theory, 3rd edn. Wiley, New York (1990)
10. Harris, D.C., Bertolucci, M.D.: Symmetry and Spectroscopy. Oxford Univ. Press (reprinted by Dover, 1989), New York (1978)
11. Öhrn, Y.: Elements of Molecular Symmetry. Wiley-Interscience, New York (2000)
12. Lupei, V., Lupei, A.: Nd:YAG at its 50th anniversary: still to learn. J. Lumin. **169**, 426–439 (2015)
13. Verméglio, A., Clayton, R.K.: Orientation of chromophores in reaction centers of *Rhodopseudomonas sphaeroides*. Evidence for two absorption bands of the dimeric primary electron donor. Biochim. Biophys. Acta. **449**, 500–515 (1976)
14. Abdourakhmanov, I.A., Ganago, A.O., Erokhin, Y.E., Solov'ev, A.A., Chugunov, V.A.: Orientation and linear dichroism of the reaction centers from *Rhodopseudomonas sphaeroides* R-26. Biochim. Biophys. Acta. **546**, 183–186 (1979)
15. Paillotin, G., Verméglio, A., Breton, J.: Orientation of reaction center and antenna chromophores in the photosynthetic membrane of *Rhodopseudomonas viridis*. Biochim. Biophys. Acta. **545**, 249–264 (1979)
16. Rafferty, C.N., Clayton, R.K.: The orientations of reaction center transition moments in the chromatophore membrane of *Rhodopseudomonas sphaeroides*, based on new linear dichroism and photoselection measurements. Biochim. Biophys. Acta. **546**, 189–206 (1979)
17. Breton, J.: Orientation of the chromophores in the reaction center of *Rhodopseudomonas viridis*. Comparison of low-temperature linear dichroism spectra with a model derived from X-ray crystallography. Biochim. Biophys. Acta. **810**, 235–245 (1985)
18. Breton, J.: Low temperature linear dichroism study of the orientation of the pigments in reduced and oxidized reaction centers of *Rps. viridis* and *Rb. sphaeroides*. In: Breton, J., Verméglio, A. (eds.) The Photosynthetic Bacterial Reaction Center: Structure and Dynamics, pp. 59–69. Plenum Press, New York (1988)
19. Cone, R.A.: Rotational diffusion of rhodopsin in the visual receptor membrane. Nat. New Biol. **236**, 39–43 (1972)
20. Fotiadis, D., Liang, Y., Filipek, S., Saperstein, D.A., Engel, A., Palczewski, K.: The G protein-coupled receptor rhodopsin in the native membrane. FEBS Lett. **564**, 281–288 (2004)
21. Junge, W., Lill, H., Engelbrecht, S.: ATP synthase: an electrochemical transducer with rotatory mechanics. Trends Biol. Sci. **22**, 420–423 (1997)

22. Sabbert, D., Engelbrecht, S., Junge, W.: Functional and idling rotatory motion within F_1-ATPase. Proc. Natl. Acad. Sci. **94**, 4401–4405 (1997)
23. Lim, M., Jackson, T.A., Anfinrud, P.A.: Binding of CO to myoglobin from a heme pocket docking site to form nearly linear Fe-C-O. Science. **269**, 962–966 (1995)
24. Platt, J.R.: Molecular orbital predictions of organic spectra. J. Chem. Phys. **18**, 1168–1173 (1950)
25. Pariser, R., Parr, R.G.: A semi-empirical theory of the electronic spectra and electronic structure of complex unsaturated molecules. I. J. Chem. Phys. **21**, 466–471 (1953)
26. Pariser, R., Parr, R.G.: A semi-empirical theory of the electronic spectra and electronic structure of complex unsaturated molecules. II. J. Chem. Phys. **21**, 767–776 (1953)
27. Ito, H., I'Haya, Y.: The electronic structure of naphthalene. Theor. Chim. Acta. **2**, 247–257 (1964)
28. Mataga, N., Kubota, T.: Molecular Interactions and Electronic Spectra. Marcel Dekker, New York (1970)
29. Pariser, R.: Theory of the electronic spectra and structure of the polyacenes and of alternant hydrocarbons. J. Chem. Phys. **24**, 250–268 (1956)
30. Warshel, A., Karplus, M.: Calculation of ground and excited state potential surfaces of conjugated molecules. I. Formulation and parametrization. J. Am. Chem. Soc. **94**, 5612–5625 (1972)
31. Gouterman, M.: Optical spectra and electronic structure of porphyrins and related rings. In: Dolphin, D. (ed.) The Porphyrins, pp. 1–165. Academic Press, New York (1978)
32. Senge, M.O., Ryan, A.A., Letchford, K.A., MacGowan, S.A., Mielke, T.: Chlorophylls, symmetry, chirality, and photosynthesis. Symmetry. **6**, 781–843 (2014)
33. Gouterman, M.: Spectra of porphyrins. J. Mol. Spectrosc. **6**, 138–163 (1961)
34. McHugh, A.J., Gouterman, M., Weiss, C.J.: Porphyrins XXIV. Energy, oscillator strength and Zeeman splitting calculations (SCMO-CI) for phthalocyanine, porphyrins, and related ring systems. Theor. Chim. Acta. **24**, 346–370 (1972)
35. Parson, W.W., Warshel, A.: Spectroscopic properties of photosynthetic reaction centers. 2. Application of the theory to *Rhodopseudomonas viridis*. J. Am. Chem. Soc. **109**, 6152–6163 (1987)
36. Warshel, A., Parson, W.W.: Spectroscopic properties of photosynthetic reaction centers. 1. Theory. J. Am. Chem. Soc. **109**, 6143–6152 (1987)
37. Platt, J.R.: Classification of spectra of cata-condensed hydrocarbons. J. Chem. Phys. **17**, 484–495 (1959)
38. Weber, G.: Fluorescence-polarization spectrum and electronic energy transfer in tyrosine, tryptophan and related compounds. Biochem. J. **75**, 335–345 (1960)
39. Song, P. S., Kurtin, W.E.: A spectroscopic study of the polarized luminescence of indoles. J. Am. Chem. Soc. **91**, 4892–4906 (1969)
40. Auer, H.E.: Far ultraviolet absorption and circular dichroism spectra of L-tryptophan and some derivatives. J. Am. Chem. Soc. **95**, 3003–3011 (1973)
41. Lami, H., Glasser, N.: Indole's solvatochromism revisited. J. Chem. Phys. **84**, 597–604 (1986)
42. Callis, P.R.: Molecular orbital theory of the ^1L_b and ^1L_a states of indole. J. Chem. Phys. **95**, 4230–4240 (1991)
43. Callis, P.R.: ^1L_a and ^1L_b transitions of tryptophan: applications of theory and experimental observations to fluorescence of proteins. Meth. Enzymol. **278**, 113-150 (1997)
44. McHugh, A.J., Gouterman, M.: Oscillator strengths for electronic spectra of conjugated molecules from transition gradients. III. Polyacenes. Theor. Chim. Acta. **13**, 249–258 (1969)
45. Chong, D.P.: Oscillator strengths for electronic spectra of conjugated molecules from transition gradients. I. Mol. Phys. **14**, 275–280 (1968)
46. Schlessinger, J., Warshel, A.: Calculations of CD and CPL spectra as a tool for evaluation of the conformational differences between ground and excited states of chiral molecules. Chem. Phys. Lett. **28**, 380–383 (1974)

47. Mulliken, R.S., Rieke, C.A., Orloff, D., Orloff, H.: Formulas and numerical tables for overlap integrals. J. Chem. Phys. **17**, 1248–1267 (1949)
48. Král, M.: Optical rotatory power of complex compounds. Matrix elements of operators Del and R x Del. Collect. Czech. Chem. Commun. **35**, 1939–1948 (1970)
49. Harada, N., Nakanishi, K.: Circular Dichroic Spectroscopy: Exciton Coupling in Organic Stereochemistry. University Science Books, Mill Valley, CA (1983)
50. Miller, J., Gerhauser, J.M., Matsen, F.A.: Quantum Chemistry Integrals and Tables. Univ. of Texas Press, Austin (1959)
51. Tavan, P., Schulten, K.: The low-lying electronic excitations in long polyenes: a PPP-MRD-CI study. J. Chem. Phys. **85**, 6602–6609 (1986)
52. Chadwick, R.R., Gerrity, D.P., Hudson, B.S.: Resonance Raman spectroscopy of butadiene: demonstration of a 2^1A_g state below the 1^1B_u V state. Chem. Phys. Lett. **115**, 24–28 (1985)
53. Koyama, Y., Rondonuwu, F.S., Fujii, R., Watanabe, Y.: Light-harvesting function of carotenoids in photosynthesis: the roles of the newly found 1^1B_u state. Biopolymers. **74**, 2–18 (2004)
54. Birge, R.R.: 2-photon spectroscopy of protein-bound chromophores. Acc. Chem. Res. **19**, 138–146 (1986)
55. Koyama, Y., Kuki, M., Andersson, P.-O., Gilbro, T.: Singlet excited states and the light-harvesting function of carotenoids in bacterial photosynthesis. Photochem. Photobiol. **63**, 243–256 (1996)
56. Macpherson, A., Gilbro, T.: Solvent dependence of the ultrafast S_2–S_1 internal conversion rate of β-carotene. J. Phys. Chem. A. **102**, 5049–5058 (1998)
57. Polivka, T., Herek, J.L., Zigmantas, D., Akerlund, H.E., Sundström, V.: Direct observation of the (forbidden) S_1 state in carotenoids. Proc. Natl. Acad. Sci. USA. **96**, 4914–4917 (1999)
58. Born, M., Oppenheimer, R.: Zur Quantentheorie der Molekeln [On the quantum theory of molecules]. Ann. Phys. Lpz. **84**, 457–484 (1927)
59. Struve, W.S.: Fundamentals of Molecular Spectroscopy. Wiley Interscience, New York (1989)
60. Condon, E.U.: The Franck-Condon principle and related topics. Am. J. Phys. **15**, 365–374 (1947)
61. Manneback, C.: Computation of the intensities of vibrational spectra of electronic bands in diatomic molecules. Physica. **17**, 1001–1010 (1951)
62. Borrelli, R., DiDonato, M., Peluso, A.: Electron transfer rates and Franck-Condon factors: an application to the early electron transfer steps in photosynthetic reaction centers. Theoret. Chem. Acc. **117**, 957–967 (2007)
63. Capobianco, A., Borrelli, R., Noce, C., Peluso, A.: Franck-Condon factors in curvilinear coordinates: the photoelectron spectrum of ammonia. Theoret. Chem. Acc. **131**, 1181 (2012)
64. Borrelli, R., Capobianco, A., Peluso, A.: Franck-Condon factors: computational approaches and recent developments. Can. J. Chem. **91**, 495–504 (2013)
65. Lyle, P.A., Kolaczkowski, S.V., Small, G.J.: Photochemical hole-burned spectra of protonated and deuterated reaction centers of *Rhodobacter sphaeroides*. J. Phys. Chem. **97**, 6924–6933 (1993)
66. Zazubovich, V., Tibe, I., Small, G.J.: Bacteriochlorophyll *a* Franck-Condon factors for the S_0-->$S_1(Q_y)$ transition. J. Phys. Chem. B. **105**, 12410–12417 (2001)
67. Sharp, T.E., Rosenstock, H.M.: Franck-Condon factors for polyatomic molecules. J. Chem. Phys. **41**, 3453–3463 (1964)
68. Sando, G.M., Spears, K.G.: Ab initio computation of the Duschinsky mixing of vibrations and nonlinear effects. J. Phys. Chem. A. **104**, 5326–5333 (2001)
69. Sando, G.M., Spears, K.G., Hupp, J.T., Ruhoff, P.T.: Large electron transfer rate effects from the Duschinsky mixing of vibrations. J. Phys. Chem. A. **105**, 5317–5325 (2001)
70. Jankowiak, R., Small, G.J.: Hole-burning spectroscopy and relaxation dynamics of amorphous solids at low temperatures. Science. **237**, 618–625 (1987)

71. Volker, S.: Spectral hole-burning in crystalline and amorphous organic solids. Optical relaxation processes at low temperatures. In: Funfschilling, J. (ed.) Relaxation Processes in Molecular Excited States, pp. 113–242. Kluwer Academic Publ, Dordrecht (1989)
72. Friedrich, J.: Hole burning spectroscopy and physics of proteins. Meth. Enzymol. **246**, 226–259 (1995)
73. Reddy, N.R.S., Lyle, P.A., Small, G.J.: Applications of spectral hole burning spectroscopies to antenna and reaction center complexes. Photosynth. Res. **31**, 167–194 (1992)
74. Reddy, N.R.S., Picorel, R., Small, G.J.: B896 and B870 components of the *Rhodobacter sphaeroides* antenna: a hole burning study. J. Phys. Chem. **96**, 6458–6464 (1992)
75. Wu, H.-M., Reddy, N.R.S., Small, G.J.: Direct observation and hole burning of the lowest exciton level (B870) of the LH2 antenna complex of *Rhodopseudomonas acidophila* (strain 10050). J. Phys. Chem. **101**, 651–656 (1997)
76. Small, G.J.: On the validity of the standard model for primary charge separation in the bacterial reaction center. Chem. Phys. **197**, 239–257 (1995)
77. Johnson, E.T., Nagarajan, V., Zazubovich, V., Riley, K., Small, G.J., Parson, W.W.: Effects of ionizable residues on the absorption spectrum and initial electron-transfer kinetics in the photosynthetic reaction center of *Rhodobacter sphaeroides*. Biochemistry. **42**, 13673–13683 (2003)
78. Kosower, E.M.: The effect of solvent on spectra. I. A new empirical measure of solvent polarity: Z-values. J. Am. Chem. Soc. **80**, 3253–3260 (1958)
79. Dimroth, K., Reichardt, C.: Über Pyridinium-N-phenol-betaine und ihre Verwendung zur Charakterisierung der Polarität von Lösungsmitteln. V. Erweiterung der Lösungsmittel-polaritätsskala durch Verwendung Alkyl-substituierter Pyridinium-N-phenol-betaine. Liebigs Ann. Chem. **727**, 93–105 (1969)
80. Reichardt, C.: Solvatochromic dyes as solvent polarity indicators. Chem. Rev. **94**, 2319–2358 (1994)
81. Reichardt, C.: Pyridinium-N-phenolate betaine dyes as empirical indicators of solvent polarity: some new findings. Pure Appl. Chem. **80**, 1415–1432 (2008)
82. Effenberger, F., Würthner, F.: 5-dimethylamino-5'-nitro-2,2'-bithiophene–a new dye with pronounced positive solvatochromatism. Angew. Chem. Int. Ed. **32**, 719–721 (1993)
83. Reichardt, C., Welton, T.: Solvents and Solvent Effects in Organic Chemistry, 4th edn. Wiley-VCH, Weinheim (2011)
84. Machado, V.G., Stock, R.I., Reichardt, C.: Pyridinium N-phenolate betaine dyes. Chem. Rev. **114**, 10429–10475 (2014)
85. Budzák, S., Jaunet-Lahary, T., Laurent, A.D., Laurence, C., Medved, M., Jacquemin, D.: Exploring the solvatochromatism of Betaine 30 with *ab initio* tools: from accurate gas-phase calculations to implicit and explicit solvation models. Chem. Eur. J. **23**, 4108–4119 (2017)
86. Palczewski, K., Kumasaka, T., Hori, T., Behnke, C.A., et al.: Crystal structure of rhodopsin: A G protein-coupled receptor. Science. **289**, 739–745 (2000)
87. Stenkamp, R.E., Filipek, S., Driessen, C.A.G.G., Teller, D.C., Palczewski, K.: Crystal structure of rhodopsin: a template for cone visual pigments and other G protein-coupled receptors. Biochim. Biophys. Acta. **1565**, 168–182 (2002)
88. Teller, D.C., Stenkamp, R.E., Palczewski, K.: Evolutionary analysis of rhodopsin and cone pigments: connecting the three-dimensional structure with spectral tuning and signal transfer. FEBS Lett. **555**, 151–159 (2003)
89. Kochendoerfer, G.G., Kaminaka, S., Mathies, R.A.: Ultraviolet resonance Raman examination of the light-induced protein structural changes in rhodopsin activation. Biochemistry. **36**, 13153–13159 (1997)
90. Kochendoerfer, G.G., Lin, S.W., Sakmar, T.P., Mathies, R.A.: How color visual pigments are tuned. Trends Biochem. Sci. **24**, 300–305 (1999)
91. Ottolenghi, M., Sheves, M.: Synthetic retinals as probes for the binding site and photoreactions in rhodopsins. J. Memb. Biol. **112**, 193–212 (1989)

92. Aharoni, A., Ottolenghi, M., Sheves, M.: Retinal isomerization in bacteriorhodopsin is controlled by specific chromophore-protein interactions. A study with noncovalent artificial pigments. Biochemistry. **40**, 13310–13319 (2001)
93. Nathans, J.: Determinants of visual pigment absorbance: identification of the retinylidene Schiff's base counterion in bovine rhodopsin. Biochemistry. **29**, 9746–9752 (1990)
94. Asenjo, A.B., Rim, J., Oprian, D.D.: Molecular determinants of human red/green color discrimination. Neuron. **12**, 1131–1138 (1994)
95. Ebrey, T.G., Takahashi, Y.: Photobiology of retinal proteins. In: Coohil, T.P., Velenzo, D.P. (eds.) Photobiology for the 21st Century, pp. 101–133. Valdenmar Publ, Overland Park, KS (2001)
96. Kamauchi, M., Ebrey, T.G.: Visual pigments as photoreceptors. In: Spudich, J., Briggs, W. (eds.) Handbook of Photosensory Receptors, pp. 43–76. Wiley-VCH, Weinheim (2005)
97. Deng, H., Callender, R.H.: A study of the Schiff base mode in bovine rhodopsin and bathorhodopsin. Biochemistry. **26**, 7418–7426 (1987)
98. Sancar, A.: Structure and function of DNA photolyase and cryptochrome blue-light photoreceptors. Chem. Rev. **103**, 2203–2237 (2003)
99. Malhotra, K., Kim, S.T., Sancar, A.: Characterization of a medium wavelength type DNA photolyase: purification and properties of a photolyase from *Bacillus firmus*. Biochemistry. **33**, 8712–8718 (1994)
100. Limantara, L., Sakamoto, S., Koyama, Y., Nagae, H.: Effects of nonpolar and polar solvents on the Q_x and Q_y energies of bacteriochlorophyll a and bacteriopheophytin a. Photochem. Photobiol. **65**, 330–337 (1997)
101. Lee, F.S., Chu, Z.T., Warshel, A.: Microscopic and semimicroscopic calculations of electrostatic energies in proteins by the POLARIS and ENZYMIX programs. J. Comput. Chem. **14**, 161–185 (1993)
102. Hilaire, M.R., Mukherjee, D., Troxler, T., Gai, F.: Solvent dependence of cyanoindole fluorescence lifetime. Chem. Phys. Lett. **685**, 133–138 (2017)
103. You, M., Fan, H., Wang, Y., Zhang, W.: Aldehyde-derivatized indoles as fluorescent probes for hydration environments. Chem. Phys. **526**, 110438/1-6 (2019)
104. Micikas, R.J., Ahmed, I.A., Acharyya, A., Smith, A.B.I., Gai, F.: Tuning the electronic transition energy of indole via substitution: application to identify tryptophan-based chromophores that absorb and emit visible light. Phys. Chem. Chem. Phys. **23**, 6433–6437 (2021)
105. Acharyya, A., Zhang, W., Gai, F.: Tryptophan as a template for development of visible fluorescent amino acids. J. Phys. Chem. B. **125**, 5458–5465 (2021)
106. Vivian, J.T., Callis, P.R.: Mechanisms of tryptophan fluorescence shifts in proteins. Biophys. J. **80**, 2093–2109 (2001)
107. Mercer, I.P., Gould, I.R., Klug, D.R.: A quantum mechanical/molecular mechanical approach to relaxation dynamics: calculation of the optical properties of solvated bacteriochlorophyll-a. J. Phys. Chem. B. **103**, 7720–7727 (1999)
108. Liptay, W.: Dipole moments of molecules in excited states and the effect of external electric fields on the optical absorption of molecules in solution. In: Sinanoglu, O. (ed.) Modern Quantum Chemistry Part III: Action of Light and Organic Crystals. Academic Press, New York (1965)
109. Liptay, W.: Electrochromism and solvatochromism. Angew. Chem. Int. Ed. Engl. **8**, 177–188 (1969)
110. Liptay, W.: Dipole moments and polarizabilities of molecules in excited states. In: Lim, E.C. (ed.) Excited States, pp. 129–230. Academic Press, New York (1974)
111. Middendorf, T.R., Mazzola, L.T., Lao, K.Q., Steffen, M.A., Boxer, S.G.: Stark-effect (electroabsorption) spectroscopy of photosynthetic reaction centers at 1.5 K. Evidence that the special pair has a large excited-state polarizability. Biochim. Biophys. Acta. **1143**, 223–234 (1993)
112. Lao, K., Moore, L.J., Zhou, H., Boxer, S.G.: Higher-order Stark spectroscopy: polarizability of photosynthetic pigments. J. Phys. Chem. **99**, 496–500 (1995)

113. Bublitz, G., Boxer, S.G.: Stark spectroscopy: applications in chemistry, biology and materials science. Ann. Rev. Phys. Chem. **48**, 213–242 (1997)
114. Boxer, S.G.: Stark realities. J. Phys. Chem. B. **113**, 2972–2983 (2009)
115. Nagae, H.: Theory of solvent effects on electronic absorption spectra of rodlike or disklike solute molecules: frequency shifts. J. Chem. Phys. **106**, 5159 (1997)
116. Premvardhan, L.L., Buda, F., van der Horst, M.A., Lührs, D.C., Hellingwerf, K.J., van Grondelle, R.: Impact of photon absorption on the electronic properties of *p*-coumaric acid derivatives of the photoactive yellow protein chromophore. J. Phys. Chem. B. **108**, 5138–5148 (2004)
117. Premvardhan, L.L., van der Horst, M.A., Hellingwerf, K.J., van Grondelle, R.: Stark spectroscopy on photoactive yellow protein, E46Q, and a nonisomerizing derivative, probes photo-induced charge motion. Biophys. J. **84**, 3226–3239 (2003)
118. Premvardhan, L.L., van der Horst, M.A., Hellingwerf, K.J., van Grondelle, R.: How light-induced charge transfer accelerates the receptor-state recovery of photoactive yellow protein from its signalling state. Biophys. J. **89**, L64–L66 (2005)
119. Bublitz, G.U., Laidlaw, W.M., Denning, R.G., Boxer, S.G.: Effective charge transfer distances in cyanide-bridged mixed-valence transform metal complexes. J. Am. Chem. Soc. **120**, 6068–6075 (1998)
120. Moore, L.J., Zhou, H.L., Boxer, S.G.: Excited-state electronic asymmetry of the special pair in photosynthetic reaction center mutants: absorption and Stark spectroscopy. Biochemistry. **38**, 11949–11960 (1999)
121. Kador, L., Haarer, D., Personov, R.: Stark effect of polar and unpolar dye molecules in amorphous hosts, studied via persistent spectral hole burning. J. Chem. Phys. **86**, 213–242 (1987)
122. Gafert, J., Friedrich, J., Vanderkooi, J.M., Fidy, J.: Structural changes and internal fields in proteins. A hole-burning Stark effect study of horseradish peroxidase. J. Phys. Chem. **99**, 5223–5227 (1995)
123. Pierce, D.W., Boxer, S.G.: Stark effect spectroscopy of tryptophan. Biophys. J. **68**, 1583–1591 (1995)
124. Zhou, H., Boxer, S.G.: Probing excited-state electron transfer by resonance Stark spectroscopy. 1. Experimental results for photosynthetic reaction centers. J. Phys. Chem. B. **102**, 9139–9147 (1998)
125. Zhou, H., Boxer, S.G.: Probing excited-state electron transfer by resonance Stark spectroscopy. 2. Theory and application. J. Phys. Chem. B. **102**, 9148–9160 (1998)
126. Treynor, T.P., Andrews, S.S., Boxer, S.G.: Intervalence band Stark effect of the special pair radical cation in bacterial photosynthetic reaction centers. J. Phys. Chem. B. **107**, 11230–11239 (2003)
127. Treynor, T.P., Boxer, S.G.: A theory of intervalence band stark effects. J. Phys. Chem. A. **108**, 1764–1778 (2004)
128. Figgis, B.N., Hitchman, M.A.: Ligand Field Theory and Its Applications. Wiley-VCH, New York (1999)
129. Tanabe, Y., Sugano, S.: On the absorption spectra of complex ions I. J. Phys. Soc. Japan. **9**, 753–766 (1954)
130. Bauschlicher, C.W., Bagus, P.S.: The metal-carbonyl bond in $Ni(CO)_4$ and $Fe(CO)_4$: a clear-cut analysis. J. Chem. Phys. **81**, 5889–5898 (1984)
131. Bauschlicher, C.W., Langhoff, S.R., Barnes, L.A.: Bonding in zerovalent Ni compounds: $NiN_2$and $Ni(N_2)_4$ compared with NiCo and $Ni(CO)^4$. Chem. Phys. **129**, 431–437 (1989)
132. Atkins, P.W.: Molecular Quantum Mechanics, 2nd edn. Oxford Univ. Press, Oxford (1983)
133. Kotzian, M., Rösch, N., Schröder, H., Zerner, M.C.: Optical spectra of transition-metal carbonyls: $Cr(CO)_6$, $Fe(CO)_5$, and $Ni(CO)_4$. J. Am. Chem. Soc. **111**, 7687 (1989)
134. Crespo-Otero, R., Barbatti, M.: Cr(CO)6 photochemistry: semi-classical study of UV absorption spectral intensities and dynamics of photodissociation. J. Chem. Phys. **134**, 164305/1-12 (2011)

135. Jahn, H.H., Teller, E.: Stability of polyatomic molecules in degenerate electronic states. I. Orbital degeneracy. Proc. Roy. Soc. Lond. Ser. A. **161**, 220–235 (1937)
136. Gütlich, P., Garcia, Y., Woike, T.: Photoswitchable coordination compounds. Coord. Chem. Rev. **219**, 839–879 (2001)
137. Kalyanasundaram, K.: Photophysics, photochemistry and solar energy conversion with tris(bipyridyl)ruthenium(II) and its analogs. Coord. Chem. Rev. **46**, 159–244 (1982)
138. Dallinger, R.F., Woodruff, W.H.: Time-resolved resonance Raman study of the lowest ($d\pi^*$,^{3}CT) excited state of tris(2,2--bipyridine)ruthenium(II). J. Am. Chem. Soc. **101**, 4391–4393 (1979)
139. Bradley, P.G., Kress, N., Hornberger, B.A., Dallinger, R.F., Woodruff, W.H.: Vibrational spectroscopy of the electronically excited state. 5. Time-resolved resonance Raman study of tris(bipyridine)ruthenium(II) and related complexes. Definitive evidence for the „localized" MLCT state. J. Am. Chem. Soc. **103**, 7441–7446 (1981)
140. Casper, J.V., Westmoreland, T.D., Allen, G.H., Bradley, P.G., Meyer, T.J., Woodruff, W.H.: Molecular and electronic structure in the metal-to-ligand charge-transfer excited states of d6 transition-metal complexes in solution. J. Am. Chem. Soc. **106**, 3492–3500 (1984)
141. Smothers, W.K., Wrighton, M.S.: Raman spectroscopy of electronic excited organometallic complexes: a comparison of the metal to 2,2'-bipyridine charge-transfer state of fac-(2,2'-bipyridine)tricarbonylhalorhenium and tris(2,2'-bipyridine)ruthenium(II). J. Am. Chem. Soc. **105**, 1067–1069 (1983)
142. Felix, F., Ferguson, J., Güdel, J.U., Ludi, A.: The electronic spectrum of $Ru(bpy)_3^{2+}$. J. Am. Chem. Soc. **102**, 4096–4102 (1980)
143. De Armond, M.K., Myrick, M.L.: The life and times of $[Ru(bpy)_3]^{2+}$: localized orbitals and other strange occurrences. Acc. Chem. Res. **22**, 364–370 (1989)
144. Malone, R.A., Kelley, D.F.: Interligand electron transfer and transition state dynamics in Ru(II)trisbipyridine. J. Chem. Phys. **95**, 8970–8976 (1991)
145. Thompson, D.W., Ito, A., Meyer, T.J.: $[Ru(bpy)_3]^{2+*}$ and other remarkable metal-to ligand charge transfer (MLCT) excited states. Pure and Appl. Chem. **85**, 1257–1305 (2013)
146. Curtis, J.C., Sullivan, B.P., Meyer, T.J.: Hydrogen-bonding-induced solvatochromatism in the charge-transfer transitions of ruthenium(II) and ruthenium(III) complexes. Inorg. Chem. **22**, 224–236 (1983)
147. Riesen, H., Krausz, E.: Stark effects in the lowest-excited ^{3}MLCT states of $[Ru(bpy{-}d_8)_2]^{2+}$ in $[Zn(bpy)_3](ClO)_2$ (bpy = 2,2'-bipyridine). Chem. Phys. Lett. **260**, 130–135 (1996)
148. Coe, B.J., Helliwell, M., Peers, M.K., Raftery, J., Rusanova, D., Clays, K., Depotter, G., Brunschwig, B.S.: Synthesis, structures, and optical properties of ruthenium(II) complexes of the Tris(1-pyrazolyl)methane ligand. Inorg. Chem. **53**, 3798–37811 (2014)
149. Oh, d. h., Boxer, S.G.: Stark effect spectra of $Ru(diimine)^{2+}{}_3$ complexes. J. Am. Chem. Soc. **111**, 1130–1132 (1989)
150. Sykora, J., Sima, J.: Development and basic terms of photochemistry of coordination compounds. Coord. Chem. Rev. **107**, 1–212 (1990)
151. Vogler, A., Kunkely, H.: Photoreactivity of metal-to-ligand charge transfer excited states. Coord. Chem. Rev. **177**, 81–96 (1998)
152. Vogler, A., Kunkely, H.: Photochemistry induced by metal-to-ligand charge transfer excitation. Coord. Chem. Rev. **208**, 321–329 (2000)
153. O'Regan, B., Grätzel, M.: A low-cost, high-efficiency solar cell based on dye-sensitized colloidal TiO_2 films. Nature. **353**, 737–740 (1991)
154. Grätzel, M.: Photoelectrochemical cells. Nature. **414**, 338–344 (2001)
155. Zhao, Y., Swierk, J.R., Megiatto Jr., J.D., Sherman, B., et al.: Improving the efficiency of water splitting in dye-sensitized solar cells by using a biomimetic electron transfer mediator. Proc. Natl. Acad. Sci. U.S.A. **109**, 15612–15616 (2012)
156. Alibabaei, L., Brennaman, M.K., Norris, M.R., Kalanyan, B., et al.: Solar water splitting in a molecular photoelectrochemical cell. Proc. Natl. Acad. Sci. U.S.A. **110**, 20008–20013 (2013)

157. Tamayo, A.B., Alleyne, B.D., Djurovich, P.I., Lamansky, S., Tsyba, I., Ho, N.M., Bau, R., Thompson, M.E.: Synthesis and characterization of facial and meridional tris-cyclometalated iridium(III) complexes. J. Am. Chem. Soc. **125**, 7377–7387 (2003)
158. Sajoto, T., Djurovich, P.I., Tamayo, A.B., Oxgaard, J., Goddard III, W.A., Thompson, M.E.: Temperature dependence of blue phosphorescent cyclometalated Ir(III) complexes. J. Am. Chem. Soc. **131**, 9813–9822 (2009)
159. Sandorfy, C., Lussier, L.S., Richer, G., Goursot, A., Pénigault, E., Weber, J.: The far-ultraviolet spectra of transition metal complexes. J. Mol. Sci. **141**, 1–12 (1986)
160. Marquez, A., Daniel, C., Sanz, J.F.: The vacuum-ultraviolet spectrum of Fe(CO)5. An experimental analysis supported by a CASSCF CCI study of the Rydberg states. J. Phys. Chem. **96**, 121–123 (1992)
161. Robin, M.B.: Higher Excited States of Polyatomic Molecules, vol. III. Academic Press, New York (1985)
162. Shand, N.C., Ning, C.-L., Siggel, M.R.F., Walker, I.C., Pfab, J.: One- and two-photon spectroscopy of the 3s←n Rydberg transition of propionaldehyde (propanal). J. Chem. Soc. Faraday Trans. **93**, 2883–2888 (1997)
163. Morisawa, Y., Ikehata, A., Higashi, N., Ozaki, Y.: Low-n Rydberg transitions of liquid ketones studied by attenuated total reflection far-ultraviolet spectroscopy. J. Phys. Chem. A. **115**, 562–568 (2011)
164. Morisawa, Y., Yasunaga, M., Fukuda, R., Ehara, M., Ozaki, Y.: Electronic transitions in liquid amides studied by using attenuated total reflection far-ultraviolet spectroscopy and quantum chemical calculations. J. Chem. Phys. **139**, 154301 (2013)
165. Knox, R.S., Parson, W.W.: Entropy production and the second law in photosynthesis. Biochim. Biophys. Acta. **1767**, 1189–1193 (2007)
166. Yourgrau, W., van der Merwe, A., Raw, G.: Treatise on Irreversible and Statistical Thermodynamics. Macmillan, New York (1966)
167. Kittel, C., Kroemer, H.: Thermal Physics. W.H. Freeman, San Francisco (1980)
168. Engel, T., Reid, P.: Thermodynamics, Statistical Thermodynamics, and Kinetics. Benjamin Cummings, San Francisco (2006)
169. Goldstein, S., Lebowitz, J.L.: On the (Boltzmann) entropy of non-equilibrium systems. Physica D. **193**, 53–66 (2004)
170. Weinstein, M.A.: Thermodynamics of radiative emission processes. Phys. Rev. **119**, 499–501 (1960)
171. Knox, R.S.: Conversion of light into free energy. In: Gerischer, H., Katz, J.J. (eds.) Light Induced Charge Separation at Interfaces in Biology and Chemistry, pp. 45–59. Verlag Chemie, Weinheim (1979)
172. Duysens, L.N.M.: The path of light in photosynthesis. Brookhaven Symp. Biol. **11**, 18–25 (1958)
173. Parson, W.W.: Thermodynamics of the primary reactions of photosynthesis. Photochem. Photobiol. **28**, 389–393 (1978)
174. Ross, R.T.: Thermodynamic limitations on the conversion of radiant energy into work. J. Chem. Phys. **45**, 1–7 (1966)
175. Planck, M.: The Theory of Heat Radiation, 2nd. edn. (Engl transl by M. Masius). Dover, New York (1959)
176. Slater, J.C.: Introduction to Chemical Physics. McGraw-Hill, New York (1939)
177. Rosen, P.: Entropy of radiation. Phys. Rev. **96**, 555 (1954)
178. Ore, A.: Entropy of radiation. Phys. Rev. **98**, 887–888 (1955)
179. McQuarrie, D.A.: Statistical Mechanics. University Science Books, Sausalito, CA (2000)
180. Zhang, D., Closs, G.L., Chung, D.D., Norris, J.R.: Free energy and entropy changes in vertical and nonvertical triplet energy transfer processes between rigid and nonrigid molecules. A laser photolysis study. J. Am. Chem. Soc. **115**, 3670–3673 (1993)
181. Merkel, P.B., Dinnocenzo, J.P.: Thermodynamic energies of donor and acceptor triplet states. J. Photochem. Photobiol. A-Chemistry. **193**, 110–121 (2008)

182. Connolly, J.S., Samuel, E.B., Franzen, A.F.: Effects of solvent on the fluorescence properties of bacteriochlorophyll *a*. Photochem. Photobiol. **36**, 565–574 (1982)
183. Warshel, A., Lappicirella, A.: Calculations of ground- and excited-state potential surfaces for conjugated heteroatomic molecules. J. Am. Chem. Soc. **103**, 4664–4673 (1981)
184. Slater, L.S., Callis, P.R.: Molecular orbital theory of the ^1L_a and ^1L_b states of indole. 2. An ab initio study. J. Phys. Chem. **99**, 4230–4240 (1995)
185. Stavenga, D.G., Smits, R.P., Hoenders, B.J.: Simple exponential functions describing the absorbance bands of visual pigment spectra. Vision Res. **33**, 1011–1017 (1993)

Fluoreszenz

5

5.1 Die Einstein-Koeffizienten für Absorption und Emission

Wir haben gesehen, dass Licht Moleküle von ihrem Grundzustand in Zustände mit höheren Energien anregen kann und Abwärtsübergänge von angeregten Zuständen in den Grundzustand stimulieren kann. Aber angeregte Moleküle zerfallen auch in den Grundzustand, selbst wenn die Lichtintensität null ist. Die zusätzliche Energie des angeregten Moleküls kann als Fluoreszenz abgestrahlt, auf ein anderes Molekül übertragen oder als Wärme an die Umgebung abgegeben werden. In diesem Kapitel betrachten wir Fluoreszenz.

Die Geschwindigkeitskonstante für Fluoreszenz kann durch eine Argumentationslinie, die Einstein in der Zeit von 1914–1917 entwickelte [1], mit der Dipolstärke für Absorption in Beziehung gesetzt werden. Betrachten Sie eine Gruppe von Atomen mit Grundzustandswellenfunktion Ψ_a und angeregter Zustandswellenfunktion Ψ_b. Nehmen wir an, dass die Atome in einem Kasten eingeschlossen sind und nur der Schwarzkörperstrahlung von den Wänden des Kastens ausgesetzt sind. Nach Gl. (4.8c) ist die Rate, mit der die Strahlung Aufwärtsübergänge von Ψ_a zu Ψ_b verursacht,

$$rate_{\uparrow} = \overline{|\boldsymbol{E}_o \cdot \boldsymbol{\nu}_{ba}|^2} \rho_\nu(\nu_{ba}) N_a / \hbar^2 \text{ Atome cm}^{-3}\text{ s}^{-1}, \tag{5.1}$$

wo $\boldsymbol{\mu}_{ba}$ der Übergangsdipol für Absorption ist, einschließlich Franck-Condon-Faktoren, $\boldsymbol{E}_o$ ist die Amplitude des oszillierenden elektrischen Feldes, $\rho_\nu(\nu_{ba})\, d\nu$ die Anzahl der Schwingungsmoden des Feldes in einem kleinen Frequenzintervall $d\nu$ um die Frequenz des optischen Übergangs (ν_{ba}), N_a ist die Anzahl der Moleküle pro cm^3 im Zustand Ψ_a, und der Strich über $|\boldsymbol{E}_o\, \boldsymbol{\mu}_{ba}|^2$ bedeutet eine Durchschnittsbildung über alle Orientierungen der Moleküle. Einstein formulierte diesen Ausdruck in Bezug auf die Energiedichte der Strahlung, ρ, anstatt auf $\boldsymbol{E}_o$ und ρ_ν. Wenn die Probe oder das Strahlungsfeld isotrop ist (wie die Schwarzkörperstrahlung innerhalb des

W. Parson und C. Burda, *Moderne optische Spektroskopie*,
https://doi.org/10.1007/978-3-031-52100-3_5

Kastens wäre), so dass die Atome zufällig in Bezug auf das Feld orientiert sind, ist die Größe $\left|\mathrm{E}_o \cdot \boldsymbol{\mu}_{ba}\right|^2 \rho_\nu(\nu_{ba})$ in Gl. (5.1) gleich $(2\pi f^2/3n^2)\ |\boldsymbol{\mu}_{ba}|^2 \rho(\nu_{ba})$, wo $\rho(\nu_{ba})$ die Energiedichte bei ν_{ba} und f der Lokalfeldkorrekturfaktor ist (Gl. 3.32, 3.37*a*– 3.37*c* und 4.13). Die Rate der Aufwärtsübergänge ist daher,

$$rate_\uparrow = \left(2\pi f^2/3n^2\hbar^2\right)\left|\boldsymbol{\mu}_{ba}\right|^2 \rho_\nu(\nu_{ba})N_a = \left(2\pi f^2/3n^2\hbar^2\right)D_{ba}\rho_\nu(\nu_{ba})N_a \quad (5.2a)$$

$$= B\rho(\nu_{ba})N_a. \quad (5.2b)$$

Die Gl. (5.2b) definiert einfach einen Parameter B, der proportional zur Dipolstärke ist:

$$B \equiv \left(2\pi f^2/3n^2\hbar^2\right)D_{ba}. \quad (5.3)$$

B wird der *Einstein-Koeffizient für Absorption* genannt. Da jeder Übergang von Ψ_a zu Ψ_b eine Energiemenge $h\nu_{ba}$ aus der Strahlung entfernt, muss die Probe Energie mit der Rate $B\rho(\nu_{ba})N_a\, h\nu_{ba}$ absorbieren. Gl. (5.3) wird oft ohne die Faktoren f^2 und n präsentiert, so dass sie sich auf eine Probe im Vakuum bezieht.
Licht regt auch Abwärtsübergänge von Ψ_b zu Ψ_a an, und aus der Symmetrie von Gl. (4.7) muss der Koeffizient dafür identisch mit dem Einstein Koeffizient für Aufwärtsübergänge (B) sein. Wenn die angeregten Atome keine andere Möglichkeiten zum Zerfall hätten, wäre die Rate der Abwärtsübergänge

$$rate_\downarrow = B\rho(\nu_{ab})N_b, \quad (5.4)$$

wo N_b die Anzahl der Atome pro cm^3 im angeregten Zustand ist. Beschränken wir uns vorerst auf ein idealisiertes Atom, das bei einer einzigen Wellenlänge absorbiert oder emittiert ($\nu_{ab} = \nu_{ba} = \nu$). Der gleiche Wert von ρ wird dann für Aufwärts- und Abwärtsübergänge gelten: $\rho(\nu_{ba}) = \rho(\nu_{ab}) = \rho(\nu)$.

Im Gleichgewicht müssen die Raten der Aufwärts- und Abwärtsübergänge gleich sein. Aber aus den Gl. (5.2a, 5.2b) und (5.4) würde dies erfordern, dass

$$N_b/N_a = 1, \quad (5.5)$$

unabhängig von der Lichtintensität. Das kann nicht korrekt sein. Im Gleichgewicht ist die Anzahl der Atome im angeregten Zustand sicherlich viel kleiner als die Anzahl im Grundzustand. Daher muss es eine andere Möglichkeit für abwärtsgerichtete Übergänge geben, zusätzlich zur stimulierten Emission. Offensichtlich kann ein angeregtes Atom auch spontan Licht emittieren (Abb. 5.1).

Wenn spontane Fluoreszenz mit einer Geschwindigkeitskonstanten A (dem *Einstein-Koeffizienten für Fluoreszenz*) auftritt, dann ist die Gesamtrate der abwärts gerichteten Übergänge

$$rate_\downarrow = [B\rho(\nu) + A]N_b. \quad (5.6)$$

Der zusätzliche Zerfallsmechanismus wird das Verhältnis von N_b zu N_a verringern. Im Gleichgewicht, wenn die Raten der aufwärts und abwärts gerichteten Übergänge gleich sind, finden wir nun

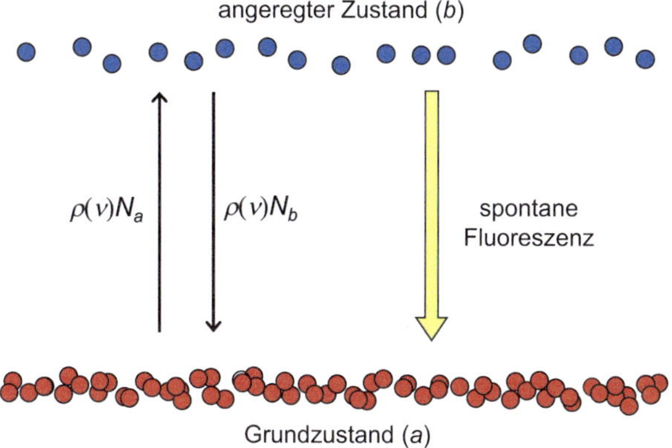

Abb. 5.1 Die Absorptionsrate ist proportional zu $\rho(\nu)N_a$; die Rate der stimulierten Emission ist proportional zu $\rho(\nu)N_b$. Damit die Raten von aufwärts und abwärts gerichteten Übergängen ausgeglichen sind, müssen abwärts gerichtete Übergänge durch einen zusätzlichen Mechanismus erfolgen, der unabhängig von der Lichtintensität ist (*gelber abwärts gerichteter Pfeil*). Das ist Fluoreszenz

$$N_b/N_a = B\rho(\nu)/[B\rho(\nu) + A]. \tag{5.7}$$

Aber wir wissen auch, dass im thermischen Gleichgewicht:

$$N_b/N_a = \exp[-(E_b - E_a)/k_B T] = \exp(-h\nu/k_B T), \tag{5.8}$$

wo k_B die Boltzmann-Konstante und T die Temperatur ist. Die Kombination von Gl. (5.7) und (5.8) zeigt eine Beziehung zwischen A und B:

$$A/B = \rho(\nu)\left[1 - \exp(-h\nu/k_B T)\right]/\exp(-h\nu/k_B T). \tag{5.9}$$

Nun verwenden wir Plancks Ausdruck für die Energiedichte der Schwarzkörperstrahlung (Gl. 3.41*a*):

$$\rho(\nu) = \left(8\pi h n^3 \nu^3/c^3\right)\exp(-h\nu/k_B T)/\left[1 - \exp(-h\nu/k_B T)\right]. \tag{5.10}$$

Die Substitution dieses Ausdrucks für $\rho(\nu)$ in Gl. (5.9) ergibt

$$A = \left(8\pi h n^3 \nu^3/c^3\right)B \tag{5.11}$$

$$= \left(8\pi h n^3 \nu^3/c^3\right)\left(2\pi f^2/3n^2\hbar^2\right)D_{ba} = \left(32\pi^3 n f^2/3\hbar\lambda^3\right)D_{ba}. \tag{5.12}$$

Die Gl. (5.12) besagt, dass die Geschwindigkeitskonstante für spontane Fluoreszenz proportional zur Dipolstärke für Absorption ist. Starke Absorber sind von Natur aus starke Emitter. Aber A ist auch umgekehrt proportional zur dritten Potenz der Fluoreszenzwellenlänge, so dass bei sonst gleichen Bedingungen die

Fluoreszenzstärke zunimmt, wenn Absorption und Emission zu kürzeren Wellenlängen verschoben werden. Obwohl wir die Gl. (5.12) für ein System abgeleitet haben, das Schwarzkörperstrahlung ausgesetzt ist, sollte das Ergebnis nicht davon abhängen, wie das System angeregt wird.

In seinen Arbeiten von 1914–1917 war Einsteins tatsächliche Argumentationslinie das Gegenteil der hier vorgestellten Argumentation. Einstein ging davon aus, dass ein angeregtes System sowohl spontan als auch durch stimulierte Emission zerfallen kann. Er nahm auch an, dass die relativen Populationen der Grund- und angeregten Zustände der Boltzmannverteilung (Gl. 5.8) folgen. Mit diesen Annahmen leitete er eine einfache Ableitung des Planckschen Schwarzkörperstrahlung Gesetzes (Gl. 3.41*a*, 3.41*b* und 5.10) und zeigte, dass die Absorption von Licht einen Impuls auf den Absorber überträgt.

Die Einstein-Beziehung zwischen Absorption und Fluoreszenz gilt streng genommen nur für ein System, das bei einer einzigen Frequenz absorbiert und fluoresziert. Diese Bedingung trifft eindeutig nicht auf Moleküle in Lösung zu, die breite Absorptions- und Emissionsspektren haben. Ausdrücke, die der Gl. (5.12) entsprechen, können für solche Systeme abgeleitet werden, aber bevor wir dies tun, betrachten wir einige der allgemeinen Merkmale von molekularen Fluoreszenzspektren.

5.2 Die Stokes-Verschiebung

Das Fluoreszenzemissionsspektrum eines Moleküls in Lösung erreicht normalerweise bei einer längeren Wellenlänge seinen Höhepunkt als das Absorptionsspektrum, da nukleare Relaxationen des angeregten Moleküls und des Lösungsmittels einen Teil der Anregungsenergie an die Umgebung abgeben, bevor das Molekül fluoresziert. Die Rotverschiebung der Fluoreszenz wird als *Stokes-Verschiebung* nach George Stokes, einem britischen Mathematiker und Physiker, bezeichnet, der 1852 entdeckte, dass das Mineral Fluorspat sichtbare Fluoreszenz emittiert, wenn es mit ultraviolettem Licht beleuchtet wird. Stokes beschrieb auch die Rotverschiebung der Fluoreszenz von Chinin, prägte den Begriff "Fluoreszenz" und war der erste, der beobachtete, dass eine Lösung von Hämoglobin von Blau zu Rot wechselt, wenn das Protein O_2 bindet. Die Stokes-Verschiebung spiegelt sowohl intramolekulare Vibrationsrelaxationen des angeregten Moleküls als auch Relaxationen des umgebenden Lösungsmittels wider. Die Beiträge von intramolekularen Schwingungen können mit Verschiebungen der Vibrationspotentialenergiekurven zwischen dem Grund- und dem angeregten Zustand in Beziehung gesetzt werden. Abb. 5.2 veranschaulicht diese Beziehung. Angenommen, eine bestimmte Bindung hat die Länge b_g am Potentialminimum im Grundzustand und die Länge b_e im angeregten Zustand. Die *Vibrationsreorganisationsenergie* (Λ_v) ist die Energie, die benötigt wird, um die Bindung um $b_e - b_g$ zu dehnen oder zu komprimieren. Klassisch betrachtet ist diese Energie $(K/2)(b_e - b_g)^2$, wobei K die Vibrationskraftkonstante ist (siehe Abschn. 4.13).

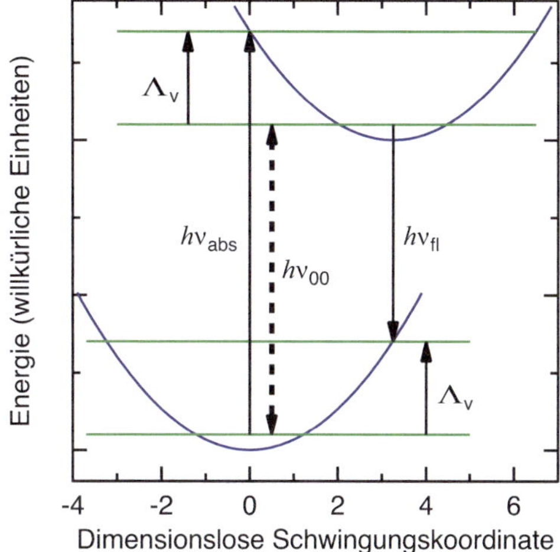

Abb. 5.2 Potentialenergien (*blaue Kurven*) und Energieeigenwerte (*grüne horizontale Linien*) für einen harmonischen Oszillator im Grund- und angeregten elektronischen Zustand. Die Abszisse ist die dimensionslose Vibrationskoordinate $2\pi(m\nu/h)^{1/2}x$, wobei x die kartesische Koordinate, m die reduzierte Masse der schwingenden Atome und υ die klassische Vibrationsfrequenz ist. In dieser Darstellung sind die Vibrationsfrequenzen in den beiden Zuständen gleich, aber das Minimum ist im angeregten Zustand um $\Delta = 3{,}25$ verschoben. Die Vibrationsreorganisationsenergie (Λ_v) ist angegeben. (Die Reorganisationsenergien des Grund- und des angeregten Zustands sind gleich, wenn die Vibrationsfrequenz in den beiden Zuständen gleich ist.) Die vibronischen Übergänge, die mit $h\nu_{abs}$ und $h\nu_{fl}$ bezeichnet sind, haben identische Franck-Condon-Faktoren und sind in der Energie um Λ_v oberhalb ($h\nu_{abs}$) und unterhalb ($h\nu_{fl}$) der 0–0 Übergangsenergie ($h\nu_{00}$, *gestrichelter Pfeil*) verschoben. DIe Vibrations-Stokes-Verschiebung ($h\nu_{abs} - h\nu_{fl}$) beträgt $2\Lambda_v$

Die quantenmechanische Kopplungsstärke (S) für einen Schwingungsmodus wird definiert als $\Delta^2/2$, wobei Δ die dimensionslose Verschiebung der Potenzialoberfläche im angeregten Zustand $2\pi(m\nu/h)^{1/2}(b_e - b_g)$ ist, und υ ist die Schwingungsfrequenz (Gl. 4.43). Wir stellten in Kap. 4 fest, dass wenn $|\Delta| > 1$, die Franck-Condon-Faktoren für den Absorptionspeak ungefähr $Sh\upsilon$ über der 0–0 Übergangsenergie liegen (Abb. 4.21). Die Schwingungsreorganisationsenergie (Λ_v) für einen stark gekoppelten Schwingungsmodus ist daher ungefähr $Sh\upsilon$, oder $\Delta^2 h\nu/2$. Wenn dies der einzige Schwingungsmodus mit einer signifikanten Kopplungsstärke ist, wird die Fluoreszenzemission ungefähr $Sh\upsilon$ unter der 0–0 Übergangsenergie liegen, so dass die Stokes-Verschiebung ($h\nu_{abs} - h\nu_{fl}$ in Abb. 5.2) ungefähr $2Sh\upsilon$, oder $\Delta^2 h\nu$ sein wird. Wenn mehrere Schwingungsmodi an den Übergang gekoppelt sind, ist die Schwingungs-Stokes-Verschiebung die Summe der einzelnen Beiträge: $h\nu_{abs} - h\nu_{fl} \approx \sum_i |\Delta_i|^2 h\nu_i$ wobei Δ_i und ν_i die Verschiebung und Frequenz des Modus i sind.

Wie wir in Abschn. 4.13 gesehen haben, können Diagramme, die denen in Abb. 5.2 ähnlich sind, auch verwendet werden, um die Abhängigkeit der Energien des Grund- und angeregten Zustands von einer generalisierten Lösungsmittelkoordinate zu beschreiben (Gl. 4.57*a*, 4.57*b*–4.59 und Abb. 4.29). Wenn man Rotationsenergien vernachlässigt, ist die gesamte Reorganisationsenergie die Summe der Schwingungs- und Lösungsmittelreorganisationsenergien, und die gesamte Stokes-Verschiebung ist die Summe der Schwingungs- und Lösungsmittel-Stokes-Verschiebungen.

Die Größe der Lösungsmittel-Stokes-Verschiebung nimmt in der Regel mit der Polarität des Lösungsmittels zu und nimmt ab, wenn das Lösungsmittel gefroren ist. Zum Beispiel liegen die Fluoreszenzemissionsspektren von Indol in Hexan, Butanol und Wasser in der Nähe von 300, 315 und 340 nm, respectively. Die Emission von Tryptophan in Proteinen verhält sich ähnlich, sie liegt in der Regel bei längeren Wellenlängen, wenn das Tryptophan dem Wasser ausgesetzt ist, und bei kürzeren Wellenlängen, wenn das Tryptophan in einem relativ unpolaren Bereich des Proteins liegt. Verschiebungen der Tryptophan-Fluoreszenz zu kürzeren oder längeren Wellenlängen können daher über das Falten oder Entfalten von Proteinen berichten. Wie in Kap. 4 diskutiert, repräsentiert die 280-nm-Absorptionsbande der Indol-Seitenkette von Tryptophan zwei angeregte Zustände mit ähnlichen Energien. Der ^1L_a-Zustand hat die größere Dipolstärke und ist wahrscheinlich für den größten Teil der Fluoreszenz verantwortlich [2–4]. Da die Elektronendichte vom Pyrrolring zum Benzylring des Indol-Makrozyklus bewegt wird, wenn der ^1L_a-Zustand erzeugt wird (Abschn. 4.12 und 4.13 und Abb. 4.28), werden Bewegungen von nahegelegenen positiv geladenen Spezies in diese Richtung oder Bewegungen von negativ geladenen Spezies in die entgegengesetzte Richtung den angeregten Zustand stabilisieren und die Emission in Richtung Rot verschieben.

Lösungsmittel-Stokes-Verschiebungen für kleine Moleküle in Lösung treten typischerweise mit mehrphasiger Kinetik auf, die sich über Zeitskalen von 10^{-13} bis 10^{-10} Sekunden erstreckt. Ähnliche mehrphasige Relaxationen, die sich bis zu 10^{-8} s oder länger erstrecken, sind in der Fluoreszenz von Proteinen mit einem einzigen Tryptophan oder mit einem exogenen fluoreszierenden Label zu sehen, das auf lokale elektrische Felder reagiert [5–8]. Je nach Zeitskala können Änderungen im Emissionsspektrum auf Nanosekunden- oder längeren Zeitskalen oft durch Einzelphotonenzählung oder Frequenzbereichsmessungen (Abschn. 1.11) aufgelöst werden, und schnellere Komponenten können durch Fluoreszenz-Upconversion (Abschn. 1.11), Pump-Probe-Messungen von stimulierter Emission (Abb. 11.7A) oder Photon-Echo-Experimenten (Abschn. 11.4) detektiert werden. Ein anderer Ansatz besteht darin, eine *Fluoreszenz-Depletions- (Löschungs-)* Technik zu verwenden, bei der man die Gesamtfluoreszenz misst, wenn eine Probe zwei kurzen Lichtpulsen ausgesetzt wird, die durch eine einstellbare Zeitverzögerung getrennt sind [9–14]. Der erste Puls bereitet den angeregten Zustand vor; der zweite kann diesen Zustand durch Induktion von stimulierter Emission oder Anregung zu einem höheren Zustand erschöpfen und somit die gemessene Fluoreszenz verringern. Die Wirkung des zweiten Pulses hängt von den zeitabhängigen Absorptions- und Emissionsspektren des angeregten Zustands, den Frequenzen und Polarisationen der Lichtpulse und der Zeit zwischen den beiden Pulsen ab. Wenn der erste Puls den Chromophor auf der blauen Seite seiner Absorptionsbande anregt, wird die durch einen Puls bei längeren Wellenlängen verursachte Fluoreszenz-Depletion mit der Zeit zunehmen, da Relaxationen des angeregten Chromophors stimulierte Emission in das Rote verschieben. Anwendungen dieser Technik in der Fluoreszenzmikroskopie werden in Abschn. 5.10 beschrieben.

Die Biolumineszenz der japanischen Glühwürmchen bietet eine eindrucksvolle Illustration einer Stokes-Verschiebung [15]. Biolumineszenz tritt in einer strukturell vielfältigen Gruppe von Proteinen auf, die als Luziferasen bezeichnet werden. Glühwürmchen-Luziferasen binden ein kleines Molekül (Luciferin), das mit O_2, ATP und Mg^{2+} reagiert, um den oxidierten Chromophor (Oxyluciferin) in einem angeregten elektronischen Zustand überzuführen. Die Emission erfolgt, wenn das Oxyluciferin in den Grundzustand zurückkehrt. Die Emission der japanischen Glühwürmchen ist normalerweise grünlich gelb und erreicht bei 560 nm ihren Höhepunkt, verschiebt sich jedoch deutlich in das Rote (605 nm), wenn ein bestimmter Serinrest (S286) der Luziferase durch Asparagin ersetzt wird. Die Kristallstruktur des S286N-Mutantenproteins, das Oxyluciferin trägt, ähnelt sehr der des Wildtyp-Proteins. Kristallstrukturen der Komplexe mit einer Modellverbindung für ein Zwischenprodukt der Reaktion zeigen jedoch signifikante Unterschiede. Im Wildtyp-Protein bewegt sich eine Isoleucin-Seitenkette nahe am Chromophor, was eine relativ starre, hydrophobe Umgebung bietet, die die Größe der Stokes-Verschiebung begrenzt. Im Mutanten bleibt die Ile-Seitenkette weiter vom Chromophor entfernt, was Raum für eine größere Relaxation lässt, bevor der angeregte Chromophor emittiert.

5.3 Das Spiegelbild-Gesetz

Das Fluoreszenzemissionsspektrum eines Moleküls ist in der Regel ungefähr ein Spiegelbild des Absorptionsspektrums, wie in Abb. 5.3 dargestellt. Mehrere Faktoren tragen zu dieser Symmetrie bei. Erstens, wenn die Born-Oppenheimer-Näherung gilt und wenn die Schwingungen harmonisch sind und im Grund- und angeregten elektronischen Zustand die gleichen Frequenzen haben (alles wichtige Näherungen), dann werden die Energien der erlaubten vibronischen Übergänge in den Absorptions- und Emissionsspektren symmetrisch auf gegenüberliegenden Seiten der 0-0-Übergangsenergie, $h\nu_{oo}$, liegen. Die durchgehenden vertikalen Pfeile in Abb. 5.2 veranschaulichen ein solches Paar von auf- und abwärts gerichteten Übergängen, deren Energien jeweils $h\nu_{oo} + 3h\upsilon$ und $h\nu_{oo} - 3h\upsilon$ sind, wobei υ die Schwingungsfrequenz ist. Im Allgemeinen gilt für die Fluoreszenz bei der Frequenz $\nu = \nu_{oo} - \delta$, dass die entsprechende Absorptionsfrequenz $\nu' = \nu_{oo} + \delta = 2\nu_{oo} - \nu$ ist. Umgekehrt führt die Absorption bei der Frequenz ν' zur Fluoreszenz bei $2\nu_{oo} - \nu'$.

Diese Spiegelbildsymmetrie erfordert auch, dass die Franck-Condon-Faktoren für entsprechende Übergänge in den beiden Richtungen ähnlich sind, und das ist oft der Fall. Unter der Annahme, dass erneut die Born-Oppenheimer-Näherung gilt und dass die Schwingungen harmonisch sind und konstante Frequenzen haben, ist das Schwingungsüberlappungsintegral für einen abwärts gerichteten Übergang

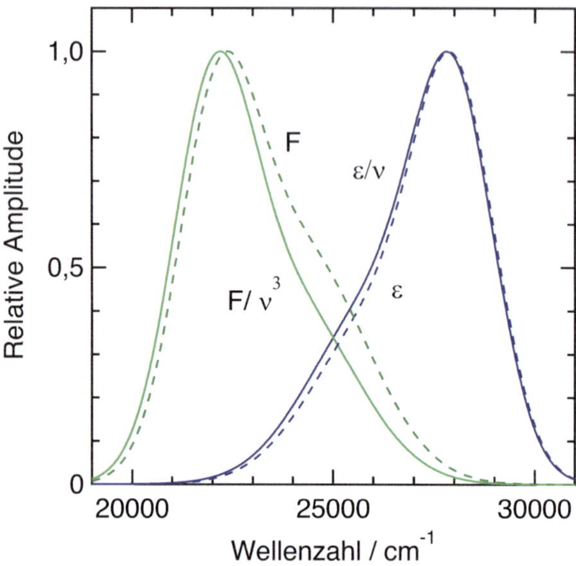

Abb. 5.3 Wenn man gegen die Frequenz (ν) oder Wellenzahl aufträgt und mit ν^3 gewichtet, ist das normalisierte Fluoreszenzemissionsspektrum ($F\nu^3$, *durchgezogene grüne Kurve*) in der Regel ungefähr ein Spiegelbild des *normalisierten* Absorptionsspektrums, gewichtet mit ν^1 ($\varepsilon\nu^1$, *durchgezogene blaue Kurve*). Die normalisierten Spektren kreuzen sich in der Nähe der Frequenz des 0-0-Übergangs. Die *gestrichelten Kurven* sind die ungewichteten Fluoreszenz- (F, *grün*) und Absorptionsspektren (ε, *blau*)

vom Schwingungsniveau m des angeregten Zustands zum Niveau n des Grundzustands in der Größe identisch mit dem Überlappungsintegral für einen aufwärts gerichteten Übergang vom Niveau m des Grundzustands zum Niveau n des angeregten Zustands [16, 17]:

$$\langle \chi_{a(n)} \mid \chi_{b(m)} \rangle = \pm \langle \chi_{b(n)} \mid \chi_{a(m)} \rangle. \tag{5.13}$$

Sie können dies sehen, indem Sie die Produkte der harmonischen Oszillator-Wellenfunktionen untersuchen, die in Abb. 5.4 dargestellt sind. Da $\chi_{b(2)}\chi_{a(0)}$ und $\chi_{a(2)}\chi_{b(0)}$ gleich wird, wenn es in Bezug auf die Vibrationsachse invertiert wird, müssen die Ergebnisse der Integration der beiden Produkte von $-\infty$ bis ∞ über diese Achse identisch sein. Das Produkt $\chi_{b(1)}\chi_{a(0)}$ wird mit $\chi_{a(1)}\chi_{b(0)}$ identisch, wenn es in Bezug auf sowohl die Amplituden- als auch die Vibrationsachsen invertiert wird, so dass sich ihre Integrale über die Vibrationskoordinate nur im Vorzeichen unterscheiden. Der Unterschied im Vorzeichen verschwindet, wenn das Überlappungsintegral quadriert wird, um den Franck-Condon-Faktor zu bilden.

Entsprechende Aufwärts- und Abwärtsübergänge mit identischen Franck-Condon-Faktoren treten daher bei Frequenzen auf, die gleichmäßig auf beiden Seiten von ν_{oo} verschoben sind. Aber die Emissionsstärke bei der Frequenz ν hängt auch

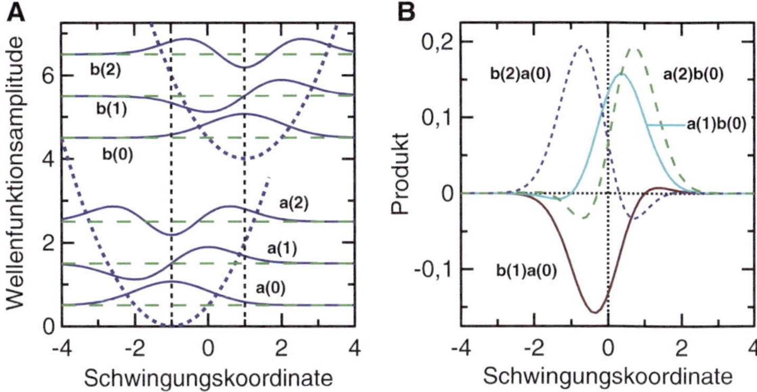

Abb. 5.4 (**A**) Vibrationswellenfunktionen für den Grund- und angeregten elektronischen Zustand eines Moleküls. Die *durchgezogenen blauen Kurven* sind die ersten drei Wellenfunktionen für einen harmonischen Oszillator mit der gleichen Frequenz in den beiden elektronischen Zuständen und einer dimensionslosen Verschiebung $\Delta = 2$ entlang der Vibrationskoordinate im angeregten Zustand ($\chi_{a(0)}$, $\chi_{a(1)}$, $\chi_{a(2)}$, $\chi_{b(0)}$, $\chi_{b(1)}$ und $\chi_{b(2)}$). Die *gepunkteten blauen Kurven* sind die Vibrationspotenzialenergien, und die *gestrichelten grünen Linien* zeigen die Eigenwerte. Die Basislinie für jede Wellenfunktion wird vertikal durch den Vibrations-Eigenwert verschoben; die Energie des angeregten elektronischen Zustands relativ zum Grundzustand ist willkürlich. (**B**) Produkte der Vibrationswellenfunktionen $\chi_{b(1)}\chi_{a(0)}$ (*rote Kurve*), $\chi_{a(1)}\chi_{b(0)}$ (*cyan*), $\chi_{b(2)}\chi_{a(0)}$ (*gepunktet blau*) und $\chi_{a(2)}\chi_{b(0)}$ (*gestrichelt grün*)

von $\nu^3 D_{ba}$ ab, wo D_{ba} die elektronische Dipolstärke ist (Gl. 5.12), während der molare Absorptionskoeffizient bei der Frequenz ν' von $\nu' D_{ba}$ abhängt (Gl. 4.15). Wenn man die Faktoren von ν^3 und ν berücksichtigt, ist die erwartete Spiegelbildbeziehung

$$\frac{F(\nu_{oo} - \delta)}{[\nu_{oo} - \delta]^3} = \frac{F(\nu_{oo})}{\varepsilon(\nu_{oo})} \frac{\varepsilon(\nu_{oo} + \delta)}{[\nu_{oo} + \delta]} \tag{5.14}$$

für alle δ. Der Faktor $F(\nu_{oo})/\varepsilon(\nu_{oo})$ skaliert die Emissions- und Absorptionsspektren auf die gleiche Amplitude bei ν_{oo} und, wenn die Spiegelbildbeziehung hält, auch an ihren Maxima. Die in Abb. 5.3 mit durchgezogenen Linien dargestellten Spektren sind gewichtet mit $\nu_{oo} + \delta$ oder $[\nu_{oo} + \delta]^3$ wie Gl. (5.14) vorschreibt.

Neben der Übereinstimmung der Energien und Franck-Condon-Faktoren für entsprechende auf- und abwärts gerichtete Übergänge erfordert die Spiegelbildsymmetrie, dass die Populationen der verschiedenen Schwingungsunterniveaus im angeregten Zustand, von denen abwärts gerichtete Übergänge starten, den Populationen der Schwingungsniveaus, von wo entsprechende aufwärts gerichtete Übergänge im Grundzustand beginnen, ähnlich sind. Diese Übereinstimmung ergibt sich aus der Ähnlichkeit der Schwingungsenergien im Grund- und angeregten Zustand, vorausgesetzt, dass die Schwingungsunterniveaus des angeregten Zustands schnell im Vergleich zur Lebensdauer des Zustands ein thermisches Gleichgewicht erreichen. Wenn das angeregte Molekül zerfällt, bevor es ein Gleichgewicht erreicht, wird das Emissionsspektrum von der Anregungsenergie abhängen und typischerweise zu höheren Energien verschoben sein, als das Spiegelbildgesetz vorhersagt.

Wir haben angenommen, dass jegliche Kohärenz in den zeitlichen Teilen der einzelnen Schwingungswellenfunktionen sehr schnell im Vergleich zur Lebensdauer des angeregten Zustands verloren geht, so dass wir die Fluoreszenz von jedem Schwingungsniveau unabhängig behandeln können. Diese Bedingung ist erfüllt, wenn die Schwingungsniveaus ein thermisches Gleichgewicht erreicht haben. Wir kehren zur Schwingungskohärenz in Kap. 11 zurück.

Um zu untersuchen, wie genau ein Molekül die Spiegelbildbeziehung einhält, sollten die gewichteten Absorptions- und Emissionsspektren auf einer Energieskala (Frequenz oder Wellenzahl) wie in Abb. 5.3 dargestellt, und nicht auf einer Wellenlängenskala. Fluorometer zeichnen normalerweise Signale auf, die proportional zu $F(\lambda)\Delta\lambda$ sind, was die Anzahl der pro Sekunde im Wellenlängenintervall $\Delta\lambda$ um die Wellenlänge λ emittierten Photonen ist. Da $d\nu/d\lambda =- c\lambda^{-2}$, erfordert das Ändern eines Emissionsspektrums auf die Frequenzskala die Transformation $|F(\nu)\Delta\nu| = |cF(\lambda)\lambda^{-2}\Delta\lambda|$. Beachten Sie, dass λ hier die Wellenlänge des durch den Detektionsmonochromator (c/ν) gehenden Lichts ist, nicht die Wellenlänge in der Lösung ($c/n\nu$).

Die Spiegelbildbeziehung kann aus verschiedenen Gründen zusammenbrechen, einschließlich Heterogenität in den absorbierenden oder emittierenden Molekülen, Unterschiede zwischen den Schwingungsfrequenzen im Grund- und angeregten Zustand und Versagen der Schwingungsniveaus des angeregten Moleküls, ein thermisches Gleichgewicht zu erreichen.

5.4 Die Strickler-Berg-Gleichung und andere Beziehungen zwischen Absorption und Fluoreszenz

Wie wir in Abschn. 5.1 bemerkt haben, geht die Einstein Beziehung zwischen Absorption und Fluoreszenz (Gl. 5.12) davon aus, dass Absorption und Emission bei einer einzigen Frequenz auftreten, was bei Molekülen in Lösung nicht der Fall ist. Dennoch kann die Gesamtrate der Fluoreszenz eines Moleküls mit breiten Absorptions- und Emissionsbanden durch Ausdrücke, die von Lewis und Kasha [18], Förster [19], Strickler und Berg [20], Birks und Dyson [16] und Ross [21] entwickelt wurden, mit der integrierten Absorptionsstärke in Beziehung gesetzt werden.

Betrachten Sie eine Gruppe von Molekülen mit Grund- und angeregten elektronischen Zuständen, a und b, im Gleichgewicht mit Schwarzkörperstrahlung. Da die Raten von Absorption und Emission bei jeder Frequenz ausgeglichen sein müssen, können wir die Geschwindigkeitskonstante für Fluoreszenz bei Frequenz ν ($k_{fl}(\nu)$) mit der Geschwindigkeitskonstante für Anregung bei dieser Frequenz ($k_{ex}(\nu)$) und dem Verhältnis der Populationen der beiden Zustände (N_a und N_b) in Beziehung setzen:

$$k_{fl}(\nu) = k_{ex}(\nu)N_a/N_b. \tag{5.15}$$

Schwarzkörperstrahlung bei moderaten Temperaturen ist so schwach, dass stimulierte Emission im Vergleich zur Fluoreszenz vernachlässigbar ist. Im thermischen Gleichgewicht ist das Populationsverhältnis gegeben durch

$$\frac{N_a}{N_b} = \frac{Z_a}{Z_b} \exp\{h\nu_{oo}/k_B T\}, \tag{5.16}$$

wo Z_a und Z_b die Schwingungszustandssumme der elektronischen Zustände a und b sind, und $h\nu_{oo}$ ist die Energieunterschied zwischen den niedrigsten Ebenen der beiden Zustände. Das Verhältnis Z_a/Z_b kann von 1 abweichen, wenn die Energie eines oder mehrerer Schwingungsmodi in den beiden elektronischen Zuständen unterschiedlich ist (Gl. 4.49 und B4.14.4*a*, *b*). Ein Unterschied in den Spin-Multipletts (*z. B.*, Triplett gegen Singulett) würde auch dazu führen, dass Z_a/Z_b von 1 abweicht. Wir haben die Zustandssummen bei der Ableitung der Einstein-Beziehung weggelassen, weil wir ein System ohne Schwingungs- oder Rotationsunterebenen betrachtet haben, aber ein Unterschied in der Spin-Multiplett hätte dort ebenfalls berücksichtigt werden müssen.

In Kap. 4 haben wir einen Ausdruck für die Rate gefunden, mit der ein Material mit einer bestimmten Konzentration (C) und einem molaren Absorptionskoeffizienten $\varepsilon(\nu)$ Energie aus einem Strahlungsfeld absorbiert (Gl. 4.10). Um die Geschwindigkeitskonstante für die Anregung bei der Frequenz ν in Einheiten von Molekülen pro cm^3 pro Sekunde ($k_{ex}(\nu)$) zu erhalten, müssen wir diesen Ausdruck nur durch die Menge an Energie teilen, die bei jedem Aufwärtstransition ($h\nu$) absorbiert wird, und durch die Konzentration des Absorbers in Molekülen pro cm^3 ($10^{-3}N_A C$, wobei N_A die Avogadro-Zahl ist). Das ergibt

$$k_{ex}(\nu) = \frac{10^3 \ln(10)}{N_A} \frac{\varepsilon(\nu)I(\nu)d\nu}{h\nu}, \tag{5.17}$$

wo $I(\nu)$ die Bestrahlungsstärke im Intervall $d\nu$ um die Frequenz ν ist. Setzen wir die Bestrahlungsstärke der Schwarzkörperstrahlung ein (Gl. 3.41*b*), erhalten wir

$$k_{ex}(\nu)d\nu = \frac{8\pi 10^3 \ln(10)}{N_A} \left(\frac{n(\nu)\nu}{c}\right)^2 \frac{\exp(-h\nu/k_B T)}{1 - \exp(-h\nu/k_B T)} \varepsilon(\nu)d\nu \tag{5.18a}$$

$$\approx \frac{8000\pi \ln(10)}{N_A} \left(\frac{n(\nu)\nu}{c}\right)^2 \exp(-h\nu/k_B T)\varepsilon(\nu)d\nu. \tag{5.18b}$$

In Gl. (5.18b) haben wir angenommen, dass $\exp[-h\nu/k_B T] << 1$ ist, was für Absorptionsbanden im UV-, sichtbaren oder nahen IR-Bereich bei Raumtemperatur der Fall ist. (Ein 0–0 Übergang bei 600 nm hat zum Beispiel $h\nu/k_B T = 24{,}4$ und $\exp[-h\nu/k_B T] = 2{,}6 \times 10^{-11}$ bei 295 K.)

Die Kombination von Gl. (5.15), (5.16) und (5.18b) ergibt die Geschwindigkeitskonstante für Fluoreszenz bei der Frequenz ν als Funktion des Absorptions koeffizienten bei der gleichen Frequenz:

$$k_{fl}(\nu)d\nu = \frac{8000\pi \ln(10)}{N_A} \frac{Z_a}{Z_b} \exp[h(\nu_{oo} - \nu)/k_B T] \left(\frac{n(\nu)\nu}{c} \right)^2 \varepsilon(\nu)d\nu. \quad (5.19)$$

Um die Gesamtgeschwindigkeitskonstante für Fluoreszenz (k_r) zu finden, könnten wir Gl. (5.19) über alle Frequenzen integrieren, bei denen das Molekül fluoresziert. Dies ist jedoch nicht sehr zufriedenstellend, da die meisten Fluoreszenzen bei Frequenzen unterhalb von ν_{oo} auftreten, wo $\varepsilon(\nu)$ zu klein ist, um genau gemessen zu werden. Ein praktischeres Verfahren besteht darin, die gemessene Fluoreszenzamplitude bei jeder Frequenz relativ zur Fluoreszenz und ε bei der 0-0-Übergangsfrequenz zu skalieren und dann über das Fluoreszenzemissionsspektrum zu integrieren. Der Exponentialfaktor wird dann 1, was ergibt:

$$k_{fl}(\nu)d\nu = \frac{8000\pi \ln(10)}{N_A} \frac{Z_a}{Z_b} \left(\frac{n(\nu_{oo})\nu_{oo}}{c} \right)^2 \frac{\varepsilon(\nu_{oo})}{F(\nu_{oo})} F(\nu)d\nu \quad (5.20)$$

und

$$k_r = \int k_{fl}(\nu)d\nu = \frac{8000\pi \ln(10)}{N_A c^2} \frac{Z_a}{Z_b} \left(\frac{n(\nu_{oo})\nu_{oo}}{c} \right)^2 \frac{\varepsilon(\nu_{oo})}{F(\nu_{oo})} \int F(\nu)d\nu. \quad (5.21)$$

Die Geschwindigkeitskonstante k_r in Gl. (5.21) ist ein molekulares Analogon des Einstein A-Koeffizienten für spontane Emission. Wie wir in Abschn. 5.1 argumentiert haben, sollte diese Geschwindigkeitskonstante nicht davon abhängen, wie der angeregte elektronische Zustand erreicht wird, solange die Schwingungs- und Rotationsunterniveaus innerhalb des Zustands untereinander ein thermisches Gleichgewicht erreichen.

Gl. (5.21) bietet eine Möglichkeit, die Gesamtgeschwindigkeitskonstante für Fluoreszenz zu berechnen, wenn wir das Emissionsspektrum, das Verhältnis der Schwingungszustandssummen und den molaren Absorptionskoeffizienten bei einer Referenzwellenlänge kennen. Abgesehen vom Problem des Wissens um Z_a/Z_b zu kennen, besteht ein Hauptmangel darin, die 0-0-Übergangsfrequenz genau zu lokalisieren und dort die Fluoreszenz und ε zu messen, wobei eine oder beide Größen schwach sein können. Die Fluoreszenzamplitude $F(\nu)$ kann eine beliebige Größe haben, sollte aber Dimensionen von Photonen$\cdot$s$^{-1}\cdot$cm^{-2} pro Frequenzeinheit haben, nicht die Dimensionen von Energie$\cdot$s$^{-1}\cdot$cm^{-2} pro Wellenlängeneinheit (Fluoreszenzbestrahlungsstärke), die die meisten Fluorometer liefern. Die Tatsache, dass die Fluoreszenzamplitude beliebig skaliert werden kann, ist bedeutend, weil die Messung der absoluten Intensität der Fluoreszenz technisch schwierig ist.

Wenn das Spiegelbildgesetz (Gl. 5.13) gilt, ist ein alternativer Ansatz, Gl. (5.19) umzuformulieren, um die Geschwindigkeitskonstante für Fluoreszenz bei Frequenz $\nu_{oo} - \delta$ als Funktion des Absorptionskoeffizienten bei Frequenz $\nu_{oo} + \delta$

zu geben und dann über das Absorptionsspektrum statt der Emission zu integrieren. Wenn die Fluoreszenzfrequenz $\nu' = 2\nu_{oo} - \nu$ ist, ergibt dies:

$$k_{fl}(\nu')d\nu = \frac{8000\pi\ \ln(10)}{N_A}\frac{Z_a}{Z_b}\left(\frac{n}{c}\right)^2\int\frac{\nu'^3\varepsilon(\nu')}{\nu}d\nu \tag{5.22}$$

und

$$k_r = \int k_{fl}(\nu')d\nu = \frac{8000\pi\ \ln(10)n^2}{N_A c^2}\frac{Z_a}{Z_b}\left(\overline{\nu_f^{-3}}\right)^{-1}\int\frac{\varepsilon(\nu)}{\nu}d\nu, \tag{5.23}$$

wo der Faktor $\left(\overline{\nu_f^{-3}}\right)^{-1}$ das Reziproke des Durchschnitts von ν^{-3} über das Fluoreszenzemissionsspektrum ist,

$$\left(\overline{\nu_f^{-3}}\right)^{-1} = \int F(\nu)d\nu \Big/ \int \nu^{-3}F(\nu)d\nu. \tag{5.24}$$

Wie in Gl. (5.21), hat $F(\nu)$ in Gl. (5.24) die Dimensionen von Photonen·s^{-1}·cm^{-2} pro Frequenzinkrement, kann aber beliebig skaliert werden. Beachten Sie, dass das Reziproke von $\langle\nu_f^{-3}\rangle$ nicht dasselbe ist wie der Durchschnitt von $\nu^3(\langle\nu_f^3\rangle)$, obwohl die beiden Mengen konvergieren, wenn das Emissionsspektrum ausreichend scharf ist.

Mit Ausnahme des Faktors Z_a/Z_b, den Ross später hinzufügte [21], ist Gl. (5.23) der Ausdruck, den Strickler und Berg gegeben haben [20]. Strickler und Berg boten eine etwas andere Ableitung an, die keine Spiegelsymmetrie erforderte, aber annahm, dass die Grund- und angeregten Zustände ähnliche Schwingungsstrukturen haben. Der Faktor $\langle\nu_f^{-3}\rangle^{-1}$ hat in ihrer Ableitung (Kasten 5.1) eine klarere physikalische Bedeutung.

Kasten 5.1 Der ν^3 Faktor in der Strickler-Berg-Gleichung

In der Herleitung von Gl. (5.23) im Text ist der Faktor $\left(\overline{\nu_f^{-3}}\right)^{-1}$ einfach eine mathematische Konsequenz der angenommenen Spiegelsymmetrie zwischen den Absorptions- und Emissionsspektren [22]. Die physikalische Bedeutung dieses Faktors tritt deutlicher in der Herleitung von Strickler und Berg hervor [20], die keine Spiegelsymmetrie erfordert.

Strickler und Berg drückten die Gesamtratekonstante für Fluoreszenz als Summe von Ratenkonstanten für einzelne vibronische Übergänge aus. Die Beiträge der Übergänge vom Niveau n des angeregten Zustands zu allen Schwingungsniveaus des Grundzustands können wie folgt geschrieben werden

$$k_{b,n\to a} = \sum_m k_{b,n\to a,m} \propto \sum_m \left(\nu_{b,n\to a,m}\right)^3 \left|\langle\chi_{a,m}|\chi_{b,n}\rangle\right|^2 \left|\boldsymbol{\mu}_{ba}\right|^2. \tag{B5.1.1}$$

Hier sind $\langle\chi_{a,m}|\chi_{b,n}\rangle$ und $\nu_{b,n\to a,m}$ das Schwingungsüberlappintegral und die Frequenz für einen Übergang vom Niveau n des angeregten Zustands zu Niveau m des Grundzustands und $|\boldsymbol{\mu}_{ba}|^2$ ist die elektronische Dipolstärke (das Quadrat von $|\overline{\boldsymbol{U}}_{ba}|$ von Gl. 4.42). Da die Schwingungswellenfunktionen ein vollständiges Set bilden, kann Gl. (B5.1.1) durch 1 in der Form von $\sum_m |\langle \chi_{a,m}|\chi_{b,n}\rangle|^2$ geteilt werden, um zu erhalten

$$k_{b,n\to a} \propto \frac{\sum_m (\nu_{b,n\to a,m})^3 |\langle \chi_{a,m}|\chi_{b,n}\rangle|^2}{\sum_m |\langle \chi_{a,m}|\chi_{b,n}\rangle|^2} |\boldsymbol{\mu}_{ba}|^2. \tag{B5.1.2}$$

Jeder der Terme im Zähler ist proportional zur Stärke einer vibronischen Bande im Emissionsspektrum, während jeder Term im Nenner proportional zu ν^{-3} mal der Stärke einer vibronischen Bande ist. Das Ersetzen der Summen durch Integrale ergibt

$$k_{b,n\to a} \propto \frac{\int F(\nu)d\nu}{\int \nu^{-3}F(\nu)d\nu} |\boldsymbol{\mu}_{ba}|^2 = \left|\overline{\nu^{-3}}\right|^{-1} |\boldsymbol{\mu}_{ba}|^2. \tag{B5.1.3}$$

Das Einfügen der numerischen Konstanten und das Aufsummieren über alle Schwingungsniveaus des angeregten Zustands ergibt Gl. (5.23).

Die Strickler-Berg-Gleichung wird normalerweise in Bezug auf die Wellenzahl ($\overline{\nu} = 1/\lambda = \nu/c$) anstelle der Frequenz geschrieben:

$$k_r = \frac{8000\pi \ln(10) c n^2}{N_A} \frac{Z_a}{Z_b} \left(\overline{\overline{\nu}_f^{\,-3}}\right)^{-1} \int \frac{\varepsilon(\overline{\nu})}{\overline{\nu}} d\overline{\nu}, \tag{5.25a}$$

$$= 2.880 \times 10^{-9} n^2 \frac{Z_a}{Z_b} \left(\overline{\nu_f^{\,-3}}\right)^{-1} \int \frac{\varepsilon(\nu)}{\nu} d\nu, \tag{5.25b}$$

mit

$$\left(\overline{\overline{\nu}_f^{\,-3}}\right)^{-1} = c^3 \left(\overline{\nu_f^{\,-3}}\right)^{-1} = \int F(\overline{\nu})d\overline{\nu} \Big/ \int \overline{\nu}^{-3} F(\overline{\nu})d\overline{\nu}. \tag{5.26}$$

Der numerische Faktor in Gl. (5.25b) ist für $\overline{\nu}$ in Einheiten von cm^{-1} und ε in M^{-1} cm^{-1}.

Die Gl. (5.21) und (5.23–5.25a, 5.25b) liefern ähnliche Ergebnisse für k_r, wenn ihre zugrunde liegenden Annahmen gültig sind. Die Strickler-Berg-Gleichung scheint im Allgemeinen etwas genauer zu sein als Gl. (5.21), mit einem Fehler in der Größenordnung von ±20 % [17, 20–22]. Das Verhältnis der Zustandssummen, das in beiden Ausdrücken erscheint (Z_a/Z_b), ist selten unabhängig bekannt und wird normalerweise als Eins angenommen. Es gibt jedoch Fälle, in denen die Fluoreszenzgeschwindigkeitskonstanten, die mit den beiden Methoden ermittelt wurden, recht gut übereinstimmen, aber beide deutlich höher oder niedriger als der experimentelle Wert sind. (Wir werden experimentelle Messungen der Fluoreszenzgeschwindigkeitskonstante in Abschn. 5.6 diskutieren.) Ross [21] schlug vor, dass diese Diskrepanzen durch Abweichungen von Z_a/Z_b von 1 erklärt werden können.

Abb. 5.5 veranschaulicht, wie eine Erhöhung oder Verringerung der Schwingungsfrequenz das Verhältnis Z_a/Z_b beeinflusst. Beachten Sie, dass Änderungen in den Niederfrequenzmodi in diesem Zusammenhang am wichtigsten sind, da die Schwingungszustandssumme schnell auf 1 geht, wenn die Schwingungsenergie k_BT übersteigt. Bei 295 K beträgt $k_BT = 205{,}2$ cm^{-1}. Da die vollständige Zustandssumme das Produkt der Zustandssummen für alle verschiedenen Modi ist (Gl. B4.14.4*a*,*b*), können Änderungen in den Frequenzen von zwei oder mehr Moden entweder einen multiplikativen Effekt haben oder sich gegenseitig aufheben, je nachdem, ob sie sich gleichartig oder entgegengesetzt ändern.

Das Spiegelbildgesetz und die Fluoreszenz- und Absorptionsmethoden zur Bestimmung von k_r gehen alle davon aus, dass die thermische Gleichgewichtseinstellung des angeregten Moleküls mit der Umgebung schnell im Vergleich zur Lebensdauer des angeregten Zustands erfolgt. Wenn diese Annahme gültig ist, sollte das Verhältnis von Fluoreszenz zu Absorption bei einer gegebenen Frequenz eine vorhersehbare Temperaturabhängigkeit haben. Wenn wir zu Gl. (5.19) zurückkehren und die von ν abhängigen Terme sammeln, sehen wir, dass

$$F(\nu)d\nu \propto \exp\{h[\nu_{oo} - \nu]/k_BT\}\left[\frac{n(\nu)\nu}{c}\right]^2 \varepsilon(\nu)d\nu, \qquad (5.27)$$

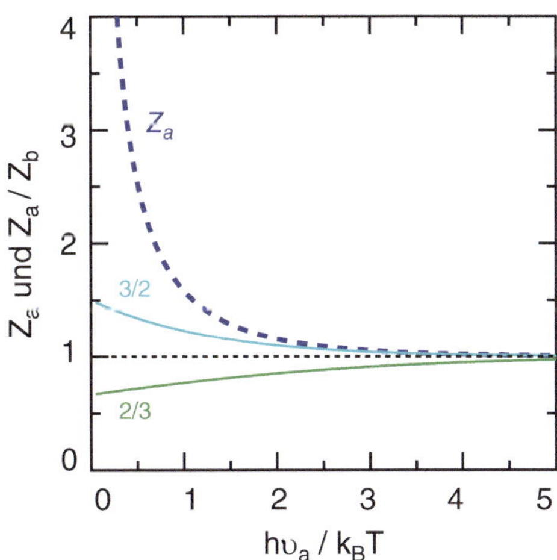

Abb. 5.5 Die *dunkelblaue gestrichelte Kurve* (Z_a) ist die Schwingungszustandssumme für den Grundelektronenzustand eines Systems mit einem einzigen, harmonischen Schwingungsmodus, dargestellt als Funktion der Schwingungsenergie ($h\nu_a$). Die *durchgezogenen Linien* zeigen das Verhältnis der Zustandssummen für den Grund- und den angeregten Elektronenzustand (Z_a/Z_b), wenn die Schwingungsfrequenz im angeregten Zustand (ν_b) entweder 3/2 (*cyanfarbene Kurve*) oder 2/3 (*grün*) der Frequenz im Grundzustand (ν_a) beträgt

so dass

$$\ln\Big(F(\nu)/\nu^2\varepsilon(\nu)\Big) \propto -h\nu/k_BT. \tag{5.28}$$

Ein Diagramm von ln $[F(\nu)/\nu^2\varepsilon(\nu)]$ als Funktion der Frequenz (ν) sollte also eine Gerade mit der Steigung $-h/k_BT$ sein, wobei T die Temperatur ist. Diese Beziehung wurde unabhängig von E.H. Kennard im Jahr 1918 und B.I. Stepanov im Jahr 1957 ermittelt und wird oft als *Kennard-Stepanov* Ausdruck bezeichnet. In vielen Fällen stellt sich heraus, dass die Steigung des Diagramms geringer ist als vorhergesagt, was darauf hindeutet, dass die angeregten Moleküle emittieren, bevor sie ein thermisches Gleichgewicht mit ihrer Umgebung erreichen. Die jedoch aus der Steigung abgeleitete "scheinbare Temperatur" ist in diesem Fall nicht sehr aussagekräftig, da die relativen Populationen der Schwingungsniveaus des angeregten Zustands möglicherweise nicht einer Boltzmann-Verteilung entsprechen. Der Kennard-Stepanov Ausdruck kann auch versagen, wenn die Probe inhomogen ist [23–25]. Diagramme von $\ln(F/\nu^2\varepsilon)$ *vs* ν zeigen manchmal Nichtlinearitäten, die Informationen über die Dynamik des angeregten Zustands liefern können [25], aber diese Merkmale müssen vorsichtig interpretiert werden, da sie normalerweise bei Frequenzen auftreten, bei denen sowohl F als auch ε klein sind.

Wir werden zu den Formen von Absorptions- und Emissionsspektren in den Kap. 10 und 11 zurückkehren.

5.5 Quantentheorie der Absorption und Emission

Obwohl Einsteins Theorie die relativen Amplituden von Absorption, Fluoreszenz und stimulierter Emission gut beschreibt, ist die Vorstellung, dass Fluoreszenz spontan auftritt, grundsätzlich unvereinbar mit der Behauptung, die wir in Kap. 2 aufgestellt haben, nämlich dass ein isoliertes System in einem seiner Eigenzustände unendlich stabil ist. Wenn letzteres Prinzip korrekt ist, muss Fluoreszenz durch eine Störung verursacht werden, die wir vernachlässigt haben. Die Quantentheorie der Strahlung bietet einen Ausweg aus diesem Dilemma. Wie wir in Kap. 3 diskutiert haben, hat ein Strahlungsfeld einen Eigenzustand, in dem die Anzahl der Photonen null ist. Spontane Fluoreszenz kann der Störung des angeregten Moleküls durch das Nullpunkt-Strahlungsfeld zugeschrieben werden [26, 27]. Lassen Sie uns diese eher beunruhigende Idee untersuchen.

Wir haben in Kap. 3 gesehen, dass elektromagnetische Strahlung durch ein Vektorpotential $_V$ beschrieben werden kann, das eine periodische Funktion von Zeit und Position ist, zusammen mit einem Skalarpotential, das durch eine kluge Wahl des "Gauges" der Potentiale gleich null gesetzt werden kann. Für linear polarisierte Strahlung im Vakuum kann das Vektorpotential folgendermaßen geschrieben werden

$$\boldsymbol{V} = \sum_j 2\pi^{1/2}c\;\hat{e}_j\{\exp\left[2\pi i\left(\nu_j t - \boldsymbol{k}_j\cdot\boldsymbol{r}\right)\right] + \exp\left[-2\pi i\left(\nu_j t - \boldsymbol{k}_j\cdot\boldsymbol{r}\right)\right]\} \tag{5.29a}$$

$$= \sum_j 2\pi^{1/2} c \;\hat{e}_j \left[q_j^*(t) \exp\left(-2\pi i\boldsymbol{k}_j \cdot \boldsymbol{r}\right) + q_j(t) \exp\left(2\pi i\boldsymbol{k}_j \cdot \boldsymbol{r}\right)\right], \tag{5.29b}$$

wo der Einheitsvektor $\hat{e}_j$ die Polarisationsachse des Oszillationsmodus j definiert, und der Wellenvektor $\boldsymbol{k}_j$ eine Größe von $\nu_j/c\,(1/\lambda_j)$ hat und in die Richtung der Ausbreitung der Oszillation des Modus zeigt (Gln. 3.18 und 3.44). In Gl. (5.29b) haben wir den zeitabhängigen Faktor $\exp(-2\pi i\nu_j t)$ und sein komplexes Konjugat durch $q_j(t)$ und $q_j^*(t)$, ersetzt.

Betrachten Sie nun die Wechselwirkungen eines Strahlungsfeldes mit einem Elektron. In Abwesenheit des Strahlungsfeldes wäre der Hamiltonian für das Elektron

$$\tilde{\mathrm{H}} = \frac{1}{2m_e}\tilde{\mathrm{p}}^2 + \tilde{\mathrm{V}} = -\frac{\hbar^2}{2m_e}\tilde{\nabla}^2 + \tilde{\mathrm{V}}, \tag{5.30}$$

wo $\tilde{\mathrm{p}}, \tilde{\nabla}$ und $\tilde{\mathrm{V}}$ die üblichen Impuls-, Gradienten- und potentielle Energieoperatoren sind und m_e die Elektronenmasse ist. In Anwesenheit des Strahlungsfeldes wird der Hamiltonian zu

$$\tilde{\mathrm{H}} = \frac{1}{2m_e}\left(\tilde{\mathrm{p}} - \frac{e}{c}\boldsymbol{V}\right)^2 + \tilde{\mathrm{V}} \tag{5.31a}$$

$$= -\frac{\hbar^2}{2m_e}\tilde{\nabla}^2 - \frac{\hbar e}{i2m_e c}\left(\tilde{\nabla}\cdot\boldsymbol{V} + \boldsymbol{V}\cdot\tilde{\nabla}\right) + \frac{e^2}{2m_e c^2}|\boldsymbol{V}|^2 + \tilde{\mathrm{V}} \tag{5.31b}$$

$$= -\frac{\hbar^2}{2m_e}\tilde{\nabla}^2 - \frac{\hbar e}{i m_e c}\boldsymbol{V}\cdot\tilde{\nabla} + \frac{e^2}{2m_e c^2}|\boldsymbol{V}|^2 + \tilde{\mathrm{V}}. \tag{5.31c}$$

Beachten Sie, dass das Vektorpotential vektoriell mit dem Impulsoperator in Gl. (5.31a) kombiniert, anstatt einfach zum gewöhnlichen Potenzial hinzugefügt zu werden. Die Ableitung dieser Formulierung des Hamilton-Operators ist nicht einfach, aber das Ergebnis kann gerechtfertigt werden, indem gezeigt wird, dass es zu den korrekten Kräften auf ein geladenes Teilchen führt [26, 28, 29]. Die Kombination von $\tilde{\nabla}\cdot\boldsymbol{V}$ und $\boldsymbol{V}\cdot\tilde{\nabla}$ zu einem einzigen Term in Gl. (5.31c) wird durch die Tatsache gerechtfertigt, dass $\tilde{\nabla}$ und $\boldsymbol{V}$ kommutieren, was aus Gl. (B3.1.16) folgt [26].

Vergleicht man Gl. (5.31c) mit (5.30), erweitert $\boldsymbol{V}$ wie in den Gl. (5.29a, 5.29b) und wandelt die Funktionen $q_j(t)$ und $q_j^*(t)$ in Operatoren um, stellen wir fest, dass der Teil des Hamilton-Operators, der die Wechselwirkungen des Elektrons mit dem Feld darstellt, ist

$$\tilde{\mathrm{H}}' = -\frac{\hbar e}{i m_e c}\boldsymbol{V}\cdot\tilde{\nabla} + \frac{e^2}{2m_e c^2}|\boldsymbol{V}|^2 \tag{5.32a}$$

$$= -\frac{e\hbar\pi^{1/2}}{im_e}\sum_j\left(\hat{e}_j\cdot\tilde{\nabla}\right)\left[\tilde{q}_j^*\exp\left(-2\pi i\boldsymbol{k}_j\cdot\boldsymbol{r}\right)+\tilde{q}_j\exp\left(2\pi i\boldsymbol{k}_j\cdot\boldsymbol{r}\right)\right]$$

$$\begin{aligned}&+\left(\tfrac{2\pi e^2}{m_e c}\right)\sum_{j1}\sum_{j2}\left(\hat{e}_{j1}\cdot\hat{e}_{j2}\right)\left\{\tilde{q}_{j1}\tilde{q}_{j2}\exp\left[2\pi i\left(\boldsymbol{k}_{j1}+\boldsymbol{k}_{j2}\right)\cdot\boldsymbol{r}\right]\right.\\&+\tilde{q}_{j1}\tilde{q}_{j2}^*\exp\left[2\pi i\left(\boldsymbol{k}_{j1}-\boldsymbol{k}_{j2}\right)\cdot\boldsymbol{r}\right]\\&+\tilde{q}_{j1}^*\tilde{q}_{j2}\exp\left[2\pi i\left(-\boldsymbol{k}_{j1}+\boldsymbol{k}_{j2}\right)\cdot\boldsymbol{r}\right]\\&\left.+\tilde{q}_{j1}^*\tilde{q}_{j2}^*\exp\left[-2\pi i\left(\boldsymbol{k}_{j1}+\boldsymbol{k}_{j2}\right)\cdot\boldsymbol{r}\right]\right\}.\end{aligned} \tag{5.32b}$$

Wenn die Wellenlängen aller relevanten Modi im Vergleich zur Größe des Chromophors, der das Elektron hält, lang sind, so dass $|2\pi i\boldsymbol{k}_j\cdot\boldsymbol{r}| << 1$, dann ist $|\exp(\pm 2\pi i\boldsymbol{k}_j\cdot\boldsymbol{r})| \approx 1$ und Gl. (5.32b) vereinfacht sich zu

$$\begin{aligned}\tilde{H}' \approx &-\tfrac{e\hbar\pi^{1/2}}{i\,m_e}\sum_j\left(\hat{e}_j\cdot\tilde{\nabla}\right)\left\{\tilde{q}_j+\tilde{q}_j^*\right\}\\&+\left(\tfrac{2\pi e^2}{m_e c}\right)\sum_{j1}\sum_{j2}\left(\hat{e}_{j1}\cdot\hat{e}_{j2}\right)\left\{\tilde{q}_{j1}\tilde{q}_{j2}+\tilde{q}_{j1}\tilde{q}_{j2}^*+\tilde{q}_{j1}^*\tilde{q}_{j2}+\tilde{q}_{j1}^*\tilde{q}_{j2}^*\right\}.\end{aligned} \tag{5.33}$$

Diese Beschreibung der Wechselwirkungsenergie ist allgemeiner als die Behandlung, die wir bisher verwendet haben. Die erste Zeile von Gl. (5.33) bezieht sich auf die Absorption oder Emission eines einzelnen Photons, und die zweite Zeile betrifft Prozesse, bei denen zwei Photonen gleichzeitig absorbiert oder emittiert werden. Im Rest dieses Kapitels betrachten wir nur Ein-Photon-Prozesse. Indem wir den Faktor $\exp(\pm 2\pi i\boldsymbol{k}_j\cdot\boldsymbol{r})$ in Gl. (5.32b) gleich 1 setzen, vernachlässigen wir weiterhin Wechselwirkungen mit dem magnetischen Feld der Strahlung sowie Effekte, die Quadrupol- und höherwertige Terme in der Ladungsverteilung betreffen. Wir kehren zu dem ortsabhängigen Faktor $\exp(\pm 2\pi i\boldsymbol{k}_j\cdot\boldsymbol{r})$ in Kap. 9, und zu Zwei-Photon-Prozessen in Kap. 12 zurück.

Wenn das Elektron zunächst die Wellenfunktion ψ_a und die Strahlungsfeldwellenfunktion $\vartheta_{\boldsymbol{n}}$ hat, können wir die Wellenfunktion für das gesamte System als das Produkt approximieren

$$\Theta_{a,\boldsymbol{n}} = \psi_a\vartheta_{\boldsymbol{n}}. \tag{5.34}$$

Wir sind an der Rate eines Übergangs zu einem neuen kombinierten Zustand $\Theta_{b,\boldsymbol{m}}$ interessiert, in dem das Molekül und das Feld Wellenfunktionen ψ_b und $\vartheta_{\boldsymbol{m}}$ haben. Nehmen wir an, dass die neue Strahlungswellenfunktion $\vartheta_{\boldsymbol{m}}$ sich von $\vartheta_{\boldsymbol{n}}$ nur dadurch unterscheidet, dass der Oszillator j von $\chi_{j(n)}$ (Niveau n_j) zu $\chi_{j(m)}$ (Niveau m_j) wechselt, wobei alle anderen Oszillatoren unverändert bleiben. Der Beitrag des Feldes zur Gesamtenergie ändert sich dann um $(m_j - n_j)h\nu_j$. Wir erwarten, dass der Übergang nur dann mit einer signifikanten Rate auftritt, wenn die Gesamtenergie annähernd konstant ist, so dass die Änderung der Energie des Moleküls annähernd gleich und entgegengesetzt zur Änderung der Energie des Feldes ist: $E_{b,\boldsymbol{m}} - E_{a,\boldsymbol{n}} \approx -(m_j - n_j)h\nu_j$.

Unter Verwendung der ersten Zeile von Gl. (5.33) ist das Interaktionsmatrixelement $\left\langle \psi_b \chi_{j(m)} | \tilde{\mathrm{H}}' | \psi_a \chi_{j(n)} \right\rangle$ wie folgt

$$\left\langle \psi_b \chi_{j(m)} \middle| \tilde{\mathrm{H}}' \middle| \psi_a \chi_{j(n)} \right\rangle = -\frac{e\hbar\pi^{1/2}}{i\,m_e} \left\langle \psi_b \chi_{j(m)} \middle| \left(\hat{e}_j \cdot \tilde{\nabla}\right) \left\{ \tilde{\mathrm{q}}_j + \tilde{\mathrm{q}}_j^* \right\} \middle| \psi_a \chi_{j(n)} \right\rangle. \quad (5.35)$$

Das Integral auf der rechten Seite dieses Ausdrucks kann in das Skalarprodukt von $\hat{e}_j$ mit einem Integral, das $\tilde{\nabla}$ und die Elektronenwellenfunktionen beinhaltet, und ein separates Integral, das die Strahlungswellenfunktionen und $\tilde{\mathrm{Q}}_j$ beinhaltet, aufgeteilt werden, wobei $\tilde{\mathrm{Q}}_j = \tilde{\mathrm{q}}_j + \tilde{\mathrm{q}}_j^*$ wie in Gl. (3.43) ist:

$$\left\langle \psi_b \chi_{j(m)} \middle| \tilde{\mathrm{H}}' \middle| \psi_a \chi_{j(n)} \right\rangle = -\frac{e\hbar\pi^{1/2}}{i\,m_e} \left\langle \psi_b \middle| \hat{e}_j \cdot \tilde{\nabla} \middle| \psi_a \right\rangle \left\langle \chi_{j(m)} \middle| \left\{ \tilde{\mathrm{q}}_j + \tilde{\mathrm{q}}_j^* \right\} \middle| \chi_{j(n)} \right\rangle \quad (5.36a)$$

$$= -\frac{e\hbar\pi^{1/2}}{i\,m_e} \hat{e}_j \cdot \left\langle \psi_b | \tilde{\nabla} | \psi_a \right\rangle \left\langle \chi_{j(m)} \middle| \tilde{\mathrm{Q}}_j \middle| \chi_{j(n)} \right\rangle. \quad (5.36b)$$

In Kap. 4 haben wir gezeigt, dass für exakte Wellenfunktionen Matrixelemente von $\tilde{\nabla}$ proportional zu den entsprechenden Matrixelementen des Dipoloperators $\tilde{\mu}$ sind (Abschn. 4.8 und Kasten 4.10):

$$\left\langle \psi_b \middle| \tilde{\nabla} \middle| \psi_a \right\rangle = -\frac{2\pi m_e \nu_{ba}}{e\hbar} \boldsymbol{\mu}_{ba}. \quad (5.37)$$

In Übereinstimmung mit der halbklassischen Theorie der Absorption und Emission zeigt Gl. (5.36b), dass $\left\langle \psi_b | \tilde{\nabla} | \psi_a \right\rangle$ Übergänge zwischen ψ_a und ψ_b nur in dem Maße zulässt, wie es parallel zur Polarisation der Strahlung $(\hat{e})$ ist.

Was zu bewerten bleibt, ist der Faktor $\left\langle \chi_{j(m)} | \tilde{\mathrm{Q}}_j | \chi_{j(n)} \right\rangle$ in Gl. (5.36b) zu bewerten. Um dies zu tun, müssen wir die Eigenfunktionen $\chi_{j(n)}$ und $\chi_{j(m)}$ des Strahlungsfeldes explizit ausdrücken. In Abschn. 3.4 haben wir gezeigt, dass diese identisch mit den Eigenfunktionen eines harmonischen Oszillators mit Einheitsmasse sind. Für einen Schwingungsmodus mit Frequenz ν,

$$\chi_{j(n)}\left(u_j\right) = N_{j(n)} H_n\left(u_j\right) \exp\left(-u_j^2/2\right), \quad (5.38)$$

wo $n = 0, 1, \ldots$, die dimensionslose Positions-Koordinate u_j ist

$$u_j = Q_j\left(\hbar/2\pi\nu_j\right)^{-1/2}, \quad (5.39)$$

die $H_n(u_j)$ sind die Hermite-Polynome, und der Normalisierungsfaktor N_n ist

$$N_{j(n)} = \left[\left(2\pi\nu_j/\hbar\right)^{1/2} / \left(2^n n!\right)\right]^{1/2} \quad (5.40)$$

(Gl. 2.30 und Kasten 2.5).

Nach Vereinfachung der Notation durch Weglassen des Subskripts j und Setzen von $\kappa = 2\pi\, \nu/\hbar$, so dass $u = \kappa^{1/2}Q$, benötigen wir das Matrixelement

$$\left\langle \chi_m|\tilde{Q}|\chi_n \right\rangle = \langle \chi_m \mid Q\chi_n \rangle. \tag{5.41}$$

Dieses Integral kann mit der Rekursionsformel für die Hermite-Polynome (Kasten 2.5) ausgewertet werden:

$$uH_n(u) = (1/2)H_{n+1}(u) + nH_{n-1}(u), \tag{5.42}$$

Gemäß dieser Formel,

$$Q\chi_n = \kappa^{-1/2}uN_n \exp\left(-u^2/2\right)H_n \tag{5.43a}$$

$$= \kappa^{-1/2}N_n \exp\left(-u^2/2\right)\{(1/2)H_{n+1} + nH_{n-1}\} \tag{5.43b}$$

$$= \kappa^{-1/2}N_n\left\{\frac{\chi_{n+1}}{2N_{n+1}} + n\frac{\chi_{n-1}}{N_{n-1}}\right\} = \{(n+1)/2\kappa\}^{1/2}\chi_{n+1} + \{n/2\kappa\}^{1/2}\chi_{n-1}. \tag{5.43c}$$

Die Einbeziehung dieses Ergebnisses in Gl. (5.41) ergibt

$$\left|\left\langle \chi_m|\tilde{\mathrm{Q}}|\chi_n \right\rangle\right| = \{(n+1)/2\kappa\}^{1/2}\langle \chi_m|\chi_{n+1}\rangle + \{n/2\kappa\}^{1/2}\langle \chi_m|\chi_{n-1}\rangle. \tag{5.44}$$

Da die Eigenfunktionen des harmonischen Oszillators orthogonal und normalisiert sind, wird das Integral $\langle \chi_m|\chi_{n+1}\rangle$ in Gl. (5.44) die Einheit sein, wenn $m = n + 1$, und sonst null. $\langle \chi_m|\chi_{n-1}\rangle$, andererseits, wird 1 sein, wenn $m = n\text{-}1$, und sonst null. Gl. (5.44) kann daher umgeschrieben werden als

$$\left|\left\langle \chi_m|\tilde{\mathrm{Q}}|\chi_n \right\rangle\right| = \{(n+1)/2\kappa\}^{1/2}\delta_{m,n+1} + \{n/2\kappa\}^{1/2}\delta_{m,n-1}, \tag{5.45}$$

wo $\delta_{i,j}$ die Kronecker-Delta-Funktion ist ($\delta_{i,j} = 1$ wenn und nur wenn $i = j$).

Das Matrixelement $\left\langle \chi_m|\tilde{\mathrm{Q}}_j|\chi_n \right\rangle$ besteht also aus der Summe von zwei Termen, aber nur einer dieser kann für ein gegebenes Paar von Wellenfunktionen ungleich Null sein. Der erste Term auf der rechten Seite von Gl. (5.45) gilt, wenn die Anzahl der Photonen von n auf $n + 1$ ansteigt. Dieser Term repräsentiert die Emission von Licht durch den Chromophor und ist proportional zu $[(n + 1)/2\kappa]^{1/2}$. Der zweite Term, der gilt, wenn die Anzahl der Photonen von n auf $n - 1$ abnimmt, repräsentiert die Absorption von Licht und ist proportional zu $(n/2\kappa)^{1/2}$. Die Absorptions- oder Emissionsstärke hängt vom Quadrat des gesamten Übergangsdipols ab, der gemäß Gl. (5.45) proportional zu $n/2\kappa$ für Absorption oder zu $(n + 1)/2\kappa$ für Emission ist. Die Intensität der Strahlung ist proportional zu n. Die Emission beinhaltet daher sowohl eine Komponente, die von der Lichtintensität abhängt (stimulierte Emission), als auch eine Komponente, die unabhängig von der Intensität ist (Fluoreszenz).

Eine unmittelbare Folgerung aus Gl. (5.45) ist, dass $\left\langle \chi_n|\tilde{\mathrm{Q}}_j|\chi_n \right\rangle = 0$. Da das gesamte Matrixelement für einen Übergang zwischen zwei Quantenzuständen eines Moleküls (ψ_a und ψ_b) vom Produkt $\left\langle \psi_b|\tilde{\nabla}|\psi_a \right\rangle \left\langle \chi_m|\tilde{\mathrm{Q}}_j|\chi_n \right\rangle$ abhängt, kann Licht einen solchen Übergang nicht verursachen, es sei denn, ein oder mehrere Photonen werden absorbiert oder emittiert ($m \neq n$).

Die durch Gl. (5.45) beschriebene Beziehung wird oft in Bezug auf Photon *Erzeugungs-* und *Vernichtungs-* Operatoren ausgedrückt, die die Wellenfunktion χ_n in χ_{n+1} oder χ_{n-1} umwandeln. Die Wirkung dieser Operatoren auf einen Schwingungsmodus besteht darin, die Anzahl der Photonen im Modus um eins zu erhöhen oder zu verringern (Kasten 5.2).

Kasten 5.2 Erzeugungs- und Vernichtungsoperatoren

Wir haben in Gl. (5.43c) festgestellt, dass die Wirkung des Positionsoperators $\tilde{\mathrm{Q}}$ auf χ_n darin besteht, eine Kombination von χ_{n+1} und χ_{n-1} zu erzeugen:

$$\tilde{\mathrm{Q}}\chi_n = \{(n+1)/2\kappa\}^{1/2}\chi_{n+1} + \{n/2\kappa\}^{1/2}\chi_{n-1}, \qquad \text{(B5.2.1)}$$

mit $\kappa = 2\pi\,\nu/\hbar$. Diese Transformation ist die Summe der Effekte von $\tilde{\mathrm{q}}^*$ und $\tilde{\mathrm{q}}$, den beiden komplexen Operatoren, die zusammen $\tilde{\mathrm{Q}}$ bilden (Gl. 3.46*a*, 3.46*b* und 5.36b).

Um die Wirkung von $\tilde{\mathrm{q}}^*$ oder $\tilde{\mathrm{q}}$ einzeln zu untersuchen, müssen wir die Wirkung des Strahlungsimpulsoperators $\tilde{\mathrm{P}}$ definieren durch Gl. (3.47), zusätzlich zur Wirkung $\tilde{\mathrm{Q}}$. Indem wir einen ähnlichen Ansatz wie oben für $\tilde{\mathrm{Q}}$ (Gl. 5.41–5.44) verfolgen und den zusätzlichen Ausdruck $P = (\partial/\partial Q)$ verwenden, wird die Wirkung von $\tilde{\mathrm{P}}$ auf χ_n gefunden:

$$\tilde{\mathrm{P}}\chi_n = i\hbar\{\kappa(n+1)/2\}^{1/2}\chi_{n+1} - i\hbar\{\kappa n/2\}^{1/2}\chi_{n-1} \qquad \text{(B5.2.2)}$$

[26]. Die Aktionen von $\tilde{\mathrm{q}}^*$ und $\tilde{\mathrm{q}}$ können dann aus den Gl. (3.46*a*, 3.46*b*) und (3.47) abgeleitet werden,

$$\tilde{\mathrm{q}}^* = \tilde{\mathrm{Q}} - \frac{i}{2\pi\nu}\tilde{\mathrm{P}} = \tilde{\mathrm{Q}} - \frac{i}{\kappa\hbar}\tilde{\mathrm{P}}. \qquad \text{(B5.2.3)}$$

$$\tilde{\mathrm{q}}^*\chi_n = \{(n+1)/2\kappa\}^{1/2}\chi_{n+1}, \qquad \text{(B5.2.4)}$$

$$\tilde{\mathrm{q}} = \tilde{\mathrm{Q}} + \frac{i}{2\pi\nu}\tilde{\mathrm{P}} = \tilde{\mathrm{Q}} + \frac{i}{\kappa\hbar}\tilde{\mathrm{P}}, \qquad \text{(B5.2.5)}$$

und

$$\tilde{\mathrm{q}}\chi_n = \{n/2\kappa\}^{1/2}\chi_{n-1}. \qquad \text{(B5.2.6)}$$

Der Operator $\tilde{\mathrm{q}}^*$, der χ_n in $[(n+1)/2\kappa]^{1/2}\chi_{n+1}$ umwandelt, wird als *Erzeugungs-* oder *Quelleoperator* bezeichnet, weil er die Anzahl der Photonen im Strahlungsfeld um 1 erhöht. Der Operator $\tilde{\mathrm{q}}$ wandelt χ_n in $[n/2\kappa]^{1/2}\chi_{n-1}$ um und wird als *Vernichtungs-* oder *Senkeoperator* bezeichnet. Da die Anzahl der Photonen nicht negativ sein kann, wird angenommen, dass $\tilde{q}$ auf die Nullpunktwellenfunktion χ_0 angewendet, Null ergiebt.

Die Erzeugungs- und Vernichtungsoperatoren bieten alternative Formen für viele quantenmechanische Ausdrücke und werden sowohl für Phononen (Vibrationsquanten) als auch für Photonen weit verbreitet verwendet. Zum Beispiel kann der Hamilton-Operator für einen harmonischen Oszillator geschrieben werden als

$$\tilde{H} = (2\pi\nu)^2\left[\tilde{q}\tilde{q}^* + \tilde{q}^*\tilde{q}\right], \tag{B5.2.7}$$

was $\left\langle \chi_n|\tilde{H}|\chi_n \right\rangle = (n + 1/2)h\,\nu$ ergibt, wie Sie sehen können, wenn Sie die Auswirkungen der Durchführung der beiden Operationen in unterschiedlicher Reihenfolge bewerten:

$$\tilde{q}^*\tilde{q}\chi_n = \{n/2\kappa\}\chi_n = \frac{\hbar}{4\pi\nu}n\chi_n, \tag{B5.2.8}$$

und

$$\tilde{q}\tilde{q}^*\chi_n = \{(n+1)/2\kappa\}\chi_n = \frac{\hbar}{4\pi\nu}(n+1)\chi_n. \tag{B5.2.9}$$

Gl. (B5.2.8 und B5.2.9) zeigen auch, dass $\tilde{q}^*$ und $\tilde{q}$ nicht miteinander vertauschbar sind:

$$\left[\tilde{q}, \tilde{q}^*\right] = \tilde{q}\tilde{q}^* - \tilde{q}^*\tilde{q} = 1/2\kappa. \tag{B5.2.10}$$

5.6 Fluoreszenzausbeuten und Lebensdauern

In Abschn. 5.4 haben wir Ausdrücke für die Gesamtgeschwindigkeitskonstante für spontane Fluoreszenz (k_r) abgeleitet. Der Kehrwert dieser Geschwindigkeitskonstante wird als *Strahlungslebensdauer* (τ_r) bezeichnet:

$$\tau_r = 1/A \equiv 1/k_r. \tag{5.46}$$

Wenn der angeregte Zustand ausschließlich durch Fluoreszenz zerfiel, würde dessen Population exponentiell mit der Zeit abnehmen und die Zeitkonstante des Zerfalls wäre τ_r. Allerdings konkurrieren andere Zerfallsmechanismen mit der Fluoreszenz, was die Lebensdauer des angeregten Zustands verringert. Die Alternativen beinhalten die Bildung von Triplett-Zuständen *(Intersystemübergang)* mit der Geschwindigkeitskonstante k_{isc}, nichtstrahlende Zerfälle *(interne Konversion)* in den Grundzustand (k_{ic}), Energieübertragung auf andere Moleküle (*Resonanzenergieübertragung*, k_{rt}) und *Elektronenübertragung* (k_{et}). Diese konkurrierenden Prozesse werden oft schematisch in einem Diagramm dargestellt, das als *Jablonski-Diagramm* bezeichnet wird (Abb. 5.6) [30].

Da die Geschwindigkeitskonstanten für parallele Prozesse addiert werden, ist die Gesamtgeschwindigkeitskonstante für den Zerfall

$$k_{total} = k_r + k_{isc} + k_{ic} + k_{rt} + k_{et} + \cdots . \tag{5.47}$$

Die tatsächliche Lebensdauer des angeregten Zustands (die *Fluoreszenzlebensdauer,* τ) ist somit kürzer als τ_r:

$$\tau = 1/k_{total} < 1/k_r. \tag{5.48}$$

Im Allgemeinen enthält eine Probe Moleküle, die auf verschiedene Weise mit ihrer Umgebung interagieren, zum Beispiel weil einige der fluoreszierenden Moleküle im Inneren eines Proteins verborgen sind, während andere dem Lösungsmittel ausgesetzt sind. Die Fluoreszenz zerfällt dann mit mehrphasiger Kinetik, die durch eine Summe von Exponentialtermen angepasst werden kann (Gl. 1.8). Fluoreszenzlebensdauern können durch zeitkorrelierte Photonenzählung, durch Fluoreszenzupconversion oder durch Modulation der Amplitude des Anregungsstrahls und Messung der Modulation und Phasenverschiebung der Fluoreszenz (Kap. 1) gemessen werden. Pump-Probe-Messungen von stimulierter Emission werden zur

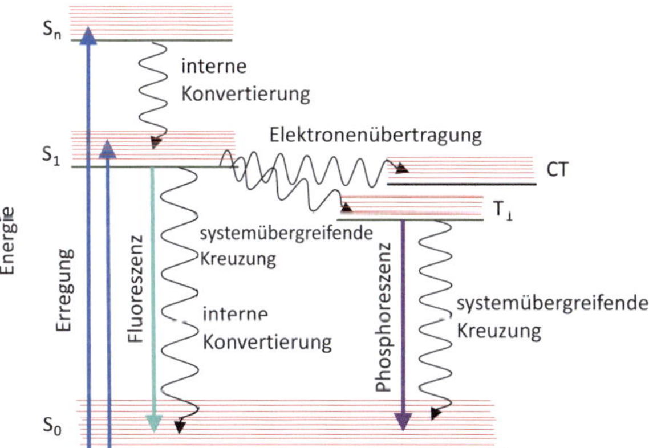

Abb. 5.6 Eine schematische Darstellung alternativer Wege für die Bildung und den Zerfall angeregter elektronischer Zustände. Singulett-Zustände sind mit *S* und Triplett-Zustände mit *T* gekennzeichnet; Tiefgestellte Zahlen 0, 1, 2, …, *n*, … bezeichnen den Grundzustand und angeregte Zustände mit steigender Energie. Strahlungsprozesse (Absorption, Fluoreszenz, Phosphoreszenz) sind mit *geraden Pfeilen* angegeben; nichtstrahlende Prozesse (Intersystemübergang, interne Konversion, Elektronenübertragung usw.) mit *gewellten Pfeilen*. Elektronenübertragung erzeugt Ladungstransfer (CT) Zustände. Übergänge zwischen elektronischen Zuständen bevölkern in der Regel angeregte Schwingungsniveaus des Produktzustands (*horizontale rote Linien*), die dann auf niedrigere Niveaus zerfallen. Diagramme dieser Art wurden 1935 von A. Jablonski in einer Arbeit über den Mechanismus der Phosphoreszenz eingeführt [30]. Die horizontale Achse hat keine physikalische Bedeutung. Angeregte Singulett- und Triplett-Zustände können auch durch Resonanzenergieübertragung und andere hier nicht gezeigte Mechanismen zerfallen

Methode der Wahl für Sub-Pikosekunden-Lebensdauern (Kap. 11). Für weitere Informationen zu diesen Techniken und zur Analyse der Daten siehe [31–35].

Bei den meisten organischen Molekülen findet die interne Konversion von höheren angeregten Zuständen zum niedrigsten oder „ersten“ angeregten Singulett-Zustand viel schneller statt als der Zerfall vom niedrigsten angeregten Zustand zum Grundzustand. Die gemessene Fluoreszenz erfolgt daher hauptsächlich aus dem niedrigsten angeregten Zustand, auch wenn das Molekül zunächst in einen höheren Zustand angeregt wird (Abb. 5.6). Diese Verallgemeinerung wird oft als *Kasha's Regel* nach Michael Kasha bezeichnet, der sie zuerst formalisiert hat [36]. Kasha wies auch darauf hin, dass der schnelle Zerfall höherer angeregter Zustände zu einer Unschärfeverbreiterung ihrer Energien führt.

Die *Fluoreszenzausbeute* (ϕ) ist der Anteil der angeregten Moleküle, die durch Fluoreszenz zerfallen (Abschn. 1.11). Für eine homogene Probe, die ausschließlich aus dem ersten angeregten Singulett-Zustand emittiert, ist dies einfach das Verhältnis von k_r zu k_{total}:

$$\phi = \frac{Photonen\ emittiert}{Photonen\ absorbiert} = \frac{k_r}{k_{total}} = \frac{\tau}{\tau_r}. \tag{5.49}$$

Die Fluoreszenzausbeute aus einer homogenen Probe ist daher proportional zur Fluoreszenzlebensdauer und kann die gleichen Informationen liefern. Die Fluoreszenz aus einer heterogenen Probe kann jedoch von den Komponenten mit den längsten Lebensdauern dominiert werden. Angenommen, die fluoreszierenden Moleküle in einer Probe haben alle die gleiche Strahlungslebensdauer (τ_r), befinden sich aber in verschiedenen Umgebungen, wobei die Fluoreszenzlebensdauer von Ort zu Ort variiert. Der Ausdruck $\phi = \tau/\tau_r$ (Gl. 5.49) gilt auch in dieser Situation, vorausgesetzt, die *mittlere Fluoreszenzlebensdauer* ist definiert als

$$\tau = \int_0^\infty tF(t)dt \Big/ \int_0^\infty F(t)dt, \tag{5.50}$$

wo $F(t)$ die gesamte Fluoreszenz zur Zeit t ist. Wenn die Fluoreszenzzerfallskinetik in einer solchen Probe durch eine Summe von Exponentialfunktionen beschrieben wird, $F(t) = \sum A_i \exp(-t/\tau_i)$ wobei A_i die Amplitude der Komponente i ist, dann ist die integrierte Fluoreszenz der Komponente i $F_i = \int A_i \exp(-t/\tau_i)dt$, und die mittlere Fluoreszenzlebensdauer ist

$$\tau = \left(\sum_i \int_0^\infty tA_i \exp(-t/\tau_i)dt\right) \Big/ \left(\sum_i \int_0^\infty A_i \exp(-t/\tau_i)dt\right) = \left(\sum_i \tau_i^2 A_i\right) \Big/ \left(\sum_i \tau_i A_i\right). \tag{5.51}$$

Fluoreszenz kann durch eine Vielzahl von Reagenzien, einschließlich O_2, I^- und Acrylamid, gelöscht werden. Eine solche Löschung beinhaltet oft den Elektronentransfer vom angeregten Molekül zum Löschmittel oder *umgekehrt*, wobei ein Ladungstransferkomplex entsteht, der schnell durch die Rückkehr eines Elektrons zum ursprünglichen Donor zerfällt. Der Prozess hängt von Kollisionen zwischen dem angeregten Molekül und dem Löschmittel ab und ist daher normalerweise kinetisch 1. Ordnung in der Konzentration des Löschmittels ([Q]). Das Verhältnis der Fluoreszenzausbeuten in Abwesenheit und Anwesenheit eines Löschmittels (ϕ_o/ϕ_q oder F_o/F_q) wird durch die *Stern-Volmer-Gleichung* [37] gegeben:

$$\phi_o/\phi_q = F_o/F_q = (k_r/k_{total})/\{k_r/(k_{total} + k_q[Q])\} = (k_{total} + k_q[Q])/k_{total} \\ = 1 + k_q[Q]/k_{total} = 1 + k_q\tau[Q], \tag{5.52}$$

oder $\phi_q = \phi_o/(1 + k_q\tau[Q])$. Wie in den Gl. (5.47–5.50), ist k_{total} hier die Summe der Geschwindigkeitskonstanten, mit denen der angeregte Zustand in Abwesenheit des Löschmittels zerfällt, und τ ist die Fluoreszenzlebensdauer in Abwesenheit des Löschmittels. Das Produkt $k_q\tau$ in Gl. (5.52) wird als *Stern-Volmer-Löschkonstante* (K_Q) bezeichnet:

$$K_Q \equiv k_q\tau. \tag{5.53}$$

Gemäß Gl. (5.52) sollte ein Diagramm von F_o/F_q gegen $[Q]$ eine Gerade mit einer Steigung von K_Q und einem Achsenabschnitt von 1 ergeben, wie durch die durchgezogene Linie in Abb. 5.7B gezeigt.

Messungen von K_Q können Informationen darüber liefern, ob eine fluoreszierende Gruppe in einem Protein für wasserlösliche Löscher in der Lösung zugänglich ist oder im Inneren des Proteins abgeschirmt ist. Zum Beispiel zeigen Tryptophanreste in verschiedenen Bereichen eines Proteins oft sehr unterschiedliche Löschkonstanten, insbesondere mit ionischen Löschern wie I^-. Gemessene Werte reichen von weniger als $5 \times 10^7\ M^{-1}s^{-1}$ für eine tief eingebettete Stelle in Azurin bis zu $4 \times 10^9\ M^{-1}s^{-1}$ für einen exponierten Rest in einem zufällig gewickelten Peptid [38]. Das Löschen der Tryptophanfluoreszenz durch Phospholipide mit angehängten Nitroxidgruppen kann auch zur Untersuchung der Eindringtiefe von Proteinen in Membranen verwendet werden [39, 40].

In einigen Fällen spiegelt das Löschen die Bildung eines Komplexes zwischen dem fluoreszierenden Molekül und dem Löscher wider. Wenn die Bildung und Dissoziation des Komplexes langsam im Vergleich zu τ_r erfolgen, können die Fluoreszenzzerfallkinetiken zwei unterschiedliche Komponenten aufweisen, eine sehr kurzlebige Fluoreszenz von Molekülen, die zum Zeitpunkt des Anregungspulses komplexiert sind, und eine längerlebige Fluoreszenz von freien Molekülen. Die verringerte Fluoreszenz der Komplexe wird als *statisches Löschen* bezeichnet, um sie von dem in Gl. (5.49) *dynamischen Löschprozess* zu unterscheiden. Wenn die Fluoreszenzausbeute aus einem Komplex viel geringer ist als die Ausbeute aus einem freien Molekül, wird ein Diagramm von F_o/F_q gegen $[Q]$ immer noch linear sein, aber die Steigung des Diagramms wird die Assoziationskonstante für den Komplex sein, anstatt $k_q\tau$. Ein lineares Stern-Volmer-Diagramm impliziert daher nicht, dass das Löschen dynamisch ist. Statisches und dynamisches Löschen können oft durch Veränderung der Viskosität des Lösungsmittels unterschieden werden: Dynamisches Löschen nimmt in der Regel mit zunehmender Viskosität ab, da es durch die Diffusionsrate begrenzt ist.

Eine Mischung aus statischer und dynamischer Löschung kann zu einem Stern-Volmer-Diagramm führen, das sich nach oben krümmt, wenn die Konzentration des Löschmittels erhöht wird, wie die gestrichelte Kurve in Abb. 5.7B zeigt. Wenn wir $[C_T]/[C] = 1 + K_a[Q]$ schreiben, wobei $[C]$ und $[C_T]$ die Konzentrationen des freien und gesamten Chromophors sind und K_a die Assoziationskonstante ist, und dann $F/F_q = (1 + k_q\tau[Q])[C_T]/[C]$ wie in Gl. (5.52) setzen, erhalten wir einen quadratischen Ausdruck für das Verhältnis der Fluoreszenzausbeuten in Abwesenheit und Anwesenheit des Löschmittels:

$$F_o/F_q = 1 + \left(K_q + K_a\right)[Q] + K_q K_a [Q]^2. \tag{5.54}$$

Im Prinzip können sowohl K_a als auch K_q durch Anpassung der Funktion F_o/F_q gegen $[Q]$ an diesen Ausdruck ermittelt werden.

Inhomogene Systeme können Stern-Volmer-Funktionen erzeugen, die sich mit zunehmendem $[Q]$ nach unten krümmen, wie die gestrichelte Kurve in Abb. 5.7B zeigt. In dieser Situation ist ein *modifizierter Stern-Volmer-Ausdruck* nützlich [41]. Betrachten Sie ein Protein, bei dem ein Bruchteil θ_a der Tryptophanreste für Löschmittel im Lösungsmittel zugänglich ist und ein Bruchteil θ_i unzugänglich ist. In Abwesenheit von externen Löschmitteln wird die Gesamtfluoreszenzausbeute

$$\phi_o = \theta_i \phi_{o(i)} + \theta_a \phi_{o(a)}, \tag{5.55}$$

wo $\phi_{o(i)}$ und $\phi_{o(a)}$ die Fluoreszenzausbeuten der beiden Populationen sind. In Anwesenheit eines Löschmittels, das nur mit den exponierten Tryptophanen interagiert, wird die Fluoreszenzausbeute

$$\phi_q = \theta_i \phi_{o(i)} + \theta_a \frac{\phi_{o(a)}}{1 + K_q[Q]}. \tag{5.56}$$

Der Unterschied zwischen der Fluoreszenz in Abwesenheit und Anwesenheit des Löschmittels ist

$$\phi_o - \phi_q = \theta_a \phi_{o(a)} \left\{ \frac{K_q[Q]}{1 + K_q[Q]} \right\}, \tag{5.57}$$

und die Division von ϕ_o durch diese Menge ergibt

$$\frac{F_o}{\Delta F} = \frac{\phi_o}{\phi_o - \phi_q} = \left\{ \frac{\theta_i \phi_{o(i)} + \theta_a \phi_{o(a)}}{\theta_a \phi_{o(a)}} \right\} \left\{ 1 + \frac{1}{K_q[Q]} \right\} = \frac{1}{\zeta_a} + \frac{1}{\zeta_a K_q [Q]}, \tag{5.58}$$

wo ζ_a der Anteil der ursprünglichen Fluoreszenz ist, der für das Löschmittel zugänglich ist. Ein Diagramm von $F_o/\Delta F$ gegenüber $1/[Q]$ sollte daher eine Gerade mit einem Ordinatenabschnitt von $1/\zeta_a$ und einer Steigung von $1/\zeta_a K_q$ ergeben, wie die gestrichelte Linie in Abb. 5.7C zeigt.

Der modifizierte Stern-Volmer-Ausdruck (Gl. 5.58) ergibt auch eine Gerade im Falle eines homogenen Systems mit entweder rein dynamischer oder rein statischer Löschung (Abb. 5.7C, durchgezogene Linie). Eine Mischung aus statischer und dynamischer Löschung ergibt eine nichtlineare Darstellung, aber die

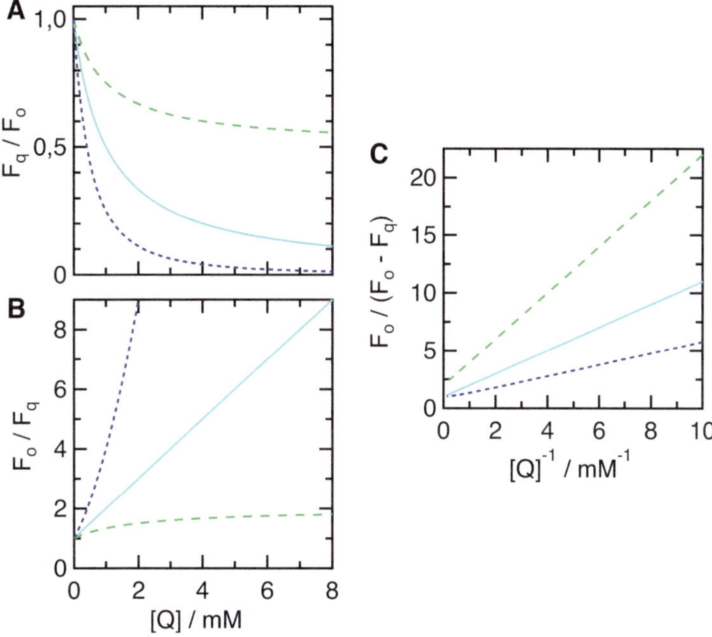

Abb. 5.7 (**A**) Verhältnis der Fluoreszenzamplituden, gemessen in Anwesenheit (F_q) und Abwesenheit (F_o) eines Löschers, aufgetragen als Funktion der Konzentration des Löschers ($[Q]$). Die *durchgezogene cyanfarbene Kurve* stellt ein homogenes System dar, in dem alle Fluorophore für den Löscher zugänglich sind und das Löschen entweder durch einen dynamischen (Stern-Volmer) Prozess oder durch statische Assoziation des Fluorophors mit dem Löscher erfolgen könnte. Die *gepunktete blaue Kurve* ist ebenfalls für ein homogenes System, aber mit einer gleichen Mischung aus dynamischem und statischem Löschen. Die *gestrichelte grüne Kurve* ist für ein inhomogenes System, in dem die Hälfte der Fluorophore für den Löscher zugänglich ist und die andere Hälfte nicht ($\zeta_a = 0{,}5$), und die Geschwindigkeitskonstanten für den Zerfall des angeregten Zustands in Abwesenheit des Löschers ($k_{total(a)}$ und $k_{total(i)}$) sind in den beiden Gruppierungen gleich. Die Stern-Volmer-Konstante K_Q für dynamisches Löschen und die Assoziationskonstante ζ_a für den statischen Prozess werden in allen Systemen als $1\,\mathrm{mM}^{-1}$ angenommen. (**B**) Stern-Volmer-Diagramme von F_o/F_q *vs* *vs.* $[Q]$ für die gleichen drei Systeme wie in **A**. (**C**) Modifizierte Stern-Volmer Diagramme von $F_o/(F_o - F_q)$ *vs.* $1/[Q]$ für die gleichen Systeme

Krümmung kann nur bei hohen Löschungskonzentrationen sichtbar sein (Abb. 5.7C, gestrichelte Linie). Die Steigung und der Abszissenabschnitt einer solchen Darstellung müssen daher vorsichtig interpretiert und mit der Krümmung der ursprünglichen Stern-Volmer-Darstellung verglichen werden.

Die Empfindlichkeit der Fluoreszenzlebensdauern und -ausbeuten gegenüber Wechselwirkungen von Chromophoren mit ihrer Umgebung macht die Fluoreszenz zu einer vielseitigen Sonde für die Makromolekülstruktur und -dynamik. Die Fluoreszenz von Tryptophanresten, die die intrinsische Fluoreszenz der meisten Proteine nach Anregung im Bereich von 280 bis 290 nm dominiert, ist besonders gut dafür geeignet und wird häufig zur Überwachung von Protein-Faltung und Konformationsänderungen verwendet [42–49]. Die Fluoreszenzausbeute variiert von unter 0,01 bis etwa 0,35, abhängig von der lokalen Umgebung [43, 50–52]. Die Fluoreszenz von Tryptophan 59 in Zytochrom-*c* wird beispielsweise stark gelöscht, wenn das Protein zu einer kompakten Konformation faltet, die die Tryptophan-Seitenkette nahe an das Häm bringt [53]. Im Gegensatz dazu variiert die Fluoreszenzausbeute von 3-Methylindol in Lösung wenig in Lösungsmitteln von Kohlenwasserstoffen bis Wasser [54].

Neben einer stark variablen Fluoreszenzausbeute zeigt Tryptophan oft mehrphasige Fluoreszenzzerfallskinetiken, selbst in Proteinen, die nur einen einzigen Tryptophanrest haben. Im Allgemeinen spiegeln die variable Ausbeute und der mehrphasige Zerfall wahrscheinlich Variationen in den Raten konkurrierender Elektronentransferreaktionen wider, bei denen sich ein Elektron vom angeregten Indolring entweder zu einer Amidgruppe im Proteinrückgrat oder zur Seitenkette eines benachbarten Restes bewegt. Diese Reaktionen bilden Ladungstransfer (CT) Zustände, die schnell zum Grundzustand zerfallen. Neben Rückgrat-Amidgruppen gehören potenzielle Elektronenakzeptoren Cystein-Thiol- und Disulfidgruppen, die Amidgruppen von Glutamin- und Asparagin-Seitenketten, protonierte Glutaminsäure- und Asparagin-Carbonsäuregruppen und protonierte Histidin-Imidizolatringe [50, 52, 55–62]. Die Geschwindigkeit des Elektronentransfers hängt von der Orientierung und Nähe des Indolrings zum Elektronenakzeptor ab und oft noch wichtiger, von elektrostatischen Wechselwirkungen, die die Energie des CT-Zustands im Verhältnis zum angeregten Zustand verändern [49, 51, 52, 59, 60, 63–70]. Eine negativ geladene Aspartyl-Seitenkette könnte beispielsweise die Elektronentransferreaktion begünstigen und damit die Fluoreszenzausbeute verringern, wenn sie nahe am Indolring liegt, aber den gegenteiligen Effekt haben, wenn sie in der Nähe eines potenziellen Elektronenakzeptors liegt [51]. Elektronentransfer zu einem Tryptophanrest kann auch die Fluoreszenz eines an einen anderen Rest in einem Protein angehängten Farbstoffs löschen und bietet eine Sonde für strukturelle Fluktuationen, die die beiden Stellen nahe zusammenbringen [71].

Die Elektronentransferreaktionen, die die Tryptophanfluoreszenz löschen, können verhindert werden, indem die Indol-Seitenkette so modifiziert wird, dass die Energie des angeregten Singulettzustands gesenkt oder die Energie des CT-Zustands erhöht wird. 7-Azatryptophan, bei dem der angeregte Singulettzustand dazu neigt, zu niedrig in der Energie zu sein, um einen CT-Zustand zu bilden, hat typischerweise eine Fluoreszenzlebensdauer von mehreren hundert Nanosekunden im Vergleich zu 1 bis 6 ns für Tryptophan [63, 66]. *Escherichia coli* inkorporiert zugesetztes 7-Azatryptophan mit akzeptablen Ausbeuten in Proteine, und die Substitution hat relativ wenig Einfluss auf die Aktivitäten der untersuchten Enzyme [72]. In Proteinen mit einem einzigen 7-Azatryptophan ist die Fluoreszenz des Derivats um etwa 45 nm im Vergleich zu der des ursprünglichen Proteins rotverschoben. Die Fluoreszenz zerfällt normalerweise mit einer einzigen Zeitkonstante, obwohl das Emissionsspektrum weiterhin stark empfindlich gegenüber der Polarität der Umgebung ist [66, 73]. Das Lösen von 7-Azatryptophan von Acetonitril zu Wasser verschiebt dessen Emission um etwa 23 nm in Richtung Rot, verglichen mit der Verschiebung von 14 nm für Tryptophan. 5-Fluorotryptophan, das ein höheres Ionisationspotential als Tryptophan hat, zeigt ebenfalls monoexponentielle Fluoreszenzzerfallskinetiken [70, 74]. Um seine Fluoreszenz in Proteinen zu unterdrücken, kann Tryptophan durch 4-Fluorotryptophan ersetzt werden, das im Wesentlichen nicht fluoreszierend ist [75]. Dies kann nützlich sein, wenn man an der Fluoreszenz einer anderen Komponente interessiert ist. Zahlreiche andere Derivate von Tryptophan mit modifizierten Fluoreszenzspektren und Quantenausbeuten wurden beschrieben und erweisen sich als nützlich für die Untersuchung von Proteinstrukturen [76–80].

Lysin- und Tyr-Seitenketten können die Tryptophanfluoreszenz löschen, indem sie ein Proton auf den angeregten Indolring übertragen [60, 81]. Die Phenolat-Seitenkette von ionisiertem Tyrosin kann auch durch Resonanzenergietransfer und möglicherweise durch Übertragung eines Elektrons auf das Indol löschen [52].

Die Fluoreszenz von Tyrosin wird sowohl in Proteinen als auch in Lösungen normalerweise stark gelöscht, obwohl Änderungen dieser Löschung verwendet wurden, um das Entfalten von Proteinen zu beobachten. Die Löschung der Tyrosin-Fluoreszenz kann die Übertragung von Energie auf Tryptophan-Reste, den Protonentransfer von der phenolischen OH-Gruppe des angeregten Tyrosins zu anderen Gruppen im Protein oder Elektronentransferprozesse ähnlich denen, die mit Tryptophan auftreten, widerspiegeln [82–89]. Das Emissionsspektrum von Tyrosin erreicht typischerweise bei etwa 300 nm seinen Höhepunkt und ist weniger empfindlich gegenüber Lösungsmittelpolarität als das von Tryptophan, verschiebt sich jedoch in die Region von 335 nm im Tyrosinat-Anion [88]. Eine schnelle Löschung der Fluoreszenz von einem gebundenen Flavin wurde auf den Elektronentransfer zum Flavin von einem benachbarten Tyrosinrest in mehreren Proteinen zurückgeführt [90–95].

Wir werden die Raten des Elektronentransfers von angeregten Molekülen in Abschnitt 5.13 detaillierter diskutieren und werden zu Intersystemübergängen in Abschnitt 5.14 zurückkehren. Abschn. 5.16 diskutiert Fluoreszenzlöschung, die mit internen molekularen Bewegungen verbunden ist.

5.7 Fluoreszierende Sonden und Tags

Fluoreszierende Farbstoffe haben nahezu unbegrenzte Anwendungen als Reporter für strukturelle Veränderungen in Proteinen und anderen Molekülen, zur Messung intrazellulärer Komponenten und zur Markierung lebender Zellen für Analyse oder Sortierung. Abb. 5.8 zeigt die Strukturen einiger häufig verwendeter Fluorophore. Anilino-Naphthalensulfonat wurde ausgiebig verwendet, um Protein-Faltung zu untersuchen, da es unspezifisch an hydrophobe Regionen von Proteinen bindet. Dessen Fluoreszenz wird in wässriger Lösung stark gelöscht und erhöht sich normalerweise stark und verschiebt sich von grün zu blau, wenn der Farbstoff an ein Protein bindet [96, 97]. Ähnliche Verschiebungen der Emission mit Änderungen in der lokalen Umgebung treten bei Prodan (6-Propionyl-2-(Dimethylamino) Naphthalin) und verwandten Farbstoffen auf [8, 98, 99]. Di-4-ANEPPS gehört

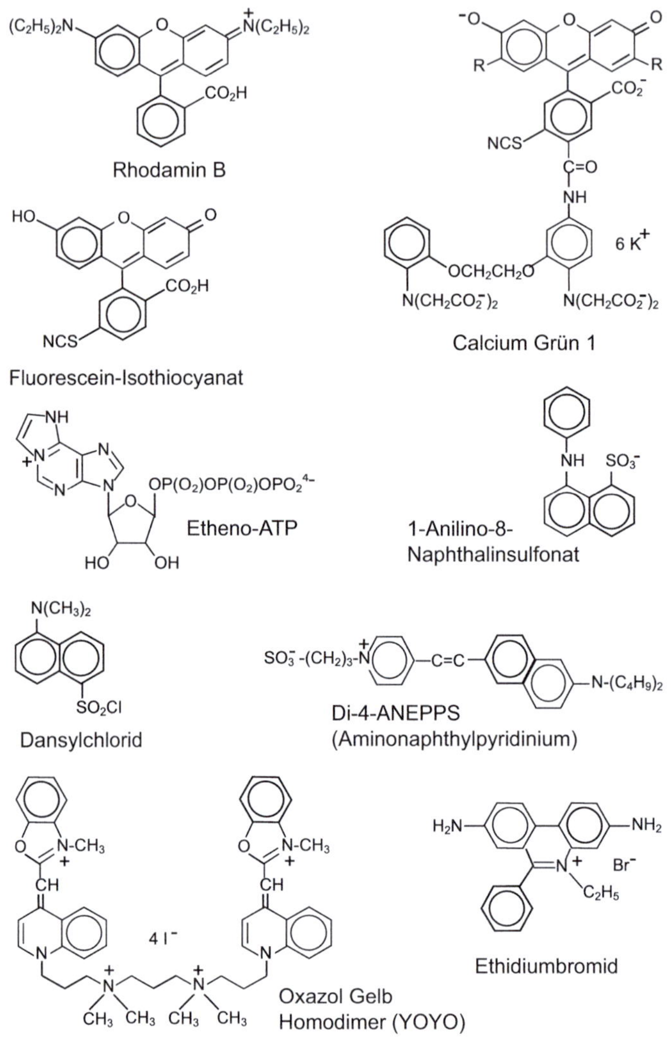

Rhodamin B

Calcium Grün 1

Fluorescein-Isothiocyanat

Etheno-ATP

1-Anilino-8-Naphthalinsulfonat

Dansylchlorid

Di-4-ANEPPS (Aminonaphthylpyridinium)

Oxazol Gelb Homodimer (YOYO)

Ethidiumbromid

Abb. 5.8 Einige gängige fluoreszierende Farbstoffe

zu einer Gruppe von "spannungssensitiven" Farbstoffen, die verwendet werden können, um Änderungen in Membranpotentialen in Neuronen und anderen elektrisch aktiven Zellen zu erfassen. Änderungen im Membranpotential können die Emissionsspektren oder die Fluoreszenzausbeuten dieser Farbstoffe durch mehrere Mechanismen verändern, einschließlich Translation, Reorientierung oder Aggregation des Farbstoffs oder elektrochrome (Stark) Effekte [100–103]. Calcium Green 1 und verwandte Farbstoffe werden verwendet, um Ca^{2+} in Geweben, Zellen und Organellen zu messen. Die Fluoreszenzausbeute von Calcium Green 1 erhöht sich etwa zehnfach, wenn es Ca^{2+} bindet. Eine große Vielfalt von fluoreszierenden Molekülen und Substratanaloga wurden mit reaktiven funktionellen Gruppen synthetisiert, die eine spezifische Bindung an bestimmte Antikörper oder Makromoleküle oder das Eindringen in bestimmte Organellen erleichtern [32, 104]. Diese Farbstoffe werden häufig in enzymgekoppelten Immunosorbierenden-Assays (ELISA) verwendet. Für die Durchflusszytometrie und Zellsortierung werden Zellen oft mit Phycoerythrin markiert, einem Antennenprotein aus Algen und Cyanobakterien, das stark bei 580 nm fluoresziert und an Antikörper konjugiert werden kann, die spezifisch für verschiedene Komponenten auf Zelloberflächen sind [105, 106]. Joung et al. haben eine Datenbank über die Absorptions- und Emissionsspektren sowie die Fluoreszenzausbeuten und Lebensdauern von über 7000 verschiedenen organischen Chromophoren in verschiedenen Lösungsmitteln zusammengestellt [107] und haben gezeigt, wie computergestütztes Deep Learning mit einer Datenbank verwendet werden kann, um die photophysikalischen Eigenschaften anderer Moleküle vorherzusagen [108].

Das *grüne fluoreszierende Protein* (GFP) aus der Qualle *Aequorea victoria* enthält einen Chromophor, der durch Cyclisierung und Oxidation einer Ser-Tyr-Gly-Sequenz entsteht (Abb. 5.9) [109–113]. Der Chromophor hat mehrere verschiedene Protonierungsformen, aber die neutrale "*A*"-Form, die in Abb. 5.9A dargestellt ist, dominiert im Ruheprotein und ist für die Hauptabsorptionsbande nahe 400 nm verantwortlich [114]. Eine anionische "*B*"-Form absorbiert nahe 475 nm. Wenn die *A*-Form von GFP in der 400-nm-Absorptionsbande angeregt wird, überträgt der Chromophor ein Proton auf eine nicht identifizierte Gruppe auf dem Protein (Abb. 5.9B). Der deprotonierte Chromophor fluoresziert stark nahe 510 nm und erhält dann ein Proton im Grundzustand zurück. Die Fluoreszenz erfolgt offensichtlich von einem unvollständig entspannten Zwischenprodukt (I^*), da das Emissionsspektrum im Vergleich zum Spektrum, das durch Anregung der anionischen *B*-Form von GFP erzeugt wird, blauverschoben ist. Entspannungen des Proteins im angeregten Zustand fangen das System gelegentlich in der *B*-Form ein, die sich relativ langsam mit *A* im Grundzustand einstellt.

4-Hydroxybenzyliden-2,3-dimethyl-imidazolinon (HBDI, Abb. 5.9C) ist ein nützliches Modell des GFP-Chromophors und teilt viele seiner spektroskopischen Eigenschaften (Abb. 12.2). Allerdings ist HBDI bei Raumtemperatur im Wesentlichen nicht fluoreszierend, anscheinend weil Drehbewegungen das angeregte Molekül schnell zu einer Konfiguration führen, die eine interne Umwandlung in den Grundzustand begünstigt [115–118]. Die Fluoreszenzausbeute erhöht sich bei niedrigen Temperaturen um das etwa 1000-fache, wo die Torsionsverzerrungen wahrscheinlich blockiert sind. Die Proteinumgebung des Chromophors muss relativ starr sein, um ähnliche Verzerrungen im GFP zu verhindern.

GFP wird weitgehend als fluoreszierender Marker verwendet, weil das Gen, das das Protein kodiert, mit dem Gen für fast jedes andere Protein fusioniert werden kann, um einen Reporter für die Expression des zweiten Gens bereitzustellen [119–122]. Da sich der Chromophor spontan bildet, nachdem das fusionierte Protein synthetisiert wurde, kann die grüne Fluoreszenz ohne weitere Zusätze unter dem Mikroskop identifiziert werden. Varianten von GFP, die bei kürzeren oder längeren

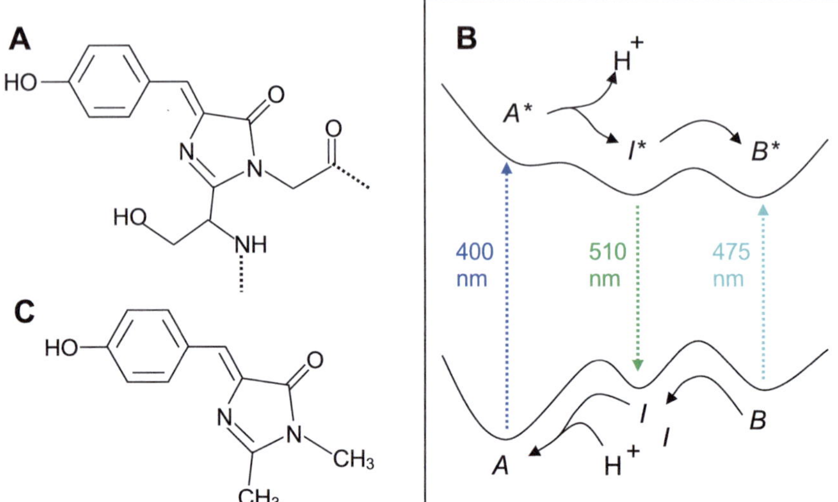

Abb. 5.9 (**A**) Der Chromophor des grünen fluoreszierenden Proteins. Diese Zeichnung zeigt einen von mehreren möglichen Protonierungszuständen der OH-Gruppen und des heterozyklischen Rings. *Gepunktete Linien* zeigen Fortsetzungen der Protein-Hauptkette an. (**B**) Eine schematische Zeichnung der potenziellen Energieoberflächen der Hauptformen des GFP-Chromophors. Die neutrale Form (*A*) absorbiert bei 400 nm (*gepunkteter blauer Pfeil*); die entspannte, anionische Form (*B*) bei 475 nm (*gepunkteter cyanfarbener Pfeil*). Der Großteil der grünen (510 nm, *gepunkteter grüner Pfeil*) Fluoreszenz stammt von einem deprotonierten, aber unvollständig entspannten angeregten Zustand (*I**). (**C**) 4-Hydroxybenzyliden-2,3-dimethyl-imidazolinon (HBDI), ein Modell für den GFP-Chromophor

Wellenlängen absorbieren und emittieren, wurden konstruiert [111, 121–129], und können in verschiedenen Kombinationen verwendet werden, um die Entfernung zwischen den Proteinen zu bestimmen, mit denen sie fusioniert sind (Kap. 7). Gelbe Varianten (YFP's), zum Beispiel, werden durch Kombination der Mutation S65G mit T203F oder T203Y zusammen mit Substitutionen an ein bis drei anderen Stellen erhalten. Blaue und cyanfarbene Varianten werden durch Substitution von H, F oder W für Y66, das die Phenolgruppe in GFP bildet, in Kombination mit zusätzlichen Mutationen, die die Helligkeit und die Stabilität des Proteins erhöhen, erhalten. Rote fluoreszierende Proteine, die strukturell homolog zu GFP sind, wurden aus nicht-biolumineszierenden Korallen gewonnen [130, 131], und wurden durch Mutationen für Helligkeit und Stabilität optimiert [128, 129]. Die "mCherry"-Variante, die maximal bei 587 nm absorbiert und bei 610 nm emittiert, hat sich als besonders nützlich erwiesen. Eine andere Variante, PAmCherry, ist nicht fluoreszierend, bis sie durch kurze Belichtung mit nahe-UV-Licht aktiviert wird. Sensoren für zytosolisches Ca^{2+} wurden konstruiert, indem Calmodulin in eine Schleife in GFP oder einem YFP eingefügt wurde [126, 132, 133]. Es gibt auch eine bemerkenswerte Variante von GFP (FP595), die rot fluoresziert, wenn sie mit grünem Licht beleuchtet wird, und in einen nicht-fluoreszierenden Zustand zurückkehrt, wenn sie mit blauem Licht beleuchtet wird [134–137]. Eine Anwendung von FP595 in der Ultrahochauflösungsmikroskopie wird in Abschnitt 5.10 diskutiert.

5.8 Quantenpunkt-Fluoreszenz

Quantenpunkte (QDs), oder *Nanokristalle,* sind nanometergroße, quasi-sphärische Kristalle aus halbleitenden Materialien, die außergewöhnlich breite Absorptionsspektren mit schmalen, intensiven Fluoreszenzemissionsspektren kombinieren, was sie gut geeignet für fluoreszierende Tags und eine Vielzahl anderer Anwendungen in der Biomedizin und erneuerbaren Energie macht [138–142]. Sie können durch Injektion von komplementären Metall- und Anionenvorläufern zusammen mit stabilisierenden Liganden in ein Lösungsmittel mit hohem Siedepunkt synthetisiert werden [143]. Die Größe der Kristalle kann entweder thermodynamisch durch Anpassung der Konzentrationen der Vorläufer oder kinetisch durch Stoppen des Wachstums zu verschiedenen Zeiten gesteuert werden [143], und kann leicht durch Absorptions- und Fluoreszenzspektroskopie überwacht werden, da die Fluoreszenz sich zum Roten verschiebt, wenn die Kristalle wachsen. Für erhöhte Stabilität werden die Kristalle normalerweise mit einem Halbleitermaterial mit einer größeren Bandlücke beschichtet, das an der Oberfläche für die Bindung an ein bestimmtes Ziel funktionalisiert werden kann.

Die Begrenzung des Durchmessers von sphärischen QDs auf wenige Nanometer hat bemerkenswerte Auswirkungen auf ihre elektronischen Wellenfunktionen und Übergangsenergien [144–148]. Diese Effekte werden als *Quanten-Effekte* bezeichnet, weil die Eigenwerte der Elektronen im Kristall vergleichbar sind mit denen eines Teilchens in einem dreidimensionalen Kasten (Gl. 2.25). Eine theoretische Behandlung der spektroskopischen Eigenschaften wurde 1982 von Efros und Efros vorgestellt [149]. Für ein Halbleitermaterial, das auf eine Kugel mit einem Radius R im Bereich von 2 bis 10 nm beschränkt ist, können die Energieabstände zwischen dem Grundzustand und angeregten Zuständen mit kugelsymmetrischer Symmetrie als [150] approximiert werden.

$$\Delta E_n \approx E_g + \frac{n^2 h^2}{8 m_0 R^2}, \tag{5.59}$$

wo E_g die Energielücke des Volumenmaterials ist, n die Hauptquantenzahl des angeregten Zustands ist, und m_0 die Elektronenmasse ist.

Gl. 5.59 zeigt, dass ein Quantenpunkt eine Leiter von eng beieinander liegenden angeregten Zuständen hat ($n = 1, 2, \cdots$), deren Energien zunehmen, wenn R abnimmt. Die Anregung wird normalerweise innerhalb weniger Pikosekunden durch Relaxation auf den niedrigsten dieser Zustände ($n = 1$) gefolgt, und fast die gesamte Fluoreszenz tritt von hier aus auf. Als Ergebnis hängt das Emissionsmaximum stark von der Größe des QD ab und verschiebt sich zu längeren Wellenlängen, wenn die Größe zunimmt. Das Emissionsmaximum eines CdSe QD verschiebt sich beispielsweise von etwa 525 nm für einen Radius von 1 nm auf 655 nm für 6 nm. Das Emissionsspektrum behält jedoch eine annähernd gaußsche Form mit einer FWHM von 30 bis 50 nm bei (Abb. 5.9A). Die Fluoreszenzquantenausbeute bleibt ebenfalls hoch und kann nahezu 100 % betragen [147].

Im Gegensatz zu ihren schmalen Emissionsspektren, aber wieder in Übereinstimmung mit Gl. 5.59, haben Quantenpunkte sehr breite Absorptionsspektren, die sich vom Bereich der Fluoreszenz bis in den UV Bereich erstrecken (Abb. 5.10). Der Extinktions Koeffizient für die erste Absorptionsbande steigt mit dem Durchmesser der Partikel, von etwa 2 x 10^5 M^{-1} cm^{-1} für CdS-Partikel mit einem Durchmesser von 2 nm auf etwa 10^6 M^{-1} cm^{-1} bei 5 nm [152]. Das breite Absorptionsspektrum ermöglicht die Anregung von Fluoreszenz bei praktisch jeder Wellenlänge im blauen Bereich außerhalb der Emissionsbande, was QDs besonders nützlich für die Bildgebung von biologischen Systemen macht, die eine Vielzahl von fluoreszierenden Chromophoren enthalten [142, 153, 154].

Das Emissionsspektrum von Quantenpunkten kann durch Zugabe von Dotierstoffen zum Halbleiter sowie durch Änderung der Morphologie des Kristalls gesteuert werden [155]. Die Zugabe von Te, zum Beispiel, kann die Emission eines CdSe QD um 100 bis 200 nm verschieben, abhängig von der hinzugefügten Menge [151]. Es können auch heterostrukturierte Quantenpunkte konstruiert werden, zum Beispiel durch Umgeben eines CdSe-Kerns mit einer Schale aus CdTe. Eine Erhöhung der Dicke der CdTe-Schicht verschiebt die Fluoreszenz zum

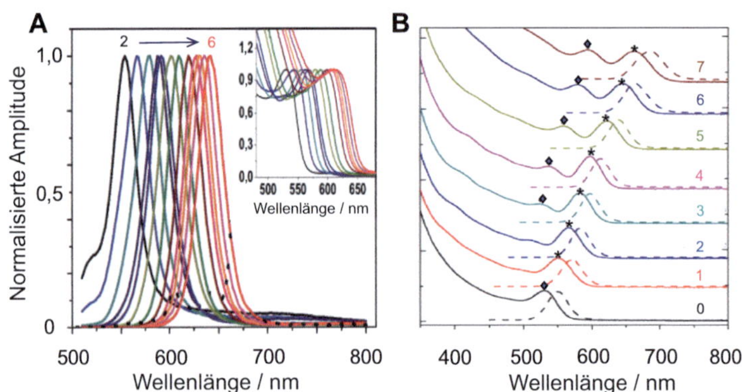

Abb. 5.10 (**A**) Normalisierte Emissionsspektren einer Reihe von CdSe Quantenpunkten (Qdots, QDs) von 2 nm (*schwarz*) bis 6 nm (*rot*) im Durchmesser. Die kleinsten emittieren bei ~540 nm und die größten bei ~635 nm. Die *Einfügung* zeigt die entsprechenden Absorptionsspektren mit Amplituden, die auf die langwelligen Maxima normalisiert sind. (**B**) Absorptionsspektren (*durchgezogenen Linien*) und Fluoreszenzspektren (*gestrichelte Linien*) von heterostrukturierten QDs, die aus einem 3,4 nm CdTe-Kern und CdSe-Schalen mit zunehmender Dicke bestehen. Kurve 0 zeigt Spektren des CdTe-Kerns allein, und die Spektren 1 bis 7 veranschaulichen die Verschiebung wenn das Verhältnis von CdSe zu CdTe ansteigt. Die Spektren sind für die Klarheit vertikal verschoben. Die niedrigsten CdTe-Übergänge in den Absorptionsspektren sind durch Sternchen markiert, und die niedrigsten CdSe-Übergänge durch Diamanten. Angepasst von [151]

Roten, da CdTe eine kleinere Bandlückenenergie (E_g) im Vergleich zu CdSe hat (Abb. 5.9B) [156].

Hohe Fluoreszenzausbeuten erfordern, dass die Oberfläche des QD frei von Defekten ist, die als lokale Fallen für angeregte Elektronen wirken können. Oberflächendefekte wie Leerstellen an den Anionenstellen des Kristalls können jedoch nützlich sein, um die Emission zu verbreitern und sie weiter zum Roten zu verschieben, wobei das Ausmaß der zusätzlichen Verschiebung von der Energietiefe der Defekte abhängt. Emission, die auf diese Weise verschoben wird, wird manchmal als *Trap-State-Emission* bezeichnet.

Quantenpunkte wurden mit weniger toxischen Metallen wie Zn, Fe oder Cu anstelle von Schwermetallen entwickelt. Zum Beispiel können QDs mit einer ZnTe/ZnSe-Kern/Schale-Struktur eine Emission haben, die über einen großen Teil des sichtbaren Spektralbereichs abstimmbar ist [157]. Wir werden auf einige der Anwendungen von QDs in Abschn. 5.15 zurückkommen.

5.9 Photobleichen

Ein begrenzender Faktor in vielen Anwendungen von fluoreszierenden Proben ist das *Photobleichen*, ein photochemischer Prozess, der das Molekül irreversibel in ein nicht fluoreszierendes Produkt umwandelt. Die Rate des Photobleichens hängt vom fluoreszierenden Molekül und der Lichtintensität ab. Das Photobleichen von Rhodaminfarbstoffen erfolgt beispielsweise mit einer Quantenausbeute von nur 10^{-7} bis 10^{-6} bei niedrigen Lichtintensitäten, aber mit einer viel größeren Ausbeute bei hohen Intensitäten, was darauf hindeutet, dass der Prozess hauptsächlich aktiviert wird, wenn die Absorption eines zweiten Photons ein angeregtes Molekül in einen höheren Singulett- oder Triplettzustand pumpt [158, 159]. Mehrere Familien von chemisch modifizierten Rhodamin-, Fluorescein-, Cumarin- und Cyaninfarbstoffen mit geringerer Neigung zu solchen Prozessen sind kommerziell erhältlich.

Photobleichen beinhaltet oft die Oxidation durch O_2 in einem elektronisch angeregten Singulettzustand [160, 161]. Wie wir in Abschn. 2.4 erwähnt haben, hat O_2 einen Triplett-Grundzustand und sein erster angeregter Zustand ($^1\Delta_g$) ist ein Singulettzustand. Singulett-O_2 kann durch Energie- und Spintransfer von aromatischen organischen Molekülen in angeregten Triplettzuständen gebildet werden und kann durch seine Phosphoreszenz im Bereich von 1270 nm nachgewiesen werden [162]. Es reagiert typischerweise an C=C-Doppelbindungen, um Endoperoxide zu erzeugen, die in eine Vielzahl von sekundären Photoprodukten umgelagert werden [163]. Das Photobleichen einiger Moleküle kann minimiert werden, indem O_2 aus der Lösung entfernt oder Mittel hinzugefügt werden, die Triplettzustände löschen [164–166].

Obwohl Photobleichen in vielen Anwendungen der Fluoreszenz ein Nachteil ist, kann es zum Vorteil genutzt werden, um Bewegungen von Biomolekülen zu studieren. In einer Technik, die als *Fluoreszenz-Wiederherstellung nach Photobleichen* (FRAP) bezeichnet wird, werden fluoreszierende Moleküle in einer kleinen Region einer Probe durch Fokussierung eines Laserstrahls auf die Region für

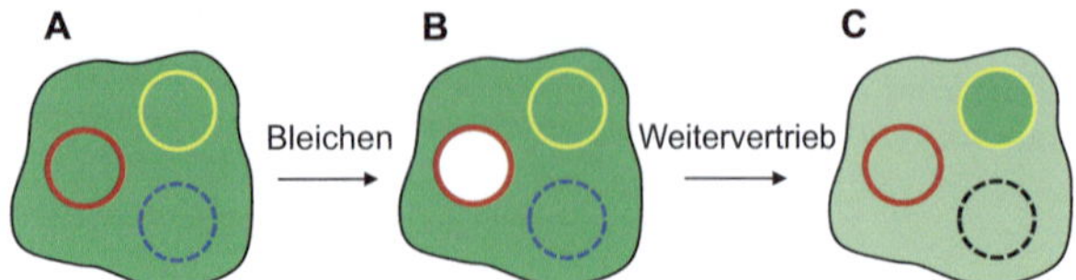

Abb. 5.11 Fluoreszenz-Wiederherstellung nach Photobleichen (FRAP) und Fluoreszenzverlust beim Photobleichen (FLIP). Die *grüne Schattierung* repräsentiert die Fluoreszenz einer Zelle, die unter einem Mikroskop betrachtet wird (**A**) vor, (**B**) unmittelbar nach und (**C**) nach längerer Zeit nachdem ein fokussierter Laserpuls verwendet wurde, um die Fluorophore in der durch den *roten Kreis* angezeigten Region zu zerstören. Die Fluoreszenz aus der gebleichten Region fällt zum Zeitpunkt des Pulses schnell ab und erholt sich dann teilweise, wenn ungebleichte Moleküle aus anderen Teilen der Zelle in diese Region diffundieren. Der *gestrichelte blaue Kreis* zeigt eine Region an, die fluoreszierende Moleküle verlassen können, um in die gebleichte Region zu gelangen; die Fluoreszenz hier nimmt nach dem Bleichen mit der Zeit allmählich ab, da sich die Moleküle umverteilen. Der *gelbe Kreis* zeigt eine Region an, in der die fluoreszierenden Moleküle eingeschlossen oder gebunden sind; die Fluoreszenz hier ändert sich nicht

eine kurze Zeit gebleicht (Abb. 5.11). Der Laserstrahl wird dann blockiert und die Fluoreszenz aus derselben Region wird als Funktion der Zeit gemessen. Fluoreszenz erscheint wieder, wenn ungebleichte Moleküle in die Fokusregion eintreten. Eine Variation, die als *Fluoreszenzverlust beim Photobleichen* (FLIP) oder *inverse FRAP* (iFRAP) bezeichnet wird, besteht darin, die Fluoreszenz in einer Region zu überwachen, die nicht dem Bleichstrahl ausgesetzt ist. Die Fluoreszenz hier wird mit der Zeit abnehmen, wenn markierte Moleküle von dieser Region in die gebleichte Region eindringen können, aber konstant bleiben, wenn sich die markierten Moleküle nicht bewegen können (Abb. 5.11).

FRAP wurde zunächst verwendet, um die Dynamik der lateralen Diffusion von Lipiden und Proteinen auf Zelloberflächen zu studieren [167–171]. Es wurde mit Totalreflexion (Abschn. 3.6 und 5.10) kombiniert, um Interaktionen von Immunglobulinfragmenten mit auf Glasoberflächen unterstützten planaren Zweischichtenmembranen zu studieren [172] und die Bindung von Liganden an immobilisierte Rezeptoren [173]. Solche Anwendungen erweiterten sich schnell mit der Entwicklung der konfokalen Mikroskopie (Abschn. 5.10) und GFP-Tags [135, 174–176], und umfassen nun Komponenten des Zellkerns [177, 178], der mitochondrialen Matrix [179], des endoplasmatischen Retikulums [180] und des Golgi-Apparats [181].

5.10 Fluoreszenz-Anisotropie

Wir diskutieren nun den Einsatz von Fluoreszenz zur Untersuchung von Rotationsbewegungen von Molekülen auf einer feineren Skala. Angenommen, wir haben eine Probe von zufällig orientierten Molekülen, die wir mit linear polarisiertem Licht beleuchten. Lassen Sie die Polarisation parallel zur z-Achse des Labors sein. Das Licht wird selektiv Moleküle anregen, die ihr Übergangsdipol (μ_{ba}) parallel zu dieser gleichen Achse ausgerichtet haben. Moleküle mit von der Achse abweichenden Orientierungen werden jedoch auch mit einer Wahrscheinlichkeit angeregt, die von $\cos^2\theta$ abhängt, wobei θ der Winkel mit der z-Achse ist (Gl. 4.8*a*–4.8*c*).

Der Anteil der Moleküle, die μ_{ba} mit einem Winkel θ zwischen θ und $\theta + d\theta$ und mit ϕ zwischen ϕ und $\phi + d\phi$ ausgerichtet haben, wobei ϕ der Rotationswinkel in der xy-Ebene ist, ist proportional zum Flächenelement $\sin\theta\, d\theta\, d\phi$ auf der Oberfläche einer Kugel mit Einheitsradius (Kasten 4.6). Der Anteil der angeregten Moleküle mit dieser Orientierung, $W(\theta,\phi)d\theta d\phi$, ergibt sich aus:

$$W(\theta,\phi)d\theta d\phi = \frac{\cos^2\theta \sin\theta d\theta d\phi}{\int_0^{2\pi} d\phi \int_0^{\pi} \cos^2\theta \sin\theta d\theta}. \tag{5.60}$$

Das Integral im Nenner, das einfach alle angeregten Moleküle zählt, ergibt $4\pi/3$, also

$$W(\theta,\phi)d\theta d\phi = (3/4\pi)\cos^2\theta \sin\theta d\theta d\phi. \tag{5.61}$$

Nehmen wir nun an, dass das angeregte Molekül fluoresziert. Wenn Absorption und Emission denselben elektronischen Übergang ($\Psi_a \leftrightarrow \Psi_b$) betreffen und das angeregte Molekül seine Orientierung nicht ändert, bevor es emittiert, wird der Übergangsdipol für die Emission ($\boldsymbol{\mu}_{ba}$) parallel zum Übergangsdipol für die Absorption ($\boldsymbol{\mu}_{ba}$) sein. Für jedes Molekül in der Probe hängt die Wahrscheinlichkeit, dass die Emission entlang der z-Achse polarisiert ist (*d. h.*, parallel zur Anregungspolarisation), erneut von $\cos^2\theta$ ab. Die Integration über alle möglichen Orientierungen des Moleküls ergibt:

$$\begin{aligned} F_\parallel &\propto \int_0^{2\pi} d\phi \int_0^{\pi} W(\theta,\phi)\cos^2\theta d\theta \\ &= (3/4\pi)\int_0^{2\pi} d\phi \int_0^{\pi}\cos^4\theta \sin\theta d\theta = (3/4\pi)(4\pi/5) = 3/5. \end{aligned} \tag{5.62}$$

Ebenso ist die Wahrscheinlichkeit, dass ein gegebenes Molekül mit Polarisation entlang der x-Achse emittiert (*d. h.*, senkrecht zur Anregung), proportional zu $|\boldsymbol{\mu}_{ab} \cdot \hat{x}|^2$, das von $\sin^2\theta \cos^2\phi$ abhängt. Die Integration über alle Orientierungen ergibt erneut:

$$\begin{aligned} F_\perp &\propto \int_0^{2\pi} \cos^2\phi d\phi \int_0^{\pi} W(\theta,\phi) \sin^2\theta d\theta \\ &= (3/4\pi)\int_0^{2\pi} \cos^2\phi d\phi \int_0^{\pi}\cos^2\theta \sin^3\theta d\theta = 1/5. \end{aligned} \tag{5.63}$$

Vergleicht man die Gl. (5.62) und (5.63), so sieht man, dass die Fluoreszenz, die parallel zur Anregung polarisiert ist ($F_\parallel$), dreimal so stark sein sollte wie die Fluoreszenz, die senkrecht zur Anregung polarisiert ist ($F_\perp$). Zwei Maße dieser relativen Intensität wurden verwendet, die *Fluoreszenzpolarisation* (P) und die *Fluoreszenzanisotropie* (r):

$$P = (F_\parallel - F_\perp)/(F_\parallel + F_\perp) \tag{5.64}$$

und

$$r = \left(F_{\parallel} - F_{\perp}\right)/\left(F_{\parallel} + 2F_{\perp}\right). \tag{5.65}$$

In den meisten Fällen ist r ein aussagekräftigerer Parameter als P. Wenn eine Probe eine Mischung aus Komponenten mit unterschiedlichen Anisotropien enthält, ist die beobachtete Anisotropie einfach die Summe

$$r = \sum_i \Phi_i r_i, \tag{5.66}$$

wo r_i die Anisotropie der Komponente i ist und Φ_i der Anteil der gesamten Fluoreszenz ist, der von dieser Komponente emittiert wird. Polarisationen addieren sich nicht auf diese Weise. Darüber hinaus ist die Zeitabhängigkeit der Fluoreszenzanisotropie einfacher als die Zeitabhängigkeit der Polarisation, wenn das angeregte Molekül rotieren kann. Obwohl die Polarisation in einem Großteil der frühen Literatur über Fluoreszenz verwendet wurde, verwenden die meisten Wissenschaftler heute die Anisotropie.

Der Nenner in der Definition der Anisotropie ($F_\parallel + 2F_\perp$) ist proportional zur gesamten Fluoreszenz, F_T, die Komponenten entlang aller drei kartesischen Achsen enthält: $F_T = F_x + F_y + F_z$. In unserer Ableitung der Gl. (5.62) und (5.63) haben wir mit z-Polarisation angeregt und die Fluoreszenz mit Polarisation parallel zu den z- und x-Achsen gemessen, so dass $F_\parallel = F_z$ und $F_\perp = F_x$. Da die Emission in der xy-Ebene symmetrisch sein muss, ist $F_y = F_x$. Daher ist $F_T = F_z + 2F_x = F_\parallel + 2F_\perp$. Die gesamte Fluoreszenz kann auch durch Messung der Fluoreszenz durch einen Polarisator erhalten werden, der auf den "magischen Winkel" 54,7° von der z-Achse eingestellt ist, wie in Abb. 5.12 gezeigt. Dies entspricht der Kombination von z- und x-polarisierten Messungen mit Gewichtungs-

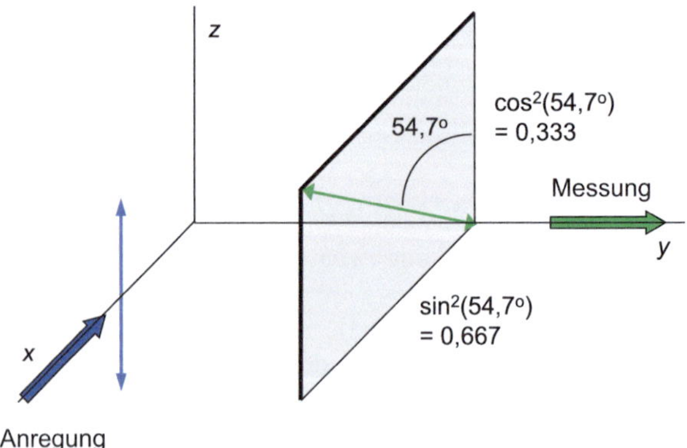

Abb. 5.12 Wenn eine Probe entlang der Labor-x-Achse mit Licht angeregt wird, das parallel zur z-Achse polarisiert ist (*doppelt gekennzeichneter blauer Pfeil*), ist die gesamte Fluoreszenz proportional zur Fluoreszenz, die entlang der y-Achse durch einen Polarisator am „magischen Winkel" von 54,7° in Bezug auf z gemessen wird (*doppelt gekennzeichneter grüner Pfeil*). Diese Messung gewichtet z und x Polarisationen im Verhältnis 1:2

faktoren von $\cos^2(54{,}7°)$ und $\sin^2(54{,}7°)$, die das geeignete Verhältnis von 1:2 haben. Die Fluoreszenz, die durch einen Polarisator am magischen Winkel zur Anregungspolarisation gemessen wird, wird nicht durch die Rotation des emittierenden Chromophors beeinflusst.

Das Einsetzen der Werte für $F_{\parallel}$ und $F_{\perp}$ aus den Gl. (5.62) und (5.63) ergibt $r = 2/5$ für ein unbewegliches System. Dies ist der maximale Wert der Anisotropie für ein System mit einem einzigen angeregten Zustand. (In Systemen, die mehrere angeregte Zustände haben, könnte die anfängliche Anisotropie zu sehr frühen Zeiten, wenn ein Ensemble von angeregten Molekülen Moleküle enthält, die sich in verschiedenen Eigenzuständen befinden, aber definierte Phasenbeziehungen zwischen den zeitabhängigen Teilen ihrer Wellenfunktionen haben, bis zu 1,0 betragen. Wir werden solche anomal hohen Anisotropien in Kap. 10 diskutieren. Wechselwirkungen mit der Umgebung führen in der Regel dazu, dass die Wellenfunktionen innerhalb weniger Pikosekunden aus der Phase geraten, so dass r schnell auf 0,4 oder niedriger abfällt.)

Die beobachtete Anisotropie wird verringert, wenn die Emissions- und Absorptionsübergangsdipole nicht parallel sind oder wenn das Molekül rotiert, bevor es fluoresziert. Wenn der Übergangsdipol für die Emission einen Winkel ξ relativ zum Übergangsdipol für die Absorption einschließt, werden $F_{\parallel}$, $F_{\perp}$ und r für ein unbewegliches Molekül (Kasten 10.5 und [182]):

$$F_{\parallel} = \left(1 + 2\cos^2\xi\right)/15, \tag{5.67}$$

$$F_{\perp} = \left(2 - \cos^2\xi\right)/15 \tag{5.68}$$

und

$$r' = \left(3\cos^2\xi - 1\right)/5. \tag{5.69}$$

Diese Ausdrücke kommen ins Spiel, wenn das Molekül sich zu einem anderen angeregten elektronischen Zustand entspannt, bevor es fluoresziert. Bei Bakteriochlorophyll beispielsweise ist der Übergangsdipol für die Anregung zum zweiten angeregten Zustand (Q_x) senkrecht zum Übergangsdipol fur den niedrigsten Zustand (Q_y). Wenn eine Lösung von Bakteriochlorophyll in einem viskosen Lösungsmittel wie Glycerin im Q_x-Band bei 575 nm angeregt wird, hat die Emission aus dem Q_y-Band nahe 800 nm eine Anisotropie von -0,2, was das Resultat ist, das von Gl. (5.69) für $\xi = 90°$ gegeben wird.

Für einen Winkel von $\xi = 45°$ gibt Gl. (5.69) $r' = 0{,}1$. Ein Winkel von 45° impliziert, dass der Emissionsübergangsdipol im Durchschnitt gleiche Projektionen auf den Absorptionsübergangsdipol und auf eine andere Achse hat, die orthogonal zum Absorptionsdipol liegt. Eine äquivalente Situation kann entstehen, wenn das angeregte Molekül seine Energie schnell auf eine Reihe anderer Moleküle überträgt, deren Übergangsdipole in einer Ebene liegen, aber alle Orientierungen innerhalb dieser Ebene einnehmen. Einige photosynthetische bakterielle Antennensysteme enthalten solche Anordnungen von Bakteriochlorophyll-Molekülen. Nachdem die Anregung über die Moleküle ausgeglichen ist, tritt Fluoreszenz mit einer Anisotropie von 0,1 auf [183–185]. Wir werden zur Fluoreszenzanisotropie solcher multimolekularer Systeme in Kap. 10 zurückkehren.

Lassen wir nun das angeregte Molekül zufällig rotieren, so dass der Übergangsdipol alle möglichen Orientierungen erkundet. Wenn die Probe mit einem einzigen kurzen Lichtpuls bei Zeit $t = 0$ angeregt wird, wird die anfängliche Fluoreszenzanisotropie unmittelbar nach dem Lichtpuls (r_0) 2/5 sein (oder der Wert, der von Gl. (5.69) gegeben wird, wenn die interne Umwandlung zu einem anderen elektronischen Zustand sehr schnell erfolgt), aber die Anisotropie wird auf null abfallen, wenn die angeregten Moleküle in neue Orientierungen rotieren (Abb. 5.13). Durch Untersuchung der Zerfallskinetik der Anisotropie können wir erfahren, wie schnell das Molekül rotiert und ob die Rotationsbewegungen isotrop oder anisotrop sind.

Wenn das fluoreszierende Molekül annähernd kugelförmig ist, wird es mehr oder weniger isotrop rotieren. Die Fluoreszenzanisotropie wird dann exponentiell mit einer einzigen Zeitkonstante abnehmen, die als *Rotationskorrelationszeit* (τ_c) bezeichnet wird: $r = r_0 \exp(-t/\tau_c)$. Die Rotationskorrelationszeit für ein kugelförmiges Molekül wird durch die Debye-Stokes-Einstein Beziehung gegeben:

$$\tau_c = V\eta/k_B T, \tag{5.70}$$

wo V das hydratisierte Volumen, η die Viskosität und k_B die Boltzmann-Konstante ist. Ein weiterer "Stokes-Einstein-Ausdruck" setzt τ_c gleich $1/(6D)$, wobei D der Rotationsdiffusionskoeffizient ist. Unter der Annahme, dass die Emissions- und Absorptionsübergangsdipole parallel sind, ist die Zeitabhängigkeit der Fluoreszenzanisotropie für ein kugelförmiges Molekül:

$$\begin{aligned} r &= \left[F_{\parallel}(t) - F_{\perp}(t)\right] / \left[F_{\parallel}(t) + 2F_{\perp}(t)\right] \\ &= r_o \exp(-t/\tau_c) = (2/5)\exp(-t\, k_B T/V\eta). \end{aligned} \tag{5.71}$$

(Wir werden Korrelationsfunktionen allgemeiner in Kap. 10 diskutieren.)

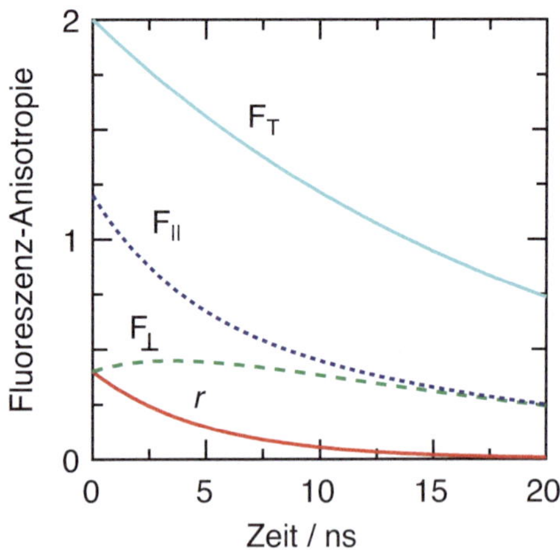

Abb. 5.13 Typische Zeitverläufe von Fluoreszenzsignalen, gemessen mit Polarisationen parallel ($F_{\|}$, *gepunktete blaue Kurve*) und senkrecht ($F_{\perp}$, *gestrichelte grüne Kurve*)) zur Anregungspolarisation. In dieser Darstellung zerfällt die Gesamtfluoreszenz ($F_T = F_{\|} + 2F_{\perp}$, *cyan*) mit einer Zeitkonstante von 20 ns und die Fluoreszenzanisotropie (r, *rot*) mit einer Zeitkonstante von 5 ns. Die Ordinaten-Skala für F_T, $F_{\|}$ und $F_{\perp}$ ist willkürlich

Wenn das Molekül asymmetrischer ist, werden seine Bewegungen anisotrop sein und die Fluoreszenzanisotropie wird normalerweise mit der Zeit als Summe von Exponentialtermen abnehmen. Die Amplituden und Korrelationszeiten für diese Terme können Informationen über die Form und Flexibilität des Moleküls liefern. Das Studium, wie der Zerfall der Anisotropie von Temperatur und Viskosität abhängt, kann auch dazu beitragen, lokale Bewegungen einer fluoreszierenden Gruppe von der langsameren Taumelbewegung eines Makromoleküls zu unterscheiden, an das sie gebunden ist. Zum Beispiel zerfällt die Anisotropie der Fluoreszenz von Tryptophanresten aufgrund der größeren Einschränkungen bei den Strukturschwankungen normalerweise viel langsamer in einem gefalteten Protein als in einem entfalteten Zustand. Der Anisotropiezerfall sollte beschleunigen, wenn ein Protein entweder entfaltet oder eine Konformationsänderung durchläuft, die die Gesamtstruktur kompakter macht. Ein weiteres Beispiel ist die Verwendung von interkalierten fluoreszierenden Farbstoffen zur Untersuchung von Biegebewegungen von Nukleinsäuren [186].

Wenn eine Probe mit kontinuierlichem Licht angeregt wird, so dass die Zeitabhängigkeit der Anisotropie nicht aufgelöst wird, wird ein Durchschnittswert der Anisotropie gemessen. Dieser wird gegeben durch

$$r_{avg} = \left(\int_0^\infty r(t)F(t)dt \right) / \left(\int_0^\infty F(t)dt \right), \tag{5.72}$$

wo $F(t)$ die Zeitabhängigkeit der gesamten Fluoreszenzwahrscheinlichkeit für ein angeregtes Molekül beschreibt. Zum Beispiel, wenn $F(t) = F_0 \exp(-t/\tau)$, und das Molekül mit einer einzigen Rotationskorrelationszeit τ_c taumelt, dann

$$r_{avg} = \frac{\int_0^\infty r_o \exp(-t/\tau_c) F_o \exp(-t/\tau)dt}{\int_0^\infty F_o \exp(-t/\tau)dt} = \frac{F_o r_o/(1/\tau + 1/\tau_c)}{F_o/(1/\tau)} = \frac{r_o}{1 + \tau/\tau_c}. \tag{5.73}$$

Eine Darstellung von $1/r_{avg}$ gegen die Fluoreszenzlebensdauer (τ) aufgetragen sollte eine Gerade mit einer Steigung von $1/r_0\tau_c$ und einem Achsenabschnitt von $1/r_0$ geben;

$$1/r_{avg} = 1/r_o + \tau/r_o\tau_c. \tag{5.74}$$

Die anfängliche Anisotropie (r_0) und die Rotationskorrelationszeit (τ_c) können also durch Verwendung eines Löschers wie O_2 zur Variation von τ ermittelt werden [187–189]. Beachten Sie, dass eine Änderung in r_{avg} eine Änderung in r_0, τ_c oder τ widerspiegeln könnte. Wenn beispielsweise die Fluoreszenzlebensdauer durch Zugabe eines Löschers verringert wird, misst eine Messung von r_{avg} die Anisotropie zu früheren Zeiten nach der Anregung der Moleküle, mit dem Ergebnis, dass r_{avg} näher an r_0 liegt.

In Studien an kleinen Chromophoren, die an Makromoleküle gebunden sind, sind Diagramme von $1/r_{avg}$ vs T/η manchmal zweiphasig, wie in der rechten Tafel von Abb. 5.14 gezeigt. Die bei hoher Viskosität oder niedriger Temperatur (niedriges T/η) gemessene Anisotropie ist größer (*d. h.*, $1/r_{avg}$ ist kleiner) als der Wert,

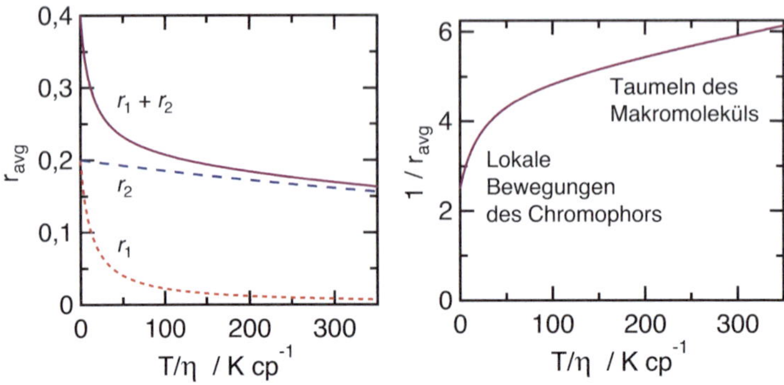

Abb. 5.14 Messungen der durchschnittlichen Anisotropie (r_{avg}) eines an ein Makromolekül gebundenen Chromophors können manchmal lokale Bewegungen des Chromophors vom Taumeln des gesamten Makromoleküls unterscheiden. Das Taumeln des Makromoleküls friert bei niedriger Temperatur (T) oder hoher Viskosität (η) aus. In dieser Darstellung ist die Gesamtanisotropie (*lila Kurven*) die Summe von zwei Termen (r_1 und r_2, *rote und blaue Kurven*), die gleiche Beiträge zur anfänglichen Anisotropie leisten, aber Rotationskorrelationszeiten haben, die sich um den Faktor 100 unterscheiden

der durch Extrapolation von Messungen bei hohem T/η ermittelt wird. Dies liegt daran, dass die beiden Bereiche des Diagramms unterschiedliche Arten von Bewegungen widerspiegeln. Bei niedrigem T/η ist das Makromolekül als Ganzes im Wesentlichen unbeweglich, aber der gebundene Chromophor kann noch einige Bewegungsfreiheit haben. Die geringere Anisotropie, die bei hohem T/η zu sehen ist, spiegelt das Taumeln des gesamten Makromoleküls wider. Zeitauflösende Messungen würden zeigen, dass der Anisotropieabbau mehrphasig ist, wobei die schnellere Komponente lokale Bewegungen des Chromophors und die langsamere Komponente das Taumeln des Makromoleküls widerspiegelt.

Wenn der Chromophor so rotieren kann, dass die Orientierung des Emissionsdipols über einen Winkel von ξ Grad variiert, wird die Fluoreszenzanisotropie asymptotisch von ihrem Anfangswert (r_o) abfallen zu

$$r' = r_o \frac{3\overline{\cos^2 \xi} - 1}{2}, \tag{5.75}$$

wo $\overline{\cos^2 \xi}$ der Durchschnittswert von $\cos^2\xi$ ist. Der Faktor $\left(3\overline{\cos^2 \xi} - 1\right)/2$, der als *Ordnungsparameter* bezeichnet wird, ist 1 für $\beta = 0$ und geht auf null für völlig zufällige Bewegung, wenn $\overline{\cos^2 \xi} = 1/3$ (Kasten 4.6). Gl. (5.75) ist die gleiche wie Gl. (5.69), außer dass ein Durchschnitt über alle zugänglichen Winkel einen eindeutigen Wert von ξ ersetzt. Kasten 10.5 diskutiert ihren Ursprung genauer.

In typischen Anwendungen wurde die Fluoreszenzanisotropie verwendet, um die Auswirkungen des amyloidogenen Proteins Transthyretin auf die Fluidität der Plasmamembran von Neuroblastomzellen zu untersuchen [190] und Veränderungen in der Mobilität verschiedener Domänen eines Neurotoxins, wenn das Protein an den Acetylcholinrezeptor bindet [191].

5.11 Einzel-Molekül-Fluoreszenz und hochauflösende Fluoreszenzmikroskopie

Messungen der Fluoreszenz aus einer makroskopischen Probe liefern Informationen über durchschnittliche Eigenschaften, die den Eigenschaften einzelner Moleküle ähneln können oder auch nicht. Biphasische Fluoreszenz-Zerfallskinetiken können beispielsweise eine heterogene Population von Molekülen widerspiegeln, die zwischen zwei verschiedenen Konformationen oder Mikroumgebungen verteilt sind. Wenn die Verteilung auf der Nanosekunden-Zeitskala statisch ist, könnte eine Messung an der makroskopischen Probe uns die relativen Populationen der Moleküle in den beiden Zuständen erlauben, würde aber im Allgemeinen nichts darüber aussagen, wie schnell Moleküle von einem Zustand in den anderen wechseln.

Eine Möglichkeit, die Fluoreszenz aus einer heterogenen Probe zu zerlegen, ist die *Fluoreszenzlinienverengung*, bei der die Temperatur gesenkt wird, um Fluktuationen des Lösungsmittels auszuschließen. Die zugrunde liegende Idee ist dieselbe wie bei der Lochbrennungs-Absorptionsspektroskopie (Abschn. 4.11). Ein abstimmbarer Laser mit einer schmalen spektralen Bandbreite wird verwendet, um die Probe selektiv anzuregen und so eine Unterpopulation von Molekülen auszuwählen, die bei einer bestimmten Wellenlänge absorbieren. Das Emissionsspektrum für die Unterpopulation kann viel schmaler sein als das Spektrum für das Gesamtensemble und es verschiebt sich oft, wenn die Anregungswellenlänge über die inhomogene Absorptionsbande abgestimmt wird [192].

Techniken zur Detektion von Fluoreszenz sind mittlerweile so empfindlich geworden, dass sie das Emissionsspektrum und die Fluoreszenz-Zerfallskinetik einzelner Moleküle messen können. Es gibt eine Vielzahl von Möglichkeiten, wie dies erreicht werden kann [193–196]. Kleine organische Moleküle können als verdünnte „Gäste" in einem „Wirt"-Lösungsmittel eingefroren werden, das bei niedrigen Temperaturen eine feste Matrix bildet, wie zum Beispiel *p*-Terphenyl. Moleküle, die in verschiedenen Umgebungen gefangen sind, können ausreichend unterschiedliche Absorptionsspektren haben, so dass einzelne Moleküle selektiv angeregt werden können [197–199]. Eine Technik, die auf Makromoleküle angewendet werden kann, besteht darin, eine verdünnte Lösung durch ein Kapillarrohr zu leiten [200]. Moleküle werden angeregt, während sie am Fokus eines gepulsten Lasers vorbeifließen. Die Fluoreszenz von einzelnen Molekülen des photosynthetischen Antennenproteins Phycoerythrin wurde auf diese Weise untersucht [201, 202]. Dieser Ansatz erlaubt es jedoch nicht, die Fluoreszenz desselben Moleküls über einen längeren Zeitraum zu verfolgen.

In der *Nahfeld-Fluoreszenzspektroskopie und -mikroskopie* [203–210], wird das Anregungslicht in eine verjüngte optische Faser fokussiert (Abb. 5.15A). Der Durchmesser des Lichtflecks an der Spitze der Faser wird durch die Größe der Spitze bestimmt und kann so klein wie 15 nm sein, was viel weniger ist als das klassische Beugungslimit von $\lambda/2$. Wenn die Faser lateral entlang einer Glasoberfläche mit einer spärlichen Beschichtung von fluoreszierenden Molekülen verschoben wird, wird die Strahlung an der Spitze nur die Moleküle innerhalb eines

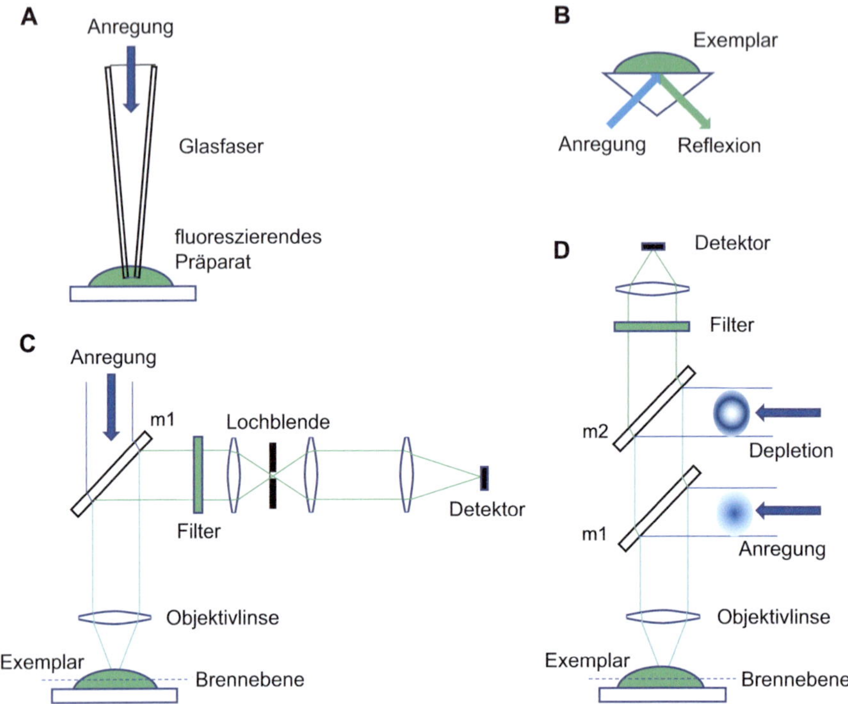

Abb. 5.15 Vier Möglichkeiten zur Messung der Fluoreszenz einer geringen Anzahl von Molekülen. (**A**) Nahfeld-Fluoreszenzspektroskopie einzelner Moleküle auf einer festen Oberfläche. Das Anregungslicht beleuchtet einen kleinen Bereich nahe der Spitze einer Glasfaser. (**B**) Totale interne Reflexion. Die Fluoreszenz wird durch die evaneszente Welle angeregt, die nur eine kurze Distanz in die Probe eindringt. (**C**) Konfokale Fluoreszenzspektroskopie und -mikroskopie. Eine Objektivlinse fokussiert das Anregungslicht auf die Probe. Die Fluoreszenz wird durch dieselbe Linse gesammelt, vom Anregungslicht durch einen dichroitischen Spiegel (*m*1) getrennt, durch eine Lochblende in der Bildebene refokussiert und auf einen Detektor übertragen. Die Lochblende lehnt Fluoreszenz ab, die von Molekülen emittiert wird, die oberhalb oder unterhalb der Fokalebene des Objektivs liegen (*gestrichelte Linie*). (**D**) Fluoreszenz-Depletions-Mikroskopie. Anregungspulse von zwei synchronisierten Lasern werden durch dichroitische Spiegel (*m*1 und *m*2) kombiniert und durch dasselbe Objektiv auf das Präparat fokussiert. Ein Puls *(Anregung)* hebt Fluorophore in einen angeregten Zustand. Der andere Puls *(Depletion)* ist auf eine Donut-Form fokussiert, die den Anregungspuls umgibt, und bringt entweder angeregte Moleküle in diesem Bereich durch stimulierte Emission in den Grundzustand zurück oder konvertiert die Fluorophore in eine Form, die den Anregungspuls nicht absorbiert

kleinen Bereichs zu einem gegebenen Zeitpunkt anregen. Die entweder durch dieselbe Faser oder durch eine Linse auf der gegenüberliegenden Seite des Trägers gesammelte Fluoreszenz kann analysiert werden, bis das Molekül durch Photobleichung zerstört wird [211].

Die durch Totalreflexion (Kasten 3.2) erzeugte evaneszente Strahlung kann ebenfalls dazu verwendet werden, die Anregung auf eine kleine Region zu beschränken [212]. Der Anregungsstrahl durchläuft ein Glasprisma oder eine Linse zu einer Schnittstelle mit einem wässrigen Medium, wie in Abb. 5.15B dargestellt. Der Einfallswinkel auf die Schnittstelle wird etwas größer als der kritische Winkel eingestellt, der durch den arcsin des Verhältnisses der Brechungsindizes der beiden Medien bestimmt wird. Wenn die wässrige Phase transparent ist, wird im Wesentlichen die gesamte einfallende Strahlung zurück in das Glas reflektiert. Die Welle der evaneszenten Strahlung, die sich entlang der Grenzfläche ausbreitet, dringt jedoch in das Wasser ein, und zwar auf eine Tiefe von etwa 500 nm, und kann Fluoreszenz von Molekülen in dieser dünnen Schicht anregen. In einigen Anwendungen dient eine Objektivlinse mit großer numerischer Apertur als Medium mit dem höheren Brechungsindex und dient auch zur Sammlung der von der Probe emittierten Fluoreszenz. Anregungsschemata, die Totalreflexion nutzen, wurden verwendet, um die Bindung von fluoreszierenden Liganden an auf einer Glasoberfläche adsorbierte Proteine zu messen [213–216], und um die Orientierung und Bewegungen von Molekülen in planaren Lipid-Doppelschichten zu untersuchen, die auf einer solchen Oberfläche abgelagert wurden [172, 173, 217].

Eine Erweiterung der letzten Technik besteht darin, die Glasoberfläche mit Gold oder Silber zu beschichten und den Einfallswinkel auf den Resonanzwinkel für die Erzeugung von Oberflächenplasmonen in der Beschichtung abzustimmen (Abb. 3.4E). Wie in Abschnitt 3.6 diskutiert, ähnelt das mit Oberflächenplasmonen verbundene evaneszente Feld dem, das durch gewöhnliche Totalreflexion erzeugt wird, kann aber mehr als eine Größenordnung stärker sein. Kolloidale Metallpartikel und lithographierte Oberflächen, die kleiner als die Wellenlänge des Lichts sind, können ebenfalls verwendet werden [218–221]. Obwohl die Fluoreszenz der Moleküle nahe der Grenzfläche durch Energietransfer und andere Wechselwirkungen mit dem Metall gelöscht werden kann, ermöglichen einige dieser Systeme große Empfindlichkeitssteigerungen [222].

In der *konfokalen Fluoreszenzmikroskopie* [223–227] wird eine Objektivlinse verwendet, um ein vergrößertes Bild des Lichts zu erzeugen, das von einer kleinen Region emittiert wird (Abb. 5.15C). Das Bild des von einer kreisförmigen Blende emittierten Lichts besteht aus konzentrischen hellen und dunklen Ringen um einen zentralen hellen Fleck, der nach dem englischen Astronomen G.B. Airy (1801–1892) als „Airy-Scheibe“ bezeichnet wird. Wenn die Fluoreszenz durch ein Loch in der Bildebene refokussiert wird, wird diffuse Fluoreszenz aus Bereichen der Probe, die außerhalb des Fokus liegen, zugunsten der Fluoreszenz aus der Fokalebene abgelehnt. Diese Technik wird als *optisches Schneiden* bezeichnet. Ein Loch mit einem Durchmesser von 50 bis 100 μm beschränkt das Volumen des untersuchten Bereichs auf wenige Attoliter (10^{-15} L), und wenn die Probe ausreichend verdünnt ist, enthält dieses Volumen nur ein oder zwei Moleküle. In der konfokalen Fluoreszenzmikroskopie wird der Anregungsfleck in einem Rastermuster über die Probe bewegt, während ein Bild der Fluoreszenz mit einer Videokamera aufgenommen wird. Die Auflösung kann durch Zwei-Photonen-Anregung, die der Fluoreszenz eine stärkere Abhängigkeit von der Lichtintensität verleiht, weiter verbessert werden. Siehe [228–233] und Kap. 12 für eine weitere Diskussion dieser und verwandter Mikroskopietechniken.

Die Fähigkeit eines herkömmlichen Mikroskops, zwei inkohärente Lichtpunktquellen, die durch eine Entfernung d getrennt sind, aufzulösen, wird durch Beugung begrenzt und allgemein als $d = \lambda/2n \sin \alpha$ angenommen, wobei n der Brechungsindex des Mediums zwischen dem Objektiv und den Objekten und α der halbe Winkel des von der Linse akzeptierten Lichtkegels ist. Obwohl konfokale Optiken die räumliche Auflösung der Fluoreszenzmikroskopie durch Blockieren von Licht aus Objekten, die außerhalb der Fokalebene liegen, verbessern, entkommen sie dieser grundlegenden Grenze nicht. Nahfeldoptiken können die Beugungsgrenze überwinden, haben jedoch den Nachteil, dass das fluoreszierende Objekt sehr nahe an der Spitze der Faser sein muss. Allerdings haben S.W. Hell und seine Mitarbeiter gezeigt, dass es auch möglich ist, die Beugungsgrenze zu durchbrechen, indem ein zweiter Lichtstrahl verwendet wird, um die Population der emittierenden Spezies in der Region um das Zentrum der Anregung zu verringern [234–239]. Betrachten Sie ein Ensemble von Fluorophoren, von denen jedes entweder mit der Quantenausbeute ϕ_F (A) fluoresziert, oder nicht fluoresziert (B). Nehmen Sie an, dass ein fokussierter Anregungsstrahl eine Population $A_E(\boldsymbol{r})$ der fluoreszierenden Spezies erzeugt, die bei $\boldsymbol{r} = 0$ ihren Höhepunkt erreicht, so dass die Fluoreszenz vom Punkt $\boldsymbol{r} = 0$ $\phi_F A_E(0)$ ist. Nehmen Sie nun an, dass ein "Depletions"-Strahl mit der Intensität $I_D(\boldsymbol{r})$ Fluorophore von A zu B mit der Geschwindigkeitskonstanten $I_D(\boldsymbol{r})\sigma$ umwandelt, wobei σ der effektive Absorptionsquerschnitt von A ist. Lassen Sie B spontan mit der Geschwindigkeitskonstanten k_{BA} zu A zurückkehren. Im stationären Zustand wird die Population der fluoreszierenden Form bei $\boldsymbol{r}$ $A(\boldsymbol{r}) = A_E(\boldsymbol{r})k_{BA}/[k_{BA} + I_D(\boldsymbol{r})\sigma]$ sein. Wenn der Depletionspuls in eine Ringform fokussiert wird, die auf den Anregungsimpuls zentriert ist, wie in Abb. 5.15D gezeigt, dann ist $I_D(0) = 0$, und die Fluoreszenz von $\boldsymbol{r} = 0$ ist immer noch $\phi_F A_E(0)$. Aber wenn $I_D(\boldsymbol{r})$ zunimmt, wenn $\boldsymbol{r}$ sich von 0 wegbewegt, so dass $I_D(\boldsymbol{r})\sigma_D$ schnell viel größer wird als k_{BA}, wird die Fluoreszenz aus Bereichen, die sich von $\boldsymbol{r} = 0$ entfernen, stark abgeschwächt.

Als Illustration der Depletionstechnik zeigt die grüne Kurve in Abb. 5.16A eine Anregungsfunktion mit einer Gaußschen Abhängigkeit von der Position, $I_E(\boldsymbol{r}) = I_E^o \exp\left[-(|\boldsymbol{r}|/r_o)^2\right]$. Die rote Kurve zeigt die Intensität eines Depletionspulses mit der Form $I_D(\boldsymbol{r}) = I_D^o \sin^2(\pi|\boldsymbol{r}|/4r_e)$. Panel B von Abb. 5.16 zeigt die Funktionen $k_{BA}/[k_{BA} + I_D(\boldsymbol{r})\sigma]$ (gestrichelte cyanfarbene Kurve) und $I_E(\boldsymbol{r})k_{BA}/[k_{BA} + I_D(\boldsymbol{r})\sigma]$ (durchgezogene grüne Kurve) für $I_D^o\sigma/k_{BA} = 10$, und die Panels C und D zeigen das Gleiche für $I_D^o\sigma/k_{BA} = 100$ und 1000. Wenn $I_D^o\sigma >> k_{BA}$, kommt die gesamte Fluoreszenz aus einer beliebig kleinen Region um $\mathbf{r} = 0$, und die Auflösung hat keine theoretische Grenze. Mit Depletion-Pulsen mittlerer Intensität ist die Auflösungsgrenze $d \approx \lambda/\left(2n \sin\alpha \sqrt{1 + I_D/I_{D,sat}}\right)$, wo $I_{D,\,sat}$ die Intensität ist, die die fluoreszierende Population zu $1/e$ reduziert [235].

Eine Möglichkeit, die Fluoreszenz zu vermindern, *stimulierte Emission Depletion* (*STED*) Mikroskopie, besteht darin, die angeregten Fluorophore durch stimulierte Emission in den Grundzustand zurückzuführen, wie wir oben im Zusammenhang mit der zeitlichen Auflösung von Stokes-Verschiebungen (Abschn. 5.2) diskutiert haben. Ein anderer Ansatz besteht darin, eine Variante von GFP zu verwenden, die durch Licht unterschiedlicher Wellenlängen zwischen fluoreszie-

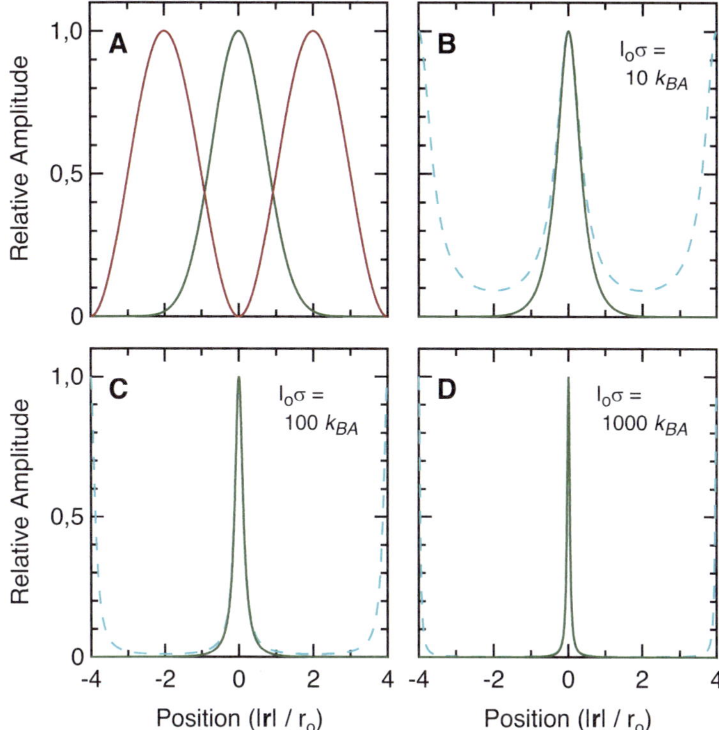

Abb. 5.16 Überwindung der Beugungsgrenze in der Fluoreszenzmikroskopie. (**A**) Relative Intensitäten eines Gaußschen Anregungspulses ($I_E(\boldsymbol{r})/I_E^o = \exp\left[-(|\boldsymbol{r}|/r_o)^2\right]$, *grüne Kurve*) und eines konzentrischen, fluoreszenzlöschenden Pulses ($I_D(\boldsymbol{r})/I_D^o = \sin^2(\pi|\boldsymbol{r}|/4r_o)$, *rote Kurve*) als Funktion der Position relativ zu einem Fokuspunkt. I_o, r_o, und σ sind beliebige Skalenfaktoren. (**B**), (**C**) und (**D**) Der stationäre Anteil der Fluorophore, die während des löschenenden Pulses fluoreszieren können ($k_{BA}/[k_{BA} + I_D(\mathbf{r})\sigma]$, *gestrichelte cyanfarbene Kurven*), und die Fluoreszenzamplitude ($I_E(\mathbf{r})k_{BA}/[k_{BA} + I_D(\mathbf{r})\sigma]$, *durchgezogene grüne Kurven*), für $I_D^o\sigma/k_{BA} = 10$ (**B**), 100 (**C**) und 1000 (**D**)

renden und nicht fluoreszierenden Zustanden umgeschaltet werden kann (Abschn. 5.7). Diese Umschaltung kann mit geringeren Lichtintensitäten erreicht werden, als zur Induktion von stimulierter Emission benötigt [137, 237]. Die wesentlichen Anforderungen in beiden Fällen sind, dass die Intensität des Depletion-Pulses am oder nahe dem Fokus der Anregung null ist und dass der Depletion-Prozess schnell gesättigt wird, wenn die Pulsintensität zunimmt.

Emissionsspektren und Fluoreszenzlebensdauern einzelner Moleküle, die in Einzelmolekülexperimenten gemessen werden, variieren oft erheblich von Molekül zu Molekül [194–196, 199, 200, 209, 240–242]. Solche Schwankungen können unterschiedliche Wechselwirkungen der fluoreszierenden Moleküle mit ihrer Umgebung widerspiegeln oder chemische Prozesse, die die spektroskopischen Eigenschaften verändern, wie *cis-trans* Isomerisierungen und Übergänge zwischen oxidierten, reduzierten oder Triplett-Zuständen. Emittierende Moleküle gehen manchmal abrupt aus, vermutlich als Folge von irreversiblen photochemischen Reaktionen. In einigen Fällen haben Anisotropiemessungen gezeigt, dass die Schwankungen in der Fluoreszenzausbeute nicht einfach auf eine Rotationsumorientierung zurückzuführen sind, da die Fluoreszenz parallel zur Anregung polarisiert bleibt.

Anwendungen der Einzelmolekülspektroskopie auf Biomoleküle umfassten Studien zu Konformationsfluktuationen einzelner DNA-Moleküle [241], Hydrolyse einzelner ATP-Moleküle durch ein einzelnes Molekül Myosin [212, 243], Myosin, das sich entlang eines Aktinstabes bewegt [244], einzelne Kinesin-Moleküle, die sich entlang von Mikrotubuli bewegen [243, 245, 246], Interkonversionen des gebundenen Flavins in Cholesterinoxidase zwischen seinen oxidierten und reduzierten Zuständen [247], und Aufklärung von Wegen für das Falten von Proteinen und Ribozymen [242, 248–259]. Eine leistungsfähige Erweiterung der Technik besteht darin, den Resonanzenergietransfer zwischen einem Paar von Fluoreszenzfarbstoffen zu messen, die an ein Makromolekül angehängt sind. Wie wir in Kap. 7 diskutieren, kann die Anregung eines Moleküls von der Fluoreszenz des anderen gefolgt sein, und die Effizienz dieser Energieübertragung hängt kritisch von der Entfernung zwischen dem Donor und dem Akzeptor ab. Willets et al. [260] haben eine Reihe von Fluorophoren beschrieben, die die hohen Fluoreszenzausbeuten, die für Einzelmolekülstudien benötigt werden, aufweisen, aber auch stark empfindlich auf die lokale Umgebung reagieren.

Der Nobelpreis für Chemie 2014 würdigte die bahnbrechenden Beiträge von Eric Betzig [204–206, 210, 261], William Moerner [195, 197, 198, 243, 260] und Stefan Hell [234–238] zur Einzelmolekül-Fluoreszenz Spektroskopie und hochauflösenden Mikroskopie.

5.12 Fluoreszenz-Korrelationsspektroskopie

Schwankungen der Fluoreszenz, eines individuellen Moleküls, wenn es zwischen verschiedenen Zuständen hin und her springt oder unterschiedliche Wechselwirkungen mit der Umgebung erfährt, werden in konventionellen Messungen der Fluoreszenz von großen Molekülpopulationen ausgemittelt. Zwischen diesen Extremen kann die Fluoreszenz einer kleinen Anzahl von Molekülen auf eine Weise schwanken, die Informationen über die Dynamik der einzelnen Moleküle liefert [223, 262–268]. Abb. 5.17 veranschaulicht einige der Merkmale solcher Schwankungen. Im hier betrachteten Modell enthält das System eine bestimmte Anzahl von Molekülen (N), von denen jedes reversible Übergänge zwischen einem fluoreszierenden *(„on“)* und einem nicht fluoreszierenden (“*off*”) Zustand mit Kinetik erster Ordnung durchläuft. Wenn ein Molekül zu einem gegebenen Zeitpunkt *on* ist, ist die Wahrscheinlichkeit, dass es nach einer kurzen Zeitspanne Δt noch *on* ist, $\exp(-k_{off}\Delta t)$; wenn das Molekül zunächst *off* ist, ist die Wahrscheinlichkeit, nach der Zeit Δt noch *off* zu sein, $\exp(-k_{on}\Delta t)$. Die Gleichgewichtskonstante ist $K_{eq} = [on]_{eq}/[off]_{eq} = k_{on}/k_{off}$. Um stochastische Übergänge zwischen den beiden Zuständen zu simulieren, vergleicht der zur Erzeugung der Abbildung verwendete

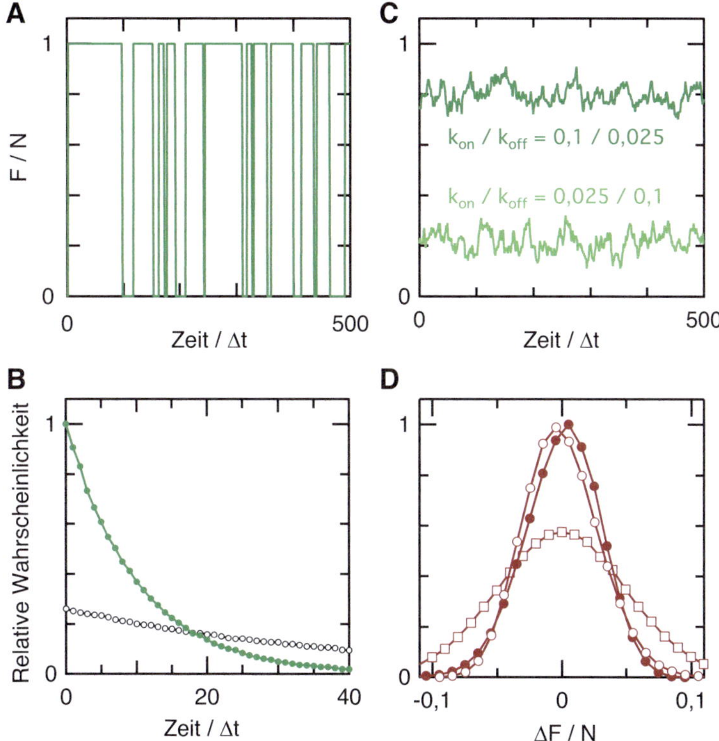

Abb. 5.17 Computersimulationen von Fluoreszenzschwankungen in einem System mit einer festgelegten Anzahl (N) von Molekülen, von denen jedes entweder in einem fluoreszierenden (*on*) oder nicht fluoreszierenden (*off*) Zustand sein kann. Bei jedem Zeitschritt (Δt) hat ein Molekül im fluoreszierenden Zustand eine Wahrscheinlichkeit $\exp(-k_{off}\Delta t)$ in diesem Zustand zu bleiben und eine Wahrscheinlichkeit $1\text{-}\exp(-k_{off}\Delta t)$ in den nicht fluoreszierenden Zustand zu wechseln; ein Molekül im nicht fluoreszierenden Zustand bleibt mit der Wahrscheinlichkeit $\exp(-k_{on}\Delta t)$ in diesem Zustand und wechselt mit der Wahrscheinlichkeit $1\text{-}\exp(-k_{on}\Delta t)$ in den fluoreszierenden Zustand. Die Entscheidung, ob der Zustand geändert wird, erfolgt durch Vergleich von $\exp(-k_{off}\Delta t)$ und $\exp(-k_{on}\Delta t)$ mit einer Zufallszahl zwischen 0 und 1. (**A**) Normalisierte Fluoreszenz (F/N) als Funktion der Zeit für ein einzelnes Molekül ($N = 1$) mit $k_{on}\Delta t = 0{,}1$ und $k_{off}\Delta t = 0{,}025$. (**B**) Die Wahrscheinlichkeit, dass ein Molekül mit $k_{on}\Delta t = 0{,}1$ und $k_{off}\Delta t = 0{,}025$ in einen anderen Zustand wechselt (*offene schwarze Kreise*, *on* → *off*; *gefüllte grüne Kreise*, *off* → *on*) als Funktion der Zeit nachdem das Molekül den ersten Zustand erreicht hat. (**C**) Normalisierte Fluoreszenz (F/N) als Funktion der Zeit für 100 Moleküle mit $k_{on}\Delta t = 0{,}1$ und $k_{off}\Delta t = 0{,}025$ (*dunkelgrünes Signal*), oder $k_{on}\Delta t = 0{,}025$ und $k_{off}\Delta t = 0{,}1$ (*hellgrün*). (**D**) Relative Wahrscheinlichkeit verschiedener Abweichungen der normalisierten Fluoreszenz vom Mittelwert ($\Delta F/N$) für 100 Moleküle mit $k_{on}\Delta t = 0{,}01$ und $k_{off}\Delta t = 0{,}1$ (*leere Kreise*), $k_{on}\Delta t$ und $k_{off}\Delta t$ beide $= 0{,}1$ (*leere Quadrate*), oder $k_{on}\Delta t = 0{,}1$ und $k_{off}\Delta t = 0{,}01$ (*gefüllte Kreise*)

Algorithmus $\exp(-k_{on}\Delta t)$ oder $\exp(-k_{off}\Delta t)$ mit einer zufälligen Zahl zwischen 0 und 1 nach jedem Zeitschritt. Abb. 5.17A zeigt die berechnete Fluoreszenz aus einem einzelnen Molekül mit $k_{on}\Delta t = 0{,}1$ und $k_{off}\Delta t = 0{,}025$. Die normalisierte Fluoreszenz schwankt zufällig zwischen 0 und 1, wobei das Molekül im Durchschnitt viermal länger "*on*" als "*off*" bleibt (Abb. 5.17B).

Der Kasten *C* von Abb. 5.17 zeigt die Ergebnisse der Mittelung solcher Schwankungen über 100 Moleküle. Wie wir erwarten würden, liegt das durchschnittliche Signal über den gezeigten Zeitraum bei etwa 0,8 ([*an*]/[*an* + *aus*] = $K_{eq}/[K_{eq} + 1]$), wenn $k_{an}/k_{aus} = 4:1$ ist, und fällt auf etwa 0,2, wenn die Geschwindigkeitskonstanten vertauscht werden. Die Signale schwanken jedoch erheblich um diese Mittelwerte. Wie in Abb. 5.17D gezeigt, ist die wahrscheinlichste Abweichung vom Mittelwert zu einem gegebenen Zeitpunkt nicht null, es sei denn, die beiden Geschwindigkeitskonstanten sind zufällig gleich. Wenn k_{an} größer als k_{aus} ist, so dass der Mittelwert mehr als 0,5 beträgt, sind die Abweichungen zur positiven Seite des Mittelwerts verschoben; wenn k_{an} kleiner als k_{aus} ist, sind sie zur negativen Seite verschoben. Ein Teil der Asymmetrie der Verteilungsfunktion spiegelt die Tatsache wider, dass die Anzahl der Moleküle im *an* Zustand zu einem gegebenen Zeitpunkt nicht kleiner als null oder größer als die Gesamtzahl der Moleküle sein kann.

Im Allgemeinen folgen die Abweichungen der Fluoreszenzamplitude um den Mittelwert einer binomialen Verteilung. Die binomiale Verteilungsfunktion beschreibt die Wahrscheinlichkeit, $P(x,n,p)$, x „Erfolge" in n Versuchen zu haben, wenn die Wahrscheinlichkeit eines Erfolgs in einem einzelnen Versuch p und die Wahrscheinlichkeit eines Misserfolgs 1 - p ist. Dies wird durch den Ausdruck gegeben

$$P(x,n,p) = \frac{n!}{x!(n-x)!} p^x (1-p)^{n-x}, \tag{5.76}$$

in dem der Faktor $n!/x!(n-x)!$ die Anzahl der verschiedenen möglichen Kombinationen von n Elementen, genommen x auf einmal, ist [269]. In der vorliegenden Situation repräsentiert n die Anzahl der Moleküle im beleuchteten Volumen, p ist die Wahrscheinlichkeit, dass ein gegebenes Molekül zu einem bestimmten Zeitpunkt im fluoreszierenden Zustand ist, und x ist die Gesamtzahl der fluoreszierenden Moleküle zu diesem Zeitpunkt. Wenn wir die Fluoreszenz mit einer großen Häufigkeit messen, wird die durchschnittliche Anzahl der bei jeder Messung detektierten fluoreszierenden Moleküle np sein.

Der Mittelwert ($\overline{x}$) einer binomialen Verteilung ist tatsächlich gleich np:

$$\overline{x} = \sum_{x=0}^{n} x \frac{n!}{x!(n-x)!} p^x (1-p)^{n-x} = np, \tag{5.77}$$

wie Sie beweisen können, indem Sie $y = x + 1$ und $m = n - 1$ definieren und beachten, dass

$$\sum_{y=0}^{n} \frac{m!}{y!(m-y)!} p^y (1-p)^{m-y} = \sum_{y=0}^{n} P(y,m,p) = 1 \tag{5.78}$$

[269]. Die Varianz (σ^2, die durchschnittliche quadratische Abweichung vom Mittelwert) ist gegeben durch

$$\sigma^2 = \sum_{x=0}^{n} (x - \overline{x})^2 \frac{n!}{x!(n-x)!} p^x (1-p)^{n-x} = np(1-p). \tag{5.79}$$

Es gibt mehrere nützliche Näherungen für die binomiale Verteilung, die in bestimmten Grenzen von n und p gelten (Kasten 5.3). Allerdings sind diese Grenzen im Allgemeinen nicht auf die hier betrachtete Situation anwendbar.

Kasten 5.3 Binomial-, Poisson- und Gauß-Verteilungen
Die Grenze einer Binomialverteilung (Gl. 5.77), wenn die Wahrscheinlichkeit eines Erfolgs bei einem einzelnen Versuch sehr klein ist ($p << 1$), ist die *Poisson-Verteilung*,

$$P_P(x, \overline{x}) = \frac{\overline{x}^x}{x!} \exp(-\overline{x}) = \frac{(np)^x}{x!} \exp(-np). \tag{B5.3.1}$$

Wie in der zugrunde liegenden Binomialverteilung ist $\overline{x}$ hier der Mittelwert von x und entspricht np, wobei n die Anzahl der Versuche ist. Die Varianz einer Poisson-Verteilung ist ebenfalls np, wie Sie sehen können, wenn Sie den Faktor (1-p) in Gl. (5.79) auf 1 setzen. Die Standardabweichung vom Mittelwert einer Poisson-Verteilung (σ) ist somit die Quadratwurzel des Mittelwerts.

Die Poisson-Verteilung wird häufig verwendet, um die Statistik von Photonenzähl-Experimenten zu analysieren. Sie ist auch nützlich, um zu beschreiben, wie ein photophysikalischer oder photochemischer Prozess von der Intensität des Anregungslichts abhängt. In einer typischen Anwendung repräsentiert n die Anzahl der auf eine Probe auftreffenden Photonen, p ist die Wahrscheinlichkeit, dass ein gegebenes auftreffendes Photon zu einem nachweisbaren Prozess führt, und x ist die Gesamtzahl der nachweisbaren Ereignisse, die aus n Photonen resultieren. Wenn das Absorbieren von mehr als einem Photon das gleiche Ergebnis hat wie das Absorbieren eines einzelnen Photons, folgt x einer *kumulativen Ein-Treffer-Poisson-Verteilung,* die die Wahrscheinlichkeit, dass $x \neq 0$, als kontinuierliche Funktion von $\overline{x}$ ausdrückt:

$$1 - P_P(0, \overline{x}) = 1 - \frac{\overline{x}^0}{0!} \exp(-\overline{x}) = 1 - \exp(-\overline{x}). \tag{B5.3.2}$$

Binomialverteilungen haben eine weitere wichtige Näherung in der Grenze, dass n unendlich groß und p auch groß genug ist, so dass $np >> 1$. Dies ist die *Gauß-* oder *Normalverteilung:*

$$P_G(x, \overline{x}, \sigma) = \frac{1}{\sigma\sqrt{2\pi}} \exp\left[-\frac{1}{2}\left(\frac{x - \overline{x}}{\sigma}\right)^2\right], \tag{B5.3.3}$$

in der $\bar{x}$ wieder der Mittelwert der Verteilung ist und σ die Standardabweichung vom Mittelwert ist. Die Gauß-Verteilung, im Gegensatz zu den Binomial- und Poisson-Verteilungen, ist eine kontinuierliche Funktion von x und ist symmetrisch um $\bar{x}$ verteilt. Siehe Gl. (3.54), (3.56) und (4.59) für Beispiele von Gauß-Verteilungen und Abb. 3.10 für eine Illustration.

Betrachten Sie nun die Zeitabhängigkeit der fluktuierenden Fluoreszenz, die in Abb. 5.17C dargestellt ist. Obwohl die Fluktuationen stochastisch sind, enthalten sie Informationen über die Dynamik der Übergänge zwischen den An- und Aus-Zuständen im Modell. Diese Informationen können extrahiert werden, indem die *Autokorrelationsfunktion* der Fluktuationen berechnet wird, die ein Maß für die Korrelation zwischen der Amplitude der Fluktuation zu einem gegebenen Zeitpunkt und der Amplitude zu einem späteren Zeitpunkt ist. Die Autokorrelationsfunktion der Fluktuationen einer zeitabhängigen Funktion $x(t)$ (manchmal auch als *Zeit-Korrelationsfunktion* bezeichnet) ist definiert als

$$C(t) \equiv \overline{\Delta x(t')\Delta x(t'+t)}, \tag{5.80}$$

wo $\Delta x(t')$ die Abweichung vom Mittelwert zur Zeit $t'\left(\Delta x\left(t'\right) = x\left(t'\right) - \bar{x}\right)$ ist und der Balken ein Durchschnitt über alle Zeiten t' bedeutet. Bei Nullzeit gibt die auf diese Weise definierte Autokorrelationsfunktion die Varianz der Verteilung:

$$C(0) \equiv \overline{\Delta x(t')\Delta x(t')} \equiv \sigma^2. \tag{5.81}$$

Nach langer Zeit geht die Autokorrelationsfunktion auf Null zurück, da die Amplituden der Fluktuationen zu zwei weit auseinander liegenden Zeiten nicht miteinander in Beziehung stehen.

Es ist oft nützlich, eine Autokorrelationsfunktion relativ zu einem anderen Parameter des Systems zu normalisieren. Wenn die Fluktuationen einer binomialen Verteilung folgen, ergibt die Division durch das Quadrat des Mittelwerts und die Verwendung der Gl. (5.77) und (5.79)

$$C(0)/\bar{x}^2 = \overline{\Delta x^2}/\bar{x}^2 = \sigma^2/\bar{x}^2 = np\left[1-p\right]/\left[np\right]^2 = q/np. \tag{5.82}$$

Mit dieser Normalisierung ist $C(0)$ für das oben beschriebene Modell umgekehrt proportional zur Anzahl der Moleküle im beleuchteten Volumen ($n = N$). Es ist auch umgekehrt proportional zum Verhältnis der Wahrscheinlichkeiten, ein Molekül im fluoreszierenden und nicht fluoreszierenden Zustand zu finden ($q/p = k_{off}/k_{on} = 1/K_{eq}$).

Fluoreszenz-Korrelationsfunktionen werden oft berechnet, indem das Fluoreszenzsignal selbst anstelle der Abweichungen vom Mittelwert verwendet wird. Nach der Normalisierung relativ zu $\bar{x}^2$ ist die resultierende Funktion dieselbe wie $C(t)/\bar{x}^2 + 1$:

$$\begin{aligned} G(t) &= \frac{\overline{x(t')x(t'+t)}}{\bar{x}^2} = \frac{\overline{\left[\bar{x}+\Delta x(t')\right]\left[\bar{x}+\Delta x(t'+t)\right]}}{\bar{x}^2}, \\ &= \frac{\bar{x}^2+\bar{x}\cdot\overline{\Delta x(t')}+\bar{x}\cdot\overline{\Delta x(t'+t)}+\overline{\Delta x(t')\Delta x(t'+t)}}{\bar{x}^2} = 1 + \frac{C(t)}{\bar{x}^2}. \end{aligned} \tag{5.83}$$

Die Terme $\Delta x(t')$ und $\Delta x(t' + t)$ mitteln zu Null.

Abb. 5.18 zeigt Autokorrelationsfunktionen, die aus mehreren Zeitverläufen berechnet wurden, ähnlich denen in Abb. 5.17C, aber über längere Zeiträume gemittelt (2x10^5 Zeitschritte). Die Autokorrelationsfunktionen sind normalisiert in Bezug auf $\overline{x}^2$ wie in Gl. (5.82). Wie Gl. (5.82) vorhersagt, sind die normalisierten Werte bei Nullzeit umgekehrt proportional zu N (Abb. 5.18A) und K_{eq} (Abb. 5.18B). Die Fluoreszenz-Korrelationsspektroskopie bietet somit eine Möglichkeit, die Anzahl der fluoreszierenden Moleküle in einer kleinen Region einer Probe zu bestimmen, zusammen mit der Gleichgewichtskonstante zwischen Zuständen, die unterschiedliche Fluoreszenzausbeuten haben.

Die Untersuchung von Abb. 5.18 zeigt, dass die Autokorrelationsfunktionen für dieses spezielle Modell exponentiell mit der Zeit abnehmen und dass die Geschwindigkeitskonstante für diesen Zerfall die Summe der Geschwindigkeitskonstanten für Vorwärts- und Rückwärtsübergänge zwischen den beiden Zuständen ist $(k_{on} + k_{off})$. Die obere Kurve in Abb. 5.18B, zum Beispiel, zerfällt auf $1/e$ (0.368) ihres Anfangswertes in 16.67 Δt, was das Reziproke von $(0{,}05 + 0{,}01)/\Delta t$ ist. In der klassischen Kinetik, wenn ein System mit Reaktionen erster Ordnung in Vorwärts- und Rückwärtsrichtung durch eine abrupte Änderung der Konzentration einer der Komponenten, eine Temperaturänderung oder eine sonstige Änderung gestört wird, wird es sich mit einer Geschwindigkeitskonstante entspannen, die durch die Summe der Geschwindigkeitskonstanten für die Vorwärts- und Rückwärtsreaktionen gegeben ist. Die Tatsache, dass die Autokorrelationsfunktionen in Abb. 5.18 mit der Relaxationskonstante des Systems abnehmen, ist eine allgemeine Eigenschaft klassischer Zeitkorrelationsfunktionen [270–273]. Eine der potenziellen Stärken der Fluoreszenz-Korrelationsspektro-

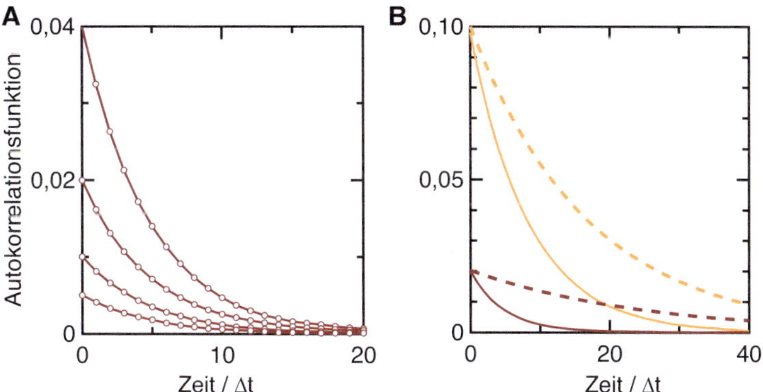

Abb. 5.18 (**A**) Normalisierte Autokorrelations-Funktion der Fluoreszenzschwankungen für (*von oben nach unten*) $N = 25$, 50, 100 oder 200, alle mit $k_{on}\Delta t = k_{off}\Delta t = 0.1$. Die Autokorrelationsfunktionen sind normalisiert in Bezug auf das Quadrat der mittleren Fluoreszenzamplitude. (**B**) Normalisierte Autokorrelations-Funktion der Fluoreszenzschwankungen für $N = 50$, und $k_{on}\Delta t = 0{,}1$, $k_{off}\Delta t = 0{,}1$ (*durchgezogene rote Kurve*); $k_{on}\Delta t = 0{,}02$, $k_{off}\Delta t = 0{,}02$ (*gestrichelte rote Kurve*); $k_{on}\Delta t = 0{,}02$, $k_{off}\Delta t = 0{,}1$ (*feste orangefarbene Kurve*); oder $k_{on}\Delta t = 0{,}01$, $k_{off}\Delta t = 0{,}05$ (*gestrichelte orangefarbene Kurve*). Die Ergebnisse wurden über 2×10^5 Zeitschritte gemittelt

skopie ist, dass die Relaxationsdynamik mit dem System im Gleichgewicht ermittelt werden kann; keine Störung ist erforderlich.

Obwohl die Autokorrelationsfunktion die Relaxationsgeschwindigkeitskonstante des Systems liefert, gibt sie nicht sofort die individuellen Geschwindigkeitskonstanten für die Vorwärts- und Rückwärtsreaktionen an. Diese können durch Einzelmolekülstudien ermittelt werden, wie in Abb. 5.17. In einigen Fällen können sie durch Messung der Abhängigkeit der Relaxationsgeschwindigkeitskonstante von der Konzentration eines der Reaktanten ermittelt werden. Zum Beispiel ist die Relaxationsgeschwindigkeitskonstante für ein System mit bimolekularer Reaktion in eine Richtung $\left(\mathrm{A}+\mathrm{B}\overset{k_{+1}}{\rightarrow}\mathrm{C}\right)$ und einer unimolekularen Reaktion in die entgegengesetzte Richtung $\left(\mathrm{C}\overset{k_{-1}}{\rightarrow}\mathrm{A}+\mathrm{B}\right)$ ist $k_{+1}([\mathrm{A}]+[\mathrm{B}])+k_{-1}$, die experimentell in Teile aufgeteilt werden kann, die entweder von [A] und [B] abhängen oder unabhängig davon sind.

Die Fluoreszenz aus einem kleinen Bereich einer Probe in Lösung kann auch aufgrund der Diffusion der fluoreszierenden Moleküle in diesen Bereich und aus diesem heraus schwanken. Die Autokorrelationsfunktion dieser Schwankungen hängt von dem dreidimensionalen translations-Diffusionskoeffizienten des Moleküls (D) und der Geometrie des beleuchteten Bereichs ab. In einem häufig verwendeten Modell wird angenommen, dass das von einem Objektiv fokussierte Anregungslicht ein dreidimensionales gaußsches Intensitätsprofil der Form hat

$$I=I_o\exp\left[-2\left(a^2+b^2\right)/r^2-2c^2/l^2\right], \tag{5.84}$$

wo c die Position entlang der optischen Achse darstellt, a und b Koordinaten in der zur Achse normalen Fokalebene sind und r und l Abstände sind, bei denen die Intensität auf exp.(-2) ihres maximalen Wertes fällt. Die normalisierte Autokorrelationsfunktion der Fluoreszenz von Molekülen, die durch eine solche Region diffundieren, wird gegeben durch [223]

$$\frac{C(t)}{\overline{x}^2}=\frac{1}{N}\left(\frac{1}{4Dt/r^2}\right)\left(\frac{1}{4Dt/l^2}\right)^{1/2}. \tag{5.85}$$

Die Fluoreszenz-Korrelationsspektroskopie bietet somit eine Möglichkeit, Prozesse zu untersuchen, die den translations-Diffusionskoeffizienten ändern, wie z. B. die Bindung eines kleinen, fluoreszierenden Liganden an ein Makromolekül. Allerdings kann die räumliche Abhängigkeit der Lichtintensität in der Fokalregion komplexer sein als Gl. (5.84) annimmt und dies kann fehlerhafte Komponenten zur Autokorrelationsfunktion hinzufügen [274].

Wenn Diffusion und eine Reaktion, die die Fluoreszenzausbeute beeinflusst, auf ähnlichen Zeitskalen ablaufen, besteht die Fluoreszenz-Autokorrelationsfunktion aus einem Produkt von Faktoren der in den Gl. (5.82) und (5.85) gegebenen Formen. Anstatt zu versuchen, die beiden Komponenten gleichzeitig zu analysieren, könnte es am besten sein, die Diffusion durch Erhöhung der Viskosität zu verlangsamen. Einige Enzyme haben gezeigt, dass sie gut in Agarosegelen funktionieren, die die Diffusion des Proteins einschränken, aber das Substrat und das Produkt relativ frei diffundieren lassen [247]. Allerdings kann die Diffusion notwendig sein, um Chromophore zu ersetzen, die durch das Anregungslicht irreversibel gebleicht werden.

Anwendungen der Fluoreszenz-Korrelationsspektroskopie haben Studien von spärlichen Molekülen auf Zelloberflächen [275, 276], Diffusion von Ligand-Rezeptor-Komplexen in Zellmembranen [277], Konformationsdynamik von DNA [158, 241], Zustandseigenschaften von angeregten Flavinen und Flavoproteinen [278], Photodynamik von grün- und rot-fluoreszierenden Proteinen [279, 280], Protein-Entfaltungspfade [281] und Lipid-Protein-Interaktionen [282] umfasst.

Eine Erweiterung der Fluoreszenz-Korrelationsspektroskopie besteht darin, die Kreuzkorrelation der Fluoreszenz von zwei verschiedenen Fluorophoren, wie einem Liganden und seinem Rezeptor [283], zu messen. Stark korrelierte Schwankungen der Fluoreszenz aus einem kleinen Volumenelement deuten darauf hin, dass die beiden Arten gemeinsam in das Volumenelement hinein- und herausdiffundieren, wie man es für ein Komplex erwarten würde. Dieser Ansatz wurde verwendet, um die Renaturierung von komplementären Strängen von Nukleinsäuren [284], enzymatische Fusions- und Spaltungs-Kinetiken [285], Aggregation von Prion-Protein [286], DNA-Rekombination [287] und Reparatur [288] zu studieren.

In der verwandten *Photonenzählungshistogramm* Technik wird ein Histogramm der Fluoreszenzintensität von einzelnen Molekülen gesammelt, während die Moleküle durch das Fokusvolumen eines konfokalen Mikroskops diffundieren [289–291]. Wenn die Probe eine Mischung von Molekülen mit unterschiedlichen Fluoreszenzeigenschaften enthält, kann das Histogramm die relative Amplitude der Fluoreszenz von einem einzelnen Molekül jeder Klasse sowie die Anzahl der Moleküle in jeder Klasse aufzeigen.

5.13 Intersystemübergang, Phosphoreszenz und verzögerte Fluoreszenz

Wie das Jablonski-Diagramm in Abb. 5.6 zeigt, kann Fluoreszenz durch Intersystemübergang vom angeregten Singulettzustand in einen Triplettzustand gelöscht werden. Wir haben in Kap. 4 gesehen, dass Dipol-Interaktionen keine Übergänge zwischen Singulett- und Triplettzuständen antreiben. Aber der Übergang in einen Triplettzustand tritt oft mit einer Ratenkonstante (k_{isc} in Gl. (5.47)) in der Größenordnung von 10^6 bis 10^8 s^{-1} auf, und noch schneller, wenn das Molekül ein schweres Atom wie Brom enthält. Das angeregte Molekül kann dann Licht (*Phosphoreszenz*) emittieren, während es vom Triplettzustand zurück in den Singulett-Grundzustand zerfällt. Dieser Prozess ist in der Regel viel langsamer als der Intersystemübergang vom angeregten Singulett in den Triplettzustand. Für aromatische Kohlenwasserstoffe liegt die Strahlungslebensdauer für Phosphoreszenz typischerweise in der Größenordnung von 30 s [292]. In Abwesenheit von Löschern wie O_2 ist der strahlungslose Intersystemübergang vom Triplettzustand in den Grundzustand in der Regel langsam im Vergleich zur Bildungsrate des Triplettzustands. Typische Lebensdauern von angeregten Triplettzuständen reichen von 10^{-5} s bis zu mehr als 1 s.

Wie wir in Kap. 2 besprochen haben, muss der mit dem Spin eines einzelnen Elektrons verbundene Drehimpuls eine Projektion von entweder $\hbar/2$ (Spin-Zustand α) oder $-\hbar/2$ (Spin-Zustand β) auf die Achse eines Magnetfelds haben. Ein Molekül in einem angeregten Singulett-Zustand (Spin-Wellenfunktion $2^{-1/2}\alpha(1)\beta(2) - 2^{-1/2}\alpha(2)\beta(1)$ mit den Zahlen 1 und 2, die die beiden Elektronen bezeichnen) hat keinen Netto-Drehimpuls, der mit dem Elektronenspin verbunden ist, während ein Molekül in einem Triplett-Zustand mit der Spin-Wellenfunktion $\alpha(1)\alpha(2)$ oder $\beta(1)\beta(2)$ einen Drehimpuls von $\pm\hbar$ hat, zusätzlich zu jedem Drehimpuls, der mit den Orbitalbewegungen der Elektronen verbunden ist. Die dritte Triplett-Spin-Wellenfunktion, $2^{-1/2}\alpha(1)\beta(2) + 2^{-1/2}\alpha(2)\beta(1)$, hat keinen Spin-Drehimpuls, der entlang der Feldachse projeziert ist, hat aber einen Drehimpuls in der Ebene normal zu dieser Achse (Abb. 2.9). Um den Gesamtdrehimpuls des Systems zu erhalten, muss die Änderung des Elektronenspins während eines Übergangs zwischen Singulett- und Triplett-Zuständen mit einer Änderung des Drehimpulses eines anderen Teils des Systems verbunden sein, wie z. B. Orbitalbewegungen, gekoppelt sein. Eine solche Kopplung macht Übergänge zwischen $\pi - \pi^*$ und $n - \pi^*$ Zuständen mit unterschiedlichen Spins möglich, weil die Anregung zu einem $n - \pi^*$ Zustand eine Rotation der Elektronendichte in Bezug auf die internen Achsen des Moleküls beinhaltet. Intersystemübergang von einem Singulett $\pi - \pi^*$ Zustand zu einem Triplett $n - \pi^*$ Zustand kann beispielsweise schnell erfolgen, wenn die beiden Zustände ähnliche Energien haben [293–295]. Wir werden auf dieses Merkmal von $n - \pi^*$ Übergängen in Kapitel 9 zurückkommen, wenn wir über zirkularen Dichroismus sprechen (siehe Abb. 9.3). Als allgemeine Regel, die oft als *El-Sayed's Regel* nach Mostafa El-Sayed, dem ägyptisch-amerikanischen Chemiker, der zuerst erforschte, wie Matrixelemente für Intersystemübergänge von den molekularen Orbitalen abhängen [293, 296], bezeichnet wird, sind Übergänge zwischen Singulett- und Triplett-Zuständen mit der gleichen elektronischen Konfiguration formal verboten. Sie können jedoch als Ergebnis von *Spin-Bahn-Kopplung* mit dem Magnetfeld aus elektronischen Orbitalbewegungen, Kopplung zu Kernbewegungen oder Spins, oder Mischung mit π, σ^*, σ, π^* oder Ladungstransfer-Zuständen auftreten [26, 296–303].

Ein Grund dafür, dass der Intersystemübergang von einem angeregten Singulett-Zustand (${}^1\Psi_1$) zu einem angeregten Triplett-Zustand (${}^3\Psi_1$) in der Regel schneller erfolgt als die Phosphoreszenz oder der strahlungslose Zerfall von ${}^3\Psi_1$ in den Grundzustand, ist, dass die Energie-Lücke zwischen den Nullpunkt-Vibrationsniveaus von ${}^1\Psi_1$ und ${}^3\Psi_1$ in der Regel viel kleiner ist als die Lücke zwischen ${}^3\Psi_1$ und dem Grundzustand. Innerhalb einer verwandten Reihe von Molekülen nehmen die Raten von strahlungslosen intramolekularen Übergängen ungefähr exponentiell mit dem 0–0 Energieunterschied zwischen den Anfangs- und Endzuständen (ΔE_{oo}) ab:

$$k = k_{oo} \exp(-a\Delta E_{oo}), \tag{5.86}$$

mit den Konstanten k_{oo} und a, die von der Art des Moleküls abhängen. Dieser Zusammenhang ist als *Energie-Lücken-Gesetz* bekannt [163, 292, 297]. Die Erklärung dafür ist, dass wenn ΔE_{oo} groß ist, der Produktzustand in einem hoch angeregten Schwingungsniveau gebildet werden muss, um die Energie während des elektronischen Übergangs zu erhalten. Für einen harmonischen Schwingungsmodus mit einer kleinen Verschiebung fällt der Franck-Condon-Faktor, $|\langle\chi_n|\chi_o\rangle|^2$, für einen Übergang vom niedrigsten Schwingungsniveau eines Zustands zum Niveau n des anderen Zustands schnell ab, wenn n zunimmt, wie in Abb. 5.19 gezeigt. Wenn die möglichen Kombinationen von Anregungen in mehreren Schwingungsmoden berücksichtigt werden und eine gewisse Anharmonizität in den Schwingungen eingeführt wird, wird der Logarithmus des gesamten Franck-Condon-Faktors zu einer annähernd linearen Funktion von ΔE_{oo} [292, 304].

Triplett-Zustände können auch durch Rückreaktionen von Radikalpaar-Zuständen gebildet werden, die durch photochemischen Elektronentransfer erzeugt werden. Wir diskutieren diesen Prozess kurz in Kasten 10.2.

Die Energien von Triplett-Zuständen können auf verschiedene Weisen gemessen werden. Das Phosphoreszenzspektrum liefert ein direktes Maß für den Energieunterschied zwischen dem Triplett- und dem Grundzustand am Franck-Condon-Maximum. Phosphoreszenz kann jedoch schwierig zu messen sein, da sie typischerweise etwa 10^6-mal schwächer als Fluoreszenz ist. Eine Alternative besteht darin, die *verzögerte Fluoreszenz* zu messen, die aus der thermischen Anregung des Triplett-Zustands zurück zum angeregten Singulett-Zustand resultiert. Das Verhältnis der Amplituden von

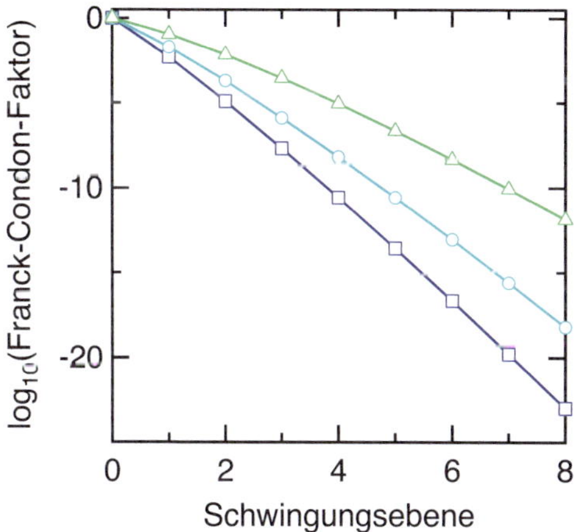

Abb. 5.19 Logarithmus des Franck-Condon-Faktors $|\langle\chi_n \mid \chi_o\rangle|^2$ für Übergänge vom niedrigsten Schwingungsniveau eines elektronischen Zustands zum Schwingungsniveau n eines anderen Zustands, wenn der Übergang an einen einzelnen, harmonischen Schwingungsmodus mit einer Verschiebung von 0,1 (*blaue Quadrate*), 0,2 (*cyanfarbene Kreise*) oder 0,5 (*grüne Dreiecke*) gekoppelt ist. Die Schwingungsfrequenz (υ) wird angenommen, dass sie in den beiden Zuständen gleich ist. Bei einem Übergang, der nur an einen Schwingungsmodus gekoppelt ist, erfordert die Energieerhaltung, dass $n \approx \Delta E_{oo}/h\nu$. Allgemeiner wird ΔE_{oo} auf mehrere Moden des Moleküls und des Lösungsmittels verteilt

verzögerter und prompter Fluoreszenz hängt von der freien Energie-Differenz zwischen den Nullpunkt-Schwingungsniveaus in diesen beiden Zuständen ab, und die Temperaturabhängigkeit des Verhältnisses liefert ein Maß für die Enthalpiedifferenz. Solche Messungen wurden für das Bakteriochlorophyll-*a*-Dimer in photosynthetischen bakteriellen Reaktionszentren durchgeführt, wo das Phosphoreszenzspektrum den Triplett-Zustand 0,42 eV unter dem angeregten Singulett-Zustand setzt [305]; die Temperatur abhängigkeit der verzögerten Fluoreszenz ergibt eine ähnliche Energie-Lücke von 0,40 eV [306]. Für Moleküle in Lösung ist ein weiterer Ansatz die Messung der Triplettlöschung durch eine Reihe von Molekülen, deren Triplett-Energien bekannt sind. Wenn das angeregte Molekül mit dem Löschreagenz kollidiert, können Energie und Drehimpuls von einem Molekül zum anderen durch einen Austausch von Elektronen übergehen, vorausgesetzt, dass der Triplett-Zustand des Akzeptors ähnlich oder etwas niedriger als die Triplettenergie des Donors ist. Wir werden den Mechanismus dieses Prozesses in Kap. 7 diskutieren.

Verzögerte Fluoreszenz kann auch über die Energien und Dynamiken von metastabilen Zuständen berichten, die photochemisch durch Elektronentransfer oder andere Prozesse erzeugt werden. In photosynthetischen Reaktionszentren von Purpurbakterien oder Pflanzenphotosystem II nimmt die Amplitude der verzögerten Fluoreszenz von einem frühen Ionenpaar-Zustand auf Pikosekunden- und Nanosekunden-Zeitskalen ab, während die Population des Zustands im Wesentlichen konstant bleibt [307–310]. Sowohl strukturelle Heterogenität als auch Relaxationen des Proteins um das Ionenpaar tragen wahrscheinlich zur komplexen Zeitabhängigkeit der verzögerten Fluoreszenz bei.

Phosphoreszenz zeigt im Allgemeinen eine Anisotropie ähnlich der Fluoreszenzanisotropie. Darüber hinaus wird, solange ein Molekül in einem angeregten Triplett-Zustand verbleibt, dessen Grundzustandsabsorptionsbande gebleicht, was eine Absorptionsänderung bewirkt, die eine bestimmte Anisotropie in Bezug auf das Anregungslicht haben kann. Triplett-Zustände können daher die Zeitskalen, über die der lineare Dichroismus und die Emissionsanisotropie über molekulare Bewegungen berichten, erheblich verlängern. Ein Beispiel ist die Verwendung von Eosin-5-Maleimid zur Untersuchung der Rotationsbewegungen von Proteinen in Erythrozyten-Plasmamembranen [311]. Die Rotation des Anionentransportproteins erfolgt mit einer Zeitkonstante zwischen 20 und mehreren hundert μs, abhängig vom oligomeren Zustand des Proteins.

5.14 Elektronenübertragung von angeregten Molekülen

Wir haben oben bemerkt, dass die Fluoreszenzlöschung oft die Übertragung eines Elektrons zwischen dem angeregten Molekül und dem Löschreagenz beinhaltet. Unser Verständnis der Dynamik von Elektronenübertragungsreaktionen verdanken wir weitgehend einer allgemeinen Theorie, die von Rudolph Marcus [312–314] entwickelt wurde. In einem klassischen Bild können die freien Energien der Reaktanten- und Produktzustände für die Elektronenübertragung vom Donor D zum Akzeptor A als Funktionen einer verallgemeinerten Reaktionskoordinate dargestellt werden, die normalerweise eine große Anzahl von Lösungsmittelkoordinaten zusätzlich zu den intramolekularen Kernkoordinaten von D und A repräsentiert. Arieh Warshel [315, 316] zeigte, dass der Energieunterschied zwischen den Reaktanten- und Produktzuständen wahrscheinlich die nützlichste solche verteilte Koordinate liefert. Mit der Energielücke als Koordinate kann man eine freie Energiefunktion für den Reaktanten definieren als

$$\Delta g_R(X) = -k_B T ln P(X)_R, \tag{5.87a}$$

in der $P(X)_R$ die relative Wahrscheinlichkeit ist, den Energieunterschied zwischen den beiden Zuständen in einem kleinen Intervall um den Wert X zu finden, wenn das System im Reaktantenzustand ist. Δg_R wird als Null an seinem Minimum angenommen. Die entsprechende freie Energiefunktion für das Produkt ist

$$\Delta g_P(X) = -k_B T ln P(X)_P + \Delta G^0, \tag{5.87b}$$

wo $P(X)_P$ eine ähnliche Wahrscheinlichkeitsverteilung für ein System im Produktzustand ist und ΔG^0 die standardmäßige freie Energieänderung für die Reaktion ist. Berechnungen der Wahrscheinlichkeitsverteilungen durch Molekulardynamik-Simulationen werden in Kapitel 6 diskutiert.

Wenn die Wahrscheinlichkeiten $P(X)_R$ und $P(X)_P$ Gaußverteilungen haben, wie sie es typischerweise tun, werden Δg_R und Δg_P parabolische Funktionen von X sein, wobei die Krümmung der Parabel für einen gegebenen Zustand von der Varianz (σ^2) der entsprechenden Gaußschen abhängt. Die Varianzen sind Maße für die Unschärfen in den Energielücken und somit für die Entropien der beiden Zustände. Für eine Reaktion, bei der die Gesamtänderung der Entropie vernachlässigbar ist, haben Δg_R und Δg_P die gleiche Krümmung und sind horizontal und vertikal verschoben, wie in Abb. 5.20 gezeigt. Die Reorganisationsenergie für eine solche Reaktion (Λ_E) ist

$$\Lambda_E = \frac{1}{2}(\langle X \rangle_R - \langle X \rangle_P), \tag{5.88}$$

wo $\langle X \rangle_R$ der wahrscheinlichste Wert der Energielücke im Reaktantenzustand ist und $\langle X \rangle_P$ derselbe für das Produkt ist. Die durch Gl. (5.88) gegebene und in Abb. 5.20 dargestellte Reorganisations*energie* ist im Allgemeinen nicht die gleiche wie die Reorganisations *freie (Gibbs) Energie*, da Umordnungen des Lösungsmittels um die Elektronenträger in der Regel sowohl Energie- als auch Entropieänderungen mit sich bringen [317]. Solche Entropieänderungen tragen zu den Varianzen der Wahrscheinlichkeitsfunktionen $P(X)_R$ und $P(X)_P$ bei und damit zur Krümmung der freien Energieparabeln, auch wenn es keine Gesamtänderung der Entropie in der Reaktion gibt. Allerdings geht ein Großteil der Literatur über Elektronenübertragungsreaktionen davon aus, dass die Reorganisationsentropie vernachlässigbar ist, so dass Λ einfach eine Frage der Enthalpie ist und (wenn es keine Druck-Volumen-Arbeit gibt) gleichbedeutend mit Λ_E ist. Wir bleiben vorerst bei der Annahme, dass $\Lambda = \Lambda_E$ und kehren später in diesem Abschnitt dazu zurück.

Die Reaktanten- und Produktzustände in dieser Beschreibung sind diabatische Zustände, deren Energien den vollständigen Hamilton-Operator des Systems

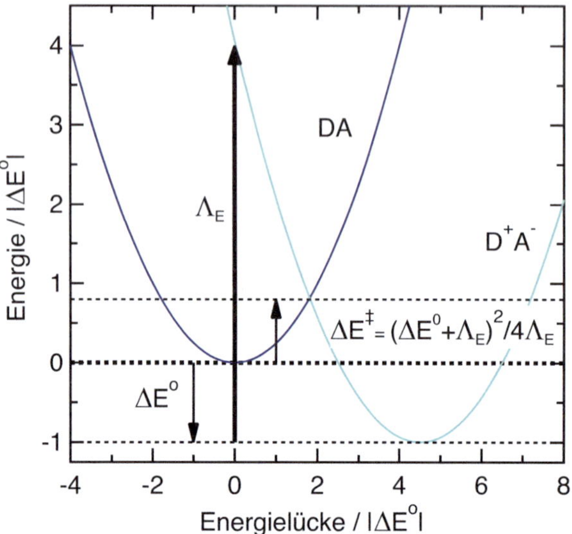

Abb. 5.20 Klassische parabolische freie (Gibbs) Energie-Funktionen für die diabatischen Reaktanten- und Produktzustände *(blaue und cyanfarbene Kurven, jeweils)* einer exoergischen Elektronenübertragungsreaktion (DA → D^+A^-) als Funktionen der Energielücke zwischen den Reaktanten- und Produktzuständen. Hier wird angenommen, dass die beiden freien Energiefunktionen die gleiche Krümmung zu haben, was der Fall ist, wenn wärend der Reaktion keine Entropieänderung stattfindet. Die standardmäßige Änderung in Energie ($\Delta_E^0 = \Delta G^0$), Reorganisationsenergie (Λ_E) und Aktivierungsenergie ($\Delta_E^{\ddagger}$) sind angegeben (*vertikale Pfeile*). Alle Energien sind relativ zu Δ_E^0 skaliert

nicht diagonalisieren, weil sie elektronische Wechselwirkungen zwischen D und A vernachlässigen (Abschn. 2.3.6 und 8.1). Klassisch kann der Elektronentransfer nur an der Schnittstelle der beiden Parabeln stattfinden, wo ein Übergang vom Reaktantenzustand zum Produkt keine sofortige Änderung der Geometrie oder Energie erfordert. Wenn die Wahrscheinlichkeitsfunktion für den Reaktantenzustand $P(X)_R$ gaußförmig ist, ist die Aktivierungsenergie, die benötigt wird, um diesen Punkt zu erreichen, $\Delta E^{\ddagger} = \Delta g_R(0) - \Delta g_R(\langle X\rangle_R) = k_B T[\langle X\rangle_R{}^2/2\sigma^2]$. Die Geschwindigkeit des Elektronentransfers sollte offensichtlich ihren Höhepunkt erreichen, wenn die Energielücke zwischen den Reaktanten und Produkten klein ist. Unter der zusätzlichen Annahme, dass $P(X)_P$ ebenfalls gaußförmig ist mit dem gleichen Wert von σ^2 und dass $\Lambda = \Lambda_E$, kann die Aktivierungsenergie als $\Delta E^{\ddagger} = (\Delta E^0 + \Lambda_E)^2/4\Lambda_E$ geschrieben werden (siehe Abb. 4.29 und Gl. (4.58) und (4.59)). Die Übergangszustandstheorie sagt uns dann, dass die Wahrscheinlichkeit, die Reaktanten innerhalb eines kleinen Energieintervalls (dE) um den Übergangspunkt herum zu finden, ist

$$\rho\left(\Delta E^{\ddagger}\right)dE = (4\pi\Lambda_E k_B T)^{-1/2}\exp\left[-\left(\Delta E^o + \Lambda_E\right)^2/4\Lambda_E k_B T\right]dE. \quad (5.89)$$

Die Funktion $\rho(\Delta E^{\ddagger})$ ist die *Zustandsdichte*, wo die Reaktionskoordinate für die Reaktanten und Produkte gleich ist und die Energieänderung in der Reaktion (ΔE) null ist. Ihr präexponentieller Faktor, $(4\pi \Lambda_E k_B T)^{-1/2}$, normalisiert die integrierte Wahrscheinlichkeit, einen gegebenen Wert von ΔE zu finden, der eine Gaußfunktion von ΔE ist (Gl. 4.59). Die Zustandsdichte hat die Dimensionen der reziproken Energie.

Wenn das System nur eine geringe Chance hat, bei jedem Durchgang durch den Übergangspunkt von der Reaktanten- zur Produktkurve zu wechseln, ist die Geschwindigkeit des Elektronentransfers einfach

$$k_{et} = k_o \rho\left(\Delta E^{\ddagger}\right), \tag{5.90}$$

wo k_o eine Ratenkonstante mit Einheiten s^{-1} ist. Reaktionen, die diese Einschränkung erfüllen, werden als *nichtadiabatisch* bezeichnet, um anzugeben, dass ein System, das den Übergangspunkt erreicht, dazu neigt, in seinem anfänglichen diabatischen Zustand zu verbleiben, anstatt der adiabatischen Energiekurve zu folgen, die den vollständigen Hamiltonian diagonalisiert.

Quantenmechanische Argumente, die wir in den Abschn. 2.5 und 4.2 eingeführt haben und in den Abschn. 7.2 und 10.4 weiter ausbauen werden, stimmen darin überein, dass der Elektronentransfer erfordert, dass ΔE nahe Null ist. Sie liefern auch eine quantitative Beziehung (*die goldene Regel*) zwischen der Konstanten k_o und dem außerdiagonalen Hamiltonschen Matrixelement oder dem *elektronischen Kopplungsfaktor* (H_{21}), der die diabatischen Reaktanten- und Produktzustände mischt:

$$k_o = 2\pi |H_{21}|^2/\hbar. \tag{5.91}$$

Die goldene Regel geht davon aus, dass die Reaktion nichtadiabatisch ist, was bedeutet, dass H_{21} relativ klein sein muss. Wir werden diese Einschränkung etwas genauer unten angeben und in Abschn. 10.4 darauf zurückkommen. Die Kombination der Gl. (5.90) und (5.91) ergibt die *semiklassische Marcus-Gleichung*:

$$k_{et} = \frac{2\pi (H_{21})^2}{\hbar(4\pi \Lambda_E k_B T)^{1/2}} \exp\left[-\left(\Delta E^o + \Lambda_E\right)^2/4\Lambda_E k_B T\right]. \tag{5.92}$$

Für einen gegebenen Wert von H_{21} sagt die Marcus-Gleichung voraus, dass $\log(k_{et})$ exponentiell von der Menge $-(\Delta E^o + \Lambda_E)^2/4\Lambda_E k_B T$ abhängt, was bedeutet, dass (unter Vernachlässigung des relativ schwachen Effekts der Temperatur auf den präexponentiellen Faktor) der Elektronentransfer eine Aktivierungsenergie $\Delta E^{\ddagger}$ von $(\Delta E^0 + \Lambda_E)^2/4\Lambda_E$ hat. Da Λ_E per Definition positiv ist, geht die Aktivierungsenergie gegen null, wenn $\Delta E^0 = -\Lambda_E$. Die Geschwindigkeit sollte an diesem Punkt maximal sein und sollte abnehmen, wenn die Reaktion stark exotherm ist ($\Delta E^0 <<- \Lambda_E$) sowie wenn sie endotherm ist ($\Delta E^0 > 0$). Die Vorhersage, dass eine Reaktion durch Erhöhung ihrer Exothermie verlangsamt werden kann, war unerwartet, als Marcus sie vorbrachte [313], und wurde viele Jahre lang nicht experimentell bestätigt [318–320]. Dies ist am deutlichsten bei intramolekularen Reaktionen zwischen Elektronendonoren und -akzeptoren zu sehen, die durch kovalente Bindungen zusammengehalten werden. Intermolekulare Reaktionen verlangsamen sich in der Regel nur, wenn ΔE^0 stark negativ wird, da sie durch die Geschwindigkeit begrenzt sind, mit der die Diffusion die Reaktanten zusammenbringt [321, 322].

Der Nobelpreis für Chemie 1992 wurde Marcus für seine Beiträge zur Theorie des Elektronentransfers verliehen. Warshel teilte den Preis 2013 mit Michael Levitt und Martin Karplus.

Um (5.92) auf den Elektronentransfer von angeregten Tryptophanresten in Proteinen anzuwenden, haben Callis et al. Berechnungen von H_{21}, ΔE^0 und Λ_E in hybride klassisch-quantenmechanische Molekulardynamik (MD) Simulationen eingebaut [51, 69, 94, 323, 324]. (Siehe Kasten 6.1 für eine Einführung in MD-Simulationen und Abb. 6.3 für eine Illustration, wie Schwingungsbewegungen eines Proteins die Energielücke für den Elektronentransfer beeinflussen können.) Die berechneten Geschwindigkeitskonstanten für den Elektronentransfer zu Rückgratamidgruppen stimmen mit der Fluoreszenzlöschung überein, die in vielen Proteinen gemessen wurde, und deuten darauf hin, dass Variationen in ΔE^0 in der Regel wichtiger sind als Unterschiede in H_{21}. Es gibt jedoch Proteine, bei denen die berechneten und gemessenen Fluoreszenzausbeuten erheblich voneinander abweichen. Diese Fälle könnten die Schwierigkeit widerspiegeln, die Energien genau zu berechnen, oder das Versagen der Annahmen, die der halbklassischen Marcus-Gleichung zugrunde liegen.

Neben der Annahme, dass die Reorganisationsentropie vernachlässigbar ist, vernachlässigen die klassischen freien Energiekurven in Abb. 5.20 den nuklearen Tunneling-Effekt. Quantenmechanisch kann der Elektronentransfer an Punkten außerhalb der Schnittstelle der beiden potenziellen Energieoberflächen auftreten, abhängig von den Franck-Condon-Faktoren für verschiedene Paare von vibronischen Wellenfunktionen. Abb. 5.21 veranschaulicht dies für einen harmonischen Schwingungsmodus, der in den Reaktant- und Produktzuständen die gleiche Frequenz hat. In diesem Beispiel hat die Reaktion ein negatives ΔE^0, das die potenzielle Energiekurve für den Produktzustand (D A$^-$) so verschiebt, dass seine Schwingungswellenfunktion mit der Quantenzahl n ($\chi_{DA^-(n)}$) isoenergetisch mit der Wellenfunktion des Reaktanten mit der Quantenzahl n - 1 ($\chi_{D-A(n-1)}$) ist. $\chi_{DA^-(1)}$, zum Beispiel, ist isoenergetisch mit $\chi_{D-A(0)}$ und $\chi_{DA^-(2)}$ sind isoenergetisch mit $\chi_{D-A(1)}$. Die Potenzialenergiekurven sind auch horizontal entlang der Vibrationskoordinate u verschoben, mit dem Ergebnis, dass sie sich irgendwo zwischen den Energien von $\chi_{D-A(1)}$ und $\chi_{D-A(2)}$ schneiden. Inspektion der Abbildungzeigt, dass das entartete Paar von Wellenfunktionen $\chi_{DA^-(1)}$ und $\chi_{D-A(0)}$ ein endliches Überlappungsintegral haben, so dass ihr Franck-Condon-Faktor ungleich null ist. Die Franck-Condon-Faktoren für $\chi_{DA^-(2)}$ mit $\chi_{D-A(1)}$, für $\chi_{DA^-(3)}$ mit $\chi_{D-A(2)}$, und für $\chi_{DA^-(4)}$ mit $\chi_{D-A(3)}$ sind ebenfalls nicht Null, aber diese Kombinationen wären weniger wichtig, wenn die Vibrationsenergie $h\upsilon$ größer als k_BT ist, weil der Reaktant dann die meiste Zeit in $\chi_{DA(0)}$ verbringen wird.

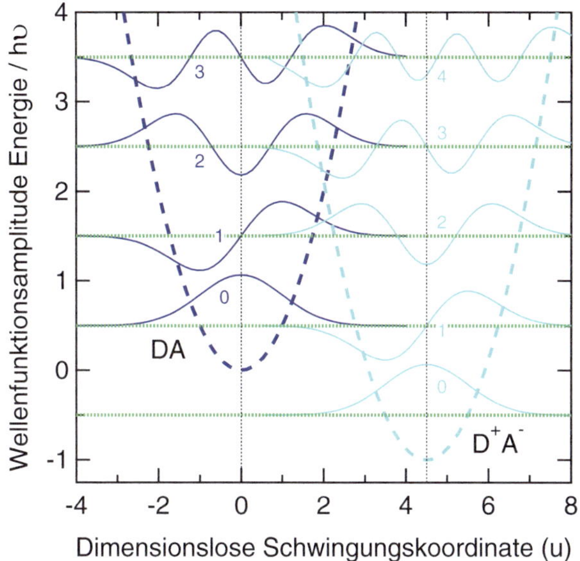

Abb. 5.21 Potentielle Energien (*gestrichelte blaue und cyanfarbene Kurven*) und die ersten paar Vibrationswellenfunktionen *(durchgezogene blaue und cyanfarbene Kurven)* und Eigenwerte *(horizontale grüne gepunktete Linien)* für zwei elektronische Zustände (DA und D^+A^-), als Funktionen der dimensionslosen Vibrationskoordinate (u in Gl. 2.3.2) für einen harmonischen Vibrationsmodus mit der gleichen Frequenz (υ) in den beiden Zuständen. Die Quantenzahl (n) jeder Wellenfunktion ist angegeben. Die Zahlen auf der Ordinate und Abszisse beziehen sich auf DA. Das Potenzialminimum für D^+A^- ist um $-h\upsilon$ nach unten und horizontal um $\Delta = 4{,}5$ verschoben. Die Wellenfunktionen für beide Zustände sind vertikal verschoben, um sie mit ihren Eigenwerten auszurichten, wie in Abb. 2.3A

Abb. 5.22 zeigt die potentiellen Energien und Nullpunkt-Wellenfunktionen ($\chi_{DA(0)}$ und $\chi_{D^+A^-(0)}$) für eine Reaktion, bei der $\Delta E^0 = 0$, aber das Minimum der potentiellen Energiekurve um verschiedene Beträge entlang der dimensionslosen Koordinate für einen harmonischen Vibrationsmodus verschoben ist, der wieder die gleiche Frequenz im Reaktanten und Produkt hat. Wir haben früher gesehen, dass eine Verschiebung um Δ einem solchen Modus eine vibronische Kopplungsstärke (S) von $\Delta^2/2$ und eine Vibrationsreorganisationsenergie (Λ_v) von $Sh\upsilon$ gibt (siehe Kasten 4.12 und Abschn. 4.11 und 5.2). Die Franck-Condon-Faktoren für $\chi_{DA(0)}$ mit $\chi_{D^+A^-(0)}$ in dieser Situation sind nicht null, aber sie nehmen ab, wenn S zunimmt.

Eine Folge des Tunnelns zwischen Vibrationswellenfunktionen ist, dass die Geschwindigkeit des Elektronentransfers weniger schnell abfällt, wenn $\Delta E^0 < -\Lambda_E$ als die Marcus-Gleichung (Gl. 5.92) vorhersagt [325]. Darüber hinaus können exergonische Elektronentransferreaktionen relativ unempfindlich gegenüber der Temperatur sein und, überraschenderweise, können sie sich sogar bei niedrigen Temperaturen beschleunigen. Für das Tunneln in einem einzigen Vibrationsmodus mit Energie $h\upsilon >> k_BT$, zeigten Ulstrup und Jortner [326], dass die Geschwindig-

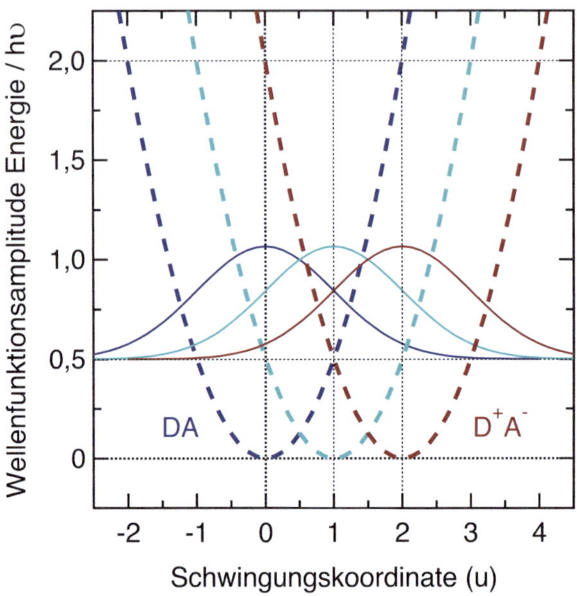

Abb. 5.22 Potentielle Energien (*gestrichelte Kurven*) und Nullpunkt ($n = 0$) Wellenfunktionen (*durchgezogene Kurven*) eines harmonischen Vibrationsmodus für die Reaktant- (*dunkelblau*) und Produktzustände einer Reaktion, bei der $\Delta G^0 = 0$, aber das Potenzialenergieminimum im Produkt entlang der dimensionslosen Vibrationskoordinate für den Modus (u) um entweder $\Delta = 1$ (*cyan*) oder $\Delta = 2$ (*rot*) verschoben ist. Die vibronischen Kopplungsstärken (S) für die beiden letzteren Kurven sind $\Delta^2/2 = 0{,}5$ und 2,0, und die entsprechenden Vibrationsreorganisationsenergien sind $\Lambda_\mu = 0{,}5\,h\mu$ und 2,0 $h\mu$

keitskonstante als Summe über die möglichen Vibrationsniveaus des Produkts geschrieben werden kann:

$$k_{et} = \frac{2\pi |H_{21}|^2}{(4\pi \Lambda_s T)^{1/2} \hbar} e^{-\Lambda_\upsilon / h\upsilon} \sum\nolimits_{n=0}^{\infty} \left\{ \exp\left[-\left(\Delta E^o + \Lambda_s + nh\upsilon \right)^2 / 4\pi \lambda_s k_B T \right] \frac{(\Lambda_\upsilon / h\upsilon)^n}{n!} \right\}. \tag{5.93}$$

In dieser Gleichung ist Λ_s die Reorganisationsenergie des Lösungsmittels und der Faktor $(4\pi\lambda_s T)^{-1/2} \exp\left[-(\Delta E^o + \Lambda_s + nh\upsilon)^2/4\pi\Lambda_s k_B T\right]$ repräsentiert die Wahrscheinlichkeit, dass die Nullpunktsenergie der Reaktanten der Energie des Schwingungsniveaus n der Produkte entspricht. Der Franck-Condon-Faktor für die Überlappung von $\chi_{D^+A^-(n)}$ with $\chi_{DA(0)}$ wird als Funktion von n und der Schwingungsreorganisationsenergie Λ_u (Gl. 5.94) ausgedrückt.

$$\left| \chi_{DA(0)} | \chi_{D^+A^-(n)} \right|^2 = e^{-S} \frac{S^n}{n!} = e^{-\Lambda_\upsilon / h\upsilon} \frac{(\Lambda_\upsilon / h\upsilon)^n}{n!}. \tag{5.94}$$

Nach Gl. (5.93) ergibt sich die überraschende Temperaturabhängigkeit einiger exoergischer Elektronentransferreaktionen aus dem Faktor $\exp[-(\Delta E^\circ + \Lambda_s + nh\nu)^2 / 4\pi\lambda_s k_B T]$, der für einen bestimmten Wert von n auf 1 geht, wenn $\Delta E^0 < -\Lambda_s$.

Die Ulstrup-Jortner-Gleichung wurde verwendet, um die Auswirkungen von Temperatur und Lösungsmittelpolarität auf zahlreiche Elektronentransferreaktionen zu analysieren [318, 320, 326–331]. Ihre vielen freien Parameter ($|H_{12}|$, Λ_s, Λ_u, $h\upsilon$, und ΔE^0) und ihre Verwendung eines einzigen hochenergetischen Schwingungsmodus zur Darstellung einer möglicherweise großen Familie von Modi machen es schwierig, die physikalische Bedeutung der durch Anpassung der Gleichung an experimentelle Daten erhaltenen Parameterwerte zu beurteilen.

Wie die ursprüngliche Marcus-Gleichung (Gl. 5.92), geht auch der Ulstrup-Jortner-Ausdruck (Gl. 5.93) davon aus, dass eine thermische Gleichgewichtseinstellung mit der Umgebung stattfindet, so dass im Wesentlichen alle reagierenden Systeme in ihrem niedrigsten Schwingungsniveau sind ($\chi_{DA(0)}$). Diese Annahme kann problematisch sein für einen Reaktant, der durch Photoanregung erzeugt wird, was, wie wir gesehen haben, höhere Schwingungsniveaus besetzen kann. Darüber hinaus folgt Gl. (5.93) der Marcus-Gleichung in der Anforderung, dass die elektronischen Wechselwirkungen des Donors und des Akzeptors relativ schwach sein müssen. Das Wechselwirkungsmatrixelement H_{12} für den Elektronentransfer hängt von der elektronischen Orbitalüberlappung der Reaktanten ab, die mit zunehmender intermolekularer Entfernung schnell abfällt [332], aber in einigen Fällen, möglicherweise einschließlich des Elektronentransfers von angeregten Tryptophanen zu nahegelegenen Resten und Rückgratamidgruppen in Proteinen, zu stark für diese Ausdrücke sein könnte [51, 52].

Wie wir oben in Verbindung mit Gl. (5.88) erwähnt haben, macht die Marcus-Gleichung die vereinfachende Annahme, dass die Reorganisations freie (Gibbs) Energie mit der Reorganisationsenergie Λ_E gleichgesetzt werden kann. Gl. (5.95) macht die gleiche Annahme. Dies ist problematisch, weil die Reorganisation des Lösungsmittels um die Elektronenträger nach der Übertragung eines Elektrons in der Regel eine Änderung der Entropie zusätzlich zur Energie beinhaltet. Qualitativ erfordert eine energetisch günstige Ausrichtung von Lösungsmittelmolekülen um einen geladenen Elektronenträger eine entropisch ungünstige Einschränkung der translatorischen und rotatorischen Freiheit. Sowohl experimentelle Beobachtungen als auch Molekulardynamik-Simulationen für eine Reihe von Systemen stimmen mit dieser Erwartung überein [317, 333]. Eine Entropieerhöhung (ΔS_{reorg}) im Zusammenhang mit der Reorganisation wird die $P(X)_R$ und $P(X)_P$ Verteilungen und die parabolischen freien Energie-Funktionen verbreitern und die Reorganisationsfreie Energie (Λ) um $-T\Delta S_{\text{reorg}}$ im Vergleich zu Λ_E verringern, selbst wenn es keine Änderung der Entropie in der Gesamtreaktion gibt, d. h., selbst wenn $\Delta G^0 = \Delta H^0$. Abb. 5.23 veranschaulicht diesen Punkt für eine Reaktion ohne Gesamtänderung der freien Energie, des Volumens oder des Drucks, so dass $\Delta G^0 = \Delta H^0 = \Delta E^0$. Die Reorganisationsenergie (Λ_E) wird angenommen als 10 ΔG^0 und der entropische Term $-T\Delta S_{\text{reorg}}$ als -1.67 ΔG^0, was für die Reorganisations freie Energie 8.33 ΔG^0 gibt. Eine Untersuchung der Abbildung zeigt, dass sich die Parabeln für die Reaktant- und Produktzustände nicht dort schneiden, wo die auf der Abszisse aufgetragene Energielücke null ist, wie die Marcus-Gleichung vorhersagt. Stattdessen kreuzen sich die Kurven bei einer Energielücke von 1.2 ΔG^0. Die Aktivierungsenergie ($\Delta G^{\ddagger}$) beträgt 1.61 ΔG^0, während Gl. (5.92)

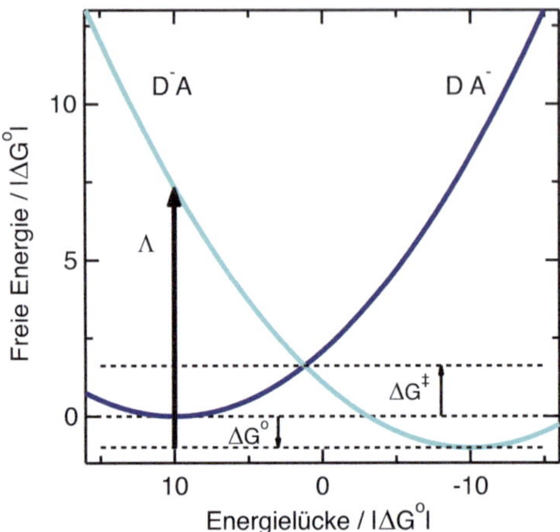

Abb. 5.23 Klassische parabolische freie Energie-Funktionen für die diabatischen Reaktant- und Produktzustände *(blaue und cyanfarbene Kurven, jeweils)* einer exoergischen Elektronenübertragungsreaktion ($D^-A \rightarrow DA^-$) als Funktionen der Energielücke zwischen den Reaktant- und Produktzuständen. Es wird angenommen, dass die beiden freien Energie-Funktionen die gleiche Krümmung haben. Die standardmäßige Änderung der freien Energie (ΔG^0), die Reorganisations-freie Energie (Λ) und die Aktivierungsenergie ($\Delta G^{\ddagger}$) sind angegeben *(vertikale Pfeile)*. Beachten Sie, dass die dargestellten Mengen freie Gibbs Energien sind, während die Abszisse einfach eine Energie ist, aber dass sowohl Energien als auch freie Energien relativ zu ΔG^0 skaliert sind

$\Delta E^{\ddagger} = (\Delta E^0 + \Lambda_E)^2/4\Lambda_E = 2.03\Delta G^0$ ergibt. Die Gl. (5.92) und (5.95) können daher zu Überschätzungen der Aktivierungsenergie führen.

Ein allgemeinerer Ansatz besteht darin, die Geschwindigkeitskonstante als doppelte Summe über die Schwingungsniveaus der Reaktant- und Produktzustände zu schreiben. Um die Notation zu vereinfachen, nennen wir den Franck-Condon-Faktor für das Niveau i der Reaktanten und das Niveau j der Produkte $F_{i,j}$. Dann

$$k_{et} \approx \sum\nolimits_{i,j} \frac{k_{23}(j)\ |V(0)|^2 F_{i,j}}{|V(0)|^2 F_{i,j} + k_{23}(j)\hbar^2/2T_2} P_{i,j}(0) \tag{5.95}$$

[334]. Hier wurde der elektronische Kopplungsfaktor H_{12} in eine Summe von Produkten eines elektronischen Faktors ($V(0)$) und der Franck-Condon-Faktoren, $F_{i,j}$, aufgeteilt. $P_{i,j}(0)$ ist die Wahrscheinlichkeit, dass die Niveaus i und j entartet sind, wenn das System sich im Reaktantenzustand bei einer bestimmten Temperatur befindet. Im zweiten Term des Nenners ist k_{2k} (j) eine Geschwindigkeitskonstante für die Entspannung des Produkts vom Schwingungsniveau j zu allen anderen Niveaus, und T_2 ist eine Zeitkonstante für den Zerfall der quantenmechanischen Kohärenz zwischen den vibronischen Zuständen des Reaktanten und des Produkts. Wir werden den Zerfall der Kohärenz in Kap. 10 genauer besprechen. Für den Moment stellen wir nur fest, dass das System weiterhin zwischen diesen Zuständen oszilliert, solange die Kohärenz anhält. Die durch T_2 dargestellten Pro-

zesse beinhalten sowohl die Diffusion von Wärme in die Umgebung als auch das „reine Dephasieren", das durch Lösungsmittelbewegungen verursacht wird, die die Energien der beiden Zustände bei mehreren Frequenzen modulieren. Die Geschwindigkeitskonstante $k_{23}(j)$ repräsentiert die Umwandlung des Produkts in eine stabilere Konfiguration, die nicht mehr direkt zum Reaktanten zurückkehren kann. Gl. (5.95) reduziert sich auf eine nichtadiabatische Grenze, $k_{et} \approx 2T_2|V(0)|^2F_{i,j}P_{i,j}(0)/\hbar^2$, wenn $|V(0)|^2F_{i,j} << k_{23}(j)\hbar^2/2T_2$ für alle Schwingungsniveaus i und j gilt. Die Geschwindigkeit hängt dann quadratisch von H_{12} ab, wie es die Gl. (5.92) und (5.93) annehmen. Im entgegengesetzten Extrem, wenn $|V(0)|^2F_{i,j} >> k_{23}(j)\hbar^2/2T_2$ für eine oder mehrere Kombinationen von i und j gilt, geht die Geschwindigkeitskonstante zu einer adiabatischen Grenze, $k_{et} \approx \sum_{i,j}k_{23}(j)P_{i,j}(0)$, die nicht mehr von H_{12} abhängt.

Gl. (5.95) hat den Vorteil, dass sie keine Annahmen über die Entropie der Reorganisation macht. Sie erfordert auch nicht, dass die Wahrscheinlichkeitsfunktion $P(X)_R$ des Reaktantenzustands gaußförmig ist: sie kann für raue freie Energieoberflächen mit lokalen Minima ebenso gelten wie für einfache Parabeln. Da der Ausdruck nicht von der Wahrscheinlichkeitsfunktion für den Produktzustand oder der gesamten Reorganisationsfreien Energie abhängt, wird er relativ wenig von langsamen Relaxationen des Produkts beeinflusst, die auf den geschwindigkeitsbestimmenden Elektronentransferschritt folgen. Allerdings erfordert Gl. (5.95) Schätzungen von T_2 und von $P_{i,j}(0)$ und $k_{23}(j)$ für mehrere Werte von j. Diese können durch quantenklassische Molekulardynamik-Simulationen erhalten werden, wie sie in Kap. 6 beschrieben werden.

Behandlungen nach Gl. (5.94) wurden für die Auswirkungen von Temperatur und Lösungsmittelpolarität auf eine Vielzahl intramolekularer Elektronentransferreaktionen verwendet [317, 331, 335–337], einschließlich Fluoreszenzlöschung in entworfenen Peptiden, die Tryptophan in verschiedenen Umgebungen enthalten [52] und Änderungen in der Tryptophan Fluoreszenz während des Entfaltens des Kopfstücks des Proteins Villin [49]. Abschn. 11.7 beschreibt eine verwandte Dichtematrix-Behandlung, die nützlich sein kann, wenn Informationen über die Frequenzen und Verschiebungen der Schwingungsmoden, die an die Reaktion gekoppelt sind, verfügbar sind.

5.15 Solarzellen und Leuchtdioden

Das Interesse an photoinduzierten Elektronentransferreaktionen erweiterte sich schnell in den 1990er Jahren, als O'Regan und Grätzel Solarzellen beschrieben, die auf Elektronentransfer von einem Ru-bispyridyl-Farbstoff zu transparenten Filmen aus kolloidalem TiO_2 auf einer leitfähigen Glaselektrode basieren [338, 339]. Ein TiO_2-Film bietet eine große Oberfläche für die Adsorption des Farbstoffs und sein Leitungsband bietet ein Kontinuum von elektronischen Zuständen zur Resonanz mit dem angeregten Farbstoff. Der Elektronentransfer von adsorbierten, photoangeregten Farbstoffmolekülen zum TiO_2 kann daher extrem schnell sein [340]. Die Elektronen, die von der Anode der Solarzelle über einen Elektrolyten zum oxidierten Farbstoff fließen, stellen den Farbstoff wieder in seinem neutralen Ursprungszustand her und schließen den elektrischen Kreislauf (Abb. 5.24A).

Zum Vergleich zeigt Abb. 5.24B die Hauptelemente einer Festkörper-Solarzelle. Die dargestellte Zelle hat zwei Schichten aus kristallinem Silizium. Eine Schicht (*N*) ist mit einem Hauptgruppe-V-Element wie P oder As dotiert, die ein zusätzliches Valenzelektron im Vergleich zu Si haben; die andere Schicht (*P*), mit einem Hauptgruppe-III-Element wie Al, Ga oder B, die ein weniger Valenzelektron weniger haben. Im Dunkeln tendieren Elektronen dazu, von *N* zu *P* über den PN-Übergang zu diffundieren, wodurch die *P*-Schicht eine negative Ladung relativ zu *N* erhält. Wenn Licht Elektronen aus dem Valenzband von Silizium in das Leitungsband anregt, treibt der elektrische Potentialgradient Elektronen im Leitungsband zur Kathode und zieht Elektronen von der Anode, um die im Valenzband hinterlassenen Leerstellen zu füllen.

Silizium hat ein breites Absorptionsspektrum, das vom UV bis etwa 1100 nm reicht, aufgrund einer Energielücke (E_{gap}) von 1,1 eV zwischen dem Valenz- und dem Leitungsband. Eine Anregung mit einer Energie über der Bandlücke für einen Halbleiter wie Si oder über der LUMO-HOMO-Lücke für eine Farbstoff-sensibilisierte Solarzelle führt jedoch zum Verlust eines Großteils der Anregungsenergie als Wärme durch interne Konversion. Die *externe Quanteneffizienz* einer Solarzelle ist das Verhältnis der Anzahl der zur Last übertragenen Elektronen zur

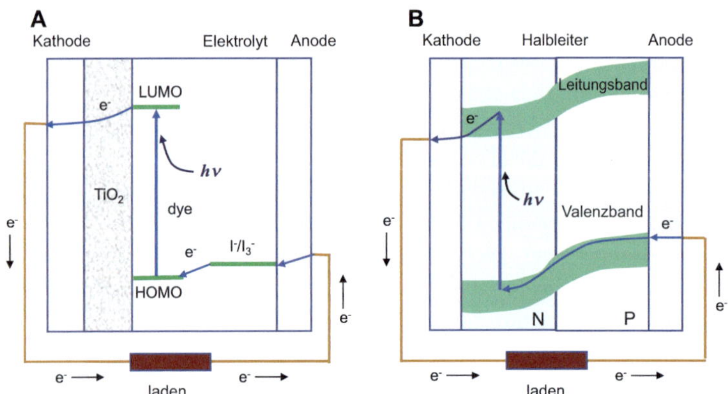

Abb. 5.24 (**A**) Komponenten einer Farbstoff-sensibilisierten Solarzelle. Wenn die Absorption von Licht (*hν*) den Farbstoff (ein Ru-Trisbipyridyl-Derivat im ursprünglichen Design [304]) in einen angeregten elektronischen Zustand versetzt, überträgt der Farbstoff ein Elektron von seinem LUMO in das Leitungsband einer Schicht von TiO_2 und von dort zu einer leitfähigen Glaskathode. Die im HOMO des Farbstoffs hinterlassene Leerstelle wird durch ein Elektron von der Anode über ein Elektrolyt (I^-/I_3^-) gefüllt. Der durch diese Prozesse erzeugte Potentialunterschied kann den Fluss von Elektronen von der Kathode zur Anode durch eine externe Last antreiben. (**B**) Elemente einer Si-Photovoltaikzelle. Die Bereiche, die als *N* und *P* markiert sind, repräsentieren Si, das mit einem Element dotiert ist, das entweder ein zusätzliches (*N*, *hellblau*) oder ein fehlendes (*P*, *gelb*) Valenzelektron verglichen mit Si hat. Die Valenz- und Leitungsbänder des Si sind in grün angegeben. Die Diffusion von Elektronen von *N* zu *P* erzeugt einen Potentialunterschied, der Elektronen im Leitungsband zur Kathode drückt und Elektronen von der Anode zieht

Anzahl der auf die Zelle auftreffenden Photonen einer bestimmten Wellenlänge. Dies wäre eins, wenn jedes auftreffende Photon den Transfer eines Elektrons zur Folge hätte, aber es geht auf null für Photonen mit Energien unterhalb der Bandlücke, wo die Absorption sehr schwach wird. Die Berechnung des Verhältnisses der gesammelten Elektronen zu den absorbierten Photonen (die *interne* Quanten Effizienz) erfordert eine Korrektur für den Anteil des einfallenden Lichts, der reflektiert oder übertragen wird [341].

Das wahrscheinlich wichtigste Maß für die Effizienz zu praktischen Zwecken ist das Verhältnis der elektrischen Leistungsausgabe (P_{out}) zur einfallenden Bestrahlungsstärke, integriert über das gesamte Spektrum des Sonnenlichts, das die Zelle erreicht (P_{inc}) [342]. P_{out} wird als Produkt der Leerlaufspannung und des Kurzschlussstroms für eine Zelle mit Einheitsfläche berechnet. (Der Kurzschlussstrom, der Strom, der durch eine Solarzelle fließt, wenn die Zelle kurzgeschlossen ist, ist der maximale verfügbare Strom, wenn die Spannung über der Zelle null ist [343, 344]. Die Leerlaufspannung ist die maximale erreichbare Spannung, wenn eine Rückwärtsspannung angelegt wird, so dass kein Strom durch die Zelle fließt.) P_{inc} ist eine Funktion des Winkels zwischen der Sonne und der Normalen zur Erdoberfläche, da es von der Masse der Luft abhängt, die das durch die Atmosphäre passierende Sonnenlicht absorbiert. Ein Winkel θ, für den $1/\cos(\theta) = 1.5(\theta \approx 48.2^{\circ})$ wird als AM1.5-Bedingung bezeichnet und oft als Standard genommen (Abb. 5.25). AM1.5 ergibt eine integrierte Sonnenbestrahlungsstärke von etwa 100 mW/cm^2, die als Intensität von „1 Sonne“ bezeichnet wird [342]. Eine Xenonbogenlampe wird häufig mit Filtern verwendet, um das AM1.5-Spektrum zu approximieren. Anwendungen für den Weltraum gehen von einer Luftmasse von null (AM0) aus.

Shockley und Queisser [345] führten eine Methode der "detaillierten Bilanz" ein, um die maximal mögliche Energieeffizienz einer Photovoltaikzelle mit einer gegebenen Bandlücke zu berechnen, die heute als *Shockley-Queisser-Grenze* bekannt ist. Für eine Einfachübergang-Si-Solarzelle unter unkonzentriertem Sonnenlicht liegt die Shockley-Queisser-Grenze von P_{out}/P_{inc} bei etwa 33 % [345, 346]. Diese Grenze kann in Mehrfachverbindung-Solarzellen überschritten werden, die Effizienzen von nahezu 50 % erreicht haben. Die höchsten Effizienzen, die mit Einfachverbindung-Silizium-Solarzellen und Farbstoffsensibilisierten Solarzellen erreicht wurden, liegen in der Größenordnung von 26 % bzw. 13 % [https://www.nrel.gov/pv/cell-efficiency.html].

Die Entwürfe für Solarzellen umfassen nun eine Vielzahl von Materialien wie Quantenpunkte (QDs) und leitfähige organische Polymere [347, 348]. Eine der bemerkenswerten Eigenschaften von QDs ist, dass die Absorption eines einzelnen Photons am blauen Ende des Sonnenspektrums zur Anregung von mehr als einem Elektron führen kann [146, 349–351]. Dieses Phänomen, das als *mehrfache Exzitonengenerierung* bezeichnet wird, erfordert eine Resonanz zwischen einem hochenergetischen angeregten Zustand und einem Zustand mit zwei oder mehr niedrigenergetischen Anregungen. In QDs kann die mehrfache Exzitonengenerierung effektiv mit der Relaxation von hochenergetischen Anregungen zu Wärme durch interne Konversion konkurrieren, weil die Franck-Condon-Faktoren für den

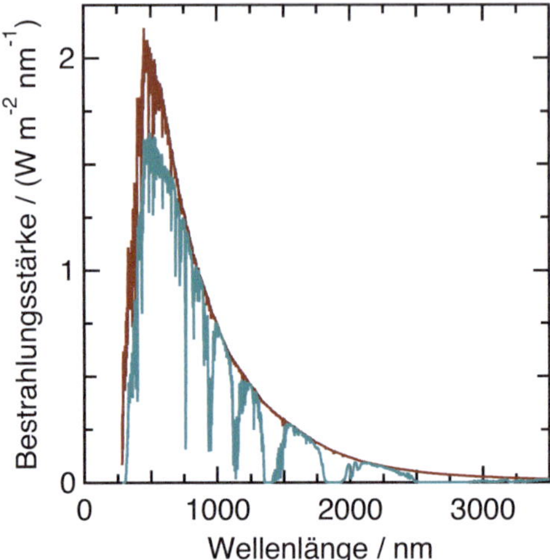

Abb. 5.25 Sonnenstrahlungsspektren. AM0 *(rote Kurve)* ist das Spektrum des Sonnenlichts am äußeren Ende der Erdatmosphäre, das vergleichbar mit einem Planck'schen Schwarzkörperspektrum bei 5520 K ist und eine integrierte Bestrahlungsstärke von 1366 W m^{-2} (136,6 mW cm^{-2}) hat. AM1.5 (*cyan*) ist ein Standard-Spektrum des Sonnenlichts, das die Erde mit $1/\cos(\theta) = 1{,}5$ erreicht, und hat eine integrierte Bestrahlungsstärke von 100 mW cm^{-2}. Die Unterschiede zwischen den beiden Kurven resultieren hauptsächlich aus der Absorption durch Wasserdampf in der Atmosphäre. Diese Spektren wurden heruntergeladen von https://www.pveducation.org/pvcdrom/appendices/standard-solar-spectra

letzteren Prozess relativ schwach sind, und sie kann die Effizienz von Solarzellen für kurzwelliges Licht erheblich steigern. Durch Beschichtung einer Elektrode mit Schichten von CdSe-QDs, die progressiv zunehmende Radien haben, ist es auch möglich, Systeme zu schaffen, die sowohl eine Breitbandabsorption als auch einen energetisch günstigen Gradienten für den Fluss von Elektronen durch die QDs zu einem Katalysator für die Evolution von H_2 haben [352].

Ein besonders erfolgreicher Ansatz für Solarzellen war die Verwendung von Metall-Halogenid-Perowskiten, die auf einem TiO_2-Film abgeschieden wurden [341, 353–356]. Wie wir in Kap. 4 bemerkten, sind Perowskit Materialien, die mit der Zusammensetzung ABX_3 kristallisieren, wobei das Prototyp $CaTiO_3$ ist. In den heutigen Solarzellen ist das Kation an der A-Stelle des Kristalls typischerweise Cs^+ oder ein organisches Kation wie $CH_3NH_3^+$, während B ein Gruppe-14-Metallkation wie Sn^{2+} oder Pb^{2+} und X ein Halogenid-Anion ist. Tandem-Perowskit-Silizium-Konfigurationen haben Foto-Umwandlungseffizienzen von bis zu 26,4 % [357] erreicht und nähern sich nun 30% [https://www.nrel.gov/pv/cell-efficiency.html].

Leuchtdioden (LEDs) und organische Leuchtdioden (OLEDs) funktionieren durch *Elektrolumineszenz,* ein Prozess, der im Wesentlichen das Gegenteil der Wirkung von Solarzellen ist. In einer LED drückt eine externe Spannungsquelle Elektronen von einer negativ geladenen Kathode in das Leitungsband eines Halbleiters, während sie Elektronen aus dem Valenzband des Halbleiters zu einer Anode zieht, wodurch der Halbleiter mit der Bandlückenenergie, E_g, angeregt wird. Die Anregungen können durch Emission von Photonen zerfallen, deren Energien durch E_g und daher durch die Wahl des halbleitenden Materials bestimmt werden. Perowskite haben sich wiederum als besonders nützlich erwiesen und emittieren Licht mit Quanteneffizienzen von bis zu 20 % [358, 359]. Abb. 5.26 zeigt die Hauptelemente einer OLED, in der ein organisches Molekül oder Polymer ein anorganisches Halbleitermaterial als Emitter ersetzt. Der Elektronentransfer von der Kathode zum Emitter und vom Emitter zur Anode oder einem Zwischenleiter erzeugt wiederum einen angeregten Zustand, der durch Emission zerfallen kann. Ein mögliches Problem hierbei ist, dass die Elektronentransferreaktionen in einem statistischen Verhältnis von 3:1 Triplettanregungen über Singuletts erzeugen, und wie wir in Abschn. 5.13 diskutiert haben, zerfallen Triplettzustände häufig hauptsächlich durch nichtstrahlende Intersystemübergänge. Allerdings können Triplettanregungen grundsätzlich Phosphoreszenz emittieren oder auch in einigen Molekülen mit kleinen Singulett-Triplett-Energieabständen effizient über Intersystemübergänge zu Singuletts konvertiert werden [360].

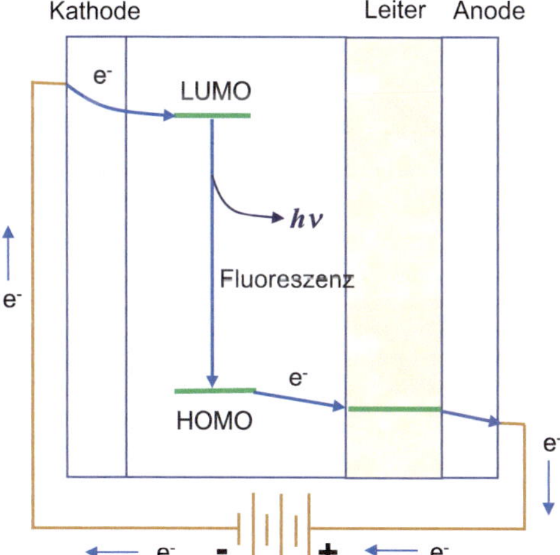

Abb. 5.26 Komponenten einer organischen Leuchtdiode Diode. Eine externe Stromquelle erzeugt eine Potentialdifferenz zwischen Kathode und Anode. Die negativ geladene Kathode speist ein Elektron in das LUMO des Emitters, während die positiv geladene Anode ein Elektron aus dem HOMO über eine transparente leitfähige Schicht entfernt. Diese Prozesse heben den Emitter in einen angeregten elektronischen Zustand, was zur Emission von Licht führen kann

5.16 Aggregationsinduzierte Emission

Die Fluoreszenz der meisten aromatischen Chromophore wird bei hohen Konzentrationen stark gelöscht, wenn die Moleküle interagieren, um Dimere und größere Aggregate zu bilden. Diese Interaktionen beinhalten komplexe Ausgleiche von Dispersion und elektrostatischen Kräften [361]. Aromatische Moleküle haben typischerweise Quadrupolmomente, die durch positive Ladungen in der Ebene des aromatischen Rings und negative Ladungen oberhalb und unterhalb der Ebene gekennzeichnet sind. Daher neigen sie dazu, entweder in einer "T-förmigen" (Ende-zu-Gesicht) Geometrie oder in parallelen Ebenen mit den beiden π-Systemen seitlich versetzt zu dimerisieren [362]. (Die gesichtszentrierte Geometrie, die durch die gebräuchlichen Begriffe „Pi-Stacking" und „π – π-Interaktion" nahegelegt werden könnte, ist ungünstig.) Kurze intermolekulare Abstände in solchen Aggregaten fördern häufig die Fluoreszenzlöschung durch Elektronentransfer, wie in den Abschn. 5.6 und 5.14 diskutiert. Es war daher überraschend, als B. Z. Tang und Mitarbeiter feststellten, dass einige aromatische Moleküle, die in verdünnter Lösung nicht fluoreszierend waren, unter Bedingungen, die zur Aggregation führten, stark fluoreszierend wurden [363–367].

Die Abb. 5.27A, B zeigen zwei prototypische Moleküle, die eine aggregationsinduzierte Emission aufweisen: Tetraphenylethylen (Tetraphenylethen in IUPAC-Nomenklatur) und Hexaphenylsilol. Diese Moleküle sind nicht fluoreszierend, wenn sie in organischen Lösungsmitteln wie Dimethylsulfoxid gelöst sind und bilden unlösliche fluoreszierende Aggregate in Mischungen von Dimethylsulfoxid mit Wasser. Ihre charakteristische strukturelle Eigenschaft ist eine überfüllte, propellerähnliche Anordnung mehrerer aromatischer Ringe. Eine wahrscheinliche Erklärung für ihre ungewöhnlichen Fluoreszenzeigenschaften ist, dass die monomeren Strukturen Schwingungsbewegungen zulassen, die die Ringe nahe genug zusammenbringen, um eine Fluoreszenzlöschung durch Elektronentransfer zu ermöglichen. Ihr reiches Spektrum an Schwingungsmoden könnte den Elektronentransfer fördern, wie wir in Abschn. 5.14 diskutieren. Die Aggregation erhöht offensichtlich die Fluoreszenz durch Einschränkung der Schwingungsbewegungen. Die propellerähnlichen Strukturen könnten wichtig sein, um zu verhindern, dass sich die Chromophore in den Aggregaten mit entweder Ende-zu-Gesicht oder parallelen aromatischen Ebenen stapeln. In einigen Systemen kann die Unterdrückung von Schwingungen auch die Phosphoreszenz durch Verlangsamung des Zerfalls von Triplettzuständen erhöhen [368, 369].

Moleküle mit aggregationsinduzierter Emission wurden verwendet, um Sensoren für eine Vielzahl von Chemikalien und biologischen Materialien zu konstruieren [367, 369, 370]. Ein Derivat von Tetraphenylethylen mit einer Phosphatgruppe an einem der Phenylringe bildet beispielsweise fluoreszierende Aggregate, wenn es Pb^{2+} Ionen bindet [371]. Ein Derivat mit Thiocyanatgruppen an zwei Ringen wird fluoreszierend, wenn es an Proteine bindet [372]. Ein Triphenylpyrrol mit einer Carboxylgruppe an einem der Phenylringe wird fluoreszierend, wenn es Al^{3+} bindet [373]. Abb. 5.27C zeigt ein Molekül, das in wässriger Lösung gelbe Fluoreszenz

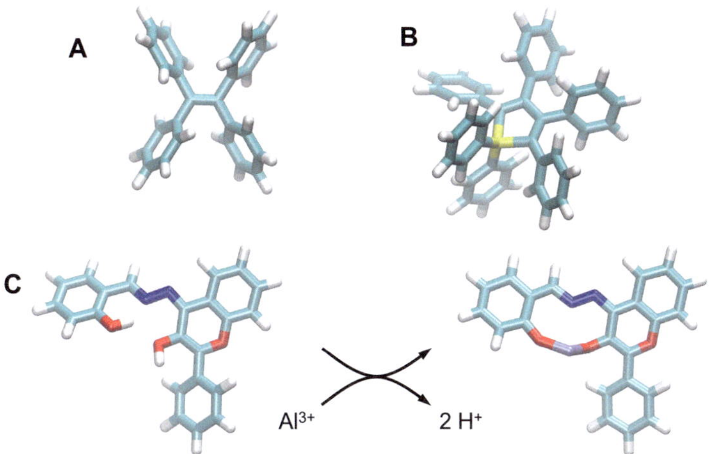

Abb. 5.27 Drei repräsentative Moleküle, die eine aggregationsinduzierte Fluoreszenz aufweisen. Tetraphenylethylen (**A**) und Hexaphenylsilol (**B**) bilden fluoreszierende Aggregate in gemischten wässrig-organischen Lösungsmitteln. 3-Hydroxyflavonsalicyladelhydazin (**C**) emittiert blaue Fluoreszenz, wenn es Al^{3+} chelatiert. Kohlenstoff, Wasserstoff, Stickstoff, Sauerstoff, Silizium und Aluminium sind jeweils in Cyan, Weiß, Blau, Rot, Gelb und Silber dargestellt

emittiert und starke blaue Fluoreszenz, wenn es ein Al^{3+} Ion chelatiert, wahrscheinlich weil die Bindung des Ions die Bewegungen der aromatischen Ringe einschränkt und zusätzlich den Protonentransfer im angeregten Zustand verhindert [374].

5.17 Fragen

Die durchgezogene blaue Kurve in der untenstehenden Grafik ist das Absorptionsspektrum, das in Frage 4.2 betrachtet wurde. Die gestrichelte grüne Kurve ist das Fluoreszenzemissionsspektrum der gleichen Verbindung in Wasser.

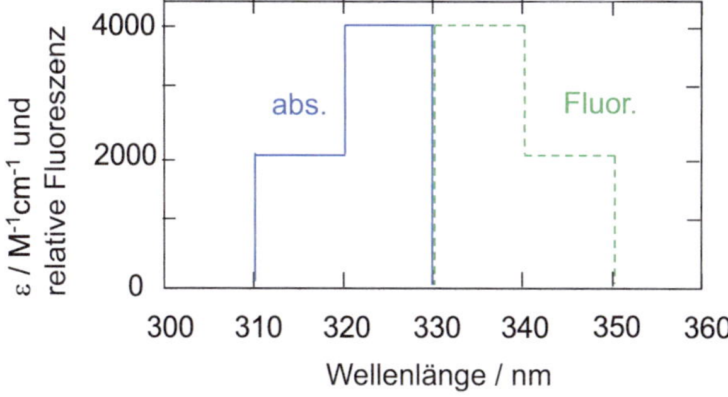

1. Berechnen Sie unter Verwendung der Informationen aus Ihrer Antwort auf Frage 4.2 die Strahlungslebensdauer des Moleküls.
2. In Abwesenheit von hinzugefügten Löschern beträgt die Fluoreszenzquantenausbeute 30 %. Berechnen Sie unter diesen Bedingungen die Fluoreszenzlebensdauer unter der Annahme, dass der Fluoreszenzzerfall monophasisch ist.
3. 10 mM NaI führen dazu, dass die Fluoreszenzausbeute und die Lebensdauer auf 10 % ihrer ursprünglichen Werte sinken. Berechnen Sie die Stern-Volmer-Löschkonstante.
4. Berechnen Sie die bimolekulare Geschwindigkeitskonstante für das Löschen durch NaI.
5. Wie würde sich Ihre Interpretation der Ergebnisse ändern, wenn ein Löscher die Fluoreszenzausbeute auf 10% ihres ursprünglichen Wertes senken würde, aber keinen Einfluss auf die gemessene Fluoreszenzlebensdauer hätte?
6. Wie würde sich die Amplitude der spontanen Fluoreszenz ändern, wenn Umwelteinflüsse die Emissionswellenlänge eines Chromophors von 280 auf 260 nm verschieben würden, ohne den Übergangsdipol oder das Löschen durch nichtstrahlende Prozesse zu verändern?
7. Betrachten Sie ein quantisiertes Strahlungsfeld mit der Frequenz $\nu = 10^{15}\text{s}^{-1}$. Das Hamiltonsche Matrixelement für die Wechselwirkung des Feldes mit einem Molekül ist proportional zu $\left|\left\langle \chi_m|\tilde{\text{Q}}|\chi_n\right\rangle\right|$, wobei $\tilde{\text{Q}}$ der Positionsoperator und χ_n und χ_m die Eigenfunktionen des Strahlungsfeldes vor und nach der Wechselwirkung sind. Die Quantenzahlen n und m können als die anfängliche und schlußendliche Anzahl von Photonen im Feld interpretiert werden. Bewerten Sie $\left|\left\langle \chi_m|\tilde{\text{Q}}|\chi_n\right\rangle\right|$ für Felder mit $n = 1.000.000$ und $m =$ (*a*) 999.999, (*b*) 1.000.000 und (*c*) 1.000.001.
8. Ein Molekül wird mit polarisiertem Licht angeregt und die Fluoreszenz wird bei 90° zur Anregung gemessen. In Abwesenheit von Löschern ist die durch einen Polarisator senkrecht zum Anregungspolarisator gemessene Fluoreszenz 80 % so stark wie die durch einen Polarisator mit paralleler Ausrichtung gemessene. Berechnen Sie die Fluoreszenzpolarisation und Anisotropie.
9. Erklären Sie qualitativ, wie ein Löscher, der die gemessene Fluoreszenzlebensdauer verringert, die Fluoreszenzanisotropie beeinflussen wird.
10. Die Fluoreszenz einer homogenen Lösung von Molekülen wird durch ein konfokales Mikroskop gemessen und hat eine mittlere Amplitude von 100 Photonen s^{-1} mit einer Varianz (σ^2) von 200 $\text{Photonen}^2\text{s}^{-2}$. Wie groß ist die durchschnittliche Anzahl von fluoreszierenden Molekülen im beleuchteten Bereich?
11. Erklären Sie, wie die Anregung mit einem zweiten Lichtpuls verwendet werden kann, um die räumliche Auflösung der durch den ersten puls angeregten Fluoreszenz zu erhöhen, so dass die klassische Beugungsgrenze der Auflösung nicht mehr gilt.
12. Erklären Sie Kasha's Regel.
13. (*a*) Vergleichen Sie die Strukturen und möglichen Anwendungen von Rhodamin B und Calcium Green 1 (Abb. 5.8). Erklären Sie, welcher Teil jedes

Moleküls den Fluorophor bildet und welcher Teil sich für zusätzliche Funktionen eignet. (*b*) Vergleichen Sie die Struktur und Funktionen des Aminonaphthylpyridinium-Ions und des Anilino-Naphthalensulfonats. Was macht diese Fluorophore empfindlich gegenüber ihrer Umgebung?

14. Beschreiben Sie kurz die posttranslationale Biosynthese des Chromophors im grünen fluoreszierenden Protein.

Literatur

1. Einstein, A.: Quantum theory of radiation. Phys. Z. **18**, 121–128 (1917) Eng. transl.: van der Waerden, B.L. (Hrsg.), Sources of Quantum Mechanics. Amsterdam: North Holland, S. 63-67 (1967)
2. Callis, P.R.: Molecular orbital theory of the ^1L_b and ^1L_a states of indole. J. Chem. Phys. **95**, 4230–4240 (1991)
3. Callis, P.R.: $1L_a$ and $1L_b$ transitions of tryptophan: applications of theory and experimental observations to fluorescence of proteins. Meth. Enzymol. **278**, 113–150 (1997)
4. Vivian, J.T., Callis, P.R.: Mechanisms of tryptophan fluorescence shifts in proteins. Biophys. J. **80**, 2093–2109 (2001)
5. Gafni, A., DeToma, R.P., Manrow, R.E., Brand, L.: Nanosecond decay studies of a fluorescence probe bound to apomyoglobin. Biophys. J. **17**, 155–168 (1977)
6. Badea, M.G., Brand, L.: Time-resolved fluorescence measurements. Meth. Enzymol. **61**, 378–425 (1979)
7. Pierce, D.W., Boxer, S.G.: Stark effect spectroscopy of tryptophan. Biophys. J. **68**, 1583–1591 (1995)
8. Lakowicz, J.R.: On spectral relaxation in proteins. Photochem. Photobiol. **72**, 421–437 (2000)
9. Cote, M.J., Kauffman, J.F., Smith, P.G., McDonald, J.D.: Picosecond fluorescence depletion spectroscopy. 1. Theory and apparatus. J. Chem. Phys. **90**, 2865–2874 (1989)
10. Kauffman, J.F., Cote, M.J., Smith, P.G., McDonald, J.D.: Picosecond fluorescence depletion spectroscopy. 2. Intramolecular vibrational relaxation in the excited electronic state of fluorene. J. Chem. Phys. **90**, 2874–2891 (1989)
11. Kusba, J., Bogdanov, V., Gryczynski, I., Lakowicz, J.R.: Theory of light quenching. Effects on fluorescence polarization, intensity, and anisotropy decays. Biophys. J. **67**, 2024–2040 (1994)
12. Lakowicz, J.R., Gryczynski, I., Kusba, J., Bogdanov, V.: Light quenching of fluorescence. A new method to control the excited-state lifetime and orientation of fluorophores. Photochem. Photobiol. **60**, 546–562 (1994)
13. Zhong, Q.H., Wang, Z.H., Sun, Y., Zhu, Q.H., Kong, F.N.: Vibrational relaxation of dye molecules in solution studied by femtosecond time-resolved stimulated emission pumping fluorescence depletion. Chem. Phys. Lett. **248**, 277–282 (1996)
14. Nagarajan, V., Parson, W.: Femtosecond fluorescence depletion anisotropy: application to the B850 antenna complex of *Rhodobacter sphaeroides*. J. Phys. Chem. B. **104**, 4010–4013 (2000)
15. Nakatsu, T., Ichiyama, S., Hiratake, J., Saldanha, A., Kobashi, N., Sakata, K., Kato, H.: Spectral difference in luciferase bioluminescence. Nature. **440**, 372–376 (2006)
16. Birks, J.B., Dyson, D.J.: The relationship between absorption intensity and fluorescence lifetime of a molecule. Proc. Roy. Soc. Lond. Ser. A. **275**, 135–148 (1963)
17. Birks, J.B.: Photophysics of Aromatic Molecules. Wiley-Interscience, New York (1970)
18. Lewis, G.N., Kasha, M.: Phosphorescence in fluid media and the reverse process of singlet-triplet absorption. J. Am. Chem. Soc. **67**, 994–1003 (1945)

19. Förster, T.: Fluoreszenz Organischer Verbindungen. Vandenhoeck & Ruprecht, Göttingen (1951)
20. Strickler, S.J., Berg, R.A.: Relationship between absorption intensity and fluorescence lifetime of a molecule. J. Chem. Phys. **37**, 814–822 (1962)
21. Ross, R.T.: Radiative lifetime and thermodynamic potential of excited states. Photochem. Photobiol. **21**, 401–406 (1975)
22. Seybold, P.G., Gouterman, M., Callis, J.B.: Calorimetric, photometric and lifetime determinations of fluorescence yields of fluorescein dyes. Photochem. Photobiol. **9**, 229–242 (1969)
23. van Metter, R.L., Knox, R.S.: Relation between absorption and emission spectra of molecules in solution. Chem. Phys. **12**, 333–340 (1976)
24. Becker, M., Nagarajan, V., Parson, W.W.: Properties of the excited singlet states of bacteriochlorophyll *a* and bacteriopheophytin *a* in polar solvents. J. Am. Chem. Soc. **113**, 6840–6848 (1991)
25. Knox, R.S., Laible, P.D., Sawicki, D.A., Talbot, M.F.J.: Does excited chlorophyll a equilibrate in solution? J. Luminescence. **72**, 580–581 (1997)
26. Hameka, H.: Advanced Quantum Chemistry. Addison-Wesley, Reading, MA (1965)
27. Sargent III, M., Scully, M.O., Lamb, W.E.J.: Laser Physics. Addison-Wesley, New York (1974)
28. Ditchburn, R.W.: Light, 3rd edn. Academic, New York (1976)
29. Schatz, G.C., Ratner, M.A.: Quantum Mechanics in Chemistry, p. 325. Prentice-Hall, Englewood Cliffs, NJ (1993)
30. Jablonski, A.: Über den Mechanismus der Photolumineszenz von Farbstoffephosphoren. Z. Phys. **94**, 38–46 (1935)
31. Lakowicz, J.R., Laczko, G., Cherek, H., Gratton, E., Limkeman, M.: Analysis of fluorescence decay kinetics from variable-frequency phase shift and modulation data. Biophys. J. **46**, 463–477 (1984)
32. Lakowicz, J.R.: Principles of Fluorescence Spectroscopy, 3rd edn. Springer, New York (2006)
33. Holzwarth, A.R.: Time-resolved fluorescence spectroscopy. Meth. Enzymol. **246**, 334–362 (1995)
34. Royer, C.A.: Fluorescence spectroscopy. Meth. Enzymol. **40**, 65–89 (1995)
35. Valeur, B.: Molecular Fluorescence. Wiley-VCH, Manheim (2002)
36. Kasha, M.: Characterization of electronic transitions in complex molecules. Faraday Discuss. Chem. Soc. **9**, 14–19 (1950)
37. Stern, O., Volmer, M.: The extinction period of fluorescence. Phys. Z. **20**, 183–188 (1919)
38. Eftink, M.R., Ghiron, C.A.: Exposure of tryptophanyl residues in proteins. Quantitative determination by fluorescence quenching studies. Biochemistry. **15**, 672–680 (1976)
39. Ren, J., Lew, S., Wang, Z., London, E.: Transmembrane orientation of hydrophobic α-helices is regulated both by the relationship of helix length to bilayer thickness and by the cholesterol concentration. Biochemistry. **36**, 10213–10220 (1997)
40. Malenbaum, S.E., Collier, R.J., London, E.: Membrane topography of the T domain of diphtheria toxin probed with single tryptophan mutants. Biochemistry. **37**, 17915–17922 (1998)
41. Lehrer, S.S.: Solute perturbation of protein fluorescence. The quenching of the tryptophanyl fluorescence of model compounds and of lysozyme by iodide ion. Biochemistry. **10**, 3254–3263 (1971)
42. Beechem, J.M., Brand, L.: Time-resolved fluorescence of proteins. Annu. Rev. Biochem. **54**, 43–71 (1985)
43. Eftink, M.R.: Fluorescence techniques for studying protein structure. In: Schulter, C.H. (Hrsg.) Methods in Biochemical Analysis, S. 127–205. Wiley, New York (1991)
44. Millar, D.P.: Time-resolved fluorescence spectroscopy. Curr. Opin. Struct. Biol. **6**, 637–642 (1996)

45. Plaxco, K.W., Dobson, C.M.: Time-resolved biophysical methods in the study of protein folding. Curr. Opin. Struct. Biol. **6**, 630–636 (1996)
46. Royer, C.A.: Probing protein folding and conformational transitions with fluorescence. Chem. Rev. **106**, 1769–1784 (2006)
47. Kubelka, J., Eaton, W.A., Hofrichter, J.: Experimental tests of villin subdomain folding simulations. J. Mol. Biol. **329**, 625–630 (2003)
48. Kubelka, J., Henry, E.R., Cellmer, T., Hofrichter, J., Eaton, W.A.: Chemical, physical, and theoretical kinetics of an ultrafast folding protein. Proc. Natl. Acad. Sci. U. S. A. **105**, 18655–18662 (2008)
49. Parson, W.: Competition between tryptophan fluorescence and electron transfer during unfolding of the villin headpiece. Biochemist. **53**, 4503–4509 (2014)
50. Cowgill, R.W.: Fluorescence and the structure of proteins. I. Effects of substituents on the fluorescence of indole and phenol compounds. Arch. Biochem. Biophys. **100**, 36–44 (1963)
51. Callis, P.R., Liu, T.: Quantitative predictions of fluorescence quantum yields for tryptophan in proteins. J. Phys. Chem. B. **108**, 4248–4259 (2004)
52. McMillan, A.W., Kier, B.L., Shu, I., Byrne, A., Andersen, N.H., Parson, W.: Fluorescence of tryptophan in designed hairpin and Trp-cage miniproteins: measurements of fluorescence yields and calculations by quantum mechanical molecular dynamics simulations. J. Phys. Chem. B. **117**, 1790–1809 (2013)
53. Shastry, M.C.R., Roder, H.: Evidence for barrier-limited protein folding kinetics on the microsecond time scale. Nat. Struct. Biol. **5**, 385–392 (1998)
54. Meech, S.R., Philips, D., Lee, A.G.: On the nature of the fluorescent state of methylated indole derivatives. Chem. Phys. **80**, 317–328 (1983)
55. Shinitsky, M., Goldman, R.: Fluorometric detection of histidine-trptophan complexes in peptides and proteins. Eur. J. Biochem. **3**, 139–144 (1967)
56. Steiner, R.F., Kirby, E.P.: The interaction of the ground and excited states of indole derivatives with electron scavengers. J. Phys. Chem. **73**, 4130–4135 (1969)
57. Ricci, R.W., Nesta, J.M.: Inter- and intramolecular quenching of indole fluorescence by carbonyl compounds. J. Phys. Chem. **80**, 974–980 (1976)
58. Loewenthal, R., Sancho, J., Fersht, A.R.: Fluorescence spectrum of barnase: contributions of three trptophan residues and a histidine-related pH dependence. Biochemistry. **30**, 6775–7669 (1991)
59. Chen, Y., Barkley, M.D.: Toward understanding tryptophan fluorescence in proteins. Biochemistry. **37**, 9976–9982 (1998)
60. Chen, Y., Liu, B., Yu, H.-T., Barkley, M.D.: The peptide bond quenches indole fluorescence. J. Am. Chem. Soc. **118**, 9271–9278 (1996)
61. DeBeuckeleer, K., Volckaert, G., Engelborghs, Y.: Time resolved fluorescence and phosphorescence properties of the individual tryptophan residues of barnase: evidence for protein-protein interactions. Proteins. **36**, 42–53 (1999)
62. Qiu, W., Li, T., Zhang, L., Yang, Y., Kao, Y.-T., Wang, L., Zhong, D.: Ultrafast quenching of tryptophan fluorescence in proteins: Interresidue and intrahelical electron transfer. Chem. Phys. **350**, 154–164 (2008)
63. Petrich, J.W., Chang, M.C., McDonald, D.B., Fleming, G.R.: On the origin of non-exponential fluorescence decay in tryptophan and its derivatives. J. Am. Chem. Soc. **105**, 3824–3832 (1983)
64. Colucci, W.J., Tilstra, L., Sattler, M.C., Fronczek, F.R., Barkley, M.D.: Conformational studies of a constrained tryptophan derivative. Implications for the fluorescence quenching mechanism. J. Am. Chem. Soc. **22**, 9182–9190 (1990)
65. Arnold, S., Tong, L., Sulkes, M.: Fluorescence lifetimes of substituted indoles in solution and in free jets. Evidence for intramolecular charge-transfer quenching. J. Phys. Chem. **98**, 2325–2327 (1994)
66. Smirnov, A.V., English, D.S., Rich, R.L., Lane, J., Teyton, L., Schwabacher, A.W., Luo, S., Thornburg, R.W., Petrich, J.W.: Photophysics and biological applications of 7-azaindole and its analogs. J. Phys. Chem. **101**, 2758–2769 (1997)

67. Sillen, A., Hennecke, J., Roethlisberger, D., Glockshuber, R., Engelborghs, Y.: Fluorescence quenching in the DsbA protein from *Escherichia coli*: complete picture of the excited-state energy pathway and evidence for the reshuffling dynamics of the microstates of tryptophan. Protein Sci. **37**, 253–263 (1999)
68. Adams, P.D., Chen, Y., Ma, K., Zagorski, M.G., Sönnichsen, F.D., McLaughlin, M.L., Barkley, M.D.: Intramolecular quenching of tryptophan fluorescence by the peptide bond in cyclic hexapeptides. J. Am. Chem. Soc. **124**, 9278–9288 (2002)
69. Callis, P.R., Vivian, J.T.: Understanding the variable fluorescence quantum yield of tryptophan in proteins using QM-MM simulations. Quenching by charge transfer to the peptide backbone. Chem. Phys. Lett. **369**, 409–414 (2003)
70. Liu, T., Callis, P.R., Hesp, B.H., de Groot, M., Buma, W.J., Broos, J.: Ionization potentials of fluoroindoles and the origin of nonexponential tryptophan fluorescence decay in proteins. J. Am. Chem. Soc. **127**, 4104–4113 (2005)
71. Doose, S., Neuweiler, H., Sauer, M.: Fluorescence quenching by photoinduced electron transfer: a reporter for conformational dynamics of macromolecules. ChemPhysChem. **10**, 1389–1398 (2009)
72. Schlessinger, S.: The effect of amino acid analogues on alkaline phosphatase formation in *Escherichia coli* K-12. J. Biol. Chem. **243**, 3877 (1968)
73. Ross, J.B.A., Szabo, A.G., Hogue, C.W.V.: Enhancement of protein spectra with tryptophan analogs: fluorescence spectroscopy of protein-protein and protein-nucleic interactions. Meth. Enzymol. **278**, 151–190 (1997)
74. Broos, J., Maddalena, F., Hesp, B.H.: In vivo synthesized proteins with monoexponential fluorescence decay kinetics. J. Am. Chem. Soc. **126**, 22–23 (2004)
75. Bronskill, P.M., Wong, J.T.: Suppression of fluorescence of tryptophan residues in proteins by replacement with 4-fluorotryptophan. Biochem. J. **249**, 305–308 (1988)
76. Ding, B., Hilaire, M.R., Gai, F.: Infrared and fluorescence assessment of protein dynamics: from folding to function. J. Phys. Chem. B. **2016**, 5103–5113 (2016)
77. Hilaire, M.R., Mukherjee, D., Troxler, T., Gai, F.: Solvent dependence of cyanoindole fluorescence lifetime. Chem. Phys. Lett. **685**, 133–138 (2017)
78. You, M., Fan, H., Wang, Y., Zhang, W.: Aldehyde-derivatized indoles as fluorescent probes for hydration environments. Chem. Phys. **526**, 110438/1-6 (2019)
79. Micikas, R.J., Ahmed, I.A., Acharyya, A., Smith, A.B.I., Gai, F.: Tuning the electronic transition energy of indole via substitution: application to identify tryptophan-based chromophores that absorb and emit visible light. Phys. Chem. Chem. Phys. **23**, 6433–6437 (2021)
80. Acharyya, A., Zhang, W., Gai, F.: Tryptophan as a template for development of visible fluorescent amino acids. J. Phys. Chem. B. **125**, 5458–5465 (2021)
81. Yu, H.-T., Colucci, W.J., McLaughlin, M.L., Barkley, M.D.: Fluorescence quenching in indoles by excited-state proton transfer. J. Am. Chem. Soc. **114**, 8449–8454 (1992)
82. Feitelson, J.: On the mechanism of fluorescence quenching. Tyrosine and similar compounds. J. Phys. Chem. **68**, 391–397 (1964)
83. Cowgill, R.W.: Fluorescence and protein structure. X. Reappraisal of solvent and structural effects. Biochim. Biophys. Acta. **133**, 6–18 (1967)
84. Tournon, J.E., Kuntz, E., El-Bayoumi, M.A.: Fluorescence quenching in phenylalanine and model compounds. Photochem. Photobiol. **16**, 425–433 (1972)
85. Laws, W.R., Ross, J.B.A., Wyssbrod, H.R., Beechem, J.M., Brand, L., Sutherland, L.C.: Time-resolved fluorescence and ^{1}H NMR studies of tyrosine and tyrosine analogs: correlation of NMR-determined rotamer populations and fluorescence kinetics. Biochemistry. **25**, 599–607 (1986)
86. Willis, K.J., Szabo, A.G.: Fluorescence decay kinetics of tyrosinate and tyrosine hydrogen-bonded complexes. J. Phys. Chem. **95**, 1585–1589 (1991)
87. Ross, J.B.A., Laws, W.R., Rousslang, K.W., Wyssbrod, H.R.: Tyrosine fluorescence and phosphorescence from proteins and peptides. In: Lakowicz, J.R. (Hrsg.) Topics in Fluorescence Spectroscopy, S. 1–63. Plenum, New York (1992)

88. Dietze, E.C., Wang, R.W., Lu, A.Y., Atkins, W.M.: Ligand effects on the fluorescence properties of tyrosine 9 in alpha 1-1 glutathione *S*-transferase. Biochemistry. **35**, 6745–6753 (1996)
89. Mrozek, J., Rzeska, A., Guzow, K., Karolczak, J., Wiczk, W.: Influence of alkyl group on amide nitrogen atom on fluorescence quenching of tyrosine amide and N-acetyltyrosine amide. Biophys. Chem. **111**, 105–113 (2004)
90. van den Berg, P.A., van Hoek, A., Walentas, C.D., Perham, R.N., Visser, A.J.: Flavin fluorescence dynamics and photoinduced electron transfer in *Escherichia coli* glutathione reductase. Biophys. J. **74**, 2046–2058 (1998)
91. van den Berg, P.A.W., van Hoek, A., Visser, A.J.W.G.: Evidence for a novel mechanism of time-resolved flavin fluorescence depolarization in glutathione reductase. Biophys. J. **87**, 2577–2586 (2004)
92. Mataga, N., Chosrowjan, H., Shibata, Y., Tanaka, F., Nishina, Y., Shiga, K.: Dynamics and mechanisms of ultrafast fluorescence quenching reactions of flavin chromophores in protein nanospace. J. Phys. Chem. B. **104**, 10667–10677 (2000)
93. Mataga, N., Chosrowjan, H., Taniguchi, S., Tanaka, F., Kido, N., Kitamura, M.: Femtosecond fluorescence dynamics of flavoproteins: comparative studies on flavodoxin, its site-directed mutants, and riboflavin binding protein regarding ultrafast electron transfer in protein nanospaces. J. Phys. Chem. B. **106**, 8917–8920 (2002)
94. Callis, P.R., Liu, T.Q.: Short range photoinduced electron transfer in proteins: QM-MM simulations of tryptophan and flavin fluorescence quenching in proteins. Chem. Phys. **326**, 230–239 (2006)
95. Merkley, E.D., Daggett, V., Parson, W.: A temperature-dependent conformational change of NADH oxidase from *Thermus thermophilus* HB8. Proteins: Struct. Funct. Bioinform. **80**, 546–555 (2011)
96. Weber, G., Daniel, E.: Cooperative effects in binding by bovine serum albumin. II. The binding of 1-anilino-8-naphthalenesulfonate. Polarization of the ligand fluorescence and quenching of protein fluorescence. Biochemistry. **5**, 1900–1907 (1966)
97. Brand, L., Gohlke, J.R.: Fluorescence probes for structure. Annu. Rev. Biochem. **41**, 843–868 (1972)
98. Pierce, D.W., Boxer, S.G.: Dielectric relaxation in a protein matrix. J. Phys. Chem. **96**, 5560–5566 (1992)
99. Hiratsuka, T.: Prodan fluorescence reflects differences in nucleotide-induced conformational states in the myosin head and allows continuous visualization of the ATPase reactions. Biochemistry. **37**, 7167–7176 (1998)
100. Waggoner, A.S., Grinvald, A.: Mechanisms of rapid optical changes of potential sensitive dyes. Ann. N. Y. Acad. Sci. **303**, 217–241 (1977)
101. Loew, L.M., Cohen, L.B., Salzberg, B.M., Obaid, A.L., Bezanilla, F.: Charge-shift probes of membrane potential. Characterization of aminostyrylpyridinium dyes on the squid giant axon. Biophys. J. **47**, 71–77 (1985)
102. Fromherz, P., Dambacher, K.H., Ephardt, H., Lambacher, A., Mueller, C.O., Neigl, R., Schaden, H., Schenck, O., Vetter, T.: Fluorescent dyes as probes of voltage transients in neuron membranes. Ber. Bunsen-Gesellsch. **95**, 1333–1345 (1991)
103. Baker, B.J., Kosmidis, E.K., Vucinic, D., Falk, C.X., Cohen, L.B., Djurisic, M., Zecevic, D.: Imaging brain activity with voltage- and calcium-sensitive dyes. Cell. Mol. Neurobiol. **25**, 245–282 (2005)
104. Haugland, R.P.: Handbook of Fluorescent Probes and Research Chemicals, 6th edn. Molecular Probes Inc., Eugene, OR (1996)
105. Oi, V.T., Glazer, A.N., Stryer, L.: Fluorescent phycobiliprotein conjugates for analyses of cells and molecules. J. Cell Biol. **93**, 981–986 (1982)
106. Kronick, M.N., Grossman, P.D.: Immunoassay techniques with fluorescent phycobiliprotein conjugates. Clin. Chem. **29**, 1582–1586 (1983)

107. Joung, J.F., Han, M., Jeong, M., Park, S.: Experimental database of optical properties of organic compounds. Sci. Data. **7**, 295/1-6 (2020)
108. Joung, J.F., Han, M., Hwang, J., Jeong, M., Choi, D.H., Park, S.: Deep learning optical spectroscopy based on experimental database: potential applications to molecular design. J. Am. Chem. Soc. **4**, 427–438 (2021)
109. Shimomura, O., Johnson, F.H.: Intermolecular energy transfer in the bioluminescent system of *Aequorea*. Biochemistry. **13**, 2656–2662 (1974)
110. Cody, C.W., Prasher, D.C., Westler, W.M., Prendergast, F.G., Ward, W.W.: Chemical structure of the hexapeptide chromophore of the *Aequorea* green-fluorescent protein. Biochemistry. **9**, 1212–1218 (1979)
111. Ormö, M., Cubitt, A.B., Kallio, K., Gross, L.A., Tsien, R.Y., Remington, S.J.: Crystal structure of the *Aequorea victoria* green fluorescent protein. Science. **273**, 1392–1395 (1996)
112. Tsien, R.Y.: The green fluorescent protein. Annu. Rev. Biochem. **67**, 509–544 (1998)
113. Wachter, R.M.: The family of GFP-like proteins: structure, function, photophysics and biosensor applications. Introduction and perspective. Photochem. Photobiol. **82**, 339–344 (2006)
114. Chattoraj, M., King, B.A., Bublitz, G.U., Boxer, S.G.: Ultra-fast excited state dynamics in green fluorescent protein: multiple states and proton transfer. Proc. Natl. Acad. Sci. U. S. A. **93**, 8362–8367 (1996)
115. Weber, W., Helms, V., McCammon, J.A., Langhoff, P.W.: Shedding light on the dark and weakly fluorescent states of green fluorescent proteins. Proc. Natl. Acad. Sci. U. S. A. **96**, 6177–6182 (1999)
116. Webber, N.M., Litvinenko, K.L., Meech, S.R.: Radiationless relaxation in a synthetic analogue of the green fluorescent protein chromophore. J. Phys. Chem. B. **105**, 8036–8039 (2001)
117. Mandal, D., Tahara, T., Meech, S.R.: Excited-state dynamics in the green fluorescent protein chromophore. J. Phys. Chem. B. **108**, 1102–1108 (2004)
118. Martin, M.E., Negri, F., Olivucci, M.: Origin, nature, and fate of the fluorescent state of the green fluorescent protein chromophore at the CASPT2//CASSCF resolution. J. Am. Chem. Soc. **126**, 5452–5464 (2004)
119. Chalfie, M., Tu, Y., Euskirchen, G., Ward, W.W., Prasher, D.C.: Green fluorescent protein as a marker for gene expression. Science. **263**, 802–805 (1994)
120. Miyawaki, A., Llopis, J., Heim, R., McCaffrey, J.M., Adams, J.A., Ikura, M., Tsien, R.Y.: Fluorescent indicators for Ca^{2+} based on green fluorescent proteins and calmodulin. Nature. **388**, 882–887 (1997)
121. Zhang, J., Campbell, R.E., Ting, A.Y., Tsien, R.Y.: Creating new fluorescent probes for cell biology. Nat. Rev. Mol. Cell Biol. **3**, 906–918 (2002)
122. Nienhaus, G.U., Wiedenmann, J.: Structure, dynamics and optical properties of fluorescent proteins: perspectives for marker development. ChemPhysChem. **10**, 1369–1379 (2009)
123. Heim, R., Tsien, R.Y.: Engineering green fluorescent protein for improved brightness, longer wavelengths and fluorescence resonance energy transfer. Curr. Biol. **6**, 178–182 (1996)
124. Wachter, R.M., King, B.A., Heim, R., Kallio, K., Tsien, R.Y., Boxer, S.G., Remington, S.J.: Crystal structure and photodynamic behavior of the blue emission variant Y66H/Y145F of green fluorescent protein. Biochemistry. **36**, 9759–9765 (1997)
125. Miyawaki, A., Griesbeck, O., Heim, R., Tsien, R.Y.: Dynamic and quantitative Ca^{2+} measurements using improved cameleons. Proc. Natl. Acad. Sci. U. S. A. **96**, 2135–2140 (1999)
126. Griesbeck, O., Baird, G.S., Campbell, R.E., Zacharias, D.A., Tsien, R.Y.: Reducing the environmental sensitivity of yellow fluorescent protein. Mechanism and applications. J. Biol. Chem. **276**, 29188–29194 (2001)
127. Rizzo, M.A., Springer, G.H., Granada, B., Piston, D.W.: An improved cyan fluorescent protein variant usefule for FRET. Nat. Biotech. **22**, 445–449 (2004)
128. Shaner, N.C., Campbell, R.E., Steinbach, P.A., Giepmans, B.N.G., Palmer, A.E., Tsien, R.Y.: Improved monomeric red, orange and yellow fluorescent proteins derived from *Discosoma sp.* red fluorescent protein. Nature Biotech. **22**, 1567–1572 (2004)

129. Shaner, N.C., Steinbach, P.A., Tsien, R.Y.: A guide to choosing fluorescent proteins. Nature Meth. **2**, 905–909 (2005)
130. Matz, M.V., Fradkov, A.F., Labas, Y.A., Savitsky, A.P., Zaraisky, A.G., Markelov, M.L.: Fluorescent proteins from nonbioluminescent *Anthozoa* species. Nat. Biotech. **17**, 969–973 (1999)
131. Baird, G.S., Zacharias, D.A., Tsien, R.Y.: Biochemistry, mutagenesis, and oligomerization of DsRed, a red fluorescent protein from coral. Proc. Natl. Acad. Sci. U. S. A. **97**, 11984–11989 (2000)
132. Baird, G.S., Zacharias, D.A., Tsien, R.Y.: Circular permutation and receptor insertion within green fluorescent proteins. Proc. Natl. Acad. Sci. U. S. A. **96**, 11241–11246 (1999)
133. Nagai, T., Sawano, A., Park, E.S., Miyawaki, A.: Circularly permuted green fluorescent proteins engineered to sense Ca^{2+}. Proc. Natl. Acad. Sci. U. S. A. **98**, 3197–3202 (2001)
134. Lukyanov, K.A., Fradkov, A.F., Gurskaya, N.G., Matz, M.V., et al.: Natural animal coloration can be determined by a nonfluorescent green fluorescent protein homolog. J. Biol. Chem. **275**, 25879–25882 (2000)
135. Lippincott-Schwartz, J., Altan-Bonnet, N., Patterson, G.H.: Photobleaching and photoactivation: following protein dynamics in living cells. Nature Cell Biol. **5**, S7–S14 (2003)
136. Patterson, G.H., Lippincott-Schwartz, J.: Selective photolabeling of proteins using photoactivatable GFP. Methods. **32**, 445–450 (2004)
137. Hess, S.T., Girirajan, T.P., Mason, M.D.: Ultra-high resolution imaging by fluorescence photoactivation localization microscopy. Biophys. J. **91**, 4258–4272 (2006)
138. Alivisatos, A.P., Gu, W., Larabell, C.: Quantum dots as cellular probes. Ann. Rev. Biomed. Eng. **7**, 55–76 (2005)
139. Michalet, X., Pinaud, F.F., Bentolila, L.A., Tsay, J.M., et al.: Quantum dots for live cells, in vivo imaging, and diagnostics. Science. **307**, 538–544 (2005)
140. Burda, C., Chen, X., Narayanan, R., El-Sayed, M.A.: Chemistry and properties of nanocrystals of different shapes. Chem. Rev. **105**, 1025–1102 (2005)
141. Doane, T.L., Burda, C.: The unique role of nanoparticles in nanomedicine: imaging, drug delivery and therapy. Chem. Soc. Rev. **41**, 2885–2911 (2012)
142. Petryayeva, E., Algar, W.R., Medintz, I.L.: Quantum dots in bioanalysis: a review of applications across various platforms for fluorescence spectroscopy and imaging. Appl. Spectrosc. **67**, 215–252 (2013)
143. Murray, C.B., Kagan, C.R., Bawendi, M.G.: Synthesis and characterization of monodisperse nanocrystals and close-packed nanocrystal assemblies. Ann. Rev. Mater. Sci. **30**, 545–610 (2000)
144. Brus, L.E.: Electron-electron and electron-hole interactions in small semiconductor crystallites: the size dependence of the lowest excited electronic state. J. Chem. Phys. **80**, 4403–4409 (1984)
145. Brus, L.E.: Electronic wave functions in semiconductor clusters: experiment and theory. J. Phys. Chem. **90**, 2555–2560 (1986)
146. Nozik, A.J., Williams, F., Nenadovic, M.T., Rajh, T., Micic, O.I.: Size quantization in small semiconductor particles. J. Phys. Chem. **89**, 397–399 (1985)
147. Bawendi, M.G., Wilson, W.L., Rothberg, L., Carroll, P.J., Jedju, T.M., Steigerwald, M.L., Brus, L.E.: Electronic structure and photoexcited-carrier dynamics in nanometer-size CdSe clusters. Phys. Rev. Lett. **65**, 1623–1626 (1990)
148. Bruchez Jr., M., Moronne, M., Gin, P., Weiss, S., Alivisatos, A.P.: Semiconductor nanocrystals as fluorescent biological labels. Science. **281**, 2013–2016 (1998)
149. Efros, A.L., Efros, A.L.: Interband absorption of light in a semiconductor sphere. Soviet Phys. Semiconductors. **16**, 772–775 (1982)
150. Gaponenko, S.V.: Optical Properties of Semiconductor Nanocrystals. Cambridge Univ. Press, New York (1998)
151. Chuang, C.-H., Lo, S.S., Scholes, G.D., Burda, C.: Charge separation and recombination in CdTe/CdSe core/shell nanocrystals as a function of shell coverage: probing the onset of the quasi Type-II regime. J. Phys. Chem. Lett. **1**, 2530 (2010)

152. Yu, W.W., Qu, L.H., Guo, W.Z., Peng, X.G.: Experimental determination of the extinction coefficient of CdTe, CdSe, and CdS nanocrystals. Chem. Mater. **15**, 2854–2860 (2003)
153. Samia, A.C.S., Chen, X., Burda, C.: Semiconductor quantum dots for photodynamic therapy. J. Am. Chem. Soc. **125**, 15736–15737 (2003)
154. Dayal, S., Burda, C.: Surface effects on QD-based energy transfer. J. Am. Chem. Soc. **129**, 7977–7981 (2007)
155. Chen, X., Lou, Y., Dayal, S., Qiu, X., Krolicki, R., Burda, C., Zhao, C., Becker, J.: Doped semiconductor materials. J. Nanosci. Nanotech. **5**, 1408–1420 (2005)
156. Chuang, C.-H., Doane, T.L., Lo, S.S., Scholes, G.D., Burda, C.: Measuring electron and hole transfer in core/shell nanoheterostructures. ACS Nano. **5**, 6016–6024 (2011)
157. Bang, J., Park, J., Lee, J.H., Won, N., et al.: ZnTe/ZnSe (core/shell) type-II quantum dots: their optical and photovoltaic properties. Chem. Mater. **22**, 233–240 (2010)
158. Eggeling, C., Fries, J.R., Brand, L., Günther, R., Seidel, C.A.M.: Monitoring conformational dynamics of a single molecule by selective fluorescence spectroscopy. Proc. Natl. Acad. Sci. U. S. A. **95**, 1556–1561 (1998)
159. Eggeling, C., Volkmer, A., Seidel, C.A.: Molecular photobleaching kinetics of rhodamine 6G by one- and two-photon induced confocal fluorescence microscopy. ChemPhysChem. **6**, 791–804 (2005)
160. Christ, T., Kulzer, F., Bordat, P., Basché, T.: Watching the photo-oxidation of a single aromatic hydrocarbon molecule. Angew. Chem. Int. Ed. **40**, 4192–4195 (2001)
161. Hoogenboom, J.P., van Dijk, E.M., Hernando, J., van Hulst, N.F., Garcia-Parajo, M.F.: Power-law-distributed dark states are the main pathway for photobleaching of single organic molecules. Phys. Rev. Lett. **95**, 097401 (2005)
162. Bilski, P., Chignell, C.F.: Optimization of a pulse laser spectrometer for the measurement of the kinetics of singlet oxygen O_2 ($\Delta^1{}_g$) decay in solution. J. Biochem. Biophys. Methods. **33**, 73–80 (1996)
163. Turro, N.: Modern Molecular Photochemistry. Benjamin/Cummings, Menlo Park CA (1978)
164. Rasnik, I., McKinney, S.A., Ha, T.: Nonblinking and long-lasting single-molecule fluorescence imaging. Nat. Methods. **3**, 891–893 (2006)
165. Vogelsang, J., Kasper, R., Steinhauer, C., Person, B., Heilemann, M., Sauer, M., Tinnefeld, P.: A reducing and oxidizing system minimizes photobleaching and blinking of fluorescent dyes. Angew. Chem. **47**, 5465–5469 (2008)
166. Campos, L.A., Liu, J., Wang, X., Ramanathan, R., English, D.S.: A photoprotection strategy for microsecond-resolution single-molecule fluorescence spectroscopy. Nat. Methods. **8**, 143–146 (2011)
167. Axelrod, D., Koppel, D.E., Schlessinger, S., Elson, E., Webb, W.W.: Mobility measurement by analysis of fluorescence photobleaching recovery kinetics. Biophys. J. **16**, 1055–1069 (1976)
168. Jacobson, K., Derzko, Z., Wu, E.S., Hou, Y., Poste, G.: Measurement of the lateral mobility of cell surface components in single, living cells by fluorescence recovery after photobleaching. J. Supramol. Struct. **5**, 565–576 (1976)
169. Schlessinger, J., Koppel, D.E., Axelrod, D., Jacobson, K., Webb, W.W., Elson, E.L.: Lateral transport on cell membranes: mobility of concanavalin a receptors on myoblasts. Proc. Natl. Acad. Sci. U. S. A. **73**, 2409–2413 (1976)
170. Wu, E.S., Jacobson, K., Szoka, F., Portis, J.A.: Lateral diffusion of a hydrophobic peptide, N-4-nitrobenz-2-oxa-1,3-diazole gramicidin S, in phospholipid multibilayers. Biochemistry. **17**, 5543–5550 (1978)
171. Schindler, M., Osborn, M.J., Koppel, D.E.: Lateral diffusion of lipopolysaccharide in the outer membrane of *Salmonella typhimurium*. Nature. **285**, 261–263 (1980)
172. Lagerholm, B.C., Starr, T.E., Volovyk, Z.N., Thompson, N.L.: Rebinding of IgE fabs at haptenated planar membranes: measurement by total internal reflection with fluorescence photobleaching recovery. Biochemistry. **39**, 2042–2051 (1999)

173. Thompson, N.L., Burghardt, T.P., Axelrod, D.: Measuring surface dynamics of biomolecules by total internal reflection fluorescence with photobleaching recovery or correlation spectroscopy. Biophys. J. **33**, 435–454 (1999)
174. Reits, E.A.J., Neefjes, J.: From fixed to FRAP: measuring protein mobility and activity in living cells. Nat. Cell Biol. **3**, E145–E147 (2001)
175. Klonis, N., Rug, M., Harper, I., Wickham, M., Cowman, A., Tilley, L.: Fluorescence photobleaching analysis for the study of cellular dynamics. Eur. Biophys. J. **31**, 36–51 (2002)
176. Houtsmuller, A.B.: Fluorescence recovery after photobleaching: application to nuclear proteins. Adv. Biochem. Eng. Biotechnol. **95**, 177 (2005)
177. Houtsmuller, A.B., Vermeulen, W.: Macromolecular dynamics in living cell nuclei revealed by fluorescence redistribution after photobleaching. Histochem. Cell Biol. **115**, 13–21 (2001)
178. Calapez, A., Pereira, H.M., Calado, A., Braga, J., et al.: The intranuclear mobility of messenger RNA binding proteins is ATP dependent and temperature sensitive. J. Cell Biol. **159**, 795–805 (2002)
179. Haggie, P.M., Verkman, A.S.: Diffusion of tricarboxylic acid cycle enzymes in the mitochondrial matrix *in vivo*. Evidence for restricted mobility of a multienzyme complex. J. Biol. Chem. **277**, 40782–40788 (2002)
180. Dayel, M.J., Hom, E.F., Verkman, A.S.: Diffusion of green fluorescent protein in the aqueous-phase lumen of endoplasmic reticulum. Biophys. J. **76**, 2843–2851 (1999)
181. Cole, N.B., Smith, C.L., Sciaky, N., Terasaki, M., Edidin, M., Lippincott-Schwartz, J.: Diffusional mobility of Golgi proteins in membranes of living cells. Science. **273**, 797–801 (1996)
182. van Amerongen, H., Struve, W.S.: Polarized optical spectroscopy of chromoproteins. Meth. Enzymol. **246**, 259–283 (1995)
183. Jimenez, R., Dikshit, S.N., Bradforth, S.E., Fleming, G.R.: Electronic excitation transfer in the LH2 complex of *Rhodobacter sphaeroides*. J. Phys. Chem. **100**, 6825–6834 (1996)
184. Pullerits, T., Chachisvilis, M., Sundström, V.: Exciton delocalization length in the B850 antenna of *Rhodobacter sphaeroides*. J. Phys. Chem. **100**, 10787–10792 (1996)
185. Nagarajan, V., Johnson, E., Williams, J.C., Parson, W.W.: Femtosecond pump-probe spectroscopy of the B850 antenna complex of *Rhodobacter sphaeroides* at room temperature. J. Phys. Chem. B. **103**, 2297–2309 (1999)
186. Delrow, J.J., Heath, P.J., Fujimoto, B.S., Schurr, J.M.: Effect of temperature on DNA secondary structure in the absence and presence of 0.5 M tetramethylammonium chloride. Biopolymers. **45**, 503–515 (1998)
187. Lakowicz, J.R., Knutson, J.R.: Hindered depolarizing rotations of perylene in lipid bilayers. Detection by lifetime-resolved fluorescence anisotropy measurements. Biochemistry. **19**, 905–911 (1980)
188. Lakowicz, J.R., Maliwal, B.P.: Oxygen quenching and fluorescence depolarization of tyrosine residues in proteins. J. Biol. Chem. **258**, 4794–4801 (1983)
189. Lakowicz, J.R., Maliwal, B.P., Cherek, H., Balter, A.: Rotational freedom of tryptophan residues in proteins and peptides. Biochemistry. **22**, 1741–1752 (1983)
190. Hou, X., Richardson, S.J., Aguilar, M.I., Small, D.H.: Binding of amyloidogenic transthyretin to the plasma membrane alters membrane fluidity and induces neurotoxicity. Biochemistry. **44**, 11618–11627 (2005)
191. Johnson, D.A.: C-terminus of a long alpha-neurotoxin is highly mobile when bound to the nicotinic acetylcholine receptor: a time-resolved fluorescence anisotropy approach. Biophys. Chem. **116**, 213–218 (2005)
192. Fidy, J., Laberge, M., Kaposi, A.D., Vanderkooi, J.M.: Fluorescence line narrowing applied to the study of proteins. Biochim. Biophys. Acta. **1386**, 331–351 (1998)
193. Nie, S., Zare, R.N.: Optical detection of single molecules. Ann. Rev. Biophys. Biomol. Struct. **26**, 567–596 (1997)
194. Xie, X.S., Trautman, J.K.: Optical studies of single molecules at room temperature. Ann. Rev. Phys. Chem. **49**, 441–480 (1998)

195. Moerner, W.E., Orrit, M.: Illuminating single molecules in condensed matter. Science. **283**, 1670–1676 (1999)
196. Weiss, S.: Fluorescence spectroscopy of single biomolecules. Science. **283**, 1676–1683 (1999)
197. Moerner, W.E., Kador, L.: Optical detection and spectroscopy of single molecule solids. Phys. Rev. Lett. **62**, 2535–2538 (1989)
198. Moerner, W.E., Basche, T.: Optical spectroscopy of individual dopant molecules in solids. Angew. Chem. **105**, 537–557 (1993)
199. Kulzer, F., Kettner, R., Kummer, S., Basché, T.: Single molecule spectroscopy: spontaneous and light-induced frequency jumps. Pure & Appl. Chem. **69**, 743–748 (1997)
200. Goodwin, P.M., Ambrose, W.P., Keller, R.A.: Single-molecule detection in liquids by laser-induced fluorescence. Acc. Chem. Res. **29**, 607–613 (1996)
201. Nguyen, D.C., Keller, R.A., Jett, H., Martin, J.C.: Detection of single molecules of phycoerythrin in hydrodynamically focused flows by laser-induced fluorescence. Anal. Chem. **59**, 2158–2161 (1987)
202. Peck, K., Stryer, L., Glazer, A.N., Mathies, R.A.: Single-molecule fluorescence detection: autocorrelation criterion and experimental realization with phycoerythrin. Proc. Natl. Acad. Sci. U. S. A. **86**, 4087–4091 (1989)
203. Pohl, D.W., Denk, W., Lanz, M.: Optical stethoscopy: image recording with resolution l/20. Appl. Phys. Lett. **44**, 651–653 (1984)
204. Harootunian, A., Betzig, E., Isaacson, M., Lewis, A.: Super-resolution fluorescence near-field scanning optical microscopy. Appl. Phys. Lett. **49**, 674–676 (1986)
205. Betzig, E., Trautman, J.K.: Near-field optics: microscopy, spectroscopy, and surface modification beyond the diffraction limit. Science. **257**, 189–195 (1992)
206. Betzig, E., Chichester, R.J., Lanni, F., Taylor, D.L.: Near-field fluorescence imaging of cytoskeletal actin. Bioimaging. **1**, 129–135 (1993)
207. Kopelman, R., Weihong, T., Birnbaum, D.: Subwavelength spectroscopy, exciton supertips and mesoscopic light-matter interactions. J. Lumin. **58**, 380–387 (1994)
208. Ha, T., Enderle, T., Ogletree, D.F., Chemla, D.S., Selvin, P.R., Weiss, S.: Probing the interaction between two single molecules: fluorescence resonance energy transfer between a single donor and a single acceptor. Proc. Natl. Acad. Sci. U. S. A. **93**, 6264–6268 (1996)
209. Meixner, A.J., Kneppe, H.: Scanning near-field optical microscopy in cell biology and microbiology. Cell. Mol. Biol. **44**, 673–688 (1998)
210. Betzig, E., Patterson, G.H., Sougrat, R., Lindwasser, O.W., Olenych, S., Bonifacino, J.S., Davidson, M.W., Lippincott-Schwartz, J., Hess, H.F.: Imaging intracellular fluorescent proteins at nanometer resolution. Science. **313**, 1642–1645 (2006)
211. Xie, X.S., Dunn, R.C.: Probing single molecule dynamics. Science. **265**, 361–364 (1994)
212. Iwane, A.H., Funatsu, T., Harada, Y., Tokunaga, M., Ohara, O., Morimoto, S., Yanagida, T.: Single molecular assay of individual ATP turnover by a myosin-GFP fusion protein expressed in vitro. FEBS Lett. **407**, 235–238 (1997)
213. Kalb, E., Engel, J., Tamm, L.K.: Binding of proteins to specific target sites in membranes measured by total internal reflection fluorescence microscopy. Biochemistry. **29**, 1607–1613 (1990)
214. Poglitsch, C.L., Sumner, M.T., Thompson, N.L.: Binding of IgG to MoFc gamma RII purified and reconstituted into supported planar membranes as measured by total internal reflection fluorescence microscopy. Biochemistry. **30**, 6662–6671 (1991)
215. Lieto, A.M., Cush, R.C., Thompson, N.L.: Ligand-receptor kinetics measured by total internal reflection with fluorescence correlation spectroscopy. Biophys. J. **85**, 3294–3302 (2003)
216. Lieto, A.M., Thompson, N.L.: Total internal reflection with fluorescence correlation spectroscopy: nonfluorescent competitors. Biophys. J. **87**, 1268–1278 (2004)
217. Sund, S.E., Swanson, J.A., Axelrod, D.: Cell membrane orientation visualized by polarized total internal reflection fluorescence. Biophys. J. **77**, 2266–2283 (1999)
218. Geddes, C.D., Parfenov, A., Gryczynski, I., Lakowicz, J.R.: Luminescent blinking of gold nanoparticles. Chem. Phys. Lett. **380**, 269–272 (2003)

219. Aslan, K., Lakowicz, J.R., Geddes, C.D.: Nanogold-plasmon-resonance-based glucose sensing. Anal. Biochem. **330**, 145–155 (2004)
220. Stefani, F.D., Vasilev, K., Boccio, N., Stoyanova, N., Kreiter, M.: Surface-plasmon-mediated single-molecule fluorescence through a thin metallic film. Phys. Rev. Lett. **94**, 023005 (2005)
221. Wenger, J., Lenne, P.F., Popov, E., Rigneault, H., Dintinger, J., Ebbesen, T.W.: Single molecule fluorescence in rectangular nano-apertures. Opt. Express. **13**, 7035–7044 (2005)
222. Lakowicz, J.R.: Radiative decay engineering: biophysical and biomedical applications. Anal. Biochem. **298**, 1–24 (2002)
223. Eigen, M., Rigler, R.: Sorting single molecules. Application to diagnostics and evolutionary biotechnology. Proc. Natl. Acad. Sci. U. S. A. **91**, 5740–5747 (1994)
224. Nie, S., Chiu, D.T., Zare, R.N.: Probing individual molecules with confocal fluorescence microscopy. Science. **266**, 1018–1021 (1994)
225. Nie, S., Chiu, D.T., Zare, R.N.: Real-time detection of single molecules in solution by confocal fluorescence microscopy. Angew. Chem. **67**, 2849–2857 (1995)
226. Edman, L., Mets, U., Rigler, R.: Conformational transitions monitored for single molecules in solution. Proc. Natl. Acad. Sci. U. S. A. **93**, 6710–6715 (1996)
227. Macklin, J.J., Trautman, J.K., Harris, T.D., Brus, L.E.: Imaging and time-resolved spectroscopy of single molecules at an interface. Science. **272**, 255–258 (1996)
228. Conn, P.M.: Confocal Microscopy. Methods in Enzymology, vol. 307. Academic Press, San Diego (1999)
229. Yuste, R., Konnerth, A.: Imaging in Neuroscience and Development: a laboratory manual. Cold Spring Harbor Laboratory Press, Cold Spring Harbor, N.Y. (2000)
230. Yuste, R.: Fluorescence microscopy today. Nature Meth. **2**, 902–904 (2005)
231. Lichtman, J.W., Conchello, J.-A.: Fluorescence microscopy. Nat. Methods. **2**, 910–919 (2005)
232. Conchello, J.-A., Lichtman, J.W.: Optical sectioning microscopy. Nat. Methods. **2**, 920–931 (2005)
233. Helmchen, F., Denk, W.: Deep tissue two-photon microscopy. Nat. Methods. **2**, 932–940 (2005)
234. Hell, S.W., Wichmann, J.: Breaking the diffraction resolution by stimulated emission: stimulated emission depletion microscopy. Opt. Lett. **19**, 780–782 (1994)
235. Hell, S.W.: Toward fluorescence nanoscopy. Nat. Biotech. **21**, 1347–1355 (2003)
236. Hell, S.W., Jakobs, S., Kastrup, L.: Imaging and writing at the nanoscale with focused visible light through saturable optical transitions. Appl. Phys. A Mater. Sci. Process. **77**, 859–860 (2003)
237. Hofmann, M., Eggeling, C., Jakobs, S., Hell, S.W.: Breaking the diffraction barrier in fluorescence microscopy at low light intensities by using reversibly photoswitchable proteins. Proc. Natl. Acad. Sci. U. S. A. **102**, 17565–17569 (2005)
238. Westphal, V., Hell, S.W.: Nanoscale resolution in the focal plane of an optical microscope. Phys. Rev. Lett. **94**, 143903 (2005)
239. Hell, S.W.: Far-field optical nanoscopy. Science. **316**, 1153–1158 (2007)
240. Lu, H.P., Xie, X.S.: Single-molecule spectral fluctuations at room temperature. Nature. **385**, 143–146 (1997)
241. Wennmalm, S., Edman, L., Rigler, R.: Conformational fluctuations in single DNA molecules. Proc. Natl. Acad. Sci. U. S. A. **94**, 10641–10646 (1997)
242. Michalet, X., Weiss, S., Jäger, M.: Single-molecule fluorescence studies of protein folding and conformational dynamics. Chem. Rev. **106**, 1785–1813 (2006)
243. Peterman, E.J., Sosa, H., Moerner, W.E.: Single-molecule fluorescence spectroscopy and microscopy of biomolecular motors. Ann. Rev. Phys. Chem. **55**, 79–96 (2004)
244. Ohmachi, M., Komori, Y., Iwane, A.H., Fujii, F., Jin, T., Yanagida, T.: Fluorescence microscopy for simultaneous observation of 3D orientation and movement and its application to quantum rod-tagged myosin V. Proc. Natl. Acad. Sci. U. S. A. **109**, 5294–5298 (2012)

245. Watanabe, T.M., Yanagida, T., Iwane, A.H.: Single molecular observation of self-regulated kinesin motility. Biochemistry. **49**, 4654–4661 (2010)
246. Park, H., Toprak, E., Selvin, P.R.: Single-molecule fluorescence to study molecular motors. Q. Rev. Biophys. **40**, 87–111 (2007)
247. Lu, H.P., Xun, L., Xie, X.S.: Single-molecule enzymatic dynamics. Science. **282**, 1877–1882 (1998)
248. Deniz, A.A., Laurence, T.A., Beligere, G.S., Dahan, M., Martin, A.B., Chemla, D.S., Dawson, P.E., Schultz, P.G., Weiss, S.: Single-molecule protein folding: diffusion fluorescence resonance energy transfer studies of the denaturation of chymotrypsin inhibitor 2. Proc. Natl. Acad. Sci. U. S. A. **97**, 5179–5184 (2000)
249. Talaga, D.S., Lau, W.L., Roder, H., Tang, J., Jia, Y., DeGrado, W.F., Hochstrasser, R.M.: Dynamics and folding of single two-stranded coiled-coil peptides studied by fluorescent energy transfer confocal microscopy. Proc. Natl. Acad. Sci. U. S. A. **97**, 13021–13026 (2000)
250. Zhuang, X., Bartley, L.E., Babcock, H.P., Russell, R., Ha, T., Herschlag, D., Chu, S.: A single-molecule study of RNA catalysis and folding. Science. **288**, 2048–2051 (2000)
251. Zhuang, X., Rief, M.: Single-molecule folding. Curr. Opin. Struct. Biol. **13**, 88–97 (2003)
252. Schuler, B., Lipman, E.Å., Eaton, W.A.: Probing the free-energy surface for protein folding with single-molecule fluorescence spectroscopy. Nature. **419**, 743–747 (2002)
253. Chung, H.S., Cellmer, T., Louis, J.M., Eaton, W.A.: Measuring ultrafast protein folding rates from photon-by-photon analysis of single molecule fluorescence trajectories. Chem. Phys. **422**, 229–237 (2013)
254. Banerjee, P.R., Deniz, A.A.: Shedding light on protein folding landscapes by single-molecule fluorescence. Chem. Soc. Rev. **43**, 1172–1188 (2014)
255. Takei, Y., Iizuka, R., Ueno, T., Funatsu, T.: Single-molecule observation of protein folding in symmetric GroEL-$(GroES)_2$ complexes. J. Biol. Chem. **287**, 41118–41125 (2012)
256. Trexler, A.J., Rhoades, E.: Function and dysfunction of a-synuclein: probing conformational changes and aggregation by single molecule fluorescence. Mol. Neurobiol. **47**, 622–631 (2013)
257. Chung, H.S., Eaton, W.A.: Protein folding transition path times from single molecule FRET. Curr. Opin. Chem. Biol. **48**, 30–39 (2018)
258. Hoffer, N.Q., Woodside, M.T.: Probing microscopic conformational dynamics in folding reactions by measuring transition paths. Curr. Opin. Chem. Biol. **53**, 68–74 (2019)
259. Makarov, D.E.: Barrier crossing dynamics from single-molecule measurements. J. Phys. Chem. B. **125**, 2467–2476 (2021)
260. Willets, K.A., Callis, P.R., Moerner, W.E.: Experimental and theoretical investigations of environmentally sensitive single-molecule fluorophores. J. Phys. Chem. B. **108**, 10465–10473 (2004)
261. Betzig, E., Chichester, R.J.: Single molecules observed by near-field scanning optical microscopy. Science. **262**, 1422–1425 (1993)
262. Magde, D., Elson, E., Webb, W.W.: Thermodynamic fluctuations in a reacting system – measurement by fluorescence correlation spectroscopy. Phys. Rev. Lett. **29**, 705–708 (1972)
263. Magde, D., Elson, E.L., Webb, W.W.: Fluorescence correlation spectroscopy. II. An experimental realization. Biopolymers. **13**, 29–61 (1974)
264. Elson, E.L., Magde, D.: Fluorescence correlation spectroscopy. I. Conceptual basis and theory. Biopolymers. **13**, 1–27 (1974)
265. Elson, E.: Fluorescence correlation spectroscopy: past, present, future. Biophys. J. **101**, 2855–2870 (2011)
266. Webb, W.W.: Fluorescence correlation spectroscopy: inception, biophysical experimentations and prospectus. Appl. Opt. **40**, 3969–3983 (2001)
267. Fitzpatrick, J.A., Lillemeier, B.F.: Fluorescence correlation spectroscopy: linking molecular dynamics to biological function in vitro and in situ. Curr. Opin. Struct. Biol. **21**, 650–660 (2011)

268. Tian, Y., Martinez, M.M., Pappas, D.: Fluorescence correlation spectroscopy: a review of biochemical and microfluidic applications. Appl. Spectrosc. **65**, 115A–124A (2011)
269. Bevington, P.R., Robinson, D.K.: Data Reduction and Error Analysis for the Physical Sciences. McGraw-Hill, Boston (2003)
270. Kubo, R.: The fluctuation-dissipation theorem. Rept. Progr. Theor. Phys. **29**, 255–284 (1966)
271. Kubo, R., Toda, M., Hashitsume, N.: Statistical Physics II: Nonequilibrium Statistical Mechanics. Springer, Berlin (1985)
272. Parson, W.W., Warshel, A.: A density-matrix model of photosynthetic electron transfer with microscopically estimated vibrational relaxation times. Chem. Phys. **296**, 201–206 (2004)
273. Harp, G.D., Bern, B.J.: Time-correlation functions, memory functions, and molecular dynamics. Phys. Rev. A. **2**, 975–996 (1970)
274. Hess, S.T., Webb, W.W.: Focal volume optics and experimental artifacts in confocal fluorescence correlation spectroscopy. Biophys. J. **83**, 2300–2317 (2002)
275. Maiti, S., Haupts, U., Webb, W.W.: Fluorescence correlation spectroscopy: diagnostics for sparse molecules. Proc. Natl. Acad. Sci. U. S. A. **94**, 11753–11757 (1997)
276. Jakobs, D., Sorkalla, T., Häberlein, H.: Ligands for fluorescence correlation spectroscopy on g protein-coupled receptors. Curr. Med. Chem. **19**, 4722–4730 (2012)
277. Widengren, J., Rigler, R.: Fluorescence correlation spectroscopy as a tool to investigate chemical reactions in solutions and on cell surfaces. Cell. Mol. Biol. **44**, 857–879 (1998)
278. van den Berg, P.A., Widengren, J., Hink, M.A., Rigler, R., Visser, A.J.: Fluorescence correlation spectroscopy of flavins and flavoenzymes: photochemical and photophysical aspects. Spectrochim. Acta A. **57**, 2135–2144 (2001)
279. Haupts, U., Maiti, S., Schwille, P., Webb, W.W.: Dynamics of fluorescence fluctuations in green fluorescent protein observed by fluorescence correlation spectroscopy. Proc. Natl. Acad. Sci. U. S. A. **95**, 13573–13578 (1998)
280. Schenk, A., Ivanchenko, S., Röcker, C., Wiedenmann, J., Nienhaus, G.U.: Photodynamics of red fluorescent proteins studied by fluorescence correlation spectroscopy. Biophys. J. **86**, 384–394 (2004)
281. Chattopadhyay, K., Saffarian, S., Elson, E.L., Frieden, C.: Measuring unfolding of proteins in the presence of denaturant using fluorescence correlation spectroscopy. Biophys. J. **88**, 1413–1422 (2005)
282. Sanchez, S.A., Gratton, E.: Lipid-protein interactions revealed by two-photon microscopy and fluorescence correlation spectroscopy. Acc. Chem. Res. **38**, 469–477 (2005)
283. Felekyan, S., Sanabria, H., Kalinin, S., Kühnemuth, R., Seidel, C.A.: Analyzing Förster resonance energy transfer with fluctuation algorithms. Meth. Enzymol. **519**, 39–85 (2013)
284. Schwille, P., Meyer-Almes, F.J., Rigler, R.: Dual color fluorescence cross-correlation spectroscopy for multicomponent diffusional analysis in solution. Biophys. J. **72**, 1878–1886 (1997)
285. Kettling, U., Koltermann, A., Schwille, P., Eigen, M.: Real-time enzyme kinetics of restriction endonuclease EcoR1 monitored by dual-color fluorescence cross-correlation spectroscopy. Proc. Natl. Acad. Sci. U. S. A. **95**, 1416–1420 (1998)
286. Bieschke, J., Giese, A., Schulz-Schaeffer, W., Zerr, I., Poser, S., Eigen, M., Kretzschmar, H.: Ultrasensitive detection of pathological prion protein aggregates by dual-color scanning for intensely fluorescent targets. Proc. Natl. Acad. Sci. U. S. A. **97**, 5468–5473 (2000)
287. Jahnz, M., Schwille, P.: An ultrasensitive site-specific DNA recombination assay based on dual-color fluorescence cross-correlation spectroscopy. Nucleic Acids Res. **33**, e60 (2005)
288. Collini, M., Caccia, M., Chirico, G., Barone, F., Dogliotti, E., Mazzei, F.: Two-photon fluorescence cross-correlation spectroscopy as a potential tool for high-throughput screening of DNA repair activity. Nucleic Acids Res. **33**, e165 (2005)
289. Chen, Y., Müller, J.D., So, P.T.C., Gratton, E.: The photon counting histogram in fluorescence fluctuation spectroscopy. Biophys. J. **77**, 553–567 (1999)
290. Huang, B., Perroud, T.D., Zare, R.N.: Photon counting histogram: one-photon excitation. ChemPhysChem. **5**, 1523–1531 (2004)

291. Perroud, T.D., Bokoch, M.P., Zare, R.N.: Cytochrome *c* conformations resolved by the photon counting histogram: watching the alkaline transition with single-molecule sensitivity. Proc. Natl. Acad. Sci. U. S. A. **102**, 17570–17575 (2005)
292. Siebrand, W.: Radiationless transitions in polyatomic molecules. I. Calculation of Franck-Condon factors. J. Chem. Phys. **46**, 440–447 (1967)
293. El-Sayed, M.A.: Spin-orbit coupling and the radiationless processes in nitrogen heterocycles. J. Chem. Phys. **38**, 2834–2838 (1963)
294. Baba, M.: Intersystem crossing in the 1np* and 1pp* states. J. Phys. Chem. A. **115**, 9514–9519 (2011)
295. Soto, J., Otero, J.C.: Conservation of El-Sayed's rules in the photolysis of phenyl azide: two independent decomposition doorways for alternate direct formation of triplet and singlet phenylnitrene. J. Phys. Chem. A. **123**, 9053–9060 (2019)
296. El-Sayed, M.A.: The triplet state: its radiative and nonradiative properties. Acc. Chem. Res. **1**, 8–16 (1968)
297. Siebrand, W.: Radiationless transitions in polyatomic molecules. II. Triplet-ground-state transitions in aromatic hydrocarbons. J. Chem. Phys. **47**, 2411–2422 (1967)
298. McGlynn, S.P., Azumi, T., Kinoshita, M.: Molecular Spectroscopy of the Triplet State. Prentice Hall, Englewood Cliffs NJ (1969)
299. Henry, B.R., Siebrand, W.: Spin-orbit coupling in aromatic hydrocarbons. Analysis of nonradiative transitions between singlet and triplet states in benzene and naphthalene. J. Chem. Phys. **54**, 1072–1085 (1971)
300. Lawetz, V., Orlandi, G., Siebrand, W.: Theory of intersystem crossing in aromatic hydrocarbons. J. Chem. Phys. **56**, 4058–4072 (1972)
301. Richards, W.G., Trivedi, H.P., Cooper, D.L.: Spin-orbit Coupling in Molecules. Clarendon Press, Oxford (1981)
302. Penfold, T.J., Gindensperger, E., Marian, C.M.: Spin-vibronic mechanism for intersystem crossing. Chem. Rev. **118**, 6975–7025 (2018)
303. Born, R., Burda, C., Senn, P., Wirz, J.: Transient absorption spectra and reaction kinetics of singlet phenylnitrene and its 2,4,6-tribromo derivative in solution. J. Am. Chem. Soc. **119**, 5061–5062 (1997)
304. Shipman, L.: Oscillator and dipole strengths for chlorophyll and related molecules. Photochem. Photobiol. **26**, 287–292 (1977)
305. Takiff, L., Boxer, S.G.: Phosphorescence spectra of bacteriochlorophylls. J. Am. Chem. Soc. **110**, 4425–4426 (1988)
306. Shuvalov, V.A., Parson, W.W.: Energies and kinetics of radical pairs involving bacteriochlorophyll and bacteriopheophytin in bacterial reaction centers. Proc. Natl. Acad. Sci. U. S. A. **78**, 957–961 (1981)
307. Woodbury, N.W., Parson, W.W.: Nanosecond fluorescence from isolated reaction centers of *Rhodopseudomonas sphaeroides*. Biochim. Biophys. Acta. **767**, 345–361 (1984)
308. Booth, P.J., Crystall, B., Ahmad, I., Barber, J., Porter, G., Klug, D.R.: Observation of multiple radical pair states in photosystem 2 reaction centers. Biochemistry. **30**, 7573–7586 (1991)
309. Ogrodnik, A., Keupp, W., Volk, M., Auermeier, G., Michel-Beyerle, M.E.: Inhomogeneity of radical pair energies in photosynthetic reaction centers revealed by differences in recombination diynamics of $P^{+}H^{-}_{A}$ when detected in delayed emission and absorption. J. Phys. Chem. **98**, 3432–3439 (1994)
310. Woodbury, N.W., Peloquin, J.M., Alden, R.G., Lin, X., Taguchi, A.K.W., Williams, J.C., Allen, J.P.: Relationship between thermodynamics and mechanism during photoinduced charge separation in reaction centers from *Rhodobacter sphaeroides*. Biochemistry. **33**, 8101–8112 (1994)
311. Che, A., Morrison, I.E., Pan, R., Cherry, R.J.: Restriction by ankyrin of band 3 rotational mobility in human erythrocyte membranes and reconstituted lipid vesicles. Biochemistry. **36**, 9588–9595 (1997)

312. Marcus, R.A.: On the theory of oxidation-reduction reactions involving electron transfer I. J. Chem. Phys. **24**, 966–978 (1956)
313. Marcus, R.A.: Theory of oxidation-reduction reactions involving electron transfer. Part 4. A statistical-mechanical basis for treating contributions from the solvent, ligands and inert salt. Disc. Farad. Soc. **29**, 21–31 (1960)
314. Marcus, R.A.: Electron transfer reactions in chemistry. Theory and experiment. In: Bendall, D.S. (Hrsg.) Protein Electron Transfer, S. 249–272. BIOS Scientific Publishers, Oxford (1996)
315. Warshel, A.: Dynamics of reactions in polar solvents. Semiclassical trajectory studies of electron-transfer and proton-transfer reactions. J. Phys. Chem. **86**, 2218–2224 (1982)
316. Hwang, J.-K., Warshel, A.: Microscopic examination of free-emergy relationships for electron transfer in polar solvents. J. Am. Chem. Soc. **109**, 715–720 (1987)
317. Parson, W.W.: Reorganization energies, entropies, and free energy surfaces for electron transfer. J. Phys. Chem. B. **125**, 7940–7945 (2021)
318. Miller, J.R., Calcaterra, L.T., Closs, G.L.: Intramolecular long-distance electron transfer in radical anions. The effects of free energy and solvent on the reaction rates. J. Am. Chem. Soc. **106**, 3047–3049 (1984)
319. Gould, I.R., Ege, D., Mattes, S.L., Farid, S.: Return electron transfer within geminate radical pairs. Observation of the Marcus inverted region. J. Am. Chem. Soc. **109**, 3794–3796 (1987)
320. Mataga, N., Chosrowjan, H., Shibata, Y., Yoshida, N., Osuka, A., Kikuzawa, T., Okada, T.: First unequivocal observation of the whole bell-shaped energy gap law in intramolecular charge separation from S_2 excited state of directly linked porphyrin-imide dyads and its solvent-polarity dependencies. J. Am. Chem. Soc. **123**, 12422–12423 (2001)
321. Rehm, D., Weller, A.: Kinetics of fluorescence quenching by electron and H-atom transfer. Isr. J. Chem. **8**, 259–271 (1970)
322. Farid, S., Dinnocenzo, J.P., Merkel, P.B., Young, R.H., Shukla, D., Guirado, G.: Reexamination of the Rehm-Weller data set reveals electron transfer quenching that follows a Sandros-Boltzmann dependence on the free energy. J. Am. Chem. Soc. **133**, 11580–11587 (2011)
323. Callis, P.R., Petrenko, A., Muino, P.L., Tusell, J.R.: *Ab initio* prediction of tryptophan fluorescence quenching by protein electric field enabled electron transfer. J. Phys. Chem. B. **111**, 10335–10339 (2007)
324. Tusell, J.R., Callis, P.R.: Simulations of tryptophan fluorescence dynamics during folding of the villin headpiece. J. Phys. Chem. B. **116**, 2586–2594 (2012)
325. Warshel, A., Chu, Z.-T., Parson, W.W.: Dispersed-polaron simulations of electron transfer in photosynthetic reaction centers. Science. **246**, 112–116 (1989)
326. Ulstrup, J., Jortner, J.: The effect of intramolecular quantum modes on free energy relationships for electron transfer reactions. J. Chem. Phys. **63**, 4358–4368 (1975)
327. Closs, G.L., Calcaterra, L.T., Green, N.J., Penfield, K.W., Miller, J.R.: Distance, stereoelectronic effects, and the Marcus inverted region in intramolecular electron transfer in organic radical anions. J. Phys. Chem. **90**, 3673–3683 (1986)
328. Closs, G.L., Miller, J.R.: Intramolecular long-distance electron transfer in organic molecules. Science. **240**, 440–447 (1988)
329. Heitele, H., Pöllinger, F., Häberle, T., Michel-Beyerle, M.E., Staab, H.A.: Energy gap and temperature dependence of photoinduced electron transfer in porphyrin-quinone cyclophanes. J. Phys. Chem. **98**, 7402–7410 (1994)
330. Häberle, T., Hirsch, J., Pöllinger, F., Heitele, H., et al.: Ultrafast charge separation and driving force dependence in cyclophane-bridged Zn-porphyrin-quinone molecules. J. Phys. Chem. **100**, 18269–18274 (1996)
331. Parson, W.W.: Temperature dependence of the rate of intramolecular electron transfer. J. Phys. Chem. B. **122**, 8824–8833 (2018)

332. Moser, C.C., Dutton, P.L.: Engineering protein structure for electron transfer function in photosynthetic reaction centers. Biochim. Biophys. Acta. **1101**, 171–176 (1992)
333. Ghorai, P.K., Matyushov, D.V.: Solvent reorganization entropy of electron transfer in polar solvents. J. Phys. Chem. A. **110**, 8857–8863 (2006)
334. Parson, W.W.: Generalizing the Marcus equation. J. Chem. Phys. **152**, 184106/1–184106/6 (2020)
335. Parson, W.W.: Vibrational relaxations and dephasing in electron-transfer reactions. J. Phys. Chem. B. **120**, 11412–11418 (2016)
336. Parson, W.W.: Effects of free energy and solvent on rates of intramolecular electron transfer in organic radical anions. J. Phys. Chem. A. **121**, 7297–7306 (2017)
337. Parson, W.W.: Electron-transfer dynamics in a Zn-porphyrin-quinone cyclophane: effects of solvent, vibrational relaxations, and conical intersections. J. Phys. Chem. B. **122**, 3854–3863 (2018)
338. O'Regan, B., Grätzel, M.: A low-cost, high-efficiency solar cell based on dye-sensitized colloidal TiO_2 films. Nature. **353**, 737–740 (1991)
339. Grätzel, M.: Photoelectrochemical cells. Nature. **414**, 338–344 (2001)
340. Durrant, J.R., Tachibana, Y., Durrant, J.R., Mercer, I., Moser, J.E., Grätzel, M., Klug, D.R.: The excitation wavelength and solvent dependence of the kinetics of electron injection in $Ru(dcbpy)_2$ $(NCS)_2$ sensitized nanocrystalline TiO_2 films. Z. Phys. Chem. **212**, 93–98 (1999)
341. Kovalsky, A., McCleese, C., Lin, W.C., Goldberg, S., Kolodziej, C., Burda, C.: Comparing titania-based architectures for perovskite solar cells: a combined optical-electronic loss analysis. Small. Methods. **2**, 1700275/1-13 (2018)
342. Hu, C., White, R.M.: Solar Cells: From Basic to Advanced Systems. McGraw-Hill, New York (1983)
343. Sinton, R.A., Cuevas, A.: Contactless determination of current-voltage characteristics and minority-carrier lifetimes in semiconductors from quasi-steady-state photoconductance data. Appl. Phys. Lett. **69**, 2510–2512 (1996)
344. Augusto, A., Herasimenka, S.Y., King, R.R., Bowden, S.G., Honsberg, C.: Analysis of the recombination mechanisms of a silicon solar cell with low bandgap-voltage offset. J. Appl. Phys. **121**, 205704 (2017)
345. Shockley, W., Queisser, H.J.: Detailed balance limit of efficiency of p-n junction solar cells. J. Appl. Phys. **32**, 510–519 (1961)
346. Tiedje, T., Yablonovich, E., Cody, G.D., Brooks, B.G.: Limiting efficiency of silicon solar cells. IEEE Trans. Electron Devices. **31**, 711–716 (1984)
347. Peet, J., Heeger, A.J., Bazan, G.C.: "Plastic" solar cells: self-assembly of bulk heterojunction nanomaterials by spontaneous phase separation. Acc. Chem. Res. **42**, 1700–1708 (2009)
348. Huo, L.J., Liu, T., Sun, X.B., Cai, Y.H., Heeger, A.J., Sun, Y.M.: Single-junction organic solar cells based on a novel wide-bandgap polymer with efficiency of 9.7%. Adv. Mater. **27**, 2938–2944 (2015)
349. Beard, M.C., Ellingson, R.J.: Multiple exciton generation in semiconductor nanocrystals: toward efficient solar energy conversion. Laser Photonics Rev. **2**, 377–399 (2008)
350. Beard, M.C., Midgett, A.G., Hanna, M.C., Luther, J.M., Hughes, B.K., Nozik, A.J.: Comparing multiple exciton generation in quantum dots to impact ionization in bulk semiconductors: implications for enhancement of solar energy conversion. Nano Lett. **10**, 3019–3027 (2010)
351. Nozik, A.J., Beard, M.C., Luther, J.M., Law, M., Ellingson, R.J., Johnson, J.C.: Semiconductor quantum dots and quantum dot arrays and applications of multiple exciton generation to third-generation photovoltaic solar cells. Chem. Rev. **110**, 6873–6890 (2010)
352. Lv, H.J., Wang, C.C., Li, G.C., Burke, R., Krauss, T.D., Gao, Y.L., Eisenberg, R.: Semiconductor quantum dot-sensitized rainbow photocathode for effective photoelectrochemical hydrogen generation. Proc. Natl. Acad. Sci. U. S. A. **114**, 11297–11302 (2017)

353. Kojima, A., Teshima, K., Shirai, Y., Miyasaka, T.: Organometal halide perovskites as visible-light sensitizers for photovoltaic cells. J. Am. Chem. Soc. **131**, 6050–6051 (2009)
354. Lee, M.M., Teuscher, J., Miyasaka, T., Murakami, T.N., Snaith, H.J.: Efficient hybrid solar cells based on meso-superstructured organometal halide perovskites. Science. **338**, 643–647 (2012)
355. Zhang, W., Eperon, G.E., Snaith, H.J.: Metal halide perovskites for energy applications. Nat. Energy. **1**, 16048 (2016)
356. Duong, T., Wu, Y.L., Shen, H., Peng, J., et al.: Rubidium multication perovskite with optimized bandgap for perovskite-silicon tandem with over 26% efficiency. Adv. Energy Mater. **7**, 1700228 (2017)
357. Burschka, J., Pellet, N., Moon, S.-J., Humphry-Baker, R., Gao, P., Nazeeruddin, M.K., Grätzel, M.: Sequential deposition as a route to high-performance perovskite-sensitized solar cells. Nature. **499**, 316–319 (2013)
358. Stranks, S.D., Snaith, H.J.: Metal-halide perovskites for photovoltaic and light-emitting devices. Nature Nanotech. **10**, 391–402 (2015)
359. Zhao, B., Bai, S., Kim, V., Lamboll, R., et al.: High-efficiency perovskite-polymer bulk heterostructure light-emitting diodes. Nat. Photonics. **12**, 783–789 (2018)
360. Uoyama, H., Goushi, K., Shizu, K., Nomura, H., Adachi, C.: Highly efficient organic light-emitting diodes from delayed fluorescence. Nature. **492**, 234–238 (2012)
361. Martinez, C.R., Iverson, B.L.: Rethinking the term "pi-stacking". Chem. Sci. **3**, 2191–2201 (2012)
362. Sinnokrot, M.O., Valeev, E.F., Sherrill, C.D.: Estimates of the *ab-initio* limit for pi-pi interactions: the benzene dimer. J. Am. Chem. Soc. **124**, 10887–10893 (2002)
363. Luo, J., Xie, Z., Lam, J.W.Y., Cheng, L., et al.: Aggregation-induced emission of 1-methyl-1,2,3,4,5-pentphenylsilole. Chem. Commun. **18**, 1740–1741 (2001)
364. Dong, Y., Liu, J.C., Qin, J., Liu, Z., Li, Z., Tang, B.Z., Sun, J., Kwok, H.S.: Aggregation-induced emissions of tetraphenylethene derivatives and their utilities as chemical vapor sensors and organic light-emitting dipdes. Appl. Phys. Lett. **91**, 011111/1-3 (2007)
365. Hong, Y., Lam, J.W.Y., Tang, B.Z.: Aggregation-induced emission: phenomenon, mechanism and aplications. Chem. Commun. **2009**, 4332–4353 (2009)
366. Hong, Y., Lam, J.W.Y., Tang, B.Z.: Aggregation-induced emission. Chem. Soc. Rev. **40**, 5361–5388 (2011)
367. Mei, J., Leung, N.L.C., Kwok, R.T.K., Lam, J.W.Y., Tang, B.Z.: Aggregation-induced emission: together we shine, united we soar. Chem. Rev. **115**, 11718–11940 (2015)
368. Turro, N.J., Bolt, J.D., Kuroda, M., Tabushi, I.: A study of the kinetics of inclusion of halonaphthalenes with b-cyclodextrin via time-correlated phosphorescence. Photochem. Photobiol. **35**, 69 72 (1982)
369. Wu, T.M., Huang, J., Yan, Y.: From aggregation-induced emission to organic room temperature phosphorescence through suppression of molecular vibration. Cell Rep. Phys. Sci. **3**, 100771/1-30 (2022)
370. Hu, J.-J., Jiang, W., Lou, X., Xia, F.: Target-triggering, signal-amplified chemo/bio-sensors based on aggregation-induced luminogens. Cell Rep. Phys. Sci. **3**, 100743/1-15 (2022)
371. Khandare, D.G., Joshi, H., Bannerjeee, M., Majik, M.S., Chatterjee, A.: An aggregation-induced emission based on "turn-on" fluorescent chemodosimeter for the selective detection of Pb^{2+} ions. RSC Adv. **4**, 47076–47080 (2014)
372. Yu, Y., Qin, A., Feng, C., Lu, P., Ng, K.M., Luo, K.Q., Tang, B.Z.: An amine-reactive tetraphenylethylene derivative for protein detection in SDS-PAGE. Analyst. **137**, 5592–5596 (2012)
373. Han, T., Feng, X., Tong, B., Shi, J., Chen, L., Zhi, J., Dong, Y.A.: Novel "turn-on" fluroescent chemosensor for the selective detection of Al^{3+} based on aggregation-induced emission. Chem. Commun. **48**, 416–418 (2012)
374. Peng, L., Zhou, Z., Wang, X., Wei, R., Li, K., Xiang, Y., Tong, A.: A ratiometric fluorescent chemosensor for Al3+ in aqueous solution based on aggregation-induced emission and its application in live-cell imaging. Anal. Chim. Acta. **829**, 54–59 (2014)

6 Vibrationsabsorption

6.1 Normal-Schwingungsmoden und Wellenfunktionen

Anregungen von Molekülen zu höheren Schwingungszuständen treten typischerweise im mittleren Infrarotbereich des Spektrums zwischen 200 und 5000 cm^{-1} ($\lambda = 2{,}5$ bis $50\,\mu m$) auf. In diesem Kapitel betrachten wir die Hauptfaktoren, die die Energien und Stärken der Schwingungsanregungen bestimmen. Wir betrachten, wie Rotationsbewegungen das Infrarot-Absorptionsspektrum kleiner Moleküle beeinflussen, und wir beschreiben Anwendungen der Infrarotspektroskopie mit Schwerpunkt auf Anwendungen bei Proteinen und Nukleinsäuren. Kap. 12 geht weiter ins Detail der Raman-Spektroskopie, bei der Schwingungsübergänge die Streuung von Licht bei höheren Frequenzen begleiten.

Ein Molekül mit N Atomen hat $3N$ Freiheitsgrade der Bewegung, von denen 3 auf die Translation des Massenschwerpunkts, 3 auf die Rotation des gesamten Moleküls und die verbleibenden $3N$-6 auf interne Schwingungen, die den Massenschwerpunkt stationär lassen, entfallen. (Ein lineares Molekül hat nur 2 Rotationsfreiheitsgrade und $3N$-5 Schwingungsmoden.) Im Allgemeinen beinhaltet jeder Schwingungsmodus eines komplexen Moleküls kollektive Bewegungen vieler Kerne und kann nicht einfach als Strecken oder Biegen einer einzelnen Bindung beschrieben werden. Die Analyse der Schwingungen wird jedoch erheblich vereinfacht, wenn wir annehmen, dass die Schwingungspotentialenergie eine harmonische Funktion der Atomkoordinaten ist. Das bedeutet, dass die Potentialenergie von quadratischen Termen wie $x_i^2, x_i x_j$ abhängt, wobei x_i und x_j Verschiebungen einer der 3 N kartesischen Koordinaten von ihren Gleichgewichtswerten sind, aber nicht von höheren Ordnungstermen wie $x_i^3, x_i^2 x_j$ oder $x_i x_j x_k$. In dieser Situation ist es möglich, einen Satz von orthogonalen *Normalkoordinaten* zu definieren, die aus linearen Kombinationen der einzelnen Atomkoordinaten bestehen, so dass jeder Schwingungsmodus, oder *Normalmodus,* Bewegungen entlang einer einzigen

W. Parson und C. Burda, *Moderne Optische Spektroskopie,*
https://doi.org/10.1007/978-3-031-52100-3_6

Normalkoordinate beinhaltet. Die Schwingungspotentialenergie eines Moleküls kann dann geschrieben werden als

$$V = \frac{1}{2}\sum_i k_i \varsigma_i^2, \tag{6.1}$$

wo ς_i die Normalkoordinate für den Modus i und k_i eine Kraftkonstante für diese Bewegung ist (Kasten 6.1).

Wie wir in Kap. 2 diskutiert haben, sind die Lösungen der Schrödinger-Gleichung für eine quadratische Potentialenergiefunktion der Koordinate x die harmonischen Oszillator Wellenfunktionen,

$$\chi_n = N_n H_n(u) \exp\left(-u^2/2\right), \tag{6.2}$$

wo die dimensionslose Koordinate u gleich $x/(\hbar/2\pi m_r \upsilon)^{1/2}$ ist, m_r die reduzierte Masse des Systems, υ die klassische Schwingungsfrequenz, $H_n(u_i)$ ein Hermite Polynom, und N_n ein Normalisierungsfaktor ist (Gl. 2.30 und Kasten 2.5). Die Frequenz eines harmonischen Oszillators mit Kraftkonstante k_i ist gegeben durch

$$\nu = (k/m_r)^{1/2}/2\pi. \tag{6.3}$$

Innerhalb der Grenzen der harmonischen Näherung ist eine Vibrationswellenfunktion für ein Molekül einfach ein Produkt der Wellenfunktionen der $3N$-6 oder $3N$-5 unabhängigen harmonischen Oszillatoren:

$$\mathrm{X}(x_1, x_2, \cdots) = \prod_{i=1}^{3N-6} \chi_{i(n)}(x_i). \tag{6.4}$$

Und in der gleichen Näherung ist die Vibrationsenergie eines Moleküls die Summe der Energien der einzelnen Normalmoden:

$$E_{vib} = \sum_{i=1}^{3N-6} \left(n_i + \frac{1}{2}\right) h\nu_i, \tag{6.5}$$

wo n_i das Anregungsniveau des Modus i ist (Gl. 2.29).

Abb. 6.1 veranschaulicht die Normalmoden von linearen und nichtlinearen dreiatomigen Molekülen und führt Begriffe ein, die zur Beschreibung verschiedener Arten von Vibrationsbewegungen verwendet werden. Später werden wir in diesem Kapitel diskutieren, wie die Normalmoden von symmetrischen Molekülen in Beziehung zu Symmetrieoperationen der Rotation um eine C_2-Symmetrieachse stehen (z. B. die in der Abbildung dargestellllten dreiatomigen Moleküle). Die Normalmoden größerer Moleküle können viel komplizierter sein als die in Abb. 6.1 gezeigten und können Bewegungen vieler Atome beinhalten, haben aber ähnliche grundlegende Merkmale.

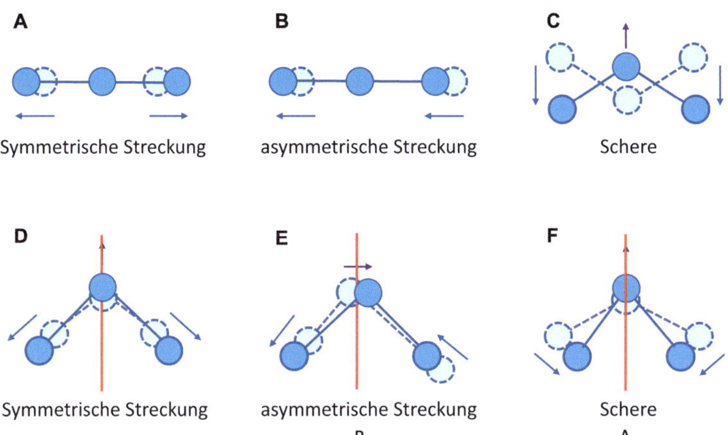

Abb. 6.1 Qualitative Darstellungen der Normalmoden von linearen (**A**-**C**) und nichtlinearen (**D**-**F**) dreiatomigen Molekülen. Die *dunkleren und helleren gefüllten Kreise* zeigen die Positionen der Atome an den beiden Extremen der Bewegungen; *Pfeile* zeigen die Bewegungen in eine Richtung zwischen diesen Extremen. Die Beschriftungen unter den Zeichnungen sind Begriffe, die für verschiedene Arten von Bewegungen verwendet werden. Eine Schwingung wird als „symmetrische Streckung" bezeichnet, wenn zwei der Bindungen zu einem Atom gleichzeitig länger und kürzer werden, „asymmetrische Streckung", wenn eine der Bindungen länger wird, während die andere kürzer wird, und eine „Biege-" oder „Schere"-Bewegung, wenn sich diese Atome oder Gruppen aufeinander zu und dann voneinander weg bewegen. Die Bezeichnungen „A1" und „B1" sind Mulliken-Symbole, die die Symmetrien der Schwingungen beschreiben. Die *roten Linien* in D, E und F zeigen eine C_2-Achse der zweifachen Rotationssymmetrie an. Die Richtungen der atomaren Bewegungen in den Scher- und symmetrischen Streckmoden ändern sich nicht, wenn das Molekül entweder um 180° um diese Achse gedreht oder über die Ebene reflektiert wird, die die C_2-Achse enthält und senkrecht zur Zeichenebene ist. Im asymmetrischen Streckmodus kehren diese Symmetrieoperationen alle Bewegungsrichtungen um. Ein lineares dreiatomiges Molekül hat einen zusätzlichen Biegemodus senkrecht zur Zeichenebene (nicht gezeigt), hat aber nur zwei Streckmoden, während ein nichtlineares Dreiatom drei hat. Beide haben auch drei Translationsmoden

Kasten 6.1 Normal-koordinaten und Molekulardynamik-Simulationen

Betrachten Sie ein klassisches System mit N Teilchen und 3 N kartesischen Koordinaten x_1,x_2, …x_{3N}. Definieren wir die Koordinaten jedes Atoms relativ zur Gleichgewichtsposition dieses Atoms, so dass x_1,x_2, und x_3 relativ zur Gleichgewichtsposition des Atoms 1 angegeben sind; x_4,$x_5 x_6$, relativ zur Gleichgewichtsposition des Atoms 2; und so weiter. Die Gesamtkinetische Energie des Systems ist dann

$$T = (1/2) \sum_i m_i (\partial x_i / \partial t)^2 \tag{B6.1.1}$$

wo m_i die Masse der Teilchen mit der Koordinate x_i ist. Wir können diesen Ausdruck vereinfachen, indem wir „massengewichtete" Koordinaten verwenden, $\eta_i = (m_i)^{1/2} x_i$:

$$T = (1/2)\sum_i \left(\partial\eta_i/\partial t\right)^2. \tag{B6.1.2}$$

Die potentielle Energie des Systems kann nun als Taylorreihe in Potenzen der massengewichteten Koordinaten ausgedrückt werden:

$$V = V_0 + \sum_i \left(\partial V/\partial\eta_i\right)_0 \eta_i + (1/2)\sum_i\sum_j b_{ij}\eta_i\eta_j \rightleftharpoons, \tag{B6.1.3a}$$

wo

$$b_{ij} = \left(\partial^2 V/\partial\eta_i\partial\eta_j\right)_0. \tag{B6.1.3b}$$

Der Index 0 bedeutet hier, dass die partiellen Ableitungen an den Gleichgewichtspositionen (η_i,η_j = 0) ausgewertet werden. Wir können die potentielle Energie willkürlich auf null setzen, wenn alle Teilchen an diesen Positionen sind, so dass $V_0 = 0$. An den Gleichgewichtspositionen muss auch $\partial V/\partial\eta_i$ für jede Koordinate null sein, so dass unter Vernachlässigung von kubischen und höheren Termen die potentielle Energie ist

$$V = (1/2)\sum_i\sum_j b_{ij}\eta_i\eta_j. \tag{B6.1.4}$$

Da die entlang der Koordinate x_i wirkende Kraft

$$F_i = -\partial V/\partial x_i = -m_i^{1/2}\partial V/\partial\eta_i = -m_i^{1/2}\sum_j b_{ij}\eta_j, \tag{B6.1.5}$$

ist und die Beschleunigung auf dieser Koordinate

$$\partial^2 x_i/\partial t^2 = m^{-1/2}\partial^2\eta_i/\partial t^2, \tag{B6.1.6}$$

kann das zweite Newtonsche Bewegungsgesetz geschrieben werden als

$$\partial^2\eta_i/\partial t^2 + \sum_j b_{ij}\eta_j = 0. \tag{B6.1.7}$$

Wir können Gl. (B6.1.7) sofort für η_i lösen, wenn die Faktoren b_{ij} mit $j \neq i$ alle null sind, so dass

$$\partial^2\eta_i/\partial t^2 + b_{ii}\eta_i = 0. \tag{B6.1.8}$$

Die Lösung ist einfach

$$\eta_i = \eta_i^o \sin\left(\sqrt{b_{ii}}t + \phi_i\right), \tag{B6.1.9}$$

wo η_i^o eine beliebige Amplitude und ϕ_i eine Phasenverschiebung ist.

Die Matrix der zweiten partiellen Ableitungen b_{ij} wird als die *Hessesche* Matrix des Systems bezeichnet. Gl. (B6.1.9) zeigt, dass, wenn b_{ij} für alle $j \neq i$ null ist, dann wird jede der massegewichteten Koordinaten sinusförmig um ihren Gleichgewichtswert schwingen. Die Frage ist nun, ob es immer möglich ist, Gl. (B6.1.7) in einen Ausdruck mit der Form von (B6.1.8) durch eine lineare Transformation der Variablen umzuwandeln, auch wenn die b_{ij} mit $j \neq i$ nicht alle null sind. Die Antwort ist ja, wie das folgende Argument zeigt.

Wenn die gewünschte Transformation möglich ist, müssen die resultierenden Normal-Koordinaten (ς_k mit $k = 1, 2, \ldots 3N$) es uns ermöglichen, die kinetische und potentielle Energie des Systems wie folgt zu schreiben als

$$T = (1/2)\sum_j \left(\partial\varsigma_j/\partial t\right)^2, \tag{B6.1.10}$$

und

$$V = (1/2)\sum_j v_j\varsigma_j^2, \tag{B6.1.11}$$

wo $_{jv}$ eine noch zu bestimmende Frequenz ist. Die Bewegungsgleichung für den Normalmodus j wird dann sein

$$\zeta_j = \zeta_j^o \sin\left(\sqrt{v_j}t + \phi_j\right). \tag{B6.1.12}$$

Angenommen, wir setzen das System in Bewegung auf eine Weise, wo alle Amplituden ζ_j^o null sind, außer eine, ς_k^o. Die Bewegungen auf der normalen Koordinate k werden dann eine sinusförmige Zeitabhängigkeit haben, die durch Gl. (B6.1.12) gegeben ist. Im Prinzip könnte die Normal-koordinate k Beiträge von jeder oder allen der einzelnen massegewichteten Koordinaten (η_i) enthalten. Umgekehrt, da die η_i linear zu den Normal-koordinaten stehen, können wir schreiben

$$\eta_i = \sum_{k=1}^{3N} B_{ik}\varsigma_k = \sum_{k=1}^{3N} B_{ik}\varsigma_k^o \sin\left(\sqrt{v_k}t + \phi_k\right), \tag{B6.1.13}$$

wo die Koeffizienten B_{ik} noch zu bestimmen sind. Gl. (B6.1.13) zeigt, dass jeder der η_i, für die B_{ik} nicht null ist, die gleiche Abhängigkeit von der Zeit haben muss wie die Normalkoordinate k:

$$\eta_i = B_{ik}\varsigma_k^o \sin\left(\sqrt{v_k}t + \delta_k\right). \tag{B6.1.14}$$

Alle Kerne bewegen sich also mit der gleichen Frequenz und Phase, aber mit unterschiedlichen Amplituden, die von ς_k^o und den Koeffizienten B_{ik} abhängen.

Betrachten Sie nun die allgemeinere Situation, in der eine der Normalmodus-Amplituden $\left(\zeta_j^o\right)$ ungleich Null sein könnte. Setzt man Gl. (B6.1.14) in die Gl. (B6.1.10) und (B6.1.11) ein und verwendet erneut das zweite Newtonsche Gesetz (Gl. B6.1.7), erhält man

$$-\nu_j A_i + \sum_{i=1}^{3N} b_{ij} A_i = 0, \tag{B6.1.15}$$

wo $A_i = B_{ij}\varsigma_j^o$. Dies ist ein Satz von 3 N simultanen linearen Gleichungen für die 3 N unbekannten Größen A_i, und somit, sobald alle ζ_j^o spezifiziert sind, für die Koeffizienten B_{ij}. Eine triviale Lösung dieser Gleichungen ist, dass alle A_i null sind. Wie wir in Kasten 8.1 zeigen, wird es eine oder mehrere nichttriviale Lösungen geben, wenn und nur wenn die aus den b_{ij} und $_{\nu j}$ (konstruierte Determinante (die säkulare Determinante) null ist:

$$\begin{vmatrix} b_{11} - \nu_j & b_{12} & \cdots & b_{13N} \\ b_{21} & b_{22} - \nu_j & \cdots & b_{23N} \\ \cdots & \cdots & \cdots & \cdots \\ b_{3N1} & b_{3N2} & \cdots & b_{3N3N} - \nu_j \end{vmatrix} = 0. \tag{B6.1.16}$$

Gl. (B6.1.12) muss daher eine gültige Bewegungsgleichung für das System sein, wenn die Frequenz $_j$ einer der Werte ist, die Gl. (B6.1.16) erfüllen. Sobald wir eines dieser Resultate erhalten, können wir sie in Gl. (B6.1.15) einsetzen, um alle A_i und damit die B_{ik} zu finden, unter Berücksichtigung der Anfangsbedingungen und der Einschränkung

$$\sum_{i=1}^{3N} {B_{ik}}^2 = 1. \tag{B6.1.17}$$

Dieses Verfahren liefert 3 N Lösungen für die Bewegungsgleichungen, eine für jede der Resultate der Gl. (B6.1.16), obwohl einige dieser Lösungen identisch sein können. Sechs der Lösungen (oder fünf für ein lineares Molekül) beschreiben die Translation oder Rotation des gesamten Moleküls und haben $_j = 0$; die anderen geben die gesuchten Normalmoden. Die allgemeine Lösung für die Bewegungen des Systems kann als Summe dieser speziellen Lösungen (Gl. B6.1.14) geschrieben werden, wobei die Amplituden $\left(\varsigma_j^o\right)$ und Phasen (δ_j) durch die Anfangsbedingungen bestimmt werden. In der Praxis ist es nicht notwendig, die einzelnen Lösungen nacheinander auf die hier skizzierte Weise zu erarbeiten; sie können alle direkt durch Diagonalisierung der Hesseschen Matrix der partiellen Ableitungen (b_{ij}) entsprechend der Determinante ermittelt werden, wie in Abschn. 2.3.6 beschrieben.

Eine Methode zur Bestimmung der Normalmoden kleiner Moleküle wurde von E.B. Wilson entwickelt [1, 2]. Das Verfahren beinhaltet den Aufbau einer $N \times N$ Matrix von Kraftkonstanten (**F**) und einer zweiten Matrix (**G**), deren Elemente von den Molekularmassen und den Bindungslängen und -winkeln in der Gleichgewichtsgeometrie abhängen. Durch Diagonalisierung des Produkts **FG** erhält man dann die Normalmodenschwingungsfrequenzen und die Koeffizienten für das Strecken oder Biegen verschiedener Bindungen in jeder der Normalmoden. Informationen über die Symmetrie des Moleküls können verwendet werden, um das Aufstellen von **G**, das normalerweise der komplexeste Teil des Problems ist, zu erleichtern [2–6].

Dieses Verfahren stößt bei großen Molekülen an seine Grenzen, da die **F** und **G** Matrizen auf internen molekularen Koordinaten basieren. Es ist viel einfacher, kartesische Koordinaten zu verwenden und die zweiten Ableitungen der potenziellen Energie in Bezug auf die Koordinaten numerisch zu bestimmen. In diesem Ansatz, der von Lifson, Warshel und Levitt [7–9] entwickelt wurde, wird die potenzielle Energie eines Systems als Summe von Termen für Bindungsstreckung und -biegung, torsionale Verdrehung, van der Waals-Interaktionen und elektrostatische Interaktionen ausgedrückt (Abb. 6.2). Der Beitrag des Atoms i zur potenziellen Energie kann somit geschrieben werden [10, 11]:

$$\begin{aligned} V_i(t) = & \sum_{b}^{\text{bonds}} \frac{k_b^l}{2}\left(l_b - l_b^0\right)^2 + \sum_{a}^{\text{angles}} \frac{k_a^\phi}{2}\left(\phi_b - \phi_b^0\right)^2 \\ & + \sum_{b}^{\text{torsions}} \frac{k_t^\theta}{2}\cos^2\left(n_t^0\theta_t - \theta_t^0\right) \\ & + \sum_{j\neq i}^{\text{atoms}} \left(A_i^0 r_{ij}^{-12} - B_i^0 r_{ij}^{-6} + q_i q_j r_{ij}^{-1} d_{ij}^{-1}\right) + \text{constant.} \end{aligned} \tag{B6.1.18}$$

Die erste Summe in diesem Ausdruck läuft über alle Bindungen zu Atom i, wobei l_b die Länge der Bindung b bezeichnet und l_b^0 die nominale Länge einer Bindung dieses bestimmten Typs ist. Die zweite und dritte Summe laufen über die Bindungswinkel (ϕ) und torsionalen (dihedralen) Winkel (θ); die vierte über die van der Waals- und elektrostatischen Wechselwirkungen mit Atomen, die nicht direkt an Atom i gebunden sind. In der letzten Summe sind $q_i q_j$ und r_{ij} die Partialladungen und interatomaren Abstände für die Atome i und j, und d_{ij} ist eine dielektrische Abschirmfunktion, die mit r_{ij} zunimmt. Die Standard-Bindungslängen und -winkel (l_b^o, ϕ_a^o, n_t^o und θ_t^o) werden gewählt, um kristallographische Informationen widerzuspiegeln, und die Kraftkonstanten $\left(k_b^l, k_a^\phi, \text{ und } k_t^\theta\right)$ stehen in Beziehung zu Schwingungsfrequenzen, die durch IR-Spektroskopie gemessen werden. Die Atomladungen können aus Quantenberechnungen und gemessenen Dipolmomenten und die van der Waals-Parameter aus Molekulardichten in Kristallen und Flüssigkeiten gewonnen werden. Einige Behandlungen beinhalten zusätzliche Terme, die die Bindungsstreckungsenergien mit den Bindungsbiegungs- und torsionalen Winkeln koppeln, oder die die dielektrische Abschirmung durch explizite induzierte Dipole anstatt durch die Abschirmfunktion d_{ij} behandeln.

Unter Verwendung von Gl. (B6.1.18), können die partiellen Ableitungen (b_{ij}), die in den Gl. (B6.1.3a–B6.1.7) erscheinen, berechnet werden, indem

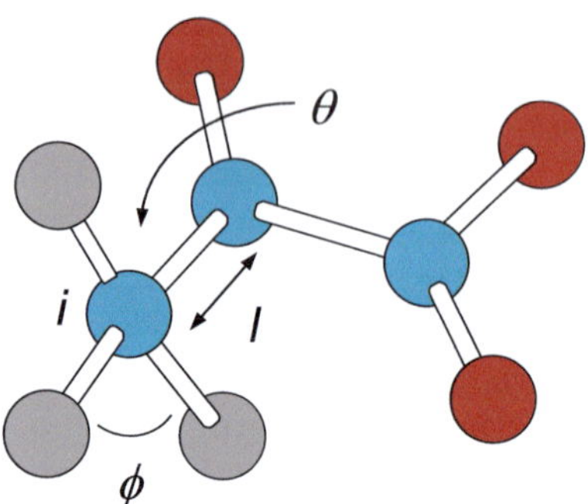

Abb. 6.2 Der Beitrag des Atoms i zur klassischen potenziellen Energie eines Systems hängt von den Längen (l) und Winkeln (ϕ) aller vom Atom gebildeten Bindungen, den torsionalen Drehungen (θ) um Bindungen, die von benachbarten Atomen gebildet werden, und den van der Waals- und elektrostatischen Wechselwirkungen mit anderen Atomen ab

die Änderungen in der potenziellen Energie, die sich aus kleinen Änderungen in den atomaren Koordinaten ergeben, bewertet werden. Durch Diagonalisierung der Hesseschen Matrix erhält man dann die Normalmodenfrequenzen und -koordinaten. Denken Sie jedoch daran, dass die Normalmodenanalyse davon ausgeht, dass das System am Minimum der potenziellen Energie ist. Ein Makromolekül hat eine große Anzahl von lokalen Energieminima und befindet sich praktisch nie am globalen Minimum. Für ein solches System werden einige der Energien, die durch Diagonalisierung der Hesseschen Matrix erhalten werden, negativ sein, was bedeutet, dass die Schwingungsfrequenzen für diese Moden imaginäre Zahlen sind und die Sinusfunktion in Gl. (B6.1.14) durch sinh ersetzt werden muss. Dennoch können nützliche Informationen über kollektive Eigenschaften eines Systems erhalten werden, indem nur die Moden mit realen Frequenzen betrachtet werden [12].

Molekulardynamik (MD) *Simulationen* [10, 13, 14] bieten eine Möglichkeit, ein Modell einer komplexen Struktur zu einem Energieminimum zu führen. In einer MD-Simulation werden den Atomen im Ausgangsmodell zufällige Anfangsgeschwindigkeiten zugewiesen, die mit der Gesamtkinetischen Energie bei einer gewählten Temperatur übereinstimmen, und sie dürfen sich für ein kurzes Zeitintervall (typischerweise 1 oder 2 fs) bewegen; die Kräfte auf jedes Atom werden dann aus den ersten Ableitungen der potenziellen Energiefunktion (Gl. B6.1.18) in Bezug auf die Koordinaten bewertet, und die resultierenden Beschleunigungen werden berechnet und verwendet, um die Geschwindigkeiten zu aktualisieren. Das System darf sich für ein weiteres Intervall bewegen, die Kräfte werden neu bewertet, und dieser Zyklus wird viele Male mit periodischen Korrekturen der Geschwindigkeiten wiederholt, falls notwendig, um eine konstante Temperatur aufrechtzuerhalten. Läufe bei progressiv abnehmenden Temperaturen werden manchmal verwendet, um dem System zu ermöglichen, eine raue Energiefäche auf dem Weg zum (idealerweise) Bereich des globalen Minimums zu erkunden. Informationen über niederfrequente Normalmoden können in die Kräfte einbezogen werden, um die Entwicklung der Struktur zu einer endgültigen Form zu beschleunigen [15, 16]. Die Zuverlässigkeit der Ergebnisse hängt natürlich von der Qualität der potenziellen Energiefunktion sowie der Länge der Simulation ab.

Eine Anwendung von MD-Simulationen besteht darin, Schwingungsmoden zu identifizieren, die an einen Prozess wie einen Elektronentransfer gekoppelt sind. Die schwankende Differenz zwischen den potenziellen Energien der Anfangs- und Endzustände wird in Intervallen während einer MD-Trajektorie bewertet. Wie in den Kap. 10 und 11 diskutiert, liefert eine Fourier-Transformation der Autokorrelation der Schwankungen die Frequenzen der Moden, die an den Übergang gekoppelt sind [17, 18]. Die Amplitude jedes Peaks in der Transformation ist proportional zur Verschiebung (Δ) der Potenzialkurve für den Produktzustand entlang der Schwingungskoordinate für diesen Modus. Abb. 6.3A zeigt eine solche Fourier-Transformation, die aus der berechneten Energiedifferenz zwischen den diabatischen Reaktanten und Produkten des anfänglichen Elektronentransferschritts in photosynthetischen bakteriellen Reaktionszentren erhalten wurde [18]. Die Gruppe von Moden mit Wellenzahlen im Bereich von 300 bis 400 cm^{-1} repräsentiert Rotationen einer Tyrosin-Phenol-Hydroxylgruppe, die elektrostatisch mit dem Elektronenakzeptor interagiert (Abb. 6.3B).

6.2 Vibrationale Anregung

Die Anregung eines Moleküls zu einem höheren Schwingungszustand kann oft recht gut als Anhebung eines einzelnen Normalmodus von der Quantenzahl n_i zu einer höheren Zahl, m_i, beschrieben werden. Wenn die Frequenzen der Normalmoden sich nicht signifikant ändern, wenn das Molekül angeregt wird, ist die Anregungsenergie $(m_i - n_i)h\nu_i$, wobei ν_i die Schwingungsfrequenz des Modus ist.

Um die Auswahlregeln und Dipolstärken für vibrationale Anregungen zu untersuchen, müssen wir bewerten, wie das Strahlungsfeld die vibrationale Energie stört und wie diese Störung von der Normalkoordinate abhängt. Betrachten wir zunächst ein zweiatomiges Molekül, so dass wir nur eine einzige Schwingungskoordinate (x) haben. Der Störungsterm in der Hamilton-Funktion hat die Form:

$$\tilde{\mathrm{H}}'(x,t) \approx -\boldsymbol{E}(t) \cdot \boldsymbol{\mu}, \tag{6.6}$$

wo $\boldsymbol{E}$ das elektrische Feld und $\boldsymbol{\mu}$ das Dipolmoment ist, einschließlich Beiträgen sowohl von elektronischen als auch von Kernladungen. Mit diesem Ausdruck für $\tilde{\mathrm{H}}'$ zeigt die gleiche Argumentationslinie, die wir auf elektronische Übergänge angewendet haben, dass die Stärke der Anregung vom Schwingungsniveau n zum Niveau m von $|\boldsymbol{E}_o \cdot \boldsymbol{\mu}_{mn}|^2$ abhängt, wobei $\boldsymbol{E}_o$ die Amplitude des Feldes und $\boldsymbol{\mu}_{mn}$ das Matrixelement des elektrischen Dipoloperators ist,

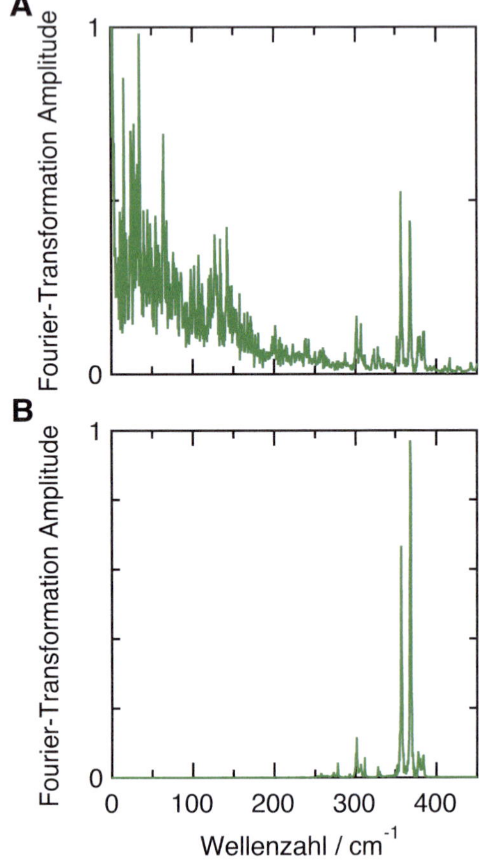

Abb. 6.3 Fourier-Transformationen von Autokorrelationsfunktionen von (**A**) der berechneten Energiedifferenz zwischen den Reaktanten und Produkten des anfänglichen Elektronentransferschritts in photosynthetischen bakteriellen Reaktionszentren und (**B**) dem C–C–O–H-Diederwinkel der Phenol-Hydroxylgruppe von Tyrosin M210. Die Amplituden sind willkürlich skaliert. Angepasst von [18]

$$\boldsymbol{\mu}_{mn} = \langle \chi_m | \tilde{\mu} | \chi_n \rangle. \tag{6.7}$$

Das Dipolmoment eines Moleküls kann nicht streng als eine einfache analytische Funktion der Normalkoordinaten geschrieben werden. Zum einen können die einzelnen atomaren Ladungen experimentell nicht gemessen werden, so dass jede Aufteilung der Gesamtladung des Moleküls auf die Atome von der Wahl eines Modells abhängt. Darüber hinaus kann die Änderung des Abstands zwischen zwei gebundenen Atomen den Charakter der Bindung verändern, Korrelationen unter den Elektronen beeinflussen und den Beitrag von induzierten Dipolen zum Gesamtdipolmoment ändern. Für eine polare Bindung zwischen Atomen mit unterschiedlichen Elektronegativitäten nimmt $|\boldsymbol{\mu}|$ in der Regel mit der Länge der Bindung zu. Für ein zweiatomiges Molekül zwischen ähnlicheren Atomen muss $|\boldsymbol{\mu}|$ bei großen Abständen auf null gehen, wenn die freien Atome dissoziieren, kann aber mit kleineren Änderungen im Abstand entweder zunehmen oder abnehmen (Abb. 6.4). Wir können jedoch $|\boldsymbol{\mu}|$ in einer Taylorreihe um den Gleichgewichtswert der Normalkoordinate ausdrücken:

$$| \boldsymbol{\mu}(x) |=| \boldsymbol{\mu}(0) | +(\partial | |\boldsymbol{\mu}|/\partial x)_0 x + \frac{1}{2}\left(\partial^2 | |\boldsymbol{\mu}|/\partial x^2\right)_0 x^2 + \cdots , \tag{6.8}$$

wo x die Abweichung der Koordinate von ihrem Gleichgewichtswert ist und die Indizes anzeigen, dass die Ableitungen an der Gleichgewichtsposition ausgewertet werden. Der Übergangsdipol kann analog geschrieben werden:

$$\begin{aligned}\boldsymbol{\mu}_{mn} = \boldsymbol{\mu}(0)\langle , \chi_m \mid \chi_n\rangle + (\partial \boldsymbol{\mu}/\partial x)_0 \langle \mid \chi_m | x | \chi_n\rangle \\ + \frac{1}{2}\left(\partial^2 \boldsymbol{\mu}/\partial x^2\right)_0 \left\langle \chi_m \middle| x^2 \middle| \chi_n \right\rangle + \cdots ,\end{aligned} \tag{6.9}$$

mit den Matrixelementen ebenfalls ausgewertet bei $x = 0$.

Der führende Term in Gl. (6.9), $\boldsymbol{\mu}(0)\langle \chi_m \mid \chi_n\rangle$, ist null für $m \neq n$ aufgrund der Orthogonalität der Eigenfunktionen. Der Term $(\partial \boldsymbol{\mu}/\partial x)_0 \langle \chi_m | x | \chi_n\rangle$ dominiert daher die Reihe, vorausgesetzt, dass $(\partial \boldsymbol{\mu}/\partial x)_0 \neq 0$. Eine Untersuchung der Eigenfunktionen eines harmonischen Oszillators zeigt, dass das Integral $\langle \chi_m | x | \chi_n\rangle$ in diesem Term nur dann ungleich null sein kann, wenn $m = n \pm 1$ ist (Kasten 2.5 und Anhang A6). Die formalen Auswahlregeln für die Ein-Photonen-Anregung einer harmonischen Schwingung sind daher:

$$(\partial \boldsymbol{\mu}/\partial x)_0 \neq 0, \tag{6.10}$$

$$m - n = \pm 1 \tag{6.11}$$

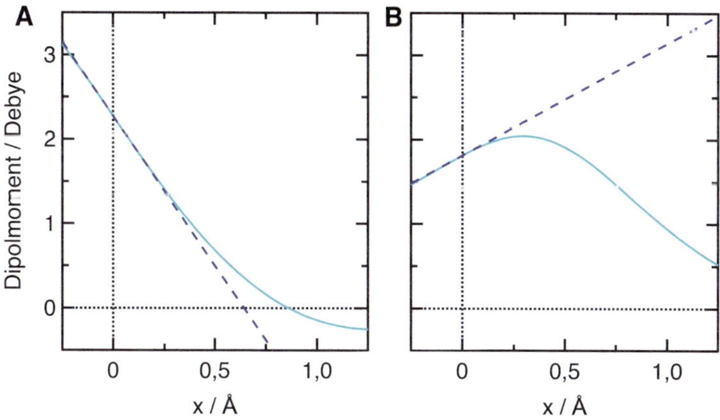

Abb. 6.4 (**A**) Berechnetes Dipolmoment (*cyanfarbene Kurve*) von CS, wenn die C–S-Bindung gestreckt oder komprimiert wird. Die Abszisse (x) ist die Änderung der Bindungslänge von ihrem Gleichgewichtswert. Die *gestrichelte Linie* ist die Tangente an die Kurve bei $x = 0$. Angepasst von [19]. (**B**) Gleich wie A, aber für die H–F-Bindung in HF, angepasst von [20]. CS hat eine berechnete Gleichgewichtsbindungslänge von 1,539 Å und ein Dipolmoment von 2,69 D (Kohlenstoffatom negativ); HF hat eine Bindungslänge von 0,917 Å und ein Dipolmoment von 1,816 D (F-Atom negativ). Siehe [19, 21, 22] für Berechnungen an CO und anderen Molekülen

und

$$h\nu = h\upsilon, \tag{6.12}$$

wo υ die Schwingungsfrequenz bei $x = 0$ ist. Der Term $\frac{1}{2}\left(\partial^2\mu/\partial x^2\right)_0\langle\chi_m|x^2|\chi_n\rangle$ in Gl. (6.9) führt zu einem schwachen *Oberton*-Übergang bei $2h\upsilon$.

6.3 Auswahlregeln und Effekte der Anharmonizität

Die Größe des Integrals $\langle\chi_m|x|\chi_n\rangle$ in Gl. (6.9) kann für harmonische Oszillatoren unter Verwendung des Rekursionssatzes für Hermite-Polynome bewertet werden:

$$uH_n(u) = (1/2)H_{n+1}(u) + nH_{n-1}(u). \tag{6.13}$$

$$\begin{aligned}
|\langle\chi_m|x|\chi_m\rangle| &= \int_{-\infty}^{\infty} \chi_m(u)u\kappa^{-1}\chi_n(u)dx \\
&= N_m N_n \kappa^{-1}\int_{-\infty}^{\infty} H_m(u)uH_n(u)\exp\left(-u^2/2\right)dx \\
&= \frac{N_n\kappa^{-1/2}}{2N_{n+1}}\langle\chi_m \mid \chi_{n+1}\rangle + n\frac{N_n\kappa^{-1/2}}{N_{n-1}}\langle\chi_m \mid \chi_{n-1}\rangle \\
&= \left(\frac{n+1}{2\kappa}\right)^{1/2}\delta_{m,n+1} + \left(\frac{n}{2\kappa}\right)^{1/2}\delta_{m,n-1}.
\end{aligned} \tag{6.14}$$

(siehe Kasten 2.5, Gl. 5.42–5.45 und Anhang A6). Das Matrixelement $\langle\chi_m|x|\chi_n\rangle$ ist also null, es sei denn, $m = n \pm 1$. Der Term $[(n + 1)/2\kappa]^{1/2}\delta_{m,n+1}$ bezieht sich auf Absorption (vibrationale Anregung), während $(n/2\kappa)^{1/2}\delta_{m,n-1}$ sich auf stimulierte Emission bezieht. Gl. (6.14) ist identisch mit dem Ausdruck, den wir für die Emission und Absorption von Photonen entwickelt haben (Gl. 5.45). Beachten Sie jedoch, dass hier die Quantenzahlen m und n sich auf das Anregungsniveau der molekularen Vibration beziehen, das heißt, die Anzahl der Phononen im Modus, nicht auf die Dichte der Photonen in der einfallenden Strahlung. Wir werden zur stimulierten Emission von Vibrationsenergie in Abschn. 6.9 zurückkehren.

Ähnliche Argumente zeigen, dass das Integral $\langle\chi_m|x^2|\chi_n\rangle$ im zweiten Ordnungsterm in Gl. (6.9) nur für $m = n \pm 2$ ungleich Null ist, und das Integral $\langle\chi_m|x^3|\chi_n\rangle$ im dritten Ordnungsterm ist nur für $m = n \pm 3$ ungleich Null [4]. Die entsprechenden Oberton-Absorptionslinien bei $\nu = 2\upsilon$, 3υ und höheren Vielfachen von υ sind schwach für harmonische Schwingungsmoden, weil $(\partial^2\boldsymbol{\mu}/\partial x^2)_0$, $(\partial^3\boldsymbol{\mu}/\partial x^3)_0$ und höhere Ableitungen von $\boldsymbol{\mu}$ normalerweise sehr klein sind. Allerdings können solche Übergänge zunehmend erlaubt werden, wenn die Schwingung nicht symmetrisch ist. Um diesen Punkt zu veranschaulichen, zeigt Abb. 6.5 die quantisierten Wellenfunktionen und Übergangsdipole erster Ordnung (Übergangsdipole ($\langle\chi_m|x|\chi_0\rangle$) für einen Oszillator mit dem Morse-*Potenzial*, das wir in Abb. 2.1 betrachtet haben. Obwohl die ersten paar Wellenfunktionen qualitativ ähnlich denen eines harmonischen Oszillators sind, sind diejenigen mit höheren Quantenzahlen zugunsten von progressiv größeren Werten der Schwingungskoordinate gewichtet. Als Ergebnis dieser Asymmetrie sind die Matrixelemente für die Übergänge $0 \rightarrow 12$ und $0 \rightarrow 13$, die für einen harmonischen Oszillator Null wären, etwa 19% von dem für den Übergang $0 \rightarrow 1$ (Abb. 6.5C). Das Matrixelement für den Übergang $0 \rightarrow 2$ (ebenfalls Null für einen harmonischen Oszillator) beträgt etwa 14% von dem für $0 \rightarrow 1$. Das Matrixelement für die Anregung zum höchsten quantisierten Niveau ($m = 14$ in dieser Darstellung) fällt im Wesentlichen auf Null zurück, weil sich für dieses Niveau die Wellenfunktion über ein viel größeres Koordinatenintervall erstreckt.

Die Wellenfunktionen in Abb. 6.5 wurden mit dem Morse-*Potenzial* $V(r) = E_{diss}[1 - exp(-2a(r - r_o)]^2$ mit dem Anharmonizitätsparameter $a = 0.035/r_o$ (Abb. 2.1) ermittelt. Unter Vernachlässigung von Rotationswirkungen können die Eigenfunktionen dieses Potentials geschrieben werden

$$\psi_n(u) = N_n \exp\left[\eta \exp(-au)\right] \left[\exp(-au)\right]^{(k-2n-1)/2} L_n^{(k-2n-1)}\left[2\eta \exp(-au)\right]. \tag{6.15}$$

[23]. In diesem Ausdruck ist $u = r - r_0$, $\eta = (2\mu E_{\text{diss}})^{1/2}/a\hbar$, $k = 2(2\mu E_{\text{diss}})^{1/2}/a\hbar$, n ist eine ganze Zahl mit den erlaubten Werten 0, 1, … $(k - 1)/2$, und N_n ist eine Normalisierungskonstante. $L_n^{(k-2n-1)}\left[2\eta \exp(-au)\right]$ ist ein *verallgemeinertes Laguerre-Polynom* definiert durch

$$L_n^{(\alpha)}[x] = \sum_{m=0}^{n} \frac{(n+\alpha)!}{(n-m)!(m+\alpha)!} \frac{(-1)^m}{m!} x^m. \tag{6.16}$$

Ter Haar [24] gibt einen äquivalenten Ausdruck in Form einer Polynomfunktion, die als konfluente hypergeometrische Funktion bezeichnet wird. Die Eigenwerte sind, in guter Näherung, $E_n = h\mu_o[(n + 1/2) - (h\mu_o/4E_{\text{diss}})(n + 1/2)^2]$ mit $\mu_o = a(2E_{diss}/M)^{1/2}$, wobei M die reduzierte Masse des Systems ist. Sage [25, 26] und Spirko et al. [27] geben analytische Ausdrücke für $\langle \chi_m | x | \chi_n \rangle$ und Matrixelemente mit höheren Potenzen von x.

Wir haben angenommen, dass die Normalmoden des Chromophors sich nicht wesentlich ändern, wenn das Molekül angeregt wird. Für eine allgemeinere Behandlung, die auch Ausnahmen dieser Annäherung *(Duschinsky-Effekte)* abdeckt, können die Schwingungsmoden des angeregten Moleküls als lineare Kombinationen der Moden im Grundzustand geschrieben werden [28–30].

Die Haupterkenntnis, die aus dieser Analyse hervorgeht, ist, dass die Anregung eines harmonischen Schwingungsmodus $(\partial\mu/\partial x)_0$ ungleich Null erfordert: Der Übergang ist nur erlaubt, wenn die Schwingung die Gleichgewichtsgeometrie in einer Weise verändert, die das Dipolmoment des Moleküls ändert. Ein homonukleares zweiatomiges Molekül wie O_2 behält bei kleinen Änderungen der Bindungslänge ein Dipolmoment von Null und kann daher keine reinen Schwingungsanregungen durchlaufen. Darüber hinaus zeigt eine Schwingungsabsorptionsbande in einem zweiatomigen Molekül aufgrund des Vektors $\langle \chi_m | x | \chi_n \rangle$,

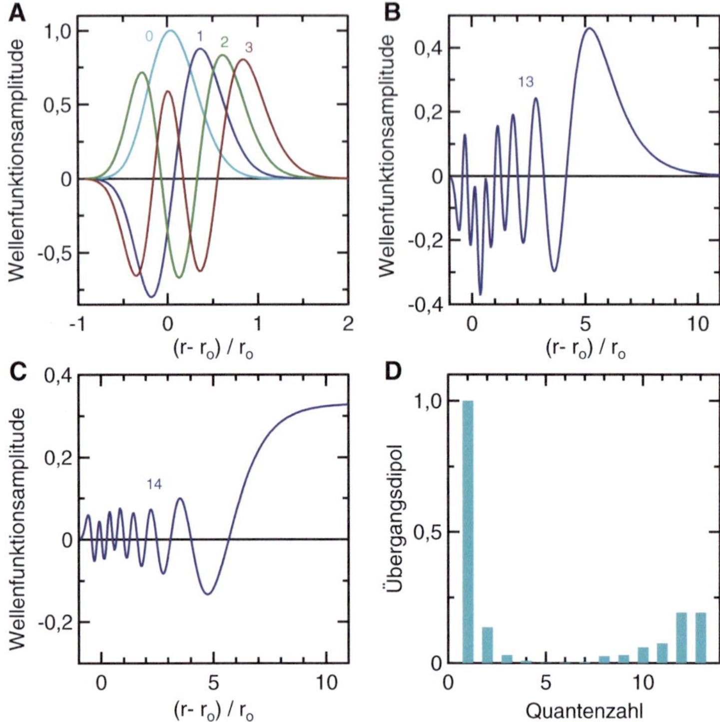

Abb. 6.5 (**A**) Relative Amplituden der Wellenfunktionen 0–3 eines anharmonischen Schwingungsmodus mit dem in Abb. 2.1 dargestellten Morse-*Potenzial* (*Kurven 0, 1, 2* und *3*, jeweils). Die Abszisse repräsentiert die relative Abweichung der Schwingungskoordinate (r) von ihrem Gleichgewichtswert (r_0). Die Kurven sind auf die gleiche integrierte Wahrscheinlichkeit (Quadrat der Wellenfunktionsamplitude) im Bereich $0 < (r - r_0)/r_0 \leq 11{,}5$ normalisiert und relativ zum Höhepunkt der Wellenfunktion 0 skaliert. (**B**), (**C**) Wellenfunktionen 13 und 14 des gleichen Modus mit der gleichen Skalierung und Normalisierung wie in **A**. Diese Normalisierung berücksichtigt nur einen Teil der Wellenfunktion 14, die bei der Dissoziationsenergie liegt und unendlich weit nach rechts außerhalb der Skala fortgesetzt wird. (**D**) Relative Größen der Übergangsdipole ($\langle \chi_m | x | \chi_0 \rangle$) für die Anregung vom niedrigsten Niveau ($n = 0$) zu jedem anderen unterhalb der Dissoziationsgrenze. Die meisten molekularen Schwingungspotentiale sind harmonischer als das für diese Darstellung verwendete *Potenzial*

der entlang der Bindungsachse gerichtet ist, einen linearen Dichroismus in Bezug auf diese Achse. Der Extinktions-koeffizient der Haupt-IR-Absorptionsbande von orientierten CO-Molekülen wird daher von $\cos^2\theta$ abhängen, wobei θ der Winkel zwischen dem elektrischen Feld des Lichts und der C-O-Achse ist.

Wenn die Auswahlregel $m = n + 1$ erfüllt und $(\partial \boldsymbol{\mu}/\partial x)_0$ ungleich Null ist, hängt die Dipolstärke der entsprechenden IR-Absorptionsbande von $|\langle \chi_m | x | \chi_n \rangle|^2$ ab, was für einen harmonischen Oszillator proportional zu $(n + 1)$ ist. Der Extinktionskoeffizient für ($n = 1$, $m = 2$) ist daher etwa doppelt so hoch wie für ($n = 0$, $m = 1$). In den meisten Fällen wird jedoch nur die $0 \rightarrow 1$ Absorptionsbande gesehen, weil die Population des Nullpunkt-Niveaus ($n = 0$) in der Regel viel größer ist als die Populationen höherer Niveaus. Die Anregung von Niveau 1 zu Niveau 2 kann mit zweidimensionaler IR-Spektroskopie gemessen werden, wie in Kap. 11 diskutiert. Eine solche Absorption tritt in der Regel bei einer etwas niedrigeren Frequenz auf als die $0 \rightarrow 1$ Bande, weil die Vibrationspotenzialfläche nicht streng harmonisch ist. Bei der Streckung von CO oder NO, das an das Häm von Myoglobin gebunden ist, ist der Energieabstand zwischen den Niveaus 1 und 2 etwa 1,5% kleiner als der zwischen 0 und 1. (Das Morse-*Potenzial*, das zur Veranschaulichung in den Abb. 2.1 und 6.5 verwendet wird, hat eine deutlich größere Anharmonizität von etwa 7,5%.) Die angeregte Zustandsabsorption wird auch vorübergehend in einigen Systemen gesehen, die in angeregten Vibrationszuständen erzeugt werden. Die Photodissoziation von CO-Myoglobin erzeugt beispielsweise locker gebundenes CO mit einer IR-Absorptionsbande bei 2085 cm^{-1} und einer schwachen Satellitenbande bei 2059 cm^{-1} [31, 32]. Die Amplitude der Satellitenbande nimmt mit einer Zeitkonstante von etwa 600 ps ab, während die C=O-Schwingung thermisch mit anderen Vibrationsmoden des Proteins und des Lösungsmittels equilibriert.

Eine Taylor-Expansion des Übergangsdipols für ein polyatomares Molekül führt zu einem Ausdruck ähnlich wie Gl. (6.9):

$$\begin{aligned}\boldsymbol{\mu}_{mn} &= \sum_{i=1}^{3N-6} (\partial \boldsymbol{\mu}/\partial x_i)_0 \langle \chi_m | x_i | \chi_n \rangle \\ &+ \frac{1}{2} \sum_{i=1}^{3N-6} \sum_{j=1}^{3N-6} \left(\partial^2 \boldsymbol{\mu}/\partial x_i \partial x_j \right)_0 \left\langle \chi_{m(i)} \chi_{m(j)} \middle| x_i x_j \middle| \chi_{n(i)} \chi_{n(j)} \right\rangle + \cdots \end{aligned} \tag{6.17}$$

wo $\boldsymbol{\mu}$ sich auf den Gesamtdipol des Moleküls bezieht und die Summen über alle Normalmoden laufen. Wiederum repräsentieren die dominanten Absorptionsbanden die Terme $(\partial \boldsymbol{\mu}/\partial x_i)_0 \langle \chi_{m(i)} | x_i | \chi_{n(i)} \rangle$, die nicht null sind, wenn $m_i - n_i = \pm 1$ und $(\partial \boldsymbol{\mu}/\partial x_i)_0 \neq 0$; die höheren Ordnungsterme führen zu schwächeren Oberton- und Kombinationsanregungen. Die Anforderung, dass $(\partial \boldsymbol{\mu}/\partial x_i)_0$ nicht null sein muss, bedeutet, dass Infrarotabsorption für Schwingungen verboten ist, die völlig symmetrisch zu einem Inversionszentrum sind. In CO_2 zum Beispiel ändert der antisymmetrische Streckmodus das Dipolmoment des Moleküls und gibt einen erlaubten IR-Übergang, aber der symmetrische Streckmodus tut dies nicht (Abb. 6.1). In H_2O, das kein Zentrum der Inversionssymmetrie hat, ändern alle drei Vibrationsmoden das Dipolmoment und geben erlaubte IR-Absorptionsbanden

6.4 Vergleiche von IR- und Raman-Spektroskopie

Wir haben gesehen, dass die Vibrationsmoden von polyatomaren Molekülen nicht genau als Bewegungen eines einzelnen Atoms oder als Strecken oder Biegen einer einzelnen Bindung beschrieben werden können. Allerdings tragen verschiedene funktionelle Gruppen wie C=O-Doppelbindungen oft wesentlich zu IR-Absorpti-

	Gruppe	Energie / cm⁻¹	Gruppe	Energie / cm⁻¹	Gruppe	Energie / cm⁻¹
Streckung	—O—H	3600	>N—H	3350	—C≡C—H	3300
	>C=C<H	3000	—C—H	2900	>C—N<	1100
	—C≡N	2200	—C≡C—	2100	>C—O—H	1100
	>C=O	1750	>C=C<	1600	—C—C—	900
Biegung	—N(H)H	1600	>C(H)H	1450	—C(H)(H)H	1000
	—C≡C—H	700	=C(H)H	1100	—C≡C—C	300

Abb. 6.6 Typische IR-Absorptionsfrequenzen für organische funktionelle Gruppen. Die *roten Pfeile* zeigen die Richtungen der Hauptbewegungen an. Verschiebungen der Absorptionsbanden um mehrere hundert cm^{-1} in beide Richtungen sind üblich und können Informationen über strukturelle Details wie Wasserstoffbrückenbindungen liefern

ons banden bei charakteristischen Frequenzen bei, und diese erkennbaren Banden machen die IR-Spektroskopie ein leistungsfähiges Werkzeug der analytische Chemie. Typische Absorptionsfrequenzen für einige funktionelle Gruppen organischer Moleküle sind in Abb. 6.6 gegeben.

Raman-Spektroskopie, die wir in Kap. 12 betrachten, hat viele Gemeinsamkeiten mit der IR-Spektroskopie. Die beiden Techniken liefern sich ergänzende Informationen über Schwingungsübergänge in Molekülen, und die Wahl zwischen ihnen hängt weitgehend von der Frage ab, die man beantworten möchte. Tab. 6.1 listet einige der Hauptunterschiede zwischen den beiden auf. Wie die elektronische Absorption ist die IR-Schwingungsabsorption ein *elastischer* Prozess, was bedeutet, dass die kinetische Energie des Systems während der Anregung erhalten bleibt. Die Energie des Photons wird in potenzielle Energie im Absorber umgewandelt. Die Umverteilung der Energie in andere Formen erfolgt später. Raman-Streuung hingegen ist ein *inelastischer* Prozess, bei dem ein Teil der Energie eines Photons direkter in Schwingungsenergie im Absorber umgewandelt wird. Dieser Austausch kann in beide Richtungen erfolgen, wobei der Absorber entweder kinetische Energie gewinnt oder einen Teil davon an das Strahlungsfeld abgibt. Der Impuls wird sowohl bei der Raman-Streuung als auch bei der IR-Absorption erhalten.

Bei der Raman-Streuung interagiert der Absorber mit zwei Photonen, von denen eines absorbiert und das andere emittiert wird. Es ist der Unterschied zwischen den Energien dieser Photonen, der auf den Absorber übertragen oder von ihm entfernt wird. Die IR-Absorption beinhaltet die Wechselwirkung mit einem einzigen Photon, und die gesamte Energie des Photons geht an den Absorber. Als Konsequenz können Lichtquellen, die im sichtbaren, UV- oder nahen IR-Bereich arbeiten, für die Raman-Spektroskopie verwendet werden, während die

Tab. 6.1 Vergleiche von IR-Absorption mit Raman-Streuung

Eigenschaft	IR	Raman
Auswahlregel	$d\mu/dx \neq 0$	$d\alpha/dx \neq 0$
Lichtquelle für Messung	Schwarzkörperstrahlung (Glühstab)	Intensiver monochromatischer Laserstrahl
Gängige Detektoren	HgCdTe, InGaAs, PbTe, InSb	CCD- oder CMOS-Diodenarray
Probenvorbereitung	KBr-Pellet, NaCl, MgF_2-Fenster	Reguläre Glas- oder Quarzküvette
Typische Lösungsmittel	Hexan, Benzol, CCl_4	Wasser, $CHCl_3$
Analyse	Übergangsenergie und Dipolstärke	Stokes- und Anti-Stokes-Verschiebungen; Wellenpaket-Dephasierungsdynamik

IR-Spektroskopie längere Wellenlängen erfordert. Raman-Streuung hingegen ist ein viel schwächerer Prozess und erfordert daher eine intensivere Lichtquelle. Die Wellenlänge und Intensität des für eine Messung verwendeten Lichts bestimmen die Wahl eines Detektors und die verschiedenen Arten von Rauschen, die die Messung verfälschen können. Detektoren zur Messung der Absorption im fernen IR-Bereich erfordern beispielsweise eine Kühlung, um thermisches Rauschen zu minimieren, während Detektoren für die Raman-Spektroskopie eine hohe Empfindlichkeit erfordern.

Eine der wichtigsten Unterscheidungen zwischen IR- und Raman-Spektroskopie besteht darin, dass die IR-Absorption von der Differenz zwischen den Dipolmomenten eines Moleküls im Grund- und angeregten Zustand ($\Delta\mu$) abhängt, während die Raman-Streuung von einer Änderung der Polarizierbarkeit ($\Delta\alpha$) abhängt. Dies trennt sofort die Moleküle und Schwingungen, die Ziele für die Techniken sind, in zwei Gruppen: Schwingungen, die starke IR-Absorptionsbanden erzeugen, geben im Allgemeinen schwache Raman-Banden und umgekehrt. Schwingungen, die Bindungen mit erheblichen Dipolmomenten beinhalten, wie C=O, N–H und O–H, haben typischerweise starke IR-Signale, sind aber vergleichsweise schwache Raman-Streuer. Moleküle mit geringer Symmetrie neigen dazu, Bindungen dieser Art zu haben. Bindungen wie C–C, C=C und C≡C, die polarisierbar sind, aber keine signifikanten Dipolmomente aufweisen, neigen dazu, gute Raman-Streuer, aber schwache IR-Absorber zu sein. C–H-Bindungen und die Bindungen von homonuklearen zweiatomigen Molekülen wie Cl_2 und O_2 fallen ebenfalls in diese Gruppe. Bei Molekülen mit Inversionssymmetrie, wie CO_2, *gauche*-Ethan, Ethylen, Naphthalin und einigen oktaedrischen Übergangsmetallkomplexen, kann eine einzelne Schwingung entweder in der IR-Absorption, der Raman-Streuung oder in keiner von beiden aktiv sein, aber nicht in beiden IR-Absorption und Raman-Streuung. Dies ist als das *Prinzip der gegenseitigen Ausschließung* bekannt. Das Prinzip der gegenseitigen Ausschließung macht es einfach, festzustellen, ob ein Molekül Inversionssymmetrie hat, indem man einfach die IR- und Raman-Spektren des Moleküls vergleicht.

Änderungen in strukturellen Details verschieben oft IR-Absorptions- und Raman-Frequenzen in vorhersehbare Richtungen. Wasserstoffbrückenbindungen verschieben beispielsweise typischerweise die IR- und Raman-Peaks von C=O-Gruppen zu niedrigeren Frequenzen. Messungen dieser Verschiebungen durch Resonanz-Raman-Spektroskopie ermöglichten es Mattioli et al., die Muster der Wasserstoffbrückenbindungen zu Bakteriochlorophyllen in Reaktionszentren von Wildtyp- und Mutanten-Photosynthesebakterien zu erklären [33, 34]. Wasserstoffbrückenbindungen beeinflussen dort die Energien der Zustände, die während der photosynthetischen Ladungstrennung entstehen. Während die einsamen Elektronenpaare von N- und O-Atomen häufig als Akzeptoren für Wasserstoffbrückenbindungen fungieren, können dies auch andere elektronenreiche Gruppen wie z. B. aromatische Ringe tun. Brinkley und Gupta zeigten durch IR-Spektroskopie, dass Alkohole leicht eine Wasserstoffbrückenbindung zu einem aromatischen Ring mit der Alkohol -OH-Gruppe bilden, die auf das Zentrum des Rings ausgerichtet ist [35]. Diese Bindung senkt die OH-Stretching-Übergangsenergie um $30\,\mathrm{cm}^{-1}$. Wasserstoffbrückenbindungen zwischen Tri-*tert*-butoxysilanethiol und Aceton verursachen eine vergleichbare Abnahme der SH-Streckungsfrequenz [36]. Raman- und FTIR-Messungen der -OH-Schwingungsenergien sind besonders nützlich für die Untersuchung von Netzwerken von Wasserstoffbrückenbindungen in tief-eutektischen Lösungsmitteln, die mit Mischungen aus Alkoholen und Tetraethylammoniumchlorid oder -bromid hergestellt werden und wichtige Anwendungen in Superkondensatoren haben [37, 38]. Wir werden auf die Auswirkungen von Wasserstoffbrückenbindungen in den Abschn. 6.6 und 6.7 und erneut in 12.6 zurückkommen.

Zeitaufgelöste Änderungen in IR-Absorptionsspektren wurden verwendet, um Relaxationen zu studieren, die auf lichtgetriebene Elektronenübertragung folgen. Dereka et al. [39–41] verwendeten diesen Ansatz für Moleküle der Form A−C≡C−D−C≡C−A, in denen Acetylenbrücken (−C≡C-) einen zentralen Elektronendonator (D) mit zwei chemisch identischen Akzeptoren (A) verbinden. Die Anregung erzeugt einen transienten Zustand, bei dem die Elektronendichte zunächst symmetrisch auf beide Akzeptoren übertragen wird. Relaxationen von polaren Lösungsmitteln um diese Spezies führen dann zur Lokalisierung der negativen Ladung auf einem oder dem anderen Akzeptor. Die asymmetrische Ladungsverteilung zeigt sich dann durch die Aufspaltung der IR-Absorptionsbanden der Acetylene bei unterschiedlichen Frequenzen für die beiden −C≡C− Gruppen.

6.5 Auswirkungen der Molekularsymmetrie in IR-und Raman-Spektroskopie

In den Abschn. 4.5 und 4.6 haben wir diskutiert, wie eine Symmetrieoperation wie die Rotation um eine bestimmte Achse die Struktur eines Moleküls, welches das zur Operation gehörende Symmetrieelement besitzt, nicht ändert. Diese Operationen bilden eine *Punktgruppe*, die charakteristisch für die Struktur ist. Wir haben die Punktgruppen für mehrere Moleküle beschrieben (siehe Abb. 4.7 und Tab. 4.2–

4.4) und wir haben gesehen, dass die Charaktertabelle für eine Punktgruppe verwendet werden kann, um zu bestimmen, ob ein bestimmter elektronischer Übergang erlaubt ist oder nicht. Punktgruppen können ähnlich verwendet werden, um Schwingungsbewegungen darzustellen, wobei die Normalmoden eines Moleküls als Basis für die Darstellung dienen. Für eine einfache Illustration betrachten wir Wasser, das eine C_2-Rotationsachse und zwei vertikale Spiegelebenen hat, was es in die C_{2v}-Punktgruppe einordnet (Abb. 4.7C). Die Charaktertabelle für Moleküle mit C_{2v}-Symmetrie (Tab. 4.2) hat vier irreduzible Darstellungen mit verschiedenen Mulliken-Symbolen, A_1, A_2, B_1 und B_2, wir müssen aber nicht alle verwenden, um die Schwingungen von Wasser darzustellen, da es nur drei Schwingungsmoden hat (Abb. 6.1). Ein gegebenes Mulliken-Symbol kann jedoch auf mehr als eine der Schwingungsmoden eines Moleküls angewendet werden, und das ist hier der Fall (Tab. 6.2). Das Symbol A_1 kann für jede Schwingung mit einer vollständig symmetrischen Darstellung verwendet werden. Für die Symmetrieoperationen in C_{2v} bedeutet dies, dass die Bewegungsrichtungen nicht geändert werden, wenn die Struktur um 180° um die C_2-Achse gedreht wird (die C_2-Operation) oder über eine ihrer Spiegelebenen reflektiert wird (die $\sigma_v(xz)$ und $\sigma_v'(yz)$-Operationen). Jede dieser Operationen hat daher den Charakter +1 in der Zeile für das Symbol A_1 in der C_{2v} Zeichentabelle. Die atomaren Bewegungen der symmetrischen Streckschwingung von Wasser und im HOH „Scherenmodus" passen beide zu dieser Beschreibung. Die Bewegungen der H-Atome während der asymmetrischen Streckchwingung von Wasser hingegen werden durch eine dieser Symmetrieoperationen umgekehrt. Beide Operationen haben daher für die asymmetrische Streckschwingung den Charakter −1, während die Operation $\sigma_v(xz)$ immer noch den Charakter +1 hat. Diese Zeichen geben der asymmetrischen Streckschwingung das Mulliken-Symbol B_1 in Tab. 6.2.

Betrachten Sie nun Ethylen, das zur D_{2h} Punktgruppe gehört. Abb. 6.7 zeigt die 12 Normalmoden von Ethylen, zusammen mit den Mulliken-Symbolen für Darstellungen der Moden in der Zeichentabelle für die D_{2h} Punktgruppe, die auch in Tab. 4.2 vorgestellt wurde. Ethylen hat ein Zentrum der Inversionssymmetrie, und das Subskript „g" *(gerade)* in einem Mulliken-Symbol zeigt an, dass sich die entsprechenden Atome oder Gruppen auf gegenüberliegenden Seiten dieses Punktes

Tab. 6.2 Schwingungsmoden von Wasser *im Vakuum*[a]

Mulliken-Symbol	Art der Vibration[b]	Energie[c]	Modus	Masse[d]	IR[e]	Raman[f]
A_1	HOH Schere	1618	ν_3	1,092	1,613	14,79
A_1	HOH s-Streckung	3613	ν_2	1,037	0,107	95,85
B_1	HOH a-Streckung	3778	ν_1	1,086	0,205	35,29

[a] Berechnet mit dem Quantenprogramm GAMESS
[b] Schere, symmetrische Streckung, asymmetrische Streckung
[c] Anregungsenergie in cm^{-1}
[d] Reduzierte Masse in amu (atomaren Masseneinheiten)
[e] IR-Intensität in $debye^2 amu^{-1} A^{-1}$
[f] Raman-Intensität in $A^4 amu^{-1}$

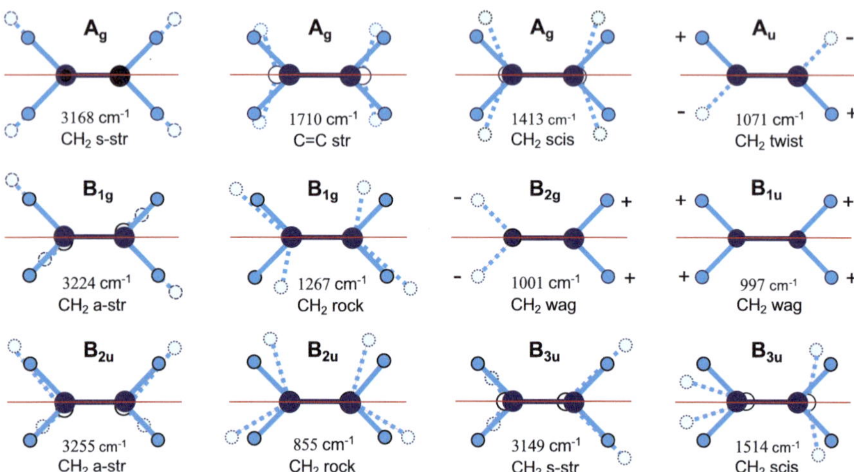

Abb. 6.7 Qualitative Darstellungen der Schwingungsmoden von Ethylen. Die *kleinen hellen* und *mittleren blauen Kugeln* zeigen die Positionen der Wasserstoffatome an den Extremen der Bewegung; die *großen weißen und dunkelblauen gefüllten Kugeln repräsentieren die* Kohlenstoffe. Die Atome befinden sich in der Ebene der Zeichnungen (der Ebene der Spiegelsymmetrie), mit Ausnahme der H-Atome, die in drei der Zeichnungen mit „+" oder „–" markiert sind, was Positionen über oder unter der Ebene an einem Extrem der Bewegung anzeigt. Die *roten Linien* zeigen eine der C_2 Achsen der zweifachen Rotationssymmetrie an. Die Illustrationen sind so angeordnet, dass die Gesamtsymmetrie der Schwingungsmoden von oben nach unten und von links nach rechts abnimmt. Energien und Symmetrien wurden mit dem Quantenprogramm GAMESS berechnet

gleichzeitig darauf zu oder davon weg bewegen, während „u" *(ungerade)* anzeigt, dass eines der Atome oder Gruppen auf das Zentrum zubewegt, während das andere sich davon entfernt. Die Abbildung gibt auch Begriffe an, die für einige Arten von Bewegungen verwendet werden, die wir in Wasser nicht gesehen haben. Eine Schwingung wird als „rocking" beschrieben, wenn sich zwei Atome oder Gruppen, die an ein drittes Atom gebunden sind, gemeinsam seitlich bewegen, „wagging", wenn der Winkel der Ebene von drei Atomen wie einer CH_2 Gruppe relativ zu einer Ebene durch andere Teile des Moleküls oszilliert, oder „twisting", wenn die Ebene einer solchen Gruppe sich relativ zur Ebene einer anderen Gruppe dreht. Die Schwingungsübergänge eines Moleküls werden üblicherweise als v_1, v_2, v_3 usw. in abnehmender Energie bezeichnet, obwohl einige Autoren sie in umgekehrter Reihenfolge nummerieren.

Tab. 6.3 gibt die berechneten Beiträge jeder Schwingung zu Ethylens IR- und Raman-Spektren an. Das Prinzip der gegenseitigen Ausschließung gilt hier, weil Ethylen ein Inversionszentrum hat. Von seinen 12 Schwingungsmoden sind 5 IR-aktiv und Raman-inaktiv, während 6 Raman-aktiv und IR-inaktiv sind, und eine (twisting) ist weder noch. Die Moden, die für IR-Absorption aktiv sind, haben alle ungerade Inversionssymmetrie, während diejenigen, die für Raman-Streuung aktiv sind, gerade Symmetrie haben.

Tab. 6.3 Schwingungsmoden von Ethylen[a]

Mulliken-Symbol	Art der Schwingung[b]	Energie[c]	Modus	Masse[d]	IR[e]	Raman[f]
A_g	CH2 s-str	3168	ν_3	1,076	0,000	187,91
A_g	C=C str	1710	ν_5	3,031	0,000	6,63
A_g	CH2 scis	1413	ν_7	1,237	0,000	37,69
A_u	CH2 twist	1071	ν_9	1,008	0,000	0,00
B_{1g}	CH2 a-str	3224	ν_2	1,112	0,000	109,65
B_{1g}	CH2 rock	1267	ν_8	1,529	0,000	6,47
B_{2g}	CH2 wag	1001	ν_{10}	1.522	0,000	26,51
B_{1u}	CH2 wag	997	ν_{11}	1.161	2,586	0,00
B_{2u}	CH2 a-str	3255	ν_1	1.117	1.008	0,00
B_{2u}	CH2 rock	855	ν_{12}	1.044	0.041	0,01
B_{2u}	CH2 s-str	3149	ν_4	1.048	0.435	0,00
B_{3u}	CH2 scis	1514	ν_6	1.111	0.167	0,01

[a] Berechnet mit dem Quantenprogramm GAMESS. Experimentelle Werte sind verfügbar von https://webbook.nist.gov

[b] s-str, symmetrische Streckung; a-str, asymmetrische Streckung; scis, Scheren; rock, Schaukeln; wag, Wedeln; twist, Verdrehen um die C=C-Bindung

[c] Anregungsenergie in cm^{-1}

[d] Reduzierte Masse in amu (atomare Masseneinheiten)

[e] IR-Intensität in $debye^2 amu^{-1} \overset{\circ}{A}^{-1}$

[f] Raman-Intensität in $\overset{\circ}{A}^4 amu^{-1}$

Beachten Sie, dass das Prinzip der gegenseitigen Ausschließung nicht impliziert, dass ein gegebener Schwingungsmodus *unbedingt* entweder ein IR- oder ein Raman-Band erzeugen muss; einige Moden sind für keinen der beiden Prozesse aktiv. Zehn der 30 Schwingungsmoden von Benzol ändern weder das Dipolmoment noch die Polarisierbarkeit und sind daher völlig inaktiv. Auch sagt das Ausschließungsprinzip nichts über die Stärken der aktiven Übergänge aus. Wie die berechneten IR- und Raman-Intensitäten in den Tab. 6.2 und 6.3 zeigen, sind einige der durch Symmetrie erlaubten Banden viel stärker als andere.

Einige Moleküle haben zwei oder mehr Schwingungsmoden, die identische Energien und IR- und Raman-Aktivitäten aufweisen, obwohl sie unterschiedliche Kernbewegungen beinhalten. Solche Entartungen können einfach als Ergebnis der molekularen Symmetrie auftreten. CO_2, zum Beispiel, hat vier Schwingungsmoden, von denen zwei entartet und zwei nicht entartet sind. CO_2 ist in der $C_{\infty v}$ Punktgruppe, die eine Drehung um jeden Winkel um die z-Achse erlaubt, die durch die lange Achse des Moleküls definiert ist. Die beiden nicht entarteten Modi repräsentieren symmetrische und asymmetrische C=O-Bindungsstreckung entlang der z-Achse, während die beiden entarteten Moden das Biegen der O=C=O-Struktur in entweder der *xz* oder *yz* Ebene darstellen. Die Symmetrieoperation

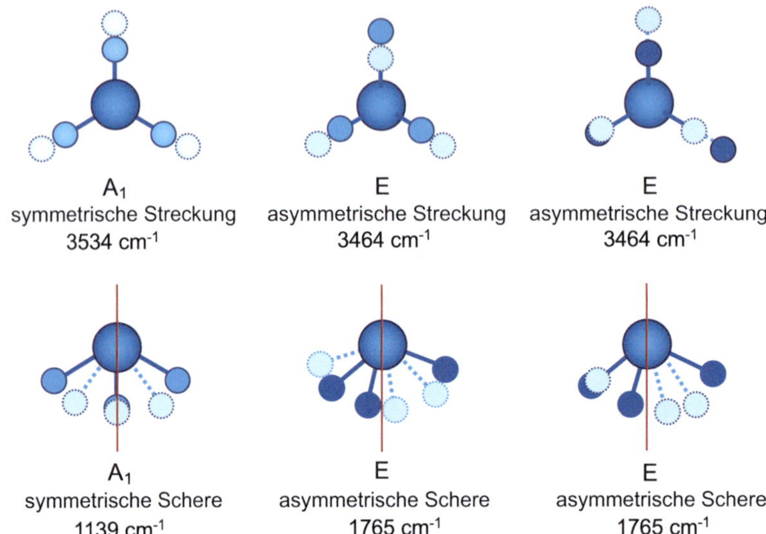

Abb. 6.8 Qualitative Darstellungen der Schwingungsmoden von Ammoniak. Die drei Bilder in der oberen Reihe werden entlang der C_3 dreifachen Rotationsachse betrachtet; die in der unteren Reihe, entlang einer orthogonalen Achse. Die *vertikalen roten Linien* in der unteren Reihe zeigen die C_3 Achse. Die beiden asymmetrischen Streckmoden mit dem Mulliken-Symbol E beinhalten unterschiedliche atomare Bewegungen, haben aber identische Energien und IR- und Raman-Aktivitäten. Das Gleiche gilt für die beiden asymmetrischen Schermoden

der Drehung um $\pi/2$ um z wandelt einen der entarteten Mod en in den anderen um. Die Mulliken-Symbole A und B gelten jeweils für die Streck- und Biegeschwingungen.

Degenerationen können auch „zufällig“ auftreten, und diese werden durch das Mulliken-Symbol E oder T bezeichnet. Die Schwingungsmoden von Ammoniak umfassen zwei solche Paare von degenerierten Moden. Ammoniak gehört zur Punktgruppe C_{3v} und hat sechs Schwingungsmoden. Das Mulliken-Symbol E und der Charakter von 2 in der letzten Zeile der Charaktertabelle für C_{3v} (Tab. 4.2) zeigt an, dass die Darstellung einer oder mehrerer Operationen in der Zeile eine zweidimensionale Matrix anstelle einer einzelnen Zahl erfordert und dass die Moden in dieser Zeile zweifache Degenerationen beinhalten. Eine der Degenerationen beinhaltet asymmetrisches N-H-Strecken und die andere asymmetrisches Scheren. Abb. 6.8 zeigt eine schematische Darstellung der Bewegungen, die an diesen Moden beteiligt sind, zusammen mit denen in Ammoniaks zwei nicht-degenerierten Moden. Die gleiche Schwingungsenergie kann entweder durch relativ kleine asymmetrische Bewegungen der drei H-Atome relativ zu N oder durch das fast stationäre Halten eines der H-Atome während die anderen beiden über größere Entfernungen bewegen, erreicht werden.

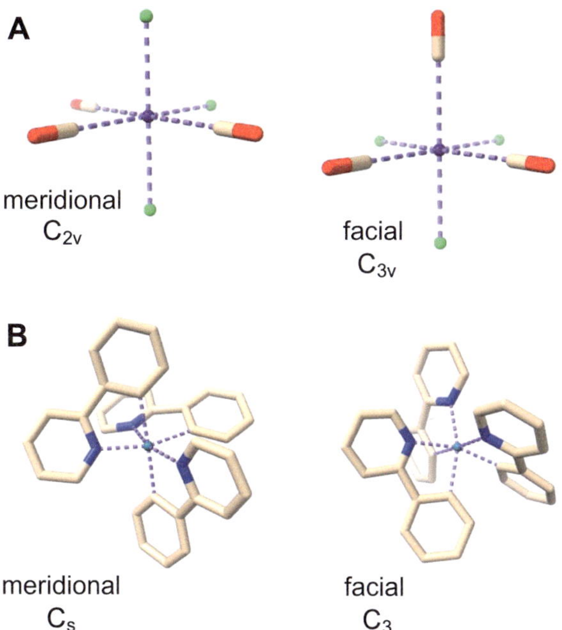

Abb. 6.9 (**A**) Modelle der meridionalen und facialen Isomere von $Rb(III)Cl_3(CO)_3$ mit Rb-Atomen in lila, Cl in grün, C in beige und O in rot. Das meridionale Isomer *(links)* ist in der Punktgruppe C_{2v}; das faciale Isomer *(rechts)*, in C_{3v}. *Gestrichelte lila Linien* zeigen Metall-Ligand-Bindungen an. (**B**) Modelle der meridionalen und facialen Isomere von Ir(II)tris(2-phenylpyridin) mit Ir-Atomen in cyan, C in beige und N in blau. Wasserstoffe sind zur Klarheit weggelassen. Die meridionalen und facialen Isomere dieses Komplexes sind jeweils in den Punktgruppen C_s und C_3

Verweis auf die Schwingungsmoden von Wasser, Ethylen und NH_3 und die Zeichentabellen für die C_{2v}, D_{2h} und C_{3v} Punktgruppen bringt einen wichtigen Punkt zur Sprache, der auch für Moleküle mit anderen Symmetrien gilt. Schwingungsmoden, die wie x,y oder z transformieren, sind für die IR-Absorption aktiv, während Moden, die wie sie quadratische Funktionen der Koordinaten (x^2, y^2,z^2, xy,xz oder yz) transformieren, sind für die Raman-Streuung aktiv. Moden, die wie beide Arten von Funktionen transformieren, können sowohl für die IR-Absorption als auch für die Raman-Streuung aktiv sein. Obwohl dieses Prinzip wiederum nichts über die Stärken der Absorptions- oder Streuübergänge aussagt, die formal erlaubt sind, ermöglicht es manchmal Messungen von IR- und Raman-Spektren, um zwischen möglichen Strukturen für ein Molekül zu unterscheiden [42]. Die facialen und meridionalen Isomere des oktaedrischen $Rb(III)Cl_3(CO)_3$ Komplexes liefern ein Beispiel (Abb. 6.9A). Das meridionale Isomer, das in der Punktgruppe C_{2v} liegt, hat drei IR-Absorptionsbanden im Wellenlängenbereich,

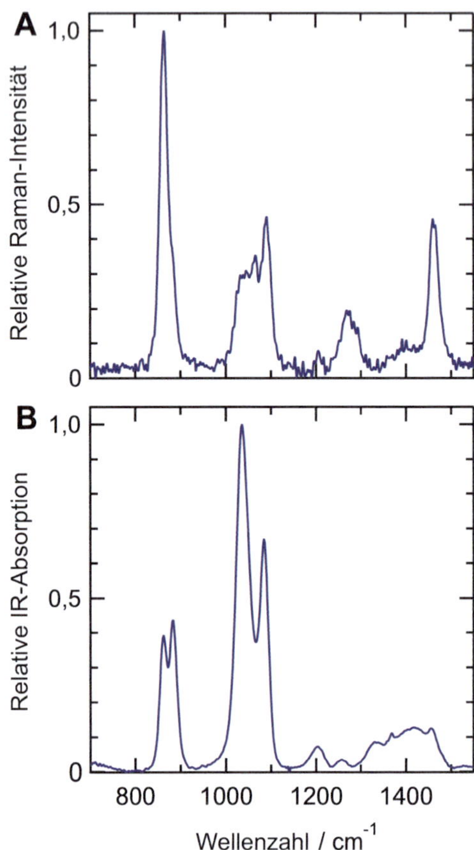

Abb. 6.10 Spektren von (**A**) Raman-Streuung und (**B**) IR-Absorption durch trockenes flüssiges Ethylenglykol zwischen 750 und 1550 cm^{-1}

der für C=O-Streckungen charakteristisch ist: ein Band, das den A_{1g} Streckmodus repräsentiert, eines für den B_{1g} Modus und eines für B_{2u}. Das faciale Isomer liegt in der Punktgruppe C_{3v} und hat in diesem Bereich nur zwei IR-Absorptionsbanden, eines, das den A_1 Streckmodus repräsentiert und ein anderes, das die entarteten asymmetrischen Streckmoden repräsentiert. Oktaedrische Os-Komplexe der Form $Os(NH_3)_4(N_2)_2$ mit den beiden N_2 Gruppen in *cis* und *trans* Anordnungen wurden ebenfalls auf diese Weise unterschieden [43].

Abb. 6.9B zeigt faciale und meridionale Isomere eines tris(2-phenylpyridyl) Komplexes von Ir(III), der die zentrale Komponente einiger der effizientesten organischen Leuchtdioden ist. Die facialen Stereoisomere dieses und anderer ähnlicher Komplexe haben eine höhere Quantenausbeute der Photolumineszenz als die meridionalen Isomere, hauptsächlich weil die angeregten Triplettzustände des facialen Isomers weniger anfällig für nichtstrahlenden Zerfall sind [44, 45]. Wiederum sind die beiden Isomere in verschiedenen Punktgruppen, C_3 und C_s. Sie haben daher unterschiedliche Schwingungsmoden, was zu unterschiedlichen Energien und Franck-Condon-Faktoren für Intersystemübergänge, interne Konversion und Elektronentransfer führt. Die C_s Punktgruppe hat nur zwei Symmetrieoperationen, Identität und Reflexion an einer Spiegelebene, und ermöglicht, dass alle Schwingungsmoden sowohl für die IR-Absorption als auch für die Raman-Streuung aktiv sind.

Ethylenglykol liefert eine weitere Illustration der komplementären Natur von IR-Absorption und Raman-Streuungsspektren (Abb. 6.10). In der Gruppe der C–O-Streckungsbanden zwischen 1000 und 1100 cm^{-1} ist im Raman-Spektrum die Bande bei 1066 cm^{-1} am stärksten, während die bei 1036 cm^{-1} im IR-Absorptionsspektrum dominiert. Eine Bande bei 883 cm^{-1} ist die stärkere der beiden C–C-Streckungsbanden zwischen 800 und 900 cm^{-1} im IR-Spektrum, während eine Bande bei 865 cm^{-1} eine viel stärkere Raman-Streuung liefert. Wie erwartet, ist die CH_2-Biegeschwingung bei 1462 cm^{-1} im IR-Spektrum schwach und im Raman-Spektrum intensiv. Raman- und IR-Spektren wurden verwendet, um zwischen den *gauche*- und *trans*-Konformationen von Ethylenglykol zu unterscheiden und die Bildung von Wasserstoff-gebundenen Dimeren zu untersuchen [46, 47].

6.6 Rotationsabsorption und Feinstruktur

Infrarot-Absorptionsbanden kleiner Moleküle in der Gasphase enthalten Feinstruktur von Übergängen zwischen Rotationszuständen. Um diese Übergänge zu analysieren, ist es hilfreich, das Molekül als einen *starren Rotor* zu betrachten, der als Ganzes taumelt, wobei die Kerne feste Positionen zueinander beibehalten. Ein starres Molekül kann um jede der drei orthogonalen Achsen rotieren, die sich im Schwerpunkt schneiden, und im Allgemeinen kann es für jede dieser Achsen ein unterschiedliches Trägheitsmoment haben. Das Trägheitsmoment für die Rotation um die Achse x wird durch

$$I_x = \sum_i^N m_i r_{i,x}{}^2, \tag{6.18}$$

gegeben, wobei N die Anzahl der Atome im Molekül, m_i die Masse des Atoms i und $r_{i,x}$ der senkrechte Abstand dieses Atoms von der Achse ist. Für Ammoniak hat die Rotation um die C_3-Symmetrieachse ein Trägheitsmoment $I_{\|}$ von $4{,}4 \times 10^{-47}$ kg m^2. Alle möglichen orthogonalen Achsen, die durch den Schwerpunkt verlaufen, haben das gleiche Trägheitsmoment ($I_{\perp} = 2{,}8 \times 10^{-47}$ kg m^2), was Ammoniak zu dem macht, was man einen *symmetrischen Kreisel* nennt. Wasser hat für alle drei Achsen unterschiedliche Trägheitsmomente, was es zu einem *asymmetrischen Kreisel* macht. Tetraedrische Moleküle wie Methan und CCl_4 haben für alle drei Achsen das gleiche Trägheitsmoment und sind *kugelförmige Kreisel.* Zweiatomige Moleküle wie O_2 haben ein Trägheitsmoment von null für die Rotation um die Hauptachse und werden *lineare Kreisel* genannt.

Die Schrödinger-Gleichung kann genau für lineare, symmetrische und kugelförmige Kreisel und für einige Niveaus von asymmetrischen Kreiseln gelöst werden. Jeder Eigenzustand wird durch drei Quantenzahlen, J, K und M, spezifiziert, die zusammen die Quantisierung des Drehimpulses des Systems beschreiben. Die Eigenfunktionen enthalten Komponenten, die den Winkelfaktoren in den Eigenfunktionen des Wasserstoffatoms (Tab. 2.1) ähneln, wobei die Rotationsquantenzahl J die Stelle der Azimutalquantenzahl (l) einnimmt und K die magnetische Quantenzahl (m) ersetzt. J quantisiert den Gesamtdrehimpuls des Moleküls (P) durch die Beziehung $P^2 = J(J + 1)\hbar^2$ und kann null oder eine beliebige positive ganze Zahl sein. Die Projektion des Drehimpulses auf die Rotationsachse ist $K\hbar$. Für einen symmetrischen Kreisel kann K einen der $2\,J + 1$ Werte 0, ± 1, ± 2, …, $\pm J$ haben, wobei positive und negative Werte entgegengesetzte Drehrichtungen um die Achse anzeigen. Ein linearer Kreisel kann nur $K = 0$ haben, weil die Rotation vollständig um die senkrechte Achse erfolgt. Schließlich spezifiziert M die Projektion des Drehimpulses auf eine beliebige Laborachse und kann auch einen der Werte 0, ± 1, ± 2, …, $\pm\, J$ haben. Für einen symmetrischen Kreisel in Abwesenheit von externen elektrischen und magnetischen Feldern sind die Eigenwerte

$$E_{J,K} = J(J + 1)\hbar^2/2I_\perp + K^2\hbar^2\left(1/2I_\parallel - 1/2I_\perp\right). \tag{6.19}$$

Die Eigenwerte sind unabhängig von M, solange kein externes Feld vorhanden ist, sodass die verschiedenen möglichen Werte von M $2\,J + 1$ entartete Zustände für jeden Wert von J liefern. Der zweite Term auf der rechten Seite von Gl. (6.19) fällt für einen linearen Rotor aus.

Wenn eine Rotation die Positionen identischer Fermionen vertauscht, wie es eine Rotation um $2\pi/3$ um die Hauptachse für die H-Kerne (Protonen) von Ammoniak tut, erfordert das Pauli Ausschlussprinzip eine Änderung des Vorzeichens der Gesamtwellenfunktion. Diese Anforderung reduziert die Anzahl der akzeptablen Rotationszustände, aber welche Werte von J erlaubt sind, hängt davon ab, ob die vertauschten Atome parallele oder antiparallele Kernspins haben.

Das elektrische Feld des Lichts kann Übergänge zwischen den Rotationszuständen eines polaren Moleküls antreiben, indem es ein Drehmoment für die Rotation um eine Achse erzeugt, die senkrecht zum Dipolmoment des Moleküls liegt. Es gibt drei Auswahlregeln für diesen Prozess. Erstens muss das Molekül ein Dipolmoment haben. Das durch ein elektrisches Feld erzeugte Drehmoment ist das Vektor-Kreuzprodukt des Dipols und des Feldes. Zweitens muss $\Delta K = 0$ sein. Das Feld kann keine Rotationen *um* den Dipol verursachen, der notwendigerweise entlang der Symmetrieachse des Moleküls liegt. Zweitens muss $\Delta J = \pm 1$ sein, damit der Gesamtdrehimpuls konstant bleibt, wenn ein Photon mit einem Spin-Drehimpuls von $\mp\, 1$ absorbiert wird. Rotationsabsorptionsspektren für symmetrische Kreisel bestehen daher aus einer Reihe von Linien, die durch $\Delta E_j = (J + 1)\hbar^2/I_\perp$ für $\Delta J = 1$ und durch $J\hbar^2/I_\perp$ für $\Delta J = -\,1$ getrennt sind, wobei die Amplituden der Linien von der Größe des Dipolmoments, dem Wert von J und der Verteilung des Moleküls unter seinen erlaubten Rotationsniveaus im Grundzustand abhängen. Kleine Moleküle in der Gasphase haben typischerweise Rotationsabsorptionslinien im Mikrowellenbereich des Spektrums mit Energien zwischen 1 und 10 cm^{-1}.

Rotationsabsorptions- und Emissionsspektroskopie werden in Radioteleskopen verwendet, um die Zusammensetzung und Temperatur des interstellaren Raums zu erforschen. Ammoniak und Wasser waren die ersten Moleküle, die im interstellaren Gas identifiziert wurden, wo sie durch ihre Mikrowellenemissionsspektren erkannt wurden [48, 49]. Eine Mikrowellen Absorptionslinie von Ammoniak bildete auch die Grundlage der ersten Atomuhr. Mikrowellenspektroskopie wurde verwendet, um Van-der-Waals-Komplexe zu charakterisieren, die bei niedrigen Temperaturen durch Edelgas-Atompaare gebildet wurden, und um Informationen über andere schwache intermolekulare Wechselwirkungen wie Wasserstoffbrückenbindungen zu erhalten [50]. Rotationsübergänge von unpolaren Molekülen können nicht durch Mikrowellenabsorptionsmessungen nachgewiesen werden, können aber durch Raman-Spektroskopie zugänglich gemacht werden.

In der starren-Rotor-Näherung sind die Anregung der Schwingung und die Rotationsübergänge unabhängige Prozesse. IR-Absorptionsbanden kleiner Moleküle in der Gasphase behalten ihre grundlegenden Eigenschaften bei, werden aber in mehrere Linien aufgespalten, die begleitende Erhöhungen oder Abnahmen der Rotationsenergie darstellen. Abb. 6.11 zeigt Teile der IR-Absorptionsspektren von gasförmigem HCl, NH_3 und H_2O als Vertreter von linearen, symmetrischen und asymmetrischen Kreiseln. Die HCl- und NH_3-Proben waren Mischungen dieser Materialien mit N_2, das keine Schwingungs- oder Rotationsabsorption hat. Die Peaks für HCl (Abb. 6.11A) repräsentieren Rotationsübergänge in Kombination mit der Anregung von asymmetrischem Stretching, seinem einzigen IR-Absorptionsband, während die für NH_3 und H_2O (Abb. 6.11B,C) die symmetrischen Scherenbanden sind. Jede der gezeigten Banden teilt sich in zwei Gruppen von Schwingungslinien auf beiden Seiten der zentralen Frequenz des Schwingungsmodus auf. Die Spektren enthalten zahlreiche abwärts gerichtete Rotationsübergänge zusätzlich zu Rotationsanregungen, weil die Rotationsenergien klein genug sind, so dass das ruhende Molekül eine breite Verteilung von Zuständen besetzt.

Rotationsbewegungen können auch Schwingungszustände trennen, die in der starren Rotor-Näherung entartet sind. Dieser Effekt ähnelt der fiktiven Corioliskraft, die auf einen sich bewegenden Körper in einem rotierenden Rahmen zu wirken scheint [6, 51–53].

Rotationslinien werden normalerweise nicht in IR-Spektren von Flüssigkeiten und Feststoffen gesehen, da die engere Packung die Moleküle daran hindert, sich frei zu drehen. Sie sind auch normalerweise nicht auflösbar in Spektren von Molekülen mit mehreren schweren Atomen, wo die Rotationsübergangsenergien extrem klein werden. In Abwesenheit von Rotationsfeinstruktur und Linienverbreiterungseffekten durch intermolekulare Wechselwirkungen haben die meisten einzelnen IR-Absorptionsbanden von nichtpolaren Molekülen mit mehr als fünf oder sechs schweren Atomen Breiten in der Größenordnung von 20 bis 40 cm^{-1}. Im IR-Spektrum von Acetophenon zum Beispiel ist nur das C-H-Stretching-Band der Methylgruppe im Bereich von 3100 cm^{-1} viel breiter (Abb. 6.11D).

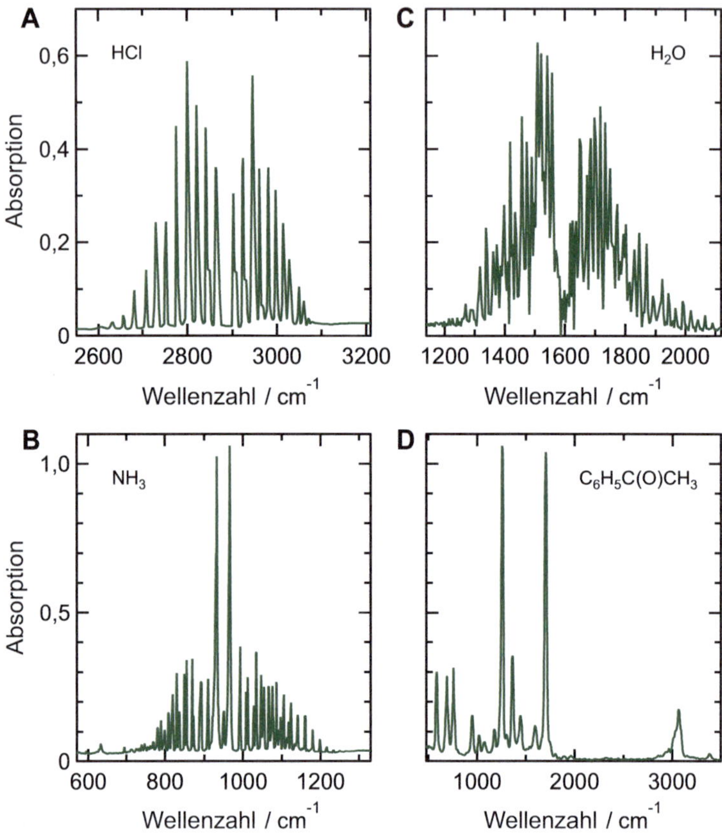

Abb. 6.11 Ausgewählte IR-Absorptionsbanden von (**A**) HCl, (**B**) Ammoniak, (**C**) Wasser und (**D**) Acetophenon ($C_6H_5C(O)CH_3$), alle in der Gasphase gemessen. Die Daten wurden von https://webbook.nist.gov heruntergeladen, das IR-Absorptionsspektren und andere Informationen über eine große Sammlung von Molekülen enthält. Molare Extinktionskoeffizienten können aus den Daten nicht berechnet werden, da die Konzentrationen nicht bekannt sind. Beachten Sie, dass das Spektrum in **D** einen breiteren Energiebereich abdeckt als die in den anderen Panels. IR-Spektren werden oft als Prozent Transmission anstelle von Absorption und mit abnehmenden Wellenzahlen von links nach rechts dargestellt, üblicherweise von 5000 bis 200 cm^{-1}

Strukturelle Inhomogenität, die intermolekulare Wechselwirkungen wie Wasserstoffbrückenbildung beeinflusst, kann IR-Absorptionsbanden erheblich verbreitern. Wasser liefert eine gute Veranschaulichung dieser Verbreiterung. Ein einzelnes Wassermolekül in der Gasphase hat zwei Absorptionsbanden im Bereich von 3700 cm^{-1}, die die symmetrischen und asymmetrischen O-H-Streckschwingungen darstellen, und eine dritte Bande um 1620 cm^{-1} , die H-O-H-Schere (Tab. 6.2). Die asymmetrische Streckbande hat den größten Extinktionskoeffizienten. In der Gasphase ist jede dieser Banden in mehrere Linien

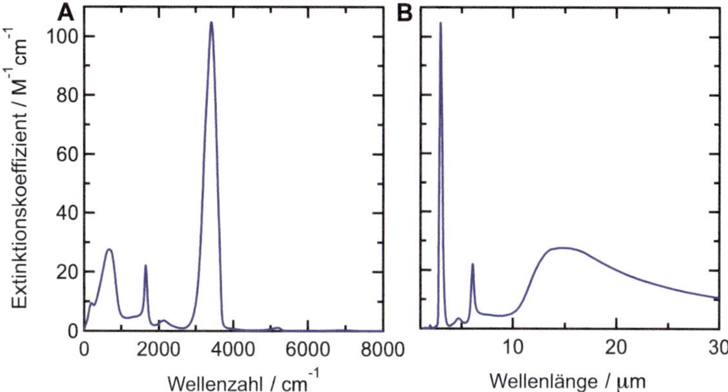

Abb. 6.12 Gemessenes IR-Absorptionsspektrum von flüssigem Wasser, aufgetragen als Funktion der Wellenzahl (**A**) und Wellenlänge (**B**). Die Daten stammen von einer Zusammenstellung von Bertie und Lan [54]

aufgespalten, die Übergänge zwischen Rotationszuständen darstellen, wie wir in Abb. 6.11C gesehen haben. Flüssiges Wasser hat im Gegensatz dazu breite, unstrukturierte Absorptionsbanden, die einen Großteil des nahen IR abdecken und bis zu Wellenlängen jenseits von 30 Mikron im fernen IR reichen (Abb. 6.12). Dieses komplexere Spektrum spiegelt gekoppelte Schwingungs- und Librationsbewegungen (gehinderte Rotationsbewegungen) mehrerer Moleküle wider [55–60]. Die Delokalisierung der Schwingungswellenfunktionen über viele Wassermoleküle senkt die Frequenz des OH-Streckungs-Modus und erhöht die Absorptionsintensität zusätzlich zur Verbreiterung der Absorptionsbanden. Fredkin et al. [61] und Blasiak et al. [62, 63] liefern Diskussionen über Methoden zur Berechnung von IR-Absorptionsenergien, -stärken und -linienformen für solche kondensierten Systeme.

Das Mikrowellenabsorptionsspektrum von gasförmigem Ammoniak ist ungewöhnlich, weil es Schwingungen enthält, die einer Inversion eines Regenschirms ähneln [64, 65]. Die pyramidenförmige Struktur von Ammoniak kann invertieren durch Mischen von Zuständen, in denen das N-Atom auf gegenüberliegenden Seiten der Ebene der drei Wasserstoffe sitzt. Wenn Scherbewegungen das Stickstoffatom nahe an diese Ebene bringen, spaltet sich die molekulare Wellenfunktion in symmetrische und antisymmetrische Kombinationen dieser Basiszustände. Mikrowellenstrahlung mit einer Wellenzahl von 0,793 cm^{-1} kann Übergänge zwischen den antisymmetrischen und symmetrischen Wellenfunktionen anregen. Gordon, Zeiger, und Townes [66] nutzten diese Strahlungsübergänge, um das erste Gerät für Mikrowellenverstärkung durch stimulierte Emission von Strahlung zu bauen, den „Maser“, was der Vorläufer der Laser war.

6.7 Infrarotspektroskopie von Proteinen und Nukleinsäuren

Infrarotspektroskopische Untersuchungen von Makromolekülen sind seit der Entwicklung von Fourier-Transformations-Techniken immer leistungsfähiger geworden [67–79]. (Siehe Kap. 1 für eine Beschreibung eines FTIR-Spektrometers.)

Schwingungen der Peptidbindung in Proteinen führen zu drei Haupt-IR-Absorptionsbanden (Tab. 6.4, Abb. 6.13):

1. Der N-H-Streckmodus von wasserstoffgebundenen Amidgruppen tritt im Bereich von 3280 bis 3300 cm^{-1} auf. Diese Absorptionsbande wird manchmal als „Amid A"-Bande bezeichnet. In α-helikalen Strukturen ist die Absorption

Tab. 6.4 IR-Absorptionsbanden von Peptiden

Schwingungsmodus	Energie (cm^{-1})[a]	Dichroismus[b]
N-H-Streckung		
α-Helix	3290–3300	‖
β-Faltblatt	3280–3300	⊥
Amid I (C=O-Streckung)		
α-Helix	1650–1660	‖
β-Faltblatt	1620–1640	⊥
Amid II (in-Plane N-H-Biegung)		
α-Helix	1540–1550	⊥
β-Faltblatt	1520–1525	‖

[a] Bei wasserstoffgebundenen Peptidgruppen
[b] Polarisation in Bezug auf die Peptidkettenachse

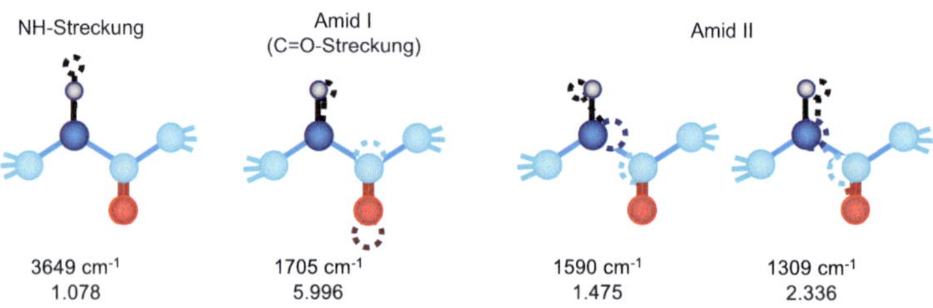

Abb. 6.13 Die Hauptvibrationsmoden einer Peptidbindung. Die Zahlen unter den Strukturen sind IR-Absorptionsenergien und -Intensitäten ($debye^2 amu^{-1} Å^{-1}$) berechnet mit GAMESS für die Modellverbindung N-Methylacetamid, die in der Punktgruppe C_s liegt. Die Strukturen werden aus einer Perspektive betrachtet, die normal zur Spiegelebene liegt. Vibrationsmoden, die hauptsächlich auf den Methylgruppen lokalisiert sind, werden nicht gezeigt. Wasserstoffbrückenbindungen und andere Wechselwirkungen mit benachbarten Resten beeinflussen die Energien und Intensitäten der entsprechenden IR-Banden in Proteinen

parallel zur N-H-Bindung polarisiert, die parallel zur Helixachse in α-helikalen Strukturen und senkrecht zur Polypeptidkette in β-Faltblättern ist. Die Bande verschiebt sich zu einer niedrigeren Frequenz, wenn die Stärke der Wasserstoffbindung zunimmt [80].

2. Der C=O-Streckmodus, mit Beiträgen von in-Phase-Biegungen der N-H-Bindung und Streckungen der C-N-Bindung, tritt im Bereich von 1650 bis 1660 cm^{-1} in α-helikalen Strukturen und zwischen 1620 und 1640 cm^{-1} in β-Faltblättern auf [81, 82]. Diese Absorptionsbande wird oft als „Amid I"-Bande bezeichnet. Ihre Polarisation in α- und β-Sekundärstrukturen ist die gleiche wie die des N-H-Streckmodus.
3. Die „Amid II"-Bande tritt bei niedrigeren Energien, zwischen 1540 und 1550 cm^{-1} in α-Helices und zwischen 1520 und 1525 cm^{-1} in β-Faltblättern, als Amid I-Bande auf. Diese Bande umfasst mehrere ebene-Biegeschwingungen der N-H-Bindung, gekoppelt an C-N- und C_α–C-Streckungen und C=O ebene Biegungen. Diese sind ungefähr entlang der C-N-Bindung polarisiert (fast senkrecht zur Achse einer α-Helix und fast parallel zur Polypeptidkette in einem β-Faltblatt). Bei nicht wasserstoffgebundenen Peptiden verschieben sich die N-H-Streck- und Amid I-Schwingungen um 20 bis 100 cm^{-1} zu höheren Energien, und die Amid II-Bande verschiebt sich zu etwas niedrigerer Energie.

IR-Spektren von Polypeptiden und Proteinen werden durch die Kopplung der Schwingungen benachbarter Peptidgruppen beeinflusst [80, 83–86]. Diese Kopplung ist analog zu Exziton-Interaktionen von elektronischen Übergängen (Kap. 8), und sie führt zu einer ähnlichen Aufspaltung der Absorptionsbanden. Allerdings wird die Situation durch die Kopplung der Übergänge sowohl durch kovalente Bindungen als auch durch Wasserstoffbindungen sowie durch den Raum kompliziert. Trotz dieser Komplexität zeigen α-Helices immer noch eine starke Bande, die parallel zur Helixachse polarisiert ist und dem Amid I-Modus entspricht, und eine senkrecht polarisierte Bande bei niedrigerer Energie, die dem Amid II-Modus entspricht. β-Faltblattstrukturen haben diagnostische Amid I-Banden die gekoppelte Bewegungen von vier Peptidgruppen beinhalten. Obwohl Amid-I-Absorptionsbanden von Bereichen eines Proteins mit unterschiedlichen Sekundärstrukturen normalerweise nicht gut aufgelöst sind, kann das Gesamtband manchmal durch Anpassung an eine Summe von Gaußkurven zerlegt werden [87, 88]. Die IR-Absorptionsspektren von Aminosäure-Seitenketten wurden von Venyaminov et al. beschrieben [89].

IR-Spektroskopie wurde ausgiebig verwendet, um die Konformationen von Polypeptiden und Proteinen in Lösung zu untersuchen [67–69, 79, 87, 90–94]. In einer wegweisenden Studie [95, 96] bestimmten Naik und Krimm die Sekundärstruktur des Ionophors Gramicidin A in verschiedenen Umgebungen. Zeitaufgelöste Messungen von Änderungen in den Amid-IR-Banden wurden verwendet, um die Dynamik des Wiederfaltens von Myoglobin nach Denaturierung durch einen Temperatursprung zu untersuchen [97–99]. Allerdings sind die Amid-Absorptionsbanden breit und ihre Komponenten sind in der Regel nicht gut aufgelöst. Dieses Problem kann durch Markierung der Amidgruppen ausgewählter Reste mit ^{13}C,$^{13}C{=}^{18}O$ oder anderen Markierungen angegangen werden, um ihre Schwingungsfrequenzen von denen der nicht markierten Reste unterscheidbar zu machen [62, 63, 94, 100–104]. Zweidimensionale spektroskopische Techniken, die in Kap. 11 diskutiert werden, bieten eine weitere Möglichkeit, das Problem anzugehen.

FTIR-Messungen können verwendet werden, um Änderungen in der Bindung oder Wechselwirkungen einzelner Aminosäure-Seitenketten in Proteinen zu untersuchen. Bacteriorhodopsin bietet ein Beispiel. Wenn Bacteriorhodopsin beleuchtet wird, isomerisiert dessen protonierter Retinylidin-Schiff-Basen-Chromophor und überträgt dann ein Proton auf eine Gruppe im Protein. FTIR-Messungen zeigten die Bildung einer Absorptionsbande bei 1763 cm^{-1} zusätzlich zu einer Reihe von Absorptionsänderungen, die dem Chromophor zugeschrieben werden können [74, 105]. Bei Bacteriorhodopsin, das in [4-^{13}C]-Asparaginsäure angereichert war, erschien die Bande bei 1720 cm^{-1}, und eine zusätzliche Verschiebung auf 1712 cm^{-1} wurde erreicht, als das Lösungsmittel durch D_2O ersetzt wurde. Diese Beobachtungen deuteten darauf hin, dass die Bande die C=O-Streckung einer protonierten Asparaginsäure widerspiegelt, was zur Identifizierung eines bestimmten Asparaginsäurerests als H^+-Akzeptor für die Deprotonierung des Chromophors führte.

In photosynthetischen Reaktionszentren wurden FTIR-Messungen in Kombination mit gezielter Mutagenese und Isotopensubstitutionen verwendet, um Reste zu identifizieren, die mit den Elektronenträgern interagieren oder ein Proton binden, wenn einer der Träger reduziert wird [34, 72, 75, 106–111]. Abb. 6.14 zeigt ein Spektrum der Absorptionsänderungen, die sich aus der Beleuchtung von bakteriellen Reaktionszentren bei niedrigen Temperaturen ergeben. Die Absorption erhöht sich bei 1703 und 1713 cm^{-1} und wird dem C=O-Streckmodus der 13^1-Ketogruppen der beiden Bakteriochlorophylle zugeordnet, die den photochemischen Elektronendonor (P) bilden, wenn das Dimer in seiner oxidierten Form vorliegt (P^+). Die Absorptionsabnahmen bei 1682 und 1692 cm^{-1} markieren die Positionen der gleichen Schwingungen, wenn das Dimer in seiner neutralen Form vorliegt. Die Banden der beiden Bakteriochlorophylle erscheinen aufgrund von Unterschieden in der Wasserstoffbindung und lokalen elektrischen Feldern bei etwas unterschiedlichen Frequenzen (Abschn. 6.3).

Niederfrequenzmoden von Proteinen können manchmal als Verdrehen oder Biegen an Scharnieren zwischen großen Domänen beschrieben werden, und solche Bewegungen werden oft als wichtig für die Katalyse oder andere Aktivitäten vorgeschlagen [113–116].

Wie wir in Kap. 4 erwähnt haben, wurde der lineare Dichroismus von IR-Absorptionsbanden verwendet, um die Orientierung von CO zu bestimmen, das an das Häm von Myoglobin in Lösung gebunden ist, und die Änderung der Orientierung, die bei der Photodissoziation auftritt [117]. Ein 35-ps-Puls von polarisiertem, 527-nm-Licht wurde verwendet, um gebundenes CO zu dissoziieren, und ein 0,2-ps-Puls von IR-Licht wurde verwendet, um den C-O-Streckmodus zu sondie-

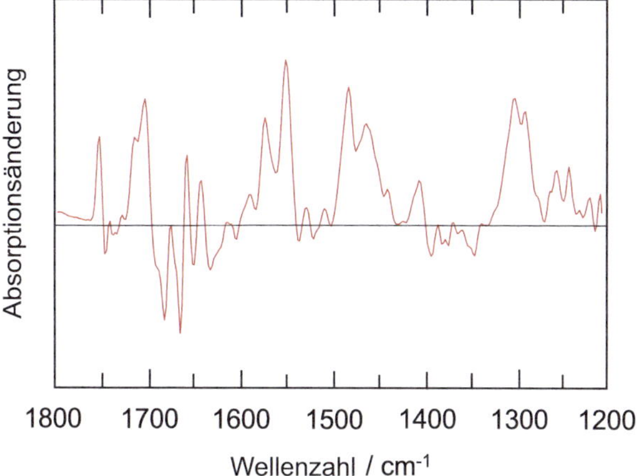

Abb. 6.14 FTIR-Differenzspektrum (Probe belichtet minus Probe im Dunkeln) der Absorptionsänderungen, die mit dem lichtgetriebenen Elektronentransfer vom speziellen Paar von Bakteriochlorophyllen (P) zu einem Chinon (Q_A) in photosynthetischen Reaktionszentren von *Rhodobacter sphaeroides* verbunden sind. Die negativen Absorptionsänderungen resultieren hauptsächlich aus dem Verlust von Absorptionsbanden von P; die positiven Änderungen, aus den Absorptionsbanden des oxidierten Dimers (P^+). Diese Messungen wurden mit einem dünnen Film von Reaktionszentren bei 100 K durchgeführt. Die Amplituden sind willkürlich skaliert. Angepasst von [112]

ren. Eine Absorptionsbande, der diese Schwingung zugeschrieben wird, tritt in der Nähe von 1900 cm^{-1} auf, wenn CO an das Häm gebunden ist, und in der Nähe von 2100 cm^{-1}, wenn das CO vom Häm freigesetzt wird, aber in einer Tasche des Proteins verbleibt. Die Polarisation der pulsinduzierten Absorptionsänderungen zeigte, dass die C–O-Bindung des gebundenen Moleküls fast senkrecht zur Ebene des Häms liegt, während das freigesetzte CO ungefähr parallel zur Ebene orientiert ist. Diese Beobachtungen erforderten ein Überdenken der Vorstellungen darüber, wie Myoglobin und Hämoglobin die Bindung von CO zugunsten von O_2 diskriminieren. Verschiebungen in IR-Absorptionsbanden zeigt auch, zeigen auch, dass das photodissoziierte CO auf verschiedene Weisen an das Protein binden kann [118, 119].

Andere Anwendungen von polarisierter IR-Spektroskopie auf Proteine haben Studien zu den Orientierungen von Tryptophan-Seitenketten in einem filamentösen Virus [120] und Studien zur Faltung von integralen Membranproteinen [69, 121] eingeschlossen.

Die IR-Absorptionsspektren von Nukleinsäuren liefern eine reiche Informationsquelle über strukturelle Veränderungen. Banyay et al. [122] haben Zuordnungen der Hauptabsorptionsbanden zusammengestellt, zusammen mit den Empfindlichkeiten dieser Banden gegenüber verschiedenen Aspekten der Nukleinsäurestruktur. Der C=O-Streckmodus von Guanin (G)-Resten tritt beispielsweise zwischen 1678 und 1689 cm^{-1} in einzelsträngiger DNA auf und verschiebt sich

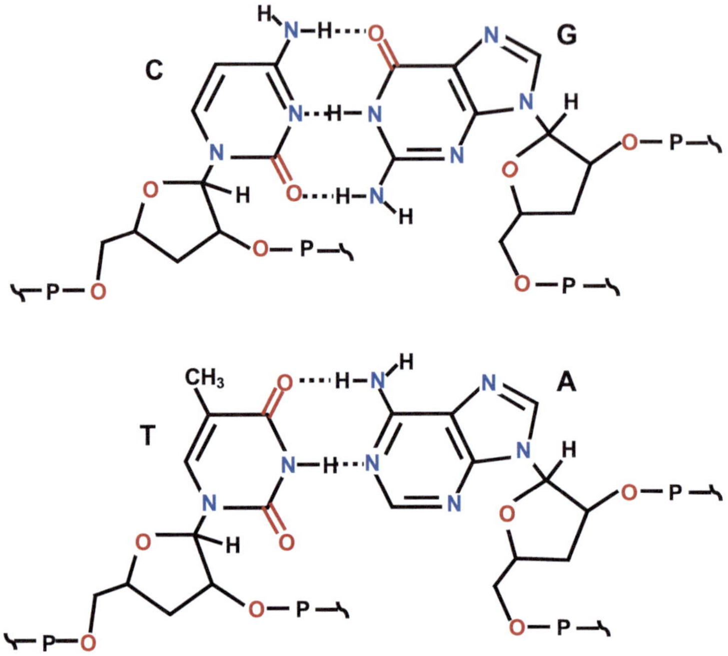

Abb. 6.15 Wasserstoffbindung von Guanosin-Cytosin (GC) und Adenosin-Thymin (AT) Basenpaaren in doppelsträngiger DNA. Einige der Wasserstoffe sind zur Klarheit weggelassen. In RNA wird Thymin durch Uracil ersetzt, wo die CH_3-Gruppe fehlt, und die Basenpaarung erfolgt in der Regel innerhalb einer einzelnen Polynukleotidkette

um etwa 15 cm^{-1} zu niedrigeren Frequenzen (1660–1673 cm^{-1}) in doppelsträngiger DNA [123, 124]. Diese Verschiebung ist teilweise eine Reflexion der Wasserstoffbindung zwischen der C=O-Gruppe von G und der $-NH_2$-Gruppe von Cytosin (C) in jedem GC-Basenpaar (Abb. 6.15). Allerdings haben diese Gruppen wahrscheinlich auch in einzelsträngiger DNA fluktuierende Wasserstoffbindungen mit Wasser. Die Verschiebung der Guanosyl-C=O-Frequenz in doppelsträngiger DNA ist wahrscheinlich eher auf die Kopplung mit der C=O-Gruppe des Cytosins innerhalb des GC-Paares und mit den Carbonylgruppen anderer Nukleotide (G, C oder T) in Basenpaaren, die neben diesem Paar gestapelt sind, zurückzuführen [125]. Diese Kopplung macht die Carbonyl-Absorptionsbande empfindlich gegenüber anderen strukturellen Veränderungen zusätzlich zur Basenpaarung.

Schwingungsmoden der Ribosyl- oder Desoxyribosylringe treten zwischen 800 und 1000 cm^{-1} auf und sind empfindlich gegenüber dem Falten der Ringe [124, 126–129] und Unterschieden zwischen den A-, B- und Z-Konformationen der DNA [130, 131]. Die Zucker-Phosphat-Bindungen erzeugen Banden zwischen 1000 und 1250 cm^{-1}, die empfindlich auf die Konformation des Polynukleotid-Rückgrats reagieren [124, 126, 127, 132, 133]. Banden zwischen 1250 und 1500 cm^{-1} repräsentieren Base-Zucker-Glykosidbindungen, die empfindlich auf die Rückgratkonformation, das Falten der Zucker und die Rotation um die

Bindung reagieren [124, 127, 128, 134]. Eine Änderung der Konformation der Glykosidbindung von *anti* zu *syn* verschiebt die mit dieser Bindung in Purinen verbundene Absorption von 1375 cm^{-1} zu 1355 cm^{-1}. Zeitaufgelöste Messungen der IR-Absorption haben sich besonders nützlich für die Studie von photochemischen Schäden an DNA und für die Identifizierung von modifizierten Resten erwiesen [135, 136]. FTIR-Spektroskopie wurde auch verwendet, um Veränderungen in der Hydratation und Konformation der DNA in intakten Zellen und Geweben zu untersuchen [137].

Chirale Moleküle zeigen einen vibrationalen Circular Dichroismus (VCD), analog zum elektronischen CD, und die zugrunde liegende Theorie ist im Wesentlichen die gleiche (Kap. 9). Messungen von VCD, obwohl immer noch viel seltener als Messungen von elektronischem CD, wurden durch Verbesserungen in der Instrumentierung und Verfahren zur Vorhersage der VCD-Spektren kleiner Moleküle angeregt [138–141], und wurden mit sekundären Strukturelementen sowohl in Proteinen als auch in Nukleinsäuren korreliert [92, 142–147]. Das VCD-Signal in DNA besteht fast ausschließlich aus der symmetrischen PO_2-Streckschwingung bei 1075 cm^{-1} und wird invertiert, wenn die DNA von der B-Konformation zur Z wechselt [146]. Streckmoden von Häm-Liganden-Bindungen in einigen mutierten Hämoglobinen und Myoglobinen zeigen einen ungewöhnlich starken VCD, der empfindlich auf Wechselwirkungen des Liganden mit dem Protein reagiert [148].

6.8 Vibrationale Stark-Effekte

Da die Schwingungen, die den IR-Absorptionsspektren zugrunde liegen, den elektrischen Dipol eines Moleküls beeinflussen müssen, würden wir erwarten, dass die Frequenzen dieser Schwingungen empfindlich auf lokale elektrische Felder reagieren, und das ist tatsächlich der Fall. Verschiebungen in Schwingungsfrequenzen, die durch externe elektrische Felder verursacht werden, können im Wesentlichen auf die gleiche Weise gemessen werden wie elektronische Stark-Verschiebungen, indem die Oszillationen der IR-Übertragänge in Anwesenheit von oszillierenden Feldern aufgezeichnet werden. Die *Stark-Abstimmungsrate* wird als $\delta_\nu = \partial\overline{\nu}/\partial E_\nu$ definiert, wobei $\overline{\nu}$ die Wellenzahl des Modus und E die Projektion des Feldes $\left(\overrightarrow{E}\right)$ auf die Normalkoordinate ist [149, 150]. In erster Näherung wird δ durch -$\hat{u} \cdot (\Delta\boldsymbol{\mu} + \boldsymbol{E} \cdot \Delta\boldsymbol{\alpha})/hc$ gegeben, wobei $\hat{u}$ ein Einheitsvektor parallel zur Normalkoordinate ist, $\Delta\boldsymbol{\mu}$ der Unterschied zwischen den Dipolmomenten des Moleküls im angeregten und Grundzustand und $\Delta\boldsymbol{\alpha}$ der Unterschied zwischen den Polarisierbarkeitstensoren in den beiden Zuständen ist (Abschn. 4.13, Kasten 4.15 und 12.1). Allerdings können auch Anharmonizität, die Polarisierbarkeit der Umgebung und geometrische Verzerrungen, die durch das Feld verursacht werden, die Schwingungs-Stark-Effekte beeinflussen [151–153].

Typische Stark-Abstimmungsraten für Carbonyl-Streckmoden liegen in der Größenordnung von (1/*f*) cm^{-1} /(MV cm^{-1}), wobei f der Lokalfeld-Korrekturfaktor ist [151, 154]. Der C=O-Streckmodus von CO, gebunden an das Häm-Fe von Myoglobin, hat eine relativ große Stark-Abstimmungsrate von etwa

2,4/f cm^{-1} /(MV cm^{-1}) [154]. Die Frequenz dieses Modus variiert zwischen 1937 und 1984 cm^{-1} in mutierten Myoglobinen, Cytochromen und anderen Häm-Proteinen, und Unterschiede im lokalen Feld erklären wahrscheinlich einen Großteil dieser Variation [154–160]. Messungen des Stark-Effekts mit CO, gebunden an eine Ni-Oberfläche, zeigten, dass die Stark-Abstimmungsrate für die CO-Schwingung positiv ist, wenn das Feld das *Potenzial* am C-Atom im Vergleich zu O positiver macht [149]. Boxer und Mitarbeiter haben Stark-Abstimmungsraten für die Streckmodi von C-F, C-D und einer Vielzahl anderer chemischer Bindungen gemessen, die an spezifischen Stellen in Proteinen als potenzielle Reporter für lokale elektrische Felder eingeführt werden können [151, 161, 162]. Mutationen von photosynthetischen bakteriellen Reaktionszentren verschieben die C=O-Schwingungsfrequenzen der 13^1-Ketogruppen der beiden Bakteriochlorophylle des Spezialpaares, und die Verschiebungen korrelieren gut mit berechneten Änderungen in den lokalen Feldern [112].

Das bakterielle Enzym Δ^5-3-Ketosteroid-Isomerase verschiebt den C=O-Streckmodus von 19-Nortestosteron (ein 3-Ketosteroid-Substratanalogon) dramatisch von 1638 auf 1612 cm^{-1} [153, 163, 164]. Diese Verschiebung tritt nicht in der enzymatisch inaktiven Y14F-Mutante auf und ist in anderen Mutanten mit reduzierten Aktivitäten vermindert. Abb. 6.16 zeigt einige der Rückstände, die das gebundene Substrat in der Kristallstruktur des Enzyms umgeben. Messungen und MD-Simulationen der C=O-Streckfrequenz von 19-Nortestosteron in verschiedenen Lösungsmitteln zeigen, dass Y14 und andere Gruppen in der aktiven

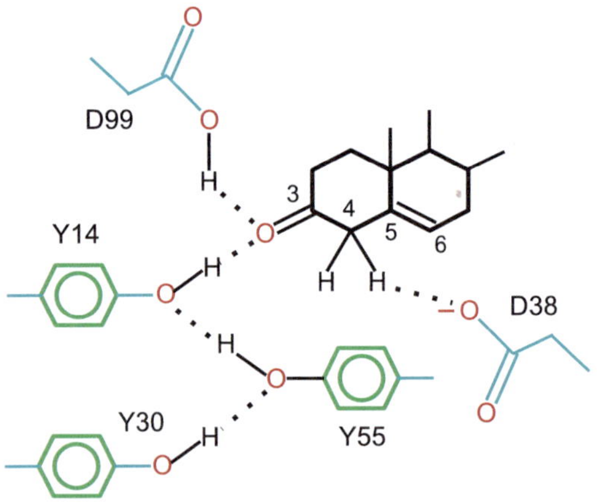

Abb. 6.16 Rückstände in der aktiven Stelle der Δ^5–3-Ketosteroid-Isomerase von *Escherichia coli* [165]. Asparaginsäure (*D*) Rückstände 38 und 99, Tyrosine (*Y*) 14, 30 und 55, und Atome 3–6 eines gebundenen Steroidsubstrats sind gekennzeichnet. (Addieren Sie 2 zu den Rückstandsnummern, um die in dem weit verbreiteten Enzym von *Pseudomonas putida* zu erhalten.) *Gepunktete Linien* zeigen wahrscheinliche Wasserstoffbrücken an. Das Enzym katalysiert die Umordnung der C5–C6-Doppelbindung zu C4–C5 durch Erleichterung der Enolisierung der Keto-Gruppe und Übertragung eines Protons von C4 zu C6, wahrscheinlich über D38. Die verschobenen C=O-Streckfrequenzen des gebundenen 19-Nortestosterons weisen auf ein starkes lokales elektrisches Feld hin, das die Enolisierung begünstigt [166]

Stelle der Isomerase ein starkes elektrisches Feld von etwa 144 MV cm^{-1} parallel zur C=O-Achse erzeugen und dass dieses Feld für den größten Teil der Abnahme der Aktivierungsenergie für die katalytische Reaktion verantwortlich ist [166–169]. Obwohl Y14 eine Wasserstoffbrücke zum Keto-O bildet, wird der phenolische C–O-Streckmodus von Y14 selbst nicht stark verschoben, wahrscheinlich aufgrund von ausgleichenden Effekten von H-Bindungen von Y30 und Y55.

6.9 IR-Laser

In Kap. 5 haben wir stimulierte Emission aus elektronisch angeregten Zuständen besprochen. Gl. (6.14) und die Diskussion in Abschn. 6.3 zeigen, dass stimulierte Emission auch aus angeregten Schwingungsniveaus innerhalb desselben elektronischen Zustands stattfinden kann. Dieser Prozess liegt der Funktion von IR-Lasern zugrunde, die in der Lasermedizin und Zahnheilkunde, der Informationsübertragung und der Fernerkundung immer wichtiger werden. Das Lasermedium in einem IR-Laser besteht typischerweise aus einem gasförmigen Molekül wie CO_2 in einem mehrere Meter langen Rohr. Der optische Resonator kann für die Resonanz mit einer der starken Schwingungs- oder Rotations-Schwingungsübergänge des Moleküls ausgelegt werden und Bevölkerungsinversionen können entweder durch optische Anregung oder durch eine Hochspannungsentladung erzeugt werden. CO_2- und CO-Laser können IR-Strahlung zwischen etwa 2 und 11 μm liefern. HF-Laser arbeiten bei etwa 2,8 μm und Methanollaser bei mehreren Wellenlängen zwischen 37,9 und 118 μm.

Es werden Anstrengungen unternommen, um tragbarere und stabilere IR-Laser mit Festkörpermedien zu entwickeln. Halbleiter spielen hier eine große Rolle, weil sie fast jede Bandlückenenergie haben können, indem sie mit einer Vielzahl von Übergangsmetallen dotiert werden [170]. Zum Beispiel können Verwandte des Nd:YAG-Lasers, der bei 1064 nm emittiert, hergestellt werden, indem Nd durch entweder Holmium oder Erbium ersetzt wird, wodurch die Emission auf 2120 nm mit Ho:YAG oder auf 2940 nm mit Er:YAG verschoben wird. *Quantenkaskadenlaser* haben wiederholte Schichten von Halbleitermaterialien wie GaInAs/AlInAs, Ga/As/AlGaAs oder InGaAs/AlAsSb, die mehrere Subbänder für die Elektroneneinschließung bereitstellen und die Erzeugung von Bevölkerungsinversionen zwischen Subbändern ermöglichen [171, 172]. Diese Systeme haben die bemerkenswerte Eigenschaft, dass ein einzelnes angeregtes Elektron zur Emission von mehreren Photonen führen kann, wenn es eine Reihe von Energiebändern durchläuft. Das Anregen eines kompakten molekularen IR-Lasers durch einen Quantenkaskadenlaser wurde beschrieben [173].

Ultrakurze IR-Laserpulse können erzeugt werden, indem Femtosekundenpulse aus einem modegekoppelten Ti:Saphir-Laser in zwei Pulse mit längeren Wellenlängen aufgeteilt werden. Bei diesem Prozess, der als *optische parametrische Erzeugung* bezeichnet wird, sendet man den Ti:Saphir-Puls in einen nichtlinearen optischen Kristall unter einem Winkel, bei dem die Strahlung bei den niedrigeren Frequenzen Bedingungen für die Phasenanpassung erfüllt. Einer der längerwelligen Pulse wird dann normalerweise durch stimulierte Emission verstärkt. Der Verstärkungsprozess wird als *optische parametrische Verstärkung* bezeichnet und ein Gerät zur Erreichung dessen wird als *optischer parametrischer Verstärker* (OPA) bezeichnet [174]. Die weite Bandbreite von Frequenzen in Femtosekunden-Ti:Saphir-Pulsen macht es möglich, die Frequenz des Ausgangssignals durch Anpassung des Einfallswinkels oder der Temperatur des nichtlinearen optischen Kristalls abzustimmen.

6.10 Fragen

1. In dem unten dargestellten Diagramm der molekularen Schwingungen kennzeichnen rote Pfeile Bindungen, die zu einem bestimmten Zeitpunkt komprimiert sind, und blaue Pfeile kennzeichnen Bindungen, die zu diesem Zeitpunkt gestreckt sind. Welche dieser Schwingungen könnten zu einer Infrarotabsorption führen?

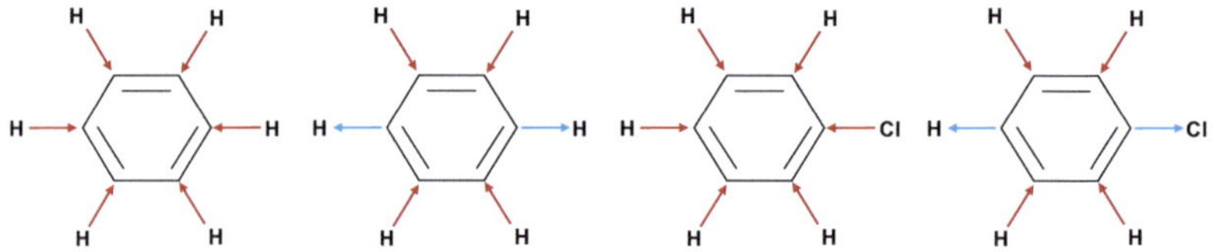

2. Welche Gruppenschwingungen würden Sie bei dem folgenden Molekül: Cl–C≡C–CH=CH–C≡C–OH, entweder durch IR oder Raman-Spektroskopie erwarten?
3. Wie kann die Schwingungsspektroskopie zwischen *cis*- und *trans*-Dichlorethylen unterscheiden?
4. Jede der 30 Normalschwingungen von Benzol kann durch eine bestimmte der 12 irreduziblen Darstellungen beschrieben werden, die die Punktgruppe D_{6h} bilden. Die Charaktertabelle für D_{6h} ist unten gegeben. Die Darstellungen mit den Mulliken-Symbolen A_{1g}, A_{2g}, B_{1g}, B_{2g}, A_{1u}, A_{2u}, B_{1u}, und B_{2u} beschreiben 8 verschiedene Schwingungsmoden mit einzigartigen Energien. Das Mulliken-Symbol E_{1g} gilt für zwei Moden mit der gleichen Energie; E_{2u} gilt für zwei solche entartete Paare; E_{1u}, für drei entartete Paare; und E_{2g}, für vier entartete Paare. (Vier der 10 Entartungen entstehen einfach aus Symmetrie, während die anderen sechs zufällig sind.) Welche der Schwingungsmoden von Benzol werden weder im IR-Absorptionsspektrum noch im Raman-Streuungsspektrum gesehen? (Sie müssen die atomaren Bewegungen nicht beschreiben; geben Sie einfach die Mulliken-Symbole für die unsichtbaren Moden an.) Werden einige der Moden sowohl für die IR-Absorption als auch für die Raman-Streuung aktiv sein? Warum oder warum nicht? Angenommen, dass alle formal erlaubten Übergänge der IR-Absorption und Raman-Streuung stark genug sind, um nachweisbar zu sein, wie viele Banden erwartet man in (*a*) dem IR-Spektrum und (*b*) dem Raman-Spektrum zu sehen? Geben Sie die Mulliken-Symbole für die Schwingung oder Schwingungen an, die zu jedem Spektrum beitragen.

D_{6h}	E	$2C_6$	$2C_3$	C_2	$3C_2'$	$3C_2''$	i	$2S_3$	$2S_6$	σ_h	$3\sigma_d$	$3\sigma_v$	Funktionen
A_{1g}	1	1	1	1	1	1	1	1	1	1	1	1	x^2+y^2, z^2
A_{2g}	1	1	1	1	−1	−1	1	1	1	1	−1	−1	
B_{1g}	1	−1	1	−1	1	−1	1	−1	1	−1	1	−1	
B_{2g}	1	−1	1	−1	−1	1	1	−1	1	−1	−1	1	
E_{1g}	2	1	−1	−2	0	0	2	1	−1	−2	0	0	xz, yz
E_{2g}	2	−1	−1	2	0	0	2	−1	−1	2	0	0	x^2-y^2, xy
A_{1u}	1	1	1	1	1	1	−1	−1	−1	−1	−1	−1	
A_{2u}	1	1	1	1	−1	−1	−1	−1	−1	−1	1	1	z
B_{1u}	1	−1	1	−1	1	−1	−1	1	−1	1	−1	1	
B_{2u}	1	−1	1	−1	−1	1	−1	1	−1	1	1	−1	
E_{1u}	2	1	−1	−2	0	0	−2	−1	1	2	0	0	x, y
E_{2u}	2	−1	−1	2	0	0	−2	1	1	−2	0	0	

5. Betrachten Sie die Anregungen $(0 \to 1)$, $(0 \to 2)$ und $(1 \to 2)$ eines schwach anharmonischen Oszillators, wobei die beiden Zahlen für jede Anregung die Anfangs- und Endvibrationsquantenzahlen bezeichnen. (*a*) Wenn die Anregung $(0 \to 1)$ eine relative Dipolstärke von 1,0 hat, wie hoch ist dann die erwartete relative Dipolstärke der Anregung $(1 \to 2)$? (*b*) Angenommen, die Absorption $(0 \to 1)$ hat eine Anregungsenergie von 200 cm^{-1}. Schätzen Sie das Verhältnis der beobachteten Stärken der Absorptionsbanden $(1 \to 2)$ und $(0 \to 1)$ bei 295 K. (*c*) Wäre die Anregungsenergie des Bandes $(1 \to 2)$ gleich, kleiner oder größer als die der Bande $(0 \to 1)$?
6. Die IR- und Raman-Spektren in Abb. 6.10 zeigen einige der mittleren IR-Übergänge in Ethylenglykol. (*a*) Können Sie die Absorptionen in den beiden Spektren zuordnen? (Verwenden Sie die Tabelle für IR-Frequenzen aus Abb. 6.6.) (*b*) Wenn Sie die Übergange in den Raman- und IR-Spektren nach Intensität sortieren, können Sie einen Trend erkennen? Welche Schwingungsmoden sind im Raman-Spektrum am intensivsten und welche in der IR-Absorption?
7. Die Vibrationsfrequenz von HF wird mit $\nu_e = 4138{,}3\ \text{cm}^{-1}$ angegeben und die Anharmonizität beträgt $x_e\nu_e = 89{,}9\ \text{cm}^{-1}$. Können Sie die Vibrationsfrequenzen des Grundtons und der ersten beiden Obertöne finden?
8. Flüssiges Ethylenglykol existiert in zwei Hauptrotationskonformeren: *gauche* und *trans.* (*a*) Welcher dieser Konformere hat C_2-Symmetrie und welcher hat C_{2h}? (*b*) Wie können IR- und Raman-Spektren helfen, zwischen den beiden Konformeren zu unterscheiden? Charaktertabellen für die Punktgruppen C_2 und C_{2h} sind unten gegeben.

C_2	E	C_2	Funktionen	
A	1	1	z, R_z	x^2, y^2, z^2, xy
B	1	−1	x, y, R_x, R_y	xz, yz

C_{2h}	E	C_2	i	σ_h	Funktionen	
A_g	1	1	1	1	R_z	x^2, y^2, z^2, xy
B_g	1	−1	1	−1	R_x, R_y	xz, yz

C_2	E	C_2	Funktionen	C_{2h}	E	C_2	i	σ_h	Funktionen
				A_u	1	1	−1	−1	z
				B_u	1	−1	−1	1	x,y

9. Die untenstehende Abbildung zeigt hypothetische IR-Absorptions- und Linear-Dichroismus-Spektren von Membranvesikeln, die ein Protein enthalten, das Zucker und Na^+-Ionen durch eine Zellmembran transportiert. Die Vesikel werden durch Abscheidung und teilweises Trocknen auf einem Glasobjektträger abgeflacht, und der lineare Dichroismus wird in Bezug auf eine Achse gemessen, die senkrecht zum Objektträger steht. In Anwesenheit des Zuckers (S) wird der lineare Dichroismus im Bereich von 1650 cm^{-1} positiver und der um 1560 cm^{-1} negativer. Schlagen Sie eine Interpretation der Spektren und die Wirkung des Zuckers vor.

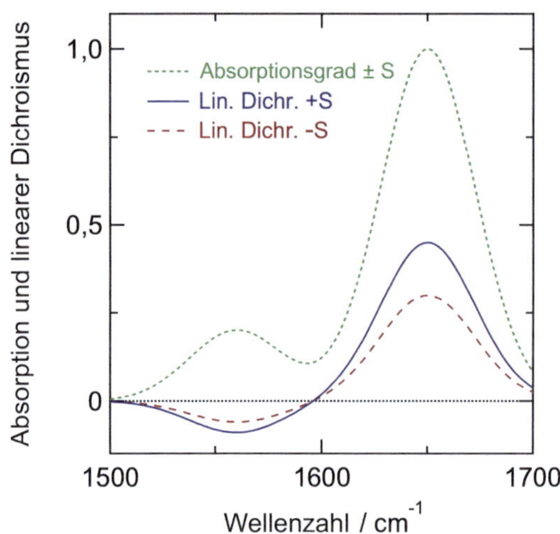

Literatur

1. Wilson, E.B.: A method of obtaining the expanded secular equation for the vibration frequencies of a molecule. J. Chem. Phys. **7**, 1047–1052 (1939)
2. Wilson, E.B., Decius, J.C., Cross, P.C.: Molecular Vibrations. The Theory of Infrared and Raman Vibrational Spectra. McGraw-Hill, New York (1955)
3. Painter, P.C., Coleman, M.M., Koenig, J.L.: The Theory of Vibrational Spectroscopy and its Application to Polymeric Materials. Wiley Interscience, New York (1982)
4. Struve, W.S.: Fundamentals of Molecular Spectroscopy. Wiley Interscience, New York (1989)
5. Cotton, F.A.: Chemical Applications of Group Theory, 3rd edn. Wiley, New York (1990)
6. McHale, J.L.: Molecular Spectroscopy. Prentice Hall, Upper Saddle River, NJ (1999)

7. Lifson, S., Warshel, A.: Consistent force field for calculations of conformations, vibrational spectra, and enthalpies of cycloalkane and *n*-alkane molecules. J. Chem. Phys. **49**, 5116–5129 (1968)
8. Warshel, A., Levitt, M., Lifson, S.: Consistent force field for calculation of vibrational spectra and conformations of some amides and lactam rings. J. Mol. Spectrosc. **33**, 84–99 (1970)
9. Warshel, A., Lifson, S.: Consistent force field calculations. II. Crystal structures, sublimation energies, molecular and lattice vibrations, molecular conformations, and enthalpies of alkanes. J. Chem. Phys. **53**, 582–594 (1970)
10. Warshel, A.: Computer Modeling of Chemical Reactions in Enzymes and Solutions. Wiley, New York (1991)
11. Rapaport, D.C.: The Art of Molecular Dynamics Simulation. Cambridge Univ. Press, Cambridge (1997)
12. Buchner, M., Ladanyi, B.M., Stratt, R.M.: The short-time dynamics of molecular liquids. Instantaneous-normal-mode theory. J. Chem. Phys. **97**, 8522–8535 (1992)
13. Hansson, T., Oostenbrink, C., van Gunsteren, W.: Molecular dynamics simulations. Curr. Opin. Struct. Biol. **12**, 190–196 (2002)
14. Adcock, S.A., McCammon, J.A.: Molecular dynamics: survey of methods for simulating the activity of proteins. Chem. Rev. **106**, 1589–1615 (2006)
15. Bahar, I., Rader, A.J.: Course-grained normal mode analysis in structural biology. Curr. Opin. Struct. Biol. **15**, 586–592 (2005)
16. Isin, B., Schulten, K., Tajkhorshid, E., Bahar, I.: Mechanism of signal propagation upon retinal isomerization: insights from molecular dynamics simulations of rhodopsin restrained by normal modes. Biophys. J. **95**, 789–803 (2008)
17. Alden, R.G., Parson, W.W., Chu, Z.T., Warshel, A.: Orientation of the OH dipole of tyrosine (M)210 and its effect on electrostatic energies in photosynthetic bacterial reaction centers. J. Phys. Chem. **100**, 16761–16770 (1996)
18. Parson, W.W., Warshel, A.: Mechanism of charge separation in purple bacterial reaction centers. In: Hunter, C.N., et al. (eds.) The Purple Phototropic Bacteria, pp. 355–377. Springer, Berlin (2009)
19. Harrison, J.F.: Relationship between the charge distribution and dipole moment functions of CO and the related molecules CS, SiO and SiS. J. Phys. Chem. A. **110**, 10848–10857 (2006)
20. Ogilvie, J.F., Rodwell, W.R., Tipping, R.H.: Dipole moment functions of the hydrogen halides. J. Chem. Phys. **73**, 5221–5229 (1980)
21. Harrison, J.F.: A Hirschfeld-I interpretation of the charge distribution, dipole and quadrupole moments of the halogenated acetylenes FCCH, ClCCH, BrCCH and ICCH. J. Chem. Phys. **133**, 214103 (2010)
22. Cheam, T.C., Krimm, S.: Infrared intensities of amide modes of *N*-methylacetamide and poly(glycine I) from *ab initio* calculations of dipole moment derivatives of *N*-methylacetamide. J. Chem. Phys. **82**, 1631–1641 (1985)
23. Morse, P.M.: Diatomic molecules according to the wave mechanics. II. Vibrational levels. Phys. Rev. **34**, 57–64 (1929)
24. ter Haar, D.: The vibrational levels of an anharmonic oscillator. Phys. Rev. **70**, 222–223 (1946)
25. Sage, M.L.: Morse oscillator transition probabilities for molecular bond modes. Chem. Phys. **35**, 375–380 (1978)
26. Sage, M.L., Williams, J.A.I.: Energetics, wave functions, and spectroscopy of coupled anharmonic oscillators. J. Chem. Phys. **78**, 1348–1358 (1983)
27. Spirko, V., Jensen, P., Bunker, P.R., Cejhan, A.: The development of a new Morse-oscillator based rotation vibration Hamiltonian for H^{3+}. J. Mol. Spectrosc. **112**, 183–202 (1985)
28. Sharp, T.E., Rosenstock, H.M.: Franck-Condon factors for polyatomic molecules. J. Chem. Phys. **41**, 3453–3463 (1964)

29. Sando, G.M., Spears, K.G.: Ab initio computation of the Duschinsky mixing of vibrations and nonlinear effects. J. Phys. Chem. A. **104**, 5326–5333 (2001)
30. Sando, G.M., Spears, K.G., Hupp, J.T., Ruhoff, P.T.: Large electron transfer rate effects from the Duschinsky mixing of vibrations. J. Phys. Chem. A. **105**, 5317–5325 (2001)
31. Sagnella, D.E., Straub, J.E.: A study of vibrational relaxation of B-state carbon monoxide in the heme pocket of photolyzed carboxymyoglobin. Biophys. J. **77**, 70–84 (1999)
32. Sagnella, D.E., Straub, J.E., Jackson, T.A., Lim, M., Anfinrud, P.A.: Vibrational population relaxation of carbon monoxide in the heme pocket of photolyzed carbonmonoxy myoglobin: comparison of time-resolved mid-IR absorbance experiments and molecular dynamics simulations. Proc. Natl. Acad. Sci. U. S. A. **96**, 14324–14329 (1999)
33. Mattioli, T.A., Hoffman, A., Robert, B., Schrader, B., Lutz, M.: Primary donor structure and interactions in bacterial reaction centers from near-infrared Fourier transform resonance Raman spectroscopy. Biochemistry. **30**, 4658–4654 (1991)
34. Mattioli, T.A., Williams, J.C., Allen, J.P., Robert, B.: Changes in primary donor hydrogen bonding interactions in mutant reaction centers from *Rhodobacter sphaeroides*: identification of the vibrational frequencies of all the conjugated carbonyl groups. Biochemistry. **33**, 1636–1643 (1994)
35. Brinkley, R., Gupta, R.B.: Hydrogen bonding with aromatic rings. AICHE J. **47**, 948–953 (2001)
36. Mielcarek, A., Dolega, A.: Weak hydrogen bonding interaction S-H···O=C studied by FT-IR spectroscopy and DFT calculations. J. Mol. Struct. **1103**, 217–223 (2016)
37. Xu, L.H., Wu, D., Zhong, M., Wang, G.B., Chen, X.Y., Zhang, Z.J.: The construction of a new deep eutectic solvents system based on choline chloride and butanediol: the influence of the hydroxyl position of butanediol on the structure of deep eutectic solvent and supercapacitance performance. J. Power Sources. **490**, 229365/1-11 (2021)
38. Wu, D., Xu, L.H., Feng, H.J., Zhu, Y.W., Chen, X.Y., Cui, P.: Design and theoretical study of novel deep eutectic solvents: the effects of bromine and chloride anions on solvent structure and supercapacitor performance. J. Power Sources. **492**, 229634/1-12 (2021)
39. Dereka, B., Rosspeintner, A., Li, Z., Liska, R., Vauthey, E.: Direct visualization of excited-state symmetry breaking using ultrafast time-resolved infrared spectroscopy. J. Am. Chem. Soc. **138**, 4643–4649 (2016)
40. Dereka, B., Koch, H., Vauthey, E.: Looking at photoinduced charge-transfer processes in the IR: answers to several long-standing questions. Acc. Chem. Res. **50**, 426–434 (2017)
41. Dereka, B., Rosspeintner, A., Vauthey, E.: Excited-state symmetry breaking in a quadrupolar molecule visualized in time and space. J. Phys. Chem. Lett. **8**, 6029–6034 (2017)
42. Cotton, F.A., Kraihanzel, C.S.: Vibrational spectra and bonding in metal carbonyls. I. Infrared spectra of phosphine-substituted Group VI carbonyls in the CO stretching region. J. Am. Chem. Soc. **84**, 4432–4438 (1962)
43. Scheidegger, H.A., Armor, J.N., Taube, H.: A diazotization leading to formation of a dinitrogen complex. J. Am. Chem. Soc. **90**, 3263–3264 (1968)
44. Tamayo, A.B., Alleyne, B.D., Djurovich, P.I., Lamansky, S., Tsyba, I., Ho, N.M., Bau, R., Thompson, M.E.: Synthesis and characterization of facial and meridional tris-cyclometalated iridium(III) complexes. J. Am. Chem. Soc. **125**, 7377–7387 (2003)
45. Sajoto, T., Djurovich, P.I., Tamayo, A.B., Oxgaard, J., Goddard III, W.A., Thompson, M.E.: Temperature dependence of blue phosphorescent cyclometalated Ir(III) complexes. J. Am. Chem. Soc. **131**, 9813–9822 (2009)
46. Krishnan, K., Krishnan, F.A.: Raman and infrared spectra of ethylene glycol. Proc. Indian Acad. Sci. **A64**, 111–122 (1966)
47. Kollipost, F., Otto, K.E., Suhm, M.A.: A symmetric recognition motif between vicinal diols: the fourfold grip in ethylene glycol dimer. Angew. Chem. Int. Ed. **55**, 4591–4595 (2016)
48. Cheung, A.C., Rank, D.M., Townes, C.H., Thornton, D.D., Welch, W.J.: Detection of NH_3 molecules in the interstellar medium by their microwave emission spectra. Phys. Rev. Lett. **21**, 1 (1968)

49. Cheung, A.C., Rank, D.M., Townes, C.H., Thornton, D.D., Welch, W.J.: Detection of water in interstellar regions by its microwave emission. Nature. **221**, 626–628 (1969)
50. Zwickl, J., Shenvi, N., Schmidt, J.R., Tully, J.C.: Transition state barriers in multidimensional Marcus theory. J. Phys. Chem. A. **112**, 10570–10579 (2008)
51. Hollas, M.J.: Modern Spectroscopy. Wiley, New York (1996)
52. Karthikeyan, S., Krishnan, M.S., Carrington, T.: Calculating intensities using effective Hamiltonians in terms of Coriolis-adapted normal modes. J. Chem. Phys. **122**, 034106/1-8 (2005)
53. Atkins, P.W.: Molecular Quantum Mechanics, 2nd edn. Oxford Univ. Press, Oxford (1983)
54. Bertie, J.E., Lan, Z.: Infrared intensities of liquids. 20. The intensity of the OH stretching band of liquid water revisited, and the best current values of the optical constants of $H_2O(l)$ at 25 degrees C between 15,000 and 1 cm^{-1}. Appl. Spectrosc. **50**, 1047–1057 (1996)
55. Ramasesha, K., De Marco, L., Mandal, A., Tokmakoff, A.: Water vibrations have strongly mixed intra- and intermolecular character. Nat. Chem. **5**, 935–940 (2013)
56. Lee, M.-S., Baletto, F., Kanhere, D.G., Scandolo, S.: Far-infrared absorption of water clusters by first-principles molecular dynamics. J. Chem. Phys. **128**, 214506/1-5 (2008)
57. Miura, N., Yamada, H., Moon, A.: Intermolecular vibrational study in liquid water and ice by using far infrared spectroscopy with synchrotron radiation of MIRRORCLE 20. Spectrochim. Acta Part A. **77**, 1048–1053 (2010)
58. Czarnecki, K., Chen, L., Diers, J.R., Frank, H.A., Bocian, D.F.: Low-frequency resonance Raman studies of the H(M202)G cavity mutant of bacterial photosynthetic reaction centers. Photosynth. Res. **88**, 31–41 (2006)
59. Perakis, F., De Marco, L., Shalit, A., Tang, F., Kann, Z.R., Kühne, T.D., Torre, R., Bonn, M., Nagata, Y.: Vibrational spectroscopy and dynamics of water. Chem. Rev. **116**, 7590–7607 (2016)
60. Czarnecki, K., Morisawa, Y., Futami, Y., Ozaki, Y.: Advances in molecular structure and interaction studies using near-infrared spectroscopy. Chem. Rev. **115**, 9707–9744 (2015)
61. Fredkin, D.R., Komornicki, A., White, S.R., Wilson, K.R.: *Ab initio* infrared and Raman spectra. J. Chem. Phys. **78**, 7077–7092 (1983)
62. Blasiak, B., Londergan, C.H., Webb, L.J., Cho, M.: Vibrational probes: from small molecule solvatochromatism theory and experiments to applications in complex systems. Acc. Chem. Res. **50**(4), 968–976 (2017)
63. Baiz, C.R., Blasiak, B., Bredenbeck, J., Cho, M., et al.: Vibrational spectroscopic map, vibrational spectroscopy, and intermolecular interaction. Chem. Rev. **120**, 7152–7218 (2020)
64. Dowling, J.M.: The rotation-inversion spectrum of ammonia. J. Mol. Spectrosc. **27**, 527–538 (1968)
65. Bouakline, F.: Umbrella inversion of ammonia redux. Phys. Chem. Chem. Phys. **23**, 20509–20523 (2021)
66. Gordon, J.P., Zeiger, H.J., Townes, C.H.: The maser - new type of microwave amplifier, frequency standard and spectrometer. Phys. Rev. **99**, 1264–1274 (1955)
67. Siebert, F.: Infrared spectroscopy applied to biochemical and biological problems. Methods Enzymol. **246**, 501–526 (1995)
68. Kötting, C., Gerwert, K.: Proteins in action monitored by time-resolved FTIR spectroscopy. ChemPhysChem. **6**, 881–888 (2005)
69. Haris, P.I.: Probing protein-protein interaction in biomembranes using Fourier transform infrared spectroscopy. Biochim. Biophys. Acta. **1828**, 2265–2271 (2013)
70. Griffiths, P.R., deHaseth, J.A.: Fourier Transform Infrared Spectrometry. Wiley, New York (1986)
71. Braiman, M.S., Rothschild, K.J.: Fourier transform infrared techniques for probing membrane protein structure. Ann. Rev. Biophys. Biophys. Chem. **17**, 541–570 (1988)
72. Mäntele, W.: Infrared vibrational spectroscopy of the photosynthetic reaction center. In: Deisenhofer, J., Norris, J.R. (eds.) The Photosynthetic Reaction Center, pp. 240–284. Academic Press, San Diego (1993)

73. Slayton, R.M., Anfinrud, P.A.: Time-resolved mid-infrared spectroscopy: methods and biological applications. Curr. Opin. Struct. Biol. **7**, 717–721 (1997)
74. Gerwert, K.: Molecular reaction mechanisms of proteins monitored by time-resolved FTIR-spectroscopy. Biol. Chem. **380**, 931–935 (1999)
75. Berthomieu, C., Hienerwadel, R.: Fourier transform (FTIR) spectroscopy. Photosynth. Res. **101**, 157–170 (2009)
76. Nienhaus, K., Nienhaus, G.U.: Ligand dynamics in heme proteins observed by Fourier transform infrared-temperature derivative spectroscopy. Biochim. Biophys. Acta. **1814**, 1030–1041 (2011)
77. Li, J.J., Yip, C.M.: Super-resolved FT-IR spectroscopy: strategies, challenges, and opportunities for membrane biophysics. Biochim. Biophys. Acta. **1828**, 2272–2282 (2013)
78. Lewis, R.N., McElhaney, R.N.: Membrane lipid phase transitions and phase organization studied by Fourier transform infrared spectroscopy. Biochim. Biophys. Acta. **1828**, 2347–2358 (2013)
79. Kottke, T., Lórenz-Fonfria, V.A., Heberle, J.: The grateful infrared: sequential protein structural changes resolved by infrared difference spectroscopy. J. Phys. Chem. B. **121**, 335–350 (2017)
80. Krimm, S., Bandekar, J.: Vibrational spectroscopy and conformation of peptides, polypeptides, and proteins. Adv. Prot. Chem. **38**, 181–364 (1986)
81. Chirgadze, Y.N., Nevskaya, N.A.: Infrared spectra and resonance interaction of amide-I vibration of the antiparallel-chain pleated sheet. Biopolymers. **15**, 607–625 (1976)
82. Nevskaya, N.A., Chirgadze, Y.N.: Infrared spectra and resonance interactions of amide-I and II vibration of alpha-helix. Biopolymers. **15**, 637–648 (1976)
83. Miyazawa, T., Shimanouchi, T., Mizushima, J.: Normal vibrations of *N*-methylacetamide. J. Chem. Phys. **29**, 611–616 (1958)
84. Miyazawa, T.: Perturbation treatment of the characteristic vibrations of polypeptide chains in various configurations. J. Chem. Phys. **32**, 1647–1652 (1960)
85. Brauner, J.W., Dugan, C., Mendelsohn, R.: 13C labeling of hydrophobic peptides. Origin of the anomalous intensity distribution in the infrared amide I spectral region of b-sheet structures. J. Am. Chem. Soc. **122**, 677–683 (2000)
86. Brauner, J.W., Flach, C.R., Mendelsohn, R.: A quantitative reconstruction of the amide I contour in the IR spectra of globular proteins: from structure to spectrum. J. Am. Chem. Soc. **127**, 100–109 (2005)
87. Byler, D.M., Susi, H.: Examination of the secondary structure of proteins by deconvolved FTIR spectra. Biopolymers. **25**, 469–487 (1986)
88. Susi, H., Byler, D.M.: Resolution-enhanced Fourier transform infrared spectroscopy of enzymes. Meth. Enzymol. **25**, 469–487 (1986)
89. Venyaminov, S.Y., Yu, S., Kalnin, N.N.: Quantitative IR spectrophotometry of peptide compounds in water (H_2O) solutions. I. Spectral parameters of amino acid residue absorption bands. Biopolymers. **30**, 1243–1257 (1990)
90. Surewicz, W.K., Mantsch, H.H., Chapman, D.: Determination of protein secondary structure by Fourier-transform infrared spectroscopy: a critical assessment. Biochemistry. **32**, 389–394 (1993)
91. Jackson, M., Mantsch, H.: The use and misuse of FTIR spectroscopy in the determination of protein structure. Crit. Rev. Biochem. Mol. Biol. **30**, 95–120 (1995)
92. Baumruk, V., Pancoska, P., Keiderling, T.A.: Predictions of secondary structure using statistical analyses of electronic and vibrational circular dichroism and Fourier transform infrared spectra of proteins in H_20. J. Mol. Biol. **259**, 774–791 (1996)
93. Ding, B., Hilaire, M.R., Gai, F.: Infrared and fluorescence assessment of protein dynamics: from folding to function. J. Phys. Chem. B. **2016**, 5103–5113 (2016)
94. Ramos, S., Thielges, M.C.: Site-specific 1D and 2D IR spectroscopy to characterize the conformations and dynamics of protein molecular recognition. J. Phys. Chem. B. **123**, 3551–3556 (2019)

95. Naik, V.M., Krimm, S.: Vibrational analysis of peptides, polypeptides, and proteins. 33. Vibrational analysis of the structure of gramicidin A. 1. Normal mode analysis. Biophys. J. **46**, 1131–1145 (1986)
96. Naik, V.M., Krimm, S.: Vibrational analysis of peptides, polypeptides, and proteins. 34. Vibrational analysis of the structure of gramicidin A. 2. Vibrational spectra. Biophys. J. **49**, 1147–1154 (1986)
97. Gilmanshin, R., Williams, S., Callender, R.H., Woodruff, W.H., Dyer, R.B.: Fast events in protein folding: relaxation dynamics of the I form of apomyoglobin. Biochemistry. **36**, 15006–15012 (1997)
98. Gilmanshin, R., Callender, R.H., Dyer, R.B.: The core of apomyoglobin E-form folds at the diffusion limit. Nature Struct. Biol. **5**, 363–365 (1998)
99. Callender, R.H., Dyer, R.B., Gilmanshin, R., Woodruff, W.H.: Fast events in protein folding: the time evolution of primary processes. Ann. Rev. Phys. Chem. **49**, 173–202 (1998)
100. Brewer, S.H., Song, B.B., Raleigh, D.P., Dyer, R.B.: Residue specific resolution of protein folding dynamics using isotope-edited infrared temperature jump spectroscopy. Biochemistry. **46**, 3279–3285 (2007)
101. Nagarajan, S., Taskent-Sezgin, H., Parul, D., Carrico, I., Raleigh, D.P., Dyer, R.B.: Differential ordering of the protein backbone and side chains during protein folding revealed by site-specific recombinant infrared probes. J. Am. Chem. Soc. **133**, 20335–20340 (2007)
102. Hauser, K., Krejtschi, C., Huang, R., Wu, L., Keiderling, T.A.: Site-specific relaxation kinetics of a tryptophan zipper hairpin peptide using temperature-jump IR spectroscopy and isotopic labeling. J. Am. Chem. Soc. **130**, 2984–2992 (2008)
103. Ihalainen, J.A., Paoli, B., Muff, S., Backus, E.H.G., Bredenbeck, J., Woolley, G.A., Caflisch, A., Hamm, P.: α-Helix folding in the presence of structural constraints. Proc. Natl. Acad. Sci. U. S. A. **105**, 9588–9593 (2008)
104. Kubelka, G.S., Kubelka, J.: Site-specific thermodynamic stability and unfolding of a *de novo* designed protein structural motif mapped by ^{13}C isotopically edited IR spectroscopy. J. Am. Chem. Soc. **136**, 6037–6048 (2014)
105. Engelhard, M., Gerwert, K., Hess, B., Kreutz, W., Siebert, F.: Light-driven protonation changes of internal aspartic acids of bacteriorhodopsin - an investigation by static and time-resolved infrared difference spectroscopy using [4-^{13}C] Aspartic acid labeled purple membrane. Biochemistry. **24**, 400–407 (1985)
106. Mäntele, W., Wollenweber, A., Nabedryk, E., Breton, J.: Infrared spectroelectrochemistry of bacteriochlorophylls and bacteriopheophytins. Implications for the binding of the pigments in the reaction center from photosynthetic bacteria. Proc. Natl. Acad. Sci. U. S. A. **85**, 8468–8472 (1988)
107. Leonhard, M., Mantele, W.: Fourier-transform infrared spectroscopy and electrochemistry of the primary electron donor in *Rhodobacter sphaeroides* and *Rhodopseudomonas viridis* reaction centers. Vibrational modes of the pigments in situ and evidence for protein and water modes affected by P^+ formation. Biochemistry. **32**, 4532–4538 (1993)
108. Breton, J., Nabedryk, E., Allen, J.P., Williams, J.C.: Electrostatic influence of Q_A reduction on the IR vibrational mode of the 10a-ester C=O of H_A demonstrated by mutations at residues Glu L104 and Trp L100 in reaction centers from *Rhodobacter sphaeroides*. Biochemistry. **36**, 4515–4525 (1997)
109. Breton, J., Nabedryk, E., Leibl, W.: FTIR study of the primary electron donor of photosystem I (P700) revealing delocalization of the charge in $P700^+$ and localization of the triplet character in $^3P700$. Biochemistry. **38**, 11585–11592 (1999)
110. Breton, J.: Fourier transform infrared spectroscopy of primary electron donors in type I photosynthetic reaction centers. Biochim. Biophys. Acta. **1507**, 180–193 (2001)
111. Noguchi, T., Fukami, Y., Oh-Oka, H., Inoue, Y.: Fourier transform infrared study on the primary donor P798 of *Heliobacterium modesticaldum*: cysteine S-H coupled to P798 and molecular interactions of carbonyl groups. Biochemistry. **36**, 12329–12336 (1997)

112. Johnson, E.T., Müh, F., Nabedryk, E., Williams, J.C., Allen, J.P., Lubitz, W., Breton, J., Parson, W.W.: Electronic and vibronic coupling of the special pair of bacteriochlorophylls in photosynthetic reaction centers from wild-type and mutant strains of *Rhodobacter sphaeroides*. J. Phys. Chem. B. **106**, 11859–11869 (2002)
113. Levitt, M., Sander, C., Stern, P.S.: Protein normal-mode dynamics: trypsin inhibitor, crambin, ribonuclease and lysozyme. J. Mol. Biol. **181**, 423–447 (1985)
114. Bruccoleri, R.E., Karplus, M., McCammon, J.A.: The hinge-bending mode of a lysozyme-inhibitor complex. Biopolymers. **25**, 1767–1802 (1986)
115. Ma, J.: Usefulness and limitations of normal mode analysis in modeling dynamics of biomolecular complexes. Structure. **13**, 373–380 (2005)
116. Ahmed, A., Villinger, S., Gohlke, H.: Large-scale comparison of protein essential dynamics from molecular dynamics simulations and coarse-grained normal mode analysis. Proteins. **78**, 3341–3352 (2010)
117. Lim, M., Jackson, T.A., Anfinrud, P.A.: Binding of CO to myoglobin from a heme pocket docking site to form nearly linear Fe-C-O. Science. **269**, 962–966 (1995)
118. Lim, M.H., Jackson, T.A., Anfinrud, P.A.: Modulating carbon monoxide binding affinity and kinetics in myoglobin: the roles of the distal histidine and the heme pocket docking site. J. Biol. Inorg. Chem. **2**, 531–536 (1997)
119. Lehle, H., Kriegl, J.M., Nienhaus, K., Deng, P.C., Fengler, S., Nienhaus, G.U.: Probing electric fields in protein cavities by using the vibrational stark effect of carbon monoxide. Biophys. J. **88**, 1978–1990 (2005)
120. Tsuboi, M., Overman, S.A., Thomas Jr., G.J.: Orientation of tryptophan-26 in coat protein subunits of the filamentous virus Ff by polarized Raman microspectroscopy (1996). Biochemistry. **35**, 10403–10410 (1996)
121. Hunt, J.F., Earnest, T.N., Bousche, O., Kalghatgi, K., Reilly, K., Horvath, C., Rothschild, K.J., Engelman, D.M.: A biophysical study of integral membrane protein folding. Biochemistry. **36**, 15156–15176 (1997)
122. Banyay, M., Sarkar, M., Graslund, A.: A library of IR bands of nucleic acids in solution. Biophys. Chem. **104**, 477–488 (2003)
123. Taboury, J.A., Liquier, J., Taillandier, E.: Characterization of DNA structures by infrared spectroscopy: double helical forms of poly(dG-dC)·poly(dG-dC), poly(dD^{8}G-dC)·poly(dD^{8}G-dC), and poly(dG-dm^{5}C)·poly(dG-dm^{5}C). Can. J. Chem. **63**, 1904–1909 (1985)
124. Tsuboi, M.: Application of infrared spectroscopy to structure studies of nucleic acids. In: Brame, E.G.J. (ed.) Applied Spectroscopy Reviews, pp. 45–90. Dekker, New York (1969)
125. Krummel, A.T., Zanni, M.T.: DNA vibrational coupling revealed with two-dimensional infrared spectroscopy: insight into why vibrational spectroscopy is sensitive to DNA structure. J. Phys. Chem. B. **110**, 13991–14000 (2006)
126. Liquier, J., Akhebat, A., Taillandier, E., Ceolin, F., Huynh-Dinh, T.: Characterization by FTIR spectroscopy of the oligoribonucleotide duplexes r(A-U)$_6$ and r(A-U)$_8$. Spectrochim. Acta Part A. **47**, 177–186 (1991)
127. Taillandier, E., Peticolas, W.L., Adam, S., Huynh-Dinh, T., Igolen, J.: Polymorphism of the d(CCCGCGGG)2 double helix studies by FTIR spectroscopy. Spectrochim. Acta Part A. **46**, 107–112 (1990)
128. Letellier, R., Ghomi, E., Taillandier, E.: Interpretation of DNA vibration modes. II. The adenosine and thymidine residues involved in oligonucleotides and polynucleotides. J. Biomol. Struct. Dynamics. **4**, 663–683 (1987)
129. Dohy, D., Ghomi, E., Taillandier, E.: Interpretation of DNA vibration modes: III. The behaviour of the sugar pucker vibration modes as a function of its pseudorotation parameters. J. Biomol. Struct. Dynamics. **6**, 741–754 (1989)
130. Pichler, A., Rudisser, S., Winger, R.H., Liedl, K.R., Hallbrucker, A., Mayer, E.: Nonoriented d(CGCGAATTCGCG)$_2$ dodecamer persists in the B-form even at low water activity. J. Am. Chem. Soc. **122**, 716–717 (2000)

131. Rauch, C., Pichler, A., Mayer, E., Trieb, M., Wellenzohn, B., Liedl, K.R.: Z-DNA's conformer substates revealed by FT-IR difference spectroscopy of nonoriented left-handed double helical poly(dG-dC). J. Biomol. Struct. Dynamics. **22**, 595–614 (2005)
132. Liquier, J., Taillandier, E.: Infrared spectroscopy of nucleic acids. In: Mantsch, H.H., Chapman, D. (eds.) Infrared Spectroscopy of Biomolecules. Wiley-Liss, New York (1996)
133. Pohle, W., Fritzsche, H.: A new conformation-specific infrared band of A-DNA in films. Nucleic Acids Res. **8**, 2527–2535 (1980)
134. Letellier, R., Ghomi, E., Taillandier, E.: Interpretation of DNA vibration modes: I. The guanosine and cytidine residues involved in poly(dG-dC)·poly(dG-dC) and $d(CG)_3 \cdot d(CG)_3$. J. Biomol. Struct. Dynamics. **3**, 671–687 (1986)
135. Kuimova, M.K., Cowan, A.J., Matousek, P., Parker, A.W., Sun, X.Z., Towrie, M., George, M.W.: Monitoring the direct and indirect damage of DNA bases and polynucleotides by using time-resolved infrared spectroscopy. Proc. Natl. Acad. Sci. U. S. A. **103**, 2150–2153 (2006)
136. Parker, A.W., Lin, C.Y., George, M.W., Towrie, M., Kuimova, M.K.: Infrared characterization of the guanine radical cation: finger printing DNA damage. J. Phys. Chem. B. **114**, 3660–3667 (2010)
137. Wood, B.R.: The importance of hydration and DNA conformation in interpreting infrared spectra of cells and tissues. Chem. Soc. Rev. **45**, 1980–1998 (2016)
138. Stephens, P.J.: Theory of vibrational circular dichroism. J. Phys. Chem. **89**, 748–752 (1985)
139. Buckingham, A.D., Fowler, P.W., Galwas, P.A.: Velocity-dependent property surfaces and the theory of vibrational circular dichroism. Chem. Phys. **112**, 1–14 (1987)
140. Amos, R.D., Handy, N.C., Drake, A.F., Palmieri, P.: The vibrational circular dichroism of dimethylcyclopropane in the C-H stretching region. J. Chem. Phys. **89**, 7287–7297 (1988)
141. Stephens, P.J., Devlin, F.J.: Determination of the structure of chiral molecules using ab initio vibrational circular dichroism spectroscopy. Chirality. **12**, 172–179 (2000)
142. Keiderling, T.A.: Protein and peptide secondary structure and conformational determination with vibrational circular dichroism. Curr. Opin. Chem. Biol. **6**, 682–688 (2002)
143. Pancoska, P., Wang, L., Keiderling, T.A.: Frequency analysis of infrared absorption and vibrational circular dichroism of proteins in D_2O solution. Protein Sci. **2**, 411–419 (1993)
144. Matsuo, K., Hiramatsu, H., Gekko, K., Namatame, H., Taniguchi, M., Woody, R.W.: Characterization of intermolecular structure of β_2-microglobulin core fragments in amyloid fibrils by vacuum-ultraviolet circular dichroism spectroscopy and circular dichroism theory. J. Phys. Chem. B. **118**, 2785–2795 (2014)
145. Woody, R.W.: Electronic circular dichroism of proteins. In: Berova, N., et al. (eds.) Comprehensive Chirooptical Spectroscopy: Applications in Stereochemical Analysis of Synthetic Compounds, Natural Products, and Biomolecules, pp. 473–497. Wiley, New York (2012)
146. Wang, L., Yang, L., Keiderling, T.A.: Vibrational circular dichroism of A-, B- and Z-form nucleic acids in the PO_2-stretching region. Biophys. J. **67**, 2460–2467 (1994)
147. Keiderling, T.A., Lakhani, A.: Conformational studies of biopolymers, peptides, proteins, and nucleic acids. A role for vibrational circular dichroism. In: Berova, N., et al. (eds.) Comprehensive Chiroptical Spectroscopy: Applications in Stereochemical Analysis of Synthetic Compounds, Natural Products, and Biomolecules, pp. 707–758. Wiley, New York (2012)
148. Bormett, R.W., Asher, S.A., Larkin, P.J., Gustafson, W.G., et al.: Selective examination of heme protein azide ligand-distal globin interactions by vibrational circular dichroism. J. Am. Chem. Soc. **114**, 6864–6867 (1992)
149. Lambert, D.K.: Vibrational Stark effect of carbon monoxide on nickel(100), and carbon monoxide in the aqueous double layer: experiment, theory, and models. J. Chem. Phys. **89**, 3847–3860 (1988)
150. Boxer, S.G.: Stark realities. J. Phys. Chem. B. **113**, 2972–2983 (2009)

151. Park, E.S., Boxer, S.G.: Origins of the sensitivity of molecular vibrations to electric fields: carbonyl and nitrosyl stretches in model compounds and proteins. J. Phys. Chem. B. **106**, 5800–5806 (2002)
152. Brewer, S.H., Franzen, S.: A quantitative theory and computational approach for the vibrational Stark effect. J. Chem. Phys. **119**, 851–858 (2003)
153. Richard, A.M., Gascón, J.A.: Protein polarization effects in the thermodynamic computation of vibrational Stark effects. Theoret. Chem. Acc. **139**, 1–9 (2020)
154. Park, E.S., Andrews, S.S., Hu, R.B., Boxer, S.G.: Vibrational stark spectroscopy in proteins: a probe and calibration for electrostatic fields. J. Phys. Chem. B. **103**, 9813–9817 (1999)
155. Park, K.D., Guo, K., Adebodun, F., Chiu, M.L., Sligar, S.G., Oldfield, E.: Distal and proximal ligand interactions in heme proteins: correlations between C-O and Fe-C vibrational frequencies, oxygen-17 and carbon-13 nuclear magnetic resonance chemical shifts, and oxygen-17 nuclear quadrupole coupling constants in $C^{17}O$- and ^{13}CO-labeled species. Biochemistry. **30**, 2333–2347 (1991)
156. Jewsbury, P., Kitagawa, T.: The distal residue-CO interaction in carbonmonoxy myoglobins: a molecular dynamics study of two distal histidine tautomers. Biophys. J. **67**, 2236–2250 (1994)
157. Li, T., Quillin, M.L., Phillips, G.N.J., Olson, J.S.: Structural determinants of the stretching frequency of CO bound to myoglobin. Biochemistry. **33**, 1433–1446 (1994)
158. Ray, G.B., Li, X.-Y., Ibers, J.A., Sessler, J.L., Spiro, T.G.: How far can proteins bend the FeCO unit? Distal polar and steric effects in heme proteins and models. J. Am. Chem. Soc. **116**, 162–176 (1994)
159. Laberge, M., Vanderkooi, J.M., Sharp, K.A.: Effect of a protein electric field on the CO stretch frequency. Finite difference Poisson-Boltzmann calculations on carbonmonoxycytochromes c. J. Phys. Chem. **100**, 10793–10801 (1996)
160. Phillips, G.N.J., Teodoro, M.L., Li, T., Smith, B., Olson, J.S.: Bound CO is a molecular probe of electrostatic potential in the distal pocket of myoglobin. J. Phys. Chem. B. **103**, 8817–8829 (1999)
161. Chattopadhyay, A., Boxer, S.G.: Vibrational Stark-effect spectroscopy. J. Am. Chem. Soc. **117**, 1449–1450 (1995)
162. Suydam, I.T., Boxer, S.G.: Vibrational Stark effects calibrate the sensitivity of vibrational probes for electric fields in proteins. Biochemistry. **42**, 12050–12055 (2003)
163. Austin, J.C., Kuliopulos, A., Mildvan, A.S., Spiro, T.G.: Substrate polarization by residues in Δ^5-3-ketosteroid isomerase probed by site-directed mutagenesis and UV resonance Raman spectroscopy. Protein Sci. **1**, 259–270 (1992)
164. Austin, J.C., Zhao, Q., Jordan, T., Talalay, P., Mildvan, A.S., Spiro, T.G.: Ultraviolet resonance Raman spectroscopy of Δ^5-3-ketosteroid isomerase revisited: substrate polarization by active-site residues. Biochemistry. **34**, 4441–4447 (1995)
165. Kim, S.W., Cha, S.-S., Cho, H.-S., Kim, J.-S., et al.: High-resolution crystal structures of Δ^5-3-ketosteroid isomerase with and without a reaction intermediate analogue. Biochemistry. **36**, 14030–14036 (1997)
166. Fried, S.D., Bagchi, S., Boxer, S.G.: Extreme electric fields power catalysis in the active site of ketosteroid isomerase. Science. **346**, 1510–1514 (2014)
167. Fried, S.D., Bagchi, S., Boxer, S.G.: Measuring electrostatic fields in both hydrogen-bonding and non-hydrogen-bonding environments using carbonyl vibrational probes. J. Am. Chem. Soc. **135**, 11181–11192 (2013)
168. Fried, S.D., Wang, L.-P., Boxer, S.G., Ren, P., Pande, V.S.: Calculations of electric fields in liquid solutions. J. Phys. Chem. B. **117**, 16236–16248 (2013)
169. Hildebrandt, P.: More than fine tuning: local electric fields accelerate an enzymatic reaction. Science. **346**, 1456–1457 (2014)
170. Heiss, W., Schwarzl, T., Springholz, G., Bierman, K., Reimann, K.: Above-room temperature mid-infrared lasing from vertical-cavity surface-emitting PbTe quantum-well lasers. Appl. Phys. Lett. **78**, 862–864 (2001)

171. Faist, J., Capasso, F., Sivco, D.L., Sirtori, C., Hutchinson, A.L., Cho, A.Y.: Quantum cascade laser. Science. **264**, 553–556 (1994)
172. Teissier, R., Barate, D., Vicet, A., Alibert, C., et al.: Room temperature operation of InAs/AlSb quantum cascade lasers. Appl. Phys. Lett. **85**, 167–169 (2004)
173. Pagies, A., Ducournau, G., Lampin, J.-F.: Low-threshhold terahertz molecular laser optically pumped by quantum cascade laser. APL Photonics. **1**, 031302/1-6 (2016)
174. Cerullo, G., De Silvestri, S., Manzoni, C.: Optical parametric amplifiers. In: Guenther, B.D., Steel, D. (eds.) Encyclopedia of Modern Optics, pp. 290–301. Elsevier, Amsterdam (2018)

7 Resonanzenergieübertragung

7.1 Einführung

Eine Möglichkeit, wie ein angeregtes Molekül in den Grundzustand zurückkehren kann, besteht darin, die Anregungsenergie auf ein anderes Molekül zu übertragen. Dieser Prozess, die *Resonanzenergieübertragung,* spielt eine besonders wichtige Rolle bei photosynthetischen Organismen. Erweiterte Anordnungen von Pigment-Protein-Komplexen in den Membranen von Pflanzen und photosynthetischen Bakterien absorbieren Sonnenlicht und übertragen Energie auf die Reaktionszentren, wo die Lichtenergie in Elektronentransferreaktionen eingefangen wird [1–3]. Bei anderen Organismen übertragen Photolyasen, die die Energie des blauen Lichts zur Reparatur von UV-Schäden in der DNA nutzen, effizient Energie auf ein Flavinradikal in der aktiven Stelle [4]. Eine ähnliche Antenne findet sich in Kryptochromen, die eine Rolle bei zirkadianen Rhythmen zu spielen scheinen [5]. Da die Geschwindigkeit der Resonanzenergieübertragung von der Entfernung zwischen dem Energiedonor und -empfänger abhängt, wird der Prozess auch experimentell genutzt, um intermolekulare Abstände in biophysikalischen Systemen zu untersuchen [6]. Typische Anwendungen sind die Messung des Abstands zwischen zwei Proteinen in einem Multienzymkomplex oder zwischen Liganden, die an zwei Stellen auf einem Protein gebunden sind, oder die Untersuchung der Geschwindigkeit, mit der Komponenten aus zwei Membranvesikeln in einem fusionierten Vesikel vermischt werden. Eine Untersuchung des Mechanismus der Resonanzenergieübertragung gibt auch Einblick in die elektronische Kopplung, die anderen zeitabhängigen Prozessen wie dem Elektronentransfer zugrunde liegt.

Betrachten Sie zwei identische Moleküle, für die die Wellenfunktionen der Grundzustände $\phi_{1a}\chi_{1a}$ und $\phi_{2a}\chi_{2a}$ sind, wobei ϕ und χ elektronische und nukleare Wellenfunktionen repräsentieren und die Subskripte 1 und 2 die Moleküle bezeichnen. Nehmen wir zunächst an, dass die beiden Moleküle nicht interagieren. Der Hamiltonian für das Dimer ist dann einfach die Summe der Hamiltonians für die einzelnen Moleküle:

W. Parson und C. Burda, *Moderne optische Spektroskopie,*
https://doi.org/10.1007/978-3-031-52100-3_7

$$\tilde{\mathrm{H}} = \tilde{\mathrm{H}}_1 + \tilde{\mathrm{H}}_2, \tag{7.1}$$

wo $\tilde{\mathrm{H}}_1$ nur auf Molekül **1** wirkt und $\tilde{\mathrm{H}}_2$ nur auf Molekül **2** wirkt. Die Schrödinger-Gleichung für den Grundzustand des kombinierten Systems wird erfüllt, indem die Wellenfunktion als einfaches Produkt der molekularen Wellenfunktionen geschrieben wird:

$$\Psi_A = \phi_{1a}\chi_{1a}\phi_{2a}\chi_{2a}. \tag{7.2}$$

Wenn jedes der einzelnen Moleküle im Grundzustand die Energie E_a hat, ist die Energie des Grundzustands des Dimers einfach $2E_a$:

$$\begin{aligned}
&\left\langle \phi_{1a}\chi_{1a}\phi_{2a}\chi_{2a} \middle| \tilde{\mathrm{H}}_1 + \tilde{\mathrm{H}}_2 \middle| \phi_{1a}\chi_{1a}\phi_{2a}\chi_{2a} \right\rangle \\
&\quad = \left\langle \phi_{1a}\chi_{1a} \middle| \tilde{\mathrm{H}}_1 \middle| \phi_{1a}\chi_{1a} \right\rangle \langle \phi_{2a}\chi_{2a} | \phi_{2a}\chi_{2a} \rangle + \left\langle \phi_{2a}\chi_{2a} \middle| \tilde{\mathrm{H}}_2 \middle| \phi_{2a}\chi_{2a} \right\rangle \langle \phi_{1a}\chi_{1a} | \phi_{1a}\chi_{1a} \rangle \\
&\quad = E_a + E_a = 2E_a.
\end{aligned} \tag{7.3}$$

Wenn eines der Moleküle in einen angeregten Zustand $\phi_b\chi_b$ mit der Energie E_b versetzt werden kann, gibt es zwei mögliche angeregte Zustände des Dimers:

$$\psi_1 = \phi_{1b}\chi_{1b}\phi_{2a}\chi_{2a} \text{ (Molekül } \mathbf{1} \text{ angeregt)}, \tag{7.4a}$$

oder

$$\psi_2 = \phi_{1a}\chi_{1a}\phi_{2b}\chi_{2b} \text{ (Molekül } \mathbf{2} \text{ angeregt)}. \tag{7.4b}$$

Solange die beiden Moleküle nicht interagieren, sind sowohl ψ_1 als auch ψ_2 Eigenfunktionen des Gesamthamiltonians, und beide Zustände haben die gleiche Energie, $E_a + E_b$. Darüber hinaus ist

$$\left\langle \psi_1 \middle| \tilde{\mathrm{H}}_1 + \tilde{\mathrm{H}}_2 \middle| \psi_2 \right\rangle = \left\langle \psi_2 \middle| \tilde{\mathrm{H}}_1 + \tilde{\mathrm{H}}_2 \middle| \psi_1 \right\rangle = 0. \tag{7.5}$$

Das bedeutet, dass ψ_1 und ψ_2 stationäre Zustände sind: Die Anregung hat keine Tendenz, von einem Molekül zum anderen zu springen.

Die Wellenfunktion für das angeregte Dimer könnte auch als lineare Kombination von ψ_1 und ψ_2 geschrieben werden:

$$\Psi_B = C_1\psi_1 + C_2\psi_2 = C_1\phi_{1b}\chi_{1b}\phi_{2a}\chi_{2a} + C_2\phi_{1a}\chi_{1a}\phi_{2b}\chi_{2b}, \tag{7.6}$$

Mit $|C_1|^2 + |\, C_2|^2 = 1$. In dieser Darstellung ist $|C_1|^2$ die Wahrscheinlichkeit, dass Molekül **1** angeregt ist, und $|C_2|^2$ ist die Wahrscheinlichkeit, dass Molekül **2** angeregt ist. Die Energie des angeregten Zustands kommt gleich heraus ($E_a + E_b$), wenn wir diese Darstellung verwenden und ist unabhängig von den Werten von C_1 und C_2, solange die Summe ihrer Quadrate 1 ist. Die Koeffizienten können eine beliebige Größe zwischen -1 und $+1$ haben, und sie könnten komplexe Zahlen sein. Aber wenn wir Molekül **1** so anregen, dass $|C_1|^2 = 1$, $|C_2|$ bleibt auf unbestimmte Zeit null und *umgekehrt.*

Nun lassen wir die beiden Moleküle interagieren. Dies fügt einen neuen Term zum Hamiltonian hinzu:

$$\tilde{\mathrm{H}} = \tilde{\mathrm{H}}_1 + \tilde{\mathrm{H}}_2 + \tilde{\mathrm{H}}_{21}. \tag{7.7}$$

Aufgrund der Störung durch $\tilde{\mathrm{H}}_{21}$ sind ψ_1 und ψ_2 keine stationären Zustände mehr. Der Wechselwirkungsterm ermöglicht es dem System, zwischen den Zuständen ψ_1 und ψ_2 zu wechseln, so dass sich die Anregungsenergie zwischen den beiden Molekülen hin und her bewegt. Dies ist Resonanzenergietransfer. Die Wechselwirkungen könnten auch die Gesamtenergie des Systems ändern, aber wir werden eine Diskussion dieses Punktes vorerst verschieben und uns auf die Übertragungsrate der Energie zwischen den Molekülen konzentrieren, wenn die Wechselwirkungen zu schwach sind, um die Energie signifikant zu beeinflussen.

7.2 Die Förster-Theorie

Angenommen, wir wissen, dass sich die Anregung zu Zeitpunkt Null auf Molekül **1** befinded. Wie schnell wird sie zu Molekül **2** übergehen? Beginnen wir damit, das System durch Gl. (7.6) mit $C_1 = 1$ und $C_2 = 0$ zu beschreiben. Dann können wir unter Verwendung von Gl. (2.61a, 2.61b) schreiben

$$\partial C_2/\partial t = -(i/\hbar)H_{21}\exp[i(E_2 - E_1)t/\hbar], \tag{7.8}$$

wo E_1 und E_2 die Energien von ψ_1 und ψ_2 sind, und H_{21} ist das Interaktionsmatrixelement, $\langle \psi_2 \mid \tilde{\mathrm{H}}_{21} | \psi_1 \rangle$. Um die Wahrscheinlichkeit zu finden, dass die Anregung nach einer kurzen Zeitspanne (τ) auf Molekül **2** erscheint, können wir $C_2(\tau)$ erhalten, indem wir Gl. (7.8) von $t = 0$ bis τ integrieren und dann $C_2^*(\tau)C_2(\tau)$ berechnen.

Wenn H_{21} zeitunabhängig ist und wir uns auf Intervalle beschränken, die kurz genug sind, so dass $|C_2|^2 << 1$, kann Gl. (7.8) sofort integriert werden:

$$C_2(\tau) = H_{21}(1 - \exp[i(E_2 - E_1)t/\hbar])/(E_2 - E_1). \tag{7.9}$$

Wie wir festgestellt haben, als wir die Absorption von Licht betrachteten, impliziert Gl. (7.9) dass $C_2^*(\tau)C_2(\tau)$ nur dann eine signifikante Größe haben kann, wenn $|E_2 - E_1|$ nahe Null ist; dies ist die Resonanzbedingung. Im Falle der Absorption enthält eine der Energien des Gesamtsystems neben der Energie eines unangeregten Moleküls die Photonenenergie $h\nu$; bei der Resonanzenergieübertragung haben wir einfach zwei verschiedene Möglichkeiten, eine Anregung in einem System mit zwei Molekülen zu platzieren. Die Anforderung, die Energien der beiden Zustände abzugleichen, wird in Abb. 7.1 veranschaulicht.

Wenn wir die Rate der Resonanzenergieübertragung in einer Population von vielen Donor-Akzeptor-Paaren messen, wird der Energieunterschied $E_2 - E_1$ von Paar zu Paar variieren, da die Moleküle in vielen verschiedenen Schwingungszuständen sein werden. Darüber hinaus werden die Energieverteilungen durch Relaxationen der angeregten Zustände (Abschn. 2.6 und 10.7) und durch inhomogene Wechselwirkungen mit der Umgebung verbreitert. Die gemessene Rate

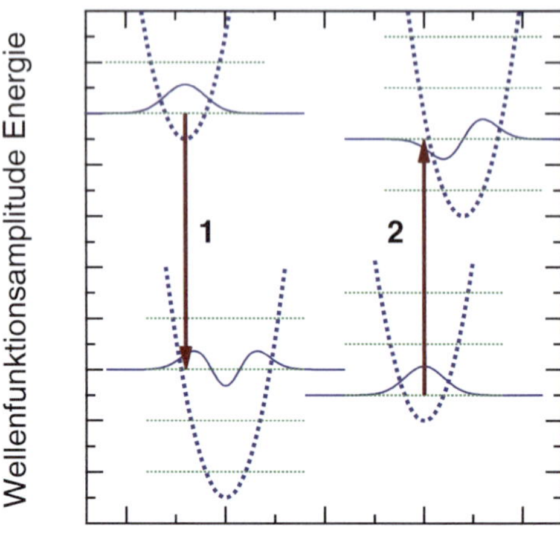

Abb. 7.1 Die Resonanzenergieübertragung erfordert gekoppelte abwärts und aufwärts gerichtete vibronische Übergänge *(vertikale Pfeile)*. Die von Molekül **1** verlorene Energie muss der von Molekül **2** gewonnenen Energie entsprechen, damit die Energie im Gesamtprozess erhalten bleibt, und die Franck-Condon-Faktoren müssen für beide Übergänge ungleich Null sein

wird von einem Integral über die Verteilung der Energien abhängen. Für jeden Wert von E_1 in einem bestimmten Donor-Akzeptor-Paar müssen wir zuerst über alle möglichen Werte von E_2 integrieren. Dieses Integral kann wie in Kasten 4.6 skizziert ausgewertet werden, und die Ergebnisse sind ähnlich: die Menge der Energieübertragung, die in der Zeit τ auftritt, ist

$$\int_{-\infty}^{\infty} C_2{}^*(\tau, E_{21}) C_2(\tau, E_{21}) \rho_{s2}(E_2) dE_2 = \frac{2\pi\tau}{\hbar} |H_{21}|^2 \rho_{s2}(E_1), \qquad (7.10)$$

wo $E_{21} = E_2 - E_1$ und $\rho_{s2}(E)$ die *Dichte der Endzustände* definiert, so dass $\rho_{s2}(E)dE$ die Anzahl der Endzustände mit Energien im kleinen Energieintervall zwischen E und $E + dE$ ist. Wir interessieren uns speziell für $\rho_{s2}(E_1)$, die Zustandsdichte um die Energie des Anfangszustands, E_1. Gl. (7.10) ist *Fermis goldene Regel.* Der Ausdruck, den wir in Kap. 4 für die Absorptionsrate von Licht (Gl. 4.8c) abgeleitet haben, ist das Ergebnis der goldenen Regel für den Fall, dass $|H_{21}|^2 = |\boldsymbol{E}_o \cdot \boldsymbol{\mu}|^2$ und die Dichte der Strahlungszustände pro Einheitsenergie ist h^{-1} mal die Dichte der Oszillationsmoden pro Einheitsfrequenz ($\rho_v(v)$). Wir verwenden die goldene Regel auch bei der Diskussion von Elektronentransferreaktionen in Kap. 5 (Abschn. 5.14) und in Abschn. 10.4 werden wir sie mit einem anderen Ansatz ableiten und die Grenzen, unter denen sie gilt, erneut untersuchen.

Um die Gesamtgeschwindigkeitskonstante zu erhalten, müssen wir den Ausdruck in Gl. (7.10) über die Verteilung der Anfangsenergien, $\rho_{s1}(E_1)$, integrieren und dann durch τ teilen:

$$k_{rt} = \frac{2\pi}{\hbar} \int_{-\infty}^{\infty} |H_{21}|^2 \rho_{s2}(E_1) \rho_{s1}(E_1) dE_1. \qquad (7.11)$$

Das Wechselwirkungsmatrixelement H_{21} im Integranden muss die Anfangs- und Endkernzustände des Energiespenders und -akzeptors sowie die elektronischen Wellenfunktionen berücksichtigen. Allerdings kann H_{21} insofern als Produkt eines rein elektronischen Wechselwirkungsmatrixelements ($H_{21(el)}$) und zweier Kernüberlappungsintegrale (*cf.* Gl. 4.43) angenähert werden, so dass sich die Kerne während des Moments, in dem die Anregungsenergie vom Donor zum Akzeptor springt, nicht signifikant bewegen werden. Die Born-Oppenheimer-Näherung ist gültig.

$$\begin{aligned} H_{21} &= \left\langle \phi_{1a}\phi_{2b} \middle| \tilde{\mathrm{H}}_{21} \middle| \phi_{1b}\phi_{2a} \right\rangle \langle \chi_{1a} \mid \chi_{1b} \rangle \langle \chi_{2b} \mid \chi_{2a} \rangle \\ &= H_{21(el)} \langle \chi_{1a} \mid \chi_{1b} \rangle \langle \chi_{2b} \mid \chi_{2a} \rangle . \end{aligned} \tag{7.12}$$

Im Allgemeinen könnten die Kernwellenfunktionen χ_b und χ_a einen von vielen verschiedenen Schwingungszuständen des Systems darstellen. Wir müssen den Beitrag von jedem dieser Kernzustände mit dem entsprechenden Boltzmann-Faktor gewichten. Unter Berücksichtigung der Boltzmann-Faktoren ergibt sich folgender Ausdruck für die Geschwindigkeitskonstante:

$$\begin{aligned} k_{rt} = \frac{2\pi}{\hbar} \left| H_{21(el)} \right|^2 \Bigg\{ \sum_n \sum_m \frac{\exp(-E_{n(1)}/k_B T)}{Z_1} \left| \langle \chi_{1m} \mid \chi_{1n} \rangle \right|^2 \\ \times \sum_u \sum_w \frac{\exp(-E_{u(2)}/k_B T)}{Z_2} \left| \langle \chi_{2w} \mid \chi_{2u} \rangle \right|^2 \Bigg\} \delta(\Delta E_1 - \Delta E_2). \end{aligned} \tag{7.13}$$

Hier ist $|\langle \chi_{1m} | \chi_{1n} \rangle|^2$ der Frank-Condon-Faktor für die Schwingungsniveaus n und m im angeregten und Grundzustand von Molekül **1**; $E_{n(1)}$ ist die Energie des Schwingungsniveaus n relativ zum Nullpunktniveau des angeregten Zustands des Moleküls **1**; und Z_1 ist die Schwingungszustandsfunktion für den angeregten Zustand dieses Moleküls (Gln. B4.13.4a, B4.13.4b). Ähnlich ist $|\langle \chi_{2w} | \chi_{2u} \rangle|^2$ der Franck-Condon-Faktor für die Schwingungsniveaus u und w des Grund- und angeregten Zustands des Moleküls **2**; $E_{u(2)}$ ist die Energie des Schwingungsniveaus u relativ zum Nullpunktniveau des Grundzustands des Moleküls **2**; und Z_2 ist die Schwingungszustandsfunktion für den Grundzustand dieses Moleküls. Die ersten beiden Summen in Gl. (7.13) laufen über alle Schwingungszustände des Moleküls **1**, und die zweiten beiden Summen laufen über alle Schwingungszustände des Moleküls **2**. Schließlich ist die Dirac Delta Funktion, $\delta(\Delta E_1 - \Delta E_2) = 1$, wenn die Energie des abwärts gerichteten vibronischen Übergangs von Molekül **1** (ΔE_1) gleich der Energie des aufwärts gerichteten Übergangs von Molekül **2** (ΔE_2) ist, und sonst null. Die Delta-Funktion stellt sicher, dass die Energie im Gesamtprozess erhalten bleibt. Wir haben angenommen, dass die verschiedenen Donor-Akzeptor-Paare in der Probe unabhängig voneinander agieren und dass die Franck-Condon-Faktoren und der elektronische Term H_{21} für alle Donor-Akzeptor-Paare gleich sind.

Obwohl die Doppelsummen in Gl. (7.13) abschreckend aussehen, werden wir unten sehen, dass sie mit den Absorptions- und Emissionsspektren des Energiedonors und -akzeptors zusammenhängen, sodass wir sie in vielen Fällen nicht Begriff für Begriff auswerten müssen.

Betrachten Sie nun die elektronische Wechselwirkungsenergie $H_{21(el)}$. Nehmen wir an, dass es keine Orbitalüberlappung zwischen den beiden Molekülen gibt, sodass Elektronen eindeutig einem Molekül oder dem anderen zugeordnet werden können. Dann müssen wir den intermolekularen Austausch von Elektronen nicht berücksichtigen, und die Bewegungen der Elektronen in einem Molekül sind nicht mit denen im anderen korreliert. Die dominierenden elektronischen Wechselwirkungen sind dann einfach Koulombisch - elektrostatisch. Wenn wir eine vernünftig gute Beschreibung der molekularen Orbitale haben, können wir die Größe der Wechselwirkungen wie folgt abschätzen:

$$H_{21(el)} = \left\langle \phi_{1a}\phi_{2b} \middle| \tilde{\mathrm{H}}_{21} \middle| \phi_{1b}\phi_{2a} \right\rangle \approx \left(f^2/n^2\right) \int \int \phi_{1a}{}^* \phi_{2b}{}^* \frac{e^2}{r_{21}} \phi_{1b}\phi_{2a} d\boldsymbol{r}_1 d\boldsymbol{r}_2, \tag{7.14}$$

wo r_{21} der Abstand zwischen Elektron 1 (auf Molekül **1**) und Elektron 2 (auf Molekül **2**) ist, und die Integrationsparameter $\boldsymbol{r}_1$ und $\boldsymbol{r}_2$ sind die Koordinaten der beiden Elektronen. Der Faktor (f^2/n^2) repräsentiert (ungefähr) den Lokalfeldeffekt und die dielektrische Abschirmung in einem Medium mit Brechungsindex n (Kasten 7.1). Die Auswertung von Gl. (7.14) ist einfach, wenn wir die molekularen Orbitale als lineare Kombinationen von atomaren p_z Orbitalen schreiben, wie in den Gl. (4.19 bis 4.22a–4.22e). Der Ausdruck für $H_{21(el)}$ wird dann zu einer Summe von „Übergangsmonopol"-Termen:

$$H_{21(el)} \approx \left(2f^2/n^2\right) \sum_s \sum_t C_s^{1a} C_s^{1b} C_t^{2a} C_t^{2b} \left(e^2/r_{st}\right), \tag{7.15}$$

wo r_{st} der Abstand vom Atom s auf Molekül **1** zum Atom t auf Molekül **2** ist und die C's sind die Koeffizienten für die p_z Orbitale auf diesen Atomen in den molekularen Orbitalen ϕ_{1a}, ϕ_{1b}, ϕ_{2a} und ϕ_{2b}.

Ein nützlicher Näherungsausdruck für $H_{21(el)}$ kann oft durch Aufteilung der intermolekularen elektrostatischen Wechselwirkungen in Monopol-Monopol-, Monopol-Dipol- und Dipol-Dipol-Begriffe erhalten werden. Wenn die Moleküle keine Netto-Ladungen haben und relativ weit voneinander entfernt sind im Vergleich zu den molekularen Dimensionen, kommen die Hauptbeiträge zu $H_{21(el)}$ normalerweise von Dipol-Dipol-Wechselwirkungen. $\tilde{\mathrm{H}}_{21}$ kann dann durch den Operator für die Energie der Wechselwirkung von elektrischen „Punkt"-Dipolen ersetzt werden, die sich in den Zentren der beiden Chromophore befinden. Der Dipol-Dipol-Operator lautet:

$$\tilde{\mathrm{V}}_{21} = \left(f^2/n^2\right)\left\{(\tilde{\mu}_1 \cdot \tilde{\mu}_2)|\boldsymbol{R}_{21}|^{-3} - 3(\tilde{\mu}_1 \cdot \boldsymbol{R}_{21})(\tilde{\mu}_2 \cdot \boldsymbol{R}_{21})|\boldsymbol{R}_{21}|^{-5}\right\}, \tag{7.16}$$

wo $\tilde{\mu}_1$ und $\tilde{\mu}_2$ die Dipol-Operatoren für Elektronen auf den beiden Molekülen sind und $\boldsymbol{R}_{21}$ ist der Vektor vom Zentrum des Moleküls **1** zum Zentrum des Moleküls **2** (Abb. 7.2 und Kasten 7.1).

Kasten 7.1 Dipol-Dipol-Wechselwirkungen

Die klassische Energie der Wechselwirkung zwischen zwei Dipolen $\boldsymbol{\mu}_1$ und $\boldsymbol{\mu}_2$ kann durch Auswertung der potenziellen Energie von $\boldsymbol{\mu}_2$ im elektrischen Feld $\boldsymbol{E}_1$ erzeugt durch $\boldsymbol{\mu}_1$ gefunden werden: die Wechselwirkungsenergie ist $-\boldsymbol{E}_1 \cdot \boldsymbol{\mu}_2$. Das Feld an einem Punkt mit den Koordinaten (x, y, z) ist $\boldsymbol{E}_1(x,y,z) = -\nabla\left[V_1(x,y,z)\right]$, wo $V_1(x, y, z)$ das elektrische *Potenzial* (ein Skalar) und $\tilde{\nabla}V$, der Gradient des Potentials, ist der Vektor $(\partial V/\partial x, \partial V/\partial y, \partial V/\partial z)$. (Siehe Gl. 2.5 und 3.9).

Um $V_1(x, y, z)$ zu finden, stellen wir $\boldsymbol{\mu}_1$ durch eine positive Ladung q und eine gleich große negative Ladung $-q$ dar, die durch eine feste Entfernung getrennt sind. Setzen Sie den Ursprung des Koordinatensystems in die Mitte zwischen den beiden Ladungen. Für den allgemeinen Fall einer beliebigen Verteilung von Ladungen im Vakuum ist das elektrische *Potenzial* an einem Punkt $\boldsymbol{R} = (x, y, z)$

$$\begin{aligned} V(x,y,z) &= \sum_i q_i/|\mathbf{r}_i| \\ &= \sum_i q_i/\left\{(x-x_i)^2 + (y-y_i)^2 + (z-z_i)^2 + \right\}^{1/2}, \end{aligned} \tag{B7.1.1}$$

in dem q_i und (x_i, y_i, z_i) die Ladung und der Ort der Ladung i sind, und $\boldsymbol{r}_i$ ist der Vektor von Ladung i zum Punkt (x, y, z) (Abb. 7.3).

Der Beitrag von Ladung q_i zu $V(\boldsymbol{R})$ kann in einer Taylor-Reihe in $|\boldsymbol{r}_i|^{-1}$ erweitert werden, nach dem in Kasten 4.1 beschriebenen Verfahren zur Bestimmung der Energie einer Gruppe von Ladungen in einem externen Feld:

$$\begin{aligned} V = &\sum_i q_i|R|^{-1} + \sum_i q_i\left\{x_i\partial\left(|r_i|^{-1}\right)/\partial x_i + y_i\partial\left(|r_i|^{-1}\right)/\partial y_i + z_i\partial\left(|r_i|^{-1}\right)/\partial z_i\right\} \\ &+ \frac{1}{2}\sum_i q_i\{x_ix_i\partial^2\left(|r_i|^{-1}\right)/\partial x_i^2 + x_iy_i\partial^2\left(|r_i|^{-1}\right)/\partial x_i\partial y_i \\ &+ x_iz_i\partial^2\left(|r_i|^{-1}\right)/\partial x_i\partial z_i + x_iy_i\partial^2\left(|r_i|^{-1}\right)/\partial y_i\partial x_i + y_iy_i\partial^2\left(|r_i|^{-1}\right)/\partial y_i^2 + y_iz_i\partial^2\left(|r_i|^{-1}\right)/\partial y_i\partial z_i \\ &+ x_iz_i\partial^2\left(|r_i|^{-1}\right)/\partial z_i\partial x_i + y_iz_i\partial^2\left(|r_i|^{-1}\right)/\partial z_i\partial y_i + z_iz_i\partial^2\left(|r_i|^{-1}\right)/\partial z_i^2\} + \ldots. \end{aligned} \tag{B7.1.2}$$

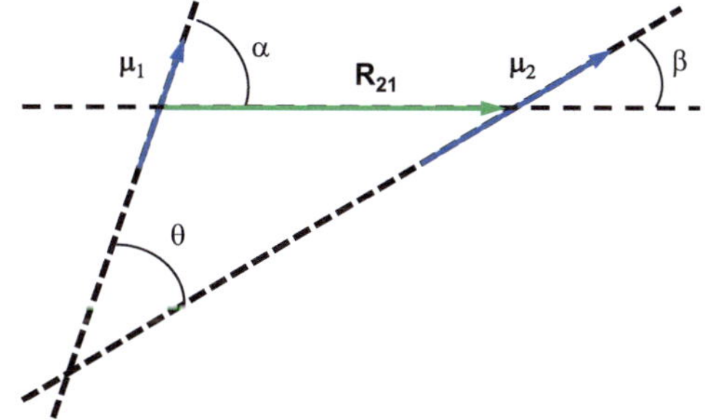

Abb. 7.2 Die Energie der Wechselwirkung von zwei Dipolen hängt von den Beträgen der Dipole ($|\boldsymbol{\mu}_1|$ und $|\boldsymbol{\mu}_2|$), dem Abstand zwischen den beiden Ladungszentren ($|\boldsymbol{R}_{21}|$), dem Winkel zwischen den Dipolen (θ) und den Winkeln bezüglich $\boldsymbol{R}_{21}$ (α und β) ab

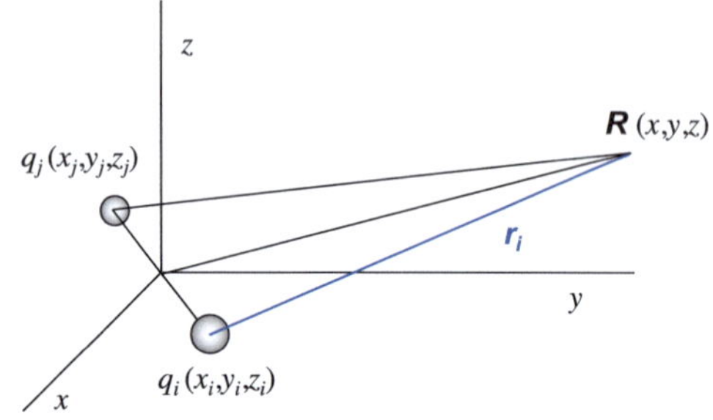

Abb. 7.3 Auswertung des Feldes bei $\boldsymbol{R}$ von einer Gruppe von Ladungen nahe dem Ursprung durch Summierung der Felder von den einzelnen Ladungen. $\boldsymbol{r}_\mathrm{i}$ ist der Vektor von Ladung q_i zum Punkt $\mathbf{R}$

Wie in dem Problem, das wir in Kap. 4 betrachtet haben, ist eine solche Multipol-Expansion am nützlichsten, wenn die Ladungen nicht zu weit vom Ursprung entfernt sind. Die erste Summe gibt das Potential an, wenn alle Ladungen genau am Ursprung liegen; dies ist der Monopol-Term. Die zweite Summe enthält das Skalarprodukt von $\tilde{\nabla}\left(|\boldsymbol{r}_i{}^{-1}\right)$ mit dem Dipolmoment der Ladungsverteilung $(\Sigma_i q_i \boldsymbol{r}_i)$, während die dritte Summe die neun Komponenten der Quadrupol-Verteilung beinhaltet. Wenn das System gleiche Anzahlen von positiven und negativen Ladungen enthält, verschwindet die erste Summe und die Dipol-Interaktion ist in der Regel der führende Term. Die Quadrupol- und höheren Terme sind null, wenn die Ladungsverteilung nur aus zwei Ladungen besteht, können aber in größeren Systemen wichtig sein, wenn sowohl der Monopol- als auch der Dipol-Term null oder klein sind. (Abb. 4.1B zeigt eine Ladungsverteilung mit einem Quadrupolmoment, aber keinem Dipolmoment. Das lineare CO_2-Molekül hat ebenfalls ein Quadrupolmoment, aber kein Dipolmoment.)

Die Ableitungen von $|\boldsymbol{r}_i|^{-1}$ in Bezug auf x_i, y_i und z_i im Dipol-Term können als Ableitungen in Bezug auf die Koordinaten des Interessenpunktes umgeschrieben und dann vereinfacht werden, wenn die Ladungen ausreichend nahe am Ursprung sind, so dass $\vec{r}_i \approx \boldsymbol{R}$:

$$\partial\left(|\boldsymbol{r}_i{}^{-1}\right)/\partial x_i = -\partial\left(|\boldsymbol{r}_i{}^{-1}\right)/\partial x \approx -\partial\left(|\boldsymbol{R}|^{-1}\right)/\partial x = x/|\boldsymbol{R}|^3. \qquad \text{(B7.1.3)}$$

Das *Potenzial* bei $\boldsymbol{R}$ von einem Dipol $\boldsymbol{\mu}_1$ mit Zentrum am Ursprung ist also:

$$V(\boldsymbol{R}) = \frac{1}{|\boldsymbol{R}|^3}\sum_i \left[q_i x_i x + q_i y_i y + q_i z_i z\right] = \frac{\boldsymbol{\mu}_1 \cdot \boldsymbol{R}}{|\boldsymbol{R}|^3}, \qquad \text{(B7.1.4)}$$

und das Feld bei $\boldsymbol{R}$ ist:

$$\boldsymbol{E}_1(\boldsymbol{R}) = -\nabla\left(|\boldsymbol{R}|^{-3}\boldsymbol{\mu}_1 \cdot \boldsymbol{R}\right) \qquad \text{(B7.1.5a)}$$

$$= -\mu_1|\mathbf{R}|^{-3} - (\mu_1 \cdot \mathbf{R})\nabla\left(|\mathbf{R}|^{-3}\right) = -\mu_1|\mathbf{R}|^{-3} + 3(\mu_1 \cdot \mathbf{R})\mathbf{R}|\mathbf{R}|^{-5}. \qquad \text{(B7.1.5b)}$$

Schließlich ist die Wechselwirkungsenergie zwischen dem Dipol $\boldsymbol{\mu}_2$ und dem Feld bei $\boldsymbol{R}$ von $\boldsymbol{\mu}_1$:

$$V = (\boldsymbol{\mu}_1 \cdot \boldsymbol{\mu}_2)|\boldsymbol{R}|^{-3} - 3(\boldsymbol{\mu}_1 \cdot \boldsymbol{R})(\boldsymbol{\mu}_2 \cdot \boldsymbol{R})|\boldsymbol{R}|^{-5}. \tag{B7.1.6}$$

Korrekturen an diesem Ausdruck sind erforderlich, wenn die Dipole in ein dielektrisches Medium eingebettet sind. Für Dipole, die sich in Position oder Ausrichtung sehr schnell im Vergleich zur Zeitskala der Kernbewegungen ändern, wird das Feld in einem homogenen Medium mit Brechungsindex n um einen Faktor $1/n^2$ reduziert. (Das Feld eines langsam fluktuierenden Dipols würde durch die Niederfrequenz-Dielektrizitätskonstante des Mediums anstatt der Hochfrequenz-Dielektrizitätskonstante, n^2, abgeschirmt.) Um jedoch mit unserer Behandlung von molekularen Übergangsdipolen in den Kap. 4 und 5 konsistent zu sein, sollten wir die interagierenden molekularen Dipole als in kleinen Hohlräumen befindlich betrachten, die ungefähr den molekularen Volumina entsprechen. Das Bewegen des Dipols 1 in eine sphärische Höhlung erhöht das effektive Feld im umgebenden Medium um einen Faktor von etwa $3n^2/(2n^2 + 1)$ [7]. Dies ist der Korrekturfaktor des Hohlraumfeldes f_c (Gl. 3.35). Das Bewegen des Dipols 2 in seine Höhlung erhöht das lokale Feld, das auf den Dipol wirkt, um diesen gleichen Faktor. Die gesamte Korrektur der Wechselwirkungsenergie beträgt daher ungefähr f_c^2/n^2, oder f_L^2/n^2 wenn wir den Lorentz-Korrekturfaktor f_L (Gl. 3.36) anstelle des Hohlraumfeldfaktors verwenden. Eine realistischere Behandlung würde eine mikroskopische Analyse der molekularen Formen und des umgebenden Materials erfordern. Dies ist für unsere gegenwärtigen Zwecke nicht notwendig, da die dielektrischen Korrekturfaktoren aus den unten abgeleiteten Hauptergebnissen herausfallen (Gl. 7.24 und 7.27).

Wenn wir $\tilde{\mathrm{H}}_{21}$ durch $\tilde{\mathrm{V}}_{21}$ approximieren, wird das elektronische Wechselwirkungsmatrixelement $H_{21(el)}$ zu:

$$\begin{aligned} H_{21(el)} &= \frac{f^2}{n^2}\left\{\frac{\langle\phi_{1b}|\boldsymbol{\mu}_1|\phi_{1a}\rangle\cdot\langle\phi_{2b}|\boldsymbol{\mu}_2|\phi_{2a}\rangle}{|\boldsymbol{R}_{21}|^3} - 3\frac{(\langle\phi_{1b}|\boldsymbol{\mu}_1|\phi_{1a}\rangle\cdot\boldsymbol{R}_{21})(\langle\phi_{2b}|\boldsymbol{\mu}_2|\phi_{2a}\rangle\cdot\boldsymbol{R}_{21})}{|\boldsymbol{R}_{21}|^5}\right\} \\ &= \left(f^2/n^2\right)\left\{\sqrt{D_{ba(1)}}\sqrt{D_{ba(2)}}(\cos\theta - 3\cos\alpha\cos\beta)|\boldsymbol{R}_{21}|^{-3}\right\} \\ &= \left(f^2/n^2\right)\sqrt{D_{ba(1)}}\sqrt{D_{ba(2)}}\kappa|\boldsymbol{R}_{21}|^{-3}. \end{aligned} \tag{7.17}$$

Hier sind $D_{ba(1)}$ und $D_{ba(2)}$ die Dipolstärken für die Übergänge der beiden Monomere; θ ist der Winkel zwischen den beiden Übergangsdipolen; α und β sind die Winkel, die die Übergangsdipole mit $\boldsymbol{R}_{21}$ bilden; und $\kappa = (\cos\theta$ - 3 $\cos\alpha\cos\beta)$ (Abb. 7.2). Dies ist die *Punkt-Dipol-Näherung*.

Da der Orientierungsfaktor κ in Gl. (7.17) ($\cos\theta$ - 3 $\cos\alpha\cos\beta$) je nach den Winkeln θ, α und β zwischen -2 und +2 variieren kann, kann $H_{21(el)}$ entweder positiv, negativ oder null sein. Abb. 7.4 veranschaulicht die Grenzfälle. Das

Vorzeichen von κ hat keine Auswirkung auf die Geschwindigkeit der Energieübertragung, da diese von $|H_{21(el)}|^2$ abhängt, das proportional zu κ^2 ist. Wenn die Moleküle auf einer Zeitskala, die im Vergleich zur Lebensdauer des angeregten Donors schnell sind und isotrop taumeln, hat κ^2 einen Durchschnittswert von 2/3.

Wenn die beiden Moleküle identisch sind, mit $D_{ba(1)} = D_{ba(2)} = D_{ba}$, ist der Faktor $(D_{ba(1)}D_{ba(2)})^{1/2}$ in Gl. (7.17) einfach D_{ba}. Wenn D_{ba} in Einheiten von Debye^2 und $|\boldsymbol{R}_{21}|$ in Å angegeben ist, dann folgt

$$H_{21(el)} \approx 5.03 \times 10^3 \left(f^2/n^2\right) D_{ba}\kappa \left|\vec{R}_{21}\right|^{-3} \tag{7.18}$$

in Einheiten von cm^{-1}. [1 cm^{-1} ist 1,99 × 10^{-16} erg, 1,24 × 10^{-4} eV, oder 2,86 cal/Mol. (1 Debye × 10^{-18} esu cm/debye)^2(1 Å × 10^{-8} cm/ Å)$^{-3}$ = 10^{-12}esu^2 cm = 10^{-12}erg × 5.03 × 10^{15} cm^{-1}/erg = 5.03 × 10^3 cm^{-1}.]

Abb. 7.5 zeigt die Werte von $H_{21(el)}$, die für ein Paar von *trans*-Butadienmolekülen die mit den Punkt-Dipol- (Gl. 7.18) und Übergangs-Monopol- (Gl. 7.15) Ausdrücken berechnet wurden. In Panel A sind die Orientierungen beider Moleküle festgelegt, während der Abstand von Zentrum zu Zentrum variiert wird; in B wird das zweite Molekül bei festem Abstand gedreht. Als Faustregel gilt, dass die Punkt-Dipol-Näherung zufriedenstellend ist, wenn der intermolekulare Abstand mehr als 4 oder 5 Mal die Länge der Chromophore beträgt, obwohl der relative Fehler in einigen Situationen immer noch erheblich sein kann. Krueger et al. [8, 9] haben eine „Übergangsdichte-Volumenelement"-Methode beschrieben, die über Übergangsmonopole hinausgeht, indem sie detailliertere Informationen über die Formen der molekularen Orbitale verwendet.

Gl. (7.13) besagt, dass die Übergangsrate vom Zustand Ψ_1 zum Zustand Ψ_2 proportional zu $|H_{21(el)}|^2$ ist, die nach den Gl. (7.17) und (7.18) mit der sechsten Potenz von $|\boldsymbol{R}_{21}|$ abnimmt. Um den Effekt der Variation des intermolekularen Abstands zu verdeutlichen, ist es nützlich, die Geschwindigkeitskonstante für den Resonanzenergietransfer (k_{rt}) in der Form zu schreiben

$$k_{rt} = \tau^{-1}(|\boldsymbol{R}_{21}|/R_o)^{-6}, \tag{7.19}$$

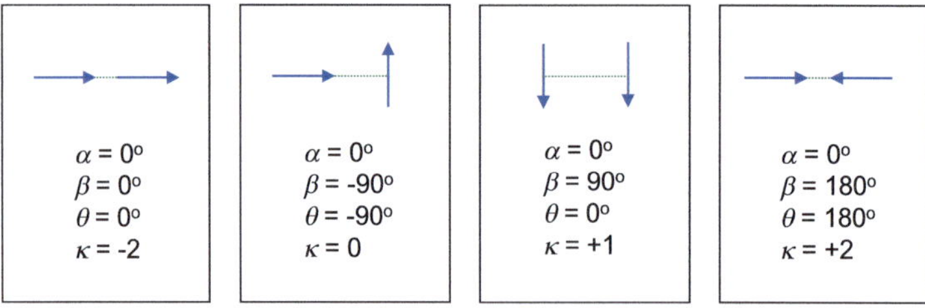

Abb. 7.4 Der Orientierungsfaktor κ in der Dipol-Dipol Wechselwirkungenergie kann zwischen -2 und +2 variieren. Die Geschwindigkeit der Resonanzenergieübertragung ist proportional zu κ^2.

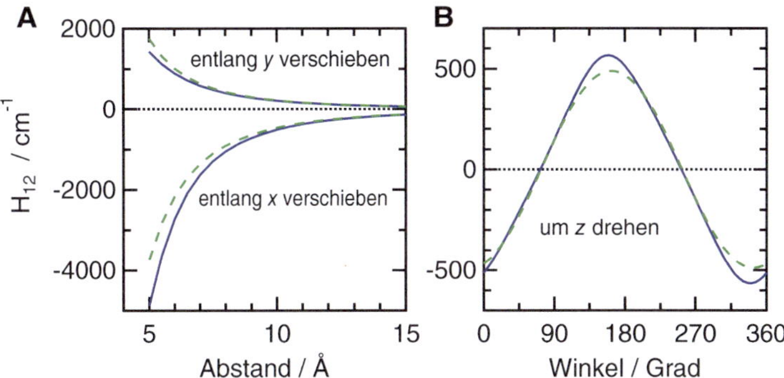

Abb. 7.5 (**A**) Elektronische Wechselwirkungsmatrixelemente für zwei *trans*-Butadienmoleküle, berechnet mit den Übergangs-Monopol- (Gl. 7.15, *durchgezogene blaue Kurven*) oder Punkt-Dipol- (Gl. 7.18, *gestrichelte grüne Kurven*) Ausdrücken. Molekül **1** ist fest in der *xy*-Ebene positioniert, zentriert am Ursprung, mit seiner langen Achse parallel zur x-Achse. Der Übergangsdipol für seine niedrigste Energieanregung liegt in der *xy*-Ebene in einem Winkel von 169° von der positiven x-Achse. f^2/n^2 wird als 1 angenommen. Molekül **2** ist zentriert an verschiedenen Punkten entlang entweder *x* oder *y*, in der gleichen Orientierung wie Molekül **1**; die Abszisse gibt den Abstand von Zentrum zu Zentrum an. (**B**) Wechselwirkungsmatrixelemente für Molekül **1**, positioniert und orientiert wie in A, wenn Molekül **2** bei (10 Å, 0, 0) zentriert ist und in der *xy*-Ebene gedreht wird; die Abszisse gibt den Winkel (θ) zwischen den beiden Übergangsdipolen an

wo τ die Fluoreszenzlebensdauer des Energiedonors (Molekül **1**) in Abwesenheit des Akzeptors (Molekül **2**) ist. R_o ist der Abstand von Zentrum zu Zentrum, bei dem k_{rt} gleich der Gesamtgeschwindigkeitskonstante für den Zerfall des angeregten Zustands durch alle anderen Mechanismen einschließlich Fluoreszenz ($1/\tau$) ist, so dass 50 % des Zerfalls Energieübertragung beinhalten. R_o wird als *Förster-Radius* bezeichnet, nach Theodor Förster, der zuerst zeigte, wie der Wert von R_o für ein gegebenes Donor-Akzeptor-Paar aus den spektroskopischen Eigenschaften der einzelnen Moleküle berechnet werden kann [10, 11]. Försters Theorie kann wie folgt entwickelt werden.

Gl. (7.13) und (7.17) zeigen, dass für weit voneinander entfernte Moleküle mit einem gegebenen intermolekularen Abstand und Ausrichtung die Geschwindigkeit der Resonanzenergieübertragung proportional zum Produkt der Dipolstärken ($D_{ba(1)}$ und $D_{ba(2)}$) ist. Die Geschwindigkeit hängt auch von den thermisch gewichteten Franck-Condon-Faktoren für die Paare von abwärts und aufwärts gerichteten vibronischen Übergängen ab, die die Resonanzbedingung erfüllen. Diese Tatsachen legen nahe, dass wir die Geschwindigkeit mit dem Absorptionsspektrum des Akzeptors und dem Emissionsspektrum des Donors (Abb. 7.6) in Beziehung setzen können.

Betrachten Sie das Emissionsspektrum des Energiedonors (Molekül **1**). In Abwesenheit von Energieübertragung oder anderen Zerfallsmechanismen wäre die Geschwindigkeitskonstante für Fluoreszenz bei der Frequenz ν:

$$F_1(\nu)d\nu = \left[32\pi^3 n f^2 \nu^3 / 3\hbar c^3\right] D_{ba(1)} \mathrm{X}_1(E) \rho_1(\nu) d\nu, \tag{7.20}$$

wo $\rho_1(\nu)$ die Dichte der angeregten Donorzustände um die Frequenz ν (Zustände pro Einheitsfrequenz) und $X_1(E)$ ist eine Summe von thermisch gewichteten Franck-Condon-Faktoren für Emission mit Energie $E = h\nu$ (siehe Kasten 4.13). Die Anzahl der angeregten Donorzustände im Energieintervall ΔE, das dem Frequenzintervall $\Delta\nu$ entspricht, ist $\rho_1(E)\Delta E = \rho_1(\nu)\Delta\nu$, wobei $\rho_1(E) = \rho_1(\nu)/h$ und $\Delta E = h\Delta\nu$. Die Gesamtgeschwindigkeitskonstante für Fluoreszenz, integriert über das Emissionsspektrum, $\int F_1(\nu)d\nu$, ist das Reziproke der radiativen Zeitkonstante, τ_r (Gl. 5.46). Weil $\tau_r = \tau/\Phi$, wobei τ und Φ die Fluoreszenzlebensdauer und -ausbeute in Abwesenheit von Energieübertragung sind (Gl. 5.49), impliziert Gl. (7.20) dass:

$$D_{ba(1)}\mathrm{X}_1(E)\rho_1(E)dE = \left(\frac{3\hbar c^3\Phi}{32\pi^3 nf^2\tau}\right)\frac{F_1(\nu)\nu^{-3}}{\int F_1(\nu)d\nu}. \tag{7.21}$$

Betrachten Sie nun das Absorptionsspektrum des Akzeptors (Molekül 2). Aus den Gl. (4.15–4.16*a*) und (4.38–4.41) können wir schreiben:

$$D_{ba(2)}\mathrm{X}_2(E)\rho_2(E) = D_{ba(2)}\mathrm{X}_2(E)\frac{\rho_2(\nu)}{h} = \frac{1}{h}\left(\frac{3000\ln(10)nhc}{8\pi^3 f^2 N_A}\right)\frac{\varepsilon_2(\nu)}{\nu}, \tag{7.22}$$

wo $\rho_2(\nu)$ die Dichte der Akzeptorzustände auf einer Frequenzskala ist, $X_2(E)$ ist die Summe der thermisch gewichteten Franck-Condon-Faktoren für Anregungen mit der Energie $E = h\nu$, und N_A ist die Avogadro-Zahl.

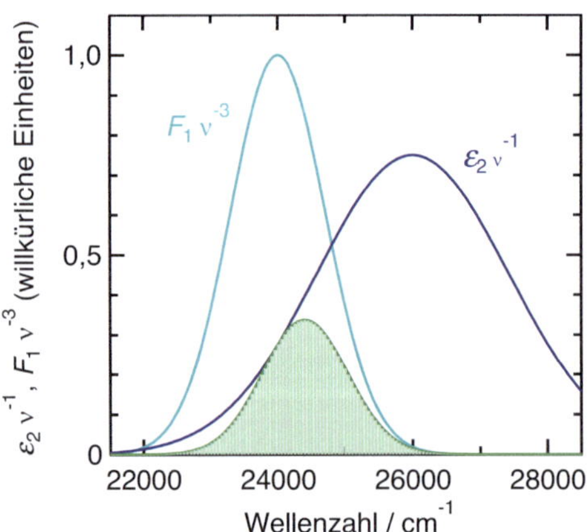

Abb. 7.6 In der Förster-Theorie ist die Geschwindigkeit der Energieübertragung vom Molekül **1** zum Molekül **2** proportional zum Überlappungsintegral, $\int\varepsilon_2(\nu)F_1(\nu)\nu^{-4}d\nu$. Beiträge zum Integral kommen nur aus dem spektralen Bereich, in dem das gewichtete Emissionsspektrum des Moleküls **1** ($F_1\,\nu^{-3}$, *cyanfarbene Kurve*) mit dem Absorptionsspektrum des Moleküls **2**($\varepsilon_2\,\nu^{-1}$, *blau*) überlappt. Das Produkt $\varepsilon_2(\nu)F_1(\nu)\nu^{-4}$ *(grüne Kurve)* kann als Spektrum der Resonanzenergieübertragung betrachtet werden. Die Geschwindigkeit der Energieübertragung ist proportional zur Fläche unter dieser Kurve *(grüne Schattierung)*

Försters Ausdruck für die Geschwindigkeit des Resonanzenergietransfers wird erhalten, indem die Gl. (7.11), (7.17), (7.21) und (7.22) kombiniert werden:

$$\begin{aligned} k_{rt} &= \frac{2\pi}{\hbar}\left\{\frac{f^4}{n^4}D_{ba(1)}D_{ba(2)}\kappa^2|\boldsymbol{R}_{21}|^{-6}\right\}\int \mathrm{X}_1(E)\rho_1(\nu)\mathrm{X}_2(E)\rho_2(\nu)dE \\ &= \frac{2\pi}{\hbar}\frac{f^4}{n^4}\kappa^2|\boldsymbol{R}_{21}|^{-6}\left(\frac{3000\ln 10nhc}{8\pi^3 f^2 N_A h}\right)\left(\frac{3\hbar c^3\Phi}{32\pi^3 n f^2\tau}\right)\frac{\int F_1(\nu)\varepsilon_2(\nu)\nu^{-4}d\nu}{\int F_1(\nu)d\nu}. \end{aligned} \tag{7.23}$$

Sammeln der Konstanten ergibt

$$k_{rt} = \left(\frac{9000\ln 10\kappa^2 c^4\Phi}{128\pi^5 n^4 N_A\tau}\right)|\boldsymbol{R}_{21}|^{-6}J, \tag{7.24}$$

wo J ein *Überlappungsintegral* der Absorptions- und Fluoreszenzspektren ist, wobei der Beitrag in jedem Frequenzintervall durch ν^{-4} gewichtet wird:

$$J = \frac{\int F_1(\nu)\varepsilon_2(\nu)\nu^{-4}d\nu}{\int F_1(\nu)d\nu}. \tag{7.25}$$

Wie oben erwähnt, sind die Fluoreszenzlebensdauer τ und die Ausbeute Φ in Gl. (7.24) die Werte, die in Abwesenheit von Energietransfer gemessen werden. Die Fluoreszenzamplitude $F_1(\nu)d\nu$ in Gl. (7.25) kann in beliebigen Einheiten ausgedrückt werden, da die Fluoreszenz durch das Integral im Nenner normalisiert wird. Der molare Extinktionskoeffizient des Akzeptors ε_2 hat seine üblichen Einheiten von $M^{-1}cm^{-1}$. Wenn $|\boldsymbol{R}_{21}|$ in Einheiten von cm und ν in s^{-1} angegeben ist, dann hat das Überlappungsintegral J Einheiten von $M^{-1}cm^{-1}s^4$ und k_{rt} ist in s^{-1} angegeben.

Das Überlappungsintegral wird oft für Absorptions- und Fluoreszenzspektren auf einer Wellenzahl-Skala ($\overline{\nu} = \nu/c = 1/\lambda$) mit $\overline{\nu}$ in Einheiten von cm^{-1} definiert:

$$\overline{J} = \frac{\int F_1(\overline{\nu})\varepsilon_2(\overline{\nu})\overline{\nu}^{-4}d\overline{\nu}}{\int F_1(\overline{\nu})d\overline{\nu}} = \frac{\int F_1(\lambda)\varepsilon_2(\lambda)\lambda^2 d\lambda}{\int F_1(\lambda)\lambda^{-2}d\lambda}. \tag{7.26}$$

In diesem Ausdruck ist $\overline{J} = Jc^{-4}$ und hat die Einheiten M^{-1} cm^3. Wenn diese Definition verwendet wird und $|\boldsymbol{R}_{21}|$ in Å gegeben ist, dann wird Gl. (7.24) zu:

$$k_{rt} = \left(\frac{9000\ln 10\kappa^2\Phi}{128\pi^5 n^4 N_A\tau}\right)\left(\frac{|\boldsymbol{R}_{21}|}{1\times 10^8}\right)^{-6}\overline{J} = \left(\frac{8.78\times 10^{23}\kappa^2\Phi}{n^4\tau}\right)|\boldsymbol{R}_{21}|^{-6}\overline{J}\ s^{-1}. \tag{7.27}$$

Schließlich ergibt die Kombination der Gl. (7.27) und (7.19) einen Wert für den Förster-Radius:

$$R_o = 9{,}80\times 10^3\left(\kappa^2\Phi n^{-4}\overline{J}\right)^{1/6}\text{A}. \tag{7.28}$$

Das Überlappungsintegral $\bar{J}$ wird manchmal als $\int F_1(\lambda)\varepsilon_2(\lambda)d\lambda / \int F_1(\lambda)d\lambda$ geschrieben. Dies ist jedoch nicht streng korrekt. Denn $d\bar{\nu} = -\lambda^{-2}d\lambda$, ist der korrekte Ausdruck für $\bar{J}$ auf einer Wellenlängenskala $\int F_1(\lambda)\varepsilon_2(\lambda)\lambda^2 d\lambda / \int F_1(\lambda)\lambda^{-2}d\lambda$ (Gl. 7.26). Der Fehler kann jedoch vernachlässigbar sein, wenn die beiden Spektren nur in einem engen Bereich überlappen.

Obwohl der Förster-Radius aus der Überlappung der Absorptions- und Emissionsspektren der beiden Moleküle berechnet wird, ist zu beachten, dass der Resonanzenergietransfer *nicht* die Emission und Reabsorption von Licht beinhaltet. Er erfolgt durch eine Resonanz zwischen zwei Zuständen des gesamten Systems. Da der Energiedonor in diesem Prozess nicht fluoresziert, ist die gängige Bezeichnung „Fluoreszenz-Resonanzenergietransfer“ (FRET) etwas irreführend. Das gleiche Akronym kann jedoch genauer für „Förster-Resonanzenergietransfer“ verwendet werden.

Die Abhängigkeit der Rate von der sechsten Potenz des intermolekularen Abstands macht den Resonanzenergietransfer besonders nützlich für die Untersuchung der Positionen von Bindungsstellen für Liganden auf Makromolekülen sowie konformationelle Änderungen, die auf die Ligandenbindung folgen [6, 12–15]. Durch die Auswahl geeigneter Donor-Akzeptor-Paare können Energietransferraten über Entfernungen von 10 bis mehr als 100 Å gemessen werden. Dennoch kann die Rate für ein gegebenes Donor-Akzeptor-Paar ausreichend empfindlich gegenüber der Entfernung sein, um eine Auflösung in der Größenordnung von 1 Å zu ermöglichen. In günstigen Fällen kann die Rate des Energietransfers einfach durch Messung der Fluoreszenzlöschung vom Donor ermittelt werden. Aus Gl. (5.52) ergibt sich das Verhältnis der Fluoreszenzausbeuten in Abwesenheit (Φ) und Anwesenheit (Φ_q) des Akzeptors:

$$\frac{\Phi}{\Phi_q} = \frac{k_r/k_{tot}}{k_r/(k_{tot} + k_{rt})} = 1 + \frac{k_{rt}}{k_{tot}} = 1 + k_{rt}\tau, \tag{7.29}$$

wo k_r die Strahlungskonstante und k_{tot} die Summe der Geschwindigkeitskonstanten für alle Zerfallsprozesse außer dem Energietransfer ist ($k_{tot} = \tau^{-1}$). Sobald das Produkt $k_{rt}\tau$ und der Förster-Radius bekannt sind, gibt Gl. (7.19) den Abstand zwischen dem Donor und Akzeptor an:

$$|\boldsymbol{R}_{21}| = R_o(k_{rt}\tau)^{-1/6} = R_o\left(\Phi/\Phi_q - 1\right)^{-1/6}. \tag{7.30}$$

Es ist jedoch wichtig zu zeigen, dass das Löschen der Fluoreszenz den Energietransfer und nicht andere Prozesse wie den Elektronentransfer widerspiegelt. Dies kann geschehen, indem die Probe bei einer Wellenlänge angeregt wird, bei der nur der Energiedonor signifikant absorbiert und die Fluoreszenz bei einer Wellenlänge gemessen wird, bei der nur der Akzeptor emittiert. In zeitaufgelösten Einzelmolekülexperimenten kann man die Amplituden der Emission des Donors und des Akzeptors gleichzeitig messen, um zu überprüfen, ob sie negativ korreliert sind.

Stryer und Haugland [16] bestätigten die Abhängigkeit der Energietransferrate von der inversen sechsten Potenz des Abstands durch Verwendung von Oligomeren aus Dansyl-Polyprolin-α-Naphthylsemicarbazid (Abb. 7.7), um den Energiedonor (Naphthalin) und Akzeptor (ein Dansyl-Derivat) in Abständen von 12 bis 46 Å zu positionieren. Die gefundene Rate war $R^{-5{,}9\,\pm\,0{,}3}$. Haugland et al. [17] zeigten, dass die Rate auch proportional zu J über einen 40-fachen Bereich von J war.

Bei der Verwendung der Resonanzenergietransferrate zur Bestimmung von intermolekularen Abständen können mehrere mögliche Komplikationen auftreten. Erstens hängt die gemessene Rate vom Durchschnittswert von κ^2 ab, der normalerweise nicht genau bekannt ist. Glücklicherweise ist eine relativ begrenzte Rotationsbeweglichkeit der Chromophore ausreichend, um den Durchschnittswert von κ^2 auf 2/3 zu bringen, so dass die Unsicherheiten in den berechneten Abständen relativ klein werden [12, 18]. Die Bewegungsfreiheit der Chromophore kann aus Messungen der Fluoreszenzanisotropie und des linearen Dichroismus beurteilt werden, wie in den Kap. 4 und 5 diskutiert.

Wenn die Probe eine Verteilung von Donor-Akzeptor-Abständen aufweist, wird die Geschwindigkeit des Energietransfers zugunsten von Strukturen gewichtet, in denen der Abstand kleiner als der Durchschnitt ist, wodurch die Fluoreszenzabklingkinetik nichtexponentiell wird. Abb. 7.8 veranschaulicht diesen Effekt für eine Gaußsche Verteilung von Abständen. Wenn die Verteilung symmetrisch ist, gibt Gl. (7.30) immer noch eine ziemlich genaue Schätzung des mittleren Donor-Akzeptor-Abstands. Der Fehler im in Abb. 7.8 gezeigten Fall wäre nur etwa 1 %, obwohl die Verteilung recht breit ist.

Wenn das Signal/Rausch-Verhältnis in den Daten ausreichend hoch ist, kann eine Verteilung von Donor-Akzeptor-Abständen ($P(R)$) extrahiert werden, indem die Fluoreszenzabklingkinetik an eine Funktion der Form angepasst wird

$$F(t) = \int_0^{\infty} P(R) e^{-(k_{tot}+k_{rt}(R))t} dR = \int_0^{\infty} P(R) e^{-k_{\mathrm{tot}}\left(1+(R/R_0)^{-6}\right)t} dR. \quad (7.31)$$

Haas et al. [19] haben diesen Ansatz verwendet, um die Verteilung der End-zu-End-Längen in Polyglutamylpeptiden zu untersuchen, die an einem Ende mit Naphtalin und an dem anderen mit einer Dansylgruppe markiert waren. Sowohl der Mittelwert als auch die Breite der Verteilung wurden bestätigt, um vom Lösungs-

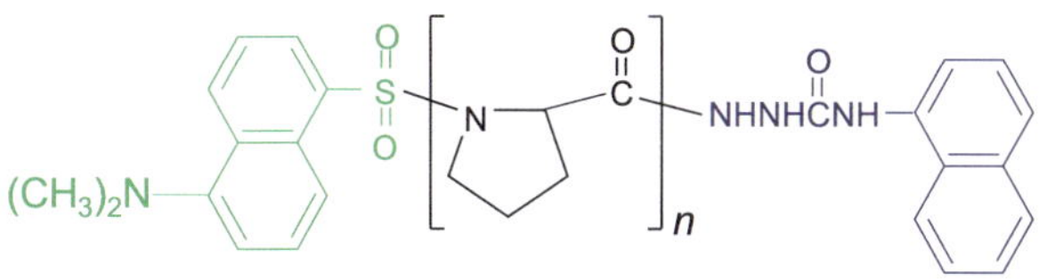

Abb. 7.7 Dansyl-(L-prolyl)$_n$-α-Naphthylsemicarbazid. Die Polyprolyl-Kette dient als starrer Abstandshalter zwischen den Dansyl- und Naphthylamin-Gruppen (jeweils *grün* und *blau*), die jeweils relativ frei rotieren können

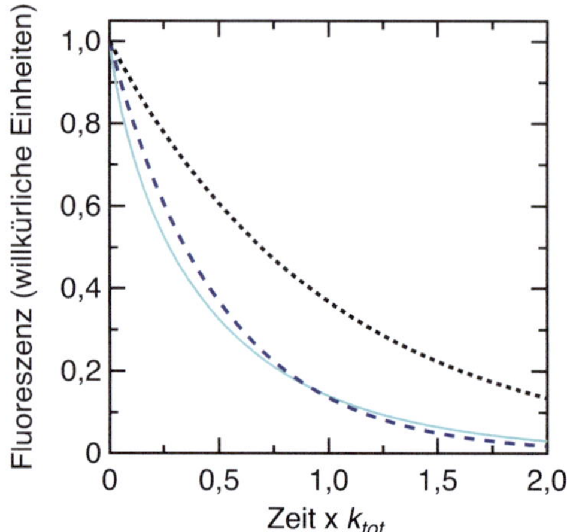

Abb. 7.8 Berechnete Abklingkinetik der Fluoreszenz aus einem Ensemble von Energiedonoren mit einer Gaußschen Verteilung von Donor-Akzeptor-Abständen. In dieser Darstellung ist die Verteilung zentriert bei R_o und hat eine Breite (FWHM) von entweder 0,5 R_o *(durchgezogene cyan Linie)* oder null *(gestrichelte blaue Linie)*. Der zeitliche Verlauf der Fluoreszenz wurde durch Gl. (7.31) berechnet. Ebenfalls gezeigt ist der exponentielle Fluoreszenzabfall in Abwesenheit von Energietransfer *(gepunktete schwarze Linie)*. Ein FWHM von 0,5 R_o entspricht einer Standardabweichung von 0,212 R_o

mittel abzuhängen. In ähnlichen Studien haben andere Arbeiter die konformationelle Heterogenität von Oligonukleotiden untersucht, die an gegenüberliegenden Enden markiert waren [20, 21], von Dansyl-markierten Zn-Finger-Peptiden mit und ohne gebundenes Zn^{2+} [22], von Wasserstoffbindungsinteraktionen zwischen entfalteten Polypeptiden [23], und von Calmodulin in An- und Abwesenheit von Ca^{2+} [24]. Rhoades et al. [25, 26] haben die strukturelle Heterogenität mehrerer Proteine untersucht, indem sie die Verteilung der Energietransferraten zwischen Farbstoffen gemessen haben, die an verschiedenen Stellen in einzelnen Proteinen gebunden sind, die in Lipidvesikeln eingeschlossen sind, Haas et al. [27, 28] haben die Situation behandelt, dass der intermolekulare Abstand während der Lebensdauer des angeregten Zustands des Donors schwankt, und Jang et al. [29] haben eine verallgemeinerte Version der Förster-Theorie für Systeme vorgestellt, die mehrere Arten von Chromophoren und heterogene Donor-Akzeptor-Abstände enthalten, wie die Mischungen von Chlorophyllen und Carotinoiden, die in photosynthetischen Antennenkomplexen gefunden werden.

Die Analyse der Fluoreszenzabklingkinetik kann manchmal das Vorhandensein von Populationen mit deutlich unterschiedlichen Energietransferraten aufzeigen. In Studien an einem Guanylat-bindenden Protein haben Vöpel et al. [30] Komponenten der Fluoreszenzkinetik unterschiedlichen Konformeren und Positionen der Dimerisierung zugeordnet. Nesmelov et al. [31] fanden ähnliche Hinweise auf zwei konformationelle Komponenten in der Dynamik von Myosin kurz nach der Zugabe von ATP. Seidel et al. [32–38] haben Möglichkeiten diskutiert, Donor-

Akzeptor-Abstände aus zeitaufgelösten Fluoreszenzmessungen an solchen heterogenen Systemen zu extrahieren.

Einige zusätzliche Punkte bezüglich der Förster-Theorie müssen erwähnt werden. Erstens, die Verwendung des spektralen Überlappungsintegrals J wie in den Gl. (7.23), (7.25) und (7.26) ist streng genommen nur für ein homogenes System wie ein einzelnes Donor-Akzeptor-Paar korrekt. Wie wir in den Kap. 4 und 5 diskutiert haben, stellen Absorptions- und Emissionsspektren in der Regel Durchschnitte über große Populationen von Molekülen in verschiedenen Umgebungen dar. Ob das gesamte inhomogen verbreiterte Spektrum in das Überlappungsintegral einbezogen werden sollte, hängt davon ab, wie schnell die Umgebungen der einzelnen Moleküle in dem Ensemble im Verhältnis zur Lebensdauer des angeregten Zustands des Donors fluktuieren. Wenn die Umgebungsschichten der einzelnen Spektren auf dieser Zeitskala schnell fluktuieren, dann (unter der Annahme, dass die Fluktuationen im Donor und Akzeptor nicht korreliert sind) sind die gesamten Spektren des Ensembles richtig in J eingeschlossen. Wenn diese Verschiebungen während der Lebensdauer des angeregten Zustands eingefroren sind, dann wird das Überlappungsintegral unter den Donor-Akzeptor-Paaren in dem Ensemble variieren und die einzelnen Werte von J sollten gewichtet werden, um ihre Beiträge zur experimentellen Messung widerzuspiegeln.

Der Brechungsindex n in den Gl. (7.20) und (7.21) bezieht sich auf das Volumenmedium, in dem die Absorptions- und Emissionsspektren der Chromophore gemessen werden. Dieser Faktor hebt sich auf, wenn die Gl. (7.20) und (7.21) in Gl. (7.23) kombiniert werden. Der Faktor n^{-4}, der in den Gl. (7.23), (7.24), (7.27) und (7.28) verbleibt, tritt durch $|H_{21(el)}|^2$ ein und reflektiert die Dämpfung von hochfrequenten elektrostatischen Wechselwirkungen zwischen dem Energiedonor und -akzeptor. Er bezieht sich daher auf das Protein oder andere Umgebungen, die die interagierenden Moleküle umgibt, und nicht auf das Lösungsmittel, das zur Messung der einzelnen Spektren verwendet wird. Der genaue Wert des Brechungsindex ist in der Regel nicht bekannt, aber für Proteine wahrscheinlich vergleichbar mit dem von *N*-Methylacetamid (1,43 bei 589,3 nm). Die Verwendung des Brechungsindex von Wasser (1,33) würde die berechnete Geschwindigkeitskonstante für den Energietransfer $[(1{,}43/1{,}33)^4 \approx 1{,}34]$ erhöhen, aber der resultierende Fehler in R_0 oder $|\boldsymbol{R}_{21}|$ wäre relativ klein $[(1{,}43/1{,}33)^{4/6} \approx 1{,}05]$.

Schließlich ist es wichtig zu bedenken, dass die Förster-Theorie annimmt, dass die Donor- und Akzeptormoleküle nur sehr schwach interagieren. Das bedeutet, dass die Wechselwirkungen das Absorptions- oder Emissionsspektrum nicht signifikant verändern dürfen. Es bedeutet auch, dass, sobald die Anregungsenergie vom Donor zum Akzeptor übergeht, die Energie nur eine geringe Wahrscheinlichkeit haben muss, zum Donor zurückzukehren. In den meisten Fällen dispergieren die Schwingungs- und Rotationsrelaxationen des Akzeptors und des Lösungsmittels einen Teil der Anregungsenergie schnell als Wärme, so dass das Überlappungsintegral J für die Energieübertragung zurück zum ursprünglichen Donor klein ist; der angeregte Akzeptor fluoresziert stattdessen oder zerfällt auf einem anderen Weg. Wir werden diesen Punkt in Kap. 8 genauer besprechen.

Die Resonanzenergieübertragung wird häufig verwendet, um die Bildung von Komplexen zwischen Proteinen zu erkennen. Varianten des grün fluoreszierenden Proteins (GFP) sind besonders nützliche Energie-Donoren und -Akzeptoren, da Gene für GFPs mit unterschiedlichen Absorptions- und Emissionsspektren mit den Genen für die Proteine von Interesse fusioniert werden können (Abschn. 5.7 und 5.10). Der eingebaute Chromophor macht es unnötig, die Proteine mit exogenen Fluoreszenzfarbstoffen zu markieren. Muller et al. [39] haben diesen Ansatz verwendet, um die dreidimensionale Anordnung von fünf verschiedenen Proteinen im Spindelpol-Körper der Hefe zu bestimmen. Sie verwendeten Fluoreszenzmikroskopie, um die Energieübertragung zwischen GFP, das entweder am N-Terminus oder am C-Terminus eines Proteins fusioniert war, und einer cyan-fluoreszierenden Variante (CFP), die am Ende eines anderen Proteins fusioniert war, zu messen. Ihre Arbeit beschreibt ein Verfahren zur Korrektur von Donor-Fluoreszenz, die Messungen von Akzeptorfluoreszenz kontaminieren könnte.

Sensoren für Ca^{2+}, die als „Chamäleons" bezeichnet werden, wurden konstruiert, indem CFP mit dem Ca^{2+}-bindenden Protein Calmodulin, einem Calmodulin-bindenden Peptid und einer grün- oder gelb-fluoreszierenden Variante von GFP (YFP) fusioniert wurde [40, 41]. Die Bindung von Ca^{2+} an das Calmodulin verursacht eine Konformationsänderung, die die Resonanzenergieübertragung zwischen dem CFP und YFP erhöht und die Farbe der Fluoreszenz ändert. Um die Verteilung von Ca^{2+}-leitenden Glutamatrezeptoren in neuromuskulären Verbindungen zu untersuchen, wurde ein Chamäleon mit einem Protein fusioniert, das sich im postsynaptischen Terminal lokalisiert [42].

Eine Variation der Resonanzenergieübertragungstechnik besteht darin, ein Biolumineszenzsystem als Energiedonor zu verwenden [43, 44]. Das Gen für eine Luziferase, ein Protein, das eine Biolumineszenzreaktion katalysiert, wird mit dem Gen für eines der Proteine von Interesse fusioniert, während ein GFP-Gen mit dem für das andere Protein fusioniert wird. Wenn die Bildung eines Komplexes die Luziferase und das GFP ausreichend nahe zusammenbringt, wird die Emission auf die längere Wellenlänge verschoben, die für das GFP charakteristisch ist. In einer weiteren Variation dient ein chelatiertes Lanthanidion als Donor [45–49]. Lanthanid angeregte Zustände haben Lebensdauern in der Größenordnung von Millisekunden und haben typischerweise eine sehr geringe Emissionsanisotropie, was die Energieübertragung unempfindlich gegenüber der Orientierung des Donors macht.

7.3 Energieübertragung zur Untersuchung schneller Prozesse in einzelnen Proteinmolekülen

Abschn. 5.11 beschreibt mehrere Techniken zur Detektion von Fluoreszenz aus einzelnen Molekülen. Messungen der Resonanzenergieübertragung in einzelnen Molekülen eignen sich gut zur Untersuchung der Dynamik von Proteinfaltung und Wechselwirkungen zwischen Makromolekülen. Der Energiedonor und -akzeptor können an Stellen angebracht werden, die im entfalteten Protein oder einzelnen Molekülen weit auseinander liegen, aber zusammenkommen, wenn sich das Protein faltet oder zwei Makromoleküle assoziieren [36, 50–54]. Durch gleichzeitiges

Messen der Amplituden der Fluoreszenzemission vom Donor und dem Akzeptor können Prozesse, die die Wahrscheinlichkeit der Resonanzenergieübertragung ändern, von solchen unterschieden werden, die nur die Fluoreszenzausbeute des Donors modifizieren. Die Messung der Emission von zwei Akzeptoren an verschiedenen Stellen kann noch mehr Informationen liefern [55–57].

In einem typischen Experiment zur Protein-Faltung könnte die Temperatur oder die Konzentration eines Denaturierungsmittels so angepasst werden, dass die Gleichgewichtskonstante für die Faltung in der Größenordnung von 1 liegt. Schwankungen in der Effizienz der Energieübertragung in einem einzelnen Molekül würden dann Übergänge zwischen gefalteten und ungefalteten Konformationen signalisieren. Die Zeitkonstante für Übergänge in die eine oder andere Richtung kann aus einem Histogramm der Dauer ermittelt werden, in der die Effizienz der Energieübertragung mehr oder weniger konstant bleibt, bevor sie zu einem für die andere Konformation charakteristischen Wert wechselt [25, 26, 58–70].

Das Signal/Rausch-Verhältnis in solchen Messungen hängt von der durchschnittlichen Anzahl der Photonen ab, die vor einem Übergang erfasst werden, und nimmt daher ab, wenn die Übergänge häufiger auftreten. Eine Erhöhung der Lichtintensität kann das Signal erhöhen, führt aber tendenziell zu einer schnelleren Photodestruktion der Fluorophore, was es notwendig macht, die Probe in regelmäßigen Abständen zu ersetzen (siehe Abschn. 5.9).

Wenn die Zeit zwischen den Übergängen für die Erstellung eines zufriedenstellenden Histogramms nicht ausreicht, scheint der vielversprechendste Ansatz darin zu bestehen, die Wellenlängen und das Zeitverhalten einzelner Photonen aufzuzeichnen. Gopich und Szabo haben eine *Maximum-Likelihood* Methode entwickelt, um ein kinetisches Modell mit solchen Photon-für-Photon-Aufzeichnungen in Beziehung zu setzen [71–73]. Betrachten Sie ein Molekül mit zwei Zuständen (N und U für „nativ" und „entfaltet"), die unterschiedliche scheinbare Effizienzen des Resonanzenergietransfers aufweisen (ξ_n und ξ_u). Wir können einen Spaltenvektor $\mathbf{p}(t) = \begin{pmatrix} N(t) \\ U(t) \end{pmatrix}$ verwenden, um die Wahrscheinlichkeit auszudrücken, das Molekül zu einem gegebenen Zeitpunkt t in einem bestimmten Zustand zu finden. Wenn Übergänge von N zu U mit der mikroskopischen Geschwindigkeitskonstanten k_u auftreten und Übergänge von U zu N mit der Geschwindigkeitskonstanten k_n, dann ist $dN/dt = -k_uN+k_nU$ und $dU/dt = k_uN - k_nU$, oder kompakter, $d\mathbf{p}/dt = \mathbf{K}\cdot\mathbf{p}$, mit $\mathbf{K} = \begin{bmatrix} -k_u & k_n \\ k_u & -k_n \end{bmatrix}$. Diese Gleichung hat die formale Lösung $\mathbf{p}(t) = e^{\mathbf{K}t}\cdot\mathbf{p}(0)$, in der die Matrixexponentialfunktion eine 2×2 Matrix ist, die durch die Potenzreihe $e^{\mathbf{K}t} = \mathbf{I} + \mathbf{K}t + \frac{1}{2!}(\mathbf{K}t)^2 + \cdots$ definiert ist, und $\mathbf{I}$ ist die Identitätsmatrix $\begin{bmatrix} 1 & 0 \\ 0 & 1 \end{bmatrix}$. Lösungen für die Geschwindigkeitsgleichung können auch in Bezug auf die Eigenwerte von $\mathbf{K}$ ausgedrückt werden. Dies sind die makroskopischen Geschwindigkeitskonstanten, mit denen das System das Gleichgewicht erreicht. Für das einfache Zwei-Zustands-System, das wir betrachten, sind die Eigenwerte 0 und $k_u + k_n$, und die Gleichgewichtswerte von N und U sind jeweils $k_n/(k_n + k_u)$ und $k_u/(k_n + k_u)$. Die scheinbare Effizienz des Energietransfers (ξ_n oder ξ_u) wenn das Molekül in einem bestimmten Zustand ist, wird durch das Verhältnis $n_A/(n_A + n_D)$ gegeben, wobei n_A und n_D die Raten der Detektion von Photonen sind, die vom Energieakzeptor (A) und Donor (D) emittiert werden, wenn der Donor kontinuierlich angeregt wird.

Nehmen wir an, das Molekül befindet sich im Gleichgewicht und nennen den Vektor **p** für diese Situation $\mathbf{p}_{\text{eq}}$. Wenn wir eine Diagonalmatrix **Z** mit den scheinbaren Effizienzen der Energieübertragung auf der Diagonalen konstruieren, $Z = \begin{bmatrix} \xi_n & 0 \\ 0 & \xi_u \end{bmatrix}$, ist die Wahrscheinlichkeit, dass das erste von uns detektierte Photon vom Energieakzeptor (A) kommt, $\mathbf{I} \cdot \mathbf{Z} \cdot \mathbf{p}_{\text{eq}}$, während die Wahrscheinlichkeit, dass das Photon von D kommt, $\mathbf{I} \cdot (\mathbf{I} - \mathbf{Z}) \cdot \mathbf{p}_{\text{eq}}$ ist. Die Multiplikation mit **I** auf der linken Seite in diesen Ausdrücken summiert über die beiden konformationellen Zustände. Wenn wir unmittelbar nach dem ersten ein weiteres Photon detektieren, hätten sich diese Wahrscheinlichkeiten nicht signifikant geändert. Mit der Zeit könnte das Molekül jedoch von N zu U oder *umgekehrt* wechseln. Die kinetische Gleichung $\mathbf{p}(t) = e^{\mathbf{K}t} \cdot \mathbf{p}(0)$ beschreibt diese Dynamik. Wenn ein Zeitintervall τ_2 zwischen der Detektion des ersten und des zweiten Photons vergeht, ist die Wahrscheinlichkeit, dass das zweite Photon von A kommt, entweder $\mathbf{I} \cdot \mathbf{Z} \cdot e^{\mathbf{K}\tau_2} \cdot \mathbf{Z} \cdot \mathbf{p}_{eq}$ (wenn das erste Photon ebenfalls von A kam) oder $\mathbf{I} \cdot \mathbf{Z} \cdot e^{\mathbf{K}\tau_2} \cdot (\mathbf{I} - \mathbf{Z}) \cdot \mathbf{p}_{eq}$ (wenn das erste von D kam). Ebenso ist die Wahrscheinlichkeit, dass das zweite Photon von D kommt, entweder $\mathbf{I} \cdot (\mathbf{I} - \mathbf{Z}) \cdot e^{\mathbf{K}\tau_2} \cdot \mathbf{Z} \cdot \mathbf{p}_{eq}$ oder $\mathbf{I} \cdot (\mathbf{I} - \mathbf{Z}) \cdot e^{\mathbf{K}\tau_2} \cdot (\mathbf{I} - \mathbf{Z}) \cdot \mathbf{p}_{eq}$, abhängig wiederum von der Quelle des ersten Photons. Wenn man diese Überlegungen fortsetzt, kann man die Wahrscheinlichkeit finden, die spezielle Sequenz von Photonen zu beobachten, die in Abb. 7.9 gezeigt wird. Wenn Sequenzen von Photonen von mehreren einzelnen Molekülen aufgezeichnet werden, ist die Gesamtwahrscheinlichkeit das Produkt der Wahrscheinlichkeiten der einzelnen Sequenzen. Um die besten Werte von k_n, k_u, ξ_n und ξ_u zu finden, passt man diese Parameter an, um die Gesamtwahrscheinlichkeit der Beobachtungen zu maximieren.

Chung et al. haben diese Technik verwendet, um Geschwindigkeitskonstanten für das Falten und Entfalten mehrerer Proteine zu messen [73–76]. Sie untersuchen auch, wie schnell einzelne Übergänge zwischen U und N Zuständen auftreten können, gemessen an der minimalen Zeit zwischen der Detektion von Photonen mit Wellenlängen, die auf verschiedene Zustände hinweisen. Die gemessenen Übergangszeiten sind viel kürzer als die makroskopische Zeitkonstante für das Falten und Entfalten.

7.4 Austauschkopplung

Die Theorie von Förster beschreibt die Geschwindigkeit des Energietransfers zwischen Chromophoren, die relativ weit voneinander entfernt sind. Neben der Verwendung der Punkt-Dipol-Näherung geht die Theorie davon aus, dass die

Abb. 7.9 Eine mögliche Sequenz der Wellenlängen und Zeitpunkte von sechs Photonen, die bei Messungen der Fluoreszenz vom Energiedonor (D) oder Akzeptor (A) in einem einzelnen Molekül mit zwei konformationellen Zuständen detektiert wurden. *durchgezogene vertikale blaue Linien* reflektieren Photonen mit für D charakteristischen Wellenlängen; *gestrichelte grüne Linien,* Photonen mit für A charakteristischen Wellenlängen. Die Zeit läuft von rechts nach links. Die Zeitintervalle zwischen der Detektion der Photonen sind τ_2, τ_3, usw. Die Wahrscheinlichkeit, diese spezielle Sequenz von Photonen zu beobachten, ist $\mathbf{I} \cdot \mathbf{Z} \cdot e^{\mathbf{K}\tau_6} \cdot (\mathbf{I} - \mathbf{Z}) \cdot e^{\mathbf{K}\tau_5} \cdot \mathbf{Z} \cdot e^{\mathbf{K}\tau_4} \cdot \mathbf{Z} \cdot e^{\mathbf{K}\tau_3} \cdot (\mathbf{I} - \mathbf{Z}) \cdot e^{\mathbf{K}\tau_2} \cdot (\mathbf{I} - \mathbf{Z}) \cdot \mathbf{p}_{eq}$, wobei die Matrizen $\mathbf{I}$,$\mathbf{Z}$,$\mathbf{K}$ und $\mathbf{p}_{eq}$ im Text erklärt werden

intermolekularen Wechselwirkungen keinen signifikanten Einfluss auf die Absorptions- oder Fluoreszenzspektren der Moleküle haben. Im nächsten Kapitel werden wir diskutieren, was passiert, wenn diese Annahmen nicht zutreffen. Es ist jedoch relevant, hier eine weitere Einschränkung der Förster-Behandlung zu erwähnen. Die Behandlung berücksichtigt nur die räumlichen Teile der molekularen Wellenfunktionen; die Spin-Wellenfunktionen werden implizit als konstant angenommen. Die Theorie gilt daher für einen Übergang, bei dem ein Molekül in einem angeregten Singulett-Zustand in den Singulett-Grundzustand zurückkehrt und ein anderes Molekül in einen angeregten Singulett-Zustand versetzt wird. Sie könnte auch auf angeregte Triplett-Zustände angewendet werden, aber nur wenn die Grundzustände ebenfalls Triplett-Zustände sind, was normalerweise nicht der Fall ist. Sie würde keinen Übergang zulassen, bei dem ein Molekül in einem angeregten Triplett-Zustand zu einem Singulett-Grundzustand zerfällt und ein anderes Molekül von einem Singulett- zu einem Triplett-Zustand anhebt. Wie von der Theorie vorhergesagt, tritt diese letzte Art des Energietransfers nicht bei signifikanten Raten zwischen weit voneinander entfernten Molekülen auf. Sie tritt jedoch zwischen Molekülen auf, die in engem Kontakt stehen, und es wird ein zusätzlicher Mechanismus benötigt, um dies zu erklären. Ein solcher Mechanismus wurde von D.L. Dexter vorgeschlagen [77].

Um zu sehen, wie der Triplett-Triplett-Energietransfer auftreten kann, müssen wir die Gl. (7.14) erweitern, um Spin-Wellenfunktionen einzubeziehen. Lassen Sie uns die dort verwendete Notation verfeinern, so dass ϕ_{1a} und ϕ_{1b} nun explizit räumliche Wellenfunktionen des Moleküls **1**, ϕ_{2a} und ϕ_{2b} räumliche Wellenfunktionen des Moleküls **2** bezeichnen, und σ_{1a}, σ_{1b}, σ_{2a} und σ_{2b} entsprechende Spin-Wellenfunktionen bezeichnen. Wie wir in Kap. 4 diskutiert haben, müssen die Gesamtwellenfunktionen für einen Austausch von Bezeichnungen zwischen zwei Elektronen antisymmetrisch sein:

$$\Psi_1 = 2^{-1/2}\{\phi_{1b}(1)\sigma_{1b}(1)\phi_{2a}(2)\sigma_{2a}(2) - \phi_{1b}(2)\sigma_{1b}(2)\phi_{2a}(1)\sigma_{2a}(1)\}, \quad (7.32a)$$

und

$$\Psi_2 = 2^{-1/2}\{\phi_{1a}(1)\sigma_{1a}(1)\phi_{2b}(2)\sigma_{2b}(2) - \phi_{1a}(2)\sigma_{1a}(2)\phi_{2b}(1)\sigma_{2b}(1)\}, \quad (7.32b)$$

wo (1) und (2) die Koordinaten der Elektronen 1 und 2 bezeichnen. Mit diesen Wellenfunktionen wird das Matrixelement der elektronischen Wechselwirkung zu

$$H_{21(el)} = H_{21}^{Coulomb} + H_{21}^{exchange}, \quad (7.33)$$

$$\begin{aligned} H_{21}^{Coulomb} &= \left\langle \phi_{1a}(1)\phi_{2b}(2) \middle| \tilde{\mathrm{H}}_{21} \middle| \phi_{1b}(1)\phi_{2a}(2) \right\rangle \langle \sigma_{1a}(1)|\sigma_{1b}(1)\rangle \langle \sigma_{2b}(2)|\sigma_{2a}(2)\rangle \\ &= \left\langle \phi_{1a}(1)\phi_{2b}(2) \middle| \frac{e^2}{r_{21}} \middle| \phi_{1b}(1)\phi_{2a}(2) \right\rangle \langle \sigma_{1a}(1)|\sigma_{1b}(1)\rangle \langle \sigma_{2b}(2)|\sigma_{2a}(2)\rangle, \end{aligned} \quad (7.34a)$$

und

$$\begin{aligned} H_{21}^{Austausch} &= -\left\langle \phi_{1a}(2)\phi_{2b}(1) \middle| \tilde{\mathrm{H}}_{21} \middle| \phi_{1b}(1)\phi_{2a}(2) \right\rangle \langle \sigma_{2b}(1) \mid \sigma_{1b}(1)\rangle \langle \sigma_{1a}(2) \mid \sigma_{2a}(2)\rangle \\ &= -\left\langle \phi_{1a}(2)\phi_{2b}(1) \middle| \frac{e^2}{r_{21}} \middle| \phi_{1b}(1)\phi_{2a}(2) \right\rangle \langle \sigma_{2b}(1) \mid \sigma_{1b}(1)\rangle \langle \sigma_{1a}(2) \mid \sigma_{2a}(2)\rangle. \end{aligned} \quad (7.34b)$$

Der Begriff $H_{21}^{Coulomb}$, den die Förster-Theorie berücksichtigt, wird als *Coulomb* oder *direkte* Wechselwirkung bezeichnet. Sie bezieht sich auf einen Prozess, bei dem ein Elektron von ϕ_{1b} zu ϕ_{1a} und das andere Elektron von ϕ_{2a} zu ϕ_{2b} wechselt. Jedes Elektron bleibt somit auf seinem ursprünglichen Molekül (Abb. 7.10A). Das Produkt der Spinintegrale in diesem Term wird nur dann ungleich Null sein, wenn $\sigma_{1a} = \sigma_{1b}$ und $\sigma_{2a} = \sigma_{2b}$; es darf keine Spinänderung auf einem der Moleküle geben. Der Begriff $H_{21}^{Austausch}$ wird als *Austausch*wechselwirkung bezeichnet. Hier wechselt ein Elektron von ϕ_{1b} zu ϕ_{2b} (von Molekül **1** zu Molekül **2**) während das andere Elektron von ϕ_{2a} zu ϕ_{1a} (von Molekül **2** zu Molekül **1**) wechselt, wie in Abb. 7.10B gezeigt. In diesem Fall wird das Produkt der Spinintegrale ungleich Null sein, wenn $\sigma_{1a} = \sigma_{2b}$ und $\sigma_{2a} = \sigma_{1a}$. Die Elektronenspins der beiden Moleküle werden ausgetauscht. Dieser Zustand ist konsistent mit entweder Singulett- oder Triplett-Energietransfer, weil σ_{1a} nicht unbedingt gleich σ_{1b} und σ_{2a} nicht unbedingt gleich σ_{2b} sein muss.

Die Gl. (7.34b) zeigt an, dass $H_{21}^{Austausch}$ nur dann erheblich sein kann, wenn es eine Region im Raum gibt, in der sowohl ϕ_{1a} als auch ϕ_{2a} signifikant von Null abweichen, und dasselbe gilt für ϕ_{1b} und ϕ_{2b}. Das bedeutet, dass $H_{21}^{Austausch}$ eine signifikante Überlappung der beiden molekularen Orbitale erfordert. Die Größe von $H_{21}^{Austausch}$ hängt von den Details der molekularen Orbitale ab, wird aber im Allgemeinen als exp($-R_{edge}/L$) angenommen, wobei R_{edge} der Kanten-zu-Kanten-Abstand zwischen den Molekülen und L in der Größenordnung von 1 Å ist. Dies ist eine viel stärkere Abhängigkeit von der Entfernung als die R^{-2}-Abhängigkeit von $H_{21}^{Coulomb}$. $H_{21}^{Coulomb}$ dominiert daher in der Regel stark über $H_{21}^{Austausch}$, solange der Kanten-zu-Kanten-Abstand mehr als 4 oder 5 Å beträgt. Allerdings kann der Austauschterm neben der Berücksichtigung des Triplett-Transfers auch zur Singulett-Energieübertragung beitragen, wenn der Förster-Mechanismus aufgrund einer sehr geringen Dipolstärke des Donors oder Akzeptors unwirksam ist.

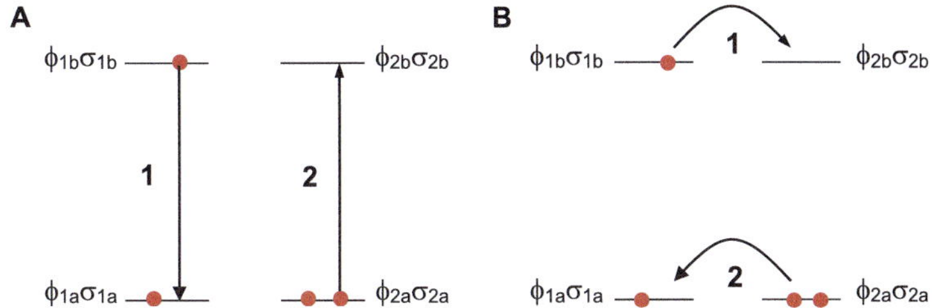

Abb. 7.10 (**A**) Der Coulomb-Beitrag zum Interaktionsmatrixelement $H_{21(el)}$ spiegelt einen Zwei-Elektronen-Übergang wider, bei dem beide Elektronen *(gefüllte rote Kreise)* auf ihren ursprünglichen Molekülen *(Linien)* verbleiben. Dieser Prozess erfordert die Erhaltung des Spins auf jedem Molekül. (**B**) Der Austauschbeitrag zu H_{21} stellt einen Übergang dar, bei dem Elektronen zwischen den Molekülen ausgetauscht werden. Die mit den beiden Molekülen verbundenen Elektronenspins werden ebenfalls ausgetauscht

Zusätzlich zu $H_{21}^{Coulomb}$ und $H_{21}^{Austausch}$ kann H_{12} andere höherwertige Terme enthalten, die die Vermischung der angeregten Singulett-Zustände ψ_1 und ψ_2 mit Triplett-Zuständen widerspiegeln [78]. Auch diese Terme sind in der Regel nur dann signifikant, wenn $H_{21}^{Coulomb}$ klein ist.

7.5 Energieübertragung in photosynthetischen Antennen

Photosynthetische Organismen verfügen über Anordnungen von Chlorophyll- oder Bakteriochlorophyll-Molekülen, die als Antennen dienen, um Licht zu absorbieren und Energie zu den Reaktionszentren zu übertragen, in denen die Elektronentransferschritte der Photosynthese stattfinden [2, 3]. Bei Pflanzen und Cyanobakterien sind diese Anordnungen Bestandteile von zwei großen Pigment-Protein-Komplexen, die als *Photosysteme I und II* bezeichnet werden. Das Reaktionszentrum im Photosystem II oxidiert Wasser zu molekularem Sauerstoff und überträgt Elektronen in mehreren Schritten auf ein Chinon, während das Photosystem I Elektronen vom Kupfer-Protein Plastocyanin auf NADP überträgt, ebenfalls in mehreren Schritten. Antennensysteme erhöhen die Fähigkeit der Reaktionszentren, selbst bei geringer Lichtintensität mit voller Geschwindigkeit zu arbeiten. Carotinoide und andere Pigmente helfen, die Absorptionsspektren der Antennen bei Wellenlängen zwischen den Absorptionsbanden von Chlorophyll zu füllen. Bei purpurnen photosynthetischen Bakterien liefern Antennenkomplexe, die Bakteriochlorophyll und Carotinoide enthalten, Energie an eine einzige Art von Reaktionszentrum, das Elektronen von einem Cytochrom zu einem Chinon bewegt. Wir haben die spektroskopischen Eigenschaften von bakteriellen Reaktionszentren in mehreren früheren Kapiteln besprochen und werden in Kap. 8 darauf zurückkommen.

Einige der einfachsten Antennensysteme finden sich in lila photosynthetischen Bakterien wie *Rhodobacter sphaeroides* [79]. Zytoplasmatische Membranen in

Rb. sphaeroides enthalten einen großen Komplex namens „LH1“, der das Reaktionszentrum teilweise umschließt. Dieser Komplex enthält 28 Moleküle Bakteriochlorophyll-*a* und 26 Moleküle des Carotenoids Spheroiden, alle gebunden an 28 Polypeptidketten, die die Membran durchqueren. Er hat eine elliptische C-förmige Struktur mit einer Öffnung, die von zwei zusätzlichen kleinen Peptiden flankiert wird (Abb. 7.11A). Bei einigen anderen Bakterienarten bildet der LH1-Komplex einen geschlossenen Ring um das Reaktionszentrum [82]. Viele verwandte Bakterienarten haben auch kleinere, aber zahlreichere „LH2“-Komplexe, die bei etwas kürzeren Wellenlängen absorbieren und Energie auf einer Zeitskala von 1 bis 10 ps an LH1 übertragen (Abb. 7.11B). Die Übertragung von Energie von LH1 zum Reaktionszentrum dauert in der Regel etwa 35 ps. Da der Elektronentransfer etwa 2 ps nach der Anregung des Reaktionszentrums erfolgt, ist die Resonanzenergieübertragung von LH1 der geschwindigkeitsbestimmende Schritt des gesamten Prozesses. Wir werden die Strukturen und spektroskopischen Eigenschaften der LH2-Komplexe im folgenden Kapitel genauer betrachten.

Lila photosynthetische Bakterien passen sich an wechselnde Bedingungen an, sowohl durch die Veränderung der Anzahl von LH2-Komplexen im Verhältnis zum Kern-LH1-Reaktionszentrumskomplex, als auch durch die Synthese von LH2-Komplexen mit einer Vielzahl von Absorptionsspektren [83–85]. Sie synthetisieren typischerweise wenig oder kein LH2, wenn sie in starkem Licht wachsen, und produzieren große Mengen davon in schwachem Licht.

Abb. 7.12A zeigt die Struktur von Photosystem I aus dem weit verbreiteten Cyanobakterium *Synechocystis* sp. PCC6803. Dieser trimerische Komplex enthält insgesamt 33 Polypeptidketten, 285 Moleküle Chlorophyll *a* und 72 Carotinoide, zusammen mit mehreren Lipiden, Eisen-Schwefel-Clustern und Chinonen [86]. Abb. 7.12B bietet eine erweiterte Ansicht seiner minimalen funktionellen Einheit, die ein einzelnes Reaktionszentrum zusammen mit 7 Proteinuntereinheiten, 84 Antennen-Chlorophyllen und 17 Carotinoiden umfasst. Zeitaufgelöste Messungen von Absorptionsänderungen zeigen, dass Photoanregungen innerhalb von etwa 1 ps zu einem kleinen Pool von Antennen-Chlorophyllen, die um 687 nm absorbieren, geleitet werden. Der geschwindigkeitsbestimmende Schritt der Ladungstrennung ist offensichtlich die Übertragung einer Anregung von diesem Pool zu den speziellen Chlorophyllen des Reaktionszentrums, die auf einer Zeitskala von 4 bis 20 ps erfolgt [87]. Chlorophyllmoleküle in den Räumen zwischen den monomeren Einheiten des Trimers (Abb. 7.12A) bieten wahrscheinlich Pfade für Anregungen, um zwischen den Einheiten zu wechseln, wodurch der Zufluss zu den drei Reaktionszentren bei hohen Lichtintensitäten ausgeglichen wird. Ähnliche Schritte der Energieübertragung treten in Photosystem II auf, das Hunderte von Chlorophyllen und bis zu 22 verschiedene Proteinuntereinheiten enthält [88–90].

Angeregte Carotinoidmoleküle in photosynthetischen Antennenkomplexen können Energie schnell auf nahegelegene Chlorophyllmoleküle übertragen [91]. Es wurde vorgeschlagen, dass dieser Prozess die Austauschkopplung beinhaltet, weil die strahlenden Übergänge von den niedrigsten angeregten Singulettzuständen der Carotinoide zu den Grundzuständen durch die molekulare Symmetrie verboten sind (Kasten 4.12). Die Rate kann jedoch wahrscheinlich durch Betrachtung

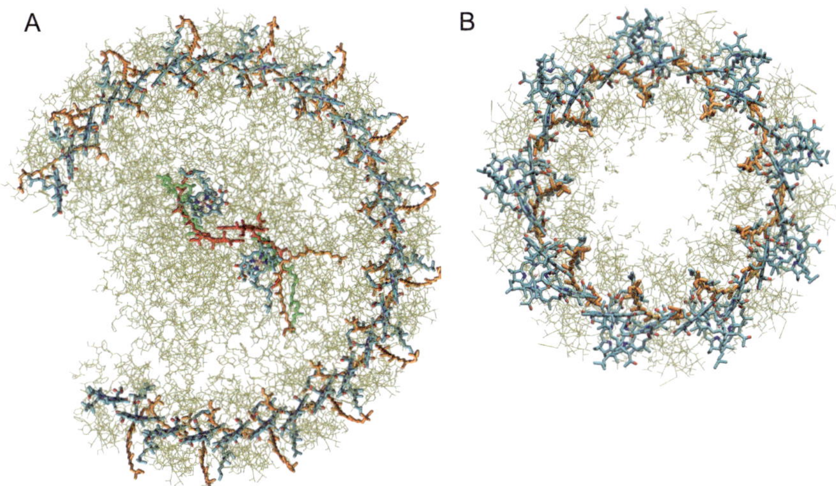

Abb. 7.11 Das lila photosynthetische Bakterium *Rhodobacter sphaeroides* hat zwei Arten von Antennenkomplexen. Der LH1-Komplex (**A**) umschließt das Reaktionszentrum und ist von mehreren Kopien des kleineren LH2-Komplexes (**B**) umgeben. Die hier gezeigte LH1-Struktur stammt aus der Protein-Datenbank (PDB) Datei 7fol.pdb [80]; die LH2-Struktur aus der PDB-Datei 7pbw.cif [81]. Protein-Ketten sind mit *hellbraunen Linien* gezeichnet, und Pigmente sind mit Lakritz-Darstellungen in *CPK-Farben* für Antennen-Bakteriochlorophylle, *rot* für das reaktive Bakteriochlorophyll-Dimer (P870) im Reaktionszentrum, *hellgrün* für zwei Bakteriopheophytine, die auf beiden Seiten von P870 sitzen, und *orange* für Carotinoide dargestellt. Die Strukturen enthalten keine H-Atome. Gebundene Lipide, Ionen, Chinone und ein Eisenatom sind ebenfalls weggelassen, um die Klarheit zu erhöhen

des vollständigeren Übergangs-Monopol- oder Übergangsdichte-Volumenelement-Ausdrucks für Coulombsche Wechselwirkungen anstelle von nur Dipol-Dipol-Wechselwirkungen erklärt werden [8].

Pflanzen passen die Carotinoidzusammensetzungen ihrer Antennenkomplexe an Veränderungen der Umgebungslichtintensität und anderen Bedingungen an [91, 92]. Bei geringer Lichtintensität wird die Energie des von der Antenne absorbierten Lichts sehr effizient auf die Reaktionszentren übertragen; bei hoher Lichtintensität wird ein erheblicher Anteil der Anregungen in Wärme umgewandelt. Die „nicht-photochemische Löschung", die bei hoher Lichtintensität auftritt, ist wichtig, um zerstörerische Nebenreaktionen zu verhindern, die auftreten, wenn die Reaktionszentren mit Anregungen übersättigt sind. Der Prozess beinhaltet teilweise die enzymatische Umwandlung des Carotinoids Zeaxanthin in Antheraxanthin und dann Violaxanthin durch zwei aufeinanderfolgende Epoxidationsreaktionen bei schwachem Licht und die Regeneration von Zeaxanthin durch De-Epoxidationen bei starkem Licht (Abb. 7.13).

Epoxidation verringert die Anzahl der konjugierten Bindungen im Carotinoid, was die Energie des niedrigsten angeregten Zustands erhöht. Violaxanthin hat 9 konjugierte Doppelbindungen; Antheraxanthin, 10; und Zeaxanthin, 11. Der nied-

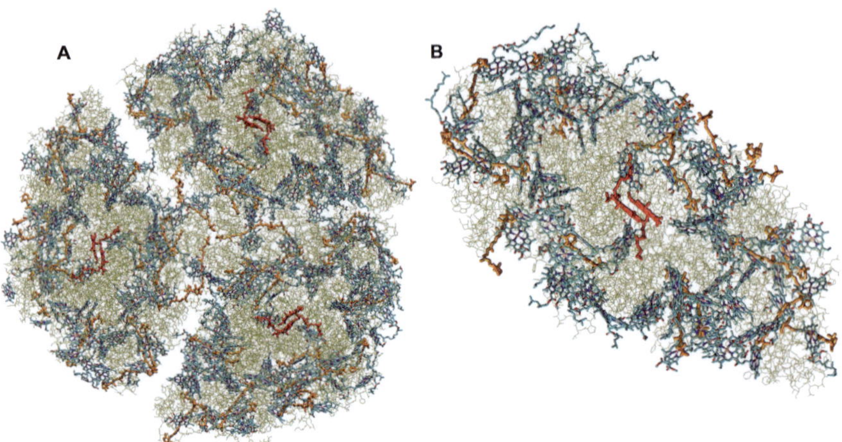

Abb. 7.12 (**A**) Der Photosystem I-Komplex von *Synechocystis* sp. PCC6803 hat eine trimerische Struktur mit 11 Polypeptidketten *(hellbraun)*, 95 Chlorophyllen *(CPK-Farben)* und 24 Carotinoiden *(orange)* in jeder seiner drei Untereinheiten. Das reaktive Chlorophyll-Dimer (P700) in jedem Reaktionszentrum ist in *rot* dargestellt. (**B**) Eine erweiterte Ansicht der minimalen monomeren funktionellen Einheit des *Synechocystis* Photosystem I mit dem gleichen Farbschema wie in **A**. Die Struktur des Trimers stammt aus der PDB-Datei 5oy0.pdb [86]; die der minimalen Einheit aus der PDB-Datei 7o1v.pdb [87]. Diese Strukturen enthalten keine H-Atome. Gebundene Lipide, Chinone, Eisenatome und Ionen sind ebenfalls weggelassen, um die Klarheit zu erhöhen

rigste angeregte Singulettzustand von Violaxanthin liegt daher etwa 300 cm^{-1} über dem von Zeaxanthin [93–95]. Obwohl die absoluten Energien einiger Unsicherheit unterliegen, liegt der niedrigste angeregte Singulettzustand von Violaxanthin nahe an der Energie des niedrigsten angeregten Singulettzustands von Chlorophyll-*a*. Bei Pflanzen, die in schwachem Licht wachsen, könnte die von Violaxanthin absorbierte Energie durch Resonanzenergieübertragung zu Chlorophyllmolekülen in der Antenne und von dort zu den photosynthetischen Reaktionszentren fließen. Bei Pflanzen, die in starkem Licht wachsen, die mehr Zeaxanthin als Violaxanthin haben, würde die Anregungsenergie dazu neigen, von Chlorophyll-*a* zu Zeaxanthin zu fließen, wo sie durch interne Konversion in Wärme umgewandelt würde (Abb. 7.13).

7.6 Fragen

Grafik 1 unten stellt die Absorptions- und Emissionsspektren neu dar, die in einigen der Fragen in den Kap. 4 und 5 betrachtet wurden. Nehmen Sie an, diese Spektren gelten für einen Chromophor, der an ein Protein (*A*) gebunden ist. Grafik 2 zeigt ähnliche Spektren für einen anderen Chromophor, der an ein zweites Protein (*B*) gebunden ist, das sich mit *A* und einem dritten Protein (*C*) zu einem Heterotrimer, *ABC*, verbinden kann. Die Tabelle gibt die Amplituden der Fluoreszenzemission bei 335 und 365 nm an, wenn die einzelnen Chromophor-Protein-Komplexe und das Heterotrimer bei 315 nm angeregt wurden. Nehmen Sie an, dass das Absorptionsspektrum von *ABC* einfach die Summe derer von *A* und *B* ist.

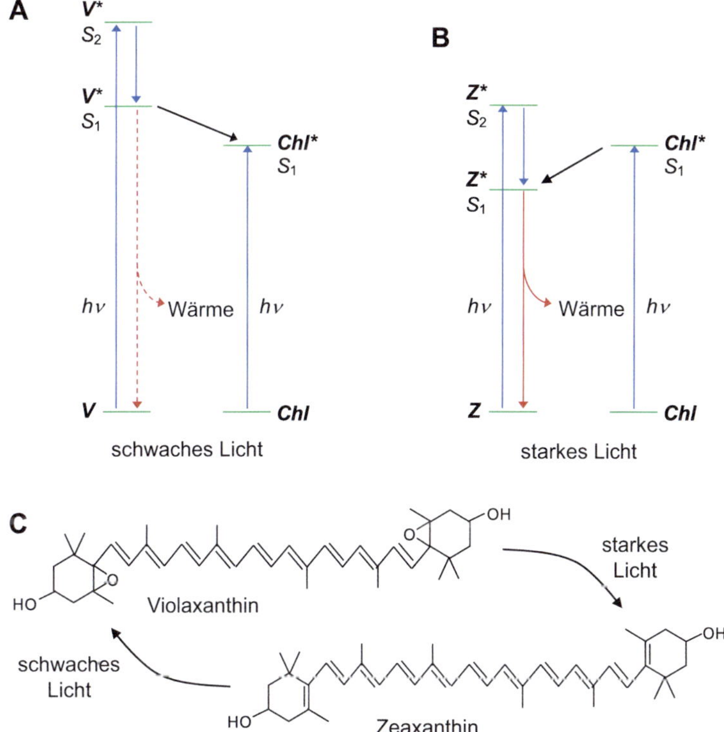

Abb. 7.13 Die relativen Energien *(grüne horizontale Linien)* von Grund- und angeregten Zuständen von Chlorophyll-*a (Chl)* und den Carotinoiden *(car)* Violaxanthin (**A**) und Zeaxanthin (**B**). Die Strukturen von Violaxanthin und Zeaxanthin sind in **C** dargestellt. Pflanzen wandeln Violaxanthin in starkem Licht in Zeaxanthin um und Zeaxanthin in schwachem Licht in Violaxanthin. Der Übergangsdipol für die Anregung eines Carotinoids vom Grundzustand zum zweiten angeregten Singulettzustand S_2 ist viel größer als der Übergangsdipol für den niedrigsten angeregten Zustand (S_1), aber das angeregte Molekül entspannt sich schnell von S_2 zu (S_1) [93]. Ein möglicher Mechanismus des nichtphotochemischen Löschens in Chloroplasten ist die Übertragung von Energie von angeregtem Chlorophyll (Chl*) auf Zeaxanthin, gefolgt von Relaxation von Zeaxanthin von (S_1) in den Grundzustand durch interne Konversion. Der S_1-Zustand von Violaxanthin könnte zu hoch in Energie sein, um Chl* zu löschen. Stattdessen würde Zeaxanthin Energie auf Chlorophyll übertragen

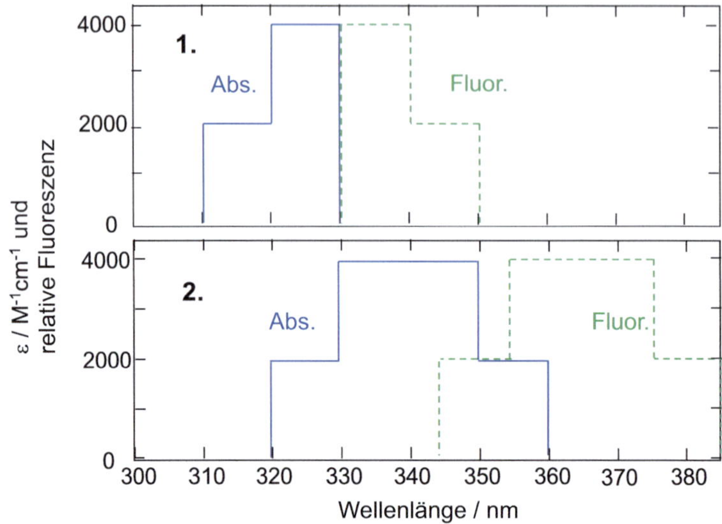

System	Fluoreszenzamplitude (willkürliche Einheiten)	
	335 nm	*365 nm*
A allein	4000	10
B allein	<10	10
A + B + C	1000	2000

1. Berechnen Sie die Überlappungsintegrale für Emission-Absorption ($\bar{J}$) für A und B. (Vergessen Sie nicht, die Einheiten anzugeben.)
2. Berechnen Sie unter Verwendung Ihrer Ergebnisse aus Übung 4.2 und der in Übung 5.2 gegebenen Fluoreszenzausbeute den Förster-Radius (R_o) für den Resonanzenergietransfer von A zu B.
3. Schätzen Sie den Abstand zwischen den an A und B gebundenen Chromophoren im ABC-Komplex ab, unter der Annahme, dass die Änderung der Fluoreszenzausbeute von A im Vergleich zu der für monomeres A ausschließlich auf Resonanzenergietransfer zurückzuführen ist. Nehmen Sie außerdem an, dass die Übergangsdipole beider Chromophore auf der Zeitskala der Fluoreszenz schnell und isotrop rotieren.
4. Schätzen Sie den Abstand zwischen den Chromophoren wie in Frage 3 ab, aber unter der Annahme, dass die Übergangsdipole fest entlang der intermolekularen Achse positioniert sind.
5. Bestätigt die Fluoreszenz des ABC-Komplexes bei 365 nm die Annahme, dass die Änderung der Fluoreszenzausbeute von A ausschließlich auf Resonanzenergietransfer zurückzuführen ist? Warum oder warum nicht?
6. Wenn jede der Fluoreszenzamplituden in der Tabelle eine Unsicherheit von $\pm 10\,\%$ hat, wie groß wäre dann die Unsicherheit in dem in Übung 3 berechneten Abstand?

7. Wie wird die elektronische Kopplung H_{21} in der Förster-Theorie approximiert? (b) Wie hängt die Geschwindigkeit des Energietransfers von dem intermolekularen Abstand in dieser Theorie ab? (c) Warum funktioniert die Förster-Theorie nicht für die Übertragung von Anregung aus einem Triplett-Zustand?
8. In dem untenstehenden Diagramm stellen die Kreise positive oder negative Einheitsladungen dar, die durch das Raster angezeigt werden; die Abstände sind in Å angegeben. Berechnen Sie die Wechselwirkungsenergie im Vakuum zwischen den beiden durch die gestrichelten Linien angezeigten elektrischen Dipolen, unter Verwendung von (*a*) der Punkt-Dipol-Näherung und (*b*) Punktladungen. Geben Sie das Vorzeichen und die Einheiten Ihrer Antworten an.

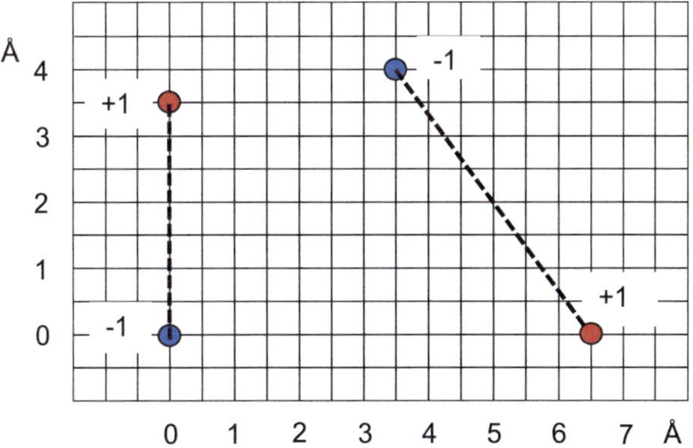

9. Unter welchen Umständen ist der Resonanzenergietransfer zwischen zwei Molekülen wahrscheinlich schneller durch Austauschkopplung als durch Dipol-Dipol-Kopplung?
10. Beschreiben Sie einen Mechanismus, durch den sich photosynthetische Organismen vor Photobeschädigung schützen

Literatur

1. van Amerongen, H., Valkunas, L., van Grondelle, R. (Hrsg.): Photosynthetic Excitons. World Scientific, Singapore (2000)
2. Green, B.R., Parson, W.W.: Light-harvesting antennas in photosynthesis. In: Govindjee (Hrsg.) Advances in Photosynthesis and Respiration, Bd. 13. Kluwer Academic Publ, Dordrecht (2003)
3. Mirkovic, T., Ostroumov, E.E., Anna, J.M., van Grondelle, R., Govindjee, Scholes, G.D.: Light absorption and energy transfer in the antenna complexes of photosynthetic organisms. Chem. Rev. **117**, 249–293 (2016)
4. Sancar, A.: Structure and function of DNA photolyase and cryptochrome blue-light photoreceptors. Chem. Rev. **103**, 2203–2237 (2003)
5. Saxena, V.P., Wang, H., Kavakli, H., Sancar, A., Zhong, D.: Ultrafast dynamics of resonance energy transfer in cryptochrome. J. Am. Chem. Soc. **127**, 7984–7985 (2005)

6. van der Meer, B.W., Coker, G.I., Chen, S.-Y.S.: Resonance Energy Transfer: Theory and Data. VCH, New York (1994)
7. Böttcher, C.J.F.: Theory of Electric Polarization, Bd. 1, 2nd Afl. Elsevier, Amsterdam (1973)
8. Krueger, B.P., Scholes, G.D., Jimenez, R., Fleming, G.R.: Electronic excitation transfer from carotenoid to bacteriochlorophyll in the purple bacterium *Rhodopseudomonas acidophila*. J. Phys. Chem. B. **102**, 2284–2292 (1998)
9. Krueger, B.P., Scholes, G.D., Fleming, G.R.: Calculations of couplings and energy-transfer pathways between the pigments of LH2 by the ab initio transition density cube method. J. Phys. Chem. B. **102**, 5378–5386 (1998)
10. Förster, T.: Zwischenmoleckulare energiewanderung und fluoreszenz. Ann. d. Phys. **2**, 55–75 (1948) (for an English translation with some corrections, see *Biological Physics*, Mielczarek, E.V., Greenbaum, E. and Knox, R.S., Hrsg., New York: Am. Inst. Phys., S. 148–160 (1993))
11. Förster, T.: Delocalized excitation and excitation transfer. In: Sinanoglu, O. (Hrsg.) Modern Quantum Chemistry, Pt. III, S. 93–137. Academic Press, New York (1965)
12. Stryer, L.: Fluorescence energy transfer as a spectroscopic ruler. Annu. Rev. Biochem. **47**, 819–846 (1978)
13. Selvin, P.R.: Fluorescence resonance energy transfer. Meth. Enzymol. **246**, 300–334 (1995)
14. Ward, R.J., Milligan, G.: Structural and biophysical characterization of G protein-coupled receptor ligand binding using resonance energy transfer and fluorescent labelling techniques. Biochim. Biophys. Acta. **1838**, 3–14 (2014)
15. Sridharan, R., Zuber, J., Connelly, S.M., Mathew, E., Dumont, M.E.: Fluorescent approaches for understanding interactions of ligands with G protein coupled receptors. Biochim. Biophys. Acta. **1838**, 15–33 (2014)
16. Stryer, L., Haugland, R.P.: Energy transfer: a spectroscopic ruler. Proc. Natl. Acad. Sci. U. S. A. **58**, 719–726 (1967)
17. Haugland, R.P., Yguerabide, J., Stryer, L.: Dependence of the kinetics of singlet-singlet energy transfer on spectral overlap. Proc. Natl. Acad. Sci. U. S. A. **63**, 23–30 (1969)
18. Dale, R.E., Eisinger, J., Blumberg, W.E.: Orientational freedom of molecular probes. The orientation factor in intramolecular energy transfer. Biophys. J. **26**, 161–194 (1979)
19. Haas, E., Wilcheck, M., Katchalski-Katzir, E., Steinberg, I.Z.: Distribution of end-to-end distances of oligopeptides in solution as estimated by energy transfer. Proc. Natl. Acad. Sci. U. S. A. **72**, 1807–1811 (1975)
20. Parkhurst, K.M., Parkhurst, L.J.: Donor-acceptor distance distributions in a double-labeled fluorescent oligonucleotide both as a single strand and in duplexes. Biochemistry. **34**, 293–300 (1995)
21. Klostermeier, D., Millar, D.P.: Time-resolved fluorescence resonance energy transfer: a versatile tool for the analysis of nucleic acids. Biopolymers. **61**, 159–179 (2001)
22. Eis, P.S., Lakowicz, J.R.: Time-resolved energy transfer measurements of donor-acceptor distance distributions and intramolecular flexibility of a CCHH zinc finger peptide. Biochemistry. **32**, 7981–7993 (1995)
23. Möglich, A., Joder, K., Kiefhaber, T.: End-to-end distance distributions and intrachain diffusion constants in unfolded polypeptide chains indicate intramolecular hydrogen bond formation. Proc. Natl. Acad. Sci. U. S. A. **103**, 12394–12399 (2006)
24. Sun, H., Yin, D., Squire, T.C.: Calcium-dependent structural coupling between opposing globular domains of calmodulin involves the central helix. Biochemistry. **38**, 7981–7993 (1999)
25. Rhoades, E., Gussakovsky, E., Haran, G.: Watching proteins fold one molecule at a time. Proc. Natl. Acad. Sci. U. S. A. **100**, 3197–3202 (2003)
26. Rhoades, E., Cohen, M., Schuler, B., Haran, G.: Two-state folding observed in individual protein molecules. J. Am. Chem. Soc. **126**, 14686–14687 (2004)
27. Haas, E., Katchalski-Katzir, E., Steinberg, I.Z.: Brownian motion of ends of oligopeptide chains in solution as estimated by energy transfer between chain ends. Biopolymers. **17**, 11–31 (1978)

28. Beechem, J.M., Haas, E.: Simultaneous determination of intramolecular distance distributions and conformational dynamics by global analysis of energy transfer measurements. Biophys. J. **55**, 1225–1236 (1989)
29. Jang, S.J., Newton, M.D., Silbey, R.J.: Multichromophoric Förster resonance energy transfer. Phys. Rev. Lett. **92**., Art. No. 218301 (2004)
30. Vöpel, T., Hengstenberg, C.S., Peulen, T.-O., Ajaj, Y., Seidel, C.A.M., Herrmann, C., Klare, J.P.: Triphosphate induced dimerization of human guanylate binding protein 1 involves association of the C-terminal helices: a joint double electron-electron resonance and FRET study. Biochemistry. **53**, 4590–4600 (2014)
31. Nesmelov, Y.E., Agafonov, R.V., Negrashov, I.V., Blakely, S.E., Titus, M.A., Thomas, D.D.: Structural kinetics of myosin by transient time-resolved FRET. Proc. Natl. Acad. Sci. U. S. A. **108**, 1891–1896 (2011)
32. Kalinin, S., Valeri, A., Antonik, M., Felekyan, S., Seidel, C.A.M.: Detection of structural dynamics by FRET: a photon distribution and fluorescence lifetime analysis of systems with multiple states. J. Phys. Chem. B. **114**, 7983–7995 (2010)
33. Kalinen, S., Sisamakis, E., Magennis, S.W., Felekyan, S., Seidel, C.A.M.: On the origin of broadening of single-molecule FRET efficiency distributions beyond shot noise limits. J. Phys. Chem. B. **114**, 6197–6206 (2010)
34. Sindbert, S., Kalinen, S., Nguyen, H., Kienzler, A., Clima, L., Bannwarth, W., Appel, B., Müller, S., Seidel, C.A.M.: Accurate distance determination of nucleic acids via Förster resonance energy transfer: implications of dye linker length and rigidity. J. Am. Chem. Soc. **133**, 2463–2480 (2011)
35. Felekyan, S., Sanabria, H., Kalinin, S., Kühnemuth, R., Seidel, C.A.: Analyzing Förster resonance energy transfer with fluctuation algorithms. Meth. Enzymol. **519**, 39–85 (2013)
36. Dimura, M., Peulen, T.-O., Hanke, C.A., Prakash, A., Gohlke, H., Seidel, C.A.M.: Quantitative FRET studies and integrative modeling unravel the structure and dynamics of biomolecular systems. Curr. Opin. Struct. Biol. **40**, 163–185 (2016)
37. Peulen, T.-O., Opanasyuk, O., Seidel, C.A.M.: Combining graphical and analytical methods with molecular simulations to analyze time-resolved FRET measurements of labeled macromolecules accurately. J. Phys. Chem. B. **121**, 8211–8241 (2017)
38. Sanabria, H., Rodnin, D., Hemmen, K., Peulen, T.-O., et al.: Resolving dynamics and function of transient states in single enzyme molecules. Nat. Commun. **11**, 1–15 (2020)
39. Muller, E.G., Snydsman, B.E., Novik, I., Hailey, D.W., et al.: The organization of the core proteins of the yeast spindle pole body. Mol. Biol. Cell. **16**, 3341–3352 (2005)
40. Miyawaki, A., Llopis, J., Heim, R., McCaffrey, J.M., Adams, J.A., Ikura, M., Tsien, R.Y.: Fluorescent indicators for Ca^{2+} based on green fluorescent proteins and calmodulin. Nature. **388**, 882–887 (1997)
41. Miyawaki, A., Griesbeck, O., Heim, R., Tsien, R.Y.: Dynamic and quantitative Ca^{2+} measurements using improved cameleons. Proc. Natl. Acad. Sci. U. S. A. **96**, 2135–2140 (1999)
42. Guerrero, G., Rieff, D.F., Agarwal, G., Ball, R.W., Borst, A., Goodman, C.S., Isacoff, E.Y.: Heterogeneity in synaptic transmission along a *Drosophila* larval motor axon. Nature Neurosci. **8**, 1188–1196 (2005)
43. Xu, Y., Piston, D.W., Johnson, C.H.: A bioluminescence resonance energy transfer (BRET) system: application to interacting circadian clock proteins. Proc. Natl. Acad. Sci. U. S. A. **96**, 151–156 (1999)
44. Angers, S., Salahpour, A., Joly, E., Hilairet, S., Chelsky, D., Dennis, M., Bouvier, M.: Detection of β_2-adrenergic receptor dimerization in living cells using bioluminescence resonance energy transfer (BRET). Proc. Natl. Acad. Sci. U. S. A. **97**, 3684–3689 (2000)
45. Selvin, P.R., Rana, T.M., Hearst, J.E.: Luminescence resonance energy transfer. J. Am. Chem. Soc. **116**, 6029–6030 (1994)
46. Heyduk, T., Heyduk, E.: Luminescence energy transfer with lanthanide chelates: interpretation of sensitized acceptor decay amplitudes. Anal. Biochem. **289**, 60–67 (2001)

47. Selvin, P.R.: Principles and biophysical applications of lanthanide-based probes. Ann. Rev. Biophys. Biomol. Struct. **31**, 275–302 (2002)
48. Reifenberger, J.G., Snyder, G.E., Baym, G., Selvin, P.R.: Emission polarization of europium and terbium chelates. J. Phys. Chem. B. **107**, 12862–12873 (2003)
49. Posson, D.J., Ge, P., Miller, C., Benzanilla, F., Selvin, P.R.: Small vertical movement of a K^+ channel voltage sensor measured with luminescence energy transfer. Nature. **436**, 848–851 (2005)
50. Ha, T.: Single-molecule fluorescence methods for the study of nucleic acids. Curr. Opin. Struct. Biol. **11**, 287–292 (2001)
51. Joo, C., Balci, H., Ishitsuka, Y., Burnachai, C., Ha, T.: Advances in single-molecule fluorescence methods for molecular biology. Annu. Rev. Biochem. **77**, 51–76 (2008)
52. Schuler, B., Eaton, W.A.: Protein folding studied by single-molecule FRET. Curr. Opin. Struct. Biol. **18**, 16–26 (2008)
53. Ha, T., Kozlov, A.G., Lohman, T.M.: Single-molecule views of protein movement on single-stranded DNA. Annu. Rev. Biophys. **41**, 295–319 (2012)
54. Schuler, B., Soranno, A., Hofmann, H., Nettels, D.: Single-molecule FRET spectroscopy and the polymer physics of unfolded and intrinsically disordered proteins. Annu. Rev. Biophys. **45**, 207–231 (2016)
55. Gambin, Y., Deniz, A.A.: Multicolor single-molecule FRET to explore protein folding and binding. Mol. BioSyst. **6**, 1540–1547 (2010)
56. Hohng, S., Lee, S., Lee, J., Jo, M.H.: Maximizing information content of single-molecule FRET experiments: multi-color FRET and FRET combined with force or torque. Chem. Soc. Rev. **43**, 1007–1013 (2014)
57. Yoo, J., Kim, J.Y., Chung, H.S.: Fast three-color single-molecule FRET using statistical inference. Nat. Commun. **11**, 1–14 (2020)
58. Talaga, D.S., Lau, W.L., Roder, H., Tang, J., Jia, Y., DeGrado, W.F., Hochstrasser, R.M.: Dynamics and folding of single two-stranded coiled-coil peptides studied by fluorescent energy transfer confocal microscopy. Proc. Natl. Acad. Sci. U. S. A. **97**, 13021–13026 (2000)
59. Schuler, B., Lipman, E.Å., Eaton, W.A.: Probing the free-energy surface for protein folding with single-molecule fluorescence spectroscopy. Nature. **419**, 743–747 (2002)
60. Kuzmenkina, E.V., Heyes, C.D., Nienhaus, G.U.: Single-molecule Förster resonance energy transfer study of protein dynamics under denaturing conditions. Proc. Natl. Acad. Sci. U. S. A. **102**, 15471–15476 (2005)
61. Huang, F., Sato, S., Sharpe, T.D., Ying, L., Fersht, A.R.: Distinguishing between cooperative and unimodal downhill protein folding. Proc. Natl. Acad. Sci. U. S. A. **104**, 123–127 (2007)
62. Merchant, K.A., Best, R.B., Louis, J.M., Gopich, I.V., Eaton, W.A.: Characterizing the unfolded states of proteins using single-molecule FRET spectroscopy and molecular simulations. Proc. Natl. Acad. Sci. U. S. A. **104**, 1528–1533 (2007)
63. Nettels, D., Gopich, I.V., Hoffmann, A., Schuler, B.: Ultrafast dynamics of protein collapse from single-molecule photon statistics. Proc. Natl. Acad. Sci. U. S. A. **104**, 2655–2660 (2007)
64. Kinoshita, M., Kamagata, K., Maeda, A., Goto, Y., Komatsuzaki, T., Takahashi, S.: Development of a technique for the investigation of folding dynamics of single proteins for extended time periods. Proc. Natl. Acad. Sci. U. S. A. **104**, 10453–10458 (2007)
65. Huang, F., Ying, L., Fersht, A.R.: Direct observation of barrier-limited folding of BBL by single-molecule fluorescence resonance energy transfer. Proc. Natl. Acad. Sci. U. S. A. **106**, 16239–16244 (2009)
66. Yang, L.-L., Kao, M.W.-P., Chen, H.-L., Lim, T.-S., Fann, W., Chen, R.P.-Y.: Observation of protein folding/unfolding dynamics of ubiquitin trapped in agarose gel by single-molecule FRET. Eur. Biophys. J. **41**, 189–198 (2012)
67. Rieger, R., Nienhaus, G.U.: A combined single-molecule FRET and tryptophan fluorescence study of RNase H folding under acidic conditions. Chem. Phys. **396**, 3–9 (2012)

68. Schuler, B., Hofmann, H.: Single-molecule spectroscopy of protein folding dynamics - expanding scope and timescales. Curr. Opin. Struct. Biol. **23**, 36–47 (2013)
69. Mashaghi, A., Kramer, G., Lamb, D.C., Mayer, M.P., Tans, S.J.: Chaperone action at the single-molecule level. Chem. Rev. **114**, 660–676 (2014)
70. Brucale, M., Schuler, B., Samori, B.: Single-molecule studies of intrinsically disordered proteins. Chem. Rev. **114**, 3281–3317 (2014)
71. Gopich, I.V., Szabo, A.: Single-molecule FRET with diffusion and conformational dynamics. J. Phys. Chem. B. **111**, 12925–12932 (2007)
72. Gopich, I.V., Szabo, A.: Decoding the pattern of photon colors in single-molecule FRET. J. Phys. Chem. B. **113**, 10965–10973 (2009)
73. Chung, H.S., Gopich, I.V.: Fast single-molecule FRET spectroscopy: theory and experiment. Phys. Chem. Chem. Phys. **16**, 18644–18657 (2014)
74. Chung, H.S., Louis, J.M., Eaton, W.A.: Experimental determination of upper bound for transition path times in protein folding from single-molecule photon-by-photon trajectories. Proc. Natl. Acad. Sci. U. S. A. **106**, 11837–11844 (2009)
75. Chung, H.S., McHale, K., Louis, J.M., Eaton, W.A.: Single-molecule fluorescence experiments determine protein folding transition path times. Science. **335**, 981–984 (2012)
76. Chung, H.S., Cellmer, T., Louis, J.M., Eaton, W.A.: Measuring ultrafast protein folding rates from photon-by-photon analysis of single molecule fluorescence trajectories. Chem. Phys. **422**, 229–237 (2013)
77. Dexter, D.L.: A theory of sensitized luminescence in solids. J. Chem. Phys. **21**, 836–850 (1953)
78. Struve, W.S.: Theory of electronic energy transfer. In: Blankenship, R.E., Madigan, M.T., Bauer, C.E. (Hrsg.) Anoxygenic Photosynthetic Bacteria, S. 297–313. Kluwer Academic Publ, Dordrecht (1995)
79. Robert, B., Cogdell, R.J., van Grondelle, R.: The light-harvesting system of purple bacteria. In: Green, B.R., Parson, W.W. (Hrsg.) Light-Harvesting Antennas in Photosynthesis, S. 169–194. Kluwer Academic Publishers, Dordrecht (2003)
80. Tani, K., Nagashima, K.V.P., Kanno, R., Kawamura, S., et al.: A previously unrecognized membrane protein in the Rhodobacter sphaeroides LH1-RC photocomplex. Nat. Commun. **12**, 6300/1-9 (2021)
81. Qian, P., Swainsbury, D.J.K., Croll, T.I., Castro-Hartmann, P., Divitini, G., Sader, K., Hunter, C.N.: Cryo-EM structure of the *Rhodobacter sphaeroides* light-harvesting 2 complex at 2.1 Å. Biochemistry. **60**, 3302–3314 (2021)
82. Yu, L.-J., Suga, M., Wang-Otomo, Z.-Y., Shen, J.-R.: Structure of photosynthetic LH1-RC supercomplex at 1.9 angstrom resolution. Nature. **556**, 209–213 (2018)
83. Aargaard, J., Sistrom, W.R.: Control of synthesis of reaction center bacteriochlorophyll in photosynthetic bacteria. Photochem. Photobiol. **15**, 209–225 (1972)
84. Niedzwiedzki, D.M., Gardiner, A.T., Cogdell, R.J.: Energy transfer in purple bacterial photosynthetic units from cells grown in various light intensities. Photosynth. Res. **137**, 389–402 (2018)
85. Gardiner, A.T., Niedzwiedzki, D.M., Cogdell, R.J.: Adaptation of *Rhodopseudomonas acidophila* strain 7050 to growth at different light intensities: what are the benefits to changing the type of LH2? Faraday Discuss. **207**, 471–489 (2018)
86. Malavath, T., Caspy, I., Netzer-El, S.Y., Klaiman, D., Nelson, N.: Structure and function of wild-type and subunit-depleted photosystem I in *Synechocystis*. Biochim. Biophys. Acta. **1859**, 645–654 (2018)
87. Akhtar, P., Caspy, I., Nowakowski, P.J., Malavath, T., Nelson, N., Tan, H.-S., Lambrev, P.H.: Two-dimensional electronic spectroscopy of a minimal photosystem I complex reveals the rate of primary charge separation. J. Am. Chem. Soc. **143**, 14601–14612 (2021)
88. Iwata, S., Barber, J.: Structure of photosystem II and molecular architecture of the oxygen-evolving centre. Curr. Opin. Struct. Biol. **14**, 447–453 (2004)

89. Umena, Y., Kawakami, K., Shen, J.-R., Kamiya, N.: Crystal structure of oxygen-evolving photosystem II at a resolution of 1.9 Å. Nature. **473**, 55–60 (2011)
90. Ago, H., Adachi, H., Umena, Y., Tashiro, T., et al.: Novel features of eukaryotic photosystem II revealed by its crystal structure analysis from a red alga. J. Biol. Chem. **291**, 5676–5687 (2016)
91. Young, A.J., Phillip, D., Ruban, A.V., Horton, P., Frank, H.A.: The xanthophyll cycle and carotenoid-mediated dissipation of excess excitation energy in photosynthesis. Pure Appl. Chem. **69**, 2125–2130 (1997)
92. Frank, H.A., Cua, A., Chynwat, V., Young, A., Gosztola, D., Wasielewski, M.R.: Photophysics of the carotenoids associated with the xanthophyll cycle in photosynthesis. Photosynth. Res. **41**, 389–395 (1994)
93. Polivka, T., Herek, J.L., Zigmantas, D., Akerlund, H.E., Sundström, V.: Direct observation of the (forbidden) S_1 state in carotenoids. Proc. Natl. Acad. Sci. U. S. A. **96**, 4914–4917 (1999)
94. Martinsson, P., Oksanen, J.A., Hilgendorff, M., Hynninen, P.H., Sundström, V., Akesson, E.: Dynamics of ground and excited state chlorophyll a molecules in pyridine solution probed by femtosecond transient absorption spectroscopy. Chem. Phys. Lett. **309**, 386–394 (1999)
95. Frank, H.A., Bautista, J.A., Josue, J.S., Young, A.J.: Mechanism of nonphotochemical quenching in green plants: energies of the lowest excited singlet states of violaxanthin and zeaxanthin. Biochemistry. **39**, 2831–2837 (2000)

Exziton-Interaktionen

8

8.1 Stationäre Zustände von Systemen mit interagierenden Molekülen

Die Förster-Theorie, die wir im letzten Kapitel betrachtet haben, gilt für Moleküle, die weit genug voneinander entfernt sind, so dass die intermolekularen Wechselwirkungen sehr schwach sind. Der Sprung von Anregungen von einem Molekül zum anderen ist im Vergleich zur Schwingungsrelaxation und Dephasierung, die die homogenen Breiten der Absorptionsbanden bestimmen, langsam und hat wenig Einfluss auf die Absorptionsspektren der Moleküle. Wenn der Energiedonor und -akzeptor unterscheidbar sind, könnten wir das gesamte Absorptions- oder stimulierte Emissionsspektrum des Systems untersuchen und zumindest im Prinzip bestimmen, welches Molekül zu einem bestimmten Zeitpunkt angeregt ist. Aber nehmen wir an, wir bringen die Moleküle so zusammen, dass die Zeit, die benötigt wird, um die Energie von einem zum anderen zu übertragen, immer kürzer wird. Irgendwann wird es unmöglich zu sagen, welches Molekül angeregt ist. In dieser Situation könnten wir erwarten, dass die Resonanz zwischen mehreren angeregten Zuständen das Absorptionsspektrum eines Oligomers von den Spektren der einzelnen Moleküle unterscheidet, und tatsächlich stellt sich heraus, dass dies der Fall ist.

Der Begriff *Exziton* bezeichnet eine Anregung, die über mehr als ein Molekül delokalisiert ist oder die schnell von Molekül zu Molekül wandert. *Exziton-Wechselwirkungen,* die intermolekularen Wechselwirkungen, die dazu führen, dass sich die Anregung über mehrere Moleküle ausbreitet, sind physikalisch genau die gleichen wie die schwachen Wechselwirkungen, die zu einem stochastischen Sprung von Anregungen durch Resonanzenergieübertragung führen; sie sind nur stärker, weil die Moleküle näher beieinander liegen oder größere Übergangsdipole haben. Infolgedessen können die Absorption, Fluoreszenz und der zirkulare Dichroismus des Systems erheblich von denen der einzelnen Moleküle abweichen. Aber wir sind noch nicht in dem Bereich, in dem die Überlappung der molekula-

W. Parson und C. Burda, *Moderne optische Spektroskopie,*
https://doi.org/10.1007/978-3-031-52100-3_8

ren Orbitale neue Bindungen ermöglicht und die Definition der Moleküle selbst verschwimmt.

Unsere Diskussion wird sich hauptsächlich auf das, was man *Frenkel-Exzitonen* nennt, beziehen, bei denen ein Elektron, das zu einem normalerweise leeren molekularen Orbital angeregt wurde, mit einer Vakanz oder einem „Loch" in einem normalerweise gefüllten Orbital assoziiert bleibt, während sie von einem Molekül zum anderen wandern. Bei *Wannier-Exzitonen* können das Elektron und das Loch auf getrennten Molekülen sein, obwohl sie normalerweise nicht weit voneinander entfernt sind.

Solange die beiden Moleküle nicht so nahe beieinander sind, dass sie kovalent gebunden werden, macht es immer noch Sinn, die Wellenfunktionen eines Dimers mit Kombinationen der einzelnen molekularen Wellenfunktionen zu beschreiben, wie wir es in den Gl. (7.2), (7.4a, b), und (7.6) getan haben:

$$\Psi_A = \phi_{1a}\chi_{1a}\phi_{2a}\chi_{2a} \quad (\textit{Grundzustand}) \tag{8.1}$$

und

$$\Psi_B = C_1\psi_1 + C_2\psi_2 = C_1\phi_{1b}\chi_{1b}\phi_{2a}\chi_{2a} + C_2\phi_{1a}\chi_{1a}\phi_{2b}\chi_{2b} \quad (\textit{Angeregter Zustand}). \tag{8.2}$$

Wie zuvor repräsentieren die Basiszustände ψ_1 und ψ_2 für Ψ_B Zustände, in denen die Anregung auf Molekül 1 oder 2 lokalisiert ist. Diese sind keine stationären Zustände, weil Anregungen zwischen den beiden Molekülen hin und her springen. Das Setzen einer der Koeffizienten C_1 oder C_2 auf 1 und der andere auf null kann daher das System nicht gut auf Zeitskalen beschreiben, die vergleichbar sind mit oder länger als die Oszillationsperiode. Aber wir werden sehen, dass es möglich ist, Werte der Koeffizienten zu finden, die Ψ_B zu einem stationären Zustand machen. Wie wir erwarten könnten, hängen die erforderlichen Werte von C_1 und C_2 stark von dem Wechselwirkungsterm in der Hamilton-Funktion, $\tilde{\mathrm{H}}'$, ab, der die beiden Basiszustände mischt (Abschn. 2.3.6 und 7.2).

Betrachten wir, wie die Energien der Grund- und angeregten Zustände, die durch die Gl. (8.1) und (8.2) beschrieben werden, von $\tilde{\mathrm{H}}'$ abhängen. Die elektronische Energie des Grundzustands ist:

$$E_A = \left\langle \phi_{1a}\phi_{2a} \middle| \tilde{\mathrm{H}}_1 + \tilde{\mathrm{H}}_2 + \tilde{\mathrm{H}}' \middle| \phi_{1a}\phi_{2a} \right\rangle = E_{1a} + E_{2a} + \left\langle \phi_{1a}\phi_{2a} \middle| \tilde{\mathrm{H}}' \middle| \phi_{1a}\phi_{2a} \right\rangle, \tag{8.3}$$

wo E_{1a} und E_{2a} die Energien der einzelnen Moleküle in ihren Grundzuständen sind. Ebenso ist die elektronische Energie des angeregten Zustands:

$$\begin{aligned} E_B &= \left\langle C_1\psi_1 + C_2\psi_2 \middle| \tilde{\mathrm{H}}_1 + \tilde{\mathrm{H}}_2 + \tilde{\mathrm{H}}' \middle| C_1\psi_1 + C_2\psi_2 \right\rangle \\ &= |C_1|^2 E_1 + |C_2|^2 E_2 + \left\langle C_1\psi_1 + C_2\psi_2 \middle| \tilde{\mathrm{H}}' \middle| C_1\psi_1 + C_2\psi_2 \right\rangle, \end{aligned} \tag{8.4}$$

wo $E_1 = E_{1b} + E_{2a}$ und $E_2 = E_{1a} + E_{2b}$. $\langle \psi_1 | \tilde{\mathrm{H}}_2 | \psi_1 \rangle$ und $\langle \psi_2 | \tilde{\mathrm{H}}_1 | \psi_2 \rangle$ sind null, weil $\tilde{\mathrm{H}}_2$ nur auf ψ_2 wirkt und $\tilde{\mathrm{H}}_1$ nur auf ψ_1 wirkt; $\langle \psi_1 | \tilde{\mathrm{H}}_2 | \psi_2 \rangle$ und $\langle \psi_2 | \tilde{\mathrm{H}}_1 | \psi_1 \rangle$ ergeben

$E_2\langle\psi_1|\psi_2\rangle$ und $E_1\langle\psi_2|\psi_1\rangle$, die ebenfalls null sind, wenn ψ_1 und ψ_2 orthogonal sind. Die Energien sowohl des Grundzustands als auch der angeregten Zustände unterscheiden sich somit von den entsprechenden Energien eines Systems, in dem die Moleküle nicht interagieren. In Abwesenheit von Wechselwirkungen wäre die Energie des Grundzustands einfach $E_{1a} + E_{2a}$, und die beiden angeregten Zustände hätten die Energien E_1 und E_2.

Wenn die Moleküle 1 und 2 ungeladen sind und nur kleine permanente Dipolmomente haben, wird der Term $\langle\phi_{1a}\phi_{2a}|\tilde{\mathrm{H}}'|\phi_{1a}\phi_{2a}\rangle$ in Gl. (8.3) relativ klein sein und die Energie des Grundzustands wird immer noch ungefähr $E_{1a} + E_{2a}$ sein. Der Effekt auf den angeregten Zustand ist oft bedeutender. Um E_B zu bewerten und zu sehen, wie es mit den Koeffizienten C_1 und C_2 zusammenhängt, können wir im Grunde den gleichen Ansatz verfolgen, den wir für zeitabhängige Störungen verwendet haben, mit der Vereinfachung, dass wir hier nur an stationären Zuständen interessiert sind. Schreiben Sie zuerst die zeitunabhängige Schrödinger-Gleichung für das angeregte Dimer:

$$\left(\tilde{\mathrm{H}}_1 + \tilde{\mathrm{H}}_2 + \tilde{\mathrm{H}}'\right)(C_1\psi_1 + C_2\psi_2) = E_B(C_1\psi_1 + C_2\psi_2). \tag{8.5a}$$

Multipizieren Sie nun beide Seiten dieser Gleichung mit $\psi_1{}^*$, integrieren Sie über den gesamten Raum und lassen Sie die Terme weg, die null sind ($\langle\psi_1|\tilde{\mathrm{H}}_2|\psi_1\rangle$, $\langle\psi_1|\tilde{\mathrm{H}}_2|\psi_2\rangle$ und $\langle\psi_1|\tilde{\mathrm{H}}_1|\psi_2\rangle$). Auf der linken Seite ergibt dies

$$C_1\left[\left\langle\psi_1\middle|\tilde{\mathrm{H}}_1\middle|\psi_1\right\rangle + \left\langle\psi_1\middle|\tilde{\mathrm{H}}'\middle|\psi_1\right\rangle\right] + C_2\left\langle\psi_1\middle|\tilde{\mathrm{H}}'\middle|\psi_2\right\rangle, \tag{8.5b}$$

und auf der rechten Seite,

$$E_B[C_1\langle\psi_1|\psi_1\rangle + C_2\langle\psi_1|\psi_2\rangle] = E_B C_1. \tag{8.5c}$$

Wenn wir die Mengen gleichsetzen, die wir von den beiden Seiten erhalten haben, gibt das

$$C_1\left[\left\langle\psi_1\middle|\tilde{\mathrm{H}}_1\middle|\psi_1\right\rangle + \left\langle\psi_1\middle|\tilde{\mathrm{H}}'\middle|\psi_1\right\rangle - E_B\right] + C_2\left\langle\psi_1\middle|\tilde{\mathrm{H}}'\middle|\psi_2\right\rangle = 0. \tag{8.6a}$$

Ebenso führt die Multiplikation beider Seiten der Gl. (8.5a) mit $\psi_2{}^*$ und Integration zu

$$C_1\left\langle\psi_2\middle|\tilde{\mathrm{H}}'\middle|\psi_1\right\rangle + C_2\left[\left\langle\psi_2\middle|\tilde{\mathrm{H}}_2\middle|\psi_2\right\rangle + \left\langle\psi_2\middle|\tilde{\mathrm{H}}'\middle|\psi_2\right\rangle - E_B\right] = 0. \tag{8.6b}$$

Wir haben jetzt zwei gleichzeitige Gleichungen, die E_B mit C_1 und C_2 verbinden (Gl. 8.6a, 8.6b), die wir in der folgenden kompakten Form umschreiben können:

$$C_1(H_{11} - E_B) + C_2H_{12} = 0 \tag{8.7a}$$

und

$$C_1H_{21} + C_2(H_{22} - E_B) = 0, \tag{8.7b}$$

wo

$$H_{11} \equiv \left\langle \psi_1 \middle| \tilde{\mathrm{H}}_1 + \tilde{\mathrm{H}}' \middle| \psi_1 \right\rangle = E_1 + \left\langle \psi_1 \middle| \tilde{\mathrm{H}}' \middle| \psi_1 \right\rangle, \tag{8.8a}$$

$$H_{22} \equiv \left\langle \psi_2 \middle| \tilde{\mathrm{H}}_2 + \tilde{\mathrm{H}}' \middle| \psi_2 \right\rangle = E_2 + \left\langle \psi_2 \middle| \tilde{\mathrm{H}}' \middle| \psi_2 \right\rangle, \tag{8.8b}$$

und

$$H_{21} \equiv \left\langle \psi_2 \middle| \tilde{\mathrm{H}}' \middle| \psi_1 \right\rangle, \quad H_{12} \equiv \left\langle \psi_1 \middle| \tilde{\mathrm{H}}' \middle| \psi_2 \right\rangle. \tag{8.8c}$$

Da der Hamilton-Operator hermitisch ist (Kasten 2.1), ist $H_{12} = H_{21}{}^*$. In den hier interessierenden Fällen sind diese Matrixelemente in der Regel reale Zahlen und identisch. In vielen Fällen sind H_{11} und H_{22} ungefähr gleich E_1 und E_2. Der zusätzliche Term $\langle\psi_1|\tilde{\mathrm{H}}'|\psi_1\rangle$ in H_{11}, zum Beispiel, repräsentiert den Effekt, den Molekül 2 auf die Energie des angeregten Moleküls 1 hat, wenn Molekül 2 im Grundzustand bleibt; wenn die Moleküle nicht geladen sind, wird dies oft eine relativ kleine Wirkung haben und wird vergleichbar mit dem Term $\langle\phi_{1a}\phi_{2a}|\tilde{\mathrm{H}}'|\phi_{1a}\phi_{2a}\rangle$ in der Energie des Grundzustands (Gl. 8.3). Der kleine Unterschied zwischen H_{11} und E_1 wird daher wenig zur Anregungsenergie, $E_B - E_A$, beitragen. Unsere Ableitung erfordert jedoch nicht, dass dieser Effekt vernachlässigbar ist.

Eine triviale Lösung der Gl. (8.7a, 8.7b) ist $C_1 = C_2 = 0$. Es kann eine weitere, nicht-triviale Lösung nur geben, wenn die aus den Hamilton-Matrixelementen und Energien in den Gleichungen gebildete Determinante gleich Null ist:

$$\begin{vmatrix} (H_{11} - E_B) & H_{21} \\ H_{21} & (H_{22} - E_B) \end{vmatrix} = 0 \tag{8.9}$$

(Kasten 8.1). Dies wird als *säkulare* Determinante bezeichnet. Die Ausweitung der Determinante ergibt eine quadratische Gleichung für E_B in Bezug auf H_{21}, H_{11} und H_{22}. Die quadratische Gleichung hat zwei mögliche Lösungen für E_B, die wir E_{B+} und E_{B-} nennen werden. Nachdem wir diese Lösungen gefunden haben, können wir entweder E_{B+} oder E_{B-} in die Gl. (8.7a, 8.7b) einsetzen, um die entsprechenden Werte von C_1 und C_2 zu finden.

Kasten 8.1 Warum muss die säkulare Determinante Null sein?
Der Begriff „säkular" wird in der klassischen Mechanik für einen Zustand oder eine Bewegung verwendet, die lange anhält. In der Quantenmechanik werden die Gleichungen, die einen langlebigen Zustand beschreiben (Gl. 8.7a, 8.7b in der Situation, die wir betrachten), als säkulare Gleichungen des Systems bezeichnet.

Ein Satz von simultanen linearen Gleichungen kann bequem durch die Cramer'sche Regel gelöst werden, die das Finden des Quotienten von zwei Determinanten beinhaltet. Für die Gleichungen

$$\begin{aligned} a_1x + b_1y + c_1z + \cdots &= m_1 \\ a_2x + b_2y + c_2z + \cdots &= m_2 \\ a_3x + b_3y + c_3z + \cdots &= m_3 \\ \cdots, \end{aligned} \tag{B8.1.1}$$

sind die Lösungen für $x, y, z, \ldots$

$$x = \begin{vmatrix} m_1 & b_1 & c_1 & \cdots \\ m_2 & b_2 & c_2 & \cdots \\ m_3 & b_3 & c_3 & \cdots \\ \vdots & \vdots & \vdots & \ddots \end{vmatrix} \Bigg/ \begin{vmatrix} a_1 & b_1 & c_1 & \cdots \\ a_2 & b_2 & c_2 & \cdots \\ a_3 & b_3 & c_3 & \cdots \\ \vdots & \vdots & \vdots & \ddots \end{vmatrix}, \tag{B8.1.2a}$$

$$y = \begin{vmatrix} a_1 & m_1 & c_1 & \cdots \\ a_2 & m_2 & c_2 & \cdots \\ a_3 & m_3 & c_3 & \cdots \\ \vdots & \vdots & \vdots & \ddots \end{vmatrix} \Bigg/ \begin{vmatrix} a_1 & b_1 & c_1 & \cdots \\ a_2 & b_2 & c_2 & \cdots \\ a_3 & b_3 & c_3 & \cdots \\ \vdots & \vdots & \vdots & \ddots \end{vmatrix}, \text{etc.} \tag{B8.1.2b}$$

Die Anwendung der Cramer'schen Regel auf die Gl. (8.7a, 8.7b) ergibt die folgende Lösung für C_1 und C_2:

$$C_1 = \begin{vmatrix} 0 & H_{21} \\ 0 & (H_{22} - E_B) \end{vmatrix} \Bigg/ \begin{vmatrix} (H_{11} - E_B) & H_{21} \\ H_{21} & (H_{22} - E_B) \end{vmatrix}, \tag{B8.1.3a}$$

und

$$C_2 = \begin{vmatrix} (H_{11} - E_B) & 0 \\ H_{21} & 0 \end{vmatrix} \Bigg/ \begin{vmatrix} (H_{11} - E_B) & H_{21} \\ H_{21} & (H_{22} - E_B) \end{vmatrix}. \tag{B8.1.3b}$$

Die Determinanten in den Zählern ergeben 0, weil jede von ihnen eine Spalte von Nullen hat. Daraus folgt, dass es nur dann eine Nicht-triviale-Lösung für C_1 und C_2 geben kann, wenn die Determinante im Nenner ebenfalls Null ist, so dass das Verhältnis von Zähler zu Nenner unbestimmt ist.

Ein leistungsfähigeres Verfahren besteht darin, Matrixalgebra zu verwenden, um die Gl. (8.7a, 8.7b) gleichzeitig für die beiden Mengen von E_B, C_1 und C_2 zu lösen. Mathematisch besteht das Problem darin, die Matrix **H** der H_{ij} Terme

(Abschn. 2.3.6) zu diagonalisieren. Es sind die außerdiagonalen Terme H_{12} und H_{21} in der Matrix, die das System zwischen den nichtstationären Basiszuständen ψ_1 und ψ_2 oszillieren lassen. Die Diagonalisierung wandelt **H** in eine Matrix um, die einen stationären Zustand charakterisiert, da alle außerdiagonalen Terme null sind. Dabei werden die Basiszustände von ψ_1 und ψ_2 in Ψ_{B+} und Ψ_{B-} umgewandelt.

Die Lösungen der Gl. (8.7a, 8.7b) hängen vom Größenvergleich des Interaktionsterms H_{21} mit der Differenz zwischen H_{11} und H_{22} ab. Die allgemeinen Lösungen können geschrieben werden:

$$\Psi_{B+} = \sqrt{\frac{(1+s)}{2}}\ \psi_1 + \sqrt{\frac{(1-s)}{2}}\ \psi_2, \quad E_{B+} = E_0 + \frac{1}{2}\sqrt{\delta^2 + 4(H_{12})^2}, \tag{8.9a}$$

$$\Psi_{B-} = \sqrt{\frac{(1-s)}{2}}\ \psi_1 - \sqrt{\frac{(1+s)}{2}}\ \psi_2, \quad E_{B-} = E_0 - \frac{1}{2}\sqrt{\delta^2 + 4(H_{12})^2}, \tag{8.9b}$$

wo

$$s = \delta / \sqrt{\delta^2 + 4(H_{12})^2}, \tag{8.9c}$$

wo E_0 der Durchschnitt der Energien der beiden Basiszustände ist und δ die Differenz zwischen diesen Energien: $\delta = (H_{11} - H_{22})$ und $E_0 = (H_{11} + H_{22})/2$.

Die Abb. 8.1 und 8.2 zeigen, wie die Koeffizienten und Energien der Eigenzustände von dem Verhältnis von $|\delta|$ zu $|H_{21}|$ abhängen. Wenn die beiden Basiszustände weit in der Energie getrennt sind ($|\delta| >> |H_{21}|$), so dass $s \approx 1$, dann nä-

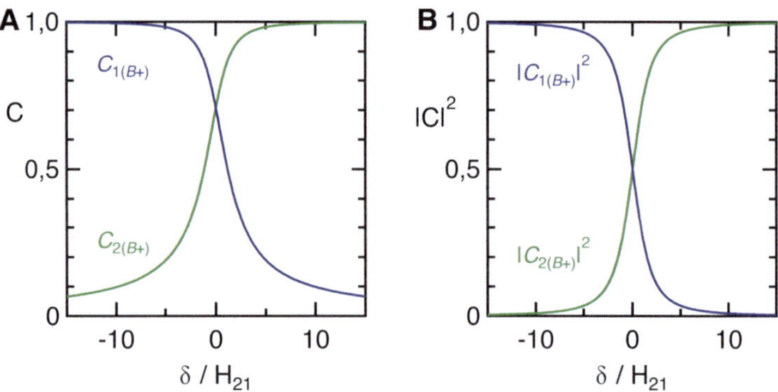

Abb. 8.1 (**A**) Koeffizienten $C_{1(B+)}$ (*blaue Kurve*) und $C_{2(B+)}$ (*grün*) für einen der angeregten Zustände eines Dimers, als Funktion der Energieunterschied zwischen den beiden Basiszuständen ψ_1 und ψ_2 ($\delta = H_{11} - H_{22}$). Die Wechselwirkungsenergie H_{21} bleibt konstant, während δ variiert wird. Wenn $|\delta| >> |H_{21}|$, geht einer der Koeffizienten für jeden Eigenzustand zu ± 1.0 und der andere zu null. (**B**) Die Quadrate der Koeffizienten ($|C_{1(B+)}|^2$ und $|C_{2(B+)}|^2$). Wenn $|\delta| << |H_{21}|$, $|C_{1(B+)}|^2 = |C_{2(B+)}|^2 = 1/2$

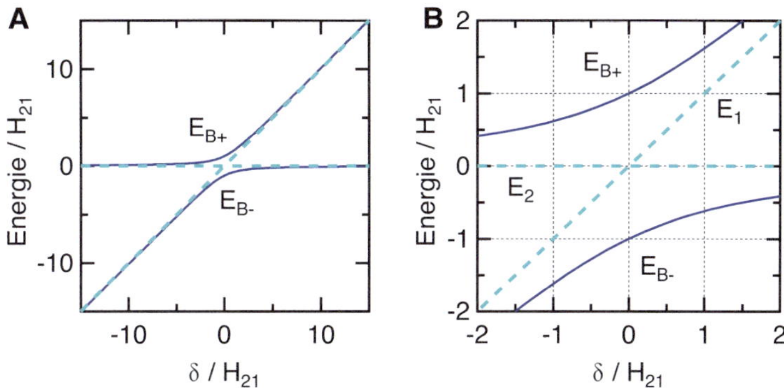

Abb. 8.2 (**A**) Energien der angeregten Zustände eines Dimers ($E_{B\pm}$, *feste blaue* Kurven) als Funktionen des Energieunterschieds (δ) zwischen den Basiszuständen ψ_1 und ψ_2. Die Energieskalen sind in Einheiten der Wechselwirkungsenergie H_{21}, die konstant gehalten wird wie in Abb. 8.1. Die Energie von ψ_2 (E_2) ist auf null festgelegt, während die von ψ_1 (E_1) variiert wird (*cyan gestrichelte* Linien). (**B**) Eine vergrößerte Ansicht der Region um $\delta \approx 0$, wo E_{B+} und E_{B-} durch $2H_{21}$ getrennt sind. Abseits dieser Region nähern sich E_{B+} und E_{B-} den Energien E_1 und E_2

hern sich die Koeffizienten C_1 und C_2 für Ψ_{B+} 1.0 und null, jeweils (Abb. 8.1). Gleichzeitig gehen C_1 und C_2 für Ψ_{B-} (nicht in der Abbildung gezeigt) zu null und -1.0, jeweils. Ψ_{B+} und Ψ_{B-} nähern sich somit ψ_1 und $-\psi_2$:

$$\Psi_{B+} \to \psi_1, \quad E_{B+} \to H_{11}, \tag{8.10a}$$

und

$$\Psi_{B-} \to -\psi_2, \quad E_{B-} \to H_{22}. \tag{8.10b}$$

In dieser Region ist C_2 für Ψ_{B+} ungefähr gegeben durch $-H_{21}/(H_{22} - H_{11})$, und C_1 für Ψ_B durch $-H_{12}/(H_{11} - H_{22})$ (Kasten 12.1). Je kleiner $|H_{21}|$ ist, desto mehr ähneln die exzitonischen Zustände Ψ_{B+} und Ψ_{B-} den Basiszuständen ψ_1 und $-\psi_2$. Andererseits, wenn die Basiszustände ähnlich in Energie sind ($|\delta| << |H_{21}|$), so dass $s \approx 0$, dann werden die beiden Lösungen

$$\Psi_{B+} = 2^{-1/2}[\psi_1 + \psi_2], \quad E_{B+} = E_0 + H_{21}, \tag{8.11a}$$

und

$$\Psi_{B-} = 2^{-1/2}[\psi_1 - \psi_2], \quad E_{B-} = E_0 - H_{21}. \tag{8.11b}$$

In diesem Fall sind die beiden exzitonischen Zustände (Ψ_{B+} und Ψ_{B-}) symmetrische und antisymmetrische Kombinationen von ψ_1 und -ψ_2.

Wenn $|\delta| >> |H_{21}|$ nähern sich die Energien der Eigenzustände H_{11} und H_{22} (Abb. 8.2). Aber im entgegengesetzten Limit, wenn $|\delta| << |H_{21}|$, sind die Energien der Eigenzustände nicht einfach der Durchschnitt von H_{11} und H_{22}, und die beiden Energien werden nicht identisch. Stattdessen teilen sich die Energien auf, um $\pm H_{21}$ über und unter E_0 um $\pm H_{21}$ zu liegen (Gl. 8.11a, 8.11b). Diese *Resonanzspaltung* der Energie ist ein rein quantenmechanischer Effekt, der aus der Mischung der beiden Basiszustände und der Verteilung der Anregung über die beiden Moleküle resultiert (Kasten 8.2).

Kasten 8.2 Vermiedene Kreuzungen und konische Schnittpunkte von Energiefeldern

Die Basiszustände ψ_1 und ψ_2 sind diabatische Zustände, was bedeutet, dass sie den Hamiltonian des Systems nicht diagonalisieren. Ψ_{B+} und Ψ_{B-}, die **H** diagonalisieren, sind adiabatisch. Die Gl. (8.9) für die adiabatischen Energien gilt nicht nur für die spezielle Situation, die wir diskutiert haben, in der eine Anregung auf zwei Moleküle verteilt ist, sondern für jedes Zwei-Zustands-System. Das Energiediagramm in Abb. 8.2, in dem die adiabatischen Energien an Punkten, an denen die diabatischen Energien sich kreuzen, auseinander bleiben, ist jedoch weniger allgemein. Eine solche „vermiedene Kreuzung" der adiabatischen Energieoberflächen ist streng genommen nur dann erforderlich, wenn die Wechselwirkungsenergie H_{12} und der diabatische Energieunterschied δ beide als Funktionen einer einzigen Variablen ausgedrückt werden können.

Im Allgemeinen sind H_{12} und δ Funktionen für ein Molekül mit N Kernen und (3N-6) Kernkoordinaten oder (3N-5) Koordinaten, wenn das Molekül linear ist. Aus Gl. (8.9) müssen die adiabatischen Energien E_{B+} und E_{B-} unterschiedlich sein, es sei denn, es gibt eine Kernkonfiguration, die zugleich δ und H_{12} null macht. Diese Bedingung kann in einem zweiatomigen Molekül nicht erfüllt werden, wo H_{12} und δ unterschiedliche Abhängigkeiten von der Bindungslänge (der einzigen geometrischen Variablen) haben. E_{B+} und E_{B-} müssen daher in einem zweiatomigen Molekül eine vermiedene Kreuzung haben. Ein größeres System mit M geometrischen Variablen wird jedoch eine (M-2)-dimensionale Hyperlinie haben, entlang derer sowohl δ als auch H_{12} für ein gegebenes Paar von diabatischen Zuständen null sind und die adiabatischen Energiefelder echte, anstatt vermiedene Kreuzungen haben. Solche Kreuzungen werden als *konische Schnittpunkte* bezeichnet, weil sie, wenn die Energiefelder als Funktionen der beiden verbleibenden geometrischen Variablen dargestellt werden, einem Doppelkegel ähneln. Ein System mit zwei geometrischen Variablen wird beispielsweise einen einzigen Punkt haben, an dem sowohl δ als auch H_{12} null sind und die adiabatischen Energien ($E_{\mathrm{B}+}$ und $E_{\mathrm{B}-}$) gleich sind. Aber dieser konische Schnittpunkt befindet sich nicht unbedingt in einem zugänglichen Bereich des Konfigurationsraums; abhängig vom Molekül könnte es eine Geometrie mit sehr hoher Energie sein. Für eine weitere Diskussion über konische Schnittpunkte und ihre möglichen Rollen in photochemischen Prozessen wie der Isomerisierung von Rhodopsin, siehe [1–7].

Die Eigenfunktionen Ψ_{B+} und Ψ_{B-}, die durch Gl. (8.9) gegeben sind, sind normalisiert und orthogonal:

$$\langle \Psi_{B+} | \Psi_{B+} \rangle = \langle \Psi_{B-} | \Psi_{B-} \rangle = 1 \tag{8.12a}$$

und

$$\langle \Psi_{B+} | \Psi_{B-} \rangle = \langle \Psi_{B-} | \Psi_{B+} \rangle = 0. \tag{8.12b}$$

Zusätzlich,

$$\left\langle \Psi_{B+} \middle| \tilde{\mathrm{H}}' \middle| \Psi_{B-} \right\rangle = \left\langle \Psi_{B-} \middle| \tilde{\mathrm{H}}' \middle| \Psi_{B+} \right\rangle = 0 \tag{8.13}$$

(Kasten 8.3). Das bedeutet, dass die beiden angeregten Zustände Ψ_{B+} und Ψ_{B-}, die durch Diagonalisierung der Hamilton-Matrix erhalten wurden, stationäre Zustände sind. $\tilde{\mathrm{H}}'$ verursacht Oszillationen zwischen den beiden Basiszuständen ψ_1 und ψ_2, aber nicht zwischen Ψ_{B+} und Ψ_{B-}. Dies liegt daran, dass wir $\tilde{\mathrm{H}}'$ in den Hamiltonian aufgenommen haben, den wir verwendet haben, um Ψ_{B+} und Ψ_{B-} zu finden.

Es ist lehrreich, diese Ergebnisse mit den Ergebnissen zu vergleichen, die wir in früheren Kapiteln erzielt haben, in denen wir die zeitabhängige Störungstheorie verwendet haben. In diesem Kapitel haben wir zwei und nur zwei Zustände gefunden, die die 2×2 Hamilton-Matrix, **H**, diagonalisieren. In Abschn. 2.5 haben wir eine unendliche Anzahl von Zuständen gefunden, die die zeitabhängige Schrödinger-Gleichung für den gleichen Hamiltonian erfüllen. Obwohl wir uns hauptsächlich auf den Bereich konzentriert haben, in dem $C_1(t) \approx 1$ und $C_2(t) \approx 0$, waren die Koeffizienten kontinuierliche Funktionen der Zeit und könnten daher beliebige Werte haben. Die einzige Einschränkung war, dass $|C_1(t)|^2 + |C_2(t)|^2 = 1$. Der Unterschied besteht darin, dass wir hier die beiden stationären Zustände des Systems gefunden haben; das Kontinuum von Zuständen, das durch die zeitabhängige Störungstheorie erhalten wurde, ist nicht stationär.

Kasten 8.3 Exziton-Zustände sind stationär in Abwesenheit weiterer Störungen

Um zu sehen, dass die durch die Gl. (8.9a–8.9c) beschriebenen Zustände in Abwesenheit anderer Störungen stationär sind, lassen Sie die Koeffizienten C_1 und C_2 für den Zustand Ψ_{B+} $C_{1(B+)}$ und $C_{2(B+)}$ sein, und die Koeffizienten für Ψ_{B-} $C_{1(B-)}$ und $C_{2(B-)}$. Die Verwendung von Gl. (8.5a) um $\left(\tilde{\mathrm{H}}_1 + \tilde{\mathrm{H}}_2 + \tilde{\mathrm{H}}'\right)\left(C_{1(B-)}\psi_1 + C_{2(B-)}\psi_2\right)$ durch $E_{B-}(C_{1(B-)}\psi_1 + C_{2(B-)}\psi_2)$ zu ersetzen, ergibt:

$$\left\langle \Psi_{B+} \middle| \tilde{\mathrm{H}} \middle| \Psi_{B-} \right\rangle = \left\langle C_{1(B+)}\psi_1 + C_{2(B+)}\psi_2 \middle| \tilde{\mathrm{H}}_1 + \tilde{\mathrm{H}}_2 + \tilde{\mathrm{H}}' \middle| C_{1(B-)}\psi_1 + C_{2(B-)}\psi_2 \right\rangle. \tag{B8.4.1}$$

$$= E_{B-}\left\langle C_{1(B+)}\psi_1 + C_{2(B+)}\psi_2 \middle| C_{1(B-)}\psi_1 + C_{2(B-)}\psi_2 \right\rangle. \tag{B8.4.2}$$

Wenn die Basis-Wellenfunktionen ψ_1 und ψ_2 orthogonal und normalisiert sind, reduziert sich dieser Ausdruck auf

$$\left\langle \Psi_{B+} \middle| \tilde{\mathrm{H}} \middle| \Psi_{B-} \right\rangle = E_{B-} \left[C_{1(B+)} C_{1(B-)} + C_{2(B+)} C_{2(B-)} \right], \tag{B8.4.3}$$

was null wird, wenn wir die Ausdrücke für die Koeffizienten einsetzen, die in den Gl. (8.9a, 8.9b) gegeben sind. Da das Matrixelement, das die Umwandlungen zwischen ihnen kontrolliert, null ist, sind Ψ_{B+} und Ψ_{B-} tatsächlich stationäre Zustände.

8.2 Auswirkungen der Exziton-Wechselwirkungen auf die Absorptionsspektren von Oligomeren

Welche Auswirkungen haben die intermolekularen Wechselwirkungen auf das Absorptionsspektrum des Dimers? Beachten Sie zunächst, dass das Dimer für jede Absorptionsbande der einzelnen Moleküle zwei Absorptionsbanden hat, die die Übergänge $\Psi_A \rightarrow \Psi_{B+}$ und $\Psi_A \rightarrow \Psi_{B-}$ darstellen. Wenn $|\delta| << |H_{21}|$, sind die beiden Absorptionsbanden in der Energie durch $2H_{21}$ getrennt (Gl. 8.11a, 8.11b). Der erste Übergang hat eine Energie von $(H_{11} + H_{22})/2 + H_{21}$, und der zweite hat eine Energie von $(H_{11} + H_{22})/2 - H_{21}$, und es hängt vom Vorzeichen von H_{21} ab, welche Energie höher ist.

Sobald die Koeffizienten C_1 und C_2 für den angeregten Zustand bekannt sind, können die Übergangsdipole und Dipolstärken der beiden Exziton-Banden unkompliziert auf die spektroskopischen Eigenschaften der Monomere bezogen werden:

$$\begin{aligned} \mu_{BA\pm} &= \langle \Psi_{B\pm} | \mu_1 + \mu_2 | \Psi_A \rangle \\ &= \left\langle C_{1(B\pm)} \phi_{1b} \phi_{2a} + C_{2(B\pm)} \phi_{1a} \phi_{2b} | \mu_1 + \mu_2 | \phi_{1a} \phi_{2a} \right\rangle \end{aligned} \tag{8.14a}$$

$$= C_{1(B\pm)} \left\langle \phi_{1b} \middle| \boldsymbol{\mu}_1 \middle| \phi_{1a} \right\rangle + C_{2(B\pm)} \left\langle \phi_{2b} \middle| \boldsymbol{\mu}_2 \middle| \phi_{2a} \right\rangle = C_{1(B\pm)} \boldsymbol{\mu}_1 + C_{2(B\pm)} \boldsymbol{\mu}_2 \tag{8.14b}$$

und

$$D_{BA\pm} = \left(C_{1(B\pm)} \boldsymbol{\mu}_{ba(1)} + C_{2(B\pm)} \boldsymbol{\mu}_{ba(2)} \right) \cdot \left(C_{1(B\pm)} \boldsymbol{\mu}_{ba(1)} + C_{2(B\pm)} \boldsymbol{\mu}_{ba(2)} \right) \tag{8.15a}$$

$$= \left(C_{1(B\pm)} \right)^2 D_{ba(1)} + \left(C_{2(B\pm)} \right)^2 D_{ba(2)} + 2 C_{1(B\pm)} C_{2(B\pm)} \, \boldsymbol{\mu}_{ba(1)} \cdot \boldsymbol{\mu}_{ba(2)}, \tag{8.15b}$$

wo $\boldsymbol{\mu}_{ba(1)}$ und $\boldsymbol{\mu}_{ba(2)}$ die Übergangsdipolvektoren der beiden einzelnen Moleküle sind, und $D_{ba(1)}$ und $D_{ba(2)}$ sind die individuellen Dipolstärken. Da die Koeffizienten für Ψ_{B+} ($C_{1(B+)}$ und $C_{2(B+)}$) im Allgemeinen unterschiedlich von den Koeffizienten für Ψ_{B-} ($C_{1(B-)}$ und $C_{2(B-)}$) sind, werden die Übergangsdipole und Dipolstärken der beiden Absorptionsbanden unterschiedlich sein.

Für ein Dimer aus zwei identischen Molekülen ($\delta = 0$ und $D_{ba(1)} = D_{ba(2)} = D_{ba}$) werden die Gl. (8.14a, b) und (8.15a, b) zu:

$$\boldsymbol{\mu}_{BA+} = 2^{-1/2}\left(\boldsymbol{\mu}_{ba(1)} + \boldsymbol{\mu}_{ba(2)}\right), \tag{8.16a}$$

$$\boldsymbol{\mu}_{BA-} = 2^{-1/2}\left(\boldsymbol{\mu}_{ba(1)} - \boldsymbol{\mu}_{ba(2)}\right), \tag{8.16b}$$

$$D_{BA+} = (1/2)[D_{ba} + D_{ba} + 2D_{ba}\cos\theta] = D_{ba}(1 + \cos\theta), \tag{8.16c}$$

und

$$D_{BA-} = (1/2)[D_{ba} + D_{ba} - 2D_{ba}\cos\theta] = D_{ba}(1 - \cos\theta). \tag{8.16d}$$

Diese Ausdrücke zeigen, dass die Übergangsdipole der beiden Banden des Dimers proportional zur Vektorsumme und Differenz der Übergangsdipole der Monomere sind (Abb. 8.3). D_{BA+} und D_{BA-} können daher je nach dem Winkel θ zwischen den Übergangsdipolen der Monomere von 0 bis $2D_{ba}$ variieren; die Summe von D_{BA+} und D_{BA-} ist jedoch immer einfach $2D_{ba}$.

Abb. 8.4 veranschaulicht die Anwendung dieser Ergebnisse auf Dimere identischer Moleküle in verschiedenen Anordnungen. Die Punktdipol-Näherung (Gl. 7.17) wurde verwendet, um die Vorzeichen und relativen Größen des Interaktionsmatrixelements (H_{21}) für die verschiedenen Geometrien zu berechnen. Wenn die Übergangsdipole der Monomere parallel sind und entlang der intermolekularen Achse ausgerichtet sind (Abb. 8.4A), ist H_{21} negativ. Ψ_{B+} liegt dann energetisch niedriger als Ψ_{B-} und die gesamte Dipolstärke des Dimers ist mit der Anregung zu Ψ_{B+} verbunden. Die höherenergetische Anregung zu Ψ_{B-} hat keine Dipolstärke, da die Übergangsdipole der Monomere mit entgegengesetzten Vorzeichen eingehen und sich aufheben. Die Abbildung zeigt es nicht, aber das Absorptions-

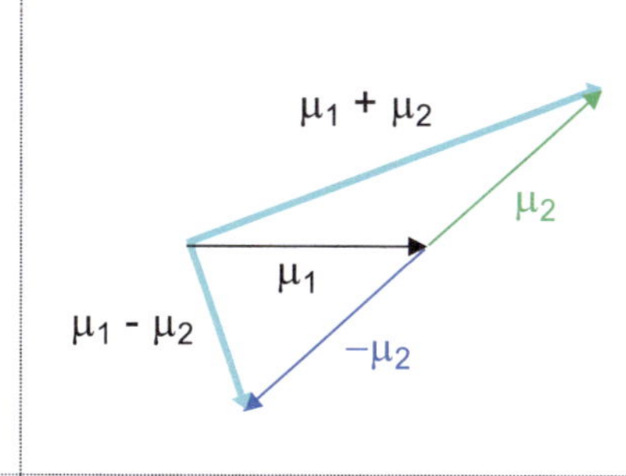

Abb. 8.3 Die Übergangsdipole für ein Dimer sind die Vektorsumme und Differenz der Übergangsdipole der beiden monomeren Chromophore. Die Summe und Differenz von zwei Vektoren sind immer senkrecht zueinander

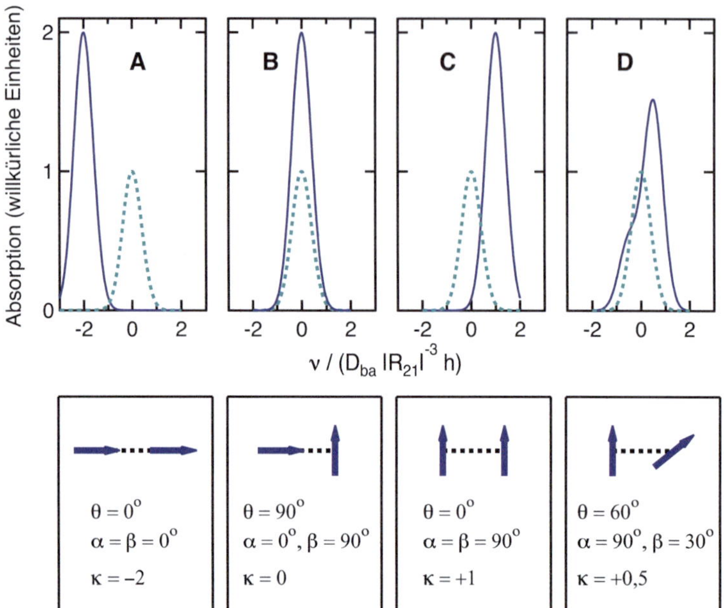

Abb. 8.4 Berechnete Absorptionsspektren von Homodimeren mit vier verschiedenen Geometrien. Die Orientierungen der Übergangsdipole und der geometrische Faktor κ sind in dem Kasten unter jedem Spektrum angegeben. Das Absorptionsspektrum des Monomers wird in jedem Panel mit einer *gepunkteten cyanfarbenen Linie* und das Spektrum des Dimers mit einer *durchgezogenen blauen Linie* dargestellt. Von links nach rechts sind die relativen Dipolstärken der Übergänge Ψ_{B-} und Ψ_{B+} 0:2, 1:1, 0:2 und 0.5:1.5. (Ψ_{B-} ist der Übergang mit hoher Energie in (**A**) und der Übergang mit niedriger Energie in (**C**, **D**). (**B**) Ψ_{B-} und Ψ_{B+} sind entartet.) Die Summe der Dipolstärken ist immer doppelt so groß wie die Dipolstärke des Monomers. Den Exzitonbanden wurden Gauss-Formen mit einer willkürlichen Breite gegeben. Siehe Abb. 9.7A für eine weitere Darstellung

spektrum des Dimers wäre genau gleich, wenn eines der Monomere um 180° gedreht würde. In diesem Fall wäre H_{21} positiv und Ψ_{B-} wäre energetisch niedriger als Ψ_{B+}, aber die gesamte Dipolstärke des Dimers würde immer noch zum Übergang mit niedrigerer Energie gehen.

Wenn die Übergangsdipole der Monomere senkrecht zueinander stehen (Abb. 8.4B), ist H_{21} null und die beiden angeregten Zustände des Dimers haben die gleiche Energie. Übergänge zu beiden Zuständen sind erlaubt, aber nicht unterscheidbar. Wenn die Übergangsdipole der Monomere parallel zueinander, aber beide senkrecht zur intermolekularen Achse stehen (Abb. 8.4C), ist H_{21} positiv. In diesem Fall ist Ψ_{B+} der höherenergetische Zustand und die gesamte Dipolstärke des Dimers geht an die höherenergetische Anregung. Würde man einen der Dipole um 180° drehen, würde sich das Vorzeichen von H_{21} ändern und die Zuordnungen der Übergänge vertauschen, das Spektrum jedoch unverändert lassen. Schließlich zeigt Abb. 8.4D eine Anordnung der Monomere, bei der beide Absorptionsbanden des Dimers signifikante Dipolstärken aufweisen.

Unabhängig von den Orientierungen der beiden Übergangsdipole der Monomere sind die Vektorsumme und der Unterschied dieser Dipole immer senkrecht zueinander (Abb. 8.3). Die beiden Absorptionsbanden des Dimers haben daher einen senkrechten linearen Dichroismus.

Die Gl. 8.14a, b) und (8.15a, b erfordern nicht, dass die beiden Moleküle identisch sind. Wenn die Anregungsenergien der einzelnen Moleküle unterschiedlich sind ($\delta \neq 0$), ist die Trennung zwischen den Energien der beiden angeregten Zustände des Dimers größer als $2H_{21}$ (Abb. 8.2). Darüber hinaus können die Ergebnisse komplexer sein, wenn das Oligomer aus mehr als zwei Molekülen besteht oder wenn die einzelnen Moleküle mehr als einen angeregten Zustand haben. Diese Situationen können jedoch unkompliziert behandelt werden, indem die Wellenfunktionen für die angeregten Zustände des Oligomers auf eine allgemeinere Weise geschrieben werden:

$$\Psi_B = \sum_m \sum_b C^B_{b(m)} \, {}^1\psi_{ba(m)}. \tag{8.17}$$

Hier repräsentiert ${}^1\psi_{ba(m)}$ die Wellenfunktion, die erhalten wird, indem Molekül m von seinem Grundzustand (a) in den angeregten Singulett-Zustand b gehoben wird und alle anderen Moleküle in ihren Grundzuständen belässt. Gl. (8.17) erlaubt es, dass jedes der einzelnen Moleküle im Oligomer eine beliebige Anzahl von angeregten Zuständen hat ($b = 1, 2, 3, \ldots$). Ψ_B beinhaltet Beiträge von all diesen Zuständen, obwohl einige der Beiträge je nach Geometrie des Oligomers und den Energien der Übergänge in den Monomeren vernachlässigbar sein können. Ein Oligomer, das aus m monomeren Untereinheiten besteht, jede mit b angeregten Singulett-Zuständen, hat $m \times b$ angeregte Singulett-Zustände, die als *Exziton*-Zustände bezeichnet werden.

Die Koeffizienten $C^B_{b(m)}$ in Gl. (8.17) können durch Lösung eines Systems von simultanen Gleichungen gefunden werden, die analog zu den Gl. (8.7a, 8.7b) sind. Dies geschieht wiederum durch Diagonalisierung der Wechselwirkungsmatrix **H**, in der die Diagonalelemente die Anregungsenergien der Monomere und die außerdiagonalen Elemente die Elemente der Wechselwirkungsmatrix sind:

$$\mathbf{H} = \begin{bmatrix} H_{11} & H_{12} & \cdots & H_{1n} \\ H_{21} & H_{22} & \cdots & H_{2n} \\ & & \vdots & \\ H_{n1} & H_{n1} & \cdots & H_{nn} \end{bmatrix}. \tag{8.18}$$

Der Übergangsdipolvektor für die Absorptionsbande des Oligomers, das mit der Exziton-Wellenfunktion Ψ_B assoziiert ist, wird durch Summieren über die Monomerübergänge ermittelt:

$$\boldsymbol{\mu}_{BA} = \sum_m \sum_b C^B_{b(m)} \boldsymbol{\mu}_{ba(m)}. \tag{8.19}$$

Die Dipolstärke ist dann $D_{BA} = |\boldsymbol{\mu}_{\mathrm{BA}}|^2$. Wenn die monomeren Untereinheiten mehrere verschiedene angeregte Zustände haben, werden die Oszillatorstärken dieser Banden unter allen Exzitonbanden des Oligomers umverteilt. Dies kann zu *Hyperchromismus* oder *Hypochromismus* führen, was eine Verstärkung oder Schwächung der Absorption des Oligomers in einem bestimmten Bereich des Spektrums im Vergleich zur Absorption der monomeren Bestandteile bedeutet [8, 9]. Für ein Oligomer, das aus m Monomeren besteht, kann D_{BA} für eines der Exzitonbanden größer (oder kleiner) sein als m mal die Dipolstärke des entsprechenden Absorptionsbande der Monomere (mD_{BA}), vorausgesetzt, dass eine andere Exzitonbande entsprechend in der Stärke abnimmt (oder zunimmt). Die Summe der Dipolstärken aller Banden ist konstant (Kasten 8.4). Diese Aussage ist vergleichbar mit der Thomas-Reiche-Kuhn-Summenregel für die Oszillatorstärken eines Moleküls (Abschn. 4.3).

Kasten 8.4 Die Summenregel für Exziton-Dipolstärken

Die Summe der Dipolstärken der Exziton-Banden eines Oligomers ist gleich der Summe der Dipolstärken der einzelnen Moleküle. Dies ist leicht zu sehen für ein Dimer identischer Moleküle (Gl. 8.16c, 8.16d). Um zu zeigen, dass die Aussage auf größere Oligomere verallgemeinert werden kann, schreiben wir die Koeffizienten $C^B_{b(m)}$ als eine Matrix $\mathbf{C}$ mit Elementen C_{ik}, wobei i einen Exziton-Zustand und k einen der Monomer-Übergänge anzeigt. Die C_{ik} sind die Eigenvektoren der Interaktionsmatrix $\mathbf{H}$. Mit dieser Notation ist die Summe der Exziton-Dipolstärken

$$\begin{aligned}\sum_i D_i &= \sum_i \sum_j \sum_k C_{ij} C_{ik} \left(\boldsymbol{\mu}_j \cdot \boldsymbol{\mu}_k\right) \\ &= \sum_j \sum_k \left(\boldsymbol{\mu}_j \cdot \boldsymbol{\mu}_k\right) \sum_i C^T_{ji} C_{ik} = \sum_j \sum_k \left(\boldsymbol{\mu}_j \cdot \boldsymbol{\mu}_k\right) G_{jk},\end{aligned} \tag{B8.5.1}$$

wo $\mathbf{G} = \mathbf{C}^T \cdot \mathbf{C}$ und $\mathbf{C}^T$ ist die Transponierte von $\mathbf{C}$ ($C^T_{ji} = C_{ij}$) und wir haben die Definition der Matrixmultiplikation (Anhang A.2) verwendet.

Da $\mathbf{H}$ sowohl real als auch symmetrisch ist, können wir nun die Tatsache nutzen, dass die Matrix der Eigenvektoren jeder realen, symmetrischen Matrix orthogonal ist, was bedeutet, dass $\mathbf{C}^T = \mathbf{C}^{-1}$ (Anhang A.2). Daher ist $\mathbf{G} = \mathbf{C}^{-1} \cdot \mathbf{C} = \mathbf{1}$, wobei $\mathbf{1}$ eine Matrix ist, bei der alle Diagonalelemente gleich 1 und alle außerdiagonalen Elemente null sind. Die doppelte Summe in Gl. (B8.5.1) reduziert sich somit auf

$$\sum_j \left(\boldsymbol{\mu}_j \cdot \boldsymbol{\mu}_j\right) = \sum_j \left|\boldsymbol{\mu}_j\right|^2, \tag{B8.5.2}$$

welche die Summe der Monomer-Dipolstärken ist.

Die Summenregel für Exziton-Absorptionsbanden wird manchmal in Bezug auf Oszillatorstärken statt Dipolstärken angegeben. Dies ist streng genommen nur korrekt, wenn die intermolekularen Wechselwirkungen sehr schwach sind, so dass die Exziton-Übergänge im Wesentlichen die gleichen Energien wie die entsprechenden Monomer-Übergänge haben.

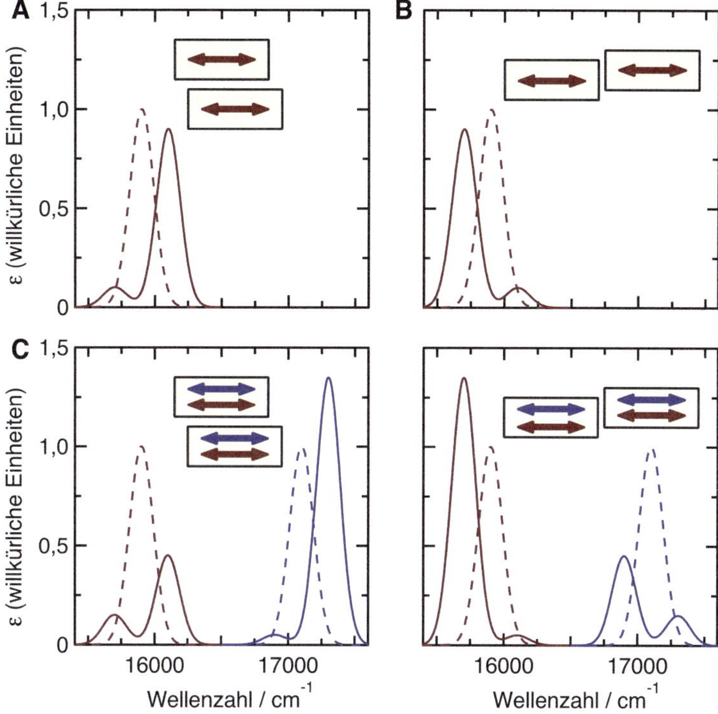

Abb. 8.5 (**A**) Exziton-Wechselwirkungen zwischen zwei Molekülen mit einer Absorptionsbande, die bei 15.900 cm^{-1} ihren Höhepunkt erreicht. Die Moleküle im Dimer haben eine versetzte nebeneinander liegende Anordnung mit parallelen Übergangsdipolen (*rote Pfeile in den schattierten Kästchen*). Das Absorptionsspektrum des Monomers wird als *gestrichene Kurve* dargestellt. Im Absorptionsspektrum des Dimers (*durchgezogene Kurve*) ist die höherenergetische Exzitonbande stärker als die niederenergetische Bande. (Das Spektrum des Dimers wurde um den Faktor 1/2 skaliert, um die größere Anzahl von Molekülen zu korrigieren.) (**B**) Gleich wie (**A**), aber für ein Dimer mit einer versetzten End-zu-End-Anordnung. Mit dieser Anordnung ist das niederenergetische Exzitonbande des Dimers stärker als die höherenergetische Bande. (**C**) Absorptionsspektren von Monomeren und einem Dimer mit der gleichen nebeneinander liegenden Anordnung wie in (**A**), aber aus Molekülen bestehend, die ein zweites Absorptionsbande bei 17.100 cm^{-1} mit Übergangsdipolen (*blaue Pfeile in den schattierten Kästchen*) parallel zu denen der Bande bei 15.900 cm^{-1} haben. Die *gestrichenen Kurven* sind das Absorptionsspektrum des Monomers, wobei *rot* die 15.900-cm^{-1}-Bande und *blau* die 17.100-cm^{-1}-Bande anzeigt. In den Absorptionsspektren des Dimers (*durchgezogene Kurven*) bewegt sich die Dipolstärke von der Niederenergieregion (*rot*) zur Hochenergieregion (*blau*). (**D**) Spektren von Monomeren und einem Dimer mit der gleichen End-zu-End-Geometrie wie in (**B**), aber für Moleküle mit zwei Absorptionsbanden wie in (**C**). Die Dipolstärke bewegt sich von der Hochenergieregion (*blau*) zur Niederenergieregion (*rot*). Wenn nur die Absorptionsbanden bei niedrigen Energien experimentell zugänglich sind, zeigt das nebeneinander liegende Dimer im Vergleich zum Monomer Hypochromismus, während das End-zu-End-Dimer Hyperchromismus zeigt

Abb. 8.5 veranschaulicht die Übertragung der Dipolstärke zwischen Absorptionsbanden in verschiedenen Bereichen des Spektrums für Dimere mit zwei verschiedenen Strukturen. Die nebeneinander liegende Geometrie (Abb. 8.5A) ähnelt qualitativ der der Basen in doppelsträngiger DNA. Mit dieser Ausrichtung geht der größte Teil der Dipolstärke in jedem Bereich des Spektrums an die Exzitonbande, die energetisch über dem Monomerübergang liegt (Abb. 8.4). Darüber hinaus führt das Mischen von Übergängen in verschiedenen Bereichen des Spektrums zu einer Übertragung der Dipolstärke von Absorptionsbanden im Bereich der niedrigeren Energie zu Banden bei höheren Energien. Die Hochenergiebanden der Nukleotidbasen treten zu weit in das UV ein, um bequem gemessen zu werden, während die Niederenergiebanden im zugänglicheren Bereich um 260 nm auftreten. Der Verlust an Dipolstärke im 260-nm-Bereich wird daher experimentell als Hypochromismus behandelt [8, 9]. Ähnlicher Hypochromismus wird im Bereich von 200 nm gesehen, wenn Peptide wie Polylysin eine helikale Konformation annehmen.

Photosynthetische Systeme liefern Beispiele für Chlorophyll- oder Bakteriochlorophyll-Oligomere mit Ausrichtungen ähnlich denen in Abb. 8.5B. In dieser Geometrie geht der größte Teil der Dipolstärke in jedem Bereich des Absorptionsspektrums an die Exzitonbande, die unter dem Monomerübergang liegt. Das Mischen der Übergänge in verschiedenen Bereichen überträgt nun die Dipolstärke aus dem höherenergetischen Bereich um 400 nm zu niedrigerenergetischen Banden im Bereich von 700–1000 nm [10, 11]. Der Niederenergiebereich des Spektrums zeigt daher Hyperchromismus.

8.3 Übergangs-Monopol-Behandlungen von Wechselwirkungsmatrixelementen und Mischen mit Ladungstransferübergängen

In Abb. 8.4 und 8.5 haben wir zu Illustrationszwecken die Punkt-Dipol-Näherung verwendet, um das Wechselwirkungsmatrixelement H_{12} zu bewerten (Gl. 7.16 und 7.17). Dies ist eine gute Näherung, solange die Moleküle relativ zu den molekularen Dimensionen weit voneinander entfernt sind. Für Moleküle, die näher beieinander liegen, sind Behandlungen, die Übergangs-Monopole oder Übergangsdichte-Volumentelemente verwenden, im Prinzip genauer. Um die Behandlung mit Übergangs-Monopolen zu veranschaulichen (Gl. 7.14 und 7.15), nehmen wir an, dass die relevanten Übergänge der beidenMonomere nur eine einzige Konfiguration betreffen, die Anregung vom HOMO des Monomers zum LUMO, und dass die molekularen Orbitale als lineare Kombinationen von atomaren p_z Orbitalen geschrieben werden können, wie in Gl. (2.36). Das Einsetzen der antisymmetrisierten Singulett-Wellenfunktionen für zwei Elektronen auf jedem Molekül (Gl. 2.48, 2.54, 4.20, und 4.21) führt geradlinig zu dem Ausdruck:

$$H_{12} \approx 2\left(f^2/n^2\right) \sum_s \sum_t C_s^{HOMO} C_s^{LUMO} C_t^{HOMO} C_t^{LUMO} \left(e^2/r_{st}\right), \tag{8.20}$$

wo r_{st} der Abstand zwischen Atom s auf Molekül 1 und Atom t auf Molekül 2 ist, und f^2/n^2 eine ungefähre Korrektur für die dielektrischen Effekte eines homogenen Mediums ist. Gl. (8.20) kann verfeinert werden, indem das einfache $1/r_{st}$ durch eine parametrisierte semiempirische Funktion von r_{st} ersetzt und eine Abhängigkeit von der relativen Ausrichtung der beiden atomaren z-Achsen eingeführt wird [12, 13]. Der dielektrische Abschirmfaktor kann etwas realistischer eingesetzt werden, indem er in eine Funktion des interatomaren Abstands gebracht wird [13]. Aber selbst mit diesen Verfeinerungen neigt Gl. (8.20) dazu, die Größe der Wechselwirkungen zu überschätzen, so wie es die Gl. (4.22a–e) normalerweise tun, wenn sie die Dipolstärken der elektronischen Übergänge einzelner Moleküle überschätzen. Vergleiche der gemessenen und berechneten Dipolstärken der Monomer-Absorptionsbanden können verwendet werden, um die in den Molekülorbital-Expansionskoeffizienten inhärenten Annäherungen zu korrigieren [12–14].

Wenn die interagierenden Moleküle in direktem Kontakt sind, werden Beschreibungen des Systems in Bezug auf Molekülorbitale für die einzelnen Moleküle problematisch. Eine Möglichkeit besteht darin, den gesamten Komplex als Supermolekül mit Molekülorbitalen zu behandeln, die sich über alle Bestandteile erstrecken. Ein Zwischenansatz, den wir weiter unten ausführlicher diskutieren werden, besteht darin, Gl. (8.17) Beiträge von Ladungstransferübergängen hinzu zu fügen, bei denen ein Elektron von einem Molekül zum anderen wechselt [12, 15–18].

Wenn wir nur das HOMO und das LUMO der beiden Moleküle betrachten, hat ein Dimer zusätzlich zu den beiden Exzitonzuständen, die wir oben betrachtet haben, zwei Ladungstransfer (CT) Zustände. Ein Elektron kann vom HOMO des Moleküls 1 zum LUMO des Moleküls 2 bewegt werden, wie schematisch in Abb. 8.6 dargestellt, oder vom HOMO des Moleküls 2 zum LUMO des Moleküls 1. Die beiden CT-Zustände können energetisch entweder über oder unter den ent-

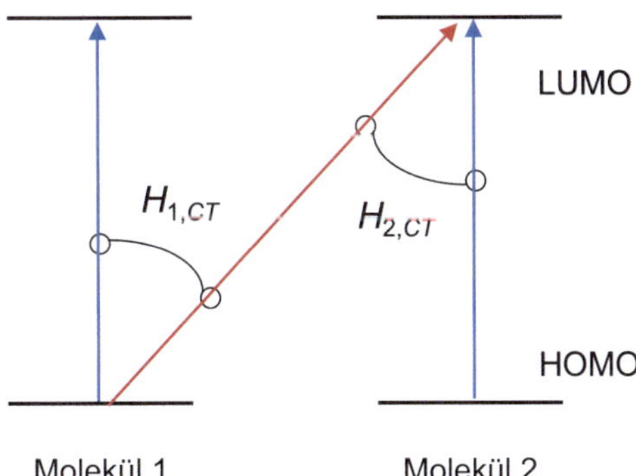

Abb. 8.6 Mischung eines Ladungstransferübergangs mit intramolekularen Übergängen. Der *diagonale rote Pfeil* stellt einen CT-Übergang dar, bei dem ein Elektron vom HOMO des Moleküls 1 zum LUMO des Moleküls 2 bewegt wird. Dieser Übergang wird mit den beiden intramolekularen Übergängen (*blaue Pfeile*) durch außerdiagonale Terme in der Wechselwirkungsmatrix ($H_{1,CT}$ und $H_{2,CT}$) gemischt

sprechenden Exzitonenzuständen des Dimers liegen, hauptsächlich abhängig von den elektrostatischen Wechselwirkungen der Spezies miteinander und mit dem umgebenden Medium.

Wir haben CT-Übergänge von Übergangsmetallkomplexen in Kap. 4 besprochen. Ladungstransferübergänge zwischen weiter entfernten Molekülen haben in der Regel eine sehr geringe intrinsische Dipolstärke, da die Anfangs- und Endmolekülorbitale nach einer ersten Annäherung keine Atome gemeinsam haben; auf der Ebene von Gl. (4.26) ist der Übergangsdipol null. Allerdings können CT-Zustände mit Exzitonzuständen gemischt werden, um hybride Eigenzustände zu erzeugen, die in der Energie nach oben oder unten verschoben sind und unterschiedliche Mengen an CT-Charakter haben können.

Die Stärke der Mischung von CT- und intramolekularen Übergängen hängt von der Ausdehnung der Orbitalüberlappung zwischen den interagierenden Molekülen ab [12]. Die Koeffizienten und Energien für die vier angeregten Zustände eines Dimers werden durch Diagonalisierung einer 4×4-Wechselwirkungsmatrix ermittelt, in der die CT-Übergangsenergien auf der Diagonalen zusammen mit den Energien der beiden intramolekularen Übergänge erscheinen. Das außerdiagonale Wechselwirkungsmatrixelement, das die intramolekulare Anregung des Moleküls 1 mit einem CT-Übergang mischt, bei dem ein Elektron vom HOMO des Moleküls 1 zum LUMO des Moleküls 2 bewegt wird, hat die Form:

$$H_{1,CT} \approx \sum_s \sum_t C_s^{LUMO} C_t^{LUMO} \beta_{st}. \tag{8.21}$$

Hier ist β_{st} ein semiempirisches atomares Resonanzintegral, das von der Orbitalüberlappung des Atoms s des Moleküls 1 mit dem Atom t des Moleküls 2 abhängt [12, 13]. Das entsprechende Matrixelement für die Mischung desselben CT-Übergangs mit der intramolekularen Anregung des Moleküls 2 ist:

$$H_{2,CT} \approx -\sum_s \sum_t C_s^{HOMO} C_t^{HOMO} \beta_{st}. \tag{8.22}$$

Im ersten Fall (Gl. 8.21), wo die intra- und intermolekularen Übergänge beide ein Elektron aus demselben Orbital entfernen (das HOMO des Moleküls 1), hängt das Matrixelement von der Überlappung der beiden Orbitale ab, zu denen das Elektron befördert werden kann. Im zweiten Fall (Gl. 8.22), wo beide Übergänge ein Elektron zum selben Orbital befördern (das LUMO des Moleküls 2), hängt das Matrixelement von der Überlappung der beiden Orbitale ab, wo das Elektron herkommt. Das außerdiagonale Matrixelement für zwei CT-Übergänge in entgegengesetzten Richtungen ist null.

Semiempirische Ausdrücke wurden für die atomaren Resonanzintegrale als Funktionen des interatomaren Abstands und der Orientierung entwickelt [12, 13]. Da die Resonanzintegrale bei Abständen größer als etwa 3,5 Å sehr schnell abfallen, sind die außerdiagonalen Wechselwirkungsmatrixelemente, die CT-Übergänge betreffen, in der Regel viel kleiner als die Terme, die rein intramolekulare Übergänge mischen. Absorptionsbanden, die hauptsächlich CT-Charakter haben, sind typischerweise sehr breit, da ihre Energien stark von den elektrostatischen Wechselwirkungen der geladenen Spezies miteinander und mit der Umgebung abhängen. Das endgültige Absorptionsspektrum enthält daher breite, schwache Banden, die Übergänge darstellen, die hauptsächlich CT-Charakter haben, und stärkere Exzitontyp-Banden mit kleineren Beimischungen von CT-Charakter. Jede Exzitontyp-Bande wird jedoch in der Energie nach oben oder unten verschoben, abhängig von der Lage des CT-Übergangs, mit dem es am stärksten mischt. Ein exzitonischer Übergang, der mit einem CT-Übergang interagiert, der über ihm in der Energie liegt, wird in der Energie nach unten verschoben, während einer, der mit einem CT-Übergang interagiert, der bei niedrigeren Energien liegt, nach oben verschoben wird.

Ladungstransferübergänge spielen eine wichtige Rolle im langwelligen Absorptionsbereich von photosynthetischen bakteriellen Reaktionszentren. Diese Pigment-Protein-Komplexe enthalten vier Moleküle von Bakteriochlorophyll (BChl) und zwei Bakteriopheophytine. Zwei der BChls befinden sich nahe beieinander, mit ihren makrozyklischen Ebenen ungefähr parallel und etwa 3,8 Å voneinander entfernt. Der Abstand von Mitte zu Mitte beträgt etwa 6 Å. Wenn das Reaktionszentrum durch Licht oder durch Resonanzenergietransfer von einem Antennenkomplex angeregt wird, ist es dieses „spezielle Paar“ von BChls, das eine Photooxidation durchläuft. Während die langwellige (Q_y) Absorptionsbande der monomeren BChl-Lösung im Bereich von 770 nm liegt, tritt die entsprechende Bande des speziellen Paares von BChls im Reaktionszentrum bei 865 nm auf (Abb. 4.12A). Die Verschiebung der Bande zu längeren Wellenlängen resultiert wahrscheinlich teilweise aus Exziton-Interaktionen und Interaktionen mit dem Protein, aber auch aus der Mischung der Exziton-Übergänge mit CT-Übergängen [12, 15, 16, 19–22]. Diese Interpretation wurde experimentell durch ortsgerichtete Mutationen getestet, die die CT-Zustände des Dimers durch Änderung der Wasserstoffbindung der BChls in der Energie nach oben oder unten verschieben [20–22]. In Übereinstimmung mit der Vorstellung, dass der niedrigste angeregte Zustand einen erheblichen CT-Charakter hat, haben Stark-Messungen gezeigt, dass die Anregung mit einer relativ großen Änderung des Dipolmoments gekoppelt ist [20–23].

Wie wir in Kap. 4 diskutiert haben, verschieben sich die meisten elektronischen Absorptionsbanden mit abnehmenden Temperaturen ins Blaue. Die langwellige Absorptionsbande von photosynthetischen bakteriellen Reaktionszentren ist in dieser Hinsicht untypisch. In Reaktionszentren, die Bakteriochlorophyll-*a* enthalten, verschiebt sich die Bande von 865 nm bei Raumtemperatur auf 905 nm bei 4 K. Eine Mischung mit einem CT-Zustand, der über dem diabatischen Exziton-Zustand liegt, kann dieses ungewöhnliche Verhalten erklären, da die niedrig liegenden Schwingungsniveaus des CT-Zustands, die bei niedrigen Temperaturen zunehmend besetzt sind, am stärksten mit dem Exziton-Zustand mischen [16–18]. Abb. 8.7 veranschaulicht diesen Punkt für ein Modell mit drei Schwingungsmoden. Die außerdiagonalen Hamilton-Matrixelemente für die Mischung vibronischer Zustände wurden als Produkte eines elektronischen Kopplungsfaktors geschrieben, der für alle Schwingungsniveaus gleich war, einschließlich der vollständigen

Frank-Condon-Faktoren für Übergänge zwischen den Zuständen. Franck-Condon-Faktoren für Anregungen zu den gemischten Eigenzuständen wurden aus den Eigenwerten und Eigenvektoren des Hamilton-Operators berechnet und dann mit Boltzmann-Faktoren für die relativen Populationen der Grundschwingungsniveaus bei einer gegebenen Temperatur gewichtet. Wenn der CT-Zustand über dem Exziton-Zustand liegt, verstärkt eine Senkung der Temperatur Übergänge auf der roten Seite der 0–0 Anregungsenergie in Übereinstimmung mit den experimentellen Befunden für Reaktionszentren (Abb. 8.7A, B). Ein CT-Zustand, der unter dem

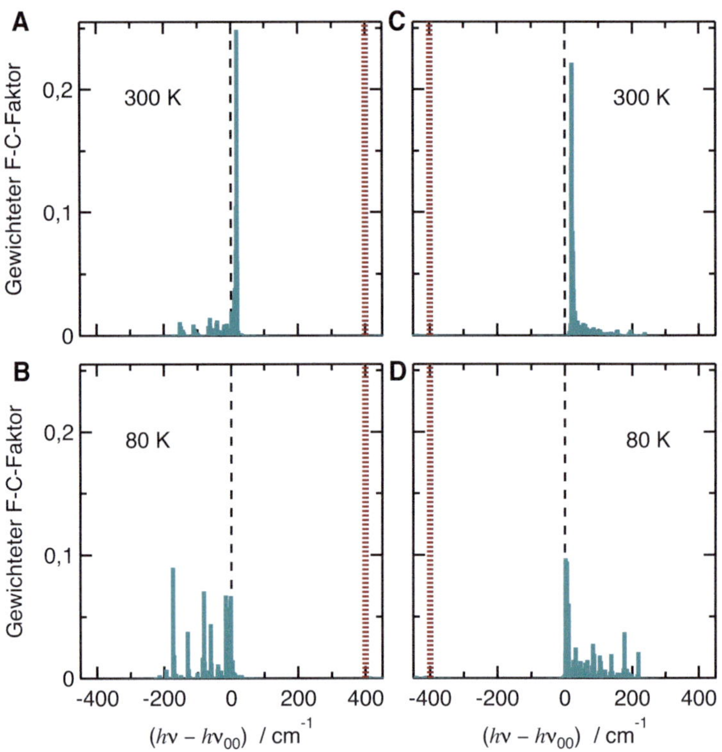

Abb. 8.7 (**A**) Berechnete thermisch gewichtete Franck-Condon-Faktoren (*vertikale cyanfarbene Linien*) für die elektronische Absorption in einem System, in dem ein exzitonischer Zustand mit einem CT-Zustand bei höherer Energie gemischt ist. Die Temperatur beträgt 300 K. Anregungsenergien auf der Abszisse sind relativ zur 0–0 Übergangsenergie des diabatischen Exziton-Zustands ($h\nu_{00}$, *vertikale schwarze gestrichelte Linie*) ausgedrückt. Die Energie des CT-Zustands (*vertikale rote gepunktete Linie*) liegt 400 cm^{-1} über der des diabatischen Exziton-Zustands. Das System hat drei Schwingungsmoden mit Energien von 20, 50 und 90 cm^{-1}, dimensionslose Verschiebungen von 1,10, 0,70 und 0,20 bzw. im CT-Zustand und dimensionslose Verschiebungen von 0,10 für alle drei Modi im diabatischen Exziton-Zustand. Die beiden Zustände sind durch ein elektronisches Wechselwirkungsmatrixelement von 300 cm^{-1} gekoppelt. (**B**) Gleich wie (**A**) aber bei 80 K. (**C**) Gleich wie (**A**) außer dass der CT-Zustand 400 cm^{-1} unter dem Exziton-Zustand liegt. (**D**) Gleich wie (**C**) aber bei 80 K. Die Spektren wurden wie beschrieben berechnet [17]

Exziton-Zustand liegt, führt mit abnehmender Temperatur zu einer Verschiebung gegen Blau , was im Widerspruch zur Beobachtung steht (Abb. 8.7C, D). Die Energie des CT-Zustands hat einen wichtigen Einfluss auf den Mechanismus der anfänglichen photosynthetischen Ladungstrennungsreaktion [17].

8.4 Exziton-Absorptionsbandenformen und dynamische Lokalisierung von Anregungen

Die Ausdrücke, die wir für das Absorptionsspektrum eines Oligomers abgeleitet haben, gelten ebenso für die stimulierte Emission, und sie können auf die spontane Fluoreszenz erweitert werden, indem die Einstein-Beziehungen verwendet werden (Kap. 5). Allerdings haben wir noch nicht die Relaxationen in Betracht gezogen, die auf die Anregung eines Oligomers zu einem Exzitonenzustand folgen. Wie wir in den Kap. 4 und 5 diskutiert haben, verändert die Anregung eines einzelnen Moleküls die elektrostatischen Wechselwirkungen des Moleküls mit der Umgebung. Die Energie des angeregten Zustands nimmt normalerweise mit der Zeit ab, da das Lösungsmittel sich auf die neue Ladungsverteilung anpasst. In dem Maße, wie ein Exziton über mehrere Moleküle verteilt ist, werden die Veränderungen in den Wechselwirkungen mit dem Lösungsmittel kleiner sein, als sie es bei einer lokalisierten Anregung wären. Aber Relaxationen sollten dennoch auftreten, und in einigen Fällen können sie dazu führen, dass die Anregung mit der Zeit zunehmend lokalisiert wird.

Betrachten wir zunächst den Fall, dass die Exzitonen-Wechselwirkungsenergie zwischen den beiden Molekülen eines Homodimers groß ist im Vergleich zur Lösungsmittel-Reorganisationsenergie eines einzelnen Moleküls. Abb. 8.8A veranschaulicht, wie die Energien der angeregten Zustände von einer nuklearen Koordinate des Lösungsmittels abhängen könnten. Die Koordinate könnte beispielsweise die Rotationsorientierung eines bestimmten nahegelegenen Wassermoleküls repräsentieren oder eine Kombination aus vielen unabhängigen Freiheitsgraden. Für jeden Wert der Lösungsmittelkoordinate hat der untere Exzitonen-Zustand (E_{B-}) in Abb. 8.8A ein einziges Minimum, das unter den Minima für die lokalisierten angeregten Zustände liegt. Wenn das Dimer von seinem Grundzustand zu Ψ_{B-} durch einen kurzen Puls angehoben wird, wenn die Lösungsmittelkoordinate etwas von 0 verschoben ist, werden die darauffolgenden Relaxationen des Lösungsmittels Ψ_{B-} stabilisieren, aber nicht dazu führen, dass die Anregung auf ein einzelnes Molekül lokalisiert wird. Beachten Sie auch in Abb. 8.8A, dass die Krümmung von E_{B-} kleiner ist als die Krümmungen von H_{11} und H_{22}. Dieser Unterschied in der Krümmung reduziert den Stokes-Verschiebung für das Dimer im Vergleich zu einem Monomer. Im Gegensatz dazu, wenn $|H_{12}|$ klein ist im Vergleich zur Reorganisationsenergie des Monomers, wird E_{B-} zwei Minima haben, die eng mit den Energieminima für die beiden lokalisierten Zustände übereinstimmen (Abb. 8.8B). In diesem Fall werden Relaxationen das System aus dem

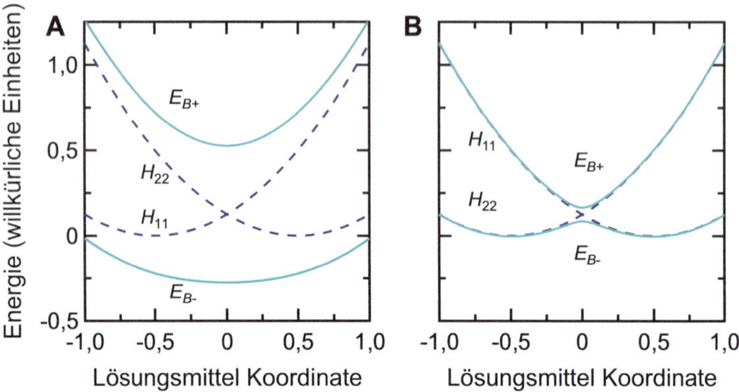

Abb. 8.8 Abhängigkeit der angeregten Zustandsenergieoberflächen von einer generalisierten Lösungsmittelkoordinate in Fällen starker (**A**) und schwacher (**B**) Exzitonen-Wechselwirkungen. H_{11} und H_{22} (*gestrichelte blaue Linien*) sind die angeregten Zustandsenergien einzelner Moleküle, die als identisch angenommen werden. E_{B+} und E_{B-} (*durchgezogene cyanfarbene Linien*) sind die Energien der beiden Exzitonen-Zustände, wie sie durch die Gl. (8.9a–8.9c) gegeben sind. (Es wird willkürlich angenommen, dass der Exzitonen-Zustand Ψ_{B+} eine höhere Energie hat als Ψ_{B-}.) Die Grundzustandsenergie liegt außerhalb des Maßstabs am unteren Rand. Für die Einheiten der Energie in der Ordinatenachse, wurden $H_{12} = 0{,}4$ in (**A**) und 0,04 in (**B**) verwendet

Resonanzbereich herausbewegen, so dass die Eigenzustände mit der Zeit stärker lokalisiert werden.

Exziton-Absorptionsbanden sind typischerweise schärfer als die entsprechenden Absorptionsbanden der monomeren Chromophore [24, 25]. Abb. 8.9 zeigt den Ursprung dieses Effekts. Im Panel *A* wird die Energie des Grundzustands eines Homodimers durch eine Konturgrafik als Funktion von zwei orthogonalen Koordinaten (x und y) dargestellt, die entweder Lösungsmittelkoordinaten oder intramolekulare Vibrationskoordinaten sein könnten. Das Energieminimum liegt am Ursprung. Die Energiefäche des niedrigsten angeregten Zustands einer der monomeren Einheiten des Dimers ist entlang x verschoben, wie in Abb. 8.9C gezeigt, und die der anderen ist um den gleichen Betrag (Δ) entlang y verschoben (Abb. 8.9D). Wenn die beiden Moleküle nicht interagieren, hängt der Energieunterschied zwischen dem Grundzustand und dem angeregten Zustand daher nur von x ab, wenn Molekül 1 angeregt ist, und nur von y, wenn Molekül 2 angeregt ist. Panel *B* zeigt die Konturgrafik für die Energie des niedrigsten Exzitonzustands des Dimers, wenn die Moleküle stark genug interagieren, so dass der angeregte Zustand ein einziges Minimum hat, wie in Abb. 8.8A. Der Energieunterschied zwischen dem Grund- und dem angeregten Zustand kann immer noch in Bezug auf eine einzige Koordinate beschrieben werden, aber dies ist jetzt die lineare Kombination $2^{-1/2}(x + y)$, die durch die feste Diagonale in Abb. 8.9B angezeigt wird. Das Minimum ist gleich weit von den Minima von H_{11} und H_{22} entfernt, so dass dessen Verschiebung vom Ursprung entlang dieser Koordinate $2^{-1/2}\Delta$ ist. Die

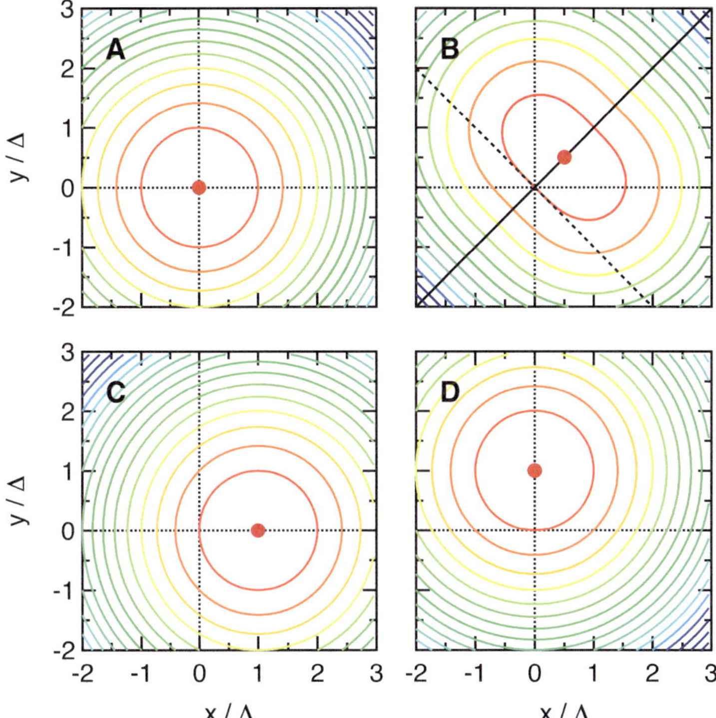

Abb. 8.9 Konturdiagramme der Energieoberflächen des Grundzustands (**A**) und des niedrigsten Exzitonzustands (**B**) eines Homodimers und der niedrigsten angeregten Zustände der monomeren Einheiten (**C**, **D**), als Funktionen von zwei orthogonalen Koordinaten (x und y). Das Energieminimum (*gefüllter dunkelroter Kreis*) des Grundzustands des Dimers befindet sich am Ursprung. Der angeregte Zustand eines der Monomere ist um Δ entlang x (**C**) verschoben, und der des anderen Monomers ist ähnlich entlang y (**D**) verschoben. Es wird angenommen, dass die Energie des Grundzustands des Dimers und die Energien der angeregten Zustände der Monomere quadratisch mit den Abständen von diesen Minima zunehmen. Die Farben der Konturlinien wechseln von rot zu blau, wenn die Energie zunimmt. Die Energie des angeregten Zustands des Dimers (**B**) wurde durch die Gl. (8.9a–8.9c) mit H_{12} gleich der doppelten Reorganisationsenergie des Monomers berechnet. In diesem Modell ist das Energieminimum für den angeregten Zustand des Dimers um $2^{-1/2}\Delta$ entlang der durch die *durchgezogene Linie* in (**B**) angezeigten Diagonalen verschoben. Die Verschiebung entlang der orthogonalen Koordinate (*gestrichelte Linie*) ist null

Verschiebung des Minimums entlang der senkrechten Koordinate, die durch die gestrichelte Linie in Abb. 8.9B angezeigt wird, $2^{-1/2}(x - y)$, ist null. Da die Breite einer Absorptionsbande, das stark an eine Kernkoordinate gekoppelt ist, proportional zur Verschiebung des Minimums entlang der Koordinate ist (Gl. 4.57), wird die Absorptionsbande des Dimers etwa um den Faktor $\sqrt{2}$ schmaler sein als die Monomerbande.

Bei Raumtemperatur setzt die Verengung der Exziton-Banden ein, wenn die Wechselwirkungsenergie H_{21} in der Größenordnung der Reorganisationsenergie der Monomer-Absorptionsbande (Λ_m) liegt. (In Abb. 8.9, $H_{12} = 2\Lambda_m$.) Schwächere Wechselwirkungen ergeben eine Energieoberfäche mit einem Doppelminimum, wie in Abb. 8.8B gezeigt, und die Exziton-Bandbreite nähert sich der Breite der Monomer-Bande.

Diese Analyse der Formen von Exziton-Absorptionsbanden vernachlässigt die Vermischung verschiedener Schwingungsniveaus der Chromophore. Ein allgemeinerer Ansatz besteht darin, die angeregten Zustände des Dimers wie in Gl. (8.17) zu schreiben, wobei die Born-Oppenheimer-Vibroni-vibronischen Zustände der einzelnen Chromophore als Basis verwendet werden. Jedes außerdiagonale Element in der Wechselwirkungsmatrix **H** (Gl. 8.18) besteht dann aus einem Produkt aus einer elektronischen Wechselwirkungsenergie und dem Schwingungsüberlappungsintegral für ein bestimmtes Paar von Basiszuständen. Eine Behandlung entlang dieser Linien wurde für ein Chlorophyll-Dimer mit zwei effektiven Schwingungsmoden [26] verwendet und wurde hier in Abb. 8.7 für ein System mit drei Modi verwendet. Schwingungszustände der Umgebung können auf die gleiche Weise einbezogen werden, wenn die Wechselwirkungsenergien und Überlappungsintegrale für diese bekannt sind. Behandlungen mit spektralen Dichtefunktionen (Kap. 10) bieten praktischere Möglichkeiten zur Einbeziehung dieser Zustände und wurden erfolgreich für einen Protein-Komplex mit vier Molekülen Chlorophyll verwendet [27–29].

Da Ladungstransfer (CT) Übergänge im Allgemeinen erhebliche Änderungen im Dipolmoment mit sich bringen, werden CT-Absorptionsbanden sowohl durch starke vibronische Kopplung als auch durch inhomogene Wechselwirkungen der Chromophore mit der Umgebung verbreitert. Absorptionsbanden, die gemischte Exziton- und CT-Übergänge widerspiegeln, sind daher typischerweise viel breiter als die Banden der monomeren Chromophore, und wie wir im vorherigen Abschnitt bemerkt haben, können sie auch eine ungewöhnliche Temperaturabhängigkeit aufweisen. Friesner und Mitarbeiter [15, 30, 31], Zhou und Boxer [20–22] und Renger [16] haben Methoden zur Behandlung der Formen solcher gemischten Banden beschrieben.

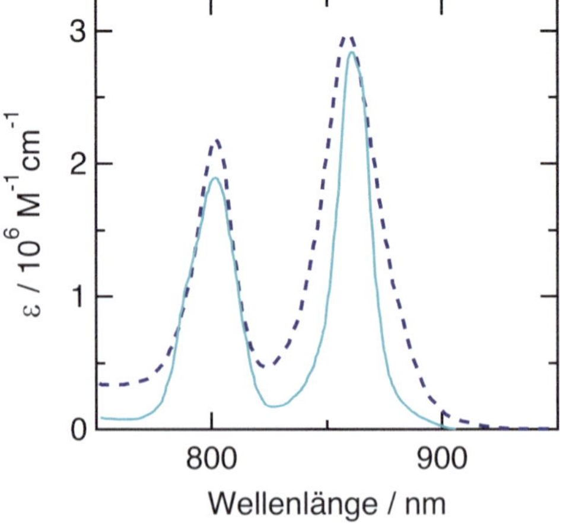

Abb. 8.10 Beobachtete (*gestrichelte blaue Linie*) und berechnete (*durchgezogene cyanfarbene Linie*) Absorptionsspektren des LH2-Antennenkomplexes von *Rhodopseudomonas acidophilus* [13]. Siehe den Text für eine Beschreibung der Berechnungen

8.5 Exziton-Zustände in photosynthetischen Antennenkomplexen

Die „LH2" oder „B800-850" Antennenkomplexe von purpurnen photosynthetischen Bakterien illustrieren viele der in den vorherigen Abschnitten dieses Kapitels diskutierten Punkte. Wie wir in Kap. 7 diskutiert haben, absorbieren diese Pigment-Protein-Komplexe Licht und übertragen die Anregungsenergie auf die photosynthetischen Reaktionszentren, die die anfänglichen Elektronentransferreaktionen der Photosynthese durchführen. Die Haupt-LH2-Komplexe von *Rhodopseudomonas acidophilus* und *Rhodobacter sphaeroides* enthalten neun Kopien von jeweils zwei kleinen Proteinen, die in einer zylindrischen Struktur mit C_9 Rotationsymmetrie angeordnet sind, zusammen mit 27 Bakteriochlorophyll (BChl) Molekülen und 18 Carotinoiden (Abb. 7.11B) [32, 33]. *Rhodospirillum molischianum* hat einen ähnlichen Komplex, der acht Kopien jedes Proteins, 24 BChls, acht Carotinoide und C_8 Symmetrie enthält [34]. Die BChls in jedem Komplex bilden zwei Ringe: einen inneren Ring aus 16 oder 18 „B850" BChls mit Zentrum-zu-Zentrum-Abständen von etwa 9 Å und einen äußeren Ring, der auf einer Seite der Membrane versetzt ist, mit acht oder neun „B800" BChls mit Zentrum-zu-Zentrum-Abständen von etwa 21 Å. Die Q_y Übergangsdipole der B850 BChls liegen ungefähr in der Ebene der Membrane, während die der B800 BChls ungefähr normal zur Membrane positioniert sind. Die Komplexe haben eine starke Absorptionsbande bei 850 nm, die den B850 BChls zugeordnet wird, und eine Bande bei 800, die hauptsächlich den B800 BChls zugeschrieben wird (Abb. 8.10). Ihre spektroskopischen Eigenschaften wurden sowohl durch theoretische als auch durch experimentelle Ansätze ausführlich untersucht [35, 36].

Abb. 8.11 zeigt berechnete Beiträge der Q_y Anregungen der 18 einzelnen B850-Moleküle zu den Gesamtübergangsdipolen zur Bildung der ersten drei angeregten Zustände des *Rps. acidophilus* Komplexes [13]. Die Pfeile sind die gewichteten Vektoren $C^B_{b(m)}\,\boldsymbol{\mu}_{ba(m)}$, die in Gl. (8.19) erscheinen, die zusammen mit geringfügigen zusätzlichen Beiträgen der höherenergetischen Q_x, B_x, B_y und Ladungstransfer (CT) Übergängen den gesamten Übergangsdipol für jeden angeregten Zustand ($\boldsymbol{\mu}_{BA}$) bilden. (Siehe Abschn. 4.8 für eine Erklärung der Q_x, B_x und B_y Zustände von BChl und verwandten Molekülen.) Die Berechnungen, die für Abb. 8.11 verwendet wurden, gehen davon aus, dass die Q_y Übergangsenergien aller einzelnen BChls gleich sind. Im niedrigsten angeregten Zustand (Abb. 8.11A) haben die Beiträge der verschiedenen BChls alle ungefähr die gleiche Größe, und die gewichteten Übergangsdipole zeigen konsistent in eine Richtung um den Ring. Der gesamte elektrische Übergangsdipol für die Bildung dieses Zustands (das Ergebnis eines vollständigen Zyklus um den Ring) ist null, so dass (unter Vernachlässigung von Wechselwirkungen mit dem Magnetfeld des Lichts) eine

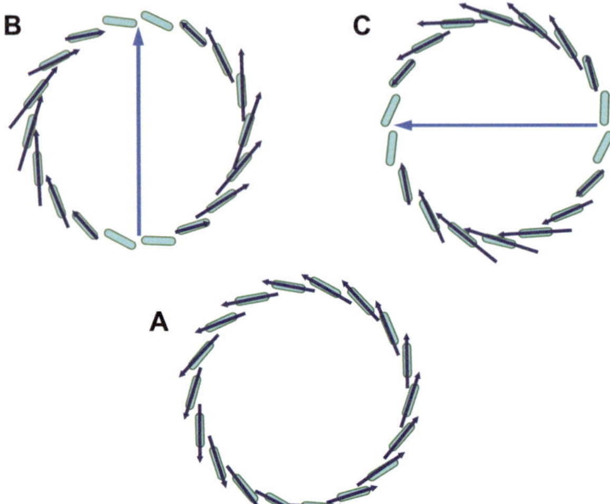

Abb. 8.11 Berechnete Beiträge von Monomer Q_y Anregungen zu den ersten drei angeregten Singulettzuständen eines photosynthetischen bakteriellen Antennenkomplexes (**A**–**C**) [13]. Der Komplex enthält einen Ring aus 18 BChls, die hier durch *abgerundete cyanfarbene Rechtecke* dargestellt sind, und einen größeren, konzentrischen Ring aus neun BChls, die relativ schwach mit dem Ring aus 18 interagieren (nicht gezeigt). Abwechselnde BChls im gezeigten Ring haben leicht unterschiedliche Konformationen. Die *dunkelblauen Pfeile* repräsentieren die Produkte des Koeffizienten für die Q_y Anregung jedes Moleküls (m) im angeregten Zustand ($C^B_{b(m)}$) und das Q_y elektrische Übergangsdipol des Moleküls ($\boldsymbol{\mu}_{ba(m)}$). Im niedrigsten angeregten Zustand (**A**) summieren sich die gewichteten Vektoren zu null; in den nächsten zwei Zuständen (**B**, **C**) erreichen die Größen von $C^B_{b(m)}\boldsymbol{\mu}_{ba(m)}$ ihre Spitzenwerte auf gegenüberliegenden Seiten des Rings und kombinieren sich zu starken Gesamtübergangsdipolen, die für die beiden Zustände orthogonal sind (*lange vertikale* und *horizontale Pfeile*). Die Längen der langen Pfeile sind im Vergleich zu den Pfeilen für Übergangsdipole der einzelnen BChls um 50 % reduziert

Anregung in den ersten angeregten Zustand formal verboten ist. In den zweiten und dritten angeregten Zuständen (Abb. 8.11B, C) sammeln sich Monomer-Übergangsdipole mit großen Koeffizienten auf gegenüberliegenden Seiten des Rings, wobei die Beiträge von den beiden Seiten vektoriell addiert werden, um große gesamte Übergangsdipole zu ergeben. Die Energien dieser beiden Zustände sind gleich, und ihre Übergangsdipole sind orthogonal. Anregungen in den zweiten oder dritten Zustand haben große Übergangsdipole mit senkrechten Orientierungen, was für die starke Absorptionsbande im Bereich von 850 nm verantwortlich ist [13]. Über diesen Zuständen gibt es weitere 15 Q_y Exzitonenzustände, einschließlich zwei, die den zweiten und dritten Zuständen ähneln, außer dass die Übergangsdipole auf gegenüberliegenden Seiten des Rings einander entgegenwirken anstatt zu kooperieren. Die berechneten Dipolstärken all dieser Zustände sind viel kleiner als die der zweiten und dritten Zustände. Die neun B800 BChls tragen ein ähnliches Paar von starken Banden im 800-nm-Bereich bei, zusammen mit sieben schwächeren Banden. Banden, die hauptsächlich von Q_x, B_x, B_y oder CT Übergängen stammen, werden für höhere Energien vorhergesagt.

Das gerade beschriebene Modell vernachlässigt Störungen der Symmetrie des Komplexes durch Heterogenität in den Energien der einzelnen Pigmente. Obwohl das Modell eine Kopplung an einen Satz von Schwingungsmoden mit experimentell gemessenen Frequenzen und Kopplungsfaktoren berücksichtigt [13], ist die vorhergesagte Breite der Absorptionsbanden viel schärfer als beobachtet. Abb. 8.10 zeigt das Ergebnis von Simulationen mit zufälligen Variationen in den Energien der einzelnen Übergänge, unter der Annahme, dass jeder der Monomerübergänge eine gaußsche Energieverteilung hat. Die Breite der Energieverteilung bei halber maximaler Amplitude wurde als 100 cm^{-1} angenommen. Die Einführung einer solchen Unordnung in den Monomerübergangsenergien führt dazu, dass die beiden starken Übergänge des Komplexes in der Energie auseinanderdriften und etwas von ihrer Dipolstärke verlieren, während die zuvor schwachen Übergänge stärker werden. Die Übereinstimmung mit dem beobachteten Spektrum ist nun recht zufriedenstellend, obwohl die vorhergesagte 850-nm-Bande etwas zu schmal und die 800-nm-Bande zu breit ist. Unordnung in den Wechselwirkungsenergien hätte einen qualitativ ähnlichen Effekt.

Aartsma und Mitarbeiter testeten das Exziton-Modell, indem sie Fluoreszenzanregungsspektren einzelner LH2-Komplexe bei niedrigen Temperaturen maßen [37–45]. In Übereinstimmung mit dem oben dargestellten Bild enthielt das Anregungsspektrum eines einzelnen Komplexes typischerweise zwei dominante Komponenten mit orthogonalen Polarisationen, und die Übergangsenergien variierten von Komplex zu Komplex.

Nach der Absorption von Licht entspannt sich wahrscheinlich ein Ensemble angeregter LH2-Komplexe schnell zu einer thermisch ausgeglichenen Mischung von Zuständen, in denen der niedrigste angeregte Zustand stärker hervortritt [46–48]. Da die strahlenden Übergänge vom niedrigsten angeregten Zustand zum Grundzustand trotz der Unordnung in den Monomerübergangsenergien wahrscheinlich relativ schwach sind, sollte diese Entspannung von einer Abnahme der Intensität der stimulierten und prompten Emission begleitet sein, und dies wird experimentell beobachtet. Strukturelle Fluktuationen, die die Monomerübergangsenergien oder die elektronischen Wechselwirkungen stören, können jedoch dazu führen, dass die Anregung in kleineren Bereichen des Rings lokalisiert wird [49–55].

8.6 Excimere und Exciplexe

Einige Moleküle, die entweder im Grundzustand keine Komplexe bilden oder nur schwache Komplexe bilden, die durch van der Waals-Wechselwirkungen zusammengehalten werden, bilden engere Komplexe, wenn sie mit Licht angeregt werden. Ein solcher angeregter Komplex wird als *Excimer* bezeichnet, wenn die Moleküle identisch sind, und als *Exciplex,* wenn sie unterschiedlich sind [56, 57]. Die Bildung eines Excimers oder Exciplexes kann durch eine konzentrationsabhängige Fluoreszenzemissionsbande bei Wellenlängen erkannt werden, bei denen die einzelnen Moleküle nicht fluoreszieren. Verdünnte Lösungen des aromatischen Kohlenwasserstoffs Pyren (Abb. 8.12, **1**), zum Beispiel, haben ein strukturiertes Emissionsspektrum mit gut definierten vibronischen Maxima zwischen 375 und 405 nm. Bei höheren Konzentrationen kann Pyren dimerisieren, um einen lockeren Komplex zu bilden, in dem die π-Systeme flächenhaft übereinander gestapelt sind und ein Molekül entlang der langen Achse des Dimers verschoben ist (Abb. 8.12, **2**) [58]. Die molekularen Ebenen sind etwa 3,5 Å voneinander entfernt. Wenn das Dimer in seinen niedrigsten angeregten Singulettzustand gehoben wird, ziehen die beiden Moleküle enger zusammen, um eine Struktur mit stärkerem π-Stacking und einem kleineren Abstand von etwa 3,3 Å zwischen den molekularen Ebenen zu bilden (Abb. 8.12, **3**). In erster Näherung kann der angeregte Zustand dieses Komplexes als Kombination eines antisymmetrischen Exzitonenzustands ($2^{-1/2}\Psi_1 - 2^{-1/2}\Psi_2$, wobei Ψ_1 und Ψ_2 die niedrigsten angeregten Singulettzustände der einzelnen Moleküle sind) und eines antisymmetrischen „Ladungsresonanz"-Zustands ($2^{-1/2}\Psi_{\pm} - 2^{-1/2}\Psi_{\mp}$, wobei $\Psi_{\pm}$ und $\Psi_{\mp}$ Ladungstransferzustände sind, in denen ein Elektron vom HOMO des Moleküls 1 zum LUMO des Moleküls 2 oder *umgekehrt* bewegt wurde) beschrieben werden [59]. Da die Molekülorbitale im Grund- und angeregten Zustand beide *gerade* Symmetrie haben, ist diese Struktur nicht fluoreszierend. Eine Rotation eines der Moleküle um eine Achse, die normal zur Ebene seines π-Systems liegt, kann jedoch zu weniger symmetrischen Konformeren führen (Abb. 8.12, **4** und **5**), die eine breite, unstrukturierte Bande von Fluoreszenz emittieren, die um 475 nm ihr Maximum erreicht [58]. Wenn die Konzentration einer Lösung von Pyren erhöht wird, wächst die Excimer-Emission im Verhältnis zur Monomer-Emission. Wenn eine Lösung von 1 mM Pyren in Cyclohexan mit einem kurzen Lichtpuls angeregt wird, ändert

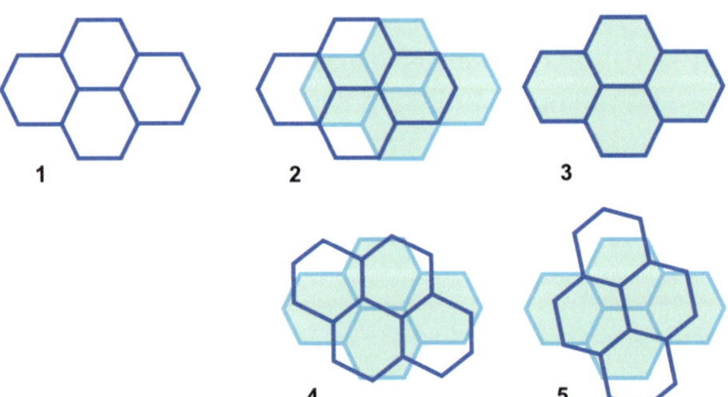

Abb. 8.12 Pyren (**1**) kann Dimere bilden, die im Grundzustand schwach durch van der Waals-Kräfte zusammengehalten werden (**2**). Wenn das Dimer mit Licht angeregt wird, bewegen sich die Moleküle zusammen in eine Konfiguration, die nicht fluoresziert (**3**). Eine Rotation eines Moleküls um seine C_2-Achse kann dann Konformere ergeben, die zur roten Seite des Emissionsspektrums des Monomers fluoreszieren (**4** und **5**) [58]. Ein Molekül wird hier durch *blaue Linien* für Bindungen zwischen Kohlenstoffatomen dargestellt; das andere durch *cyanfarbene Linien* und *hellgrüne Schattierung*

sich das Emissionsspektrum mit der Zeit, da Excimere aus angeregten und Grundzustandsmolekülen entstehen, die sich durch Diffusion begegnen [60]. 1 ns nach der Anregung stammt die Fluoreszenz hauptsächlich von Pyren-Monomeren; nach 100 ns stammt sie hauptsächlich von Excimeren.

Messungen der Eximer- oder Exiplex-Fluoreszenz können verwendet werden, um zu bestimmen, ob ein Paar von Makromolekülen oder zwei Regionen eines Makromoleküls während der Lebensdauer des angeregten Zustands in engen Kontakt kommen können. Derivate von Pyren, die an verschiedene funktionelle Gruppen in Proteinen, Lipiden oder Polysacchariden angehängt werden können, eignen sich gut für solche Studien [61–65]. In einer Anwendung wurde das *N*-Terminus der EcoR1 Restriktionsendonuklease mit *N*-(1-Pyrenyl)iodoacetamid markiert [66]. Eine breite Excimer-Emissionsbande bei 480 nm zeigte an, dass die *N*-Termini zweier Moleküle in die Nähe kommen, wenn das Protein dimerisiert. Die *N*-Termini sind für die enzymatische Aktivität unerlässlich, aber zu ungeordnet, um in der Kristallstruktur des Proteins gesehen zu werden.

Die Edelgase He, Ne, Ar, Kr und Xe sind in ihren Grundzuständen alle entschieden unreaktiv. Obwohl Kr und Xe, die größeren Mitglieder der Gruppe, Fluoride und Oxide bilden, wurden bei He, Ne und Ar noch keine stabilen Verbindungen gefunden. In ihren angeregten Zuständen können jedoch alle Edelgase Exciplexe mit Atomen aus jeder Gruppe im Periodensystem bilden. Wenn eine elektrische Entladung durch ein Gemisch aus gasförmigem Xe und Cl_2 geleitet wird, kann die Übertragung eines Elektrons von einem angeregten Xe-Atom auf Cl_2 einen metastabilen Ladungstransferkomplex (Xe^+Cl^-) und ein freies Cl-Atom bilden. Die Reaktion eines angeregten Xe-Atoms mit HCl erzeugt den gleichen Xe^+Cl^- Exciplex plus ein Wasserstoffatom. Diese Reaktionen treten auf einer Zeitskala von 1 bis 10 ns auf [67]. Abb. 8.13 zeigt Potenzialenergiekurven für Wechselwirkungen von Xe und I in Abhängigkeit vom Abstand zwischen den beiden Kernen im Grundzustand und einem Xe^+I^- Ladungstransfer-Exciplex [68]. Eine Kurve für einen Zustand, in dem nur das I-Atom angeregt ist, wird ebenfalls

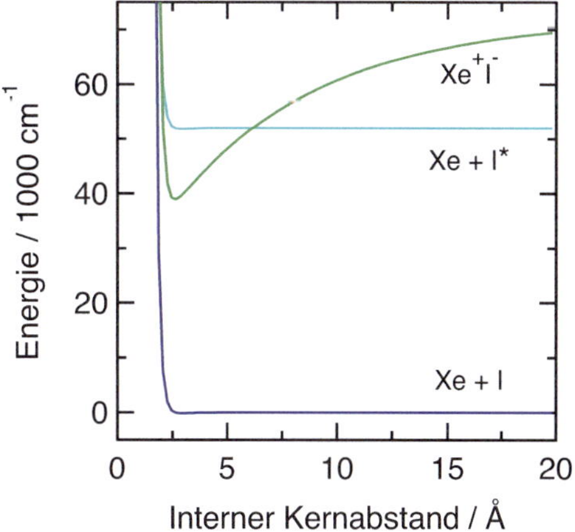

Abb. 8.13 Potenzialenergien der Wechselwirkungen zwischen Xe und I-Atomen als Funktionen des Abstands zwischen den beiden Kernen im Grundelektronenzustand (Xe + I, *blaue Kurve*), dem ersten angeregten Zustand von I (Xe + I*, *cyan*), und einem Ladungstransfer angeregten Zustand (Xe^+I^-, *grün*). Diese Abbildung ist adaptiert von Ewing und Brau [68]

gezeigt. Xenon und Iod-Atome interagieren im Grundzustand nur durch schwache Dispersionskräfte, können aber bei Anregung einen durch starke Coulomb-Wechselwirkungen stabilisierten Exciplex bilden. Xenon bildet ähnliche Exciplexe mit Br und Cl, und sowohl Xe als auch Kr tun dies mit F [69, 70]. Potenzialenergiediagramme für diese und andere Exciplexe, die Edelgase beinhalten, finden sich in dem von C. K. Rhodes herausgegebenen Buch „Excimer Lasers" [71]. Neben Ladungstransferzuständen haben Exciplexe von Edelgas-Halogeniden Rydberg Zustände, in denen ein Elektron zu höheren wasserstoffähnlichen Orbitalen angeregt wird, anstatt vollständig zum Halogen zu wechseln.

Der Zerfall eines Edelgas-Monohalogenid-Exciplexes in den Grundzustand durch Fluoreszenz oder stimulierte Emission wird wahrscheinlich von der Dissoziation der beiden ungebundenen Atome innerhalb weniger ps gefolgt [71, 72]. Emissionsspektren für Xe-Monohalogenide haben typischerweise mehrere Komponenten, die Übergänge vom Exiplex zu verschiedenen elektronischen Konfigurationen des Grundzustands darstellen. Die Peakwellenlängen liegen je nach Halogenid zwischen etwa 250 und 350 nm [69, 70, 73]. Jede elektronische Komponente des Spektrums wird durch Beiträge von Exiplexen mit einer Verteilung von interatomaren Abständen und Schwingungsniveaus je nach Temperatur verbreitert. Da die Potenzialenergieoberflächen stark anharmonisch sind, neigen Exiplexe mit kurzen interatomaren Abständen dazu, relativ niedrige Schwingungsniveaus zu besetzen. Ihre Emission erzeugt eine große Verteilung von Schwingungsenergien im Grundzustand, was in einer breiten homogenen Linienbreite resultiert [74].

Aufgrund ihrer assoziativen angeregten Zustände und dissoziativen Grundzustände ist es relativ einfach, eine Bevölkerungsinversion in Edelgas-Halogeniden zu erzeugen. Diese Materialien eignen sich daher für den Bau von Lasern, die unter dem einheitlichen Namen „Excimer-Laser" zusammengefasst werden. Stimulierte Emission in flüssigem Xenon wurde erstmals 1971 vom russischen Physiker Nikolai Basov und Kollegen berichtet [75]. Basov teilte sich den Nobelpreis für Physik 1964 mit Alexander Prokhorov und Charles Townes für seine Beiträge zur Quantenelektronik und zur Entwicklung von Lasern. Bhaumik und Mitarbeiter zeigten anschließend, dass das Emissionsspektrum verengt und die Laserintensität erhöht wurde, indem anstelle einer Flüssigkeit ein Druckgas verwendet wurde [76]. Moderne Excimer-Laser können Pikosekundenpulse mit UV-Wellenlängen bei Wiederholraten von bis zu mehreren kHz und mit extrem hohen Ausgangsleistungen liefern. KrF-Laser, die bei 248 nm und ArF bei 198 nm arbeiten, haben sich besonders für das Ätzen von elektronischen Schaltkreisen durch Photolithographie als nützlich erwiesen, was es ermöglicht, integrierte Schaltkreise mit Komponenten herzustellen, die so klein wie 7 nm sind [77, 78]. Excimer-Laser haben somit in den letzten 25 Jahren eine entscheidende Rolle bei der kontinuierlichen Weiterentwicklung des Moore'schen Gesetzes gespielt [79].

Excimer-Laser eignen sich auch gut für Präzisionsoperationen wie LASIK-Augenoperationen und Angioplastien. Biologische Materialien absorbieren ihr UV-Licht gut und der Laserstrahl kann eng fokussiert werden, um eine dünne Schicht von Zellen mit minimaler Schädigung tieferer oder umgebender Gewebe abzutragen. XeCl-Excimer-Laser, die bei 308 nm arbeiten, werden nun zur Behandlung einer Vielzahl von dermatologischen Erkrankungen einschließlich Psoriasis, atopischer Dermatitis und Leukodermie eingesetzt [80].

8.7 Fragen

Betrachten Sie ein Molekül, das eine Absorptionsbande bei 700 nm mit einer Dipolstärke von 25 Debye^2 hat. Nehmen Sie an, zwei solche Moleküle (a und b) bilden einen koplanaren Komplex mit einem Zentrum-zu-Zentrum-Abstand von 8Å, wie unten skizziert. Die Pfeile repräsentieren intramolekulare Vektoren, die mit den Übergangsdipolen ausgerichtet sind.

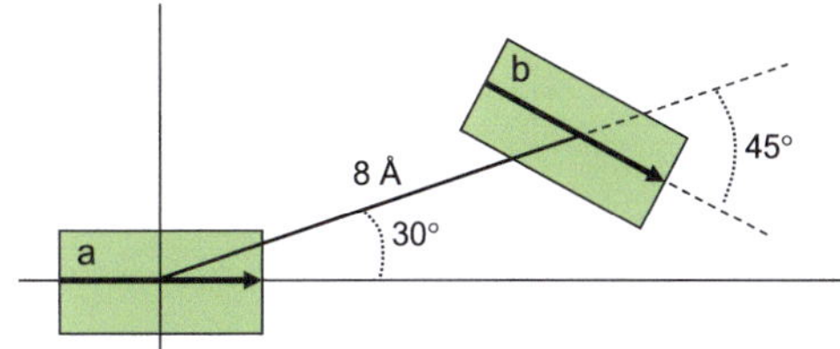

1. Berechnen Sie die Dipol-Dipol-Wechselwirkungsenergie (H_{ab}) in der Punkt-Dipol-Näherung für ein Medium mit einem Brechungsindex $n = 1{,}2$. Geben Sie das Vorzeichen und die Einheiten Ihrer Antwort an. Speichern Sie Ihr Ergebnis für die Verwendung in Kap. 10.
2. Was sind die Anregungsenergien für die beiden angeregten Zustände des Dimers?
3. Berechnen Sie die Dipolstärken der beiden Exziton-Absorptionsbanden des Dimers. (Nehmen Sie an, dass jedes Molekül nur einen angeregten Zustand hat.)
4. (*a*) Skizzieren Sie das vorhergesagte Absorptionsspektrum des Dimers und geben Sie die Wellenlängen und relativen Intensitäten der beiden Banden an. (*b*) Was würde passieren, wenn eines der Moleküle um 180° um eine Achse normal zur Molekülebene gedreht wird, so dass der Übergangsdipol in die entgegengesetzte Richtung zeigt?
5. Skizzieren Sie das vorhergesagte Absorptionsspektrum des Dimers in der Situation, dass Wechselwirkungen mit der Umgebung eines der Monomer-Absorptionsbanden auf 690 nm und die andere auf 710 nm verschieben.
6. (*a*) Was ist der Unterschied zwischen einem Exzimer und einem Exziplex? (*b*) Qualitativ, wie beeinflusst der Elektronentransfer die Wellenfunktionen eines Exzitons und eines Exzimers?
7. (*a*) Was verursacht vermiedene Kreuzungen zwischen zwei elektronischen Zuständen? (*b*) Was ist der Unterschied zwischen den Energiediagrammen in Abb. 8.1 und einer konischen Schnittstelle?

Tab. 8.1 Atomare Koeffizienten

Atom	ψ_6	ψ_7	ψ_8	ψ_9	ψ_{10}	ψ_{11}	ψ_{12}	ψ_{13}	ψ_{14}
C5	0,184					0,820			
O6	0,726					−0,485			
N7	−0,663					−0,304			
C14		0,481	−0,025	−0,508			−0,288	−0,008	0,518
C15		0,195	−0,380	−0,383			0,479	−0,175	−0,466
N17		−0,304	−0,290	0,361			−0,197	0,246	0,214
C19		−0,181	0,485	0,123			−0,004	−0,513	−0,178
C20		−0,415	0,234	−0,360			0,462	0,168	0,378
C22		−0,314	−0,308	−0,302			−0,400	0,303	−0,392
C24		0,068	−0,479	0,205			−0,085	−0,588	0,223
C26		0,373	−0,124	0,426			0,451	0,378	0,057
C28		0,437	0,377	0,077			−0,256	0,192	−0,295
C29					0,839				
O30					−0,521				
N31					−0,155				

8. (*a*) Beschreiben Sie die Struktur-Funktions-Beziehung in bakteriellen Lichtsammelkomplexen LH2 und B800–850. (*b*) Was erklärt ihre ungewöhnliche Langwellenabsorption?
9. Exzimerlaser werden oft als 4-Niveau-Laser beschrieben. (*a*) Was könnten die 4 Niveaus sein? (*b*) Welche Merkmale können es einfacher machen, eine Besetzungsinversion in einem 4-Niveau-Laser als in einem 2-Niveau-Laser zu erzeugen und aufrechtzuerhalten?
10. Betrachten Sie ein Protein, bei dem die Aminogruppe des N-terminalen Tryptophan (Trp)-Rests acetyliert ist. Tab. 8.1 unten gibt die atomaren Expansionskoeffizienten (die C_n^k von Gl. 2.36) für eine π-Molekülorbitalbeschreibung des Trp-Rests und seiner beiden Peptidverbindungen. Atome C5 und O6 sind die Acetylcarboxyl-C- und O-Atome; N7 ist der Trp-Amino-Stickstoff; C14–C28 und N17 sind im Indolring; und C29, O30 und N31 stellen die Trp-Carboxyl-

Tab. 8.2 CI Koeffizienten

Anregung	Konfigurationen und Koeffizienten
1	$0{,}761(\psi_8\to\psi_{12}) + 0{,}498(\psi_9\to\psi_{13}) - 0{,}298(\psi_9\to\psi_{12}) + 0{,}166(\psi_7\to\psi_{13}) + 0{,}142(\psi_8\to\psi_{13}) + 0{,}106(\psi_9\to\psi_{14}) + \ldots$
2	$0{,}924(\psi_9\to\psi_{12}) + 0{,}241(\psi_9\to\psi_{13}) + 0{,}235(\psi_8\to\psi_{12}) - 0{,}129(\psi_8\to\psi_{13}) - 0{,}057(\psi_7\to\psi_{12}) + 0{,}055(\psi_8\to\psi_{14}) + \ldots$
3	$0{,}979(\psi_9\to\psi_{10}) + 0{,}132(\psi_8\to\psi_{10}) - 0{,}118(\psi_7\to\psi_{10}) + 0{,}088(\psi_5\to\psi_{10}) + \ldots$

gruppe und das Amino-N des nächsten Rests dar. Wellenfunktionen $\psi_6 - \psi_9$ sind die vier höchsten besetzten π-Molekülorbitale, und $\psi_{10} - \psi_{14}$ sind die fünf niedrigsten unbesetzten Orbitale. Tab. 8.2 gibt die Konfigurationsinteraktions-Koeffizienten (die $A_{j,k}^{a,b}$ von Gl. 4.26) für die ersten drei Singulett-Anregungen des Systems. (*a*) Qualitativ, wie würden Sie die Wellenfunktionen ψ_6, ψ_9 und ψ_{11} beschreiben? (*b*) Welche Arten von Prozessen stellen die Anregungen 1 und 3 dar? (*c*) Überprüfen Sie Ihre Antwort zu (*b*) durch Berechnung der Ladungsänderungen in den -CONH- und Indolgruppen. (*d*) Was ist die Dipolstärke der Anregung 3 (innerhalb der Genauigkeit von Gl. (4.22a–4.22e) und den in den Tabellen gegebenen Zahlen)? (*e*) Welche der drei Anregungen würde wahrscheinlich die größten Energievariationen erfahren, wenn die Proteinstruktur in Lösung schwankt? Erklären Sie.

Literaur

1. Salem, L.: Electrons in Chemical Reactions: First Principles. Wiley-Interscience, New York (1982)
2. Bonacic-Koutecky, V., Kouteckey, J., Michl, J.: Neutral and charged biradicals, zwitterions, funnels in S_1, and proton translocation. Their role in photochemistry, photophysics, and vision. Angew. Chem. Int. Ed. Engl. **26**, 170–189 (1987)
3. Klessinger, M.: Conical intersections and the mechanism of singlet photoreactions. Angew. Chem. Int. Ed. Engl. **34**, 549–551 (1995)
4. Garavelli, M., Vreven, T., Celani, P., Bernardi, F., Robb, M.A., Olivucci, M.: Photoisomerization path for a realistic retinal chromophore model: the nonatetraeniminium cation. J. Am. Chem. Soc. **120**, 1285–1288 (1998)
5. Toniolo, A., Olsen, S., Manohar, L., Martínez, T.J.: Conical intersection dynamics in solution: the chromophore of green fluorescent protein. Farad. Disc. **127**, 149–163 (2004)
6. Toniolo, A., Granucci, G., Martínez, T.J.: Conical intersections in solution: a QM/MM study using floating occupation semiempirical configuration interaction wave functions. J. Phys. Chem. A. **107**, 3822–3830 (2003)
7. Martin, M.E., Negri, F., Olivucci, M.: Origin, nature, and fate of the fluorescent state of the green fluorescent protein chromophore at the CASPT2//CASSCF resolution. J. Am. Chem. Soc. **126**, 5452–5464 (2004)
8. Tinoco Jr., I.: Hypochromism in polynucleotides. J. Am. Chem. Soc. **82**, 4785–4790 (1961) Erratum J. Am. Chem. Soc. 84: 5047 (1961)
9. Tinoco Jr., I.: Theoretical aspects of optical activity part two: polymers. Adv. Chem. Phys. **4**, 113–160 (1962)
10. Scherz, A., Parson, W.: Oligomers of bacteriochlorophyll and bacteriopheophytin with spectroscopic properties resembling those found in photosynthetic bacteria. Biochim. Biophys. Acta. **766**, 653–665 (1984)
11. Scherz, A., Parson, W.: Exciton interactions of dimers of bacteriochlorophyll and related molecules. Biochim. Biophys. Acta. **766**, 666–678 (1984)
12. Warshel, A., Parson, W.W.: Spectroscopic properties of photosynthetic reaction centers. 1. Theory. J. Am. Chem. Soc. **109**, 6143–6152 (1987)
13. Alden, R.G., Johnson, E., Nagarajan, V., Parson, W.W.: Calculations of spectroscopic properties of the LH2 bacteriochlorophyll-protein antenna complex from *Rhodopseudomonas sphaeroides*. J. Phys. Chem. B. **101**, 4667–4680 (1997)
14. Murrell, J.N., Tanaka, J.: The theory of the electronic spectra of aromatic hydrocarbon dimers. Mol. Phys. **7**, 363–380 (1964)

15. Lathrop, E.J.P., Friesner, R.A.: Simulation of optical spectra from the reaction center of *Rhodobacter sphaeroides*. Effects of an internal charge-separated state of the special pair. J. Phys. Chem. **98**, 3056–3066 (1994)
16. Renger, T.: Theory of optical spectra involving charge transfer states: dynamic localization predicts a temperature-dependent optical band shift. Phys. Rev. Lett. **93**, 188101/1-4 (2004)
17. Parson, W.W.: Dynamics of the excited state in photosynthetic bacterial reaction centers. J. Phys. Chem. B. **124**, 1733–1739 (2020)
18. Mancal, T., Valkunas, L., Fleming, G.R.: Theory of exciton-charge transfer state coupled systems. Chem. Phys. Lett. **432**, 301–305 (2006)
19. Parson, W.W., Warshel, A.: Spectroscopic properties of photosynthetic reaction centers. 2. Application of the theory to *Rhodopseudomonas viridis*. J. Am. Chem. Soc. **109**, 6152–6163 (1987)
20. Zhou, H., Boxer, S.G.: Charge resonance effects on electronic absorption line shapes: application to the heterodimer absorption of bacterial photosynthetic reaction centers. J. Phys. Chem. B. **101**, 5759–5766 (1997)
21. Zhou, H., Boxer, S.G.: Probing excited-state electron transfer by resonance Stark spectroscopy. 1. Experimental results for photosynthetic reaction centers. J. Phys. Chem. B. **102**, 9139–9147 (1998)
22. Zhou, H., Boxer, S.G.: Probing excited-state electron transfer by resonance Stark spectroscopy. 2. Theory and application. J. Phys. Chem. B. **102**, 9148–9160 (1998)
23. Lösche, M., Feher, G., Okamura, M.Y.: The Stark effect in reaction centers from *Rhodobacter sphaeroides* R-26 and *Rhodopseudomonas viridis*. Proc. Natl. Acad. Sci. USA. **84**, 7537–7541 (1987)
24. Simpson, W.T., Peterson, D.L.: Coupling strength for resonance force transfer of electronic energy in van der Waals solids. J. Chem. Phys. **26**, 588–593 (1957)
25. Förster, T.: Delocalized excitation and excitation transfer. In: Sinanoglu, O. (Hrsg.) Modern Quantum Chemistry, Pt. III, S. 93–137. Academic Press, New York (1965)
26. Renger, T., May, V.: Multiple exciton effects in molecular aggregates: application to a photosynthetic antenna complex. Phys. Rev. Lett. **78**, 3406–3409 (1997)
27. Renger, T., Marcus, R.A.: On the relation of protein dynamics and exciton relaxation in pigment-protein complexes: an estimation of the spectral density and a theory for the calculation of optical spectra. J. Chem. Phys. **116**, 9997–10019 (2002)
28. Renger, T., Trostmann, I., Theiss, C., Madjet, M.E., Richter, M., Paulsen, H., Eichler, H.J., Knorr, A., Renger, G.: Refinement of a structural model of a pigment-protein complex by accurate optical line shape theory and experiments. J. Phys. Chem. B. **111**, 10487–10501 (2007)
29. Dinh, T.-C., Renger, T.: Towards an exact theory of linear absorbance and circular dichroism of pigment-protein complexes: importance of non-secular contributions. J. Chem. Phys. **142**, 034104 (2015)
30. Friesner, R.A.: Green functions and optical line shapes of a general 2-level system in the strong electronic coupling limit. J. Chem. Phys. **76**, 2129–2135 (1982)
31. Lagos, R.E., Friesner, R.A.: Calculation of optical line shapes for generalized multilevel systems. J. Chem. Phys. **81**, 5899–5905 (1984)
32. McDermott, G., Prince, S.M., Freer, A.A., Hawthornthwaite-Lawless, A.M., Papiz, M.Z., Cogdell, R.J., Issacs, N.W.: Crystal structure of an integral membrane light-harvesting complex from photosynthetic bacteria. Nature. **374**, 517–521 (1995)
33. Qian, P., Swainsbury, D.J.K., Croll, T.I., Castro-Hartmann, P., Divitini, G., Sader, K., Hunter, C.N.: Cryo-EM structure of the *Rhodobacter sphaeroides* light-harvesting 2 complex at 2.1 Å. Biochemistry. **60**, 3302–4414 (2021)
34. Koepke, J., Hu, X.C., Muenke, C., Schulten, K., Michel, H.: The crystal structure of the light-harvesting complex II (B800-850) from *Rhodospirillum molischianum*. Structure. **4**, 581–597 (1996)

35. Pearlstein, R.M.: Theoretical interpretation of antenna spectra. In: Scheer, H. (ed.) Chlorophylls, pp. 1047–1078. CRC Press, Boca Raton FL (1991)
36. van Amerongen, H., Valkunas, L., van Grondelle, R. (eds.): Photosynthetic Excitons. World Scientific, Singapore (2000)
37. van Oijen, A.M., Ketelaars, M., Kohler, J., Aartsma, T.J., Schmidt, J.: Spectroscopy of individual LH2 complexes of *Rhodopseudomonas acidophila*: localized excitations in the B800 band. Chem. Phys. **247**, 53–60 (1999)
38. van Oijen, A.M., Ketelaars, M., Kohler, J., Aartsma, T.J., Schmidt, J.: Spectroscopy of individual light-harvesting 2 complexes of *Rhodopseudomonas acidophila*: diagonal disorder, intercomplex heterogeneity, spectral diffusion, and energy transfer in the B800 band. Biophys. J. **78**, 1570–1577 (2000)
39. van Oijen, A.M., Ketelaars, M., Kohler, J., Aartsma, T.J., Schmidt, J.: Unraveling the electronic structure of individual photosynthetic pigment-protein complexes. Science. **285**, 400–402 (1999)
40. Ketelaars, M., van Oijen, A.M., Matsushita, M., Kohler, J., Schmidt, J., Aartsma, T.J.: Spectroscopy on the B850 band of individual light-harvesting 2 complexes of *Rhodopseudomonas acidophila* I. Experiments and Monte Carlo simulations. Biophys. J. **80**, 1591–1603 (2001)
41. Kohler, J., van Oijen, A.M., Ketelaars, M., Hofmann, C., Matsushita, M., Aartsma, T.J., Schmidt, J.: Optical spectroscopy of individual photosynthetic pigment protein complexes. Int. J. Mod. Phys. B. **15**, 3633–3636 (2001)
42. Matsushita, M., Ketelaars, M., van Oijen, A.M., Kohler, J., Aartsma, T.J., Schmidt, J.: Spectroscopy on the B850 band of individual light-harvesting 2 complexes of *Rhodopseudomonas acidophila* II. Exciton states of an elliptically deformed ring aggregate. Biophys. J. **80**, 1604–1614 (2001)
43. Hofmann, C., Ketelaars, M., Matsushita, M., Michel, H., Aartsma, T.J., Kohler, J.: Single-molecule study of the electronic couplings in a circular array of molecules: light-harvesting-2 complex of *Rhodospirillum molischianum*. Phys. Rev. Lett. **90**, 013004 (2003)
44. Hofmann, C., Aartsma, T.J., Kohler, J.: Energetic disorder and the B850-exciton states of individual light-harvesting 2 complexes from *Rhodopseudomonas acidophila*. Chem. Phys. Lett. **395**, 373–378 (2004)
45. Ketelaars, M., Segura, J.M., Oellerich, S., de Ruijter, W.P.F., et al.: Probing the electronic structure and conformational flexibility of individual light-harvesting 3 complexes by optical single-molecule spectroscopy. J. Phys. Chem. B. **110**, 18710–18717 (2006)
46. Nagarajan, V., Alden, R.G., Williams, J.C., Parson, W.W.: Ultrafast exciton relaxation in the B850 antenna complex of *Rhodobacter sphaeroides*. Proc. Natl. Acad. Sci. U.S.A. **93**, 13774–13779 (1996)
47. Nagarajan, V., Johnson, E., Williams, J.C., Parson, W.W.: Femtosecond pump-probe spectroscopy of the B850 antenna complex of *Rhodobacter sphaeroides* at room temperature. J. Phys. Chem. B. **103**, 2297–2309 (1999)
48. Wu, H.-M., Reddy, N.R.S., Small, G.J.: Direct observation and hole burning of the lowest exciton level (B870) of the LH2 antenna complex of *Rhodopseudomonas acidophila* (strain 10050). J. Phys. Chem. **101**, 651–656 (1997)
49. Jimenez, R., Dikshit, S.N., Bradforth, S.E., Fleming, G.R.: Electronic excitation transfer in the LH2 complex of *Rhodobacter sphaeroides*. J. Phys. Chem. **100**, 6825–6834 (1996)
50. Kumble, R., Palese, S., Visschers, R.W., Dutton, P.L., Hochstrasser, R.M.: Ultrafast dynamics within the B820 subunit from the core (LH-1) antenna complex of Rs. rubrum. Chem. Phys. Lett. **261**, 396–404 (1996)
51. Kühn, O., Sundström, V.: Pump–probe spectroscopy of dissipative energy transfer dynamics in photosynthetic antenna complexes: a density matrix approach. J. Chem. Phys. **107**, 4154–4164 (1997)
52. Kühn, O., Sundstrom, V., Pullerits, T.: Fluorescence depolarization dynamics in the B850 complex of purple bacteria. Chem. Phys. **275**, 15–30 (2002)

53. Meier, T., Chernyak, V., Mukamel, S.: Multiple exciton coherence sizes in photosynthetic antenna complexes viewed by pump-probe spectroscopy. J. Phys. Chem. B. **101**, 7332–7342 (1997)
54. Monshouwer, R., Abrahamsson, M., van Mourik, F., van Grondelle, R.: Superradiance and exciton delocalization in bacterial photosynthetic light-harvesting systems. J. Phys. Chem. B. **101**, 7241–7248 (1997)
55. Yang, M., Agarwal, R., Fleming, G.R.: The mechanism of energy transfer in the antenna of photosynthetic purple bacteria. J. Photochem. Photobiol. A Chem. **142**, 107–119 (2001)
56. Förster, T.: Excimers. Angew. Chem. Int. Ed. Engl. **8**, 333–343 (1969)
57. Gordon, M., Ware, W.R. (Hrsg.): The Exciplex. Academic Press, New York (1975)
58. Reiter, S., Roos, M.K., de Vivie-Riedle, R.: Excited state conformations of bridged and unbridged pyrene excimers. ChemPhotoChem. **3**, 881–888 (2019)
59. McGlynn, S.P., Armstrong, A.T., Azumi, T.: Interaction of molecular exciton, charge resonance states, and excimer luminescence. In: Sinanoglu, O. (Hrsg) Modern Quantum Chemistry Part III: Action of Light and Organic Crystals, S. 203–228. Academic Press, New York (1965)
60. Yoshihara, K., Kasuya, T., Inoue, A., Nagakura, S.: Time-resolved spectra of pyrene excimer and pyrene-dimethylaniline exciplex. Chem. Phys. Lett. **9**, 469–471 (1971)
61. Betcher-Lange, S.L., Lehrer, S.S.: Pyrene excimer fluorescence in rabbit skeletal alphaalphatropomyosin labeled with N-(1-pyrene)maleimide. A probe of sulfhydryl proximity and local chain separation. J. Biol. Chem. **253**, 3757–3760 (1978)
62. Pal, R., Barenholz, Y., Wagner, R.R.: Pyrene phospholipid as a biological fluorescent probe for studying fusion of virus membrane with liposomes. Biochemistry. **27**, 30–36 (1988)
63. Stegmann, T., Schoen, P., Bron, R., Wey, J., Bartoldus, I., Ortiz, A., Nieva, J.L., Wilshchut, J.: Evaluation of viral membrane fusion assays. Comparison of the octadecylrhodamine dequenching assay with the pyrene excimer assay. Biochemistry. **32**, 11330–11337 (1993)
64. Jung, K., Jung, H., Kaback, H.R.: Dynamics of lactose permease of *Escherichia coli* determined by site-directed fluorescence labeling. Biochemistry. **33**, 3980–3985 (1994)
65. Sahoo, D., Narayanaswami, V., Kay, C.M., Ryan, R.O.: Pyrene excimer fluorescence: a spatially sensitive probe to monitor lipid-induced helical rearrangement of apolipophorin III. Biochemistry. **39**, 6594–6601 (2000)
66. Liu, W., Chen, Y., Watrob, H., Bartlett, S.G., Jen-Jacobson, L., Barkley, M.D.: N-termini of EcoRI restriction endonuclease dimer are in close proximity on the protein surface. Biochemistry. **37**, 15457–15465 (1998)
67. Demtröder, W.: Laser Spectroscopy 2: Experimental Techniques, 5th Aufl. Springer, New York (2015)
68. Ewing, J.J., Brau, C.A.: Emission spectrum of XeI in electron beam-excited Xe/I_2 mixtures. Phys. Rev. A. **12**, 129–132 (1975)
69. Brau, C.A., Ewing, J.J.: Emission spectra of XeBr, XeCl, XeF, and KrF. J. Chem. Phys. **63**, 4640 (1975)
70. Brau, C.A., Ewing, J.J.: 354-nm Laser action on XeF. Appl. Phys. Lett. **27**, 435 (1975)
71. Rhodes, C.K. (Hrsg.): Excimer Lasers, 2nd Aufl. Springer, Berlin (1984)
72. Laude, L.D. (Hrsg.): Excimer Lasers. Springer, Berlin (1994)
73. Velazco, J.E., Setser, D.W.: Bound-free emission spectra of diatomic xenon halides. J. Chem. Phys. **62**, 1990–1991 (1975)
74. Krauss, M., Mies, F.H.: Electronic structure and radiative transitions of excimer systems. In: Rhodes, C.K. (Hrsg.) Excimer Lasers, S. 5–46. Springer-Verlag, Berlin (1984)
75. Basov, N.G., Danilychev, V.A., Popov, Y.M.: Stimulated emission in the vacuum ultraviolet region. Soviet J. Quant. Electr. **1**, 18–22 (1971)
76. Ault, E., Bhaumik, M., Hughes, W., Jensen, R., Robinson, C., Kolb, A., Shannon, J.: Xe laser operation at 1730 Å. J. Opt. Soc. Am. **63**, 907 (1973)

77. Jain, K., Willson, C.G., Lin, B.J.: Ultrafast deep-UV lithography with excimer lasers. IEEE Electron. Dev. Lett. **28**, 53–55 (1982)
78. Basting, D., Djeu, N., Jain, K.: Historical review of excimer laser development. In: Basting, D., Marowsky, G. (Hrsg.) Excimer Laser Technology, S. 8–21. Springer, Berlin (2005)
79. LaFontaine, B.: Lasers and Moore's law. SPIE Prof. **2010**, 20 (**2010**)
80. Osgood, R.M.: The excimer laser. In: Wolbarsht, M.L. (Hrsg.) Laser Applications in Medicine and Biology. Springer, Boston (1989)

Zirkulardichroismus 9

9.1 Magnetische Übergangsdipole und $n-\pi^*$ Übergänge

In unserer Analyse wie ein elektromagnetisches Strahlungsfeld mit Elektronen interagiert, haben wir bis zu diesem Punkt nur das oszillierende elektrische Feld, $\boldsymbol{E}(t)$, berücksichtigt. Wir haben mögliche Auswirkungen des magnetischen Feldes, $\boldsymbol{B}(t)$, außer Acht gelassen, da sie in der Regel viel kleiner sind als die Auswirkungen des elektrischen Feldes. Mit dieser Annahme fanden wir heraus, dass die Stärke der Absorptionsbande für einen Übergang zwischen zwei Zuständen mit Wellenfunktionen ψ_a und ψ_b vom Quadrat des Skalarprodukts zwischen E_o und dem elektrischen Dipolmatrixelement, $\boldsymbol{\mu}_{ba}$, abhängt. Es gibt jedoch Fälle, in denen die Symmetrie der Wellenfunktionen $\boldsymbol{\mu}_{ba} = 0$ Debye verursacht, und dennoch hat der Übergang noch eine messbare Dipolstärke. Die Absorption in diesen Fällen resultiert manchmal aus Quadrupol-, Oktupol- oder anderen kleinen Termen, die wir bei der Verwendung des Dipoloperators vernachlässigt haben, aber in anderen Fällen kann sie auf Wechselwirkungen mit dem magnetischen Feld zurückgeführt werden. Darüber hinaus können gekoppelte Wechselwirkungen, die sowohl $\boldsymbol{E}(t)$ als auch $\boldsymbol{B}(t)$ betreffen, dazu führen, dass die Dipolstärke eines Übergangs für links- und rechts-zirkular polarisiertes Licht unterschiedlich ist. Dies ist *Zirkulardichroismus* (CD). Eine Diskussion über Zirkulardichroismus wird unser Verständnis davon vertiefen, wie Licht mit Materie interagiert, und einen interessanten Unterschied zwischen klassischen und quantenmechanischen Theorien dieser Wechselwirkungen aufzeigen. Wir werden auch sehen, wie Messungen von CD Einblicke in die Struktur und Dynamik von Systemen mit mehreren Chromophoren geben können.

Um die Auswirkungen des magnetischen Feldes der Strahlung mit demselben semi-klassischen Ansatz zu behandeln, den wir für das elektrische Feld verwendet haben, können wir die Gl. (4.2) so erweitern, dass der zeitabhängige Störungsterm im Hamiltonian ($\tilde{\mathrm{H}}'$) einen Term enthält, der proportional zu $\boldsymbol{B}(t)$ ist:

W. Parson und C. Burda, *Moderne optische Spektroskopie*,
https://doi.org/10.1007/978-3-031-52100-3_9

$$\tilde{\mathrm{H}}'(t) = -\boldsymbol{E}(t) \cdot \tilde{\mu} - \boldsymbol{B}(t) \cdot \tilde{\mathrm{m}}. \tag{9.1}$$

Hier ist $\tilde{\mathrm{m}}$ der *magnetische Dipoloperator,* der gegeben ist durch

$$\tilde{\mathrm{m}} = \frac{e}{2m_e c}\left(\boldsymbol{r} \times \tilde{\mathrm{p}} + g_e \boldsymbol{S}\right), \tag{9.2}$$

wo e und m_e die Elektronenladung und -masse sind, c ist die Geschwindigkeit des Lichts, $\boldsymbol{r}$ ist die Position des Elektrons, $\tilde{\mathrm{p}}$ ist der lineare Impuls Operator $(-i\hbar\tilde{\nabla})$,g_e ist der Elektronen-g-Faktor (2.00232), $\boldsymbol{S}$ ist der Drehimpuls, der mit dem Elektronenspin verbunden ist, und „×“ ist das Vektor-Kreuzprodukt (Anhang A.2). Der Faktor $-e/2m_e$ (eine positive Zahl, da wir die Konvention verwenden, dass e negativ ist) wird als elektronisches *gyromagnetisches Verhältniss* bezeichnet. Das Kreuzprodukt $\boldsymbol{r} \times \tilde{\mathrm{p}}$ in Gl. (9.2) ist der orbitale Drehimpulsoperator, und das Produkt $(e/2m_e c)\boldsymbol{r} \times \tilde{\mathrm{p}}$ entspricht dem klassischen Ausdruck für das magnetische Moment, das durch einen Strom in einer Drahtspule mit Radius $|\boldsymbol{r}|$ erzeugt wird (Abb. 9.1). Der Term $(e/2m_e c)g_e\boldsymbol{S}$ trägt normalerweise nicht wesentlich zur molekularen Absorption oder CD-Spektren bei, und wir werden ihn vernachlässigen.

Der Begriff für magnetische Wechselwirkungen in Gl. (9.1) führt zu einem magnetischen Übergangsdipol-Matrixelement ($\boldsymbol{m}_{ba}$) für einen Übergang eines Systems zwischen verschiedenen Zuständen. Ein magnetischer Übergangsdipol ist ein Vektor analog zu einem elektronischen Übergangsdipol, aber mit dem magnetischen Dipoloperator $\tilde{\mathrm{m}}$ anstatt $\tilde{\mu}$

$$\boldsymbol{m}_{ba} = \left\langle \psi_b \middle| \tilde{\mathrm{m}} \middle| \psi_a \right\rangle. \tag{9.3}$$

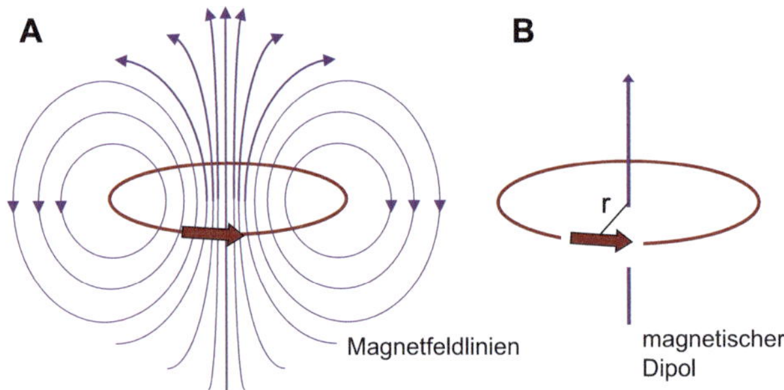

Abb. 9.1 (**A**) Ein elektrischer Strom (*roter Pfeil*), der durch einen Draht fließt, erzeugt ein kreisförmiges magnetisches Feld um den Draht. Wenn der Draht einen Ring bildet, haben die magnetischen Feldlinien die gleiche Form wie die um eine gleichmäßig magnetisierte Scheibe mit der gleichen Fläche. (**B**) In großen Entfernungen sind die magnetischen Feldlinien äquivalent zu denen, die von einem magnetischen Dipol erzeugt werden, dessen Größe das Produkt aus Strom und Fläche des Rings ist. Klassisch ist der mit der kreisförmigen Bewegung eines Teilchens verbundene Drehimpuls- durch $\boldsymbol{r}\times\boldsymbol{p}$ gegeben, wobei $\boldsymbol{r}$ der Vektor vom Zentrum des Kreises zu einem Punkt auf der Bahn und $\boldsymbol{p}$ der lineare Impuls des Teilchens an diesem Punkt ist

Wenn $\boldsymbol{m}_{ba}$ nicht null ist, können Störungen des Moleküls durch das magnetische Feld des Lichts Übergänge zwischen den beiden Zuständen verursachen. Die Stärke eines solchen Übergangs ist proportional zu $|\boldsymbol{m}_{ba}|^2|\boldsymbol{B}|^2\cos^2\theta$, wobei θ der Winkel zwischen dem magnetischen Feld und $\boldsymbol{m}_{ba}$ ist. Dies ist analog zur „Goldenen Regel" Ausdruck Gl. (4.8c) für Übergänge, die durch das elektrische Feld des Lichts angetrieben werden.

Magnetische Dipole und magnetische Übergangsdipole werden üblicherweise in Einheiten von $-e\hbar/2m_e$ angegeben, was als *Bohr-Magneton* (μ_B) bezeichnet wird. Ein Bohr Magneton ist der magnetische Dipol, der sich aus der klassischen Kreisbewegung eines 1s Elektrons im Bohr-Modell eines Wasserstoffatoms ergeben würde. Es ist auch die grundlegende Einheit des magnetischen Moments, das mit dem quantisierten Bahndrehimpuls eines Elektrons verbunden ist. Die Komponente des Drehimpulses in einer bestimmten Richtung ist auf ganzzahlige Vielfache von $\hbar$ beschränkt, was die entsprechende Komponente des orbitalen magnetischen Moments auf Vielfache von $-e\hbar/2m_e$ beschränkt. Ein μ_B beträgt $9{,}274 \times 10^{-21}$ emu·cm oder $9{,}274 \times 10^{-21}$ erg · G^{-1} in cgs-Einheiten ($9{,}274 \times 10^{-24}$ J · T^{-1} in SI-Einheiten). Zum Vergleich: Die Debye-Einheit für elektrische Dipole (D) ist etwa zwei Größenordnungen größer (10^{-18} esu·cm). Der molare Extinktionskoeffizient für eine durch einen elektrischen Übergangsdipol von 1 D angetriebene Absorption ist daher in der Größenordnung von 10^4 mal größer als die für eine durch einen magnetischen Übergangsdipol von 1 μ_B angetriebene Absorption.

Der magnetische Übergangsdipol $\boldsymbol{m}_{ba}$ für eine molekulare Anregung zu einem angeregten Singulettzustand kann berechnet werden, indem die molekularen Orbitale als lineare Kombinationen von atomaren Orbitalen geschrieben werden. Für ein System, das mit atomaren 2p Orbitalen konstruiert wurde, nimmt $\boldsymbol{m}_{ba}$ eine Form ähnlich Gl. (4.29) an:

$$\boldsymbol{m}_{ba} = -i\frac{\sqrt{2}\hbar e}{2m_e c}\sum_s\sum_t C_s^b C_t^a \left\langle p_s \middle| \boldsymbol{r} \times \tilde{\nabla} \middle| p_t \right\rangle. \tag{9.4}$$

Wie in den Gl. (4.22e) und (4.29), bezeichnet p_t ein 2p-Orbital, das auf Atom t zentriert ist, C_t^a ist der Expansionskoeffizient für dieses Atomorbital in der molekularen Wellenfunktion Ψ_a, und $\boldsymbol{r}$ ist der Positionsvektor in einem Koordinatensystem mit seinem Ursprung im Zentrum der Rotation. Um die Wege zu untersuchen, auf die der Ausdruck in Gl. (9.4) einen magnetischen Übergangsdipol ergeben kann, ist es hilfreich, den Positionsvektor $\boldsymbol{r}$ im Integral $\left\langle p_s \middle| \vec{r} \times \tilde{\nabla} \middle| p_t \right\rangle$ als Summe von zwei Vektoren, $\boldsymbol{R}_t$ und $\boldsymbol{r}_t$, zu schreiben, wobei $\boldsymbol{R}_t$ die Position von Atom t ist und $\boldsymbol{r}_t$ die Position eines Elektrons relativ zum Zentrum von Atom t beschreibt. Der konstante Faktor $\boldsymbol{R}_t$ kann dann aus seinem Term im Matrixelement herausgezogen werden, was ergibt

$$\boldsymbol{m}_{ba} = -i\frac{\sqrt{2}\hbar e}{2m_e c}\sum_s\sum_t C_s^b C_t^a \left(\left\langle p_s \middle| \boldsymbol{r}_t \times \tilde{\nabla} \middle| p_t \right\rangle + \left\langle p_s \middle| \boldsymbol{R}_t \times \tilde{\nabla} \middle| p_t \right\rangle \right) \tag{9.5a}$$

$$= -i\frac{\sqrt{2}\hbar e}{2m_e c}\sum_s\sum_t C_s^b C_t^a\left(\left\langle p_s\middle|\boldsymbol{r}_t \times \tilde{\nabla}\middle|p_t\right\rangle + \boldsymbol{R}_t \times \left\langle p_s\middle|\tilde{\nabla}\middle|p_t\right\rangle\right). \quad (9.5b)$$

Der erste Term in den Klammern auf der rechten Seite von Gl. (9.5b) bezieht sich hauptsächlich auf Paare von atomaren Orbitalen, die auf demselben Atom zentriert sind; der zweite Term bezieht sich auf die relativen Positionen der Atome, die den Chromophor bilden. Wenn man die x, y und z Komponenten von $\tilde{\nabla}$ und das Vektor-Kreuzprodukt im ersten Term ausdrückt, erhält man

$$\left\langle p_s\middle|\mathbf{r}_t \times \tilde{\nabla}\middle|p_t\right\rangle = \left\langle p_s\middle|y\frac{\partial}{\partial z} - z\frac{\partial}{\partial y}\middle|p_t\right\rangle\hat{x} - \left\langle p_s\middle|x\frac{\partial}{\partial z} - z\frac{\partial}{\partial x}\middle|p_t\right\rangle\hat{y} + \left\langle p_s\middle|x\frac{\partial}{\partial y} - y\frac{\partial}{\partial x}\middle|p_t\right\rangle\hat{z}, \quad (9.6)$$

wo $\hat{x}, \hat{y}$ und $\hat{z}$ Einheitsvektoren in einem Koordinatensystem sind, das auf Atom t zentriert ist. Betrachten Sie das Integral $\langle p_s|y\partial/\partial z - z\partial/\partial y|p_t\rangle$, das die x-Komponente von $\left\langle p_s\middle|\boldsymbol{r}_t \times \tilde{\nabla}\middle|p_t\right\rangle$ beiträgt. Abb. 9.2 veranschaulicht die Funktionen, die in dieses Integral eingehen, wenn p_s und p_t jeweils $2p_y$ und $2pz$Orbitale desselben Atoms sind. Die Differenzierung von $2p_z$ in Bezug auf z und dann die Multiplikation mit y ergibt die Funktion $y\partial(2p_z)/\partial z$, wie in den Panels B und D der Abbildung gezeigt. Die Panels C und E zeigen die Funktionen, die durch Differenzierung in Bezug auf y und dann Multiplikation mit z erzeugt werden. In beiden Fällen ist das Ergebnis eine gerade Funktion von z und eine ungerade Funktion von y. Die Multiplikation dieser Funktionen mit $2p_y$ erzeugt die in den Panels G und H dargestellten vollständig symmetrischen Funktionen. Weiterhin haben die beiden endgültigen Funktionen aufgrund ihrer entgegengesetzten Vorzeichen eine konstruktive Kombination, wenn man eine von der anderen subtrahiert, wie in Gl. (9.6) vorgeschrieben. Tatsächlich hat die Kombination $y\partial(2p_z)/\partial z - z\partial(2p_z)/\partial y$ genau die gleiche räumliche Verteilung wie $2p_y$ [1, 2]. Die x-Komponente von $\left\langle 2p_{y(t)}\middle|\boldsymbol{r}_t \times \tilde{\nabla}\middle|p_{z(t)}\right\rangle$ ist daher proportional zu $\langle 2p_{y(t)}|2p_{y(t)}\rangle$, was 1 ist. Das magnetische Dipol-Matrixelement $\boldsymbol{m}_{ba}$ hat daher eine x-Komponente ungleich null. Eine ähnliche Analyse zeigt, dass die y- und z-Komponenten von $\left\langle 2p_{y(t)}\middle|\boldsymbol{r}_t \times \tilde{\nabla}\middle|p_{z(t)}\right\rangle$, und somit die y- und z-Komponenten von $\boldsymbol{m}_{ba}$, für dieses Paar von Orbitalen null sind, so dass $\boldsymbol{m}_{ba}$ auf der x-Achse ausgerichtet ist.

Die Ergebnisse sind qualitativ die gleichen, wenn p_s ein $2p_y$ Orbital eines anderen Atoms ist, außer dass die x-Komponente von $\left\langle 2p_{y(s)}\middle|\boldsymbol{r}_t \times \tilde{\nabla}\middle|p_{z(t)}\right\rangle$ kleiner für $s \neq t$ ist, weil die Überlappung der beiden Wellenfunktionen mit dem interatomaren Abstand abnimmt. Das Überlappungsintegral kann mit Verfahren ähnlich denen in Kasten 4.10 [2] ausgewertet werden. Durch das Studium von Abb. 9.2 können Sie auch sehen, dass alle drei Komponenten von $\left\langle 2p_{z(s)}\middle|\boldsymbol{r}_t \times \tilde{\nabla}\middle|p_{z(t)}\right\rangle$ (*d. h.*, das entsprechende Matrixelement für zwei atomare $2p_z$ Orbitale mit parallelen z-Achsen) null sind.

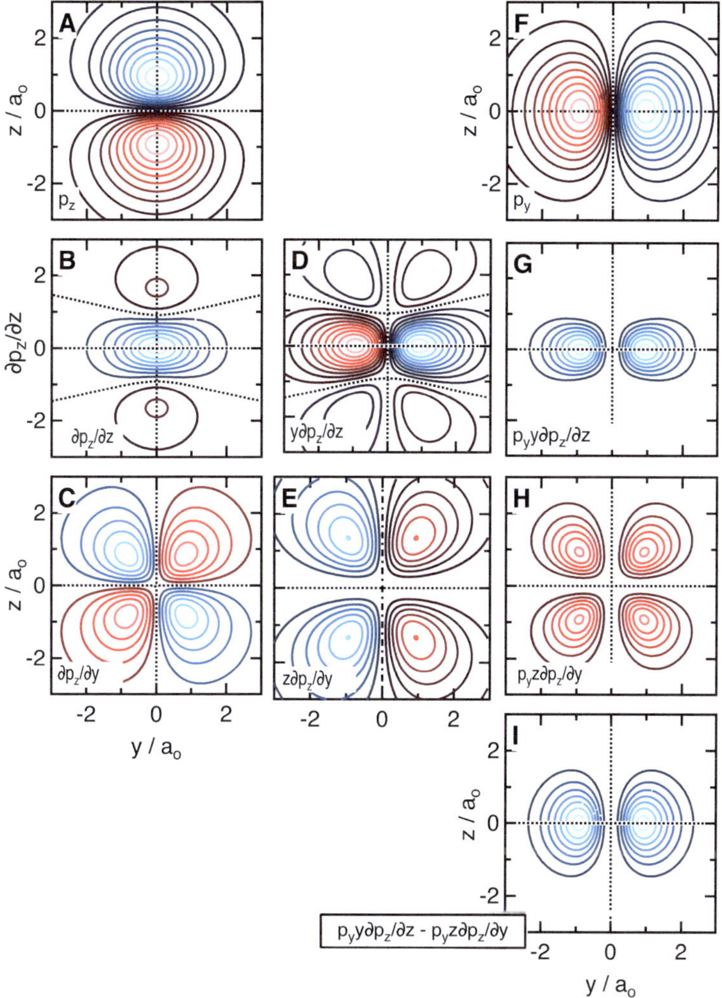

Abb. 9.2 Konstruktion der x-Komponente des magnetischen Übergangsmatrixelements für $2p$ atomare Orbitale. (**A**,**F**) Konturdiagramme in der yz-Ebene der Amplitude der atomaren $2p_z$ und $2p_y$ Orbitale (p_z und p_y); (**B**, **C**) die jeweiligen Ableitungen $\partial p_z/\partial z$ und $\partial p_z/\partial y$; (**D**, **E**) die Produkte $y \cdot \partial p_z/\partial z$ und $z \cdot \partial p_z/\partial y$. Beachten Sie, dass die letzten beiden Produkte ungerade Funktionen von y sind. (**G**,**H**) Die Funktionen $p_y \cdot y \cdot \partial p_z/\partial z$ und $p_y \cdot z \cdot \partial p_z/\partial y$, jeweils; (**I**)$p_y \cdot y \cdot \partial p_z/\partial z - p_y \cdot z \cdot \partial p_z/\partial y$. *Blaue Linien* bezeichnen positive Amplituden; *rote Linien*, negative. Die Konturintervalle sind willkürlich. Siehe Abb. 4.17C, D für ähnliche Diagramme von $\partial\psi_a/\partial y$ und $\partial\psi_a/\partial z$ für die erste $\pi - \pi^*$Anregung von Ethylen

Ein Beispiel für einen Übergang, zwischen $2p_y$ und $2p_z$ Orbitalen desselben Atoms ist eine n-π^*Anregung einer Carbonylgruppe, bei der ein Elektron von einem nichtbindenden (n) Orbital des Sauerstoffatoms zu einem π^*molekularen Orbital angeregt wird, das aus Sauerstoff- und Kohlenstoff-$2p$ Orbitalen besteht (Abb. 9.3). In Abwesenheit von strukturellen Verzerrungen ist der elektrische Übergangs-

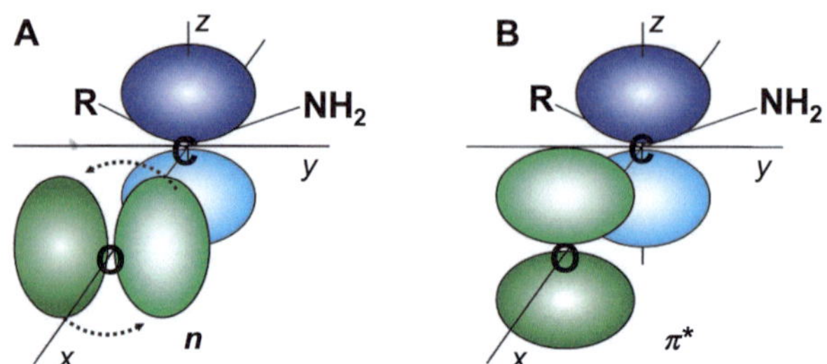

Abb. 9.3 Der energieniedrigste $n \rightarrow \pi^*$ Übergang einer Carbonyl Gruppe erfordert eine Rotationsverschiebung einer elektronischen Wellenfunktion. Die *blau und grün schattierten Ovale* stellen Grenzflächen der atomaren $2p$ Orbitale von Kohlenstoff (*blau*) und Sauerstoffatomen (*grün*) einer Amidgruppe in der xy Ebene dar (siehe Abb. 2.5). Das C-Atom befindet sich im Ursprung und die C=O-Bindung liegt entlang der x-Achse. Im Grundzustand (**A**) besetzen die nichtbindenden (n) Elektronen des Sauerstoffs ein $2p_y$ Orbital ($p_{y(O)}$). Im angeregten Zustand (**B**) besteht das π^* Orbital aus einer antisymmetrischen Kombination von $2p_z$ Orbitalen, $2^{-1/2}(p_{z(C)} - p_{z(O)})$. Das $n \rightarrow \pi^*$ elektrische Übergangsdipol ist $2^{-1/2}\langle (p_{z(C)}\text{-}p_{z(O)})|\tilde{\mu}|p_{y(O)}\rangle = 2^{-1/2}\langle p_{z(C)}|\tilde{\mu}|p_{y(O)}\rangle\text{-}2^{-1/2}\langle\text{-}p_{z(O)}|\tilde{\mu}|p_{y(O)}\rangle$. Die Integrale $\langle p_{z(C)}|\tilde{\mu}|p_{y(O)}\rangle$ und $\langle\text{-}p_{z(O)}|\tilde{\mu}|p_{y(O)}\rangle$ sind beide aufgrund der Symmetrie null. Der magnetische Übergangsdipol, $2^{-1/2}\langle (p_{z(C)}\text{-}p_{z(O)})|\tilde{m}|p_{y(O)}\rangle$, ist ungleich null, weil $p_{y(O)}$ senkrecht zu $p_{z(C)}$ und $p_{z(O)}$ steht, wie im Text und in Abb. 9.2 erklärt.

dipol ($\boldsymbol{\mu}_{ba}$) für eine solche Anregung aufgrund der Symmetrie null. Der magnetische Übergangsdipol ($\boldsymbol{m}_{ba}$) für eine n-π^* Anregung ist nicht null und ist entlang der C=O-Bindung gerichtet, was bedeutet, dass der Übergang durch ein oszillierendes magnetisches Feld mit dieser Orientierung angetrieben werden kann. Allerdings sind n-π^* Übergänge typischerweise viel schwächer als π-π^* Übergänge von üblichen Chromophoren. Gesättigte Ketone haben n-π^* Übergänge mit molaren Extinktionskoeffizienten von 20 bis 30 M^{-1} cm^{-1} im Bereich von 280 nm. Der n-π^* Übergang von Acetamid in Wasser, der bei 214 nm auftritt, hat einen Extinktionskoeffizienten von 60 M^{-1} cm^{-1}. Die n-π^*Übergänge der Peptid Bindungen tragen zur Absorption durch Proteine im Bereich von 200–220 nm bei (Tab. 9.1), verdanken aber wahrscheinlich den größten Teil ihrer Dipol Stärken der exzitonischen Mischung mit π-π^* Übergängen eher als ihren magnetischen Übergangsdipolen direkt [3–6].

Tab. 9.1 Amidübergänge im nahen UV[a]

Zuordnung	λ (nm)	$\|\boldsymbol{\mu}\|$ (D)	$\|\boldsymbol{m}\|$ (μ_B)
n - $\pi*$	210	0	0,6
π - π^*	190	3,1	0
n - $\pi*$	165	1,4	0,2
n - σ^*	150	1,8	0,8
π - $\pi*$	125	1,7	0

[a] Angepasst von Woody und Tinoco [3]

Zurück zu Gl. (9.5b), wir müssen immer noch den Term $\boldsymbol{R}_t \times \left\langle p_s \middle| \tilde{\nabla} \middle| p_t \right\rangle$ berücksichtigen. Wenn die atomaren Orbitale, die an den molekularen Wellenfunktionen beteiligt sind, von einem einzigen Atom dominiert werden, wie es bei dem gerade diskutierten n-π^* Übergang der Fall ist, wird das atomare Zentrum das Zentrum der Rotation sein, was $\boldsymbol{R}_t$ null macht. Der Term $\boldsymbol{R}_t \times \left\langle p_s \middle| \tilde{\nabla} \middle| p_t \right\rangle$ verschwindet dann. Aber wenn die molekularen Orbitale mehrere Atome einbeziehen, fordert Gl. (9.5b) eine Summe von $C_s^b C_t^a \boldsymbol{R}_t \times \left\langle p_s \middle| \tilde{\nabla} \middle| p_t \right\rangle$ über alle Paare von Atomen, und das Ergebnis hängt von der Geometrie des Chromophors ab. Der Faktor $\left\langle p_s \middle| \tilde{\nabla} \middle| p_t \right\rangle$ ist das Matrixelement des Gradientenoperators für $2p$ atomare Orbitale auf Atomen s und t. Wir haben dieses Matrixelement in Kap. 4 diskutiert, wo wir gezeigt haben, dass es entlang der Linie zwischen den beiden Atomen ausgerichtet ist (Gl. (4.31, 4.32), Kasten 4.9 und 4.10, und Abb. 4.17–4.19). Dessen Beitrag zum gesamten magnetischen Übergangsmatrixelement ($\boldsymbol{m}_{ba}$) hängt von den Koeffizienten für Atome s und t in den anfänglichen und endgültigen molekularen Orbitalen (C_t^a und C_s^b) und der Position des Atoms $t(\boldsymbol{R}_t)$. Die Summe über alle Paare von Atomen in Gl. (9.5b) wird normalerweise durch einen Ausdruck in der Form von Gl. (4.31) behandelt. Wenn die atomaren p_z Orbitale alle nahezu parallel sind, so dass der erste Term in den Klammern in Gl. (9.5b) effektiv null für alle Atome ist, haben wir dann

$$\boldsymbol{m}_{ba} = -i\frac{\sqrt{2}\hbar e}{2m_e c}\sum_{s>t}\sum_{t} 2\left(C_s^a C_t^b - C_s^b C_t^a\right)\boldsymbol{R}_{mid(s,t)} \times \left\langle p_s \middle| \tilde{\nabla} \middle| p_t \right\rangle, \quad (9.7)$$

wo $\boldsymbol{R}_{mid(s,t)}$ der Vektor vom Ursprung des Koordinatensystems zu einem Punkt auf halbem Weg zwischen den Atomen s und t ist.

Die Abhängigkeit von Gl. (9.7) auf die Positionen der Atome ist potenziell problematisch, da dies bedeutet, dass wir möglicherweise falsche Ergebnisse erhalten, indem wir einfach den Ursprung des Koordinatensystems verschieben. Aber diese nicht-physische Empfindlichkeit des berechneten $\boldsymbol{m}_{ba}$ auf die Wahl des Koordinatensystems tritt nur auf, wenn die Anregung von ψ_a zu ψ_b einen endlichen elektronischen Übergangsdipol hat. Sie können dies sehen, indem Sie betrachten, was passiert, wenn wir das Koordinatensystem verschieben, indem wir einen beliebigen Vektor $\boldsymbol{R}_{arb}$ zu $\boldsymbol{R}_t$ für alle Atome im Chromophor hinzufügen. Der berechnete Wert von $\boldsymbol{m}_{ba}$ wird

$$\boldsymbol{m}'_{ba} = \boldsymbol{m}^0_{ba} = -i\frac{\sqrt{2}\hbar e}{2m_e c}\boldsymbol{R}_{arb} \times \left[\sum_{s>t}\sum_{t} 2\left(C_s^a C_t^b - C_s^b C_t^a\right)\left\langle p_s \middle| \tilde{\nabla} \middle| p_t \right\rangle\right], \quad (9.8)$$

wo $\boldsymbol{m}^0_{ba}$ das Ergebnis ist, das wir erhalten haben, bevor wir das Koordinatensystem ändern. Wir haben in Abschn. 4.9 gezeigt, dass der Faktor in eckigen Klammern proportional zum elektrischen Übergangsdipol, $\boldsymbol{\mu}_{ba}$, ist. Daher wird das

Verschieben des Koordinatensystems $\boldsymbol{m}_{ba}$ nicht beeinflussen, wenn $|\boldsymbol{\mu}_{ba}|$ null ist. Dieses Argument gilt für exakte oder unexakte Wellenfunktionen, solange wir $\boldsymbol{\mu}_{ba}$ mit dem Gradientenoperator ($\tilde{\nabla}$) anstatt des Dipoloperators $\tilde{\mu}$ ermitteln.

Die Werte von $\boldsymbol{m}_{ba}$, die durch Gl. (9.7) berechnet werden, hängen von der Wahl des Koordinatensystems ab, wenn der elektrische Übergangsdipol nicht null ist. Aber das unterscheidet sich nicht von der Formel für den Drehimpuls in der klassischen Physik ($\boldsymbol{r}\times\boldsymbol{p}$), die annimmt, dass die Bewegung kreisförmig ist und dass wir das Zentrum der Rotation kennen: das Ergebnis ist physikalisch bedeutungslos, wenn die Bewegung linear ist oder wenn wir das falsche Zentrum verwenden. Wie wir später in diesem Kapitel sehen werden, sind wir in der Regel weniger besorgt über $\boldsymbol{m}_{ba}$ selbst als über das Skalarprodukt von $\boldsymbol{m}_{ba}$ und $\boldsymbol{\mu}_{ba}$. Dieses Produkt ist unabhängig von der Wahl des Koordinatensystems, solange $\boldsymbol{m}_{ba}$ und $\boldsymbol{\mu}_{ba}$ konsistent berechnet werden, indem $\tilde{\nabla}$ im selben Koordinatensystem verwendet wird.

Als Illustration dieser Punkte betrachten Sie *trans*-Butadien. Die relevanten molekularen Orbitale sind in Abb. 4.19 dargestellt, zusammen mit Vektordiagrammen der gewichteten atomaren Matrixelemente ($C_s^b C_t^a \left\langle p_s \middle| \tilde{\nabla} \middle| p_t \right\rangle$), die sich zu den elektrischen Übergangsdipolen für die ersten vier Anregungen zusammensetzen. Abb. 9.4 reproduziert die Vektordiagramme für Anregungen vom HOMO (ψ_2) zu den zwei niedrigsten unbesetzten Molekülorbitalen (ψ_3 und ψ_4). Die Abbildung zeigt auch die Positionsvektoren $\boldsymbol{R}_{mid(s,t)}$, die benötigt werden, um $\boldsymbol{m}_{ba}$ nach Gl. (9.7) zu berechnen. Für die Anregung $\psi_2 \rightarrow \psi_3$, die gewichteten $\left\langle p_s \middle| \tilde{\nabla} \middle| p_t \right\rangle$ Vektoren kombinieren für Atompaare (s,t) = (2,1), (3,2) und (4,3) und ergeben einen elektrischen Übergangsdipol, der entlang der Hauptachse des Moleküls liegt (Abb. 4.19E und 9.4A). Der magnetische Übergangsdipol, berechnet nach Gl. (9.7), ist für diese Anregung null, wenn wir das Koordinatensystem im Symmetriezentrum des Moleküls zentrieren, wie in der Abbildung gezeigt. Der Beitrag vom Atompaar (3,2) $\left(\boldsymbol{R}_{mid(3,2)} C_3^b C_2^a \left\langle p_3 | \tilde{\nabla} | p_2 \right\rangle\right)$ ist null, weil der Positionsvektor $\boldsymbol{R}_{mid(3,2)}$ in diesem Koordinatensystem null ist; die Beiträge von den Atompaaren (2,1) und (4,3) summieren sich zu null, weil $C_2^b C_1^a \left\langle p_2 | \tilde{\nabla} | p_1 \right\rangle = C_4^b C_3^a \left\langle p_4 | \tilde{\nabla} | p_3 \right\rangle$ während $\boldsymbol{R}_{mid(2,1)} = \boldsymbol{R}_{mid(4,3)}$. Das Fehlen eines magnetischen Übergangsdipols für diese Anregung ist nicht überraschend, da die durch die Vektoren dargestellten Elektronenbewegungen keine Rotation um das Symmetriezentrum des Moleküls oder tatsächlich um irgendeinen Punkt in einer endlichen Entfernung darstellen. Gl. (9.7) würde ein Ergebnis ungleich Null jedoch ohne einer physischen Bedeutung liefern, wenn wir das Koordinatensystem vom Symmetriezentrum verschieben würden.

Die Situation ist umgekehrt für $\psi_2 \rightarrow \psi_4$. Hier ist der elektrische Übergangsdipol null, weil $C_3^b C_2^a \left\langle p_3 | \tilde{\nabla} | p_2 \right\rangle = 0$ und $C_2^b C_1^a \left\langle p_2 | \tilde{\nabla} | p_1 \right\rangle = -C_4^b C_3^a \left\langle p_4 | \tilde{\nabla} | p_3 \right\rangle$ (Abb. 4.19F und 9.4B), während der magnetische Übergangsdipol nicht null ist. Eine Untersuchung von Abb. 9.4B zeigt, dass, obwohl die durch die Vektoren dargestellten Elektronenbewegungen keinen Kreis vollenden, sie in entgegengesetzten Richtungen auf beiden Seiten des Symmetriezentrums auftreten. Die

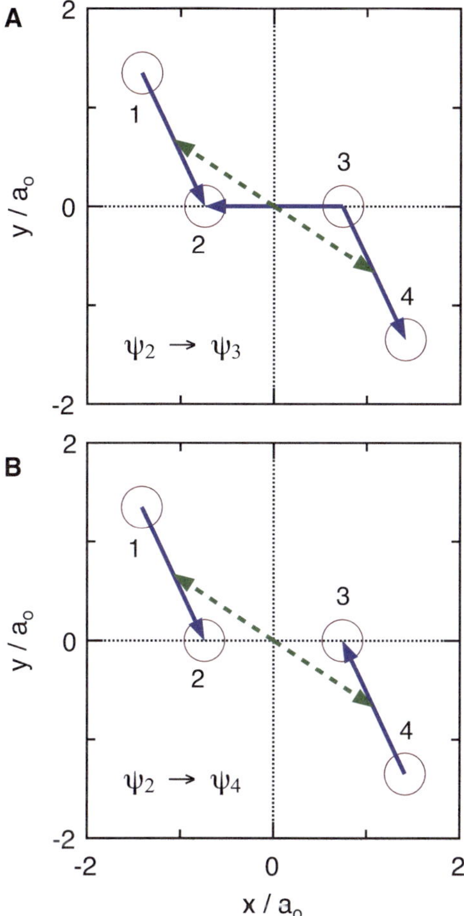

Abb. 9.4 (**A**) Vektordiagramm der Beiträge zu den Übergangsgradienten-Matrixelementen für die niedrigste Energieanregung von *trans*-Butadien ($\Psi_2 \rightarrow \Psi_3$). Die anfänglichen und endgültigen molekularen Wellenfunktionen im Vier-Orbital-Modell, das für Abb. 4.19 verwendet wurde, sind angegeben. Die Atome sind mit 1–4 durch die *leeren Kreise* gekennzeichnet, die die Positionen anzeigen. Die *durchgezogenen blauen Pfeile* zeigen die Richtungen und relativen Größen von $C_s^b C_t^a \left\langle p_s|\tilde{\nabla}|p_t \right\rangle$ für Paare von gebundenen Atomen an. (C_s^b und C_t^a sind die Koeffizienten für atomare $2p_z$ Orbitale der Atome s und t in der endgültigen und anfänglichen Wellenfunktion, und $\left\langle p_s|\tilde{\nabla}|p_t \right\rangle$ ist das Matrixelement des Gradientenoperators für die beiden atomaren Orbitale.) Die Vektoren ($\boldsymbol{R}_{mid(s,t)}$) vom Ursprung des Koordinatensystems zu Punkten in der Mitte zwischen den Paaren von gebundenen Atomen sind mit *gestrichelten grünen Pfeilen* angegeben. Das Übergangsgradienten-Matrixelement für die Anregung wird durch die Vektorsumme der *durchgezogenen blauen Pfeile* gegeben. (Die Einbeziehung von Beiträgen von Paaren nicht gebundener Atome würde das Ergebnis nicht ändern.) Der magnetische Übergangsdipol ($\boldsymbol{m}_{ba}$) wird durch Summieren der Kreuzprodukte $\boldsymbol{R}_{mid(s,t)} \times C_s^b C_t^a \left\langle p_s|\tilde{\nabla}|p_t \right\rangle$ erhalten. (**B**) Gleich wie (**A**) aber für Anregung von Ψ_2 zu Ψ_4

entgegengesetzten Vorzeichen von $C_2^b C_1^a \left\langle p_2 | \tilde{\nabla} | p_1 \right\rangle$ und $C_4^b C_3^a \left\langle p_4 | \tilde{\nabla} | p_3 \right\rangle$ korrigieren die Inversion von $\boldsymbol{R}_{mid}$, so dass die Summe von $\boldsymbol{R}_{mid(s,t)} \times C_s^b C_t^a \left\langle p_s | \tilde{\nabla} | p_t \right\rangle$ über die Atome nicht null ergibt. Wie wir erwarten würden, hat eine Verschiebung des Ursprungs des Koordinatensystems keinen Einfluss auf den berechneten Wert von $\boldsymbol{m}_{ba}$ für diese Anregung.

Übergänge, die magnetische Übergangsdipole betreffen, können auch mit dem quantenmechanischen Ansatz behandelt werden, den wir in Kap. 5 zur Berücksichtigung von Fluoreszenz verwendet haben. Bemerkenswerterweise sind, obwohl die endgültigen Ergebnisse die gleichen sind und das Problem der Wahl des Koordinatensystems bleibt, in der Quantentheorie keine Unterscheidungen zwischen den magnetischen und elektrischen Feldern der Strahlung erforderlich. Stattdessen sind, wie in Kasten 9.1 erklärt, „magnetische Dipol-erlaubte" Übergänge mit der Änderung der Amplitude des Vektor Potentials über die Position des Chromophors verbunden. Dieser Ansatz bietet eine andere Perspektive auf die Frage, warum magnetische Dipolübergänge typischerweise viel schwächer sind als elektrische Dipolübergänge. Wenn die Wellenlänge der Strahlung im Vergleich zur Größe des Chromophors, wie es in der elektronischen Spektroskopie üblich ist, groß ist, wird die Variation des Vektorpotentials über den Chromophor relativ unbedeutend sein.

Kasten 9.1 Quantentheorie der magnetischen Dipol- und elektrischen Quadrupolübergänge

Um zu sehen, wie die Quantentheorie die Wechselwirkungen eines Chromophors mit dem magnetischen Feld des Lichts erklärt, kehren wir zu den Ausdrücken zurück, die wir in Kap. 5 für die Energie der Wechselwirkung eines Elektrons mit einem linear polarisierten Strahlungsfeld (Gl. (5.32a,b)) verwendet haben:

$$\tilde{\mathrm{H}}' = -\frac{\hbar e}{i m_e c} \boldsymbol{V} \cdot \tilde{\nabla} + \frac{e^2}{2 m_e c^2} |\boldsymbol{V}|^2 \tag{B9.1.1a}$$

$$= -\frac{e\hbar \pi^{1/2}}{i m_e} \sum_j \left(\hat{e}_j \cdot \tilde{\nabla} \right) \left[\tilde{\mathrm{q}}_j \exp\left(2\pi i \boldsymbol{k}_j \cdot \boldsymbol{r}\right) + \tilde{\mathrm{q}}_j^* \exp\left(-2\pi i \boldsymbol{k}_j \cdot \boldsymbol{r}\right) \right] + \cdots . \tag{B9.1.1b}$$

Hier ist $\boldsymbol{V}$ das Vektorpotential des Strahlungsfeldes; $\hat{e}_j$ und $\boldsymbol{k}_j$ sind jeweils die Polarisationsachse und der Wellenvektor des Strahlungsmodus j; und m_e ist die Elektronenmasse. Die "..." Punkte in Gl. (B9.1.1b) repräsentieren Zwei-Photonen-Prozesse, die wir weiterhin auf Kap. 12 verschieben.

In Abschn. 5.5 war unser nächster Schritt anzunehmen, dass die Wellenlänge der Strahlung lang genug war, so dass die Faktoren $\exp(\pm 2\pi i \boldsymbol{k}_j \cdot \boldsymbol{r})$

gleich 1 gesetzt werden konnten (Gl. (5.33)). Hier beziehen wir den Term zweiter Ordnung in einer Potenzreihenentwicklung des Exponentials ein,

$$\exp\left(\pm 2\pi i\boldsymbol{k}_j \cdot \boldsymbol{r}\right) = 1 \pm 2\pi i\boldsymbol{k}_j \cdot \boldsymbol{r} + \frac{1}{2}\left(2\pi i\boldsymbol{k}_j \cdot \boldsymbol{r}\right)^2 + \cdots . \qquad \text{(B9.1.2)}$$

Für 300-nm-Licht und einen Chromophor mit Abmessungen im Bereich von 1–3 nm ist das Produkt $\boldsymbol{k}_j \cdot \boldsymbol{r}$ im Term zweiter Ordnung in der Größenordnung von 0,01, was in den meisten Fällen klein genug ist, um vernachlässigt zu werden. Aber angenommen, der elektrische Übergangsdipol $\boldsymbol{\mu}_{ba}$ für einen Übergang eines Elektrons zwischen Wellenfunktionen ψ_a und ψ_b ist durch Symmetrie null. Der erste Term auf der rechten Seite in Gl. (B9.1.2) trägt dann nicht zum Gesamtmatrixelement für den Übergang bei, so dass wir den zweiten Term $(\pm 2\pi i\boldsymbol{k}_j \cdot \boldsymbol{r})$ betrachten müssen. Die Verwendung dieses Terms mit Gl. (B9.1.1b) ergibt

$$\left\langle \psi_b \chi_{j(m)} \middle| \widetilde{\mathrm{H}}' \middle| \psi_a \chi_{j(n)} \right\rangle = -\frac{2\pi e\hbar\pi^{1/2}}{m_e} \left\langle \psi_b \middle| (\mathbf{k}_j \cdot \mathbf{r}) \left(\hat{e}_j \cdot \tilde{\nabla}\right) \middle| \psi_a \right\rangle \times \left\langle \chi_{j(m)} \middle| \tilde{\mathrm{Q}} \middle| \chi_{j(n)} \right\rangle \qquad \text{(B9.1.3)}$$

wo $\tilde{\mathrm{Q}}$ der Photonpositionsoperator ist und $\chi_{j(n)}$ die Photon-Wellenfunktion für das n-te Anregungsniveau des Modus j bezeichnet. Wir haben den Faktor $\left\langle \chi_{j(m)} \middle| \tilde{\mathrm{Q}}_j \middle| \chi_{j(n)} \right\rangle$ in Abschn. 5.5 analysiert und festgestellt, dass er separate Terme für Absorption ($m = n - 1$) und Emission ($m = n + 1$) enthält. Unser Interesse gilt nun dem Faktor $\left\langle \psi_b \middle| (\boldsymbol{k}_j \cdot \boldsymbol{r}) \left(\hat{e}_j \cdot \tilde{\nabla}\right) \middle| \psi_a \right\rangle$.

Betrachten Sie einen Strahlungsmodus, der sich entlang der y-Achse mit der Wellenlänge λ_{ba} ausbreitet und in der z-Richtung polarisiert ist. Das Skalarprodukt $\boldsymbol{k}_j \cdot \boldsymbol{r}$ reduziert sich dann auf die y Komponente von $\boldsymbol{r}$; $\hat{e}_j \cdot \tilde{\nabla}$ reduziert sich auf $\partial/\partial z$, *und* das Matrixelement für die Anregung von ψ_a zu ψ_b wird zu

$$\begin{aligned} -\frac{2e\hbar\pi^{3/2}}{m_e} \left\langle \psi_b \middle| (\mathbf{k}_j \cdot \mathbf{r}) \left(\hat{e}_j \cdot \tilde{\nabla}\right) \middle| \psi_a \right\rangle &= \\ -\frac{2e\hbar\pi^{3/2}}{m_e} \frac{1}{\lambda_{ba}} \left\langle \psi_b \middle| (\hat{y} \cdot \mathbf{r}) \left(\hat{z} \cdot \tilde{\nabla}\right) \middle| \psi_a \right\rangle & \qquad \text{(B9.1.4)} \\ = -\frac{2e\hbar\pi^{3/2}}{m_e \lambda_{ba}} \left\langle \psi_b \middle| y \frac{\partial}{\partial z} \middle| \psi_a \right\rangle & \end{aligned}$$

$$= -\frac{2e\hbar\pi^{3/2}}{m_e\lambda_{ba}}\frac{1}{2}\begin{pmatrix} \left\langle\psi_b\left|y\frac{\partial}{\partial z}\right|\psi_a\right\rangle - \left\langle\psi_b\left|z\frac{\partial}{\partial y}\right|\psi_a\right\rangle \\ +\left\langle\psi_b\left|y\frac{\partial}{\partial z}\right|\psi_a\right\rangle + \left\langle\psi_b\left|z\frac{\partial}{\partial y}\right|\psi_a\right\rangle \end{pmatrix}. \quad \text{(B9.1.5)}$$

Die Größe in der ersten Klammer auf der rechten Seite dieses Ausdrucks ist, abgesehen von multiplikativen Konstanten, die x Komponente des magnetischen Übergangsdipols:

$$-\frac{2e\hbar\pi^{3/2}}{m_e\lambda_{ba}}\frac{1}{2}\left(\left\langle\psi_b\left|y\frac{\partial}{\partial z}\right|\psi_a\right\rangle - \left\langle\psi_b\left|z\frac{\partial}{\partial y}\right|\psi_a\right\rangle\right) = -\frac{e\hbar\pi^{3/2}}{m_e\lambda_{ba}}\left\langle\psi_b\left|\boldsymbol{r}\times\tilde{\nabla}\right|\psi_a\right\rangle$$

$$= -\frac{e\hbar\pi^{3/2}}{m_e\lambda_{ba}}\left(\frac{2m_e c}{-i\hbar e}\right)(\boldsymbol{m}_{ba})_x = \frac{2\pi^{3/2}c}{i\lambda_{ba}}(\boldsymbol{m}_{ba})_x = -i2\pi^{3/2}\nu_{ba}(\boldsymbol{m}_{ba})_x. \quad \text{(B9.1.6)}$$

Jetzt betrachten Sie die Größe in der zweiten Klammer auf der rechten Seite von Gl. (B9.1.5). Durch die Verwendung der Beziehung zwischen den Matrixelementen des Gradientenoperators und dem Kommutator des Hamilton- und Dipol-Operatoren (Kasten 4.9), können wir diesen Term mit dem Matrixelement des Produkts yz [7, 8] in Beziehung setzen. Dies ergibt

$$-\frac{2e\hbar\pi^{3/2}}{m_e\lambda_{ba}}\frac{1}{2}\left[\left\langle\psi_b\left|y\frac{\partial}{\partial z}\right|\psi_a\right\rangle + \left\langle\psi_b\left|z\frac{\partial}{\partial y}\right|\psi_a\right\rangle\right) = \frac{2e\hbar\pi^{3/2}}{m_e\lambda_{ba}}\frac{1}{2}\left(\frac{2\pi m_e\nu_{ba}}{\hbar}\right)\langle\psi_b|yz|\psi_a\rangle$$

$$= \frac{2\pi^{5/2}\nu_{ba}}{\lambda_{ba}}e\langle\psi_b|yz|\psi_a\rangle. \quad \text{(B9.1.7)}$$

Weiterhin ist der Faktor $e\langle\psi_b|yz|\psi_a\rangle$ in Gl. (B9.1.7) als das yz Element der elektrischen Quadrupol-Interaktionsmatrix (Gl. (4.5) und (B4.2.4)) erkennbar.

Eine ähnliche Analyse für Strahlung, die entlang der x- oder z- Achse anstelle von y propagiert, oder polarisiert entlang y oder x anstelle von z, liefert entsprechende Ergebnisse mit der y oder z Komponente von $\boldsymbol{m}_{ba}$, die die x Komponente in Gl. (B9.1.6) ersetzt, und/oder mit verschiedenen Komponenten der Quadrupolmatrix, die das yz Element in Gl. (B9.1.7) ersetzen [7, 8]. Durch Einbeziehung des Terms zweiter Ordnung in der Abhängigkeit des Vektorpotentials $\boldsymbol{V}$ von der Position erhalten wir somit ein Übergangsmatrixelement, das üblicherweise einem magnetischen Übergangsdipol (Gl. (B9.1.6)) zugeschrieben wird, zusammen mit einem Matrixelement, das die quadrupolare Verteilung der Wellenfunktion (Gl. (B9.1.7)) repräsentiert.

Die Einbeziehung des Terms dritter Ordnung in der Abstandsabhängigkeit würde ein Matrixelement für oktupolare Wechselwirkungen hinzufügen. Da die magnetischen-Dipol- und elektrischen Quadrupol-Matrixelemente beide aus dem gleichen Term in der Abstandsabhängigkeit resultieren, sollten sie vergleichbare Größen haben und im Allgemeinen viel kleiner sein als elektrische Dipol-Matrixelemente.

Wie oben erwähnt, unterscheidet sich die Quantentheorie der Absorption von der semi-klassischen Theorie dadurch, dass sie nicht explizit zwischen dem elektrischen und magnetischen Feldern der elektromagnetischenStrahlung unterscheidet. Obwohl das Vektorpotential ursprünglich als Lösung der Maxwellschen Gleichungen erhalten wurde, die eine große Menge an experimentellen Beobachtungen zu elektrischen und magnetischen Effekten verallgemeinern, scheint die Unterscheidung zwischen elektrischen und magnetischen Wechselwirkungen nicht mehr so klar zu sein wie in der klassischen Physik.

9.2 Der Ursprung des Zirkularen Dichroismus

Der Unterschied zwischen den Dipolstärken für links- und rechts zirkular polarisiertes Licht wird experimentell durch die *rotatorische Stärke P* einer Absorptionsbande charakterisiert:

$$\Re = \frac{3000\ln(10)hc}{32\pi^3 N_A}\left(\frac{n}{f^2}\right)\int\frac{\Delta\varepsilon(\nu)}{\nu}d\nu \tag{9.9a}$$

$$\approx 0.248\left(\frac{n}{f^2}\right)\int\frac{\Delta\varepsilon(\nu)}{\nu}d\nu(Debye\ Bohr\ Magneton)/\left(M^{-1}\ cm^{-1}\right), \tag{9.9b}$$

wo N_A die Avogadro-Zahl ist, $\Delta\varepsilon$ ist der Unterschied zwischen die molaren Extinktionskoeffizienten für links und rechts-zirkular polarisiertes Licht $(\varepsilon_l - \varepsilon_r)$ in Einheiten von $M^{-1}\,cm^{-1}$, ν ist die Frequenz, n ist der Brechungsindex und f ist die lokale-Feld Korrektur. Rotatorische Stärken werden üblicherweise in Einheiten von Debye·Bohr Magnetons ($9{,}274 \times 10^{-39}esu^2 \cdot cm^2$ oder $9{,}274 \times 10^{-39}erg \cdot cm^3$) ausgedrückt. Im Gegensatz zur Dipolstärke kann P entweder positiv oder negativ sein.

Aus historischen Gründen wird der zirkulare Dichroismus oft in Bezug auf die *molare Elliptizität*, $[\theta]_M$, in den abstrusen Einheiten von $100\times$Grad·$M^{-1}\,cm^{-1}$ beschrieben. Die Winkelmessungen spiegeln die Tatsache wider, dass eben-polarisiertes Licht, das durch eine optisch aktive Probe geht, mit elliptischer Polarisation

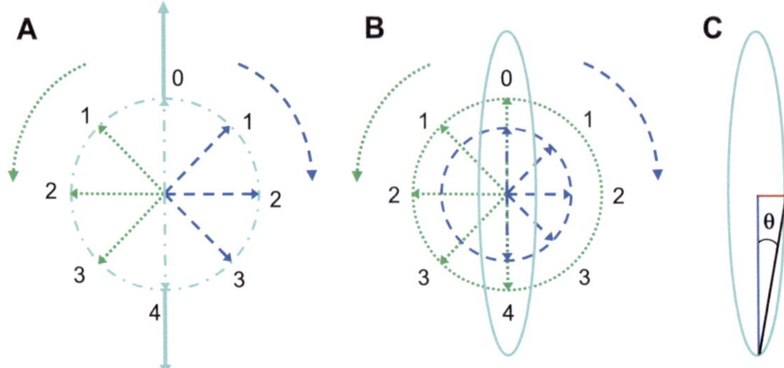

Abb. 9.5 Ein linear polarisierter Lichtstrahl, der durch ein optisch aktives Material geht, wird elliptisch polarisiert. Wie in den Abb. 3.8 und 3.9 repräsentieren die geraden Pfeile in diesen Diagrammen die elektrischen Lichtfelder, die sich vom Beobachter weg ausbreiten; die Zahlen zeigen gleich zunehmende Zeitintervalle an. (**A**) Das elektrische Feld von linear polarisiertem Licht (*doppelt gekennzeichneter solider cyanfarbene Pfeil*) kann als Resultierende von gleich großen Feldern von links- (*gepunktete grüne Pfeile*) und rechts- (*gestrichelte blaue Pfeile*) zirkular polarisiertem Licht betrachtet werden. Die *Kreise* zeigen die Grenzen der rotierenden Felder und die *gekrümmten gepunkteten grünen und gestrichelten blauen Pfeile* zeigen die Drehrichtungen an. (**B**) Nach dem Durchgang durch ein optisch aktives Material wird das Licht mit einer der beiden zirkularen Polarisationen (hier die rechts-zirkulare Polarisation) im Verhältnis zu der anderen abgeschwächt. Die Resultierende der beiden Felder zeichnet nun eine Ellipse. (**C**) Die Elliptizität (θ) wird als Arkustangens des Verhältnisses der kleineren zur größeren Halbachse der Ellipse definiert. Diese Abbildung übertreibt stark die kleinere Achse der Ellipse im Verhältnis zur größeren. Sie vernachlässigt die Drehung der Ellipse (optische Drehung), die durch den Unterschied zwischen den Brechungsindizes für links- und rechtszirkular polarisiertes Licht verursacht wird

austritt (Kasten 9.2 und Abb. 9.5). Elliptizität wird als Arkustangens ($\tan^{-1}$) Funktion des Verhältnisses d_{min}/d_{max} definiert, wobei d_{min} und d_{max} die kurze und lange Achse der Ellipse sind. Die Beziehung zwischen $[\theta]_M$ und ε_l - ε_r ist

$$[\theta]_M = \frac{100\ln(10)180°\,\Delta\varepsilon}{4\pi} = 3298\Delta\varepsilon. \tag{9.10}$$

Frühe CD-Spektrometer maßen tatsächlich die Elliptizität, aber die meisten modernen Geräte messen $\Delta\varepsilon$ direkter und empfindlicher, indem sie einen Lichtstrahl mit einem elektrooptischen Modulator schnell zwischen rechts- und links-zirkularer Polarisation umschalten (Kap. 1,3, und 4). In Studien zu Proteinen oder Polynukleotiden wird die molare Elliptizität normalerweise durch die Anzahl der Aminosäurereste oder Nukleotidbasen in dem Makromolekül geteilt, um die *mittlere Restelliptizität* zu erhalten.

Zirkularer Dichroismus (CD) ist ein sehr kleiner Effekt, der typischerweise nur eine Differenz von etwa einen Teil in 10^3 oder 10^4 zwischen den Extinktionskoeffizienten für Licht mit links- oder rechts-zirkularer Polarisation ausmacht. Aber trotz seiner geringen Größe erweist sich CD als sehr empfindliche Methode für molekulare Strukturaufklärung.

Kasten 9.2 Elliptizität und optische Rotation
Wie wir in Kap. 3 diskutiert haben, können die elektrischen und magnetischen Felder von linear polarisiertem Licht als Überlagerungen von Feldern aus rechts- und linkszirkular polarisiertem Licht betrachtet werden (Abb. 3.6, 3.7, und 9.5A). Betrachten Sie einen Strahl von linear polarisiertem Licht, nachdem er durch 1 cm einer 1 M Lösung eines optisch aktiven Materials gegangen ist. Wenn der molare Absorptionskoeffizient für links-zirkulare Polarisation den für rechtszirkulare Polarisation um $\Delta\varepsilon$ übersteigt, wird das Verhältnis der Intensitäten des übertragenen Lichts mit links- und rechtszirkularer Polarisation $I_l/I_r = \exp[-\ln(10)\Delta\varepsilon]$ sein. Da die elektrische Feldamplitude proportional zur Quadratwurzel der Intensität ist, wird das Verhältnis der Felder sein

$$|\boldsymbol{E}_l|/|\boldsymbol{E}_r| = \exp[-\ln(10)\Delta\varepsilon/2]. \tag{B9.2.1}$$

Das resultierende Feld wird in der Amplitude von $|\boldsymbol{E}_{max}| = |\boldsymbol{E}_r| + |\boldsymbol{E}_l|$, wenn die beiden Felder parallel ausgerichtet sind (die Zeiten mit der Bezeichnung 0 und 4 in Abb. 9.5B), bis zu $|\boldsymbol{E}_{min}| = |\boldsymbol{E}_r| - |\boldsymbol{E}_l|$, wenn sie antiparallel sind (Zeit 2). Die kleinen und großen Halbachsen der von dem resultierenden Feld ausgeführten Ellipse (Abb. 9.5B) sind $|\boldsymbol{E}_{min}|$ und $|\boldsymbol{E}_{max}|$, die das Verhältnis haben

$$\frac{|\boldsymbol{E}_{min}|}{|\boldsymbol{E}_{max}|} = \frac{1-\exp[-\ln(10)\Delta\varepsilon/2]}{1+\exp[-\ln(10)\Delta\varepsilon/2]} \approx \frac{\ln(10)\Delta\varepsilon/2}{2} = \ln(10)\Delta\varepsilon/4 \tag{B9.2.2}$$

wenn $\Delta\varepsilon << 1$. Gl. (9.10) wird erhalten, indem die Annäherung arctan $(\phi) \approx \phi$ gemacht wird. Sie gilt, wenn $\phi << 1$, multipliziert mit $180^\circ/\pi$, um von Radiant auf Grad umzurechnen, und multipliziert mit 100, um die konventionellen Einheiten zu benutzen.

Wie wir in Kap. 3 diskutiert haben, haben optisch aktive Materialien auch unterschiedliche Brechungsindizes für rechts- und linkszirkular polarisiertes Licht. Die in Abb. 9.5B, C gezeigte Ellipse wird daher leicht relativ zur Ausrichtung des ursprünglichen linearen polarisierten Strahls gedreht sein. Dies ist das Phänomen der *optischen Rotation,* und ihre Wellenlängenabhängigkeit ist die *optische rotatorische Dispersion* (ORD). CD- und ORD-Spektren sind durch allgemeine Ausdrücke, die Kramers-Kronig-Transformationen genannt werden, miteinander verbunden [9, 10]. Der Beitrag einer bestimmten Absorptionsbande zur ORD einer Probe hat auf beiden Seiten der

Bande entgegengesetzte Zeichen und erstreckt sich bis zu Wellenlängen weit von der Bande entfernt. Wir werden ORD nicht weiter diskutieren, da es wenig zusätzliche Informationen oder experimentelle Vorteile bietet und da überlappende Beiträge von entfernten Absorptionsbanden dessen Interpretation erschweren.

Léon Rosenfeld, ein belgischer Physiker, der eng mit Niels Bohr zusammenarbeitete und Beiträge in vielen Bereichen der Quantenphysik leistete, zeigte, dass die Rotationsstärke eines Übergangs vom Skalarprodukt des magnetischen Übergangsdipols $\boldsymbol{m}_{ba}$ und des elektrischen Übergangsdipols $\boldsymbol{\mu}_{ba}$ abhängt [11]:

$$\Re_{ba} = -\operatorname{Im}\left(\left\langle \Psi_b \middle| \tilde{\mathrm{m}} \middle| \Psi_a \right\rangle \cdot \langle \Psi_b | \tilde{\mu} | \Psi_a \rangle\right) = -\operatorname{Im}\left(\boldsymbol{m}_{ba} \cdot \boldsymbol{\mu}_{ba}\right), \tag{9.11}$$

wo, wie zuvor, Im(…) der imaginäre Teil in der Klammer bedeutet. Da $\boldsymbol{m}_{ba} \cdot \boldsymbol{\mu}_{ba}$ imaginär ist, ist P_{ba} real.

Bevor wir die Ableitung von Gl. (9.11) betrachten, schauen wir uns an, was die Gleichung besagt: Die Rotationsstärke hängt davon ab, inwieweit die magnetischen und elektrischen Übergangsdipole miteinander kooperieren oder sich gegenseitig entgegenwirken. Genauer gesagt, kann P_{ba} nur dann ungleich null sein, wenn $\boldsymbol{m}_{ba}$ und $\boldsymbol{\mu}_{ba}$ Komponenten haben, die parallel oder antiparallel sind. Dies impliziert sofort, dass planare Moleküle kein CD zeigen können. Wenn ein Molekül planar ist, muss $\boldsymbol{\mu}_{ba}$ in dieser Ebene liegen, aber $\boldsymbol{m}_{ba}$ wird normal zur Ebene sein (Abb. 9.1 und 9.2). Die elektrischen und magnetischen Übergangsdipole werden daher senkrecht zueinander stehen. In einem helikalen Molekül hingegen könnten $\boldsymbol{m}_{ba}$ und $\boldsymbol{\mu}_{ba}$ beide Komponenten entlang der Achse der Helix haben. Ein solches Molekül kann eine von null verschiedene Rotationsstärke haben, und wir könnten erwarten, dass das Vorzeichen von P_{ba} davon abhängt, ob die Helix eine links- oder rechtshändige Drehung hat.

Allgemeiner gesagt, impliziert Gl. (9.11), dass eine isotrope Lösung eines absorbierenden Moleküls nur dann CD zeigen kann, wenn das Molekül chiral ist, was bedeutet, dass es sich von seinem Spiegelbild (Enantiomer) unterscheidet. Wenn ein Molekül in sein Spiegelbild umgewandelt wird, ändert $\boldsymbol{\mu}_{ba}$ das Vorzeichen, aber $\boldsymbol{m}_{ba}$ nicht, so wird P_{ba} zu -P_{ba}. (Denken Sie daran, dass $\boldsymbol{m}_{ba}$ von einer Summe von Kreuzprodukten des Positionsvektors ($\boldsymbol{r}$) mit Matrixelementen des Gradientenoperators für jedes Paar von Atomen ($\boldsymbol{\nabla}_{st}$) abhängt; die Umwandlung eines Moleküls in sein Spiegelbild ändert das Vorzeichen sowohl von $\boldsymbol{r}$ als auch von $\boldsymbol{\nabla}_{st}$, lässt das Vorzeichen des Kreuzprodukts jedoch gleich.) Wenn das ursprüngliche Molekül und das Spiegelbild nicht zu unterscheiden sind, muss P_{ba} gleich -P_{ba} sein, was nur dann wahr sein kann, wenn P_{ba} null ist. Insbesondere erfordert Chiralität, dass das Molekül keine Symmetrieebene oder ein Inversionszentrum hat, da ein Molekül mit einem dieser Symmetrieelemente auf dessen Spiegelbild überlagert werden kann. Moderne quantenchemische Methoden haben es möglich gemacht, Vergleiche von berechneten und gemessenen CD zur Bestimmung der absoluten Stereochemie von mäßig großen organischen Molekülen zu verwenden [12–16].

Das Prinzip, dass nur chirale Moleküle optisch aktiv sein können, gilt nicht unbedingt in anisotropen Systemen. Moleküle, die in Lösung nicht zu unterscheiden wären, können durch ihre festen Orientierungen in einigen Kristallformen unterschieden werden. Ein Kristall aus einem achiralen Material kann daher optische Aktivität zeigen, wenn er entlang einer bestimmten kristallographischen Achse beleuchtet wird. Eine solche optische Aktivität wurde erstmals in kristallinem $AgGaS_2$ und $CdGa_2S_4$ gesehen [17, 18], und wurde in anderen achiralen Materialien, einschließlich Pentaerythritol ($C(CH_2OH)_4$), nachgewiesen [19]. Es ist jedoch schwierig zu messen, wenn starker linearer Dichroismus, der für Kristalle typisch ist, vorhanden ist.

Gl. (9.11) informiert uns auch, dass ein Molekül nur dann CD haben kann, wenn $\langle\Psi_b|\tilde{\mu}|\Psi_a\rangle$ nicht null ist. Weiterhin wird das CD-Spektrum eines einzelnen Moleküls ungefähr die gleiche Form wie das Absorptionsspektrum haben, allerdings eine viel kleinere absolute Amplitude. CD-Spektren unterscheiden sich in dieser Hinsicht von optischen rotatorischen Dispersion (ORD) Spektren, die Unterschiede zwischen den Brechungsindizes für rechts- und linkszirkular polarisiertes Licht widerspiegeln (Kasten 9.2).

Wie in den vorherigen Kapiteln wird die Wellenfunktion für den Anfangszustand auf der rechten Seite in den Matrixelementen in Gl. (9.11) geschrieben, und die Wellenfunktion für den Endzustand auf der linken Seite. Für den elektrischen Dipoloperator ist die Reihenfolge unwichtig, weil $\langle\Psi_b|\tilde{\mu}|\Psi_a\rangle = \langle\Psi_a|\tilde{\mu}|\Psi_b\rangle$, aber das ist nicht der Fall für den magnetischen Dipol Operator. Hier ändert das Vertauschen der Orbitale das Vorzeichen des Integrals. Daher, weil $\langle\Psi_b|\tilde{\mathrm{m}}|\Psi_a\rangle = -\langle\Psi_a|\tilde{\mathrm{m}}|\Psi_b\rangle$, kann die Rosenfeld Gleichung (Gl. (9.11)) auch geschrieben werden:

$$\Re_{ba} = \mathrm{Im}\left(\langle\Psi_a|\tilde{\mathrm{m}}|\Psi_b\rangle \cdot \langle\Psi_b|\tilde{\mu}|\Psi_a\rangle\right) = \mathrm{Im}\left(\boldsymbol{m}_{ba} \cdot \boldsymbol{\mu}_{ba}\right). \tag{9.12}$$

Um die Rosenfeld-Gleichung abzuleiten, müssen wir die verknüpfte Zeitabhängigkeit des elektrischen und magnetischen Feldes von zirkular polarisiertem Licht berücksichtigen. Für Licht, das sich entlang der z-Achse ausbreitet, kann das elektrische Feld geschrieben werden:

$$\boldsymbol{E}_{\pm}(t) = 2I_c\left[\cos(2\pi\nu t)\hat{x} \pm \sin(2\pi\nu t)\hat{y}\right] \tag{9.13a}$$

$$= I_c\left\{\left[\exp(2\pi i\nu t) + \exp(-2\pi i\nu t)\right]\hat{x} \mp i\left[\exp(2\pi i\nu t) - \exp(-2\pi i\nu t)\right]\hat{y}\right\}, \tag{9.13b}$$

wo I_c eine skalare Größe ist, die von der Lichtintensität und der lokalen-Feld Korrektur abhängt, und $\hat{x}$ und $\hat{y}$ Einheitsvektoren in den x und y Richtungen sind. $\boldsymbol{E}_+$ beschreibt links-zirkulare Polarisation; $\boldsymbol{E}_-$, rechts-zirkulare Polarisation (Abb. 3.6). Ähnlich,

$$\boldsymbol{B}_{\pm}(t) = 2B_c\left[-\cos(2\pi\nu t)\hat{y} \pm \sin(2\pi\nu t)\hat{x}\right] \tag{9.14a}$$

$$= B_c\{-[\exp(2\pi i\nu t) + \exp(-2\pi i\nu t)]\hat{y} \mp i[\exp(2\pi i\nu t) - \exp(-2\pi i\nu t)]\hat{x}\}, \tag{9.14b}$$

wo B_c die skalare Größe des magnetischen Feldes ist. Das elektrische und magnetische Feld stehen senkrecht zueinander und drehen sich gemeinsam um die z-Achse mit der Frequenz ν.

Betrachten Sie nun eine isotrope Lösung eines Moleküls mit den elektronischen Zuständen a und b. Wenn das Molekül zur Zeit Null im Zustand a ist ($C_a(0) = 1$ und $C_b(0) = 0$), wird die Beleuchtung mit zirkular polarisiertem Licht dazu führen, dass C_b mit der Zeit wächst gemäß den Gl. (2.61a,b), mit $\tilde{H}'$ gegeben durch Gl. (9.1) und $\boldsymbol{E}(t)$ und $\boldsymbol{B}(t)$ gegeben durch die Gl. (9.13a,b) und (9.14a,b). Wenn wir so vorgehen, wie wir es getan haben, um Gl. (4.7) abzuleiten, können wir einen Ausdruck für $C_b(\tau)$ erhalten, der separate Terme für $E_b > E_a$ (Absorption) und $E_b < E_a$ (stimulierte Emission) hat. Das Ergebnis für die Absorption bei der Zeit τ ist wie folgt:

$$\begin{aligned} C_b^{\pm}(\tau) &= \left(\frac{\exp\left[i(E_b - E_a - h\nu)\tau/\hbar\right]}{E_b - E_a - h\nu}\right) \\ &\left(I_c\mu_{ba}^x\hat{x} \pm iI_c\mu_{ba}^y\hat{y} - B_c m_{ba}^y\hat{y} \pm iB_c m_{ba}^x\hat{x}\right). \end{aligned} \tag{9.15}$$

Hier sind μ_{ba}^x und μ_{ba}^y die x- und y-Komponenten von $\boldsymbol{\mu}_{ba}$, und m_{ba}^x und m_{ba}^y sind die x- und y-Komponenten von $\boldsymbol{m}_{ba}$. Wir müssen nun das komplexe Konjugat von $C_b^{\pm}(\tau)$ bilden, wobei wir uns daran erinnern, dass das komplexe Konjugat von $\boldsymbol{m}_{ba}$ $-\boldsymbol{m}_{ba}$ ist, und dann das Produkt $C_b^{\pm *}(\tau)C_b^{\pm}(\tau)$ über einen Bereich von Frequenzen integrieren, wie in den Gl. (4.8a–c) (Kasten 4.4). Dies ergibt

$$\int_0^\infty C_b^{\pm} * (\tau)C_b^{\pm}(\tau)\rho_\nu(\nu)d\nu$$

$$= \left[\rho_\nu(\nu)\tau/\hbar^2\right]\left[I_c\mu_{ba}^x\hat{x} \mp iI_c\mu_{ba}^y\hat{y} + B_c m_{ba}^y\hat{y} \pm iB_c m_{ba}^x\hat{x}\right]\left[I_c\mu_{ba}^x\hat{x} \pm iI_c\mu_{ba}^y\hat{y} - B_c m_{ba}^y\hat{y} \pm iB_c m_{ba}^x\hat{x}\right]$$

$$= \left[\rho_\nu(\nu)\tau/\hbar^2\right]\left\{I_c^2\left(\left|\mu_{ba}^x\right|^2 + \left|\mu_{ba}^y\right|^2\right) + B_c^2\left(\left|m_{ba}^x\right|^2 + \left|m_{ba}^y\right|^2\right) \mp 2I_cB_c\,\mathrm{Im}\left[\mu_{ba}^x m_{ba}^x + \mu_{ba}^y m_{ba}^y\right]\right\}, \tag{9.16}$$

welche, nach Durchschnittsbildung über alle Orientierungen der molekularen Achsen, wird zu:

$$\overline{\int_0^\infty C_b^{\pm} * (\tau)\; C_b^{\pm}(\tau)\rho_\nu(\nu)d\nu} = \frac{2\rho_\nu(\nu)\tau}{3\hbar^2}\left[I_c^2\left|\boldsymbol{\mu}_{ba}\right|^2 + B_c^2\left|\boldsymbol{m}_{ba}\right|^2 \mp 2I_cB_c\,\mathrm{Im}\left(\boldsymbol{\mu}_{ba}\cdot\boldsymbol{m}_{ba}\right)\right]. \tag{9.17}$$

Die Terme, die $|\boldsymbol{\mu}_{ba}|^2$ und $|\boldsymbol{m}_{ba}|^2$ in Gl. (9.17) enthalten, repräsentieren die elektrischen und magnetischen Dipolstärken. Diese Terme haben positive Vorzeichen, unabhängig davon, ob das Licht links- oder rechtszirkular polarisiert ist. Der Term, der das Skalarprodukt $\boldsymbol{\mu}_{ba}\cdot\boldsymbol{m}_{ba}$ enthält, tritt jedoch in Gl. (9.17) mit einem positiven Vorzeichen für rechtszirkulare Polarisation, aber mit einem negativen Vorzeichen für linkszirkulare Polarisation auf. Der Unterschied zwischen den Raten der Absorption von links- und rechtszirkular polarisiertem Licht ist daher proportional zu $-[8\rho_v(v)\tau/3\hbar^2)]I_c B_c \operatorname{Im}(\boldsymbol{\mu}_{ba}\cdot\boldsymbol{m}_{ba})$. Die Faktoren $\rho_v(v)$, I_c und B_c bewerten wir genauso wie wir es getan haben, um die Gl. (4.16a, b) zu erhalten, ergibt Gl. (9.9a, b) und die Rosenfeld-Gleichung (Gl. (9.11)).

9.3 Zirkulardichroismus von Dimeren und Oligomeren

Dimere und größere Oligomere zeigen oft einen relativ starken CD, auch wenn die einzelnen Monomere dies nicht tun [13, 20–25]. Um zu sehen, wie dieser CD entsteht, beschreiben wir den angeregten Zustand eines Oligomers durch eine Linearkombination der angeregten Zustände der einzelnen Moleküle, wie in den Gl. (8.17) und (8.19):

$$\Psi_B = \sum_n \sum_b C_{b(n)}^{B1} \psi_{ba(n)}. \tag{9.18}$$

Dann können wir die elektrischen und magnetischen Übergangsdipole des Oligomers schreiben als

$$\boldsymbol{\mu}_{BA} = \sum_n \sum_b C_{b(n)}^{B} \boldsymbol{\mu}_{ba(n)} \tag{9.19}$$

und

$$\boldsymbol{m}_{BA} = \sum_n \sum_b C_{b(n)}^{B} \boldsymbol{m}_{ba(n)}, \tag{9.20}$$

wo $\boldsymbol{\mu}_{ba(n)}$ und $\boldsymbol{m}_{ba(n)}$ die elektrischen und magnetischen Übergangsdipole zur Anregung der Untereinheit n des Oligomers aus seinem Grundzustand (a) in den angeregten Zustand (b) *sind.* Die Rosenfeld Gleichung (Gl. (9.11)) gibt dann die Rotations stärken der Exzitonbanden des Oligomers an:

$$\Re_{BA} = -\operatorname{Im}(\boldsymbol{m}_{BA} \cdot \boldsymbol{\mu}_{BA}). \tag{9.21}$$

Nach dem Verfahren, das wir oben in den Gl. (9.5a, b–9.7) verwendet haben, können wir die magnetischen Übergangsdipole der Untereinheiten bewerten, indem wir den Positionsvektor für das Elektron i in der Untereinheit n ($\boldsymbol{r}_{i(n)}$) in zwei Teile zerlegen:

$$\boldsymbol{r}_{i(n)} = R_n + \boldsymbol{r}_i'. \tag{9.22}$$

Hier ist $\boldsymbol{R}_n$ ein Vektor vom Ursprung des Koordinatensystems zum Zentrum der Untereinheit n, und $\boldsymbol{r}_i'$ ist ein Vektor vom Zentrum dieser Untereinheit zur Position des Elektrons (Abb. 9.6). Mit dieser Zerlegung von $\boldsymbol{r}_{i(n)}$ wird $\boldsymbol{m}_{ba(n)}$ zu einer Summe von zwei Termen:

$$\boldsymbol{m}_{ba(n)} = (e/2mc)\left\langle \psi_{b(n)} \middle| \boldsymbol{r}_{i(n)} \times \tilde{\mathrm{p}} \middle| \psi_{a(n)} \right\rangle \tag{9.23a}$$

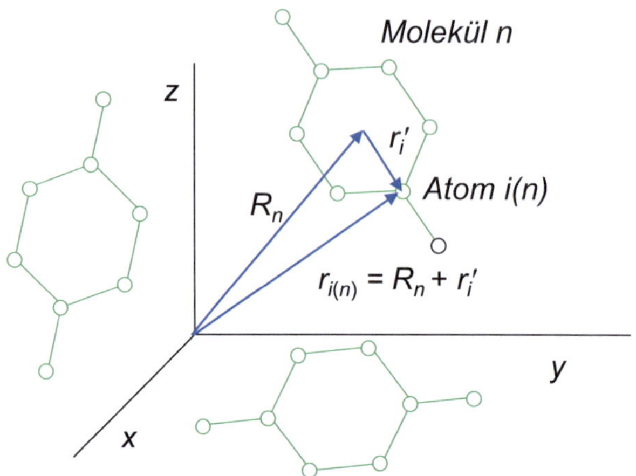

Abb. 9.6 Der Positionsvektor $\boldsymbol{r}_{i(n)}$ für Elektron i in der Untereinheit n eines Oligomers ist die Summe eines Vektors vom Ursprung des Koordinatensystems zum Zentrum der Untereinheit ($\boldsymbol{R}_n$) und eines Vektors vom Zentrum der Untereinheit zum Ort des Elektrons $i(\boldsymbol{r}_i')$

$$= (e/2mc)\langle \psi_{b(n)} | \boldsymbol{R}_n \times \tilde{\mathrm{p}} | \psi_{a(n)} \rangle + (e/2mc)\langle \psi_{b(n)} | \boldsymbol{r}_i{}' \times \tilde{\mathrm{p}} | \psi_{a(n)} \rangle \quad (9.23\text{b})$$

$$= (e/2mc)\boldsymbol{R}_n \times \langle \psi_{b(n)} | \tilde{\mathrm{p}} | \psi_{a(n)} \rangle + \boldsymbol{m}'_{ba(n)}. \quad (9.23\text{c})$$

Aus den Gl. (9.20) und (9.23c) ergibt sich der magnetische Übergangsdipol des Oligomers als

$$\boldsymbol{m}_{BA} = \sum_n \sum_b C^B_{b(n)} \left[\boldsymbol{m}'_{ba(n)} + (e/2mc)\boldsymbol{R}_n \times \langle \psi_{b(n)} | \tilde{\mathrm{p}} | \psi_{a(n)} \rangle \right]. \quad (9.24)$$

Der Term $\boldsymbol{m}'_{ba(n)}$ in diesem Ausdruck ist eine intrinsische Eigenschaft der Untereinheit n und ist unabhängig davon, wo sich dieses Molekül im Oligomer befindet. Der Term $(e/2mc)\boldsymbol{R}_n \times \langle \psi_{b(n)} | \tilde{\mathrm{p}} | \psi_{a(n)} \rangle$ hängt von der Position und Ausrichtung des Monomers n im Oligomer ab.

Das Integral $\langle \psi_{b(n)} | \tilde{\mathrm{p}} | \psi_{a(n)} \rangle$ in Gl. (9.24) kann direkt aus den molekularen Orbitalen $\psi_{b(n)}$ und $\psi_{a(n)}$ berechnet werden, wenn diese als lineare Kombinationen von atomaren Orbitalen geschrieben sind (Kasten 4.11 und Gl. (9.5)–(9.7)). Alternativ kann es aus dem elektrischen Übergangsdipol durch Verwendung des Ausdrucks

$$\langle \psi_{b(n)} | \tilde{\mathrm{p}} | \psi_{a(n)} \rangle = \left(-2\pi imc/e\lambda_{ba(n)} \right) \langle \psi_{b(n)} | \tilde{\mu} | \psi_{a(n)} \rangle, \quad (9.25)$$

wo $\lambda_{ba(n)}$ die Wellenlänge der Monomerabsorptionsbande ist. Dieser Ausdruck ist nützlich, wenn die Orbitale nicht genau bekannt sind, da die Größe des elektrischen Übergangsdipols experimentell durch Messung der Dipolstärke ermittelt werden kann. Gl. (9.25) folgt direkt aus der Beziehung

$$\left\langle \psi_b | \tilde{\nabla} | \psi_a \right\rangle = -\left[(E_b - E_a) m / \hbar^2 e \right] \langle \psi_b | \tilde{\mu} | \psi_a \rangle, \tag{9.26}$$

die wir in Kap. 4 (Gl. (4.30) und Kasten 4.9) diskutiert haben.

Die Einsetzung von Gl. (9.25) in (9.24) ergibt:

$$\boldsymbol{m}_{BA} = \sum_n \sum_b C^B_{b(n)} \left[\boldsymbol{m}'_{ba(n)} - \left(i\pi / \lambda_{ba(n)} \right) \boldsymbol{R}_n \times \boldsymbol{\mu}_{ba(n)} \right]. \tag{9.27}$$

Für ein Dimer aus identischen Molekülen mit einem angeregten Zustand ergeben die Gl. (9.18), (9.19) und (9.27) die folgenden Ergebnisse für die beiden Exziton banden:

$$\boldsymbol{\mu}_{BA\pm} = 2^{-1/2} \left(\boldsymbol{\mu}_{ba(1)} \pm \boldsymbol{\mu}_{ba(2)} \right), \tag{9.28}$$

$$\boldsymbol{m}_{BA\pm} = 2^{-1/2} \left(\boldsymbol{m}'_{ba(1)} \pm \boldsymbol{m}'_{ba(2)} \right) - \left(i\pi / \sqrt{2} \lambda_{ba} \right) \left[\boldsymbol{R}_1 \times \boldsymbol{\mu}_{ba(1)} \pm \boldsymbol{R}_2 \times \boldsymbol{\mu}_{ba(2)} \right], \tag{9.29}$$

und

$$\begin{aligned} \Re_{BA\pm} &= -\operatorname{Im} \left(\boldsymbol{m}_{BA\pm} \cdot \boldsymbol{\mu}_{BA\pm} \right) \\ &-\frac{1}{2} \operatorname{Im} \left(\boldsymbol{m}'_{ba(1)} \cdot \boldsymbol{\mu}_{ba(1)} + \boldsymbol{m}'_{ba(2)} \cdot \boldsymbol{\mu}_{ba(2)} \right) \\ &\mp\frac{1}{2} \operatorname{Im} \left(\boldsymbol{m}'_{ba(1)} \cdot \boldsymbol{\mu}_{ba(2)} + \boldsymbol{m}'_{ba(2)} \cdot \boldsymbol{\mu}_{ba(1)} \right) \\ &\pm (\pi / 2\lambda_{ba}) (\boldsymbol{R}_2 - \boldsymbol{R}_1) \cdot \left(\boldsymbol{\mu}_{ba(2)} \times \boldsymbol{\mu}_{ba(1)} \right). \end{aligned} \tag{9.30}$$

Hier beziehen sich die $\pm$ Zeichen auf symmetrische und antisymmetrische Kombinationen der angeregten Zustände der beiden Monomere, wie in den Gl. (8.11a, b) und (8.16a–d): die positiven Zeichen sind für Ψ_{B+}, und die negativen Zeichen sind für Ψ_{B-}. Bei der Ableitung von Gl. (9.30) haben wir die Tatsachen verwendet, dass das Vertauschen der Reihenfolge von zwei Vektoren in einem Dreifachprodukt $\boldsymbol{c} \cdot \boldsymbol{a} \times \boldsymbol{b}$ das Vorzeichen des Produkts ändert und dass das Produkt null ist, wenn zwei Vektoren parallel sind (Anhang A.1).

Die Gl. (9.30) zeigt, dass es drei Beiträge zur Rotationsstärke eines Dimers gibt, P_{mon}, P_{e-m} und P_{ex}:

$$\Re_{mon} = -\frac{1}{2} \operatorname{Im} \left(\boldsymbol{m}'_{ba(1)} \cdot \boldsymbol{\mu}_{ba(1)} + \boldsymbol{m}'_{ba(2)} \cdot \boldsymbol{\mu}_{ba(2)} \right), \tag{9.31a}$$

$$\Re_{e-m} = \mp\frac{1}{2} \operatorname{Im} \left(\boldsymbol{m}'_{ba(1)} \cdot \boldsymbol{\mu}_{ba(2)} + \boldsymbol{m}'_{ba(2)} \cdot \boldsymbol{\mu}_{ba(1)} \right), \tag{9.31b}$$

$$\mathfrak{R}_{ex} = \pm(\pi/2\lambda_{ba})(\boldsymbol{R}_2 - \boldsymbol{R}_1) \cdot \left(\boldsymbol{\mu}_{ba(2)} \times \boldsymbol{\mu}_{ba(1)}\right). \tag{9.31c}$$

$\mathfrak{R}_{mon}$ ist einfach die Summe der intrinsischen Rotationsstärken der einzelnen Moleküle, wobei der Beitrag jedes Teilchens durch das Quadrat des entsprechenden Koeffizienten in $\Psi_{B\pm}$ gewichtet wird. Dieser Begriff, manchmal als *„Ein-Elektronen"*-Beitrag bezeichnet, ist unabhängig davon, wie die beiden Moleküle zueinander im Dimer angeordnet sind, vorausgesetzt, dass die intermolekularen Wechselwirkungen die magnetischen und elektronischen Übergangsdipole der einzelnen Moleküle nicht beeinflussen. Es könnte jedoch Störungen von $\boldsymbol{\mu}_{ba}$ oder $\boldsymbol{m}'_{ba}$ durch die elektrostatische Umgebung im Dimer widerspiegeln.
Der zweite Begriff, $\mathfrak{R}_{e-m}$, spiegelt die Kopplung zwischen dem elektrischen Übergangsdipol eines Moleküls und dem magnetischen Übergangsdipol des anderen Moleküls wider. Dies wird als *elektrisch-magnetische Kopplung* bezeichnet.

Schließlich hängt $\mathfrak{R}_{ex}$, der *Exziton-* oder *gekoppelte Oszillator*-Begriff, von den beiden elektrischen Übergangsdipolen und der Geometrie des Dimers ab. Wir können diesen Begriff prägnanter schreiben als

$$\mathfrak{R}_{ex} = \pm(\pi/2\lambda_{ba})\boldsymbol{R}_{21} \cdot \boldsymbol{\mu}_{ba(2)} \times \boldsymbol{\mu}_{ba(1)} \tag{9.32a}$$

$$= \pm(\pi/2\lambda_{ba})|\boldsymbol{R}_{21}|D_{ba} \sin\theta \cos\phi, \tag{9.32b}$$

wo $\boldsymbol{R}_{21}$ der Vektor vom Zentrum des Moleküls 1 zum Zentrum des Moleküls 2 ist, D_{ba} die Dipolstärke der monomeren Absorptionsbande ist, θ der Winkel zwischen $\boldsymbol{\mu}_{ba(1)}$ und $\boldsymbol{\mu}_{ba(2)}$ ist, und ϕ der Winkel zwischen $\boldsymbol{R}_{21}$ und dem Kreuzprodukt von $\boldsymbol{\mu}_{ba(1)}$ und $\boldsymbol{\mu}_{ba(2)}$ ist. Wenn $|\boldsymbol{R}_{21}|$ und λ_{ba} in den gleichen Einheiten gegeben sind (*z.B.*, A) und die Übergangsdipole in Debye gegeben sind,

$$\mathfrak{R}_{ex} \approx \pm(171/\lambda_{ba})\boldsymbol{R}_{21} \cdot \boldsymbol{\mu}_{ba(2)} \times \boldsymbol{\mu}_{ba(1)}\ (\mathrm{D}\mu_\mathrm{B})\ \mathrm{D}^{-2}. \tag{9.33}$$

Für elektronisch erlaubte Übergänge dominiert $\mathfrak{R}_{ex}$ oft über $\mathfrak{R}_{mon}$ und $\mathfrak{R}_{e-m}$, weil die Dipol Stärke D_{ba} normalerweise viel größer ist als entweder $\mathrm{Im}\left[\boldsymbol{m}'_{ba(1)} \cdot \boldsymbol{\mu}_{ba(1)} + \boldsymbol{m}'_{ba(2)} \cdot \boldsymbol{\mu}_{ba(2)}\right]$ or $\mathrm{Im}\left[\boldsymbol{m}'_{ba(1)} \cdot \boldsymbol{\mu}_{ba(2)} + \boldsymbol{m}'_{ba(2)} \cdot \boldsymbol{\mu}_{ba(1)}\right]$. $\mathfrak{R}_{mon}$ wird null sein, wenn die einzelnen Moleküle nicht optisch aktiv sind, während $\mathfrak{R}_{ex}$ nicht erfordert, dass eines der Moleküle optische Aktivität zeigt. Aber wie Gl. (9.32b) zeigt, ist $\mathfrak{R}_{ex}$ extrem empfindlich gegenüber der Geometrie des Dimers. Es wird null sein, wenn zwei der drei Vektoren ($\boldsymbol{\mu}_{ba(1)}$, $\boldsymbol{\mu}_{ba(2)}$ und $\boldsymbol{R}_{21}$) parallel sind oder wenn alle drei Vektoren in der gleichen Ebene liegen.

Gl. (9.30) und (9.32a, b) zeigen, dass die Beiträge von P_{ex} zu den beiden Exziton banden eines Dimers gleich groß, aber entgegengesetzt im Vorzeichen sind (Abb. 9.7B). Dies steht im Gegensatz zu den Dipolstärken der beiden Exzitonbanden, die immer positiv sind, aber erheblich in der Größe variieren können (Gl. (8.16c, 8.16d) und Abb. 8.4 und 9.7A).

$\mathfrak{R}_{e-m}$, wie $\mathfrak{R}_{ex}$, trägt rotatorische Stärken mit gleichen Größen und entgegengesetzten Vorzeichen zu den beiden Exziton-Banden bei, während die Beiträge von $\mathfrak{R}_{mon}$ das gleiche Zeichen haben. Ein CD-Spektrum, in dem die positiven und

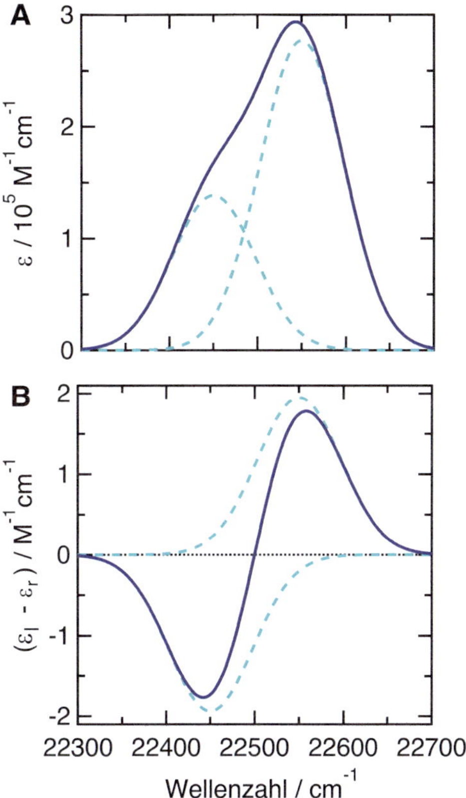

Abb. 9.7 $\mathfrak{R}_{ex}$ trägt entgegengesetzte Rotationsstärken zu den Exzitonbanden eines Dimers bei. Die *gestrichelten cyanfarbenen Kurven* in (**A**) zeigen die Exziton-Absorptionsbanden eines Dimers; die *durchgezogene blaue Kurve* ist das gesamte Absorptionsspektrum. In (**B**), sind die *cyanfarbenen Kurven* der Zirkulardichroismus (CD) der beiden Banden und die *durchgezogene blaue Kurve* ist das gesamte CD-Spektrum. Die Spektren sind für ein Homodimer mit $D_{ba(1)} = D_{ba(2)} = 10\,\mathrm{D}^2, |\boldsymbol{R}_{21}| = 7\,\mathring{\mathrm{A}}, \theta = 71°, \alpha = \beta = 90°$ (Abb. 7.2) und $\lambda_{ba} = 4444\,\mathring{\mathrm{A}}$. Diese Geometrie macht H_{21} positiv ($H_{21} = 50\,\mathrm{cm}^{-1}$ in der Punkt-Dipol-Näherung) und gibt dem Ψ_{B+} Exzitonband eine höhere Übergangsenergie, eine größere Dipolstärke und eine positive Rotationsstärke. Zu Illustrationszwecken wurden den Exzitonbanden Gaußsche Formen mit willkürlichen Breiten zugewiesen

negativen rotatorischen Stärken der entsprechenden Banden ausgeglichen sind, wird als *konservativ* bezeichnet. Ein *nicht konservatives* CD-Spektrum kann entweder signifikante Beiträge von $\mathfrak{R}_{mon}$ oder eine Mischung mit anderen angeregten Zuständen bei höheren oder niedrigeren Energien widerspiegeln. Wenn die gesamte Rotationsstärke über alle Frequenzen integriert wird, so dass Anregungen vom Grundzustand zum vollständigen Satz von angeregten Zuständen eingeschlossen sind, muss das Integral null sein [26]. Wir sahen analoge Summenregeln für die Oszillatorstärke eines Monomers in Kap. 4 und für die Dipolstärken Stärken der Dimerabsorptionsbanden in Kap. 8.

Gemäß den Gl. (9.32) und (9.33) erhöht sich $|\mathscr{R}_{ex}|$ linear und unendlich mit $|\boldsymbol{R}_{21}|$. Dies scheint der Intuition zu widersprechen. Wie kann die Rotationsstärke, die aus den Wechselwirkungen zweier Moleküle entsteht, groß sein, wenn die Moleküle weit voneinander entfernt sind? Die beobachteten Stärken der CD-Banden verhalten sich jedoch nicht so. Sie gehen bei großen Werten von $|\boldsymbol{R}_{21}|$ gegen Null, weil die beiden Banden entgegengesetzte Zeichen haben und die Trennung zwischen den Banden ($2H_{21}$) abnimmt, wenn $|\boldsymbol{R}_{21}|^{-3}$ (Gl. (7.17), Abb. 7.5). Wenn die Moleküle weit voneinander entfernt sind, heben sich die entgegengesetzten Rotationsstärken der beiden überlappenden Banden auf. Abb. 9.8 veranschaulicht diesen Punkt. Im gezeigten Beispiel erhöht sich der Netto-CD, wenn $|\boldsymbol{R}_{21}|$ von 7 auf 10 Å erhöht wird (Abb. 9.8A), nimmt dann bei größeren Entfernungen ab (Abb. 9.8B).

Die Untersuchung von Abb. 9.8B zeigt, dass, wenn die beiden Exzitonbanden überlappen, die Positionen der positiven und negativen CD-Peaks relativ unempfindlich gegenüber $|\boldsymbol{R}_{21}|$ sind. Dies weist auf ein allgemeines Problem bei der Interpretation experimenteller CD-Spektren hin: Komplexe mit unterschiedlichen Strukturen können ähnliche Spektren liefern. CD-Spektren können auch durch die Mischung mit höher angeregten Zuständen, in denen mehr als eine der monomeren Einheiten angeregt ist, kompliziert werden. Aus diesen Gründen und wegen der Unsicherheiten bei der Berechnung von Exziton-Wechselwirkungs Matrixelementen, müssen Versuche, die Struktur eines Oligomers hauptsächlich auf der Grundlage eines CD-Spektrums abzuleiten, mit Vorsicht betrachtet werden. Messungen sowohl der CD- als auch der Absorptionsspektren im Bereich mehrerer Absorptionsbanden können jedoch genügend Informationen liefern, um einige der möglichen Strukturen mit gutem Vertrauen auszuschließen.

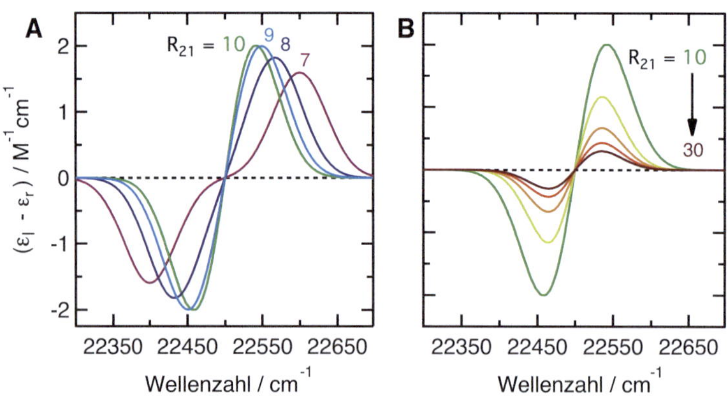

Abb. 9.8 Berechnete Exziton CD-Spektren von Homodimeren mit $|\boldsymbol{R}_{21}| = 7$, 8, 9 oder 10 Å (**A**), und 10, 15, 20, 25 oder 30 Å (**B**). Mit Ausnahme der variablen Trennung $|\boldsymbol{R}_{21}|$ sind die Dimer Geometrien wie in Abb. 9.7; die Dipolstärken betragen 20 D^2. Die Banden werden mit willkürlichen Breiten als Gaußsche Formen dargestellt. Für $|\boldsymbol{R}_{21}| = 7$, 10 und 30 Å, ist H_{21} (in der Punktdipol-Näherung) 100, 34 und 1,3 cm^{-1}, während $\mathscr{R}_{ex} = 5{,}0$, 7,1 und 21,4 $D\mu_B$

9.4 UV-Zirkulardichroismus von Proteinen und Nukleinsäuren

Das CD von Proteinen zwischen 180 und 230 nm entsteht hauptsächlich durch gekoppelte Übergänge mehrerer Peptidgruppen. Da die Kopplung stark von den relativen Positionen und Orientierungen dieser Gruppen abhängt, bietet CD eine empfindliche Messung für die Sekundärstruktur von Proteinen [13, 25, 27–34]. Häufige Anwendungen umfassen Messungen des Protein-Faltens oder -Entfaltens und Konformationsänderungen, die durch Ligandenbindung verursacht werden [30–32, 35, 36].

Zirkulardichroismus-Spektren, die repräsentativ für α-helikale, β-Faltblatt- und ungeordnete („random coil") Konformationen sind, wurden durch Untersuchung von Polypeptiden erhalten, die je nach pH-Wert, Ionenstärke und Temperatur unterschiedliche Strukturen annehmen, und auch durch Zerlegung von CD-Spektren von Proteinsätzen mit bekannten Kristallstrukturen [27, 28]. Abb. 9.9B veranschaulicht den ersten dieser Ansätze; Abb. 9.9C, den zweiten. Rechtshändige α-helikale Elemente in Proteinen haben typischerweise eine CD-Bande mit positiver Rotationsstärke bei 190 nm und Banden mit negativen Rotationsstärken nahe 205 und 222 nm, während β-Faltblätter eine positive Bande nahe 195 und eine einzelne negative Bande bei 215 nm haben. Random Coils haben ein sehr unterschiedliches Spektrum mit negativem CD im blauen Bereich von 210 nm und positivem CD im rotverschobenen Bereich. Poly(prolin)-I-Struktur (eine rechtshändige Helix mit *cis* Peptidbindungen, die nur in relativ unpolaren Lösungsmitteln stabil ist) gibt ein positives CD-Maximum bei 215 nm und ein schwächeres negatives Maximum nahe 200 nm; Poly(prolin)-II (eine linkshändige Helix mit *trans* Peptidbindungen, die die stabilere Struktur in Wasser ist) gibt eine breitere negative Bande nahe 205 nm [38–40].

Mit Ausnahme von Peptiden mit vielen aromatischen Aminosäuren sind die CD-Spektren von α-helikalen Polypeptiden, die aus mehr als etwa 10 Aminosäureresten bestehen, relativ unabhängig von der genauen Aminosäurezusammensetzung [31]. Ein Minimum von zwei bis drei Umdrehungen einer Helix (7–11 Reste) scheint ausreichend zu sein, um ein typisches Spektrum zu erzeugen [41]. Der CD einer β-Faltblattstruktur ist variabler, wahrscheinlich hauptsächlich als Ergebnis unterschiedlicher Mengen an Verdrehung [41]. β-Schleifen haben auch hochvariable Spektren.

Die Beiträge, die verschiedene sekundäre Strukturelemente zu einem Protein unbekannter Struktur leisten, können abgeschätzt werden, indem das beobachtete CD-Spektrum mit einer Summe von Basisspektren wie denen in Abb. 9.9 B, C angepasst wird [27–29, 42–45]. Ein Webserver, der eine Vielzahl von Algorithmen für diese Analyse bereitstellt, ist verfügbar [33, 46].

Versuche, die CD Spektren von Proteinen aus ersten Prinzipien vorherzusagen, werden dadurch erschwert, dass jede Peptidgruppe fünf, schlecht aufgelöste π - π^* oder n - π^* Übergänge zwischen 125 und 210 nm hat (Tab. 9.1). Der stärkste π - π^* Übergang tritt in der Nähe von 190 nm auf und hat eine Dipolstärke von etwa 9 Debye^2. Der Übergang mit der niedrigsten Energie ist der n - π^* Übergang, der von einem nicht bindenden $2p$ Sauerstofforbital ausgeht. Wie oben diskutiert,

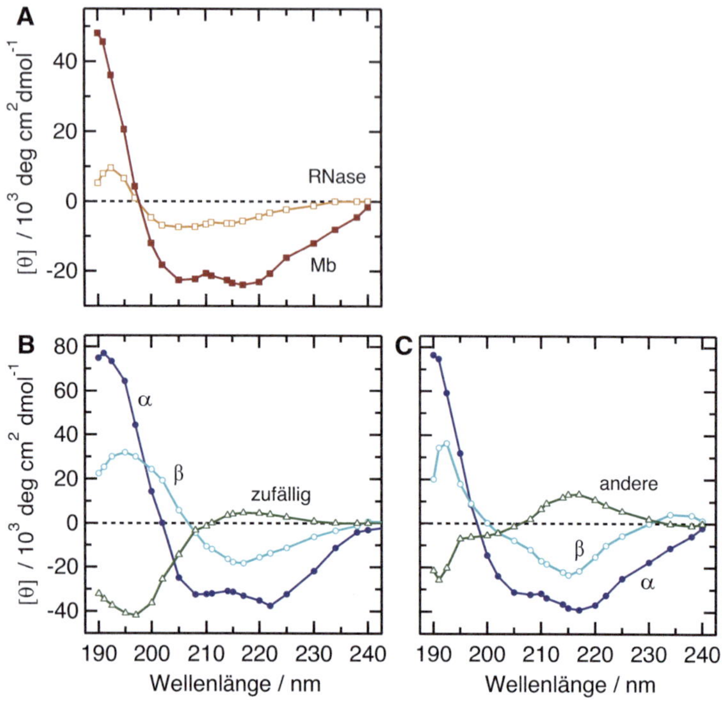

Abb. 9.9 (**A**) CD-Spektren von Myoglobin (*gefüllte rote Quadrate*) und Ribonuklease A (*offene Quadrate*). In Kristallstrukturen besteht Myoglobin aus etwa 71 % α-Helix, keinem β-Faltblatt und 29% anderen Sekundärstrukturen wie Schleifen. Ribonuklease A hat etwa 12 % α-Helix, 36 % β-Faltblatt und 52 % andere Strukturen. (**B**) CD-Spektren von Polylysin unter Bedingungen, die dazu führen, dass das Polypeptid eine α-Helix (*gefüllte dunkelblaue Kreise*), β-Faltblatt (*offene Kreise*) oder Random-Coil (*Dreiecke*) Struktur annimmt. Die α-Helix wurde bei pH 11,1, 22 C erhalten; β-Faltblatt, bei gleichem pH-Wert, aber nach Erhitzen auf 52 C und Abkühlen auf 22 C; und Random Coil, bei pH 5,7. (Bei niedrigem pH-Wert verhindern elektrostatische Wechselwirkungen der positiv geladenen Lys-Seitenketten, dass das Polypeptid in eine kompakte Struktur gepackt wird.) (**C**) CD-Basisspektren für α-Helix (*gefüllte dunkelblaue Kreise*), β-Faltblatt (*offene Kreise*) und andere (*offene grüne Dreiecke*) Sekundärstruktur, erhalten durch Anpassung der beobachteten Spektren von Myoglobin, Ribonuklease A und Lysozym. (Lysozym enthält mittlere Mengen an α-Helix und β-Faltblatt im Vergleich zu Myoglobin und Ribonuklease A.) ((**A**) Angepasst von [28, 37]. (**B**) Angepasst von [27]. (**C**) Angepasst von [28])

hat dieser Übergang im Wesentlichen keine elektrische Dipolstärke, ist aber durch seinen magnetischen Übergangsdipol schwach erlaubt; er kann Dipolstärke durch Exziton-Wechselwirkungen mit den π - π* Übergängen benachbarter Reste gewinnen und wird in UV-Absorptionsspektren von α-helikalen Proteinen als sehr schwache Schulter in der Region von 230 nm gefunden [47, 48].

In einfachen Modellen einer α-Helix werden die π-π* Übergänge der Peptidgruppen vorhergesagt, um drei Hauptexzitonbanden zu erzeugen: eine Bande mit negativem CD in der Region von 205 nm und zwei Banden mit positivem CD bei kürzeren Wellenlängen [3, 21, 49–52]. Die 205-nm-Bande sollte parallel zur Helixachse polarisiert sein, während beide höherenergetischen Banden senkrecht zu dieser Achse sind. Für eine Mischung mit höherenergetischen π-π* und *n*-π* Übergängen wird erwartet, dass eines der senkrecht polarisierten Banden in eine komplexe Bande mit positivem CD auf der roten Seite und negativem CD auf der blauen Seite gespalten wird. Für die niederenergetischen *n*-π* Übergänge der Peptidgruppen wird vorhergesagt, dass sie durch Exziton-Wechselwirkungen mit den π-π* Übergängen an Dipolstärke hinzugewinnen, was zu einer Absorptionsbande mit negativem CD in der Nähe von 220 nm führt. Abb. 9.10A zeigt die berechneten Beiträge der einzelnen Banden zum CD-Spektrum von α-helikalem Poly-L-Alanin, und Abb. 9.10B zeigt einen Vergleich des gesamten theoretischen Spektrums mit dem gemessenen CD-Spektrum [50]. Die Übereinstimmung der vorhergesagten und beobachteten Spektren ist bemerkenswert gut.

In β-Faltblättern werden Exziton-Wechselwirkungen der π-π* Übergänge vorhergesagt, um eine Bande mit positiver Rotationsstärke in der Region von 200 nm zu erzeugen, zusammen mit einer Bande mit negativer Rotationsstärke

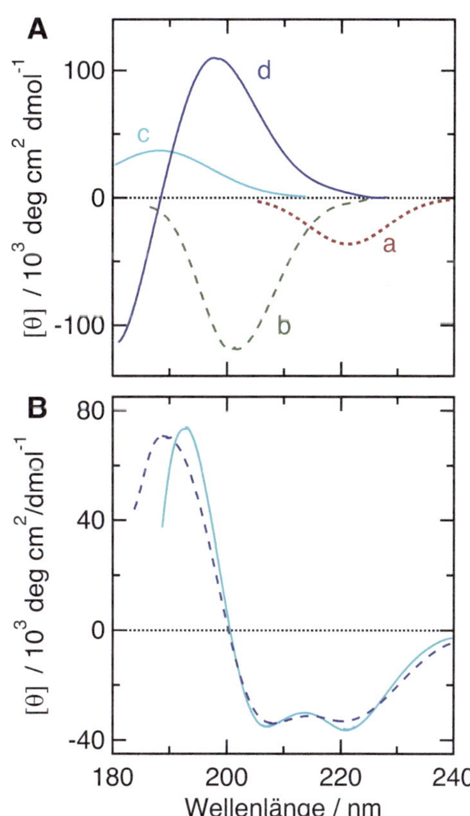

Abb. 9.10 (**A**) Berechnete Beiträge zum CD-Spektrum von α-helikalem Poly-L-Alanin aus dem niederenergetischen *n*-π* Übergang (*gepunktete rote Kurve*, *a*), dem π-π* Übergang, der parallel zur Helixachse polarisiert ist (*gestrichelte grüne Kurve*, *b*), und den π-π* Übergängen mit senkrechter Polarisation (*durchgezogene cyanfarbene* und *blaue Kurven*, *c* und *d*). (**B**) Das gesamte berechnete Spektrum (*gestrichelte dunkelblaue Kurve*) und das gemessene CD-Spektrum (*durchgezogene cyan Kurve*). Die Breiten der berechneten Banden wurden angepasst, um die Übereinstimmung der berechneten und gemessenen Spektren zu optimieren. Angepasst von [50]

bei kürzeren Wellenlängen. Für die n-π^* Übergänge wird wieder erwartet, dass die Dipolstärke durch Mischung mit den π-π^* Übergängen zunimmt , was zu einem Band mit negativem CD in der Nähe von 215 nm führt. Theoretische Berechnungen der Spektren von Proteinen, die reich an β-Faltblättern sind, sind jedoch im Allgemeinen weniger zufriedenstellend als die für Proteine, die überwiegend α-helikal sind [3, 41, 49–51, 53], möglicherweise weil das berechnete Spektrum für ein β-Faltblatt sehr empfindlich auf das Verdrehen des Blattes reagiert.

Exziton-Interaktionen von Tryptophan-Seitenketten können in der Region von 220 nm, zusammen mit schwächeren Banden, im nahen UV zu Paaren von CD-Banden führen [54, 55]. Die Banden um 220 nm stammen vom Indol ^1B_b-Übergang. Die Kopplung von Peptid-Übergängen mit den Übergängen von Tryptophan- und Tyrosin-Seitenketten kann auch erheblich zu den CD-Spektren von Proteinen beitragen [45, 56, 57].

Die Zirkulardichroismus-Spektren von DNA und RNA hängen ebenfalls stark von der molekularen Struktur ab. Wie in Abb. 9.11 gezeigt, hat B-Form-DNA typischerweise eine CD-Bande mit positiver Rotationsstärke nahe 185 nm und negative Banden in den Bereichen von 200 und 250 nm, während Z-Form-DNA positive Banden bei 180 und 260 nm und negative Banden bei 195 und 290 nm hat.

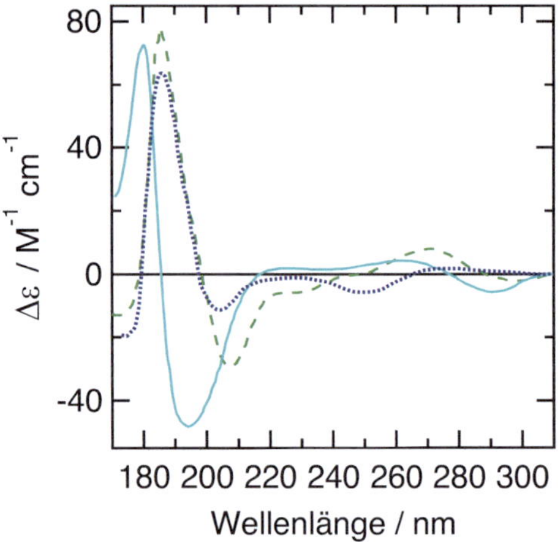

Abb. 9.11 Zirkulardichroismus-Spektren von doppelsträngigen Poly[d(G-C)] in drei verschiedenen helikalen Formen [58]. *Dunkelblaue gepunktete Kurve,* B-Form (10 mM Phosphat); *gestrichelte Kurve,* A-Form (0,67 mM Phosphat, 80 % Trifluorethanol); *durchgezogene Kurve*, Z-Form (10 mM Phosphat, 2 M $NaClO_4$). Die Ordinatenskala ist der gemittelte Unterschied zwischen den molaren Extinktions-Koeffizienten für links- und rechtszirkular polarisiertes Licht ($\varepsilon_l - \varepsilon_r$), wobei die Molarität sich auf die Konzentration der Nukleotid-Basenpaare bezieht

9.5 Vibrationaler Zirkulardichroismus

Unsere Diskussion hat sich bisher auf CD von elektronischen Absorptionsbanden konzentriert. Aber Schwingungsabsorption im IR kann auch CD zeigen, und Verbesserungen in der Instrumentierung haben Messungen des vibrationalen Zirkulardichroismus (VCD) zu einem wichtigen Werkzeug für die Bestimmung der absoluten Stereochemie von kleinen bis mittelgroßen Molekülen gemacht [59–61].

Die Theorie des VCD stellt sich der Herausforderung, über die Born-Oppenheimer-Näherung hinauszugehen, die nukleare und elektronische Bewegungen als unabhängige Prozesse behandelt, denn in dieser Näherung ist der magnetische Übergangsdipol eines Vibrationsübergangs gleich Null [62–64]. Um dieses unphysikalische Ergebnis zu vermeiden, können exakte Wellenfunktionen für ein System als lineare Kombinationen von Born-Oppenheimer-Produkten geschrieben werden:

$$\Psi_i = \sum\nolimits_{K,k} a_{K,k} \psi_K \chi_k, \tag{9.34}$$

in denen ψ_K und χ_k jeweils elektronische und nukleare Wellenfunktionen sind (Gl. 4.38) und jede der Schwingungswellenfunktionen eine der Normalmoden des Systems darstellt. In erster Ordnung sind die Koeffizienten für ein System im Grundzustand

$$a_{K,k} = \frac{\langle \psi_K \chi_k | \mathcal{H} | \psi_0 \chi_0 \rangle}{E_{K,k} - E_{0,0}}, \tag{9.35}$$

wo $(E_{K,k} - E_{0,0})$ der Energieunterschied zwischen dem Born-Oppenheimer-Produkt $\psi_K \chi_k$ und dem energieärmsten Produkt $(\psi_0 \chi_0)$ ist, und $\mathcal{H}$ ist der gesamte Hamiltonian, der sowohl den elektronischen Hamiltonian als auch die nukleare kinetische Energie einschließt. Ausdrücke für Vibrationsrotationsstärken können entwickelt werden, indem man die Auswirkungen eines Magnetfeldes auf die elektronischen Komponenten (ψ_K) von Gl. (9.34) betrachtet. Grundsätzlich erfordern diese Ausdrücke jedoch die Einbeziehung einer unbestimmt großen Menge von angeregten Zuständen. Philip Stephens erkannte, dass der magnetische Übergangsdipol auf eine Weise berechnet werden kann, die davon abhängt, wie magnetische Felder und Vibrationsbewegungen nur die *Grundzustands*-elektronische Wellenfunktion stören [63, 64]. In Stephens Behandlung ist der magnetische Übergangsdipol für die Erhöhung eines bestimmten Schwingungsmodus zu seinem ersten angeregten Zustand ($|0\rangle \rightarrow |1\rangle$).

$$\langle \Psi_1 | \tilde{\mathrm{m}} | \Psi_0 \rangle = 2 \langle \chi_0 \left| \sum\nolimits_{n,i} (E_1 - E_0) \left\langle \left(\frac{\partial \psi_0}{\partial r_{n,i}} \right)_0 \middle| \left(\frac{\partial \psi_0}{\partial B} \right)_0 \right\rangle \left(r_{n,i} - r_{n,i}^0 \right) \right| \chi_1 \rangle. \tag{9.36}$$

Hier sind Ψ_0 und Ψ_1 die genauen vibronischen Wellenfunktionen des Grund- und ersten angeregten Zustands, die durch Gl. (9.34) beschrieben werden; E_0

und E_1 sind die entsprechenden Energien, und χ_0 und χ_1 sind die Schwingungswellenfunktionen des Normalmodus von Interesse; ψ_0 ist die Grundzustands-elektronische Wellenfunktion; $\left(r_{n,i} - r_{n,i}^0\right)$ ist die Verschiebung der kartesischen Koordinate i (x, y oder z) des Kerns n vom Energieminimum des Grundzustands; B ist die Stärke des Magnetfelds; und die Ableitungen von ψ_0 in Bezug auf $r_{n,i}$ und B werden am Energieminimum im Grundzustand $\left(r_{n,i} - r_{n,i}^0\right)$ und mit $B = 0$ bewertet. Die elektronischen und Schwingungswellenfunktionen in Gl. (9.36) werden alle in kartesischen Koordinaten ausgedrückt.

Gl. (9.36) kann kompakter geschrieben werden, indem die Elemente des *atomaren Achsentensors* für den Kern n und die Koordinate i als $M_i^n = \left\langle \left(\frac{\partial \psi_0}{\partial r_{n,i}}\right)_0 \middle| \left(\frac{\partial \psi_0}{\partial B}\right)_0 \right\rangle$ definiert und die Transformation von kartesischen zu Normalkoordinaten durch eine Matrix mit Elementen S_i^n beschrieben wird [65]. Der magnetische Übergangsdipol wird dann zu

$$\langle \Psi_1 |\tilde{\mathrm{m}}| \Psi_0 \rangle = \left(2\hbar^3 \omega_i\right)^{1/2} \sum\nolimits_n M_i^n S_i^n. \tag{9.37}$$

Wenn das elektrische Übergangsdipolmoment ähnlich in Bezug auf S_i^n und den *atomaren Polartensor* $P_i^m = \left(\frac{\partial \mu_{el}}{\partial r_{m,i}}\right)_0$ geschrieben wird, ist die Vibrations-Rotationsstärke

$$\Re_{01} = \hbar^2 \,\mathrm{Im}\left\{\sum\nolimits_{n,m,i} \left[P_i^m S_i^m\right]\left[M_i^n S_i^n\right]\right\}. \tag{9.38}$$

Experimentell werden VCD-Messungen mit Instrumenten durchgeführt, die denen von regulärem IR ähneln, jedoch mit dem Zusatz eines photoelastischen Polarisationsmodulators. Da VCD-Signale jedoch schwächer sind als IR-Absorptionssignale um Faktoren von 10^4 bis 10^6, sind Aufnahmezeiten von etwa 12 Stunden üblich. Die schwachen Signale stellen auch strenge Anforderungen an die Qualität der Probe und können niedrige Temperaturen erfordern, um das Signal-zu-Rausch-Verhältnis zu erhöhen.

Vergleiche von berechneten und gemessenen VCD-Spektren wurden verwendet, um die absolute Stereochemie von Übergangsmetallkomplexen wie Tris(Ethylendiaminato) $Co(III)^{3+}$ [66–69] (Abb. 9.12) zu bestimmen. Diese Komplexe können als entweder levo- oder dextrorotatorische Enantiomere (Λ oder Δ) existieren, und die N-H-Bindungen in den Ethylendiamingruppen können entweder axiale (δ) oder äquatoriale (λ) Orientierungen relativ zur C_3-Symmetrieachse annehmen. Die kationischen Komplexe können in Kombination mit verschiedenen Anionen wie I^- oder Cl^- hergestellt werden. Es wurde gefunden, dass Chloridionen die Stärke der IR-Absorption und die VCD der N-H Streckmoden des Komplexes dramatisch erhöhen und die Zeichen der VCD-Banden, die mit N-H Wackeln, Verdrehen und Scheren assoziiert sind, zu ändern. Die beste Übereinstimmung zwischen berechneten und gemessenen VCD-Spektren für das Λ-Enantiomer in Gegenwart von Cl^- wurde durch Annahme einer Struktur mit axialen N-H-Bindungen und 5 Cl^--Ionen, 2 in axialen Positionen und 3 äquatorial

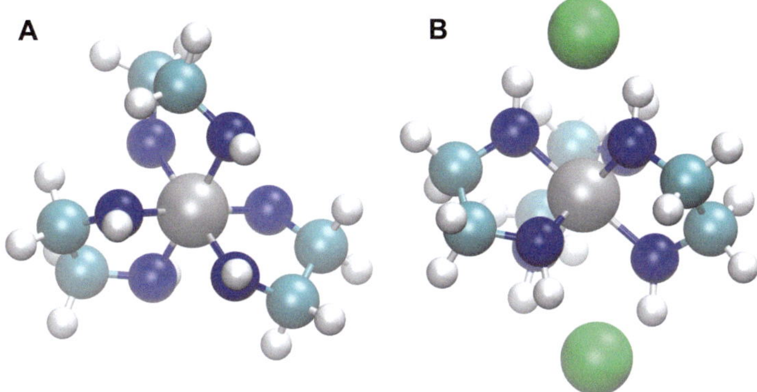

Abb. 9.12 (**A**) Λ-Tris(Ethylendiaminato) Co(III)$^{3+}$ betrachtet ungefähr entlang der C_3-Symmetrieachse. Co-Atome sind in Silber, N in Blau, C in Cyan und H in Weiß. (**B**) Der gleiche Komplex betrachtet aus einer Perspektive ungefähr senkrecht zur C_3-Achse und mit zwei Cl^--Ionen in axialen Positionen. Vibrations-CD hat gezeigt, dass die N-H-Bindungen aller drei Ethylendiamingruppen axial zur C_3-Achse orientiert sind und dass Cl^--Ionen mit den Wasserstoffen interagieren, um die Polarität der N-H-Bindungen zu erhöhen. Drei zusätzliche Cl^--Ionen (nicht gezeigt) können in äquatorialen Positionen binden

angeordnet, erzielt [69]. Abb. 9.12B zeigt die Struktur mit 2 axialen Cl^--Ionen. Die Auswirkungen von Cl^--Ionen auf die IR- und VCD-Spektren können auf eine Erhöhung der Polarität der N-H-Bindungen zurückgeführt werden. Auch das Lösungsmittel beeinflusst die VCD-Spektren auf noch nicht vollständig erklärte Weise.

Vibrations-CD wurde auch verwendet, um strukturelle Veränderungen in Proteinen, Nukleinsäuren und anderen Makromolekülen zu untersuchen [61]. Obwohl *ab initio* Berechnungen von VCD Spektren derzeit nicht für diese großen Systeme möglich sind, können Veränderungen in VCD oft empirisch mit Veränderungen in der Konformation korreliert werden. VCD-Spektren von amyloidähnlichen Fibrillen, die aus Insulin oder Hühnereiweiß Lysozym gebildet werden, variieren beispielsweise stark abhängig vom pH-Wert, bei dem die Fibrillen gewachsen sind [70, 71]. Diese Variationen korrelieren mit Veränderungen der Fibrillen zwischen einer flachen Form und einer zylindrischeren Form mit einer linkshändigen Drehung [71], und könnten Exziton- Wechselwirkungen zwischen Amid I Übergängen von gestapelten β-Faltblättern widerspiegeln [72].

9.6 Magnetischer Zirkulardichroismus

Obwohl nur chirale Moleküle einen intrinsischen Zirkulardichroismus haben, kann fast jede Substanz durch Platzierung in ein magnetisches Feld CD zeigen. *Magnetischer Zirkulardichroismus* (MCD) ist der Unterschied zwischen den Extinktionskoeffizienten, gemessen mit links- und rechtszirkular polarisiertem Licht, wenn ein magnetisches Feld entlang der Achse des Messstrahls angelegt wird. MCD ist eine Manifestation des *Zeeman-Effekts,* der eine Verschiebung der Übergangsenergie durch ein magnetisches Feld ist. Wie der gewöhnliche CD ist MCD ein sehr kleiner Effekt. Es hat sich jedoch als besonders nützlich erwiesen, um die Bindungsstellen von Fe und anderen Metallen in Metalloproteinen zu untersuchen.

Die physikalischen Ursprünge von MCD wurden von Stephens [73, 74] ausführlich diskutiert. Atomare $2s \rightarrow 2p$ Übergänge veranschaulichen das Prinzip. Ein magnetisches Feld ändert die relativen Energien der drei p-Orbitale, da diese Orbitale unterschiedliche Drehimpulse und damit unterschiedliche magnetische Momente entlang der Achse des Feldes haben. Die Größe des orbitalen Winkel-Impulses wird gegeben durch

$$|\boldsymbol{L}| = \sqrt{l(l+1)}\ \hbar, \tag{9.39}$$

wo l die Azimutquantenzahl ist (Abschn. 2.3.4), und die Komponente des Drehimpulses parallel zum Feld nimmt die Werte $L_Z = -\hbar$, 0, oder + $\hbar$ für $l = 1$ und m_l (die magnetische Quantenzahl) = - 1, 0, oder 1. Ein magnetisches Feld $\overrightarrow{B}$ entlang der z-Achse erhöht die Energie des p_+ Orbitals um $(-e/2m)\ |\boldsymbol{B}\ |\hbar$ und senkt p_- um den gleichen Betrag (Abb. 9.13). Bei einer Feldstärke von 1 Tesla beträgt die Trennung zwischen p_+ und p_- etwa 0,5 cm^{-1}. Das $2s$ Orbital, mit $l = 0$, hat keinen orbitalen Drehimpuls und wird von magnetischen Feldern nicht beeinflusst.

Um den Drehimpuls bei Anregung eines Elektrons zu erhalten, muss die Änderung des orbitalen Drehimpulses dem vom Photon beigetragenen Drehimpuls entsprechen, vorausgesetzt, dass während der Anregung keine Änderung des Elektronenspins auftritt. Rechtszirkular polarisiertes Licht, das entlang der

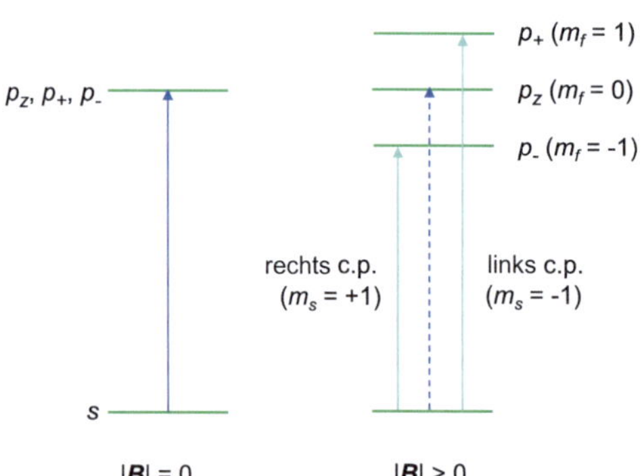

Abb. 9.13 *Links*: In Abwesenheit eines magnetischen Feldes ($|\boldsymbol{B}|=0$) sind die drei atomaren $2p$ Orbitale entartet. *Rechts*: Ein magnetisches Feld entlang der z-Achse ($|\boldsymbol{B}|>0$) teilt die p Orbitale in verschiedene Energien, beeinflusst aber nicht die s Orbitale. Um den Winkel-Impuls zu erhalten, erfordert eine $2s \rightarrow 2p_-$ Anregung mit Licht, das entlang der z-Achse propagiert, rechtszirkular polarisiertes (rechts c.p.) Licht; eine $2s \rightarrow 2p_+$ Anregung erfordert linkszirkular polarisiertes (links c.p.) Licht. Die $2s \rightarrow 2p_z$ Anregung (*gestrichelter blauer Pfeil*) ist z-polarisiert und ist verboten für Licht, das in diese Richtung propagiert

z-Achse propagiert, hat einen Drehimpuls von $+\hbar$ entlang dieser Achse, und linkszirkular polarisiertes Licht hat einen Drehimpuls von $-\hbar$. Das bedeutet, dass rechtszirkular polarisiertes Licht Anregungen von $2s$ zu $2p_-$ Orbitalen antreibt, während linkszirkular polarisiertes Licht Anregungen$s$ zu $2p_+$ (Abb. 9.13). In Abwesenheit eines magnetischen Feldes hat die $2s \rightarrow 2p$ Absorptionsbande keinen Netto-CD, weil die Übergänge zu $2p_+$ und $2p_-$ entartet sind und ihre entgegengesetzt signierten Rotationsstärken sich zu null addieren. Wenn ein magnetisches Feld diese Entartung aufhebt, führen Übergänge zu $2p_+$ zu einer Netto-positiven Rotationsstärke auf der Hochenergieseite der Bande, während Übergänge zu $2p_-$ eine Netto-negative Rotationsstärke auf der Niedrigenergieseite des Bandes ergeben. Das resultierende MCD Spektrum (Abb. 9.14) ähnelt der ersten Ableitung des Absorptionsspektrums.

Die Auswirkungen eines magnetischen Feldes sind etwas anders, wenn das Feld den Grundzustand anstatt des angeregten Zustands spaltet. Das niedrigere Grundzustandsunterniveau, wird dann bei tieferer Temperatur bevorzugt populiert. Die ungleichen Besiedlungen der verschiedenen Teilniveaus führen zu einem Netto-MCD-Signal, das die gleiche Form wie das gesamte Absorptionsspektrum hat, anstatt der Ableitungsform, die in Abb. 9.13B gezeigt wird. Die Größe des MCD nimmt mit abnehmender Temperatur zu, aber nivelliert sich bei hohen Feldern oder sehr niedrigen Temperaturen, wenn sich im Wesentlichen alle Systeme im niedrigsten Unterniveau befinden.

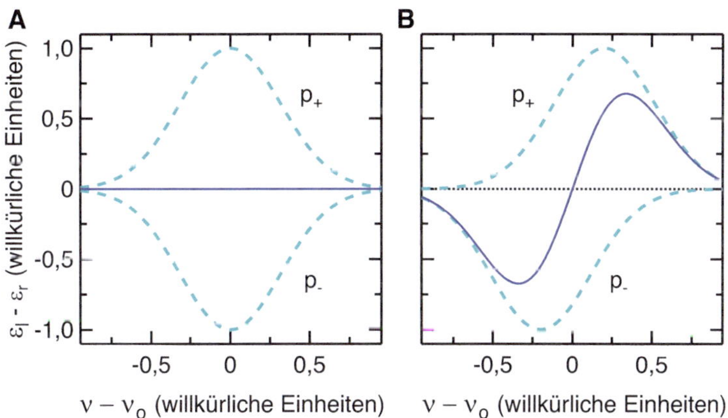

Abb. 9.14 (**A**) In Abwesenheit eines magnetischen Feldes tragen die Übergänge $2s \rightarrow 2p_+$ und $2s \rightarrow 2p_-$ entgegengesetzte Rotationsstärken bei den gleichen Energien (*gestrichelte cyanfarbene Linien*) bei, so dass der Netto-CD (*durchgezogene dunkelblaue Linie*) null ist. (**B**) In Anwesenheit eines Feldes treten die beiden Übergänge bei leicht unterschiedlichen Frequenzen auf (*gestrichelte cyanfarbene Linien*), was ein Netto-positives MCD Signal auf der Hochenergieseite der Absorptionsbande und ein negatives Signal auf der Niedrigenergieseite (*durchgezogene dunkelblaue Linie*) ergibt

Magnetische Felder können auch die Mischung des Grund- und angeregten Zustandes mit anderen Zuständen bei höherer oder niedrigerer Energie modifizieren [73, 74]. Dieser Effekt trägt jedoch wahrscheinlich in den meisten Fällen nur einen relativ geringen Beitrag zum MCD-Spektrum bei.

MCD war besonders informativ in Studien über eisenhaltige Proteine [75–78]. Wechselwirkungen mit den umgebenden Liganden verändern die relativen Energieniveaus der fünf d-Orbitale des Fe auf eine Weise, die empfindlich von der Geometrie des Komplexes abhängt. Wie wir in Kap. 4 bemerkten, haben die beiden e_g Orbitale (d_{z^2} und $d_{x^2-y^2}$) von Übergangs-Metallen in oktaedrischen Komplexen Lappen, die nahe an elektronegative Atome der Liganden kommen, während die t_{2g} Orbitale (d_{xz}, d_{yz} und d_{xy}) weiter entfernt sind. Elektrostatische Abstoßung drückt daher d_{z^2} und $d_{x^2-y^2}$ in der Energie relativ zu den d_{xz}, d_{yz} und d_{xy} Orbitalen nach oben (Abb. 4.30). Die Aufspaltung zwischen den beiden Gruppen liegt in der Größenordnung von 10.000 cm^{-1}, abhängig von der Elektronegativität und den Positionen der Liganden. Übergänge von t_{2g} zu e_g sind durch Symmetrie verboten, können aber erlaubt werden, wenn die Symmetrie durch strukturelle Verzerrungen gestört wird, was zu einer schwachen Absorptionsbande im nahen IR führt. Wenn eines der Liganden auf der z-Achse näher an das Fe heranrückt, werden die d_{z2} , d_{xz} und d_{yz} Orbitale energetisch nach oben gedrückt, und $d_{x^2-y^2}$ und d_{xy} nach unten verschoben. Entsprechend ändert sich das Absorptionsspektrum. Quadratische planare, tetraedrische oder andere Anordnungen der Liganden ergeben noch unterschiedlichere Muster [79]. In einem tetraedrischen Komplex haben zum Beispiel die d_{xz}, d_{yz} und d_{xy} Orbitale Lappen, die sich den Liganden nähern und höhere Energien haben als d_{z2} und $d_{x^2-y^2}$. Messungen des MCD in den IR-Banden als Funktion der Temperatur und der Feldstärke können verwendet werden, um die Geometrie der Metallbindungsstellen zu untersuchen und strukturelle Veränderungen zu messen, die bei der Wechselwirkung mit Substraten auftreten.

9.7 Fragen

1. (*a*) Warum wird CD seltener beobachtet als die reguläre Absorption von Licht? (*b*) Was können wir aus der CD-Spektroskopie lernen, was nicht aus der regulären Spektroskopie gewonnen werden kann?
2. (*a*) Warum können planare Moleküle kein CD haben? (*b*) Welche Art/Formen von Molekülen haben Potenzial für CD?
3. Berechnen Sie die Rotationsstärke ($\mathfrak{R}$) des Übergangs, der durch das CD-Spektrum in Abb. 1 dargestellt wird.

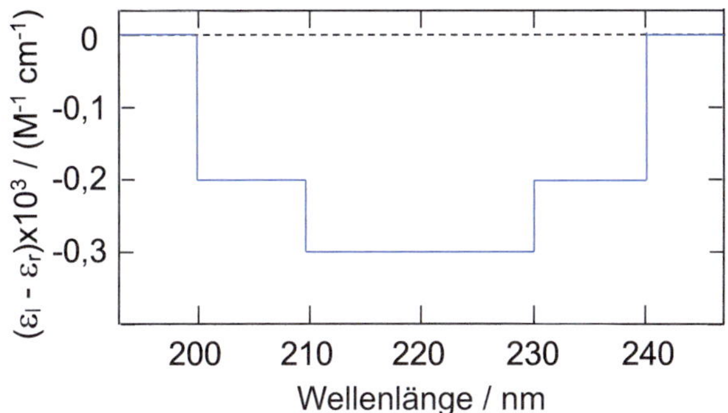

4. Was sind die Exziton-Rotationsstärken ($\mathcal{R}_{ex}$) der beiden Exzitonbanden des Dimers, das in Frage 8.1 diskutiert wurde? Erklären Sie Ihre Antwort.
5. Matrixelemente des Impulses und Gradientenoperatoren spielen eine zentrale Rolle in der Theorie des Zirkulardichroismus. Zeigen Sie, wie $\left\langle \psi_b|\tilde{\nabla}|\psi_a \right\rangle$ in Beziehung zu $E_{\mathrm{ba}}\boldsymbol{\mu}$bagesetzt werden kann.
6. Warum ist das Quadrupol Moment eines Moleküls wichtig für CD?
7. Beschreiben Sie eine experimentelle Einrichtung für VCD-Messungen.
8. Der in Abb. 2 skizzierte Dimer ähnelt dem aus Frage 8.1, außer dass die Moleküle *a* und *b* in zwei parallelen Ebenen ($x_a y_a$ und $x_b y_b$) liegen, die durch 4 Å entlang der z-Achse getrennt sind. (Die Achsen x_a und x_b zeigen auf den Betrachter.) Hier absorbiert das monomere Molekül bei 700 nm mit einer Dipolstärke von 25 D^2. (*a*) Berechnen Sie die Beiträge von $\mathcal{R}_{ex}$ zu den Rotationsstärken der beiden Exzitonbanden dieses Dimers. (*b*) Skizzieren Sie die vorhergesagten Absorptions- und CD-Spektren des Dimers unter der Annahme, dass $\mathcal{R}_{ex}$ die Rotationsstärken dominiert. Geben Sie die Wellenlängen und relativen Intensitäten der beiden Banden in jedem Spektrum an. (*c*) Was würde passieren, wenn Sie ein Molekül um 180° um eine Achse drehen, die normal zur Molekülebene liegt?

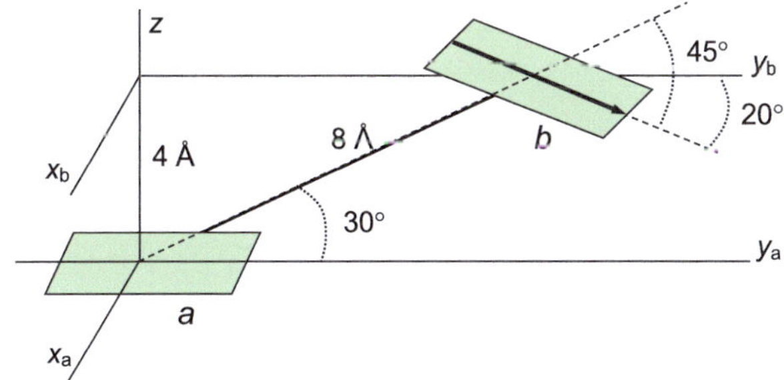

9. Die Moleküle *a* und *b* im in der obigen Abb. 3 gezeigten Dimer sind die gleichen wie in Abb. 2 und liegen auch in Ebenen, die in der z-Richtung um 4 Å getrennt sind. Die Achsen x_a und x_b ragen wieder auf den Betrachter zu. (*a*) Was ist die stereochemische Beziehung zwischen dieser Struktur und der von

Abb. 2? (*b*) Berechnen Sie die Beiträge von $\mathcal{R}_{ex}$ zu den Rotationsstärken der beiden Exciton-Banden dieses Dimers. (*c*) Skizzieren Sie die vorhergesagten Absorptions- und CD-Spektren, unter der Annahme, dass P_{ex} die Rotationsstärken dominiert.

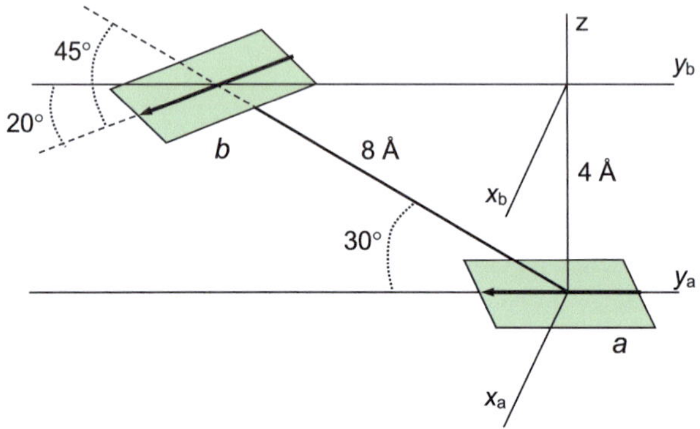

Literatur

1. Hansen, A.E.: On evaluation of electric and magnetic dipole transition moments in the zero differential overlap approximation. Theoret. Chim. Acta. **6**, 341–349 (1966)
2. Král, M.: Optical rotatory power of complex compounds. Matrix elements of operators Del and R x Del. Collect. Czech. Chem. Commun. **35**, 1939–1948 (1970)
3. Woody, R.W., Tinoco Jr., I.: Optical rotation of oriented helices. III. Calculation of the rotatory dispersion and circular dichroism of the alpha and 3_{10}-helix. J. Chem. Phys. **46**, 4927–4945 (1967)
4. Ham, J.S., Platt, J.R.: Far U.V. spectra of peptides. J. Chem. Phys. **20**, 335–226 (1952)
5. Barnes, E.E., Simpson, W.T.: Correlations among electronic transitions for carbonyl and for carboxyl in the vacuum ultraviolet. J. Chem. Phys. **39**, 670–675 (1963)
6. Callomon, J.H., Innes, K.K.: Magnetic dipole transition in the electronic spectrum of formaldehyde. J. Mol. Spectrosc. **10**, 166–181 (1963)
7. Hameka, H.: Advanced quantum chemistry. Addison-Wesley, Reading, MA (1965)
8. Schatz, G.C., Ratner, M.A.: Quantum mechanics in chemistry, S. 325. Prentice-Hall, Englewood Cliffs, NJ (1993)
9. Moffitt, W., Moscowitz, A.: Optical activity in absorbing media. J. Chem. Phys. **30**, 648–660 (1959)
10. Moscowitz, A.: Theoretical aspects of optical activity part one: small molecules. Adv. Chem. Phys. **4**, 67–112 (1962)
11. Rosenfeld, L.Z.: Quantenmechanische Theorie der natürlichen optischen Aktivität von Flüssigkeiten und Gasen. Z. Phys. **52**, 161–174 (1928)
12. Hansen, A.E., Bak, K.L.: Ab-initio calculations of electronic circular dichroism. Enantiomer. **4**, 1024–2430 (1999)
13. Berova, N., Nakanishi, K., Woody, R.W. (Hrsg.): Circular dichroism. Principles and applications. Wiley-VCH, New York (2000)
14. Lightner, D.A., Gurst, J.E.: Organic conformational analysis and stereochemistry from circular dichroism spectroscopy. Wiley-VCH, New York (2000)

15. Autschbach, J., Ziegler, T., van Gisbergen, S.J.A., Baerends, E.J.: Chirooptical properties from time-dependent density functional theory. I. Circular dichroism of organic molecules. J. Chem. Phys. **116**, 6930–6940 (2002)
16. Diedrich, C., Grimme, S.: Systematic investigation of modern quantum chemical methods to predict electronic circular dichroism spectra. J. Phys. Chem. A. **107**, 2524–2539 (2003)
17. Hobden, M.V.: Optical activity in a nonenantiomorphous crystal silver gallium sulfide. Nature. **216**, 678 (1967)
18. Hobden, M.V.: Optical activity in a non-enantiomorphous crystal cadmium gallium sulfide. Nature. **220**, 781 (1968)
19. Claborn, K., Cedres, J.H., Isborn, C., Zozulya, A., Weckert, E., Kaminsky, W., Kahr, B.: Optical rotation of achiral pentaerythritol. J. Am. Chem. Soc. **128**, 14746–14747 (2006)
20. Kirkwood, J.G.: On the theory of optical rotatory power. J. Chem. Phys. **5**, 479–491 (1937)
21. Moffitt, W.: Optical rotatory dispersion of helical polymers. J. Chem. Phys. **25**, 467–478 (1956)
22. Tinoco Jr., I.: Theoretical aspects of optical activity part two: polymers. Adv. Chem. Phys. **4**, 113–160 (1962)
23. Schellman, J.: Circular dichroism and optical rotation. Chem. Rev. **75**, 323–331 (1975)
24. Charney, E.: The molecular basis of optical activity. Wiley-Interscience, New York (1979)
25. Fasman, G.D. (Hrsg.): Circular dichroism and the conformational analysis of macromolecules. Plenum Press, New York (1996)
26. Condon, E.U.: Theories of optical rotatory power. Rev. Mod. Phys. **9**, 432–457 (1937)
27. Greenfield, N., Fasman, G.D.: Computed circular dichroism spectra for the evaluation of protein conformation. Biochemistry. **8**, 4108–4116 (1969)
28. Saxena, V.P., Wetlaufer, D.B.: A new basis for interpreting the circular dichroic spectra of proteins. Proc. Natl. Acad. Sci. U.S.A. **68**, 969–972 (1971)
29. Johnson Jr., W.C.: Analysis of circular dichroism spectra. Meth. Enzymol. **210**, 426–447 (1992)
30. Ramsay, G.D., Eftink, M.R.: Analysis of multidimensional spectroscopic data to monitor unfolding of proteins. Meth. Enzymol. **240**, 615–645 (1994)
31. Woody, R.W.: Circular dichroism. Meth. Enzymol. **246**, 34–71 (1995)
32. Plaxco, K.W., Dobson, C.M.: Time-resolved biophysical methods in the study of protein folding. Curr. Opin. Struct. Biol. **6**, 630–636 (1996)
33. Whitmore, L., Wallace, B.A.: Protein secondary structure analyses from circular dichroism. Biopolymers. **89**, 392–400 (2008)
34. Wallace, B.A., Janes, R.W.: Modern techniques for circular dichroism and synchrotron radiation circular dichroism spectroscopy. IOS, Amsterdam (2009)
35. Pan, T., Sosnick, T.R.: Intermediates and kinetic traps in the folding of a large ribozyme revealed by circular dichroism and UV absorbance spectroscopies and catalytic activity. Nat. Struct. Biol. **4**, 931–938 (1997)
36. Settimo, L., Donnini, S., Juffer, A.H., Woody, R.W., Marin, O.: Conformational changes upon calcium binding and phosphorylation in a synthetic fragment of calmodulin. Biopolymers. **88**, 373–385 (2007)
37. Quadrifoglio, F., Urry, D.M.: Ultraviolet rotatory properties of peptides in solution. I. Helical poly-L-alanine. J. Am. Chem. Soc. **90**, 2755–2760 (1968)
38. Bovey, F.A., Hood, F.P.: Circular dichroism spectrum of poly-L-proline. Biopolymers. **5**, 325–326 (1967)
39. Woody, R.W.: Circular dichroism of unordered polypeptides. Adv. Biophys. Chem. **2**, 37–79 (1992)
40. Woody, R.W.: Circular dichroism spectrum of peptides in the polyPro II conformation. J. Am. Chem. Soc. **131**, 8234–8245 (2009)
41. Manning, M.C., Illangasekare, M., Woody, R.W.: Circular dichroism studies of distorted α-helices, twisted β-sheets, and β-turns. Biophys. Chem. **31**, 77–86 (1988)

42. Provencher, S.W., Glockner, J.: Estimation of globular protein secondary structure from circular dichroism. Biochemistry. **20**, 33–37 (1981)
43. van Stokkum, I.H., Spoelder, H.J., Bloemendal, M., van Grondelle, R., Groen, F.C.: Estimation of protein secondary structure and error analysis from circular dichroism spectra. Anal. Biochem. **191**, 110–118 (1990)
44. Andrade, M.A., Chacon, P., Merelo, J.J., Moran, F.: Evaluation of secondary structure of proteins from UV circular dichroism spectra using an unsupervised learning neural network. Protein Eng. **6**, 383–390 (1993)
45. Sreerama, N., Manning, M.C., Powers, M.E., Zhang, J.-X., Goldenberg, D.P., Woody, R.W.: Tyrosine, phenylalanine, and disulfide contributions to the circular dichroism of proteins: circular dichroism spectra of wild-type and mutant bovine pancreatic trypsin inhibitor. Biochemistry. **38**, 10814–10822 (1999)
46. Whitmore, L., Wallace, B.A.: DICHROWEB, an online server for protein secondary structure analyses from circular dichroism spectroscopic data. Nucleic Acids Res. **32 (Web Server issue)**, W668–W673 (2004)
47. Gratzer, W.B., Holzwarth, G.M., Doty, P.: Polarization of the ultraviolet absorption bands in a-helical polypeptides. Proc. Natl. Acad. Sci. U.S.A. **47**, 1785–1791 (1961)
48. Rosenheck, K., Doty, P.: The far ultraviolet absorption spectra of polypeptide and protein solutions and their dependence on conformation. Proc. Natl. Acad. Sci. U.S.A. **47**, 1775–1785 (1961)
49. Tinoco Jr., I., Woody, R.W., Bradley, D.F.: Absorption and rotation of light by helical polymers: the effect of chain length. J. Chem. Phys. **38**, 1317–1325 (1963)
50. Woody, R.W.: Improved calculation of the *np** rotational strength in polypeptides. J. Chem. Phys. **49**, 4797–4806 (1968)
51. Sreerama, N., Woody, R.W.: Computation and analysis of protein circular dichroism spectra. Meth. Enzymol. **383**, 318–351 (2004)
52. Hirst, J.D., Colella, K., Gilbert, A.T.B.: Electronic circular dichroism of proteins from first-principles calculations. J. Phys. Chem. B. **107**, 11813–11819 (2003)
53. Hirst, J.D.: Improving protein circular dichroism calculations in the far-ultraviolet through reparametrizing the amide chromophore. J. Chem. Phys. **109**, 782–788 (1998)
54. Grishina, I.B., Woody, R.W.: Contributions of tryptophan side chains to the circular dichroism of globular proteins: exciton couplets and coupled oscillators. Faraday Discuss. **99**, 245–267 (1994)
55. Cochran, A.G., Skelton, N.J., Starovasnik, M.A.: Tryptophan zippers: stable, monomeric beta-hairpins. Proc. Natl. Acad. Sci. U.S.A. **98**, 5578–5583 (2001)
56. Ohmae, E., Matsuo, K., Gekko, K.: Vacuum-ultraviolet circular dichroism of *Escherichia coli* dihydrofolate reductase: insight into the contribution of tryptophan residues. Chem. Phys. Lett. **572**, 111–114 (2013)
57. Matsuo, K., Hiramatsu, H., Gekko, K., Namatame, H., Taniguchi, M., Woody, R.W.: Characterization of intermolecular structure of β_2-microglobulin core fragments in amyloid fibrils by vacuum-ultraviolet circular dichroism spectroscopy and circular dichroism theory. J. Phys. Chem. B. **118**, 2785–2795 (2014)
58. Riazance, J.H., Baase, W.A., Johnson Jr., W.C., Hall, K., Cruz, P., Tinoco Jr., I.: Evidence for Z-form RNA by vacuum UV circular dichroism. Nucleic Acids Res. **13**, 4983–4989 (1985)
59. Keiderling, T.A.: Instrumentation for vibrational circular dichroism spectroscopy: method comparison and newer developments. Molecules **23**, 2024/1-22 (2018)
60. Keiderling, T.A., Lakhani, A.: Mini review: instrumentation for vibrational circular dichroism spectroscopy, still a role for dispersive instruments. Chirality. **30**, 238–253 (2018)
61. Krupová, M., Kessler, J., Bour, P.: Recent trends in chiroptical spectroscopy: theory and applications of vibrational circular dichroism and Raman optical activity. ChemPlusChem. **85**, 561–575 (2020)
62. Cohan, N.V., Hameka, H.F.: Isotope effects in optical rotation. J. Am. Chem. Soc. **88**, 2136–2142 (1966)
63. Stephens, P.J.: Theory of vibrational circular dichroism. J. Phys. Chem. **89**, 748–752 (1985)

64. Stephens, P.J., Lowe, M.A.: Vibrational circular dichroism. Ann. Rev. Phys. Chem. **36**, 213–241 (1985)
65. Stephens, P.J.: Gauge dependence of vibrational magnetic dipole transition moments and rotational strengths. J. Phys. Chem. **91**, 1712–1715 (1987)
66. Young, D.A., Freedman, T.B., Nafie, L.A.: Vibrational circular dichroism in transition metal complexes. 2. Ion association, ring conformation, and ring currents of ethylenediamine ligands. J. Am. Chem. Soc. **108**, 7255–7263 (1986)
67. Freedman, T.B., Cao, X., Young, D.A., Nafie, L.A.: Density functional theory calculations of vibrational circular dichroism in transition metal complexes: identification of solution conformations and mode of chloride ion association for (+)-tris(ethylenediaminato)cobalt(III). J. Phys. Chem. A. **106** (2002)
68. Nicu, V.P., Autschbach, J., Baerends, E.J.: Enhancement of IR and VCD intensities due to charge transfer. Phys. Chem. Chem. Phys. **11**, 1526–1538 (2009)
69. Nicu, V.P., Heshmat, M., Baerends, E.J.: Signatures of counter-ion association and hydrogen bonding in vibrational circular dichroism spectra. Phys. Chem. Chem. Phys. **13**, 8811–8825 (2011)
70. Ma, S., Cao, X., Mak, M., Sadik, A., Walkner, C., Freedman, T.B., Lednev, I.K., Dukor, R.K., Nafie, L.A.: Vibrational circular dichroism shows unusual sensitivity to protein fibril formation and development in solution. J. Am. Chem. Soc. **129**, 12364–12365 (2007)
71. Kurouski, D., Lu, X., Popova, L., Wan, W., Shanmugasundaram, M., Stubbs, G., Dukor, R.K., Lednev, I.K., Nafie, L.A.: Is supramolecular filament chirality the underlying cause of major morphology difference in amyloid fibrils? J. Am. Chem. Soc. **136**, 2302–2312 (2014)
72. Measey, T., Schweitzer-Stenner, R.: Vibrational circular dichroism as a probe of fibrillogenesis: the origin of the anomalous intensity enhancement of amyloid-like fibrils. J. Am. Chem. Soc. **133**, 1066–1076 (2011)
73. Stephens, P.J.: Theory of magnetic circular dichroism. J. Chem. Phys. **52**, 3489–3516 (1970)
74. Stephens, P.J.: Magnetic circular dichroism. Ann. Rev. Phys. Chem. **25**, 201–232 (1974)
75. Thomson, A.J., Cheesman, M.R., George, S.J.: Variable-temperature magnetic circular dichroism. Meth. Enzymol. **226**, 199–232 (1993)
76. Solomon, E.I., Pavel, E.G., Loeb, K.E., Campochiaro, C.: Magnetic circular dichroism spectroscopy as a probe of the geometric and electronic structure of nonheme ferrous enzymes. Coord. Chem. Rev. **144**, 369–460 (1995)
77. Kirk, M.L., Peariso, K.: Recent applications of MCD spectroscopy to metalloenzymes. Curr. Opin. Chem. Biol. **7**, 220–227 (2003)
78. McMaster, J., Oganesyan, V.S.: Magnetic circular dichroism spectroscopy as a probe of the structures of the metal sites in metalloproteins. Curr. Opin. Struct. Biol. **20**, 615–622 (2010)
79. Companion, A.L., Komarynsky, M.A.: Crystal field splitting diagrams. J. Chem. Ed. **41**, 257–262 (1964)

Kohärenz und Dephasierung 10

10.1 Oszillationen zwischen Quantenzuständen eines isolierten Systems

Die zeitabhängige Störungstheorie, die wir zur Behandlung von Resonanzenergieübertragung und Absorption von Licht verwendet haben, setzt voraus, dass wir wissen, dass ein System in einem gegebenen Zustand (Zustand 1) ist, so dass der Koeffizient in Verbindung mit diesem Zustand (C_1) 1 ist, während der Koeffizient für das Auffinden des Systems in einem anderen Zustand (C_2) null ist. Der resultierende Ausdruck für die Rate der Übergänge zu Zustand 2 (Gl. 2.62 oder 7.8) vernachlässigt die Möglichkeit einer Rückkehr zu Zustand 1. Sie kann zu späteren Zeiten nur dann weiterhin gelten, wenn der Übergang zu Zustand 2 von einer Relaxation gefolgt wird, die die beiden Zustände aus der Resonanz nimmt. Ohne solche Relaxationen würde das System zwischen den beiden Zuständen oszillieren, wie es die gekoppelten Gleichungen beschreiben

$$\partial C_1/\partial t = -(i/\hbar)\left\langle \psi_1 \middle| \tilde{\mathrm{H}}' \middle| \psi_2 \right\rangle \exp[i(E_1 - E_2)t/\hbar]C_2 - (i/\hbar)\left\langle \psi_1 \middle| \tilde{\mathrm{H}}' \middle| \psi_1 \right\rangle C_1 \tag{10.1a}$$

und

$$\partial C_2/\partial t = -(i/\hbar)\left\langle \psi_2 \middle| \tilde{\mathrm{H}}' \middle| \psi_1 \right\rangle \exp[i(E_2 - E_1)t/\hbar]C_1 - (i/\hbar)\left\langle \psi_2 \middle| \tilde{\mathrm{H}}' \middle| \psi_2 \right\rangle C_2. \tag{10.1b}$$

Gl. (10.1a,b) stellen lediglich Gl. (2.62) für ein Zwei-Zustands-System mit räumlichen Wellenfunktionen ψ_1 und ψ_2 dar, die durch den Störungsoperator $\tilde{\mathrm{H}}'$ gemischt werden. E_1 und E_2 sind die Energien der Zustände in Abwesenheit der Störung. Der Faktor $\left\langle \psi_1 \middle| \tilde{\mathrm{H}}' \middle| \psi_1 \right\rangle$ in Gl. (10.1a) repräsentiert jede Verschiebung in Energie von Zustand 1, die durch die Störung verursacht wird, und $\left\langle \psi_2 \middle| \tilde{\mathrm{H}}' \middle| \psi_2 \right\rangle$

W. Parson und C. Burda, *Moderne optische Spektroskopie*,
https://doi.org/10.1007/978-3-031-52100-3_10

in Gl. (10.1b) ist die entsprechende Verschiebung in der Energie von Zustand 2. Bei der Resonanzenergieübertragung könnten beispielsweise Wechselwirkungen zwischen den beiden Molekülen die Anregungsenergie des Donormoleküls verschieben, obwohl der Akzeptor in seinem Grundzustand verbleibt. Solche Verschiebungen in den Anregungsenergien sind analog zu den Effekten der Variation des Lösungsmittels und sind in der Regel relativ klein.

Gl. (10.1a, b) vereinfachen sich, wenn $\left\langle \psi_1 \middle| \tilde{\mathrm{H}}' \middle| \psi_1 \right\rangle$ und $\left\langle \psi_2 \middle| \tilde{\mathrm{H}}' \middle| \psi_2 \right\rangle$ null sind, weil dann die Änderungsrate von C_1 nur von C_2 abhängt und umgekehrt. Wenn diese Matrixelemente nicht null sind, können wir die gleiche Vereinfachung erreichen, indem wir angepasste Basiszustandsenergien H_{11} und H_{22} definieren, die $\left\langle \psi_1 \middle| \tilde{\mathrm{H}}' \middle| \psi_1 \right\rangle$ und $\left\langle \psi_2 \middle| \tilde{\mathrm{H}}' \middle| \psi_2 \right\rangle$ einschließen:

$$H_{11} = \left\langle \psi_1 \middle| \tilde{\mathrm{H}}_1 + \tilde{\mathrm{H}}' \middle| \psi_1 \right\rangle = E_1 + \left\langle \psi_1 \middle| \tilde{\mathrm{H}}' \middle| \psi_1 \right\rangle \tag{10.2a}$$

und

$$H_{22} = \left\langle \psi_2 \middle| \tilde{\mathrm{H}}_2 + \tilde{\mathrm{H}}' \middle| \psi_2 \right\rangle = E_2 + \left\langle \psi_2 \middle| \tilde{\mathrm{H}}' \middle| \psi_2 \right\rangle. \tag{10.2b}$$

Die Differentialgleichungen für C_1 und C_2 sind dann

$$\partial C_1/\partial t = -(i/\hbar)H_{12} \exp(iE_{12}t/\hbar)\; C_2 \tag{10.3a}$$

und

$$\partial C_2/\partial t = -(i/\hbar)H_{21} \exp(iE_{21}t/\hbar)\; C_1, \tag{10.3b}$$

wo $H_{21} = \left\langle \psi_2 \middle| \tilde{\mathrm{H}},' \middle| \psi_1 \right\rangle$ wie zuvor und $E_{21} = H_{22} - H_{11}$.

Gl. (10.3a, b) können gelöst werden, indem man jede von ihnen erneut in Bezug auf die Zeit differenziert; einfache Substitutionen führen dann zu separaten Differentialgleichungen für C_1 und C_2 (siehe, *z. B.*, [1]). Unter der erneuten Annahme, dass das System zur Zeit null im Zustand 1 ist, so dass $C_1(0) = 1$ und $C_2(0) = 0$, sind die Lösungen

$$C_1(t) = \{\cos(\Omega t/\hbar) - i(E_{12}/2\Omega)\sin(\Omega t/\hbar)\} \exp(iE_{21}t/2\hbar) \tag{10.4a}$$

und

$$C_2(t) = -i(H_{21}/\Omega)\sin(\Omega t/\hbar)\exp(-iE_{21}t/2\hbar), \tag{10.4b}$$

mit

$$\Omega = (1/2)\left[(E_{21})^2 + 4(H_{21})^2\right]^{1/2}. \tag{10.4c}$$

Aus Gl. (10.4b), ist die Wahrscheinlichkeit, das System zum Zeitpunkt t im Zustand 2 zu finden

$$\begin{aligned}|C_2(t)|^2 &= (H_{21}/\Omega)^2 \sin^2(\Omega t/\hbar) \\ &= (1/2)(H_{21}/\Omega)^2[1 - \cos(2\Omega t/\hbar)].\end{aligned} \tag{10.5}$$

Dies oszilliert mit einer Periode von $2\pi\hbar/2\Omega$, oder $h/2\Omega$, wobei die mittlere Wahrscheinlichkeit $(H_{21}/\Omega)^2/2$ ist.

Abb. 10.1A zeigt die vorhergesagten Oszillationen von C_1 und C_2, wenn die angepassten Energien der beiden Basiszustände gleich sind ($E_{21} = 0$). In diesem Fall ist $\Omega = H_{21}$, und Gl. (10.5) vereinfacht sich zu

$$|C_2(t)|^2 = (1/2)[1 - \cos(2H_{21}t/\hbar)], \tag{10.6}$$

das zwischen 0 und 1 mit einer Frequenz von $2H_{21}/h$ oszilliert. Eine bemerkenswerte Eigenschaft dieses Ergebnisses ist, dass das System zu bestimmten Zeiten (*z. B.*, bei $t = h/4H_{21}$) garantiert im Zustand 2 ist, unabhängig davon, wie groß oder klein H_{21} ist. Dies ist eine Folge der genauen Resonanz und gilt nicht für einen anderen Wert von E_{21} als 0.

Im entgegengesetzten Limit, wenn $|E_{21}|^2 >> 4|H_{21}|^2$, haben wir $\Omega = E_{12}/2$, und Gl. (10.5) wird zu

$$|C_2(t)|^2 = 2(H_{21}/E_{21})^2[1 - \cos(E_{21}t/\hbar)]. \tag{10.7}$$

Nun nimmt die Oszillationsfrequenz linear mit $|E_{21}|$ zu, während die Amplitude der Oszillationen und die durchschnittliche Wahrscheinlichkeit, die Anregung auf Molekül 2 zu finden, beide abnehmen. Wenn $|E_{21}| >> |H_{21}|$, hat das System eine sehr geringe Wahrscheinlichkeit, in den Zustand 2 zu wechseln. Abb. 10.1B veranschaulicht die Ergebnisse für den Fall $E_{12} = -4|H_{21}|$.

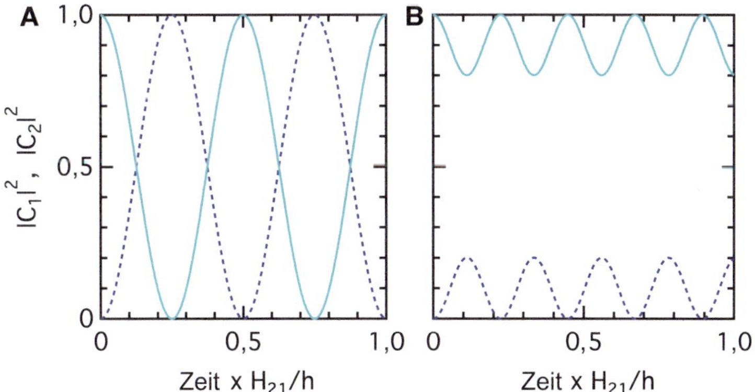

Abb. 10.1 Oszillationen von $|C_1(t)|^2$ (*durchgezogene Kurven*) und $|C_2(t)|^2$ (*gepunktete Kurven*), die Wahrscheinlichkeiten, dass die Anregung auf Molekül 1 oder 2 gefunden wird, als Funktionen der Zeit nach Anregung von Molekül 1. Die Plots in **A** wurden mit $E_{21} = 0$ erhalten, was Gleichung (10.6) auf (10.5) reduziert; die in **B** wurden durch Gleichung (10.6) mit $E_{21} = -4|H_{21}|$ erhalten

Oszillationen des durch die Gl. (10.4a–c–10.5) beschriebenen Typs treten normalerweise höchstens nur für eine kurze Zeit auf der Pikosekunden- oder Sub-Pikosekunden-Zeitskala auf. Dafür gibt es mehrere Gründe. Erstens beziehen sich diese Ausdrücke auf ein einzelnes System mit scharf definierten Energien. Bei den meisten experimentellen Messungen des Resonanzenergietransfers messen wir das durchschnittliche Verhalten einer sehr großen Anzahl von Molekülen mit einer Reihe von Energien und verschiedenen Werten von H_{21}. Die einzelnen Donor-Akzeptor-Paare in einem solchen inhomogenen Ensemble können gemäß den Gl. (10.4a–c, 10.5) oszillieren, jedoch mit verschiedenen Frequenzen. Selbst wenn sie alle mit präziser Startzeit beginnen, geraten die Oszillationen bald außer Phase. Als Ergebnis durchläuft die Wahrscheinlichkeit, die Anregung auf Molekül 2 zu finden, gedämpfte Oszillationen, die auf $\overline{(H_{21}/\Omega)^2/2}$ konvergieren, wobei die Leiste den Durchschnittswert für das Ensemble bezeichnet. Abb. 10.2 veranschaulicht diesen Effekt für Ensembles, in denen E_{21} und H_{21} Gaußverteilungen um die in Abb. 10.1 verwendeten Werte haben. Die Oszillationen eines Ensembles werden als *kohärent* bezeichnet, wenn die einzelnen mikroskopischen Systeme, die das Ensemble bilden, in Phase oszillieren, und als *inkohärent* oder *stochastisch,* wenn die Phasen der mikroskopischen Systeme zufällig sind.

Ein zweites Problem besteht darin, dass die Gl. (10.4a–c, 10.5) nur für ein isoliertes System gelten. Wenn das System Energie an die Umgebung abgeben oder von ihr aufnehmen kann, wird es sich zu einem Gleichgewicht entspannen, in dem die relativen Wahrscheinlichkeiten, sich in verschiedenen Zuständen zu befinden, durch die Boltzmann-Gleichung gegeben sind. Die Gl. (10.4a–c, 10.5) bieten kei-

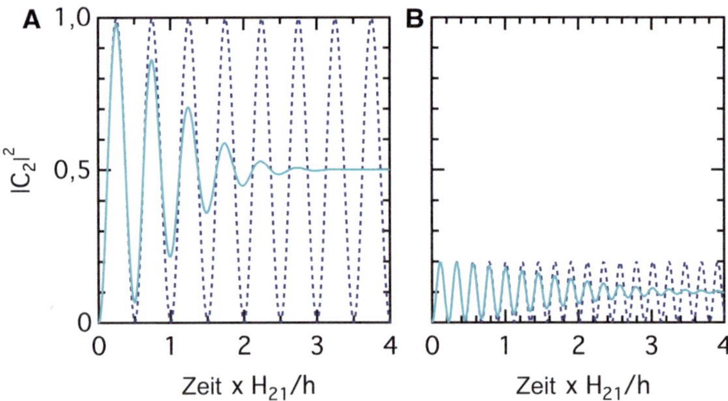

Abb. 10.2 Oszillationen von $|C_2(t)|^2$ als Funktionen der Zeit in einem Ensemble von Donor-Akzeptor-Paaren. Die *gepunkteten blauen Kurven* zeigen Gleichung (10.6) für ein einzelnes Donor-Akzeptor-Paar mit $E_{21} = 0$ (**A**) oder $-4H_{21}$ (**B**); diese sind die gleichen wie die gepunkteten Kurven in Abb. 10.1. Die *durchgezogenen grünen Kurven* wurden durch Mittelung der Gleichung (10.6) über unkorrelierte Gaußverteilungen von E_{21} und H_{21} erhalten. Die Mittelwerte von H_{21} und E_{21} in den Verteilungen ($\overline{H_{21}}$ und $\overline{E_{21}}$) waren die gleichen wie die entsprechenden Werte für die gepunkteten Kurven. Beide Verteilungen hatten Breiten (*FWHM*) von 0,2 $\overline{H_{21}}$ (Standardabweichung $\sigma = \text{FWHM}/(8 \ln 2)^2 = 0{,}084\overline{H_{21}}$)

nen Mechanismus für diese Entspannung: Das System wird anscheinend unendlich oszillieren. In Abb. 10.2B beträgt zum Beispiel die Wahrscheinlichkeit, das System nach langer Zeit im Zustand 2 zu finden, nur etwa 10 %, obwohl dieser Zustand die niedrigere Energie hat. Wir würden erwarten, das System hauptsächlich im Zustand 2 im Gleichgewicht zu finden, es sei denn, die Temperatur ist größer als E_{12}/k_B.

Wie wir in den Kap. 4 und 5 diskutiert haben, werden auch Relaxationen des Produktzustands die Verteilung der Energien des Zustands verbreitern. Diese homogene Verbreiterung gilt sowohl für ein Ensemble von Molekülen als auch für ein einzelnes Molekül oder ein einzelnes Donor-Akzeptor-Paar. Sie wird die gemessenen Oszillationen von $|C_2|^2$ in einer Weise dämpfen, die qualitativ ähnlich der Dämpfung in Abb. 10.2 für eine inhomogene Verteilung von E_{12} ist. Allerdings werden wir in Kap. 11 sehen, dass der detaillierte zeitliche Verlauf der Dämpfung etwas anders sein wird.

Försters Theorie des Resonanzenergietransfers hängt implizit von der thermischen Gleichgewichtseinstellung ab, um die Anregung auf dem Akzeptor einzufangen. Aber die Förster-Theorie sagt nichts über die Oszillationen, die von den Gl. (10.4 und 10.5) vorhergesagt werden, und sie geht nicht darauf ein, wie schnell das System mit der Umgebung ins Gleichgewicht kommt; sie nimmt einfach an, dass die Gleichgewichtseinstellung schnell im Vergleich zur Rate erfolgt, mit der die Anregung zum Donor zurückkehren kann.

Wir benötigen eine vollständigere Theorie, die die Lücke zwischen der Förster-Theorie und den kohärenten Oszillationen, die durch die Gl. (10.4 und 10.5) beschrieben werden, überbrückt. Wenn die Oszillationen der einzelnen Systeme in einem Ensemble in Phase beginnen, möchten wir verstehen, wie diese Kohärenz abnimmt und wie dieser Zerfall die beobachteten Eigenschaften des Ensembles beeinflusst. Um solche Fragen zu beantworten, müssen wir uns mit großen Ensembles von Molekülen befassen, die stochastisch mit ihrer Umgebung interagieren. Wir werden in den nächsten drei Abschnitten einige grundlegende Werkzeuge dafür entwickeln.

10.2 Die Dichtematrix

Betrachten wir erneut ein individuelles System mit der Wellenfunktion $\Psi(t) = C_1(t)\psi_1 \exp[-i(H_{11}t/\hbar + \zeta_1)] + C_2(t)\psi_2 \exp[-i(H_{22}t/\hbar + \zeta_2]$, wobei ψ_1 und ψ_2 räumliche Wellenfunktionen für zwei Basis-Zustände mit den Energien H_{11} und H_{22} sind und ζ_n eine Phasenverschiebung ist, die davon abhängt, wann der Zustand n erzeugt wird. Lassen Sie uns die zeitabhängigen Koeffizienten C_1 und C_2 mit den entsprechenden zeitabhängigen Exponentialfaktoren kombinieren, indem wir einen neuen Satz von Koeffizienten c_1 und c_2 definieren:

$$c_n(t) = C_n(t) \exp[-i(H_{nn}t/\hbar + \zeta_n)]. \tag{10.8}$$

Die Wellenfunktion für das System kann dann einfach wie folgt geschrieben werden:

$$\Psi(t) = c_1(t)\psi_1 + c_2(t)\psi_2. \tag{10.9}$$

Im Prinzip können wir den Erwartungswert Wert jeder dynamischen Eigenschaft A des Systems finden, indem wir den folgenden Ausdruck auswerten

$$\begin{aligned} \langle A(t)\rangle &= \left\langle \Psi(t)\middle|\tilde{\mathrm{A}}\middle|\Psi(t)\right\rangle = \left\langle c_1(t)\psi_1 + c_2(t)\psi_2\middle|\tilde{\mathrm{A}}\middle|c_1(t)\psi_1 + c_2(t)\psi_2\right\rangle \\ &= c_1{}^*(t)\; c_1(t)\left\langle \psi_1\middle|\tilde{\mathrm{A}}\middle|\psi_1\right\rangle + c_1{}^*(t)\; c_2(t)\left\langle \psi_1\middle|\tilde{\mathrm{A}}\middle|\psi_2\right\rangle + c_2{}^*(t)\; c_1(t)\left\langle \psi_2\middle|\tilde{\mathrm{A}}\middle|\psi_1\right\rangle \\ &\quad + c_2{}^*(t)\; c_2(t)\left\langle \psi_2\middle|\tilde{\mathrm{A}}\middle|\psi_2\right\rangle \\ &= c_1{}^*(t)\; c_1(t)A_{11} + c_1{}^*(t)\; c_2(t)A_{12} + c_2{}^*(t)\; c_1(t)A_{21} + c_2{}^*(t)\; c_2(t)A_{22}, \end{aligned} \tag{10.10}$$

wo $\tilde{\mathrm{A}}$ der entsprechende Operator ist. Wir haben diesen Ansatz in Kasten 4.5 verwendet, um den elektrischen Dipol eines Überlagerungszustands zu finden. Allgemeiner gesagt, für jedes System, das durch eine lineare Kombination von Basiszuständen beschrieben werden kann, ist der Erwartungswert von A

$$\langle A(t)\rangle = \sum_m \sum_n c_m{}^*(t)c_n(t)\left\langle \psi_m\middle|\tilde{\mathrm{A}}\middle|\psi_n\right\rangle = \sum_m \sum_n c_m{}^*(t)c_n(t)A_{mn} \tag{10.11}$$

wo ψ_m und ψ_n wieder rein räumliche Wellenfunktionen darstellen. Die gesamte beobachtbare zeitliche Abhängigkeit des Systems liegt somit in den Produkten der Koeffizienten, $c_m{}^*c_n$.

Gl. (10.11) kann prägnanter geschrieben werden, wenn wir eine Matrix $\boldsymbol{\rho}$ definieren, deren Terme sind

$$\rho_{nm}(t) = c_n(t)c_m{}^*(t). \tag{10.12}$$

Die doppelte Summe über n und m in Gl. (10.11) kann dann mit dem Produkt der Matrizen $\boldsymbol{\rho}$ und $\mathbf{A}$ in Verbindung gebracht werden. Die Definition eines Matrixprodukts ist in Anhang A.2 gegeben: für $\mathbf{W} = \boldsymbol{\rho}\mathbf{A}$, $W_{nm} = \sum_k P_{nk}A_{km}$. Mit dieser Definition und den Gl. (10.11) und (10.12), haben wir

$$\begin{aligned} \langle A(t)\rangle &= \sum_n \sum_m c_n(t)c_m{}^*(t)A_{mn} = \sum_n \sum_m \rho_{nm}(t)A_{mn} \\ &= \sum_n (\rho A)_{nn} = Tr(\boldsymbol{\rho}\mathbf{A}), \end{aligned} \tag{10.13}$$

wo $Tr(\boldsymbol{\rho}\mathbf{A})$ die Summe der Diagonalelemente des Matrixprodukts $\boldsymbol{\rho}\mathbf{A}$ ist (Anhang A.2). $\boldsymbol{\rho}$ wird als die *Dichtematrix* des Systems bezeichnet.

Die Definition der Dichtematrix, die in Gl. (10.12) gegeben ist, in der c_n und $c_m{}^*$ die Faktoren $\exp(-iH_{nn}t/\hbar)$ und $\exp(iH_{mm}t/\hbar)$ zusammen mit den Koeffizienten $C_n(t)$ und $C_m{}^*(t)$ enthalten, wird als „Schrödinger-Darstellung" bezeichnet. Eine alternative Formulierung, die als „Wechselwirkungsdarstellung" bezeichnet wird, ist $\rho_{nm} = C_n(t)C_m{}^*(t)$. In der Wechselwirkungsdarstellung müssen die Faktoren $\exp(-iH_{nn}t/\hbar)$ und $\exp(iH_{mm}t/\hbar)$ separat eingeführt werden, um die vollständige Zeitabhängigkeit des Systems zu erhalten. Beide Darstellungen werden weit verbreitet verwendet, und die Wahl ist meist eine Frage der persönlichen Vorliebe. Wir werden die Schrödinger-Darstellung verwenden.

Gl. (10.13) ist ein bemerkenswert allgemeiner Ausdruck. Die Dichtematrix $\boldsymbol{\rho}$ könnte sich auf jedes System beziehen, das mit einer linearen Kombination von Basiswellenfunktionen beschrieben werden kann. Darüber hinaus könnte $\mathbf{A}$ die Matrix der Erwartungswerte des Operators für jede dynamische Eigenschaft darstellen. Die einzige Anforderung, aber eine wichtige zu beachten, ist, dass die Matrixelemente von $\mathbf{A}$ und $\boldsymbol{\rho}$ in Bezug auf den gleichen Satz von Basiswellenfunktionen ausgedrückt werden müssen.

Mit einer geringfügigen Modifikation bietet Gl. (10.13) eine leistungsfähige Möglichkeit, mit einem Ensemble vieler Systeme umzugehen. Der Erwartungswert der Observablen A für ein Ensemble ist

$$\langle A(t)\rangle = Tr\left(\overline{\boldsymbol{\rho}(t)\mathbf{A}}\right), \tag{10.14}$$

wo $\overline{\boldsymbol{\rho}(t)\mathbf{A}}$ ein Durchschnitt des Produkts $\boldsymbol{\rho}\mathbf{A}$ für alle Systeme im Ensemble zur Zeit t bedeutet. Gl. (10.14) folgt aus (10.13) weil die Spur das Distributivgesetz der Arithmetik befolgt. Für formellere Rechtfertigungen siehe [2–6].

Wir haben die Diagonalelemente der Dichtematrix implizit in vorherigen Kapiteln verwendet, um die Wahrscheinlichkeiten darzustellen, ein System in verschiedenen Basiszuständen zu finden ($\rho_{nn} = c_n(t)c_n{}^*(t) = C_n(t)C_n{}^*(t)$). Wenn die Dichtematrix über das Ensemble gemittelt wird, können die Diagonalelemente als relative Populationen der entsprechenden Zustände interpretiert werden. Die zeitabhängigen Faktoren aus den Basiswellenfunktionen $[\exp(-iH_{nn}t/\hbar)]$ heben sich in den Diagonalelementen von $\boldsymbol{\rho}$ auf, weil jeder der Exponentialfaktoren mit seinem komplexen Konjugierten multipliziert wird. Die Diagonalelemente sind daher immer reale Zahlen mit positiven Vorzeichen, und ihre gesamte Zeitabhängigkeit stammt von den Koeffizienten $|C_n(t)|^2$. Die Nicht-Diagonalelemente können jedoch komplexe Zahlen sein, entweder positiv oder negativ im Vorzeichen. Sie oszillieren in der Regel mit einer Frequenz, die mit der Energiedifferenz zwischen den Zuständen n und m zunimmt. Sie bestehen aus Produkten der Form

$$\rho_{nm} = C_n(t)C_m{}^*(t)\exp(-iE_{nm}t/\hbar)\exp(-i\zeta_{nm}), \tag{10.15}$$

mit $E_{nm} = E_n - E_m$, $\zeta_{nm} = \zeta_n - \zeta_m$, und $n \neq m$. Die außerdiagonalen Elemente hängen auch von allen Interaktions-Matrixelementen ab, die die beiden Zustände koppeln. Wir werden sehen, dass wenn die Dichtematrix über das Ensemble gemittelt wird, die Größen der außerdiagonalen Elemente Informationen über die Kohärenz des Ensembles liefern.

Als Illustration betrachten Sie ein Ensemble von N Molekülen, von denen jedes einen Grundzustand (Zustand 1) und einen angeregten elektronischen Zustand (2) hat. Nehmen wir an, alle Moleküle befinden sich zunächst im Zustand 1; jedes gegebene Molekül (j) hat somit die Koeffizienten $C_{1(j)} = 1$ und $C_{2(j)} = 0$. Wenn wir das Ensemble nun einem kurzen Lichtpuls aussetzen, könnte jedes gegebene Molekül (k) in den Zustand 2 versetzt werden, so dass $C_{2(k)} = 1$ und $C_{1(k)} = 0$, während ein anderes Molekül (j) im Zustand 1 verbleibt. Der Ensemble-Durchschnitt von ρ_{22} zu Zeit t nach dem Anregungspuls ist dann

$$\overline{\rho_{22}}(t) = N^{-1} \sum_{k=1}^{N} c_{2(k)}(t) c_{2(k)}{}^{*}(t) = |\,\overline{c_2}(t)|^2 = \left|\,\overline{C_2}(t)\right|^2, \tag{10.16}$$

was einfach die durchschnittliche Wahrscheinlichkeit ist, ein Molekül im Zustand 2 zur Zeit t zu finden. Der Ensemble-Durchschnitt von ρ_{12} zur Zeit t ist ähnlich,

$$\overline{\rho_{12}}(t) = N^{-2} \sum_{j=1}^{N} \sum_{k=1}^{N} C_{1(j)}(t) C_{2(k)}{}^{*}(t) \exp\left(-iE_{1(j)2(k)}t/\hbar\right), \tag{10.17}$$

wo $E_{1(j)2(k)}$ der Unterschied zwischen den Energien der Moleküle j und k ist, wenn das Molekül j im Zustand 1 und Molekül k im Zustand 2 ist ($E_{1(j)} - E_{2(k)}$).

Wenn der Energieunterschied zwischen den Zuständen 1 und 2 für alle Moleküle gleich ist ($E_{1(j)2(k)} = E_{12}$), vereinfacht sich Gl. (10.17) zu

$$\overline{\rho_{12}}(t) = \overline{C_{1(j)}}(t)\overline{C_{2(k)}*}(t) \exp(-iE_{12}t/\hbar). \tag{10.18}$$

Der Faktor $\exp(-iE_{12}t/\hbar)$ in diesem Ausdruck enthält reale und imaginäre Teile, die beide mit der Periode $|h/E_{12}|$ schwingen. Der Faktor $\overline{C_1}(t)\overline{C_2*}(t)$ kann ebenfalls oszillieren, wenn das Interaktions-Matrixelement H_{12} nicht null ist, und sich mit der Zeit entwickeln kann, wenn die angeregten Moleküle vom Zustand 2 zurück in den Zustand 1 zerfallen.

Andererseits, wenn $E_{1(j)2(k)}$ von Molekül zu Molekül variiert, werden die Oszillationsfrequenzen in Gl. (10.17) variieren und nach einer ausreichend langen Zeit wird $\rho_{12}(t)$ im Durchschnitt null sein. Die außerdiagonalen Elemente von $\overline{\boldsymbol{\rho}}$ spiegeln somit die *Phasenkohärenz* des Gesamtensembles wider, das heißt, inwieweit die Mitglieder des Ensembles in Phase bleiben. Die Verwendung eines breiten Anregungspulses würde die Zeiten, zu denen Moleküle in den Zustand 2 angeregt werden, streuen, was den Oszillationen von ρ_{12} für die einzelnen Moleküle zufällige Phasenverschiebungen verleihen und dazu führen würde, dass $\overline{\rho_{12}}$ schneller im Durchschnitt null wird. Um die folgende Diskussion vorwegzunehmen, könnten wir erwarten, dass auch fluktuierende Wechselwirkungen mit der Umgebung dazu führen werden, dass die außerdiagonalen Elemente von $\overline{\boldsymbol{\rho}}$ mit der Zeit auf null abfallen. An dieser Stelle betrachten wir jedoch noch Systeme, die von ihrer Umgebung isoliert sind.

Eine Differentialgleichung, die die Zeitabhängigkeit sowohl der diagonalen als auch der außerdiagonalen Elemente von $\boldsymbol{\rho}$ beschreibt, kann wie folgt erhalten werden. Lassen Sie die Wellenfunktion für das System wieder sein

$$\Psi(t) = \sum_{n} c_n(t)\psi_n(\overrightarrow{r}), \tag{10.19}$$

wo die ψ_n räumliche Wellenfunktionen und die c_n alle Zeitabhängigkeit einschließen. Die Anwendung der zeitabhängigen Schrödinger-Gleichung, wie wir es zur Ableitung der Gl. (2.58) und (10.1) getan haben (wobei wir immer noch Wechselwirkungen mit der Umgebung vernachlässigen), ergibt

$$\frac{\partial c_m}{\partial t} = -(i/\hbar)\sum_k H_{mk}c_k(t), \tag{10.20}$$

wo der Index k über alle Basiszustände einschließlich Zustand m läuft. Aus der Definition von ρ_{nm} Gl. (10.12), unter Verwendung von Gl. (10.20) und der Produktregel für die Differentiation ergibt sich

$$\frac{\partial \rho_{nm}}{\partial t} = \frac{\partial (c_n c_m{}^*)}{\partial t} = c_n\frac{\partial c_m{}^*}{\partial t} + c_m{}^*\frac{\partial c_n}{\partial t} \tag{10.21a}$$

$$= (i/\hbar)\left(c_n\sum_k H_{mk}{}^* c_k{}^* - c_m{}^*\sum_k H_{nk}\,c_k\right) = (i/\hbar)\sum_k (H_{km}\rho_{nk} - H_{nk}\,\rho_{km}) \tag{10.21b}$$

$$= (i/\hbar)\sum_k \{\rho_{nk}H_{km} - H_{nk}\,\rho_{km}\}. \tag{10.21c}$$

In Gl. (10.21b) haben wir uns die Tatsachen zunutze gemacht, dass $\rho_{mn} = \rho_{nm}*$ (per Definition) und $H_{mk}{}^* = H_{km}$ (weil der Hamiltonoperator Hermitisch ist).

Gl. (10.21c) kann in Bezug auf Produkte der Matrizen $\boldsymbol{\rho}$ und $\mathbf{H}$ neu geschrieben werden, indem man den Ausdruck für die Matrixmultiplikation erneut verwendet und beachtet, dass $\boldsymbol{\rho}\mathbf{H}$ -$\mathbf{H}\boldsymbol{\rho}$ der Kommutator $[\boldsymbol{\rho},\mathbf{H}]$ ist. Verwendung der Notation $[\mathbf{A}]_{nm}$ für das Element A_{nm} der Matrix $\mathbf{A}$,

$$\frac{\partial \rho_{nm}}{\partial t} = (i/\hbar)\left\{\left[\boldsymbol{\rho}\mathbf{H}\right]_{nm} - \left[\mathbf{H}\boldsymbol{\rho}\right]_{nm}\right\} \equiv (i/\hbar)\left[\boldsymbol{\rho},\mathbf{H}\right]_{nm}. \tag{10.22}$$

Der Kommutator zweier Matrizen wird analog zum Kommutator zweier Operatoren (Kasten 2.2) definiert.

Schließlich können wir Gl. (10.22) symbolisch in Bezug auf die Matrizen selbst anstatt bestimmter Matrixelemente darstellen:

$$\frac{\partial \boldsymbol{\rho}}{\partial t} = (i/\hbar)\left[\boldsymbol{\rho},\mathbf{H}\right], \tag{10.23}$$

oder für die durchschnittliche Dichtematrix in einem Ensemble,

$$\frac{\partial \overline{\boldsymbol{\rho}}}{\partial t} = (i/\hbar)\left[\overline{\boldsymbol{\rho}},\mathbf{H}\right]. \tag{10.24}$$

Gl. (10.24) wird als *von Neumann Gleichung* nach dem Mathematiker John von Neumann bezeichnet, der das Konzept der Dichtematrix entwickelt hat. Sie ist auch als *Liouville Gleichung* bekannt, aufgrund ihrer Parallele zu Joseph Liouvilles klassischem statistisch-mechanischem Theorem über die Dichte dynamischer Variablen im Phasenraum.

Die Zeitabhängigkeit der neun Elemente von $\boldsymbol{\rho}$ für ein isoliertes System mit drei Basiszuständen ist in Kasten 10.1 ausgeführt.

Kasten 10.1 Zeitabhängigkeit der Dichtematrix für ein isoliertes Drei-Zustands-System

Die Elemente der Dichtematrix für ein isoliertes System mit drei Basiszuständen entwickeln sich mit der Zeit, wie durch Gl. (10.21c) beschrieben:

$$\begin{aligned}\partial\rho_{11}/\partial t &= (i/\hbar)(\rho_{11}H_{11} + \rho_{12}H_{21} + \rho_{13}H_{31} - \rho_{11}H_{11} - \rho_{21}H_{12} - \rho_{31}H_{13}) \\ &= (i/\hbar)(\rho_{12}H_{21} - \rho_{21}H_{12} + \rho_{13}H_{31} - \rho_{31}H_{13}). \qquad \text{(B10.1.1)}\end{aligned}$$

$$\begin{aligned}\partial\rho_{22}/\partial t &= (i/\hbar)(\rho_{21}H_{12} + \rho_{22}H_{22} + \rho_{23}H_{32} - \rho_{12}H_{21} - \rho_{22}H_{22} - \rho_{32}H_{23}) \\ &= (i/\hbar)(\rho_{21}H_{12} - \rho_{12}H_{21} + \rho_{23}H_{32} - \rho_{32}H_{23}). \qquad \text{(B10.1.2)}\end{aligned}$$

$$\begin{aligned}\partial\rho_{33}/\partial t &= (i/\hbar)(\rho_{31}H_{13} + \rho_{32}H_{23} + \rho_{33}H_{33} - \rho_{13}H_{31} - \rho_{23}H_{32} - \rho_{33}H_{33}) \\ &= (i/\hbar)(\rho_{31}H_{13} - \rho_{13}H_{31} + \rho_{32}H_{23} - \rho_{23}H_{32}). \qquad \text{(B10.1.3)}\end{aligned}$$

$$\begin{aligned}\partial\rho_{12}/\partial t &= (i/\hbar)(\rho_{11}H_{12} + \rho_{12}H_{22} + \rho_{13}H_{32} - \rho_{12}H_{11} - \rho_{22}H_{12} - \rho_{32}H_{13}) \\ &= (i/\hbar)[(\rho_{11} - \rho_{22})H_{12} + \rho_{12}(H_{22} - H_{11}) + \rho_{13}H_{32} - \rho_{32}H_{13}]. \\ &\qquad \text{(B10.1.4)}\end{aligned}$$

$$\begin{aligned}\partial\rho_{21}/\partial t &= (i/\hbar)(\rho_{21}H_{11} + \rho_{22}H_{21} + \rho_{23}H_{31} - \rho_{11}H_{21} - \rho_{21}H_{22} - \rho_{31}H_{23}) \\ &= (i/\hbar)[(\rho_{22} - \rho_{11})H_{21} + \rho_{21}(H_{11} - H_{22}) + \rho_{23}H_{31} - \rho_{31}H_{23}]. \\ &\qquad \text{(B10.1.5)}\end{aligned}$$

$$\begin{aligned}\partial\rho_{13}/\partial t &= (i/\hbar)(\rho_{11}H_{13} + \rho_{12}H_{23} + \rho_{13}H_{33} - \rho_{13}H_{11} - \rho_{23}H_{12} - \rho_{33}H_{13}) \\ &= (i/\hbar)[(\rho_{11} - \rho_{33})H_{13} + \rho_{13}(H_{33} - H_{11}) + \rho_{12}H_{23} - \rho_{23}H_{12}]. \\ &\qquad \text{(B10.1.6)}\end{aligned}$$

$$\begin{aligned}\partial\rho_{31}/\partial t &= (i/\hbar)(\rho_{31}H_{11} + \rho_{32}H_{21} + \rho_{33}H_{31} - \rho_{11}H_{31} - \rho_{21}H_{32} - \rho_{31}H_{33}) \\ &= (i/\hbar)[(\rho_{33} - \rho_{11})H_{31} + \rho_{31}(H_{11} - H_{33}) + \rho_{32}H_{21} - \rho_{21}H_{32}]. \\ &\qquad \text{(B10.1.7)}\end{aligned}$$

$$\begin{aligned}\partial\rho_{23}/\partial t &= (i/\hbar)(\rho_{21}H_{13} + \rho_{22}H_{23} + \rho_{23}H_{33} - \rho_{13}H_{21} - \rho_{23}H_{22} - \rho_{33}H_{23}) \\ &= (i/\hbar)[(\rho_{22} - \rho_{33})H_{23} + \rho_{23}(H_{33} - H_{22}) + \rho_{21}H_{13} - \rho_{13}H_{21}]. \\ &\qquad \text{(B10.1.8)}\end{aligned}$$

$$\begin{aligned}\partial\rho_{32}/\partial t &= (i/\hbar)(\rho_{31}H_{12} + \rho_{32}H_{22} + \rho_{33}H_{32} - \rho_{12}H_{31} - \rho_{22}H_{32} - \rho_{32}H_{33}) \\ &= (i/\hbar)[(\rho_{33} - \rho_{22})H_{32} + \rho_{32}(H_{22} - H_{33}) + \rho_{31}H_{12} - \rho_{12}H_{31}]. \\ &\qquad \text{(B10.1.9)}\end{aligned}$$

Die gleichen Ausdrücke gelten für die entsprechenden Elemente von $\overline{\boldsymbol{\rho}}$ für ein Ensemble von Systemen. Beachten Sie, dass, weil $\rho_{nm} = \rho_{mn}*$, $\partial\rho_{nm}/\partial t = \partial\rho_{mn} * /\partial t = (\partial\rho_{mn}/\partial t)^*$.

Eine Untersuchung der Gl. (B10.1.1–B10.1.3) zeigt, dass jede Änderung der Population eines der Zustandssumme (d. h., eine Änderung eines der Diagonalelemente von $\boldsymbol{\rho}$) gleich und entgegengesetzt zur Summe der Änderungen der

Population in den anderen Zuständen ist, wie es zur Aufrechterhaltung der Massenbilanz in einem isolierten System der Fall sein muss:

$$\partial\overline{\rho_{mm}}/\partial t = -\sum_{n\neq m} \partial\overline{\rho_{nn}}/\partial t. \tag{10.25}$$

Diese Gleichungen zeigen auch, dass die Änderungsrate eines Diagonalelements von **ρ** von den außerdiagonalen Elementen abhängt, aber nicht direkt von den anderen Diagonalelementen. Wenn das Ensemble also im Zustand 1 beginnt (*d. h.*, mit $\rho_{11}(0) = 1$ und allen anderen Elementen von **ρ** gleich null), kann die Population nicht sofort im Zustand 2 oder 3 erscheinen (ρ_{22} oder ρ_{33}); es muss zuerst eine Ansammlung von einem oder mehreren außerdiagonalen Termen wie ρ_{12} oder ρ_{21} geben. Dies ist konsistent mit der $\sin^2(t)$ Abhängigkeit von $|C_2|^2$ in den Gl. (10.3a, b) für ein Zwei-Zustands-System (Abb. 10.1). Schließlich zeigen die Gl. (B10.1.4–B10.1.9), dass wenn H_{12}, H_{13} und H_{23} null sind, so dass ψ_1, ψ_2 und ψ_3 stationäre Zustände sind, dann hängt die Änderungsrate eines außerdiagonalen Elements ρ_{nm} nur vom Produkt aus sich selbst und der Energiedifferenz zwischen den Zuständen n und m ab. Das bedeutet, dass sobald alle außerdiagonalen Elemente von **ρ** auf null gegangen sind, sie dort bleiben müssen. Kohärenz, einmal verloren, kann ohne externe Störungen nicht wiederhergestellt werden.

10.3 Die stochastische Liouville-Gleichung

Lassen Sie nun unser Ensemble von Quanten-Systemen mit der Umgebung interagieren. Der Energieaustausch mit der Umgebung sollte dazu führen, dass das Ensemble ein thermisches Gleichgewicht erreicht. Prinzipiell könnten wir die Gl. (10.23) verwenden, um diesen Prozess zu beschreiben, vorausgesetzt, die Dichtematrix beinhaltet die Zustände der Umgebung und die Hamiltonmatrix beinhaltet einen Term für jede Wechselwirkung. Aber das würde normalerweise eine astronomisch große Matrix erfordern. Alle möglichen Quantenzustände einer großen Anzahl von Lösungsmittelmolekülen zu spezifizieren, wäre praktisch unmöglich. Es ist praktischer, die expliziten Elemente von $\overline{\boldsymbol{\rho}}$ und **H** nur für ein Ensemble von einzelnen Quantensystemen zu verwenden, wie wir es bisher getan haben, und Wechselwirkungen mit der Umgebung statistisch einzuführen. Eine auf diese Weise eingeschränkte Dichtematrix wird als *reduzierte* Dichtematrix bezeichnet.

Was geschieht mit den verschiedenen Elementen der gemittelten reduzierten Dichtematrix $\overline{\boldsymbol{\rho}}$ während das Ensemble ein Gleichgewicht erreicht? Betrachten Sie die Diagonalelemente, die die Populationen der Basiszustände der Quantensysteme repräsentieren. Die Gleichgewichtspopulationen ($\overline{\rho_{nn}^o}$) sollten von den Boltzmann-Faktoren für diese Zustände abhängen:

$$\overline{\rho_{nn}^o} = Z^{-1}\exp(-E_n/k_B T), \tag{10.26}$$

wo Z die Zustandssumme ist. Die klassische kinetische Theorie legt nahe, dass $\overline{\rho_{nn}}$ sich zu $\overline{\rho_{nn}^o}$ entwickeln wird, und zwar mit einer Geschwindigkeit, die von einem Satz von Geschwindigkeitskonstanten für die Umwandlungen zwischen Zustand

n und allen anderen Zuständen abhängt. Wenn alle Reaktionsschritte der Kinetik erster Ordnung folgen, können wir schreiben:

$$\{\partial \overline{\rho_{nn}}/\partial t\}_{stochastic} = \sum_{m \neq n} (k_{nm}\overline{\rho_{mm}} - k_{mn}\overline{\rho_{nn}}). \tag{10.27}$$

Hier sind k_{mn} und k_{nm} die mikroskopischen klassischen Geschwindigkeitskonstanten für die Umwandlung von Zustand n in Zustand m und *umgekehrt*. Das Subskript „stochastisch" zeigt an, dass wir Relaxationen betrachten, die von zufälligen Schwankungen der Umgebung abhängen, nicht von den oszillatorischen, quantenmechanischen Phänomenen, die durch Gl. (10.23) beschrieben werden. Das Ensemble wird sich zu einer BoltzmannVerteilung der Populationen entspannen, wenn das Verhältnis k_{mn}/k_{nm} durch $\exp(-E_{nm}/k_BT)$ gegeben ist. Nach Gl. (10.27) hängen die Relaxationen der Diagonalelemente zum thermischen Gleichgewicht nicht von den außerdiagonalen Elementen von $\overline{\boldsymbol{\rho}}$ ab, was mit klassischen Behandlungen von kinetischen Prozessen in Bezug auf Populationen übereinstimmt.

Für ein Zwei-Zustands-System müssen alle Änderungen in den Populationen der beiden Zustände immer gleich und entgegengesetzt sein, was bedeutet, dass $\overline{\rho_{11}} - \overline{\rho_{11}^o}$ und $\overline{\rho_{22}} - \overline{\rho_{22}^o}$ beide mit der gleichen Zeitkonstante, T_1, auf Null abfallen müssen:

$$\left[\partial\left(\overline{\rho_{nn}} - \overline{\rho_{nn}^o}\right)/\partial t\right]_{stochastic} = -\frac{1}{T_1}\left(\overline{\rho_{nn}} - \overline{\rho_{nn}^o}\right). \tag{10.28}$$

Die Relaxationszeitkonstante für ein Zwei-Zustands-System ist der Kehrwert der Summe der Vorwärts- und Rückwärts-Geschwindigkeitskonstanten k_{12} und k_{21} ($1/T_1 = k_{12} + k_{21}$). In der NMR- und EPR-Spektroskopie wird T_1 als *longitudinale Relaxationszeit* oder als *Spin-Gitter-Relaxationszeit* bezeichnet.

Angenommen, dass die Basiszustände, die zur Definition von $\overline{\boldsymbol{\rho}}$ verwendet werden, stationär sind, müssen die außerdiagonalen Elemente von $\overline{\boldsymbol{\rho}}$ bei Gleichgewicht gegen null gehen. Es gibt mehrere Gründe dafür. Erstens werden stochastische Fluktuationen der Diagonalelemente dazu führen, dass ein Ensemble die Kohärenz verliert. Dies liegt daran, dass stochastische kinetische Prozesse die Koeffizienten (c_k) der einzelnen Systeme zu unvorhersehbaren Zeiten ändern und zufällige Phasenverschiebungen, ζ_k, verursachen. Wir werden in Abschn. 10.5 zeigen, dass eine Relaxation von $\overline{\rho_{11}}$ und $\overline{\rho_{22}}$ mit der Geschwindigkeitskonstante $1/T_1$ dazu führt, dass die außerdiagonalen Elemente $\overline{\rho_{12}}$ und $\overline{\rho_{21}}$ mit einer Geschwindigkeitskonstante von $1/(2T_1)$ auf null abfallen.

Inhomogenität in den Energien der einzelnen Systeme führt ebenfalls dazu, dass die außerdiagonalen Elemente von $\overline{\boldsymbol{\rho}}$ auf null abfallen. Wie wir oben erwähnt haben, hängt die Oszillationsfrequenz für ein außerdiagonales Element ρ_{nm} in einem einzelnen System von der Energiedifferenz zwischen den Zuständen n und m in diesem System ab (Gl. 10.15 und 10.18), und die Oszillationen werden aus der Phase geraten, wenn E_{nm} von System zu System in dem Ensemble variiert. Dieser Mechanismus des Verlusts von Kohärenz wird *reines Dephasieren* genannt. In einem Zwei-Zustands-System kann reines Dephasieren durch eine

Zeitkonstante erster Ordnung charakterisiert werden, die allgemein als „T_2*" bezeichnet wird. Die außerdiagonalen Matrixelemente zerfallen dann mit einer zusammengesetzten Zeitkonstante (T_2), die von sowohl T_2* als auch $2T_1$ abhängt:

$$\{\partial\overline{\rho_{nm}}/\partial t\}_{stochastic} = -\frac{1}{T_2}\overline{\rho_{nm}}, \qquad (10.29a)$$

wo

$$1/T_2 \approx 1/T_2{}^* + 1/2T_1. \qquad (10.29b)$$

In der Kernspinresonanzspektroskopie (NMR) wird T_2 als *transversale Relaxationszeit* bezeichnet.

Gl. (10.25), (10.27) und (10.29a, b) legen nahe, dass die Dynamik sowohl der Diagonal- als auch der Nicht-Diagonal-Elemente einer reduzierten Dichtematrix durch einen allgemeinen Ausdruck der Form beschrieben werden kann

$$\partial\overline{\rho_{nm}}/\partial t = (i/\hbar)\left[\overline{\boldsymbol{\rho}}, \mathbf{H}\right]_{nm} + \sum_{j,k} R_{nm.jk}\overline{\rho_{jk}}, \qquad (10.30)$$

wo die Balken wieder Durchschnitte über das Ensemble darstellen, der Kommutator die quantenmechanischen Prozesse beschreibt, die der von Neumann-Gleichung (Gl. 10.24) zugrunde liegen, und die $R_{nm,jk}$ eine Reihe von Geschwindigkeitskonstanten für stochastische Prozesse sind. Abstrakter können wir schreiben

$$\partial\overline{\boldsymbol{\rho}}/\partial t = (i/\hbar)\left[\overline{\boldsymbol{\rho}}, \mathbf{H}\right] + \mathbf{R}\overline{\boldsymbol{\rho}}. \qquad (10.31)$$

Gl. (10.31) wird als *stochastische Liouville-Gleichung* bezeichnet und **R** ist die *Relaxationsmatrix.*

10.4 Auswirkungen stochastischer Relaxationen auf die Dynamik von Quantenübergängen

Wir sind nun bereit zu untersuchen, wie stochastische Relaxationen die Dynamik von Übergängen zwischen zwei Quantenzuständen beeinflussen. Wir werden die stochastische Liouville-Gleichung mit phänomenologischen Relaxationszeitkonstanten erster Ordnung $1/T_1$ und $1/T_2$ für die Diagonal- und nicht-diagonale-Dichtematrixelemente verwenden, obwohl wir später sehen werden, dass die nicht-diagonalen Elemente in Systemen mit mehr als zwei Zuständen in der Regel eine kompliziertere Zeitabhängigkeit haben.

Abb. 10.3 zeigt die berechnete Dynamik von Übergängen zwischen zwei Zuständen, die durch eine Energielücke E_{12} getrennt und durch ein Wechselwirkungs -Matrixelement (H_{12}) von $E_{12}/4$ gekoppelt sind. Stochastische Übergänge zwischen den beiden Quantenzuständen werden als vernachlässigbar angenommen ($T_1 = \infty$), so dass das Ensemble nur durch Phasenstreuung Kohärenz verliert. Die in der Abbildung gezeigten Kurven wurden durch Verwendung eines Runge-Kutta Verfahrens zur numerischen Integration von Gl. (10.30) erzeugt, beginnend mit $\overline{\rho_{11}} = 1.0$ und $\overline{\rho_{12}} = \overline{\rho_{21}} = \overline{\rho_{22}} = 0$ zur Zeit 0. (Bei einer Runge-Kutta Integration eines Satzes von Differentialgleichungen werden die Ableitungen in Bezug auf die unabhängige Variable sowohl beim Anfangswert der Variable als auch nach einer Reihe von kleinen Zuwächsen in der Variable bewertet. Die Ergebnisse werden verwendet, um die abhängigen Variablen nach dem letzten Zuwachs zu approximieren, und der Prozess wird wiederholt, bis das Integral konvergiert oder eine Grenze erreicht.) Panel Abb.10.3*A* zeigt die Ergebnisse, wenn die Zeitkonstante für reine Phasenstreuung (T_2^*) viel länger ist als $|h/H_{12}|$. Ein Ensemble, das in Zustand 1 beginnt, durchläuft dann die anhaltenden Oszillationen, die wir in Abb. 10.1B gesehen haben. Die Realteile der nicht-diagonal Elemente von $\overline{\boldsymbol{\rho}}$ (*gepunktete rote Kurve*) oszillieren in Phase mit $\overline{\rho_{22}}$. Im entgegengesetzten Limit, wenn reines Dephasieren sehr schnell auftritt ($T_2{}^* << |h/H_{12}|$), $\overline{\rho_{12}}$ und $\overline{\rho_{21}}$ sind nahe Null gehalten, die Oszillationen von $\overline{\rho_{11}}$ und $\overline{\rho_{22}}$ sind stark gedämpft, und die Umwandlungen der Zustände 1 und 2 sind unterdrückt (Abb. 10.3F). Der letzte Effekt kann verstanden werden, indem man sich daran erinnert, dass die Änderungsraten von $\overline{\rho_{11}}$ und $\overline{\rho_{22}}$ von den außerdiagonalen Elementen $\overline{\rho_{12}}$ und $\overline{\rho_{21}}$ abhängen (Gl. B10.1.1 und B10.1.2). Wenn die außerdiagonalen Elemente von $\overline{\boldsymbol{\rho}}$ schnell gelöscht werden, müssen sich die Änderungen in den Diagonalelementen verlangsamen. Abb. 10.3B–E zeigt Ergebnisse für Zwischensituationen, in denen die Oszillationen weniger stark gedämpft sind. Unter diesen Bedingungen nimmt die Population des Zustands 1 asymptotisch mit der Zeit ab, während die Population des Zustands 2 zunimmt.

Beachten Sie, dass die in Abb. 10.3 betrachteten Ensembles alle zu einer gleichen Mischung der Zustände 1 und 2 tendieren, unabhängig von der Temperatur oder dem Wert von E_{12}. Dies liegt daran, dass der stochastische Zerfall von $\overline{\rho_{12}}$ und $\overline{\rho_{21}}$ durch reines Dephasieren das Quantensystem gleich wahrscheinlich in jedem Zustand einfangen kann. Ein thermisches Gleichgewicht würde nur zu Zeiten erreicht, die T_1 überschreiten, was in Abb. 10.3 als sehr lang angenommen wird.

Betrachten Sie nun zwei Zustände, die durch dasselbe Interaktions-Matrixelement (H_{21}) gekoppelt sind, aber gleiche Energien haben ($E_{12} = 0$) und nehmen wir an, dass Zustand 2 stochastisch zu einem dritten Zustand mit viel niedrigerer Energie relaxieren kann (Abb. 10.4). Das Ensemble beginnt im Zustand 1 und wir sind daran interessiert, wie schnell die Population im Zustand 3 erscheint. Dies ist ein einfaches Modell für Resonanzenergieübertragung, die durch thermische Ausgleichung der Produkte mit der Umgebung vorangetrieben werden kann. Abb. 10.5 zeigt die zeitliche Abhängigkeit der Populationen, berechnet mit verschiedenen Werten der Zeitkonstante für stochastische Entspannung von Zustand 2 zu Zustand 3 (T_1). Um sich auf die Auswirkungen der Entspannung zu konzentrieren, wird angenommen, dass die Zeitkonstante für reines Dephasieren (T_2^*) sehr lang ist. Wir nehmen auch an, wie in Abb. 10.3, dass die Umwandlung von Zuständen 1 und 2 nur durch den quantenmechanischen Kopplungsfaktor $H_{21\text{vor}}$ vorangetrieben wird, so dass T_1 nur für die Umwandlung zwischen Zustand 2 und 3 gilt ($R_{11,22}$ und R_{22}, $R_{11} = 0$); $|H_{13}|$ wird ebenfalls als null angenommen.

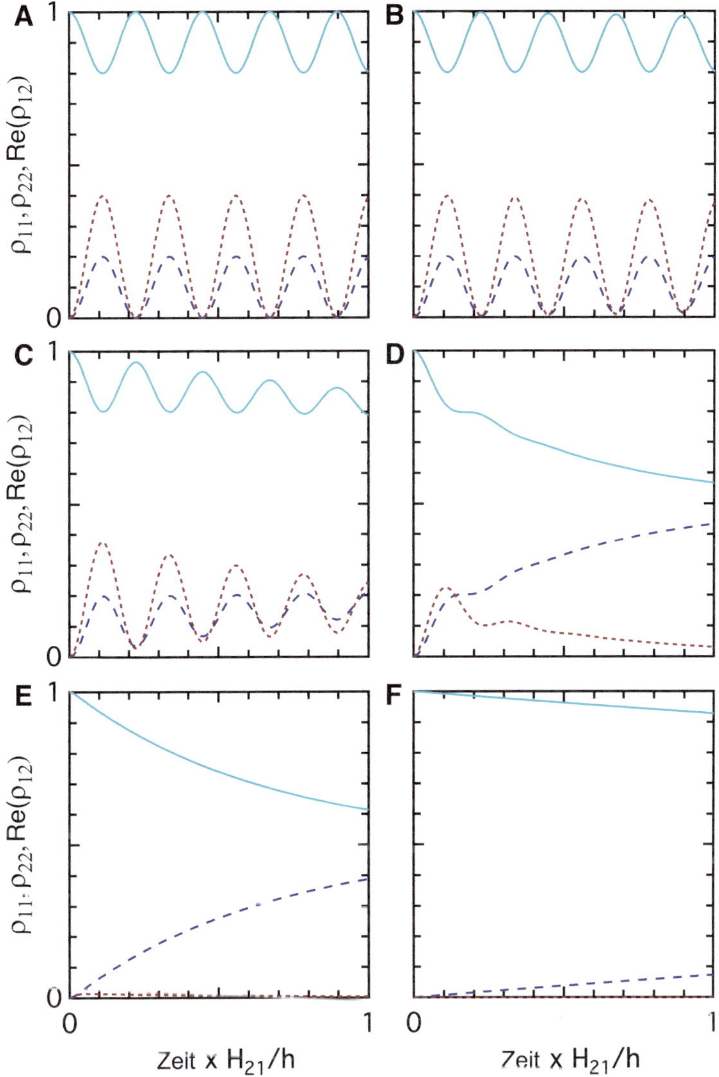

Abb. 10.3 Elemente von $\bar{\rho}$ für ein Ensemble von Systemen mit zwei Zuständen, die quantenmechanisch durch ein Interaktions-Matrixelement (H_{21}) von $E_{12}/4$ gekoppelt sind, wobei E_{12} die Energielücke zwischen den Zuständen ($H_{11} - H_{22}$) ist. Die *festen grünen Kurven* zeigen ρ_{11} (die Population des Zustands 1); die *gestrichelten blauen Kurven*, ρ_{22} (die Population des Zustands 2); und die *gepunkteten roten Kurven*, den Realteil von ρ_{12} oder ρ_{21} $[(\rho_{12} + \rho_{21})/2]$. Die Zeitkonstante für reines Dephasieren (T_2*) beträgt $10^3 h/H_{21}$ (**A**), $10 h/H_{21}$ (**B**), h/H_{21} (**C**), 0,1 h/H_{21} (**D**), 0,01 h/H_{21} (**E**), oder 0,001 h/H_{21} (**F**). Die Zeitkonstante für stochastische Übergänge zwischen den beiden Zuständen (T_1) beträgt in allen Fällen $10^4 h/H_{21}$. Wenn $E_{12} = 100\,\text{cm}^{-1}$ und $H_{21} = 25\ \text{cm}^{-1}$, beträgt die Oszillationsperiode ($|h/2\Omega|$ in Gl. (10.6)) 0,3 ps $[(3{,}33 \times 10^{-11}\text{cm}^{-1}\,\text{s})/(111{,}8\ \text{cm}^{-1})]$ und der vollständige Zeitmaßstab, der gezeigt wird, beträgt 1,33 ps

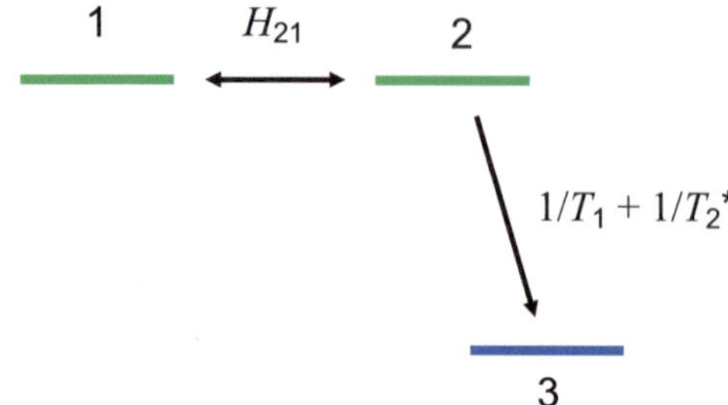

Abb. 10.4 Ein System aus drei Zuständen. Entartete Zustände 1 und 2 sind quantenmechanisch durch ein Interaktions-Matrixelement H_{21} gekoppelt, und Zustand 2 zerfällt zu 3 durch einen stochastischen Prozess mit der Geschwindigkeitskonstante $1/T_1$ und auch durch reines Dephasieren mit der Geschwindigkeitskonstante $1T2^*$

Wenn die thermische Gleichgewichtseinstellung der Zustände 2 und 3 sehr langsam ist, setzen sich die Oszillationen zwischen den Zuständen 1 und 2 unendlich fort (Abb. 10.5A). Wenn die Zeitkonstante für die Umwandlung von Zustand 2 in Zustand 3 verringert wird, werden die Oszillationen gedämpft und Zustand 3 bildet sich schneller (Abb. 10.5B–D). Aber wenn T_1 viel kleiner wird als $|h/H_{21}|$, verringert sich die Bildungsrate von Zustand 3 wieder (Abb. 10.5E, F)! Dieser quantenmechanische Effekt steht völlig im Widerspruch zu dem, was man von einem klassischen kinetischen Modell eines zweistufigen Prozesses erwarten würde, bei dem eine Erhöhung der Geschwindigkeitskonstante für die Umwandlung des Zwischenzustands in das Endprodukt nur die Gesamtreaktion beschleunigen kann (Kasten 10.2). In der stochastischen Liouville-Gleichung resultiert die Verlangsamung des Gesamtprozesses aus dem sehr schnellen Löschen der außerdiagonalen Terme von $\overline{\boldsymbol{\rho}}$ durch den stochastischen Zerfall von Zustand 2. Dies ist im Wesentlichen das Gleiche wie die Verlangsamung der Gleichgewichtseinstellung von zwei Quantenzuständen, wenn T_2^* viel kleiner ist als $|h/H_{12}|$, was wir in Abb. 10.3 gesehen haben.

In Abb. 10.6 sind die Entspannungsraten der in den Abb. 10.4 und 10.5 betrachteten Ensembles als Funktionen von $1/T_2^*$ und $1/T_1$ dargestellt. Der linke Teil jeder Kurve zeigt die übliche Beschleunigung der Entspannung, wenn $1/T_2^*$ oder $1/T_1$ zunimmt; der rechte Teil zeigt die Verlangsamung, wenn $1/T_2^*$ oder $1/T_1$ viel größer wird als H_{21}/h.

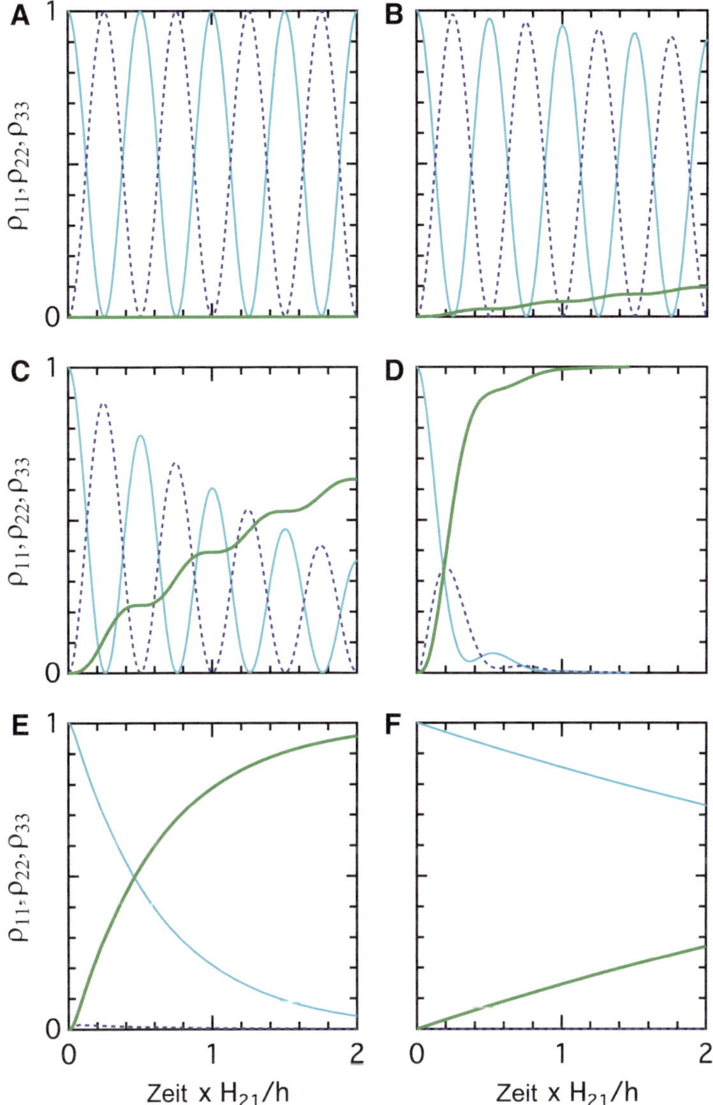

Abb. 10.5 Populationen der Zustände 1, 2 und 3 in einem Ensemble von Systemen, in denen die Zustände 1 (*dünne, durchgezogene Kurve*) und 2 (*gestrichelte Kurve*) isoenergetisch sind ($E_{21} = 0$) und quantenmechanisch durch ein Interaktions-Matrixelement H_{21} gekoppelt sind, und Zustand 3 (*dicke, durchgezogene cyan Kurve*) liegt unter 1 und 2 um $40 \times |H_{21}|$. Zustand 3 wird stochastisch aus Zustand 2 mit einer Zeitkonstanten T_1 von ∞ (**A**), $10h/H_{21}$ (**B**), h/H_{21} (**C**), $0{,}1h/H_{21}$ (**D**), $0{,}01h/H_{21}$ (**E**), oder $0{,}001h/H_{21}$ (**F**). Es wird angenommen, dass die Temperatur viel kleiner ist als E_{23}/k_B, was den Zerfall von Zustand 2 zu Zustand 3 effektiv irreversibel macht. Die Zeitkonstante für reines Dephasieren (T_2^*) betrug $750h/H_{21}$. Wenn $H_{21} = 25\ \text{cm}^{-1}$ und $E_{23} = 1000\ \text{cm}^{-1}$, beträgt die Oszillationsperiode ($|h/2H_{21}|$ in Gl. (10.7)) 0,67 ps [(3,33 × 10^{-1} $^{1}\text{cm}^{-1}\text{s}$) / (50 cm^{-1})], $T_2^* = 10^3$ ps, und der vollständige Zeitmaßstab, der gezeigt wird, beträgt 2,66 ps

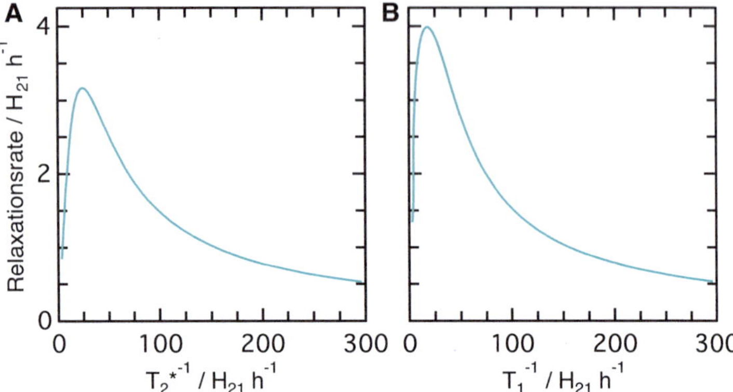

Abb. 10.6 (**A**) Relaxationsrate für das in Abb. 10.3 beschriebene Ensemble als Funktion von $1/T_2{}^*$. Die dargestellte Größe ist das Reziproke der Zeit, die benötigt wird, damit die Population des Zustands 1 von 1 auf 0,816 (1 − 0,5/*e*) fällt. (**B**) Relaxationsrate für das in den Abb. 10.4 und 10.5 beschriebene Ensemble als Funktion von $1/T_1$. Die dargestellte Größe ist das Reziproke der Zeit, die benötigt wird, damit die Population des Zustands 3 von 0 auf 0,632 (1 − 1/*e*) steigt

Kasten 10.2 Das „Beobachtete-Topf" oder „Quantum Zeno" Paradoxon

Wie die Abb. 10.3 und 10.6 veranschaulichen, sagt die stochastische Liouville-Gleichung voraus, dass die Gesamtrate eines zweistufigen Prozesses abnimmt, wenn die Rate der stochastischen Äquilibration der Zustände 2 und 3 sehr groß wird. Obwohl seine mathematische Herkunft in der stochastischen Liouville-Gleichung einfach ist, gibt es mehrere Möglichkeiten, diesen seltsamen Effekt zu rationalisieren. In einer Ansicht testet der stochastische Prozess den Zustand jedes Systems in der Gruppe in Intervallen von ungefähr T_1. Alle Systeme, die als im Zustand 2 identifiziert werden, werden in den Zustand 3 umgewandelt. Nach jeder solchen Sortierung wird die Uhr für die kohärenten Oszillationen zwischen den Zuständen 1 und 2 auf Null zurückgesetzt für alle Systeme, die im Zustand 1 gefunden werden. Da die Wahrscheinlichkeit, zu sehr frühen Zeiten im Zustand 2 zu sein, mit $\sin^2 t$ zunimmt, ist die Gesamtrate der Erschöpfung des Zustands 1 ungefähr proportional zu $(1/T_1)\sin^2 (T_1)$, was ungefähr gleich T_1 wird, wenn T_1 gegen 0 geht. Diese Überlegung erinnert an das Sprichwort, dass ein Topf mit Wasser auf dem Herd umso länger zum Kochen braucht, je genauer man ihn beobachtet. Es erinnert auch an Zenos klassisches Paradoxon, in dem eine Schildkröte argumentierte, dass sie Achilles überholen könnte, indem sie Zeit und Distanz in ausreichend kleine Intervalle unterteilt.

Eine andere Möglichkeit, die Situation zu betrachten, besteht darin, dass ein sehr schneller Zerfall des Zustands 2 die homogene Verteilung der mit diesem Zustand verbundenen Energien verbreitert. Wie Abb. 10.1 zeigt, fällt die Amplitude der Oszillationen zwischen den Zuständen 1 und 2 schnell ab, wenn die beiden Zustände aus der Resonanz geraten. Nach Fermis Goldener

Regel (Gl. 7.10) hängt die durchschnittliche Rate von der Zustandsdichte in der Region von $E_{12} = 0$ ab, die abnimmt, wenn sich die Energieverteilung verbreitert.

Das in den Abb. 10.4 und 10.5 betrachtete Dreizustandsmodell ist relevant für die Radikalpaarzustände, die in den anfänglichen Elektronenübertragungsschritten der Photosynthese gebildet werden. Die Übertragung eines Elektrons vom angeregten Singulett Zustand eines Elektronendonors (D*) auf einen nahegelegenen Akzeptor (A) erzeugt ein Radikalpaar (D^+A^-), bei dem die Spins der ungepaarten Elektronen auf den beiden Radikalen antiparallel bleiben. Das Radikalpaar wird also insgesamt in einem Singulettzustand geboren. Da die ungepaarten Elektronen jedoch auf getrennten Molekülen sind, sind die Singulett- und Triplett Radikalpaare ($^1[D^+A^-]$ und $^3[D^+A^-]$) ähnlich in der Energie. Wechselwirkungen der Elektronenspins mit den Kernspins der beiden Moleküle können dazu führen, dass das Radikalpaar zwischen den Singulett- und Triplettzuständen hin und her oszilliert. Wenn sekundäre Elektronenübertragungs-Reaktionen blockiert sind, zerfällt das Radikalpaar schließlich durch eine Rückreaktion, bei der ein Elektron von A^- zu D^+ bewegt wird. Rückreaktionen, die von $^3[D^+A^-]$ ausgehen, setzen den ursprünglichen Elektronendonor in einen Triplett-angeregten Zustand (^3D); Rückreaktionen, die von $^1[D^+A^-]$ ausgehen, regenerieren den (Singulett) Grundzustand. Aus dieser Analyse würden wir erwarten, dass die Ausbeute von ^3D zunächst mit einer Zunahme der Geschwindigkeitskonstante für den Schritt $3[D^+A^-]\rightarrow{}^3D$ ansteigt und dann wieder abnimmt, wenn die Geschwindigkeitskonstante sehr groß wird. Siehe [7–17] für eine weitere Diskussion des Quanten-Zeno-Effekts und des „Anti-Zeno"-Effekts (Beschleunigung eines Zerfallsprozesses durch häufige Messungen) in diesem und anderen Systemen. Der Effekt wurde erstmals experimentell für das Entkommen von kalten Na-Atomen, die in einem Potentialtopf gefangen waren, beobachtet [18].

Die Marcus-Gleichung für nichtadiabatische Elektronenübertragungsreaktionen (Gl. B5.3.4), und die Förster Theorie, die wir in Kap. 7 diskutiert haben, gelten nur für Systeme mit schwachen intermolekularen Wechselwirkungen, die wir nun genauer als $|H_{21}|/h << 1/T_2$ definieren können. Es ist lehrreich, eine stationäre Näherung für die stochastische Liouville-Gleichung für eine Zwei-Zustands-Reaktion in diesem Limit abzuleiten. Aus den Gl. (B10.1.4), (10.29) und (10.30) erhalten wir

$$\partial\overline{\rho_{12}}/\partial t = (i/\hbar)\{(\overline{\rho_{11}} - \overline{\rho_{22}})H_{12} + \overline{\rho_{12}}(H_{22} - H_{11})\} - \overline{\rho_{12}}/T_2. \quad (10.32)$$

Wenn $|H_{21}|/h << 1/T_2$, dann wird $|\partial\overline{\rho_{12}}/\partial t|$ im stationären Zustand nahe Null sein, also aus Gl. (10.32),

$$\overline{\rho_{12}} \approx \frac{(i/\hbar)(\overline{\rho_{22}} - \overline{\rho_{11}})H_{12}}{(i/\hbar)(H_{22} - H_{11}) - 1/T_2} = \frac{(\overline{\rho_{22}} - \overline{\rho_{11}})H_{12}}{(H_{22} - H_{11}) + i\hbar/T_2} \quad (10.33a)$$

und

$$\overline{\rho_{21}} = \overline{\rho_{12}*} = \frac{(\overline{\rho_{22}} - \overline{\rho_{11}})H_{21}}{(H_{22} - H_{11}) - i\hbar/T_2}. \quad (10.33b)$$

Unter der Annahme, dass die Zustände 1 und 2 nur durch H_{21} gekoppelt sind, erhalten wir auch

$$\partial\overline{\rho_{22}}/\partial t = (i/\hbar)(\overline{\rho_{21}}H_{12} - \overline{\rho_{12}}H_{21}), \tag{10.34}$$

aus Gl. (B10.1.2). Das Einsetzen der stationären Werte von $\overline{\rho_{12}}$ und $\overline{\rho_{21}}$ (Gl. 10.33a, 10.33b) in Gl. (10.34) ergibt

$$\partial\overline{\rho_{22}}/\partial t = (\overline{\rho_{11}} - \overline{\rho_{22}})\,|H_{21}|^2\left(\frac{2/T_2}{(E_{12})^2 + (\hbar/T_2)^2}\right). \tag{10.35}$$

Die stationäre Besiedlungsrate des Zustands 2 hat somit eine Lorentz-Abhängigkeit von der Energielücke E_{12}. Wie wir in Kap. 2 diskutiert haben, kann die Lorentz-Funktion der homogenen Verteilung von E_{12} gleichgesetzt werden, wenn der Mittelwert von E_{12} null ist und Zustand 2 eine Lebensdauer von $T/2$ hat. Beachten Sie, dass nach Gl. (10.29b) $T_2/2 = T_1$ ist, wenn reines Dephasieren vernachlässigbar ist. Wenn wir die Zeitkonstante T_2 in Gl. (10.35) mit $2T$ in Gl. (2.71) und die Energiedifferenz E_{12} mit $(E - E_a)$ identifizieren, dann muss der Faktor in der zweiten Klammer von Gl. (10.35) $2\pi/\hbar$ -mal die Verteilungsfunktion Re[$G(E)$] in Gl. (2.70) sein.

Schließlich, wenn wir $\rho_s(0)dE_{12}$ als die Anzahl der Zustände definieren, für die die Energielücke in einem kleinen Intervall (dE_{12}) um null liegt, haben wir

$$\partial\overline{\rho_{22}}/\partial t = (\overline{\rho_{11}} - \overline{\rho_{22}})\,|H_{21}|^2\frac{2\pi}{\hbar}\rho_s(0). \tag{10.36}$$

Dieses Ergebnis ist formal identisch mit Fermis „goldener Regel“ (Gl. B5.3.3 und 7.10).

Gl. (10.36) hat die Form eines klassischen kinetischen Ausdrucks erster Ordnung. Im Grenzfall einer schwachen Kopplung, bei der die goldene Regel gilt, werden alle quantenmechanischen Oszillationen so stark gedämpft, dass wir die Kinetik einfach in Bezug auf stochastische Übergänge des Systems zwischen den Reaktant- und Produktzuständen beschreiben können. Die Netto-Rate in Vorwärts- oder Rückwärtsrichtung ist dann proportional zur Populationsdifferenz zwischen den beiden Zuständen $(\overline{\rho}_{11} - \overline{\rho}_{22})$. Anhaltende Oszillationen der Populationen treten nur im entgegengesetzten Grenzfall auf, wenn $|H_{21}|/h$ vergleichbar mit oder größer als $1/T_2$ ist.

10.5 Eine Dichtematrix-Behandlung der Absorption von schwachem, kontinuierlichem Licht

Im letzten Abschnitt haben wir die stochastische Liouville-Gleichung verwendet, um die stationäre Rate der Übergänge zwischen zwei schwach gekoppelten Quantenzuständen zu finden, unter der Annahme, dass Kohärenz schnell im Vergleich zur Rate der Übergänge zerfällt. Der resultierende Ausdruck (Gl. 10.36) reproduzierte Fermis goldene Regel. Wir können den gleichen Ansatz verwenden, um die Rate der Absorption von schwachem, kontinuierlichem Licht zu finden. Betrachten Sie ein Ensemble von Systemen mit zwei elektronischen Zuständen (a und b), die in Abwesenheit von externen Störungen stationär sind. In Anwesenheit von elektromagnetischer Strahlung mit Winkelfrequenz ω ($\omega = 2\pi\nu$) und elektrischer Feldamplitude $\boldsymbol{E}_o$, ist das elektrische Dipol-Matrixelement, das die beiden Zustände miteinander koppelt,

$$V_{ab} = -\boldsymbol{\mu}_{ab} \cdot \boldsymbol{E}(t) = -\overrightarrow{\tilde{\mu}}_{ab} \cdot \left[\boldsymbol{E}_o(t)\exp(i\omega\, t) + \boldsymbol{E}_o{}^*(t)\exp(-i\omega\, t)\right], \quad (10.37)$$

wo $\boldsymbol{\mu}_{ab}$ der Übergangsdipol $\langle\psi_a|\tilde{\mu}|\psi_b\rangle$ ist. Wir haben das Strahlungsfeld auf eine allgemeine Weise geschrieben, die in Kap. 11 nützlich sein wird, obwohl wir normalerweise annehmen werden, dass dessen Amplitude real ist ($\boldsymbol{E}_o{}^* = \boldsymbol{E}_o$) und nur eine schwache Abhängigkeit von der Zeit im Vergleich zu den komplexen Exponentialfaktoren hat. Gehen wir auch davon aus, dass alle Moleküle in der Gruppe den gleichen Übergangsdipol und die gleiche Ausrichtung in Bezug auf $\boldsymbol{E}_o$ haben, so dass V_{ab} für alle Moleküle gleich ist. Die Differentialgleichung für $\overline{\rho_{ab}}$ (Gl. 10.32) nimmt dann die Form an

$$\begin{aligned}\partial\overline{\rho_{ab}}/\partial t &= (i/\hbar)\left\{(\overline{\rho_{bb}} - \overline{\rho_{aa}})\overrightarrow{\tilde{\mu}}_{ab} \cdot \left[\boldsymbol{E}_o\exp(\,i\omega\, t) + \boldsymbol{E}_o{}^*\exp(-i\omega\, t)\right] + \overline{\rho_{ab}}\, E_{ba}\right\} - \overline{\rho_{ab}}/T_2 \\ &= (i/\hbar)(\overline{\rho_{bb}} - \overline{\rho_{aa}})\overrightarrow{\tilde{\mu}}_{ab} \cdot \left[\boldsymbol{E}_o\exp(\,i\omega\, t) + \boldsymbol{E}_o{}^*\exp(-i\omega\, t)\right] + (i\omega_{ba} - 1/T_2)\overline{\rho_{ab}},\end{aligned} \quad (10.38)$$

wo E_{ba} die Energiedifferent zwischen den beiden Zuständen ($H_{bb} - H_{aa}$) ist und wir haben $\omega_{ba} = E_{ba}/\hbar$ definiert, um die Notation zu vereinfachen. Die Populationen $\overline{\rho_{bb}}$ und $\overline{\rho_{aa}}$ sind hier ohne eine explizite Zeitabhängigkeit geschrieben, in der Annahme, dass sie sich bei niedrigen Lichtintensitäten nur langsam im Vergleich zu $\overline{\rho_{ab}}$ ändern.

Wie in Abschn. 4.2 besprochen, wird einer der beiden Exponentialbegriffe in den eckigen Klammern dominieren, abhängig davon, ob E_{ba} positiv oder negativ ist. Wenn wir den Begriff $\boldsymbol{E}_o\exp(i\omega t)$ beibehalten, der dominiert, wenn $H_{bb} > H_{aa}$, dann ist $V_{ab} = -\boldsymbol{\mu}_{ab} \cdot \boldsymbol{E}_o\exp(i\omega t)$, und Gl. (10.38) reduziert sich auf

$$\partial\overline{\rho_{ab}}/\partial t = (i/\hbar)(\overline{\rho_{bb}} - \overline{\rho_{aa}})\boldsymbol{\mu}_{ab} \cdot \boldsymbol{E}_o\exp(i\omega\, t) + (i\omega_{ba} - 1/T_2)\,\overline{\rho_{ab}}. \quad (10.39)$$

Die Kohärenz $\overline{\rho_{ab}}$ in Gl. (10.39) ist eine Funktion sowohl der Frequenz als auch der Zeit. Da das Ensemble durch ein oszillierendes elektrisches Feld angetrieben wird, würden wir erwarten, dass die Lösung dieser Gleichung einen Faktor enthält, der mit der gleichen Frequenz wie das Feld oszilliert. Versuchen wir zu schreiben

$$\overline{\rho_{ab}}(\omega, t) = \overline{\overline{\rho_{ab}}}\;\exp(i\omega\, t), \quad (10.40)$$

wo $\overline{\overline{\rho_{ab}}}$ ein Durchschnitt von $\overline{\rho_{ab}}$ über eine Oszillationsperiode des Feldes ($1/\omega$) ist. $\overline{\overline{\rho_{ab}}}$ könnte sich kurz nach dem Einschalten des Lichts schnell ändern, wird aber vermutlich bei langen Zeiten ($t > T_2$ und $>> 1/\omega$) konstant. Mit dieser Substitution gibt Gl. (10.39)

$$\begin{aligned}\partial\overline{\rho_{ab}}/\partial t &= \exp(i\omega\, t)\partial\overline{\overline{\rho_{ab}}}/\partial t + i\omega \cdot \exp(i\omega\, t)\overline{\overline{\rho_{ab}}} \\ &= (i/\hbar)(\overline{\rho_{bb}} - \overline{\rho_{aa}})\boldsymbol{\mu}_{ab} \cdot E_o\exp(i\omega t) + (i\omega_{ba} - 1/T_2)\overline{\overline{\rho_{ab}}}\exp(i\omega t).\end{aligned} \quad (10.41)$$

Gl. (10.41) kann sofort für $\overline{\overline{\rho_{ab}}}$ in einem stationären Zustand gelöst werden, wenn $\partial\overline{\overline{\rho_{ab}}}/\partial t = 0$:

$$\overline{\overline{\rho_{ab}}} = \frac{(i/\hbar)\ (\overline{\rho_{bb}} - \overline{\rho_{aa}})\ \boldsymbol{\mu}_{ab} \cdot \boldsymbol{E}_o}{i(\omega - \omega_{ba}) + 1/T_2}. \tag{10.42a}$$

Ähnlich ergibt die Gleichstellung von $\overline{\rho_{ba}} = \overline{\overline{\rho_{ba}}}\exp(-i\omega t)$

$$\overline{\overline{\rho_{ba}}} = \frac{(i/\hbar)\ (\overline{\rho_{bb}} - \overline{\rho_{aa}})\ \boldsymbol{\mu}_{ba} \cdot \boldsymbol{E}_o^*}{i(\omega - \omega_{ba}) - 1/T_2}. \tag{10.42b}$$

Hier haben wir nur die Komponente $\exp(-i\omega t)$ von $\boldsymbol{E}$ beibehalten, was $V_{ba} = -\boldsymbol{\mu}_{ba} \cdot \boldsymbol{E}_o^*\exp(-i\omega t)$ ergibt. Dies ist konsistent mit der Hermitizität des Hamiltonschen Operators: wenn $V_{ab} = -\boldsymbol{\mu}_{ab} \cdot \boldsymbol{E}_o\exp(i\omega t)$, dann ist $V_{ba} = V_{ab}^* = -\boldsymbol{\mu}_{ba} \cdot \boldsymbol{E}_o^*\exp(-i\omega t)$.

Um die stationäre Anregungsrate von Molekülen vom Zustand a zum Zustand b in Abwesenheit von stochastischen Zerfallsprozessen zu finden, können wir nun Gl. (10.21c) verwenden:

$$\begin{aligned}
\partial\overline{\rho_{bb}}/\partial t &= (i/\hbar)(\overline{\rho_{ba}}V_{ab} - \overline{\rho_{ab}}V_{ba}) \\
&\approx (i/\hbar)\left\{\left[\exp(-i\omega\ t)\overline{\overline{\rho_{ba}}}\right]\left[-\boldsymbol{\mu}_{ab} \cdot \boldsymbol{E}_o^*\exp(\ i\omega\ t)\right] - \left[\exp(\ i\omega\ t)\overline{\overline{\rho_{ab}}}\right]\left[-\boldsymbol{\mu}_{ba} \cdot \boldsymbol{E}_o\exp(-i\omega\ t)\right]\right\} \\
&= (\overline{\rho_{bb}} - \overline{\rho_{aa}})\frac{|\boldsymbol{\mu}_{ba} \cdot \boldsymbol{E}_o|^2}{\hbar^2}\left(\frac{1}{i(\omega_{ba}-\omega)+1/T_2} - \frac{1}{i(\omega_{ba}-\omega)-1/T_2}\right) \\
&= (\overline{\rho_{aa}} - \overline{\rho_{bb}})\frac{|\boldsymbol{\mu}_{ba} \cdot \boldsymbol{E}_o|^2}{\hbar^2}\left(\frac{2/T_2}{(\omega_{ba}-\omega)^2-(1/T_2)^2}\right).
\end{aligned} \tag{10.43}$$

Gl. (10.43) ist genau die gleiche wie Gl. (10.35) für den speziellen Fall der Lichtabsorption. Sie sagt erneut voraus, dass das Absorptionsspektrum eine Lorentzfunktion der Frequenz sein wird. Die Breite der Lorentzfunktion entspricht der homogenen Verteilung der Übergangsenergien, wenn die effektive Lebensdauer des angeregten Zustands $T_2/2$ beträgt, wie wir in Abschn. 10.4 diskutiert haben. Dieses Ergebnis hängt jedoch von unserer Annahme ab, dass das Dephasieren des Ensembles durch einen exponentiellen Zerfall mit einer einzigen Zeitkonstanten, T_2, ausreichend beschrieben wird. Wie wir in Abschn. 10.7 diskutieren werden, hängt die Form der Absorptionsbande von einer Fouriertransformation der Dephasierungsdynamik ab, die normalerweise komplexer ist als hier angenommen. Beachten Sie auch, dass Gl. (10.43) nur für Zeiten größer als T_2 gilt. Kürzere Zeiten werden wir im folgenden Kapitel betrachten.

Die gesamte stationäre Anregungsrate kann auch wie folgt geschrieben werden:

$$\partial\overline{\rho_{bb}}/\partial t = -\partial\overline{\rho_{aa}}/\partial t = (2\pi/\hbar)\ (\overline{\rho_{aa}} - \overline{\rho_{bb}})\ \left|\boldsymbol{\mu}_{ba} \cdot \boldsymbol{E}_o\right|^2\rho_s(E_{ba}), \tag{10.44}$$

wo $\rho_s(E_{ba})dE$ die Anzahl der Zustände ist, für die die Anregungsenergie innerhalb von dE von E_{ba} liegt. Dies entspricht wiederum Fermis Goldenen Regel) (Gl. B5.3.3,7.10 und 10.36). Wie in Gl. (10.36), hat die Zustandsdichte ρ_s hier Einheiten der reziproken Energie (*z. B.*, Zustände pro cm^{-1}). Gl. (4.8a, b) haben einen zusätzlichen Faktor von h im Nenner, weil ρ_v, die entsprechende Dichte der Schwingungsmoden in Einheiten der reziproken Frequenz (Modi pro Hz^{-1}), gleich $h\rho_s$ ist.

Wenn die Moleküle des Ensembles verschiedene Orientierungen relativ zur Anregung haben, dann erfordern die Gl. (10.43) und (10.44) eine zusätzliche Mittelung über die Orientierungen. Für eine isotrope Probe ist der Durchschnittswert von $|\boldsymbol{\mu}_{21} \cdot \boldsymbol{E}_0|^2$ (1/3) $|\boldsymbol{\mu}_{21}|^2|\boldsymbol{E}_0|^2$ (Gl. 4.11 und Kasten 4.6 und 10.5).

Die Gl. (10.43) und (10.44) beschreiben auch die Rate der stimulierten Emission. Die entsprechenden Raten für die Situation, dass $H_{bb} < H_{aa}$ sind, werden auf die gleiche Weise ermittelt, indem der Term $\exp(-i\omega t)$ anstelle von $\exp(i\omega t)$ in V_{ab} beibehalten wird und *umgekehrt* für V_{ba}.

10.6 Die Relaxationsmatrix

Unsere Diskussion bisher hat sich auf Systeme mit nur zwei Quantenzuständen beschränkt, und unsere Behandlung der Zeitkonstanten T_1 und T_2^* war rein phänomenologisch. Wir diskutieren nun die Elemente der Relaxations-Matrix **R** auf eine allgemeinere Weise und betrachten, wie sie von den Stärken und Dynamiken der Wechselwirkungen mit der Umgebung abhängen.

Nach Arbeiten von Pound, Bloch und anderen untersuchte Alfred Redfield [19] Beschreibungen von Relaxationen der Dichtematrix durch die stochastische Liouville-Gleichung (Gln. 10.24 und 10.28–10.31). Redfields Behandlung zeigte deutlich, wie die Hauptelemente der Relaxationsmatrix **R** von den Frequenzen und Stärken der fluktuierenden Interaktionen mit der Umgebung abhängen. Sein grundlegender Ansatz bestand darin, die Hamilton-Matrix für das System als $\mathbf{H}(t) = \mathbf{H}_0 + \mathbf{V}(t)$ zu schreiben, wobei $\mathbf{H}_0$ unabhängig von der Zeit ist und $\mathbf{V}(t)$ Interaktionen mit fluktuierenden elektrischen oder magnetischen Feldern aus der Umgebung repräsentieren. Redfield verwendete dann die von Neumann-Liouville-Gleichung (Gl. 10.24) um die Auswirkungen von $\mathbf{V}(t)$ auf $\overline{\boldsymbol{\rho}}$ für das System zu finden. In der folgenden Skizze der Ableitung verwenden wir die Schrödinger-Darstellung der Dichtematrix zur Vereinfachung und Konsistenz mit den Abschn. 10.2 und 10.3. Redfield [19] und Slichter [20], die eine hervorragende Einführung in die Theorie lieferten, verwendeten die Interaktionsdarstellung und kehrten dann für die endgültigen Ausdrücke zum Schrödinger-Bild zurück.

Wenn wir die gemittelte reduzierte Dichtematrix für das Ensemble zur Zeit Null kennen ($\overline{\boldsymbol{\rho}}(0)$), können wir eine Schätzung von $\overline{\boldsymbol{\rho}}$ für eine spätere Zeit (t) erhalten, indem wir die von Neumann-Liouville-Gleichung (Gl. 10.24) integrieren, unter Verwendung von $\overline{\boldsymbol{\rho}}(0)$ im Kommutator:

$$\overline{\boldsymbol{\rho}}(t) = \overline{\boldsymbol{\rho}}(0) + \frac{i}{\hbar} \int_0^t \overline{\left[\boldsymbol{\rho}(0), \mathbf{H}(t_1)\right]}\, dt_1. \tag{10.45}$$

Für eine bessere Schätzung könnten wir Gl. (10.45) verwenden, um $\overline{\boldsymbol{\rho}}$ zu einem Zwischenzeitpunkt (t_2) zu finden und dann $\overline{\boldsymbol{\rho}}(t_2)$ anstelle von $\overline{\boldsymbol{\rho}}(0)$ im Kommutator verwenden:

$$\overline{\rho}(t) = \frac{i}{\hbar}\int_0^t \left[\overline{\left(\overline{\rho}(0) + \frac{i}{\hbar}\int_0^{t_2}\left[\rho(0),\mathbf{H}(t_1)\right]\,dt_1\right),\mathbf{H}(t_2)}\right] dt_2. \quad (10.46)$$

Die zeitliche Differenzierung diesen Ausdrucks ergibt $\partial\overline{\rho}/\partial t$ zur Zeit t:

$$\frac{\partial\overline{\rho}(t)}{\partial t} = \frac{i}{\hbar}\overline{\left[\rho(0),\mathbf{H}(t)\right]} + \left(\frac{i}{\hbar}\right)^2\int_0^t\left[\overline{\left[\rho(0),\mathbf{H}(t_1)\right],\mathbf{H}(t)}\right]dt_1, \quad (10.47)$$

wo, wie oben angegeben, $\mathbf{H}(t) = \mathbf{H}_0 + \mathbf{V}(t)$.

Gemäß der ergodischen Hypothese der statistischen Mechanik sind die durch Balken in Gl. (10.47) angezeigten Ensemblemittelwerte äquivalent zu Durchschnittswerten für ein einzelnes System über einen langen Zeitraum. Wenn die fluktuierenden Wechselwirkungen mit der Umgebung ($V(t)$) zufällig zwischen positiven und negativen Werten variieren, werden die Matrixelemente von $\mathbf{V}$ im Durchschnitt null sein:

$$\overline{V_{nm}(t)} = \overline{\left\langle\psi_n\middle|\tilde{\mathrm{V}}(t)\middle|\psi_m\right\rangle} = 0. \quad (10.48)$$

(Jede konstante Wechselwirkung mit der Umgebung könnte in $\mathbf{H}_0$ einbezogen und einfach zur Neubestimmung der Basiszustände verwendet werden.) $\overline{[\rho(0),\mathbf{V}(t)]}$ ist also null und trägt nicht zu $\partial\overline{\rho}(t)/\partial t$ bei. Der Durchschnittswert von $(V_{nm}(t))^2$ oder $V_{nm}(t)V_{jk}(t)$, ist jedoch im Allgemeinen nicht null, und diese Faktoren tragen zu $\partial\overline{\rho}(t)/\partial t$ durch das Integral auf der rechten Seite von Gl. (10.47) bei.

Der Integrand in Gl. (10.47) enthält eine Summe von Termen der Form $\overline{\rho}(0)\overline{V_{nm}(t_1)V_{jk}(t_2)}$, von denen jeder das Produkt der Dichtematrix bei Zeit null mit einer *Korrelationsfunktion* oder *Gedächtnisfunktion* ,$M_{nm,jk}(t_1,t_2) = \overline{V_{nm}(t_1)V_{jk}(t_2)}$, beinhaltet. $M_{nm,jk}(t_1, t_2)$ ist der Ensemble-Durchschnitt des Produkts von V_{nm} zur Zeit t_1 mit V_{jk} zur Zeit t_2. Wenn V_{nm} und V_{jk} zufällig variieren, sollte ihr durchschnittliches Produkt nicht von den speziellen Zeitent_1 und t_2 abhängen, sondern nur von der Differenz, $t = t_2 - t_1$. Die Korrelationsfunktion $M_{nm,jk}$ kann daher als Funktion dieser einzelnen Variable geschrieben werden:

$$M_{nm,jk}(t) = \overline{V_{nm}(t_1)V_{jk}(t_1 + t)}, \quad (10.49)$$

wo die Leiste ein Durchschnitt über die Zeit t_1 sowie ein Durchschnitt über das Ensemble impliziert. Für $jk = nm$, ist $M_{nm,jk}(t)$ das Gleiche wie die Autokorrelationsfunktion von V_{nm} (Gl. 5.79). Panel *B* von Abb. 10.7 zeigt die Autokorrelationsfunktion der in Panel *A* dargestellten schwankenden Größe.

Der Anfangswert einer Korrelationsfunktion ist das mittlere Produkt der schwankenden Größen, $M_{nm,jk}(0) = \overline{V_{nm}V_{jk}}$, das für eine Autokorrelationsfunktion einfach die mittlere Quadratamplitude der Schwankungen ist, $M_{nm,nm}(0) = \overline{|V_{nm}|^2}$. Bei langen Zeiten nähert sich $M_{nm,jk}$ dem Produkt der beiden Mittelwerte, $M_{nm,jk}(\infty) = \overline{V_{nm}}\ \overline{V_{jk}}$, das null ist (Gl. 10.48). Im einfachsten Modell fällt $M_{nm,jk}(t)$ exponentiell auf null ab mit einer einzigen Zeitkonstante

τ_c, die als *Korrelationszeit* bezeichnet wird: $M_{nm,jk}(t) = M_{nm,jk}(0)\exp(-t/\tau_c)$. Die Korrelationszeit für komplexere Abfälle kann durch den folgenden Ausdruck definiert werden

$$\tau_c = \frac{1}{M_{nm,jk}(0)} \int_0^{\infty} M_{nm,jk}(t)\, dt, \qquad (10.50)$$

der sich auf die exponentielle Zeit Konstante reduziert, wenn der Abfall monoexponentiell ist. Redfields Analyse macht keine Annahmen über den detaillierten Zeitverlauf des Abfalls, aber sie nimmt an, dass die Korrelationsfunktionen schnell abfallen im Vergleich zu den phänomenologischen Relaxationszeitkonstanten T_1 und $T_2{}^*$, die wir in den Gl. (10.28) und (10.28) eingeführt haben (*d. h.*, dass $\tau_c << T_1, T_2*$).

Die Korrelationsfunktion $M_{nm,jk}(t)$ beschreibt die Schwankungen von $V_{nm}V_{jk}$ als Funktion der Zeit: Langsame Schwankungen haben lange Korrelationszeiten. Die gleichen Schwankungen können auch als Funktion der Frequenz (ν) oder der Winkelfrequenz ($\omega = 2\pi\nu$) beschrieben werden, indem man eine Fouriertransformation von $M_{nm,jk}(t)$ durchführt. Nach dem *Wiener-Khinchin-Theorem* der statistischen Mechanik ist die Fouriertransformation der Autokorrelationsfunktion einer schwankenden Größe das *Leistungsspektrum* der Schwankungen, wobei die Leistung bei einer gegebenen Frequenz die mittlere Quadratamplitude der Schwankungen bei dieser Frequenz ist. Um $M_{nm,jk}(t)$ in eine geeignete Funktion der Frequenz umzuwandeln, hat Redfield [19] die *spektrale Dichtefunktion*, $J_{nm,jk}(\omega)$, definiert als

$$J_{nm,jk}(\omega) = \int_0^{\infty} M_{nm,jk}(t)\exp(i\omega t)\, dt. \qquad (10.51)$$

In dieser Formulierung enthält das Integral auf der rechten Seite nur positive Frequenzen. Aber wenn die Korrelationsfunktion eine reale und gerade Funktion der Zeit ist [$M_{nm,jk}(-t) = M_{nm,jk}(t)$], dann ist $J_{nm,jk}(\omega)$ auch real und ist gerade die Hälfte des Integrals von $t = -\infty$ bis ∞

$$J_{nm,jk}(\omega) = \frac{1}{2}\int_{-\infty}^{\infty} M_{nm,jk}(t)\exp(i\omega t)\, dt. \qquad (10.52)$$

Dies ist, abgesehen von einem Normalisierungsfaktor, die Fouriertransformation der Korrelationsfunktion (Anhang A.3). Die Fouriertransformation in Gl. (10.51) wird manchmal als „halbe" Fouriertransformation bezeichnet.

Abb. 10.7C zeigt die spektrale Dichtefunktion, die aus der in Abb. 10.7B gezeigten Korrelationsfunktion gewonnen wurde. Wenn die Korrelationsfunktion $M_{nm,jk}$ exponentiell mit einer einzigen Zeitkonstanten τ_c abnimmt, ist $J_{nm,jk}(\omega)$ eine Lorentzfunktion, die bei $\omega = 0$ ihren Höhepunkt erreicht (Anhang A.3 und Gl. 2.70). Die Lorentzfunktion hat eine maximale Amplitude von $\overline{V_{nm}V_{jk}}$ und eine Breite bei der halbmaximalen Amplitude von $2/\tau_c$.

Mit diesen Definitionen können die Elemente der Relaxationsmatrix **R** geschrieben werden [19–21]

$$R_{nm,jk} = \frac{1}{2\hbar^2}\left[J_{nj,mk}(\omega_{mk}) + J_{nj,mk}\left(\omega_{nj}\right)\right] - \delta_{mk}\sum_i J_{ij,in}\left(\omega_{ij}\right) - \delta_{nj}\sum_i J_{im,ik}(\omega_{ik}), \tag{10.53}$$

wo $\omega_{jk} = (H_{jj} - H_{kk})/\hbar = E_{jk}/\hbar, \delta_{\alpha 1,\alpha 2}$ die Kronecker-Delta Funktion (1 wenn $\alpha 1 = \alpha 2$, 0 wenn $\alpha 1 \neq \alpha 2$) ist, und $J_{nm,jk}(\omega_{jk})$ ist der Wert von $J_{nm,jk}$ bei der Frequenz ω_{jk}. Die durch die Gl. (10.51) und (10.53) beschriebene Relaxationsmatrix kann jedoch nicht vollständig korrekt sein, da sie selbst über lange Zeiträume das Ensemble nicht zu einem Boltzmann-Gleichgewicht führt. Im Gleichgewicht sollten die Diagonalelemente von $\overline{\boldsymbol{\rho}}$ (die Populationen der verschiedenen Basiszustände) von den relativen Energien der Zustände abhängen, so dass $\overline{\rho}_{nn}/\overline{\rho}_{mm} = \exp(-\hbar\omega_{nm}/k_B T)$. Dies erfordert, dass die Geschwindigkeitskonstanten für Vorwärts- und Rückwärtsumwandlungen zwischen zwei Zuständen die Beziehung, $R_{nn,mm}/R_{mm,nn} = \exp(-\hbar\omega_{nm}/k_B T)$. Stattdessen gibt Gl. (10.53) $R_{nn,mm} = R_{mm,nn}$, was dazu führt, dass alle Diagonalelemente von $\overline{\boldsymbol{\rho}}$ schließlich gleich werden, im Widerspruch zum Prinzip der detaillierten Bilanz. Das Problem ist, dass Gl. (10.53) nur die Dichtematrix des *Systems* berücksichtigt. Sie vernachlässigt den Energieaustausch mit der Umgebung, der für das Erreichen des thermischen Gleichgewichts des Systems notwendig ist. Wir sind auf das gleiche Problem in Abb. 10.3 gestoßen, wo wir festgestellt haben, dass reines Dephasieren allein eines Ensembles von Zwei-Zustands-Systemen nicht zu einem Boltzmann Gleichgewicht führt.

Um die detaillierte Bilanz zu erfüllen, hat Redfield [19] die spektrale Dichtefunktion mit dem Faktor $\exp(-\hbar\omega_{nm}/2k_B T)$ multipliziert. Neuere Autoren [22–24] haben „semiklassische" spektrale Dichtefunktionen der Form (10.54) verwendet

$$J^{SC}_{nm,jk}\left(\omega_{\alpha\beta}\right) = J_{nm,jk}\left(\omega_{\alpha\beta}\right)\,\left[1 + \exp\left(\hbar\omega_{\alpha\beta}/k_B T\right)\right]^{-1}, \tag{10.54}$$

wo $J_{nm,jk}$ die klassische spektrale Dichtefunktion definiert durch Gl. (10.51). Abb. 10.7D zeigt eine solche modifizierte spektrale Dichtefunktion. Diese halbklassischen spektralen Dichtefunktionen beinhalten die quantenmechanische Nullpunkt Energie, und sie erfüllen die Anforderung für detaillierte Balance, $J^{SC}_{nn.mm}(\omega_{nm}) = J^{SC}_{mm,nn}\exp(\hbar\omega_{mn}/k_B T)$, wie Sie anhand der folgenden algebraischen Manipulationen sehen können:

$$\begin{aligned} J^{SC}_{nn,mm}(\omega_{nm})\exp(\hbar\omega_{nm}/k_B T) &= J_{nn,mm}(\omega_{nm})\tfrac{\exp(\hbar\omega_{nm}/k_B T)}{1+\exp(\hbar\omega_{nm}/k_B T)} \\ &= J_{nn,mm}(\omega_{nm})\left[1 + \exp(-\hbar\omega_{nm}/k_B T)\right]^{-1} \\ &= J_{mm,nn}(\omega_{mn})\left[1 + \exp(\hbar\omega_{mn}/k_B T)\right]^{-1} = J^{SC}_{mm,nn}(\omega_{mn}). \end{aligned} \tag{10.55}$$

Die halbklassische spektrale Dichtefunktion $J^{SC}(\omega)$ kann als Summe von zwei Komponenten geschrieben werden, die jeweils gerade und ungerade Funktionen

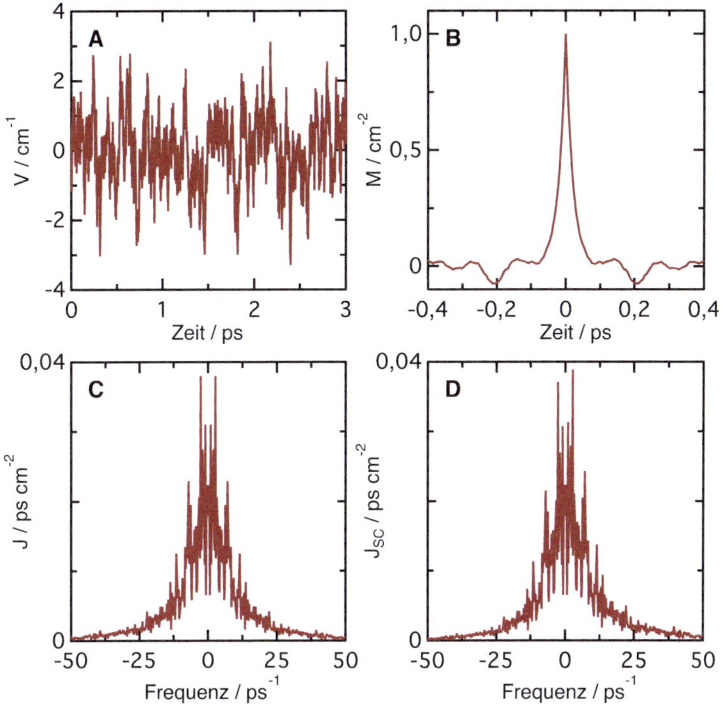

Abb. 10.7 (**A**) Eine schwankende Wechselwirkungsenergie, $V(t)$, mit einem Mittelwert ($\overline{V}$) von null und einem quadratischen Mittelwert ($M(0) = \overline{V^2}$) von 1,0 cm^{-2} (Quadratwurzel aus dem Mittelwert 1,0 cm^{-1}). (**B**) Die Autokorrelationsfunktion, $M(t)$, von $V(t)$. (**C**) Die spektrale Dichtefunktion, $J(\nu)$, von $V(t)$ wie durch Gleichung (10.52) definiert. (Einige Autoren verwenden „spektrale Dichtefunktion" um das Produkt $\nu J(\nu)$ oder $\omega J(\omega)$ zu bezeichnen.) (**D**) Eine halbklassische spektrale Dichtefunktion $J_{SC}(\nu) = J(\nu)/[1 + \exp(-h\nu/k_BT)]$ für $T = 295$ K ($k_BT = 205$ cm^{-1}). Beachten Sie die leichte Asymmetrie von $J_{SC}(\nu)$ im Vergleich zu $J(\nu)$

von ω sind. Die Tatsache, dass die ungerade Komponente nicht null ist, impliziert, dass die Korrelationsfunktion die durch eine inverse Fourier-Transformation von $J^{SC}(\omega)$ erhalten wird, komplex ist (Anhang A.3). Der imaginäre Anteil der Korrelationsfunktion kann als Vermittlung der Richtungsabhängigkeit von Zeit gesehen werden, die in der klassischen Physik fehlt. Wir werden auf diesen Punkt in Abschn. 10.7 zurückkommen.

Ersetzen der klassischen spektralen Dichtefunktionen durch ihre halbklassischen Analoga in Gl. (10.53) ergibt den folgenden Ausdruck für die Relaxationsmatrix:

$$\begin{aligned} R_{nm,jk} = \frac{1}{2\hbar^2}\left(\frac{J_{nj,mk}(\omega_{mk})}{1+\exp(\hbar\omega_{mk}/k_BT)} + \frac{J_{nj,mk}(\omega_{nj})}{1+\exp(\hbar\omega_{nj}/k_BT)}\right) \\ - \delta_{mk}\sum_i \frac{J_{ij,in}(\omega_{ij})}{1+\exp(\hbar\omega_{ij}/k_BT)} - \delta_{nj}\sum_i \frac{J_{im,ik}(\omega_{ik})}{1+\exp(\hbar\omega_{ik}/k_BT)}. \end{aligned} \tag{10.56}$$

Die Elemente von **R** für ein Zwei-Zustands-System sind in Kasten 10.3 gegeben.

Kasten 10.3 Die Relaxationsmatrix für ein Zwei-Zustands-System

Gl. (10.56) liefert die folgenden Ergebnisse für ein Zwei-Zustands-System. Wir haben alle Terme in den Summen nur für $R_{11,11}$, $R_{11,22}$ und $R_{12,12}$ ausgeschrieben; die anderen Matrixelemente werden leicht durch Symmetrie aus diesen erhalten.

$$R_{11,11} = \frac{1}{2\hbar^2}$$
$$\left(J_{11,11}(0) + J_{11,11}(0) - J_{11,11}(0) - \frac{J_{21,21}(\omega_{21})}{1+\exp(\hbar\omega_{21}/k_BT)} - J_{11,11}(0) - \frac{J_{21,21}(\omega_{21})}{1+\exp(\hbar\omega_{21}/k_BT)}\right)$$
$$= -\frac{1}{\hbar^2}\left(\frac{J_{21,21}(\omega_{21})}{1+\exp(\hbar\omega_{21}/k_BT)}\right), \tag{B10.3.1a}$$

$$R_{22,22} = -\frac{1}{\hbar^2}\left(\frac{J_{12,12}(\omega_{12})}{1+\exp(\hbar\omega_{12}/k_BT)}\right), \tag{B10.3.1b}$$

$$R_{11,22} = -\frac{1}{2\hbar^2}\left(\frac{J_{12,12}(\omega_{12})}{1+\exp(\hbar\omega_{12}/k_BT)} + \frac{J_{12,12}(\omega_{12})}{1+\exp(\hbar\omega_{12}/k_BT)}\right)$$
$$= -\frac{1}{\hbar^2}\left(\frac{J_{12,12}(\omega_{12})}{1+\exp(\hbar\omega_{12}/k_BT)}\right), \tag{B10.3.2a}$$

$$R_{22,11} = -\frac{1}{\hbar^2}\left(\frac{J_{21,21}(\omega_{21})}{1+\exp(\hbar\omega_{21}/k_BT)}\right), \tag{B10.3.2b}$$

$$R_{12,12} = \frac{1}{2\hbar^2}\left(J_{11,22}(0) + J_{11,22}(0) - J_{11,11}(0) - \frac{J_{21,21}(\omega_{21})}{1+\exp(\hbar\omega_{21}/k_BT)}\right.$$
$$\left. - \frac{J_{12,12}(\omega_{12})}{1+\exp(\hbar\omega_{12}/k_BT)} - J_{22,22}(0)\right)$$
$$= \frac{-1}{2\hbar^2}\left[J_{11,11}(0) - 2J_{11,22}(0) + J_{22,22}(0)\right] + \frac{1}{2}\left[R_{22,11} + R_{11,22}\right], \tag{B10.3.3a}$$

$$R_{21,21} = \frac{-1}{2\hbar^2}\left[J_{22,22}(0) - 2J_{22,11}(0) + J_{11,11}(0)\right] + \frac{1}{2}\left[R_{11,22} + R_{22,11}\right], \tag{B10.3.3b}$$

$$R_{12,21} = \frac{1}{2\hbar^2}\left[J_{12,21}(0) + J_{12,21}(0)\right] = \frac{1}{\hbar^2}J_{12,21}(0), \tag{B10.3.4a}$$

und

$$R_{21,12} = \frac{1}{\hbar^2}J_{21,12}(0) \tag{B10.3.4b}$$

Wenn die Interaktions-Matrixelemente V_{12} und V_{21} real sind, ist $J_{21,\,21}(\omega) = J_{12,\,12}(\omega)$, $J_{21,\,12}(\omega) = J_{12,\,21}(\omega)$.

Die Untersuchung von Gl. (B10.3.1) zeigt, dass die Geschwindigkeitskonstante für die Umwandlung von Zustand 1 in Zustand 2 $k_{21} = -R_{11,11} = \hbar^{-2}J_{21,21}(\omega_{21})\left[1 + \exp(\hbar\omega_{21}/k_BT)\right]^{-1} = \hbar^{-2}J^{SC}_{21,21}(\omega_{21})$ ist. Die Geschwindigkeitskonstante hängt somit von der spektralen Dichte der elektrischen oder magnetischen Felder aus der Umgebung ab, die mit der Winkelgeschwindigkeit ω_{21} fluktuieren. Die Frequenz entspricht dem Energieunterschied zwischen den beiden Zuständen ($E_{21} = \hbar\omega_{21}$). Die Amplitude von $J^{SC}_{21,21}(\omega_{21})$ in einer Gruppe von Systemen ist proportional zur quadratischen mittleren Amplitude des schwankenden Wechselwirkungs-Matrixelements, $\overline{|V_{12}|^2}$. Die Parallele zwischen diesen Ergebnissen und den Ausdrücken, die wir für die Rate der Absorption oder Emission von Licht abgeleitet haben, sollte offensichtlich sein.

Die Geschwindigkeitskonstante für die umgekehrte Reaktion ist ähnlich, $k_{12} = -R_{22,22} = \hbar^{-2}J_{12,12}(\omega_{12})\left[1 + \exp(\hbar\omega_{12}/k_BT)\right]^{-1} = \hbar^{-2}J^{SC}_{12,12}(\omega_{12})$. Aus Gl. (10.56) folgt dass das Verhältnis der Geschwindigkeitskonstanten für die Vorwärts- und Rückwärtsreaktionen $k_{21}/k_{12} = \exp(\hbar\omega_{12}) = \exp[(H_{11} - H_{22})/k_BT)]$ ist, wie für das detaillierte Gleichgewicht erforderlich. Die Ausgleichszeitkonstante T_1 (Gl. 10.29b) wird gegeben durch $1/T_1 = k_{21} + k_{12} = \hbar^{-2}\left[J^{SC}_{21,21}(\omega_{21}) + J^{SC}_{12,12}(\omega_{12})\right]$.

Wenn wir uns $R_{12,12}$ zuwenden, das sich auf den Zerfall erster Ordnung von $\overline{\rho_{12}}$ in einem Zwei-Zustandssystem bezieht, besteht jeder der Terme in Gl. (B10.3.3a), die bei $\omega = 0$ bewertet werden [$J_{11,11}(0)$, $J_{22,22}(0)$ und $J_{11,22}(0)$], aus einem Produkt einer Korrelationszeit (τ_c) und der Amplitude einer der Korrelationsfunktionen zur Zeit Null (Gl. 10.51). Allgemeiner gesagt,

$$J_{nm,jk}(\omega = 0) = \int_0^\infty M_{nm,jk}(t)\, dt = \tau_c\, M_{nm,jk}(t = 0). \tag{10.57}$$

Wegen $M_{nm,jk}(0) = \overline{V_{nm}V_{jk}}$, ist der Ausdruck $[J_{11,11}(0) - 2J_{11,22}(0) + J_{22,22}(0)]$ in Gl. (B10.3.3a) das Produkt von τ_c und dem Quadratmittel der fluktuierenden Energielücke:

$$\left[J_{11,11}(0) - 2J_{11,22}(0) + J_{22,22}(0)\right] = \tau_c\left(\overline{V_{11}V_{11}} - 2\overline{V_{11}V_{22}} + \overline{V_{22}V_{22}}\right) = \tau_c\,\overline{(V_{11} - V_{22})^2}. \tag{10.58}$$

Wir können diesen Teil von $-R_{12,12}$ mit der Geschwindigkeitskonstante für reines Dephasieren ($1/T_2^*$) identifizieren, der erste Term auf der rechten Seite der Gl. (10.29b) ist:

$$\frac{1}{T_2^*} = \frac{\tau_c}{2\hbar^2}\overline{(V_{11} - V_{22})^2}. \tag{10.59}$$

Weil der Mittelwert von $V_{11} - V_{22}$ null ist, ist $\overline{(V_{11} - V_{22})^2}$ einfach die Varianz (das Quadrat der Standardabweichung) der Energielücke.

Der Ausdruck für $R_{12,12}$ (Gl. B10.3.3a) enthält auch $(1/2)[R_{11,22} + R_{22,11}]$. Dies ist die Hälfte der Summe der Geschwindigkeitskonstanten für die Umwandlungen der beiden Zustände, oder $1/2T_1$, welches der zweite Term auf der rechten Seite der Gl. (10.29b) ist. Wenn das System zusätzliche Basiszustände hätte, würde $R_{12,12}$ weitere Terme der Form $(1/2)[R_{11,33} + R_{11,44} + \ldots + R_{22,33} + R_{22,44} + \ldots]$ enthalten, oder allgemein,

$$\frac{1}{T_2} = \frac{1}{T_2^*} - \frac{1}{2}\sum_{j \neq n,m}\left(R_{nn,jj} + R_{mm,jj}\right). \tag{10.60}$$

Gemäß der stochastischen Liouville-Gleichung (Gl. 10.31) hängt die Änderungsrate eines gegebenen Elements von $\overline{\boldsymbol{\rho}}(\partial\overline{\rho_{nm}}/\partial t)$ von der Summe des Produkts von $R_{nm,jk}\overline{\rho_{jk}}$ für alle anderen Elemente ab. Dies kann eine Bewertung der Dynamik für Systeme mit vielen Zuständen erschweren, da die Größe der Dichtematrix quadratisch mit der Anzahl der Zustände zunimmt. Für ein nicht-diagonales Element ($\overline{\rho_{nm}}$ mit $n \neq m$), sind jedoch die Auswirkungen eines anderen nicht-diagonalen Matrixelements ($\overline{\rho_{jk}}, j \neq k$) normalerweise am größten, wenn $\omega_{jk} \approx \omega_{nm}$. Die beiden Matrixelemente oszillieren dann mehr oder weniger synchron, so dass $R_{nm,jk}\overline{\rho_{jk}}$ konsequent entweder zunimmt oder abnimmt $\partial\overline{\rho_{nm}}/\partial t$ wenn $\overline{\rho_{nm}}$ positiv ist und den gegenteiligen Effekt hat, wenn $\overline{\rho_{nm}}$ negativ ist. Die Auswirkungen eines Matrixelements, das diese Resonanz bedingung nicht erfüllt, tendieren im Durchschnitt zu null. Nur die Terme von **R** zu behalten, für die $\omega_{jk} \approx \omega_{nm}$ gilt, wird als *rotierende-Wellen-Näherung* bezeichnet.

Für Systeme mit drei oder mehr Zuständen hat Redfield [19] auch Terme der Relaxations-Matrix für die Übertragung von Kohärenz zwischen zwei Paaren von Zuständen abgeleitet. Diese Terme ermöglichen es, dass ein nicht-diagonales Dichtematrixelement (ρ_{jk}) auf Kosten eines anderen (ρ_{nm}) zunimmt. Auch hier sind diese Terme am wichtigsten, wenn $\omega_{jk} \approx \omega_{nm}$.

Wir haben festgestellt, dass Schwankungen der Umgebung bei der Winkelfrequenz ω_{21} Übergänge zwischen Zuständen verursachen können, die sich in der Energie um $\hbar\omega_{21}$ unterscheiden. Nehmen wir an, dass die relevante Korrelations-Funktion für diese Schwankungen $M_{21,21}(t)$ eine Exponentialfunktion der Zeit ist, so dass die klassische spektrale Dichtefunktion $J_{21,21}(\omega)$ eine Lorentzfunktion ist. Eine Verringerung der Korrelationszeit τ_c (*d. h.*, Beschleunigung der Schwankungen) wird die spektrale Dichtefunktion verbreitern, was ihre Amplitude bei hohen Frequenzen erhöht, aber die Amplitude bei niedrigen Frequenzen verringert (Abb. 2.12). Abb. 10.8 zeigt, wie die klassischen spektralen Dichten bei mehreren Frequenzen mit τ_c variieren. Im Allgemeinen erreicht die spektrale Dichte bei der Frequenz ω_{21} ihren Höhepunkt, wenn $\tau_c = 1/\omega_{21}$. Eine Beschleunigung der Schwankungen erhöht daher die Geschwindigkeitskonstante für Übergänge zwischen den beiden Zuständen, solange $\tau_c > 1/\omega_{21}$, verringert aber die Geschwindigkeitskonstante, wenn $\tau_c < 1/\omega_{21}$. Bei niedrigen Frequenzen ($\omega << 1/\tau_c$) ist $J(\omega)$ proportional zu τ_c und unabhängig von ω.

Gemäß den Gl. (B10.3.3a, b) und (10.57–10.59) hängt die Rate der reinen Dephasierung ($1/T_2^*$) von den spektralen Dichten bei $\omega = 0$ ab, die linear mit τ_c zunehmen (Abb. 10.8). Vielleicht entgegen der Intuition erhöht das Verlangsamen der Fluktuationen die Rate der reinen Dephasierung. Eine Möglichkeit, dieses Ergebnis zu betrachten, besteht darin, dass während einer Periode, in der der Energieunterschied zwischen den Zuständen 1 und 2 für ein bestimmtes System vom Mittelwert dieses Unterschieds im Ensemble abweicht, die Oszillationen von ρ_{21} für dieses System eine Phasendifferenz im Vergleich zu den durchschnittlichen Oszillationen von ρ_{21} aufbauen. Je länger die Abweichung der Energielücke anhält, desto größer ist die angesammelte Abweichung der Phase. Reine Dephasierung resultiert somit aus einer Heterogenität der Oszillationsfrequenzen während

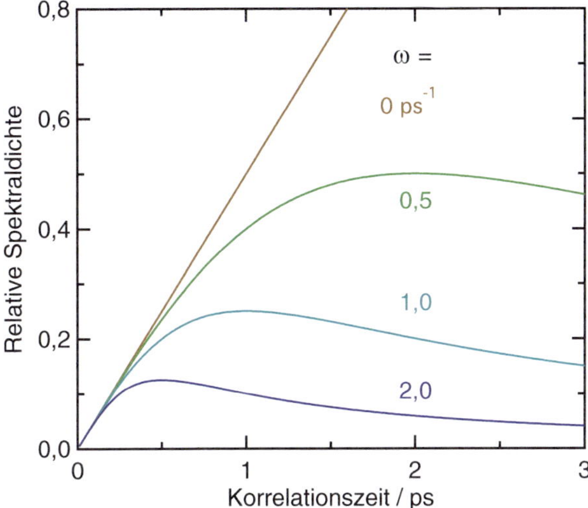

Abb. 10.8 Spektrale Dichten ($J_{nm,jk}$) bei mehreren Frequenzen ($\omega = 0$, 0.5, 1 und 2×10^{12} s^{-1}) als Funktionen der Korrelationszeit (τ_c) der entsprechenden Korrelationsfunktion ($M_{nm,jk}$).$M_{nm,jk}$ wird angenommen, dass sie exponentiell mit einer Zeitkonstante von τ_c abnimmt, wodurch $J_{nm,jk}$ eine Lorentz-Funktion von ω wird

der Perioden, in denen die Energien der einzelnen Systeme sich nicht stark ändern. Im Grenzfall extrem schneller Fluktuationen bleiben die Oszillationen in Phase, weil alle Systeme den gleichen durchschnittlichen Energieunterschied (E_0) erfahren. In der Kernspinresonanz wird dieser Effekt als *Bewegungsverengung* bezeichnet.

Zusätzlich zur Annahme, dass die Fluktuationen der Umgebung schnell im Vergleich zu T_1 und T_2^* sind, wendet man Redfields Theorie nur auf Zeiten an, die im Vergleich zu τ_c lang sind. Kasten 10.4 zeigt, dass die Kinetik der Dephasierung im entgegengesetzten Grenzfall sehr langsamer Fluktuationen anders ist: die außerdiagonalen Dichtematrixelemente zerfallen dann mit einer Gaußschen Abhängigkeit von der Zeit. Im nächsten Abschnitt werden wir allgemeinere Relaxationsfunktionen diskutieren, die diese beiden Grenzen überbrücken.

Kasten 10.4 Dephasierung durch statische Inhomogenität
Betrachten Sie den Zerfall der Kohärenz zwischen zwei Zuständen, j und k, deren Energien (H_{jj} und H_{kk}) von System zu System in einem Ensemble variieren, aber für ein gegebenes System im Wesentlichen konstant sind. Wenn die Faktoren C_j und C_k^* ebenfalls konstant sind, kann der Durchschnitt von ρ_{jk} für das Ensemble geschrieben werden

$$\overline{\rho_{jk}}(t) = \overline{\rho_{jk}}(0) \int_{-\infty}^{\infty} G(E_{jk}) \exp(-iE_{jk}\, t/\hbar) dE_{jk}, \qquad \text{(B10.4.1)}$$

wo $\overline{\rho_{jk}}(0)$ der Mittelwert von ρ_{jk} zur Zeit Null, $E_{jk} = H_{jj} - H_{kk}$ für ein gegebenes System und $G(E_{jk})$ ist die normalisierte Verteilung von E_{jk} für das Ensemble.

Angenommen, $G(E_{jk})$ ist eine Gaußverteilung mit dem Mittelwert E_o und der Standardabweichung σ. Wenn wir $x = t/\hbar$, $\alpha = E_{jk} - Eo$ und $f(\alpha) = (1/\sigma) \exp(-\alpha^2/2\sigma^2)$ definieren, dann

$$\begin{aligned}\frac{\overline{\rho_{jk}}(t)}{\overline{\rho_{jk}}(0)} &= \frac{1}{\sqrt{2\pi}\,\sigma} \int_{-\infty}^{\infty} \left\{ \exp\left[-(E_{jk} - E_o)^2/2\sigma^2\right] \exp(-iE_{jk}\, t/\hbar) \right\} d(E_{jk} - E_o) \\ &= \frac{\exp(-iE_o\, t/\hbar)}{\sqrt{2\pi}\,\sigma} \int_{-\infty}^{\infty} \left\{ \exp(-\alpha^2/2\sigma^2) \exp(-i\alpha\, t/\hbar) \right\} d\alpha \\ &= \frac{\exp(-iE_o\, t/\hbar)}{\sqrt{2\pi}} \int_{-\infty}^{\infty} f(\alpha) \exp(-i\alpha\, x)\, d\alpha = \exp(-iE_o\, t/\hbar)\; F(x), \end{aligned} \qquad \text{(B10.4.2)}$$

wo $F(x)$ die Fourier-Transformation von $f(\alpha)$ ist. Die Fourier-Transformation dieser Funktion ist $\exp(-\sigma^2 x^2/2)$, eine weitere Gaußfunktion (Anhang A.3), also

$$\overline{\rho_{jk}}(t)/\overline{\rho_{jk}}(0) = \exp(-iE_o\, t/\hbar) \exp\left(-\sigma^2 t^2/2\hbar^2\right). \qquad \text{(B10.4.3)}$$

Wenn das Ensemble homogen ist ($\sigma = 0$), dann gibt Gl. (B10.4.3) $\overline{\rho_{jk}}(t)/\overline{\rho_{jk}}(0) = \exp(-iE_o t/\hbar)$, was bei Frequenz E_o/h mit einer konstanten Amplitude von 1 oszilliert. Inhomogenität in den Energien ($\sigma > 0$) führt dazu, dass die Amplitude der Oszillationen als $\exp(-\sigma^2 t^2/2\hbar^2)$ auf Null abfällt, was eine Gaußsche Abhängigkeit von der Zeit ergibt. $|\overline{\rho_{jk}}(t)|$ fällt auf die Hälfte seines Anfangswertes in einer Zeit $\tau_{1/2} = (2\ln 2)^{1/2}\hbar/\sigma = 1{,}177\hbar/\sigma$. Eine Standardabweichung (σ) von 1 cm^{-1} ergibt $\tau_{1/2} = 1{,}177 \times 5{,}31 \times 10^{-12}$ (cm^{-1}s)/(cm^{-1}) = 6,2 ps.

Abb. 10.9 zeigt Diagramme von $\overline{\rho_{jk}}(t)/\overline{\rho_{jk}}(0)$ für Gaußverteilungen von E_{jk} mit mehreren Werten von σ. Gaußsche Zerfälle von Kohärenz können auch in Abb. 10.2 gesehen werden, aber die dort betrachteten Modelle beinhalten statische Heterogenität im Wechselwirkungs-Matrixelement, das die beiden Quantenzustände (H_{21}) koppelt, zusätzlich zu dem Energieunterschied zwischen den Zuständen.

10.7 Allgemeinere Relaxationsfunktionen und Spektrallinienformen

Wir haben gesehen, dass wenn die Wechselwirkungen eines Quantensystems mit seiner Umgebung schnell fluktuieren, der Zerfall der Kohärenz in einem Ensemble solcher Systeme durch eine Relaxationsmatrix von mikroskopischen Geschwindigkeitskonstanten erster Ordnung beschrieben werden kann. Aber wenn

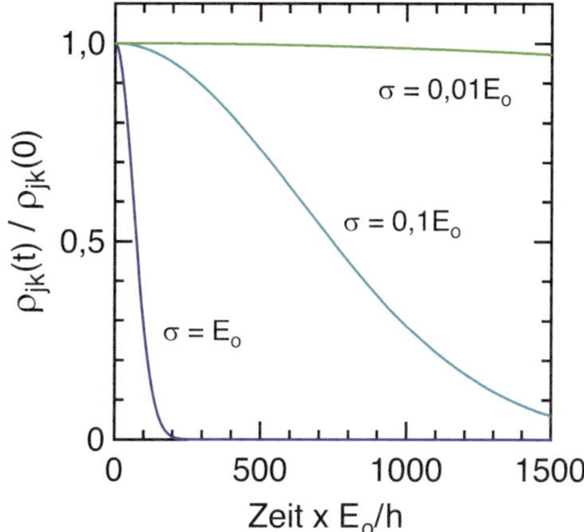

Abb. 10.9 Die Zeitabhängigkeit von $\overline{\rho_{jk}}(t)$ in Ensembles, in denen der Energieunterschied zwischen den Zuständen j und k (E_{jk}) eine Gaußverteilung mit einem Mittelwert von E_o und einer Standardabweichung (σ) von $0{,}01E_o$, $0{,}1E_o$ oder E_o hat. Die Oszillationsperiode von $\overline{\rho_{jk}}$ ist h/E_o

die Energien der Basiszustände statisch von System zu System variieren, zerfällt die Kohärenz mit einer Gaußschen Abhängigkeit von der Zeit (Kasten 10.4 und Abb. 10.2 und 10.9). Wir suchen nun nach einem allgemeineren Ausdruck für reines Dephasieren, um die Bereiche zu verbinden, in denen die Schwankungen der Umgebung entweder sehr langsam oder sehr schnell sind.

Als Ausgangspunkt, betrachten Sie ein nicht-diagonales Dichtematrixelement ρ_{nm} eines einzelnen Systems, wenn sich die Energien der Zustände n und m (H_{nn} und H_{mm}) mit der Zeit ändern (Gl. 10.15). Nehmen Sie an, dass n und m stationäre Zustände sind, so dass die Faktoren C_n und $C_m{}^*$ unabhängig von der Zeit sind. Der Anfangswert von ρ_{nm} ist dann $\rho_{nm}(0) = C_n C_m^*$. ρ_{nm} beginnt nun mit einer Winkelgeschwindigkeit $\omega_{nm}(0) = (H_{nn} - H_{mm})/\hbar$ zu oszillieren, die wir für ein kurzes Zeitintervall Δt als konstant annehmen. Am Ende dieses Intervalls ist ρ_{nm}

$$\rho_{nm}(t = \Delta t) = \rho_{nm}(0) \exp\{-i\, [\omega_{nm}(0)\Delta t]\}. \tag{10.61}$$

Nehmen Sie an, dass sich nach der Zeit Δt die Oszillationsfrequenz auf einen neuen Wert, $\omega_{nm}(1)$, ändert, der dann für das gleiche Zeitintervall bestehen bleibt. Am Ende dieses zweiten Intervalls ist ρ_{nm}

$$\rho_{nm}(t = 2\Delta t) = \rho_{nm}(0) \exp\{-i\, [\omega_{nm}(0)\Delta t + \omega_{nm}(1)\Delta t]\}, \tag{10.62}$$

und im Allgemeinen,

$$\rho_{nm}(t) = \rho_{nm}(0) \exp\left(-i \int_0^t \omega_{nm}(\tau)\, d\tau\right). \tag{10.63}$$

In einer Ansammlung solcher Systeme wird die detaillierte Zeitabhängigkeit von ω_{nm} von einem System zum nächsten zufällig variieren. Lassen Sie die durchschnittliche Frequenz für die Ansammlung $\overline{\omega_{nm}}$ sein, und nennen Sie den variablen

Teil für unser spezielles System w_{nm}, so dass $\omega_{nm}(\tau) = \overline{\omega_{nm}} + w_{nm}(\tau)$. Dann gilt für ein einzelnes System,

$$\rho_{nm}(t)\rho_{nm}{}^*(0) = \rho_{nm}(0)\rho_{nm}{}^*(0)\ \exp\left(-i\int_0^t [\overline{\omega_{nm}} + w_{nm}(\tau)]\, d\tau\right) \quad (10.64a)$$

$$= |\rho_{nm}(0)|^2 \exp\left(-i\overline{\omega_{nm}}t - i\int_0^t w_{nm}(\tau)\, d\tau\right). \quad (10.64b)$$

Unter der Annahme, dass $|\rho_{nm}(0)|^2$ nicht mit den Schwankungen von ω_{nm} korreliert ist, können wir eine Korrelationsfunktion für das durchschnittliche Dichtematrixelement der Ansammlung erhalten, indem wir das Integral in Gl. (10.64b) mitteln:

$$\frac{\overline{\rho_{nm}(t)}\ \overline{\rho_{nm} * (0)}}{\overline{|\rho_{nm}(0)|^2}} = \exp\left[-i\overline{\omega_{nm}}t - g_{nm}(t)\right] = \exp(-i\overline{\omega_{nm}}t)\ \phi_{nm}(t), \quad (10.65)$$

wo

$$g_{nm}(t) = i\overline{\int_0^t w_{nm}(\tau)\, d\tau}. \quad (10.66a)$$

und

$$\phi_{nm}(t) = \exp\left[-g_{nm}(t)\right]. \quad (10.66b)$$

Die Dephasierung des Ensembles ist also in der *Relaxationsfunktion* $\phi_{nm}(t) = \exp(-g_{nm}(t))$, mit $g_{nm}(t)$ (manchmal als *Linienform* oder *Linienverbreiterungsfunktion*) definiert in Gl. (10.66a).

Ryogo Kubo [2, 3] zeigte, wenn w_{nm} eine Gaußverteilung um Null hat, dass dann $g_{nm}(t)$ gegeben ist durch

$$\begin{aligned} g_{nm}(t) &= \textstyle\int_0^t d\tau_1 \int_0^{\tau_1} \overline{w_{nm}(\tau_1)w_{nm}(\tau_2)}\, d\tau_2 \\ &= \sigma_{nm}{}^2 \textstyle\int_0^t d\tau_1 \int_0^{\tau_1} M_{nm}(\tau_2)\, d\tau_2. \end{aligned} \quad (10.67)$$

Hier ist $\sigma_{nm}{}^2$ das Quadratmittel der Frequenzschwankungen ($\sigma_{nm}{}^2 = \overline{|w_{nm}^2|}$ in Einheiten von Radiant^{2}s^{-2}) und $M_{nm}(t)$ ist eine normalisierte Autokorrelationsfunktion dieser Schwankungen:

$$M_{nm}(t) = \frac{1}{\sigma_{nm}{}^2}\overline{w_{nm}(\tau + t)w_{nm}(\tau)}. \quad (10.68)$$

Wenn $M_{nm}(t)$ exponentiell mit der Zeitkonstante τ_c abnimmt, ist die Auswertung der Integrale in Gl. (10.67) einfach und ergibt

$$\phi_{nm}(t) = \exp(-g_{nm}(t)) = \exp\left\{-\sigma_{nm}^2\tau_c{}^2\left[(t/\tau_c) - 1 + \exp(-t/\tau_c)\right]\right\}. \quad (10.69)$$

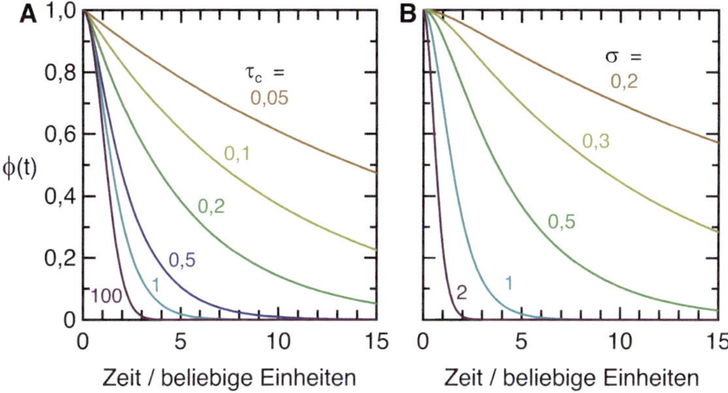

Abb. 10.10 Die Kubo-Relaxationsfunktion $\phi(t)$ wie sie durch Gleichung (10.69) für ein Ensemble gegeben ist, in dem die Korrelationsfunktion exponentiell mit der Zeit konstant τ_c abnimmt. In (**A**) wird τ_c (angegeben in willkürlichen Zeiteinheiten) variiert, während die RMS-Amplitude der Fluktuationen (σ) als 1 reziproke Zeiteinheit festgelegt wird. In (**B**) wird τ_c auf 1 Zeiteinheit festgelegt und σ variiert

Abb. 10.10 zeigt das Verhalten dieses Ausdrucks für mehrere Werte von τ_c und σ_{nm}. Bei kurzen Zeiten ($t << \tau_c$) reduziert sich Gl. (10.69) auf $\phi_{nm}(t) = \exp(-\sigma_{nm}{}^2 t^2/2)$. [Dies kann man sehen, indem man die innere Exponentialfunktion in Gl. (10.69) als $\exp(-t/\tau_c) = 1 - t/\tau_c + (t/\tau_c)^2/2\,! - \ldots$ schreibt.] In diesem Grenzfall sind die Relaxationsdynamiken unabhängig von τ_c, und $\overline{\rho_{nm}}$ hat eine Gaußsche Abhängigkeit von der Zeit in Übereinstimmung mit Gl. (B10.4.3). Im anderen Extrem, wenn $t >> \tau_c$, geht Gl. (10.69) gegen $\phi_{nm}(t) = \exp\left(-\sigma_{nm}^2 \tau_c t\right)$. $\overline{\rho_{nm}}$ zerfällt dann exponentiell mit einer Geschwindigkeitskonstante ($1/T_2{}^*$) von $\sigma_{nm}{}^2\tau_c$, in Übereinstimmung mit der Redfield-Theorie und den Gl. (10.29 a, b). Kubos Funktion erfasst sowohl das exponentielle Dephasieren, das aus schnellen Fluktuationen resultiert, als auch das Gaußsche Dephasieren, das mit langsamen Fluktuationen verbunden ist. Sie zeigt, dass sich die operationellen Begriffe „schnell" und „langsam" sich auf das Verhältnis der Beobachtungszeit (t) zu τ_c beziehen, und sie reproduziert die reziproke Beziehung zwischen τ_c und der Geschwindigkeit des reinen Dephasierens, die wir im vorherigen Abschnitt besprochen haben.

Wenn die außerdiagonalen Matrix elemente, die die Kohärenz zwischen einem Grundzustand und einem angeregten elektronischen Zustand beschreiben, exponentiell mit der Zeit abnehmen, sollte die homogene Absorptionslinie eine Lorentz-Form haben (Abb. 10.7 und 10.8 und Gl. (2.70), (10.35)). Allgemeiner gesagt, wie wir in Abschn. 10.6 diskutiert haben, ist die spektrale Linienform die Fourier-Transformation der Relaxationsfunktion:

$$\frac{\varepsilon(\omega - \omega_o)}{\omega} \propto \left|\overrightarrow{\mu}_{ab}\right|^2 \int_{-\infty}^{\infty} e^{i(\omega-\omega_o)t}\phi(t)dt, \tag{10.70}$$

wo ω_o der Winkelgeschwindigkeit entspricht, die zum 0-0-Übergang gehört und wir haben den Subskript *nm* weggelassen, um die Beziehung zu verallgemeinern. Abb. 10.11 zeigt Spektren, die mit diesem Ausdruck und der Relaxationsfunktion $\phi(t)$ aus Gl. (10.69) und mehreren Werten der zugrunde liegenden Korrelationszeit (τ_c) und Varianz (σ) der Fluktuationen berechnet wurden. Wie wir in Abb. 10.10 gesehen haben, kann $\phi(t)$ von Gaußschen bis exponentiellen Funktionsformen variieren, abhängig von t/τ_c. Da die Fourier-Transformation einer Gaußschen Funktion eine weitere Gaußfunktion ist, während die Fourier-Transformation einer exponentiellen Funktion eine Lorentz-Funktion ist, kann die Absorptionslinienform von Gaußschen bis Lorentz-Funktionen variieren. Eine lange Korrelationszeit ergibt eine Gaußsche Absorptionsbande, wie wir es für ein Spektrum erwarten würden, das inhomogen verbreitert ist; eine kurze Korrelationszeit ergibt eine Lorentz-Bande, das der homogenen Linienform entspricht.

Gl. (10.70) ist eine Manifestation eines allgemeinen Prinzips, das als *Fluktuation-Dissipation-Theorem,* bezeichnet wird, das beschreibt, wie die Reaktion eines Systems auf eine kleine Störung, wie ein elektrisches Feld, mit den Fluktuationen des Systems im thermischen Gleichgewicht zusammenhängt. Ableitungen und zusätzliche Diskussionen finden sich in [25–31].

Obwohl Kubos Relaxationsfunktion die Dephasierung auf Zeitskalen beschreiben kann, die entweder kürzer oder länger als die Energiekorrelationszeit sind, basiert sie auf einem bestimmten Modell der Fluktuationen und geht immer noch davon aus, dass die Korrelationsfunktion ($M(t)$) exponentiell mit der Zeit abnimmt. Sinuskomponenten können zu $M(t)$ in Gl. (10.68) hinzugefügt werden, um die Kopplung an bestimmte Schwingungsmoden des Moleküls darzustellen [29, 32, 33]. Aber wichtiger ist, dass Gl. (10.68) auch annimmt, dass der mittlere Energieunterschied zwischen den Zuständen *n* und *m* ($\hbar\overline{\omega_{nm}}$) zeitunabhängig ist und gleich ist, ob das System im Zustand *n* oder im Zustand *m* ist. Diese Annahmen sind nicht sehr realistisch, da Entspannungen des Lösungsmittels um ein angeregtes Molekül dazu führen, dass sich die Emission mit der Zeit verschiebt. Dies bringt uns zum Unterschied zwischen klassischen und semiklassischen spektralen Dichtefunktionen zurück, den wir kurz in Abschn. 10.6 im Zusammenhang mit der Redfield-Theorie besprochen haben. Wir haben dort gesehen, dass Entspannungen eines Systems zum thermischen Gleichgewicht mit der Umgebung eine spektrale Dichtefunktion erfordern, die nicht nur eine reine gerade Funktion der Frequenz ist (Gl. 10.54), oder äquivalent, eine Entspannungsfunktion, die eine imaginäre Komponente enthält.

Unter Berücksichtigung, dass die Entspannungs- und Linienform-Funktionen im Prinzip komplex sein sollten, hat Shaul Mukamel [23, 29, 34] den folgenden allgemeineren Ausdruck für $g(t)$ erhalten:

$$g(t) = \sigma^2 \int_0^t d\tau_1 \int_0^{\tau_1} M(\tau_2)d\tau_2 + i\Lambda_s \int_0^t M(\tau_1)d\tau_1. \tag{10.71}$$

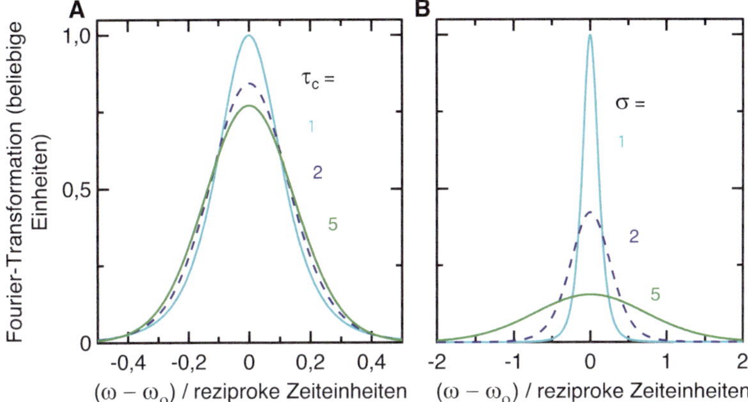

Abb. 10.11 Spektrale Absorptionslinienformen berechnet als die Fourier-Transformation der Kubo-Relaxationsfunktion $\phi(t)$. (**A**) τ_c (in willkürlichen Zeiteinheiten) variiert, während τ_c auf 1 reziproke Zeiteinheit festgelegt ist; (**B**) τ_c ist auf 1 Zeiteinheit festgelegt und σ variiert wie angegeben. Um die volle Fourier-Transformation (Gl. 10.70) zu verwenden, wird $\phi(t)$ als eine gerade Funktion der Zeit behandelt (Abb. 10.12A)

Hier wie in Gl. (10.68) ist $M(t)$ die klassische Korrelationsfunktion der Fluktuationen, die sowohl im Grundzustand als auch im angeregten Zustand gleich angenommen wird. Der Skalenfaktor Λ_s für den imaginären Term ist die Lösungsmittel- Reorganisationsenergie in Einheiten der Winkelfrequenz (Abb. 4.28). Wenn $M(t)$ exponentiell mit der Zeitkonstante τ_c abnimmt, dann ergibt die Auswertung der Integrale in Gl. (10.71) und die Definition von $\Gamma = 1 - \exp(-t/\tau_c)$

$$g(t) = \sigma^2 \tau_c{}^2 \left[(t/\tau_c) - (1 - \exp(-t/\tau_c)) \right] + i\Lambda_s \tau_c (1 - \exp(-t/\tau_c)) \tag{10.72}$$

und

$$\begin{aligned} \phi(t) &= \exp\{ \ \ \sigma^2 \tau_c{}^2 [(t/\tau_c) - \Gamma] - i\Lambda_s \tau_c \Gamma \} \\ &= \exp\{ -\sigma^2 \tau_c{}^2 [(t/\tau_c) - \Gamma] \} [\cos(\Lambda_s \tau_c \Gamma) - i \sin(\Lambda_s \tau_c \Gamma)]. \end{aligned} \tag{10.73}$$

Fourier-Transformationen von $\phi(t)$ und $\phi^*(t)$ liefern die jeweiligen Absorptions- und Emissionsspektren [23, 29, 34, 35].

Abb. 10.12A zeigt die realen und imaginären Teile der Relaxationsfunktion ϕ gegeben durch die Gl. (10.73) und (10.74a, b) wenn $\tau_c \sigma = 10$. Kubos Relaxationsfunktion (Gl. 10.69) wird zum Vergleich gezeigt. Abb. 10.12B zeigt die berechneten Absorptions- und Emissionsspektren für $\tau_c \sigma = 2$, 5 und 10. Die Einbeziehung des Terms mit Λ_s in die Relaxationsfunktion verschiebt die Absorption zu höheren Energien und die Fluoreszenz zu niedrigeren Energien. In Übereinstimmung mit der Beziehung, die wir in Kap. 5 diskutiert haben, beträgt die Stokes-Verschiebung $2\Lambda_s$. Eine Erhöhung von σ erhöht die Stokes-Verschiebung, da sie das Spektrum verbreitert.

Relaxationen von Lösungsmittel-Chromophor-Wechselwirkungen können experimentell durch Lochbrenn-Spektroskopie, zeitaufgelöste Pump-Probe Messungen und Photonenecho-Techniken untersucht werden, die wir im nächsten Kapitel diskutieren. Wenn die Temperatur niedrig genug ist, um reines Dephasieren auszuschließen, und ein spektral schmalbandiger Laser verwendet wird, um ein Loch in das Absorptionsspektrum zu brennen (Abschn. 4.12), sollte das Null-Phonon-Loch die Lorentz-Linienform haben, die durch die homogene Lebensdauer des angeregten Zustands bestimmt wird. Die Lochbreite nimmt mit steigender Temperatur zu, da das mit σ^2 verbundene reine Dephasieren ins Spiel kommt [36, 37].

Die Parameter σ^2 und τ_c können auch durch klassische Molekulardynamik-Simulationen ermittelt werden, bei denen man Schwankungen der Energiedifferenz zwischen dem Grund- und angeregten Zustand während der Trajektorien auf den *Potenzialoberfläche* von Grund- und angeregten Zuständen erfasst. Die Varianz und die Autokorrelationsfunktion der Schwankungen im Grundzustand liefern σ^2 und τ_c für das Absorptionsspektrum, und die im angeregten Zustand liefern die entsprechenden Parameter für die Fluoreszenz. Wie wir in Abb. 6.3 gesehen haben, kann auch eine Fourier-Transformation der Autokorrelationsfunktion der Energie-Lücke verwendet werden, um die Frequenzen und dimensionslosen Verschiebungen von Schwingungsmoden zu identifizieren, die stark an einen elektronischen Übergang gekoppelt sind [38, 39].

Weitere Diskussionen über Relaxationsfunktionen finden Sie in Kap. 11 und [27, 29, 30, 32–35, 40, 41].

10.8 Anomale Fluoreszenz-Anisotropie

In diesem Abschnitt diskutieren wir eine Manifestation der elektronischen Kohärenz in der Fluoreszenzspektroskopie: Fluoreszenz-Anisotropie, die das klassische Maximum von 0,4 übersteigt. Eine solche Anisotropie wurde bei kurzen Zeiten nach Anregung mit Femtosekunden-Laserpulsen beobachtet, die ein ausreichend breites Band von Wellenlängen abdecken, um mehrere optische Übergänge kohärent anzuregen.

Um den Effekt der Kohärenz auf die Fluoreszenz-Anisotropie zu untersuchen, betrachten Sie ein System mit einem Grundzustand (Zustand 1) und zwei elektronisch angeregten Zuständen (2 und 3), und nehmen Sie wie zuvor an, dass die Wechselwirkungs-Matrixelemente H_{12}, H_{13} und H_{23} in Abwesenheit von Strahlung null sind. Nehmen Sie an, dass ein Ensemble von Systemen im Grundzustand mit einem schwachen Lichtpuls angeregt wird, der viel kürzer ist als die Lebensdauer des angeregten Zustands (T_1). Im impulsiven Limit ist die durch den Puls erzeugte Population des angeregten Zustands 2

$$\overline{\rho_{22}}(0) \approx \overline{\left|\hat{\mu}_{12} \cdot \hat{e}_i\right|^2} K_{22}, \tag{10.74a}$$

wo

$$K_{22} = \Theta \int_{-\infty}^{0} dt \int_{0}^{\infty} \varepsilon_{21}(\nu)\nu^{-1} I(\nu, t) d\nu. \tag{10.74b}$$

Hier sind $\hat{e}_i$ und $\hat{\mu}_{21}$ Einheitsvektoren, die die Polarisation des Anregungslichts und die Ausrichtung des Übergangsdipols $\boldsymbol{\mu}_{12}$ definieren; $\Theta = (3000 \ln 10)/hN_{avo}$; $\varepsilon_{21}(\nu)$ ist der molare Extinktionskoeffizient für die Anregung zum Zustand 2; und $I(\nu,t)$ beschreibt die Abhängigkeit der Intensität des Anregungspulses von Frequenz und Zeit. Die Balken bedeuten wie üblich eine Mittelung über das Ensemble, aber wir nehmen hier an, dass $|\boldsymbol{\mu}_{12}|$ für alle Moleküle gleich ist, so dass das Mittelungsverfahren nur die Verteilung der Orientierungen relativ zur Polarisation des Anregungslichts berücksichtigen muss. In der gleichen Annäherung,

$$\overline{\rho_{33}}(0) \approx \overline{\left|\hat{\mu}_{13} \cdot \hat{e}_i\right|^2} K_{33}, \tag{10.75a}$$

wo

$$K_{33} = \Theta \int_{-\infty}^{0} dt \int_{0}^{\infty} \varepsilon_{31}(\nu)\nu^{-1} I(\nu,t) d\nu. \tag{10.75b}$$

Der Anfangswert von $\overline{\rho_{32}}$, der durch den Anregungsblitz erzeugt wird, kann ähnlich geschätzt werden:

$$\overline{\rho_{32}}(0) \approx \overline{\left|\hat{\mu}_{31} \cdot \hat{e}_i\right|^2 \left|\hat{\mu}_{21} \cdot \hat{e}_i\right|^2} K_{32}, \tag{10.76a}$$

mit

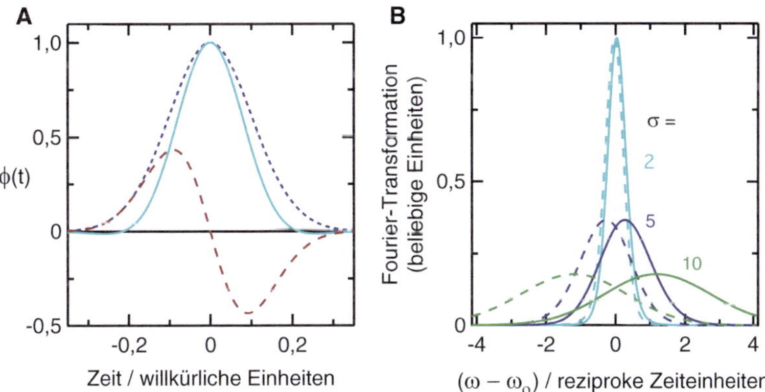

Abb. 10.12 (**A**) Die realen (*durchgezogene Linie*) und imaginären (*gestrichelte Linie*) Teile der komplexen Relaxationsfunktion $\phi(t)$ gegeben durch die Gleichungen (10.73) und (10.74) mit $\tau_c = 1$ willkürliche Zeiteinheit und $\sigma = 10$ reziproke Zeiteinheiten. Die *gepunktete blaue Linie* zeigt die Kubo-Relaxationsfunktion (Gl. 10.69), behandelt als eine gerade Funktion der Zeit ($\phi(-t) = \phi(t)$). (**B**) Absorption (*durchgezogene Linien*) und Emission (*gestrichelte Linien*) Spektren berechnet als die Fourier-Transformationen von, jeweils, der komplexen Relaxationsfunktion $\phi(t)$ (Gl. 10.72 und 10.73) und ihrem komplexen Konjugierten $\phi^*(t)$. Die Autokorrelationszeitkonstante τ_c ist 1 willkürliche Zeiteinheit, und σ ist 2, 5 oder 10 reziproke Zeiteinheiten, wie angegeben

$$K_{32} = \Theta \int dt \int [\varepsilon_{31}(\nu)\varepsilon_{21}(\nu)]^{1/2}\nu^{-1}I(\nu,t)\,d\nu. \tag{10.76b}$$

Hier kann die Quadratwurzel willkürlich als positiv angenommen werden. Gl. (10.76a, 10.76b), die eine Verallgemeinerung eines von Rahman et al. [42] vorgeschlagenen Ausdrucks sind, weisen $\overline{\rho_{32}}(0)$ einen rein realen Wert zu. Im Allgemeinen ist $\overline{\rho_{23}}(0)$ komplex und hängt von der Faltung von Gl. (10.76b) mit dem elektrischen Feld im Anregungspuls, $\vec{E}(\nu,t)$, ab. Der Hauptpunkt ist, dass ein kurzer Anregungspuls Kohärenz zwischen den Zuständen 2 und 3 erzeugen kann, wenn er mit den Absorptionsbanden für die Anregung zu beiden Zuständen überlappt. Eine solche Überlappung ist ein häufiges Merkmal von Messungen mit Femtosekunden-Laserpulsen, die von Natur aus große spektrale Breiten haben.

Nach dem Anregungspuls wird $\overline{\rho_{32}}(t)$ gedämpfte Oszillationen mit einer Periode von $h/|E_{32}|$ ausführen. Wie beeinflusst die vorübergehende Kohärenz zwischen den Zuständen 2 und 3 die Fluoreszenzintensität und Anisotropie als Funktion der Zeit nach der Anregung? Da Fluoreszenz den strahlenden Zerfall von $\overline{\rho_{22}}$ oder $\overline{\rho_{33}}$ widerspiegelt, finden wir Gleichgewichtsausdrücke für $\partial\overline{\rho_{22}}/\partial t$ und $\partial\overline{\rho_{33}}/\partial t$ während eines Probepulses von schwachem, breitbandigem Licht. Wenn die Pump- und Probepulse zeitlich gut getrennt sind, werden uns diese Ableitungen die Rate der stimulierten Emission anzeigen, die proportional zur Intensität der spontanen Fluoreszenz sein wird. Eine verfeinerte Analyse, die die detaillierten Zeitverläufe der Pump- und Probepulse berücksichtigt, erfordert die Bewertung der Wechselwirkung des Probefeldes mit der zeitabhängigen Polarisation dritter Ordnung, wie in Kap. 11 beschrieben.

Wenn wir so vorgehen, wie wir es getan haben, um Gl. (10.39) zu erhalten, aber den Term hinzufügen, der $\rho_{32}H_{13}$ aus Gl. (B10.1.4) beinhaltet, erhalten wir

$$\begin{aligned}\partial\rho_{12}(t)/\partial t = (i/\hbar)(\rho_{22} - \rho_{11})\boldsymbol{\mu}_{12}\cdot\boldsymbol{E}_o\exp(2\pi\ i\nu\ t) + \{(i/\hbar)(E_{21}) - 1/T_2\}\ \rho_{12}(t)\\ +\quad (i/\hbar)\boldsymbol{\mu}_{13}\cdot\boldsymbol{E}_o\exp(2\pi\ i\nu\ t)\ \rho_{32}(t).\end{aligned} \tag{10.77}$$

Wir haben diesen Ausdruck für die Dichtematrix eines einzelnen Systems geschrieben, anstatt für die gemittelte Dichtematrix für eine Ensemble von Systemen. Dies liegt daran, dass die Übergangsdipole $\boldsymbol{\mu}_{12}$ und $\boldsymbol{\mu}_{13}$ für ein einzelnes System zwar jeden Winkel bezüglich der Labor-Koordinaten oder des elektrischen Feldvektors des Pumppulses haben können, wir jedoch annehmen, dass sich ihre Orientierungen während des kurzen Zeitintervalls zwischen den Pump- und Probepulsen nicht ändern. Daher müssen wir das Produkt $\boldsymbol{\mu}_{13}\cdot\boldsymbol{E}_o\exp(2\pi i\nu t)\rho_{32}$ und die anderen ähnlichen Produkte in Gl. (10.77) über alle Orientierungen der individuellen Systeme mitteln, anstatt das Produkt der Ensemble-Mittelwerte der einzelnen Komponenten zu berechnen. Wir werden die erforderliche Mittelung durchführen, nachdem wir $\partial\rho_{22}/\partial t$ und $\partial\rho_{33}/\partial t$ für ein einzelnes System gefunden haben.

Weiter wie in den Gl. (10.39–10.42a, b) und unter Anwendung der stationären Näherung für ρ_{12} und ρ_{21} ergibt sich

$$\rho_{12}(\nu) \approx (-i/\hbar)\ \left[\boldsymbol{\mu}_{12} \cdot \boldsymbol{E}_o(\rho_{22} - \rho_{11}) + \boldsymbol{\mu}_{13} \cdot \boldsymbol{E}_o\rho_{32}\right]/[(i/\hbar)(E_{21} - h\nu) - 1/T_2] \tag{10.78a}$$

und

$$\rho_{21}(\nu) \approx (i/\hbar)\ \left[\boldsymbol{\mu}_{21} \cdot \boldsymbol{E}_o(\rho_{22} - \rho_{11}) + \boldsymbol{\mu}_{31} \cdot \boldsymbol{E}_o\rho_{23}\right]/[(i/\hbar)(E_{21} - h\nu) - 1/T_2]. \tag{10.78b}$$

Und weil H_{23} und H_{32} als null angenommen werden und wir nur Strahlungsübergänge zwischen den Zuständen 1 und 2 betrachten, wird der Ausdruck entsprechend Gl. (B10.1.2) zu:

$$\begin{aligned}\partial\rho_{22}/\partial t &= (i/\hbar)(\rho_{21}(t)H_{12} - \rho_{12}(t)H_{21})\\ &= (i/\hbar)(\exp(-2\pi i\nu t)\rho_{21}(\nu)H_{12} - \exp(2\pi i\nu t)\rho_{12}(\nu)H_{21})\\ &= \left\{(\rho_{11} - \rho_{22})\left|\boldsymbol{\mu}_{21} \cdot \boldsymbol{E}_o\right|^2 - (1/2)\left[\left(\boldsymbol{\mu}_{31} \cdot \boldsymbol{E}_o\right)\left(\boldsymbol{\mu}_{12} \cdot \boldsymbol{E}_o\right)\rho_{23} + \left(\boldsymbol{\mu}_{13} \cdot \boldsymbol{E}_o\right)\left(\boldsymbol{\mu}_{21} \cdot \boldsymbol{E}_o\right)\rho_{32}\right]\right\} W_{12}(\nu)\\ &= \left\{(\rho_{11} - \rho_{22})\left|\boldsymbol{\mu}_{21} \cdot \boldsymbol{E}_o\right|^2 - \mathrm{Re}\,(\rho_{23})\left(\boldsymbol{\mu}_{21} \cdot \boldsymbol{E}_o\right)\left(\boldsymbol{\mu}_{31} \cdot \boldsymbol{E}_o\right)\right\} W_{12}(\nu),\end{aligned} \tag{10.79}$$

wo $W_{12}(\nu)$ eine Lorentz'sche Linienformfunktion für die Fluoreszenz aus Zustand 2 darstellt,

$$W_{12}(\nu) = (2/T_2)/\left[(E_{21} - h\nu)^2 + (\hbar/T_2)^2\right]. \tag{10.80}$$

Da $\mathrm{Re}(\rho_{23})$ oszilliert und mit der Zeit abnimmt, zeigt Gl. (10.79), dass die Amplitude der Fluoreszenz aus Zustand 2 ähnliche gedämpfte Oszillationen ausführt, die auf ein Niveau konvergieren, das von der Populationsdifferenz $\rho_{11} - \rho_{22}$ abhängt. Der oszillatorische Term in Gl. (10.79) gilt auch für die Fluoreszenz aus Zustand 3, weil $\mathrm{Re}(\rho_{23}) = \mathrm{Re}(\rho_{32})$.

Um die erwartete Fluoreszenz Fluoreszenzanisotropie zu berechnen, bewerten wir nun die Rate der Fluoreszenz mit Frequenz ν und Polarisation $\hat{e}_i$, nach Anregung mit Polarisation $\hat{e}_i$. Da wir an der anfänglichen Rate der Strahlungsübergänge von Zustand 2 zu Zustand 1 interessiert sind, können wir ρ_{11} in Gl. (10.79) auf null setzen. Die Dichtematrixelemente ρ_{22} und ρ_{23} können aus den Gl. (10.75a, b–10.76a, b) erhalten werden. Über alle Orientierungen gemittelt, ergibt sich dann die anfängliche Emissionsrate aus Zustand 2:

$$\begin{aligned}&F_{12}\left(\nu, \hat{e}_i, \hat{e}_f\right) =\\ &\left[\overline{\left(\hat{e}_l \cdot \hat{\mu}_{21}\right)^2\left(\hat{e}_f \cdot \hat{\mu}_{21}\right)^2} K_{22} + \overline{\left(\hat{e}_l \cdot \hat{\mu}_{21}\right)\left(\hat{e}_l \cdot \hat{\mu}_{31}\right)\left(\hat{e}_f \cdot \hat{\mu}_{21}\right)\left(\hat{e}_f \cdot \hat{\mu}_{31}\right)} K_{23}\right] W_{12}(\nu).\end{aligned} \tag{10.81}$$

In Kap. 5 haben wir die Fluoreszenzanisotropie eines Moleküls mit nur einem angeregten Zustand betrachtet. In diesem Fall, oder wenn der Anregungspuls nicht mit den Übergängen 1→2 und 1→3 überlappt, ist $K_{23} = 0$.

Der zweite Term auf der rechten Seite von Gl. (10.81) fällt dann weg, was $F_{12} = \left(\hat{e}_i \cdot \hat{\mu}_{21}\right)^2 \left(\hat{e}_f \cdot \hat{\mu}_{21}\right)^2 K_{22} W_{12}(\nu)$ ergibt. Für eine isotrope Probe ergibt sich ein Orientierungsdurchschnitt in diesem letzten Ausdruck von 1/5, wenn $\hat{e}_f$ parallel zu $\hat{e}_i$ ist, und zu 1/15, wenn $\hat{e}_f$ und $\hat{e}_i$ senkrecht zueinander sind (Kasten 10.5). Die parallel zur Anregung polarisierte Fluoreszenz ist somit dreimal so groß wie die Fluoreszenz mit senkrechter Polarisation, was eine Fluoreszenzanisotropie von 0,4 ergibt, was mit den Gl. (5.65) übereinstimmt. (Erinnern Sie sich, dass die Fluoreszenzanisotropie r ist $(F_{\|} - F_{\perp})/(F_{\|} + 2F_{\perp})$).

Kasten 10.5 Orientierungsmittelwerte von Vektorpunktprodukten
Orientierungsmittelwerte wie die in Gl. (10.81) können durch ein allgemeines Verfahren unter Verwendung von Euler-Winkeln [43] bewertet werden. Hier sind die Ergebnisse für mehrere interessante Fälle.

Lassen Sie die Anregungs-Polarisation $\hat{e}_i$ parallel zur Labor-x-Achse sein, und die Fluoreszenzdetektionspolarisation $\hat{e}_f$ parallel zu x für die Messung von $F_{\|}$ oder zu y für die Messung von $F_{\perp}$ sein; lassen Sie ξ den Winkel zwischen den Übergangsdipolen $\vec{\mu}_{21}$ und $\vec{\mu}_{31}$ sein. Wenn die Probe isotrop ist, dann

$$\overline{\left(\hat{x} \cdot \hat{\mu}_{21}\right)^2} = 1/3, \qquad \text{(B10.5.1)}$$

$$\overline{\left(\hat{x} \cdot \hat{\mu}_{21}\right)^4} = 1/5, \qquad \text{(B10.5.2)}$$

$$\overline{\left(\hat{x} \cdot \hat{\mu}_{21}\right)\left(\hat{y} \cdot \hat{\mu}_{21}\right)} = 1/15, \qquad \text{(B10.5.3)}$$

$$\overline{\left(\hat{x} \cdot \hat{\mu}_{21}\right)\left(\hat{x} \cdot \hat{\mu}_{31}\right)} = (\cos\xi)/3, \qquad \text{(B10.5.4)}$$

$$\overline{\left(\hat{x} \cdot \hat{\mu}_{21}\right)^2\left(\hat{x} \cdot \hat{\mu}_{31}\right)^2} = \left(1 + 2\cos^2\xi\right)/15, \qquad \text{(B10.5.5)}$$

$$\overline{\left(\hat{x} \cdot \hat{\mu}_{21}\right)^2\left(\hat{y} \cdot \hat{\mu}_{31}\right)^2} = \left(2 - \cos^2\xi\right)/15, \qquad \text{(B10.5.6)}$$

und

$$\overline{\left(\hat{x} \cdot \hat{\mu}_{21}\right)\left(\hat{x} \cdot \hat{\mu}_{31}\right)\left(\hat{y} \cdot \hat{\mu}_{21}\right)\left(\hat{y} \cdot \hat{\mu}_{31}\right)} = \left(3\cos^2\xi - 1\right)/30. \qquad \text{(B10.5.7)}$$

Die Werte 3/5 und 1/5 in den Gl. (5.62) und (5.63) beziehen sich jeweils auf $(\hat{x}\cdot\hat{\mu})^4/(\hat{x}\cdot\hat{\mu})^2$ und $(\hat{x}\cdot\hat{\mu})^2(\hat{y}\cdot\hat{\mu})^2/(\hat{x}\cdot\hat{\mu})^2$. Die Gl. (B10.5.5) und (B10.5.6) berücksichtigen die Anisotropie der inkohärenten Emission eines Moleküls mit Absorptions- und Emissions-Übergangsdipolen, die unter einem Winkel ξ orientiert sind (Gl. 5.69).

Der Text beschreibt die Verwendung der oben genannten Ausdrücke zur Berechnung der Fluoreszenzanisotropie einer Ansammlung von Molekülen, in denen die Zustände 2 und 3 kohärent angeregt werden. Die gleichen Ausdrücke können auch zur Berechnung der Fluoreszenzanisotropie für eine inkohärente Mischung der Zustände 2 und 3 verwendet werden. In der letzteren Situation wird $F_{\parallel}$ proportional zu $\left[\overline{\rho_{22}}\overline{(\hat{x}_{21}\cdot\hat{\mu}_{21})^4}+\overline{\rho_{33}}\overline{(\hat{x}\cdot\hat{\mu}_{21})^2(\hat{x}\cdot\hat{\mu}_{31})^2}\right]K_{22}+$ $\left[\overline{\rho_{33}}\overline{(\hat{x}\cdot\hat{\mu}_{31})^4}+\overline{\rho_{22}}\overline{(\hat{x}\cdot\hat{\mu}_{31})^2(\hat{x}\cdot\hat{\mu}_{21})^2}\right]K_{33}$, sein, wo $\overline{\rho_{22}}$ und $\overline{\rho_{33}}$ die Populationen der beiden Zustände sind und K_{22} und K_{33} wie im Text definiert sind. $F_{\perp}$ wird proportional zu $\left[p_2\overline{(\hat{x}\cdot\hat{\mu}_{21})^2(\hat{y}\cdot\hat{\mu}_{21})^2}+p_3\overline{(\hat{x}\cdot\hat{\mu}_{21})^2(\hat{y}\cdot\hat{\mu}_{31})^2}\right]K_{22}+$ $\left[p_2\overline{(\hat{x}\cdot\hat{\mu}_{31})^2(\hat{y}\cdot\hat{\mu}_{31})^2}+p_3\overline{(\hat{x}\cdot\hat{\mu}_{31})^2(\hat{y}\cdot\hat{\mu}_{21})^2}\right]K_{33}$. sein. Wenn $K_{22}=K_{33}$ und $\overline{\rho_{22}}=\overline{\rho_{33}}$, ist die Anisotropie $(1 + 3\cos^2\xi)/10$, was 0,4 für $\xi = 0°$ und 0,1 für $\xi = 90°$ ist.

Der zweite Term auf der rechten Seite von Gl. (10.81) repräsentiert die Kohärenz zwischen den angeregten Zuständen 2 und 3. Da solche Kohärenzen normalerweise auf einer Sub-Pikosekunden-Zeitskala zerfallen, sind sie von geringer Bedeutung bei herkömmlichen Messungen von Fluoreszenzamplituden oder Anisotropie. Wir haben sie daher in Kap. 5 vernachlässigt. Allerdings können Kohärenzen große Auswirkungen auf die Fluoreszenz bei kurzen Zeiten haben [42–44]. Nehmen wir zur Vereinfachung an, dass $K_{23} \approx K_{22}$ ist, und lassen Sie den Winkel zwischen den Übergangsdipolen $\boldsymbol{\mu}_{21}$ und $\boldsymbol{\mu}_{31}$ ξ sein. Die anfängliche Anisotropie, berechnet aus Gl. (10.81) und den Orientierungsmittelwerten gegeben in Kasten 10.5, ist dann

$$r=\frac{F_{\parallel}-F_{\perp}}{F_{\parallel}+2F_{\perp}}=\frac{F_{12}(\nu,\hat{x},\hat{x})-F_{12}(\nu,\hat{x},\hat{y})}{F_{12}(\nu,\hat{x},\hat{x})+2F_{12}(\nu,\hat{x},\hat{y})}$$
$$=\frac{\left[1/5+\left(1+2\cos^2\xi\right)/15\right]-\left[1/15+\left(3\cos^2\xi-1\right)/30\right]}{\left[1/5+\left(1+2\cos^2\xi\right)/15\right]+2\left[1/15+\left(3\cos^2\xi-1\right)/30\right]}=\frac{7 \mid \cos^2\xi}{10+10\cos^2\xi}. \tag{10.82}$$

Abb. 10.13 zeigt, wie die berechnete Anisotropie und die Amplitude der isotropen Fluoreszenz ($F_\parallel + 2F_\perp$) von ξ abhängen. Wenn $\xi = 90°$ ist, was wir in Kap. 8 als den erwarteten Winkel zwischen den Übergangsdipolen der beiden Exzitonzustände Zustände eines Dimers diskutierten. Kohärenz zwischen den Zuständen 2 und 3 beeinflusst nicht die Amplitude der isotropen Fluoreszenz. Die anfängliche Anisotropie wird jedoch 0,7 statt 0,4 sein. Die vorhergesagte Anisotropie wird auf 0,4 fallen, wenn die off-diagonalen Dichtematrixelemente $\overline{\rho_{23}}$ und $\overline{\rho_{32}}$ auf null abfallen. Für ein Drei-Zustände-System mit drei orthogonalen Übergangsdipolen wird die anfängliche Anisotropie auf 1,0 vorhergesagt, was bedeutet, dass die Fluoreszenz vollständig parallel zur Anregung [43] polarisiert ist!

Um die Gl. (10.81) zu verallgemeinern, betrachten wir ein System mit M angeregten Zuständen. Wenn wir das Produkt der Dichtematrixelemente und des Fluoreszenzoperators für ein Ensemble von Systemen bewerten können, können wir die Gl. (10.14) verwenden, um die Fluoreszenz aus einem gegebenen angeregten Zustand zu berechnen. Gl. (10.74) legt nahe, dass der Operator $\tilde{\mathrm{F}}$ für die Dipolstärke der Fluoreszenz mit Polarisation $\hat{e}_f$ symbolisch geschrieben werden kann als

$$\tilde{\mathrm{F}} = \tilde{\mu} \cdot \hat{e}_f |\psi_1\rangle\langle\psi_1| \tilde{\mu} \cdot \hat{e}_f, \tag{10.83}$$

die Matrixelemente sind $F_{mn} = \langle\psi_m|\tilde{\mu} \cdot \hat{e}_f|\psi_1\rangle\langle\psi_1|\tilde{\mu} \cdot \hat{e}_f|\psi_n\rangle$, oder $(\vec{\mu}_{m1} \cdot \hat{e}_f) \times (\vec{\mu}_{n1} \cdot \hat{e}_f)$. Hier sind ψ_m, ψ_n und ψ_1 die Wellenfunktionen der Zustände m, n und des Grundzustands. Wenn wir das homogene Emissionsspektrum $W_{1n}(\nu)$ als Verallgemeinerung von $W_{12}(\nu)$ (Gl. 10.80) einbeziehen, folgt aus Gl. (10.14) die Fluoreszenz aus Zustand n mit Polarisation $\hat{e}_f$ und Frequenz ν

$$F_{1n}(\nu, \hat{e}_i, \hat{e}_f) = \left[\overline{\rho_{nn}F_{nn}} + (1/2)\sum_{m \neq n}^{M} \left(\overline{\rho_{nm}F_{mn} + \rho_{mn}F_{nm}}\right)\right] W_{1n}(\nu), \tag{10.84}$$

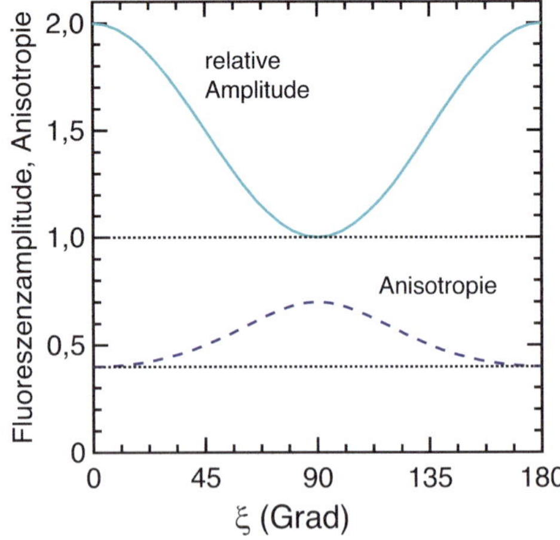

Abb. 10.13 Anisotropie und isotrope Fluoreszenzamplitude, berechnet nach den Gleichungen (10.84) und (10.85) (mit $K_{23} = K_{22}$) für ein Ensemble mit zwei kohärent angeregten Zuständen, als Funktionen des Winkels (ξ) zwischen den Übergangsdipolen. Die isotrope Fluoreszenz wird relativ zur erwarteten Amplitude für ein inkoherent angeregtes Ensemble von Systemen mit demselben Wert von ξ ausgedrückt.

wo die $\overline{\rho_{nm}F_{jk}}$ von der Anregungs-Polarisation abhängen. Wenn die Dichte-Dichtematrix unmittelbar nach dem Anregungspuls durch die Gl. (10.75 und 10.76) gegeben ist, wird die anfängliche Fluoreszenz aus Zustand n sein

$$F_{1n}(\nu, \hat{e}_i, \hat{e}_f) = \sum \overline{(\hat{e}_i \cdot \hat{\mu}_{n1})(\hat{e}_i \cdot \hat{\mu}_{m1})(\hat{e}_f \cdot \hat{\mu}_{n1})(\hat{e}_f \cdot \hat{\mu}_{m1})}\, K_{nm}\, W_{1n}(\nu). \quad (10.85)$$

Beachten Sie, dass Gl. (10.85) die Fluoreszenz unmittelbar nach dem Anregungspuls beschreibt. Da die außerdiagonalen Elemente auf null abfallen, wird die Fluoreszenz einfach $\overline{(\hat{e}_l \cdot \hat{\mu}_{n1})^2 (\hat{e}_f \cdot \hat{\mu}_{n1})^2} K_{nn} W_{1n}(\nu)$. Gl. (10.85) geht auch davon aus, dass $W_{n1}(\nu)$, K_{nn} und K_{nm} für alle Systeme im Ensemble gleich sind; wenn dies nicht der Fall ist, müssen diese Faktoren zusammen mit den geometrischen Parametern gemittelt werden.

Anfängliche Fluoreszenz Anisotropien größer als 0,4 wurden in Porphyrinen gemessen, die zwei entartete angeregte Zustände mit orthogonalen Übergangsdipolen haben [44]. Anisotropien, die zunächst über 0,4 zu liegen scheinen, aber auf einer Zeitskala von etwa 30 fs abklingen, wurden in der stimulierten Emission von photosynthetischen bakteriellen Antennenkomplexen gesehen [45]. Wie wir in Kap. 8 diskutiert haben, haben diese Komplexe mehrere erlaubte Übergänge mit ähnlichen Energien und ungefähr senkrechten Übergangsdipolen. Anregung mit einem kurzen Puls erzeugt wahrscheinlich eine kohärente Überlagerung angeregter Zustände, die schnell zu einer inkohärenten Mischung von Zuständen mit ungefähr gleichen Populationen relaxiert und dann zu einem Boltzmann Gleichgewicht.

10.9 Fragen

1. Erklären Sie die Bedeutung der Dichte Matrix.
2. Nehmen Sie an, dass Molekül a des Dimers, das in Übung 8.1 betrachtet wurde, zur Zeit $t = 0$ angeregt wird und dass die Anregung dann zwischen den beiden Molekülen oszilliert. (a) Berechnen Sie die Frequenz der Oszillation, wenn die Anregungsenergie der beiden Moleküle gleich ist. (b) Was wäre die Oszillationsfrequenz, wenn die Anregungsenergie des Moleküls a 1000 cm^{-1} über der des Moleküls b liegt? (c) Berechnen Sie die zeitgemittelte Wahrscheinlichkeit, die Anregung auf Molekül a im zweiten Fall ($E_{\mathrm{ba}} = E_{\mathrm{a}} - E_{\mathrm{b}} = 1000$ cm^{-1}) in Abwesenheit von thermischen Relaxationen zu finden, und vergleichen Sie Ihr Ergebnis mit der Wahrscheinlichkeit, die Anregung auf diesem Molekül im thermischen Gleichgewicht zu finden.
3. Betrachten Sie das angeregte Dimer als ein System mit zwei Basiszuständen, wobei $c_{\mathrm{a}}(t)$ und $c_{\mathrm{b}}(t)$ die Koeffizienten für die Zustände darstellen, in denen die Anregung jeweils auf Molekül a oder Molekül b liegt. (a) Definieren Sie die vier Elemente der Dichtematrix ($\boldsymbol{\rho}$) für dieses System. (b) Verwenden Sie die Notation H_{aa}, H_{ab}, usw., für die Hamiltonschen Matrixelemente, schreiben Sie einen Ausdruck für die Zeitabhängigkeit jedes Elements von $\boldsymbol{\rho}$ (z. B., $\partial\rho_{\mathrm{a}}/\partial t$) in Abwesenheit von stochastischen Relaxationen. (c) Was ist die Beziehung zwischen $\rho_{\mathrm{ab}}(t)$ und $\rho_{\mathrm{ba}}(t)$? (d) Nehmen Sie an, dass die Umwandlungen der bei-

den Basiszustände nur durch das quantenmechanische Kopplungselement H_{ab} angetrieben werden, aber dass stochastische Fluktuationen der Energien eine reine Dephasierung mit einer Zeitkonstante T_2^* verursachen. Was sind die longitudinalen (T_1) und transversalen (T_2) Relaxationszeiten in dieser Situation? (*e*) Schreiben Sie den stochastischen Liouville-Ausdruck für die Zeitabhängigkeit jedes Elements von $\boldsymbol{\rho}$ aus. (*f*) Wie würden T_1 und T_2 modifiziert, wenn das System auch stochastisch vom Zustand *a* zu *b* mit der Ratenkonstante k_{ab} und von *b* zu *a* mit der Ratenkonstante k_{ab} wechselt? (*g*) In welchem Limit reduziert sich die stochastische Liouville-Gleichung auf den Goldenen-Regel-Ausdruck?

4. Wie verbessert die durch die Redfield-Theorie eingeführte Relaxationsmatrix die Behandlung der Dichtematrix eines Systems?
5. Wie beeinflussen Schwankungen im Energieunterschied zwischen zwei gekoppelten angeregten Zuständen die Lokalisierung der Anregung?
6. (*a*) Schreiben Sie einen Ausdruck, der die stochastische Geschwindigkeitskonstante für die Umwandlung eines Ensembles von Zwei-Zustands-Quantensystemen vom Zustand *a* zu *b* ($-R_{aa,aa}$, wo $\mathbf{R}$ die Redfield-Relaxationsmatrix ist) mit der spektralen Dichte von fluktuierenden elektrischen Feldern aus der Umgebung in Beziehung setzt. Ihr Ausdruck sollte darauf hinweisen, dass die Geschwindigkeiteskonstante von den Fluktuationen abhängt, die bei einer bestimmten Frequenz auftreten. (*b*) Wie hängt die wichtige Frequenz vom Energieunterschied zwischen den beiden Zuständen (E_{ba}) ab? (*c*) Setzen Sie die entsprechende spektrale Dichtefunktion in Beziehung zur Autokorrelationsfunktion (Gedächtnisfunktion) eines quantenmechanischen Matrixelements. (*d*) Wenn die Autokorrelationsfunktion exponentiell mit der Zeitkonstante τ_c abnimmt, wie hängt die Geschwindigkeitskonstante vom Wert von τ_c ab? (*e*) In welchem Zeitlimit gilt die Redfield-Theorie? (*f*) Skizzieren Sie die Modifikationen oder Erweiterungen, die erforderlich sind, um eine gerichtete Relaxation wie die Stokes-Verschiebung der Fluoreszenz im Verhältnis zur Absorption zu berücksichtigen.
7. Was ist unter einer rotierenden-Wellen-Näherung zu verstehen?
8. Zeigen Sie, dass Fourier-Transformationen der Relaxations-funktionen $\phi(t)$ und $\phi(t)^*$ die Absorptions- und Emissionsspektren ergeben.

Literatur

1. Atkins, P.W.: Molecular Quantum Mechanics, 2nd Aufl. Oxford University Press, Oxford (1983)
2. Kubo, R.: The fluctuation-dissipation theorem. Rept. Progr. Theor. Phys. **29**, 255–284 (1966)
3. Kubo, R., Toda, M., Hashitsume, N.: Statistical Physics II: Nonequilibrium Statistical Mechanics. Springer, Berlin (1985)
4. Davidson, E.R.: Reduced Density Matrices in Quantum Chemistry. Academic Press, London (1976)
5. Lin, S.H., Alden, R.G., Islampour, R., Ma, H., Villaeys, A.A.: Density Matrix Method and Femtosecond Processes. World Scientific, Singapore (1991)

6. Blum, K.: Density Matrix Theory and Applications, 2nd Aufl. Plenum, New York (1996)
7. Haberkorn, R., Michel-Beyerle, M.E.: On the mechanism of magnetic field effects in bacterial photosynthesis. Biophys. J. **26**, 489–498 (1979)
8. Bray, A.J., Moore, M.A.: Influence of dissipation on quantum coherence. Phys. Rev. Lett. **49**, 1545–1549 (1982)
9. Reimers, J.R., Hush, N.S.: Electron transfer and energy transfer through bridged systems. I. Formalism. Chem. Phys. **134**, 323–354 (1989)
10. Kitano, M.: Quantum Zeno effect and adiabatic change. Phys. Rev. A. **56**, 1138–1141 (1997)
11. Schulman, L.S.: Watching it boil: continuous observation for the quantum Zeno effect. Found. Phys. **27**, 1623–1636 (1997)
12. Ashkenazi, G., Kosloff, R., Ratner, M.A.: Photoexcited electron transfer: short-time dynamics and turnover control by dephasing, relaxation, and mixing. J. Am. Chem. Soc. **121**, 3386–3395 (1999)
13. Prezhdo, O.: Quantum anti-zeno acceleration of a chemical reaction. Phys. Rev. Lett. **85**, 4413–4417 (2000)
14. Facchi, P., Nakazato, H., Pascazio, S.: From the quantum zeno to the inverse quantum zeno effect. Phys. Rev. Lett. **86**, 2699–2703 (2001)
15. Kofman, A.G., Kurizki, G.: Frequent observations accelerate decay: the anti-Zeno effect. Zeit. Naturforsch. Sect. A. **56**, 83–90 (2001)
16. Toschek, P.E., Wunderlich, C.: What does an observed quantum system reveal to its observer? Eur. Phys. J. D. **14**, 387–396 (2001)
17. Parson, W.W., Warshel, A.: A density-matrix model of photosynthetic electron transfer with microscopically estimated vibrational relaxation times. Chem. Phys. **296**, 201–206 (2004)
18. Chiu, C.B., Sudarshan, E.C.G., Misra, B.: Time evolution of unstable quantum states and a resolution of Zeno's paradox. Phys. Rev. D. **16**, 520–529 (1977)
19. Redfield, A.: The theory of relaxation processes. Adv. Magn. Res. **1**, 1–32 (1965)
20. Slichter, C.P.: Principles of Magnetic Resonance with Examples from Solid State Physics. Harper & Row, New York (1963)
21. Silbey, R.J.: Relaxation processes. In: Funfschilling, J. (Hrsg.) Molecular Excited States, S. 243–276. Kluwer Academic Publishers, Dordrecht (1989)
22. Oxtoby, D.W.: Picosecond phase relaxation experiments. A microscopic theory and a new interpretation. J. Chem. Phys. **74**, 5371–5376 (1981)
23. Yan, Y.J., Mukamel, S.: Photon echoes of polyatomic molecules in condensed phases. J. Chem. Phys. **94**, 179–190 (1991)
24. Mercer, I.P., Gould, I.R., Klug, D.R.: A quantum mechanical/molecular mechanical approach to relaxation dynamics: calculation of the optical properties of solvated bacteriochlorophyll-a. J. Phys. Chem. B. **103**, 7720–7727 (1999)
25. Callen, H.B., Greene, R.F.: On a theorem of irreversible thermodynamics. Phys. Rev. **86**, 702–710 (1952)
26. Greene, R.F., Callen, H.B.: On a theorem of irreversible thermodynamics. II. Phys. Rev. **88**, 1387–1391 (1952)
27. Berne, B.J., Harp, G.C.: On the calculation of time correlation functions. Adv. Chem. Phys. **17**, 63–227 (1970)
28. de Groot, S.R., Mazur, P.: Non-equilibrium Thermodynamics. Dover, Mineola, NY (1984)
29. Mukamel, S.: Principles of Nonlinear Optical Spectroscopy. Oxford University Press, Oxford (1995)
30. McHale, J.L.: Molecular Spectroscopy. Prentice Hall, Upper Saddle River, NJ (1999)
31. May, V., Kühn, O.: Charge and Energy Transfer Dynamics in Molecular Systems. Wiley-VCH, Berlin (2000)
32. Joo, T., Jia, Y., Yu, J.-Y., Lang, M.J., Fleming, G.R.: Third-order nonlinear time domain probes of solvation dynamics. J. Chem. Phys. **104**, 6089–6108 (1996)

33. de Boeij, W.P., Pshenichnikov, M.S., Wiersma, D.A.: System-bath correlation function probed by conventional and time-gated stimulated photon echo. J. Phys. Chem. **100**, 11806–11823 (1996)
34. Mukamel, S.: Femtosecond optical spectroscopy: a direct look at elementary chemical events. Ann. Rev. Phys. Chem. **41**, 647–681 (1990)
35. Fleming, G.R., Cho, M.: Chromophore-solvent dynamics. Ann. Rev. Phys. Chem. **47**, 109–134 (1996)
36. Volker, S.: Spectral hole-burning in crystalline and amorphous organic solids. Optical relaxation processes at low temperatures. In: Funfschilling, J. (Hrsg.) Relaxation Processes in Molecular Excited States, S. 113–242. Kluwer Academic Publ, Dordrecht (1989)
37. Reddy, N.R.S., Lyle, P.A., Small, G.J.: Applications of spectral hole burning spectroscopies to antenna and reaction center complexes. Photosynth. Res. **31**, 167–194 (1992)
38. Warshel, A., Parson, W.W.: Computer simulations of electron-transfer reactions in solution and in photosynthetic reaction centers. Ann. Rev. Phys. Chem. **42**, 279–309 (1991)
39. Warshel, A., Parson, W.W.: Dynamics of biochemical and biophysical reactions: insight from computer simulations. Q. Rev. Biophys. **34**, 563–679 (2001)
40. de Boeij, W.P., Pshenichnikov, M.S., Wiersma, D.A.: Ultrafast solvation dynamics explored by femtosecond photon echo spectroscopies. Ann. Rev. Phys. Chem. **49**, 99–123 (1998)
41. Myers, A.B.: Molecular electronic spectral broadening in liquids and glasses. Ann. Rev. Phys. Chem. **49**, 267–295 (1998)
42. Rahman, T.S., Knox, R., Kenkre, V.M.: Theory of depolarization of fluorescence in molecular pairs. Chem. Phys. **44**, 197–211 (1979)
43. van Amerongen, H., Struve, W.S.: Polarized optical spectroscopy of chromoproteins. Meth. Enzymol. **246**, 259–283 (1995)
44. Wynne, K., Hochstrasser, R.M.: Coherence effects in the anisotropy of optical experiments. Chem. Phys. **171**, 179–188 (1993)
45. Nagarajan, V., Johnson, E., Williams, J.C., Parson, W.W.: Femtosecond pump-probe spectroscopy of the B850 antenna complex of *Rhodobacter sphaeroides* at room temperature. J. Phys. Chem. B. **103**, 2297–2309 (1999)

Pump-Probe-Spektroskopie, Photonenechos, Zwei-Dimensionale Spektroskopie und Vibrationswellenpakete

11

11.1 Optische Polarisation erster Ordnung

Im letzten Kapitel haben wir eine stationäre Behandlung verwendet, um die Form einer Absorptionsbande mit der Dynamik von Relaxationen im angeregten Zustand in Beziehung zu setzen. Da die Herstellung eines stationären Zustands eine Zeitperiode in der Größenordnung der elektronischen Dephasierungzeit erfordert, gelten die Gl. (10.43) und (10.44) nur auf Zeitskalen, die länger als diese sind. Wir müssen diese Einschränkung überwinden, wenn wir die Relaxationsdynamik selbst erforschen wollen. Unser erstes Ziel in diesem Kapitel ist es, einen allgemeineren Ansatz zur Analyse von spektroskopischen Experimenten auf Femtosekunden- und Pikosekunden-Zeitskalen zu entwickeln. Dies wird eine Plattform für die Diskussion darüber bieten, wie Pump-Probe und Photonenecho-Experimente verwendet werden können, um die Dynamik von strukturellen Fluktuationen und die Übertragung von Energie oder Elektronen auf diesen kurzen Zeitskalen zu untersuchen.

Zunächst betrachten wir ein Ensemble von Systemen, jedes mit zwei Zuständen (m und n) mit den Energien E_m und E_n. In Anwesenheit eines schwachen Strahlungsfeldes $\boldsymbol{E}(t) = \boldsymbol{E}_o[\exp(iwt) + \exp(-iwt)]$, kann das Hamiltonsche Matrixelement $\left\langle \psi_n|\tilde{\mathbf{H}}|\psi_m \right\rangle$ als $H_{nm}(t) = H_{nm}^0 + V_{nm}(t)$ geschrieben werden, wo H_{nm}^0 das Matrixelement in Abwesenheit des Feldes ist, $V_{nm}(t) = -\boldsymbol{\mu}_{nm} \cdot \boldsymbol{E}_o$ $[\exp(iwt) + \exp(-iwt)]$, und $\boldsymbol{\mu}_{nm}$ ist der Übergangsdipol. Der Kommutator $[\overline{\boldsymbol{\rho}},\mathbf{H}]$, der die Zeitabhängigkeit der Dichtematrix bestimmt, ist dann die Summe $\left[\overline{\boldsymbol{\rho}}, \mathbf{H}^\mathbf{0}\right] + \left[\overline{\boldsymbol{\rho}}, \mathbf{V}\right]$. Wenn das System in Abwesenheit eines Feldes stationär ist (*d. h.*, $H_{nm}^0 = 0$ für $n \neq m$), sind die Matrixelemente von $[\overline{\boldsymbol{\rho}}, \mathbf{H}^\mathbf{0}$ $]\left[\overline{\boldsymbol{\rho}}, \mathbf{H}^\mathbf{0}\right]_{nm} = E_{mn}\overline{\rho_{nm}} = -E_{nm}\overline{\rho_{nm}}$, wo $E_{nm} = E_n - E_m$ (Gl. (10.21a, b, c–10.24)).

Wir können die Dinge vereinfachen, wenn wir alle Elemente von $\overline{\boldsymbol{\rho}}$ anpassen, indem wir die Boltzmann-Gleichgewichtswerte in Abwesenheit des Strahlungsfeldes subtrahieren (0 für nicht-diagonale Matrixelemente und $\overline{\rho_{nn}^o}$ wie von Gl. (10.26) für diagonale Elemente vorgeschrieben). Die Geschwindigkeitskonstante

W. Parson und C. Burda, *Moderne optische Spektroskopie*,
https://doi.org/10.1007/978-3-031-52100-3_11

für stochastische Relaxationen des angepassten Dichtematrixelements $\overline{\rho_{nm}}$ kann dann als γ_{nm} geschrieben werden, wobei $\gamma_{nm} = 1/T_1$ für $n = m$ und $1/T_2$ für $n \neq m$ (Gl. 10.29). Um die Notation weiter zu vereinfachen, lassen Sie $E_{nm}/\hbar = \omega_{nm}$.

Mit diesen Definitionen und Anpassungen nimmt die stochastische Liouville-Gleichung (Gl. (10.30)) für ein Ensemble von Zwei-Zustandssystemen in Anwesenheit des Strahlungsfeldes die Form

$$\partial\overline{\rho_{nm}}/\partial t = (i/\hbar)\left[\overline{\boldsymbol{\rho}}, \mathbf{H^0}\right]_{nm} + (i/\hbar)\left[\overline{\boldsymbol{\rho}}, \mathbf{V}\right]_{nm} - \gamma_{nm}\overline{\rho_{nm}} \tag{11.1a}$$

$$= (i/\hbar)\left[\overline{\boldsymbol{\rho}}, \mathbf{V}\right]_{nm} - (i\omega_{nm} + \gamma_{nm})\overline{\rho_{nm}}. \tag{11.1b}$$

Der Trick besteht nun darin, $\overline{\rho_{nm}}(t)$ in einer Reihe von zunehmenden Störungsordnungen durch das Strahlungsfeld [1] zu erweitern:

$$\overline{\rho_{nm}} = \overline{\rho_{nm}^{(0)}} + \overline{\rho_{nm}^{(1)}} + \overline{\rho_{nm}^{(2)}} + \cdots, \tag{11.2}$$

wo $\overline{\rho_{nm}^{(0)}}$ die Dichtematrix im Gleichgewicht in Abwesenheit des Strahlungsfeldes ist, $\overline{\rho_{nm}^{(1)}}$ ist die Störung zu $\overline{\rho_{nm}^{(0)}}$ im Grenzfall eines sehr schwachen Feldes (eine lineare oder Störung erster Ordnung), $\overline{\rho_{nm}^{(2)}}$ ist eine Störung, die quadratisch in der Stärke des Feldes ist, und so weiter. Wenn wir Störungen von progressiv höheren Ordnungen als sich zeitlich entwickelnd betrachten, können wir Gl. (11.1b) verwenden, um ihre Änderungsraten zu beschreiben:

$$\frac{\partial\overline{\rho_{nm}^{(0)}}}{\partial t} = -(i\omega_{nm} + \gamma_{nm})\,\overline{\rho_{nm}^{(0)}}\,, \tag{11.3a}$$

$$\frac{\partial\overline{\rho_{nm}^{(1)}}}{\partial t} = (i/\hbar)\left[\overline{\boldsymbol{\rho}^{(0)}}, \mathbf{V}\right]_{nm} - (i\omega_{nm} + \gamma_{nm})\,\overline{\rho_{nm}^{(1)}}, \tag{11.3b}$$

$$\frac{\partial\overline{\rho_{nm}^{(2)}}}{\partial t} = (i/\hbar)\left[\overline{\boldsymbol{\rho}^{(1)}}, \mathbf{V}\right]_{nm} - (i\omega_{nm} + \gamma_{nm})\,\overline{\rho_{nm}^{(2)}}, \tag{11.3c}$$

und im Allgemeinen,

$$\partial\overline{\rho_{nm}^{(k)}}/\partial t = (i/\hbar)\left[\overline{\boldsymbol{\rho}^{(k-1)}}, \mathbf{V}\right]_{nm} - (i\omega_{nm} + \gamma_{nm})\,\overline{\rho_{nm}^{(k)}}. \tag{11.4}$$

Die Lösung von Gl. (11.4) für $\overline{\rho_{nm}^{(k)}}$ zur Zeit τ ist

$$\overline{\rho_{nm}^{(k)}}(\tau) = (i/\hbar)\int_0^\tau \left[\overline{\boldsymbol{\rho}^{(k-1)}}, \mathbf{V}\right]_{nm} \exp\left[-(i\omega_{nm} + \gamma_{nm})\,(\tau - t)\right]dt. \tag{11.5}$$

Die Terme in Gl. (11.2) repräsentieren somit die Ergebnisse sequenzieller Interaktionen des Ensembles mit dem Strahlungsfeld, konvolutiert mit Oszillationen und Zerfall der Zustände und Kohärenzen, die durch diese Interaktionen erzeugt werden. Wenn ein Ensemble von Zwei-Zustandssystemen mit allen Systemen im Grundzustand (*a*) beginnt, erzeugt eine einzelne Interaktion mit dem Feld eines der außerdiagonalen Dichtematrixelemente ($\overline{\boldsymbol{\rho}_{ab}}$ oder $\overline{\boldsymbol{\rho}_{ba}}$), die Kohärenzen des Zustands *a* mit dem angeregten Zustand (*b*) darstellen. Eine zweite Interaktion kann entweder eine Population im Zustand *b* erzeugen $\overline{\boldsymbol{\rho}_{bb}}$ oder $\overline{\boldsymbol{\rho}_{aa}}$ regenerieren. Solche Sequenzen von Interaktionen werden als Pfade im *Liouville-Raum* beschrieben und können schematisch dargestellt werden, wie in Abb. 11.1 gezeigt. Ein *Liouville-Raum-Diagramm* besteht aus einem quadratischen Gitter, wobei jeder der Gitterpunkte (Kreise in Abb. 11.1) durch die beiden Indizes eines Dichtematrixelements gekennzeichnet ist. Eine vertikale Linie, die zwei Kreise verbindet, stellt eine Interaktion dar, die den linken Index <*Bra*| ändert, und eine horizontale Linie stellt eine Interaktion dar, die den rechten Index |*Ket*> ändert. Die hier verwendete Konvention ist, dass die Dichtematrix eines ruhenden Ensembles in der unteren linken Ecke des Diagramms beginnt und sich bei jeder Interaktion mit einem elektromagnetischen Strahlungsfeld nach oben oder nach rechts entwickelt. Die Kohärenzen oder Populationen, die durch eine gegebene Anzahl von Interaktionen erzeugt werden und somit diese Ordnung der Dichtematrix bilden, liegen auf einer antidiagonalen Linie. In Abb. 11.1 sind die Kohärenzen, die zu $\boldsymbol{\rho}^{(1)}$ beitragen, hervorgehoben.

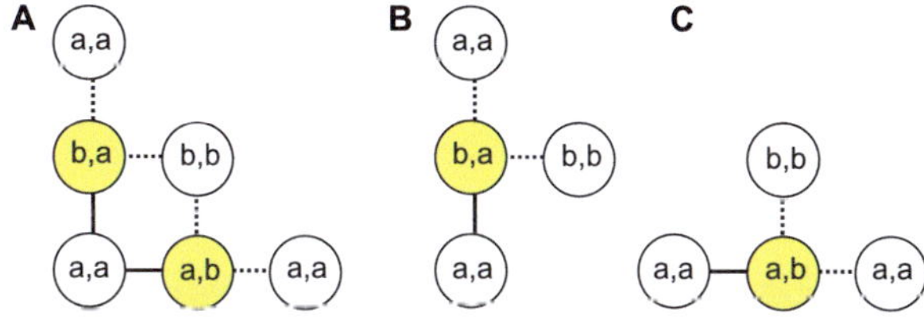

Abb. 11.1 (**A**) Pfade im Liouville-Raum. Die *weißen Kreise* mit den Bezeichnungen a,a und b,b stellen die Diagonalelemente der Dichtematrix (Populationen) für ein Zwei-Zustandsystem dar; die *gelben Kreise* mit den Bezeichnungen a,b und b,a stellen die außerdiagonalen Elemente (Kohärenzen) dar. *Linien* stellen einzelne Interaktionen mit einem Strahlungsfeld dar, wobei *vertikale Linien* Interaktionen kennzeichnen, die den linken (*Bra*) Index der Dichte Matrix ändern und *horizontale Linien* solche, die den rechten (*Ket*) Index ändern. Nach der hier verwendeten Konvention befindet sich die Dichtematrix der Nullten Ordnung ($\boldsymbol{\rho}^{(0)}$) unten links, und die Zeit nimmt nach oben und nach rechts zu; Schritte nach unten oder nach links sind nicht erlaubt. Die Kohärenzen in den gelben Kreisen sind Endpunkte der beiden Ein-Schritt-Pfade [$\rho_{a,a} \rightarrow \rho_{b,a}$(**B**) und $\rho_{a,a} \rightarrow \rho_{a,b}$(**C**)] die zur Dichtematrix erster Ordnung $\left(\boldsymbol{\rho}^{(1)}\right)$ und zur optischen Polarisation der ersten Ordnung ($\boldsymbol{P}^{(1)}$) beitragen. Eine zweite Interaktion mit dem Strahlungsfeld (*gestrichelte Linie*) kann eine Kohärenz in den angeregten Zustand (ρ_{bb}) oder den Grundzustand (ρ_{aa}) umwandeln. Die Pfade in **B** und **C** werden als komplexe Konjugierte beschrieben, weil man den einen aus dem anderen erzeugen kann, indem man die beiden Indizes bei jedem Schritt vertauscht

Abb. 11.2 zeigt eine weitere nützliche Darstellung, die als *doppelseitiges Feynman-Diagramm* bezeichnet wird. Die beiden vertikalen Linien in diesem Diagramm repräsentieren die linken und rechten Indizes der Dichtematrix, und jede Interaktion mit dem Feld wird durch einen welligen Pfeil dargestellt, der auf eine der Linien zeigt oder von ihr wegzeigt. Die Zeit nimmt nach oben zu. Pfeile, die auf eine vertikale Linie zeigen, sind mit der Absorption eines Photons verbunden; Pfeile, die wegzeigen, mit der Emission. Das Diagramm kann auch zusätzliche Informationen wie den Wellenvektor und die Frequenz der Strahlung [2–11] vermitteln.

Die Potenzreihenentwicklung von $\overline{\boldsymbol{\rho}}(t)$ kann zusammen mit Gl. (10.14) verwendet werden, um den Erwartungswert des makroskopischen elektrischen Dipols für eine Gruppe von Systemen zu finden, die einem elektromagnetischen Feld ausgesetzt sind:

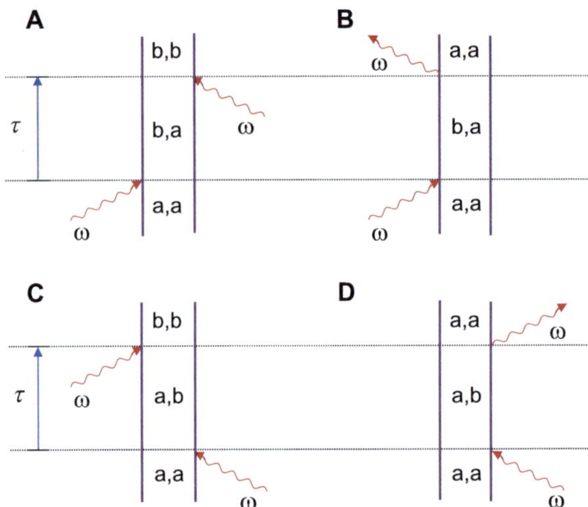

Abb. 11.2 Doppelseitige Feynman-Diagramme. Die Paare von *lila vertikalen Linien* repräsentieren die Entwicklung der linken (*Bra*) und rechten (*Ket*) Indizes der Dichtematrix. Die Zeit nimmt von unten nach oben im Diagramm zu. Im hier betrachteten Zwei-Zustandssystem sind die Diagonalelemente von $\boldsymbol{\rho}$ mit a,a und b,b für die Grund- und angeregten Zustände gekennzeichnet, und a,b und b,a bezeichnen außerdiagonale Elemente. *Wellige rote Pfeile, die mit einer Frequenz (ω) gekennzeichnet sind*, zeigen Interaktionen mit einem elektromagnetischen Strahlungsfeld an. Eingehende Pfeile sind mit der Absorption eines Photons (eine Erhöhung eines der Indizes von $\boldsymbol{\rho}$) verbunden; ausgehende Pfeile, mit der Emission (eine Verringerung eines der Indizes). Eine einzelne Interaktion mit dem Feld zur Zeit Null erzeugt eine Kohärenz, die zur optischen Polarisation erster Ordnung beiträgt. Eine zweite Interaktion zur Zeit τ wandelt eine Kohärenz entweder in den angeregten Zustand (**A**, **C**) oder in den Grundzustand (**B**, **D**) um. Die in (**C**) und (**D**) dargestellten Sequenzen sind die komplexen Konjugierten von denen in (**A**) und (**B**). (**A**) und (**B**) entsprechen den in Abb. 11.1B gezeigten Pfaden; (**C**) und (**D**), denen in Abb. 11.1C. Doppelseitige Feynman-Diagramme können auch verwendet werden, um zusätzliche Informationen zu vermitteln, wie die Wellenvektoren der ein- und ausgehenden Strahlung in Experimenten mit mehreren Pulsen [3, 4, 7]

$$\langle \boldsymbol{\mu}(t) \rangle = \sum_k \boldsymbol{P}^{(k)}(t), \tag{11.6}$$

mit

$$\boldsymbol{P}^{(k)}(t) = Tr\left(\overline{\boldsymbol{\rho}^{(k)}(t)\ \overrightarrow{\tilde{\mu}}}\right) = \sum_n \sum_m \overline{\rho_{nm}^{(k)}(t)\ \boldsymbol{\mu}_{mn}} \tag{11.7}$$

und $\boldsymbol{\mu}_{mn} = \langle \psi_m \mid \tilde{\mu} \mid \psi_n \rangle$. Die Terme $\boldsymbol{P}^{(k)}$ werden als verschiedene Ordnungen der *optischen Polarisation* bezeichnet. Die optische Polarisation erster Ordnung ist das quantenmechanische Analogon zur klassischen linearen Polarisation eines Dielektrikums durch ein oszillierendes elektromagnetisches Feld (Kasten 3.3); die Polarisationen höherer Ordnung entsprechen klassischen Komponenten, die von höheren Potenzen des Feldes abhängen. Beachten Sie jedoch, dass laut Gl. (11.4–11.7) höhere Ordnungen der optischen Polarisation sequenziell mit der Zeit entstehen, während angenommen wurde, dass die klassischen Polarisationen mit verschiedenen Abhängigkeiten vom Feld sofort und gleichzeitig entstehen.

Der Vorteil der Erweiterung der optischen Polarisation auf diese Weise besteht darin, dass verschiedene optische Phänomene den Termen mit bestimmten Werten von k zugeordnet werden können [2, 6, 12–15]. Die *erste Ordnung,* oder *lineare optische Polarisation* ($\boldsymbol{P}^{(1)}$) bezieht sich auf die gewöhnliche Absorption und Emission von Licht; die *optische Polarisation zweiter Ordnung* ($\boldsymbol{P}^{(2)}$), auf die Erzeugung von Summen- und Differenzfrequenzen; und die *optische Polarisation dritter Ordnung* ($\boldsymbol{P}^{(3)}$), auf „Vier-Wellen-Mischung" Experimente, die Pump-Probe Spektroskopie, transiente Gitterspektroskopie und Photonenechos einschließen. Genauer gesagt, kann jede Klasse optischer Phänomene mit der Wechselwirkung des elektrischen Feldes mit einer bestimmten Ordnung der Polarisation in Verbindung gebracht werden.

Klassisch wird die optische Polarisation als ein makroskopisch-oszillierender Dipol betrachtet, der entweder als Quelle oder als Absorber von elektromagnetischer Strahlung dienen kann. In einem semiklassischen Bild, in dem wir elektromagnetische Strahlung klassisch behandeln, wird die Wechselwirkungsenergie eines Strahlungsfeldes $\boldsymbol{E}(t)$ mit einem optisch polarisierten System durch

$$\langle H'(t) \rangle = -\langle \boldsymbol{\mu}(t) \rangle \cdot \boldsymbol{E}(t) = -\sum_k \boldsymbol{P}^{(k)}(t) \cdot \boldsymbol{E}(t), \tag{11.8}$$

oder unter Verwendung von Gl. (10.14),

$$\langle H'(t) \rangle = \mathrm{Tr}\left(\overline{\boldsymbol{\rho}(t)}\ \mathbf{V}(t)\right), \tag{11.9}$$

wo $\mathbf{V}$ wieder die Wechselwirkungsmatrix ist ($V_{nm} = -\boldsymbol{\mu}_{nm}\boldsymbol{P}(t)$). Die Rate der Absorption von Energie aus dem Feld ist die Ableitung dieser Menge in Bezug auf die Zeit:

$$\frac{d\langle H' \rangle}{dt} = \frac{d}{dt} Tr(\overline{\boldsymbol{\rho}}\ \mathbf{V}) = \mathrm{Tr}\frac{\partial(\overline{\boldsymbol{\rho}}\ \mathbf{V})}{\partial t} - \mathrm{Tr}\left(\overline{\boldsymbol{\rho}}\ \frac{d\mathbf{V}}{dt}\right) + \mathrm{Tr}\left(\mathbf{V}\ \frac{d\overline{\boldsymbol{\rho}}}{dt}\right). \tag{11.10}$$

Der letzte Term auf der rechten Seite von Gl. (11.10) ist null. Dies können Sie zeigen, indem Sie die von Neumann Gleichung (Gl. (10.24)) verwenden und beachten, dass aufgrund der zyklischen Permutation von drei Matrizen die Spur des Produkts der Matrizen (Anhang A2) nicht geändert wird, $\mathrm{Tr}(\mathbf{V}\,\overline{\boldsymbol{\rho}}\,\mathbf{V}) - \mathrm{Tr}(\mathbf{V}\,\mathbf{V}\,\overline{\boldsymbol{\rho}}) = 0$:

$$\mathrm{Tr}\left(\mathbf{V}\frac{d\boldsymbol{\rho}}{dt}\right) = (i/\hbar)\mathrm{Tr}\big(\mathbf{V}\,[\boldsymbol{\rho},\mathbf{V}]\big)$$

$$= (i/\hbar)\{\mathrm{Tr}(\mathbf{V}\,\boldsymbol{\rho}\,\mathbf{V}) - \mathrm{Tr}(\mathbf{V}\,\mathbf{V}\,\boldsymbol{\rho})\} = 0. \quad (11.11)$$

Wenn wir diesen Term fallen lassen, das oszillierende Strahlungsfeld wie in Gl. (10.37) schreiben und dann annehmen, dass sich die Hüllkurve der Feldamplitude ($\boldsymbol{E}_o$) sich nur langsam im Vergleich zu $\exp(i\omega t)$ ändert, gibt das Gl. (11.10)

$$\frac{d\langle H'\rangle}{dt} = \mathrm{Tr}\left(\overline{\boldsymbol{\rho}}\frac{d\mathbf{V}}{dt}\right) = -\boldsymbol{P}(t)\cdot\frac{d}{dt}\left[\boldsymbol{E}_o\exp(i\omega t) + \boldsymbol{E}_o{}^*\exp(-i\omega t)\right]$$

$$\approx -i\omega\boldsymbol{P}(t)\cdot\left[\boldsymbol{E}_o\exp(i\omega t) + \boldsymbol{E}_o{}^*\exp(-i\omega t)\right]. \quad (11.12)$$

Die momentane Anregungsrate ist also proportional zum Skalarprodukt der optischen Polarisation und dem Feld, $\boldsymbol{P}(t)\cdot\boldsymbol{E}_{(t)}$.

Wir sehen in den Gl. (10.40)–(10.42a, b) dass die Elemente der Dichtematrix erster Ordnung Matrixfaktoren enthalten, die mit der gleichen Frequenz schwingen wie das elektromagnetische Feld, das sie erzeugt. Das Gleiche gilt für die optische Polarisation. $\boldsymbol{P}$ kann daher in die Form

$$\boldsymbol{P}(t) = \boldsymbol{P}_o(t)\exp(i\omega t) + \boldsymbol{P}_o{}^*(t)\exp(-i\omega t), \quad (11.13)$$

gebracht werden, wo $\boldsymbol{P}_o$ und $\boldsymbol{P}_o{}^*$, wie $\boldsymbol{E}_o$, $\boldsymbol{E}_o{}^*$ und die Faktoren $\overline{\overline{\rho_{ab}}}$ und $\overline{\overline{\rho_{ba}}}$ in den Gl. (10.40–10.42), sich vergleichsweise langsam mit der Zeit ändern. Mit $\boldsymbol{P}$ auf diese Weise geschrieben, wird Gl. (11.12) zu

$$\frac{d\langle H'\rangle}{dt} = -i\omega\left[\boldsymbol{P}_o\exp(i\omega t) + \boldsymbol{P}_o{}^*\exp(-i\omega t)\right]\left[\boldsymbol{E}_o\exp(i\omega t) - \boldsymbol{E}_o{}^*\exp(-i\omega t)\right]$$

$$= i\omega\left(\boldsymbol{P}_o\boldsymbol{E}_o{}^* - \boldsymbol{P}_o{}^*\boldsymbol{E}_o\right) + i\omega\left[\boldsymbol{P}_o\boldsymbol{E}_o\exp(2i\omega t) - \boldsymbol{P}_o{}^*\boldsymbol{E}_o{}^*\exp(-2i\omega t)\right]. \quad (11.14)$$

Wenn wir diesen Ausdruck über eine Periode der Schwingung mitteln, fallen die Faktoren, die $\exp(\pm 2i\omega t)$ enthalten, weg und es bleibt

$$\frac{d\langle H'\rangle}{dt} = i\omega\left(\boldsymbol{P}_o\boldsymbol{E}_o{}^* - \boldsymbol{P}_o{}^*\boldsymbol{E}_o\right) = 2\omega\,\mathrm{Im}\left(\boldsymbol{P}_o\boldsymbol{E}_o{}^*\right). \quad (11.15)$$

Um die Verwendung der Gl. (11.4–11.7) und (11.15) zu veranschaulichen, bewerten wir $\overline{\boldsymbol{\rho}^{(1)}}$ und $\overrightarrow{P}^{(1)}$ für ein Ensemble von Zwei-Zustandssystemen, die Licht ausgesetzt sind. Wenn das Ensemble vor dem Einschalten des Lichts im thermischen Gleichgewicht ist, ist die anfängliche Dichtematrix

$$\overline{\boldsymbol{\rho}^{(0)}} = \begin{bmatrix} \overline{\rho_{aa}^{o}} & 0 \\ 0 & \overline{\rho_{bb}^{o}} \end{bmatrix}, \tag{11.16}$$

mit $\overline{\rho_{aa}^{o}}$ und ρ_{bb}^{o} gegeben durch Gl. (10.13). $\overline{\rho_{ab}^{(0)}}$ und $\overline{\rho_{ba}^{(0)}}$ sind beide null. Nehmen wir an, dass die Amplitude des oszillierenden elektrischen Feldes abrupt auf $\boldsymbol{E}_{\mathrm{o}}$ ansteigt und dann konstant auf diesem Niveau bleibt. Wenn wir den anfänglichen Anstieg vernachlässigen, dann ist die Störungsmatrix $\mathbf{V}$ für $t \geq 0$ gegeben durch $V_{ab} = -\boldsymbol{\mu}_{ab}\boldsymbol{E}(t)$. Wir nehmen hier an, dass die Übergangsdipole für alle Mitglieder des Ensembles gleich sind ($\overline{V_{ab}} = V_{ab}$), obwohl V_{ab} normalerweise zusammen mit $\boldsymbol{\rho}$ über Moleküle mit unterschiedlichen Orientierungen relativ zur einfallenden Strahlung gemittelt werden muss. Lassen wir auch jede Abhängigkeit von $\boldsymbol{E}_{\mathrm{o}}$ und $\boldsymbol{\mu}_{ab}$ von ω außer Acht und nehmen weiter an, dass die beiden Basiszustände keine Netto-Ladung oder Dipolmoment haben, so dass $V_{aa} = V_{bb} = 0$.

Mit diesen Annahmen ist der Kommutator $\left[\overline{\boldsymbol{\rho}^{(0)}}, \mathbf{V}\right]$ null für $t < 0$, und wird zu

$$\left[\overline{\boldsymbol{\rho}^{(0)}}, \mathbf{V}\right] = \begin{bmatrix} 0 & \left(\overline{\rho_{aa}^{o}} - \overline{\rho_{bb}^{o}}\right) V_{ab} \\ \left(\overline{\rho_{bb}^{o}} - \overline{\rho_{aa}^{o}}\right) V_{ba} & 0 \end{bmatrix} \tag{11.17}$$

für $t \geq 0$. Sie können diese Matrixelemente überprüfen, indem Sie sich auf die Gl. (10.21) und Kasten 10.1 beziehen. Zum Beispiel ist der Eintrag für $\left[\overline{\boldsymbol{\rho}^{(0)}}, \mathbf{V}\right]_{ab}$, der sich auf das Wachstum von $\rho_{ab}^{(1)}$ bezieht, ist

$$\left[\overline{\boldsymbol{\rho}^{(0)}}, \mathbf{V}\right]_{ab} = \sum_{k} \left(\overline{\rho_{ak}^{(0)}} V_{kb} - V_{ak} \overline{\rho_{kb}^{(0)}}\right)$$

$$= \left(\overline{\rho_{aa}^{(0)}} - \overline{\rho_{bb}^{(0)}}\right) V_{ab} + \overline{\rho_{ba}^{(0)}} (V_{bb} - V_{aa}) = \left(\overline{\rho_{aa}^{o}} - \overline{\rho_{bb}^{o}}\right) V_{ab}. \tag{11.18}$$

Ähnlich, $\left[\overline{\boldsymbol{\rho}^{(0)}}, \mathbf{V}\right]_{aa} = \overline{\rho_{ab}^{(0)}}\ V_{ba}\text{-}\overline{\rho_{ba}^{(0)}}\ V_{\mathrm{ab}} = 0.$

Mit der Verwendung von $\left[\overline{\boldsymbol{\rho}^{(0)}}, \mathbf{V}\right]_{ab}$ aus Gl. (11.18) mit V_{ab} aus Gl. (10.37), Gl. (11.5) ergibt

$$\overline{\rho_{ab}^{(1)}}(\tau) = (i/\hbar) \left(\overline{\rho_{bb}^{o}} - \overline{\rho_{aa}^{o}}\right)$$
$$\int_{0}^{\tau} \left\{\exp\left[-(i\omega_{ab} + \gamma_{ab})\ (\tau - t)\right]\ \boldsymbol{\mu}_{ab} \cdot \boldsymbol{E}_{o}\left[\exp(i\omega t) + \exp(-i\omega t)\right]\right\} dt \tag{11.19}$$

Der Integrand in Gl. (11.19) enthält Faktoren der Formen $\exp[i(\omega_{ab} + w)t]$ und $\exp[i(\omega_{ab} - \omega)t]$, wobei ω_{ab} wieder $(H_{aa} - H_{bb})/\hbar$ ist. Da $\omega_{ab} = -\omega_{ba}$, geht $\exp\ [i(\omega_{ab} + \omega)t]$ gegen 1, wenn $\omega \approx \omega_{ba}$. Der Faktor $\exp[i(\omega_{ab} - \omega)t]$, hingegen, wird ungefähr $\exp(-2i\omega t)$, der schnell zwischen positiven und negativen Werten oszilliert und wenig zum Integral beiträgt bei Zeiten größer als $1/\omega$. Die Vernachlässigung des Terms $\exp(\text{-}2i\omega t)$ entspricht im Wesentlichen der Rotationswellennäherung, die wir in Abschn. 10.6 verwendet haben. Mit dieser Annäherung erhalten wir

$$\overline{\rho_{ab}^{(1)}}(\tau) \approx \frac{i}{\hbar}\left(\overline{\rho_{bb}^{o}} - \overline{\rho_{aa}^{o}}\right) \boldsymbol{\mu}_{ab} \cdot \boldsymbol{E}_o \exp\left[-(i\,\omega_{ab} + \gamma_{ab})\tau\right]$$
$$\int_0^{\tau} \left\{\exp\left[\,(i\omega_{ab} + i\omega + \gamma_{ab})t\right]\right\} dt$$

$$= \frac{i}{\hbar}\left(\overline{\rho_{bb}^{o}} - \overline{\rho_{aa}^{o}}\right) \boldsymbol{\mu}_{ab} \cdot \boldsymbol{E}_o \exp\left[-(i\omega_{ab} + \gamma_{ab})\tau\right] \left(\frac{\exp\left[\,(i\omega_{ab} + i\omega + \gamma_{ab})\tau\right] - 1}{i\,(\omega_{ab} + \omega) + \gamma_{ab}}\right)$$

$$= \frac{i}{\hbar}\left(\overline{\rho_{bb}^{o}} - \overline{\rho_{aa}^{o}}\right) \boldsymbol{\mu}_{ab} \cdot \boldsymbol{E}_o \frac{\exp(i\omega\tau) - \exp\left[-(i\omega_{ab} + \gamma_{ab})\tau\right]}{i\,(\omega_{ab} + \omega) + \gamma_{ab}}. \tag{11.20}$$

Zum Vergleich von Gl. (11.20) mit dem entsprechenden stationären Ausdruck, multiplizieren wir $\rho_{ab}^{(1)}$ mit exp(-$i\omega t$) um die schnelle Oszillation mit der Zeit zu entfernen (Gl. (10.40)), und setzen $\omega \approx \omega_{ba} = -\omega_{ab}$. Das ergibt

$$\begin{aligned} \overline{\overline{\rho_{ab}^{(1)}}} = \overline{\rho_{ab}^{(1)}}\exp(-i\omega\tau) = \tfrac{i}{\hbar}\left(\overline{\rho_{bb}^{o}} - \overline{\rho_{aa}^{o}}\right)\boldsymbol{\mu}_{ab} \cdot \boldsymbol{E}_o \tfrac{1-\exp\left[-(i\omega_{ab}+i\omega+\gamma_{ab}\tau)\right]}{i(\omega_{ab}+\omega)+\gamma_{ab}} \\ \approx \tfrac{i}{\hbar}\left(\overline{\rho_{bb}^{o}} - \overline{\rho_{aa}^{o}}\right)\boldsymbol{\mu}_{ab} \cdot \boldsymbol{E}_o \tfrac{1-\exp(-\gamma_{ab}\tau)}{i(\omega_{ab}+\omega)+\gamma_{ab}}. \end{aligned} \tag{11.21}$$

Bis auf den zusätzlichen Faktor [1 − exp $(-\gamma_{ab}\tau)$] im Zähler, ist dies das Gleiche wie Gl. (10.42a). Wenn τ zunimmt, bringt der Faktor [1 − exp $(-\gamma_{ab}\tau)$] $\overline{\rho_{ab}}\exp(-i\omega\tau)$ zu seinem stationären Wert mit der Zeitkonstante $1/\gamma_{ab}$, die in einem Zwei-Zustandssystem T_2 ist.

Jetzt, da wir $\overline{\boldsymbol{\rho}^{(1)}}$ haben, können wir Gl. (11.4) verwenden, um $\partial\overline{\rho_{bb}^{(2)}}/\partial t$ zu finden, das uns den zeitlichen Verlauf der Anregung zum Zustand b ergibt. Das erforderliche Element des Kommutators $[\overline{\boldsymbol{\rho}^{(1)}}, \mathbf{V}]$ ist

$$\left[\overline{\boldsymbol{\rho}^{(1)}}, \mathbf{V}\right]_{bb} = V_{ab}\overline{\rho_{ba}^{(1)}} - V_{ba}\overline{\rho_{ab}^{(1)}} = V_{ab}\left(\overline{\rho_{ab}^{(1)*}} - \overline{\rho_{ab}^{(1)}}\right), \tag{11.22}$$

und das Einfügen von $\left[\overline{\boldsymbol{\rho}^{(1)}}, \mathbf{V}\right]_{bb}$ in Gl. (11.4) ergibt

$$\partial\overline{\rho_{bb}^{(2)}}/\partial t = (i/\hbar)\; V_{ab}\left\{\overline{\rho_{ab}^{(1)*}} - \overline{\rho_{ab}^{(1)}}\right\} - \gamma_{bb}\overline{\rho_{bb}^{(2)}}. \tag{11.23}$$

Wenn wir an der Anregungsrate zu Zeiten interessiert sind, die kurz im Vergleich zur Lebensdauer des angeregten Zustands sind ($t << T_1 = 1/\gamma_{bb}$), können wir den letzten Term auf der rechten Seite von Gl. (11.23) vernachlässigen. Mit $\overline{\rho_{ab}^{(1)}}$ aus Gl. (11.20), der Rotationswellen-Näherung von fallenden Termen, die bei Frequenzen größer als ω_{ba} oszillieren, und der Festlegung $\omega + \omega_{ab} \approx 0$, ergibt Gl. (11.23) dann

$$\partial \overline{\rho_{bb}^{(2)}}/\partial t \approx -\left(\frac{i}{\hbar}\right)\left(\overline{\rho_{bb}^{o}} - \overline{\rho_{aa}^{o}}\right)\left|\boldsymbol{\mu}_{ab}\cdot \boldsymbol{E}_o\right|^{\mathbf{2}}\left[\exp(i\omega t) + \exp(-i\omega t)\right]\times$$

$$\left(\frac{i}{\hbar}\right)\left\{\frac{\exp(-i\omega\tau) - \exp\left[(i\omega_{ab} - \gamma_{ab})\tau\right]}{i\,(\omega_{ab}+\omega) - \gamma_{ab}} - \frac{\exp(i\omega\tau) - \exp\left[-(i\omega_{ab}+\gamma_{ab})\tau\right]}{i\,(\omega_{ab}+\omega) + \gamma_{ab}}\right\}$$

$$\approx \left(\overline{\rho_{bb}^{o}} - \overline{\rho_{aa}^{o}}\right)\frac{\left|\boldsymbol{\mu}_{ab}\cdot \boldsymbol{E}_o\right|^2}{\hbar^2}\left\{\frac{1-\exp(-\gamma_{ab}\tau)}{i(\omega_{ab}+\omega)-\gamma_{ab}} - \frac{1-\exp(-\gamma_{ab}\tau)}{i(\omega_{ab}+\omega)+\gamma_{ab}}\right\}$$

$$= \left(\overline{\rho_{bb}^{o}} - \overline{\rho_{aa}^{o}}\right)\frac{\left|\boldsymbol{\mu}_{ab}\cdot \boldsymbol{E}_o\right|^2}{\hbar^2}\left\{\frac{2\gamma_{ab}}{(\omega-\omega_{ba})^2 - {\gamma_{ab}}^2}\right\}\left[1-\exp(-\gamma_{ab}\tau)\right]. \quad (11.24)$$

Dies ist nur der stationäre Ausdruck (Gl. (10.43)) multipliziert mit dem gleichen Faktor von $1 - \exp(-\gamma_{ab}\tau)$, der in Gl. (<11.21). Gl. (11.24) zeigt, dass die Bildungsrate des Zustands 2 bei null beginnt, bei kurzen Zeiten linear mit der Zeit zunimmt und bei Zeiten, die $1/\gamma_{ab}$ überschreiten, abflacht. Die Population des angeregten Zustands wird daher bei kurzen Zeiten quadratisch mit der Zeit zunehmen, wie wir in Abschn. 4.2 erwartet haben. Abb. 11.3 zeigt die vorhergesagte Kinetik.

Jetzt wollen wir sehen, ob wir das gleiche Ergebnis erhalten, indem wir die Polarisation erster Ordnung auswerten. Da $\rho_{aa}^{(1)}$ und $\rho_{bb}^{(1)}$ null sind, hat die optische Polarisation erster Ordnung zur Zeit t nur zwei Terme:

$$\vec{P}^{(1)}(t) = \sum_n \sum_m \overline{\rho_{nm}^{(1)}}(t)\,\vec{\mu}_{mn} = \overline{\rho_{ab}^{(1)}}(t)\,\vec{\mu}_{ba} + \overline{\rho_{ba}^{(1)}}(t)\,\vec{\mu}_{ab}$$

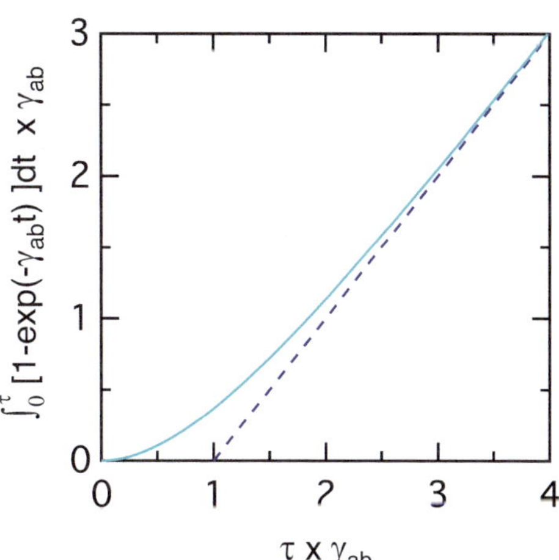

Abb. 11.3 Die Zeitabhängigkeit von $\overline{\rho_{bb}^{(2)}}$ gemäß Gl. (11.24). Die *durchgezogene cyanfarbene Kurve* ist das Integral der Funktion $[1 - \exp(-\gamma_{ab}t)]$ von der Zeit $t = 0$ bis τ; die *gestrichelte dunkelblaue Linie* ist die Asymptote bei langen Zeiten. Die Zeit ist relativ zu $1/\gamma_{ab}$ skaliert

$$= \overline{\overline{\rho_{ab}^{(1)}}}(t)\exp(i\omega t)\ \overrightarrow{\mu}_{ba} + \overline{\overline{\rho_{ba}^{(1)}}}(t)\exp(-i\omega t)\overrightarrow{\mu}_{ab}$$

$$= \boldsymbol{P}_o^{(1)}(t)\exp(i\omega t) + \boldsymbol{P}_o^{(1)*}(t)\exp(-i\omega t), \tag{11.25}$$

mit $\overline{\overline{\rho_{ab}^{(1)}}}$ gegeben durch Gl. (11.21) und $\boldsymbol{P}_o^{(1)} \equiv \overline{\overline{\rho_{ab}^{(1)}}}\ \boldsymbol{\mu}_{ba}$.

Die Kombination dieses Ergebnisses mit den Gl. (11.15) und (11.21) ergibt die Rate der Energieabsorption:

$$\frac{d\langle H'\rangle}{dt} = 2\omega\,\mathrm{Im}\left(\boldsymbol{P}_o^{(1)}\cdot\boldsymbol{E}_o{}^*\right)$$

$$\approx 2\omega\ \ \mathrm{Im}\left[\frac{i}{\hbar}\ \left(\overline{\rho_{bb}^{o}} - \overline{\rho_{aa}^{o}}\right)\left(\boldsymbol{\mu}_{ab}\cdot\boldsymbol{E}_o\right)\frac{1-\exp(-\gamma_{ab}\tau)}{i\,(\omega_{ab}+\omega)+\gamma_{ab}}\left(\boldsymbol{\mu}_{ba}\cdot\boldsymbol{E}_o{}^*\right)\right]$$

$$= \omega\left(\overline{\rho_{aa}^{(0)}} - \overline{\rho_{bb}^{(0)}}\right)\frac{|\mu_{ab}\cdot E_o|^2}{\hbar}\left(\frac{2\gamma_{ab}}{(\omega-\omega_{ba})^2+\gamma_{ab}^2}\right)\left[1-\exp(-\gamma_{ab}\tau)\right]. \tag{11.26}$$

Abgesehen von einem Faktor $\hbar\omega$ (die absorbierte Energie pro Anregung) entspricht dies der Gl. (11.24). Die Verwendung der Gl. (11.15) liefert somit das gleiche Ergebnis wie die vollständige Durchführung der der Dichtematrix erster Ordnung.

11.2 Optische Polarisation Dritter Ordnung und Nichtlineare Antwortfunktionen

Obwohl die Bewertung der optischen Polarisation erster Ordnung relativ einfach ist, wird die Algebra zunehmend umständlicher und die Interpretation der Ergebnisse weniger transparent, wenn wir zu höheren Ordnungen der Begriffe von $\boldsymbol{P}$ übergehen. Mukamel und Mitarbeiter [5, 7, 16, 17] haben Verfahren entwickelt, die auf Pfaden im Liouville-Raum basieren und die Buchführung erheblich vereinfachen und dazu beitragen, die Interpretationen verschiedener nichtlinearer optischer Experimente zu klären. Wir geben einen Überblick über diese Verfahren für $\boldsymbol{P}^{(1)}$ und $\boldsymbol{P}^{(3)}$. Siehe [7, 18] für zusätzliche Details und formellere Diskussionen darüber, wie Operatoren im Liouville-Raum arbeiten und mit quantenmechanischen Operatoren zusammenhängen, die im gewöhnlichen Vektorraum (Hilbert-Raum) arbeiten.

Betrachten Sie ein Ensemble von Systemen mit zwei elektronischen Zuständen (a und b) und einer anfänglichen Dichtematrix $\overline{\rho_{aa}^{(0)}} = 1$ und $\overline{\rho_{bb}^{(0)}} = \overline{\rho_{ab}^{(0)}} = \overline{\rho_{ba}^{(0)}} = 0$. Beziehen wir uns auf die Diagramme in Abb. 11.1, sehen wir, dass jedes der außerdiagonalen Elemente von $\boldsymbol{\rho}$, die zu $\boldsymbol{P}^{(1)}$ beitragen (ρ_{ab} und ρ_{ba}), durch einen Pfad im Liouville-Raum repräsentiert werden kann, der eine einzelne Interaktion mit dem Strahlungsfeld beinhaltet ($\rho_{aa} \to \rho_{ab}$ oder $\rho_{aa} \to \rho_{ba}$); eine zweite Interaktion ist dann erforderlich, um ρ_{bb} zu erzeugen. Nehmen wir den Pfad durch ρ_{ab}. Die Gl. (11.20) für $\overline{\rho_{bb}^{(0)}} = 0, \overline{\rho_{ab}^{(1)}}$ zur Zeit τ ergibt

$$\overline{\rho_{ab}^{(1)}}(\tau) = (-i/\hbar) \int_0^{\tau} \left\{ \exp\left[-(i\omega_{ab} + \gamma_{ab})\ (\tau - t)\right] \boldsymbol{\mu}_{ab} \cdot \boldsymbol{E}(t)\ \overline{\rho_{aa}^{(0)}} \right\} dt, \quad (11.27)$$

wo $\boldsymbol{E}(t)$ das elektrische Feld zur Zeit t ist. Die rechte Seite dieses Ausdrucks kann konzeptionell in drei Operationen unterteilt werden:

1. Das elektromagnetische Strahlungsfeld wirkt auf $\overline{\rho_{aa}^{(0)}}$ für ein kurzes Zeitintervall (Δt) zur Zeit t, wodurch ein kleiner Zuwachs eines nicht-diagonalen Dichtematrixelements entsteht, das die Kohärenz zwischen den Zuständen a und b darstellt ($\overline{\rho_{ab}^{(1)}}$). Die Größe des Zuwachses ist $\Delta\overline{\rho_{ab}^{(1)}}(t) = (-i/\hbar)\boldsymbol{\mu}_{ab} \cdot \boldsymbol{E}(t)\overline{\rho_{aa}^{(0)}}\Delta t$.
2. Der Zuwachs von $\overline{\rho_{ab}^{(1)}}$ entwickelt sich von der Zeit t bis zur Zeit τ, wobei er in der komplexen Ebene bei der Frequenz ω_{ab} schwingt und mit der Rate γ_{ab} aufgrund von fluktuierenden Wechselwirkungen mit der Umgebung abnimmt. Der Anteil des Zuwachses, der zur Zeit τ verbleibt, ist $\exp[-(i\omega_{ab} + \gamma_{ab})(\tau - t)]$.
3. Die Integration der Prozesse 1 und 2 von $t = 0$ bis τ ergibt den Gesamtwert von $\overline{\rho_{ab}^{(1)}}$ zur Zeit τ, der sich aus Anregungen zu allen früheren Zeiten ergibt. Die Schritte 1–3 zusammen bilden eine Faltung der zeitabhängigen Anregung mit einer zeitabhängigen Antwortfunktion.
   Um diesen Prozess auf eine allgemeine Weise zu beschreiben, die auf höhere Ordnungen der Polarisation erweitert werden kann, stellen Sie sich einen Liouville-Raum Operator $\tilde{\mathrm{L}}_{mk,nk}$ vor, der as Dichtematrixelement ρ_{nk} in das Element ρ_{mk} umwandelt. Wir benötigen auch einen konjugierten Operator $\tilde{\mathrm{L}}_{km,kn}$, der ρ_{kn} in ρ_{km} umwandelt. Mit diesen Operatoren können wir schreiben

$$-\boldsymbol{\mu}_{mn} \cdot \boldsymbol{E}(t)\tilde{\mathrm{L}}_{mk,nk}\rho_{nk} = -\boldsymbol{\mu}_{mn} \cdot \boldsymbol{E}(t)\rho_{mk} \quad (11.28a)$$

und

$$-\boldsymbol{\mu}_{mn} \cdot \boldsymbol{E}(t)\tilde{\mathrm{L}}_{km,kn}\rho_{kn} = -\boldsymbol{\mu}_{mn} \cdot \boldsymbol{E}(t)\rho_{km}. \quad (11.28b)$$

Als nächstes definieren wir einen *Zeitentwicklungs-Operator* $\tilde{\mathrm{G}}_{mn}(t_1)$, der auf ρ_{nm} zu einem gegebenen Zeitpunkt t wirkt und den Wert zu Zeitpunkt $t + \tau$ erzeugt, so dass $\rho_{nm}(t + t_1) = \tilde{\mathbf{G}}_{mn}(t_1)\rho_{nm}(t)$. Operatoren dieser allgemeinen Art werden als *Green-Funktionen* oder *Green'sche Funktionen* in Anerkennung des Mathematikers und Physikers des neunzehnten Jahrhunderts, George Green, bezeichnet. (Der Name wird allgemein für Lösungen linearer partieller Differentialgleichungen verwendet. In Problemen, die den Wärmetransfer betreffen, könnte zum Beispiel eine Green-Funktion die Wärme an der Position x_2 und Zeit $t + t_1$ nach der Einführung einer kleinen Menge Wärme an Position x_1 und Zeit t beschreiben.) Wenn ρ_{nm} exponentiell mit der Zeitkonstante γ_{nm} abnimmt, kann der Operator, den wir benötigen, durch seine Wirkung auf eine beliebige Funktion A definiert werden als

$$\tilde{\mathrm{G}}_{mn}(t)A = \exp\left[-(i\omega_{mn} + \gamma_{mn})t\right] A. \quad (11.29)$$

Mit diesen Definitionen haben wir

$$\boldsymbol{\mu}_{ba}\rho_{ab}^{(1)}(\tau) = \left|\boldsymbol{\mu}_{ba} \cdot \hat{e}\right|^2 \left(\frac{i}{\hbar}\right) \int_0^\tau R(\tau - t)\boldsymbol{E}(t)\, dt, \tag{11.30}$$

wo

$$R(t) = \tilde{\mathrm{G}}_{ba}(t)\tilde{\mathrm{L}}_{ba,aa}\rho_{aa}, \tag{11.31}$$

und $\hat{e}$ ist ein Einheitsvektor, der die Polarisation des Strahlungsfeldes anzeigt. Dann, weil $\rho_{ba} = \rho_{ab}{}^*$, ist die optische Polarisation erster Ordnung, die aus den Pfaden durch sowohl ρ_{ba} als auch ρ_{ab} resultiert

$$\begin{aligned} \boldsymbol{P}^{(1)}(\tau) &= \boldsymbol{\mu}_{ba}\rho_{ab}^{(1)}(\tau) + \overrightarrow{\mu}_{ab}\rho_{ab}^{(1)*}(\tau) = \\ &\left|\boldsymbol{\mu}_{ba} \cdot \hat{e}\right|^2 \left(\frac{i}{\hbar}\right) \int_0^\tau \left\{R(\tau - t) - R^*(\tau - t)\right\}\boldsymbol{E}(t)\, dt \\ &= \int_0^\tau S^{(1)}(\tau - t)\boldsymbol{E}(t)\, dt, \end{aligned} \tag{11.32}$$

wo die *lineare Antwortfunktion* $S^{(1)}(t)$ ist

$$S^{(1)}(t) = \left|\boldsymbol{\mu}_{ba} \cdot \hat{e}\right|^2 (i/\hbar)\left[R(t) - R^*(t)\right] = (i/2\hbar)\left|\boldsymbol{\mu}_{ba} \cdot \hat{e}\right|^2 \mathrm{Im}\,[R(t)]. \tag{11.33}$$

Diese Analyse basiert auf der grundlegenden Annahme der *Kausalität,* was bedeutet, dass die Reaktion des Systems der Interaktion mit dem Feld folgen muss, anstatt ihr voranzugehen.

Die Green-Funktion, ausgedrückt in Gl. (11.29), nimmt an, dass Nichtdiagonalelemente von $\overline{\boldsymbol{\rho}}$ durch einfache exponentielle Kinetik abklingen. Wie wir in Abschn. 10.7 diskutiert haben, sind tatsächliche Relaxationsfunktionen im Allgemeinen komplex und können Gauss-, und oszillatorische Komponenten enthalten. Um eine realistischere Relaxationsfunktion zu verwenden, können wir Gl. (11.29) zu

$$\tilde{\mathrm{G}}_{mn}(t)A = \exp\left[-i\omega_{mn} - g(t)\right] A, \tag{11.34}$$

verallgemeinern, wobei $g(t)$ durch Gl. (10.71) oder (10.72) oder ein anderes Modell, wie ein gedämpfter harmonischer Oszillator, gegeben ist.

Lassen Sie uns nun den Liouville-Raum-Ansatz auf optische Polarisation dritter Ordnung erweitern. Abb. 11.4 zeigt vier der relevanten Pfade für ein Zwei-Zustandssystem und Abb. 11.5 zeigt doppelseitige Feynman-Diagramme für die gleichen Pfade. Wie in Abb. 11.1 erzeugt der erste Schritt, der von (a,a) in der linken unteren Ecke in Abb. 11.4A ausgeht, eine Kohärenz, die diagrammatisch durch (b,a) oder (a,b) dargestellt wird, je nachdem, ob die Störung auf den linken Index (Pfade R_1 und R_4 in Abb. 11.4B und 11.5B) oder den rechten Index (Pfade

R_2 und R_3) wirkt. Die zweite Wechselwirkung mit dem Feld, verzögert um Zeit t_1 nach der ersten, wandelt die Kohärenz entweder in (*b*,*b*) (Pfade R_1 und R_2) oder in (*a*,*a*) (Pfade R_3 und R_4) um. Die dritte Wechselwirkung erfolgt zur Zeit t_2 nach der zweiten und erzeugt erneut Kohärenzen. Es gibt acht (2^3) verschiedene dreistufige Pfade, die mit einer Kohärenz enden, die mit einem der schattierten Kreise in Abb. 11.4A dargestellt sind. Die fehlenden Pfade in Abb. 11.4 sind die komplexen Konjugierten der vier gezeigten Pfade (*d. h.*, die Pfade, die durch Ersetzen jedes vertikalen Schritts durch einen horizontalen Schritt und umgekehrt oder einfach durch Austauschen der Bra- und Ket-Indizes des Dichtematrixelements an jedem Punkt erhalten werden). Ein vierter Schritt von einer der Kohärenzen zur Zeit *t* (t_3 nach der dritten Wechselwirkung) ergibt entweder ρ_{aa} oder ρ_{bb}.

Indem Sie die Feynman-Diagramme für $\boldsymbol{P}^{(3)}$ (Abb. 11.5) mit denen für $\boldsymbol{P}^{(1)}$ (Abb. 11.2) vergleichen und sich auf die Gl. (11.29–11.33) für die Polarisation

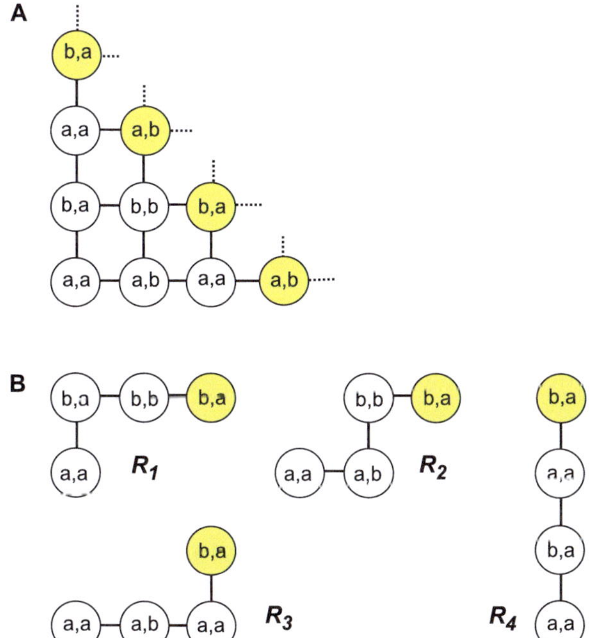

Abb. 11.4 Erzeugung der Polarisation dritter Ordnung durch Pfade im Liouville-Raum. (**A**) Eine Erweiterung von Abb. 11.1A, mit den Kohärenzen, die zu $\boldsymbol{\rho}$ und $\overrightarrow{P}^{(3)}$ beitragen, hier dargestellt durch *gelb schattierte Kreise*. Acht dreistufige Pfade beginnen bei *a*,*a* (*untere linke Ecke*) und enden bei einem dieser Ovale. (**B**) Vier dieser Pfade; die anderen vier sind die komplexen Konjugierten der gezeigten. Eine vierte Interaktion mit dem Feld (*vertikale oder horizontale gestrichelte Linie* in **A**) erzeugt entweder den angeregten Zustand (*b*,*b*) oder den Grundzustand (*a*,*a*) (nicht gezeigt). Pfade R_1, R_2, R_3, und R_4 entsprechen den vier einzelnen Antwortfunktionen R_1 bis R_4 (Gl. (11.37)), die sich mit ihren komplexen Konjugierten zur dritten Ordnung nichtlinearen Antwortfunktion $S^{(3)}$ (Gl. (11.36)) zusammensetzen

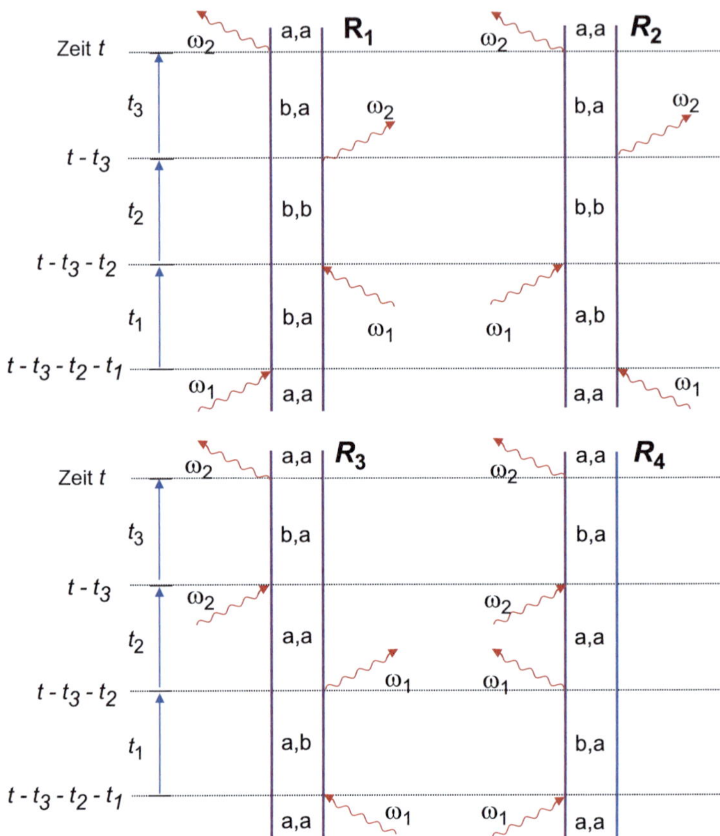

Abb. 11.5 Doppelseitige Feynman-Diagramme für die Polarisation dritter Ordnung in einem Zwei-Zustands-system. Die Symbole haben die gleiche Bedeutung wie in Abb. 11.2. Die Zeiten zwischen den Interaktionen mit dem Strahlungsfeld sind durch t_1, t_2, und t_3 angegeben. Diagramme $\mathbf{R_1}$ - $\mathbf{R_4}$ entsprechen den Liouville-Raum-Pfaden in Abb. 11.4B und den nichtlinearen Antwortfunktionen dritter Ordnung R_1 bis R_4 (Gl. (11.37)). Allerdings wird nur die stimulierte Emission, die den Grundzustand (ρ_{aa}) wiederbevölkert, für die vierte Interaktion mit dem Feld gezeigt. Diese Interaktion könnte auch die letzte Kohärenz oder ihr komplexes Konjugat zu ρ_{bb} umwandeln

erster Ordnung beziehen, werden Sie feststellen, dass die Polarisation dritter Ordnung geschrieben werden kann als

$$\boldsymbol{P}^3(t) = \int_0^t dt_3 \int_0^t dt_2 \int_0^t dt_1 S_3^{(3)}(t_3, t_2, t_1)\boldsymbol{E}(t - t_3)\boldsymbol{E}(t - t_3 - t_2)\boldsymbol{E}(t - t_3 - t_2 - t_1). \tag{11.35}$$

Hier ist $S^{(3)}(t_3, t_2, t_1)$ die *nichtlineare Antwortfunktion dritter Ordnung,*

$$S^{(3)}(t_3, t_2, t_1) = \left|\boldsymbol{\mu}_{ba} \cdot \hat{e}\right|^4 \left(\frac{i}{\hbar}\right)^3 \sum_{\sigma=1}^{4} \left\{R_\sigma(t_3, t_2, t_1) - R_\sigma{}^*\left(t_3, t_2, t_1\right)\right\}, \quad (11.36)$$

in der die R_σ Antwortfunktionen für die vier in den Abb. 11.4 und 11.5 dargestellten Pfade sind:

$$R_1(t_3, t_2, t_1) = \tilde{\mathrm{G}}_{ba}(t_3)\tilde{\mathrm{L}}_{ba,bb} \times \tilde{\mathrm{G}}_{bb}(t_2)\tilde{\mathrm{L}}_{bb,ba} \times \tilde{\mathrm{G}}_{ba}(t_1)\tilde{\mathrm{L}}_{ba,aa}\overline{\rho_{aa}^{(0)}}, \quad (11.37a)$$

$$R_2(t_3, t_2, t_1) = \tilde{\mathrm{G}}_{ba}(t_3)\tilde{\mathrm{L}}_{ba,bb} \times \tilde{\mathrm{G}}_{bb}(t_2)\tilde{\mathrm{L}}_{bb,ab} \times \tilde{\mathrm{G}}_{ab}(t_1)\tilde{\mathrm{L}}_{ab,aa}\overline{\rho_{aa}^{(0)}}, \quad (11.37b)$$

$$R_3(t_3, t_2, t_1) = \tilde{\mathrm{G}}_{ba}(t_3)\tilde{\mathrm{L}}_{ba,aa} \times \tilde{\mathrm{G}}_{aa}(t_2)\tilde{\mathrm{L}}_{aa,ab} \times \tilde{\mathrm{G}}_{ab}(t_1)\tilde{\mathrm{L}}_{ab,aa}\overline{\rho_{aa}^{(0)}}, \quad (11.37c)$$

und

$$R_4(t_3, t_2, t_1) = \tilde{\mathrm{G}}_{ba}(t_3)\tilde{\mathrm{L}}_{ba,aa} \times \tilde{\mathrm{G}}_{aa}(t_2)\tilde{\mathrm{L}}_{aa,ba} \times \tilde{\mathrm{G}}_{ba}(t_1)\tilde{\mathrm{L}}_{ba,aa}\overline{\rho_{aa}^{(0)}}. \quad (11.37d)$$

Die Reihenfolge der Operationen in diesen Ausdrücken erfolgt von rechts nach links und das Symbol „×" bezeichnet ein gewöhnliches Skalarprodukt.

Betrachten Sie den mit R_1 beschrifteten Pfad in den Abb. 11.4 und 11.5. In der hier verwendeten Notation sind t_1, t_2, t_3 und t die Zeiten zwischen aufeinanderfolgenden Wechselwirkungen mit dem Strahlungsfeld. Die erste Wechselwirkung findet statt bei Zeit $t - t_1 - t_2 - t_3$ und erzeugt eine Kohärenz, die durch ρ_{ba} dargestellt wird. Diese Kohärenz entwickelt sich über einen Zeitraum von t_1, was die Zeit auf $t - t_2 - t_3$ bringt, wenn die zweite Wechselwirkung ρ_{bb} erzeugt. Der angeregte Zustand entwickelt sich über einen Zeitraum von t_2, was uns zu $t - t_3$ bringt, wenn die dritte Wechselwirkung ρ_{ba} regeneriert. Die auf diese Weise erzeugte Polarisation dritter Ordnung entwickelt sich dann über einen Zeitraum von t_3, was uns zu t bringt, wenn die endgültige Wechselwirkung entweder ρ_{aa} (wie in den Abb. 11.4 und 11.5 gezeigt) oder ρ_{bb} (nicht gezeigt) ergibt. Das komplexe Konjugat dieses Pfades (ebenfalls nicht gezeigt) ist $\rho_{aa} \rightarrow \rho_{ab} \rightarrow \rho_{bb} \rightarrow \rho_{ab} \rightarrow \rho_{aa}$ oder ρ_{bb}.

Mukamel [7, 19] zeigte, dass die nichtlinearen Antwortfunktionen der Gl. (11.37a–d) aus einer komplexen Linienformfunktion $g(t)$ berechnet werden können, wie wir sie in Gl. (10.71) eingeführt haben. Die Ableitung verwendet eine Kumulantenerweiterung parallel zu der, die zur Entwicklung der Gl. (10.67) und (10.71) verwendet wurde: $\exp(-g(t))$ wird als Taylorreihe in $g(t)$ erweitert, und $g(t)$ wird in Potenzen der schwankenden elektronischen Energiedifferenz zwischen dem Grund- und dem angeregten Zustand erweitert. Das Abschneiden der Potenzreihe nach dem quadratischen Term ergibt die folgenden Ergebnisse:

$$\begin{aligned} R_1 = \exp\Big[&- i\omega_{ba}(t_3 + t_1) - g^*(t_3) - g(t_1) - g^*(t_2) + g^*(t_2 + t_3) + g(t_1 + t_2) \\ &- g(t_1 + t_2 + t_3)\Big], \end{aligned} \quad (11.38a)$$

$$R_2 = \exp\Big[-i\omega_{ba}(t_3 - t_1) - g^*(t_3) - g^*(t_1) + g(t_2) - g(t_2 + t_3) - g^*(t_1 + t_2) + g^*(t_1 + t_2 + t_3)\Big], \tag{11.38b}$$

$$R_3 = \exp\Big[-i\omega_{ba}(t_3 - t_1) - g(t_3) - g^*(t_1) + g^*(t_2) - g^*(t_2 + t_3) - g^*(t_1 + t_2) + g^*(t_1 + t_2 + t_3)\Big] \tag{11.38c}$$

und

$$R_4 = \exp\Big[-i\omega_{ba}(t_3 + t_1) - g(t_3) - g(t_1) - g(t_2) + g(t_2 + t_3) + g(t_1 + t_2) - g(t_1 + t_2 + t_3)\Big]. \tag{11.38d}$$

Diese Ausdrücke gelten für eine Vielzahl von Experimenten, die von der Polarisation dritter Ordnung abhängen, einschließlich Pump-Probe und Photonenecho-Experimente. Drei-Puls Photonenecho-Experimente, zum Beispiel, hängen von R_2 ab (Abschn. 11.4).

11.3 Pump-Probe-Spektroskopie

In einem typischen Pump-Probe-Experiment wird eine Probe mit einem Puls mit der Frequenz ω_1 und Wellenvektor $\boldsymbol{k}_1$ angeregt und mit einem zweiten Puls mit der Frequenz ω_2 und Wellenvektor $\boldsymbol{k}_2$ gemessen. Der optische Weg eines der Pulse wird variiert, um die Verzögerung zwischen den beiden Pulsen zu ändern. Das gemessene Signal ist die Differenz zwischen den Intensitäten der übertragenen Probepulse in Anwesenheit und Abwesenheit der Anregungspulse und wird in der Regel über viele Pulse gemittelt. In einem System mit nur zwei elektronischen Zuständen kann die Differenz entweder die stimulierte Emission aus dem angeregten Zustand oder das Bleichen der Absorptionsbande des Grundzustands widerspiegeln. Die Probefrequenz wird oft durch Dispergieren eines spektral breiten Probestrahls nach dem Durchgang durch die Probe ausgewählt, wobei eine ähnliche Apparatur wie in Abb. 1.10 [20, 21] benutzt wird. Alternativ kann ein Teil des primären Laserpulses vor der Probe ausgekoppelt und zu einem nichtlinearen optischen Gerät geschickt werden, um einen Probepuls mit einer anderen Frequenz zu erzeugen. Die Frequenzen könnten beispielsweise so gewählt werden, dass sie auf der blauen Seite der Absorptionsbande pumpen und das Bleichen oder die stimulierte Emission auf der roten Seite messen. Da die Probepulse nicht einzeln gemessen werden, spiegelt das Signal ein Integral des Produkts $-\boldsymbol{\mu}_{ba}\boldsymbol{P}^{(3)}(t)\boldsymbol{E}(t)$ von der Zeit $t = -\infty$ bis ∞ wider.

Die Strahlungsfelder, die in die Gl. (11.35) eingehen, sind Kombinationen der Felder aus den Pump- und Probepulsen und sind gegeben durch

$$\boldsymbol{E}(t') = \boldsymbol{E}_1(\boldsymbol{r}, t' + \tau)\{\exp(i\boldsymbol{k}_1 \cdot \boldsymbol{r} - i\omega_1 t') + \exp(-i\boldsymbol{k}_1 \cdot \boldsymbol{r} + i\omega_1 t')\}$$

$$+ \; E_2(t')\{\exp(i\boldsymbol{k}_2 \cdot \boldsymbol{r} - i\omega_2 t') + \exp(-i\boldsymbol{k}_2 \cdot \boldsymbol{r} + i\omega_2 t')\}, \qquad (11.39)$$

wo $\boldsymbol{E}_j(t)$ die zeitliche Hülle und Polarisation des Pulses j und τ die Verzögerung zwischen den beiden Pulse ist. Prinzipiell könnte das gemessene Signal die Probe mit jeder linearen Kombination der vier einzelnen Wellenvektoren ($\pm\boldsymbol{k}_1 \pm \boldsymbol{k}_1 \pm \boldsymbol{k}_2 \pm \boldsymbol{k}_2$) und der gleichen Kombination der vier Frequenzen ($\pm\omega_1 \pm \omega_1 \pm \omega_2 \pm \omega_2$) verlassen, aber nur einige dieser Kombinationen überleben die Rotationswellen-Näherung; andere führen zu Hochfrequenzschwingungen, die wenig Beitrag zu den gemessenen Signalen leisten [5, 7]. Zum Beispiel, wenn die Pump- und Probepulse zeitlich gut getrennt sind, müssen die Exponenten in den Termen $\exp(\pm i\omega t)$ für die erste und zweite Wechselwirkung mit dem Feld entgegengesetzte Vorzeichen haben. Zusätzliche Signale, oft als „Kohärenz-Artefakte" bezeichnet werden, aber tatsächlich vorhersehbare Folgen der Vier-Wellen-Mischung sind, können erzeugt werden, wenn die beiden Pulse überlappen.

In einem Drei-Zustand-System kann die Bildung des dritten Zustands (c) sowohl durch Absorption im angeregten Zustand (Anregung vom Zustand b zum Zustand c) als auch durch stimulierte Emission oder Grundzustandsbleichung untersucht werden. Es vereinfacht die Situation, wenn die Pumpfrequenz (ω_1) resonant für Übergänge zwischen den Zuständen a und b ist, während die Probefrequenz (ω_2) selektiv für Übergänge zwischen den Zuständen b und c ist. Abb. 11.6 zeigt die relevanten doppelseitigen Feynman-Diagramme für vier Pfade, die zur optischen Polarisation dritter Ordnung beitragen. Auch die nichtlineare Antwortfunktion dritter Ordnung ($S^{(3)}(t_3, t_2, t_1)$) beinhaltet die komplexen Konjugierten dieser Pfade, die in der Abbildung nicht dargestellt sind. Drei Wechselwirkungen mit dem Strahlungfeld entlang des Pfades R_1, R_2 oder R_3 führen zur Kohärenz ρ_{bc}, die entweder den Zustand b (ρ_{bb}) oder den Zustand c (ρ_{cc}) erzeugen kann, wenn sie durch die vierte Wechselwirkung geprobt wird. Abb. 11.6 zeigt nur den Zweig, der zu ρ_{cc} führt, und lässt die in Abb. 11.5 gezeigten Pfade aus, die sowohl in Zwei- als auch in Drei-Zustandsystemen auftreten. Pfad R_4 erreicht ρ_{ca}, fällt dann aber zurück zu ρ_{ba}, der nur ρ_{bb} oder ρ_{aa} bei der vierten Wechselwirkung geben kann. Er trägt daher nicht zu einem gemessenen Signal bei, außer möglicherweise, wenn die Pump- und Probepulse in der Zeit überlappen.

Wahrscheinlich der interessanteste der in Abb. 11.6 gezeigten Pfade ist R_3. Obwohl dieser Pfad bei der vierten Wechselwirkung mit dem Strahlungsfeld den Zustand c ergibt, wird der Zustand b tatsächlich nie bevölkert: Der Weg verläuft vollständig durch die Kohärenzen ρ_{ab}, ρ_{ac} und ρ_{bc}! Der Pfad sollte daher besonders empfindlich auf Dephasierung reagieren und sollte nur auftreten, wenn die Verzögerung t_2 sehr kurz ist. Dies ähnelt der Raman-Streuung, die ebenfalls

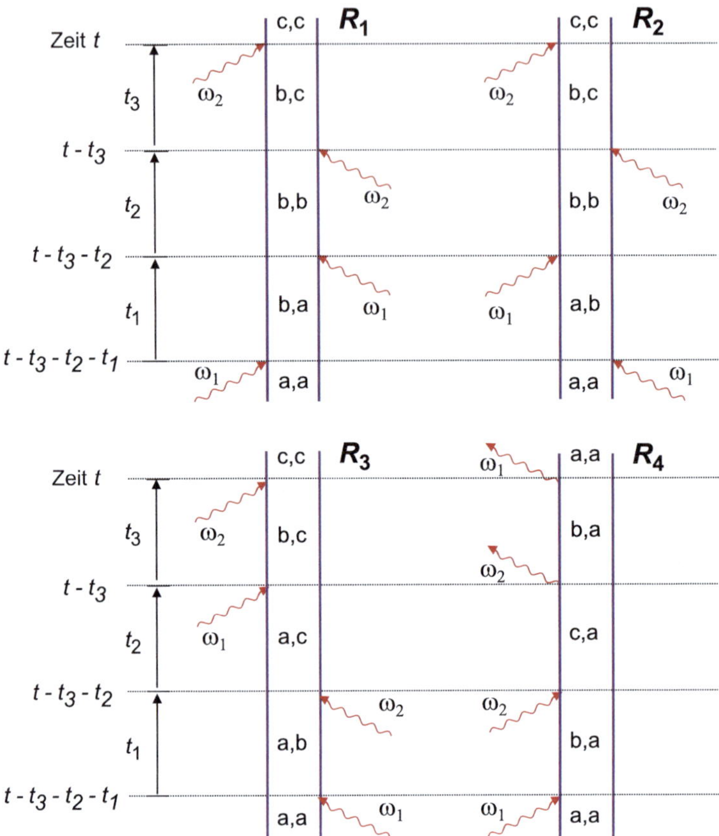

Abb. 11.6 Doppelseitige Feynman-Diagramme für die Polarisation dritter Ordnung in einem Drei-Zustand-System. Dargestellt sind Pfade, die eine Kohärenz erzeugen oder durchlaufen, die den dritten Zustand einschließt. Jeder dieser Pfade hat ein komplexes Konjugat, das nicht dargestellt ist. Nur die Bildung des dritten Zustands wird für die vierte Wechselwirkung in den Pfaden R_1 bis R_3 gezeigt, und nur die Wiederherstellung des Grundzustands in R_4

Kohärenzen anstelle von „realen" Zwischenzuständen beinhaltet (Kap. 12). Yan et al. [5] beziehen diesen Pfad auch auf Elektronentunneln, wobei der Transfer von einem Donor zu einem Akzeptor durch quantenmechanische Kopplung durch einen „virtuellen" Zwischenzustand erleichtert wird, der höher in der Energie liegt als der Anfangs- oder Endzustand.

Pump-Probe Techniken mit Pikosekunden- und Sub-Pikosekunden-Laserpulsen haben es ermöglicht, chemische Prozesse auf der Zeitskala von Kernbewegungen zu untersuchen [22]. Abb. 11.7A zeigt eine typische Messung des frühen Zeitverlaufs der stimulierten Emission von einem Farbstoff Molekül (IR132) in Lösung [23]. Der Farbstoff wurde auf der blauen Seite seiner Absorptionsbande (830 nm) angeregt und die stimulierte Emission wurde bei 900 nm gemessen. Das Signal enthält eine langsam ansteigende Komponente mit einer Zeitkonstante von mehreren hundert Femtosekunden, die einen Teil der Stokes-Verschiebung der Emission in den Detektionsbereich darstellt. Die oszillatorischen Merkmale spiegeln kohärente vibrationale Schwingungsbewegungen wider, die außer Phase geraten, während sich der angeregte Zustand entspannt (Abschn. 11.5).

Pump-Probe Spektroskopie hat sich besonders nützlich bei Studien von lichtgetriebenen Prozessen in Photosynthese, Sehen, Bacteriorhodopsin, photoaktivem gelbem Protein, grün fluoreszierendem Protein und DNA-Photolyase erwiesen. Abb. 11.7B zeigt eine Messung der Kinetik des anfänglichen Elektronentransfer Schritts in photosynthetischen bakteriellen Reaktionszentren [23]. In diesem Experiment wurden Reaktionszentren auf der blauen Seite der langwelligen Absorptionsbande des Bakteriochlorophyll Dimers (P) angeregt, das als primärer Elektronendonor fungiert, und die stimulierte Emission aus dem ersten angeregten Singulettzustand des Dimer s (P*) wurde bei 940 nm gemessen. Der Zerfall der stimulierten Emission spiegelt die Dynamik des Elektronentransfers von P* zum benachbarten Bakteriochlorophyll wider. Die Anpassung des Zerfalls an einen biexponentiellen Ausdruck ergibt eine Hauptkomponente mit einer Zeitkonstante von 2,3 ps und eine Nebenkomponente mit einer Zeitkonstante von 7,3 ps. Für andere repräsentative Studien zu bakteriellen Reaktionszentren siehe [24–32]. Referenzen [33–35] und [36–39] beschreiben ähnliche Studien zu photoaktivem gelbem Protein und grün fluoreszierendem Protein, jeweils. Für Studien zu Rhodopsin, siehe [40–42]. Referenzen [43, 44] beschreiben Arbeiten zu DNA-Photolyase

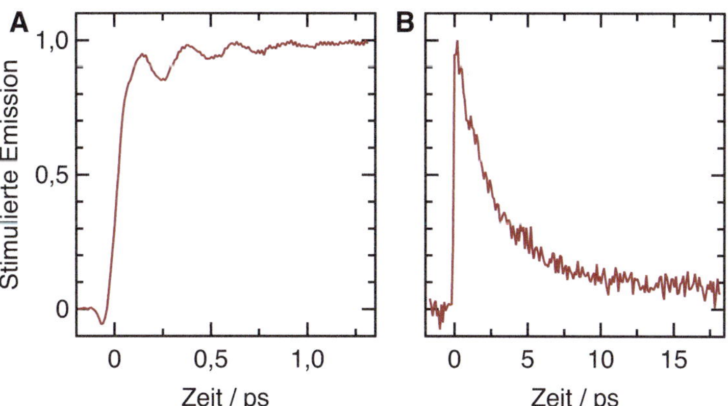

Abb. 11.7 Pump-Probe Messungen der stimulierten Emission von (**A**) dem Laser Farbstoff IR132 in Dimethylsulfoxid, und (**B**) dem niedrigsten angeregten Singulett-Zustand des Bakteriochlorophyll-Dimers, das als primärer Elektronendonor in Reaktionszentren von *Rhodobacter sphaeroides* dient [23]. Der Anregungspuls war bei 830 nm zentriert und hatte eine Halbwertsbreite (FWHM) von etwa 16 fs in beiden Fällen. Der Probenpuls hatte eine FWHM von etwa 80 fs und war bei 900 nm in (**A**) und 940 nm in (**B**) zentriert. Die Ordinatenskalen sind willkürlich

und Cryptochrom, und [45–47] beschreiben die Dynamik der internen Konversion und des Elektronentransfers in DNA und RNA.

11.4 Photonenechos

Wir haben in Kap. 10 gesehen, dass statische Inhomogenität in der Energie eines angeregten elektronischen Zustands dazu führt, dass ein Ensemble seine Kohärenz mit Gauss'scher Kinetik verliert, während dynamische Fluktuationen einen exponentiellen Zerfall verursachen. Photonenecho-Spektroskopie bietet eine Möglichkeit, die Fluktuationsdynamik ohne Verzerrung durch die Effekte der statischen Inhomogenität zu messen. Wir werden uns auf „Drei-Puls"-Photonenechos konzentrieren, die erzeugt werden, indem eine Probe mit drei kurzen Pulsen beleuchtet wird, die durch einstellbare Verzögerungen getrennt sind. Abb. 11.8 zeigt die Sequenz der Pulse und das optische Design in einem typischen Experiment, und Abb. 11.9 zeigt die relevanten doppelseitigen Feynman-Diagramme. In beiden Abbildungen treten Wechselwirkungen der Probe mit dem Strahlungsfeld zu den Zeiten $t - t_1 - t_2 - t_3$, $t - t_1 - t_2$, $t - t_1$, und t auf. Die Zeit zwischen den Zentren der Pulse 1 und 2 ist τ, und T ist die Zeit zwischen den Zentren der Pulse 2 und 3. In Abb. 11.8 passiert Puls 1 die Probe zuerst, Puls 2 als zweites und Puls 3 zuletzt, aber das muss nicht der Fall sein. Zum Beispiel, wenn das Zeitintervall t_1 negativ ist, kommt Puls 2 vor Puls 1 an.

Die Pulse in einem Drei-Puls-Photonen-Echo-Experiment treffen unter verschiedenen Einfallswinkeln auf die Probe, und das emittierte Licht, das das Signal bildet, wird in einem bestimmten Winkel zu den einfallenden Strahlen gesammelt (Abb. 11.8A). Wie wir im vorherigen Abschnitt besprochen haben, kann ein Signal mit jeder Kombination der Wellenvektoren der drei einfallenden Felder erscheinen: $\mathbf{k}_s = \pm\mathbf{k}_1 \pm \mathbf{k}_2 \pm \mathbf{k}_3$, aber nur bestimmte Kombinationen erhalten den Impuls und erfüllen die rotierenden Wellenbedingungen für einen gegebenen Pfad im Liouville-Raum. Die dominanten Signale werden in der Regel bei $\mathbf{k}_s = \mathbf{k}_3 + \mathbf{k}_2 - \mathbf{k}_1$ erhalten, was die Anforderungen für die Pfade R_2 und R_3 in Abb. 11.9 erfüllt, und bei $\mathbf{k}_s' = \mathbf{k}_3 + \mathbf{k}_1 - \mathbf{k}_2$, was die Bedingungen für R_2^* und R_3^* erfüllt [9, 48, 49].

Betrachten Sie zunächst den Pfad R_2, bei dem der Puls 1 dem Puls 2 vorausgeht ($t_1 > 0$) (Abb. 11.9). Dieser Pfad hat zwei Perioden der Kohärenz (Verzögerungsperioden t_1 und t_3) und das Dichtematrixelement in der zweiten Periode (ρ_{ba}) ist das komplexe Konjugat von dem in der ersten (ρ_{ab}). Die beiden Perioden der Kohärenz sind durch ein „Populations"-Intervall (t_2) getrennt, in dem sich die Systeme im angeregten Zustand (ρ_{bb}) befinden. Während der Periode t_1 führen sowohl statische als auch dynamische Inhomogenität in den Energien der Moleküle im Ensemble dazu, dass die Kohärenz abnimmt. Aber jeder wirklich statische Beitrag zur Energie eines bestimmten Moleküls bleibt konstant bis zur Periode t_3, wo er den entgegengesetzten Effekt haben wird, den er während der Periode t_1 hatte. Dies liegt daran, dass die Green-Funktion für ρ_{ba} das komplexe Konjugat (genauer gesagt, das hermitesche Konjugat) von dem für ρ_{ab} ist (Gl. 11.37). Statische Inhomogenität in der Energiedifferenz zwischen den Zuständen a und b

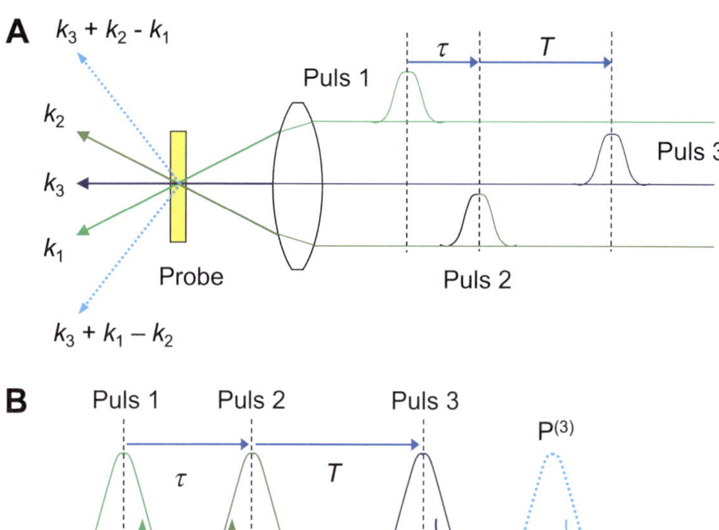

Abb. 11.8 Pulssequenz und Feld-Materie-Interaktionen in einem Drei-Puls-Photonen-Echo-Experiment. (**A**) Pulse 1, 2 und 3, die in diesem Diagramm von *rechts nach links* verlaufen, erreichen die Probe mit unterschiedlichen Wellenvektoren ($\boldsymbol{k}_1$, $\boldsymbol{k}_2$ und $\boldsymbol{k}_3$). Pulse 1 und 2 sind durch das Zeitintervall τ getrennt; Pulse 2 und 3 durch das Intervall T. Photonenechos mit Wellenvektoren $\boldsymbol{k}_3 \pm (\boldsymbol{k}_2 - \boldsymbol{k}_1)$ werden gemessen. (**B**) Interaktionen der Probe mit den elektromagnetischen Feldern (*gewellte Pfeile*) treten zu den Zeiten $t - t_3 - t_2 - t_1$ (während Puls 1), $t - t_3 - t_2$ (während Puls 2) und $t - t_3$ (während Puls 3) auf, und das Echo ($P^{(3)}$) wird zur Zeit t emittiert. Das Signal wird von $t_3 = 0$ bis ∞ integriert. Abb. 11.13 zeigt, wie bewegliche Spiegel zur Steuerung der Pulszeit in solchen Experimenten verwendet werden können

erzeugt eine Verteilung der Faktoren $\exp(-i\omega_{ba}t)$ in der Green-Funktion für ρ_{ba}, die verschwindet, wenn sie mit der gleichen Verteilung der Faktoren $\exp(-i\omega_{ab}t)$ in der Green-Funktion für ρ_{ab} multipliziert wird. Daher wird die durch statische Inhomogenität verursachte Dephasierung während der Periode t_3 umgekehrt, wodurch eine Kohärenz regeneriert wird, die als Puls emittierten Lichts erscheint, wenn $t_3 \approx t_1$. Dies ist das Photonenecho.

Dephasierung aufgrund dynamischer Fluktuationen unterliegt keiner solchen Umkehrung, da es in die Green-Funktionen für sowohl ρ_{ba} als auch ρ_{ab} auf identische Weise eintritt, zum Beispiel als $\exp(-t/T_2)$ für beide Green-Funktionen, wenn die Kohärenz einen einfachen exponentiellen Zerfall hat. Die Amplitude des Photonenechos wird daher am größten sein, wenn t_2 kurz ist und abnehmen wird, wenn t_2 verlängert wird und Fluktuationen auf einer breiteren Zeitskala die hermitesche Beziehung zwischen den beiden Green-Funktionen stören. Die Abhängigkeit der Echoamplitude von t_2 wird daher mit relativ geringer Störung durch die Auswirkungen statischer Inhomogenität über die Fluktuationsdynamik informieren.

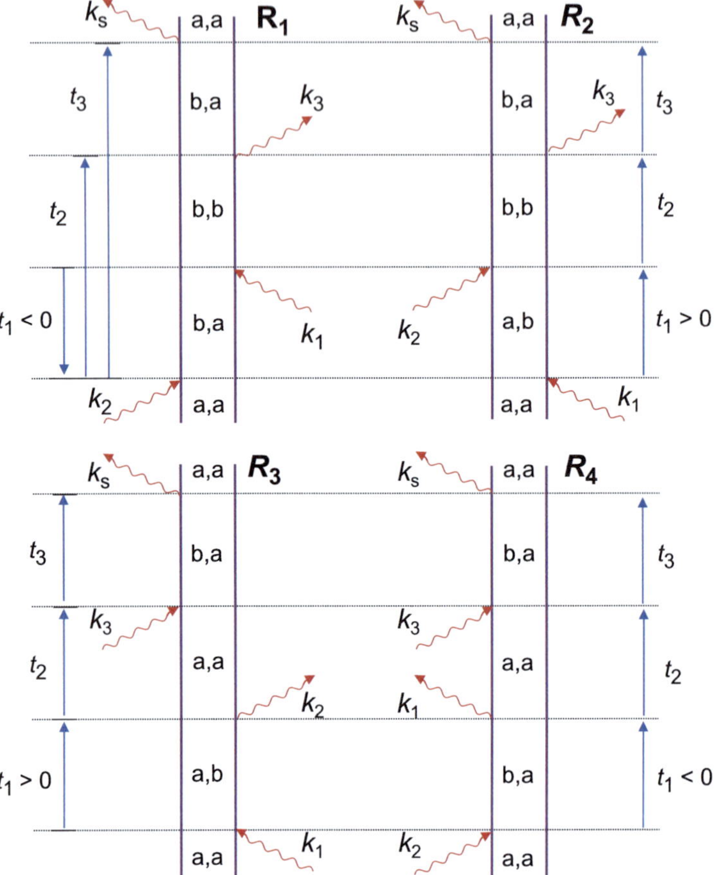

Abb. 11.9 Doppelseitige Feynman-Diagramme für die Polarisationen dritter Ordnung, die Photonenechos innerhalb der Rotationswellennäherung erzeugen (Pfade R_2, R_3 und ihre komplex Konjugierten), und die Pfade, die die Rotationswellennäherung überleben, aber keine Photonen-Echos erzeugen (Pfade R_1, R_4 und ihre komplexen Konjugierten). Wenn die ersten drei Interaktionen mit dem Feld während drei getrennten Pulsen wie in Abb. 11.8 auftreten, verwandelt die Verzögerung von Puls 1, so dass er auf Puls 2 folgt, R_2 in R_1 und R_3 in R_4

Betrachten Sie nun den Pfad R_1, der aus R_2 einfach dadurch erhalten werden kann, dass Puls 1 verzögert wird, so dass er auf Puls 2 folgt ($t_1 < 0$ in Abb. 11.8 und 11.9). R_1 und sein komplexes Konjugat haben jeweils zwei Perioden mit der *gleichen* Kohärenz (ρ_{ba}) getrennt durch ein Populationsintervall. Sie führen nicht zu Echos.

Das komplexe Konjugat von R_2 (nicht gezeigt in Abb. 11.9) erzeugt Photonenechos, die gleich sind wie die von R_2, aber, wie oben erwähnt, erscheinen mit Wellenvektor $\boldsymbol{k}_s = \boldsymbol{k}_1 - \boldsymbol{k}_2 - \boldsymbol{k}_3$. R_3 ähnelt R_2 darin, dass es zwei Perioden mit konjugierten Kohärenzen getrennt durch eine Populationsperiode hat. Da das System jedoch die Populationsperiode im Grundzustand (ρ_{aa}) verbringt, tragen dieser Pfad und sein komplexes Konjugat normalerweise nicht zu einem messbaren Echosignal bei [49]. R_4 und $R_4{}^*$ haben entsprechende Beziehungen zu R_1 und $R_1{}^*$ und erzeugen ebenfalls keine Echos.

In dem wahrscheinlich informativsten Typ eines Drei-Puls-Photonen-Echo-Experiments wird die Zeit zwischen den Pulsen 1 und 2 (τ) variiert, während die zwischen den Pulsen 2 und 3 (T) konstant gehalten wird (Abb. 11.8 und 11.9). Das Echo-Signal in Richtung $\boldsymbol{k}_s = \boldsymbol{k}_2 - \boldsymbol{k}_1 + \boldsymbol{k}_3$ wird über die Zeit t_3 integriert und die Messungen werden mit verschiedenen Werten von T wiederholt. Das Signal reflektiert die Polarisation dritter Ordnung mit Wellenvektor $\boldsymbol{k}_s$, $\boldsymbol{P}^{(3)}(\boldsymbol{k}_s)$, und kann entweder durch direktes Sammeln des emittierten Lichts (*Homodyn-Detektion*) oder durch Mischen von $\boldsymbol{P}^{(3)}(\boldsymbol{k}_s)$ mit einem separaten, stärkeren Strahlungfeld (*Heterodyn-Detektion*) erkannt werden. Mit Homodyn-Detektion hängt das Signal von der quadrierten Amplitude (Modul) der Polarisation ab:

$$I(\boldsymbol{k}_s) = \int_0^\infty \left|\boldsymbol{P}^{(3)}(\boldsymbol{k}_s)\right|^2 dt_3. \tag{11.40}$$

Wenn wir nur den Pfad R_2 betrachten, der das Signal dominiert, wenn Puls 1 Puls 2 vorausgeht, ist die Polarisation dritter Ordnung zur Zeit t gegeben durch

$$\begin{aligned}\boldsymbol{P}^{(3)}(\boldsymbol{k}_s,t) =& \left|\boldsymbol{\mu}_{ba}\cdot\hat{e}\right|^4\left(\frac{i}{\hbar}\right)^3\int_0^t dt_3\int_0^t dt_2\int_0^t dt_1\, R_2(t_3,t_2,t_1)\left[\left|\boldsymbol{E}_3^o(t-t_3)\right|\exp(i\omega\, t_3)\right]\times\\ &\left[\left|\boldsymbol{E}_2^o(t-t_3-t_2+T)\right|\exp(-i\omega\, t_2)\right]\left[\left|\boldsymbol{E}_1^o(t-t_3-t_2-t_1+\tau+T)\right|\exp(-i\omega\, t_1)\right],\end{aligned} \tag{11.41}$$

wo $|\boldsymbol{E}_1^o(t)|$, $|\boldsymbol{E}_2^o(t)|$ und $|\boldsymbol{E}_3^o(t)|$ die Hüllen der Feldamplituden in den drei Pulsen sind und die Antwortfunktion $R_2(t_3, t_2, t_1)$ mit der Linienverbreiterungsfunktion $g(t)$ durch Gl. (11.38b) verbunden ist [7, 49, 50]. Wir haben angenommen, dass die drei Pulse die gleiche Frequenz (ω) haben und dass die Feldhüllen alle reale Funktionen der Zeit sind.

Nehmen wir nun an, dass die Lichtpulse kurz im Vergleich zu den Zeitintervallen t_1, t_2 und t_3 sind, so dass $t_1 \approx \tau$ und $t_2 \approx T$. In dieser Grenze reduzieren sich die Gl. (11.40) und (11.41) auf

$$I(\boldsymbol{k}_s, \tau > 0) = \left|\boldsymbol{\mu}_{ba}\cdot\hat{e}\right|^8\left(\left|\boldsymbol{E}_3^o\right|^2\left|\boldsymbol{E}_2^o\right|^2\left|\boldsymbol{E}_1^o\right|^2/\hbar^6\right)\int_0^\infty |R_2|^2 dt_3, \tag{11.42}$$

wo $|\boldsymbol{E}_1^o|$, $|\boldsymbol{E}_2^o|$ und $|\boldsymbol{E}_3^o|$ Durchschnitte der Feldstärken über die Pulse sind. Die Notation „$\tau > 0$" gibt an, dass der Puls 1 dem Puls 2 vorausgehen muss, um die Reihenfolge der ersten beiden Interaktionen zu gewährleisten, die den Pfad R_2 darstellen. Unter Verwendung von Gl. (11.38b) für R_2 erhalten wir

$$\begin{aligned}I(\boldsymbol{k}_s, \tau > 0) \propto \int_0^\infty &\left|\exp\Big[-g^*(t_3) - g^*(t_1) + g(t_2) - g(t_2+t_3) - g^*(t_1+t_2)\right.\\ &\left.+ g^*(t_1+t_2+t_3)\Big]\right|^2 dt_3.\end{aligned} \tag{11.43}$$

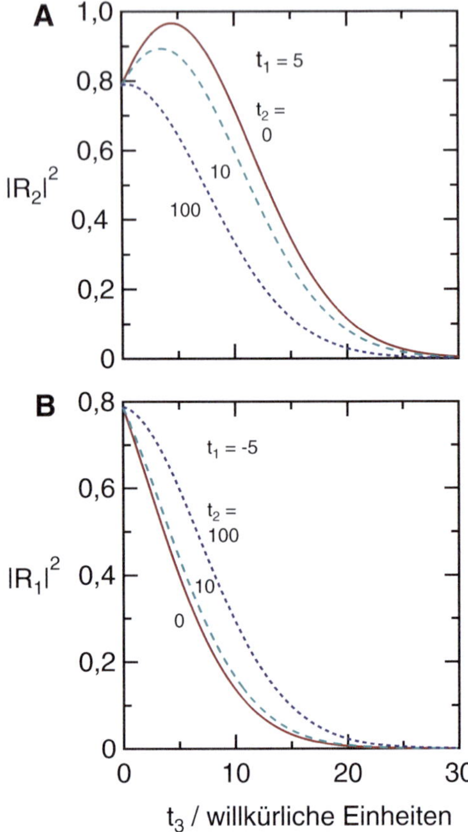

Abb. 11.10 Abhängigkeit von Drei-Puls-Photonen-Echo-Signalen von der Verzögerungszeit t_3, wie berechnet in der impulsiven Grenze mit Gl. (11.43) für $t_1 = \tau$ (die Verzögerung zwischen den Pulsen 1 und 2) = 5 (**A**) und mit Gl. (11.44) für $t_1 = \tau = -5$ (**B**). Die Verzögerung zwischen den Pulsen 2 und 3 ($t_2 = T$) war 0, 10 oder 100, wie angegeben. Die Zeiteinheiten sind willkürlich. Alle Berechnungen verwendeten die Kubo-Relaxationsfunktion (Gl. (10.69)) mit $\tau_c = 40$ Zeiteinheiten und $\sigma = 0{,}1$ reziproke Zeiteinheiten

Wenn Puls 1 so verzögert wird, dass er auf Puls 2 folgt ($\tau < 0$), ersetzt $R_1(t_3, t_2, t_1)$ $R_2(t_3, t_2, t_1)$, und die Verwendung von Gl. (11.38a) für R_1 ergibt

$$I(\boldsymbol{k}_s, \tau < 0) = \left|\boldsymbol{\mu}_{ba} \cdot \hat{e}\right|^8 \left(\left|\boldsymbol{E}_3^o\right|^2 \left|\boldsymbol{E}_2^o\right|^2 \left|\boldsymbol{E}_1^o\right|^2 / \hbar^6\right) \int_0^\infty |R_1|^2 dt_3$$

$$\propto \int_0^\infty \left| \exp\left[-g^*(t_3) - g(t_1) - g^*(t_2) + g^*(t_2 + t_3) + g(t_1 + t_2) - g(t_1 + t_2 + t_3)\right] \right|^2 dt_3 \ . \tag{11.44}$$

Abb. 11.10 zeigt, wie die Integranden in den Gl. (11.43) und (11.44) in Abhängigkeit von der Zeit t_3 für drei Werte von t_2 bei einem festen Wert von t_1 variieren. Die Kubo-Relaxationsfunktion (Gl. (10.69)) wurde für $\exp(g(t))$ verwendet]. Wenn der Puls 1 dem Puls 2 vorausgeht, so dass Gl. (11.43) gilt, und wenn t_2 nahe Null ist, erreicht das Signal seinen Höhepunkt, wenn $t_3 \approx t_1$, was die erwartete Rephasierung durch Pfad R_2 zeigt (Abb. 11.10A). Die Amplitude nimmt ab und bewegt sich in Richtung $t_3 = 0$ wenn t_2 verlängert wird, und die durch Puls 1erzeugte Kohärenz nimmt ab. Wenn Puls 1 auf Puls 2 folgt, so dass Gl. (11.44) gilt, tritt der Höhepunkt bei $t_3 = 0$ für alle Werte von t_2 auf, weil Pfad R_1 keine Rephasierung unterstützt (Abb. 11.10B). $|R_1|^2$ und $|R_2|^2$ werden äquivalent, wenn t_2 gegen ∞ geht und das System jegliche Erinnerung an den ersten Puls verliert. Der Vergleich der Kurven, die mit gepunkteten blauen Linien in den Abb. 11.10 A und B dargestellt sind, zeigt, dass $|R_1|^2$ und $|R_2|^2$ im dort betrachteten System im Wesentlichen identisch geworden sind, wenn t_2 100 Zeiteinheiten beträgt.

Abb. 11.11 zeigt, wie die integrierten Signale von t_1 für die gleichen drei Werte von t_2 abhängen. Gl. (11.44) wurde verwendet, wenn $\tau_1 < 0$ und Gl. (11.43) wenn $\tau_1 > 0$. Wiederum führen positive Werte von τ_1 zu einem Echo-Signal, das sich bei Erhöhung von t_2 zum Ursprung hin zusammenzieht. Fleming und Mitarbeiter [10, 49–54] haben gezeigt, dass der Effekt von t_2 auf die Verschiebung dieses Signals von Null auf der t_1-Achse (die *Verschiebung des Drei-Puls-Photonen-Echo-Signals*) ein besonders nützliches Maß für die Kinetik der dynamischen Dephasierung bietet. Darstellungen dieses Effekts sind in Abb. 11.12 für mehrere Werte der Korrelations-Zeit-Konstante τ_c in der Kubo-Relaxationsfunktion dargestellt. Wie in Abschn. 10.7 diskutiert, beinhaltet die Kubo-Funktion sowohl statische (Gaußsche) als auch dynamische (exponentielle) Dephasierung, die aus Energiefluktuationen mit einer einzigen Korrelationszeitkonstante resultieren. Die Verschiebung des Drei-Puls-Photonen-Echo-Signals erfasst den dynamischen Anteil dieser Dephasierung.

Photonenechos können auch mit nur zwei Pulsen anstelle von drei erzeugt werden. Diese können mit dem gleichen theoretischen Formalismus beschrieben werden, indem man die zweiten und dritten Pulse zusammenfallen lässt und $\boldsymbol{k}_2 = \boldsymbol{k}_3$ setzt und $|\ \boldsymbol{E}_2^o(t)\ | = |\ \boldsymbol{E}_3^o(t)\ |$ [55].

Seit ihrer ersten Messung mit Rubinlaserpulsen von 10^{-8} s Pulsdauer [56], wurden Photonen-Echos mit einer Vielzahl von gepulsten Lasern, zur Untersuchung der Lösungsmitteldynamik auf Zeitskalen von 10^{-14} bis 10^{-1} s verwendet [10, 48–50, 52–54, 57–64]. Anwendungen auf die Bewegungen von Liganden-Bindungsstellen in Proteinen umfassten Studien zu Myoglobin [65–67], Zn Zytochrom-*c* [68], Bacteriorhodopsin [69], Antikörper [70] und Calmodulin [71]. Proteine zeigen im Allgemeinen mehrphasige Relaxationsdynamiken, die mit hierarchischen, reich strukturierten Potentialflächen übereinstimmen. Relaxationen mit effektiven Korrelations-Zeiten von 1,3 bis 4 ns wurden sogar bei 1,8 K in Zn Zytochrom-*c* gefunden [68]. IR Photonen-Echos wurden zur Untersuchung der vibrationalen Dynamik von Peptiden und kleinen Molekülen verwendet [72, 73], und wurden mit isotopischer Markierung kombiniert, um die Dynamik der Amid-I-Schwingung an einem spezifischen Rest in einem transmembranen Peptid zu untersuchen [74].

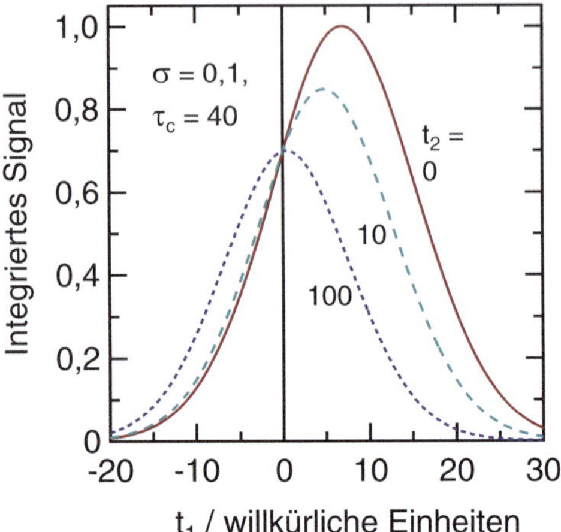

Abb. 11.11 Abhängigkeit der integrierten Drei-Puls-Photonen-Echo-Signale von t_1 (die Verzögerung zwischen den Pulsen 1 und 2), wie sie im impulsiven Limit mit Gl. (11.43) für $t_1 < 0$ und mit Gl. (11.44) für $t_1 > 0$ berechnet wurde. Die Verzögerung zwischen den Pulsen 2 und 3 (t_2) betrug 0, 10 oder 100, wie angegeben. Die Zeiteinheiten sind willkürlich. Alle Berechnungen verwendeten die Kubo-Relaxationsfunktion (Gl. (10.69)) mit $\tau_c = 40$ Zeiteinheiten und $\sigma = 0{,}1$ reziproke Zeiteinheiten

11.5 Zweidimensionale Elektronen- und Vibrationsspektroskopie

Eine leistungsstarke Erweiterung von Pump-Probe und Photonenecho-Experimenten besteht darin, die Frequenz des detektierten Lichts unabhängig von der Frequenz der Anregung zu variieren. Ein zweidimensionales Spektrum kann dann die Signalstärke anzeigen, wobei die Anregungsfrequenz auf einer Achse und die Detektionsfrequenz auf der anderen aufgetragen wird. Solche Experimente verwenden nun oft Heterodyn-Detektion, bei der die Polarisation dritter Ordnung der Probe nach drei kurzen Lichtpulsen mit dem stärkeren Feld eines separaten Pulses, dem sogenannten „Lokal Oszillator", kombiniert wird und die kombinierte Strahlung in einem mit einem Dioden-Array-Detektor ausgestatteten Spektrometer gemessen wird (Abb. 11.13). Die Intensität des Lichts mit der Frequenz ω_s, das den Detektor zur Zeit t erreicht, ist proportional zum Modul der Summe der Felder des Signals und des lokalen Oszillators ($|\boldsymbol{E}_{\mathrm{sig}}(t, \omega_{\mathrm{s}}) + \boldsymbol{E}_{\mathrm{LO}}(t, \omega_s)|^2$). Diese Größe hat drei Komponenten: $|\boldsymbol{E}_{\mathrm{LO}}(t, \omega_s)|^2$, die separat gemessen und subtrahiert werden kann, $|\boldsymbol{E}_{\mathrm{sig}}(t, \omega_s)|^2$, die vernachlässigbar ist, wenn das Signal viel schwächer ist als der lokale Oszillator, und ein Interferenz Begriff, der von dem Produkt der beiden Felder abhängt. Durch Mischen mit dem lokalen Oszillator kann das Signal erheblich verstärkt werden. Wenn der lokale Oszillatorpuls so synchronisiert ist, dass er mit dem dritten der drei Pulse die auf die Probe treffen, in Phase ist, liefern Kosinustransformationen des Interferenzterms ein eindimensionales Spektrum der Signalstärke gegen ω_s für eine bestimmte Wahl der Verzögerungszeiten τ und T in

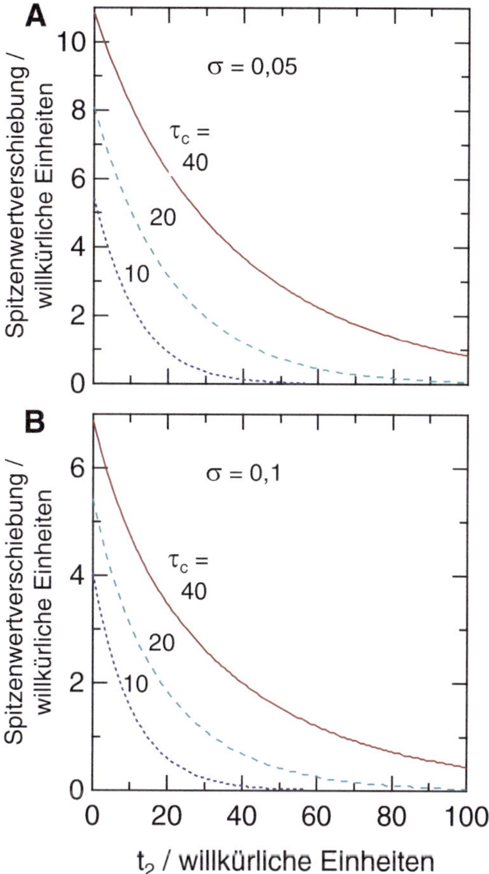

Abb. 11.12 Abhängigkeit der Verschiebung des Drei-Puls-Photonen-Echo-Signals von der Verzögerungszeit t_2, berechnet wie in Abb. 11.11 unter Verwendung der Kubo-Relaxationsfunktion (Gl. 10.69) mit $\tau_c = 10$, 20 oder 40 Zeiteinheiten wie angegeben und $\sigma = 0{,}05$ (**A**) oder 0,1 (**B**) reziproke Zeiteinheiten

Abb. 11.8 [75]. Diese Technik hängt von der Verwendung von Sub-Pikosekunden-Pulsen ab, die von Natur aus ein breites Spektrum an Frequenzen enthalten. Um die Abhängigkeit des Signals von der Anregungsfrequenz (ω_e) zu erhalten, werden die Messungen mit unterschiedlichen Werten der Verzögerung zwischen den Pulsen 1 und 2 (τ in Abb. 11.8) wiederholt. Eine Fourier-Transformation der Signalstärke für einen bestimmten Wert von ω_s hat positive und/oder negative Spitzen, die den Frequenzen entsprechen, bei denen das Pumplicht die Probe anregt. Das gesamte Experiment wird dann mit verschiedenen Werten der Verzögerung zwischen den Pulsen 2 und 3 (T) wiederholt, um zu untersuchen, wie die Probe nach der Anregung dephasieren oder sich auf andere Weise entwickeln kann. Die relative Polarisation der Pump- und Probefelder bietet eine zusätzliche unabhängige Variable.

Ein zweidimensionaler Graf, der die Anregungsfrequenz auf der Ordinate und die Signalfrequenz auf der Abszisse darstellt, hat typischerweise einen oder meh-

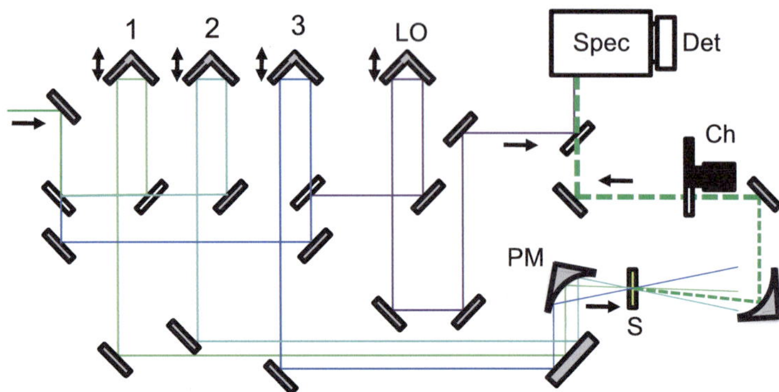

Abb. 11.13 Ein Design für 2-dimensionale Spektroskopie. Kurze Lichtpulse von einem Laser treten oben links ein und werden durch Strahlteiler (*offene Rechtecke*) und Spiegel (*schattierte Rechtecke*) in mehrere Pfade gelenkt. Ein parabolischer Spiegel (*PM*) fokussiert Pulse mit drei verschiedenen Wellenvektoren auf die Probe (*S*). *Doppelte Pfeile* zeigen bewegliche Spiegel an, die die Zeitabstimmung der Pulse steuern. Die Strahlung, die die Probe mit einem gewählten Wellenvektor (*gestrichelte Linie*) verlässt, wird durch einen Chopper (*Ch*) geschickt und mit einem Strahl stärkerer Pulse (*LO*, lokaler Oszillator) kombiniert. Die kombinierte Strahlung wird in einem Spektrometer (*Spec*) dispergiert und zu einem Detektor-Array (*Det*) geschickt. Signale vom lokalen Oszillator allein werden gemessen, wenn der Chopper das Licht blockiert, das von der Probe kommt, und werden subtrahiert. Polarisatoren und Kompensationsplatten sind nicht dargestellt. Siehe [75, 91] für Details und andere optische Schemata und Informationen zur Datenanalyse

rere Signale auf der Diagonalen, die Grundzustandsbleichung, stimulierte Emission oder Photonenechos bei der Anregungsfrequenz. Zusätzlich können außerdiagonale Signale vorhanden sein, die angeregte Zustände mit unterschiedlichen Energien widerspiegeln. Diese Signale können Absorption von angeregten Zuständen, stimulierte Emission, Kopplung von Anregungen mit unterschiedlichen Energien, Konformationsänderungen oder Energieübertragung widerspiegeln, und 2D-Spektroskopie kann Informationen über die Dynamik dieser Prozesse liefern [76, 77]. Abb. 11.14 veranschaulicht 2D Plots von elektronischen Übergängen in einem System mit zwei Molekülen, die sehr schwach interagieren, was bei Förster-Resonanz energieübertragung der Fall ist. Die Signale auf der Diagonalen spiegeln die Grundzustandsbleichung der einzelnen Moleküle wider. Diese haben positive Zeichen, weil reduzierte Absorption $|\boldsymbol{E}_{\mathrm{sig}}(t, \omega_s)|$ am Detektor erhöht. Die off-diagonalen Signale mit entgegengesetztem Zeichen stellen die Absorption des angeregten Zustands dar. In dieser Darstellung haben beide Moleküle schwache Absorptionsbanden des angeregten Zustands auf der niederenergetischen Seite der Absorptionsbanden des Grundzustands. Die Streckung der Signale entlang der Diagonalen bei Nullzeit ($T = 0$, Abb. 11.14A) resultiert hauptsächlich aus inhomogener Verbreiterung der Absorptionsspektren. Die schmälere Breite in der anti-diagonalen Richtung offenbart die homogene Absorptionsbandenform von Molekülen, die selektiv durch Licht mit einer bestimmten Energie angeregt werden. Fluktuationen der Struktur und Wechselwirkungen mit der Umgebung (spektrale Diffusion) führen dazu, dass die Signale mit der Zeit symmetrischer werden (Abb. 11.14B). Darüber hinaus verursacht die Resonanzenergieübertragung, dass die Signale, die das Molekül darstellen, das bei niedrigeren Energien absorbiert, mit der Zeit wachsen, während die für das andere Molekül abnehmen. Moca et al. [78] haben die Auswirkungen von Wechselwirkungen mit dem Lösungsmittel auf 2D-elektronische Spektren von Chlorophyll a in Lösung beschrieben.

Abb. 11.15 veranschaulicht 2D-Diagramme von elektronischen Übergängen in einem Dimer mit starken Wechselwirkungen zwischen den beiden Molekülen. Hier repräsentieren die positiven Signale auf der Diagonalen das Bleichen der beiden Exzitonbanden. Die Anregung bei der Frequenz von einer der beiden Banden bleicht beide Banden sofort und führt zum Auftreten eines negativen Signals, was Absorption im angeregten Zustand darstellt. Strukturelle Fluktuationen lassen alle Signale mit der Zeit symmetrischer werden, haben aber wenig Einfluss auf ihre relativen Amplituden.

Die Anregung einer Schwingung von Niveau 0 auf Niveau 1 ergibt ein diagonales Signal aus Grundzustandsbleichung dieser Absorption und ein außerdiagonales Signal mit entgegengesetztem Zeichen, das die Anregung desselben Modus von Niveau 1 auf 2 darstellt, wie schematisch in Abb. 11.16A gezeigt. Der Unterschied zwischen den Signalfrequenzen für diese Signale offenbart die Anharmonizität

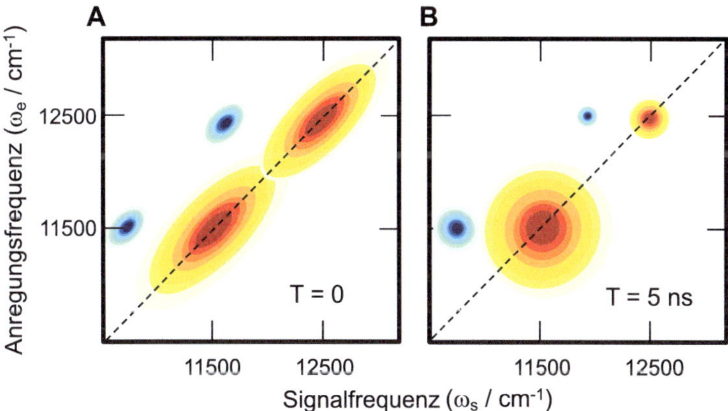

Abb. 11.14 (**A**) Schematische Darstellung eines 2D Spektrums von elektronischen Übergängen in einem System von zwei schwach interagierenden Molekülen. Im hier betrachteten Modell hat Molekül **1** eine Absorptionsbande zentriert um 12.500 cm^{-1} (800 nm) und Molekül **2** hat eine Bande bei 11.500 cm^{-1} (870 nm) mit ähnlicher Dipolstärke und Bandenform. Es wird angenommen, dass die Anregungspulse ein ausreichend breites Band von Frequenzen abdecken, so dass sie beide Moleküle anregen. Gelb bis rot zeigt eine Zunahme der Stärke des gemessenen Signals an, während grün bis blau eine Abnahme anzeigt. Die positiven Signale entlang der Diagonalen stellen die Grundzustandsbleichung und die stimulierte Emission der einzelnen Moleküle unmittelbar nach der Anregung ($T = 0$) dar, und die negativen außerdiagonalen Signale stellen die Absorption von angeregten Zuständen zur gleichen Zeit dar. (**B**) Spektrum für das gleiche System, gemessen mit einer Verzögerung von 5 ns zwischen den Anregungs- und Probepulsen. Die Übertragung von Energie von Molekül **1** zu **2** erhöht die Signale für Molekül **2** und verringert die für **1**. Strukturelle Fluktuationen (spektrale Diffusion) machen alle Signale symmetrischer

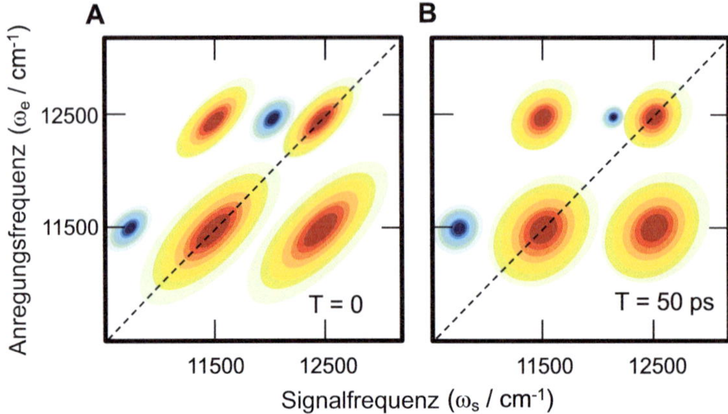

Abb. 11.15 Spektren ähnlich denen von Abb. 11.14 aber für zwei Moleküle mit starken elektronischen Wechselwirkungen. Das Dimer hat Exziton-Absorptionsbanden bei 11.500 und 12.500 cm^{-1}. Signale auf der Diagonalen repräsentieren Grundzustandsbleichung dieser Banden und stimulierte Emission aus den Exziton Zuständen. Die positiven (orange bis rot) außerdiagonalen Signale bei $T = 0$ (**A**) zeigen, dass die Anregung jeder Exzitonbande das Bleichen beider Banden verursacht. Die Anregung in jeder Bande führt auch zu negativen (blauen) Banden, die Anregungen zu einem doppelt angeregten Zustand darstellen. Bei $T = 50$ ps nach dem Anregungspuls, (**B**) bleiben beide Exziton-Banden gebleicht, aber die Abnahme der Absorption aus höherenergetisch angeregten Zuständen zeigt an, dass sich das System weitgehend in den niedrigerenergetischen Zustand entspannt hat

des Schwingungsmodus. Solche Messungen wurden für NO und CO beschrieben, die an Myoglobin und andere Hämoproteine gebunden sind, wo der Liganden-Streckungsmodus eine Grundfrequenz im Bereich von 1900 bis 1930 cm^{-1} und eine Anharmonizität von etwa 30 cm^{-1} hat [79–82].

Zweidimensionale IR (2D-IR) Spektren von CO-Myoglobin zeigen zusätzliche außerdiagonale Signale, die auf den Wechsel zwischen verschiedenen konformationellen Zuständen zurückzuführen sind [80]. Diese Peaks sind kurz nach der Anregung nicht zu sehen, entwickeln sich jedoch, wenn die Verzögerung zwischen den Pulsen 2 und 3 (T) erhöht wird, was ein direktes Maß für die konformationelle Dynamik liefert (Abb. 11.16B).

In einem System mit mehreren Chromophoren kann der Energietransfer zwischen Pigmenten mit unterschiedlich orientierten Übergangsdipolen den außerdiagonalen Signalen eine Abhängigkeit von der relativen Polarisation der Pump- und Probefelder geben. Messungen solcher zweidimensionalen Spektren haben Einblicke in die Wege gegeben, die Anregungen durch photosynthetische Antennenkomplexe und Reaktionszentren nehmen [83–94]. Ein überraschendes Ergebnis, das aus diesen Studien hervorgeht ist, dass oszillatorische Signale, die elektronische Kohärenzen widerspiegeln, manchmal länger dauern als einzelne Exzitonen, was darauf hindeutet, dass sich Anregungen kohärent durch die Struktur bewegen, anstatt stochastisch von Pigment zu Pigment zu hüpfen [87, 90, 91, 95–100]. Eine mögliche Erklärung für diese langlebigen Kohärenzen ist, dass die

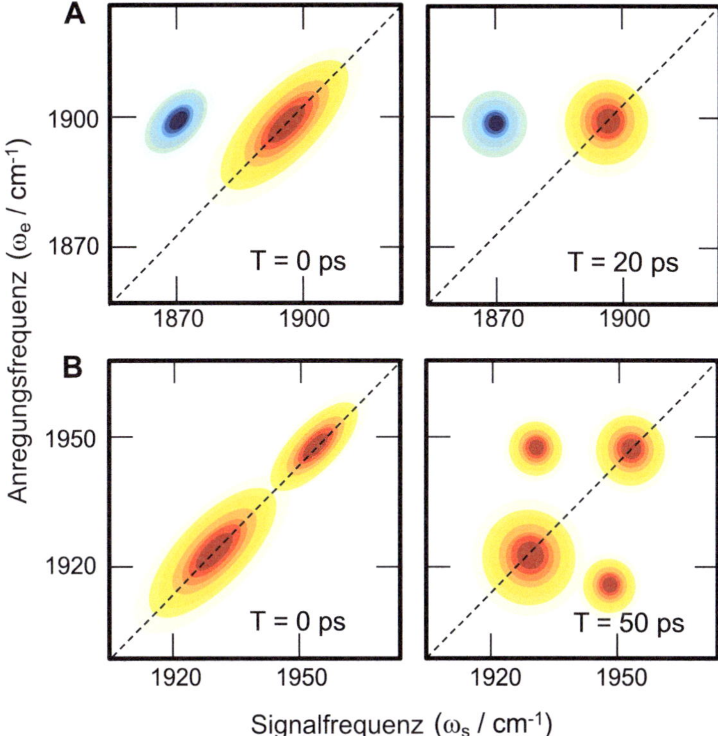

Abb. 11.16 Schematische Darstellungen von 2-dimensionalen IR-Spektren von Streckungsmoden von CO und NO Liganden, die an Hämproteine gebunden sind. Die Anregungsfrequenz wird auf der Ordinate und die Signalfrequenz auf der Abszisse angezeigt. (**A**) Der N–O-Streckungsmodus gibt ein diagonales Signal im Bereich von 1900 cm^{-1} und ein außerdiagonales Signal mit entgegengesetztem Zeichen in der Nähe von 1870 cm^{-1}. Der Hauptpeak repräsentiert die Anregung von Niveau $m = 0$ auf $m = 1$; der niedrigerenergetische Peak, Anregung von $m = 1$ auf $m = 2$. Der außerdiagonale Peak ist bei sehr kurzen Werten der Populationszeit (T) sowie bei längeren Verzögerungen zu sehen. Strukturelle Unordnung (inhomogene Verbreiterung) streckt den 0–1 Peak entlang der Diagonalen bei $T = 0$, und schnelle strukturelle Fluktuationen (spektrale Diffusion) machen den Peak mit der Zeit symmetrischer. (**B**) Spektren des C–O-Streckungsmodus in CO-Myoglobin haben zwei diagonale Peaks, die unterschiedliche konformationelle Zustände repräsentieren. Außerdiagonale Peaks entwickeln sich, wenn T zunimmt, was darauf hinweist, dass Umwandlungen zwischen den beiden Zuständen auf der Zeitskala von 50 ps stattfinden. Spektrale Diffusion führt erneut dazu, dass die Peaks mit der Zeit symmetrischer werden

dominanten Schwingungsmoden des Komplexes die Energien des Energiedonors und -akzeptors auf korrelierte Weise modulieren, anstatt in stochastischer Weise. Dies könnte dazu beitragen, die Energieaufnahme robust gegenüber thermischen Fluktuationen der Struktur zu machen.

Zweidimensionale IR-Spektroskopie wurde verwendet, um Exziton-Interaktionen, interne Stark-Verschiebungen und Relaxationsmechanismen von Amid I und II Übergängen in Peptiden und Proteinen zu untersuchen [73, 75, 101–110].

Die Ausbreitung der Anregungsenergien entlang einer zweiten Koordinate kann Komponenten trennen, die in breiten eindimensionalen IR-Spektren schwer aufzulösen sind.

Zweidimensionale UV-Spektroskopie wurde auf Nukleinsäurebasen und Nukleotide angewendet und verspricht, den Transfer von vibrationaler Energie und die Migration und Lokalisierung von Exzitonen in DNA zu erforschen [111–115]. Diese Prozesse sind relevant für das Verständnis, wie DNA UV-Schäden vermeidet.

11.6 Transiente Gitter

Wenn sich zwei ebene Lichtwellen in einem absorbierenden Medium überlappen, erzeugen ihre Felder sinusförmige Interferenzmuster wie in Abb. 11.17 gezeigt. In Regionen, in denen die Interferenz konstruktiv ist, kann sich die Absorption des Mediums als Ergebnis von Grundzustandsbleichung oder angeregter Absorption ändern; wo sie destruktiv ist, ändert sich wenig. Der Abstand der Anregungsbanden ist $\lambda_{band} = \lambda_{ex}/2 \sin(\theta_{ex}/2)$, wobei θ_{ex} der Winkel zwischen den Wellenvektoren der beiden Strahlen ist. Die Dichte des Mediums kann sich auch im gleichen Muster ändern, wenn die Anregung lokale Erwärmung oder Volumenänderungen verursacht, und dies wird den Brechungsindex beeinflussen. Solche Banden von modifizierter Absorption oder Brechungsindex können als Beugungsgitter wirken, um einen Probestrahl zu beugen, dessen Wellenlänge (λ_{probe}) und Einfallswinkel relativ zum Mittelwert der beiden Wellenvektoren (θ_{probe}) die Bragg-Bedingung erfüllen $j\lambda_{probe} = 2\lambda_{band}/\cos(\theta_{probe})$, wobei j eine ganze Zahl ist. Das Gitter wird jedoch verschwinden, wenn die angeregten Moleküle in ihren ursprünglichen Zustand zurückkehren oder sich von ihren ursprünglichen Positionen diffundieren und wenn die durch die Anregung erzeugte Wärme ebenfalls diffundiert. Die Beugung des Probestrahls bietet daher eine Möglichkeit, die Zerfallsdynamik des angeregten Zustands oder Volumenänderungen, die durch die Anregung verursacht werden, zu messen [116].

Abb. 11.18 zeigt eine typische Pump-Probe Anordnung zur Untersuchung von transienten Gittern auf Pikosekunden-Zeitskalen [116–119]. In diesem Schema wird ein Pulszug von einem Laser in drei Strahlen aufgeteilt, von denen zwei im Sample konvergieren, um das Gitter zu erzeugen. Der dritte Strahl wird verwendet, um Probepulse bei der gleichen oder einer anderen Frequenz zu erzeugen. Die Probepulse treffen zu einer einstellbaren Zeit nach den Pumppulsen auf die Probe, und der Teil des Probestrahls, der vom Gitter abgelenkt wird, passiert einen Schlitz, um den Detektor zu erreichen. Für Messungen auf Zeitskalen von Nanosekunden oder länger wird ein kontinuierlicher Strahl von einem separaten Laser als Probe verwendet, und die Intensität des abgelenkten Strahls wird in Echtzeit mit einem Oszilloskop oder Transienten-Digitalisierer aufgezeichnet [120, 121].

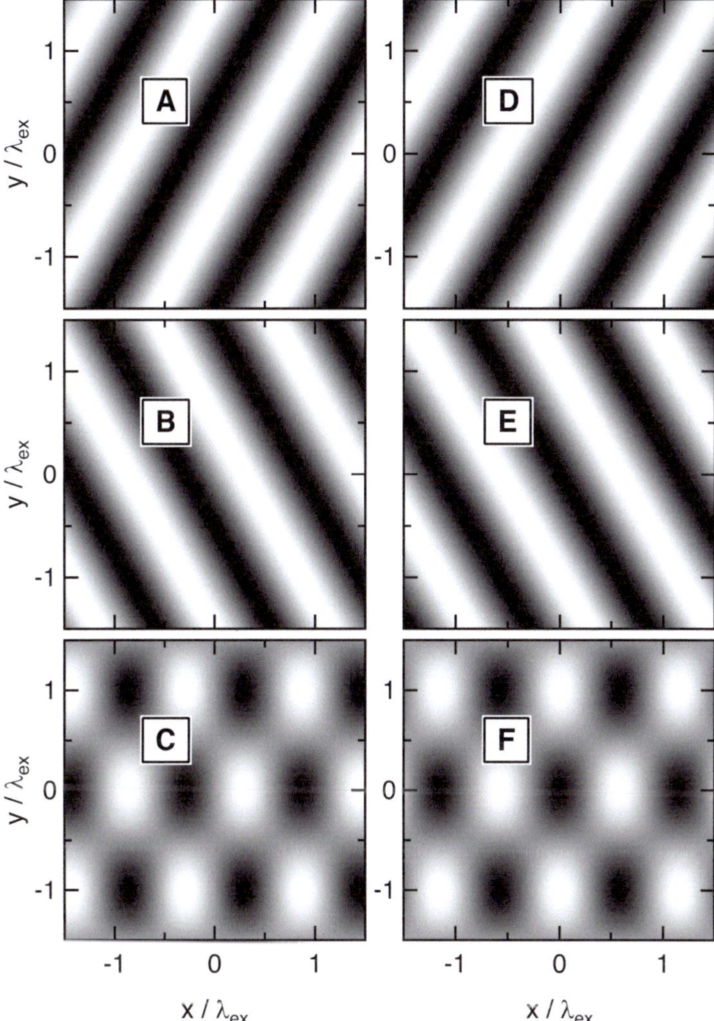

Abb. 11.17 Bildung eines transienten Gitters durch überlappende ebene Wellen. (**A**,**B**) Abbildung der elektrischen Felder zur Zeit Null in zwei ebenen Wellen, die nach rechts und unten (**A**) oder nach oben (**B**) unter einem Winkel von 30° relativ zur horizontalen (x) Achse ($\theta_{ex} = 60°$) propagieren. Die x und y Koordinaten sind relativ zur Wellenlänge der Strahlung (λ_{ex}) angegeben. Schwarz zeigt positive Felder an; weiß, negativ. (**C**) Die Summe der Felder in (**A**) und (**B**). (**D**–**F**) Das Gleiche wie (**A**–**C**), jeweils zur Zeit $1/0.25\nu_{ex}$, wobei ν_{ex} die Frequenz der Strahlung ist. Die vertikalen Knoten in (**C**) und (**F**) bewegen sich mit der Zeit von links nach rechts (beachten Sie, *z. B.*, den vertikalen grauen Streifen bei $x/\lambda_{ex} = 0$ in (**C**) und bei $x/\lambda_{ex} = 0{,}25$ in (**F**), während die horizontalen Knoten (*z. B.* $y/\lambda_{ex} = \pm\, 0{,}5$) stationär sind. Die kombinierten Felder werden daher hauptsächlich in horizontalen Bändern bei $y/\lambda_{ex} = -\,1, 0, +\,1$, usw. mit dem Medium interagieren. Im Allgemeinen werden ebene Wellen, die sich unter dem Winkel θ_{ex} schneiden, Bänder geben, die durch $y/\lambda_{ex} = 1/2 \sin\,(\theta_{ex}/2)$ getrennt sind

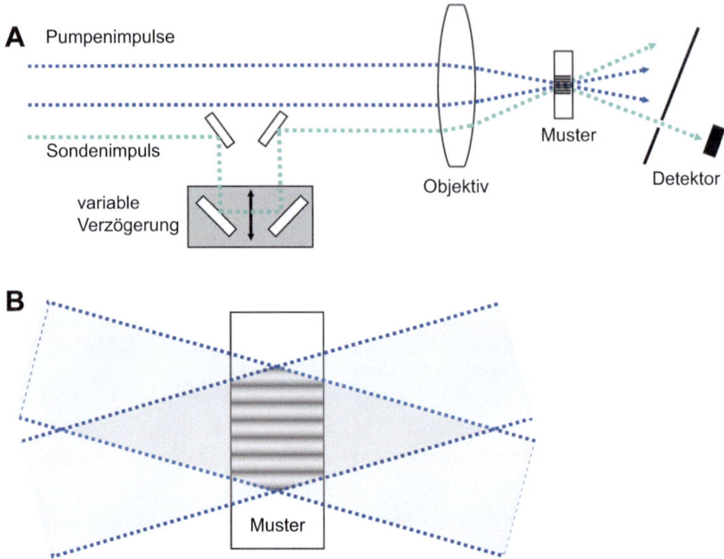

Abb. 11.18 (**A**) Apparat für Pikosekunden-transiente Gitter Experimente. Zwei parallele Strahlen von Pikosekunden-Pulsen (*schwere blaue gepunktete Linien*) werden durch eine Linse fokussiert, so dass sie in der Probe überlappen. Ein Probestrahl von Pikosekunden-Pulsen (*leichte cyan gepunktete Linien*) wird durch die gleiche Linse fokussiert, so dass er den Überlappungsbereich im Bragg-Winkel trifft. Probelicht, das vom transienten Gitter in der Probe abgelenkt wird, passiert einen Schlitz zu einem Detektor. Ein variabler Verzögerungspfad wird verwendet, um die Zeit zwischen den Anregungs- und Probepulsen wie in gewöhnlichen Pump-Probe Experimenten zu steuern. (Eine weitere Verzögerungsstufe, die nicht gezeigt wird, wird verwendet, um den Pfad eines der Anregungsstrahlen anzupassen, so dass die beiden Anregungspulse gleichzeitig die Probe erreichen.) (**B**) Vergrößerte Ansicht der Region, in der sich die Anregungsstrahlen (*helle graue Bereiche*) in der Probe kreuzen, zeigt die Ausrichtung des transienten Gitters (*dunklere graue Bänder*)

Beiträge zu einem transienten Gitter von Absorptionsänderungen können von Effekten, die den Realteil des Brechungsindex betreffen, durch ihre unterschiedliche Abhängigkeit von der Probefrequenz unterschieden werden [118]. Gitter, die durch thermische Ausdehnung erzeugt werden, können durch ihren schnellen Zerfall erkannt werden, da thermische Diffusion oft schneller ist als andere Prozesse, die auf die Anregung folgen [121, 122]. Transiente Gitter Techniken bieten daher eine nützliche Alternative zur photoakustischen Spektroskopie, bei der thermische Effekte in der Regel durch ihre Abhängigkeit vom thermischen Ausdehnungskoeffizienten des Lösungsmittels identifiziert werden (siehe, *z. B.*, [123, 124]). Anwendungen haben Studien von Volumen- und Enthalpieänderungen umfasst, die auf die Photodissoziation von Kohlenmonoxid aus Myoglobin und Hämoglobin folgen [125–130], Anregung von photoaktivem gelbem Protein [131] und Rhodopsin [132], und Faltung von Zytochrom-*c* [133, 134]. Transiente Gitter wurden auch verwendet, um die Exzitonmigration in photosynthetischen Antennenkomplexen zu studieren [135].

Transiente Gitter können auch auf einer Femtosekunden-Zeitskala als Funktion der Zeit zwischen den beiden Pulsen, die das Gitter erzeugen, untersucht werden [136]. Wie unsere Diskussion in Abschn. 11.3 nahelegt, müssen die beiden Strahlungsfelder nicht gleichzeitig in der Probe vorhanden sein; das zweite Feld kann konstruktiv oder destruktiv mit der Kohärenz interferieren, die durch das erste erzeugt wird. Dies macht Femtosekunden-transiente Gitter Experimente potenziell nützlich für die Erforschung von Relaxationen, die solche Kohärenz zerstören. Photonenecho-Experimente bieten jedoch einen besser entwickelten Weg zu diesem Ziel.

11.7 Vibrationswellenpakete

Fluoreszenz von Molekülen, die mit kurzen Pulsen angeregt werden, kann Oszillationen aufweisen, die die kohärente Anregung mehrerer vibronischer Niveaus widerspiegeln. Nehmen wir an, dass ein Ensemble von Molekülen die niedrigste nukleare Wellenfunktion des elektronischen Grundzustands besetzt. Die Wahrscheinlichkeit, dass der Puls das vibronische Niveau k eines angeregten elektronischen Zustands bevölkert, hängt dann vom elektronischen Übergangsdipol, dem Spektrum und der Intensität des Pulses und dem Überlappungsintegral $\langle \chi_{k(e)} \mid \chi_{0(g)} \rangle$ ab, wobei $\chi_{0(g)}$ und $\chi_{k(e)}$ die räumlichen Teile der Grund- und angeregten vibronischen Wellenfunktionen sind. Wenn der Puls ein breites Band an Energien im Vergleich zu den Abständen der vibronischen Eigenwerte enthält, wird er mehrere vibronische Niveaus (j, k, l, …) kohärent anregen, und diese Kohärenz wird in den außerdiagonalen Elementen der vibronischen Dichtematrix ausgedrückt. Betrachten Sie zum Beispiel ein einzelnes Molekül, das einen einzigen vibronischen Modus mit der Energie $h\upsilon$ hat. Wenn wir vibronische Relaxationen und den Zerfall des angeregten elektronischen Zustands nach dem Puls vernachlässigen, werden die außerdiagonalen Dichtematrixelemente mit Frequenzen schwingen, die verschiedene Vielfache von υ sind:

$$\rho_{jk}(t) = \rho_{jk}(0)\exp\left[-i\left(E_j - E_k\right)t/\hbar\right] = \rho_{jk}(0)\exp\left[-2\pi i(j-k)\upsilon t\right]. \quad (11.45)$$

Konstruktive und destruktive Interferenzen zwischen diesen Oszillationen führen zu oszillatorischen Merkmalen in der Fluoreszenz.

Ein angeregtes Ensemble mit vibronischer Kohärenz kann durch eine lineare Kombination von vibronischen Wellenfunktionen beschrieben werden:

$$\mathrm{X}(u,t) = \sum_k C_k \chi_{k(e)}(u)\exp[-2\pi i(k+1/2)\upsilon t]. \quad (11.46)$$

Hier repräsentiert u eine dimensionslose nukleare Koordinate und $\chi_{k(e)}(u)$ bezeichnet erneut den räumlichen Teil der Basisfunktion k. Ein System mit einer solchen Kombination von Wellenfunktionen wird als *Wellenpaket* bezeichnet. Die Koeffizienten C_k repräsentieren Durchschnittswerte über das Ensemble. Unter der

Annahme der Born-Oppenheimer-Näherung und Vernachlässigung von Relaxationen des angeregten Zustands und nichtlinearen Effekten in der Anregung, sind sie gegeben durch

$$C_k \approx N^{-1} \sum_j \frac{\exp\left[-(j+1/2)h\upsilon/k_B T\right]}{Z} \left\langle \chi_{k(e)} \middle| \chi_{j(g)} \right\rangle I_{k,j}, \tag{11.47}$$

wo $I_{k,j}$ die spektrale Überlappung des Anregungspulses mit der homogenen Absorptionsbande für den vibronischen Übergang vom Niveau j des Grundzustands zum Niveau k des angeregten Zustands ist, k_B und T sind die Boltzmann-Konstante und Temperatur, Z ist die vibronische Zustandsfunktion, und N^{-1} ist ein Faktor, der von der elektronischen Dipolstärke und der Intensität und Breite des Anregungspulses abhängt. Abb. 11.19B zeigt die Wahrscheinlichkeitsfunktion $|X(u, t)|^2$ für ein solches Wellenpaket unmittelbar nach der Anregung und zu mehreren späteren Zeiten. Für diese Darstellung benutzen wir eindimensionale harmonische Oszillator-Wellenfunktionen als Basis und gehen davon aus, dass alle Moleküle im niedrigsten Schwingungszustand des Grundzustands beginnen, was der Fall sein wird, wenn $T << h\upsilon/k_B$. Die potenziellen Energien für den Grund- und angeregten Zustand sind in Abb. 11.19A zusammen mit den ersten paar Basisfunktionen und Energien dargestellt.

Zum Zeitpunkt null ist die Wahrscheinlichkeitsfunktion $|X(u, t)|^2$ der Wellenfunktion im Potentialminimum des Grundzustands zentriert. Das Wellenpaket bewegt sich mit der Zeit von diesem Punkt weg und passiert das Potentialminimum des angeregten Zustands, wenn $t = \tau/4$, wobei τ die Schwingungsperiode $1/\upsilon$ ist (*Kurve 3* in Abb. 11.19B). Es erreicht die andere Seite des Potentials und kehrt um bei $t = \tau/2$ (*Kurve 5*). Alle einzelnen Wellenfunktionen kommen wieder in Phase bei $t = \tau$, wenn das Wellenpaket wieder an seiner ursprünglichen Position ankommt. Beachten Sie, dass Abb. 11.19B $|X(u, t)|^2$ zeigt und nicht das Wellenpaket selbst, das einmal pro Vibrationsperiode das Vorzeichen ändert und zwischen rein realen Werten oszilliert, wenn $t = 0, \tau, 2\tau, \ldots$ und rein imaginären Werten, wenn $t = \tau/2, 3\,\tau/2, 5\,\tau/2, \ldots$.

Der Anregungspuls, der in Abb. 11.19 verwendet wurde, hat eine weite Bandbreite im Verhältnis zum vibrationalen Energieabstand $h\upsilon$. In dieser eher speziellen Situation hat $|X(u,t)|^2$ eine Gaußsche Form, die unendlich konstant bleibt, während das Wellenpaket oszilliert. Solche Wellenpakete liefern eine nützliche Beschreibung der Strahlung die von einem kontinuierlichen Laser emittiert wird. In diesem Bild ähneln die räumlichen Schwingungen des Wellenpakets dem oszillierenden elektrischen Feld, das mit einem kontinuierlichen Strom von Photonen mit konstanter Energie verbunden ist [137].

Anharmonische Schwingungspotentiale oder Anregungspulse mit schmäleren spektralen Breiten können Wellenpakete mit komplizierteren, zeitabhängigen Formen erzeugen [138–140]. Abb. 11.20 zeigt ein Beispiel, in dem die FWHM des Anregungspulses auf $3h\upsilon$ verringert wird. Hier verbreitert sich $|X_e(u, t)|^2$ während es durch das Potentialminimum geht und wird deutlich asymmetrisch, während es

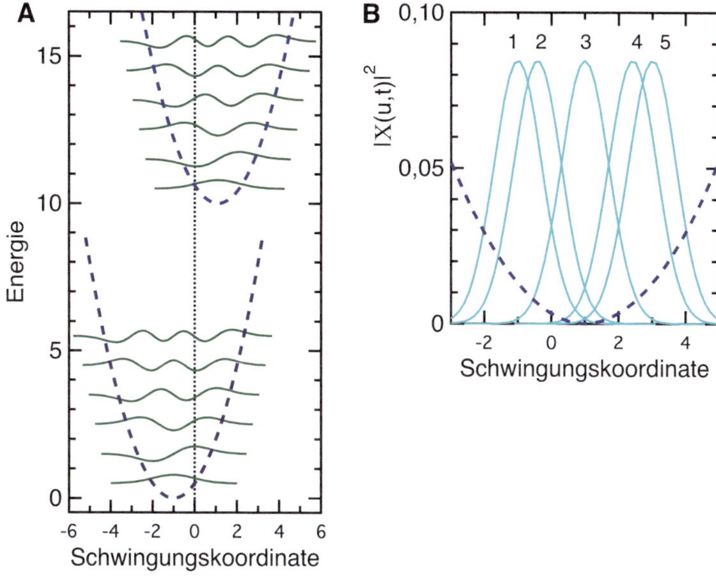

Abb. 11.19 (**A**) Wellenfunktionen und relative Energien für einen eindimensionalen harmonischen Oszillator mit einer Verschiebung (Δ) von 2,0 zwischen den Grund- und angeregten elektronischen Zuständen. Die Abszisse ist die dimensionslose Koordinate $u = (2\pi m_r \upsilon/h)^{-1/2}x$, wobei m_r und υ die reduzierte Masse und die klassische Schwingungsfrequenz sind (Gl. (2.28)); der Ursprung liegt in der Mitte zwischen den Potentialminima des Grund- und angeregten Zustands. Die *gestrichelten Linien* zeigen die potenziellen Energien. Der 0–0 Energieunterschied zwischen dem Grund- und angeregten Zustand ist willkürlich. (**B**) Die Wahrscheinlichkeitsfunktion ($|X(u, t)|^2$) eines Wellenpakets bei $t = 0$, $\tau/8$, $\tau/4$, $3\,\tau/8$, und $\tau/2$ (für *Kurven* 1–5), wobei $\tau = 1/\upsilon$. Die Schwingungskoordinate wird relativ zum Minimum des Grundzustandspotentials wie in (**A**) ausgedrückt. Schwingungsniveaus von $k = 0$ bis 12 wurden in das Wellenpaket mit Überlappungsintegralen $\langle \chi_{k(e)} \mid \chi_{0(g)} \rangle$ einbezogen, wie in Kasten 4.13 beschrieben. Der puls war auf das Franck-Condon Absorptions Maximum zentriert, das für $\Delta = 2$ bei $1{,}5\upsilon$ über der 0–0 Energie liegt. (Die Quadrate der Überlappungsintegrale für $k = 0$ bis 7 sind 0,368, 0,520, 0,520, 0,425, 0,300, 0,190, 0,110 und 0,059.) Der Puls enthielt eine breites Energieband (FWHM >>$h\upsilon$), so dass $I_{k,0}/N \approx 1$ in Gl. (11.47) für alle Schwingungsniveaus des angeregten Zustands, die signifikant mit $\chi_{0(g)}$ überlappen. Schwingungsrelaxationen und Dephasierung wurden vernachlässigt

sich vom Minimum entfernt. Darüber hinaus entsteht das Wellenpaket verschoben vom Grundzustandsminimum auf der Vibrationskoordinate und seine Auslenkungen sind eingeschränkter als bei breiterer Anregung. Wenn das Anregungsspektrum schmäler ist als $h\upsilon$, erreicht $|X(u, t)|^2$ seinen Höhepunkt am Franck-Condon-Maximum (Abb. 4.21).

Betrachten Sie nun die spontane Fluoreszenz des angeregten Systems. In einem klassischen Bild hängt die Frequenz der Emission zu jedem Zeitpunkt von der vertikalen Differenz zwischen den potenziellen Energiekurven für den Grund- und angeregten Zustand ab. Bei harmonischen Potenzialen ist der Energieunterschied

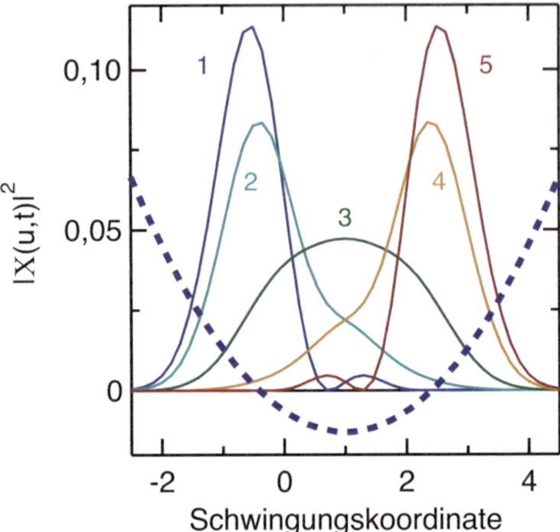

Abb. 11.20 Wahrscheinlichkeitsfunktion für ein Wellenpaket, das mit einer Anregungspulsbreite (FWHM) von $3h\upsilon$ erzeugt wurde. *Kurven 1–5* sind $|X(u,\, t)|^2$ zu den Zeiten $t = 0$, $\tau/8$, $\tau/4$, $3\,\tau/8$, und $\tau/2$; die potentialenergie des angeregten Zustands ist in willkürlichen Einheiten dargestellt (*dunkelblaue gestrichelte Kurve*). $\Delta = 2,0$, und die Abszisse gibt u relativ zu einem Punkt halbwegs zwischen dem Grund- und angeregten Zustandsminimum. Da das Anregungsspektrum die Koeffizienten der Schwingungsniveaus beeinflusst, ist $|X(u,t)|^2$ weniger symmetrisch als in Abb. 11.17 und erreicht zunächst seinen Höhepunkt bei $u \approx -0{,}5$ anstatt $-1{,}0$

eine lineare Funktion der Schwingungskoordinate. Um dies zu sehen, lassen Sie K die Schwingungskraftkonstante sein und setzen Sie die Potenzialminima des angeregten und des Grundzustands auf $\pm\Delta/2$, wie in den Abb. 11.19, 11.20 und 11.21 gezeigt. Der klassische potenzielle Energieunterschied zwischen den beiden Zuständen ist dann

$$V_e - V_g = E_{oo} + (K/2)(u - \Delta/2)^2 - (K/2)(u + \Delta/2)^2 = E_{oo} - uK\Delta, \quad (11.48)$$

wo E_{oo} der elektronische Energieunterschied ist. Der klassische Energieunterschied schwingt also in Phase mit den Schwingungen des angeregten Teilchens in seinem *Potenzial* (Abb. 11.21).

Im quantenmechanischen Bild hat der angeregte Zustand eine konstante Gesamtenergie. Die Wahrscheinlichkeit jedoch, dass das Molekül bei der Frequenz υ fluoresziert, hängt vom Franck-Condon-Faktor für einen Übergang zwischen dem angeregten Zustand Wellenpaket und dem vibronischen Grundzustandsniveau ab, das $h\upsilon$ niedriger in Energie liegt. Da sich das Wellenpaket hin und her bewegt, ändert sich seine Überlappung mit den verschiedenen nuklearen Wellenfunktionen des Grundzustands, was dazu führt, dass die Fluoreszenz bei einer gegebenen Frequenz schwingt. Die Fluoreszenz, die mit Übergängen zum vibrationalen Niveau j des Grundzustands verbunden ist, ist

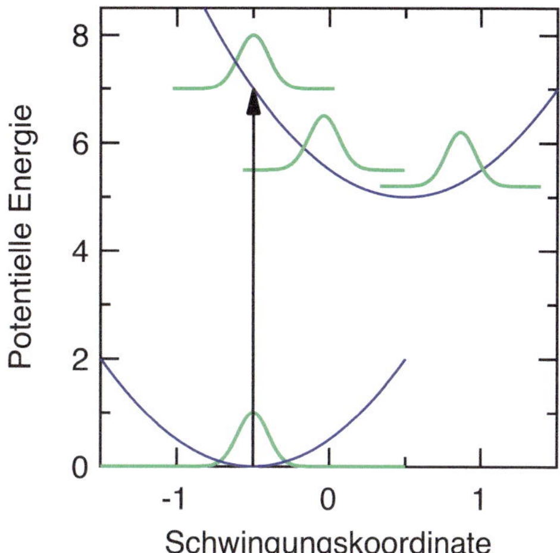

Abb. 11.21 Ein klassisches Teilchen, das in einen angeregten elektronischen Zustand befördert wird, schwingt im *Potenzial* dieses Zustands. Wenn das *Potenzial* in Bezug auf den Grundzustand entlang einer oder mehrerer nuklearer Koordinaten verschoben ist, oszilliert der Energieunterschied zwischen den beiden Zuständen in Phase mit den Bewegungen des Teilchens

$$F_j(t) \propto \left| \sum_k C_k \langle \chi_{j(g)} | \chi_{k(e)} \rangle \exp[-2\pi i(k + 1/2)\upsilon t] \right|^2, \tag{11.49}$$

mit C_k gegeben durch Gl. 11.47.

Abb. 11.22 veranschaulicht den berechneten Zeitverlauf der Fluoreszenz bei mehreren verschiedenen Energien. Panel *A* zeigt einen Schwingungsmodus, der schwach an den elektronischen Übergang gekoppelt ist ($\Delta = 0{,}5$), und *B* zeigt die Ergebnisse für einen Modus mit der stärkeren Kopplung, die in Abb. 11.19 verwendet wurde ($\Delta = 2{,}0$). In beiden Fällen erreicht die Fluoreszenz, die aus Übergängen zum niedrigsten Vibrationsniveau des Grundzustands resultiert (die Kurven mit der Bezeichnung 0), ihren Höhepunkt, wenn $t = 0$, τ, 2τ, ... (*d. h.*, immer wenn das Wellenpaket an seiner Ausgangsposition ist), während die Fluoreszenz, die Übergänge zu hohen Vibrationsniveaus des Grundzustands widerspiegelt, ihren Höhepunkt erreicht, wenn $t = \tau/2$, $3\tau/2$, $5\tau/2$ .... Die Oszillationen der Fluoreszenz auf der blauen und roten Seite des Spektrums sind somit 180° phasenverschoben. Bei Übergängen mit starker vibronischer Kopplung oszilliert die Fluoreszenz bei mittleren Wellenlängen auf kompliziertere Weise, da das Wellenpaket zweimal durch die Mitte des Potentials geht, in entgegengesetzten Richtungen, jedes Mal, wenn es an einem der Ränder umkehrt (Abb. 11.22B Kurven 1, 4, 6).

Abb. 11.23 zeigt berechnete Fluoreszenz-Emissionsspektren zu verschiedenen Zeiten zwischen $0{,}1\tau$ und 0.5τ für ein System mit $\Delta = 2{,}0$. Da die Fluoreszenz zwischen höheren und niedrigeren Frequenzen oszilliert, oszilliert auch die Breite des Emissionsspektrums. Das Spektrum ist am schärfsten, wenn das Wellenpaket bei $u = 0$ ist und am breitesten am gegenüberliegenden Rand des Potentials. Wiederum können anharmonische Potentiale kompliziertere Emissionsspektren liefern, die am breitesten sind, wenn das Wellenpaket in Zwischenpositionen ist. Die Zeitabhängigkeit des Emissionsspektrums kann daher Informationen über die

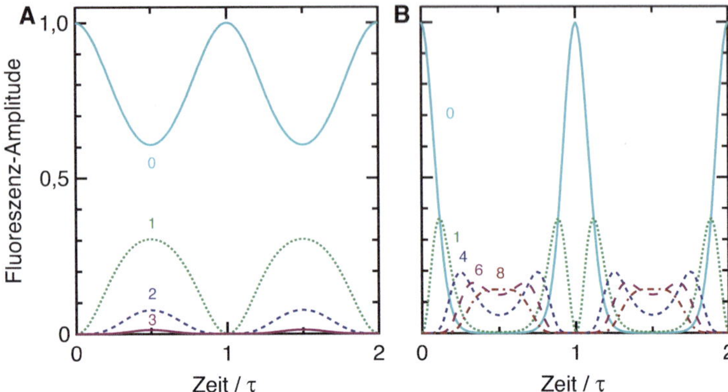

Abb. 11.22 Fluoreszenz bei mehreren Frequenzen, nach der Bildung eines vibrationalen Wellenpakets in einem angeregten elektronischen Zustand. Ein Vibrations-Modus mit der Periode τ ist an den elektronischen Übergang mit einer Verschiebung Δ von entweder 0,5 (**A**) oder 2,0 (**B**) gekoppelt. Wellenpakete werden vom niedrigsten Vibrationsniveau des Grundzustands durch Anregung mit einem spektral breiten Puls wie in Abb. 11.19B erzeugt. Die *mit 0 beschrifteten Kurven* zeigen die relative Amplitude der Fluoreszenz aus Übergängen zurück zum niedrigsten Niveau des Grundzustands; diese Übergänge tragen zur Hochenergiekante des Emissions-Spektrums bei. *Kurven beschrieben mit 1,2* ... repräsentieren Übergänge zu höheren Vibrationsniveaus des Grundzustands, die Emissionen bei progressiv niedrigeren Energien erzeugen. (**A**) Wenn die Verschiebung Δ klein ist, machen Übergänge zu den Niveaus 0, 1 und 2 im Wesentlichen die gesamte Emission aus. (Die gestrichelte Kurve nahe der Abszisse ist für Niveau 3.) (**B**) Wenn Δ größer ist, machen Übergänge zu höheren Niveaus signifikante Beiträge; fünf repräsentative Kurven sind gezeigt. Vibrations-Dephasierung und Relaxationen und der allgemeine Zerfall des angeregten Zustands werden vernachlässigt, und die gesamte Fluoreszenz ist zu allen Zeiten auf 1,0 normalisiert

Form der Potenzialoberfläche liefern [138–140], obwohl es unwahrscheinlich ist, dass die Form in den meisten Fällen eindeutig identifiziert wird.

Es ist lehrreich, diese Ergebnisse mit den Fluoreszenzoszillationen zu vergleichen, die wir in Abschn. 10.8 (Gl. (10.79)) diskutiert haben. Die elektronischen Kohärenzen, die wir dort betrachtet haben, verursachten, dass die Amplituden der Fluoreszenz bei verschiedenen Frequenzen in Phase oszillierten. Hier sind die Oszillationen bei verschiedenen Frequenzen aus der Phase. Der Unterschied besteht darin, dass wir in Abschn. 10.8 Kohärenzen zwischen zwei angeregten elektronischen Zuständen betrachtet haben, die zu einem einzigen Grundzustand zerfallen, während wir hier Übergänge von einem einzigen angeregten elektronischen Zustand zu verschiedenen vibronischen Niveaus des Grundzustands diskutieren.

Oszillationen der Fluoreszenz, stimulierte Emission und Absorption im angeregten Zustand wurden mit Pump-Probe Techniken und Fluoreszenz-Upconversion untersucht und wurden in zahlreichen kleinen Molekülen in Lösung beobachtet (Abb. 11.7; [139A, 141–143]), sowie in photosynthetischen bakteriellen

Reaktionszentren [27, 144, 145]. Sie klingen typischerweise im Laufe von mehreren Pikosekunden ab als Ergebnis von vibronischen Relaxationen und Dephasierung. Vibronische Kohärenzen zerfallen im Allgemeinen langsamer als elektronische Kohärenzen, da die Energien der vibronischen Zustände nicht so stark mit fluktuierenden Wechselwirkungen mit der Umgebung gekoppelt sind. Vibronische Dephasierung ist auch weniger temperaturabhängig.

In mehrdimensionalen Systemen werden kohärent angeregte vibronische Zustände eines Ensembles von Molekülen wahrscheinlich am besten mit dem Dichtematrix Formalismus beschrieben. Eine solche Beschreibung wurde verwendet, um oszillatorische Merkmale in der Dynamik des initialen Elektronentransfer Schrittes in photosynthetischen bakteriellen Reaktionszentren nach Anregung mit Sub-Pikosekunden-Pulsen zu rationalisieren [146, 147]. Schwingungsmoden, die an Elektronentransferreaktionen koppelwurden identifiziert, indem die schwankende Energielücke zwischen den Reaktant- und Produktzuständen (P^*B und P^+B^-) während der Molekulardynamik-Simulationen aufgezeichnet wurde (Abb. 6.3). Die Frequenzen und Verschiebungen der Schwingungsmoden wurden durch eine Fourier Transformation der Autokorrelationsfunktion der Schwankungen ermittelt (Gl. (10.51), (10.52)). Anschließend wurde eine reduzierte Dichtematrix aus etwa 650 vibronischen Zuständen von fünf repräsentativen Schwingungsmoden und den beiden elektronischen Zuständen erstellt. Anfangswerte der Dichtematrixelemente ($\rho_{jk}(0)$) wurden für die Anregung des reaktiven Bakteriochlorophyll Komplexes zu P^* mit einem Gaußschen Anregungspuls bei einer bestimmten Temperatur unter Verwendung der Ausdrücke

$$\rho_{jk}(0) = N^{-1}Z^{-1}\sum_{i\in P}\exp(-\varepsilon_i/k_BT)p_{i,j,k}, \tag{11.50a}$$

$$p_{i,j,k} = \left\{\prod_{m=1}^{5}\left\langle\chi_m^j\middle|\chi_m^i\right\rangle\right\} \times \left\{\prod_{m=1}^{5}\left\langle\chi_m^k\middle|\chi_m^i\right\rangle\right\} \exp\left\{-\left[(\varepsilon_j-\varepsilon_{ex})^2+(\varepsilon_k-\varepsilon_{ex})^2\right]/2\Gamma_{ex}\right\}, \tag{11.50b}$$

$$N = Z^{-1}\sum_{i\in P}\exp(-\varepsilon_i/k_BT)\sum_{j\in P*}p_{i,j,j}, \tag{11.50c}$$

und

$$Z = \sum_{i\in P}\exp(-\varepsilon_i/k_BT). \tag{11.50d}$$

Hier bezeichnet i einen vibronischen Unterzustand des elektronischen Grundzustands (P), und j und k bezeichnen Unterzustände von P^*; χ_m^l ist die harmonische Oszillatorwellenfunktion für Modus m im vibronischen Zustand l; $\hbar\nu_l$ ist die Energie des Zustands l, ε_{ex} ist das Zentrum des Anregungsspektrums; und $\Gamma_{ex} = (W_{ex})^2/4\ln 2$, wobei W_{ex} die volle spektrale Breite des Anregungsspektrums bei halbmaximaler Amplitude ist [146]. Die Zeitabhängigkeit der Dichtematrix

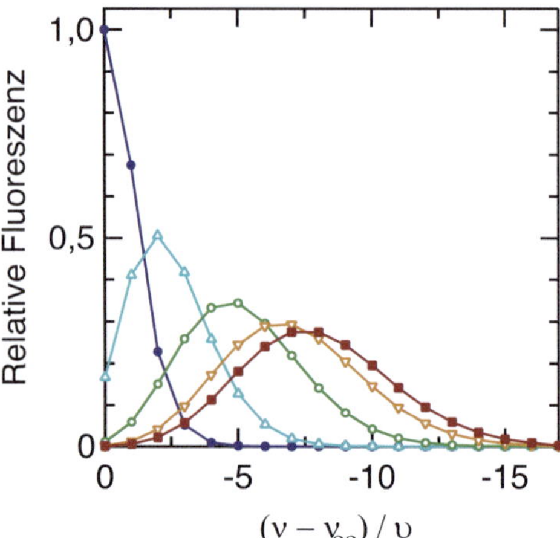

Abb. 11.23 Berechnete Fluoreszenz-Emissionsspektren für das in Abb. 11.17B und 11.20B betrachtete System ($\Delta = 2{,}0$) zu den Zeiten $t = 0{,}1\tau$ (*gefüllte Kreise*), $0{,}2\tau$ (*aufwärts gerichtete Dreiecke*), $0{,}3\tau$ (*offene Kreise*), 0.4τ (*abwärts gerichtete Dreiecke*) und $0{,}5\tau$ (*Quadrate*), wobei τ die vibronische Periode ist. Die Abszisse gibt die vibronische Übergangsfrequenz (ν) minus die 0–0 Übergangsfrequenz (ν_{oo}), relativ zur vibronischen Frequenz (υ) an

nach der anfänglichen Anregung wurde verfolgt, indem die stochastische Liouville-Gleichung integriert wurde (Gl. 10.30). Quantenmechanische Wechselwirkungs-Matrixelemente für Übergänge zwischen vibronischen Niveaus verschiedener elektronischer Zustände wurden als Produkte der entsprechenden vibrationalen Überlappungsintegrale für alle Moden und einem angenommenen elektronischen Kopplungsfaktor geschrieben. Die Elemente der Relaxationsmatrix **R** für die thermische Gleichgewichtseinstellung von zwei Schwingungsunterzuständen eines gegebenen elektronischen Zustands wurden in Beziehung gesetzt zu den Anzahlen der Schwingungsquanten in den beiden Unterzuständen, dem Energieunterschied zwischen den Unterzuständen und einer grundlegenden Zeitkonstante für die Gleichgewichtseinstellung der beiden niedrigsten Ebenen jedes Modus (T_1^o). Begriffe für reines Dephasieren und die Übertragung von Kohärenz zwischen verschiedenen Paaren von Zuständen wurden ebenfalls in **R** einbezogen.

Im Dichtematrix-Modell oszilliert die Energielücke zwischen P* und P^+B^- ($U(t)$) während sich das Wellenpaket auf der mehrdimensionalen *Potenzialoberfläche* des angeregten Zustands entwickelt. Die Zeitabhängigkeit der Lücke wird gegeben durch

$$\langle U(t) \rangle = Tr\left\{\overline{\boldsymbol{\rho}(t) \cdot \mathbf{U}(t)}\right\} = \sum_{k,j} \overline{\rho_{kj}}(t)\overline{U_{jk}}(t), \tag{11.51}$$

wo $\mathbf{U}(t)$ eine Matrixdarstellung von $U(t)$ ist und die Balken Ensemblemittelwerte bezeichnen (Gl. 10.14). Die Matrixelemente von $\mathbf{U}$ für ein System im Zustand P* können geschrieben werden

$$\mathbf{U}_{jk} = \sum_m \hbar\omega_m \Delta_m \left\{ \delta_{j,k} \frac{\Delta_m}{4} + \left(1 - \delta_{j,k}\right) \left\langle \chi_m^j \middle| \tilde{\mathrm{Q}}_m \middle| \chi_m^k \right\rangle \prod_{\mu \neq m} \left\langle \chi_\mu^j \middle| \chi_\mu^k \right\rangle \right\} \quad (11.52a)$$

$$= \sum_m \hbar\omega_m \Delta_m \left\{ \delta_{j,k} \frac{\Delta_m}{4} + \left(1 - \delta_{j,k}\right) \left[\left(\frac{n_m^k + 1}{2} \right)^{1/2} \delta_{n_m^j, n_m^k + 1} + \left(\frac{n_m^k}{2} \right)^{1/2} \delta_{n_m^j, n_m^k - 1} \right] \prod_{\mu \neq m} \delta_{n_\mu^j, n_\mu^k} \right\}. \quad (11.52b)$$

Hier ist ω_m die Frequenz des Schwingungsmodus m, Δ_m ist die dimensionslose Verschiebung entlang der Koordinate für diesen Modus in P^+B^- relativ zu P*, $\tilde{Q}_m$ ist der Positions-Operator für den Modus (Gl. (5.44), (5.55)), und n_m^k ist die Anzahl der Phononen des Modus m im Vibrationszustand k. Der Term $\delta_{j,\,k}\Delta_m/4$ für die Diagonalelemente von $\mathbf{U}$ nimmt an, dass der Ursprung der Koordinate m in der Mitte zwischen den Potentialminima von P* und P^+B liegt und sich das Vorzeichen für ein System im Produktzustand ändert. Das Produkt der Überlappungsintegrale für alle Moden (μ) außer m beschränkt die außerdiagonalen Elemente von $\mathbf{U}$ auf diejenigen für den Gewinn oder Verlust eines einzelnen Phonons ($n_m^j = n_m^k \pm 1$ und $n_\mu^j = n_\mu^k$ für $\mu \neq m$). Die Matrixelemente für den Gewinn oder Verlust von mehr als einem Phonon wären viel kleiner.

Abb. 11.24A zeigt die berechnete Dynamik der Energielücke, wenn die grundlegende Zeitkonstante für Vibrationsausgleich (T_1^o) auf 2 ps angesetzt wurde, ein Wert, der die Dämpfung der Energielücke ähnlich der in den Molekulardynamik-Simulationen [146, 147] sichtbar machte. Elektrontransfer von P* zu B wurde für diese Simulation ausgeschaltet. Der schnelle Zerfall der Energielücke während der ersten 0,1 ps resultiert aus der Dekohärenz von Schwingungsmoden mit unterschiedlichen Frequenzen, während die langsamere Dämpfung die thermische Ausgleichung widerspiegelt. Abb. 11.24B zeigt die berechnete Zeitabhängigkeit der Populationen von P*, P^+B^-, und dem nächsten Elektrontransferzustand (P^+H^-), wenn die elektronische Kopplung eingeschaltet ist. In dieser Simulation erreicht die Wahrscheinlichkeit des Elektrontransfers ihren Höhepunkt, wann immer das mehrdimensionale Wellenpaket von P* die Potenzial Energieoberfläche von P^+B^- erreicht. Transiente Absorptionsänderungen, die auf einen solchen schrittweisen Elektronentransfer hindeuten, wurden experimentell beobachtet [29, 148–150]. Das Dichtematrixmodell mit T_1^o in der Größenordnung von 1 bis 10 ps reproduzierte auch die ungewöhnliche Temperaturabhängigkeit der Elektronentransferrate [147].

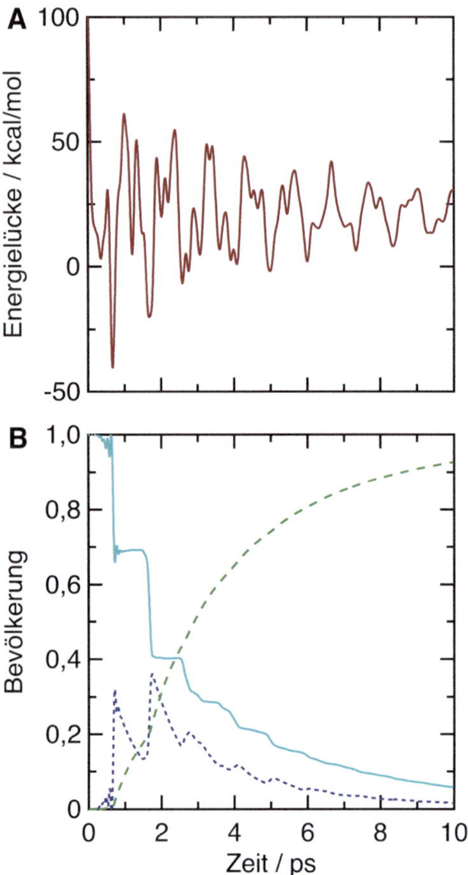

Abb. 11.24 (**A**) Berechnete Schwankungen der Energielücke zwischen dem angeregten Zustand P* und dem ersten Elektrontransfer-Zustand (P^+B^-) in einem Dichtematrixmodell der photosynthetischen Reaktionszentren von *Rb. sphaeroides* [146, 147]. Das Modell beinhaltet fünf effektive Schwingungsmoden. Die Simulation beginnt mit der Anregung von P zu P* durch einen kurzen Lichtpuls, der ein mehrdimensionales Wellenpaket im angeregten Zustand erzeugt. Die Energielücke hängt von fluktuierenden elektrostatischen Wechselwirkungen des Proteins und Lösungsmittels mit den Elektronenträgern, der mittleren Energie des Anregungspulses und einem konstanten „Gasphasen"-Energieunterschied ab, der für diese Abbildung willkürlich eingestellt wird. Die elektronische Kopplung zwischen P* und P^+B^- ist in dieser Simulation ausgeschaltet, so dass die Oszillationen nur durch Vibrationsrelaxationen gedämpft werden. (**B**) Berechnete Populationen von P* (*durchgezogene Kurve*), P^+B^- (*gepunktete Kurve*) und dem nächsten elektronischen Zustand, P^+H^- (*gestrichelte Kurve*), im selben Modell, wenn die elektronische Kopplung eingeschaltet ist. Elektrontransfer tritt hauptsächlich zu Zeiten auf, wenn die Energielücke zwischen P* und P^+B^- klein ist

11.8 Wellenpaketvorstellung von spektroskopischen Übergängen

Das Konzept der zeitabhängigen Wellenpakete ist besonders nützlich für die Analyse der spektroskopischen Eigenschaften von Systemen, in denen eine Vielzahl von Schwingungszuständen gleichzeitig populiert sind, so dass es unpraktisch wird sie individuell zu behandeln. Tatsächlich könnte es die realistischste Methode sein, die spektralen Linienformen von Systemen mit mehr als 5–10 Atomen zu behandeln, in denen die Dichte der Vibrations- und Rotationszustände 10^{10} pro cm^{-1} überschreiten können [151]. Eine explizite quantenmechanische Behandlung all dieser Zustände wäre mit einem derzeit vorstellbaren Computer unmöglich. Die klassischen Energiefelder der Grund- und angeregten elektronischen Zustände können jedoch durch Molekulardynamik-Simulationen für Moleküle fast jeder Größe und Komplexität (Kasten 6.1) beschrieben werden. Wenn die Vibrationszustände eng beieinander liegen, wie es bei jedem Molekül mit einer großen Anzahl von Schwingungsmoden der Fall sein muss, sind die Bewegungen des quantenmechanischen Wellenpakets im angeregten elektronischen Zustand im Wesentlichen identisch mit der Dynamik eines gaußförmigen klassischen Partikels auf einer entsprechenden Energieoberfläche.

Eine fruchtbare Anwendung dieses Ansatzes besteht darin, das Absorptionsspektrum mit der räumlichen Überlappung des durch die Anregung zunächst erzeugten Wellenpakets ($X(0)$) mit dem sich bewegenden Wellenpaket zu späteren Zeiten ($X(t)$) in Beziehung zu setzen. Heller und Mitarbeiter [151–156] zeigten, dass das Spektrum durch eine Fouriertransformation des zeitabhängigen Überlappungsintegrals $\langle X(0)|X(t)\rangle$ ermittelt werden kann:

$$\frac{\varepsilon(\omega)}{\omega} \propto \int_{-\infty}^{\infty} \exp[i(\omega + E_{oo}/h)t]\langle \mathrm{X}(0)|\mathrm{X}(t)\rangle \exp(-t/\tau_c)dt. \tag{11.53}$$

Hier ist E_{oo} wieder der elektronische Energieunterschied und τ_c ist eine Dephasierungs Zeitkonstante, die die homogene Breite der vibronischen Linien bestimmt. Dieser Ausdruck kann durch Verwendung der Gl. (11.46) und (11.47) zur Bewertung von $\langle X(0) \mid X(t)\rangle$ für ein eindimensionales System rationalisiert werden. Wenn wir die Abhängigkeit von $X(0)$ von der Lichtquelle herausrechnen, indem wir $I_k/N = 1$ für alle k setzen, und zur Vereinfachung annehmen, dass vor der Anregung nur das niedrigste vibrationale Niveau des Grundzustands besetzt ist, dann ist $X(0) = \chi_{0(g)}$ und

$$\begin{aligned}\left\langle \mathrm{X}_g(0)|\mathrm{X}_e(t)\right\rangle &= \left\langle \chi_{0(g)} \middle| \sum_k C_k \chi_{k(e)} \exp[-2\pi i(k+1/2)\upsilon t] \right\rangle \\ &= \sum_k C_k \left\langle \chi_{0(g)} \middle| \chi_{k(e)} \right\rangle \exp[-2\pi i(k+1/2)\upsilon t] \\ &= \sum_k \left|\left\langle \chi_{0(g)} \middle| \chi_{k(e)} \right\rangle\right|^2 \exp[-2\pi i(k+1/2)\upsilon t].\end{aligned} \tag{11.54}$$

Eine Fouriertransformation dieser Funktion ergibt eine Reihe von Linien, die in der Frequenz durch υ getrennt sind, wobei jede Linie durch den Franck-Condon-Faktor $|\langle \chi_{k(e)} \mid \chi_{0(g)} \rangle|^2$ gewichtet ist. Dies ist genau das Ergebnis, das wir in Kap. 4 für die Form eines Absorptionsspektrums erzielt haben. Wenn wir $\langle X(0) \mid X(t) \rangle$ mit dem Dämpfungsfaktor $\exp(-t/\tau_c)$ multiplizieren, der auf der rechten Seite von Gl. (11.53) enthalten ist, wird jede durch die Fouriertransformation gegebene vibronische Linie eine Lorentz-Form mit einer Breite haben, die umgekehrt proportional zu τ_c ist, in Übereinstimmung mit der Diskussion in den Kap. 4 und 10.

Die Gl. (11.54) suggeriert das Bild, dass Licht der Frequenz ω_e kontinuierlich auf die Grundzustandswellenfunktion einwirkt und sie stückweise im angeregten Zustand mit der Phase $\exp(i\omega t)$ in $X_e(0)$ umwandelt [151, 154]. In der Zwischenzeit entfernen sich Teile der Wellenfunktion, die sich früher bildeten, von ihrem Ursprungsort (als $X_e(t)$) und kehren dann zurück, um konstruktiv oder destruktiv mit den gerade ankommenden Teilen zu interferieren. Konstruktive Interferenzen erzeugen Maxima im Absorptionsspektrum bei den Frequenzen der gekoppelten Schwingungsmoden. Dieses Bild verdeutlicht, dass, obwohl $\langle X(0) \mid X(t) \rangle$ und $\exp(-t/\tau)$ Funktionen der Zeit sind, Gl. (11.53) nicht dazu gedacht ist, ein zeitabhängiges Absorptionsspektrum zu beschreiben; vielmehr beschreibt sie ein kontinuierliches Spektrum, dessen Form durch die Dynamik des angeregten Zustands bestimmt wird [157]. Lee und Heller [155] und Myers et al. [156] geben formalere Ableitungen der Gl. (11.54), zusammen mit expliziten Ausdrücken für $\langle X(0) \mid X(t) \rangle$ in mehrdimensionalen harmonischen Systemen.

Abb. 11.25A zeigt die realen und imaginären Teile des zeitabhängigen Überlappungsintegrals $\langle X(0) \mid X(t) \rangle$, wie sie durch Gl. (11.54) für einen einzelnen harmonischen Schwingungsmodus mit Frequenz υ, $\Delta = 2{,}0$, und einer Relaxationszeitkonstante τ_c von $2T$ gegeben sind. Panel *B* zeigt die normalisierte Fourier Transformation. Wie erwartet, hat das berechnete Spektrum eine vibronische Linie bei der 0–0 Übergangsfrequenz und eine Leiter von höherfrequenten Linien in Intervallen von υ. Die Vibrationslinien sind ungefähr Lorentzian, und obwohl die Abbildung dies nicht zeigt, hängen ihre Breiten umgekehrt von der Relaxationszeitkonstante τ_c ab. Die Gesamtbreite des Spektrums (gestrichelte Linie in Abb. 11.25B) wird durch die schnellste Komponente im Zeitbereich bestimmt, die der anfängliche Abfall in $\langle X(0) \mid X(t) \rangle$ nahe $t = 0$ ist. Im semi-klassischen Wellenpaketmodell hängt die Geschwindigkeit dieses Abfalls von der Steilheit der Energieoberfläche des angeregten Zustands ab. am Punkt, an dem das Wellenpaket erzeugt wird [151].

Das Fluoreszenzspektrum kann auf die gleiche Weise wie das Absorptionsspektrum ermittelt werden, indem man die Zeitabhängigkeit eines Wellenpakets im elektronischen Grundzustand nach einem Übergang aus dem angeregten Zustand betrachtet. Der Gewichtungsfaktor ω^{-1} auf der linken Seite von Gl. (11.50) wird einfach durch ω^{-3} ersetzt, in Übereinstimmung mit den Einstein-Koeffizienten (Kap. 5).

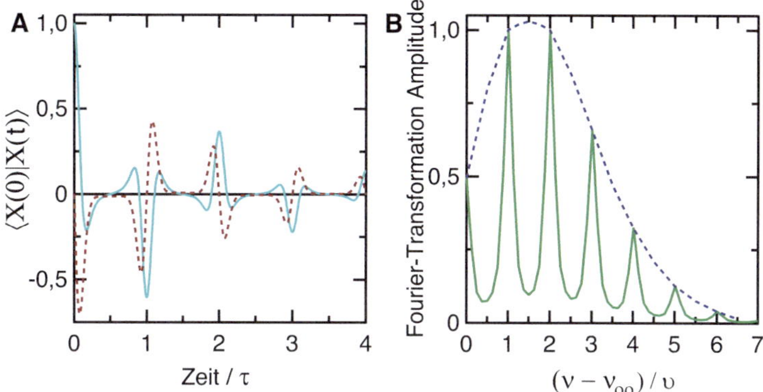

Abb. 11.25 (**A**) Reale (*durchgezogene Kurve*) und imaginäre (*gepunktete Kurve*) Teile des zeitabhängigen Überlappungsintegrals $\langle X(0) \mid X(t)\rangle$, wie sie durch Gl. (11.54) für ein Molekül mit einem einzelnen harmonischen Schwingungsmodus mit Frequenz υ, dimensionsloser Verschiebung $\Delta = 2.0$ im angeregten Zustand, Schwingungsperiode $\tau = 1/\upsilon$, und Vibrationsrelaxationszeitkonstante $\tau_c = 2\tau$ gegeben sind. (**B**) Normalisierte Größe der Fourier-Transformation des in (**A**) gezeigten Überlappungsintegrals. Die Abszisse ist die Absorptionsfrequenz (ν) relativ zur 0–0 Übergangsfrequenz (ν_{oo}), in Einheiten von υ. Die Hülle des berechneten Absorptionsspektrums (*gepunktete Kurve*) hängt von der Rate ab, mit der$\langle X(0) \mid X(t)\rangle$ nahe $t = 0$ abnimmt

Der Hauptnutzen des Wellenpaketansatzes liegt in der Bewertung der spektroskopischen Eigenschaften von Molekülen mit mehreren gleichzeitig populierten Schwingungsmoden. Wie wir in Kap. 4 diskutiert haben, sind die Grundzustands-Schwingungswellenfunktionen $X_{a(g)}$ für ein Molekül mit mehreren Schwingungsmoden Produkte der Wellenfunktionen für alle einzelnen Moden: $X_{a(g)} = \chi_{a1(g)}\chi_{a2(g)}\chi_{a3(g)}\ldots$ Wenn sich die Normalkoordinaten im angeregten elektronischen Zustand nicht signifikant ändern, wird $X(t)$ ein Produkt von Wellenpaketen für die einzelnen Moden sein ($X(t) = X_1(t)X_2(t)X_3(t)\ldots$) und das gleiche Produkt erscheint im zeitabhängigen Überlappungsintegral$\langle X(0) \mid X(t)\rangle$ [158]:

$$\langle X(0)|X(t)\rangle = \langle X_1(0)|X(t)\rangle\langle X_2(0)|X(t)\rangle\langle X_3(0)|X(t)\rangle\ldots. \quad (11.55)$$

Die Zeitabhängigkeiten der Wellenpakete für die einzelnen Schwingungszustände können durch Molekulardynamik-Simulationen sogar für vergleichsweise komplexe Moleküle berechnet werden. Anwendungen der Wellenpaketbehandlung auf Resonanz-Ramanspektroskopie werden in Kap. 12 diskutiert.

11.9 Fragen

1. Zeichnen Sie zweiseitige Feynman-Diagramme für (*a*) stimulierte Emission und (*b*) Grundzustandsbleichen während der Pump-Probe Spektroskopie.
2. Angenommen, man findet mit Lochbrenn-Spektroskopie heraus, dass die homogene Bandbreite einer charakteristischen Vibration 10 cm^{-1} beträgt und

dass die Populationsrelaxationszeit $T_1 = 1{,}7$ ps ist. Was ist die entsprechende pure dephasing Zeit T_2^*.

3. Betrachten Sie ein System mit zwei angeregten Zuständen (1 und 2). (*a*) Zeichnen Sie Liouville-Raum-Diagramme für alle unabhängigen Pfade, die von einer Menge von Systemen im thermischen Gleichgewicht im Grundzustand (Zustand 0) ausgehen und zu Kohärenz zwischen den Zuständen 1 und 2 führen. Mit „unabhängig" meinen wir hier, dass keine zwei Pfade einfach komplexe oder hermitesche Konjugate voneinander sind. (*b*) Zeichnen Sie das Liouville-Raum-Diagramm für das komplexe Konjugat jedes Pfades in *a*. (*c*) Verwenden Sie die in Abb. 11.2 dargestellten Konventionen, um ein doppelseitiges Feynman-Diagramm zu zeichnen, das jedem der Pfade in *a* und *b* entspricht. (*d*) Welche der Pfade in *a*, *b* und *c* erfordern die Besetzung des angeregten Zustands 1; welche erfordern die Besetzung des angeregten Zustands 2; und welche erfordern nicht die Besetzung eines der beiden angeregten Zustände? (*e*) Wie viele Wechselwirkungen des Systems mit einem Strahlungsfeld sind erforderlich, um die Kohärenz durch jeden Pfad in *a*, *b* und *c* zu erzeugen? (*f*) Wie viele zusätzliche Wechselwirkungen mit dem Strahlungsfeld wären erforderlich, um die Kohärenz in eine Besetzung des Zustands 2 umzuwandeln? (*g*) Wenn die Wechselwirkungen in *e* und *f* sequenziell während getrennter kurzer Lichtpulse zu den Zeiten t_1, t_2, t_3, ... auftreten, welche Pfade werden am empfindlichsten auf das Zeitintervall $t_3 - t_2$ reagieren?
4. Nehmen Sie an, dass die Zustände 1 und 2 verschiedene Singulett-Elektronenzustände mit den Energien E_1 und E_2 und Übergangsdipolen $\boldsymbol{\mu}_1$ und $\boldsymbol{\mu}_2$ für die Anregung aus dem Grundzustand sind, der ebenfalls ein Singulett-Zustand ist. (*a*) Schreiben Sie einen ungefähren Ausdruck für die anfängliche Größe der Kohärenz im Verhältnis zur Besetzung des Zustands 1 ($|\rho_{12}(0)|/\rho_{11}(0)$) nach der Anregung des Ensembles mit einem kurzen Puls von weißem Licht. Nehmen Sie an, dass „weißes" Licht gleiche Intensitäten bei den Frequenzen E_1/h und E_2/h hat und dass alle erforderlichen Wechselwirkungen mit dem Strahlungsfeld während desselben Pulses auftreten. (*b*) Wie würde $|\rho_{12}(0)|\,/\,\rho_{11}(0)$ von dem in (*a*) abweichen, wenn die Intensität des Anregungspulses bei E_1/h 100-mal so groß ist wie bei E_2/h? (*c*) Wie wird das Verhältnis $|\rho_{12}(t)|/\rho_{11}(t)$ von der Zeit (t) abhängen, wenn das Ensemble von stochastischen Wechselwirkungen mit seiner Umgebung isoliert ist?
5. Nehmen Sie an, dass Zustände 1 und 2 die Niveaus $m = 1$ und $m = 2$ eines harmonischen Schwingungsmodus des gleichen angeregten Singulett-Elektronenzustands sind. Nehmen Sie an, dass das Ensemble vollständig im Schwingungsniveau $m = 0$ des gleichen Modus im Grundelektronenzustand beginnt, dass der Modus eine Energie von $\hbar\omega = 200\ \mathrm{cm}^{-1}$ hat und dass die Kopplungsstärke (Huang-Rhys Faktor) für die vibronische Anregung $S = 0{,}2$ beträgt. (*a*) Schreiben Sie einen ungefähren Ausdruck für den Anfangswert des Verhältnisses $|\rho_{12}(0)|\,/\,\rho_{11}(0)$ nach Anregung des Ensembles mit einem kurzen Puls von weißem Licht. (*b*) Wie wird das Verhältnis $|\rho_{12}(t)|/\rho_{11}(t)$ in Abwesenheit von

stochastischen Wechselwirkungen mit der Umgebung von der Zeit abhängen? (*c*) Nehmen Sie nun an, dass stochastische Prozesse bei Temperatur T Übergänge zwischen den Niveaus 2 und 1 mit Ratenkonstanten $k_{21} = 1 \times 10^{12}\,\mathrm{s}^{-1}$ und $k_{12} = \exp(-\hbar\omega/k_B T) \times 10^{12}\,\mathrm{s}^{-1}$ verursachen. Wie werden $|\rho_{12}(t)|$ und $\rho_{11}(t)$ bei 300 K in dieser Situation von der Zeit abhängen?

6. Betrachten Sie das vibronische System der Frage 3 erneut, nehmen Sie an, dass der Anregungspuls 400 cm^{-1} über der 0-0-Übergangsenergie zentriert ist und eine Gaußsche spektrale Hülle mit einer FWHM von 300 cm^{-1} hat. Obwohl er nicht wirklich „weiß" ist, kann der Puls dann mehrere Schwingungsniveaus des angeregten Zustands bevölkern. (*a*) Schätzen Sie die Anfangskoeffizienten (C_m) für die Schwingungsniveaus $m = 0$ bis 4. (*b*) Berechnen Sie die relative Energie und den zeitlichen Verlauf der Fluoreszenz aus Übergängen vom angeregten System zum Schwingungsniveau $m = 0$ des Grundelektronenzustands. (*c*) Berechnen Sie die relative Energie und den zeitlichen Verlauf der Fluoreszenz aus Übergängen vom angeregten System zum Schwingungsniveau $m = 2$ des Grundelektronenzustands.
7. In einem Drei-Puls Photonenecho-Experiment passieren Lichtpulse mit Wellenvektoren $\boldsymbol{k}_1$, $\boldsymbol{k}_2$ und $\boldsymbol{k}_3$ konfokal eine Probe zu den Zeiten τ_1, τ_2 und τ_3 und Photonen-Echos, die die Probe in Richtung $\boldsymbol{k}_3 + \boldsymbol{k}_2 - \boldsymbol{k}_1$ verlassen, werden gemessen. Erklären Sie, warum Echos nur gesehen werden, wenn $\tau_2 > \tau_1$.
8. Zeigen Sie, dass die sich kreuzenden Wellen in einem transienten Gitter Experiment Bänder von Anregungsintensität erzeugen, die durch einen Abstand $\lambda_{ex}/2\sin(\theta_{ex}/2)$ getrennt sind.
9. Erklären Sie, warum in der semi-klassischen Wellenpaketdarstellung die Breite einer Absorptionsbande mit der Steigung der angeregten Zustands-Potentialfläche in der Region des Franck-Condon Maximums zunimmt, während die Breite einer Emissionsbande mit der entsprechenden Steigung der Grundzustandspotentialfläche zunimmt.

Literatur

1. Slichter, C.P.: Principles of Magnetic Resonance with Examples from Solid State Physics. Harper & Row, New York (1963)
2. Ward, J.F.: Calculation of nonlinear optical susceptibilities using diagrammatic perturbation theory. Rev. Mod. Phys. **37**, 1–18 (1965)
3. Yee, T.K., Gustafson, W.G.: Diagrammatic analysis of the density operator for nonlinear optical calculations: pulsed and cw responses. Phys. Rev. A. **18**, 1597–1617 (1978)
4. Druet, S.A.J., Taran, J.P.E.: CARS spectroscopy. Prog. Quant. Electr. **7**, 1–72 (1981)
5. Yan, Y.J., Fried, L.E., Mukamel, S.: Ultrafast pump-probe spectroscopy: femtosecond dynamics in Liouville space. J. Phys. Chem. **93**, 8149–8162 (1989)
6. Mukamel, S.: Femtosecond optical spectroscopy: a direct look at elementary chemical events. Ann. Rev. Phys. Chem. **41**, 647–681 (1990)
7. Mukamel, S.: Principles of Nonlinear Optical Spectroscopy. Oxford University Press, Oxford (1995)

8. Sepulveda, M.A., Mukamel, S.: Semiclassical theory of molecular nonlinear optical polarization. J. Chem. Phys. **102**, 9327–9344 (1995)
9. Joo, T., Albrecht, A.C.: Electronic dephasing studies of molecules in solution at room temperature by femtosecond degenerate four wave mixing. Chem. Phys. **176**, 233–247 (1993)
10. Fleming, G.R., Cho, M.: Chromophore-solvent dynamics. Ann. Rev. Phys. Chem. **47**, 109–134 (1996)
11. Su, J.-J., Yu, I.A.: The study of coherence-induced phenomena using double-sided Feynman diagrams. Chin. J. Phys. **41**, 627–642 (2003)
12. Armstrong, J.A., Bloembergen, N., Ducuing, J., Pershan, P.S.: Interactions between light waves in a nonlinear dielectric. Phys. Rev. **127**, 1918–1939 (1962)
13. Bloembergen, N.: Nonlinear Optics. Benjamin, New York (1965)
14. Shen, Y.R.: The Principles of Nonlinear Optics. Wiley, New York (1984)
15. Butcher, P.N., Cotter, D.: The Elements of Nonlinear Optics. Cambridge Univ. Press, Cambridge (1990)
16. Mukamel, S.: Collisional broadening of spectral line shapes in two-photon and multiphoton processes. Phys. Rep. **93**, 1–60 (1982)
17. Mukamel, S., Loring, R.F.: Nonlinear response function for time-domain and frequency-domain four-wave mixing. J. Opt. Soc. Am. B Opt. Phys. **3**, 595–606 (1986)
18. Schuler, B., Lipman, E.Å., Eaton, W.A.: Probing the free-energy surface for protein folding with single-molecule fluorescence spectroscopy. Nature. **419**, 743–747 (2002)
19. Mukamel, S.: On the semiclassical calculation of molecular absorption and fluorescence spectra. J. Chem. Phys. **77**, 173–181 (1982)
20. Brito Cruz, C.H., Fork, R.L., Knox, W., Shank, C.V.: Spectral hole burning in large molecules probed with 10 fs optical pulses. Chem. Phys. Lett. **132**, 341–344 (1986)
21. Becker, P.C., Fork, R.L., Brito Cruz, C.H., Gordon, J.P., Shank, C.V.: Optical Stark effect in organic dyes probed with optical pulses of 6 fs duration. Phys. Rev. Lett. **60**, 2462–2464 (1988)
22. Zewail, A.H.: Laser femtochemistry. Science. **242**, 1645–1653 (1988)
23. Nagarajan, V., Johnson, E., Schellenberg, P., Parson, W.: A compact, versatile femtosecond spectrometer. Rev. Sci. Instr. **73**, 4145–4149 (2002)
24. Woodbury, N.W., Becker, M., Middendorf, D., Parson, W.W.: Picosecond kinetics of the initial photochemical electron-transfer reaction in bacterial photosynthetic reaction center. Biochemistry. **24**, 7516–7521 (1985)
25. Fleming, G.R., Martin, J.-L., Breton, J.: Rates of primary electron transfer in photosynthetic reaction centers and their mechanistic implications. Nature. **333**, 190–192 (1988)
26. Lauterwasser, C., Finkele, U., Scheer, H., Zinth, W.: Temperature dependence of the primary electron transfer in photosynthetic reaction centers from *Rhodobacter sphaeroides*. Chem. Phys. Lett. **183**, 471–477 (1991)
27. Vos, M.H., Jones, M.R., Hunter, C.N., Breton, J., Martin, J.-L.: Coherent nuclear dynamics at room temperature in bacterial reaction centers. Proc. Natl. Acad. Sci. U. S. A. **91**, 12701–12705 (1994)
28. Holzwarth, A.R., Müller, M.G.: Energetics and kinetics of radical pairs in reaction centers from *Rhodobacter sphaeroides*. A femtosecond transient absorption study. Biochemistry. **35**, 11820–11831 (1996)
29. Streltsov, A.M., Aartsma, T.J., Hoff, A.J., Shuvalov, V.A.: Oscillations within the B_L absorption band of *Rhodobacter sphaeroide*s reaction centers upon 30 femtosecond excitation at 865 nm. Chem. Phys. Lett. **266**, 347–352 (1997)
30. Kirmaier, C., Laible, P.D., Czarnecki, K., Hata, A.N., Hanson, D.K., Bocian, D.F., Holten, D.: Comparison of M-side electron transfer in *Rb. sphaeroides* and *Rb. capsulatus* reaction centers. J. Phys. Chem. B. **106**, 1799–1808 (2002)
31. Haffa, A.L.M., Lin, S., Williams, J.C., Bowen, B.P., Taguchi, A.K.W., Allen, J.P., Woodbury, N.W.: Controlling the pathway of photosynthetic charge separation in bacterial reaction centers. J. Phys. Chem. B. **108**, 4–7 (2004)

32. Chachisvilis, M., Kuehn, O., Pullerits, T., Sundstrom, V.: Excitons in photosynthetic purple bacteria: wavelike motion or incoherent hopping? J. Phys. Chem. B. **101**, 7275–7283 (1997)
33. Espagne, A., Paik, D.H., Changenet-Barret, P., Martin, M.M., Zewail, A.H.: Ultrafast photoisomerization of photoactive yellow protein chromophore analogues in solution: influence of the protonation state. ChemPhysChem. **7**, 1717–1726 (2006)
34. Changenet-Barret, P., Plaza, P., Martin, M.M., Chosrowjan, H., Taniguchi, S., Mataga, N., Imamoto, Y., Kataoka, M.: Structural effects on the ultrafast photoisomerization of photoactive yellow protein. Transient absorption spectroscopy of two point mutants. J. Phys. Chem. C. **113**, 11605–11613 (2009)
35. Mataga, N., Chosrowjan, H., Haik, S., Yutaka, I., Imamoto, Y., Kataoka, M., Tokunaga, F.: Ultrafast photoinduced reaction dynamics of photoactive yellow protein (PYP): observation of coherent oscillations in the femtosecond fluorescence decay dynamics. Chem. Phys. Lett. **352**, 220–225 (2002)
36. Bardeen, C.J., Yakovlev, V.V., Squier, J.A., Wilson, K.R.: Quantum control of population transfer in green fluorescent protein by using chirped femtosecond pulses. J. Am. Chem. Soc. **120**, 13023–13027 (1998)
37. Winkler, K., Lindner, J., Subramanian, V., Jovin, T.M., Voehringer, P.: Ultrafast dynamics in the excited state of green fluorescent protein (WT) studied by frequency-resolved femtosecond pump-probe spectroscopy. Phys. Chem. Chem. Phys. **4**, 1072–1081 (2002)
38. Solntsev, K.M., Poizat, O., Dong, J., Rehault, J., Lou, Y., Burda, C., Tolbert, L.M.: Meta and para effects in the ultrafast excited-state dynamics of the green fluorescent protein chromophores. J. Phys. Chem. B. **112**, 2700–2711 (2008)
39. Langhojer, F., Dimler, F., Jung, G., Brixner, T.: Ultrafast photoconversion of the green fluorescent protein studied by accumulative femtosecond spectroscopy. Biophys. J. **96**, 2763–2770 (2009)
40. Mathies, R.A., Brito Cruz, C.H., Pollard, W.T., Shank, C.V.: Direct observation of the femtosecond excited-state cis-trans isomerization in bacteriorhodopsin. Science. **240**, 777–779 (1988)
41. Schoenlein, R.W., Peteanu, L.A., Mathies, R.A., Shank, C.V.: The first step in vision - femtosecond isomerization of rhodopsin. Science. **254**, 412–415 (1991)
42. Wang, Q., Shoenlein, R.W., Penteanu, L.A., Mathies, R.A., Shank, C.V.: Vibrationally coherent photochemistry in the femtosecond primary event of vision. Science. **266**, 422–424 (1994)
43. Saxena, C., Sancar, A., Zhong, D.: Femtosecond dynamics of DNA photolyase: energy transfer of antenna initiation and electron transfer of cofactor reduction. J. Phys. Chem. B. **108**, 18026–18033 (2004)
44. Saxena, V.P., Wang, H., Kavakli, H., Sancar, A., Zhong, D.: Ultrafast dynamics of resonance energy transfer in cryptochrome. J. Am. Chem. Soc. **127**, 7984–7985 (2005)
45. Pecourt, J.-M.L., Peon, J., Kohler, B.: Ultrafast internal conversion of electronically excited RNA and DNA nucleosides in water. J. Am. Chem. Soc. **122**, 9348–9349 (2000)
46. Wan, C., Fiebig, T., Kelley, S.O., Treadway, C.R., Barton, J.K., Zewail, A.H.: Femtosecond dynamics of DNA-mediated electron transfer. Proc. Natl. Acad. Sci. U. S. A. **96**, 6014–6019 (1999)
47. Reid, G.D., Whittaker, D.J., Day, M.A., Turton, D.A., Kayser, V., Kelley, J.M., Beddard, G.S.: Femtosecond electron-transfer reactions in mono- and polynucleotides and in DNA. J. Am. Chem. Soc. **124**, 5518–5527 (2002)
48. Weiner, A.M., De Silvestri, S., Ippen, E.P.: Three-pulse scattering for femtosecond dephasing studies: theory and experiment. J. Opt. Soc. Am. B Opt. Phys. **2**, 654–662 (1985)
49. Joo, T., Jia, Y., Yu, J.-Y., Lang, M.J., Fleming, G.R.: Third-order nonlinear time domain probes of solvation dynamics. J. Chem. Phys. **104**, 6089–6108 (1996)
50. Cho, M., Yu, J.-Y., Joo, T., Nagasawa, Y., Passino, S.A., Fleming, G.R.: The integrated photon echo and solvation dynamics. J. Phys. Chem. **100**, 11944–11953 (1996)

51. Jimenez, R., van Mourik, F., Yu, J.-Y., Fleming, G.R.: Three-pulse photon echo measurements on LH1 and LH2 complexes of *Rhodobacter sphaeroides*: a nonlinear spectroscopic probe of energy transfer. J. Phys. Chem. B. **101**, 7350–7359 (1997)
52. Passino, S.A., Nagasawa, Y., Fleming, G.R.: Three-pulse stimulated photon echo experiments as a probe of polar solvation dynamics: utility of harmonic bath models. J. Chem. Phys. **107**, 6094–6108 (1997)
53. Jordanides, X.J., Lang, M.J., Song, X., Fleming, G.R.: Solvation dynamics in protein environments studied by photon echo spectroscopy. J. Phys. Chem. B. **103**, 7995–8005 (1999)
54. Lang, M.J., Jordanides, X.J., Song, X., Fleming, G.R.: Aqueous solvation dynamics studied by photon echo spectroscopy. J. Chem. Phys. **110**, 5884–5892 (1999)
55. Yan, Y.J., Mukamel, S.: Photon echoes of polyatomic molecules in condensed phases. J. Chem. Phys. **94**, 179–190 (1991)
56. Kurnit, N.A., Abella, I.D., Hartmann, S.R.: Observation of a photon echo. Phys. Rev. Lett. **13**, 567–568 (1964)
57. Hesselink, W.H., Wiersma, D.A.: Picosecond photon echoes stimulated from an accumulated grating. Phys. Rev. Lett. **43**, 1991–1994 (1979)
58. Becker, P.C., Fragnito, H.L., Bigot, J.Y., Brito Cruz, C.H., Fork, R.L., Shank, C.V.: Femtosecond photon echoes from molecules in solution. Phys. Rev. Lett. **63**, 505–507 (1989)
59. Bigot, J.Y., Portella, M.T., Schoenlein, R.W., Bardeen, C.J., Migus, A., Shank, C.V.: Non-Markovian dephasing of molecules in solution measured with 3-pulse femtosecond photon echoes. Phys. Rev. Lett. **66**, 1138–1141 (1991)
60. Nibbering, E.T.J., Fidder, H., Pines, E.: Ultrafast chemistry: using time-resolved vibrational spectroscopy for interrogation of structural dynamics. Ann. Rev. Phys. Chem. **56**, 337–367 (2005)
61. de Boeij, W.P., Pshenichnikov, M.S., Wiersma, D.A.: System-bath correlation function probed by conventional and time-gated stimulated photon echo. J. Phys. Chem. **100**, 11806–11823 (1996)
62. Fleming, G.R., Joo, T., Cho, M., Zewail, A.H., Letokhov, V.S., Marcus, R.A., Pollak, E., Tannor, D.J., Mukamel, S.: Femtosecond chemical dynamics in condensed phases. Adv. Chem. Phys. **101**, 141–183 (1997)
63. Momelle, B.J., Edington, M.D., Diffey, W.M., Beck, W.F.: Stimulated photon-echo and transient-grating studies of protein-matrix solvation dynamics and interexciton-state radiationless decay in alpha phycocyanin and allophycocyanin. J. Phys. Chem. B. **102**, 3044–3052 (1998)
64. Nagasawa, Y., Watanabe, Y., Takikawa, H., Okada, T.: Solute dependence of three pulse photon echo peak shift measurements in methanol solution. J. Phys. Chem. A. **107**, 632–641 (2003)
65. Leeson, D.T., Wiersma, D.A.: Looking into the energy landscape of myoglobin. Nat. Struct. Biol. **2**, 848–851 (1995)
66. Leeson, D.T., Wiersma, D.A., Fritsch, K., Friedrich, J.: The energy landscape of myoglobin: an optical study. J. Phys. Chem. B. **101**, 6331–6340 (1997)
67. Fayer, M.D.: Fast protein dynamics probed with infrared vibrational echo experiments. Ann. Rev. Phys. Chem. **52**, 315–356 (2001)
68. Leeson, D.T., Berg, O., Wiersma, D.A.: Low-temperature protein dynamics studied by the long-lived stimulated photon echo. J. Phys. Chem. **98**, 3913–3916 (1994)
69. Kennis, J.T.M., Larsen, D.S., Ohta, K., Facciotti, M.T., Glaeser, R.M., Fleming, G.R.: Ultrafast protein dynamics of bacteriorhodopsin probed by photon echo and transient absorption spectroscopy. J. Phys. Chem. B. **106**, 6067–6080 (2002)
70. Jimenez, R., Case, D.A., Romesberg, F.E.: Flexibility of an antibody binding site measured with photon echo spectroscopy. J. Phys. Chem. B. **106**, 1090–1103 (2002)
71. Changenet-Barret, P., Choma, C.T., Gooding, E.F., De Grado, W.F., Hochstrasser, R.M.: Ultrafast dielectric response of proteins from dynamic Stokes shifting of coumarin in calmodulin. J. Phys. Chem. B. **104**, 9322–9329 (2000)

72. Ge, N.H., Hochstrasser, R.M.: Femtosecond two-dimensional infrared spectroscopy: IR-COSY and THIRSTY. PhysChemComm. **5**, 17–26 (2002)
73. Park, J., Ha, J.-H., Hochstrasser, R.M.: Multidimensional infrared spectroscopy of the N-H bond motions in formamide. J. Chem. Phys. **121**, 7281–7292 (2004)
74. Mukherjee, P., Krummel, A.T., Fulmer, E.C., Kass, I., Arkin, I.T., Zanni, M.T.: Site-specific vibrational dynamics of the CD3z membrane peptide using heterodyned two-dimensional infrared photon echo spectroscopy. J. Chem. Phys. **120**, 10215–10224 (2004)
75. Khalil, M., Demirdöven, N., Tokmakoff, A.: Coherent 2D IR spectroscopy: molecular structure and dynamics in solution. J. Phys. Chem. A. **107**, 5258–5279 (2003)
76. Petti, M.K., Lomont, J.P., Maj, M., Zanni, M.T.: Two-dimensional spectroscopy is being used to address core scientific questions in biology and materials science. J. Phys. Chem. B. **122**, 1771–1780 (2018)
77. Gelzinis, A., Augulis, R., Butkus, V., Robert, B., Valkunas, L.: Two-dimensional spectroscopy for non-specialists. Biochim. Biophys. Acta Bioenerg. **1860**, 271–285 (2019)
78. Moca, R., Meech, S.R., Heisler, I.A.: Two-dimensional electronic spectroscopy of chlorophyll a: solvent dependent spectral evolution. J. Phys. Chem. B. **119**, 8623–8630 (2015)
79. Golonzka, O., Khalil, M., Demirdöven, N., Tokmakoff, A.: Vibrational anharmonicities revealed by coherent two-dimensional infrared spectroscopy. Phys. Rev. Lett. **86**, 2154–2157 (2001)
80. Ishikawa, H., Kwac, K., Chung, J.K., Kim, S., Fayer, M.D.: Direct observation of fast protein conformational switching. Proc. Natl. Acad. Sci. U. S. A. **105**, 8619–8624 (2008)
81. Adamcyzk, K., Candelaresi, M., Kania, R., Robb, K., et al.: The effect of point mutation on the equilibrium structural fluctuations of ferric myoglobin. Phys. Chem. Chem. Phys. **14**, 7411–7419 (2012)
82. Cheng, M., Brookes, J.E., Montfort, W.R., Khalil, M.: pH-dependent picosecond structural dynamics in the distal pocket of nitrophorin 4 investigated by 2D IR spectroscopy. J. Phys. Chem. B. **117**, 15804–15811 (2013)
83. Brixner, T., Stenger, J., Vaswani, H.M., Cho, M., Blankenship, R.E., Fleming, G.R.: Two-dimensional spectroscopy of electronic couplings in photosynthesis. Nature. **434**, 625–628 (2005)
84. Vaswani, H.M., Brixner, T., Stenger, J., Fleming, G.R.: Exciton analysis in 2D electronic spectroscopy. J. Phys. Chem. B. **109**, 10542–10556 (2005)
85. Zigmantas, D., Read, E.L., Mancal, T., Brixner, T., Gardiner, A.T., Cogdell, R.J., Fleming, G.R.: Two-dimensional electronic spectroscopy of the B800-B820 light-harvesting complex. Proc. Natl. Acad. Sci. U. S. A. **103**, 12672–12677 (2006)
86. Read, E.L., Engel, G.S., Calhoun, T.R., Mancal, T., Ahn, T.K., Blankenship, R.E., Fleming, G.R.: Cross-peak-specific two-dimensional electronic spectroscopy. Proc. Natl. Acad. Sci. U. S. A. **104**, 14203–14208 (2007)
87. Engel, G.S., Calhoun, T.R., Read, E.L., Ahn, T.K., Mancal, T., Cheng, Y.-C., Blankenship, R.E., Fleming, G.R.: Evidence for wavelike energy transfer through quantum coherence in photosynthetic systems. Nature. **446**, 782–786 (2007)
88. Schlau-Cohen, G.S., Calhoun, T.R., Ginsberg, N.S., Read, E.L., Ballottari, M., Bassi, R., van Grondelle, R., Fleming, G.R.: Pathways of energy flow in LHCII from two-dimensional electronic spectroscopy. J. Phys. Chem. B. **113**, 15352–15363 (2009)
89. Myers, J.A., Lewis, K.L.M., Fuller, F.D., Tekavec, P.F., Yocum, C.F., Ogilvie, J.P.: Two-dimensional electronic spectroscopy of the D1-D2-cyt b559 Photosystem II reaction center complex. J. Phys. Chem. Lett. **1**, 2774–2780 (2010)
90. Collini, E., Wong, C.Y., Wilk, K.E., Curmi, P.M.G., Brumer, P., Scholes, G.D.: Coherently wired light-harvesting in photosynthetic marine algae at ambient temperature. Nature. **463**, 644–648 (2010)
91. Schlau-Cohen, G.S., Ishizaki, A., Fleming, G.R.: Two-dimensional electronic spectroscopy and photosynthesis: fundamentals and applications to photosynthetic light-harvesting. Chem. Phys. **386**, 1–22 (2011)

92. Anna, J.M., Ostroumov, E.E., Maghlaoul, K., Barber, J., Scholes, G.D.: Two-dimensional electronic spectroscopy reveals ultrafast downhill energy transfer in Photosystem I trimers of the cyanobacterium *Thermosynechococcus elongatus*. J. Phys. Chem. Lett. **3**, 3677–3684 (2012)
93. Fuller, F.D., Pan, J., Gelzinis, A., Butkus, V., et al.: Vibronic coherence in oxygenic photosynthesis. Nat. Chem. **6**, 706–711 (2014)
94. Lewis, K.L.M., Ogilvie, J.P.: Probing photosynthetic energy and charge transfer with two-dimensional electronic spectroscopy. J. Phys. Chem. Lett. **3**, 503–510 (2013)
95. Lee, H., Cheng, Y.-C., Fleming, G.R.: Coherence dynamics in photosynthesis: protein protection of excitonic coherence. Science. **316**, 1462–1465 (2007)
96. Ishizaki, A., Fleming, G.R.: Theoretical examination of quantum coherence in a photosynthetic system at physiological temperature. Proc. Natl. Acad. Sci. U. S. A. **106**, 17255–17260 (2009)
97. Calhoun, T.R., Ginsberg, N.S., Schlau-Cohen, G.S., Cheng, Y.-C., Ballottari, M., Bassi, R., Fleming, G.R.: Quantum coherence enabled determination of the energy landscape in light-harvesting complex II. J. Phys. Chem. B. **113**, 16291–16295 (2009)
98. Collini, E., Scholes, G.D.: Quantum coherent energy migration in a conjugated polymer at room temperature. Science. **323**, 369–373 (2009)
99. Beljonne, D., Curutchet, C., Scholes, G.D., Silbey, R.: Beyond Förster resonance energy transfer in biological and nanoscale systems. J. Phys. Chem. B. **113**, 6583–6599 (2009)
100. Panitchayangkoon, G., Hayes, D., Fransted, K.A., Caram, J.R., Harel, E., Wen, J., Blankenship, R.E., Engel, G.S.: Long-lived quantum coherence in photosynthetic complexes at physiological temperature. Proc. Natl. Acad. Sci. U. S. A. **107**, 12766–12770 (2010)
101. Hamm, P., Lim, M., Hochstrasser, R.M.: Structure of the amide I band of peptides measured by femtosecond nonlinear-infrared spectroscopy. J. Phys. Chem. B. **102**, 6123–6138 (1998)
102. Zanni, M.T., Hochstrasser, R.M.: Two-dimensional infrared spectroscopy: a promising new method for the time resolution of structures. Curr. Opin. Struct. Biol. **11**, 516–522 (2001)
103. Rubtsov, I.V., Wang, J., Hochstrasser, R.M.: Dual-frequency 2D-IR spectroscopy heterodyned photon echo of the peptide bond. Proc. Natl. Acad. Sci. U. S. A. **100**, 5601–5606 (2003)
104. Chung, H.S., Khalil, M., Smith, A.W., Ganim, Z., Tokmakoff, A.: Conformational changes during the nanosecond-to-millisecond unfolding of ubiquitin. Proc. Natl. Acad. Sci. U. S. A. **102**, 612–617 (2005)
105. DeChamp, M.F., DeFlores, L., McCracken, J.M., Tokmakoff, A., Kwac, K., Cho, M.H.: Amide I vibrational dynamics of N-methylacetamide in polar solvents: the role of electrostatic interactions. J. Phys. Chem. B. **109**, 11016–11026 (2005)
106. Hamm, P., Zanni, M.: Concepts and Methods of 2D Infrared Spectroscopy. Cambridge University Press, Cambridge (2011)
107. Baiz, C.R., Reppert, M., Tokmakoff, A.: An introduction to protein 2D IR spectroscopy. In: Fayer, M.D. (Hrsg.) Ultrafast Infrared Vibrational Spectroscopy. Taylor & Francis, New York (2013)
108. Baiz, C.R., Reppert, M., Tokmakoff, A.: Amide I two-dimensional infrared spectroscopy: methods for visualizing the vibrational structure of large proteins. J. Phys. Chem. A. **117**, 5955–5961 (2013)
109. Ganim, Z., Chung, H.S., Smith, A.W., DeFlores, L.P., Jones, K.C., Tokmakoff, A.: Amide I two-dimensional infrared spectroscopy of proteins. Acc. Chem. Res. **41**, 432–441 (2008)
110. DeFlores, L., Ganim, Z., Nicodemus, R.A., Tokmakoff, A.: Amide I'-II' 2D IR spectroscopy provides enhanced protein secondary structural sensitivity. J. Am. Chem. Soc. **131**, 3385–3391 (2009)
111. West, B.A., Womick, J.A., Moran, A.M.: Probing ultrafast dynamics in adenine with mid-UV four-wave mixing spectroscopies. J. Phys. Chem. A. **115**, 8630–8637 (2011)
112. West, B.A., Womick, J.A., Moran, A.M.: Influence of temperature on thymine-to-solvent vibrational energy transfer. J. Chem. Phys. **135**, 114505 (2011)

113. Tseng, C.-H., Sándor, P., Kotur, M., Weinacht, T.C., Matsika, S.: Two-dimensional Fourier transform spectroscopy of adenine and uracil using shaped ultrafast laser pulses in the deep UV. J. Phys. Chem. A. **116**, 2654–2661 (2012)
114. West, B.A., Womick, J.A., Moran, A.M.: Interplay between vibrational energy transfer and excited state deactivation in DNA components. J. Phys. Chem. A. **117**, 5865–5874 (2013)
115. West, B.A., Molesky, B.P., Giokas, P.G., Moran, A.M.: Uncovering molecular relaxation processes with nonlinear spectroscopies in the deep UV. Chem. Phys. **423**, 92–104 (2013)
116. Salcedo, J.R., Siegman, A.E., Dlott, D.D., Fayer, M.D.: Dynamics of energy transport in molecular crystals: the picosecond transient-grating method. Phys. Rev. Lett. **41**, 131–134 (1978)
117. Nelson, K.A., Fayer, M.D.: Laser induced phonons: a probe of intermolecular interactions in molecular solids. J. Chem. Phys. **72**, 5202–5218 (1980)
118. Nelson, K.A., Caselegno, R., Miller, R.J.D., Fayer, M.D.: Laser-induced excited state and ultrasonic wave gratings: amplitude and phase grating contributions to diffraction. J. Chem. Phys. **77**, 1144–1152 (1982)
119. Genberg, L., Bao, Q., Bracewski, S., Miller, R.J.D.: Picosecond transient thermal phase grating spectroscopy: a new approach to the study of vibrational-energy relaxation processes in proteins. Chem. Phys. **131**, 81–97 (1989)
120. Terazima, M., Hirota, N.: Measurement of the quantum yield of triplet formation and short triplet lifetimes by the transient grating technique. J. Chem. Phys. **95**, 6490–6495 (1991)
121. Terazima, M., Hara, T., Hirota, N.: Reaction volume and enthalpy changes in photochemical reaction detected by the transient grating method: photodissociation of diphenylcyclopropenone. Chem. Phys. Lett. **246**, 577–582 (1995)
122. Hara, T., Hirota, N., Terazima, M.: New application of the transient grating method to a photochemical reaction: the enthalpy, reaction volume change, and partial molar volume measurements. J. Phys. Chem. **100**, 10194–10200 (1996)
123. Ort, D.R., Parson, W.W.: Flash-induced volume changes of bacteriorhodopsin-containing membrane fragments and their relationship to proton movements and absorbance transients. J. Biol. Chem. **253**, 6158–6164 (1978)
124. Arata, H., Parson, W.W.: Enthalpy and volume changes accompanying electron transfer from P-870 to quinones in *Rhodopseudomonas sphaeroides* reaction centers. Biochim. Biophys. Acta. **636**, 70–81 (1981)
125. Richard, L., Genberg, L., Deak, J., Chiu, H.-L., Miller, R.J.D.: Picosecond phase grating spectroscopy of hemoglobin and myoglobin. Energetics and dynamics of global protein motion. Biochemistry. **31**, 10703–10715 (1992)
126. Dadusc, G., Ogilvie, J.P., Schulenberg, P., Marvet, U., Miller, R.J.D.: Diffractive optics-based heterodyne-detected four-wave mixing signals of protein motion: from "protein quakes" to ligand escape for myoglobin. Proc. Natl. Acad. Sci. U. S. A. **98**, 6110–6115 (2001)
127. Sakakura, M., Morishima, I., Terazima, M.: The structural dynamics and ligand releasing process after the photodissociation of sperm whale carboxymyoglobin. J. Phys. Chem. B. **105**, 10424–10434 (2001)
128. Sakakura, M., Yamaguchi, S., Hirota, N., Terazima, M.: Dynamics of structure and energy of horse carboxymyoglobin after photodissociation of carbon monoxide. J. Am. Chem. Soc. **123**, 4286–4294 (2001)
129. Choi, J., Terazima, M.: Denaturation of a protein monitored by diffusion coefficients: myoglobin. J. Phys. Chem. B. **106**, 6587–6593 (2002)
130. Nishihara, Y., Sakakura, M., Kimura, Y., Terazima, M.: The escape process of carbon monoxide from myoglobin to solution at physiological temperature. J. Am. Chem. Soc. **126**, 11877–11888 (2004)
131. Takashita, K., Imamoto, Y., Kataoka, M., Mihara, K., Tokunaga, F., Terazima, M.: Structural change of site-directed mutants of PYP: new dynamics during pR state. Biophys. J. **83**, 1567–1577 (2002)

132. Nishioku, Y., Nakagawa, M., Tsuda, M., Terazima, M.: Energetics and volume changes of the intermediates in the photolysis of octopus rhodopsin at physiological temperature. Biophys. J. **83**, 1136–1146 (2002)
133. Nada, T., Terazima, M.: A novel method for study of protein folding kinetics by monitoring diffusion coefficient in time domain. Biophys. J. **85**, 1876–1881 (2003)
134. Nishida, S., Nada, T., Terazima, M.: Kinetics of intermolecular interaction during protein folding of reduced cytochrome c. Biophys. J. **87**, 2663–2675 (2004)
135. Salverda, J.M., Vengris, M., Krueger, B.P., Scholes, G.D., Czarnoleski, A.R., Novoderezhkin, V.I., van Amerongen, H., van Grondelle, R.: Energy transfer in light-harvesting complexes LHCII and CP29 of spinach studied with three pulse echo peak shift and transient grating. Biophys. J. **84**, 450–465 (2003)
136. Park, J.S., Joo, T.: Coherent interactions in femtosecond transient grating. J. Chem. Phys. **120**, 5269–5274 (2004)
137. Glauber, R.J.: Coherent and incoherent states of the radiation field. Phys. Rev. **131**, Art. 2766 (1963)
138. Kowalczyk, P., Radzewicz, C., Mostowski, J., Walmsley, I.A.: Time-resolved luminescence from coherently excited molecules as a probe of molecular wave-packet dynamics. Phys. Rev. A. **42**, 5622–5626 (1990)
139. Dunn, R.C., Xie, X.L., Simon, J.D.: Real-time spectroscopic techniques for probing conformational dynamics of heme-proteins. Meth. Enzymol. **226**, 177–198 (1993)
140. Jonas, D.M., Bradforth, S.E., Passino, S.A., Fleming, G.R.: Femtosecond wavepacket spectroscopy. Influence of temperature, wavelength and pulse duration. J. Phys. Chem. **99**, 2594–2608 (1995)
141. Wise, F.W., Rosker, M.J., Tang, C.L.: Oscillatory femtosecond relaxation of photoexcited organic molecules. J. Chem. Phys. **86**, 2827–2832 (1987)
142. Mokhtari, A., Chesnoy, J., Laubereau, A.: Femtosecond time-resolved and frequency-resolved spectroscopy of a dye molecule. Chem. Phys. Lett. **155**, 593–598 (1989)
143. Zewail, A.H.: Femtochemistry: atomic-scale dynamics of the chemical bond. J. Phys. Chem. A. **104**, 5560–5694 (2000)
144. Vos, M.H., Rappaport, F., Lambry, J.-H., Breton, J., Martin, J.-L.: Visualization of coherent nuclear motion in a membrane protein by femtosecond spectroscopy. Nature. **363**, 320–325 (1993)
145. Stanley, R.J., Boxer, S.G.: Oscillations in spontaneous fluorescence from photosynthetic reaction centers. J. Phys. Chem. **99**, 859–863 (1995)
146. Parson, W.W., Warshel, A.: A density-matrix model of photosynthetic electron transfer with microscopically estimated vibrational relaxation times. Chem. Phys. **296**, 201–206 (2004)
147. Parson, W.W., Warshel, A.: Dependence of photosynthetic electron-transfer kinetics on temperature and energy in a density-matrix model. J. Phys. Chem. B. **108**, 10474–10483 (2004)
148. Vos, M.H., Martin, J.-L.: Femtosecond processes in proteins. Biochim. Biophys. Acta. **1411**, 1–20 (1999)
149. Yakovlev, A.G., Shkuropatov, A.Y., Shuvalov, V.A.: Nuclear wavepacket motion producing a reversible charge separation in bacterial reaction centers. FEBS Lett. **466**, 209–212 (2000)
150. Yakovlev, A.G., Shkuropatov, A.Y., Shuvalov, V.A.: Nuclear wavepacket motion between P* and $P^+B_A^-$ potential surfaces with subsequent electron transfer to H_A in bacterial reaction centers. 1. Room temperature. Biochemistry. **41**, 2667–2674 (2002)
151. Heller, E.J.: The semiclassical way to molecular spectroscopy. Acc. Chem. Res. **14**, 368–375 (1981)
152. Heller, E.J.: Time-dependent approach to semiclassical dynamics. J. Chem. Phys. **62**, 1544–1555 (1975)
153. Heller, E.J.: Quantum corrections to classical photodissociation models. J. Chem. Phys. **68**, 2066–2075 (1978)
154. Kulander, K.C., Heller, E.J.: Time-dependent formulation of polyatomic photofragmentation. Application to H_3^+. J. Chem. Phys. **69**, 2439–2449 (1978)

155. Lee, S.Y., Heller, E.J.: Time-dependent theory of Raman scattering. J. Chem. Phys. **71**, 4777–4788 (1979)
156. Myers, A.B., Mathies, R.A., Tannor, D.J., Heller, E.J.: Excited-state geometry changes from pre-resonance Raman intensities. Isoprene and hexatriene. J. Chem. Phys. **77**, 3857–3866 (1982)
157. Myers, A.B., Mathies, R.A.: Resonance Raman intensities: a probe of excited state structure and dynamics. In: Spiro, T.G. (Hrsg.) Biological Applications of Raman Spectroscopy, S. 1–58. Wiley, New York (1987)
158. Myers, A.B.: "Time-dependent" resonance Raman theory. J. Raman Spectrosc. **28**, 389–401 (1997)

Raman-Streuung und andere Mehrphotonenprozesse

12

12.1 Arten der Lichtstreuung

Die in Kap. 6 diskutierten Schwingungsübergänge erfolgen durch Absorption von einem Photon, dessen Energie der Vibrationsenergieabstand entspricht, $h\upsilon$. Vibrations- oder Rotationsübergänge können auch auftreten, wenn ein Molekül Licht höherer Frequenzen streut; dies ist das Phänomen der *Raman-Streuung*. Raman-Streuung gehört zur Gruppe von Zwei-Photonen Prozessen, bei denen ein Photon absorbiert und ein anderes im Wesentlichen gleichzeitig emittiert wird. Abb. 12.1 veranschaulicht die Hauptmöglichkeiten. *Rayleigh-Streuung* und *Mie-Streuung* sind *elastische* Prozesse, bei denen es keinen Nettoenergietransfer zwischen dem Molekül und dem Strahlungsfeld gibt: die einfallenden und emittierten Photonen haben die gleiche Energie (Abb. 12.1, Übergang A). Raman-Streuung ist ein *inelastischer* Prozess, bei dem die einfallenden und abgehenden Photonen in der Energie differieren und das Molekül entweder auf ein höheres Vibrations- oder Rotationsniveau des Grundelektronenzustands befördert oder auf ein niedrigeres Niveau herabgesetzt wird. Raman-Übergänge, bei denen das Molekül Vibrations- oder Rotationsenergie gewinnt, werden als *Stokes* Raman-Streuung bezeichnet (Abb. 12.1, Übergang B) und dominieren in der Regel über Übergänge, bei denen Energie verloren geht (*anti-Stokes* Raman-Streuung, Abb. 12.1, Übergang C), da ruhende Moleküle hauptsächlich die niedrigsten Niveaus der Vibrationsmoden mit $h\upsilon > k_B T$ besetzen. Die Stärke der anti-Stokes-Streuung nimmt mit der Temperatur zu, und das Verhältnis von anti-Stokes zu Stokes-Streuung bietet eine Möglichkeit, die effektive Temperatur der Moleküle zu messen. Sowohl Stokes- als auch anti-Stokes-Raman-Streuung nehmen stark an Stärke zu, wenn das einfallende Licht innerhalb einer molekularen Absorptionsbande liegt (Abb. 12.1, Übergang D). Die Streuung wird dann als *Resonanz-Raman*-Streuung bezeichnet.

Andere Arten der Lichtstreuung beinhalten einen Transfer verschiedener Energieformen zwischen dem Molekül und dem Strahlungsfeld. Bei *Brillouin-Streuung* erzeugt der Energieunterschied zwischen den absorbierten und

W. Parson und C. Burda, *Moderne optische Spektroskopie*,
https://doi.org/10.1007/978-3-031-52100-3_12

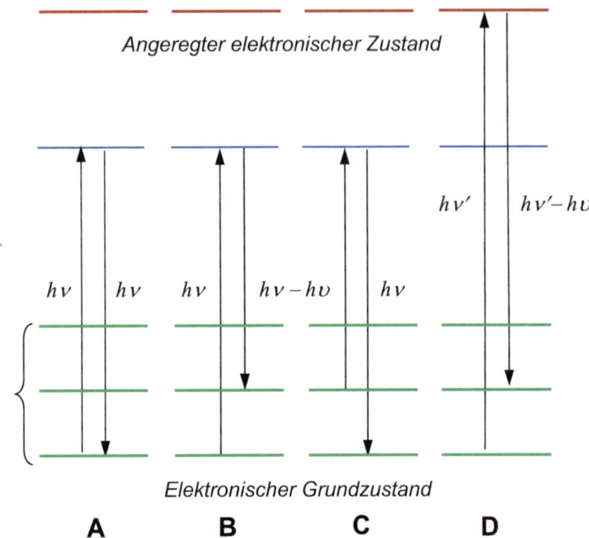

Abb. 12.1 Arten der Lichtstreuung. Die durchgezogenen grünen horizontalen Linien am unteren Rand repräsentieren Schwingungsniveaus des elektronischen Grundzustands. Bei Rayleigh und Mie-Streuung (**A**) absorbiert ein Molekül oder Partikel ein Photon und emittiert ein Photon mit der gleichen Energie. Rayleigh-Streuung bezieht sich auf Streuung durch Moleküle oder Partikel, die klein im Verhältnis zur Wellenlänge des gestreuten Lichts sind; Mie-Streuung, auf Streuung durch größere Partikel. Bei Raman-Streuung (**B**–**D**), wird ein Photon mit unterschiedlicher Energie emittiert, wodurch das Molekül entweder auf einem höheren oder niedrigeren Vibrationsniveau verbleibt (Stokes (**B**) und anti-Stokes (**C**) Raman-Streuung). Resonanz-Raman-Streuung (**D**) tritt auf, wenn die Photonenenergien den Übergangsenergien zu einem höheren elektronischen Zustand (*rote Linie*) entsprechen

emittierten Photonen akustische Wellen in der Probe; bei *quasielastischer* oder *dynamischer Lichtstreuung* geht die Energie in kleine Änderungen der Geschwindigkeit oder Rotation ein. Bei *Zwei-Photonen-Absorption* wird das zweite Photon absorbiert anstatt emittiert, wodurch das Molekül in einem angeregten elektronischen Zustand verbleibt, dessen Energie die Summe der Energien der beiden Photonen ist.

Raman-Streuung wurde 1928 vom indischen Physiker C.V. Raman und seinem Studenten K.S. Krishnan entdeckt. In ihren frühen Experimenten wurde monochromatisches Licht aus einer Quecksilberbogenlampe durch verschiedene Flüssigkeiten geleitet und ein Spektrometer, das Raman erfunden hatte, wurde verwendet, um die gestreute Strahlung zu messen. Raman erhielt 1930 den Nobelpreis für diese Arbeit. Heute wird die Raman-Streuung in der Regel gemessen, indem eine Probe mit einer schmalen Spektrallinie aus einem kontinuierlichen Laser bestrahlt wird, aber auch zeitlich aufgelöste Messungen können mit einem gepulsten Laser als Lichtquelle durchgeführt werden. Licht, das unter einem Winkel von 90° oder einem anderen günstigen Winkel zur Achse des Einfallswinkels gestreut wird, wird durch einen Monochromator oder mit einem Diodenarray gesammelt, und die Intensität des Signals wird als Funktion des Unterschieds in Frequenz oder Wellenzahl zwischen dem Anregungslicht und den gestreuten Photonen ($\nu_e - \nu_s$) aufgetragen. Das Spektrum ähnelt einem IR-Absorptionsspektrum (Abb. 12.2). Die relativen Intensitäten der Raman- und IR-Linien, die verschiedenen Schwingungsmoden entsprechen, unterscheiden sich jedoch in der Regel, wie wir in Kap. 6 diskutiert haben und unten ausführen werden. Resonanz-Raman-Spektren von Makromolekülen unterscheiden sich auch von IR-Spektren und nicht-resonanten Raman-

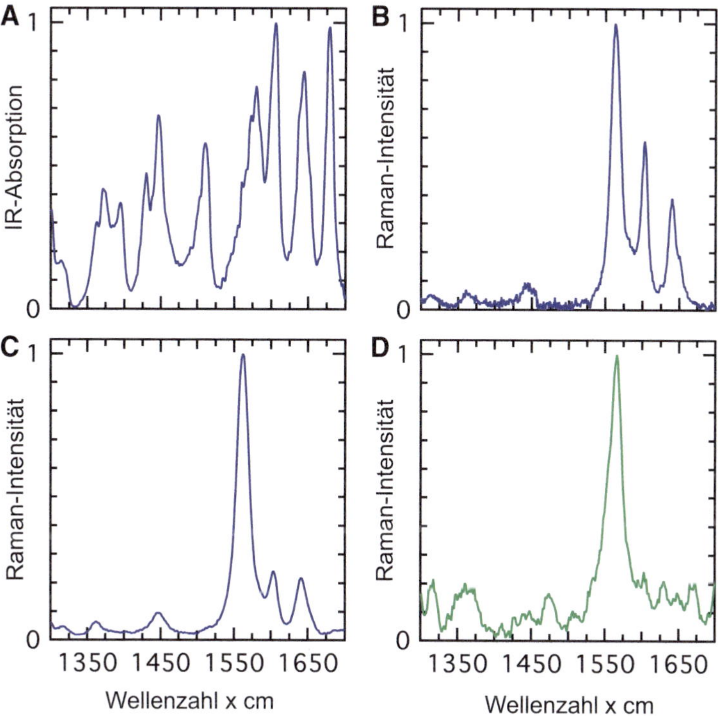

Abb. 12.2 Infrarotabsorption- und Ramans-Streuungsspektren des grünen fluoreszierenden Proteins (GFP, *grün*) und 4-Hydroxybenzyliden-2,3-dimethyl-imidazolinon (HBDI, *blau*), ein Modell des GFP Chromophors [1, 2]. (**A**) FTIR-Absorptionsspektrum von HBDI in einem KBr-Pressling. (**B**) Nicht-resonantes Raman-Emissionsspektrum von HBDI in Ethanol mit Anregung bei 532,0 nm (18.800 cm^{-1}). (**C**) Resonanz-Raman-Emissionsspektrum von HBDI in Ethanol mit Anregung bei 368,9 nm (27.100 cm^{-1}). (**D**) Resonanz-Raman-Emissionsspektrum von GFP in wässriger Lösung mit Anregung bei 368,9 nm. Die Abszisse für die Raman-Spektren ist die Differenz zwischen den Wellenzahlen des Signals und des Anregungslichts. Die Amplituden der Raman-Spektren sind auf das Signal nahe 1562 cm^{-1} normalisiert, das einer in-plane-Streckschwingung der C=N-Bindung im Imidazolinonring und der C=C-Bindung zwischen dem phenolischen und Imidazolinonringen zugeordnet wird [1, 2]. Das FTIR-Spektrum ist auf das Signal bei 1605 cm^{-1} normalisiert, das eine Schwingung repräsentiert, die hauptsächlich auf den phenolischen Ring lokalisiert ist. HBDI in neutralem Ethanol hat ein Absorptionsmaximum bei 372 nm und GFP hat eine entsprechende Absorptionsbande bei 398 nm. Siehe Abb. 5.9 für die Strukturen von HBDI und dem GFP Chromophor

Spektren, da Signale von gebundenen Chromophoren viel stärker sein können als die Hintergrundsignale vom Protein. In Abb. 12.2D, zum Beispiel, ist das Resonanz-Raman-Spektrum des Chromophors in GFP leicht zu beobachten, während die Absorption durch das Protein das IR-Absorptionsspektrum des Chromophors völlig überwältigen würde. (Beachten Sie auch das höhere Signal/Rausch-Verhältnis im Resonanz-Raman-Spektrum von HDBI in Abb. 12.2C im Vergleich zum Off-Resonanz-Raman-Spektrum in Abb. 12.2B).

Die Liouville-Raum Diagramme in Abb. 12.3 helfen, den Hauptunterschied zwischen Ramanstreuung und gewöhnlicher Fluoreszenz zu verdeutlichen. Beide Prozesse erfordern vier Wechselwirkungen mit einem Strahlungsfeld und daher vier Schritte im Liouville-Raum [3]. Es gibt sechs mögliche Wege mit vier Schritten zwischen dem Anfangszustand, dessen Population durch (*a*,*a*) in der linken unteren Ecke von Abb. 12.3A angezeigt wird, und dem Endzustand (*b*,*b*) oben rechts: die drei in Abb. 12.3B–D gezeigten Pfade und ihre komplexen Konjugate. Gewöhnliche Fluoreszenz erfolgt über die Pfade B und C, während

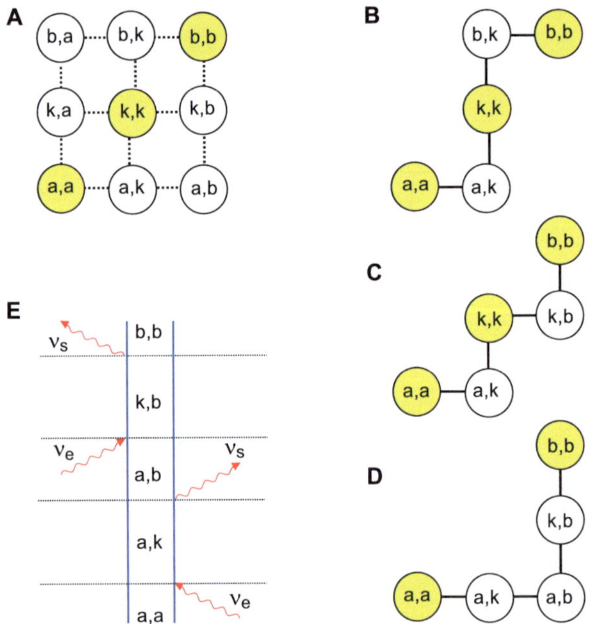

Abb. 12.3 Liouville-Raum Diagramme für spontane Fluoreszenz und Raman-Streuung. (**A**) Liouville-Raum Pfade, die einen Anfangszustand (*a*), einen Zwischenzustand (*k*) und einen Endzustand (*b*) verbinden. (Siehe Abschn. 11.1, Abb. 11.1, 11.4 für eine Erklärung dieser Diagramme.) Populationen werden als *gelbe gefüllte Kreise* dargestellt; Kohärenzen mit *leeren Kreisen*. (**B–D**) Drei der sechs möglichen Pfade von *a* zu *b* mit vier Schritten (vier Wechselwirkungen mit einem Strahlungsfeld). Die anderen drei Pfade sind die komplexen Konjugate der gezeigten. Alle sechs Pfade tragen zur spontanen Fluoreszenz bei; Raman-Streuung beinhaltet nur Pfad (**D**) (und sein komplexes Konjugat), in dem der Zwischenzustand nie bevölkert wird. (**E**) Ein doppelseitiges Feynman-Diagramm für Pfad (**D**)

Raman-Streuung und die anderen in diesem Kapitel besprochenen Zwei-Photonen-Prozesse über Pfad D erfolgen. Eine Untersuchung der Liouville-Diagramme zeigt, dass die Pfade B und C über einen Zwischenzustand (k) verlaufen, der vorübergehend bevölkert ist und somit prinzipiell messbar ist. Pfad D führt durch zwei Kohärenzen mit diesem Zustand (a,k und k,b) und eine Kohärenz zwischen dem Anfangs- und Endzustand (a,b), erzeugt aber nie eine Population im Zustand k. Raman-Streuung unterscheidet sich also von der Fluoreszenz dadurch, dass sie nur einen "virtuellen" Zwischenzustand beinhaltet, der nicht direkt messbar ist. Ein doppelseitiges Feynman Diagramm für Pfad D ist in Abb. 12.3E dargestellt.

Experimentell unterscheidet sich die Raman-Streuung in mehreren Punkten von der Fluoreszenz. Erstens sind die Raman-Emissionslinien viel schmaler als die Fluoreszenz-Emissionsspektren. Raman-Linien für kleine Moleküle in Lösung haben typischerweise Breiten in der Größenordnung von 10 cm^{-1} im Vergleich zu mehreren hundert cm^{-1} für Fluoreszenz. Zweitens haben die Emissionsspektren sehr unterschiedliche Abhängigkeiten von der Frequenz des Anregungslichts. Fluoreszenz-Emissionsspektren vieler Moleküle sind im Wesentlichen unabhängig von der Anregungsfrequenz, während Raman-Linien linear mit ν_e verschoben werden, um einen konstanten Wert von $|\nu_s - \nu_e|$ zu erhalten. Dies spiegelt die Anforderung an die Gesamtenergieerhaltung während des Raman-Prozesses wider ($\nu_s + \upsilon = \nu_e$ für Stokes Raman-Streuung, $\nu_s - \upsilon = \nu_e$ für anti-Stokes), bei dem der virtuelle Zwischenzustand keine Möglichkeit hat, thermisch mit der Umgebung zu equilibrieren. Während spontane Fluoreszenz typischerweise eine Lebensdauer von mehreren ns hat, folgt die Raman-Streuung dem Zeitverlauf eines Anregungspulses praktisch ohne Verzögerung. Schließlich ist die integrierte Stärke der off-resonanten Raman-Streuung in der Regel viel geringer als die der Fluoreszenz.

In der klassischen Erklärung der Raman-Streuung erzeugt das einfallende elektromagnetische Strahlungsfeld $E_0\cos\omega_e$ einen oszillierenden induzierten Dipol, dessen Größe von dem Produkt aus Feld und Polarisierbarkeit des Mediums abhängt. Der induzierte Dipol stellt die Quelle der Strahlung dar, die wir als gestreutes Licht detektieren. Wenn die Polarisierbarkeit (α) bei einer niedrigeren Frequenz durch eine molekulare Vibration ($\alpha = \alpha_o + \alpha_1\cos\omega_m$) moduliert wird, wird der induzierte Dipol proportional zum Produkt $\vec{E}_0 \cos\omega_e(\alpha_0 + \alpha_1\cos\omega_m)$ sein, was dasselbe ist wie $E_0\alpha_0\cos(\omega_e) + (E_0\alpha_1/2)[\cos(\omega_e + \omega_m) + \cos(\omega_e - \omega_m)]$. Die Streuung wird daher Komponenten bei den Frequenzen $\omega_e \pm \omega_m$ zusätzlich zu ω_e haben. Die klassische Theorie sagt korrekt voraus, dass die Stärke der Raman-Streuung von dem Ausmaß abhängt, in dem eine Schwingung die molekulare Polarisierbarkeit ändert, wie wir in Abschn. 12.4 diskutieren, obwohl sie den Unterschied zwischen den Stärken der Stokes- und anti-Stokes-Streuung nicht leicht erklärt.

Kramers und Heisenberg [4], die das Phänomen der Raman-Streuung einige Jahre früher vorhersagten, bevor Raman und Krishnan es experimentell entdeckten, entwickelten eine semi-klassische Theorie, in der sie das streuende Molekül quantenmechanisch und das Strahlungsfeld klassisch behandelten. Dirac [5] erweiterte die Theorie bald um die Quantisierung des Strahlungsfeldes, und Placzec, Albrecht und andere untersuchten die Auswahlregeln für Moleküle mit verschiedenen Symmetrien [6, 7]. Eine Theorie des Resonanz-Raman-Effekts basierend auf vibrationalen Wellenpaketen wurde von Heller, Mathies, Meyers und ihren Kollegen entwickelt [8–13]. Mukamel [3, 14] stellte eine umfassende Theorie vor, die die nichtlinearen Antwortfunktionen für Pfade im Liouville-Raum berücksichtigte. Nachdem wir die relevanten Pfade im Liouville-Raum kurz beschrieben haben, werden wir zunächst die Kramers-Heisenberg-Dirac-Theorie mit einem Ansatz der Störungstheorie zweiter Ordnung entwickeln und uns dann dem Wellenpaket Bild zuwenden.

12.2 Die Kramers-Heisenberg-Dirac-Theorie

Betrachten Sie ein Molekül mit Grundzustandswellenfunktion Ψ_a und angeregter Zustandswellenfunktion Ψ_k, und Energien E_a und E_k. Wenn ein schwaches, kontinuierliches Strahlungsfeld mit Frequenz ν_e und Amplitude $E_e[\exp(2\pi i\nu_e t) + \exp(-2\pi i\nu_e t)]$ eingeführt wird, oszilliert der Koeffizient für den Zustand k (C_k) mit der Zeit. Wir benötigen einen Ausdruck für C_k, der die Unsicherheit in den Energien berücksichtigt, die durch elektronische Dephasierung oder den Zerfall des Zustands k verursacht wird. Wir können C_k zu einer kurzen Zeit (τ) finden, indem wir das Dichtematrix-Element Matrix $\overline{\rho_{ka}}(\tau)$ für eine Gruppe von Molekülen unter konstanter Beleuchtung bewerten. Denken Sie daran, dass in der Schrödinger-Darstellung,

$$\overline{\rho_{ka}}(\tau) = \overline{c_k(\tau)c_a * (\tau)} = \overline{C_k(\tau)C_a * (\tau)\exp[-i(E_k - E_a)\tau/\hbar]}, \quad (12.1)$$

die Balken zeigen den Ensembledurchschnitt an (Gl. 10.8 und 10.12). Wenn wir $\overline{C_a *}(\tau)$ durch 1 ersetzen, unter der Annahme, dass praktisch alle Moleküle im Grundzustand sind, dann als

$$\overline{C_k}(\tau) = \overline{\rho}_{ka}(\tau)\exp[i(E_k - E_a)\tau/\hbar]. \quad (12.2)$$

Wir haben in Kap. 10 festgestellt, dass der stationäre Wert von $\overline{\rho}_{ka}$ geschrieben werden kann

$$\overline{\rho_{ka}} \approx \overline{\overline{\rho_{ka}}}\exp(i\omega_e t), \quad (12.3)$$

mit

$$\overline{\overline{\rho_{ka}}} = \frac{(i/\hbar)(\overline{\rho_{kk}} - \overline{\rho_{aa}})\boldsymbol{\mu}_{ka} \cdot \boldsymbol{E}_e}{i(\omega_e - \omega_{ak}) + 1/T_2} \quad (12.4a)$$

$$\approx \frac{\vec{\mu}_{ka} \cdot \vec{E}_e}{E_k - E_a - h\nu_e - i\hbar/T_2}, \quad (12.4b)$$

wo $\boldsymbol{\mu}_{ka}$ der Übergangsdipol für Absorption und T_2 die Zeitkonstante für den Zerfall elektronischer Kohärenz zwischen den Zuständen a und k ist (Gln. 10.40 und 10.42*a*). Wir haben den Term mit $+h\nu_e$ anstelle von $-h\nu_e$ weggelassen, der vernachlässigbar ist, wenn $E_k > E_a$, und in Gl. (12.4b) haben wir erneut $\overline{\rho_{aa}} \approx 1$ und

$\overline{\rho_{kk}} \approx 0$ gesetzt. Durch Kombination der Gl. (12.2–12.4a, b) und Weglassen des Balkens über C_k zur Vereinfachung der Notation ergibt sich

$$C_k(\tau) = \frac{\boldsymbol{\mu}_{ka} \cdot \boldsymbol{E}_e}{E_k - E_a - h\nu_e - i\hbar/T_2} \exp[i(E_k - E_a - h\nu_e)\tau/\hbar]. \tag{12.5}$$

Nehmen wir nun an, dass ein zweites Strahlungsfeld, $E_s[\exp(2\pi i\nu_s t) + \exp(-2\pi i\nu_s t)]$, den Zustand k mit einem anderen Zustand, b, koppelt. Dies könnte entweder die durch spontane Fluoreszenz des Zustands k erzeugte Strahlung oder ein einfallendes Feld sein, das eine stimulierte Emission (Abschn. 12.6) verursachen oder das Molekül in einen Zustand mit höherer Energie anregen könnte (Abschn. 12.7). Wir nehmen jedoch an, dass weder das erste noch das zweite Strahlungsfeld den Zustand a direkt in b umwandeln kann. Wenn wir zu Beginn die Population des Zustands b vernachlässigen, können wir herausfinden, wie der Koeffizient für den Zustand b (C_b) mit der Zeit wächst, indem wir die gleiche Störungsbehandlung fortsetzen, die wir verwendet haben, um $C_k(\tau)$ zu finden. Aber hier behalten wir Begriffe mit entweder $+h\nu_s$ oder $-h\nu_s$ im Nenner bei, so dass E_b entweder größer oder kleiner als E_k sein kann. Durch Anwendung von Gl. (4.6a, b) auf den Übergang von k zu b, und unter Berücksichtigung einer Zeit t, die kurz genug ist, so dass C_b klein und C_a immer noch nahe bei 1 ist, erhalten wir

$$\begin{aligned} C_b(t) &= \tfrac{i}{\hbar}\left(\boldsymbol{\mu}_{bk} \cdot \boldsymbol{E}_s\right) \int_0^t \Big\{ \exp[i(E_b - E_k + h\nu_s)\tau/\hbar] \\ &\quad + \exp[i(E_b - E_k - h\nu_s)\tau/\hbar]\Big\} C_k(\tau)d\tau \\ &= \alpha_{ba}\Big\{ \int_0^t \exp[i(E_b - E_a + h\nu_s - h\nu_e)\tau/\hbar]d\tau \\ &\quad + \int_0^t \exp[i(E_b - E_a - h\nu_s - h\nu_e)\tau/\hbar]d\tau \Big\}, \end{aligned} \tag{12.6}$$

mit

$$\alpha_{ba} = \frac{\left(\boldsymbol{\mu}_{bk} \cdot \boldsymbol{E}_s\right)\left(\boldsymbol{\mu}_{ka} \cdot \boldsymbol{E}_e\right)}{E_k - E_a - h\nu_e - i\hbar/T_2}. \tag{12.7}$$

Die Auswertung der Integrale in Gl. (12.6) ergibt

$$\begin{aligned} C_b(t) = \alpha_{ba} &\left[\frac{\exp[i(E_b - E_a + h\nu_s - h\nu_e)t/\hbar] - 1}{E_b - E_a + h\nu_s - h\nu_e} \right. \\ + &\left. \frac{\exp[i(E_b - E_a - h\nu_s - h\nu_e)t/\hbar] - 1}{E_b - E_a - h\nu_s - h\nu_e} \right]. \end{aligned} \tag{12.8}$$

Der erste Term in den Klammern auf der rechten Seite von Gl. (12.8) berücksichtigt Rayleigh- und Raman-Streuung; der zweite berücksichtigt die Zwei-Photonen-Absorption, die wir in Abschn. 12.7 diskutieren werden. Wenn $E_b = E_a$, wie es bei der Rayleigh-Streuung der Fall ist, geht der erste Term zu $it/\hbar$ über, wenn $\nu_s = \nu_e$ (Kasten 4.3), während der zweite Term für alle positiven Werte von ν_e und ν_s vernachlässigbar ist. Wenn die Zustände a und b unterschiedlich sind, wie es bei der Raman-Streuung der Fall ist, geht der erste Term gegen $it/\hbar$, wenn $E_b - E_a = h\nu_e - h\nu_s$. Schließlich, wenn $E_b >> E_a$, ist der erste Term in den Klammern normalerweise klein, aber der zweite Term geht gegen $it/\hbar$, wenn $E_b - E_a \approx h\nu_e + h\nu_s$. Wir werden unten sehen, dass die durch Gl. (12.7) definierte Größe α_{ba} ein Maß für die Polarisierbarkeit des streuenden Materials ist.

Die Intensität der Rayleigh- oder Raman-Streuung von nahezu monochromatischem Licht sollte proportional zum Integral von $C_b{}^*C_b$ über eine schmale Bandbreite der Frequenzdifferenz $\nu_e - \nu_s$ sein (Gl. 4.8a–c). Wenn wir diese Integration für den ersten Term in den Klammern in Gl. (12.8) durchführen, wird die Streuungsrate

$$S_{ba} = |\alpha_{ba}|^2 \frac{\rho_\nu(\nu)}{\hbar^2}, \tag{12.9}$$

wo α_{ba} durch Gl. (12.7) gegeben ist, und $\rho_\nu(\nu)$ ist die Anzahl der Strahlungsmoden, die die Bedingung $h\nu_e - h\nu_s = E_b - E_a$ erfüllen. Gl. (12.9) kann als eine weitere Manifestation eines Ausdrucks betrachtet werden, den wir bereits in Verbindung mit Absorption, Fluoreszenz und Resonanzenergieübertragung und Fermis goldenen Regel gesehen haben.

Bis zu diesem Punkt haben wir nur einen einzigen Zwischenzustand (k) zwischen den Zuständen a und b betrachtet. Ein Molekül wird im Allgemeinen viele angeregte elektronische Zustände haben, jeder mit vielen Schwingungsniveaus, und jeder dieser vibronischen Zustände könnte als virtueller Zustand für Rayleigh- oder Raman-Streuung dienen. Wenn wir zur Vereinfachung annehmen, dass die Dephasierungszeitkonstante T_2 für alle wichtigen vibronischen Niveaus ungefähr gleich ist (eine deutliche Vereinfachung), dann ergibt die Summierung der Beiträge $C_b(t)$

$$C_b(t) \approx \left(\frac{\exp[i(E_b - E_a + h\Delta\nu)t/\hbar] - 1}{E_b - E_a + h\Delta\nu} \right) \sum_k \frac{(\boldsymbol{\mu}_{bk} \cdot \boldsymbol{E}_s)(\boldsymbol{\mu}_{ka} \cdot \boldsymbol{E}_e)}{E_k - E_a - h\nu_e - i\hbar/T_2}, \tag{12.10}$$

wo $\Delta\nu = \nu_s - \nu_e$ und wir haben wieder nur den ersten Term aus den Klammern in Gl. (12.8) beibehalten. Das Matrixelement für die Lichtstreuung wird somit

$$\alpha_{ba} = \sum_k \frac{(\boldsymbol{\mu}_{bk} \cdot \boldsymbol{E}_s)(\boldsymbol{\mu}_{ka} \cdot \boldsymbol{E}_e)}{E_k - E_a - h\nu_e - i\hbar/T_2}, \tag{12.11}$$

oder für den speziellen Fall der Rayleigh-Streuung (Zustände a und b gleich und $\boldsymbol{\mu}_{ka} = -\boldsymbol{\mu}_{ak}$),

$$\alpha_{aa} = \sum_k \frac{(\boldsymbol{\mu}_{ka} \cdot \boldsymbol{E}_s)(\boldsymbol{\mu}_{ka} \cdot \boldsymbol{E}_e)}{E_k - E_a - h\nu_e - i\hbar/T_2}. \tag{12.12}$$

Resonanz-Raman-Streuung tritt auf, wenn das einfallende Licht innerhalb einer Absorptionsbande liegt, so dass $E_{k(e)} - E_{a(g)} \approx h\nu_e$ für eine Reihe von vibronischen Niveaus (k) des angeregten elektronischen Zustands gilt. Da die vibronischen

Niveaus dieses Zustands die Summe in Gl. (12.11) dominieren werden, können wir die Born-Oppenheimer und Condon Näherungen (Abschn. 4.10) verwenden, um den Übergangsdipol $\boldsymbol{\mu}_{ka}$ in ein vibronisches Überlappungsintegral ($\langle X_{k(e)} \mid X_{a(g)}\rangle$) und einen elektronischen Übergangsdipol, der über die Kernkoordinaten gemittelt ist ($\boldsymbol{\mu}_{eg}$), zu faktorisieren. Das Herausziehen der elektronischen Übergangsdipole aus der Summe ergibt dann

$$\alpha_{ba} \approx \left(\boldsymbol{\mu}_{ge} \cdot \boldsymbol{E}_s\right) \left(\boldsymbol{\mu}_{eg} \cdot \boldsymbol{E}_e\right) \sum_k \frac{\langle \mathrm{X}_{b(g)} | \mathrm{X}_{k(e)} \rangle \langle \mathrm{X}_{k(e)} | \mathrm{X}_{a(g)} \rangle}{E_{k(e)} - E_{a(g)} - h\nu_e - i\hbar/T_2}, \tag{12.13}$$

wo $\langle X_i \mid X_j\rangle$ das vibronische Überlappungsintegral für die Zustände i und j ist.

Gl. (12.9) und (12.12) zeigen, dass die Stärke der Rayleigh-Streuung von $|\boldsymbol{\mu}_{ka} \cdot \boldsymbol{E}_e|^2 |\boldsymbol{\mu}_{ka} \cdot \boldsymbol{E}_s|^2$ abhängt, wobei $\boldsymbol{E}_e$ wieder das Anregungsfeld und $\boldsymbol{E}_s$ das Feld der spontanen Emission aus dem virtuellen angeregten Zustand ist. Aus Kap. 4 wissen wir, dass $|\boldsymbol{\mu}_{ka} \cdot \boldsymbol{E}_e|^2 \rho_\nu(\nu) = (2\pi f^2/3cn) D_{ka} I$ ist, wobei D_{ka}, I, n und f jeweils die Dipolstärke für die Anregung zum Zustand k, die Intensität des einfallenden Lichts, der Brechungsindex und der Lokalfeldkorrekturfaktor sind (Gl. 4.12). Aus Gl. (5.12) folgt, dass $|\boldsymbol{\mu}_{ka} \cdot \boldsymbol{E}_s|^2 = (8\pi h n^3 \nu_s^3/c^3) |\boldsymbol{\mu}_{ka} \cdot \boldsymbol{E}_e|^2$. Da $\nu_e = \nu_s = \nu$ für Rayleigh-Streuung gilt, ist die Stärke der Rayleigh-Streuung in Photonen/s proportional zu $I\nu^3$. Die Umrechnung in Einheiten von Energie/s ergibt einen zusätzlichen Faktor von $h\nu$. Die Kramers-Heisenberg-Dirac-Theorie reproduziert somit die beobachtete Abhängigkeit der Rayleigh-Streuung von der vierten Potenz der Frequenz. Diese Abhängigkeit der Rayleigh-Streuung von ν^4 erklärt die blaue Farbe des Himmels, da das kurzwellige blaue Licht der Sonne in alle Richtungen gestreut wird, während rotes Licht die Atmosphäre direkter durchdringt. Die Theorie sagt auch die Polarisation des gestreuten Lichts korrekt voraus. (Siehe Abschn. 12.9 und Refs. [13, 15] für weitere Diskussionen über die Richtungsaspekte der Lichtstreuung.)

Die durch die Gl. (12.11–12.13) gegebenen Matrixelemente hängen auch von einer Summe von Produkten gewichteter Überlappungsintegrale des Vibrationsniveaus k des angeregten elektronischen Zustands mit den Anfangs- und Endniveaus des Grundzustands ab. Jeder Term in der Summe wird gewichtet durch $1/(E_{k(e)} - E_{a(g)} - h\nu_e - i\hbar/T_2)$. Aber beachten Sie, dass wir nur ein einziges Vibrationsniveau des Anfangssystems betrachtet haben. In einer vollständigeren Beschreibung wird $\langle X_{k(e)} | X_{a(g)}\rangle$ durch eine Summe von thermisch gewichteten Produkten von Überlappungsintegralen ersetzt, wie in Kasten 4.14 beschrieben.

Der Dephasierungsfaktor $i\hbar/T_2$ in den Gl. (12.11–12.13) macht die Matrixelemente für Rayleigh- und Raman-Streuung zu komplexen Größen. Die realen und imaginären Teile können getrennt werden, indem jeder Term in der Summe mit 1 in der Form von $(E_{k(e)} - E_{a(g)} - h\nu_e + i\hbar/T_2)/(E_{k(e)} - E_{a(g)} - h\nu_e + i\hbar/T_2)$ multipliziert wird. Eine Zerlegung der Gl. (12.13) auf diese Weise ergibt

$$\begin{aligned} \alpha_{ba} = \left|\boldsymbol{\mu}_{eg}\right|^2 \sum_k \Bigg[& \frac{\left(E_{k(e)} - E_{a(g)} - h\nu_e\right) \langle X_{b(g)} | X_{k(e)} \rangle \langle X_{k(e)} | X_{a(g)} \rangle}{\left(E_{k(e)} - E_{a(g)} - h\nu_e\right)^2 + (\hbar/T_2)^2} \\ & + i \frac{(\hbar/T_2) \langle X_{b(g)} | X_{k(e)} \rangle \langle X_{k(e)} | X_{a(g)} \rangle}{\left(E_{k(e)} - E_{a(g)} - h\nu_e\right)^2 + (\hbar/T_2)^2} \Bigg]. \end{aligned} \tag{12.14}$$

Ein Vergleich der Gl. (12.14) mit der Gl. (10.43) zeigt, dass der imaginäre Teil von α_{aa} (das Matrixelement für Resonanz-Rayleigh-Streuung) proportional zum Matrixelement für gewöhnliche Absorption ist. Der reale Teil von α_{aa} kann mit dem Brechungsindex (Kasten 3.3 und [16]) in Beziehung gesetzt werden.

Abb. 12.4 zeigt Spektren von $|\alpha_{ba}|^2$ für einen Resonanz-Raman-Übergang zwischen Schwingungsniveaus 0 und 1 des Grundelektronenzustands, wie berechnet mit der Kramers-Heisenberg-Dirac-Theorie (Gl. 12.13) für ein Molekül mit einem einzigen harmonischen Schwingungsmodus. Die Spektren sind als Funktionen der Anregungsfrequenz (ν_e) für mehrere Werte von T_2 und der Verschiebung der

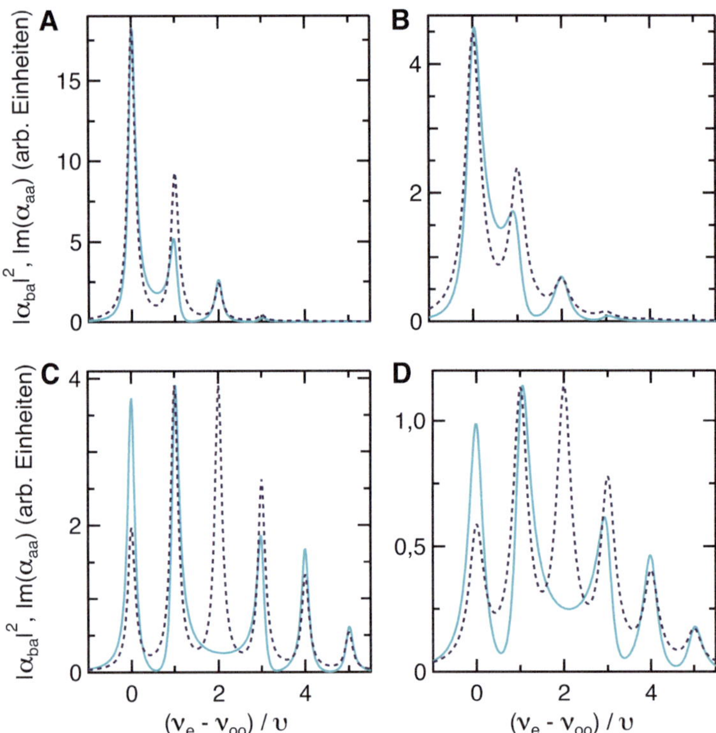

Abb. 12.4 Berechnete Resonanz-Raman-Anregungsspektren ($|\alpha_{ba}|^2$, *durchgezogene cyanfarbene Kurven*) und homogene Absorptionsspektren (Im (α_{aa}), *dunkelblaue gepunktete Kurven*) für ein Molekül mit einem einzigen harmonischen Schwingungsmodus der Frequenz υ. α_{aa} steht für Streuung bei der Anregungsfrequenz und α_{ba} für Streuung vom Nullpunkt-Vibrationsniveau in das erste angeregte Niveau ($h\nu_1 - h\nu_2 = h\upsilon$). Die Abszisse ist die Differenz zwischen der Anregungsfrequenz (ν_e) und der 0–0 Übergangsfrequenz (ν_{oo}), in Einheiten der Vibrationsfrequenz (υ). Die Absorptionsspektren sind auf die Raman-Anregungsspektren bei den höchsten Signalen in jedem Panel normalisiert. (**A**): $\hbar/T_2 = 0{,}1h\upsilon$ und Δ (dimensionslose Verschiebung der Vibrationskoordinate im angeregten elektronischen Zustand) $= 1{,}0$. (**B**): $\hbar/T_2 = 0{,}2h\upsilon$, $\Delta = 1{,}0$. (**C**): $\hbar/T_2 = 0.1h\upsilon$, $\Delta = 2{,}0$. (**D**): $\hbar/T_2 = 0{,}2h\upsilon$, $\Delta = 2{,}0$. Alle Schwingungsniveaus des angeregten Zustands bis zu $k = 25$ wurden in die Summen miteinbezogen. Die Überlappungsintegrale wurden berechnet, wie in Kasten 4.13 erklärt

Vibrationskoordinate im angeregten Zustand (Δ) dargestellt. Beachten Sie, dass dies *Anregungs*spektren für Resonanz-Raman-Streuung sind, nicht Diagramme der Emissionsintensität als Funktion von $\nu_e - \nu_s$ (*vgl.* Abb. 12.2), und beachten Sie auch, dass sie keine inhomogene Verbreiterung berücksichtigen. Zum Vergleich zeigt die Abbildung auch die homogenen Absorptionsspektren, berechnet als Im (α_{aa}) für die gleichen Systeme.

Spektren von $|\alpha_{ba}|^2$ ähneln einem homogenen Absorptionsspektrummit Maxima bei der 0–0 Übergangsfrequenz und bei ganzzahligen Vielfachen von υ darüber, wo die Anregungsenergie der Energiedifferenz zwischen dem Grund- und angeregten Schwingungszuständen entspricht. Die relativen Höhen der Maxima unterscheiden sich jedoch. Beachten Sie zum Beispiel, dass ein Maxima bei $(\nu_e - \nu_{oo})/\upsilon = 2$ im $|\alpha_{ba}|^2$ Spektrum sichtbar ist, wenn $\Delta = 1$ (Abb. 12.4A, B) ist, aber zu schwach ist, um aufgelöst zu werden, wenn $\Delta = 2$ (Abb. 12.4C, D) ist. Darüber hinaus verteilt eine Änderung von Δ die gewöhnliche Absorption unter den vibronischen Maxima neu, ohne die integrierte Absorbanz zu verändern, sie beeinflusst jedoch die integrierte Stärke der Raman-Streuung. Dieser Punkt wird in Abb. 12.5A veranschaulicht, wo der integrierte Raman-Streuungsquerschnitt, $\int|\alpha_{ba}|^2 d\nu$, als Funktion von Δ dargestellt ist. Die Streuung in den ersten angeregten vibrationalen Zustand erreicht bei $\Delta \approx 0.9$ ein Maximum.

Die Dephasierungs-Zeitkonstante T_2 hat auch unterschiedliche Auswirkungen auf Raman- und Absorptionsspektren. Ein integriertes Absorptionsspektrum ist unabhängig von $\hbar/T_2$, während die integrierte Stärke der Raman-Streuung abnimmt, wenn die Dephasierung schneller wird (Abb. 12.5B). Vergleiche der absoluten Querschnitte für Raman-Streuung und gewöhnliche Absorption bieten daher eine Möglichkeit, die Dynamik der Dephasierung zu messen [11, 12].

In der klassischen Vorstellung von Lichtstreuung erzeugt Licht, das durch ein polarisierbares Medium geht, oszillierende induzierte elektrische Dipole, die dann

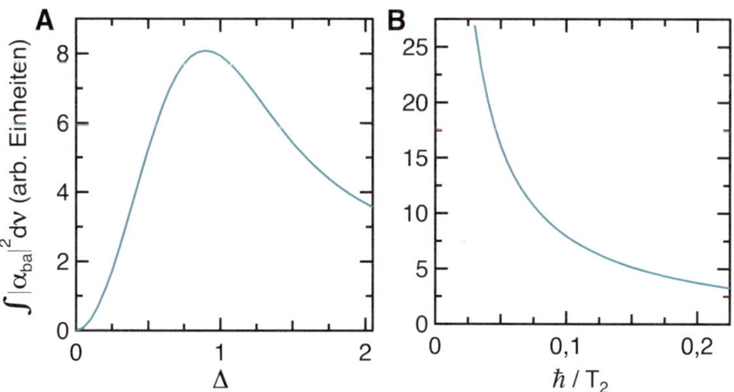

Abb. 12.5 Integrierter Raman-Streuungsanregungsquerschnitt, $\int|\alpha_{ba}|^2 d\nu$, für ein Molekül mit einem einzigen harmonischen Schwingungsmodus mit Frequenz υ. Das Modellsystem ist das gleiche wie in Abb. 12.4. (**A**) Der integrierte Querschnitt als Funktion von Δ mit $\hbar/T_2 = 0.1h\upsilon$. (**B**) Der integrierte Querschnitt als Funktion von $\hbar/T_2$ mit $\Delta = 1.0$

Licht in verschiedene Richtungen abstrahlen können. Die Intensität der Streuung hängt vom Quadrat des induzierten Dipols ab und damit vom Quadrat der Polarisierbarkeit. Kasten 12.1. beschreibt eine quantenmechanische Behandlung der elektronischen Polarisierbarkeit und zeigt, dass die Matrixelemente für Lichtstreuung tatsächlich proportional zu den Matrixelementen für Polarisierbarkeit sind.

Kasten 12.1 Quantentheorie der elektronischen Polarisierbarkeit

Die elektronische Polarisierbarkeit wird allgemein durch einen Tensor zweiter Ordnung, $\boldsymbol{\alpha}$, beschrieben, was bedeutet, dass das Anlegen eines elektrischen Feldes entlang einer bestimmten Achse einen induzierten Dipol erzeugen kann, der Komponenten senkrecht sowie parallel zu dieser Achse hat. Es ist jedoch immer möglich, ein molekulares Koordinatensystem zu wählen, in dem $\boldsymbol{\alpha}$ diagonalisiert ist und die Polarisierbarkeit durch einen Vektor mit der Größe $\boldsymbol{\alpha}$ beschrieben werden kann. Das Anlegen eines Feldes entlang der x, y oder z Achse dieses Koordinatensystems erzeugt einen induzierten Dipol nur entlang derselben Achse. Diese werden als "Hauptachsen" der Polarisierbarkeit bezeichnet. Für eine isotrope Probe ist die Größe des induzierten Dipols proportional zur skalaren Größe $\alpha = (1/3)$ $\mathrm{Tr}(\boldsymbol{\alpha})$, die nicht von der Wahl des Koordinatensystems abhängt.

In einem quantenmechanischen Bild spiegelt die Polarisierbarkeit die Vermischung des Grundzustands mit höherenergetischen Zuständen wider, wenn ein Molekül durch ein externes elektrisches Feld gestört wird. Wir werden die Theorie zunächst für ein statisches Feld und dann für ein zeitabhängiges Feld beschreiben.

In Anwesenheit eines statischen Feldes $\boldsymbol{E}$ kann der gesamte elektrische Dipol eines Moleküls als Taylor-Reihe in Potenzen des Feldes ausgedrückt werden:

$$\boldsymbol{\mu} = \boldsymbol{\mu}_0 + \boldsymbol{\mu}_{\mathrm{ind}} = \boldsymbol{\mu}_0 + \boldsymbol{\alpha} \cdot \boldsymbol{E} + \ldots, \tag{B12.1.1}$$

wo $\boldsymbol{\mu}_0$ der permanente Dipol in Abwesenheit des Feldes ist.

$\boldsymbol{\mu}_0$ und $\boldsymbol{\alpha}$ können auch mit den ersten und zweiten Ableitungen der Energie (E) in Bezug auf das Feld in Beziehung gesetzt werden:

$$\boldsymbol{\mu}_0 = -\partial E/\partial \boldsymbol{E}, \tag{B12.1.2}$$

und

$$\boldsymbol{\alpha} = -\partial^2 E/\partial \boldsymbol{E}^2. \tag{B12.1.3}$$

Gl. (B12.1.2) ist die gleiche wie Gl. (4.2). Gl. (B12.1.2) und (B12.1.3) folgen aus einem allgemeinen Theorem namens *Hellman-Feynman-Theorem*, das besagt, dass die Ableitung der Energie in Bezug auf jeden Parameter gleich dem Erwartungs-wert der Ableitung des Hamilton-Operators in Bezug auf diesen Parameter ist. Im vorliegenden Fall informiert uns das Hellman-Feynman-Theorem darüber, dass für ein System mit Wellenfunktion Ψ und Eigenwert E, $\partial E/\partial \boldsymbol{E} = \langle \Psi|\partial H/\partial \boldsymbol{E}|\Psi\rangle = -\left\langle \Psi\middle|\tilde{\mu}\middle|\Psi\right\rangle = -\boldsymbol{\mu}$ gilt. Um diese Beziehung zu nutzen, erweitern wir zunächst die Energie als Taylor-Reihe in Potenzen von $\boldsymbol{E}$:

$$E = E_0 + (\partial E/\partial \boldsymbol{E})_0 \boldsymbol{E} + \frac{1}{2}\left(\partial^2 E/\partial \boldsymbol{E}^2\right)_0 \boldsymbol{E}^2 + \ldots, \tag{B12.1.4}$$

wo alle Ableitungen bei $\boldsymbol{E} = (0{,}0{,}0)$ ausgewertet werden. Die Differentiation von Gl. (B12.1.4) in Bezug auf $\boldsymbol{E}$ ergibt nach dem Hellman-Feynman-Theorem,

$$\boldsymbol{\mu} = \text{-}(\partial E/\partial \boldsymbol{E})_0 - \left(\partial^2 E/\partial \boldsymbol{E}^2\right)_0 \boldsymbol{E} - \ldots, \tag{B12.1.5}$$

Gleichsetzen von Termen mit den gleichen Potenzen von $\boldsymbol{E}$ in den Gl. (B12.1.1) und (B12.1.5) ergibt dann die Gl. (B12.1.2) und (B12.1.3).

Betrachten Sie nun ein Molekül mit Eigenfunktionen Ψ_k in Abwesenheit von externen Feldern. Die Wellenfunktion in Anwesenheit eines statischen Feldes kann als lineare Kombination dieser Basisfunktionen geschrieben werden:

$$\Psi = \sum_k C_k \Psi_k. \tag{B12.1.6}$$

Um α_x durch Gl. (B12.1.3) zu finden, müssen wir bewerten, wie die Energie dieses Überlagerungszustands vom Feld abhängt. Dies können wir tun, indem wir das Verfahren befolgen, das wir verwendet haben, um herauszufinden, wie zwei Zustände mit diabatischen Energien E_a und E_k durch eine schwache Störung $\left(\tilde{H}'\right)$ gemischt werden. Lassen Sie Zustand a den Grundzustand sein und nehmen Sie an, dass der Koeffizient für einen höherenergetischen Zustand k viel kleiner ist als der von Zustand a $(0 < |C_k| << |C_a| \approx 1)$. Die Energie des Systems (E) wird dann ungefähr die gleiche sein wie die von Zustand a, so dass wir aus den Gl. (8.7b und c) haben

$$C_k = -C_a H_{ka}/(H_{kk} - E) \approx -H_{ka}/(H_{kk} - H_{aa}), \tag{B12.1.7}$$

und

$$\begin{aligned} E &= (C_a H_{aa} + C_k H_{ak})/C_a \approx H_{aa} - H_{ak}H_{ka}/(H_{kk} - H_{aa}) \\ &= E_a + H_{aa} - H_{ak}H_{ka}/(H_{kk} - H_{aa}), \end{aligned} \tag{B12.1.8}$$

wo H_{aa}, H_{kk}, H_{ak} und H_{ka} wie in den Gl. (8.8a–c) definiert sind.

Für das vorliegende Problem ist der Störungsoperator $\tilde{H}'$ der Dipoloperator $\tilde{\mu}$. Summieren über alle höherenergetischen Zustände und mit $\boldsymbol{\mu}_{ij} = \left\langle \Psi_i|\tilde{\mu}|\Psi_j\right\rangle$ wie üblich, ist die Energie des Systems in Anwesenheit des externen Feldes

$$E \approx E_a - \boldsymbol{\mu}_{aa} \cdot \boldsymbol{E} - \sum_{k \neq a} \frac{(\boldsymbol{\mu}_{ak} \cdot \boldsymbol{E})\,(\boldsymbol{\mu}_{ka} \cdot \boldsymbol{E})}{E_k - E_a} = E_a - \boldsymbol{\mu}_{aa} \cdot \boldsymbol{E} - \sum_{k \neq a} \frac{(\boldsymbol{\mu}_{ak} \cdot \boldsymbol{E})^2}{E_k - E_a}. \tag{B12.1.9}$$

Die zweite Ableitung der Energie in Bezug auf $\boldsymbol{E}$ ergibt, gemäß Gl. (B12.1.3),

$$\alpha \approx 2 \sum_{k \neq a} \frac{|\boldsymbol{\mu}_{ka}|^2}{E_k - E_a}. \tag{B12.1.10}$$

Diese Ableitung gilt nicht für ein Feld, das schnell mit der Zeit oszilliert. In einem solchen Feld oszilliert der induzierte Dipol und die Amplitude dieser Oszillationen hängt von der Frequenz ab. Wir können jedoch eine frequenzabhängige dynamische Polarisierbarkeit oder *molekulare elektrische Suszeptibilität*, als das Verhältnis der Amplituden der beiden Oszillationen definieren (Abschn. 3.1.5). Nehmen wir an, eine Gruppe von Molekülen im Grundzustand (a) wird einem oszillierenden Feld ausgesetzt. Wenn wir die Dichtematrix $\overline{\boldsymbol{\rho}}$ mit einer Basis von Grund- und angeregten Zustandswellenfunktionen schreiben, wird der Erwartungswert des Gesamtdipols durch die Gl. (10.13) und (10.14) ausgedrückt:

$$\begin{aligned}\langle \boldsymbol{\mu}(t) \rangle &= Tr(\rho(t)\boldsymbol{\mu}) = \sum_j \sum_k \overline{\rho}_{jk}(t)\boldsymbol{\mu}_{kj} \\ &\approx \sum_k \left(\overline{\rho}_{ak}(t)\boldsymbol{\mu}_{ka} + \overline{\rho}_{ka}(t)\boldsymbol{\mu}_{ak}\right) = \boldsymbol{\mu}_{aa} + \sum_{k \neq a} \left(\overline{\rho}_{ak}(t)\boldsymbol{\mu}_{ka} + \overline{\rho}_{ka}(t)\boldsymbol{\mu}_{ak}\right).\end{aligned} \tag{B12.1.11}$$

Hier ist $\boldsymbol{\mu}_{aa}$ der permanente Dipol im Grundzustand, und die Summe über k repräsentiert den induzierten Dipol, $\boldsymbol{\mu}_{ind}$. Wenn wir stationäre Ausdrücke für die Dichtematrix-Elemente (Gl. 10.42a, b, 12.3 und 12.4a, b) für ein Feld $\vec{E}_o[\exp(2\pi i\nu t) + \exp(-2\pi i\nu t)]$ verwenden und Terme vernachlässigen, die mehr als erster Ordnung in Feldstärke sind, ist das induzierte Dipol

$$\langle \boldsymbol{\mu}_{ind}(t) \rangle = \sum_k \left[\frac{\boldsymbol{\mu}_{ak}\boldsymbol{\mu}_{ka} \cdot \boldsymbol{E}_0 \exp(-2\pi i\nu t)}{E_k - E_a - h\nu - i\hbar/T_2} + \frac{\boldsymbol{\mu}_{ka}\boldsymbol{\mu}_{ak} \cdot \boldsymbol{E}_0 \exp(2\pi i\nu t)}{E_k - E_a - h\nu + i\hbar/T_2} \right]. \tag{B12.1.12}$$

Da sowohl die permanenten als auch die induzierten Komponenten von $\langle \boldsymbol{\mu} \rangle$ real sind, muss der Polarisierbarkeit Operator Hermitisch sein. Dies ist der Fall, wenn wir den Polarisierbarkeitsoperator so definieren, dass

$$\boldsymbol{\mu}_{ind}(t) = \alpha_{aa}\boldsymbol{E}_0 \exp(2\pi i\nu t) + \alpha_{aa}{}^*\boldsymbol{E}_0 \exp(-2\pi i\nu t). \tag{B12.1.13}$$

Ein Vergleich der Gl. (B12.1.1), (B12.1.12) und (B12.1.13) mit Gl. (12.11) zeigt, dass die Matrixelemente der auf diese Weise definierten dynamischen Polarisierbarkeit die gleichen sind wie die Matrixelemente für Rayleigh- und Raman-Streuung.

12.3 Das Wellenpaketbild der Resonanz-Raman-Streuung

Obwohl die Bewertung des Matrixelements für Resonanz-Raman-Streuung durch Gl. (12.13) für ein Molekül mit nur einem oder zwei Schwingungsmoden einfach ist, wird es schnell unpraktisch für größere Moleküle, was eine Wellenpaketbehandlung ähnlich der in Kap. 11 beschriebenen für Absorption immer nützlicher macht. Um Gl. (12.13) in eine zeitabhängige Form umzuwandeln, stellen wir zunächst fest, dass der Faktor $1/(E_{k(e)} - E_{a(g)} - h\nu_e - i\hbar/T_2)$ der in jedem Summenterm erscheint, $(2\pi)^{1/2}i$ mal die halbe Fourier Transformation der Funktion exp$[-i(E_{k(e)} - E_{a(g)})t/\hbar - \hbar t/T_2]$ ist:

$$\begin{aligned}
&\sqrt{2\pi}\, i\frac{1}{\sqrt{2\pi}} \int_0^\infty \left\{\exp\left[-i\left(E_{k(e)} - E_{a(g)}\right)t/\hbar - \hbar\, t/T_2\right]\right\} \exp\left(2\pi i \nu_e t\right) dt. \\
&= i \int_0^\infty \exp\left[-i\left(E_{k(e)} - E_{a(g)} - h\nu_e\right)t/\hbar - \hbar\, t/T_2\right] dt \\
&= 1/\left(E_{k(e)} - E_{a(g)} - h\nu_e - i\hbar/T_2\right).
\end{aligned} \tag{12.15}$$

Diese Funktion hat die gleiche Form wie die Funktion, die wir in Abschn. 2.5 verwendet haben, um eine Wellenfunktion darzustellen, die exponentiell mit der Zeit abnimmt (Gl. 2.66–2.67 und Anhang A3). Die Zerfallszeitkonstante T in den Gl. (2.66 und 2.67) entspricht $T_2/2\hbar$ in Gl. (12.15).

Konstruieren wir nun ein zeitabhängiges Wellenpaket $X(t)$ im angeregten Zustand, wie wir es in Abb. 11.19B getan haben, aber mit einer Dephasierungs Zeitkonstante von T_2, so dass

$$\begin{aligned}
\left\langle X_{b(g)} \middle| X(t) \right\rangle &= \left\langle X_{b(g)} \middle| \sum_k C_k X_{k(e)} \exp\left(-iE_{k(e)}t/\hbar - \hbar t/T_2\right) \right\rangle \\
&= \sum_k \left\langle X_{b(g)} \middle| X_{k(e)} \right\rangle \left\langle X_{k(e)} \middle| X_{a(g)} \right\rangle \exp\left(-iE_{k(e)}t/\hbar - \hbar t/T_2\right).
\end{aligned} \tag{12.16}$$

Wie in den Gl. (11.46) und (11.47) besteht das Wellenpaket $X(t)$ aus einer Summe von Wellenfunktionen für verschiedene Niveaus (k) eines bestimmten Schwingungsmodus im angeregten elektronischenZustand (e). Wir nehmen erneut an, dass das Anregungslicht eine weite Bandbreite an Frequenzen im Vergleich zur Vibrationsenergie ($h\upsilon$) abdeckt, sodass der Koeffizient C_k für das Niveau k einfach von dem Überlappungsintegral $\langle X_{k(e)}|X_{a(g)}\rangle$ abhängt, wobei $X_{a(g)}$ die Wellenfunktion des anfänglichen Schwingungsniveaus (a) im Grundzustand (g) ist. Zur Vereinfachung vernachlässigen wir die mögliche Verteilung des Systems auf verschiedene Schwingungsniveaus des Grundzustands, die wir in Abb. 11.9 betrachtet haben. Beachten Sie, dass die Produkte der Vibrationsüberlappungsintegrale in Gl. 12.16 die gleichen sind wie in Gl. (12.13).

Die Kombination der Gl. (12.13), (12.15) und (12.16) ergibt

$$\begin{aligned}\alpha_{ba} &= \left|\boldsymbol{\mu}_{eg}\right|^2 \sum_k \frac{\langle X_{b(g)}|X_{k(e)}\rangle\langle X_{k(e)}|X_{a(g)}\rangle}{E_{k(e)}-E_{a(g)}-h\nu_e-i\hbar/T_2} \\ &= i\left|\boldsymbol{\mu}_{eg}\right|^2 \int_0^\infty \langle X_{b(g)}|X(t)\rangle \exp\left[i\left(E_{a(g)}+h\nu_e\right)t/\hbar\right]dt.\end{aligned} \tag{12.17}$$

Das Matrixelement für die Resonanz-Raman-Streuung durch einen bestimmten Schwingungsmodus ist somit proportional zu einer halben Fourier-Transformation der Überlappung der endgültigen Schwingungswellenfunktion des elektronischen Grundzustands ($X_{b(g)}$) mit dem zeitabhängigen Wellenpaket $X(t)$ das durch Anregung des Moleküls zu mehreren Niveaus der Schwingung erzeugt wird. Siehe [8, 10] für vollständigere Beweise dieser Beziehung und [12] für eine Übersicht einiger ihrer Erweiterungen und Anwendungen. Das Resonanz-Raman-Anregungsspectrum ist proportional zu $|\alpha_{ba}|^2$, wie oben erklärt.

Da die verschiedenen Schwingungswellenfunktionen des elektronischen Grundzustands orthogonal sind, ist die Überlappung von $X_{b(g)}$ mit dem angeregten Wellenpaket $X(t)$ gleich null bei $t = 0$, wenn das Wellenpaket einfach eine vertikale Projektion von $X_{a(g)}$ auf die angeregte Zustandsfläche ist. Die Überlappung wächst mit der Zeit, während das Wellenpaket sich von seinem Ursprung entfernt (Abb. 12.6). Diese Beschreibung bietet eine neue Perspektive auf die

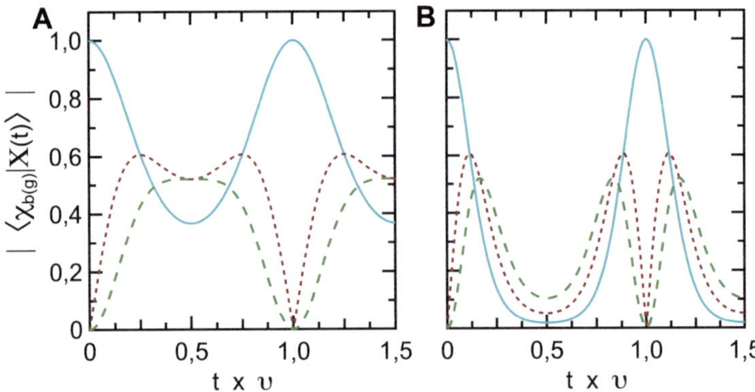

Abb. 12.6 Berechnete Größe des Überlappungsintegrals $|\langle\chi_{b(g)}|X(t)\rangle|$ als Funktion der Zeit für die Schwingungsniveaus des elektronischen Grundzustands $b = 0$ (*durchgezogene cyanfarbene Kurven*), 1 (*gepunktete rote Kurven*) oder 2 (*gestrichelte grüne Kurven*), in einem Molekül mit einer einzigen harmonischen Schwingung mit Frequenz υ und dimensionsloser Verschiebung $\Delta = 1$ (**A**) oder $\Delta = 2$ (**B**). Die Dephasierungs-Zeitkonstante wird angenommen viel länger als die Vibrationsperiode ($T_2 = 1000/\upsilon$) zu sein. Beachten Sie, dass die Überlappung des angeregten Zustands-Wellenpakets ($X(t)$) mit der Nullpunkt-Wellenfunktion des Grundzustands ($\chi_{0(g)}$) maximal bei $t = 0$ ist, während die Überlappungen mit höheren Niveaus bei null beginnen und zu progressiv späteren Zeiten ihren Höhepunkt erreichen. Siehe Abb. 11.23 für Diagramme der realen und imaginären Teile von $|\langle\chi_{0(g)}|X(t)\rangle|$ wenn $\Delta = 2$ und $T_2 = 2/\upsilon$

Empfindlichkeit der Amplitude von Resonanz-Raman-Streuung gegenüber der Dephasierungszeitkonstante T_2 (Abb. 12.5). Wenn T_2 kurz ist, zerfällt das Wellenpaket, bevor die Überlappung von $X(t)$ mit $X_{b(g)}$ genügend Gelegenheit zur Entwicklung hat, mit dem Ergebnis, dass die Raman-Streuung sehr schwach ist. Gewöhnliche Absorption und Rayleigh-Streuung hingegen hängen von der Überlappung von $X(t)$ mit der Anfangswellenfunktion $X_{a(g)}$ ab, die zu Beginn maximal ist (Gl. 11.54).

Wenn sich die Normalenkoordinaten bei Anregung nicht signifikant ändern, ist das gesamte Wellenpaket $X(t)$ für ein Molekül mit mehreren Schwinungsmoden ein Produkt der Wellenpakete für die einzelnen Moden ($X(t) = X_1(t)X_2(t)X_3(t)\ldots$) und das zeitabhängige Überlappungsintegral $\langle X_{b(g)}|X(t)\rangle$ besteht aus einem ähnlichen Produkt [12]:

$$\left\langle X_{b(g)}|X(t)\right\rangle = \left\langle X_{b,i(g)}|X_i(t)\right\rangle\left\langle X_{b,j(g)}\middle|X_j(t)\right\rangle\left\langle X_{b,k(g)}|X_k(t)\right\rangle\cdots. \tag{12.18}$$

Hier bezeichnet $X_{b,i(g)}$ eine Schwingungswellenfunktion für das Niveau b_i der Schwingung i im elektronischen Grundzustand. Wie wir in Verbindung mit Absorptionsspektren in Kap. 11 diskutiert haben, macht Gl. (12.18) den Wellenpaketformalismus viel praktischer als den Kramers-Heisenberg-Dirac-Ausdruck zur Berechnung von Raman-Anregungsspektren. Es ist nicht notwendig, über alle möglichen Kombinationen von Vibrationsniveaus für die verschiedenen Moden zu summieren. Mit beiden Behandlungen wird das Anregungsspektrum komplizierter für Moden mit Energien kleiner als k_BT, wenn höhere Vibrationsniveaus im Grundzustand vor der Anregung besetzt sind (siehe Abb. 11.9).

12.4 Auswahlregeln für Raman-Streuung

Die Inspektion von Abb. 12.2 zeigt, dass einige der Banden in einem IR-Absorptionsspektrum auch im nicht-resonanten Raman-Emissionsspektrum auftreten. Die relativen Intensitäten der Banden sind jedoch unterschiedlich, und es gibt in der Regel Banden, die nur in einem Spektrum oder dem anderen erscheinen. Das starke IR-Absorptionsbande von HBDI bei 1677 cm^{-1} (Abb. 12.2A) hat wenig oder keine Raman-Intensität (Abb. 12.2B), während die Bande bei 1562 cm^{-1}, die das Raman-Spektrum dominiert, nur eine schwache Schulter an der Seite der IR-Absorptionsbande bei 1572 cm^{-1} beiträgt. Die relativen Intensitäten unterscheiden sich wieder in Resonanz-Ramanspektren (Abb. 12.2C).

Wir haben in Kap. 6 gesehen, dass es zwei Hauptauswahlregeln für die direkte Anregung eines harmonischen Oszillators von Niveau n zu m gibt: erstens, $m = n \pm 1$, und zweitens, die Schwingung muss den permanenten Dipol des Moleküls ändern. Argumente, die parallel zu denen sind, die wir verwendet haben, um die Auswahlregeln für IR-Absorption zu finden, können verwendet werden, um qualitativ vorherzusagen, ob ein bestimmter Schwingungsmodus zur nicht-resonanten Raman-Streuung beitragen wird. Der Unterschied besteht darin, dass wir bei der Raman-Streuung das Streumatrix-Element α_{ba} auf die molekulare Polarizierbarkeit (α) beziehen, anstatt auf den permanenten Dipol. Wenn die Polarisierbarkeit in einer Taylor-Reihe als Funktion der Normalkoordinate (x) für den Modus erweitert wird, wird das Matrixelement für die Raman-Streuung zu

$$\begin{aligned}\langle \chi_m|\alpha|\chi_n\rangle &= \alpha(0)\langle \chi_m|\chi_n\rangle + (\partial\alpha/\partial x)_0\langle \chi_m|x|\chi_n\rangle + \tfrac{1}{2}\left(\partial^2\alpha/\partial x^2\right)_0\left\langle \chi_m\middle|x^2\middle|\chi_n\right\rangle + \ldots \\ &= (\partial\alpha/\partial x)_0\langle \chi_m|x|\chi_n\rangle + \tfrac{1}{2}\left(\partial^2\alpha/\partial x^2\right)_0\left\langle \chi_m\middle|x^2\middle|\chi_n\right\rangle + \cdots ,\end{aligned} \tag{12.19}$$

wo χ_n und χ_m die Ursprungs- und Endvibrationswellenfunktionen für den Modus sind. Alle Mengen beziehen sich auf den elektronischen Grundzustand, und die Ableitungen werden bei $x = 0$ ausgewertet. Dieser Ausdruck zeigt, dass $\langle \chi_m|\alpha|\chi_n\rangle$ nur dann ungleich Null sein kann, wenn $\langle \chi_m|x|\chi_n\rangle \neq 0$, was bedeutet, dass m genauso wie für IR Absorption $n \pm 1$ sein muss. Darüber hinaus muss $(\partial\alpha/\partial x)_0$ ungleich Null sein. Die Schwingung muss daher die Polarisierbarkeit des Moleküls ändern, genauso wie eine Schwingung den permanenten Dipol des Moleküls ändern muss, um einen erlaubten IR-Übergang zu haben.

Als Faustregel sind Änderungen in α mit Schwingungen verbunden die die Molekülgröße erhöhen. Raman-Streuung ist daher erlaubt in homonuklearen zweiatomigen Molekülen wie O_2, wo IR Übergänge durch Symmetrie verboten sind. Ebenso gibt der symmetrische Sreckungs-Modus eines triatomaren Moleküls einen erlaubten Raman-Übergang, während der antisymmetrische Streckungsmodus dies nicht tut (Abb. 12.7). Beachten Sie jedoch, dass die Gl. (12.11–12.13) das Aufsummieren der gewichteten Produkte von $\langle X_{b(g)}|X_{k(e)}\rangle$ und $\langle X_{k(e)}|X_{a(g)}\rangle$

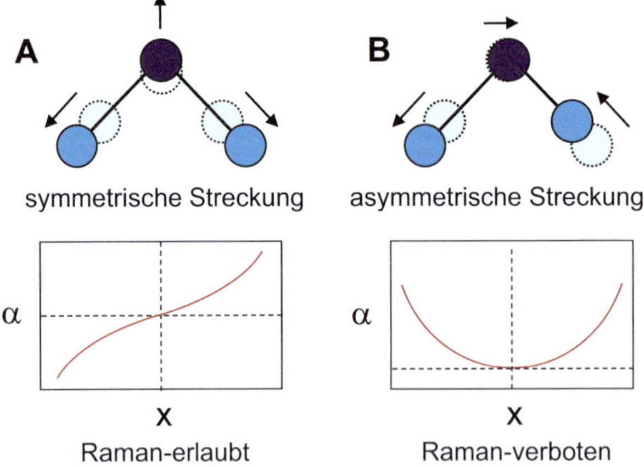

Abb. 12.7 Nicht-resonante Raman-Übergänge für einen Schwingungsmodus mit Normalkoordinaten x sind erlaubt, wenn die molekulare Polarisierbarkeit (α) eine Steigung ungleich Null am Mittelwert der Koordinate hat. Dies ist der Fall für den symmetrischen Streckungsmodus eines triatomaren Moleküls (**A**), aber nicht für den asymmetrischen Streckungsmodus (**B**)

über alle Schwingungsniveaus des angeregten Zustands (k) erfordern, bevor wir das Quadrat von α_{ba} nehmen, um die Raman-Stärke zu finden. Diese Summierung kann zu Interferenzen führen, die bei IR-Übergängen nicht auftreten. Denken Sie auch daran, dass, wie bei elektronischen und vibrationalen Absorptionen, die Tatsache, dass ein Raman-Übergang durch Symmetrie erlaubt ist, nur bedeutet, dass das Matrix-Element für den Übergang nicht notwendigerweise null ist; es sagt nichts weiter über die Größe des Matrixelements aus.

Resonanz-Raman-Streuung betont die Schwingungsmoden, die am stärksten mit dem resonanten elektronischen Übergang gekoppelt sind (*d. h.*, Moden mit der größten Verschiebung im angeregten Zustand). Dies macht Resonanz Ramanspektren viel selektiver als Nicht-resonanten-Ramanspektren, wie wir in Abb. 12.2 gesehen haben. Gleichzeitig entspannt die Kopplung an einen elektronischen Übergang die Anforderung, dass $m = n \pm 1$. Betrachten Sie das Matrix-Element für Resonanz-Raman-Streuung, wie es durch Gl. (12.13) gegeben ist. Während die Orthogonalität der Schwingungswellenfunktionen innerhalb eines gegebenen elektronischen Zustands $\langle X_{b(g)}|X_{a(g)}\rangle = 0$ ergibt, es sei denn, $b = a$, können sowohl $\langle X_{b(g)}|X_{k(e)}\rangle$ als auch $\langle X_{k(e)}|X_{a(g)}\rangle$ ungleich Null sein, da die beiden Schwingungswellenfunktionen in jedem Integral für verschiedene elektronische Zustände sind. Resonanz-Raman-Streuung hat daher keine formale Auswahl-Regel, die Streuung von einem gegebenen Schwingungsniveau (m) zu $m \pm 2$ oder einem anderen Niveau verhindert. Diese Übergänge zu höherenergetischen Schwingungsniveaus können Teile des Resonanz-Raman-Spektrums komplizieren und liefern einen einzigartigen "Fingerabdruck" für ein Molekül. Die *cis* und *trans* Isomere des Retinylidin-Schiff-Base Chromophors in Rhodopsin Photoprodukten waren auf diese Weise leicht zu unterscheiden (Abschn. 12.5).

Trotz der Lockerung der Auswahl-Regel $m = n \pm 1$, spiegeln die stärksten Resonanz-Raman Streuungssignale normalerweise Übergänge wider, bei denen die Quantenzahl für einen bestimmten Schwingungs-Modus von 0 auf 1 geht, ohne Änderungen in anderen Modi. Dies können wir mit dem Wellenpaketbild der Raman-Streuung rationalisieren. Wenn alle Schwingungsmoden in dem ruhenden Molekül auf ihre Nullpunkt-Niveaus reduziert sind, liest sich das Überlappungsintegral für Raman-Streuung von Niveau 0 zu Niveau 1 des Modus i (Gl. (12.18))

$$\left\langle X_{b(g)}|X(t)\right\rangle = \left\langle X_{1,i(g)}|X_i(t)\right\rangle \prod_{j\neq i} \left\langle X_{0,j(g)}|X_j(t)\right\rangle. \tag{12.20}$$

Dies ist normalerweise größer als das entsprechende Integral für die Streuung von Niveau 0 zu Niveau 2, weil im Wellenpaketbild $X_i(t)$ schneller mit $\chi_{1,\ i(g)}$ überlappt als mit $\chi_{2,\ i(g)}$ (Abb. 12.6). Dephasierung des Wellenpakets verhindert den Anstieg von $\langle\chi_{2,\ i(g)}|X_i(t)\rangle$. Darüber hinaus muss der Aufbau von $\langle\chi_{2,\ i(g)}|X_i(t)\rangle$ erfolgen, während die Wellenpakete für alle anderen Moden ($j \neq i$) eine gute Überlappung mit der anfänglichen, Grundzustand-Wellenfunktion beibehalten, was mit zunehmender Anzahl gekoppelter vibrationaler Moden immer schwieriger wird.

Da die meisten in der Biophysik interessanten Moleküle eine sehr geringe Symmetrie aufweisen, können ihre Schwingungsmoden nicht genau als symmetrisch oder antisymmetrisch beschrieben werden, und die Signale in einem Raman- oder Resonanz-Raman-Spektrum können nicht auf der Grundlage einfacher Auswahlregeln zugeordnet werden. Allerdings kann oft eine Normalmodenanalyse verwendet werden, um die Vibrationsmoden zu identifizieren, die am stärksten mit der Anregung eines Chromophors gekoppelt sind. Isotopenmarkierung, chemische Modifikationen des Chromophors oder ortsgerichtete Mutagenese können verwendet werden, um eine bestimmte Schwingung auf eine höhere oder niedrigere Frequenz zu verschieben.

12.5 Oberflächenverstärkte Raman-Streuung

Die zufällige Entdeckung, dass die Raman-Streuung von Pyridin viel stärker wird, wenn das Pyridin auf einer aufgerauten Silberoberfläche adsorbiert ist [17], leitete eine anhaltende Diskussion über die physikalische Grundlage der Verstärkung ein [18–22]. Oberflächenverstärkte Raman-Streuung (SERS) tritt auch bei anderen Edelmetallen einschließlich Gold und Kupfer auf und bei einer Vielzahl von "Nanopartikeln", die aus kolloidalen Metallen gebildet oder durch Lithographie hergestellt wurden. Erstaunliche Verstärkungen um den Faktor 10^{14} wurden mit einzelnen Molekülen erzielt, die auf kolloidale Silberpartikel adsorbiert wurden [22–25], obwohl Faktoren zwischen 10^8 und 10^{10} üblicher sind.

Es besteht allgemeine Übereinstimmung, dass der Hauptfaktor, der zu SERS führt, das starke Strahlungsfeld ist, das durch Oberflächenplasmonen im Metall (Kasten 3.2) erzeugt wird [18, 19, 21, 22, 26–31]. Die stark gekrümmten Oberflächen von kolloidalen Metallpartikeln führen zu einer unregelmäßigen Lokalisierung von Oberflächenplasmonen und zur Kopplung der Felder, die von Oberflächenplasmonen auf benachbarten Partikeln erzeugt werden, so dass die auf adsorbierte Moleküle wirkenden Felder enorm von Ort zu Ort variieren können. Resonanzen mit Ladungstransferübergängen, bei denen ein Elektron vom adsorbierten Molekül zum Metall oder *umgekehrt* bewegt wird, tragen wahrscheinlich eine zusätzliche Verstärkung um Faktoren von 10^2 bis 10^3 bei [32–35]. Anionen und Kationen beeinflussen die Verstärkung auf noch nicht gut verstandene Weise.

12.6 Anwendungen der Raman-Spektroskopie

Raman-Spektroskopie hat sich insbesondere bei Studien zu Rhodopsin und Bakteriorhodopsin als besonders nützlich erwiesen. Wie in Kap. 4 diskutiert, führt die Anregung von Rhodopsin oder Bakteriorhodopsin durch Licht zur Isomerisierung des Retinyl-Chromophors. Bei Rhodopsin isomerisiert der Chromophor von 11-*cis* zu all-*trans*; bei Bakteriorhodopsin von all-*trans* zu 13-*cis*. Resonanz-Raman-Messungen zeigten, dass die Isomerisierung im Wesentlichen in metastabilen Zwischenzuständen abgeschlossen ist, die innerhalb weniger ps entstehen [36–42]. Die Konformationen dieser Zustände wurden durch Vergleiche der Resonanz-Raman-Spektren mit denen von Modellverbindungen ermittelt.

Raman-Spektroskopie hat sich auch als effektive Methode zur Untersuchung der Ligationszustände und Umgebungen von Hämen in Proteinen erwiesen [43–53], und zur Untersuchung der Liganden und Wasserstoffbrückenbindungen des Proteins zu den Pigmenten in photosynthetischen Reaktionszentren und Antennenkomplexen [54–60]. Der Ring des Bakteriochlorophylls hat eine charakteristische Schwingung nahe 1615 cm^{-1}, wenn das Mg einen axialen Liganden bindet, und nahe 1600 cm^{-1}, wenn es zwei Liganden hat. Wasserstoffbrückenbindungen zur Acetyl- oder Ketogruppe verschieben den C=O-Streckschwingung zu einer niedrigeren Frequenz, und das Ausmaß dieser Verschiebung hängt etwa linear von der Stärke der H-Bindung ab [55, 58]. Entsprechende Rotverschiebungen sind in IR Spektren zu sehen (Kap. 6). Verschiebungen der Resonanz-Raman-Frequenz bei ortsgerichteter Mutagenese wurden ähnlich verwendet, um Reste zu identifizieren, die H-Bindungen zur Formylgruppe von Häm-*a* in Zytochrom Oxidase bilden [43]. Messungen der Resonanz-Raman-Streuung sind in solchen Studien vorteilhaft, weil das einfallende Licht auf die Absorptionsbande einer bestimmten Teilmenge der Pigmente, wie das spezielle Paar von Bakteriochlorophyll, das als initialer Elektronendonor in bakteriellen Reaktionszentren dient, abgestimmt werden kann. Vergleiche der Resonanz-Raman-Anregungs-Querschnitte der verschiedenen Pigmente zeigen, dass die Dephasierungs-Zeitkonstante T_2 für diese Pigmente sehr unterschiedlich ist als für die anderen Bakteriochlorophylle im Reaktionszentrum oder den Antennenkomplexen [61, 62].

Die Experimente an GFP, die in Abb. 12.2 dargestellt sind, zielten teilweise auf die Frage ab, wie die Anregung des Chromophors zur Dissoziation eines Protons von der phenolischen -OH-Gruppe führt (Abb. 5.9). Vergleiche von Resonanz-Raman-Spektren von GFP mit Spektren des Chromophors in gewöhnlichem und deuteriertem Ethanol, zusammen mit Normalkoordinaten-Analyse der Raman-Banden, zeigten, dass das Strecken der O-H-Bindung nicht stark mit der anfänglichen Anregung gekoppelt ist und sich später in der Entwicklung des angeregten Zustands entwickeln muss [1, 2].

Fortschrittliche Techniken zur Gewinnung von Laserlicht im UV-Bereich haben den Weg für zeitaufgelöste Resonanz-Raman-Studien an Tyrosin, Phenylalanin und Tryptophanresten in Proteinen [45, 63–70] geebnet. UV-Resonanz-Raman scheint eine potenziell starke Informationsquelle über die Sekundärstruktur und die Verteilung der Ramachandran-ψ-Winkel in Polypeptiden zu sein [71, 72], und bietet eine Möglichkeit, den S-C-C-S Diederwinkel von Cystinresten in Proteinen zu untersuchen [73].

Viel des aktuellen Interesses an SERS konzentriert sich auf analytische Anwendungen. Verstärkte Raman-Streuung an der Oberfläche von metallischen Nanopartikeln wurde verwendet, um eine Vielzahl von Biosensoren und Tests für organische Schadstoffe zu entwickeln [74–81]. Abb. 12.8 zeigt zwei Möglichkeiten, dies zu tun. Kleine organische Moleküle, die in die Zwischenräume von Aggregaten aus metallischen Nanopartikeln diffundieren, können durch SERS bei

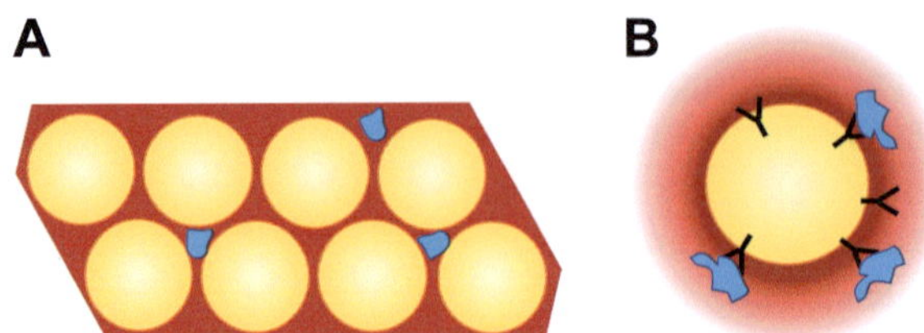

Abb. 12.8 Oberflächenverstärkte Raman-Streuung (SERS) in Regionen nahe den Oberflächen von metallischen Nanopartikeln (*rote Bereiche um Goldkugeln*) kann verwendet werden, um Konzentrationen verschiedener Analyten (*hellblaue Objekte*) zu messen. Aggregate von Nanopartikeln haben Zwischenräume, welche von kleinen organische Schadstoffen durch Diffusion besetzt werden können (**A**), und einzelne Nanopartikel können mit Materialien beschichtet werden, die spezifische Moleküle von Interesse binden (**B**)

Frequenzen identifiziert werden, die charakteristisch für ihre Schwingungsmoden sind. Zur Detektion von Makromolekülen kann die Oberfläche eines Nanopartikels mit einem Material beschichtet werden, das spezifisch an das Molekül von Interesse bindet. Die große Menge an molekülspezifischen Informationen in den Fingerabdruckregionen von SERS-Spektren bietet erhebliche Vorteile für solche Anwendungen. Die Technik wurde in einem empfindlichen Biosensor für Glukose [75] und zur Assay von Lysophosphatidsäure, einem Biomarker für Eierstockkrebs [76], verwendet, und es wurde ein handgehaltenes SERS-Gerät für schnelle, nichtinvasive Atemtests für COVID-19 beschrieben [82]. Mit dem Aufkommen von Einzel-Molekül-SERS werden Einzel-Molekül-Analysetechniken möglich [83].

12.7 Kohärente (stimulierte) Raman-Streuung

„Kohärente" oder „stimulierte" Raman-Streuung ist eine Vier-Wellen-Mischungs-Technik, bei der Raman-Übergänge sehr verstärkt werden [3, 84–87]. Obwohl eine detaillierte Analyse einige interessante Feinheiten aufzeigt [3], ist der Prozess derselbe wie bei gewöhnlicher nicht-resonanter Raman-Streuung, außer dass die Emission von Raman-verschobener Strahlung durch Stimulierung bei der Emissionsfrequenz angeregt wird. Die Größe des resultierenden Signals steigt quadratisch mit der Intensität der stimulierenden Strahlung und kann etwa 10^4 so stark sein wie das Signal von unstimulierten Raman-Übergängen, bei denen die Emission vom Null-Photonen-Strahlungsfeld abhängt. Sowohl Stokes- als auch Anti-Stokes-Raman-Übergänge können angeregt werden, aber Anti-Stokes-Übergänge (*kohärente Anti-Stokes Raman-Streuung,* oder CARS) haben den technischen Vorteil, dass sie aus dem Bereich der Hintergrundfluoreszenz verschoben sind. Der Begriff „kohärent" in diesem Zusammenhang bezieht sich nicht auf Kohärenzen mit einem virtuellen Zwischenzustand, die hier die gleiche Rolle spielen wie bei spontaner Raman-Streuung (Abb. 12.3D). Es bezieht sich auf die Tatsache, dass die Emission von vielen Molekülen kohärent über einen makroskopischen Bereich erfolgt, in dem die vier Wellen überlappen. Bei gewöhnlicher Raman-Streuung emittieren die Moleküle in der beleuchteten Region unabhängig und mit zufälligen Phasen.

Abb. 12.9 zeigt eine typische Anordnung der Anregungs- und Signalstrahlen für kohärente Raman-Streuung. Zwei einfallende Strahlen sind erforderlich. Die Probe interagiert zweimal mit einem Feld mit Frequenz ν_p und Wellenvektor $\boldsymbol{k}_p$ vom „Pump"-Strahl und zweimal mit einem Feld mit Wellenvektor $\boldsymbol{k}_s$ und Frequenz ν_s vom "Stokes"-Strahl. Wenn die beiden Felder zeitlich und räumlich überlappen, können sie Anti-Stokes-Raman-Übergänge eines Schwingungsmodus mit Frequenz υ induzieren, wenn $\nu_s - \nu_p = \upsilon$. Stimulierte Raman-Signale breiten sich dann mit Wellenvektor $\boldsymbol{k} = 2\boldsymbol{k}_p - \boldsymbol{k}_s$ aus. Koaxiale Anordnungen der Anregungsstrahlen können ebenfalls verwendet werden und eignen sich gut für konfokale Mikroskopie [88–92]. Signale, die sich in entgegengesetzter Richtung ausbreiten, können durch Streuung der vorwärtsgehenden Signale in trüben Materialien wie lebendem Gewebe verstärkt werden [93].

Kohärente Raman Streuung hat mehrere Eigenschaften, die sie besonders für die Mikroskopie geeignet machen [93]. Erstens können die Anregungsfrequenzen so gewählt werden, dass sie Strukturen mit bestimmten chemischen Zusammensetzungen abbilden. Da die Selektivität von der Differenz zwischen den beiden Frequenzen und nicht von ihren absoluten Werten abhängt, sind die benötigten Wellenlängen kürzer als für die Abbildung der gleichen Schwingungsmoden durch IR-Absorption, und dies bietet eine größere räumliche Auflösung. Da keine externen Labels erforderlich sind, sind die Signale nicht durch das Ausbleichen der Probe begrenzt, wie es normalerweise bei der Fluoreszenzmikroskopie der Fall

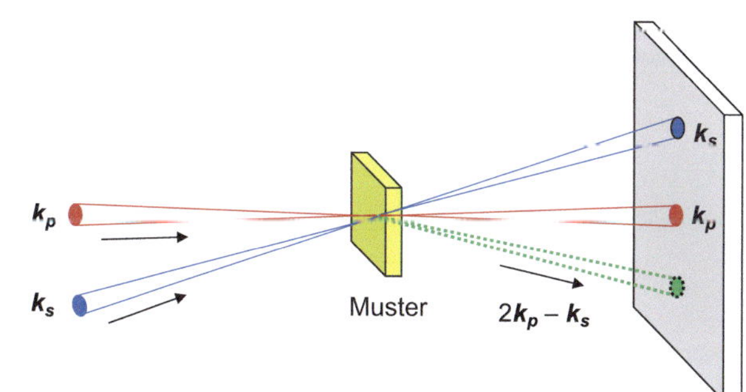

Abb. 12.9 In der kohärenten Raman-Spektroskopie wird ein Strahl von elektromagnetischer Strahlung mit Frequenz ν_p und Wellenvektor $\boldsymbol{k}_p$ (*rot*) und ein zweiter Strahl mit Frequenz ν_s und Wellenvektor $\boldsymbol{k}_s$ (*blau*) auf die Probe fokussiert. Ausgesandte Strahlung mit Frequenz $\nu = 2\,\nu_p - \nu_s$ und Wellenvektor $\boldsymbol{k}_f = 2\boldsymbol{k}_p - \boldsymbol{k}_s$(*grün*) wird gemessen. Stokes-Raman-Übergänge des Grundelektronenzustands werden angeregt, wenn $\nu_p - \nu_s = \upsilon$, wobei $h\upsilon$ ein Schwingungsmodus der Probe ist; Anti-Stokes-Übergänge werden angeregt, wenn $\nu_p - \nu_s = -\,\upsilon$

ist, noch werden sie durch Nebeneffekte einer Probe gestört. Die quadratische Abhängigkeit des Signals von der Intensität des zweiten Strahls, kombiniert mit der linearen Abhängigkeit von der Intensität des ersten Strahls, ermöglicht eine sehr enge Fokussierung des Bildes. Schließlich kann die Technik bemerkenswert empfindlich sein, wie Studien an einzelnen Lipid-Doppelschichten gezeigt haben [94–96].

Cheng et al. [91] haben die CARS Mikroskopie verwendet, um lebende Zellen während der Mitose und Apoptose abzubilden. Zwei gepulste Ti:Saphir-Laser, die unabhängig voneinander zwischen 700 und 900 nm (14.300–11.100 cm^{-1}) abgestimmt werden konnten, lieferten die Strahlung (Abb. 12.10). Pulse mit Wellen-

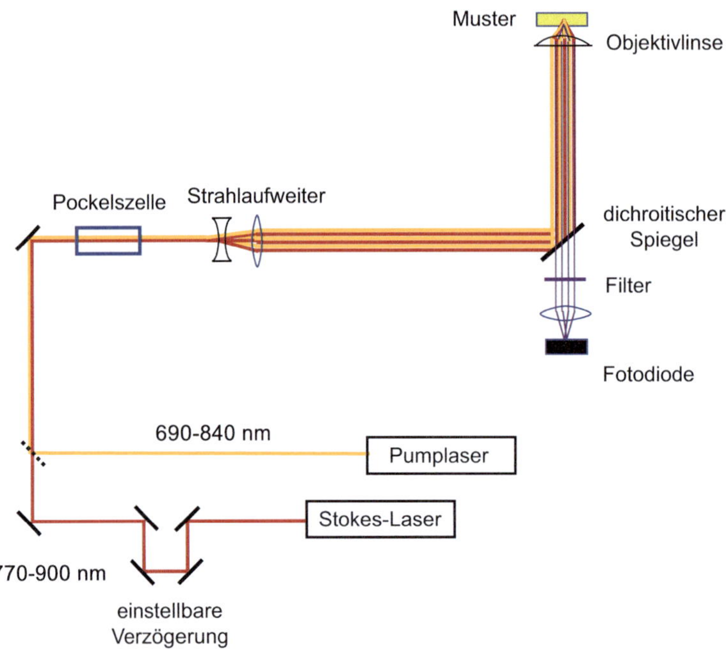

Abb. 12.10 Schematische Darstellung einer Vorrichtung für CARS Mikroskopie [97]. Zwei Ti-Saphir-Laser liefern Pikosekunden-"Pump"- und "Stokes"-Pulse mit Wellenlängen, die über verschiedene Bereiche abgestimmt werden können, so dass die Differenz zwischen ihren Wellenzahlen derjenigen einer Raman-Linie von Interesse entspricht. Die Pump- und Stokes-Pulse sind synchronisiert, um das Muster gleichzeitig über ein Mikroskopobjektiv und einen dichroitischen Spiegel zu erreichen, der Licht beider Laserwellenlängen reflektiert und die längerwellige Raman-Emission überträgt. Ein Bild der kohärenten Raman-Streuung, die durch den dichroitischen Spiegel und einen zusätzlichen Filter geht, wird auf ein Photodioden-Spektrometer fokussiert. Eine Pockels-Zelle steuert die Puls-Wiederholungsrate, um Schäden an der Probe zu reduzieren

zahlen, die sich um 2870 cm^{-1} unterschieden, wurden verwendet, um C-H-Streckschwingungen von Phospholipid-Seitenketten in Zellmembranen zu untersuchen. In einer anderen Studie verglichen Cheng et al. [92] die symmetrische CH_2-Streckschwingung in multilamellaren Phosphatidylserin- und Phosphatidylcholin-Vesikeln mit dem O-H-Streckmodus von Wasser an den Membranoberflächen (3445 cm^{-1}). Die Abhängigkeit der Signale von der Polarisation der Strahlung zeigte, dass die Wassermoleküle mit ihrer Symmetrie-Achse normal zur Membranoberfläche ausgerichtet waren.

12.8 Mehrphotonenabsorption

Die Zwei-Photonenabsorption ähnelt der Raman-Streuung, da die Wechselwirkungen eines Moleküls mit zwei Strahlungsfeldern eine Reihe von Kohärenzen mit einem virtuellen Zustand erzeugen. Der Endzustand ist jedoch ein angeregter elektronischer Zustand und nicht der Grundzustand. Die Liouville-Raum-Diagramme für den Prozess, von denen eines in Abb. 12.11A gezeigt wird, sind identisch mit denen für Raman-Streuung (Abb. 12.3D). Um anzuzeigen, dass alle Schritte mit Absorption verbunden sind, sind die Richtungen von zwei der welligen Pfeile im doppelseitigen Feynman-Diagramm (Abb. 12.11B) im Vergleich zu denen für Raman-Streuung umgekehrt (*vgl.* Abb. 12.3E). Wie bei der Raman-Streuung ist das wesentliche Merkmal der Zwei-Photonen-Absorption, dass sie vollständig durch Kohärenzen verläuft. Der gleiche Endzustand kann oft durch zwei diskrete Schritte erreicht werden, bei denen ein niedriger angeregter Zustand als reales, wenn auch vorübergehendes, Zwischenprodukt bevölkert wird. Zum Vergleich zeigen Abb. 12.11C und D Liouville-Raum- und doppelseitige Feynman-Diagramme für einen der Wege, die zu diesem letzteren Prozess beitragen.

Die Bedingung für die Energieerhaltung bei der Zwei-Photonen Absorption ist $h\nu_1 + h\nu_2 = E_b - E_a$, wobei ν_1 und ν_2 die Frequenzen der beiden Felder und E_a und E_b die Energien des Grund- und angeregten Zustands sind. Resonanz mit Anregung zum virtuellen Zwischenzustand ist nicht erforderlich, obwohl sie den Prozess genauso verstärken würde wie sie die Raman-Streuung verstärkt. Experimentell wird in den meisten Fällen ein einzelner Anregungsstrahl verwendet, so dass $\nu_2 = \nu_1 = \nu$, $\boldsymbol{k}_2 = \boldsymbol{k}_1$, und $E_b - E_a = 2h\nu$. Der Produktzustand kann durch seine spontane Fluoreszenz, stimulierte Emission, Bleichung des Grundzustands, angeregten Zustands oder Umwandlung der Anregungsenergie in Wärme [98] gemessen werden. Wenn es sich um einen höher angeregten Singulett-Zustand handelt, zerfällt das Produkt in der Regel schnell in den niedrigsten solchen Zustand durch interne Konversion, so dass nach Kashas Regel (Abschn. 5.6) das Fluoreszenzemissions-Spektrum und die Lebensdauer sehr ähnlich zu denen sind, die durch Einzelphotonenanregung erhalten werden.

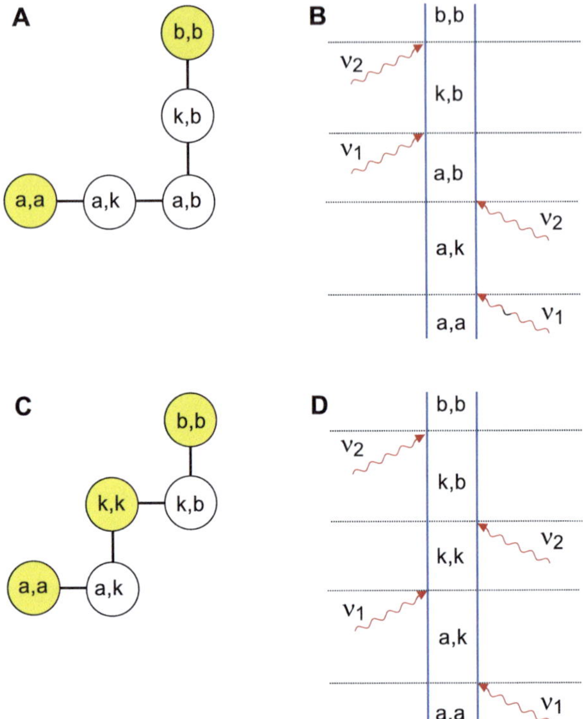

Abb. 12.11 Liouville-Raum und doppelseitige Feynman-Diagramme für Zwei-Photonen Absorption (**A**, **B**) und ein repräsentativer Pfad, der zu gewöhnlicher angeregter Zustands-Absorption führt (**C**, **D**). Der Grundzustand und der endgültige angeregte Zustand sind mit *a* und *b* (*gefüllte gelbe Kreise*) gekennzeichnet. Die Absorption im angeregten Zustand erfordert die Besetzung eines Zwischenzustands (*k*) (*gefüllter gelber Kreis in* C), während die Zwei-Photonen-Absorption vollständig durch Kohärenzen (*leere Kreise*) erfolgt. Beide Prozesse treten auch durch die komplexen Konjugate der gezeigten Pfade auf. Die Absorption im angeregten Zustand kann auch durch den in Abb. 12.3B gezeigten Pfad und sein komplexes Konjugat auftreten

Die Zwei-Photonen-Anregung wurde in ihrer Doktorarbeit von Maria Göppert-Mayer [99] vorhergesagt, die erkannte, dass sie eine Folgerung der Kramers-Heisenberg-Dirac-Theorie der Lichtstreuung war. Sie wurde erst 30 Jahre später experimentell beobachtet, als gepulste Rubinlaser endlich den erforderlichen hohen Photonenfluss lieferten [100]. Göppert-Mayer erhielt 1963 den Nobelpreis für Physik für ihre unabhängige Arbeit zur Kernstruktur.

Das Matrix-Element für die Zwei-Photonen-Absorption ist im Wesentlichen das gleiche wie das für die nicht-resonante Raman-Streuung (Gl. 12.11). Unter der Annahme, dass die beiden Photonen die gleiche Frequenz ($\nu_1 = \nu_2 = \nu$) und Feldstärke ($|\boldsymbol{E}|$) haben, aber möglicherweise unterschiedliche Polarisationen ($\boldsymbol{e}_1$ und $\boldsymbol{e}_2$), haben wir

$$\alpha_{ba} = |\boldsymbol{E}|^2 \sum_k \frac{(\boldsymbol{\mu}_{bk} \cdot \boldsymbol{e}_2)(\boldsymbol{\mu}_{ka} \cdot \boldsymbol{e}_1)}{E_k - E_a - h\nu - i\hbar/T_2}, \tag{12.21}$$

wo $\boldsymbol{\mu}_{ka}$ und $\boldsymbol{\mu}_{bk}$ die Übergangsdipole sind, die den virtuellen Zwischenzustand k mit dem Grund- und angeregten Zustand verbinden. Beachten Sie, dass der virtuelle Zwischenzustand k nicht unter dem Zustand b in der Energie liegen muss; in vielen Fällen wird er höher sein.

Die Untersuchung von Gl. (12.21) zeigt, dass die Auswahlregeln für die Zwei-Photonen Anregung etwas anders sind als die für die Ein-Photonen-Anregung. Betrachten Sie ein Molekül mit Inversions-Symmetrie, für das jede Wellenfunktion entweder gerade (g) oder ungerade (u) Symmetrie hat (Kasten 4.8, Abb. 4.6–4.8). Anregungen von einer g Wellenfunktion zu einer anderen oder von einer u Wellenfunktion zu einer anderen sind durch Symmetrie verboten, während Anregungen, die die Symmetrie ändern ($u \rightarrow g$ oder $g \rightarrow u$), erlaubt sind. Damit α_{ba} nicht null ist, muss die Wellenfunktion für den virtuellen Zwischenzustand k eine andere Inversionssymmetrie haben als die Wellenfunktionen für den Zustand a und den Zustand b, was bedeutet, dass a und b die gleiche Symmetrie haben müssen. Anregungen, die durch Symmetrie für die Ein-Photonen-Absorption verboten sind, können daher für die Zwei-Photonen-Absorption erlaubt sein und *umgekehrt*. Obwohl diese Auswahl-Regel in weniger symmetrischen Chromophoren nicht gilt, werden die relativen Stärken der Zwei-Photonen-Anregung zu verschiedenen angeregten Zuständen im Allgemeinen von den relativen Stärken für die Ein-Photonen-Anregung abweichen.

Die unterschiedliche Abhängigkeit von Orbital-Symmetrien macht die Zwei-Photonen Spektroskopie zu einer nützlichen Technik zur Untersuchung einiger angeregter Zustände, die durch Ein-Photonen-Anregung nicht leicht zugänglich sind. Birge [98] nutzte die Zwei-Photonen-Anregung, um den $2^1A_g^-$ angeregten Zustand von Retinyl-Derivaten (siehe Unterkapitel 4.13) in Lösung und gebunden an Rhodopsin zu untersuchen. Die Anregung zu diesem Zustand aus dem Grundzustand ist, in erster Näherung, in einem Ein-Photonen-Übergang verboten, ist aber als Zwei-Photonen-Übergang erlaubt. Vergleiche der Ein- und Zwei-Photonen-Absorptionsspektren der unprotonierten Schiff-Base von All-*trans*-Retinal in Lösung zeigten, dass der $2^1A_g^-$ Zustand unterhalb von $1^1B_u^+$ liegt. Die Protonierung der Schiff-Base verschiebt $1^1B_u^+$ energetisch nach unten und kehrt die Reihenfolge um. In Rhodopsin, mit einem "gesperrten" 11-*cis*-Retinyl-Derivat, das dann keine Photoisomerisierung durchläuft, wurde gefunden, dass $1^1B_u^+$ unterhalb von $2^1A_g^-$, in Übereinstimmung mit anderen Anzeichen, dass die Schiff-Base protoniert ist [98, 101].

Vergleiche zwischen Ein- und Zwei-Photonenabsorption können verwirrend sein, da die beiden Prozesse unterschiedliche Abhängigkeiten von der Lichtintensität haben. Die Rate der Zwei-Photonen-Anregung hängt stärker von der räumlichen und zeitlichen Verteilung des Anregungslichts ab [102]. Der maßgebliche Faktor ist das Integral von $\langle I^2 \rangle$ über das beleuchtete Volumen, wobei I die Lichtintensität und $\langle I^2 \rangle$ der Durchschnitt von I^2 über die Messperiode ist. $\langle I^2 \rangle$ unterscheidet sich in der Regel von $\langle I \rangle^2$, abhängig von der zeitlichen Kohärenz des Lasers. Xu und Webb [102] haben die Zwei-Photonen-Absorptions-Querschnitte einer Vielzahl von fluoreszierenden Farbstoffen gemessen, wobei sie Wellenlängen zwischen 690 und 900 nm von einem gepulsten Ti:S-Laser verwendeten. Typische Werte liegen zwischen 10^{-50} und 10^{-48} cm^4s pro Photon oder 1 bis 100 in den inoffiziellen, aber häufig verwendeten Einheiten von "Göppert-Mayers" (1 G.M. $= 10^{-50} cm^4s$). Psoralen hat einen Zwei-Photonen-Absorptions-Querschnitt von $20 \times 10^{-50} cm^4s$ [103], und Quantenpunkte mit Querschnitten von bis zu 47,000 $\times\ 10^{-50} cm^4s$ wurden beschrieben [104]. Um diese Werte ins Verhältnis zu setzen: Mit der von Xu und Webb [102] beschriebenen Instrumentierung ergab ein 1 mW kontinuierlicher Laserstrahl eine Pulsintensität von etwa 10^{28} Photonen/(cm^2s), oder $\langle I \rangle^2 \approx 10^{56}$ Photon^2/(cm^4s^2). Ein Molekül mit einem Zwei-Photonen-Absorptionsquerschnitt von 10^{-50} $cm^4 \cdot s$ pro Photon würde etwa 10^6 Mal pro Sekunde angeregt werden.

Die Abhängigkeit von der Polarisation des Anregungslichts unterscheidet sich ebenfalls für Ein- und Zwei-Photonen-Absorption. Bei der Ein-Photonen-Absorption in einem isotropen System ist der Durchschnitt von $(\boldsymbol{\mu}_{ba} \cdot \boldsymbol{e})^2$ über alle möglichen Orientierungen des Übergangsdipols ($\boldsymbol{\mu}_{ba}$) in Bezug auf eine Achse der linearen Polarisation ($\boldsymbol{e}$) einfach $|\boldsymbol{\mu}_{ba}|^2/3$ (Kasten 4.6). Bei der Zwei-Photonen-Absorption wird die Größe $\alpha_{ba}{}^2$, die über alle Orientierungen gemittelt wird, durch ein Tensorprodukt und nicht durch ein einfaches Skalarprodukt beschrieben. Als Ergebnis ist das Verhältnis (Ω) der Zwei-Photonen-Absorptivität mit zirkular polarisiertem Anregungslicht zu der mit linear-polarisiertem Licht besonders informativ. Methoden zur Herstellung dieses Verhältnisses zur Symmetrie der Anfangs- und Endzustände wurden von McClain und Mitarbeitern entwickelt [105–108] und auf Zwei-Photonen-Fluoreszenz-Anisotropie von Callis erweitert [109, 110]. Bei 3-Methylindol beträgt Ω 1,4 für die Anregung zum ^1L_b-Zustand und 0,5 für den ^1L_a-Zustand [111]. Die berechneten Querschnitte für die Zwei-Photonen-Anregung mit unpolarisiertem Licht unterscheiden sich ebenfalls für die ^1L_a- und ^1L_b-Zustände, sie sind vier bis acht Mal größer für den ^1L_a-Zustand, obwohl die insgesamt gemessenen Absorptionsspektren mit Ein- und Zwei-Photonen-Anregung zufällig sehr ähnlich sind [109–112].

Da Zwei-Photonen-Prozesse sehr kleine Absorptionsquerschnitte haben, sind sie in der Regel nur beobachtbar, wenn die Lichtintensität hoch genug ist, um elektrische Felder von mehr als etwa 10^8 V/m zu erzeugen, die sich den Größenordnungen von atomaren elektrischen Feldern nähern. Femtosekunden gepulste Laser machen solche Felder erreichbar und haben den Weg für Anwendungen der Mehrphotonenanregung in der Bio-Bildgebung, Laserchirurgie, Photochemie und Nanoskalen-Fertigung [113] geebnet. Mehrphotonenanregung hat sich insbesondere in der konfokalen Fluoreszenzmikroskopie als besonders nützlich erwiesen, wo sie mehrere deutliche Vorteile gegenüber der Ein-Photonen-Anregung hat [114–120]. Aufgrund ihrer quadratischen oder höheren Abhängigkeit von der Lichtintensität kann die Mehrphotonenanregung stärker fokussiert werden als die

Ein-Photonen-Anregung. Dies verbessert nicht nur die räumliche Auflösung, sondern verringert auch die Menge an Absorption, Photobleaching des Fluorophors und Photodamage in Bereichen des Präparats, die außerhalb der Fokalebene liegen. UV-Optiken sind nicht erforderlich, und die rote oder nahe IR-Anregung dringt besser in Gewebe ein als UV- oder blaues Licht. Darüber hinaus liegt das Emissions-Spektrum eines doppelt angeregten Fluorophors oft gut im blauen Bereich des Anregungslichts, was ihre Trennung erleichtert.

Zwei-Photonen-Anregung wurde verwendet, um Zell-Zell-Interaktionen [121] und linearen Dichroismus in Zellmembranen [122] sichtbar zu machen. Sie wurde mit Resonanzenergieübertragung kombiniert, um Protein-Protein-Interaktionen während der T-Zell-Aktivierung zu zeigen [123]. Mehrphotonenanregung wurde auch für Nanoskalen-Laser in Betracht gezogen, die für biomedizinische Anwendungen eingesetzt werden können und eine hohe räumliche Lokalisierung in tief liegenden Geweben erfordern [113, 124].

Eine zentrale Herausforderung für Bio-Anwendungen ist die Gestaltung von Molekülen, die große Absorptionsquerschnitte für Zwei-Photonen Anregung haben [125–127]. Ein anderer Ansatz besteht darin, die intensiven Strahlungsfelder an plasmonischen Oberflächen zu nutzen, wie in Abschn. 12.5 für oberflächenverstärkte Raman-Streuung diskutiert. Plasmon-verstärkte Zwei-Photonen-Anregung wurde für kleine molekulare Proben und Quantenpunkte entwickelt [128, 129]. Einige metallische und halbleitende Nanostrukturen haben Zwei-Photonen-Absorptionsquerschnitte, die die von organischen Farbstoffen um mehrere Größenordnungen übertreffen [130–133].

12.9 Quasielastische (Dynamische) Lichtstreuung (Photonen-Korrelationsspektroskopie)

Unsere Diskussion über Lichtstreuung in den Abschn. 12.1 und 12.2 konzentrierte sich auf die Streuung durch ein einzelnes Elektron. Wir betrachten nun, wie Interferenz zwischen Licht, das aus verschiedenen Bereichen eines Makromoleküls gestreut wird, Informationen über die molekulare Struktur und Dynamik liefern kann. Solche Interferenz tritt auf, wenn die molekularen Dimensionen vergleichbar mit oder größer als die Wellenlänge des Lichts sind, so dass das Strahlungsfeld zu jedem gegebenen Zeitpunkt mit der Position im Molekül variiert. Wir sind hier an Molekülen interessiert, die im Allgemeinen nicht kugelförmig sind. Wir gehen jedoch davon aus, dass das Molekül immer noch klein genug ist und die Lösung ausreichend verdünnt ist, so dass die *Geschwindigkeit* des Lichts im gesamten zu untersuchenden Lösungsmittel effektiv konstant ist. Streuung durch große Partikel, die das Licht im Vergleich zu außen vorbeiziehendem Licht erheblich verzögern, ist stärker gerichtet als der Prozess, den wir hier betrachten. Wir werden auf diesen Punkt im folgenden Abschnitt zurückkommen (Abb. 12.11).

Betrachten Sie ein idealisiertes Makromolekül, bestehend aus N chemisch identischen "Segmenten", die Licht unabhängig streuen. Unsere erste Aufgabe besteht darin, das Feld der Strahlung, das von einem gegebenen Segment gestreut wird, mit der Position des Segments in Bezug auf die ein- und ausgehenden Lichtstrahlen in Beziehung zu setzen. Nehmen wir an, das einfallende Licht ist eine ebene Welle, die sich mit Wellenvektor $\boldsymbol{k}_i$ ausbreitet, während der Detektor eine ebene Welle von gestreutem Licht empfängt, die sich mit Wellenvektor $\boldsymbol{k}_s$ ausbreitet, wobei der Winkel zwischen $\boldsymbol{k}_s$ und $\boldsymbol{k}_i$ ϑ ist (Abb. 12.12). Wenn das einfallende und gestreute Licht die gleiche Wellenlänge (λ) haben oder fast die gleiche (*d. h.*, wenn die Streuung elastisch oder quasielastisch ist), haben $\boldsymbol{k}_s$ und $\boldsymbol{k}_i$ im Wesentlichen die gleiche Größe ($1/\lambda$) und unterscheiden sich nur deutlich in der Richtung. Bezugnehmend auf Abb. 12.12A, definieren wir Punkt o als Ursprung des Koordinatensystems, so dass das einfallende Licht entlang der Linie $\overline{a\,o}$ den Ursprung erreicht und das am Ursprung gestreute Licht den Detektor über die Linie $\overline{o\,f}$ erreicht. Das einfallende Licht erreicht das Segment j des Moleküls entlang $\overline{b\,j}$ und wird zum Detektor entlang $\overline{j\,g}$ gestreut. Da diese Pfade sich in der Länge um $\overline{d\,j} - \overline{o\,e}$ unterscheiden, ist das Strahlungsfeld, das vom Segment j gestreut wird, in der Phase verschoben im Vergleich zum Feld, das am Ursprung gestreut wird. Die Phasenverschiebung, δ_j, ist

$$\delta_j = \frac{2\pi}{\lambda}\left(\overline{oe} - \overline{dj}\right) = 2\pi\left(\boldsymbol{r}_j \cdot \boldsymbol{k}_s - \boldsymbol{r}_j \cdot \boldsymbol{k}_i\right) = 2\pi \boldsymbol{r}_j \cdot \boldsymbol{K}, \qquad (12.22)$$

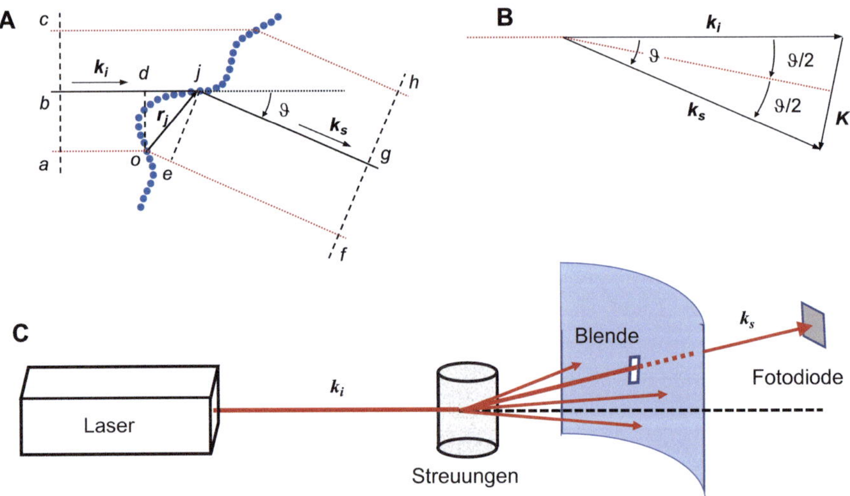

Abb. 12.12 (**A**) Eine ebene Lichtwelle mit Wellenfront $\overline{ac}$ und Wellenvektor $\boldsymbol{k}_i$ wird von verschiedenen Segmenten eines Moleküls (*blaue Kreise*) gestreut, und ein Detektor sammelt eine ebene Welle von gestreutem Licht mit Wellenfront $\overline{f\,h}$ und Wellenvektor $\boldsymbol{k}_s$. Segment j befindet sich bei $\boldsymbol{r}_j$ relativ zum Ursprung eines beliebigen Koordinatensystems (o). Linien $\overline{o\,d}$ und $\overline{e\,j}$ sind senkrecht zu $\boldsymbol{k}_i$ und $\boldsymbol{k}_s$. Das Feld am Detektor vom Licht, das von Segment j gestreut wird, erfährt eine Phasenverschiebung von $(2\pi/\lambda)(\overline{o\,e} - \overline{d\,j}) = 2\pi \boldsymbol{r}_j \cdot (\boldsymbol{k}_s - \boldsymbol{k}_i)$ relativ zum Licht, das am Ursprung gestreut wird. (**B**) Eine geometrische Konstruktion zeigt, dass die Größe des Streu-Vektors $\boldsymbol{K}$ ($2/\lambda$) sin ($\vartheta/2$) ist, wobei ϑ der Winkel zwischen $\boldsymbol{k}_s$ und $\boldsymbol{k}_i$ ist. (**C**) Licht, das mit vektor $\boldsymbol{k}_s$ gestreut wird, passiert eine Blende und wird auf den Photodetektor fokussiert

wo $\boldsymbol{r}_j$ die Position des Segments j ist und $\boldsymbol{K} = \boldsymbol{k}_s - \boldsymbol{k}_i$. Abb. 12.12B zeigt, dass die Größe von $\boldsymbol{K}$, dem *Streuvektor*, mit dem Streuwinkel (ϑ) zusammenhängt

$$|\boldsymbol{K}| = |\boldsymbol{k}_s - \boldsymbol{k}_i| = |\boldsymbol{k}_i| \sin(\vartheta/2) + |\boldsymbol{k}_s| \sin(\vartheta/2) \approx 2|\boldsymbol{k}_i| \sin(\vartheta/2) = \frac{2}{\lambda} \sin(\vartheta/2). \tag{12.23}$$

Aus Gl. (12.22) sehen wir, dass die Phase δ_j sich mit der Zeit ändern kann, wenn Segment j sich bewegt, aber nur die Komponente der Bewegung parallel zu $\boldsymbol{K}$ trägt zu dieser Änderung bei. Einschließlich der Phasenverschiebung kann das elektrische Feld des Lichts mit Polarisation $\hat{e}_s$, das den Detektor zur Zeit t nach der Streuung durch Segment j zur Zeit $\tau = 0$ erreicht, geschrieben werden

$$\boldsymbol{E}_{s(j)}(t) = \boldsymbol{E}_{s(0)}(\tau = 0) \times \left\{\exp\left[2\pi i\left(\nu t - \boldsymbol{k}_s \cdot \boldsymbol{R} + \boldsymbol{r}_j \cdot \boldsymbol{K}\right)\right] + \exp\left[-2\pi i\left(\nu t - \boldsymbol{k}_s \cdot \boldsymbol{R} + \boldsymbol{r}_j \cdot \boldsymbol{K}\right)\right]\right\}, \tag{12.24}$$

mit

$$\boldsymbol{E}_{s(o)}(\tau = 0) = \left[\boldsymbol{E}_e(\tau = 0) \cdot \hat{e}_s\right] \alpha_{aa} \rho_\nu{}^{1/2} \sin(\theta)/\hbar|\boldsymbol{R}|. \tag{12.25}$$

In Gl. (12.25) ist θ der Winkel zwischen den Polarisationen der einfallenden Strahlung ($\boldsymbol{E}_e$) und der Ausbreitungsrichtung der gestreuten Welle ($\boldsymbol{k}_s$), $\boldsymbol{R}$ ist die Position des Detektors, α_{aa} ist die dynamische Polarisierbarkeit des Segments, und $\rho_\nu(\nu)$ ist die Dichteverteilung der Moden der einfallenden Strahlung bei Frequenz ν (Gl. (12.9), (12.12) und (B12.1.13)). Der Faktor $\sin(\theta)/|\boldsymbol{R}|$ ist der gleiche Faktor, der die Amplitude des Feldes von einem oszillierenden elektrischen Dipol bestimmt (Abb. 3.1, 3.2), und die Fluoreszenz von einem angeregten Molekül, dessen Übergangsdipol entlang einer festen Achse ausgerichtet ist (Abschn. 5.10). Die Polarisierbarkeit α_{aa} kann aus der Differenz zwischen der Dielektrizitätskonstante der Lösung und der des reinen Lösungsmittels ermittelt werden.

Nehmen wir nun an, es gibt M Makromoleküle in der Region, in der die einfallenden und gestreuten Strahlen überlappen (die *Streuungsregion*). Wir vernachlässigen Photonen, die zweimal gestreut werden (*d. h.*, von mehr als einem Segment), bevor sie den Detektor erreichen. Um die durchschnittliche Intensität des am Detektor gestreuten Lichts $\left(\overline{I}_s\right)$ zu ermitteln, müssen wir die Felder von den einzelnen Segmenten aller Moleküle in der Streuungsregion addieren, das Quadrat des Betrags des Gesamtfeldes bilden und über die Periode der Strahlung integrieren. Unter der Annahme, dass $|\boldsymbol{E}_{s(o)}|^2$ (das zeitgemittelte Quadrat des Betrags von $\boldsymbol{E}_{s(o)}$) für alle Segmente gleich ist, ist die durchschnittliche Intensität des Lichts, das den Detektor mit Streuungsvektor $\boldsymbol{K}$ erreicht,

$$\overline{I}_s(\boldsymbol{K}) = \left|\boldsymbol{E}_{s(o)}\right|^2 \sum_{m_1=1}^{M} \sum_{m_2=1}^{M} \sum_{j=1}^{N} \sum_{k=1}^{N} \times \left\{\exp\left[2\pi i\boldsymbol{K} \cdot \left(\boldsymbol{r}_j - \boldsymbol{r}_k\right)\right] + \exp\left[-2\pi i\boldsymbol{K} \cdot \left(\boldsymbol{r}_j - \boldsymbol{r}_k\right)\right]\right\}, \tag{12.27}$$

wo die Summe über j für Segmente des Moleküls m_1 und die Summe über k für Segmente von m_2 ist. Terme der Form $\exp[4\pi i(\nu t - \boldsymbol{k} \cdot \boldsymbol{R} + \boldsymbol{r}_j \cdot \boldsymbol{K}/2 + \boldsymbol{r}_k \cdot \boldsymbol{K}/2)]$ sind infolge der Mittelung über die Zeit weggefallen.

In freier Lösung sind die Positionen der Segmente in zwei verschiedenen Molekülen normalerweise unkorreliert. Unter der Annahme, dass $M >> 1$ ist, summieren sich die Terme von Gl. (12.27) für $m_1 \neq m_2$ daher zu null, was übrig lässt

$$\overline{I_s}(\boldsymbol{K}) = \left|\boldsymbol{E}_{s(o)}\right|^2 M \sum_{j=1}^{N} \sum_{k=1}^{N} \left\{\exp\left[2\pi i\boldsymbol{K} \cdot \left(\boldsymbol{r}_j - \boldsymbol{r}_k\right)\right] + \exp\left[-2\pi i\boldsymbol{K} \cdot \left(\boldsymbol{r}_j - \boldsymbol{r}_k\right)\right]\right\}, \tag{12.28}$$

bei dem beide Summen auf dasselbe Molekül bezogen sind. Die Expansion der Exponentialfunktionen in diesem Ausdruck ergibt bis zur zweiten Ordnung in $|\boldsymbol{K}|$,

$$\overline{I_s}(\boldsymbol{K}) = \left|\boldsymbol{E}_{s(o)}\right|^2 M \sum_{j=1}^{N} \sum_{k=1}^{N} \left\{2 - \left[2\pi \boldsymbol{K} \cdot \left(\boldsymbol{r}_j - \boldsymbol{r}_k\right)\right]^2 - \cdots\right\}. \tag{12.29}$$

Die Untersuchung von Gl. (12.29) zeigt, dass die gestreute Bestrahlungsstärke bei $|\boldsymbol{K}| = 0$ ist $2MN^2|\boldsymbol{E}_{s(o)}|^2$. Die Intensität der Streuung bei kleinen Winkeln bietet daher eine Möglichkeit, die Anzahl der Segmente im Molekül (N) zu bestimmen und daraus die Molekülgröße [15, 134–136].

Da die Segmente als identisch angenommen werden und daher die gleiche Masse haben, ist die Summe der quadratischen Terme in Gl. (12.29) proportional zu $-(|\boldsymbol{K}|^2 R_g^{\,2})/3$, wobei R_g der Trägheitsradius des Moleküls ist [15]. Der Faktor $(|\boldsymbol{K}|^2)/3$ ergibt sich aus der Summierung des Quadrats des Skalarprodukts über zufällige Orientierungen des Vektors $(\boldsymbol{r}_j - \boldsymbol{r}_k)$ relativ zu $\boldsymbol{K}$. Die Steigung einer Funktion von I_s gegen $|\boldsymbol{K}|^2$ bei kleinen Streuwinkeln kann daher verwendet werden, um R_g zu ermitteln.

Die Brownsche Diffusion und interne Bewegungen eines Makromoleküls führen dazu, dass die Intensität des quasielastisch gestreuten Lichts mit der Zeit schwankt, und die Autokorrelationsfunktion der Streuung liefert Informationen über die Dynamik dieser Bewegungen, wie wir in Abschn. 5.12 für Fluoreszenz-Schwankungen diskutiert haben. Berne und Pecora [15], Schurr [137, 138], Chu [136] und Brown [139] geben Ausdrücke für Autokorrelationsfunktionen, die auf verschiedene Modelle für Proteine und Nukleinsäuren anwendbar sind, zusammen mit weiteren Informationen zur Datenerfassung und -analyse.

Neben ihrer Anwendungen in Studien von Makromolekülen ist die dynamische Lichtstreung zu einem wichtigen analytischen Werkzeug in der Nanotechnologie geworden [140–144]. Sie wurde beispielsweise mit Gold-Nanopartikeln in einem Immunoassay für Biomarker von Krebs verwendet [145]. Die Größen von Nanopartikeln können bequem mit Desktop-Instrumenten analysiert werden, die eine Probe mit einem Laser im sichtbaren oder nahen IR-Wellenlängenbereich anregen und einen Photomultiplier oder eine Photodiode verwenden, um das gestreute Licht $\left(\overline{I_S}(\boldsymbol{K})\right)$ aus mehreren Winkeln zu detektieren. Für monodisperse Partikel kann die normalisierte Autokorrelationsfunktion des Signals oft an eine exponentielle Zerfallsfunktion angepasst werden

$$G(t) = \exp\left(-2D|K|^2 t\right), \tag{12.30}$$

in der D der Translationsdiffusionskoeffizient des Partikels ist; hier ist $|\boldsymbol{K}|$ (die Größe des Streu-Vektors) wieder $(2/\lambda) \sin (\vartheta/2)$, wobei λ die Laserwellenlänge und ϑ der Streuwinkel ist (Gl. 12.23). Der Translationsdiffusionskoeffizient eines sphärischen Partikels ist durch die Stokes-Einstein-Gleichung mit dem hydrodynamischen Radius des Partikels (R_H) verbunden,

$$R_H = k_B T / 3\pi\eta D, \tag{12.31}$$

wo k_B, T und η wie üblich die Boltzmann -Konstante, Temperatur und Viskosität des Mediums sind. Kleinere Partikel haben einen größeren Translationsdiffusionskoeffizienten und erzeugen eine kürzere Autokorrelationszeitkonstante, was schnellere Fluktuationen der Streuung bedeutet. Der hydrodynamische Radius in Gl. (12.31) beinhaltet die Lösungsschichten, die sich mit dem Partikel bewegen, zusammen mit allen adsorbierten Ionen oder Molekülen. Die Autokorrelation Funktion der dynamischen Licht Streuung von Proben mit einer Verteilung von Molekülgrößen hat mehrere Komponenten, und Vorsicht ist bei der Interpretation von Daten für solche Proben erforderlich, da die Amplitude der Streuung im Allgemeinen zugunsten der größten Partikel gewichtet ist [141].

Durch die Messung von DLS unter einem oszillierenden elektrischen Feld ist es möglich, das Oberflächenpotential (ζ - *Potenzial*) von Nanopartikeln abzuleiten, und Messungen von ζ - Potentialen sind zu einem wichtigen Bestandteil der Nanopartikelforschung geworden [146]. Diese Messungen können Richtlinien für das rationale Design von Nanopartikeln für fortgeschrittene Anwendungen in Sensorik, Katalyse und Medikamentenabgabe liefern [143].

12.10 Mie-Streuung durch größere Partikel

Die in dem vorherigen Abschnitt beschriebene Theorie bezieht sich auf die Streuung durch Partikel, die klein im Vergleich zur Wellenlänge des einfallenden Lichts sind. Diese Einschränkung ergibt sich aus unserer Annahme, dass die Amplitude des elektrischen Feldes der Strahlung ($|\boldsymbol{E}_e|$) überall im Partikel gleich ist. Im Gegensatz zur Rayleigh-Streuung, die in alle Richtungen abgestrahlt wird, wird die Streuung durch größere Partikel stark richtungsabhängig, hauptsächlich in Vorwärtsrichtung, aber mit sekundären Peaks in anderen Richtungen, die von der Größe der Partikel und der Wellenlänge der Strahlung abhängen. Ihre Amplitude ist viel größer als die für Rayleigh-Streuung und variiert auf oszillatorische Weise mit dem Verhältnis des Partikeldurchmessers zur Wellenlänge (Abb. 12.13). Die Streuung durch Suspensionen von sphärischen Gold-Nanopartikeln, zum Beispiel, wechselt von Rot zu Orange, wenn ihr Durchmesser von 200 auf 800 Å

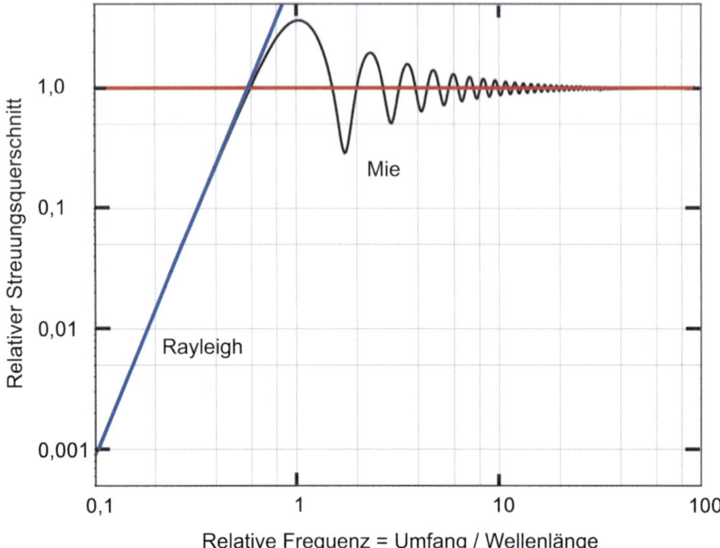

Abb. 12.13 Relative Amplitude der Lichtstreuung in rückwärtiger Richtung durch sphärische Metallpartikel als Funktion der Frequenz der Strahlung. Die Abszisse ist das Verhältnis des Umfangs des Partikels zur Wellenlänge. Im Rayleigh Regime von Partikeln, die viel kleiner als die Wellenlänge sind, erhöht sich die Amplitude der Streuung mit der vierten Potenz der Wellenlänge (*blaue Linie*). Partikel, deren Größen vergleichbar mit der Wellenlänge sind, geben Mie-Streuung mit einer Amplitude, die eine oszillatorische Funktion der Frequenz ist. Die Amplitude der Mie-Streuung wird konstant (*horizontale rote Linie*), wenn die Partikel viel größer als die Wellenlänge sind. Angepasst von [147]

erhöht wird. Eine solche Streuung wird allgemein als *Mie-Streuung* bezeichnet, nach Gustav Mie, der die Maxwellschen Gleichungen der Elektromagnetik zur Entwicklung der Theorie für die elastische Streuung durch kolloidale Suspensionen von Metallkugeln verwendete [148]. Die komplexe Winkelabhängigkeit der Intensität und die oszillatorische Abhängigkeit von der Größe der Partikel resultieren aus Interferenzen zwischen Strahlung, die in äußeren Schichten der Partikel oder Oberflächenplasmonen gebrochen wird, und Strahlung, die auf beiden Seiten vorbeigeht. Wenn die Größe des Partikels viel größer als die Wellenlänge des Lichts wird, konvergiert die Mie-Streuung mit der klassischen geometrischen Optik.

Staub, Pollen und die mikroskopischen Wasser Tropfen, die Wolken bilden, sind häufige Ursachen für Mie-Streuung. Wolken erscheinen weiß oder grau, weil die Wassertropfen Licht aller Wellenlängen annähernd identisch streuen. Mie-Streuung wurde verwendet, um die Größe und Formen von Malaria-Parasiten und roten Blutkörperchen zu charakterisieren [149, 150]. Weitere Informationen zur Mie-Streuung finden Sie in Büchern von Kerker [135], van de Hulst [151], und Bohren und Huffman [152] und Computerprogramme zur Berechnung der Amplitude der Streuung als Funktion der Wellenlänge und anderer Parameter können online gefunden werden [153].

12.11 Fragen

1. Die untenstehende Abbildung zeigt ein Emissionsspektrum, das gemessen wurde, als ein Protein mit Tryptophan bei 290 nm angeregt wurde. (*a*) Schlagen Sie eine Zuordnung für den Peak bei 310 nm vor und weisen Sie auf die Merkmale des Spektrums hin, die diese Zuordnung unterstützen. (*c*) Wie könnten Sie Ihre Erklärung überprüfen?

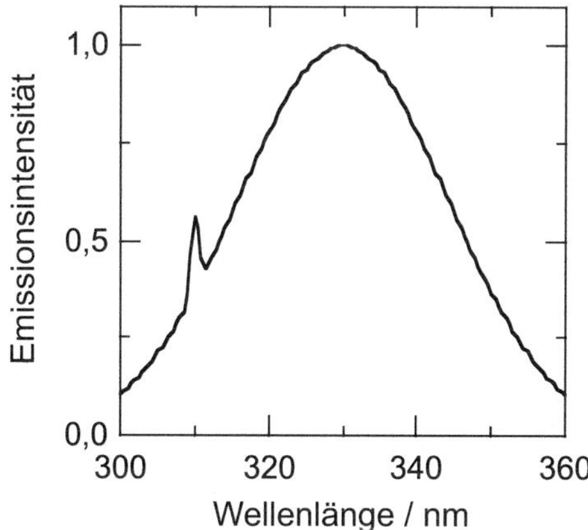

2. Die Panels B, C und D von Abb. 12.3 zeigen drei der sechs möglichen Liouville-Raum-Pfaddiagramme für Licht-Materie-Interaktionen, die vom Zustand *a* zu *b* in vier Schritten führen. (*a*) Zeichnen Sie die anderen drei Pfade. (*b*) Geben Sie an, welches Ihrer neu gezeichneten Diagramme einen Raman-Streuprozess darstellt und erklären Sie diese Zuordnung.
3. Die Stärke der Resonanz-Raman-Streuung durch ein Molekül nimmt typischerweise stark mit steigender Temperatur ab, während die Absorption und Fluoreszenz sich sehr wenig ändern. Erklären Sie diese Beobachtung unter Verwendung von (*a*) der Kramers-Heisenberg-Dirac-Theorie und/oder (*b*) der semi-klassischen Wellenpakettheorie.
4. (*a*) Wie viele Schwingungsmoden hat Tetrachlorkohlenstoff (CCl_4)? (*b*) Weisen Sie den Moden Symmetrien zu und identifizieren Sie, welche Moden für IR Absorption und welche für Raman-Streuung aktiv sind. (*c*) Skizzieren Sie die atomaren Bewegungen in jedem Modus.
5. (*a*) Erklären Sie, warum eine symmetrische Schwingung, die wenig oder gar nicht zum IR-Absorptionsspektrum beiträgt, stark zum Raman-Spektrum beitragen kann. (*b*) Gilt die formale Auswahl Regel $\Delta m = \pm 1$, wo m die

Vibrationsquantenzahl ist, sowohl für Resonanz- als auch für Nicht-resonante-Raman-Streuung?

6. Wie ähnelt und unterscheidet sich kohärente Anti-Stokes Raman-Streuung von (*a*) gewöhnlicher Anti-Stokes-Raman-Streuung und (*b*) gewöhnlicher stimulierter Emission?
7. (*a*) Warum ist Zwei-Photonen Absorption normalerweise um mehrere Größenordnungen schwächer als Ein-Photonen-Anregung? (*b*) Was sind die potenziellen Vorteile der Zwei-Photonen-Anregung im Vergleich zur Ein-Photonen-Anregung in der Fluoreszenzmikroskopie? (*c*) Wie unterscheiden sich die Auswahlregeln für die Zwei-Photonen-Anregung von denen für die Ein-Photonen-Anregung?

Literatur

1. Esposito, A.P., Schellenberg, P., Parson, W.W., Reid, P.J.: Vibrational spectroscopy and mode assignments for an analog of the green fluorescent protein chromophore. J. Mol. Struct. **569**, 25–41 (2001)
2. Schellenberg, P., Johnson, E.T., Esposito, A.P., Reid, P.J., Parson, W.W.: Resonance Raman scattering by the green fluorescent protein and an analog of its chromophore. J. Phys. Chem. B. **105**, 5316–5322 (2001)
3. Mukamel, S.: Principles of Nonlinear Optical Spectroscopy. Oxford Univ. Press, Oxford (1995)
4. Kramers, H.A., Heisenberg, W.: On the dispersal of radiation by atoms. Z. Phys. **31**, 681–708. [Engl. transl. van der Waerden BL (Hrsg.) Sources of Quantum Theory, Dover, 1967, S. 223–252] (1925)
5. Dirac, P.A.M.: The quantum theory of dispersion. Proc. Roy. Soc. London. **A114**, 710–728 (1927)
6. Albrecht, A.C.: On the theory of Raman intensities. J. Chem. Phys. **34**, 1476–1484 (1961)
7. Long, D.A.: The Raman Effect: a Unified Treatment of the Theory of Raman Scattering. Wiley, New York (2002)
8. Lee, S.Y., Heller, E.J.: Time-dependent theory of Raman scattering. J. Chem. Phys. **71**, 4777–4788 (1979)
9. Heller, E.J.: The semiclassical way to molecular spectroscopy. Acc. Chem. Res. **14**, 368–375 (1981)
10. Myers, A.B., Mathies, R.A., Tannor, D.J., Heller, E.J.: Excited-state geometry changes from pre-resonance Raman intensities. Isoprene and hexatriene. J. Chem. Phys. **77**, 3857–3866 (1982)
11. Myers, A.B., Mathies, R.A.: Resonance Raman intensities: a probe of excited state structure and dynamics. In: Spiro, T.G. (Hrsg.) Biological Applications of Raman Spectroscopy, S. 1–58. Wiley, New York (1987)
12. Myers, A.B.: “Time-dependent” resonance Raman theory. J. Raman Spectrosc. **28**, 389–401 (1997)
13. Craig, D.P., Thirunamachandran, T.: Molecular Quantum Electrodynamics: an Introduction to Radiation-Molecule Interactions. Academic Press, London (1984)
14. Mukamel, S.: Solvation effects on four-wave mixing and spontaneous Raman and fluorescence lineshapes of polyatomic molecules. Adv. Chem. Phys. **70**(Part I), 165–230 (1988)
15. Berne, B.J., Pecora, R.: Dynamic Light Scattering: with Applications to Chemistry, Biology, and Physics. Wiley, New York (1976)
16. Yariv, A.: Quantum Electronics, 3rd Aufl. Wiley, New York (1988)

17. Fleischmann, M., Hendra, P.J., McQuillan, A.J.: Raman spectra of pyridine adsorbed at a silver electrode. Chem. Phys. Lett. **26**, 163–166 (1974)
18. Moscovits, M.: Surface-enhanced spectroscopy. Rev. Mod. Phys. **57**, 783–826 (1985)
19. Moscovits, M., Tay, L.L., Yang, J., Haslett, T.: Optical properties of nanostructured random media. Topics Appl. Phys. **82**, 215–226 (2002)
20. Otto, A., Mrozek, I., Grabhorn, H., Akemann, W.: Surface-enhanced Raman scattering. J. Phys. Condensed Mat. **4**, 1143–1212 (1992)
21. Campion, A., Kambhampati, P.: Surface-enhanced Raman scattering. Chem. Soc. Rev. **27**, 241–250 (1998)
22. Wang, Z.J., Pan, S.L., Krauss, T.D., Du, H., Rothberg, L.J.: The structural basis for giant enhancement enabling single-molecule Raman scattering. Proc. Natl. Acad. Sci. U. S. A. **100**, 8638–8643 (2003)
23. Emory, S.R., Nie, S.: Near-field surface-enhanced Raman spectroscopy on single silver nanoparticles. Anal. Chem. **69**, 2631–2635 (1997)
24. Kneipp, K., Wang, Y., Kneipp, H., Perelman, L.T., Itzkan, I., Dasari, R.R.: Single molecule detection using surface-enhanced Raman scattering (SERS). Phys. Rev. Lett. **78**, 1667–1670 (1997)
25. Nie, S., Emory, S.R.: Probing single molecules and single nanoparticles by surface-enhanced Raman scattering. Science. **275**, 1102–1106 (1997)
26. Jeanmaire, D.L., Van Duyne, R.P.: Surface Raman spectroelectrochemistry Part I. Heterocyclic, aromatic, and aliphatic amines adsorbed on the anodized silver electrode. J. Electroanal. Chem. **84**, 1–20 (1977)
27. Moscovits, M.: Surface roughness and the enhanced intensity of Raman scattering by molecules adsorbed on metals. J. Chem. Phys. **69**, 4159–4161 (1978)
28. Haynes, C.L., Van Duyne, R.P.: Nanosphere lithography: a versatile nanofabrication tool for studies of size-dependent nanoparticle optics. J. Phys. Chem. B. **105**, 5599–5611 (2001)
29. Futamata, M., Maruyama, Y., Ishikawa, M.: Metal nanostructures with single-molecule sensitivity in surface enhanced Raman scattering. Vibr. Spectrosc. **35**, 121–129 (2004)
30. Lee, P.C., Meisel, D.: Adsorption and surfact-enhanced Raman of dyes on silver and gold sols. J. Phys. Chem. **86**, 3391–3395 (1982)
31. Mulvaney, P.: Surface plasmon spectroscopy of nanosized metal particles. Langmuir. **12**, 788 (1996)
32. Albrecht, M.G., Creighton, J.A.: Anomalously intense Raman spectra of pyridine at a silver electrode. J. Am. Chem. Soc. **99**, 5215–5217 (1977)
33. Lombardi, J.R., Birke, R.L., Lu, T., Xu, J.: Charge-transfer theory of surface enhanced Raman spectroscopy: Herzberg-Teller contributions. J. Chem. Phys. **84**, 4174–4180 (1986)
34. Doering, W.E., Nie, S.M.: Single-molecule and single-nanoparticle SERS: examining the roles of surface active sites and chemical enhancement. J. Phys. Chem. B. **106**, 311–317 (2002)
35. Vosgröne, T., Meixner, A.J.: Surface- and resonance-enhanced micro-Raman spectroscopy of xanthene dyes: from the ensemble to single molecules. ChemPhysChem. **6**, 154–163 (2005)
36. Aton, B., Doukas, A.G., Narva, D., Callender, R.H., Dinur, U., Honig, B.: Resonance Raman studies of the primary photochemical event in visual pigments. Biophys. J. **29**, 79–94 (1980)
37. Eyring, G., Curry, B., Mathies, R.A., Fransen, R., Palings, I., Lugtenburg, J.: Interpretation of the resonance Raman spectrum of bathorhodopsin based on visual pigment analogs. Biochemistry. **19**, 2410–2418 (1980)
38. Pande, J., Callender, R.H., Ebrey, T.G.: Resonance Raman study of the primary photochemistry of bacteriorhodopsin. Proc. Natl. Acad. Sci. U. S. A. **78**, 7379–7382 (1981)
39. Loppnow, G.R., Mathies, R.A.: Excited-state structure and isomerization dynamics of the retinal chromophore in rhodopsin from resonance Raman intensities. Biophys. J. **54**, 35–43 (1988)

40. Doig, S.J., Reid, P.J., Mathies, R.A.: Picosecond time-resolved resonance Raman spectroscopy of bacteriorhodopsin-J, bacteriorhodopsin-K, bacteriorhodopsin-KL intermediates. J. Phys. Chem. **95**, 6372–6379 (1991)
41. Yan, M., Manor, D., Weng, G., Chao, H., Rothberg, L., Jedju, T.M., Alfano, R.R., Callender, R.H.: Ultrafast spectroscopy of the visual pigment rhodopsin. Proc. Natl. Acad. Sci. U. S. A. **88**, 9809–9812 (1991)
42. Lin, S.W., Groesbeek, M., van der Hoef, I., Verdegem, P., Lugtenburg, J., Mathies, R.A.: Vibrational assignment of torsional normal modes of rhodopsin: probing excited-state isomerization dynamics along the reactive C-11=C-12 torsion coordinate. J. Phys. Chem. B. **102**, 2787–2806 (1998)
43. Shapleigh, J.P., Hosler, J.P., Tecklenburg, M.M.J., Kim, Y., Babcock, G.T., Gennis, R., Ferguson-Miller, S.: Definition of the catalytic site of cytochrome-c oxidase: specific ligands of heme a and the heme a_3-Cu_B center. Proc. Natl. Acad. Sci. U. S. A. **89**, 4786–4790 (1992)
44. Varotsis, C., Zhang, Y., Appelman, E.H., Babcock, G.T.: Resolution of the reaction sequence during the reduction of O_2 by cytochrome oxidase. Proc. Natl. Acad. Sci. U. S. A. **90**, 237–241 (1993)
45. Hu, X.H., Spiro, T.G.: Tyrosine and tryptophan structure markers in hemoglobin ultraviolet resonance Raman spectra: mode assignments via subunit-specific isotope labeling of recombinant protein. Biochemistry. **36**, 15701–15712 (1997)
46. Peterson, E.S., Friedman, J.M.: A possible allosteric communication pathway identified through a resonance Raman study of four b37 mutants of human hemoglobin A. Biochemistry. **37**, 4346–4357 (1998)
47. Schelvis, J.P.M., Zhao, Y., Marletta, M., Babcock, G.T.: Resonance Raman characterization of the heme domain of soluble guanylate cyclase. Biochemistry. **37**, 16289–16297 (1998)
48. Wang, D.J., Spiro, T.G.: Structure changes in hemoglobin upon deletion of C-terminal residues, monitored by resonance Raman spectroscopy. Biochemistry. **37**, 9940–9951 (1998)
49. Hu, X.H., Rodgers, K.R., Mukerji, I., Spiro, T.G.: New light on allostery: dynamic resonance Raman spectroscopy of hemoglobin Kempsey. Biochemistry. **38**, 3462–3467 (1999)
50. Huang, J., Juszczak, L.J., Peterson, E.S., Shannon, C.F., Yang, M., Huang, S., Vidugiris, G.V.A.: The conformational and dynamic basis for ligand binding reactivity in hemoglobin Ypsilanti (beta 99 Asp --> Tyr): origin of the quarternary enhancement effects. Biochemistry. **38**, 4514–4525 (1999)
51. Lee, H., Das, T.K., Rousseau, D.L., Mills, D., Ferguson-Miller, S., Gennis, R.B.: Mutations in the putative H channel in the cytochrome c oxidase from *Rhodobacter sphaeroides* show that this channel is not important for proton conduction but reveal modulation of the properties of heme a. Biochemistry. **39**, 2989–2996 (2000)
52. Maes, E.M., Walker, F.A., Montfort, W.R., Czernuszewicz, R.S.: Resonance Raman spectroscopic study of nitrophorin 1, a nitric oxide-binding heme protein from *Rhodnius prolixus*, and its nitrosyl and cyano adducts. J. Am. Chem. Soc. **123**, 11664–11672 (2001)
53. Smulevich, G., Feis, A., Howes, B.D.: Fifteen years of Raman spectroscopy of engineered heme containing peroxidases: what have we learned? Acc. Chem. Res. **38**, 433–440 (2005)
54. Mattioli, T.A., Hoffman, A., Robert, B., Schrader, B., Lutz, M.: Primary donor structure and interactions in bacterial reaction centers from near-infrared Fourier transform resonance Raman spectroscopy. Biochemistry. **30**, 4658–4654 (1991)
55. Mattioli, T.A., Lin, X., Allen, J.P., Williams, J.C.: Correlation between multiple hydrogen-bonding and alteration of the oxidation potential of the bacteriochlorophyll dimer of reaction centers from *Rhodobacter sphaeroides*. Biochemistry. **34**, 6142–6152 (1995)
56. Goldsmith, J.O., King, B., Boxer, S.G.: Mg coordination by amino acid side chains is not required for assembly and function of the special pair in bacterial photosynthetic reaction centers. Biochemistry. **35**, 2421–2428 (1996)
57. Olsen, J.D., Sturgis, J.N., Westerhuis, W.H., Fowler, G.J., Hunter, C.N., Robert, B.: Site-directed modification of the ligands to the bacteriochlorophylls of the light-harvesting LH1 and LH2 complexes of *Rhodobacter sphaeroides*. Biochemistry. **36**, 12625–12632 (1997)

58. Ivancich, A., Artz, K., Williams, J.C., Allen, J.P., Mattioli, T.A.: Effects of hydrogen bonds on the redox potential and electronic structure of the bacterial primary electron donor. Biochemistry. **37**, 11812–11820 (1998)
59. Stewart, D.H., Cua, A., Chisolm, D.A., Diner, B.A., Bocian, D.F., Brudvig, G.W.: Identification of histidine 118 in the D1 polypeptide of photosystem II as the axial ligand to chlorophyll Z. Biochemistry. **37**, 10040–10046 (1998)
60. Lapouge, K., Naveke, A., Gall, A., Ivancich, A., Sequin, J., Scheer, H., Sturgis, J.N., Mattioli, T.A.: Conformation of bacteriochlorophyll molecules in photosynthetic proteins from purple bacteria. Biochemistry. **38**, 11115–11121 (1999)
61. Cherepy, N.J., Shreve, A.P., Moore, L.P., Boxer, S.G., Mathies, R.A.: Temperature dependence of the Q_y resonance Raman spectra of bacteriochlorophylls, the primary electron donor, and bacteriopheophytins in the bacterial photosynthetic reaction center. Biochemistry. **36**, 8559–8566 (1997)
62. Cherepy, N.J., Shreve, A.P., Moore, L.P., Boxer, S.G., Mathies, R.A.: Electronic and nuclear dynamics of the accessory bacteriochlorophylls in bacterial photosynthetic reaction centers from resonance Raman intensities. J. Phys. Chem. B. **101**, 3250–3260 (1997)
63. Deng, H., Callender, R.: Raman spectroscopic studies of the structures, energetics, and bond distortions of substrates bound to enzymes. Meth. Enzymol. **308**, 176–201 (1999)
64. Balakrishnan, G., Case, M.A., Pevsner, A., Zhao, X., Tengroth, C., McLendon, G.L., Spiro, T.G.: Time-resolved absorption and UV resonance Raman spectra reveal stepwise formation of T quarternary contacts in the allosteric pathway of hemoglobin. J. Mol. Biol. **340**, 843–856 (2004)
65. Balakrishnan, G., Tsai, C.H., Wu, Q., Case, M.A., Pevsner, A., McLendon, G.L., Ho, C., Spiro, T.G.: Hemoglobin site-mutants reveal dynamical role of interhelical H-bonds in the allosteric pathway: time-resolved UV resonance Raman evidence for intra-dimer coupling. J. Mol. Biol. **340**, 857–868 (2004)
66. Ahmed, Z., Beta, I.A., Mikhonin, A.V., Asher, S.A.: UV-resonance Raman thermal unfolding study of Trp-cage shows that it is not a simple two-state miniprotein. J. Am. Chem. Soc. **127**, 10943–10950 (2005)
67. Overman, S.A., Bondre, P., Maiti, N.C., Thomas Jr., G.J.: Structural characterization of the filamentous bacteriophage PH75 from Thermus thermophilus by Raman and UV-resonance Raman spectroscopy. Biochemistry. **44**, 3091–3100 (2005)
68. Rodriguez-Mendieta, I.R., Spence, G.R., Gell, C., Radford, S.E., Smith, D.A.: Ultraviolet resonance Raman studies reveal the environment of tryptophan and tyrosine residues in the native and partially folded states of the E-colicin-binding immunity protein Im7. Biochemistry. **44**, 3306–3315 (2005)
69. Sato, A., Mizutani, Y.: Picosecond structural dynamics of myoglobin following photodissociation of carbon monoxide as revealed by ultraviolet time-resolved resonance Raman spectroscopy. Biochemistry. **44**, 14709–14714 (2005)
70. Balakrishnan, G., Hu, Y., Nielsen, S.B., Spiro, T.G.: Tunable kHz deep ultraviolet (193–210 nm) laser for Raman application. Appl. Spectrosc. **59**, 776–781 (2005)
71. Asher, S.A., Mikhonin, A.V., Bykov, S.V.: UV Raman demonstrates that a-helical polyalanine peptides melt to polyproline II conformations. J. Am. Chem. Soc. **126**, 8433–8440 (2004)
72. Mikhonin, A.V., Myshakina, N.S., Bykov, S.V., Asher, S.A.: UV resonance Raman determination of polyproline II, extended 2.5_1-helix, and b-sheet y angle energy landscape in poly-L-lysine and poly-L-glutamic acid. J. Am. Chem. Soc. **127**, 7712–7720 (2005)
73. van Wart, H.E., Lewis, A., Scheraga, H.A., Saeva, F.D.: Disulfide bond dihedral angles from Raman spectroscopy. Proc. Natl. Acad. Sci. U. S. A. **70**, 2619–2623 (1973)
74. Weaver, M.J., Zou, S., Chan, H.Y.H.: The new interfacial ubiquity of surface-enhanced Raman spectroscopy. Anal. Chem. **72**, 38A–47A (2000)

75. Shafer-Peltier, K.E., Haynes, C.L., Glucksberg, M.R., Van Duyne, R.P.: Toward a glucose biosensor based on surface-enhanced Raman scattering. J. Am. Chem. Soc. **125**, 588–593 (2003)
76. Seballos, L., Zhang, J.Z., Sutphen, R.: Surface-enhanced Raman scattering detection of lysophosphatidic acid. Anal. Bioanal. Chem. **383**, 763–767 (2005)
77. Wei, H., Abtahi, S.M.H., Vikesland, P.J.: Plasmonic colorimetric and SERS sensors for environmental analysis. Environ. Sci. Nano. **2**, 120–135 (2015)
78. Willets, K.A., Van Duyne, R.P.: Localized surface plasmon resonance spectroscopy and sensing. Ann. Rev. Phys. Chem. **58**, 267–297 (2007)
79. Stiles, P.L., Dieringer, J.A., Shah, N.C., Van Duyne, R.P.: Surface-enhanced Raman spectroscopy. Ann. Rev. Anal. Chem. **1**, 601–626 (2008)
80. Anker, J.N., Hall, W.P., Lyandres, O., Shah, N.C., Zhao, J., Van Duyne, R.P.: Biosensing with plasmonic nanosensors. Nat. Mater. **7**, 442–453 (2008)
81. Plou, J., Valera, P.S., García, I., de Alberquerque, C.D.L., Carracedo, A., Liz-Marzán, L.M.: Prospects of surface-enhanced Raman spectroscopy for biomarker monitoring toward precision medicine. ACS Photonics. **9**, 333–350 (2022)
82. Leong, S.X., Leong, Y.X., Tan, E.X., Sim, H.Y.F., et al.: Noninvasive and point-of-care surface-enhanced Raman scattering (SERS)-based breathalyzer for mass screening of coronavirus disease 2019 (COVID-19) under 5 min. ACS Nano. **16**, 2629–2639 (2022)
83. Zhao, Y., Iarossi, M., De Fazio, A.F., Huang, J.-A., De Angelis, F.: Label-free optical analysis of biomolecules in solid-state nanopores: toward single-molecule protein sequencing. ACS Photonics. **9**, 730–742 (2022)
84. Maker, P.D., Terhune, R.W.: Study of optical effects due to an induced polarization third order in the electric field strength. Phys. Rev. **137**, A801–A818 (1964)
85. Bloembergen, N.: The stimulated Raman effect. Am. J. Phys. **35**, 989–1023 (1967)
86. Druet, S.A.J., Taran, J.P.E.: CARS spectroscopy. Prog. Quant. Electr. **7**, 1–72 (1981)
87. Shen, Y.R.: The Principles of Nonlinear Optics. Wiley, New York (1984)
88. Bjorklund, G.C.: Effects of focusing on third-order nonlinear processes in isotropic media. IEEE J. Quant. Electronics. **11**, 287–296 (1975)
89. Zumbusch, A., Holtom, G.R., Xie, X.S.: Three-dimensional vibrational imaging by coherent anti-Stokes Raman scattering. Phys. Rev. Lett. **82**, 4142–4145 (1999)
90. Volkmer, A., Cheng, J.X., Xie, X.S.: Vibrational imaging with high sensitivity via epi-detected coherent anti-Stokes Raman scattering microscopy. Phys. Rev. Lett. **87**, 0239011–0239014 (2001)
91. Cheng, J.X., Jia, Y.K., Zheng, G., Xie, X.S.: Laser-scanning coherent anti-Stokes Raman scattering microscopy and applications to cell biology. Biophys. J. **83**, 502–509 (2002)
92. Cheng, J.X., Pautot, S., Weitz, D.A., Xie, X.S.: Ordering of water molecules between phospholipid bilayers visualized by coherent anti-Stokes Raman scattering microscopy. Proc. Natl. Acad. Sci. U. S. A. **100**, 9826–9830 (2003)
93. Evans, C.L., Potma, E.O., Puoris'haag, M., Cote, D., Lin, C.P., Xie, X.S.: Chemical imaging of tissue in vivo with video-rate coherent anti-Stokes Raman scattering microscopy. Proc. Natl. Acad. Sci. U. S. A. **102**, 16807–16812 (2005)
94. Potma, E.O., Xie, X.S.: Detection of single lipid bilayers with coherent anti-Stokes Raman scattering (CARS) microscopy. J. Raman Spectrosc. **34**, 642–650 (2003)
95. Wurpel, G.W.H., Schins, J.M., Muller, M.: Direct measurement of chain order in single phosopholipid mono- and bilayers with multiplex CARS. J. Phys. Chem. B. **108**, 3400–3403 (2004)
96. Wurpel, G.W.H., Rinia, H.A., Muller, M.: Imaging orientational order and lipid density in multilamellar vesicles with multiplex CARS microscopy. J. Microscopy (Oxford). **218**, 37–45 (2005)
97. Cheng, J.-X., Volkmer, A., Book, L.D., Xie, X.S.: An epi-detected coherent anti-Stokes Raman scattering (E-CARS) microscope with high spectral resolution and high sensitivity. J. Phys. Chem. B. **105**, 1277–1280 (2001)

98. Birge, R.R.: 2-photon spectroscopy of protein-bound chromophores. Acc. Chem. Res. **19**, 138–146 (1986)
99. Göppert-Mayer, M.: Über Elementarakte mit zwei Quantensprüngen. Ann. Phys. **9**, 273–295 (1931)
100. Kaiser, W., Garrett, G.B.C.: Two-photon excitation in CaF_2:Eu^{2+}. Phys. Rev. Lett. **7**, 229–231 (1961)
101. Birge, R.R., Murray, L.P., Pierce, B.M., Akita, H., Balogh-Nair, V., Findsen, L.A., Nakanishi, K.: Two-photon spectroscopy of locked-11-cis-rhodopsin: evidence for a protonated Schiff base in a neutral protein binding site. Proc. Natl. Acad. Sci. U. S. A. **82**, 4117–4121 (1985)
102. Xu, C., Webb, W.W.: Measurement of two-photon excitation cross sections of molecular fluorophores with data from 690 to 1050 nm. J. Opt. Soc. Am. B. **13**, 481–491 (1996)
103. Oh, D.H., Stanley, R.J., Lin, M., Hoeffler, W.K., Boxer, S.G., Berns, M.W., Bauer, E.A.: Two-photon excitation of 4′-hydroxymethyl-4,5′,8-trimethylpsoralen. Photochem. Photobiol. **65**, 91–95 (1997)
104. Larson, D.R., Zipfel, W.R., Williams, R.M., Clark, S.W., Bruchez, M.P., Wise, F.W., Webb, W.W.: Water-soluble quantum dots for multiphoton fluorescence imaging in vivo. Science. **300**, 1434–1436 (2003)
105. Monson, P.R., McClain, W.M.: Polarization dependence of the two-photon absorption of tumbling molecules with application to liquid 1-chloronaphthalene and benzene. J. Chem. Phys. **53**, 29–37 (1970)
106. McClain, W.M.: Excited state symmetry assignment through polarized two-photon absorption studies of fluids. J. Chem. Phys. **55**, 2789–2796 (1971)
107. McClain, W.M.: Polarization of two-photon excited fluorescence. J. Chem. Phys. **58**, 324–326 (1972)
108. Drucker, R.P., McClain, W.M.: Polarized two-photon studies of biphenyl and several derivatives. J. Chem. Phys. **61**, 2609–2615 (1974)
109. Callis, P.R.: On the theory of two-photon induced fluorescence anisotropy with application to indoles. J. Chem. Phys. **99**, 27–37 (1993)
110. Callis, P.R.: Two-photon-induced fluorescence. Ann. Rev. Phys. Chem. **48**, 271–297 (1997)
111. Rehms, A.A., Callis, P.R.: Resolution of L_a and L_b bands in methyl indoles by two-photon spectroscopy. Chem. Phys. Lett. **140**, 83–89 (1987)
112. Callis, P.R.: Molecular orbital theory of the ^1L_b and ^1L_a states of indole. J. Chem. Phys. **95**, 4230–4240 (1991)
113. He, G.S., Tan, L.-S., Zheng, Q., Prasad, P.N.: Multiphoton absorbing materials: molecular designs, characterizations, and applications. Chem. Rev. **108**, 1245–1330 (2008)
114. Denk, W., Strickler, J.H., Webb, W.W.: Two-photon laser scanning fluorescence microscopy. Science. **248**, 73–76 (1990)
115. Helmchen, F., Denk, W.: Deep tissue two-photon microscopy. Nat. Methods. **2**, 932–940 (2005)
116. Xu, C., Zipfel, W., Shear, J.B., Williams, R.M., Webb, W.W.: Multiphoton fluorescence excitation: new spectral windows for biological nonlinear microscopy. Proc. Natl. Acad. Sci. U. S. A. **93**, 10763–10768 (1996)
117. Yuste, R., Konnerth, A.: Imaging in Neuroscience and Development: a Laboratory Manual. Cold Spring Harbor Laboratory Press, Cold Spring Harbor, NY (2000)
118. Sanchez, S.A., Gratton, E.: Lipid-protein interactions revealed by two-photon microscopy and fluorescence correlation spectroscopy. Acc. Chem. Res. **38**, 469–477 (2005)
119. Zipfel, W., Williams, R., Webb, W.: Nonlinear magic: multiphoton microscopy in the biosciences. Nat. Biotech. **21**, 1369–1377 (2003)
120. Kobat, D., Durst, M.E., Nishmura, N., Wong, A.W., Schaffer, C.B., Xu, C.: Deep tissue multiphoton microscopy using longer wavelength excitation. Opt. Express. **17**, 13354–13364 (2009)

121. Buosso, P., Bhakta, N.R., Lewis, R.S., Robey, E.: Dynamics of thymocyte-stromal cell interactions visualized by two-photon microscopy. Science. **296**, 1876–1880 (2002)
122. Benninger, R.K.P., Önfelt, B., Neil, M.A.A., Davis, D.M., French, P.M.W.: Fluorescence imaging of two-photon linear dichroism: cholesterol depletion disrupts molecular orientation in cell membranes. Biophys. J. **88**, 609–622 (2005)
123. Zal, T., Gascoigne, N.R.: Using live FRET imaging to reveal early protein-protein interactions during T cell activation. Curr. Opin. Immunol. **16**, 418–427 (2004)
124. Zhang, W., Peng, L., Liu, J., Tang, A.W., Hu, J.S., Yao, J.N.A., Zhao, Y.S.: Controlling the cavity structures of two-photon-pumped perovskite microlasers. Adv. Mater. **28**, 4040–4046 (2016)
125. Bredas, J.L., Adant, C., Tackx, P., Persoons, A., Pierce, B.M.: Third-order nonlinear optical response in organic materials: theoretical and experimental aspects. Chem. Rev. **94**, 243–278 (1994)
126. Schuck, P.J., Willets, K.A., Fromm, D.P., Twieg, R.J., Moerner, W.E.: A novel fluorophore for two-photon-excited single-molecule fluorescence. Chem. Phys. **318**, 7–11 (2005)
127. Raymond, J.E., Ramakrishna, G., Twieg, R.J., Goodson, T.: Two-photon enhancement in organic nanorods. J. Phys. Chem. C. **112**, 7913–7921 (2008)
128. Pu, S.-C., Yang, M.-J., Hsu, C.-C., Lai, C.-W., Hsieh, C.-C., Lin, S.H., Cheng, Y.-M., Chou, P.-T.: The empirical correlation between size and two-photon absorption cross section of CdSe and CdTe quantum dots. Small. **2**, 1308 (2006)
129. Hu, Z., Jensen, L.: A discrete interaction model/quantum mechanical method for simulating plasmon-enhanced two-photon absorption. J. Chem. Theory Comput. **14**, 5896–5903 (2018)
130. Qu, Y., Wei, J.: Two-photon absorption of quantum dots in the regime of very strong confinement: size and wavelength dependence. J. Opt. Soc. Am. B: Opt. Physics. **26**, 1897–1904 (2009)
131. Wang, Y., Ta, V.D., Gao, Y., He, T.C., Chen, R., Mutlugun, E., Demir, H.V., Sun, H.D.: Stimulated emission and lasing from CdSe/CdS/ZnS core-multi-shell quantum dots by simultaneous three-photon absorption. Adv. Mater. **26**, 2954–2961 (2014)
132. Kada, T., Asahi, S., Kaizu, T., Harada, Y., Kita, T., Tamaki, R., Okada, Y., Miyano, K.: Two-step photon absorption in InAs/GaAs quantum-dot superlattice solar cells. Phys Rev. B: Condens. Matter Mater. Phys. **91**, 201303/1-6 (2015)
133. Olesiak-Banska, J., Waszkielewicz, M., Obstarczyk, P., Samoc, M.: Two-photon absorption and photoluminescence of colloidal gold nanoparticles and nanoclusters. Chem. Soc. Rev. **48**, 4087–4117 (2019)
134. Zimm, B.: Apparatus and methods for measurement and interpretation of angular variation of light scattering; preliminary results on polystyrene solutions. J. Chem. Phys. **16**, 1099–1116 (1948)
135. Kerker, M.: The Scattering of Light and Other Electromagnetic Radiation. Academic Press, New York (1969)
136. Chu, B.: Laser Light Scattering: Basic Principles and Practice, 2nd Aufl. Academic Press, New York (1991)
137. Schurr, J.M.: Dynamic light scattering of biopolymers and biocolloids. CRC Crit. Rev. Biochem. **4**, 371–431 (1977)
138. Schurr, J.M.: Rotational diffusion of deformable macromolecules with mean local cylindrical symmetry. Chem. Phys. **84**, 71–96 (1984)
139. Brown, W. (Hrsg.): Dynamic Light Scattering: The Method and Some Applications. Clarendon Press, Oxford (1993)
140. Jans, H., Liu, X., Austin, L., Maes, G., Huo, Q.: Dynamic light scattering as a powerful tool for gold nanoparticle bioconjugation and biomolecular binding studies. Anal. Chem. **81**, 9425–9432 (2009)
141. Hoo, C.M., Starostin, N., West, P., Mecartney, M.L.: A comparison of atomic force microscopy (AFM) and dynamic light scattering (DLS) methods to characterize nanoparticle size distributions. J. Nanopart. Res. **10**, 89–96 (2008)

142. Ipe, B.I., Shukla, A., Lu, H., Zou, B., Rehage, H., Niemeyer, C.M.: Dynamic light scattering analysis of the electrostatic interaction of hexahistidine-tagged cytochrome P450 enzyme with semiconductor quantum dots. ChemPhysChem. **7**, 1112–1118 (2006)
143. Doane, T.L., Burda, C.: The unique role of nanoparticles in nanomedicine: imaging, drug delivery and therapy. Chem. Soc. Rev. **41**, 2885–2911 (2012)
144. Khlebtsov, B.N., Khlebtsov, N.G.: On the measurement of gold nanoparticle sizes by the dynamic light scattering method. Colloid J. **73**, 118–127 (2010)
145. Liu, X., Dai, Q., Austin, L., Coutts, J., Knowles, G., Zou, J., Chen, H., Huo, Q.: A one-step homogeneous immunoassay for cancer biomarker detection using gold nanoparticle probes coupled with dynamic light scattering. J. Am. Chem. Soc. **130**, 2780–2782 (2008)
146. Doane, T.L., Chuang, C.-H., Reghan, J., Burda, C.: Nanoparticle zeta-potentials. Acc. Chem. Res. **45**, 317–326 (2012)
147. Wikipedia. *Mie scattering*. 2022; Available from: https://en.wikipedia.org/w/index.php?title=Mie_scattering&oldid=1075866700
148. Mie, G.: Beiträge zur Optik trüber Medien, speziell kolloidaler Melallösungen. Ann. der Physik. **330**, 377–445 (1908)
149. Serebrennikova, Y.M., Patel, J., Garcia-Rubio, L.H.: Interpretation of the ultraviolet-visible spectra of malaria parasite Plasmodium falciparum. Appl. Opt. **49**, 180–188 (2010)
150. Serebrennikova, Y.M., Huffman, D.E., Garcia-Rubio, L.H.: Characterization of red blood cells with multiwavelength transmission spectroscopy. Biomed. Res. Int. **2015**, 382641 (2015)
151. van de Hulst, H.C.: Light Scattering by Small Particles. Wiley, New York (1981)
152. Bohren, C.F., Huffman, D.R.: Absorption and Scattering of Light by Small Particles. Wiley, New York (1983)
153. Flatau, P.J. *Scatterlib*. 2017; Available from: scatterlib.wikidot.com

Anhang A

Vektoren

Vektoren werden verwendet, um Eigenschaften darzustellen, die sowohl Größe als auch Richtung haben. *Skalare* haben eine Größe, aber keine Richtung. Geschwindigkeit ist zum Beispiel eine vektorielle Eigenschaft, während Masse ein Skalar ist. Ein Vektor in einem N-dimensionalen Koordinatenraum hat N unabhängige Komponenten (A_k), jede parallel zu einer der Koordinatenachsen. Im Text kennzeichnen wir einen Vektor durch einen fetten kursiven Buchstaben oder indem wir eine Liste der einzelnen Komponenten in Klammern einschließen:

$$\boldsymbol{A} = (A_1, A_2, A_3, \ldots). \tag{A1.1}$$

In einem 3-dimensionalen Koordinatensystem ist zum Beispiel $\boldsymbol{A} = (A_x, A_y, A_z)$ wo A_x, A_y, und A_z die Komponenten parallel zu den x, y, und z Achsen sind. Die Komponenten können entweder in einer Reihe oder in einer Spalte angeordnet werden. Ein Vektor mit Einheitslänge parallel zur k Achse wird durch einen Buchstaben mit einem Dach (^) oben drauf bezeichnet ($\hat{k}$).

Die *Größe*, der *Betrag* oder die *Länge* des Vektors $\boldsymbol{A}$ ist die Quadratwurzel aus der Summe der Quadrate der einzelnen Komponenten:

$$|\boldsymbol{A}| = \left(\sum_k A_k{}^2 \right)^{1/2}. \tag{A1.2}$$

Die Summe oder Differenz von zwei Vektoren wird einfach durch Hinzufügen oder Subtrahieren der entsprechenden Komponenten erzielt. In drei Dimensionen, zum Beispiel,

$$\boldsymbol{A} \pm \boldsymbol{B} = \left(A_x \pm B_x, A_y \pm B_y, A_z \pm B_z \right). \tag{A1.3}$$

W. Parson und C. Burda, *Moderne optische Spektroskopie*,
https://doi.org/10.1007/978-3-031-52100-3

Es gibt zwei Arten von Vektorprodukten. Das *Punktprodukt* oder *Skalarprodukt* $\boldsymbol{A}\cdot\boldsymbol{B}$ der Vektoren $\boldsymbol{A}$ und $\boldsymbol{B}$ ist ein Skalar, dessen Betrag die Summe der Produkte der entsprechenden Komponenten ist:

$$\boldsymbol{A} \cdot \boldsymbol{B} = \sum_k A_k B_k \ . \tag{A1.4}$$

Der Betrag von $\boldsymbol{A}$ kann daher als $|\boldsymbol{A}| = (\boldsymbol{A}\cdot\boldsymbol{A})^{1/2}$ geschrieben werden. In drei Dimensionen,

$$\boldsymbol{A} \cdot \boldsymbol{B} = |\boldsymbol{A}||\boldsymbol{B}| \cos(\theta), \tag{A1.5}$$

wo θ der Winkel zwischen den beiden Vektoren ist.

Das *Kreuzprodukt* oder *Vektorprodukt* zweier Vektoren, bezeichnet als $\boldsymbol{A} \times \boldsymbol{B}$ oder $\boldsymbol{A}\wedge\boldsymbol{B}$, ist ein Vektor, der sowohl auf $\boldsymbol{A}$ als auch auf $\boldsymbol{B}$ senkrecht steht und den Betrag $|\boldsymbol{A}||\boldsymbol{B}|\sin(\theta)$ hat. $\boldsymbol{A}\times\boldsymbol{B}$ ist in die Richtung orientiert, in die eine rechtshändige Schraube vorrücken würde, wenn das Drehen der Schraube $\boldsymbol{A}$ auf $\boldsymbol{B}$ rotiert. Daher haben $\boldsymbol{A}\times\boldsymbol{B}$ und $\boldsymbol{B}\times\boldsymbol{A}$ die gleiche Größe, zeigen aber in entgegengesetzte Richtungen. In Vektornotation,

$$\boldsymbol{A} \times \boldsymbol{B} = \left(\left[A_y B_z - A_z B_y\right], -\left[A_x B_z - A_z B_x\right], \left[A_x B_y - A_y B_x\right]\right), \tag{A1.6}$$

kann dies in Form einer Determinante geschrieben werden:

$$\boldsymbol{A} \times \boldsymbol{B} = \begin{vmatrix} \hat{x} & \hat{y} & \hat{z} \\ A_x & A_y & A_z \\ B_x & B_y & B_z \end{vmatrix}. \tag{A1.7}$$

Das *skalare Dreifachprodukt* von drei Vektoren,

$$\boldsymbol{C} \cdot \boldsymbol{A} \times \boldsymbol{B} = \boldsymbol{C} \cdot (\boldsymbol{A} \times \boldsymbol{B}), \tag{A1.8}$$

ist ein Skalar, dessen Vorzeichen sich ändert, wenn die Reihenfolge von zwei der Vektoren vertauscht wird: $\boldsymbol{C}\cdot\boldsymbol{A} \times \boldsymbol{B} = -\boldsymbol{A}\cdot\boldsymbol{C} \times \boldsymbol{B} = \boldsymbol{B}\cdot\boldsymbol{C} \times \boldsymbol{A} = -\boldsymbol{B}\cdot\boldsymbol{A} \times \boldsymbol{C}$. Das skalare Dreifachprodukt ist null, wenn zwei der drei Vektoren parallel sind.

Der *Gradient einer Skalar*menge A, den wir $\tilde{\nabla}A$ schreiben, ist ein Vektor, dessen Komponenten Ableitungen von A in Bezug auf die entsprechenden Koordinaten sind. In drei Dimensionen ist der Gradientenoperator

$$\tilde{\nabla} = (\partial A/\partial x, \partial A/\partial y, \partial A/\partial z). \tag{A1.9}$$

Mehrere andere Funktionen der Ableitungen von Vektoren treten häufig in Diskussionen über elektromagnetische Felder auf. Die *Divergenz* eines Vektors $\boldsymbol{A}$, geschrieben als div$\boldsymbol{A}$, ist definiert als

$$\text{div } \boldsymbol{A} = \tilde{\nabla} \cdot \boldsymbol{A} = \frac{\partial A_x}{\partial x} + \frac{\partial A_y}{\partial y} + \frac{\partial A_z}{\partial z}, \tag{A1.10}$$

und der Rotationsvektor (curl$\boldsymbol{A}$) ist

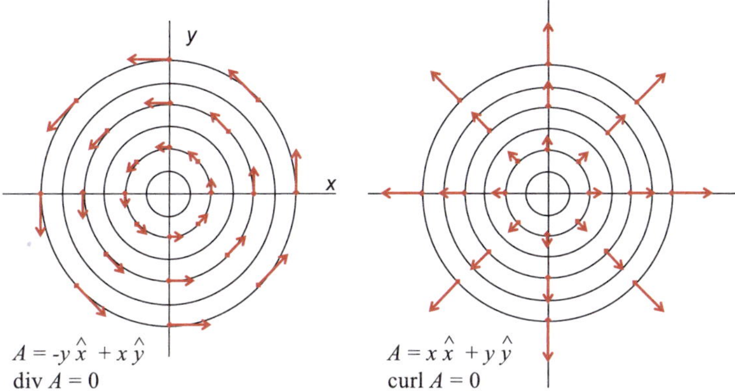

Abb. A1.1 (**A**) Die Vektorfunktion $-y\hat{x} + y\hat{x}$ hat eine Rotation, aber keine Divergenz. (**B**) Die Funktion $x\hat{x} + y\hat{y}$ hat eine Divergenz, aber keine Rotation

$$\text{curl}\,\mathbf{A} = \tilde{\nabla} \times \mathbf{A} = \begin{vmatrix} \hat{x} & \hat{y} & \hat{z} \\ \partial/\partial x & \partial/\partial y & \partial/\partial z \\ A_x & A_y & A_z \end{vmatrix}$$
$$= \hat{x}\left(\frac{\partial A_z}{\partial y} - \frac{\partial A_y}{\partial z}\right) + \hat{y}\left(\frac{\partial A_x}{\partial z} - \frac{\partial A_z}{\partial x}\right) + \hat{z}\left(\frac{\partial A_y}{\partial x} - \frac{\partial A_x}{\partial y}\right). \tag{A1.11}$$

Abb. A1.1a veranschaulicht eine Vektorfunktion von x und y, die eine Rotation hat, aber keine Divergenz. Ein Vektor mit einer Divergenz, aber keiner Rotation wird in Abb. A1.1b gezeigt.

Matrizen

Eine *Matrix* ist eine geordnete, zweidimensionale Anordnung von *Elementen,* A_{ij}, wobei der erste Index (i) die Zeile angibt, in der sich der Begriff befindet, und der zweite (j) die Spalte anzeigt. Matrizen werden im Text durch fettgedruckte Buchstaben oder durch Einschließen der Elemente in eckige Klammern andeuted. Zum Beispiel, wenn

$$\mathbf{A} = \begin{bmatrix} 41 & 73 \\ 9 & 12 \end{bmatrix}, \tag{A2.1}$$

dann ist $A_{11} = 41$, $A_{12} = 73$, $A_{21} = 9$ und $A_{22} = 12$. Wir beschäftigen uns hauptsächlich mit *quadratischen* Matrizen, das sind Matrizen, bei denen die Anzahl der Zeilen gleich der Anzahl der Spalten ist.

Eine *Diagonalmatrix* ist eine Matrix, in der Elemente ungleich null nur auf der Hauptdiagonalen auftreten, zum Beispiel,

$$\mathbf{A} = \begin{bmatrix} 17 & 0 \\ 0 & 3 \end{bmatrix}. \tag{A2.2}$$

Die *Spur*, oder der *Charakter*, der Matrix **A**, bezeichnet Tr[**A**], ist die Summe der Diagonalelemente:

$$Tr[\mathbf{A}] = \sum_k A_{kk}. \tag{A2.3}$$

Zum Beispiel ist die Spur der Matrix in Gl. (A2.1) Tr[**A**] = 41 + 12 = 53. Die Spur einer Matrix gehorcht dem Distributivgesetz der Arithmetik: wenn **C** = **A** + **B**, dann ist Tr[**C**] = Tr[**A**] + Tr[**B**].

Die Summe oder Differenz von zwei Matrizen **A** und **B** wird durch das Addieren oder Subtrahieren der entsprechenden Elemente ermittelt. Bei 2×2 Matrizen zum Beispiel,

$$\mathbf{A} \pm \mathbf{B} = \begin{bmatrix} A_{11} & A_{12} \\ A_{21} & A_{22} \end{bmatrix} \pm \begin{bmatrix} B_{11} & B_{12} \\ B_{21} & B_{22} \end{bmatrix} = \begin{bmatrix} A_{11} \pm B_{11} & A_{12} \pm B_{12} \\ A_{21} \pm B_{21} & A_{22} \pm B_{22} \end{bmatrix}. \tag{A2.4}$$

Das Produkt zweier Matrizen **A** und **B** (geschrieben **A** · **B** oder einfach **AB**) ist eine andere Matrix **C**, deren Elemente gegeben sind durch

$$C_{ij} = \sum_k A_{ik} B_{kj}. \tag{A2.5}$$

Zum Beispiel ist das Produkt von zwei 3×3 Matrizen

$$\mathbf{A} \cdot \mathbf{B} = \begin{bmatrix} A_{11} & A_{12} & A_{13} \\ A_{21} & A_{22} & A_{23} \\ A_{31} & A_{32} & A_{33} \end{bmatrix} \cdot \begin{bmatrix} B_{11} & B_{12} & B_{13} \\ B_{21} & B_{22} & B_{23} \\ B_{31} & B_{32} & B_{33} \end{bmatrix}$$

$$= \begin{bmatrix} A_{11}B_{11} + A_{12}B_{21} + A_{13}B_{31} & A_{11}B_{12} + A_{12}B_{22} + A_{13}B_{32} & A_{11}B_{13} + A_{12}B_{23} + A_{13}B_{33} \\ A_{21}B_{11} + A_{22}B_{21} + A_{23}B_{31} & A_{21}B_{12} + A_{22}B_{22} + A_{23}B_{32} & A_{21}B_{13} + A_{22}B_{23} + A_{23}B_{33} \\ A_{31}B_{11} + A_{32}B_{21} + A_{33}B_{31} & A_{31}B_{12} + A_{32}B_{22} + A_{33}B_{32} & A_{31}B_{13} + A_{32}B_{23} + A_{33}B_{33} \end{bmatrix}. \tag{A2.6}$$

Aus den Gl. (A2.3 und A2.5) ist die Spur des Produkts **AB**

$$\text{Tr}[\mathbf{AB}] = \sum_i \sum_k A_{ik} B_{ki} = \sum_k \sum_i A_{ki} B_{ik} = \text{Tr}[\mathbf{BA}]. \tag{A2.7}$$

Und aus diesem und der Tatsache, dass $\mathbf{ABC} = \mathbf{A} \cdot (\mathbf{BC}) = (\mathbf{AB}) \cdot \mathbf{C}$ folgt, dass die Spur von **ABC** invariant gegenüber zyklischen Permutationen ist:

$$\mathrm{Tr}[\mathbf{ABC}] = \mathrm{Tr}[\mathbf{CAB}] = \mathrm{Tr}[\mathbf{BCA}]. \tag{A2.8}$$

Jedoch ist Tr[**ABC**] im Allgemeinen nicht gleich Tr[**CBA**].

Das Produkt einer Matrix **A** mit einem Spaltenvektor $\boldsymbol{B}$ ist ein Vektor $\boldsymbol{C}$ mit Elementen, die wie folgt definiert sind

$$C_i = \sum_k A_{ik} B_k. \tag{A2.9}$$

Die *Transposition* ($\mathbf{A}^{\mathrm{T}}$) der Matrix **A** wird durch Vertauschen von Zeilen und Spalten erreicht, so dass das Element A_{ij} zu A_{ji} wird.

Die *inverse* ($\mathbf{A}^{-1}$) von **A** ist eine Matrix, die, wenn sie mit **A** multipliziert wird, eine Diagonalmatrix ergibt, bei der alle Diagonalelemente gleich 1 sind. Also, für eine 2×2 Matrix,

$$\mathbf{A}^{-1} \cdot \mathbf{A} = \begin{bmatrix} 1 & 0 \\ 0 & 1 \end{bmatrix}. \tag{A2.10}$$

Eine solche Diagonalmatrix nur mit 1 besetzt, wird oft durch ein fettgedrucktes **1** bezeichnet. Das Finden der Inversen einer quadratischen Matrix (das *Invertieren* der Matrix) ist ein gängiges Verfahren, das die Lösungen für Mengen von linearen algebraischen Gleichungen liefert. Press *et al.* [1] geben effiziente Algorithmen für diese Aufgabe.

Eine Matrix **A** wird als *symmetrisch* bezeichnet, wenn für alle ihre Elemente gilt, $A_{ij} = A_{ji}$. Sie ist *hermitesch*, wenn für alle ihre Elemente gilt, $A_{ij} = A_{ji}{}^*$, wobei $A_{ji}{}^*$ das komplexe Konjugat von A_{ji} ist. Alle Matrizen, über die wir im Text sprechen, sind hermitesch. Eine Matrix wird als *orthogonal* bezeichnet, wenn ihre Transposition gleich ihrer Inversion ist, so dass

$$\mathbf{A}^{\mathrm{T}} \cdot \mathbf{A} = \mathbf{A}^{-1} \cdot \mathbf{A} = \mathbf{1}. \tag{A2.11}$$

Der *Gradient einer* Vektorfunktion $\boldsymbol{A}$, die wir als $\tilde{\nabla}\boldsymbol{A}$ schreiben, ist eine Matrix, in der das Element A_{ij} die Ableitung der Komponente i des Vektors bezüglich der Koordinate j ist. Wenn also $\boldsymbol{A} = (A_x, A_y, A_z)$, ist ihr Gradient

$$\tilde{\nabla}\boldsymbol{A} = \begin{bmatrix} \partial A_x/\partial x & \partial A_y/\partial x & \partial A_z/\partial x \\ \partial A_x/\partial y & \partial A_y/\partial y & \partial A_z/\partial y \\ \partial A_x/\partial z & \partial A_y/\partial z & \partial A_z/\partial z \end{bmatrix}. \tag{A2.12}$$

Die Lösungen vieler Probleme in der Quantenmechanik und Spektroskopie erfordern das *Diagonalisieren* von Matrizen. Gegeben ist eine nicht-diagonale Matrix **A**, die Aufgabe besteht darin, eine andere Matrix **C** und ihre Inverse $\mathbf{C}^{-1}$ zu finden, so dass das Produkt $\mathbf{C}^{-1} \cdot \mathbf{A} \cdot \mathbf{C}$ diagonal ist. Computer-Algorithmen sind verfügbar, um selbst große Matrizen schnell zu diagonalisieren [1].

Fourier-Transformationen

Die *Fourier-Transformation* einer Funktion $f(t)$ der Zeit ist das Integral

$$F(\nu) = \int_{-\infty}^{\infty} f(t) \exp(2\pi i \nu t)\, dt. \tag{A3.1}$$

Wenn $f(t)$ überall im Intervall $-\infty < t < \infty$ definiert ist und das Integral von $f(t)dt$ über dieses Intervall konvergiert (d.h., endlich ist), wird auch die Fourier-Transform $F(\nu)$ konvergieren. Darüber hinaus wird eine *inverse Fourier-Transformation* die ursprüngliche Funktion regenerieren:

$$f(t) = \int_{-\infty}^{\infty} F(\nu) \exp(-2\pi i \nu t)\, d\nu. \tag{A3.2}$$

Das Paar von Funktionen $f(t)$ und $F(\nu)$ kann als zwei verschiedene Darstellungen der gleichen physikalischen Größe betrachtet werden. Zum Beispiel, wenn $f(t)$ eine Größe als Funktion der Zeit (in Sekunden) ausdrückt, drückt $F(\nu)$ die gleiche Größe als Funktion der Frequenz (in Zyklen pro Sekunde oder Hz) aus. Manchmal ist es praktisch, die Winkelfrequenz, $\omega = 2\pi\nu$, in Einheiten von Radiant/Sekunde zu verwenden; die Transformationen müssen dann um einen Faktor von $(2\pi)^{-1/2}$ skaliert werden:

$$F(\omega) = \frac{1}{\sqrt{2\pi}} \int_{-\infty}^{\infty} f(t) \exp(i\omega t)\, dt \tag{A3.3}$$

und

$$f(t) = \frac{1}{\sqrt{2\pi}} \int_{-\infty}^{\infty} F(\omega) \exp(-i\omega t)\, d\omega. \tag{A3.4}$$

Die gleichen Ausdrücke können mit anderen Variablenpaaren verwendet werden. Die Fourier-Transformation einer Funktion der Position (in Einheiten von, sagen wir, Å) ergibt eine Funktion der inversen Länge (Zyklen pro Å). Die Fourier-Transform eines Interferogramms, das in einem FTIR Spektrometer erhalten wurde, liefert somit die Intensität der Strahlung als Funktion der Wellenzahl $\overline{\nu}$.

In Kap. 2, sind wir auf eine komplexe Exponentialfunktion der Form $f(t) = \exp(-at-ibt)$ für $t > 0$ und $f(t) = 0$ für $t < 0$ (Gl. (2.69)) gestoßen. Die Fourier Transformation dieser Funktion ist

$$F(\omega) = \left(\frac{1}{\hbar}\right)\left(\frac{1}{\sqrt{2\pi}}\right)\left(\frac{i}{\omega - b + ia}\right) \tag{A3.5a}$$

$$= \frac{1}{\hbar\sqrt{2\pi}}\left(\frac{i}{\omega - b + ia}\right)\left(\frac{\omega - b + ia}{\omega - b + ia}\right) = \frac{1}{\hbar\sqrt{2\pi}}\left(\frac{a + i(\omega - b)}{(\omega - b)^2 + a^2}\right), \tag{A3.5b}$$

wo $\omega = E/\hbar$ und $d\omega = dE/\hbar$. Gl. (2.71) wird erhalten, indem der Realteil dieses Ausdrucks mit dem Normalisierungsfaktor $(2/\pi)^{1/2}$ multipliziert wird.

Die Fourier-Transformation in den Gl. (3.5a, b) enthält sowohl reale als auch imaginäre Teile. Dies liegt daran, dass die ursprüngliche Funktion $f(t)$ nicht symmetrisch um $t = 0$ ist. Für Funktionen, die symmetrisch um Null sind im Sinne, dass $|f(-t)| = |f(t)|$, hängt die Art der Fourier-Transformation davon ab, ob die Funktion auf beiden Seiten von Null das gleiche oder entgegengesetzte Vorzeichen hat. Eine Funktion wird als *gerade* bezeichnet, wenn $f(-t) = f(t)$, und *ungerade*, wenn $f(-t) = -f(t)$. Die Fourier-Transformation jeder realen, geraden Funktion ist ebenfalls real und gerade, während die Transformation einer realen, ungeraden Funktion rein imaginär und ungerade ist. Die Fourier-Transformation von exp(-|t/τ|) (eine reale und gerade Funktion) hat daher nur einen realen Teil, der sich als Lorentzfunktion herausstellt:

$$f(t) = \exp(-|t/\tau|) \tag{A3.6}$$

und

$$F(\omega) = \sqrt{2/\pi}\left\{\frac{1/\tau}{(1/\tau)^2 + \omega^2}\right\} \tag{A3.7}$$

(Gl. (2.71) und Abb. 2.14).

Wenn eine Funktion weder gerade noch ungerade Symmetrie aufweist, ist ihre Fourier-Transformation komplex. Der reale und imaginäre Teil der Transformation bestehen aus den Kosinus- und Sinus-Fourier-Transformationen, die in Anhang 4 besprochen werden.

Um diese Punkte zu veranschaulichen, zeigen die Tafeln *A* und *B* von Abb. A3.1 die gleichmäßige, zweiseitige Zerfallsfunktion $f_2(t) = \exp(-|t|/\tau)$ und ihre Fourier-Transformation ($F_2(\omega)$). Abb. A3.1c zeigt die einseitige Funktion $f_1(t) = \exp(-t/\tau)$ für $t \geq 0$, $f_1(t) = 0$ für $t < 0$, und Abb. A3.1d zeigt die Fourier- Transformation dieser Funktion ($F_1(\omega)$) zusammen mit ihren realen und imaginären Teilen. Nach Skalierung um einen Faktor 2 zur Kompensation der Tatsache, dass sie nur positive Werte von t darstellt, ist der reale Teil von $F_1(\omega)$ gleich $F_2(\omega)$.

Die Fourier-Transformation einer Gauß-Funktion, zentriert bei t = null (eine reale und gerade Funktion von t), ist eine andere Gaußfunktion:

$$f(t) = \exp\left(-at^2\right) \tag{A3.8}$$

und

$$F(\nu) = (2a)^{-1/2}\exp\left(-\nu^2/4a\right). \tag{A3.9}$$

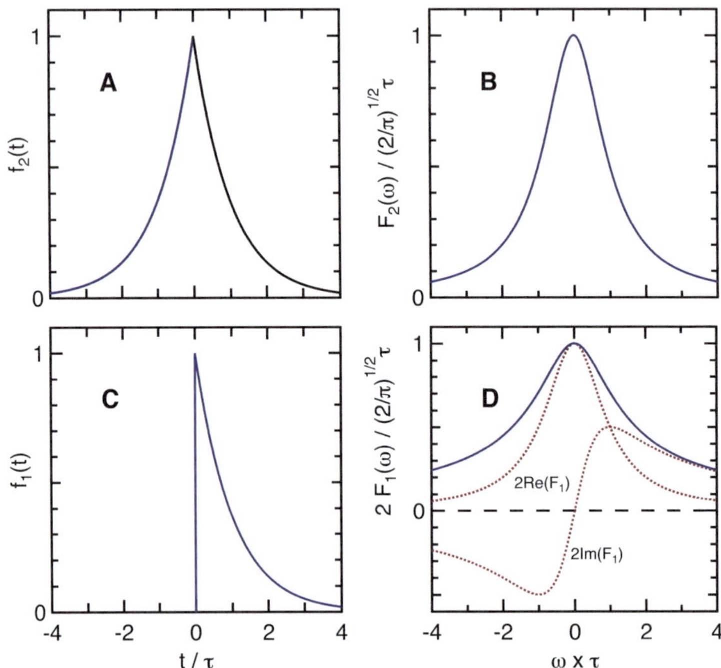

Abb. A3.1 (**A**) Eine gleichmäßige, zweiseitige Zerfallsfunktion: $f_2(t) = \exp(-|t|/\tau)$. (**B**) $F_2(\omega)$, die Fourier Transformation von $f_2(t)$, ist eine rein reale Lorentzfunktion. (**C**) Eine einseitige Zerfallsfunktion: $f_1(t) = \exp(-t/\tau)$ für $t \geq 0, f_1(t) = 0$ für $t < 0$. (**D**) $2F_1(\omega)$, die Fourier-Transformation von $f_1(t)$, (*durchgezogene Kurve*) und ihre realen und imaginären Teile (*gepunktete Kurven*). $2Re(F_1(\omega))$ ist identisch mit $F_2(\omega)$. Beachten Sie, dass die Ordinatenskalen in **B** und **D** unterschiedlich sind.

Wenn die Gaußfunktion um einen Wert m ungleich Null zentriert ist, wird die Fourier-Transformation mit $\exp(im\nu)$, oder $\cos(m\nu) + i \sin(m\nu)$, multipliziert und hat somit einen imaginären Anteil.

Fourier-Transformationen bieten eine Möglichkeit, die *Dirac-Delta-Funktion*, $\delta(x)$, darzustellen, die durch die Bedingungen $\delta(x) = 0$ definiert ist, wenn $x \neq 0$, und

$$\int_{-a}^{a} \delta(x)dx = 1 \tag{A3.10}$$

für $a > 0$. $\delta(x)$ ist eine Funktion, die bei $x = 0$ stark ansteigt, in der Grenze, dass die Breite des Peaks gegen null geht, während die Höhe unendlich wird, so dass die Fläche konstant bleibt. Sie ist nützlich für die Analyse der Dynamik eines Prozesses, der nur dann in signifikanter Rate auftritt, wenn der Energieunterschied zwischen zwei Zuständen nahe null ist. Wenn eine Funktion $f(x)$ über den Bereich $x_1 < x < x_2$ definiert ist und X ein bestimmter Wert von x in diesem Bereich ist, dann

$\delta(x)$ kann ausgedrückt werden als $(2\pi)^{-1/2}$ mal die Fourier Transformation der

$$\int_{x_1}^{x_2} f(x)\delta(X-x)dx = f(X). \tag{A3.12}$$

konstanten $f(x) = 1$:

$$\delta(x) = \frac{1}{2\pi}\int_{-\infty}^{\infty} \exp(i\,xy)dy. \tag{A3.13}$$

Eine Möglichkeit, diese Beziehung zu betrachten, besteht darin zu bemerken, dass $f(x)$ nur dann eine Konstante sein kann, wenn ihre Oszillationsfrequenzen unendlich scharf um Null verteilt sind.

Die Fourier Transformation von $\cos(\omega_o t)$ ist $\delta(\omega \pm \omega_o)$, ein Paar von Delta-Funktionen, die bei $\omega = \pm\omega_o$ liegen. Die Transformation von $\sin(\omega_o t)$ ist ein ähnliches Paar von Delta-Funktionen, jedoch mit imaginären Amplituden. Die Transformation einer beliebigen, oszillierenden Funktion kann als Überlagerung vieler solcher Delta-Funktionen betrachtet werden, wobei die Amplituden die Beiträge widerspiegeln, die Schwingungen bei bestimmten Frequenzen zur Gesamtfunktion leisten.

Tabellen von Fourier-Transformationen vieler anderer Funktionen sind verfügbar [2], und es gibt schnelle Berechnungsmethoden zur Ermittlung der Fourier-Transformation einer beliebigen Funktion [1]. Für weitere Informationen zu Fourier-Transformationen, siehe [3].

Phasenverschiebung und Modulationsamplitude in der Frequenzdomänenspektroskopie

Um die Ausdrücke für die Fluoreszenzphasenverschiebung (ϕ) und die Modulationsamplitude (m) in Abb. 1.16 abzuleiten, nehmen wir an, dass der oszillierende Teil der Anregungslichtintensität $I(t) = \sin(\omega t)$ ist und dass die Fluoreszenz ($F(t)$), die durch einen sofortigen Puls des anregenden Lichts erzeugt wird, exponentiell mit einer Zeitkonstante τ abnimmt. Der oszillierende Teil des beobachteten Fluoreszenzsignals zur Zeit t ($S(t)$) wird durch Integration der Fluoreszenz aus der modulierten Anregung zu allen früheren Zeiten (t') erhalten:

$$S(t) = \left(\int_0^t I(t')F(t-t')dt'\right) \bigg/ \left(\int_0^\infty F(t)dt\right)$$

$$= \left(\int_0^t \sin(\omega t')\exp\left(-(t-t')/\tau\right)dt'\right) \bigg/ \left(\int_0^\infty \exp(-t/\tau)\,dt\right). \tag{A4.1}$$

Der Nenner in diesem Ausdruck ist die gesamte Fluoreszenz, die durch einen sofortigen Anregungspuls erzeugt wird, was für einen einzelnen exponentiellen Zerfall einfach τ ist. Das *Faltungsintegral* im Zähler kann unkompliziert ausgewertet werden:

$$\int_0^t \sin\left(\omega t'\right) \exp\left(-\left(t-t'\right)/\tau\right) dt' = \exp\left(-t/\tau\right) \int_0^t \sin\left(\omega t'\right) \exp\left(t'/\tau\right) dt'$$

$$= \frac{(1/\tau)\sin(\omega t) - \omega\cos(\omega t) + \omega\exp(-t/\tau)}{(1/\tau)^2 + \omega^2} \quad . \tag{A4.2}$$

Der Begriff $\omega\exp(-t/\tau)$ geht bei langen Zeiten ($t >> \tau$) gegen null, was ergibt

$$S(t) = \left(\frac{(1/\tau)\sin(\omega t) - \omega\cos(\omega t)}{(1/\tau)^2 + \omega^2}\right) \Big/ \tau = \frac{\sin(\omega t) - (\omega\tau)\cos(\omega t)}{1 + (\omega\tau)^2}. \tag{A4.3}$$

Gleichsetzen von $S(t)$ mit $m\cdot\sin(\omega t+\phi)$ und Verwendung der Beziehung $\sin(\omega t+\phi) = \sin(\omega t)\cos(\phi) + \cos(\omega t)\sin(\phi)$ ergibt die gewünschten Ausdrücke:

$$m\cos(\phi) = \frac{1}{1 + (\omega\tau)^2}, \tag{A4.4}$$

$$m\sin(\phi) = \frac{\omega\tau}{1 + (\omega\tau)^2}, \tag{A4.5}$$

$$\tan(\phi) = m\sin(\phi)/m\cos(\phi) = \omega\tau, \tag{A4.6}$$

$$m^2 = m^2\cos^2(\phi) + m^2\sin^2(\phi) = \left(1 + (\omega\tau)^2\right) \Big/ \left(1 + (\omega\tau)^2\right)^2, \tag{A4.7}$$

und

$$m = \left(1 + (\omega\tau)^2\right)^{-1/2}. \tag{A4.8}$$

Wenn die Fluoreszenzantwort auf einen sofortigen Anregungspuls multi-exponentiell ist,

$$F(t) = \sum_k B_k \exp(-t/\tau_k), \tag{A4.9}$$

dann wird Gl. (A4.3) zu:

$$S(t) = \left(\sum_k B_k \frac{\tau_k \sin(\omega t) - \omega\tau_k^2\cos(\omega t)}{1 + (\omega\tau_k)^2}\right) \Big/ \left(\sum_k B_k\tau_k\right). \tag{A4.10}$$

Die Kosinus- und Sinustermine in diesem Ausdruck können als normalisierte *Sinus- und Kosinus-Fourier-Transformationen* der Fluoreszenzabklingfunktion betrachtet werden. Wenn wir die normalisierten Sinus- und Kosinus-Fourier-Transformationen von $F(t)$ definieren als

$$S_{\sin}(\omega) = \int_0^{\infty} F(t) \sin(\omega t) dt \Big/ \int_0^{\infty} F(t) dt = \left(\sum_k B_k \frac{\omega \tau_k^2}{1 + (\omega \tau_k)^2} \right) \Big/ \left(\sum_k B_k \tau_k \right) \tag{A4.11}$$

und

$$S_{\cos}(\omega) = \int_0^{\infty} F(t) \cos(\omega t) dt \Big/ \int_0^{\infty} F(t) dt = \left(\sum_k B_k \frac{\tau_k}{1 + (\omega \tau_k)^2} \right) \Big/ \left(\sum_k B_k \tau_k \right), \tag{A4.12}$$

dann nehmen die Gl. (A4.6 und A4.8) die Formen an

$$\tan(\phi) = S_{\sin}(\omega)/S_{\cos}(\omega), \tag{A4.13}$$

und

$$m = \left((S_{\sin}(\omega))^2 + (S_{\cos}(\omega))^2 \right)^{-1/2}. \tag{A4.14}$$

Allgemeiner ist die Sinus Fourier-Transformation $G_{sin}(\omega)$ einer Funktion $g(t)$ wie folgt definiert

$$G_{\sin}(\omega) = i(2\pi)^{-1/2} \int_{-\infty}^{\infty} g(t) \sin(\omega t) dt, \tag{A4.15}$$

was null ist, wenn g eine gerade Funktion von t ist. Die Kosinus Fourier-Transformation,

$$G_{cos}(\omega) = (2\pi)^{-1/2} \int_{-\infty}^{\infty} g(t) \cos(\omega t) dt, \tag{A4.16}$$

ist null für ungerade Funktionen von t. Die kontinuierliche Fourier-Transformation, definiert in Gl. (A3.3), ist die Summe der Sinus- und Kosinus-Fourier-Transformationen in den Gl. (A4.15 und A4.16), wie man aus der Beziehung $\exp(i\theta) = \cos(\theta) + i\sin(\theta)$ sehen kann. Der Faktor i in Gl. (A4.15) wird oft weggelassen, weil nur sein Produkt mit dem entsprechenden Faktor in der inversen Transformation ($-i$) eindeutig bestimmt ist. Da die Fluoreszenzzerfallsfunktion $F(t)$ für $t < 0$ null ist, beeinflusst die Ausführung der Integrale in den Gl. (A4.11 und A4.12) von 0 bis ∞ anstatt von $-\infty$ bis ∞ das Ergebnis nicht.

Siehe [4, 5] für weitere Informationen zur Datenanalyse und Erweiterungen zur Fluoreszenzanisotropie.

CGS- und SI-Einheiten und Abkürzungen

Physikalische Größe	CGS-Einheit	SI (MKS) Äquivalent
Elektrischer Strom	Abampere, Biot (Bi)	10 Ampere (A)
Energie	Kalorie (cal)	4,1868 Joule (J)
Dipolmoment	Debye (D)	$3{,}3356 \times 10^{-30}$ Coulomb·Meter (C·m)
Kraft	Dyne (dyn)	10^{-5} Newton (N)
Magnetisches Dipolmoment	emu	10^{-3} Ampere·Meter^2 (A·m^2) $1{,}2566 \times 10^{-3}$ Tesla (T)
Energie, Arbeit	erg	10^{-7} Joule (J)
Elektrische Ladung	esu, statcoulomb oder franklin (Fr)	$3{,}3356 \times 10^{-10}$ Coulomb
Magnetische Flussdichte (magnetische Induktion)	Gauss (G)	10^{-4} Tesla (T)
Wellenzahl	kayser (cm^{-1})	100 pro Meter
Helligkeit	Lambert (Lb)	$3{,}1831 \times 10^3$ Candela·Meter^{-2} (Cd·m^2)
Magnetischer Fluss	Maxwell (Mx)	10^{-8} Weber (Wb)
Magnetfeldstärke	Oersted (Oe)	79,577 Ampere·Meter^{-1}
Beleuchtung	phot	10^4 lux
Dynamische Viskosität	Poise (P)	0,1 Pascal·Sekunde (Pa·s)
Elektrischer Strom	Statampere	$3{,}3356 \times 10^{-10}$ Ampere (A)
Elektrische Ladung	statcoulomb	$3{,}3356 \times 10^{-10}$ Coulomb (C)
Potenzial	Statvolt	299,79 Volt (V)
Magnetischer Fluss	Einheitspol	$1{,}2564 \times 10^{-7}$ Weber (Wb)

Integrale der harmonischen Oszillator-Wellenfunktion

Die linke Seite von Abb. A6.1 zeigt Produkte von harmonischen Oszillator Eigenfunktionen χ_{m} und χ_{n} als Funktionen der dimensionslosen Positions-Koordinate u für $n = 0$ (die Nullpunkt-Wellenfunktion) und $m = 0$ bis 5. Die Diagramme auf der rechten Seite sind die bestimmten Integrale von $\chi_{\mathrm{m}}\chi_{\mathrm{n}}$ von $u = -\infty$ bis U, dem Wert der Koordinate, der auf der Abszisse angegeben ist [$\int_{-\infty}^{U} \chi_m(u)\chi_n(u)du$]. Die Eigenfunktionen sind ortho-normalisiert, so dass das Integral gegen 1 strebt, wenn die obere Grenze (U) gegen +∞ geht, wenn $m = n$, während die Integrale

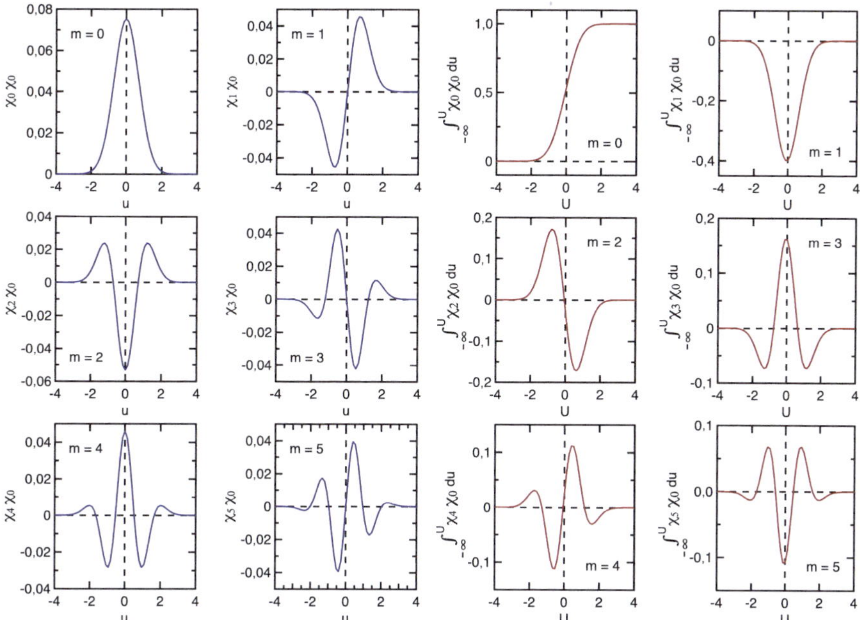

Abb. A6.1 Produkte von harmonischen Oszillator-Eigenfunktionen χ_m und χ_n als Funktionen der dimensionslosen Positions-Koordinate u (*blaue Kurven, links*), und Werte des bestimmten Integrals von $\chi_m(u)\chi_n(u)$ von $u = -\infty$ bis zum Wert von u auf der Abszisse angegeben (*rote Kurven, rechts*). Die gezeigten Kurven sind für $n = 0$ und m von 0 bis 5

für $m \neq n$ alle gegen null gehen. Siehe Abb. 2.3 für die einzelnen Eigenfunktionen. Obwohl die Abbildung die Funktionen nur für $n = 0$ zeigt, sind die Ergebnisse für jeden Wert von n gleich.

Abb. A6.2 zeigt ähnliche Diagramme der Produkte $\chi_m u \chi_n$ und deren bestimmte Integrale, wieder für $n = 0$ und $m = 0$ bis 5. Wenn die obere Grenze U gegen $+\infty$ geht, geht das bestimmte Integral $\int_{-\infty}^{U} \chi_m(u) u \chi_n(u) du$ gegen null, es sei denn, $m = n \pm 1$. Wenn $\chi_m u \chi_n$ eine ungerade Funktion von u ist, gleichen die Beiträge zum Integral von $u = -\infty$ bis 0 die Beiträge von $u = 0$ bis $+\infty$ aus; wenn $\chi_m u \chi_n$ gerade ist, gleichen Beiträge aus Bereichen, in denen $\chi_m u \chi_n < 0$, die aus Bereichen aus, in denen $\chi_m u \chi_n > 0$, außer im Sonderfall, dass $m = n \pm 1$. Wiederum geben andere Werte von n die gleichen Ergebnisse.

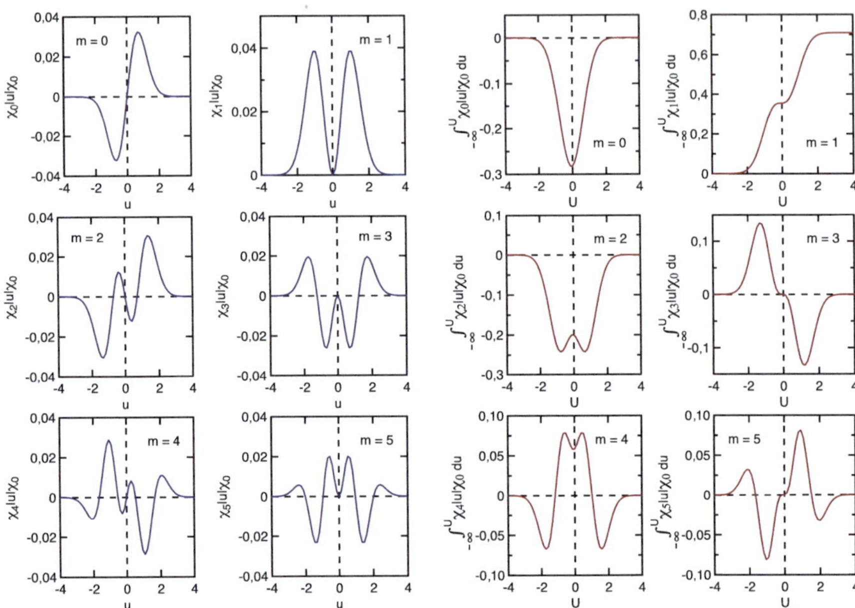

Abb. A6.2 Die Funktionen $\chi_m u \chi_n$ für harmonische Oszillator-Eigenfunktionen χ_m und χ_n als Funktionen der dimensionslosen Positions-Koordinate u (*blaue Kurven, links*), und Werte des bestimmten Integrals von $\chi_m(u)u\chi_n(u)$ von $u = -\infty$ bis zum Wert von u auf der Abszisse (*rote Kurven, rechts*). Die Funktionen für $n = 0$ und m von 0 bis 5 sind dargestellt

Literatur

1. Press, W.H., Flannery, B.P., Teukolsky, S.A., Vetterling, W.T.: Numerical Recipes: the Art of Scientific Computing, 3rd edn. Cambridge University Press, Cambridge (2007)
2. Beyer, W.H.: CRC Standard Mathematical Tables. CRC Press, Boca Raton, FL (1973)
3. Butkov, E.: Mathematical Physics. Addison-Wesley, Reading, MA (1968)
4. Weber, G.: Theory of differential phase fluorometry: detection of anisotropic molecular rotations. J. Chem. Phys. **66**, 4081–4091 (1977)
5. Lakowicz, J.R., Laczko, G., Cherek, H., Gratton, E., Limkeman, M.: Analysis of fluorescence decay kinetics from variable-frequency phase shift and modulation data. Biophys. J. **46**, 463–477 (1984)

W. Parson und C. Burda, *Moderne optische Spektroskopie*,
https://doi.org/10.1007/978-3-031-52100-3

MIX
Papier aus verantwortungsvollen Quellen
Paper from responsible sources
FSC® C105338

If you have any concerns about our products,
you can contact us on
ProductSafety@springernature.com

In case Publisher is established outside the EU,
the EU authorized representative is:
Springer Nature Customer Service Center GmbH
Europaplatz 3, 69115 Heidelberg, Germany

Printed by Libri Plureos GmbH
in Hamburg, Germany